机械设计实用机构与装置图册

原书第5版

[美] Neil Sclater 编
邹平 译

机 械 工 业 出 版 社

本图册第5版进行了全面修订，并增加了新内容，包括1600多张经典机械结构和机械装置图例，用简洁的语言进行注解、关键点提示。本书中的图例和注解都很有趣又充满智慧，可以激发读者的创造力。每个图例代表了一种设计理念，供设计师参考提炼并在新的或改进的机械、机械电子和机电一体化产品设计中应用。

此中文翻译版为全本，包括内容有：机构设计基础，运动控制系统，固定和移动式机器人，再生能源生产机构，连杆驱动装置和机构，齿轮装置、驱动器和机构，凸轮、槽轮、棘轮驱动机构，离合和制动装置，锁紧、紧固、夹紧装置和机构，链条和带传动装置及机构，弹簧、螺纹装置和机构，联轴器及其连接，具有特定运动的设备、机构、机器，包装、运输、处理、安全机构和机器，转矩、速度、张紧和限制控制系统，气动、液动、电动、电子驱动仪器和控制，三维数字样机和仿真，快速原型，机械工程的新方向。

面对各种各样的机械设计问题，试图寻找出新的和不同的解决方案的读者可以浏览本书，参考其中的大量图例，使一些过去成功的机械发明通过改进而获得新的应用。

作为机械设计师便于使用的技术参考书，它既可以激发经验丰富的机械设计师的灵感，也可以作为工程类学生的学习参考。

译 者 序

自从2007年，机械工业出版社出版了根据原书第3版翻译的《机械设计实用机构与装置图册》以来，引起了巨大响应，受到了读者广泛欢迎，目前已进行了多次印刷。但是，当时在进行翻译的时候删除了原版书的第1章、第2章和第14章以及其他章节的部分内容。

本书是根据Neil Sclater编的原书第5版进行全文翻译出版的。全书未删减翻译的原因如下：首先，原版书的第5版除了增添第3章固定和移动式机器人、第4章再生发电机构、第17章3D数字样机和仿真新章节外，还显著改进了我们在第3版书中所遇到的问题，使该书更加丰富全面和具有启发性；其次，2013年机械工业出版社出版了根据Robert O. Parmley, P. E. 所编的《Machines Devices and Components Illustrated Sourcebook》翻译的《机械设计零件与实用装置图册》，该书可以看作是《机械设计实用机构与装置图册》的姐妹篇，而该书为了保持原书的全貌使读者了解原汁原味的国外原版图册，对全书进行了未删减的翻译，出版后同样受到了读者的热烈欢迎。因此，应机械工业出版社的要求，对这本《机械设计实用机构与装置图册》的第5版进行了全文翻译，来满足读者的进一步要求。

他山之石可以攻玉，好的书籍不论国外还是国内。愿这本书的全文翻译可以给国内机械行业的读者带来启迪和共鸣，进而激发出更多智慧的光芒。

由于译者水平有限且时间仓促，译文中一定会有不少错误或不妥之处，请读者批评指正。

在翻译过程中，博士生郝娇、高兴军和吴昊等做了大量工作，在此表示感谢。

最后，感谢机械工业出版社的理解和支持，才使此书完成翻译并得以出版。

邹平

2014年于东北大学

pzou@me. neu. edu. cn

原版书前言

这是一本包括了机械结构和机械装置过去、现在和未来的机械工程参考书的第5版。与大多数工程类教科书注重用理论和数学公式来对独特的装置进行表述相比，本书特色是使用清晰的图示和简洁的描述。这本书包含了1600多张详细的机构图，能引起读者强烈的兴趣。希望书中图例的注解部分能帮助读者理解相关领域的一些基本概念，无论这些领域读者是熟悉，还是不熟悉。

书中的机构图和注解都很简单、有趣，并且充满智慧，也许书中的某一部分机构可以激发读者的创造力，使读者将它们提炼后应用于新的机械设计中或者重新进行机械设计。它们可以提供读者意想不到的解决方案，因为它们通常在现代产品的内部无法被观察到。电子电路和计算机的发展已替代了许多早期机械结构的应用，它们在减少产品价格的同时还可以提高产品的可靠性和工作效率。

尽管如此，许多被替代的机械零部件依然应用在不同的场合，在经过尺寸和材料的改变后以不同的结构形式和不同的功能应用于其他产品中，取得了良好表现。

经典的、经过时间检验的机构和机械装置似乎逐渐在消失，但其实它们只是以其他机构形式和应用出现。任何相信所有机构可以被电子电路取代的人只需检视一下自动上弦机械表、数码照相机、电子稳定轿车和巡航系统的复杂性就会了解这一点。

本书用图例的方式介绍了经典机械装置和最新的结合机械和电子的机电一体化装置，是读者个人技术书库必备的图书，并且提供了一种令人满意的方式，使读者快速了解新的知识领域或者快速拾起过去学过的知识。此外，希望这本书可以激励读者通过相关网站更新感兴趣主题的其他知识。

这本书哪些部分是新增的?

这本书的第5版新增了3章内容：第3章固定和移动式机器人，第4章再生发电机构和第17章3D数字样机和仿真。第18章快速原型进行了更新和全面的修订，一些新的文献被增添到第5章至第16章，使其成为本书的核心部分。第13章具有特定运动的装置、机构和机器添加了5篇新文献内容，也是本书核心的一部分。另外，第19章机械工程领域新的发展方向也增加了5篇新文献内容。

一些章节的快速浏览

第1章是关于基本的机械结构的内容，解释了一些机构的原理，包括斜面、千斤顶、杠杆、连杆、齿轮、滑轮、凸轮和离合器——在现代机械中的所有零件。另外，还列出了常用的机械术语。

第2章是关于运动控制的内容，用图和文字介绍了开环和闭环系统。另外，对组成现代自动机器人和机电一体化系统的关键机械零件、机电和电子元器件也进行了图文并茂的介绍，它们包括执行器、编码器、伺服电动机、步进电动机、旋转变压器、电磁阀和转速表。这章也列出了运动控制术语。

第3章是关于机器人的新探讨，包括对固定工业机器人和各种移动机器人的概述。对4种最新工业机器人的外形尺寸和主要技术参数进行了图文并茂的介绍。另外，对7种移动机器人采用图示和介绍主要技术参数的方式进行了描述。它们可以分别在火星、地球、空中和海底工作。本章其他部分讲述创新的NASA机器人，它可以攀爬、爬行、跳行和从悬崖上攀下。另外，本章还列出了普通机器人术语。

第4章是新增加的部分，描述进行无碳再生能源发电的主要方式，它们本质上都是靠机械来实现的，依靠风能、太阳能和自然界水的流动等免费能源来驱动。本书图文并茂介绍的例子有风力涡轮发动机及其工厂，4种不同的太阳能热电厂的概念，利用潮汐和海浪能源等方式。对这些工厂的上上下下都进行了陈述，目的是提醒读者注意它们所处的位置、工作效率、公众接受程度、备用能源和与电网的连接。本章还列出了风力涡轮机术语。

第17章也是新添加的内容，介绍了计算机软件的最新成果，使在电脑屏幕上进行3D新产品设计和旧产品改进变为可能，这些软件可以对产品虚拟模型用不同颜色的“片或块”来处理，并重新定义它的尺寸，以便完成机械设计，这些设计本身还包含了制造工艺参数。通用的仿真软件可以对一个模型进行虚拟机械和多物理场应力分析来验证设计和材料选择的正确性，而不需要制造出一个实体模型去检验。本章还列出了CAD/CAE术语。

第18章，是对上一章快速原型部分的进一步介绍，用图文并茂的方式叙述了3D实体成型添加和消减过程的创新成果和一些新内容。用软的或硬的材料来进行快速原型，以便评判它们的实用性。当其他一些样品被制造出来进行实验室应力测试的时候，快速成型造出的样品已经开始展示了。另外，快速成型的新应用有旧机器替换零件、专业刀具和铸造模具的塑性加工。

第19章是对机械工程领域中最新研究成果的汇集和更新。这些成果包括微机电系统（MEMS）的最新发展，碳的同素异形体和纳米管实际应用的进展，以及石墨烯应用于透明薄片、强力纤维、电缆、电容器、电池、弹簧和晶体管等产品领域取得的进步。其他成果包括正在研究发展的电子显微镜和正在策划的月球电动车。

本书的核心章节是第5章到第16章，这些章节珍藏了各行各业收集到的、经过实际验证了的、经典的机械结构和机械装置图与介绍。这些经过修订的珍藏可以为工程师、设计师、教师、学生和对各种机械感兴趣的人提供有价值的参考。新增添的内容包括了精密的线性驱动器、多边形连接机构、滑动离合器、形状记忆合金锁紧装置和提高海水淡化效率的能量交换器。

本书详细的索引（中文版略去）可以使读者很容易找到书中专用机械结构、机械装置、零件和系统介绍的内容。

面对客观现实的工程选择

可再生能源与矿物燃料发电

在关于可再生能源发电的第4章讨论了产生无碳电网发电的三种最可靠机械方法。风力涡轮发电和聚光太阳能发电（CST）都是政府部门最适宜的候选发电方式。本书图文并茂地介绍了这些技术，并对它们的结构也从上到下地进行了叙述。

利用海浪和潮汐也可以产生电能，但是这方面的技术远远落后于风能和聚光太阳能发电。

美国政府对建立再生能源发电厂提供经济补助，目的是为了减少大气层中使全球气候变暖的二氧化碳（CO_2）的排放。政府已经将使无碳、非水力发电厂所占的比例从现在的3%提高到2020年时的20%作为目标。风能和聚光太阳能发电厂最契合这个发展目标，但是很多人担心建造这些工厂和淘汰矿物燃料发电厂，可能危害到电力工业满足国家对于低价、便于获得的电能的日益增长的需要。

因为无法将远离城市地区由再生能源产生的过量电力通过电网传输到耗电量大的大都市，产生再生能源的资源会被过分消耗。当没有了风或者太阳落山的时候，这些工厂必须提供备用的发电或电能来满足电网的供电需求。这些备用电源包括电池组、在融化的盐罐中储存的热能以及蒸汽发电机，但是由于工厂电能输出和气候变化因素的影响，最佳备用电源的选择无法确定。

数字3D与快速原型

近年来计算机软件的发展使在计算机上以3D的形式将抽象概念设计成为实体形式的产品成为可能。3D数字成型或建模的过程可以是一个初始的设计或者是从其他资源导入。软件可以分解3D图形，在同一个屏幕上分解的3D图形的形状、材料和形式在重新装配或改进产品设计前都是可以改变的。设计者可以和其他专家一起合作实现有效的设计。在产品被制造前，其设计是很容易进行调整的。

虚拟的仿真软件可以让3D数字成型实现虚拟的一个或多个应力测试，结果以带颜色的图形在计算机屏幕上显示出来。这些仿真包括机械和物理应力，这些仿真结果和在实验室中实验的结果很接近，在很多情况下，实验可以省略。这将减少制作实体样机所需要的时间和费用，也可以加快整个设计的过程，缩短上市周期。

然而，有许多因素决定了实体样机的必要性。有个实体样机的优点是便于检查，使所有与之相关的设计者和做市场的人员有机会对它进行评价。而且，一些产品需要对实体样机进行强制性实验，以确保其适合工业和消费者的安全标准。因为可以减少制作样机的成本，快速成型技术越来越广泛地得到接受。

实体样机可以用蜡、光敏聚合物，甚至是金属粉末作为原料，但是作为实验室实验的实体或者是实体的替代零件，可以用激光融化的金属粉末来制造。在热处理后它们可以获得与机械加工或铸造零件相当的强度。快速成型取决于CAD图中的尺寸，这些尺寸使软件控制快速成型机器对材料进行增加或消减。

本书的来源

从第4章到第16章的很多图片和说明最初来自于国内外一些50年前或者更多年前的工程期刊。它们最初被选择和出版可以追溯到20世纪50年代到60年代麦格劳－希尔教育出版集团出版的三本参考书中。Douglas C. Greenwood是当时麦格劳－希尔教育出版集团《生产工程》期刊的编者。作为后来的这本书第1版的编辑，Nicholas Chironis从那些书中选择了他认为值得保留下来的说明和图片。他把它们看做是成功设计理念的典范，可以被重复地用于新的或者改进的产品中，也是工程师、设计师和学生的宝贵资源。

这本书随后的4版中加入了新的图片和说明，对旧的内容进行了必要的重新修订，一些内容被删除，所有原有的标题都重新进行了修订，以便提高可读性和风格的一致性。所有的图例都是无量纲的，为了适应新的应用，它们的尺寸都可以进行相应的调整。对于制造商和出版社不再存在的参考文献进行了删除，但是可用的发明者的名字进行了保留，这对那些希望了解发明者专利情况的读者有用。本版书中所有提到的政府、学术实验室和制造商都有网址，可以去网上查找一些特定问题的进一步信息。

关于插图

除了从早期出版物和从实验室获得或制造商提供的一些插图外，本书的其他插图均是作者用台式计算机画的。这些图来源于书、期刊和网站。作者相信清楚的3D或者线框图，比那些带有额外和不清楚细节的图片能更快捷有效地交流工程信息。

致谢

感谢以下公司和机构允许我选用带有版权的插图，并以各种方式提供其他有价值的技术信息和在准备本版书时所有有用的信息：

- ABB机器人，奥本山，密歇根州
- 桑迪亚国家实验室，桑迪亚公司，阿尔伯克基，新墨西哥州
- SpaceClaim公司，康科德，马萨诸塞州

Neil Sclater

编者简介

在改行从事写作和编辑工作之前，Neil Sclater 曾担任军事工业方面的微波工程师和一家波士顿工程咨询公司的项目经理。他曾经是《电子设计》杂志、McGraw - Hill 的《产品工程》杂志的编辑，然后成立了自己的技术通信公司。

Sclater 先生先后为多个工业客户撰写过市场调查、技术性文章以及新产品发布。他的客户包括发光二极管、交换电源、锂电池制造商等。在这 30 年期间，他也直接为多种工程类出版物撰写了上百篇署名技术文章，这些文章涵盖了半导体装置、伺服机构和工业仪表等领域。

Sclater 先生拥有布朗大学和东北大学的学位。他单独或与人合著了 12 本有关工程方面的著作，其中的 11 本由 McGraw Hill 专业出版集团出版。这些书涉及微波半导体装置、电子技术、电子词典、电力和光学和机械领域。在 Chironis 先生——本图册的第一作者去世之后，Sclater 先生承担了后 4 个版本的编写和编辑工作。

目　录

第1章　机构设计基础

第2章　运动控制系统

第3章　固定和移动式机器人

第4章 再生发电机构

第5章 连杆驱动装置和机构

第6章 齿轮装置、驱动器和机构

第7章 凸轮、槽轮、棘轮驱动机构

第8章 离合和制动装置

第9章 锁紧、紧固、夹紧装置和机构

第10章 链条和带传动装置及机构

第 11 章 弹簧、螺纹装置和机构

第 12 章 联轴器及其连接

第 13 章 具有特定运动的装置、机构和机器

第 14 章 包装、运输、处理、安全方面的机构和机器

第 15 章　转矩、速度、张紧和限定控制系统

第 16 章　气动、液动、电动和电子驱动仪器及控制

第 17 章　3D 数字样机和仿真

第 18 章　快 速 原 型

第 19 章　机械工程领域新的发展方向

第 1 章

机构设计基础

1.1 简介

内燃机、直升机和机床等复杂机械包含了很多机构。在玩具、照相机、计算机、打印机等消费品中，可能不会明显地发现机构。实际上，像剪刀、螺钉旋具、扳手、千斤顶和锤子等很多常用的手头工具都是实实在在的机构。此外，人的手、脚、手臂、大腿、下巴与动物的爪子、腿、脚蹼、翅膀、尾巴一样具有相同的机构功能。

机器和机构是不同的：所有的机器把能量转化为功，但是只有部分机构能做功。机械装置这个术语既包括机器又包括机构。图 1.1-1a 是一个机器——内燃机的截面图。将活塞、连杆、曲柄装配起来成为一个机构，叫做曲柄滑块机构。图 1.1-1b 是它的基本原理图，叫做结构示意图，仅仅显示出它的基本结构，没有从技术角度详细介绍它的装配过程。

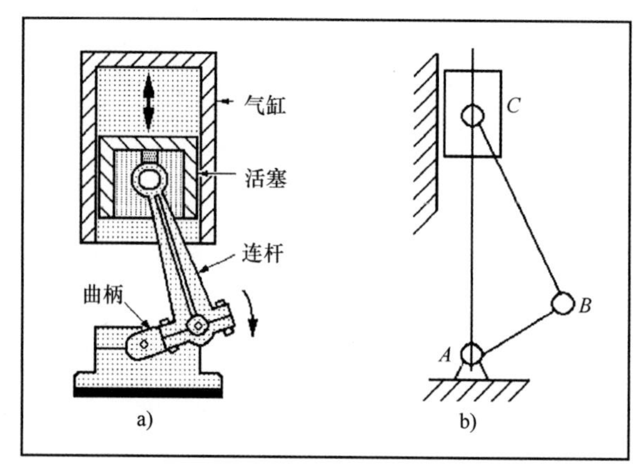

图 1.1-1 （a）内燃机的气缸截面图显示活塞的往复运动；（b）驱动活塞的连杆机构的结构示意图。

1.2 物理原理

1.2.1 机器效率

简单的机器可以用基本的效率和机械效益来评估。当有可能从一台机器获得一个比施加于这台机器上的力更大的力时，我们只参考力，而不是能量，根据能量守恒定律，机器所做的功不可能比提供的能量多。因为功 = 力 × 距离，要机器施加比原始力大的一个力，那么这个力所施加的距离要比原始距离短。由于在所有运动中都存在摩擦，机器产生的能量将少于提供给它的能量。因此，用下面的公式来解释能量守恒定律：

输入能量 = 输出能量 + 损失能量

这个公式在任何时候都是成立的，它可以适用于任何时间单位；因为功率是单位时间完成的功或者能量，所以下面的公式也是正确的：

输入功率 = 输出功率 + 损耗功率

如果输入与输出都被表示成相同的单位时间所做的功或者能量，机器的效率是输出对输入的比率。这个比率没有单位，并且通常乘以 100% 表示成百分数。

效率 = 输出能量/输入能量 × 100%

或者

效率 = 输出功率/输入功率 × 100%

如果给机器提供的大部分功率都传递给负载，而仅有部分功率损失，那么机器就是高效的。对于大的发电机来说效率可以高达 98%，但是对于螺旋千斤顶来说效率可能不足 50%。例如，要算提供给效率为 70% 的 15kW 的电动机的输入功率，可将前面的公式将按下式进行转换。

输入功率 = 输出功率/效率 × 100%

= 15kW/70% × 100% = 21.4kW

1.2.2 机械效益

机构或者系统的机械效益是其负载或者质量 W 与其自身产生或外部作用产生的力 F 之比，通常它们的单位用磅或者千克表示。如果已经考虑到摩擦或者可以从实验测出，那么一台机器的机械效益用 MA 表示：

MA = 负载/作用力 = W/F

然而，假设在机器运行中没有摩擦，W 与 F 的比率叫做理论机械效益，用 TA 表示：

TA = 负载/作用力 = W/F

1.2.3 速度比

机器和机构的作用通常是将小的运动或位移转换成大的运动或位移，这种特性被叫做速度比。它定义为，对于机器或者机构来说，速度比是每秒钟在作用力作用下的位移与每秒钟在负载作用下的位移之比。它广泛用于确定齿轮或者传动带的机械效益。

VR = 每秒钟在作用力作用下的位移/每秒钟在负载作用下的位移

1.3 斜面

在图 1.3-1 所示的斜面中，斜边长 l（AB）=2440mm，高 h（BC）=915mm。比起直接从地面上抬起重物，用斜面来举起重物需用的力要小。例如，如果一滑块质量 $W=454$kg，不用斜面直接被举到 BC 的 915mm 高度，那么必须施加一个 454kg 的作用力。然而，用一个斜面，将滑块移过 2440mm 长的斜边，力 F 却只需原来的 3/8 即 170kg，因为这个滑块被推过了更长的一段距离。为了确定斜面的机械效益，采用下列公式：

$$F=W\sin\theta \qquad \sin\theta=\text{高度 }h/\text{长度 }l$$

这里，高度 h（BC）=915mm，长度 l（AB）=2440mm，$\sin\theta=0.375$，重量 $W=454$kg。

$$F=454\times0.375\text{kg}$$

$$F=170.25\text{kg}$$

机械效益 MA = 负载/作用力 = $W/F=454/170.25=2.7$

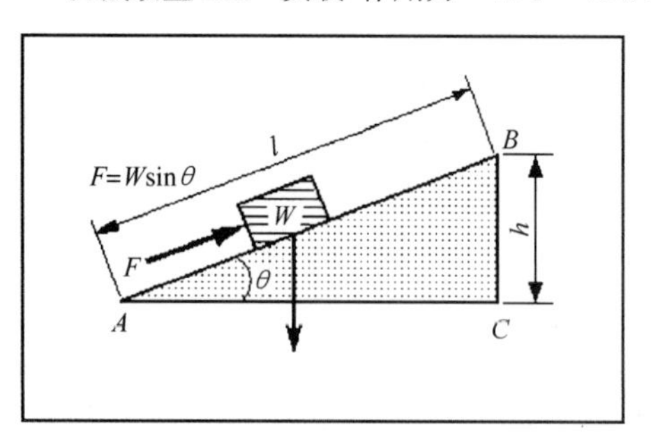

图 1.3-1 计算斜面机械效益的示意图。

1.4 滑轮系统

一个滑轮仅仅改变力的方向，所以机械效益未变。然而通过滑轮组合可以来提高机械效益。在典型的滑轮系统中，如图 1.4-1a 所示，每组的框架或外壳内都包含两个滑轮或者槽轮。上面的一组滑轮固定，下面的一组滑轮与载荷相连并随载荷移动。绳索的一端在缠绕四个滑轮后被固定在上面的一组滑轮上，另一端由操作者或其他动力源来控制。

图 1.4-1b 表示的滑轮系统中四个滑轮明显分开。为了使载荷提升 h 高度，绳索 A、B、C 和 D 的每个部分移动的距离都必须等于 h。为了使 s 对 h 的速度比达到 4，操作者或者其他动力源必须给绳索施加力 F，使绳索移动 $s=4h$ 的距离。因此，图示的这个滑轮系统的理论机械效益是 4，相当于 4 个绳索拉升载荷 W。对于任何滑轮系统来说，理论机械效益 TA 都如图中所示等同于拉升载荷的并联绳索数。

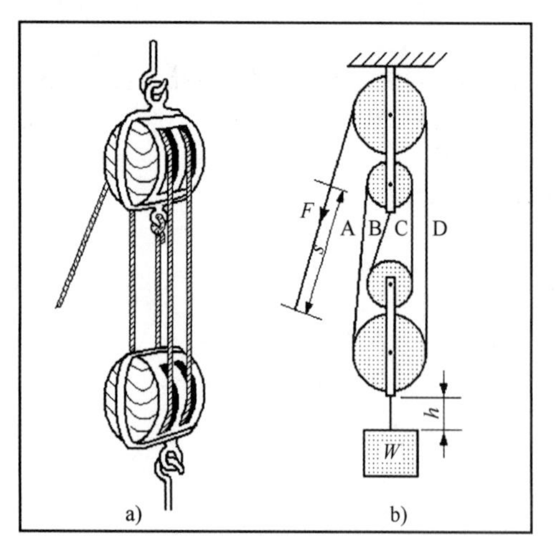

图 1.4-1 这个滑轮系统有 4 个绳索拉升载荷，机械效益是 4。

1.5 螺旋千斤顶

机构经常需要用一个很小的作用力移动一个很大的载荷。例如，一个普通人可以用汽车的千斤顶将一辆重达2724kg的汽车抬起，而人所需要用的力仅为9.08~13.62kg。

如图1.5-1所示的螺旋千斤顶是斜面的实际应用，螺旋部分可以看成是一个斜面沿着圆柱缠绕。力F必须作用在水平放置的、长度为l的杆的末端，以便旋转螺旋举起454kg的载荷。1524mm长的杆必须转动一圈或走过一个周长$s=2\pi l$的圆，载荷才能升高$h=25.4\text{mm}$，即升高螺旋部分的一个螺距p。螺旋部分的螺距是杆转一整圈升高的距离。忽略摩擦可得

$$F = W \times h/s$$

这里$s=2\pi l=2\times3.14\times1524\text{mm}$，$h=p=25.4\text{mm}$，$W=454\text{kg}$

$F=454\times25.4/(2\times3.14\times1524)\ \text{kg}=11531.6/9570.72\text{kg}=1.2\text{kg}$

机械效益 MA = 载荷/作用力 $=2\pi l/p=9570.72/25.4=376.8$

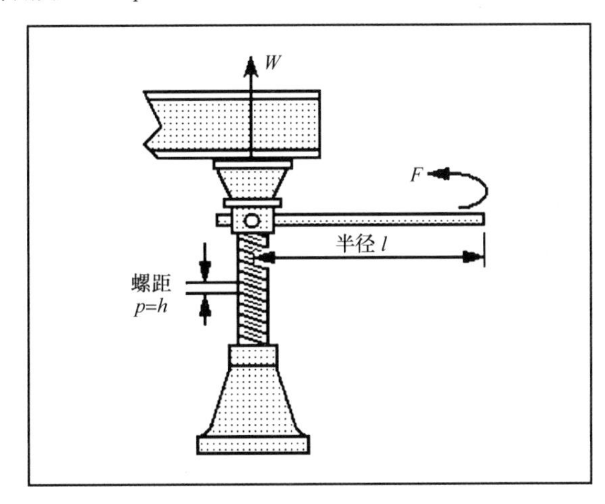

图 1.5-1 计算螺旋千斤顶机械效益的示意图。

1.6 杠杆和机构

1.6.1 杠杆

杠杆是最简单的机构。有证据表明在石器时代人类就利用杠杆去完成他们力所不能及的工作，他们用原木或者树枝做杠杆去移动石头之类的重物。也有报道说灵长类动物和有些鸟会借助于树枝或者木棍来帮助他们获取食物。

杠杆是一种可以绕着杆上的一个固定点旋转的刚性杆，这个固定点叫做支点。在杆的一端施加一个作用力，就可以移动杆另一端上的载荷。如果将支点移动到离载荷近的位置，就可以用很小的力移动一个很大的载荷。这是另一种获得机械效益的方法。

杠杆的三种应用类型如图 1.6-1 所示。每一种类型都能提供不同的机械效益。这些杠杆分别叫做类型 1、类型 2、类型 3，类型的不同是由下列原因所决定的：

1）作用力在杠杆上的不同位置。

2）载荷在杠杆上的不同位置。

3）支点在杠杆上的不同位置。

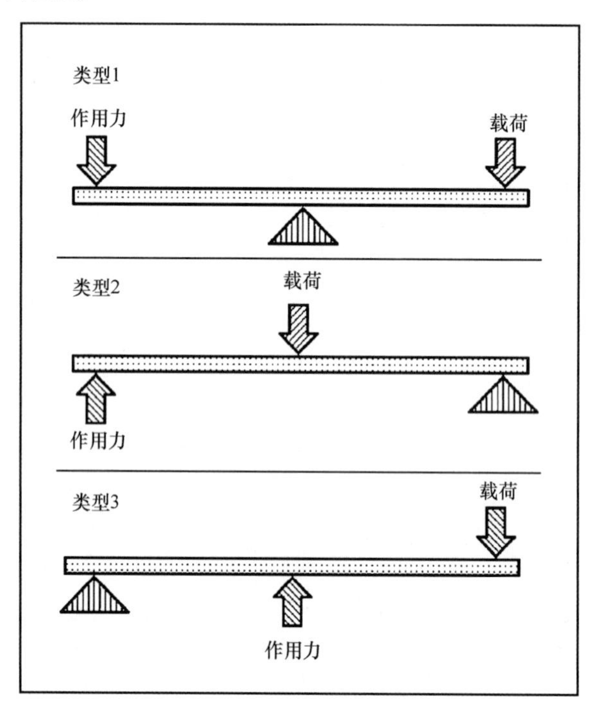

图 1.6-1 杠杆根据支点、作用力、载荷位置不同的三种分类。

类型 1 是最普通的，支点在中间，作用力和载荷分别对称作用在杠杆两端的位置上。类型 1 的例子有跷跷板、撬棍、剪刀、锤子、天平等。

类型 2 的支点在杠杆的一端，作用力在另一端，与作用力方向相反的载荷作用在杠杆的中部。类型 2 的例子有独轮手推车、开瓶器、胡桃钳、为气垫或者汽艇充气的脚踩打气筒等。

类型 3 的支点在杠杆的一端，载荷作用在另一端，与载荷方向相反的作用力作用在杠杆中部。类型 3 应用的例子有铁锹、手用作支点的钓竿、镊子，还有人的胳膊和大腿。

类型 1 的应用如图 1.6-2 所示。长度为 AB 的杠杆支点在 X 处，将杠杆分为 l_1、l_2 两段。为使载荷 W 升高 h，必须使杠杆的另一端在作用力 F 的作用下下降 s 高度。三角形 AXC 和 BXD 是两个相似三角形，因此，忽略摩擦可得

$$s/h = l_1/l_2 \qquad 机械效益\ \mathrm{MA} = l_1/l_2$$

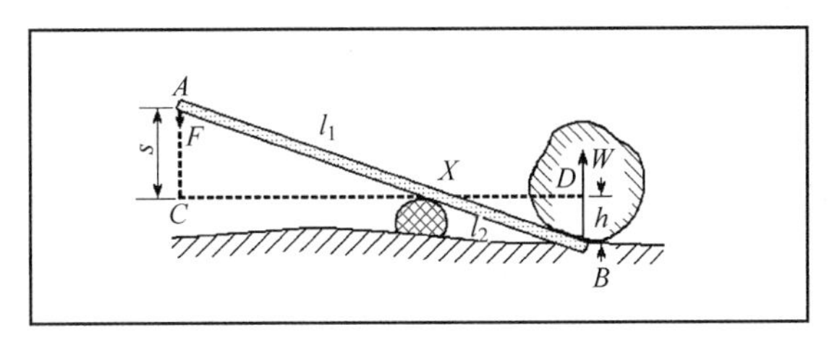

图 1.6-2 计算简单杠杆提升重物的机械效益的示意图。

1.6.2 绞盘、绞车和卷扬机

绞盘、绞车和卷扬机都是具有一定机械效益并把旋转运动转变为直线运动的机器，这些机器的工作原理实质上与类型 1 杠杆的工作原理是一样的。作用力作用在杠杆或者是曲柄上，支点在圆筒的中心，载荷作用在绳、链或线缆上。

最初手工操作的绞车和卷扬机是用在出海的船上来升降锚的。一个或多个水手操纵一个或多个杠杆将绳或者链缠绕在卷筒和线盘上。过去绞车和卷扬机可以分辨，绞车的卷筒是水平放置的，而卷扬机的卷筒是垂直放置的。现在借助于手动或电动方式用线缆、绳、链牵引载荷的卷筒这类东西都用绞盘这个专业术语来归类。如图 1.6-3 所示的手工操作的绞盘，现今已经广泛用在帆船上用于船帆的升降，有时也用于升降船锚。

忽略摩擦，所有这类机器的机械效益大约等于曲柄的长度除以卷筒的直径。在图 1.6-3 中所示的绞盘例子中，当左端的绳子被拉紧并且手柄或曲柄顺时针转动时，就会在绳子的右端产生作用力，这个力作用到载荷上执行工作如使船帆升降等。

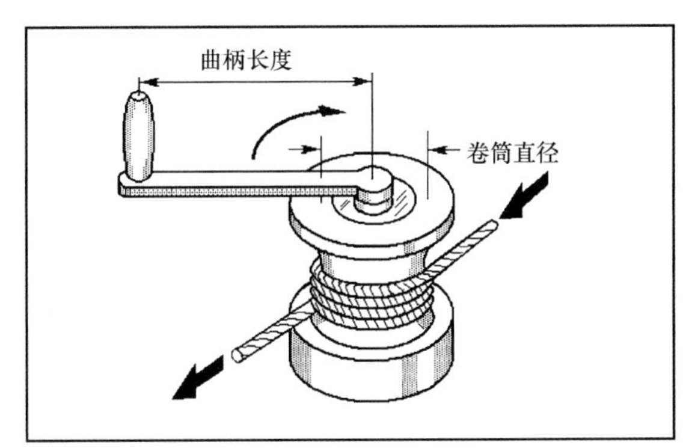

图 1.6-3 计算手工操作升降船锚或船帆的绞盘机械效益的示意图。

1.7 连杆机构

将两个或两个以上的杆连在一起形成的机构称为连杆机构。连杆机构可以被设计用来改变力的方向或者同时使两个以上的物体移动。很多紧固件被用来连接连杆并且可以使其灵活移动，比如销、带有螺母的螺栓、间隙配合的铆钉等。一般连杆可以分为两种：简单的平面连杆机构和更复杂的专用连杆机构。它们都能完成绘制直线或曲线、在不同速度下运动等工作。这里给出的连杆机构的名称很广泛，但是在其他教科书或者参考书中不被普遍承认。连杆机构按照它的基本功能可以分为以下几类：

函数生成：连接框架的连杆之间的相对运动。

路径生成：跟踪点的路径。

运动生成：耦合杆的运动。

1.7.1 简单平面连杆机构

四种功能不同的简单平面连杆机构如图 1.7-1 所示：

如图 1.7-1a 所示，相向运动连杆机构可以使物体或力沿相反方向运动，这种机构将输入杆作为杠杆。如果固定点处于两个运动点中间，那么输出杆的运动与输入杆的运动情况相同，而运动方向相反。如果固定点不在中间，那么输出杆的运动与输入杆的运动情况是不同的。通过设定固定点的位置来设计具有不同机械效益的连杆机构，这种连杆机构可以旋转 360°。

如图 1.7-1b 所示，推拉式连杆机构可以使物体或力沿相同方向运动，输出杆和输入杆的运动方向相同。这种机构从技术角度可以归类于四连杆机构，这种连杆机构即使旋转 360°也不改变其功能。

如图 1.7-1c 所示，平行运动连杆机构可以使物体或力沿相同方向运动，但是它们之间相隔一段距离。为了使这个连杆机构正确工作在平行机构中，相应杆上的固定点和移动点必须等距。这种机构从技术角度可以归类于四连杆机构，这种连杆机构即使旋转 360°也不改变其功能。从空中电缆获得动力的电动列车用的导电弓架就是基于这种平行运动连杆机构而设计的。将这种机构应用于工具箱，可以使工具箱打开时工具盘保持在水平位置。

如图 1.7-1d 所示，双臂曲柄连杆机构可以使物体或力旋转 90°。在电铃没有发明前，门铃用的就是这种连杆方式。现在这种机构用于自行车的制动，直角杠杆在相反方向被阻塞转 90°形成钳子，压输入端手柄，输出端会一起运动，在输出端的胶皮区部分挤压钢圈，使自行车停止。如果固定的销在曲柄的中点，那么连杆的运动是平衡的；如果这些距离变化了，那么机械效率将会不同。

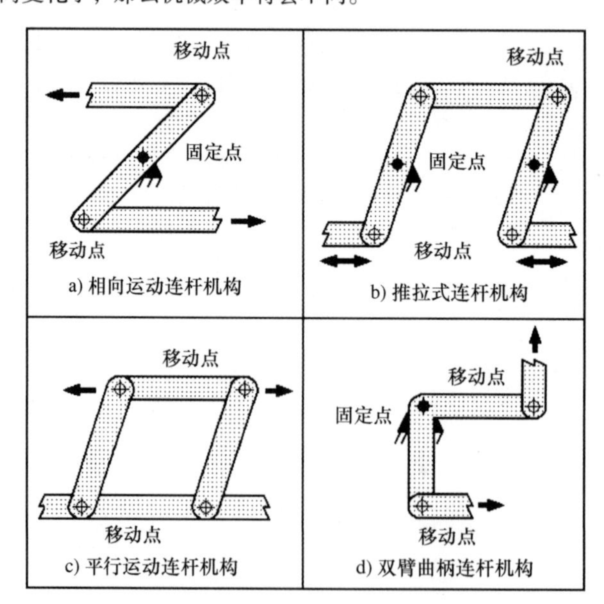

图 1.7-1 四种基本平面连杆机构示意图。

1.7.2 特殊连杆机构

除了改变物体或力的运动外，一些更复杂的连杆机构被设计用来执行许多特殊的功能：比如画直线和跟踪直线；使物体或工具的回程运动比工作行程运动快；将圆周运动转换为直线运动，反之亦然。

最简单的专业连杆机构是四连杆机构，已经很广泛地应用于很多场合。四连杆机构实际上只有三个移动的杆，一个固定的杆和四个销钉或者支点。一个有用的连杆机构至少要有四个杆，但是在机构中三个杆组成的封闭装配体是非常有用的单元，因为任何机构中都有至少一个杆是固定的。上面提到的平行运动连杆机构和推拉式连杆机构，从技术角度来说都是四连杆机构。

四连杆机构有着共同的特点：三个运动的刚性杆，每两个之间通过铰接固定在一个框架上。连杆机构靠曲柄的转动能产生旋转、摆动或者往复运动。连杆机构可以用来转变以下运动：

从一种连续旋转运动转变为另一种连续旋转运动，期间具有恒角速比或者变角速比。

从连续旋转运动转变为摆动，或者从连续摆动转变为旋转运动，期间具有恒角速比或者变角速比。

从一种形式的摆动变成另一种形式的摆动，或者从一种形式的往复运动变成另一种形式的往复运动，期间具有恒角速比或者变角速比。

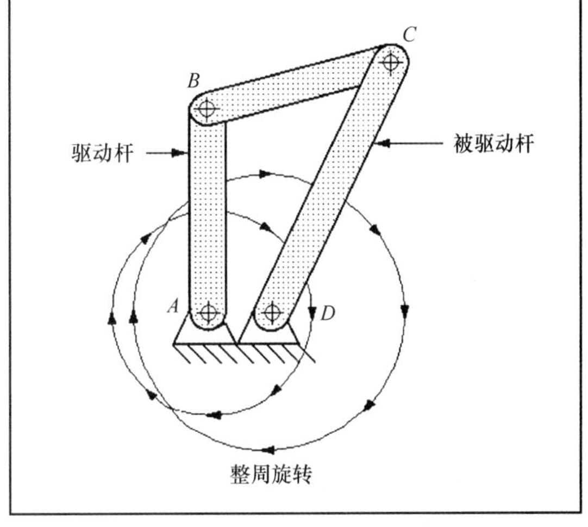

图 1.7-2　拉杆机构：杆 *AB* 和 *CD* 都可以旋转 360°，杆 *AD* 是机架。

在四连杆机构中有四种不同的方法使连杆绕其固定支点进行反向或完全的旋转。将一个绕支点旋转的杆作为输入杆或驱动杆，其他连杆作为输出杆或从动杆。保持持续运动的连杆通常叫做连杆，两端被销或者支点固定住的连杆又叫做机架。

如图 1.7-2 ~ 图 1.7-4 所示是四连杆机构的三个转动运动。它们由 *AB*、*BC*、*CD*、*AD* 四个连杆组成。三种运动形式取决于最短杆相对机架的位置。驱动杆和从动杆绕支点实现转动的能力决定了它们的应用功能。

如图 1.7-2 所示第一种是拉杆机构。两端固定的最短杆 *AD* 是机架，驱动杆 *AB* 和从动杆 *CD* 可以实现整周旋转运动。

如图 1.7-3 所示第二种是曲柄摇杆机构，最短杆 *AB* 与机架 *AD* 相邻，杆 *AB* 可以做 360°的整周运动，*CD* 杆仅仅是摆动，轨迹是一圆弧。

如图 1.7-4 所示第三种是双摇杆机构，杆 *AD* 是机架，它相对的杆 *BC* 是最短杆。杆 *BC* 可以做 360°的整周运动，杆 *AB* 和 *CD* 只能做摆动运动，轨迹是一圆弧。

第四种是另一种形式的曲柄摇杆机构，和图 1.7-3 所示的机构有些相似，但是最长边 *CD* 是机架。因为这两种机构相似，在这里就不再进行图示。拉杆机构可以从匀速的旋转输入中获得变速的输出，或者从变速的旋转输入中获得匀速的输出。

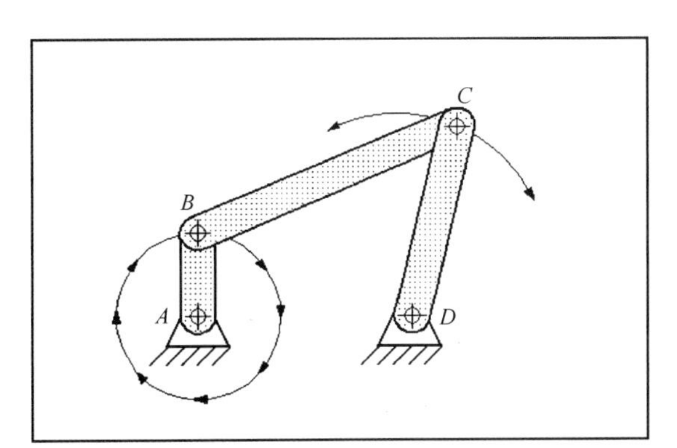

图 1.7-3　曲柄摇杆机构：杆 *AB* 可以 360°旋转，*CD* 杆摆动，*C* 点的轨迹是一端弧，杆 *AD* 是机架。

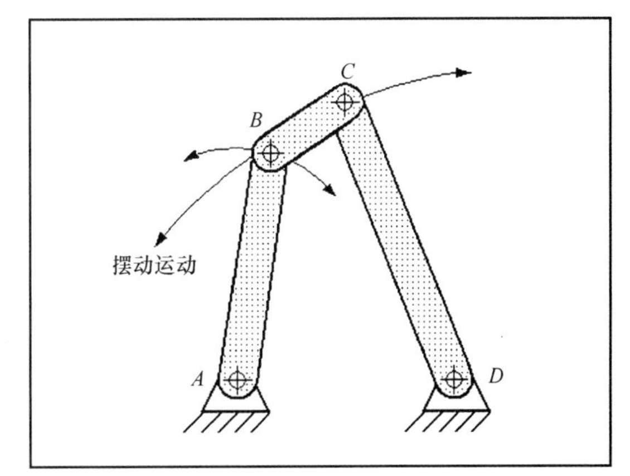

图 1.7-4　双摇杆机构：短杆 *BC* 可以 360°旋转，杆 *AB* 杆 *CD* 只能摆动，端点的轨迹是一端圆弧。

1.7.3 直线生成连杆机构

图 1.7-5 ~ 图 1.7-8 是能沿直线运行的一些典型连杆机构的例子，在许多机器中这一功能得到了广泛应用，特别是在机床中。对于这些机构来说，为了执行相应的工作，每根连杆的尺寸都是十分重要的。

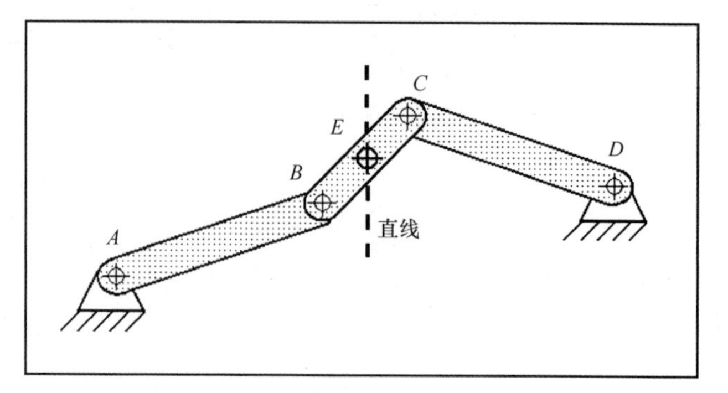

图 1.7-5 瓦特直线生成机构：当驱动 *AB* 杆或 *CD* 杆时，*BC* 杆的中点 *E* 轨迹是直线。

在图 1.7-5 中，瓦特直线生成机构可以在垂直方向上运行一段很短的直线。杆 *AB* 和杆 *CD* 长度相等，分别固定在 *A* 点和 *D* 点。连杆 *BC* 的中点 *E* 在整个过程中的轨迹是一个 8 字形图案，但是在这个过程中，它的轨迹有一小段是直线，因为 *E* 点行程的最高点在左端而行程的最低点在右端。大约在 1769 年，苏格兰机械制造者詹姆斯·瓦特将这个连杆机构应用在蒸汽驱动的泵中，在早期蒸汽动力时代这是一个非常杰出的机构。

如图 1.7-6 所示，斯科特·罗素直线生成机构也可以使一点的轨迹为直线。*AB* 杆在 *A* 点固定，和 *CD* 杆在 *B* 点固定。杆 *CD* 中 *C* 点限制做水平的左右摆动运动。*D* 点的运动轨迹是一条垂直的直线。*A* 点和 *C* 点固定在同一水平面内。如果杆 *AB* 的长度大约是 *CD* 杆长度的 40%，则 *B* 点和 *D* 点之间距离大约是 *CD* 杆长度的 60% 时，这个机构才可以运动。

如图 1.7-7 所示，Peaucellier 直线连杆机构与瓦特直线生成机构、斯科特·罗素直线生成机构相比，在工作行程内可以获得更精确的直线运动轨迹。为使这个连杆机构能够正常工作，*BC* 杆的长度必须与固定点 *A* 和 *B* 之间的距离相等。在图 1.7-7 中，杆 *BC* 是 15 个单位长度，杆 *CD*、*DF*、*FE*、*EC* 等于 20 个单位长度。当杆 *AD* 和 *AE* 移动时，点 *F* 轨迹可以是任意半径的圆弧。但是，通过选定杆 *AD* 和 *AE* 的长度可以限制它的轨迹是一条直线（半径是无限大）。图中它们为 45 个单位长度。这个连杆机构在 1873 年由法国工程师查尔斯·尼古拉斯·波塞里耶（Charles – Nicolas Peaucellier）发明。

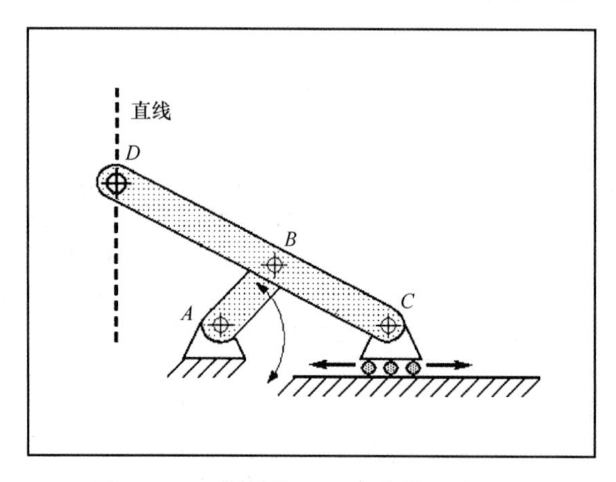

图 1.7-6 斯科特·罗素直线生成机构：当驱动杆 *AB* 摆动时，*DC* 杆上 *D* 点轨迹是一条直线，并且使 *C* 点的滑块左右往复运动。

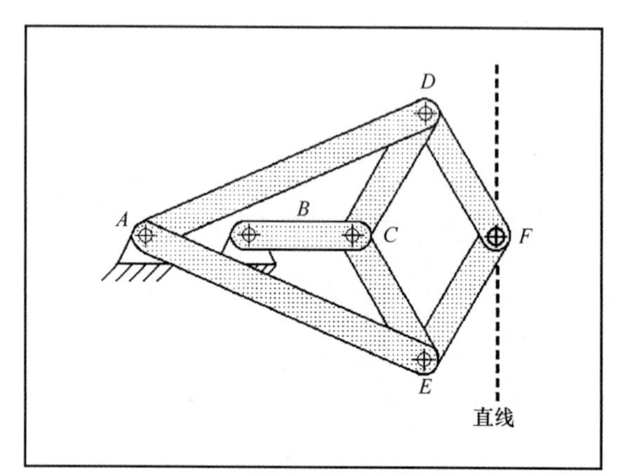

图 1.7-7 Peaucellier 直线连杆机构：当驱动杆 *AD* 或者 *AE* 时，点 *F* 的轨迹是一条直线。

如图 1.7-8 所示的 Tchebicheff 直线生成机构可以获得沿水平方向的直线运动轨迹。在杆 *AB* 和杆 *CD* 从中间向左和右移动时，杆 *CB* 上中点 *E* 大部分运动过程中的轨迹是一条水平直线。前提是机架 *AD* 的长度是 *CB* 杆长度的两倍。当这个机构用于直线生成机构时，*CB* 杆是 10 个单位长度，*AD* 杆是 20 个单位长度，杆 *AB* 和杆 *DC* 是 25 个单位长度。按照上述尺寸比例，当 *CB* 杆运动到左右极限位置时是垂直的。这个连杆机构是在 19 世纪由俄国数学家巴夫尼提·契比切夫（或称切比雪夫）发明的。

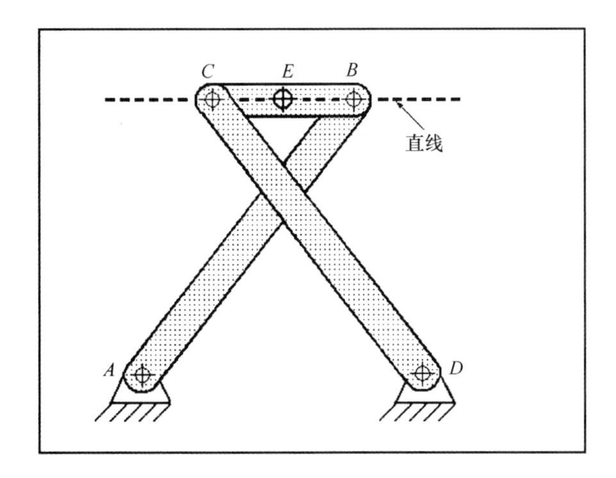

图 1.7-8 Tchebicheff 直线生成机构：当驱动杆 *AB* 或者杆 *DC* 时，杆 *CB* 上点 *E* 的轨迹是一条直线。当运动到极限位置时，杆 *CB* 垂直。

1.7.4 旋转或直线连杆机构

如图 1.7-9 所示，曲柄滑块机构（或者简单的曲柄）将旋转运动变成直线运动，或将直线运动变成旋转运动。杆 *AB* 可以绕它的固定点 360°旋转，*BC* 杆因为 *C* 点处下面有滚轮，限制了它的直线运动而做前后往复摆动。曲柄 *AB* 或者滑块都可以作为驱动。

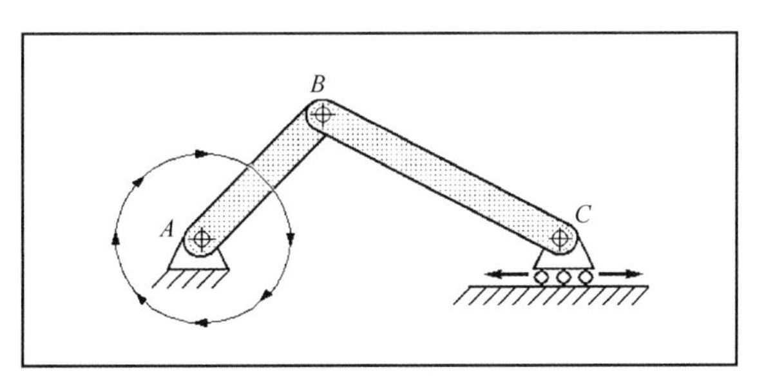

图 1.7-9 曲柄滑块机构：驱动 *AB* 杆可以使曲柄旋转 360°而转变为 *BC* 杆的直线运动，滑块在 *C* 点做往复运动。

这个机构更类似于图 1.1-1 中与内燃机的连杆和曲柄相连的活塞。活塞就是 *C* 点的滑块，连杆就是 *BC*，曲柄就是杆 *AB*。在一个四冲程发动机中，曲柄推动活塞在气缸中运动，使空气与燃料混合；在压缩冲程中，曲柄推动气缸中活塞压缩空气和燃料的混合气。然而，在活塞推动曲柄进行燃烧冲程时，曲柄和活塞起的作用正好相反。最后在排气冲程中曲柄又驱动活塞排气。

如图 1.7-10 所示为苏格兰槽机构，除了它的线性输出运动是正弦函数外，此机构类似于简单的曲柄机构。圆盘 A 为驱动旋转时，其边上的销或者通过轴承与其装配的圆柱滚子在槽 B 中产生转矩，这使得滑杆往复运动，其轨迹是正弦波形。图 1.7-10a 表示的是当圆柱滚子在 270°时滑杆的位置，图 1.7-10b 表示的是当圆柱滚子在 0°时滑杆的位置。

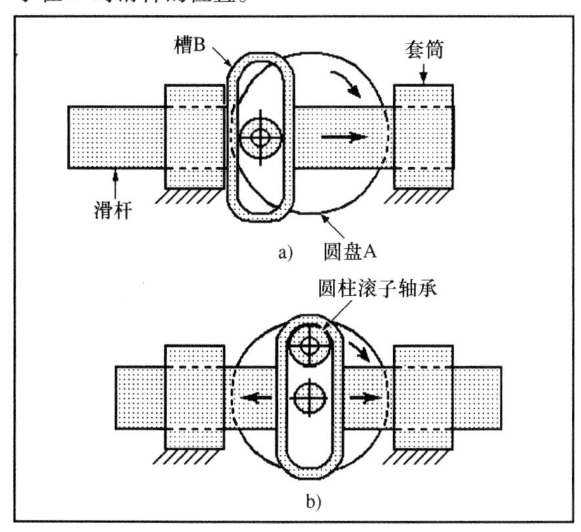

图 1.7-10 苏格兰槽机构能把边上带圆柱滚子的圆盘旋转运动转变为带有滑杆的槽的往复运动，槽内的圆柱滚子在圆盘旋转时会产生力矩。图 a 是框在左侧位置（270°），图 b 是框在中间位置（0°）。

如图 1.7-11 所示，旋转变直线运动机构，它可以把连续的旋转运动转化为间歇性的往复运动。三齿的输入转子与槽或外框的台阶接触，每转一圈对其施加三次力矩，从而推动槽或外框移动。框的直线运动是通过转子转动 30°推动框向左移之后，空转 30°，再推动框向右移来实现的。输入每转一圈将产生往复运动三次，而输出是一个阶梯函数。

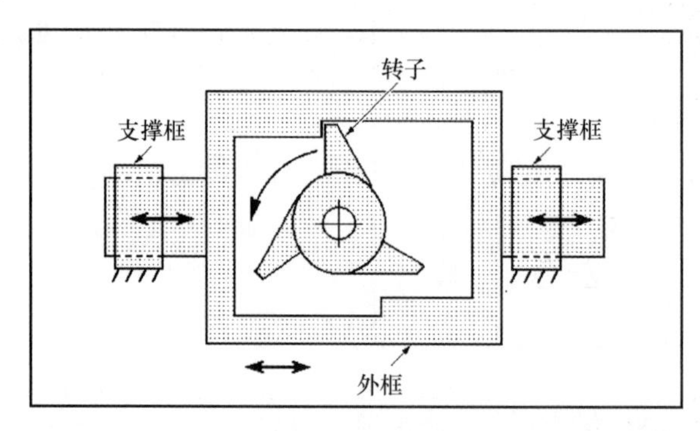

图 1.7-11 旋转变直线运动机构把均匀的三齿转子旋转运动转变为外框和支撑框的往复运动。转子旋转每转一圈将使框产生三次往复运动。

1.8 专用连杆机构

如图 1.8-1 所示，槽轮机构是一种能把连续的转动变为间歇转动的间歇传动装置的例子。驱动轮 *A* 转时带动 *AB* 杆转动，使槽轮 *C* 转动 1/4 圈。当杆 *AB* 上销 *B* 顺时针旋转时，它进入槽轮四个槽其中的一个，销 *B* 在槽中向下运动，在它离开槽之前，它可以使下面的槽轮逆时针旋转 1/4 圈。当轮 *A* 继续顺时针旋转时，它将按顺序进入每一个槽使槽轮完成旋转。如果其中一个槽阻碍运动，销钉将卡在闭合的槽中，只能沿正反两个方向产生部分转动。这个装置用于机械卷簧的手表、钟和音乐盒，防止卷簧过卷。

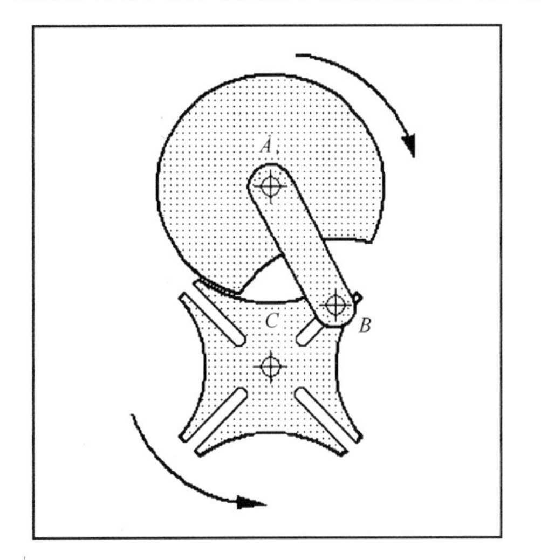

图 1.8-1 槽轮机构：当轮 *A* 顺时针旋转时，在杆 *AB* 上的销钉 *B*（连接在轮 *A* 上）进入槽轮 *C* 的槽中。销 *B* 在槽中向下运动，当它在第一个槽中时，它提供转矩使轮 *C* 逆时针旋转 1/4 圈；然后它按顺序进入剩下的三个槽中驱动轮 *C* 完成逆时针旋转。

如图 1.8-2 所示，急回摇臂机构将旋转运动变为不均匀的往复运动。当杆 *AB* 绕销钉 *A* 旋转 360°时，滑块 *B* 沿 *CD* 杆上下往复运动。*CD* 杆因此左右摆动，形成弧形，*D* 点连接 *DE* 杆，在 *E* 点连接一滑块，先慢慢向右边移动，然后快速向左边移动。

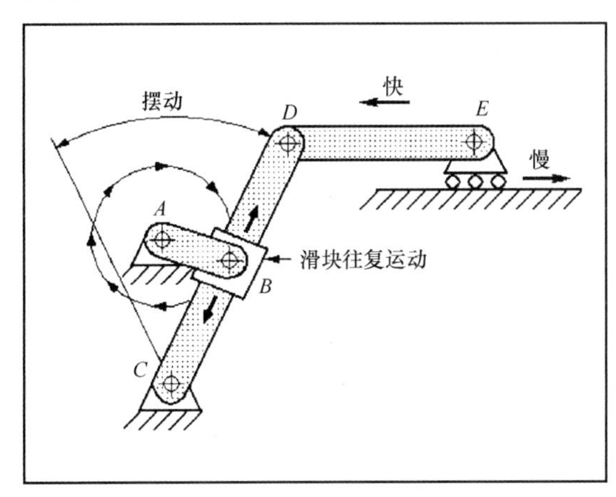

图 1.8-2 急回摇臂机构：当驱动杆 *AB* 绕 *A* 点 360°旋转时，滑块 *B* 沿杆 *CD* 上下往复运动，杆 *CD* 因此左右摆动，形成弧形。从动杆 *DE* 做往复运动，*E* 点滑块在快速向左边移动前，先慢慢向右边移动。

如图 1.8-3 所示，惠氏急回机构可以将旋转运动转变为不连续的往复运动。驱动杆 *AB* 绕销钉 *A* 旋转 360°使滑块 *B* 在杆 *CD* 上前后往复运动，同时杆 *CD* 绕 *C* 点旋转 360°。杆 *DE* 和杆 *CD* 在 *D* 点处用销钉连接，滑块在 *E* 点。在 *E* 点的滑块快速向左运动然后缓慢向右运动。在 19 世纪，英国工程师约瑟夫 · 惠氏发明了这个机构，已被改变成牛头刨床和带机械手切割固定工件的机床。硬的切削刀具连接在机械手的尾部（相当于图中 *E* 点），刀具切削过程运动缓慢，但是在回程时运动迅速。这个过程在金属成形中节省了时间，提高了生产率。

如图 1.8-4 是简单的棘轮机构，它只能顺逆时针方向运动。边缘带有很多齿的棘轮可以逐次地带动杆摆动。当棘轮开始逆时针转动，驱动杆 *AB* 顺时针转动时，在 *B* 点销钉相连的爪 *C* 在一个一个齿上移动，直到爪 *D* 使棘轮停止顺时针转动。相反，当杆 *AB* 驱动棘轮逆时针旋转时，爪 *D* 是打开的，使棘轮可以转动。杆 *AB* 的增量运动直接与螺纹距成比例：小齿会减小转动的角度，大齿会增加转动的角度。图 1.8-4 中轮上齿的接触面是倾斜的，所以在机构受到振动或承受载荷时，它们将不会脱离。一些棘轮机构带有弹簧来保证爪 *D* 与齿一直接触，这样当杆 AB 复位时，轮不会顺时针旋转。

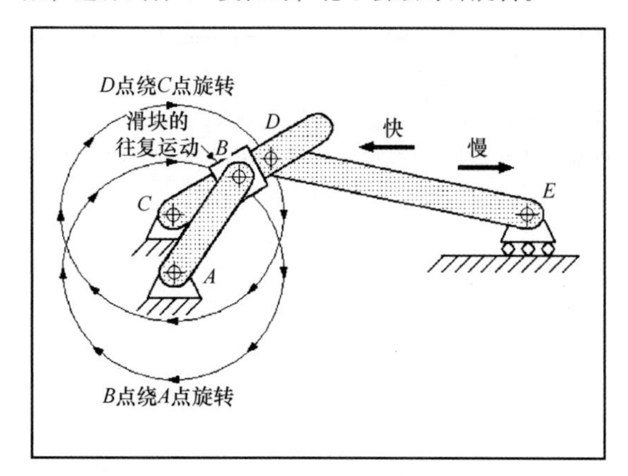

图 1.8-3 惠氏急回机构：驱动杆 AB 绕销钉 A 旋转 360°，使滑块 B 在杆 CD 上前后往复运动，同时 CD 杆绕 C 点旋转 360°。这个运动使杆 DE 摆动，在 E 点的滑块快速向左运动前，先缓慢地向右运动。

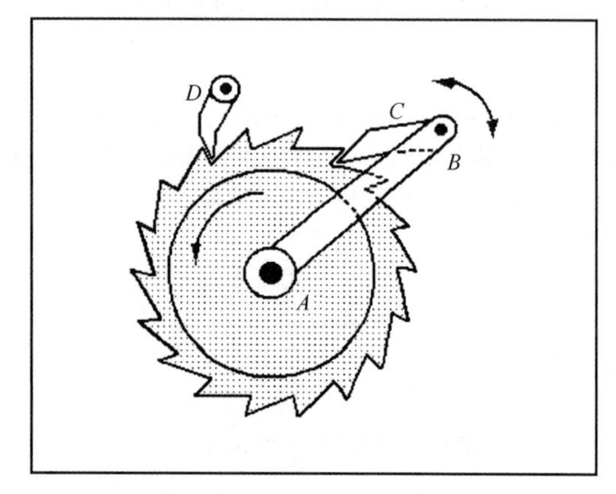

图 1.8-4 这种棘轮机构只可以逆时针方向旋转。当驱动 AB 杆顺时针旋转时，在 B 点销钉相连的爪 C 在一个一个齿上移动，直到爪 D 使棘轮停止顺时针转动。相反，当杆 AB 驱动棘轮逆时针旋转时，爪 D 是打开的，使棘轮可以转动。

1.9 齿轮和齿轮传动

齿轮就是一个在周边加工有均匀大小、相等间隙的齿的轮。齿轮的转动不仅仅传递了运动，而且还传递了它们产生的机械效益。两个以上的齿轮从一个轴到另一个轴上传递运动叫做齿轮链，齿轮传动是带有啮合齿的轮或圆柱的系统。齿轮传动主要应用于传递旋转运动，但是也适用于将往复运动变为旋转运动，或将旋转运动变为往复运动。

齿轮是通用机械部件，用于很多不同的运动传递或者运动控制。以下是一些例子：

1）改变转速。

2）改变旋转方向。

3）改变旋转运动的转角方向。

4）转矩或旋转量的放大或缩小。

5）将旋转运动转变为直线运动，或将直线运动转变为旋转运动。

6）补偿或改变旋转运动的位置。

当一个齿轮与相邻的齿轮啮合时，它的齿可以看作杠杆，然而齿轮可以连续地旋转，而不像一些杠杆在前进一小段距离后需要前后摇摆。齿轮用它的齿数和直径表示。连接动力源的齿轮叫做驱动齿轮，从驱动轮得到动力的齿轮叫做从动齿轮，它总是与驱动齿轮的转向相反；如果两个齿轮的齿数相等，那么它们的转速相等；如果齿数不同，那么齿数少的转速快。啮合齿的大小和外形必须相同。

如图 1.9-1 所示的两个齿轮，在轴 A 末端的齿轮有 15 个齿，在轴 B 末端的齿轮有 30 个齿。驱动小齿轮 A 的 15 个齿将会和大齿轮 B 的 15 个齿啮合，但是，当齿轮 A 转动 1 周时，齿轮 B 只转动 1/2 周。

齿的大小和外形相同时，齿轮的齿数将会决定它的直径。当两个有不同直径和不同齿数的齿轮啮合时，每个齿轮的齿数决定齿轮的比率、速度比率、距离比率和机械效益。在图 1.9-1 中，带有 15 个齿的齿轮 A 是驱动齿轮，带有 30 个齿的齿轮 B 是从动齿轮。齿轮比 GR 由下式决定：

$$\mathrm{GR}=\frac{\text{被驱动轮 } B \text{ 的齿数}}{\text{驱动轮 } A \text{ 的齿数}}=\frac{30}{15}=\frac{2}{1}\ \text{（也可以写成 2:1）}$$

在两个齿轮上的齿数决定了每个齿轮转动的距离和它们的角速度比率或者速度比率。角速度的比率与它们的齿数成反比。因此在图 1.9-1 中的小驱动齿轮 A 的转速将会是大的从动齿轮 B 的 2 倍，速度比 VR 由下式决定：

$$\mathrm{VR}=\frac{\text{驱动轮 } A \text{ 的速度}}{\text{被驱动轮 } B \text{ 的速度}}=\frac{2}{1}\ \text{（也可以写成 2:1）}$$

在这个例子中，载荷是 30 齿的从动齿轮 B，作用力是 15 齿的驱动齿轮 A。载荷作用的距离是作用力的 2 倍。用公式可以算出机械效益 MA：

$$\mathrm{MA}=\frac{\text{载荷}}{\text{作用力}}=\frac{30}{15}=2$$

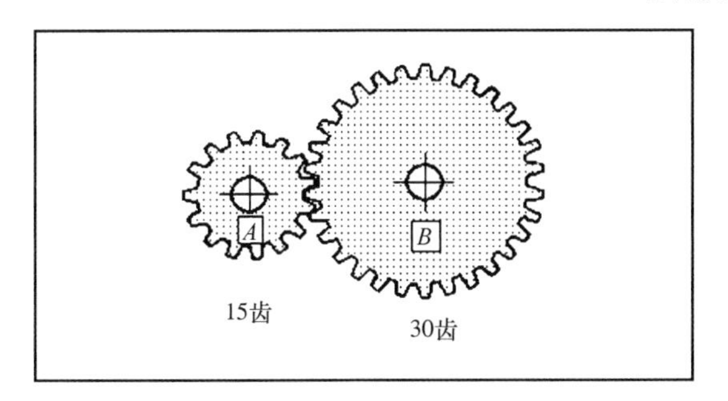

图 1.9-1 齿轮 B 齿数是齿轮 A 的 2 倍，它的转速是齿轮 A 的 1/2，因为转速与它们的齿数成反比。

1.9.1 简单的齿轮传动链

由多个齿轮组成的齿轮传动链可以有多个驱动齿轮和从动齿轮。如果齿轮传动链由奇数个齿轮组成，那么输出齿轮将会与输入齿轮转动方向一致；如果齿轮传动链由偶数个齿轮组成，那么输出齿轮将会与输入齿轮转动方向相反。中间齿轮的齿数不影响整个齿轮传动链的速度比，速度比只受第一个齿轮和最后一个齿轮的齿数影响。

在简单的齿轮传动链中，高或者低的齿数比只能靠大小齿轮的组合得到。在最简单的两个齿轮的传动中，从动轴和从动齿轮与驱动轴和驱动齿轮的转向相反。如果想要两个齿轮和轴的转向相同，那么就要在驱动齿轮和从动齿轮之间加一个惰齿轮。惰齿轮的转向与驱动齿轮的转向相反。

如图 1.9-2 所示为一个简单的齿轮传动链中包含一个惰齿轮。被驱动的惰齿轮 *B* 有 20 个齿，将会逆时针旋转，它的转速将是带有 80 个齿顺时针旋转的驱动齿轮 *A* 的 4 倍。然而，齿轮 *C* 也带有 80 个齿，当惰齿轮每转 4 圈，它顺时针转 1 圈，齿轮 *A* 和 *C* 的转速相等而且它们的转动方向相同。一般来说，一个简单的齿轮传动链中的第一个和最后一个齿轮的速度比是恒定的，不论它们之间安装了多少个齿轮。

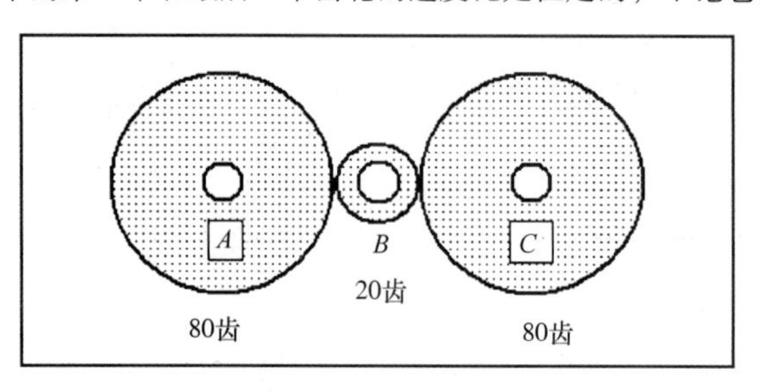

图 1.9-2 齿轮传动链：当齿轮 *A* 顺时针旋转 1 圈时，齿轮 *B* 将逆时针旋转 4 圈，齿轮 *C* 也将顺时针旋转 1 圈。齿轮 *B* 改变了齿轮 *C* 的转向，使齿轮 *A* 和齿轮 *C* 的转向相同，转速也相等。

1.9.2 复合齿轮传动链

很多复杂的复合齿轮传动链可以在严格限定的空间内通过在同一个轴上的大小齿轮的组合来实现高或低的齿数比。在这种方式中，通过齿轮传动链可以使相邻齿轮的齿数比成倍数增加。图 1.9-3 所示的一组复合齿轮传动链中齿轮 *B* 和齿轮 *D* 安装在中间轴上。它们的转速相同，因为它们被安装在一起。如果齿轮 *A*（80 齿）顺时针以 100r/min 的转速旋转，那么齿轮 *B*（20 齿）将会以 400r/min 的转速逆时针旋转，因为它们的转速比是 1:4。因为齿轮 *D* 的转速也是 400r/min，并且它和齿轮 *C* 的转速比是 1:3，所以齿轮 *C* 将会以 1200r/min 的转速顺时针旋转。复合齿轮传动链的速度比可以通过所有啮合齿轮的速度比相乘来计算。例如，驱动齿轮有 45 个齿，从动齿轮有 15 个齿，那么速度比就是 45/15 = 3/1。

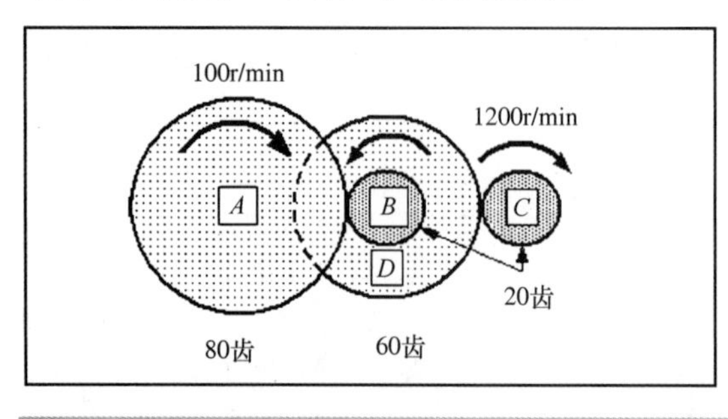

图 1.9-3 复合齿轮传动链：两个齿轮 *B*、*D* 固定在中间轴上，它们的转速相同。如果齿轮 *A* 顺时针以 100r/min 的转速旋转，那么齿轮 *B*、*D* 将会以 400r/min 的转速逆时针旋转，而齿轮 *D* 使驱动齿轮 *C* 以 1200r/min 的转速顺时针旋转。

1.9.3 齿轮的分类

所有的齿轮都可以分为外齿轮或者内齿轮，外齿轮是齿在齿轮轮盘的外表面的齿轮；内齿轮是齿在齿轮轮环内表面的齿轮。

直齿圆柱齿轮是圆柱形外部带有齿的齿轮，这些齿轮的齿与齿轮的横向剖面垂直或齿廓与旋转轴线平行。如图 1.9-4a 所示，直齿圆柱齿轮是最简单的齿轮，它们一般在两个平行轴之间传递转动。如图 1.9-4b 所示，内齿轮是将齿切在圆环的内侧而不是外侧的一种圆柱齿轮。内齿轮通常驱动小齿轮或者被小齿轮驱动。简单的直齿圆柱齿轮的缺点在于它有产生推力的倾向，使啮合齿轮的各自轴线不重合，从而减小了啮合齿轮的宽度，减小了它们的配合面。

如图 1.9-4c 所示的齿条的齿分布在平面的相同方向而不是分布在轮盘的周边。它可以将圆周运动转化为直线运动而不是圆周运动。齿条的功能相当于直径无限大的齿轮。

小齿轮是带有很多小齿的可以和齿条啮合的齿轮。

如图 1.9-4c 所示的齿轮齿条，将旋转运动转化为直线运动；当它们啮合在一起时，可以将小齿轮的旋转运动转化为齿条的往复运动，或者将齿条的往复运动转化为小齿轮的旋转运动。在一些系统中，小齿轮在一个固定的位置旋转使齿条移动；这种方式被用于车辆的转向装置中。还有一种方式，就是使齿条固定，让小齿轮在齿条上上下地移动，缆索铁路就是用的这种驱动机构；在机车上的驱动齿轮使齿条在两个轨道上运动从而推动车上斜坡。

如图 1.9-4d 所示的锥齿轮，在圆锥周边有直齿，可以在相交的轴线上啮合，特别是输入轴与输出轴相互垂直时。这种齿轮包括最普通的直齿锥齿轮、弧齿锥齿轮，还有斜角和准双曲面齿轮。

直齿锥齿轮是最简单的锥齿轮。当它们啮合时，它们的齿是瞬时的线接触。这些齿轮能够传递适当的力矩，但是它们不像弧齿锥齿轮那么平稳，因为直齿锥齿轮是线接触。直齿锥齿轮可以承受中等载荷。

弧齿锥齿轮的齿是弯曲和倾斜的。由于齿轮螺旋角的曲率，可以有大幅度的轮齿的重叠。因此，在旋转的过程中轮齿可至少两个齿同时接触。它们每个齿承受的载荷比直齿圆柱齿轮更小，转速可以是直齿圆柱齿轮的 8 倍。弧齿锥齿轮有高的承受载荷能力。

等径直角锥齿轮和带有相等齿数锥齿轮啮合，用于输入轴与输出轴之间呈 90°的传动。准双曲面齿轮是弧齿锥齿轮，用于两轴垂直但不相交的情况。它们一般用于连接汽车后轴的驱动轴，经常被错误地称为螺旋齿轮装置。

斜齿轮是圆柱体周边的齿与轴线成一定角度切出，而不是平行于轴线的齿轮。如图 1.9-4e 所示的斜齿轮，对轴线轮齿补偿了一定角度以至于使它们以螺旋的方式绕在轴上。斜齿轮倾斜的齿使它们传递运动比直齿圆柱齿轮更平稳，能驱动重载荷，因为是以锐角而不是 90°啮合的。螺旋齿轮轴是平行的，它们被称为平行螺旋齿轮，当它们成直角时叫做斜齿轮。人字齿轮和蜗轮蜗杆就是基于斜齿轮的几何形状命名的。

如图 1.9-4f 所示，人字齿轮或者双螺旋齿轮是呈 V 形的斜齿轮，左边一个斜齿轮，右边一个斜齿轮面对面地放在一起，横跨齿轮表面。这个几何形状可以中和螺旋齿的轴向推力。

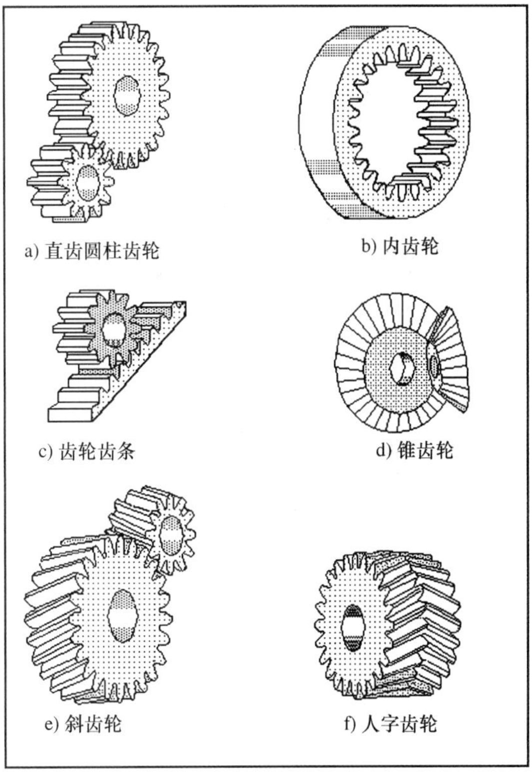

a) 直齿圆柱齿轮　b) 内齿轮　c) 齿轮齿条　d) 锥齿轮　e) 斜齿轮　f) 人字齿轮

图 1.9-4　齿轮类型：常见类型的齿轮和齿轮副。

蜗轮蜗杆机构，也被叫做螺旋齿轮，是另一种斜齿轮。蜗轮有一个长而细的圆柱带，有一个或多个连续的与螺旋齿轮啮合的螺旋齿。蜗轮齿轮的齿能滑过从动轮的齿而不像斜齿轮那样直接产生压力。蜗轮蜗杆被广泛用于成 90°的两轴传递重要的低速旋转。

端面齿轮是直齿表面，但是它们的平面位于与轴线垂直的位置。它们的啮合是瞬时的点接触。这些齿轮用于垂直轴的驱动，但是它们的承载能力低。

1.9.4　实用的齿轮装置

如图 1.9-5 所示为特殊行星齿轮结构的轴测图。外部驱动器直齿圆柱齿轮（右下）驱动外圈的直齿圆柱齿轮（中心），反过来，驱动三个内部行星直齿圆柱齿轮；它们将转矩传递到从动齿轮（左下）。同时，中央行星直齿圆柱齿轮产生叠加运动，小齿轮（右上）齿轮和齿条啮合，齿条连接了一个凸轮机构（右中）。

如图 1.9-6 所示为单向传动的齿轮传动图。不管输入轴 A 的转动方向如何，输出轴 B 一直沿同一个方向旋转。输出轴 B 的角速度与输入轴 A 的角速度成正比。在轴 A 上的直齿圆柱齿轮 C 的齿面宽度是在轴 B 上直齿圆柱齿轮 F 和 D 的 2 倍。直齿圆柱齿轮 C 和惰轮 E、直齿圆柱齿轮 D 啮合。惰轮 E 和直齿圆柱齿轮 C 和 F 啮合。输出轴 B 带有两个可以空转的齿轮 G 和 H，

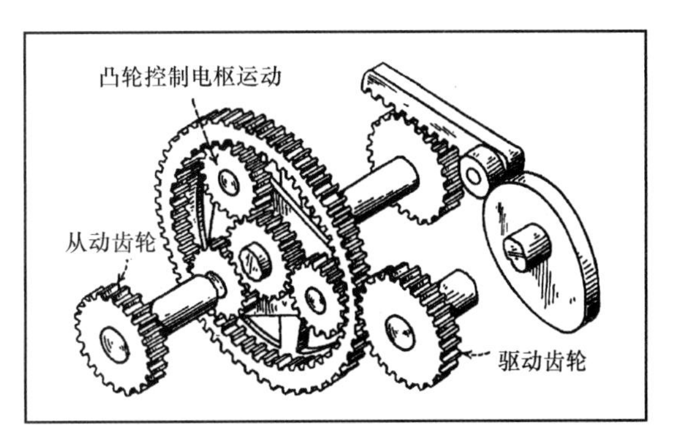

图 1.9-5　特殊行星齿轮结构：这里说明的啮合齿轮的相对运动原则可以用于行星齿轮系统中的直齿圆柱齿轮。中间行星齿轮的运动是叠加运动。

它们是单向旋转的。

当输入轴 A 顺时针旋转时（粗箭头方向），直齿圆柱齿轮 D 逆时针旋转，它不驱动圆盘 H。同时，惰轮 E 也逆时针旋转，驱动直齿圆柱齿轮 F 顺时针旋转，驱动圆盘 G 旋转。因此，轴 B 顺时针旋转。另一方面，如果输入轴 A 逆时针旋转（虚线箭头方向），直齿圆柱齿轮 F 将不会带动圆盘 G，而直齿圆柱齿轮 D 将会带动圆盘 H，它将会驱动轴 B，轴 B 继续顺时针旋转。

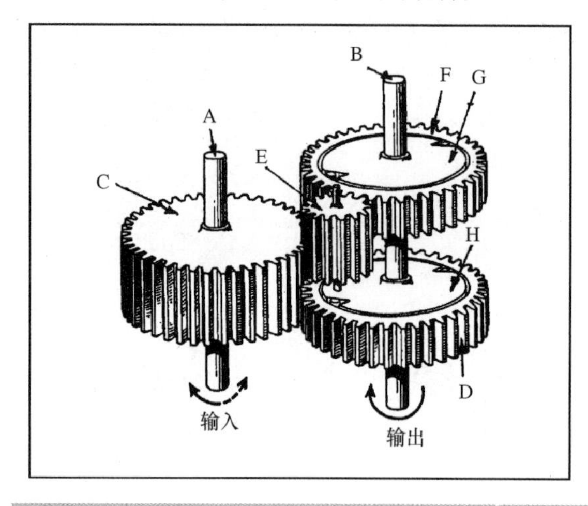

图 1.9-6　不管输入轴的转动方向如何，单方向的输出轴一直沿相同方向旋转。

1.9.5　齿轮齿形

如图 1.9-7 所示齿形的形状，由齿距、齿深、啮合角确定。

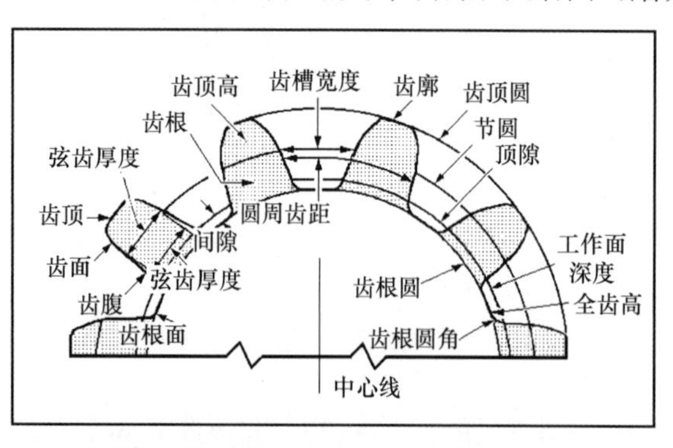

图 1.9-7　齿轮齿形。

1.9.6　齿轮术语

齿顶高：齿顶圆和节圆之间的径向距离。它的单位是英寸或毫米。

齿顶圆：直径为齿轮外直径的圆。

圆周齿距：节圆上从一个齿的一点到相邻齿同一点的距离，它是齿厚和齿槽宽度的和。它的单位是英寸或毫米。

顶隙：齿根面和顶隙圆之间的径向距离。它的单位是英寸或毫米。

重合度：接触齿的数目和不接触齿的数目的比率。

齿根：节圆和齿根圆之间的径向距离。它的单位是英寸或毫米。

齿根圆：通过齿轮齿根面的圆。

深度：对于节距有很多标准定义。全齿高齿轮深度是工作面深度的 2/P。如果齿轮有相同的齿顶高（标准的可互换齿轮），那么齿根是 1/P。全齿高齿轮比短齿齿轮有更大的接触比率，它们的工作深度大约比短齿齿轮多 20% 以上。在啮合期间，齿数比较少的齿轮需要进行切割，以与另一个齿轮产生干涉。

径节（*P*）：齿数和节圆直径的比率。它衡量一个齿轮齿的分布，是齿轮尺寸的指数，当使用美制单位时，单位是 1/英寸。

齿距：当一个标准的齿距用径节（*P*）来进行衡量时，其通常是一个整数。粗齿齿轮有齿轮径节大于 20 的齿（通常是0.5～19.99）。细齿齿轮通常也有齿轮径节超过20的齿。通常最大的精密齿轮的径节是120，但是渐开线齿轮可以使径节达到200，摆线齿轮可以使径节达到35。

节圆：一个理论上的圆，所有齿轮的计算都是基于这个圆来进行的。

节圆直径：节圆的直径是假想的圆的直径，在这个圆上啮合齿轮只有滚动，没有滑动，以英寸或者毫米做计量单位。

压力角：在齿廓和垂直于节圆的一条直线之间的夹角，通常在节圆和齿廓的交点处。标准的压力角是20°和25°。它对啮合齿轮之间的作用力产生影响。大的压力角会减小接触比，但它允许齿具有更高的承受载荷能力，允许齿轮的齿更少并且没有根切。

1.9.7 齿轮动力学术语

侧隙：在节圆上齿轮的间隙超过齿轮齿厚度的长度。它是相邻齿的非接触表面的最短距离。

齿轮的效率：输出和输入的比率，能量损失在齿轮、轴承、偏差和齿轮搅拌润滑液上。

齿轮的功率：齿轮的承载和速度能力。它取决于齿轮的规格和类型。螺旋式齿轮功率能达到22380kW，弧齿锥齿轮大约是3730kW，蜗轮蜗杆大约是559.5kW。

齿数比：在一副齿轮中，大齿轮上的齿数被小齿轮齿数除（一对啮合齿轮的小齿轮）。它也是小齿轮的速度和大齿轮速度的比率，还是在减速齿轮传动中，输入速度和输出速度的比率。

齿轮的速度：取决于节圆的速度。提高轮齿的精确度和所有旋转零件的平稳性可以增加齿轮的速度。

根切：在齿轮齿面根部切割一部分提高间隙。

1.10 滑轮和传动带

滑轮和传动带可以将旋转运动从一个轴传递到另一个轴。从本质上说，滑轮就是不带齿的齿轮，靠摩擦力带动传动带、链、绳、缆来传递转矩。如果两个滑轮直径相同，那么它们将会以相同的速度旋转。但是，如果一个滑轮比另一个滑轮大，那么就可以得到不同的机械效率和速度比。和齿轮一样，滑轮的速度与它们的直径成反比。如图 1.10-1 所示为一个大的滑轮通过传动带驱动一个小的滑轮。小滑轮的转速比大滑轮大，它们的转向相同。如图 1.10-1b 所示，如果传动带交叉放置，小滑轮还是比大滑轮转速快，但是转向相反。

以传动带和滑轮为例，可以应用于汽车冷却风扇驱动器。第一个光滑的滑轮连接到发动机曲轴上传递转矩到第二个光滑的滑轮上，而第二个滑轮通过加强橡胶传动带冷却风扇连接，用强力橡胶材质的传动带连接。在可靠的工业直驱电动机出现前，各种各样的工业机器都配有不同直径的滑轮，通过传动带连接，通过架空驱动轴驱动。在同一台机器上通过切换不同直径的带轮来实现速度的变化。该类机器包括车床、铣床、锯木厂的圆盘锯、纺织厂的织机、粮食加工厂的研磨轮，动力的来源可能是水车、风车或蒸汽机。

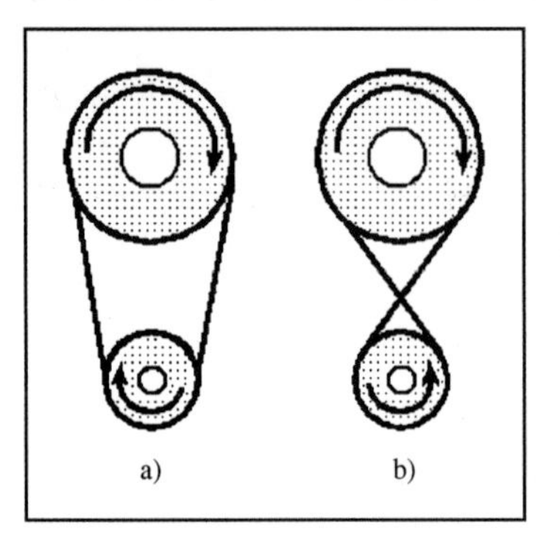

图 1.10-1 在滑轮上的传动带：通过传动带，两个滑轮沿同一个方向旋转（a），通过交叉的传动带，两个滑轮的转向相反（b）。

1.11 链轮和链条

链轮和链条提供了另一种将旋转运动从一个轴传递到另一个轴上的方法，它能传递传动带的摩擦力传递不了的动力。链条连接的不同直径的链轮的速度关系和传动带连接的滑轮相同，如图 1.10-1 所示。如果链条交叉，链轮将会沿相反方向旋转。自行车就是链轮和链条驱动，在链轮上的齿和链条啮合。在大型轮船上的绞车也是用链轮，通过齿和链条啮合，使锚升起。另一个例子是应用在有履带的设备上，包括推土机、起重机和坦克。灵活的踏板控制齿和驱动链轮的齿啮合来推动这些机器。

1.12 凸轮机构

凸轮是一种通过直接接触将运动传递给从动件的机械零件。在凸轮机构中，凸轮是驱动件，被驱动的零件叫做从动件。从动件可以保持不动、平移、振荡或旋转。一般形式的凸轮机构平面图如图 1.12-1 所示。它由两个有光滑、圆形或细长表面的单元 A、B 和与它们接触的第三个物体 C 组成。不论 A 还是 B 来驱动，另一个都随着运动。A、B 可以由等效的物体代替。点 1 和 2 是表面曲率的中心。如果 A、B 的位置有变动，点 1 和 2 也变化，等效机构的杆长也会不同。

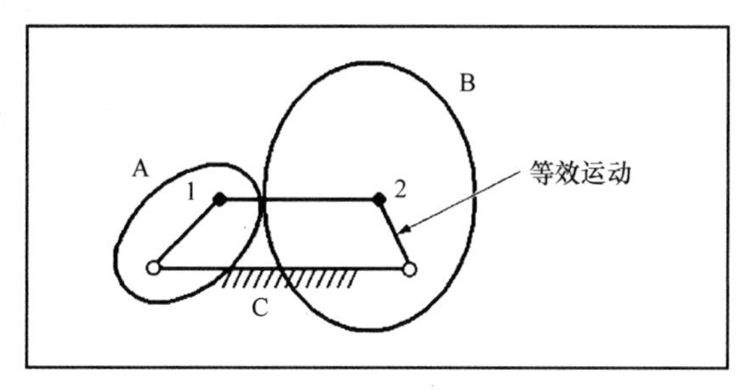

图 1.12-1 凸轮机构和它的等效机构。点 1、2 是接触点的曲率中心。

如图 1.12-2 所示的是一种广泛使用的开放式径向凸轮机构。滚轮从动件是最普遍地应用于这类机构中的从动件，因为它能有效地在凸轮和从动件之间传递能量，减小了它们之间的摩擦和磨损。此处所示的装置叫做重力约束凸轮；它是简单而有效的，在从动件系统的重量足够保持和凸轮轮廓接触时，可以和转盘或凸轮一起使用。但是，在大多数实际的凸轮机构中，凸轮和从动件用预加载压缩弹簧在所有运行速度下均进行限位。凸轮的设计有以下三个方法：

采用某已知的曲线，例如螺旋形、抛物线或者圆设计凸轮。

采用数学方法设计凸轮，确定从动件的运动，做出图表来设计凸轮。

采用不同的曲线手绘凸轮轮廓。

第三种方法可以用平滑的曲线设计低速运动的凸轮。如果有更高负载、质量、速度或物体有弹力，那么就要做关于凸轮曲线动力学方面和凸轮制造精确性问题的详细研究。

许多种不同的机械使用凸轮，特别是那些自动运行的机器，如印刷机、纺织机、齿轮切割机、螺杆机。凸轮控制内燃机阀门的开关，引导机床上的切削刀具，操纵电控设备上的开关。凸轮可以做成无数种类的外形，材料也不限，金属、硬塑料都可以。尽管电子凸轮发明后可以利用适当的电脑软件模拟凸轮机构的功能，但是凸轮机构的应用还是很广泛的。

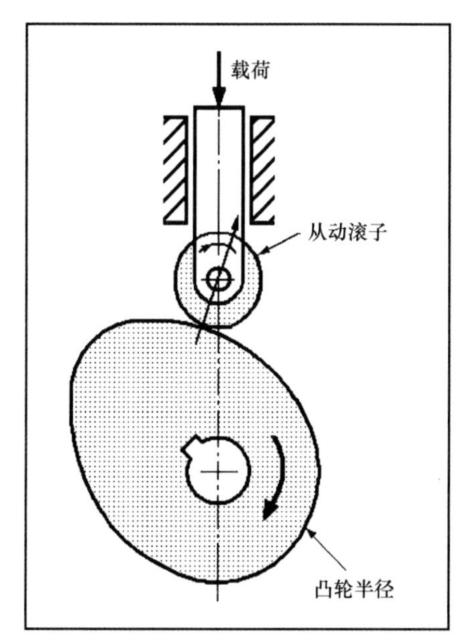

图 1.12-2 径向开放的凸轮通过从动滚子传递运动。用一定的载荷来保持滚子和凸轮接触。

1.12.1　凸轮机构的分类

凸轮机构可以根据输入或者输出的运动、从动件的类型和安装、凸轮的形状来进行分类，也可以根据从动件所做的运动和凸轮轮廓特点来分类。常见的凸轮根据输入输出运动不同可能的分类如图 1.12-3a ~ e 所示；它们都是旋转凸轮带有平行移动的从动件的例子。相比之下，图 1.12-3f 中从动件是带有滚轮的杆，在凸轮旋转时，杆以特定的弧线绕固定点摆动或振荡。在图 1.12-3a ~ d 中根据它们的特性命名从动件的构造：a 刀口；b、e、f 滚轮；c 平面；d 球形面。平面的从动件可以相对于凸轮倾斜。从动件随着凸轮的外形上下运动或者从一边移动到另一边。

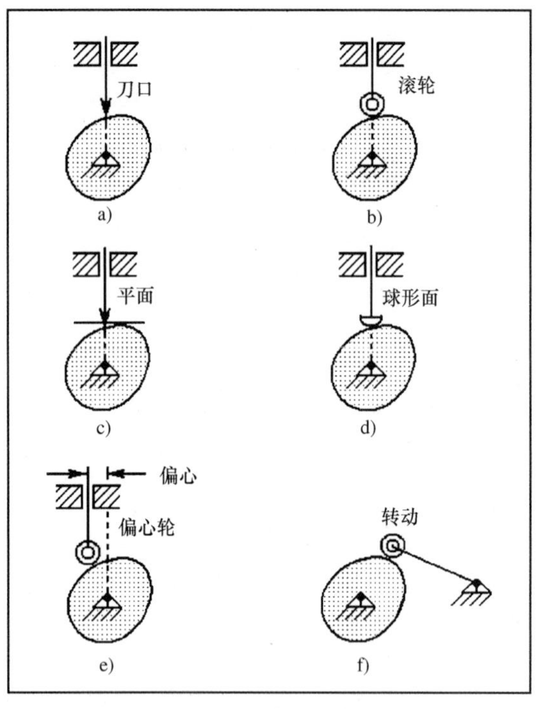

图 1.12-3　凸轮结构：6 种不同结构的径向开口凸轮以及它们的从动件。

有两种基本类型的从动轮：同心和偏心。同心从动件的中心线通过凸轮轴线。五个从动件在垂直于凸轮旋转轴线的平面内运动。相反，偏心从动件的中心线不通过凸轮轴线，如图 1.12-3e 所示。偏移量是两中心线的水平距离。偏心减小了从动件滚轮产生的侧推力。图 1.12-3f 中平移或摆动的从动杆必须受限保持一直和凸轮轮廓接触。

最常见的凸轮可以制造成各种各样的形状，包括偏心圆的、鸡蛋形的、椭圆形的或心形的。大多数凸轮都安装在旋转的轴上。如果凸轮的轮廓确定的运动是正确的，那么就要保持凸轮和从动件在所有运动中一直接触。采用加弹性载荷的方式来保持从动件和凸轮的轮廓接触，当然也可利用重量。

当预计凸轮机构将受到严重的冲击或振动时，可以采用槽盘形凸轮，如图 1.12-4 所示。凸轮的轮廓铣成带沟槽的圆面，从而当凸轮旋转时从动件能够很好地限制在沟槽的壁上。沟槽能保证凸轮旋转时从动件一直被局限于其内。也可以把沟槽铣在圆柱圆筒的外表面形成圆筒形或桶形凸轮，如图 1.12-5 所示。这种凸轮的从动件可以平动也可以摆动。类似的，可以把沟槽铣在圆锥的外边缘形成开槽圆锥凸轮。

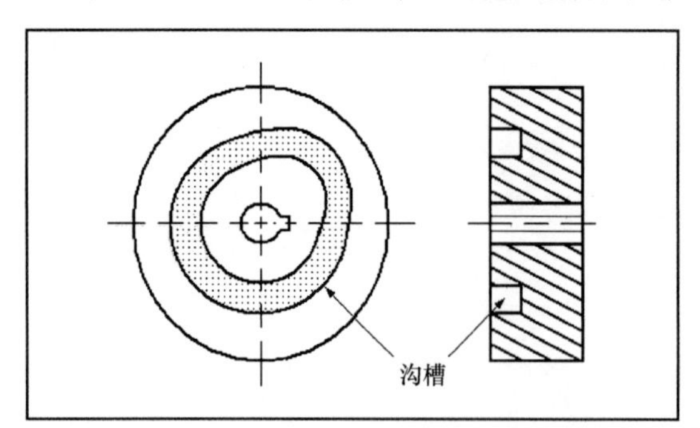

图 1.12-4　将金属或硬塑料制成的凸轮轮廓铣削出沟槽形成槽盘形凸轮。从动件限制在槽深内，就可以代替弹性载荷。

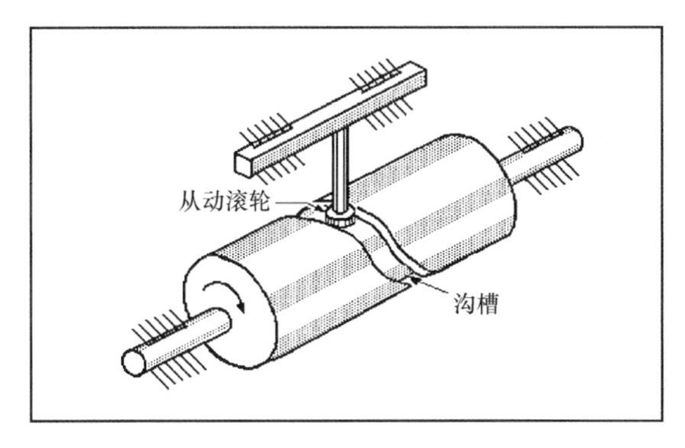

图 1.12-5 圆筒形或桶形凸轮：由于在圆柱周围有深的沟槽轮廓，使从动滚轮能精确地在沟槽中运动。

相比之下，桶形端面凸轮在一端有铣削出的轮廓，如图 1.12-6 所示。这种凸轮转动时其从动件也可以平动或摆动，但是从动件系统要精确地控制运动，因为从动件没有限制在沟槽中。另一种不同形式的凸轮是平动凸轮，如图 1.12-7 所示。它通常固定在机床或者载重架上，在一条直线上前后往复运动，其从动件垂直放置，平行移动，一般带有滚轮。但是，当从动系统限制在凸轮边缘直线往复运动时，凸轮也可以固定住保持静止。

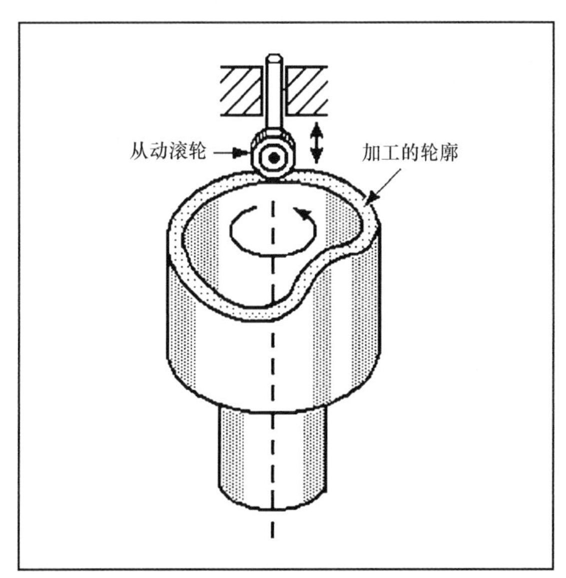

图 1.12-6 端面凸轮：在这个旋转的柱形凸轮的一端，从动滚轮沿其加工面运动。

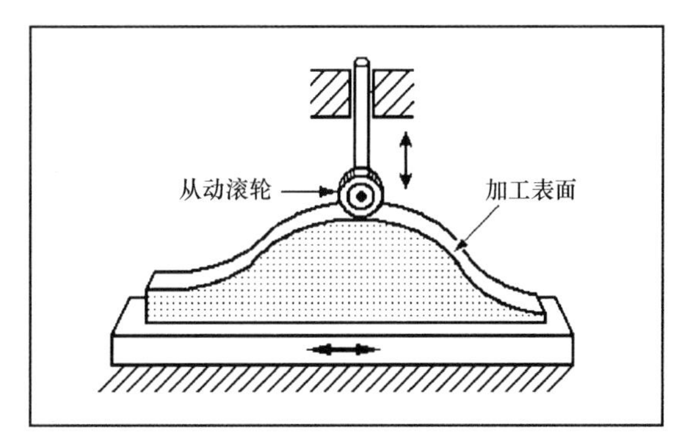

图 1.12-7 平动凸轮：凸轮前后移动，从动滚轮沿凸轮轮廓往复运动。

如图 1.12-8 所示的独特的双旋转凸轮是等径凸轮，它带有两个同样的凸轮，在同一个轴上相距固定的距离安装从动件，但是凸轮互成一定角度，以至于可以使它们的轮廓叠加形成一个直径恒定的虚拟的圆。凸轮 1 实现运动而凸轮 2 是限制轮，能有效地抵消单一凸轮和从动件旋转时的不规则变形。

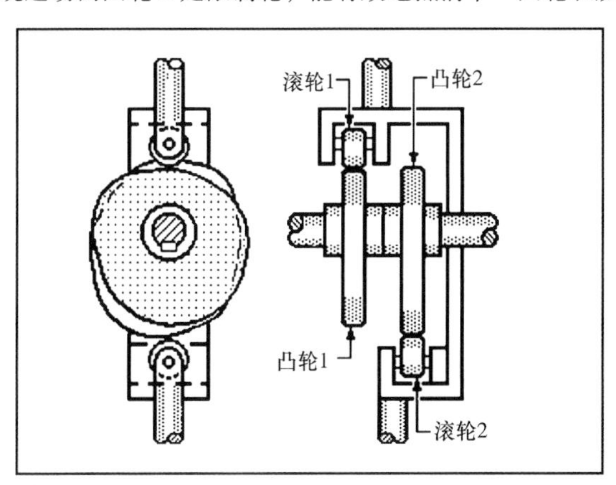

图 1.12-8 等径凸轮：两个相同的凸轮 1 和 2，安装在同一个轴上，互成一定角度形成一个虚拟的直径恒定的圆。带有从动件 1 的凸轮 1 的作用是实现凸轮功能，带有从动件 2 的凸轮 2 起到使凸轮 1 平稳运动的作用。

所有这些凸轮机构从动件的运动都可以通过改变凸轮轮廓得到不同的结果。轮盘和圆柱凸轮的转速可以通过改变凸轮轴的旋转速度实现。将从动系统安装在床身上，凸轮传递顺序的调整可以通过改变床身往复运动速比来完成。从动滚轮的旋转不影响任何凸轮机构的运动。

1.12.2 凸轮术语

图 1.12-9 中表示的是径向开放式凸轮和滚轮从动杆。

基圆：以凸轮轮廓上一点到凸轮中心的最短距离为半径的圆。

凸轮轮廓：加工的凸轮外表面。

行程：对于凸轮从动滚轮来说，当它从基圆开始沿凸轮轮廓运动时，从动滚轮中心经过的垂直距离。

运动过程：凸轮旋转一周，从动件经过推程、休止、回程。推程是以动件远离凸轮中心；休止是从动件在其位置停留不动；回程是从动件向凸轮中心运动。

凸轮理论廓线：当从动件绕固定的凸轮旋转时，对从动滚轮来说，其中心点产生的运动轨迹即为凸轮理论廓线。

压力角：对于凸轮的从动滚轮来说，压力角是滚轮任一点上凸轮理论轮廓法线与从动滚轮瞬时运动方向之间的夹角。

参考圆：对于凸轮的从动滚轮来说，参考圆是以从凸轮中心到凸轮理论廓线最短处为半径的圆。

行程或摆幅：在从动件平移或旋转时最长的距离或最大的摆角。

工作曲线：凸轮接触从动件的工作表面形成的曲线。对于凸轮的从动滚轮来说，它是滚轮中心绕凸轮轮廓运动形成的曲线。

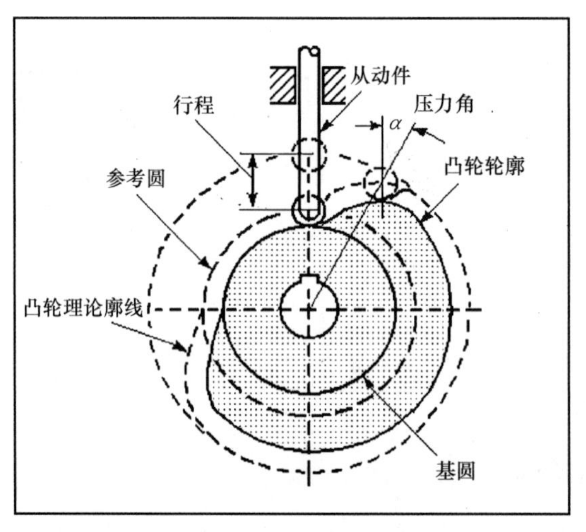

图 1.12-9 凸轮专业术语：图示是工业上常用的代表凸轮特征的一些专业术语。

1.13　离合机构

离合器被定义为连接和断开机器的驱动和被驱动部分的机械，例如连接和断开发动机和它的传动装置。离合器一般有一个驱动轴和一个从动轴，可分为外部控制和内部控制。外部控制离合器可以靠表面摩擦或者元件之间的摩擦实现。内部控制离合器靠内部机构或设备实现，进一步分类为过载、重载和离心 3 种。有很多方案实现驱动轴控制从动轴。

1.13.1　外部控制摩擦离合器

1）**摩擦片式离合器**：如图 1.13-1 所示，这种离合器有一控制杆，当拉动控制杆时，可以拉动驱动轴上的滑盘接合同一个轴上的旋转摩擦片，从而驱动相关齿轮，实现驱动作用；反向运动时控制杆使滑盘脱离摩擦片。摩擦面可以设计在任意盘上，一般设计一个摩擦面即可。

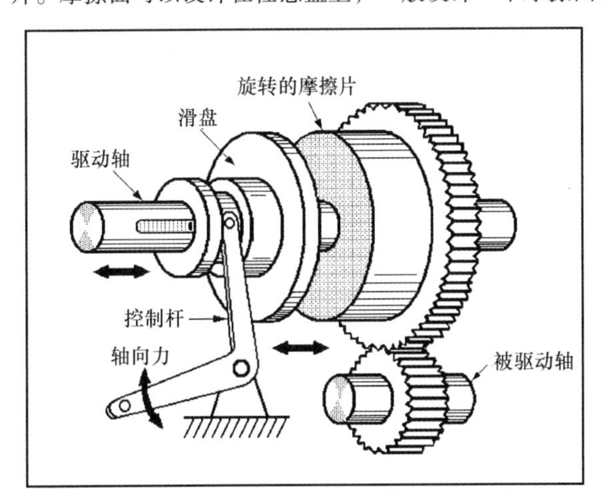

图 1.13-1　摩擦片式离合器：当在驱动轴上左边的滑盘被控制杆拉动和驱动轴右边的摩擦片接合时，能量通过驱动轴靠摩擦传递到摩擦片上。在摩擦片上的轮齿与固定在从动轴上的齿轮啮合时，将能量传递到从动机构。离合器的力矩取决于控制杆所施加的轴向力。

2）**锥形离合器**：除了控制杆控制驱动轴上的滑动锥形盘结合同一个轴上的锥形旋转摩擦片实现控制外，锥形离合器原理与摩擦片式离合器原理相同，也是驱动相关齿轮，实现驱动作用。摩擦面可以设在任意锥形盘，但一般只在滑动锥形盘表面。

3）**多盘离合器**：除了控制杆驱动连杆使几个摩擦片径向向外，从而和从动轴表面接合实现控制外，其原理与摩擦片式离合器原理相似。

1.13.2　外部控制刚性离合器

1）**爪式离合器**：除了控制杆在驱动轴上提供一个滑动爪与从动轴上对应的爪实现正向接合外，它与片式离合器相似。

2）另一种外部控制的刚性离合器的实例是行星齿轮离合器，它由和驱动轴键连接的太阳轮、两个行星轮和一个外驱动轮组成。棘爪和棘轮离合器由控制爪和与从动轴键连接的棘轮组成。

1.13.3　内部控制离合器

内部控制离合器靠弹力、力矩和离心力实现。举例来说，当力矩很大时，弹簧和球径向制动离合器不能接合，当驱动轴停止转动时，允许驱动齿轮继续转动。缠绕弹簧离合器由两个分离的转动轮毂组成，两个轮毂靠螺旋形弹簧连接。当被向右方向驱动时，弹簧在轮毂上缠绕并收紧，增加了离合器的摩擦夹紧力。但是，如果被向反方向驱动时，弹簧松开，允许离合器滑动。

除了弹簧控制摩擦片至驱动轴达到预定的速度外，多盘离心式离合器与外部控制多盘摩擦片式离合器原理相似。在一定速度下，离心力驱动摩擦片径向向外移动，可以让驱动轴与从动轴接触。当驱动轴速度继续增加时，摩擦片的压力也增加，因此增加离合器的力矩。

如图 1.13-2 所示为超越离合器，它是一种特殊的凸轮机构，所以又叫凸轮滚子离合器。在驱动凸轮 A 的边缘有楔形缺口，在 A 的外表面和从动轮 B 的圆柱形内表面可以放入滚子。当驱动轮 A 顺时针旋转时，摩擦力使滚子紧紧地楔入缺口，带动从动轮 B 顺时针方向旋转。但是，如果从动轮 B 逆时针旋转或者顺时针旋转的速度大于驱动轮 A（无论运动还是静止），滚子都会松开，离合器将会滑移，不传递力矩。这种离合器的一些结构是在凸轮表面和滚子之间装有弹簧，当从动环 B 试图克服残余摩擦来驱动凸轮 A 时，离合器可以确保更快的离合运动。这种离合器的另一种结构是驱动自行车后轴的基本自由轮机构。

一些低成本轻型的超越离合器用于单方向传递力矩，并且带有沿心形散布的小球，它叫作带有圆柱滚子的斜撑离合器。这种设计可以用圆柱内部驱动代替凸轮驱动。如果想用环来对驱动轴驱动，斜撑必须安装在同心的内部驱动和外部从动的环之间。离合器的力矩比率取决于斜撑的数量。对于性能最低的有三个斜撑的离合器来说，斜撑沿着圆周均匀分布通常是必要的。

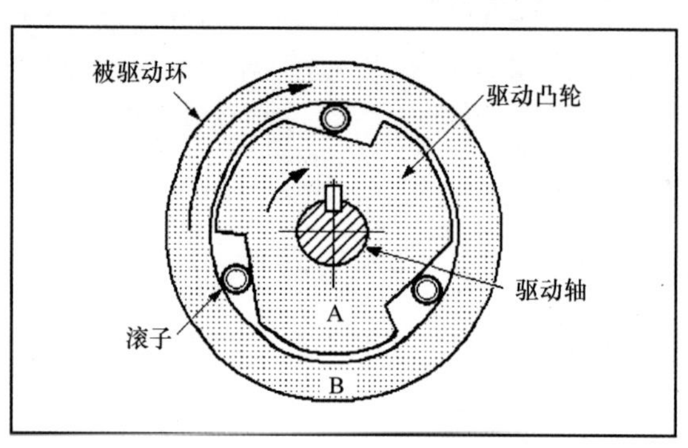

图 1.13-2 超越离合器：当驱动凸轮 A 顺时针旋转时，在凸轮 A 和外环 B 之间的楔形空隙中的滚子受楔形摩擦被固定在那里；环 B 和凸轮 A 锁在一起，也顺时针旋转。如果环 B 逆时针旋转或者顺时针旋转转速比凸轮 A 大，滚子松开，离合器放松，将不传递转矩。

1.14 常见的机械术语

加速度：物体速度的时间变化率。它是力作用在物体上产生的。加速度的单位是英尺每二次方秒（ft/s^2）或者米每二次方秒（m/s^2）。

分力：相当于整体作用效果的单个力。

共点力：相交于同一点的力或者力的作用线交于同一点的力。

曲柄：相对于框架旋转的杆。

曲柄摇杆机构：四杆机构中，最短的杆能绕固定点360°旋转，相对的杆能振荡或摆动。

力偶：两个大小相等、方向相反的平行力作用于物体的不同点，可使物体绕一点或者通过中心的轴旋转。

位移：从固定参考点沿指定方向的距离；它是一个矢量；单位是英寸（in）、英尺（ft）、英里（mile）、厘米（cm）、米（m）、千米（km）。

动力学：研究作用在物体上的两个力，使物体平衡或者不平衡；它揭示了物体的质量和加速度，以及作用在机构上的外力。它综合了动力学和运动学的内容。

机器的效率：机器输入与输出之比，通常用百分数来表示。在所有运动机器中都会由于摩擦力而产生能量或动力的消耗。这将降低机器的效率，所以机器的输出总是小于输入，输入和输出必须用能量或动力相同的单位来表示。这个比率（总是分数）可乘以100转化为百分数。它也可以用速度与机械效率的比来确定，然后再乘以100转化为百分数。

能量：在三维空间中存在的一种物理量，在这个空间中力可以作用于物体或者质点，使物体或质点产生物理变化。它代表做功的能力。能量以多种形式存在，包括机械能、电能、电磁能、化学能、热能、太阳能和核能。能量和功是相关的，并且采用相同的单位，磅力－英尺（lbf · in）、尔格（erg）、或者焦耳（J）；能量不会消失，但是会被消耗。

动能是一个物体运动时所具有的能量。例如一个滚动的足球、一辆飞驰的汽车或者一架飞行的飞机。

势能是物体由于其所在位置或状态所具有的能量。例如悬挂于一建筑边缘的水泥块、被吊车吊在空中的集装箱或者路边的炸弹。

平衡：在力学中，在相反力作用下平衡或者静平衡的情况。例如，当有平衡力作用时，跷跷板绕支点上下运动。

力：力作用在物体上无论拉或推使其产生加速度。除了引力和电磁力一类非接触力，除非两个物体有所接触，否则一个物体不能对另一个物体有作用力。地球对物体施加引力，不管它们是否接触。力的单位是磅力（lbf）或者牛顿（N）。

支点：一个点或边缘可以使物体绕其自由旋转。

运动链：链接或无固定链接的组合。

运动学：不考虑力和质量的变化对物体运动的影响，只研究物体本身的运动，它被描述为运动的几何学。

动力学：研究外力对物体运动的影响，包括重力。

杠杆：一种绕支点用反向转矩来执行工作的简单机构。

直线运动：沿直线运动。例如汽车在笔直的公路上行驶。

连杆：一种用端部所带的销或紧固件来与其他刚体连接的刚体，因此它可以传递力或者运动。所有机器中都至少有一个连杆，这个连杆或者相对地面在一个位置上被固定，或者能在运动时使机器或者连接体移动，这个连接体一般是机器的框架或者固定杆。

连杆机构：由两个及以上的杆连接产生需要的运动的机构，可由刚体和低副构成。

机器：机构或装置的组合，它能传递力、运动，转换能量；机器能克服一些阻力达到所需结果。机器有两种功能：传递相关运动；传递力。这两种功能需要机器结实且刚性大。虽然机器和机构都由刚体组成，都能进行确定的运动，但是机器能转换能量，机构不能。一个简单的机器是由基本的机构构成的，例如杠杆、轮轴、滑轮、斜块、楔形块和螺钉。

机械：通常是指各种机器和机构组合的一个术语。

质量：物体所含物质的多少，它决定了物体惯性的大小。质量也引起重力。它的单位是盎司（oz）、磅（lb）、吨（t）、克（g）、千克（kg）。

机械效率：载荷除以施加的作用力的比率。如果考虑摩擦，则取决于实际的测试，比率 W/F 就是机械效率

MA。如果假设机器没有摩擦，比率 W/F 就是理论机械效率 TA。机械效率与速度比相关。

力学：物理学的一个分支，它与物体的运动和物体对力的反应有关。力学的研究内容从加速度、位移、力、质量、时间和速度等量的定义开始。

机构：在力学上，它指的是两个或更多的刚性物体由接头连接在一起，所以它们表现出明确的相对于彼此的运动。机构分为两大类：

平面：二维的机构，其相对运动是在同一个平面或平行的平面内。

立体：三维的机构，其相对运动不都是在同一个平面或平行的平面内。

力或力矩：力的作用使物体产生转动的效果，从质点或转动轴到力作用线的垂直距离，叫做力矩臂或杆臂转矩。

转动惯量：度量物体绕特定轴线旋转惯量的物理量。它取决于物体的质量、大小和形状。

非汇交力：力的作用线不汇交于一点。

非共面力：不在同一个平面的力。

摆动运动：重复向前向后的圆周运动，如钟摆的运动。

运动副：两个刚性物体表面之间的连接，使两物体保持接触并可相对运动。它可能像两个连杆之间的销钉、螺栓或者铰链一样简单，也可能像两个连杆之间的万向联轴器一样复杂。在机构中有两种类型的运动副以连接两个物体——低副和高副。

低副是表面接触副，像转动副或者柱形副。例如一扇门用的铰链就是转动副，窗框用的就是柱形副。

高副包括点、线或曲线副。例如球面副、凸轮和从动滚子、啮合的轮齿。

功率：单位时间所做的功。它的单位是磅英尺每秒（lb · ft/s）、磅英尺每分钟（lb · ft/min）、马力（hp）、瓦（W）、千瓦（kW）、牛顿 · 米每秒（N · m/s）、尔格每秒（erg/s）和焦耳每秒（J/s）。

往复运动：重复的来回线性运动，如内燃机中的活塞。

合成：在力的系统中，等效于整个力的作用效果的单个力。如果力的合成结果是零，那么系统处于平衡状态。

旋转运动：圆周运动，如转动的自行车车轮。

轮廓：简化的几何线图表达出机器的基本信息而不显示出实际制造细节。它所表示的几何信息是决定主要杆件相对运动的条件。这些杆件的相对运动可能是完整的圆、半圆、弧或者直线。

静态：平衡状态，即静止或者匀速运动状态。

转矩：力矩的另一个名称。

速度：单位时间路程的变化量。它的单位是英尺每秒（ft/s）、英尺每分钟（ft/min）、米每秒（m/s）或米每分钟（m/min）。

速度比：一个机器的作用力移动的距离和载荷移动的距离的比率。它没有单位。

重力：由于地球吸引而作用在物体上的力；重力 W = 质量 n × 重力加速度 g；质量不变，但世界各地的 g 是不同的，因此在世界各地的同一物体的重力 W 有细微的变化。

功：力对距离的累积。如果力作用在物体上没使物体移动距离，那么这个力没做功。功和能一样，单位是尔格（erg）、焦耳（J）或磅力英尺（lbf · ft）。

第 2 章

运动控制系统

2.1 运动控制系统概述

1. 介绍

一个现代的运动控制系统通常包括一个运动控制器、一个电动驱动器或放大器、一个电动机和反馈传感器。系统也许也包括其他部分，例如一个或多个带、滚珠丝杠，或者直线导轨丝杠驱动或轴阶梯等。现在的运动控制器可以是独立的可编程序控制器，含有一个个人电脑控制卡，或一个可编程序逻辑控制器（PLC）。

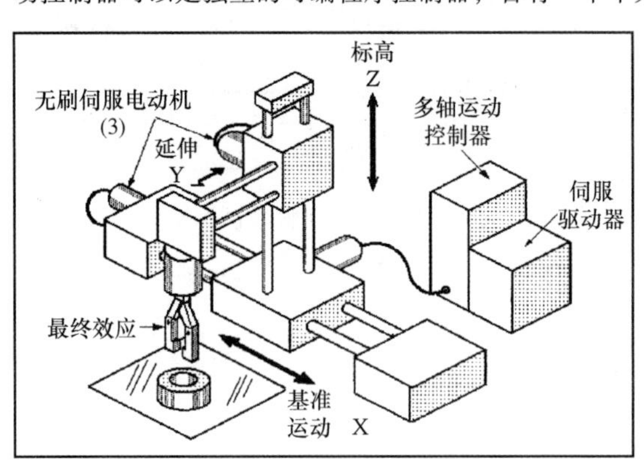

图 2.1-1 这个多轴 XYZ 控制平台是一个运动控制系统的例子。

所有的运动控制系统的组成部分必须无缝地协同工作，以执行其职能。对它们的选择必须考虑到工程和经济两方面。图 2.1-1 通过 3 个自由度显示出了典型的多轴的 XYZ 运动平台，包括 3 个线性轴移动所需的负载、工具和端部执行器。如果在每个轴上加额外的机械或机电元件，3 个轴的旋转可以提供 6 个自由度，如图 2.1-2 所示。

如今运动控制系统在材料处理设备、机床刀具中心、化学品和药品生产线，检查站、机器人、注塑机等各领域得到了应用。

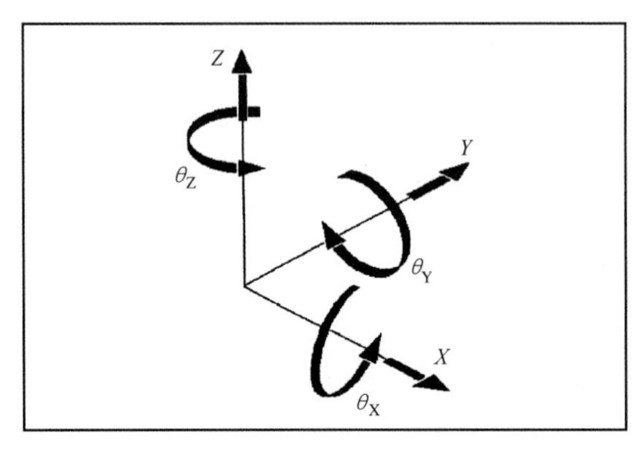

图 2.1-2 右手坐标系统显示 6 个自由度。

2. 电力系统的优点

大多数运动控制系统使用电动机，而不是液压或气动马达或执行器，因为它们具有以下优点：

- 更精确的负载或刀具定位，产生较少的产品缺陷或过程缺陷，并降低材料成本。
- 高灵活性便于产品定制和快速更换。
- 更高的效率和能力可以增加吞吐量。
- 简单的系统设计，易于安装、编程和培训。
- 更低的停机时间和维护成本。
- 更清洁、更安静的操作，没有油或空气泄漏。
- 电动运动控制系统不需要泵或空气压缩机，没有软管或管道，不用担心泄漏液压流体或空气。此处运动控制的讨论仅限于电动系统。

3. 运动控制分类

运动控制系统可分为开环或闭环运动控制系统。一个开环系统不需要任何输出变量的测量就能产生偏差校正信号；相反，一个闭环系统需要一个或多个反馈传感器，测量和响应输出变量中的偏差。

4. 闭环系统

如图 2.1-3 所示，一种闭环运动控制系统中有一个或多个反馈回路不断地比较系统的响应与输入命令，设置电动机的负载速度、负载位置或电动机转矩的修正偏差。反馈传感器提供的电子信号用于校正相对于输入命令的偏离。闭环系统也叫做伺服系统。

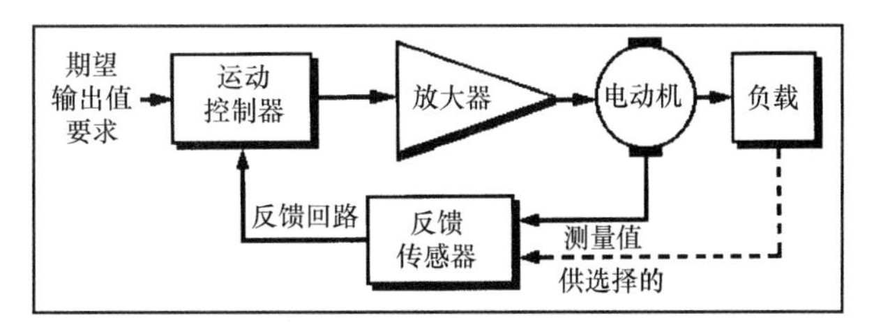

图 2.1-3 一个基本的闭环控制系统框图。

每个电动机的伺服系统都需要有自己的反馈传感器，通常由编码器、旋转变压器或转速计、环绕电动机和负载形成闭环。速度、位置和转矩的变化通常是由负载条件的变化引起的，但环境温度和湿度的变化也可以影响负载条件。

速度控制回路，如图 2.1-4 所示，通常包含一个转速计，能够检测电动机的转速变化。此传感器产生的误差信号与它偏离预置值的正或负的偏差成正比。这些信号传送到运动控制器，以便它可以计算出一个校正信号给放大器，即使负载变化也可以将电动机速度控制在预设的极限之内。

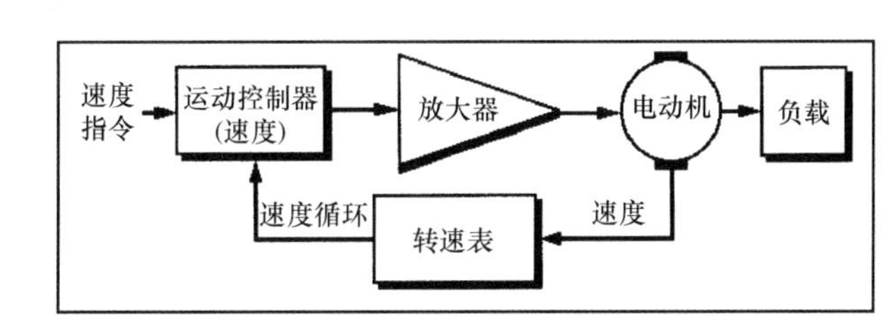

图 2.1-4 速度控制系统框图。

一种位置控制回路如图 2.1-5 所示，通常包含一个编码器或解析器，能够直接或间接地测量负载的位置。这些传感器产生的误差信号被发送到运动控制器，产生一个校正信号到放大器。该放大器的输出使电动机加速或减速以纠正负载的位置。大多数位置控制闭环系统还包括一个速度控制回路。

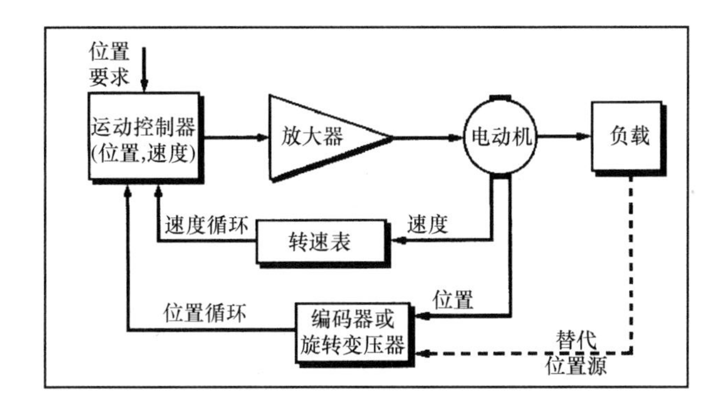

图 2.1-5 位置控制系统框图。

滚珠丝杠的滑动机构如图 2.1-6 所示，是一个机械系统的例子，因为它不配备有位置传感器，它所搬运的负载的位置必须由闭环伺服系统控制。三个安装在滚珠丝杠机构的反馈传感器如图 2.1-7 所示，可以提供位置反馈。图 2.1-7a 是旋转的光学编码器，安装在电动机壳体内，与电动机轴连接，图 2.1-7b 是线性的光学编码器，和刻度尺安装在底座上；图 2.1-7c 是不常用的、更精确且更昂贵的激光干涉仪。

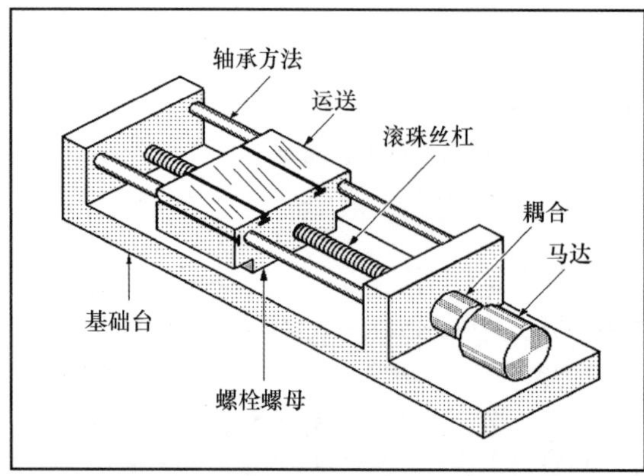

图 2.1-6 滚珠丝杠驱动的、没有位置反馈传感器的单轴滑动机构。

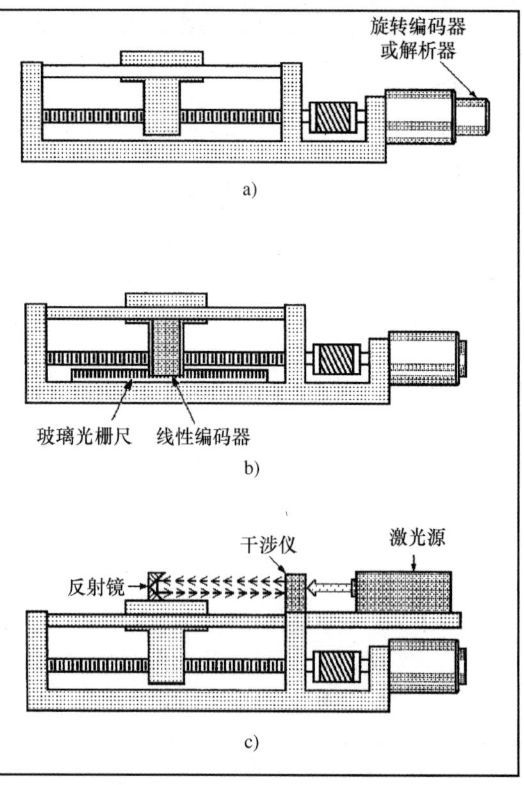

图 2.1-7 安装在滚珠丝杠驱动的滑动机构的位置反馈传感器的例子：（a）旋转编码器，（b）线性编码器，（c）激光干涉仪。

转矩控制回路中包含电路，它检测驱动电动机的输入电流，并将该电流和一个与执行任务所需要的转矩成正比的值进行比较。电路中的误差信号被发送到运动控制器，为电动机放大器保持电动机电流计算出一个校正信号，因而保持转矩恒定。转矩控制回路被广泛使用在机床上，负载可以随着所加工材料的密度或切割工具的锐度而变化。

5. 梯形速度轮廓

如果要用伺服电动机运动控制系统实现平稳、高速运动，运动控制器必须控制电动机放大器，使电动机的速度逐渐增加，直到达到所需的速度，然后逐渐沿“斜坡”下降，直到它停止后任务完成。这将使电动机的加速和减速保持在一定限度内。

如图 2.1-8 所示的速度 - 时间梯形曲线得到了广泛使用，因为它沿一个正线性“向上斜坡”加速电动机，直到达到所需的恒定速度。当电动机结束等速设置，转变为沿负线性“向下斜坡”减速，直到停止。在加速期间，放大器的电流和输出电压达到最大值，然后在恒定的速度下，降压到较低的值，在减速期间，切换到负值。

6. 闭环控制技术

反馈比例控制是最简单的形式，但也有微分和积分控制技术，它们可以补偿比例控制中不能消除的稳态误差。所有这三种技术可以结合以形成比例 - 积分 - 微分（PID）控制。

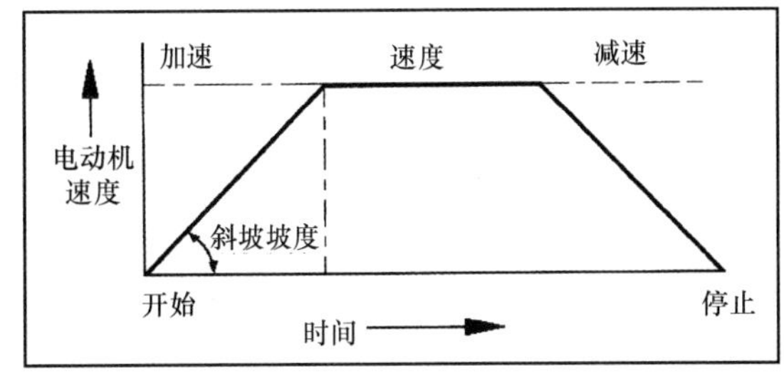

图 2.1-8 伺服电动机的加速、等速和减速，沿梯形配置，以确保高效运行。

- 在比例控制中，驱动电动机或执行器的信号正比于期望值所需的输入命令与输出的所测量的实际值之间的线性差分。
- 在积分控制中，驱动电动机的信号等于输入命令和测量的实际输出之间的差值的时间积分。
- 在微分控制中，驱动电动机的信号与输入命令和测量的实际输出之间的差值的时间导数成比例。
- 在比例－积分－微分（PID）控制中，驱动电动机的信号等于偏差的加权总和、偏差对时间的积分以及输入的命令和测量的实际输出之间偏差的时间导数。

7. 开环运动控制系统

一个典型的开环运动控制系统包括一个带有可编程控制器或者脉冲发生器的步进电动机和电动机驱动器，如图 2.1-9 所示。此系统并不需要反馈传感器，因为负载的位置和速度由从控制器发送到电动机驱动器的数字脉冲预定数目和方向控制。由于负载位置是通过反馈传感器不连续采样的（如在一个闭环伺服系统中），负载的定位精度较低，位置误差（通常被称为步骤错误）是随时间而累积的。出于这些原因，开环系统最多应用在这样的情况中，其中负载保持恒定，负载运动是简单的，并且是可以接受的低定位速度。

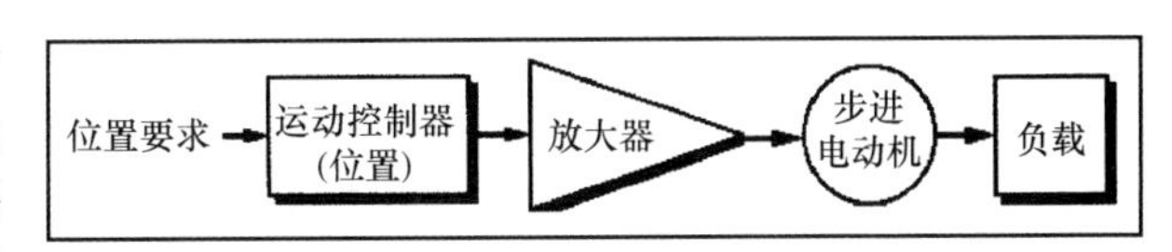

图 2.1-9 开环运动控制系统框图。

8. 控制运动的种类

有五种不同的运动控制：点至点、顺序、速度、转矩和增量。

- 在点至点的运动控制中，负载在定义数值序列的位置之间移动，以恒定的速度移动到下一个位置停止，由运动控制器监视速度和距离。点至点定位可以在闭环的伺服电动机或在开环的步进电动机的单轴或多轴系统中执行。XY 表和铣床通过多轴点至点控制负载的位置。
- 顺序控制是以预先设置的顺序打开和关闭阀门，或在一些指定的地点按一个特定的次序启动和停止输送带等这些功能的控制。
- 速度控制是指系统中的电动机或执行器的速度控制。
- 转矩控制是通过控制电动机或执行器的电流，使转矩保持不变，尽管负载有变化。
- 增量运动控制同时控制两个或两个以上的变量，如负载位置、电动机转速或转矩。

9. 运动插补

当在负载下控制必须遵循特定的路径到达它的出发点、停止点时，则必须协调运动的轴插补。有 3 种插值：线性、圆形和轮廓。

线性内插是具有两个或更多的轴时在一条直线上从一个点到另一个点移动负载的运动控制系统能力。运动控制器必须确定各轴的速度，以便协调它们的动作。真正的线性插值需要修改运动控制器的轴加速度，但有些控制器编程的加速度曲线接近直线插补。路径可以在一个平面上，也可以是三维的。

圆弧插补运动控制系统具有两个或两个以上的轴沿着圆形轨迹移动负载的能力。在运输过程中它需要用运动控制器修改负载的加速度。同样的，圆可以在平面上或是三维的。

轮廓插补是负载、工具或端部执行器中在两个或更多的轴的协调控制下所遵循的路径。运动控制器需要改变在不同的轴线上的速度，以便使其运动轨迹通过一组预定义的点。负载沿轨迹的速度确定，且在起动和停止时间之外可以恒定。

10. 计算机辅助仿真

几个重要类型的编程计算机辅助运动控制可以模拟机械运动，从而不再需要实际齿轮或凸轮。电子齿轮是由软件控制在一个或多个轴下赋予负载、工具或端部执行器运动，模拟实际的齿轮可有的速度变化。电子凸轮是由软件控制在一个或多个轴下以赋予负载、工具或端部执行器运动，模拟实际的凸轮可有的运动变化。

11. 机械零件

一个运动控制系统中的机械部件可以比用来控制它的电子电路更有影响力。产品流量和产量、人力运营商的要求和维护问题有助于确定结构，这反过来又影响到运动控制器和软件要求。

机械致动器，将电动机的旋转运动变为直线运动。实现这个的机械方法包括导螺杆传动（见图 2.1-10），滚珠丝杠传动（见图2.1-11），蜗杆传动齿轮传动（见图2.1-12），和传动带、缆绳或链传动。基于替代的相对成本，并考虑间隙的影响来选择方法。所有执行器有一定限度的扭转和轴向刚度，这可能会影响系统的频率响应特性。

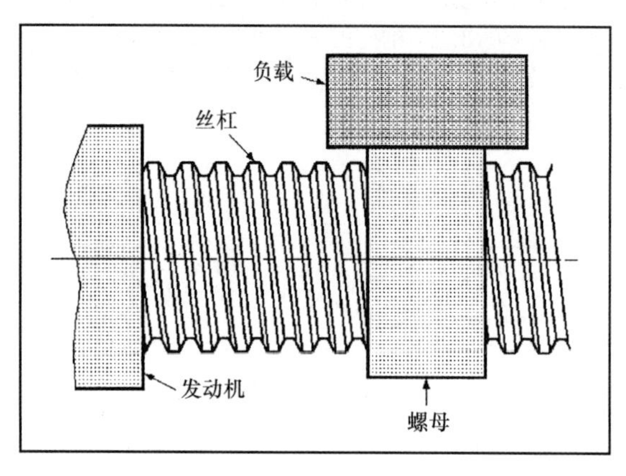

图 2.1-10 导丝杠单轴滑动机构把旋转运动转换成直线运动。

限制直线导轨转移负载在单个自由度。线性段支持负载的质量以实现驱动，并确保光滑直线运动，同时最大限度地减少摩擦。直线导轨的一个常见例子是滚珠丝杠驱动的单轴段，如图 2.1-13 所示。电动机带动滚珠丝杠旋转，之后旋转运动转换成直线运动，移动滑架和负载段的螺栓螺母。以作为直线导轨轴承的方法实现如图 2.1-7 所示，这些段可以配备传感器，如用于反馈的旋转或线性编码器和激光干涉仪等。

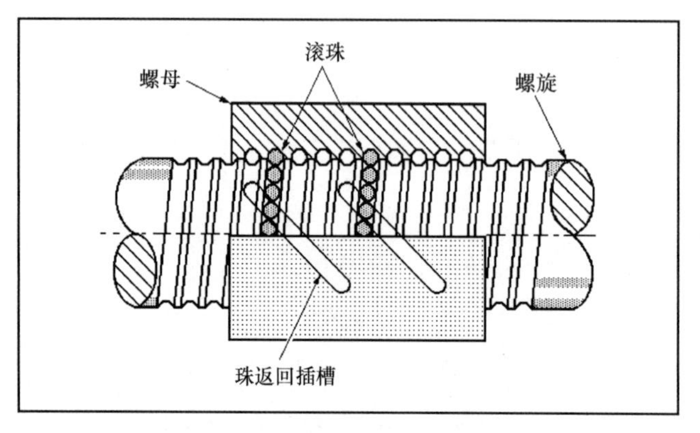

图 2.1-11 滚珠丝杠驱动：滚珠丝杠使用循环滚珠以减少摩擦，并获得比传统丝杠更高的效率。

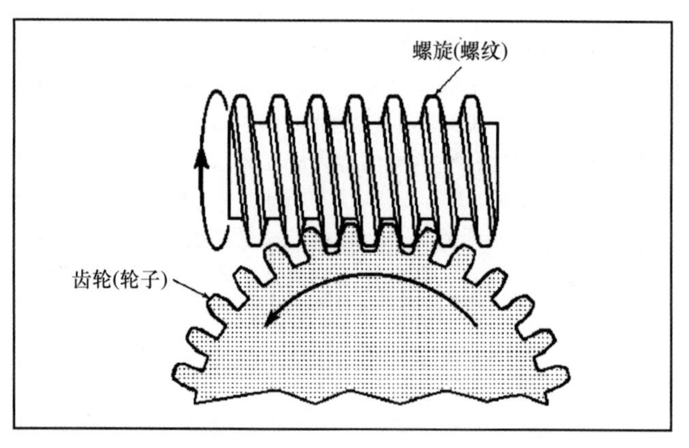

图 2.1-12 蜗杆传动的系统，可以提供高转速和高转矩。

带有旋转编码器的滚珠丝杠单轴驱动台与电动机轴连接可以实现一种间接测量。这种方法忽略了台架和位置编码器之间机械零件的公差、磨损和相容性，可能会在理想和真实位置之间导致偏差。因此，该反馈方法通过限定滚珠丝杠的精度来控制位置精度，通常每300mm长的滚珠丝杠可导致±5～1μm的位置误差。

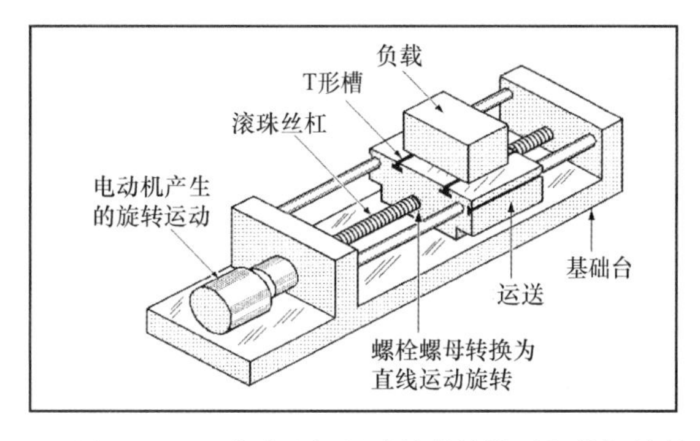

图 2.1-13 滚珠丝杠驱动的单轴滑动机构把旋转运动转换成直线运动。

其他单轴导轨包括那些含有耐磨滚动体的结构，如循环和非循环滚珠或滚柱、滑动摩擦接触单元、空气轴承单元、静液压元件和磁悬浮单元。

单轴空气轴承的导轨如图2.1-14所示。有些机型提供的导轨有1.2m（3.9ft）长，还包括用于负载运输的台架。当由线性伺服电动机驱动时，可以使负载的速度达到3m/s（9.8ft/s）。如图2.1-7所示，这些导轨可以配备反馈装置，如具有成本效益的线性编码器或超高分辨率激光干涉。配备非接触线性编码器使这种类型导轨的分辨率可以达到20nm，精度可以达到1μm。但是安装激光干涉仪可以得到高达0.3nm的分辨率和亚微米级的精度。

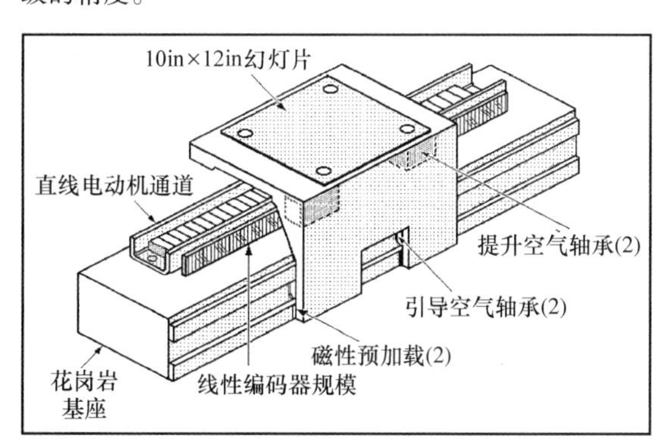

图 2.1-14 这种用于负载定位的单轴直线导轨由空气轴承支承，并沿着一个花岗岩基座运动。
注：1in＝0.0254m。

空气轴承工作台的俯仰、滚动和偏转可以影响它们的分辨率和精度。一些制造商声称，这些特性限制在空气轴承每100mm长误差在1rad内。大的空气轴承表面可以提供更好的刚度并具有更大的承载能力。

这些导轨的重要属性是动态和静态摩擦、刚性、刚度、平直度、平坦度、平滑度和负载能力。也需考虑为安装需要而对主机安装面所做的准备工作量。

运动控制系统的安装结构直接影响到系统的性能。要正确设计基础，否则主机将具有高阻尼特性，并成为一个使运动系统环境与隔离，最大限度地减少外部干扰的影响的柔性障碍。该结构必须有足够的硬度和阻尼以避免共振。高的静质量与往复运动质量比也可以防止运动控制系统的主机结构因共振而损坏。

任何移动构件通过改变惯性、阻尼、摩擦、刚度和共振量的大小都会影响系统的反应。例如，如图2.1-15所示的柔性联轴器将补偿两个旋转轴之间存在的在平行（a）和角度（b）方面的微小偏差。柔性联轴器也采用其他结构形式，如图2.1-16中的波纹管联轴器和螺旋联轴器。波纹管联轴器（a）可以应用于轻载场合，可承受的最大偏差在角度上是9°，在轴的平行度上是1/4in。相形之下，螺旋联轴器（b）可以消除间隙，并在有偏差的情况下可以恒速工作，另外，它们也可以高速工作。

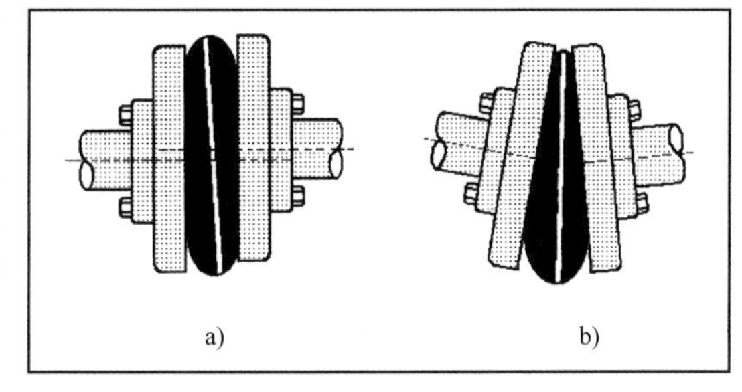

图 2.1-15 柔性联轴器调整和适应两个旋转轴之间存在的平行（a）和角度方面的偏差（b）。

其他运动机械部件包括有线缆可动的缆移动车，限制移动的挡块，消耗碰撞能量的减振器，防止灰尘和污垢的盖。

12. 电子系统组件

运动控制器是运动控制系统的“大脑”，执行所有的运动路径规划，伺服系统为闭环，顺序执行所需的计算。它实际上是一个运动控制专用的计算机，由最终用户编程去完成任务。在任何一个数字或模拟的电动机驱动器或放大器中，运动控制器产生一个低功率的电动机指令信号。

技术的发展导致了在过去五到十年里可编程运动控制器越来越得到接受。这些技术发展包括微处理器的成本迅速下降及其计算功率的急剧增加；此外，更先进的半导体和磁盘存储器成本的下降，在提高产品质量，增加产品产量，以及保证准时交货方面，起到了显著的推动作用。

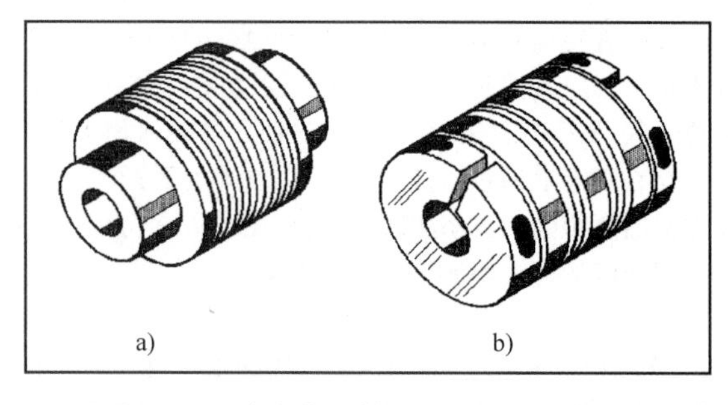

图 2.1-16 波纹管联轴器（a）可以应用于轻载场合。可承受的偏差在角度上是 9°，在轴的平行度上是 1/4in。螺旋联轴器（b）可以消除间隙，既可以在有偏差的情况下恒速工作又可以高速运行。

运动控制器是系统中最重要的组成部分，它依赖于软件，而大多数电动机驱动、反馈传感器和联动机构部分相对来说就没那么重要，通常在设计阶段或是设计后期，对系统中所要求的特性要素影响较小时，它们随时可以被更改。但是，在生产阶段的改变却会使生产力产生损失。

在决定安装 3 种运动控制器中任何一种的时候，应基于它们准确控制电动机的数量和类型的能力，还有满足电动机所需求的应用程序的实用性和有效性，这些有特殊用途的应用程序将为其提供最佳性能。同时要考虑的是该系统的多任务处理能力，即所需端口数据的输入/输出（I / O）能力，直线和圆弧插补能力、电子齿轮和凸轮的线性功能等。

总的来说，运动控制器接收从主机或操作员传来的指令信号，然后形成发送给电动机驱动器或驱动程序相应的指令信号，这个指令信号就可以控制电动机驱动负载。

13. 电动机的选择

最流行的电动机运动控制系统是步进电动机或永磁（PM）直流有刷和无刷伺服电动机。系统选择步进电动机是因为它们可以在没有反馈传感器的情况下开环运行。这些电动机通过数字脉冲驱动转子转动一定的角度或一圈来实现步进或相应的转动，与此同时，转子也将被相应的夹持转矩所夹紧。在许多不需要伺服电动机所具有的加速度快、速度高和精度高的性能的应用场合，选择步进电动机将具有较高的性价比和可靠性。

然而，反馈回路可以提高步进电动机的定位精度，而且不会因伺服系统的完整而提高成本。一些步进电动机运动控制器可容纳一个闭环。

对有刷和无刷永磁直流伺服电动机，通常选择需要更精确定位的应用程序。与步进电动机相比，这些电动机可以达到更高的速度、更平滑的低速操作与更精细的位置，但它们都需要闭合的回路，为此需要增加一个或多个反馈传感器，从而增加了系统的复杂性和消耗。

有刷永磁（PM）直流伺服电动机有线圈电枢或转子在由磁性定子产生的磁场内旋转。当转子转动时，电流通过机械换向器被瞬间提供到相应的电枢线圈中，这个机械换向器由两个或更多的向上滑动的环形绝缘铜段中的刷子组成。此类电动机已经相当成熟，新的产品既可以有高性能又可保持低成本。

带有铁心转子的有刷直流伺服电动机有很多种，由于它们有着低惯量、轻便的杯形或圆盘形电枢，可提供更快的加速和减速。例如平底形框架电动机的盘型电枢，其质量中心靠近电动机的面板，是一个短平的圆柱形壳体，这种配置使得电动机面板可以安装在有限的空间内。在工业机器人或其他应用程序工作空间内不允许安装托架，且不允许电动机的尺寸较长时，此类电动机就显得很有用处。

有刷直流电动机杯型电枢还具有比传统直流伺服电动机更小的质量和惯性。然而，在使用这些电动机时，需要权衡其工作循环的限制，因为环氧树脂封装电枢无法消散铁心电枢积聚的热量，如果过热会使其受到损坏。

不过，在电磁干扰（EMI）下任何有刷伺服电动机都是不适用的，因为一些应用程序的影响，其产生的电弧可引燃附近的易燃液体、空气中的灰尘或烟雾，有引发火灾或爆炸的危险。其产生的电磁干扰会给附近的电子电路带来不利影响。此外，电动机的电刷磨损可能留下坚硬残留物，会污染附近敏感的仪器或精准的平面。因此，有刷电动机必须得到持续清洁，以防止残余物从电动机中飞溅出来。此外，必须定期更换刷子，以免造成非生产性停机。

直流无刷永磁电动机克服了以上这些问题，并提供了比机械换向更有益的电子换向。此类电动机是由内而外制造的直流电动机，由典型的无刷电动机磁性转子和绕线定子线圈组成。换向由安装在定子绕组内部的非接触式霍尔效应器件（HEDS）完成。HEDS 是有线功率晶体管开关电路，被安装在单独的外部模块上，并在内部安装一些马达。另外，可以在运动控制器或电动机驱动中交换电路中其他电动机的编码器或软件。

与有刷电动机相比，无刷直流电动机具有低惯量转子和较低的绕组热阻，因此具有较高的效率，而且磁铁允许使用更短的、更小的转子直径。此外，因为它们不装载滑动刷型机械触点，与有刷电动机相比，它们可以更高的速度运行（≥50 000r/min），提供更高的连续转矩和更快的速度。然而，在增加整体运动控制系统的成本和复杂性方面，无刷电动机的成本仍然比同级别的有刷电动机高出许多（虽然这个价格差距继续缩小），表 2.1-1 总结了一些步进电动机，永磁有刷、无刷直流电动机的特点。

表 2.1-1 步进、永磁直流伺服电动机的比较

	步进	永磁有刷	永磁无刷
成本	差	中	高
平滑度	差到中等	良到优	良到优
速度范围	0 ~ 1500r/min （典型值）	0 ~ 6000r/min	0 ~ 10000r/min
转矩	高（与速度）	中	高
需要反馈	不需要	位置或速度	换向和位置 或速度
保养	不	是	不
清洁度	非常好	需刷灰尘	非常好

直线电动机是另一种驱动器的替代形式，可以直接移动负载，不需要中间运动转换机构。这些电动机可以快速地加速，载荷位置可以高速、准确地定位，这是因为他们没有相互接触的可移动部件。从本质上讲，如果直线电动机被一片一片的切开并展开，它们有许多普通电动机的特性。它们可用来取代传统的旋转电动机驱动丝杠、滚珠丝杠或传送带驱动的单轴工作台，但它们不能通过联轴器与齿轮连接来改变它们的驱动特性。如果需要更高性能的线性电动机，必须用更大的电动机来代替现有电动机。

与旋转电动机比较，直线电动机必须运行在封闭的反馈回路中，通常需要更昂贵的反馈系统。此外，电动机需要一定的自由移动空间，以便它们来回沿线性路径运行。此外，由于散热较差，其应用也受到限制，它们很容易对旋转电动机与金属框架、冷却翅片，以及某些型号的暴露磁场能吸附松散的含铁碎末造成安全隐患。

14. 电动机驱动器（放大器）

电动机驱动器或放大器必须能够驱动其相关的电动机——步进、有刷、无刷或线性电动机。步进电动机的驱动电路可以相当简单，因为它仅需要几个以一定顺序排列的晶体管来传递能量，通过操作指令的步进脉冲数来实现。然而，更先进的步进电动机驱动器能控制相电流，允许“微步进”技术，使电动机的负载定位更精确。

有刷和无刷电动机的伺服驱动器（放大器）通常会收到运动控制器传来的电压为 10V 的模拟信号。这些信号对应电流或电压的命令。放大时，该信号控制电动机绕组中的电流的方向和幅度。通常使用线性、脉冲宽度调制（PWM）放大器的闭环伺服系统。

脉冲宽度调制放大器非常重要，它们比线性放大器更高效。当功率晶体管开启（ON 状态），对开关操作进行优化后，它们能够在开关放大器的输出电压频率高达 20kHz 时，提供放大器中高达 100W 脉冲宽度调制（PWM）的晶体管（PWM 电源）。这样的工作方式可减少传递能量的损失，并使放大器更高效。由于工作频率比较高，与线性放大器中的相比，脉冲宽度调制（PWM）放大器中的磁性元器件可以更小和更轻便。因此，整个驱动器模块可以包装在一个更小更轻的箱体中。

与此相反，线性放大器中的功率晶体管虽然可以改变输出功率，但其在这种状态下是连续工作的。此工作模式浪费功率，导致放大器的效率降低，同时功率晶体管受热应力。然而，对于一些敏锐的运动控制系统来说，线性放大器使电动机运行更流畅。此外，线性放大器更适合驱动低电感电动机。由于这些放大器产生相比 PWM 放大器有着更少的电磁干扰（EMI），所以它们并不需要进行相同等级的过滤波。相比之下，线性放大器通常具有比 PWM 放大器更低的最大额定功率。

15. 反馈传感器

在闭环运动控制系统中，位置反馈是最常见的要求，通常提供信息的传感器是旋转光学编码器。这些编码器轴向连接到电动机的传动轴上。它们可以由运动控制器产生计数，以确定电动机或负载的位置和运动方向，在任何时间都要求精确定位正弦波和脉冲。模拟编码器产生正弦波进行计数，必须要有外部电路条件，而数字编码包括将正弦波转换为脉冲的电路。

绝对式旋转光学编码器产生的二进制语言运动控制器提供精确的位置信息。如果它们因电力故障意外停止，这些编码器的内存将保存二进制语言，最后一个位置的编码器将记录这些数据。

相反的是，线性光学编码器产生的脉冲正比于负载运动的实际线性距离。它们具有与旋转编码器相同的工作原理，当读取头沿着一个固定的玻璃或金属尺移动时，读数被刻在尺上。

转速计是提供与电动机轴转速成正比的模拟信号的发电机。它们被机械地耦合到该电动机轴和电动机帧。输出后的转速由运动控制器保持在预设的范围内，被转换为数字格式的反馈信号保持电动机的转速在限制范围内。

其他常用的反馈传感器有线性可变差动变压器（LVDT 传感器）、感应同步器和电位器，更精确的激光干涉仪较少见。反馈传感器的选择基于传感器的精度、可重复性、耐用性、温度限制、尺寸、重量、安装要求和成本，每一个要素都对应用性起到重要作用。

16. 系统的安装与操作

具有成本效益的运动控制系统的设计和实施，需要由具备高度专业知识的人或系统集成负责人来完成。对不同群体的组成部分，可以在箱体内拼装并相互连接，形成一个立即有效的系统，这是罕见的。每个伺服系统（和许多步进系统）必须具备稳定的负载和环境条件。但是，如果准确地定义顾客的要求，选择最佳的组件，使用正确的调试工具，可以将安装和开发时间最小化。此外，运营人员要通过适当的训练才能正式上岗，起码必须仔细阅读技术手册中的信息，并对此有一个清醒的认识。

2.2 运动控制术语

阿贝误差：沿运动线的底层转角误差和被测量物体位置与精确定位元件（如丝杠或编码器）之间的尺寸偏移量的组合所引起的线性误差。

加速度：每单位时间的速度变化。

精度：①绝对精度：运动控制系统输出与命令输入的比值，其并不准确，通常以毫米为单位计量。②运动精度：给定输入的对象或负载在实际值和目的值之间的预期的最大差异。它的值取决于测量实际位置所使用的方法。③轴精度：所有线性误差消除后的负载位置的不确定性，包括以下因素：丝杠的节距不精确、测量点处的角度偏差以及材料的热膨胀。

间隙：当输入由正向向反方向运动时，输入运动对输出不产生任何影响的最大变动量。在齿轮啮合传动系统中，齿轮预载不足或齿轮齿啮合差均可导致间隙。

误差：输入命令的实际结果与理想或理论结果之间的差异。跟踪误差：由控制器控制的位置反馈回路报告的实际位置与理想位置之间的瞬时偏差。稳态误差：控制器施加所有修正信号后，实际位置和指定位置之间的差异。

滞后：当运动方向相反时，指定输入下负载的绝对位置偏差。

惯性：负载对速度变化的抵抗能力的衡量。它是负载质量和形态的函数。负载在加速或减速时所需要的转矩与其惯性成比例。

过冲：阻尼控制系统的过度修正的量。

打滑：由于机械零件的松动所引起的不受限制的运动。它通常是由磨损、系统过载或者系统操作不当引起的。

精度：参考重复精度。

重复精度：运动控制系统多次返回到指定位置的能力。它受齿隙和滞后的影响。因此，双向可重复性更精确地说，是系统重复接近预定位置的能力，而不考虑接近指定位置的方向。它是精度的代名词。另外，准确度和精度是不一样的。

分辨率：运动控制系统可以检测到的最小位置增量。通常是显示编码器的分辨率，因为它不一定是该系统能够提供的可靠的最小运动。

跳动：理想的线性（直线）运动和实际测量的运动之间的偏差。

灵敏度：能够产生输出运动的最小输入。它也是输出运动与输入驱动的比率。此术语不能代替分辨率。

设置时间：在输入命令进入系统和使系统立即到达指定位置并在规定的误差范围内保持在该位置之间所需要的时间。

速率：每单位时间内的距离变化。速度是一个矢量而速率是一个标量，但术语可以互换使用。

2.3 机械部件组成的专门运动控制系统

为了加快运动控制系统的设计和组装过程，许多不同种类的机械部件都在制造商的产品目录中列出。这些图样说明了在哪以及如何用一个制造商的组件用来建立专门的系统（见图 2. 3-1 ~ 图 2. 3-4）。

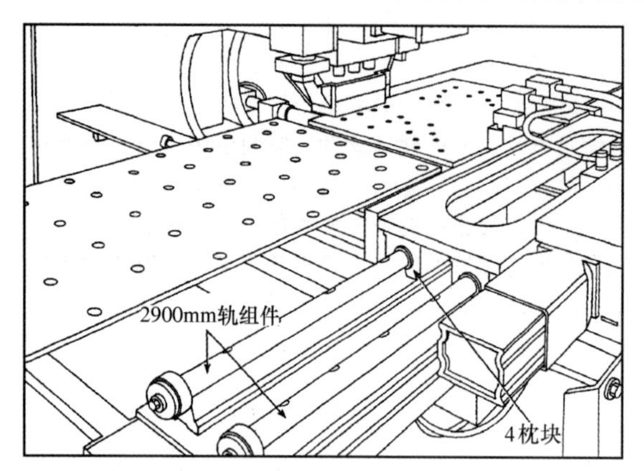

图 2. 3-1 冲床产品目录中的枕块和导轨组件安装在这个系统中，以降低冲床板装载机的偏转，尽量减少废料和改善其循环速度。

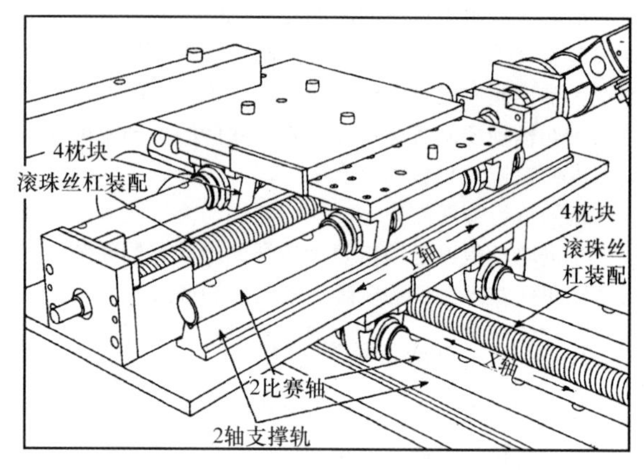

图 2. 3-2 微机控制 XY 表：目录中的枕块、导轨和滚珠丝杠组件被安装在这种刚性系统中，可以在立式铣床精密铣削和钻孔中准确定位工件。

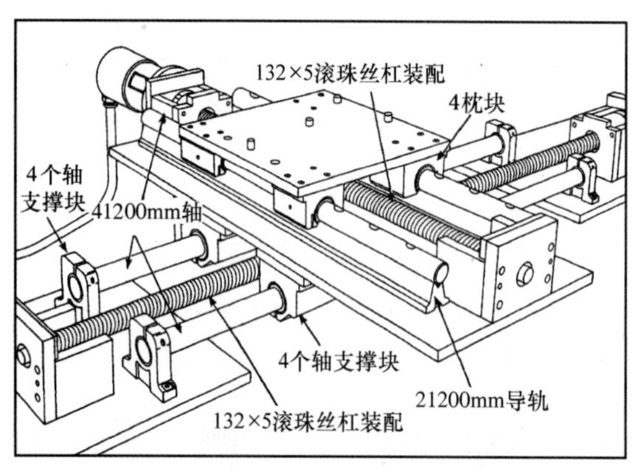

图 2. 3-3 取放 XY 系统：产品目录中的支撑块、枕块、滚珠螺杆组件、轨道和导轨被 XY 系统中，在两个独立的加工工位间传送工件。

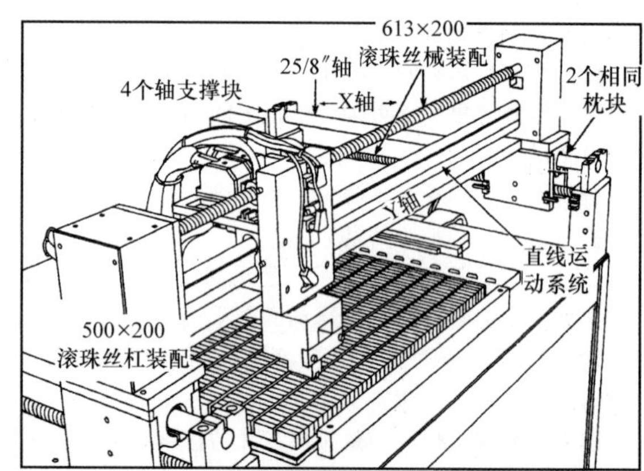

图 2. 3-4 XY 检测系统：目录中的枕块和轴支撑块、滚珠丝杠组件和预装配的运动系统被用来组建了这个系统，该系统能越过小型电子元件上精确定位检测探头。

2.4 运动控制中的伺服电动机、步进电动机和驱动器

因为其自有的线性特性，许多不同种类的电动机被应用到运动控制系统中。包括传统的旋转式和直线往复式的交流、直流电动机。这些电动机又可进一步以用在闭环伺服控制系统还是开环控制系统中分类。

最流行的永磁直流伺服电动机是从传统的永磁直流电动机改进得来的。这些电动机通常被归类为有刷和无刷两种。有刷式永磁直流伺服电动机包括采用绕线旋转型转子的和那些重量轻低转动惯量的盘状电枢式线圈的。无刷伺服电动机有永磁转子和盘绕定子两种。

一些运动控制系统被两点式直线伺服电动机驱动，这种伺服电动机沿着轨道移动。它们应用广泛，因为它们可以有效避免机械配合产生的误差，以防那些旋转电动机和负载配合所产生的误差导致产生位置偏差。直线电动机的运行需要闭环系统在控制上的支持，并且制订预防措施时必须适应附加数据和电力电缆的往复运动。

步进电动机通常用于要求较低的运动控制系统，那种场合对确定位置的保持力要求并不高，可以通过将步进电动机所在系统设计成闭环系统来提高步进电动机的定位精度。

1. 永磁式直流伺服电动机

永磁式直流伺服电动机在有高效、高启动转矩、线性的转速转矩特性曲线要求的控制系统中是可靠的驱动器。虽然和传统的旋转串磁并磁和复磁刷式直流电动机有很多相似的特性，但是永磁式直流伺服电动机越来越受欢迎的原因有以下两方面：一是引入了更强的陶瓷和稀土磁场，如由钕铁硼制成的稀土磁铁材料；二是永磁式直流伺服电动机更容易被以微处理器为基础的控制器控制。

用永磁场代替线圈产生的磁场能够消除绕线磁场在独立的励磁场缺失和磁漏两方面的劣势。因为直流伺服电动机有有刷和无刷两种，而“直流”就意味着是有刷的或者需要机械上的整流，除非“DC”这个概念变成“无刷”。永磁式有刷直流伺服电动机同样也有薄线圈层叠成盘子或杯子形状的电枢。它们重量轻，转动惯量低，因而拥有比笨重的传统绕线电枢更大的加速度。

由于陶瓷－稀土材料可以产生更强的磁场，相比早期的用铝镍钴产生磁场的相同额定值的直流电动机，可以有更小的体积和更轻的重量。另外，集成电路和微处理器增加了数字运动控制器和驱动器的可靠性和性价比，同时使它们更小和更轻，减小了运动控制系统的规模和重量。

2. 有刷永磁直流伺服电动机

图 2.4-1 中的有刷永磁直流伺服电动机区别于其他有刷式直流电动机之处在于应用了永磁场代替了盘绕磁场。如前所述，这样的结构消除了线圈磁场在独立的励磁和漏磁方面的不足。

永磁直流电动机和其他机械换向直流电动机一样，通过电刷和多相整流器供电。当所有种类的电动机按照相同的规定运转时，只有永磁直流电动机拥有如图 2.4-2 所示的速度－力矩曲线，这让它们成为在闭环系统中和变速伺服电动机应用的理想选择。这些线性特性很方便地描述了整个范围内电动机的性能。从图中可以看到，速度和力矩都随着电压从 V1 到 V5 的增加而线性增加。

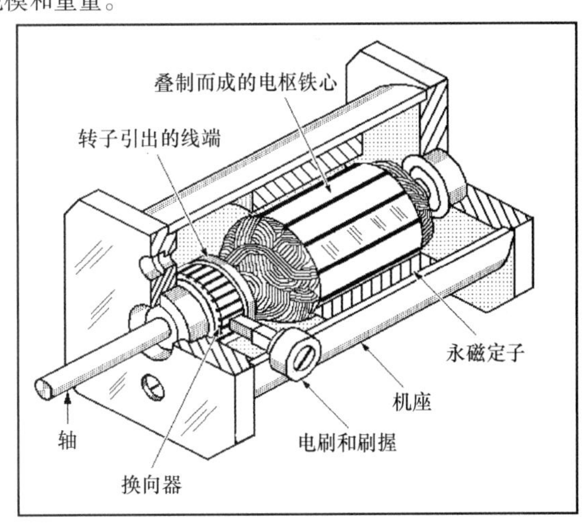

图 2.4-1 小功率永磁伺服直流电动机的剖视图。

有刷直流伺服电动机的定子是一对磁极。当电动机通电时，相反磁极的线圈和定子磁体吸引。转子转动使自身与定子对齐。正当磁极要对齐时，电刷跳过换向器并且给下一个绕组上电。只要继续给电，这一系列动作就不会停，让转子连续运转。换向器被电机磁极叉开，换向片的片数与绕组的个数成正比。如果永磁直流伺服电动机反向连接，电动机将会改变转动方向，但是它不会在相反方向有效工作。

3. 盘状永磁直流电动机

如图 2.4-3 所示为盘状永磁直流电动机分解图，盘状电动机有一个盘状的转子，转子里面是一个压制的被

绝缘材料包裹的线圈。这个不含铁心的薄片状圆盘就像被环氧玻璃绝缘层夹着的铜币一样，并固定在旋转轴上。定子磁场可以是由一个一个的陶瓷圆柱磁体排成圆环状的，如图 2.4-3 所示，也可以是一整块环形陶瓷贴在电动机端盖上。有弹力的电刷直接贴在压制的换向器的换向片上。

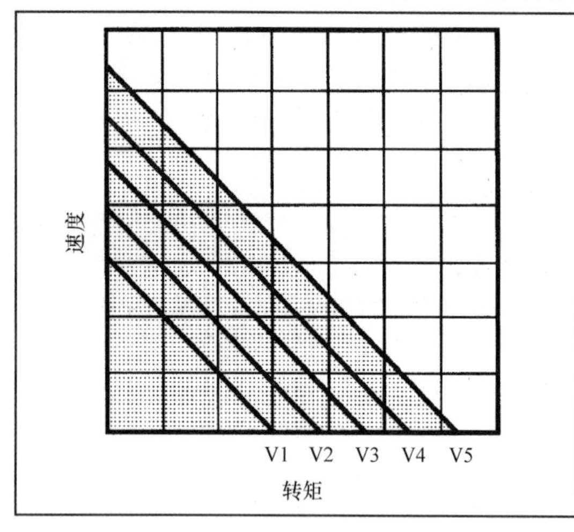

图 2.4-2 这簇典型的速度转矩曲线是对永磁直流电动机输入不同的电压生成的，电压从左侧的 V1 到右侧的 V5 依次增加。

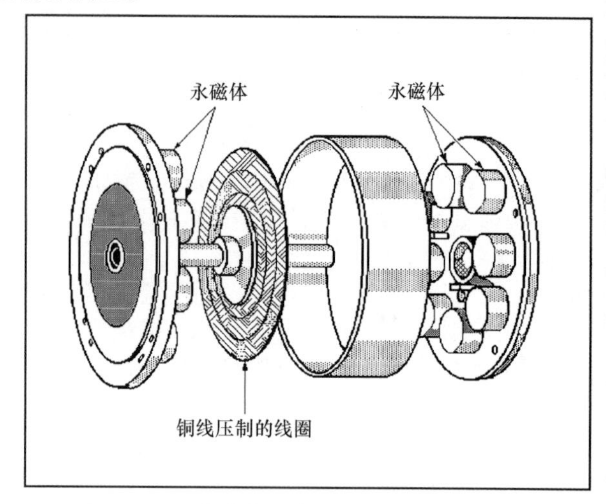

图 2.4-3 盘式永磁直流电动机的分解图

这样的电动机被称作饼状电动机，因为它们被安置在扁平的、薄的空间中，直径超过长度，让人想到饼。这种电动机的之前被称为印制电路电动机，因为电枢磁盘由印制电路的制造工艺制造，现已被取代。扁平电动机壳体质量集中，接近安装板电动机的中心，可以很容易地吸顶安装。如果常规电动机框架能够吸顶安装，可消除电动机悬挂安装的危险和对于支撑材料的需求。圆盘形电动机的外形让这种电动机在空间有限的工业机器人的轴驱动器中得到应用。

盘型电动机的主要缺点是电枢相对脆弱的结构和其无法像铁心绕线转子迅速散热的性质。因此，这种电动机在实时受控的场合的应用受到限制，且工作时间不能太长，以提供足够的时间让电枢产生的热量散去。

4. 空心杯状电动机

空心杯永磁直流电动机提供低惯量、低电感和高加速度的特性，这使得它们在许多伺服系统中得到应用。它们具有中空圆筒状的线圈，线圈由铝丝或铜丝制成并捆绑在聚合物树脂和玻璃纤维上，以形成一个刚性的“无铁心杯”，紧固到轴上。这类伺服电动机的剖视图如图 2.4-4 所示。

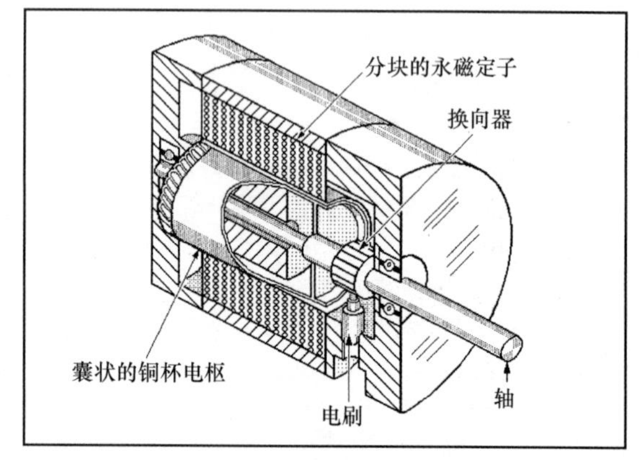

图 2.4-4 空心杯永磁直流电动机的剖视图。

电枢无铁心，且像磁盘电动机一样具有非常低的惯性和非常高的转矩—惯量比。这使得电动机在许多运动控制应用中所需的快速反应迅速加快。这种电动机的电枢在磁通密度非常高的空气间隙内转动。定子产生的磁场穿过杯状的电枢和一个与电动机外壳的法兰盘相连接的不转动的铁质圆筒形磁钢，构成闭合磁路。伸展到电枢杯上的轴在磁钢芯内旋转。这样的电动机用弹簧电刷进行换向。

另一种永磁直流电动机如图 2.4-5 所示，图为爆炸分解图。杯状电枢在右端的线圈连接处通过一个圆盘直接固定在轴上，磁路通过电动机的金属外壳构成闭环。电刷装配在电动机的端盖上或者法兰盘上，如图中最右端。

该电动机的主要缺点也是其转子线圈不能迅速消散内部产生的热量，这是由于转子线圈的低热导率所导致的。如果没有适当的冷却和敏感的控制电路，电枢可以在几秒钟内迅速加热到破坏性的温度。

5. 无刷永磁直流电动机

无刷永磁直流电动机具有与有刷永磁直流电动机相同的线性的转速－转矩特性，但它们是电子整流的。这些电动机的结构如图 2. 4-6 所示，与典型的刷式直流电动机不同，它们的结构正好相反。换言之，它们的转子是永磁的，定子不是永磁的，并且是定子而不是转子转动。虽然这些是直流无刷电动机所需的，但是一些制造商已经将其应用在有刷直流电动机的设计上。

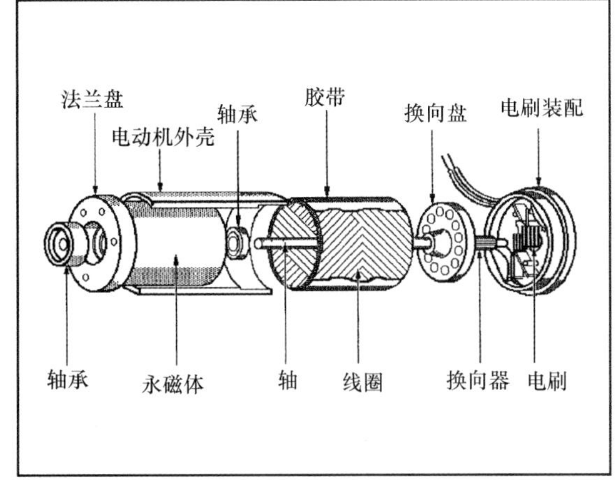

图 2. 4-5 小功率直流伺服电动机的爆炸图。

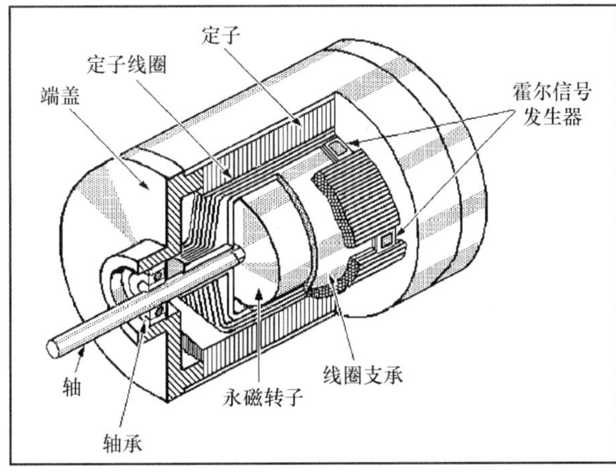

图 2. 4-6 无刷直流电动机的剖视图。

在无刷直流电动机里，用电子传感器代替了机械的电刷铜条整流器，最典型的就是霍尔原件（HEDS）。它们位于定子绕组上，用电线连接到固态晶体管开关电路，这个开关电路既可以安装在电动机保护罩内的电路卡上也可以安装在外部组件上。一般来说，只有小功率无刷电动机的开关电路才安装在电动机壳内。

无刷直流电动机的圆筒形磁铁转子被横向磁化，使转子的直径两端具有相反的南北两极。这些转子通常是由钕铁硼合金或钐钴稀土磁材料制成的，与铝镍钴磁铁相比，该材料提供了更高的磁通密度比。在电动机的早期设计中，相同的电动机构架条件下，这些材料可为其提供更高的性能；在性能指标相同的情况下，这些材料可以使电动机做得更小。此外，稀土类或陶瓷磁铁转子的直径可以做得更小，从而降低它们的惯性。

用霍尔效应设备作为电子转换器控制的直流无刷电动机的简图如图 2. 4-7 所示。霍尔效应设备是一个由霍尔元件和放大器集成在一起的硅芯片。该集成电路能够感测转子磁场的极性，然后将适当的信号发送给电力晶体管 T1 和 T2 ，以使电动机的转子旋转。实现过程如下：

（1）转子不动时，霍尔效应设备检测到转子的北极，导致它产生一个信号使晶体管 T2 导通。这时电流导通，通电绕组 W2 产生一个电磁南极。这极吸引转子的北极，进而带动转子逆时针方向旋转。

（2）转子惯性导致转子转过中间的位置，然后霍尔效应设备又感测到转子的南磁极。然后，晶体管 T1 接通，使电流流动，绕组 W1 产生北磁极，吸引转子的南极，使它继续向逆时针方向旋转。

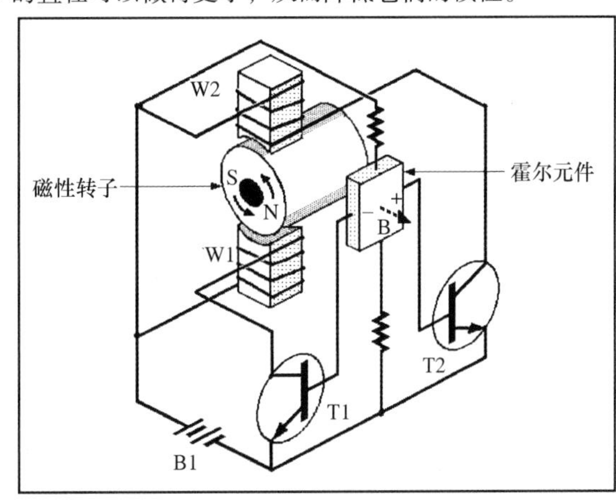

图 2. 4-7 无刷直流电动机的霍尔换向器简图。

该晶体管按正确的顺序导通，以确保定子绕组 W2 和 W1 的磁场和永磁转子的磁场之间能够产生保持转子不断旋转所需的转矩，以保持转子等速旋转。绕组以绕着定子旋转的方式被激励。

在实际的无刷电动机中，通常有两个或三个霍尔效应设备，相隔 90°或 120°分布在电动机的转子周围。它们的信号发送给电动机控制器，用这个控制器来触发电力晶体管，在一定的电流和电压水平下，驱动电枢绕组。

图 2. 4-8 是无刷电动机的分解图，展示了一个微型的无刷直流电动机，亦包括霍尔效应换向器的设计。该定子是无铁心的铜线圈以及聚合物树脂和玻璃纤维黏合在一起形成的一个刚性结构，类似于杯型转子。然而，它被紧固在电动机壳内的叠钢片里。

这种结构的起动电流和比转速有一个变化范围，其取决于绕线的粗细和线圈匝数。这样它可以得到各种终端电阻，允许用户在特定的应用环境下选择最佳的电动机。霍尔效应传感器和一个小的被横向磁化的圆盘形磁铁安装在电动壳体内的圆盘状的区域。

6. 无刷电动机中的位置传感

磁感元件和旋转变压器都可以感受到无刷电动机转子的位置。图 2. 4-9 显示了如何在电子换向的三相无刷直流电动机中，用三个磁感元件感测转子的位置。在这个例子中，磁传感器位于电动机的端罩内。这种廉价的版本能够满足简单控制的目的。

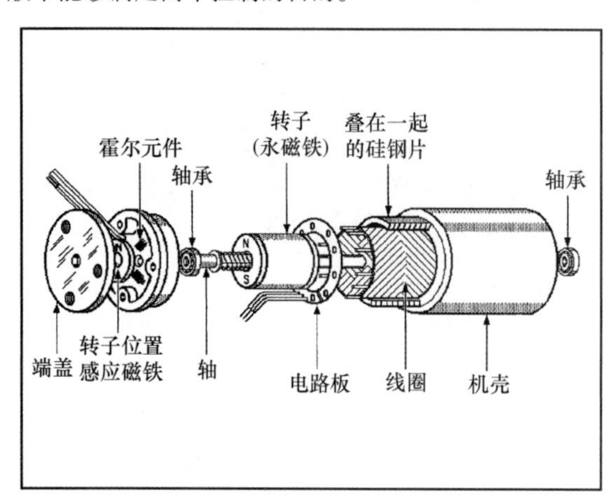

图 2. 4-8 拥有霍尔换向器的无刷直流电动机的爆炸图。

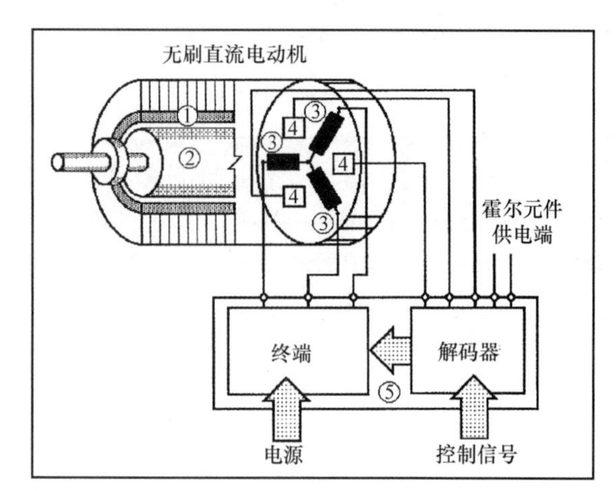

图 2. 4-9 一个磁传感器作为转子位置指示器。
1—无刷电动机的定子绕组 2—永磁转子 3—三相电子换向器 4—三个磁场传感器 5—电子电路板。

图 2. 4-10 是一个替代的设计，当需要更高的定位精度时，电动机的端盖上的旋转变压器感测转子的位置。来自解码器的高分辨率的信号可以帮助我们在电动机控制器内生成正弦电流。通过三个绕组的电流是相互独立的，并且相位上互差 120°。

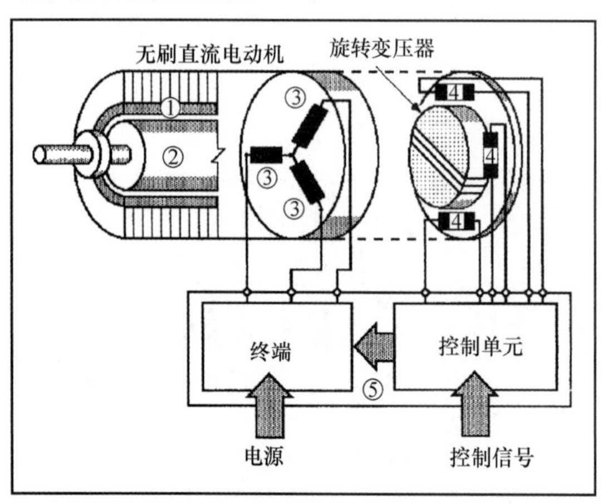

图 2. 4-10 一个旋转变压器作为位置传感器。
1—定子绕组 2—永磁电动机的转子 3—三相电子换向器 4—三个磁敏传感器 5—电子电路。

7. 无刷直流伺服电动机的优点

由于电子换向取代机械换向，无刷直流伺服电动机与有刷直流伺服电动机相比，至少有以下四个明显的优势：

- 不需要更换电刷或移除由于电刷磨损所产生的碎屑。
- 由于没有电刷换向引起的电弧，在存在易燃或易爆的气体、灰尘或液体的环境下，无刷电动机不会引起火灾或爆炸。
- 用电子换向取代机械换向，减少了不必要的无线频率源，最大限度地减少了电磁干扰。
- 使用电子换向，无刷直流伺服电动机可以运行得更快和更有效。速度高达 50000r/min，而有刷直流伺服电动机的上限大约只有 5000r/min。

8. 无刷直流伺服电动机的缺点

无刷直流伺服电动机至少有以下四个缺点：

- 永磁无刷直流伺服电动机无法通过简单的动力源极性反转来实现逆转。被供给磁场线圈的电流的顺序必须反向。
- 无刷直流伺服电动机的成本比同级别的有刷直流伺服电动机高。
- 为了给电子换向电路供电，还需要额外给它布线。
- 无刷直流伺服电动机的运动控制器和驱动器电子设备比那些常规的直流伺服电动机更复杂和昂贵。

因此，无刷直流伺服电动机一般只用在某些特定的应用或者其危险的作业环境下。

9. 无刷旋转伺服电动机的特性

直流旋转伺服电动机的特性很难一概而论，这是因为市面上这种产品相当的广泛。不过，它们大概的参数如下：可以连续提供的转矩为0.84～6.8N·m（0.62～5.0lbf·ft），最大转矩为2.6～19N·m（1.9～14lbf·ft），额定功率为0.54～2.06kW（0.73～2.76PS）。最大速度为1400～7500r/min，电动机的重量为2.3～10kg（5.0～23lb）。反馈通常可以由旋转变压器或编码器提供。

10. 线性伺服电动机

直线电动机本质上是一种展开成平面的旋转电动机，但工作原理相同。永久磁铁直流线性电动机类似一个永磁旋转电动机，一个交流笼型感应电动机类似一个线性感应电动机。在旋转电动机里产生转矩的电磁力，在一个线性电动机里也同样也产生转矩。直线电动机使用旋转电动机相同的控制和可编程位置控制器。

在发明线性电动机之前，产生直线运动的唯一途径是使用气动或液压缸，或用滚珠丝杠或传动带和滑轮将旋转运动转化为直线运动。

线性电动机包括两个机械组件：线圈和磁铁，如图2.4-11所示。电流所流过的绕组在一个磁通变化的磁场中会产生一个力。流过绕组的电流为I和变化的磁通量为B。当电流和变化的磁场相互作用时，就产生了力（F），方向如图2.4-11所示，其中$F=I\times B$。

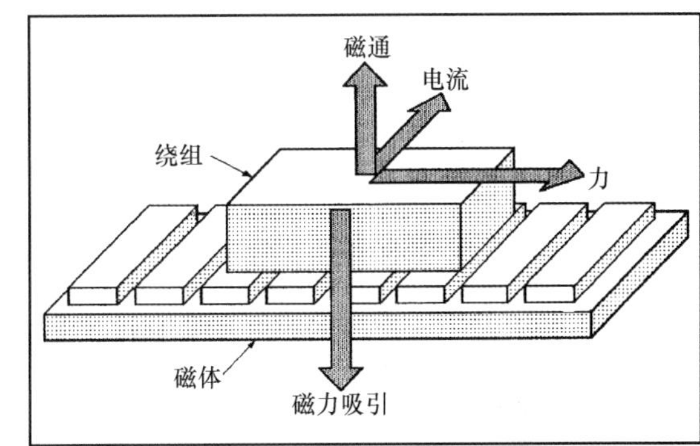

图2.4-11 直线电动机的工作原理。

如果线圈匝数非常多，并且使用非常好的稀土材料，那么即使是小的电动机也将高效地运行，并且产生强大的动力。三绕组互差120°，它们就可以连续地换向，保持正常运行。

这里只讨论闭环线性无刷伺服电动机，其有两种类型，即钢心（又称铁心）和环氧树脂心（又称无铁心），市面都有销售。这些直线伺服电动机具有不同的特点和不同的应用范围。

钢心电动机是线圈绕在硅钢片上，以便充分利用单面磁铁组件所产生的力。图2.4-12为一个钢心线性无刷电动机。这些电动机里的钢用来集中变化的磁通，以产生非常高的力密度。稀土磁铁组件包含稀土磁铁棒，安装在安装有交替极性的钢基板的上表面（即N，S，N，S）。

在心里的钢被永磁体向一个方向吸引，通常这个方向垂直于电动机运行时产生的力。直线电动机的气隙内的磁通量通常为几千高斯。无论通电与否，它将提供一个恒定的磁力。正常的磁吸引力可高达电动机额定连续力的10倍。随着测量点移动几厘米远离磁铁，这个通量迅速减少到几个高斯。

齿槽效应在线性和旋转电动机中都会发生，是电动机线圈的钢叠片转过电动机内磁极变化的点时产生的。因为它可以发生在钢心电动机中，制造商都在最大限度地减少齿槽效应。钢心线性电动机的高推力使它们能够加速和搬运沉重的货物，同时保持刚度。

环氧基的核心或无铁心核心电动机的特征不同于那些钢心电动机。例如，它们的线圈组件被缠绕并封装在环氧树脂内，形成的薄板插入紧固在磁铁组件内的两个永久磁体条之间的空气间隙，如图2.4-13所示。由于线圈组件不包含钢铁心，环氧核心电动机比钢心电动机更轻并且齿槽更弱。

带状磁铁被分开以形成使线圈组件插入到其中的气隙。此设计最大限度地提高了生成的推力，并且还提供了一个磁通返回路径。因此，只有非常小的磁通跑到电动机外，从而最大限度地减少剩余的磁吸引力。

环氧核心的电动机提供非常平滑的运动，适于需要非常低的摩擦和高加速度的轻负载条件下的应用。它们也允许保持恒定的速度，特别是非常低的速度。

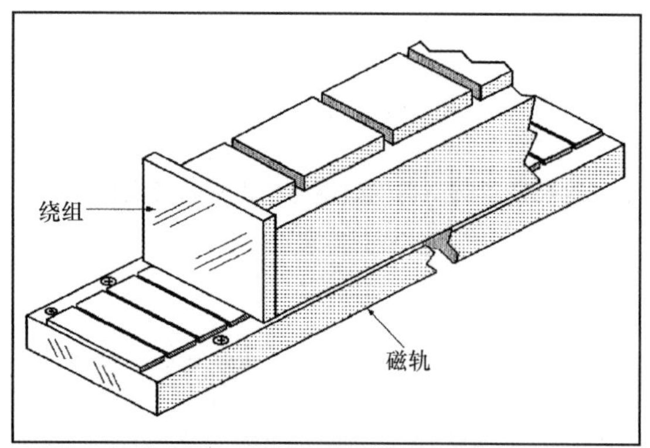

图 2.4-12　一个线性铁心直线伺服电动机由一个磁轨道和一个与之匹配的装备线圈组成。

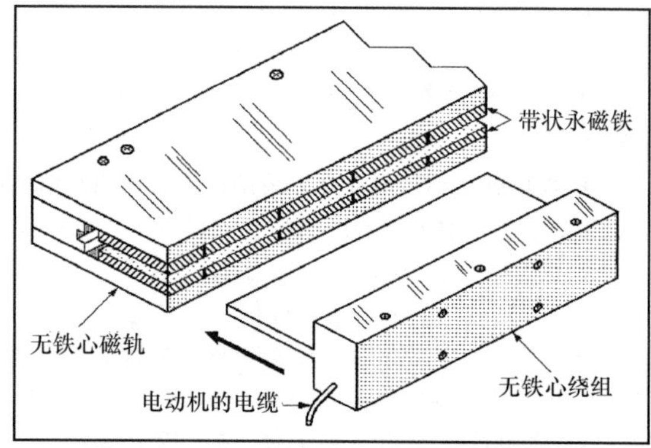

图 2.4-13　一个直线无铁心伺服电动机由一个无铁心的磁路和一个无铁心的装配绕组组成。

线性伺服电动机可以实现的精度为 0.1μm 。正常的加速度是 2～3g，但一些电动机可以达到 15g。速度受编码器的数据速率和放大器的电压的限制。正常的峰值速度为 1～2000mm/s（0.04～80in/s），但某些机型的速度可以超过 8m/s（26ft/s）。

无铁心直线电动机可以达到的持续力为 22～245N（5～55lbf），峰值力为 110～800N（25～180lbf）。相比之下，铁心直线电动机可以达到的持续力为 130～4900N（30～1100lbf），峰值力为 270～8000N（60～1800lbf）。

换相

直线电动机互差相位 120°的绕组必须不断开关和换相以维持运动。直线电动机有两种方式换相：正弦换相和霍尔效应元件或梯形换相。效率最高的是正弦换相，而霍尔效应元件换相效率要低 10%～15%。

在正弦换相中，伺服系统中提供位置反馈的线性编码器也可用于电动机换相。当电动机启动时，需要一个叫“寻相”的过程，然后随着编码器的脉冲逐步推进，这将产生极其平滑的运动。在霍尔效应元件换相的电路板上，霍尔效应集成电路嵌入线圈组件。霍尔效应元件传感器检测极性的变化，并且每 60°切换电动机的相位。

正弦换相比霍尔效应元件换相更高效，因为在此换相方法设计下的电动机线圈绕组被配置为提供一个正弦形的反电动势波形。其结果是，当电动机的各相上的驱动电压与反电动势波形的特征相匹配时，将产生一个恒定的力输出。

11. 线性电动机的安装

在典型的线性电动机的应用中，线圈组件是附在主机体移动部分上的，而磁铁组件是安装在固定部分上的。这些电动机可以垂直安装，但在垂直安装时，一般它们需要平衡系统来防止负载在动力暂时失效或关闭时下落。这些通常由重物、弹簧或气缸构成的平衡系统抵抗负载重力。

如果失去动力，伺服控制将被打断。运动级趋于继续运动而静止级趋于保持静止。停止时间和停止前的运动距离取决于当时的速度和系统内的摩擦。电动机的反电动势可以提供动力制动，摩擦制动可以用于快速制动。然而行程限制可以被嵌入电动机的运动阶段中防止在失去动力、反馈或伺服驱动失效的情况下造成损失。

线性伺服电动机被以工作箱的形式提供给客户来安装在主机体上。主机体的结构必须包括能支撑电动机质量的轴承，同时保持组件间特定的间隙并抵抗任何残余磁力的法向力。

线性伺服电动机只能用于闭环定位系统，因为其不能内置位置传感器。反馈一般由像线性编码器、激光干涉尺、线性可变差动传感器或线性感应同步器这样的传感器提供。

12. 与回转伺服电动机相比线性电动机的优点

线性伺服电动机与回转伺服电动机相比，其优点如下：

- 刚度高：线性电动机直接与运动负载相连，因此没有后坐力，通常也没有电动机和负载间的顺应性。负载立即对电动机动作做出反应。
- 机械原理简单：线圈组件是电动机上唯一的运动部分，磁铁组件刚性地固定在主机体的结构上。一些线性电动机生产商提供不同长度的磁铁组件单元。这允许用户将组件首尾相连放置组建任意长度的轨道，理论上可以无限长。电动机产生的力直接作用在负载上，中间没有联轴器和轴承等传统机构。唯一需要的调整结构是空气间隙，通常尺寸为 0.5～1mm。
- 高速和高加速度：由于线圈和磁铁组件之间没有结构上的接触，高速和高加速度是可以实现的。大型电动机可以产生 3 ~ 5g 的加速度，而小型电动机可以产生 10g 以上的加速度。

- 高速：反馈编码器码率和放大器总线电压限制了速度。一些模式可以达到8m/s，通常峰值速度为2m/s。这已经可以与球形丝杠传动的典型线速度相比了，球形丝杠由于共振和磨损限制，速度通常限制在 0.5 ~ 0.7m/s。
- 高精确度和可重复性：采用位置反馈编码器的线性电动机可以达到 1 编码周期的位置精确度或者达到亚微米级尺度，仅受编码器反馈分辨率限制。
- 无后坐力和磨损：由于运动部分间没有接触，线性电动机不会被磨损，这减少了维护工作，使其适应于长期运行和长时间峰值功率运行。
- 系统尺寸减小：由于线圈组件依附在载荷上，不需要额外空间。相反旋转电动机通常需要球形螺杆、支架和小齿轮或同步带传动。
- 洁净室适合性：线性电动机可以用于洁净室，因为它们不需要润滑，不产生碳刷磨损。

13. 线圈组件散热

热控制在线性电动机中比在旋转电动机中更为关键，因为它们没有作为散热面的金属框架或箱体。一些旋转电动机在机架上也有散热片来增强散热器的散热能力。线性电动机必须依靠高的电动机效率和良好的绕组导热性来控制热量。例如，跟绕组近距离接触的铝附件板可以帮助散热。此外，线圈组依附的厢板必须具有有效的导热能力。

14. 步进电动机

步进电动机是一种交流电动机，其轴接收到直流电脉冲后依次步进一定角度。成列的脉冲电流按一定增量给电动机提供输入电流，可以通过 360°“步进”电机，轴实际的角位移直接与脉冲数相关。负载的位置可以通过脉冲计数确定，并具有一定精度。

适用于大多数开环运动控制应用的步进电动机具有定子（电磁线圈）和铁或永久磁铁转子。与永磁体直流伺服电动机采用机械换向刷不一样的是，步进电动机由外部控制器提供换向脉冲。步进电动机的操作基于与其他电动机相同的电磁原理——异性吸引和同性排斥，但它们的换向器提供的转矩仅供转子旋转。

外部电动机控制器的脉冲确定定子的磁场线圈中电流的方向和大小，它们可以使电动机的转子顺时针或逆时针旋转，快速停止和起动，并在预定的位置上保持不动。转动轴的速度取决于脉冲的频率，因为控制器可以以声频的频率使大多数电动机步进，所以转子可以快速旋转。

在脉冲间隙转子静止，由于步进电动机的固有维稳能力或起动转矩，电枢不会从静止位置漂移。这些电动机在静止时只产生很少的热量，使它们适于能量有限的不同仪器的驱动电动机的应用中。

三个步进电动机的基本类型是永磁步进电动机、可变磁阻步进电动机和混合步进电动机。混合步进电动机和永磁步进电动机可以使用相同的控制器电路驱动。

15. 永磁步进电动机

永磁步进电动机的转子外表面是光滑无齿的，转子即是永磁铁心，产生的磁场横向或者垂直穿过它的轴。这些电动机通常有两个独立的绕组，可能带中心标记或者不带。最常见的永磁步进电动机的步距角是 45°和 90°，但通常可购到的电动机的步距角细如每步 1.8°以及 7.5°、15°和 30°。电枢旋转时，会发生定子磁极交替地通电和断电，产生转矩。一个步距角为 90°的步进电动机具有 4 个磁极，一个步距角为 45°的步进电动机具有 8 个磁极，按一定顺序通电。永磁步进电动机的价格相对较低，但它们可以产生高转矩，具有非常良好的阻尼特性。

16. 可变磁阻步进电动机

可变磁阻步进电动机电枢有多个齿而且每个齿都能有效地对准一个独立的磁场。在静止状态时，这些磁铁的排布可以提供较大的止动转矩，该止动转矩比同等额定值的永磁步进电动机的要大一些。典型的可变磁阻步进电动机步距角分别为每步 15°和 30°。30°步距角通过 4 齿的转子和一个 6 磁极定子得到，而 15°的步距角通过 8 齿的转子和 12 级定子得到。这些电动机通常具有三个绕组和一个共同的回路，它们也可以有四或五个绕组。为了获得连续旋转，电源必须以一种协调的序列交替地给磁极的绕组断电和通电。

无论是永磁或变磁步进电动机，如果仅有一个绕组通电时，转子（无负载下）将停滞在一个固定的角度，并保持这个角度直到外部施加的转矩超过了步进电动机的保持转矩。此时，转子将转动，但它仍然会试图保持在每一个平衡点的位置不动。

17. 混合式步进电动机

混合式步进电动机集中了可变磁阻和永磁式步进电动机的最佳功能。一台典型工业用的混合式步进电动机的剖视图如图 2.4-14 所示，从图中可以看到一个多齿的电枢。转子由两个部分组成，两部分的齿是交错的（相差半个齿）。这些电动机也有多齿的定子磁极，只是在图中没有显示出来。混合式步进电动机可以达到很高的步进速度，它们提供很高的制动转矩和出色的动态和静态转矩。

混合式步进电动机通常在每个定子磁极有两个绕组，这样可以使每个磁极既可以成为北极也可以成为南极，这取决于电流的流动。混合式步进电动机的横截面如图 2.4-15 所示，图中显示多齿磁极上有两组线圈和一个多齿的转子。轴由图中的圆圈表示。

最流行的混合式步进电动机是三相和五相的，步距角为 1.8°和 3.6°。相比同等大小的其他步进电动机，混合式步进电动机可以提供更大的转矩，因为在它驱动周期的每一个点上，它的线圈要么全都上电要么就差一个上电。一些五相的电动机每步仅 0.72°（也就是一周能走 500 步）。匹配兼容的控制器，大多数的永磁式和混合步进电动机可以精确走半步，一些控制器可以设计成提供更小的分步或微步。市场上的混合式步进电动机能够提供的转矩值的范围很宽。此范围是通过缩放长度和直径尺寸来实现的。混合式步进电动机的尺寸在国际电气制造业协会标准中可以查到，其电动机法兰盘尺寸在 NEMA 17（42mm × 42mm） ~ NEMA 42（110mm × 110mm）范围内，其最大输出功率可达到 1000W。

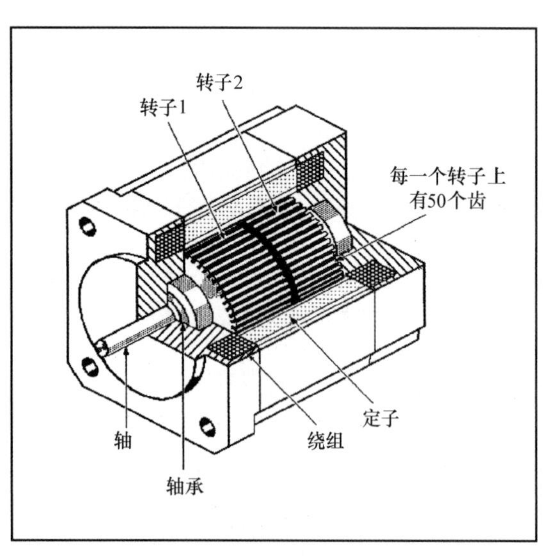

图 2.4-14 一个五相混合式步进电动机的剖视图。一个磁钢装在转子中，将转子分成了两个部分，这两个部分相互错开 3.5°。

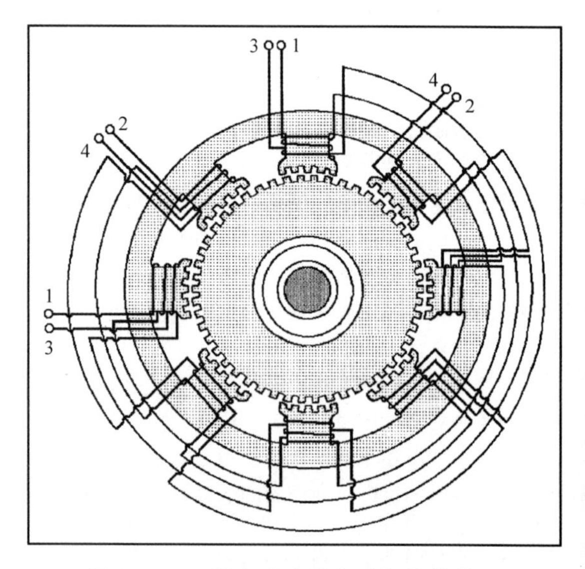

图 2.4-15 混合式步进电动机的横截面，图中展示了转子磁钢和定子绕组的布线。

18. 步进电动机应用

在选择一台步进电动机的时候要综合考虑技术和经济指标。例如，步进电动机重复一个位置的定位能力取决于其加工时的几何误差。混合式步进电动机的一个缺点是开环，一旦负载超过其锁定转矩，它的定位信息就会遗失，系统将被初始化。工作在稳定负载的加速度的环境中，步进电动机可以在简单开环系统中实现准确定位。但是，如果负载是个变量并且驱动负载需要高加速度，步进电动机就需要一个位置传感器构成闭环控制系统。

19. 直流和交流电动机线性致动器

作为运动控制系统，致动器在不同的形式场合都可以看到，包括线性和旋转式机器中。一个流行的配置是汤姆森·萨吉诺的 PPA，如图 2.4-16 所示，它由一个交流或直流电动机平行安装到一个滚珠丝杠或梯形螺杆总

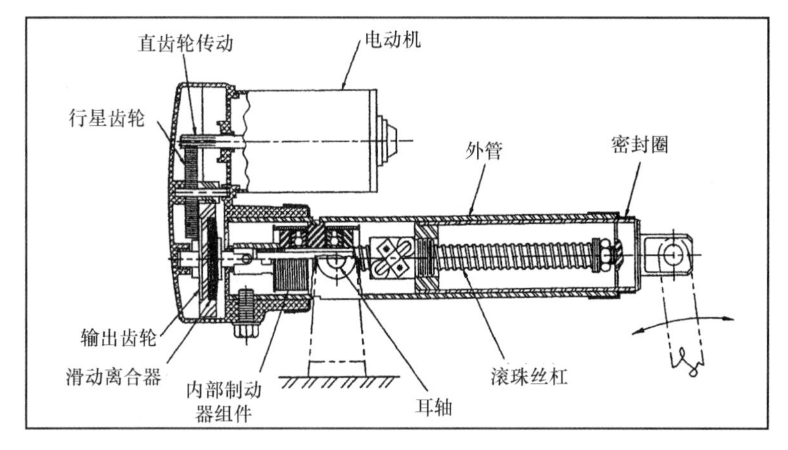

图 2.4-16 这个直线执行机构可以被交流电动机或直流电动机驱动。它包括滚珠轴承、减速齿轮、离合器、制动器。

成和一个由滑动离合器和致动器集成装配成的减速齿轮总成。这种类型的线性致动器可以在商业、工业和机构应用领域广泛应用。

专门为移动应用程序设计的版本可以通过 12V、24V 或 36V 直流永磁电动机驱动。这些电动机能执行这样的任务，例如利用天线反射来定位，打开和关闭安全门，处理材料，提高和降低剪刀式升降台、机罩和轻型起重机装备。

其他线性致动器被设计用于固定位置，可使用 120V 或 220V 交流线路。它们可以用交流或直流电动机，那些 120V 交流电动机可以装备在那些几乎已经消除滑行的可选性电动致动器上，从而允许沿行程运行点位加工。

在需要变速并获得 120V 交流电功率时，可以把 90V 直流电动机的线性致动器安装在固态整流器/速度控制器中。闭环反馈可以将速度调节器调到低至最大速度的十分之一运行。当所加载荷发生变化时，这个反馈系统可以维持速度大小。

汤姆森·萨吉诺提供具有霍尔或电位传感器的线性致动器应用到那些需要或必须控制致动器定位的地方。随着霍尔效应传感，产生的 6 个脉冲使输出轴转 1 圈，并使输出行程达到大约 0.84mm（0.033in）。这些脉冲可以统计在分开控制的单元中，可以从记忆存储的脉冲单元中增加或减少。每次通过编程控制每增加 0.84mm 行程时，致动器可以被停止运行。限制开关也在这个传感器中被一起使用。

如果用 10 转 10000Ω 的电位计作为传感器，则可以由输出轴通过齿轮来驱动它。齿轮比通过在致动器的行程长度改变电阻（0～10000Ω）。单独的控制单元通过电位器来测量电阻（或电压），电位器不断变化且在行程运行中保持线性。这个执行机构沿其行程可以停在任何位置。

20. 基于步进电动机的线性致动器

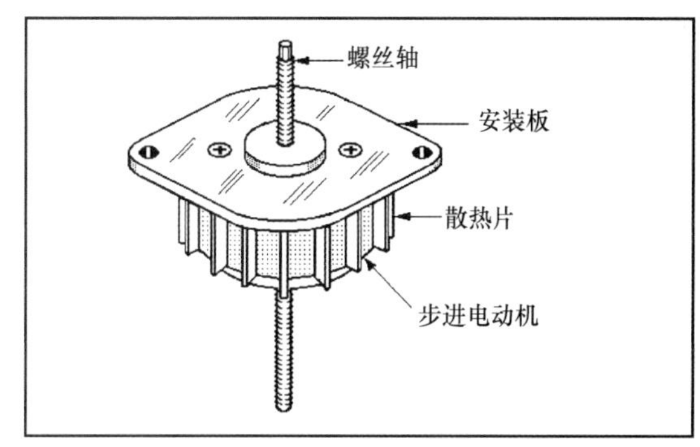

图 2.4-17 基于永磁步进电动机的轻载直线电动机有能够前进后退的轴。

线性致动器可应用于轴向积分螺纹轴和螺栓螺母将旋转运动转换为线性运动的场合，利用分马力永磁步进电动机驱动，这些线性致动器能够定位轻质负载。数字脉冲被送到致动器导致螺纹轴旋转，推进或撤回它使耦合到轴的负载可以向后或向前移动。双向数字线性致动器显示如图 2.4-17 所示，可以提供线性分辨率，精确到每次脉冲 0.0254mm（0.001in）。行程的每一步是由丝杠的螺距和电动机的步进角来实现的。模型的最大线性动力是 2.13kgf（75ozf）。

2.5 伺服系统的反馈传感器

伺服系统反馈传感器在运动控制系统中通过运动控制器将物理变量转换成电子信号使用。常见的反馈传感器是编码器、解析器和线性可变差动变压器，这些是对运动和位置的反馈，而转速是对速度的反馈。不太常见的反馈装置有电位器、线性速度传感器、角位移传感器、激光干涉仪和分压计。一般来说，反馈传感器越接近被控制的变量，系统改正速度和位置误差越准确。

例如，直接测量输送负载或工具在单一轴向线性导轨的线性位置将提供比通过角位置的导向丝杠间接测量决定的和在传感器和输送之间用动力几何计算的结果更准确的反馈。因此，直接位置测量避免了由反弹、滞后与丝杠磨损引起的传动误差，这些误差能够对间接测量产生不利的影响。

1. 旋转编码器

旋转编码器，也称为转轴编码器或旋转轴角编码器，是机电换能器，转换成输出轴旋转脉冲，可以统计轴速率或轴角。它们在伺服反馈回路中提供速度和定位信息。一个旋转编码器在每次转动时可以检测到一些不连续的位置，称为点每转，类似于步进电动机的步每转。编码器的速度单位是以秒计数。旋转编码器可以测量电动机轴或丝杠角度来间接地报告位置，但它们也可以直接测量旋转机器的响应。

目前最流行的旋转式编码器是增量光学轴角编码器和绝对光学轴角编码器。也有直接接触或刷式和磁旋转编码器，但它们并不广泛应用于运动控制系统。

商业旋转编码器可作为标准或样本单元来应用，或者它们可以根据特殊应用或极端生存环境中的应用来进行定制。标准旋转编码器被封装在直径1.5～3.5in的圆柱形壳体内。分辨率的范围为轴每转计数50～2304000个。在传统结构上改进的空心轴编码器消除了传统编码器的安装和轴跳动问题。带有空心轴的编码器可供安装的轴的直径范围为1～40mm（0.04～1.6in）。

2. 增量编码器

增量光学旋转编码器的基本部分如图2.5-1所示。一方面一个安装在编码器轴上的玻璃或塑料代码盘在内部光源（通常是一个发光二极管）之间旋转，另一方面一个防护面罩同时匹配光电探测器装配。增量代码磁盘包含一个在同样距离的透明的磁盘和如图中从中心向外辐射的不透明的刻度盘。由编码器的电子板产生的电信号被装在运动控制器里计算位置和速度信息作为反馈。一个工业级增量编码器的爆炸图如图2.5-2所示。

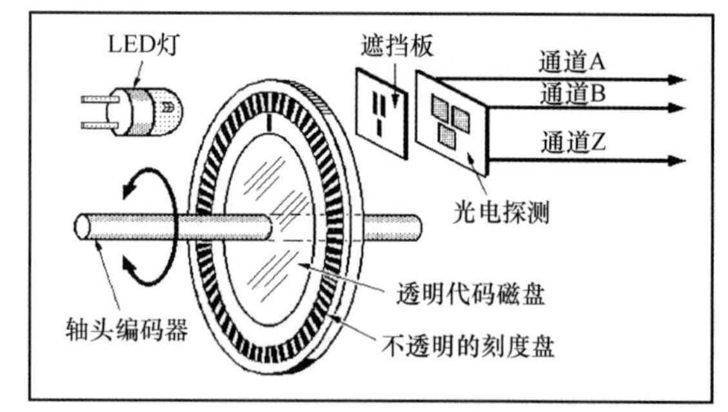

图2.5-1 增量光学旋转编码器基本构成。

具有11～16位甚至更高分辨率的玻璃代码盘用于高分辨率编码器，具有8～10位分辨率的塑料（聚酯）磁盘则用在更坚固的编码器中来抵抗受到的冲击和振动。

正交编码器是最常见的类型的增量编码器。从发光二极管发出的光通过旋转代码盘和标记在照到光电探测器部件之前被“遮光”。来自上述部件的输出信号被转换成两路方波脉冲（A和B）如图2.5-3所示。当代码盘转动时，每个通道中方波脉冲的数量等于通过光电探测器的代码盘分段数，但是波形有90°相位差。例如，如果通道A中的脉冲领先于通道B中的那些脉冲，码盘是以顺时针方向旋转，但如果通道A中的脉冲滞后于通道B中的那些脉冲，磁盘逆时针方向旋转。通过监测脉冲数和相应的信号的相位A和B，旋转的位置和方向都可以确定。

许多的增量正交编码器还包括一个第三输出Z信道，每发生一次转动会获得一个零参考或指数信号。该频道可以被控在正交通道A和B，并且在系统中用于准确触发一定的事件。信号也可以被用来调整编码器的轴作为机械参考。

3. 绝对编码器

一个绝对轴角光学编码器包含多个光源和探测器，以及一个代码盘与20环形圈分割设置的轨道，如图2.5-4所示。磁盘上的代码提供了一个能够完全定义每个轴角的二进制输出，从而提供了一种绝对测量结果。

这种类型的编码器和如图 2.5-2 所示的增量编码器的组织方式基本是相同的，但代码盘在发光二极管和放射状的光电探测器的阵列之间旋转，并且对于每个轨道或环形环来说，每个发光二极管都正对一个光电探测器。

不透明和透明部分的电弧长度相对于轴的径向距离而减少。这些圆盘，也由玻璃或塑料制成，产生自然二进制或灰色的代码。轴定位精度和环形圈数或圆盘上的轨道数成正比。当代码盘旋转时，通过每个轨道或环形圈的光产生来自探测器阵列的连续信号流。电子线路板把输出转换为二进制码。从圆盘内环的最高有效位（MSB）到圆盘外环的最低有效位（LSB）径向读取输出代码的值。

选择绝对编码器的主要原因是无论何时停止移动，是否故意关闭系统或因电力变压器故障，其代码磁盘都将保留编码器轴的最后一个角位置。这意味着，许多应用的一个重要的特征是保存最后读取。

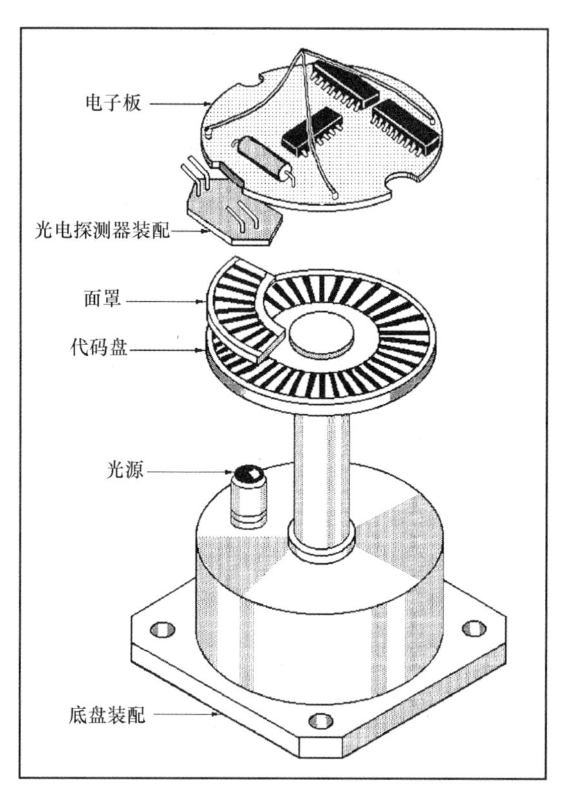

图 2.5-2　增量光学旋转编码器爆炸视图，显示代码轮和光电探测器装配之间的固定罩。

4. 线性编码器

线性编码器可以直接准确地测量单向和往复运动的机械，并具有高分辨率和重复性。图 2.5-5 显示了一个光学线性编码器基本零件。一个可移动的扫描单元包含光源、透镜、扫描线杯和一个数组光电管。这个刻度通常由一个带不透明刻度的条形玻璃制成，在主机上被黏合成一个支承结构。

一束光从光源经过透镜、扫描线的四个窗口和光电数组的玻璃片。当扫描单元移动时，这个刻度调节光束以使光电池产生正弦信号。

扫描线的四个窗口在相位上是每 90°分开的。该编码器组合相移信号来产生对称的正弦输出，其在相位上相差 90°的。扫描线上五分之一的部分有一个随机的刻度，在和板上的相同参考标记对应时，则产生一个参考信号。

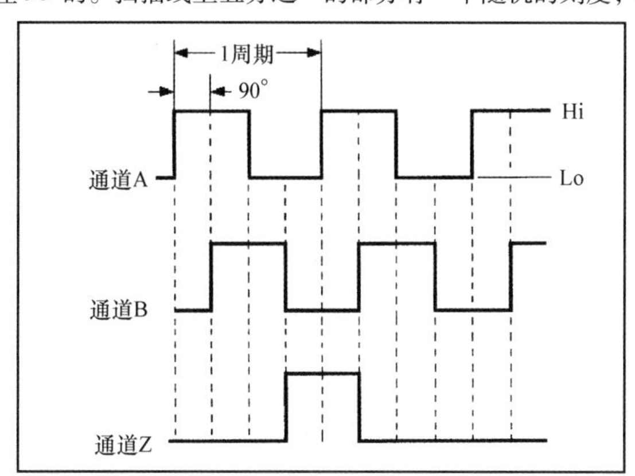

图 2.5-3　通道 A 和 B 提供双向位置传感。如果通道 A 引导通道 B，方向是顺时针，如果通道 B 引导通道 A，则方向是逆时针。通道 Z 提供一个确定磁盘旋转数量的零基准。

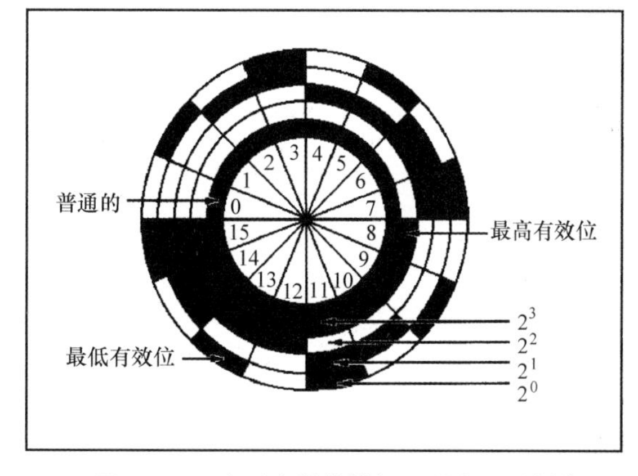

图 2.5-4　绝对光学旋转解码器有二进制代码盘。不透明的部分代表二进制 1，透明的部分代表 0，四位二进制代码盘能从 1 数到 15。

细间距可以提供高分辨率。扫描线和固定板之间的间距一定要狭小才能消除光栅尺衍射的不良影响。完整的扫描单元在球轴承上沿玻璃板移动。扫描单元通过滑向耦合与主机连接，弥补板和机床导轨之间的任何准线误差。

来自编码器的正弦信号的外部电子电路插值细分板头上的线间距以致它可以测量更小的运动增量。线性编码器的板的最大实际长度大约是 3m（10ft），但商业目录模型通常为有限的约 2m（6ft）。如果测量更长的距离，则编码器板将由带反射式刻度的钢带制成，以致能够被由一个适当的光电扫描装置感应到。

线性编码器可以直接测量，克服在机械阶段由于反弹、磁滞以及与丝杠误差产生的不准确之处。然而，在有来自金属片、砂砾和其他污染物的伤害时，板更易受损，连同相对更大的空间要求，限制了这些编码器的应用。

商业旋转编码器可用标准型式，也可以为不寻常的应用或在极端环境中生存而定制。全封闭和全开放的线性编码器的运动距离为0.05~1.8m（0.16~6ft）一些商业模型适用分辨率低至0.07μm，而其他的可以以速度5m/s（16.7ft/s）运行。

5. 磁编码器

磁编码器可以通过放置一个与霍尔效应装置传感器位置很近的永久横向磁化磁铁制成。图2.5-6显示了一个磁铁安装在与高能检波器阵列位置很近的电动机轴，能检测到磁通量密度随着磁铁旋转的变化。传感器的输出信号传送到运动控制器。编码器输出时，无论是方波还是准正弦波（取决于磁感应装置的类型），都可用于计算每分钟转速（转）或准确地确定电动机轴的方向。运动控制器可比较通道A和B之间的相移来确定电动机轴的旋转方向。

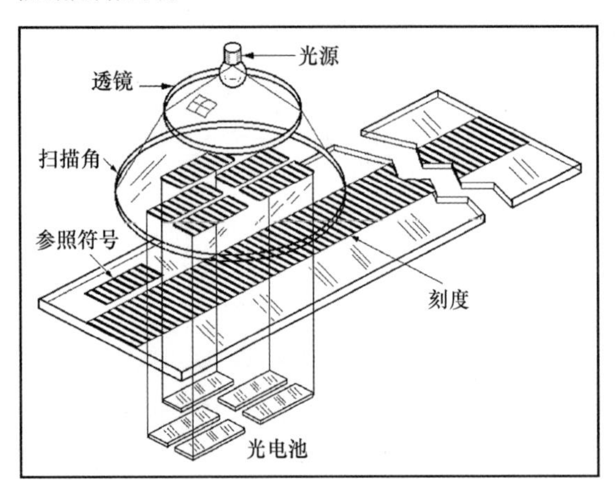

图2.5-5 光学线性编码器直接将光通过移动的带有精度刻度的光电池玻璃，在其对面转换为距离值。

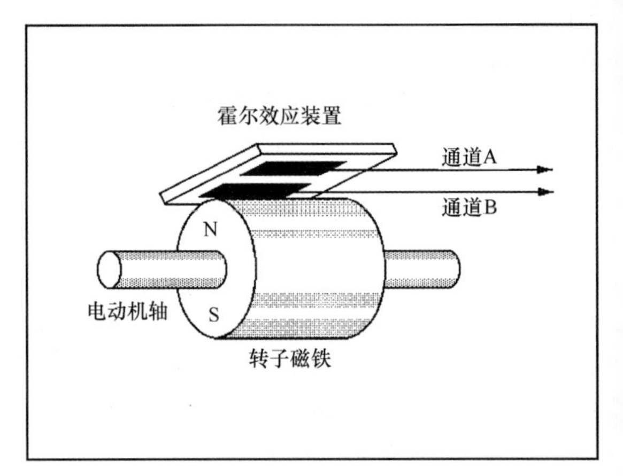

图2.5-6 磁编码器基本零件。

6. 解码器

解码器本质上是一种旋转变压器，可以在伺服系统中提供位置反馈来代替编码器。解析码类似小型交流电动机，如图2.5-7所示，它们轴的每次转动，都产生一个电子信号。

解析器在闭环运动控制应用中的感应位置包括有一个绕组的转子和一对面向90°的绕组的定子。定子是由缠绕在一堆固定在外罩上的铁叠片的铜线组成的，而转子是由一叠叠安装在旋转轴上的铜线缠绕成的。

图2.5-8显示了单转子绕组和双定子绕组成90°分开的无刷解析器的电气原理图。在伺服系统中，解析器的转子与驱动电动机和负载机械耦合。当转子绕组被交流参考信号激活后，它将根据正弦和余弦轴位置输出不同幅度的交流电压。如果相移信号是在转子的应用信号和定子线圈测量的感应信号之间，则该角是一个转子位置的模拟。负载驱动的绝对位置可以通过变压器轴每次转动时相对于余弦振幅输出的正弦振幅输出的比例来确定（每次转动高速解码器产生正弦和余弦波的输出）。

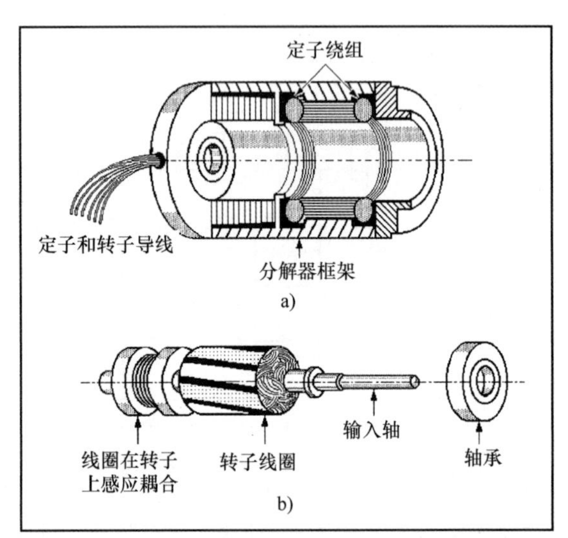

图2.5-7 解码器的爆炸图，（a）无刷解码器壳体；（b）转子和轴承。转子上的线圈把速度数值和处理的帧值进行耦合。

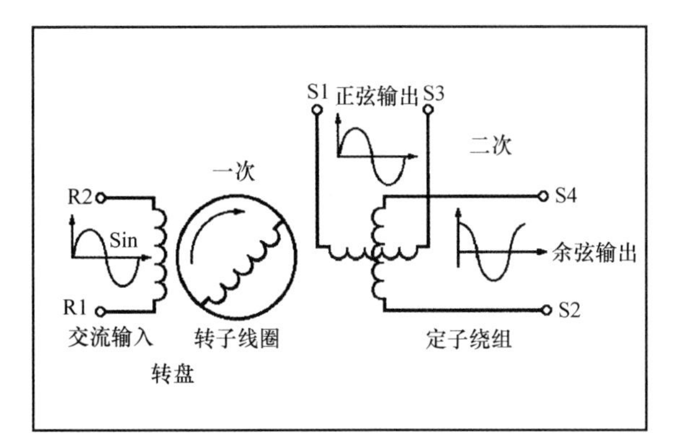

图 2.5-8　测量转子位置的正弦和余弦输出的解码器电气原理图。

一些与旋转变压器转子的连接可以由电刷和集电环制成，但对于运动控制应用的解析器通常是无刷的。旋转变压器的转子与转子感应的信号连接。由于无刷解析器无集电环和电刷，它们比编码器更坚固，使用寿命是刷式旋转变压器的 10 倍。轴承失效是旋转变压器失效最可能的原因。在这些解析器里电刷的缺失使它们对振动和污染物不够敏感。通常的无刷解析器直径是 20.32～93.98mm（0.8～3.7in）。转子轴上通常有螺纹和花键。

大多数无刷解析器工作的范围为 2～40V，并且它们的绕组能够被频率为 400～10000Hz 的交流参考电压激活。电压的幅度在任何定子绕组中与转子线圈轴和定子线圈轴所成角度 q 的余弦成正比。电压能够感应任何一对定子终端通过电压耦合线圈的电压矢量总和。精度可以达到 ±1′。

在反馈回路中的应用，定子的正弦输出信号传输到数字转换器（码电转换器）中，专业模拟数字转换器（模电转换器）转换信号为运动控制器的输入所需的实际表现角度。

7. 转速表

转速表是一种直流发电机，可以为伺服系统提供速度反馈。转速表的输出电压与驱动电枢轴的转速成正比。在一个通常的伺服系统应用中，它与直流电动机机械耦合，并且将输出电压反馈给该控制器和放大器来控制驱动电动机和负载的速度。转速表的剖视图如图 2.5-9 所示，具有与直流电动机和变压器相同的外壳。编码器或解析器是能提供位置反馈的开环的一部分。

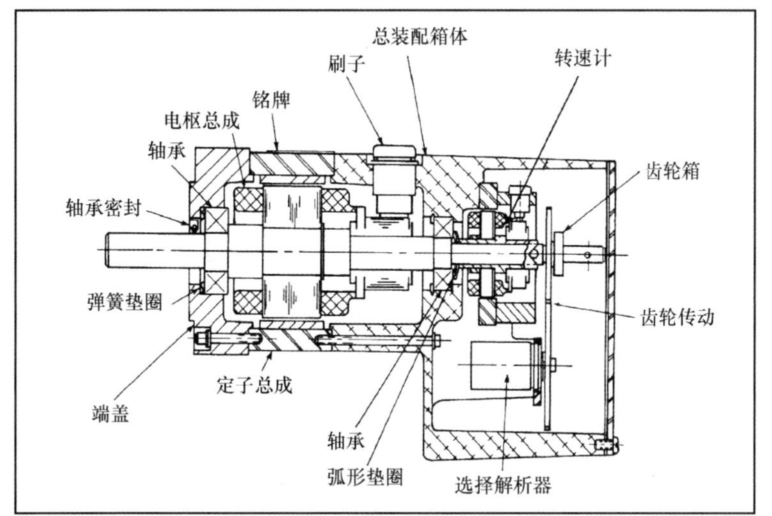

图 2.5-9　同一框架中作为伺服电动机解码器和转速计的截面图。

随着转速表的电枢线圈通过定子磁场旋转，磁力线被切断，每个线圈都能产生电动势。这个电磁场的强度与切割磁力线的速度成正比。电磁场的方向是由佛莱明发电机规则决定的。

由电枢线圈产生的交流电被转速表的换向器转换为直流电，它的强度正比于轴旋转速度，其极性取决于轴旋转方向。

直流转速表有两个基本类型：并联电磁表和永久磁性（永磁）电磁表，现在永磁转速表广泛地用于伺服系统。也有动圈式转速表，其结构像电动机，在电枢中没有衔铁，电枢绕组细铜线连接并且黏合玻璃纤维和聚酯树脂到同轴的刚性杯里。由于该电枢不包含铁，比传统的铜和铁的电枢有更低的惯性，并且具有低电感。因此，动圈式转速表更能响应速度的变化，并且提供了一个有低纹波振幅的直流输出。

转速表可作为独立的机器。它们可以牢固地安装到伺服电动机外壳上，并且它们的轴能够与伺服电动机的轴机械耦合。如果直流伺服电动机是无刷或动圈式电动机，独立的转速表通常是无刷的，虽然它们分开放置，但是共享一个电枢轴。

由刷式转速表提供反馈的刷式直流电动机如图 2.5-10 所示。转速表和电动机转子线圈安装在一个轴上。这样的安排能提供一个高共振频率。此外，就不需要单独的转速表轴承了。

在需要精确定位的应用中，除了调速部分，增量式编码器能被添加在同一轴上，如图 2.5-11 所示。

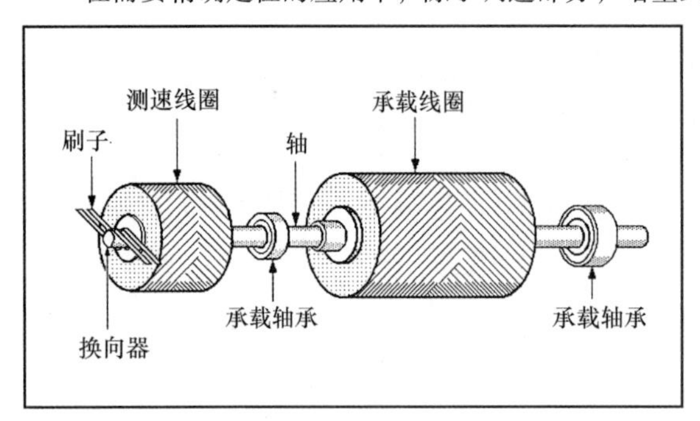

图 2.5-10 直流电动机和转速表的转子同轴。

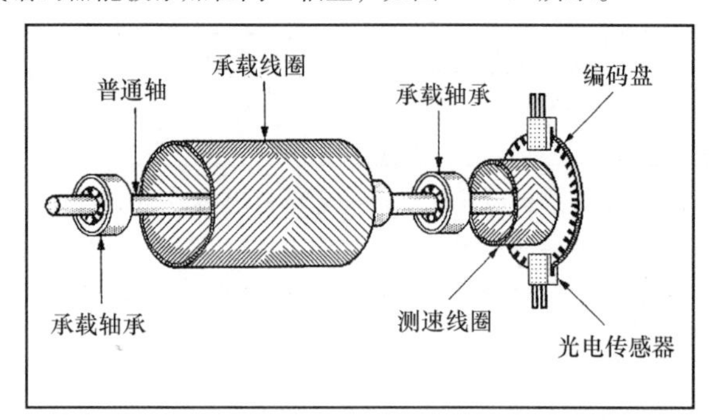

图 2.5-11 线圈式直流电动机获得速度反馈和位置反馈，速度反馈是从转子线圈安装在普通轴上的转速计发出的，而位置反馈来自编码盘也安装在同一根轴上的双通道光电编码器。

8. 线性变量差动传感器（LVDTs）

线性变量差动传感器是传感变压器，由一个一次绕组、两个相邻的二次绕组和一个铁磁心组成，铁磁心绕在绕组上轴向移动，剖视图如图 2.5-12 所示。根据安装的方法，线性变量差动传感器能够测量位置、加速度、力或压力。在运转控制系统中，线性变量差动传感器通过测量由于铁磁心的线性移动而导致一次绕组和二次绕组之间的互感系数的变化来提供位置反馈。

磁心附有一个弹簧顶住的传感主轴。当弹簧压缩时，主轴在绕阻内移动磁心，在一次绕阻 P1 中产生的励磁电压和响铃的二次绕阻 S1 和 S2 耦合。

图 2.5-13 是线性变量差动传感器的原理图。磁心是 S1 和 S2 的中心，在 S1 和 S2 中引起的电压具有相等的振幅和 180°的异相。在反向连接中，如图所示，因为两端电压取消，二次绕组净电压为零。这个被称为磁心的零点位置。

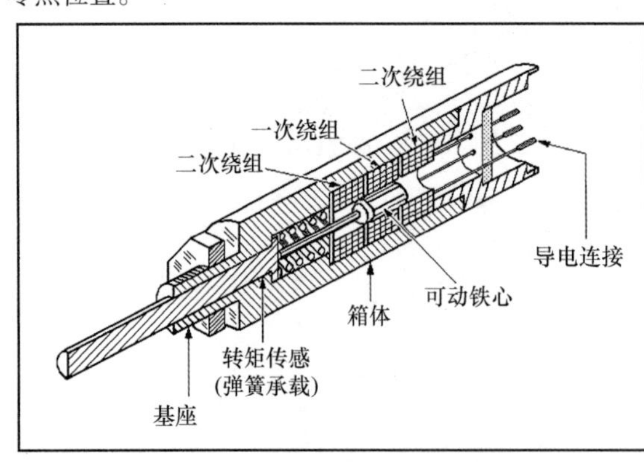

图 2.5-12 线性变量位移变压器剖视图。

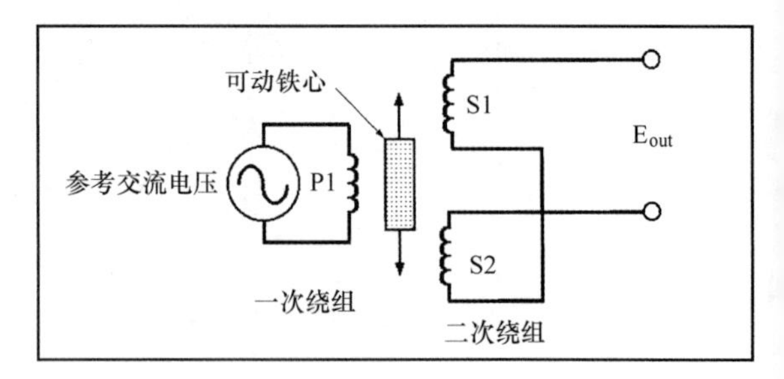

图 2.5-13 线性变量位移变压器中可动铁心与一次绕组和二次绕组相互作用原理图。

然而，如果磁心移动到左边，二次绕组 S1 与一次绕组 P1 耦合要比与二次绕组 S2 耦合更强，并感应出与初级电压同相的输出正弦波。线性变量位移变压器的输出正弦波振幅随着磁心的位移而对称变换，或移向零位左端，或移向零位的右端。

线性变量差动传感器需要信号调节电路，包括一个稳定正弦波振动器来激发一次绕组 P1、一个解调器来变换二次交流电压信号为直流信号、一个低通滤波器以及一个电子放大器来缓冲交流输出信号。输出直流电压的振幅与磁心偏向零位左侧还是右侧的位移量级成比例。直流电压的相位表明了磁心相对零位的位置（左侧还是右侧）。包含一个完整的振荡器/解调器的线性变量差动传感器是直流对直流的传感器，简称为 DCDT。

线性变量差动传感器能测量的线性位移精确到 0.127mm（0.005in）。输出电压线性度是传感器的重要参数，它可以作为一个直线在一个指定的范围内绘制。线性度是一个在很大程度上决定线性可变差动变压器的绝对精度的特性。

9. 线性速度传感器（LVTs）

线性速度传感器（LVT）包含一个磁铁，磁铁轴向安装两个线圈。根据法拉第和楞次定律，当磁铁通过线圈时，它将在线圈内产生电压。从线圈产生的输出电压与磁场强度和超出工作范围的轴向速度成正比。

当磁铁作为传感器起作用时，它的两端都处于两个相邻线圈里，当它轴向移动时，它的 N 极在一个线圈中产生电压，S 极在另一个线圈中产生电压。两个线圈串联还是并联取决于它的应用场合。在这两个配置中，从线圈产生的输出直流电压与磁铁速度成比例。（单个线圈只会产生零电压，因为 N 极所产生的电压将抵消的 S 极所产生的电压。）

线性速度传感器的特点取决于两个线圈如何连接。如果它们串联，将会增加输出电压，并获得最大灵敏度。而且，一个线圈产生的噪声会与另一个线圈产生的噪声相抵消。然而，如果线圈并联，那么敏感度和电源阻抗将减小。减少的敏感度改善了测量速度的高频率响应，低输出阻抗改善了线性速度传感器，与信号调节电路相兼容。

10. 角位移传感器（ADTs）

角位移传感器（ADTs）是一个空心可变差动电容器，它能够检测到角位移的变化。如图 2.5-14 所示，它具有一个夹在整个电容器定片和分段电容器定片之间的可移动金属转子。当从振荡器中发出的高频交流信号通过电片时，由于分段电容器定片与电动机转子的位置关系，其电容值将被调整。电动机转子的角位移将从解调的交流信号中得到精确的值。

底座是传感器总成的安装平台。它包含了用来支承轴并固定转子的轴向推力球轴承。底座也支承传送板，传送板上含有金属表面以形成差动电容器的下模板。安装在主轴上的半圆金属转子是可变的平板或是电容器的转子。在转子上放置的是可接收板，在它的地面含有两个独立的半圆金属板。这个板充当了交流信号的接收器，由于转子旋转而在两个板之间产生的电容流量的差值对这些信号进行了调制。

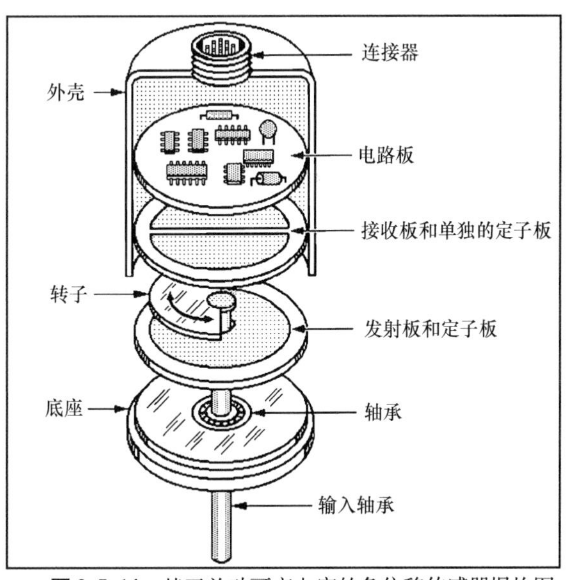

图 2.5-14　基于差动可变电容的角位移传感器爆炸图。

在组件上部安装一个电子线路板，包含电子振荡器、解调器和滤波电路。角位移传感器有直流电源供电，输出的也是直流信号，该信号与角位移成正比。以杯状外壳封装整套元件，底座形成一个安全盖。

直流电压连接到角位移传感器输入端，为振荡器提供动力，振荡器产生频率为 400～500kHz 的电压作用到相互交叉的传输和接收电容器定片。接收定片虚拟接地，转子直接接地。在传输和接收电容器定片之间的电容值保持不变，但在两个单独接收定片之间的电容值随转子位置而发生变化。

当转子处于定子相同区域时可获得零点。在这个位置上，传输电容定子和接收电容定子之间的电容将相等，同时没有输出电压。然而，随着转子顺时针或逆时针转动，传输定片和接收定片之间的电容将大于另一个接收定片。因此，解调之后，输出直流电压的差值与转子从零点移动的角位移成正比。

11. 感应式传感器

感应式传感器是一种能产生位置反馈信号的交流传感器，类似于电子分解器。其类型有旋转和线性两种。旋转感应式传感器比电子分解器要小很多，它是在绝缘底板上由一个刻度盘和滑块以回路的形式组合而成。当刻度盘接通交流电源时，电压被连接两个滑动线圈上，产生的感应电压在一个周期内与滑块的正弦和余弦运动成正比。

与分解器数模转换器（R/D）类似，感应式传感器数字转换器也需要将信号转变为数字形式。一个典型的每转 360 周节的旋转感应式传感器能分解每个分辨率中的 1474560 扇区。相当于小于 0.9″的角位移。角位移的感应同步器数字信号发送给运动控制器。

12. 激光干涉仪

激光干涉仪为伺服系统提供最准确的位置反馈。它们提供了非常高的分辨率（1.24nm）、非接触测量技术、高更新率和高达 $0.02\times10^{-4}\%$ 的固有精度。它们可以用于伺服系统中，在位置伺服回路中要么作为被动反馈数字尺，要么作为主动反馈传感器。激光光束路径可以精确地与负载或测量的特定点对齐，从而消除或大大减少阿贝误差。

基于迈克尔逊干涉仪的单轴系统如图 2.5-15 所示。它由一个氦氖激光器、带有固定反射镜的偏振光束分配器、安装在可用来测量对象的位置上的移动反射镜以及光电探测器等组成。

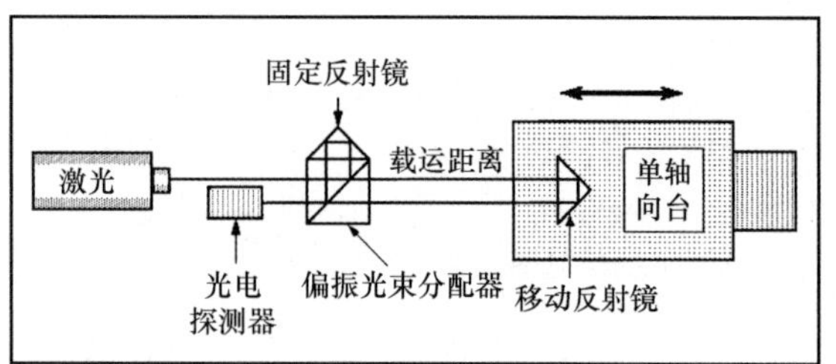

图 2.5-15 用于位置反馈的激光干涉仪图。具有非接触传感的高分辨率、高更新率，且精度为 $0.02\times10^{-4}\%$。

从激光器中发出的光直接射向带有部分反射镜的偏振光束分配器，其中部分光束直接穿过偏振光束分配器，另一部分被反射。部分光束直接穿过分束器到达移动反射镜，又反射到分束器，并通过分束器到达光电探测器。另一部分光束直接被分束器反射到达固定距离处的固定反射镜。这个反射镜将光反射到偏振光束分配器，最后也反射到光电探测器上。

因此，两个反射激光束穿透光电探测器，并将两束光组合转变成一个电子信号。由于激光束的相互影响，探测器的输出取决于两个激光束不同的运行里程。因为两个激光束从激光器到偏振光束分配器距离相同以及从偏振光束分配器到光电探测器的距离相同，所以这两个距离不涉及距离的测量。激光干涉仪的测量仅仅取决于来回激光从偏振光束分配器到移动反射镜的行程和从偏振光束分配器到固定反射镜之间固定来回的行程两者之间的差别。

如果这两个距离是相同的，两个光束将在探测器处重新同相组合，并产生一个高的电子信号。其结果是可以在电子视频显示器上看到明亮的强光。然而，如果两个距离的差距不足激光波长的 1/4，激光束将组合为异相，两个光束之间互相干涉，所以在探测器上不会产生电子信号，在显示器上也看不到视频图像，这个状态成为暗条纹。

随着安装负载的移动反射镜远离偏振光束分配器，激光束的路长增大，亮条纹和暗条纹的图案将均匀地重复。这导致了电子信号可以被计算以及转换为距离，从而可以用来确定载荷的精确位置。亮条纹和暗条纹的位置以及电脉冲率均由激光的波长决定。激光的波长例如，广泛应用在激光干涉仪上的由氦氖（He－Ne）激光器发射的激光波长为 0.63μm（0.000025in）。

因此，负载位置测量的精确性主要取决于已知稳定波长的激光光束。然而，精确度可以随湿度和温度以及空气污染物的变化而降低，如偏振光束分配器和移动反射镜之间的烟雾或空气中的尘埃。

13. 精密多圈电位器

旋转精密多圈电位器剖视图如图 2.5-16 所示，该电位器是一个结构简单、成本低廉的反馈仪器。起初是在模拟计算机中开发使用的，精密电位器能够用模拟方式提供绝对位置数据即电阻值或电压。精确的复位电压对应于每一套旋转控制轴。如果电位器应用在伺服系统中，通过集成电路模数转换器（ADC）模拟数据将转变为数字信号。从这个仪器即精密多圈电位器中能获得 0.05% 的精密度，如果使用 16 字节的集成电路模数转换器（ADC），分辨率将能够超过 0.005°。

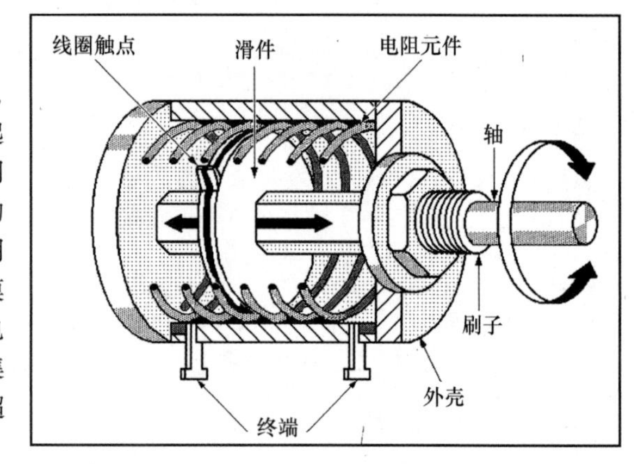

图 2.5-16 精密电位器是用于伺服系统的低成本、可靠的反馈传感器。

精密多圈电位器有绕线电阻或混合电阻元件。混合电阻元件在绕线电阻元件上涂覆电阻式塑料从而改善分辨率。为了从电位器中获得输出值，导电片必须与电阻元件接触。在整个伺服周期内，通过电阻片引起的电阻元件的消耗会降低精密多圈电位器的精确度。

2.6 电磁阀及其应用

1. 电磁阀：线性或旋转运动的经济选择

电磁阀是一种电器机械装置，将电能转化为直线或旋转机械运动。所有的电磁阀都有一个用于传导电流和产生磁场的线圈，一个用来完成磁性回路的铁质或钢制外壳或箱体，以及一个变换运动的柱塞或电枢。电磁阀可以由直流电源或交流电源进行控制。

电磁阀可由导电通路建立，这个导电通路可利用最小的电能输入来传输最大磁感应强度。由电磁阀实现的机械运动是依靠线性电磁阀的柱塞或转动电磁阀的电枢来完成的。线性电池阀可以由弹簧载荷或外部方法来控制：当线圈接通电源时由电磁通量引起轴向移动，当电流断开后迫使它回到起始位置。

图 2.6-1 的截面图阐述了线性电磁阀如何执行拉紧或推出运动。当线圈接通电源后，柱塞克服弹簧作用推进，这种运动可以是“牵引”或“推出”的反应。所有电磁阀基本都是推拉式驱动器，但是柱塞伸长的位置与线圈和弹簧有关，确定了其本身的功能。例如，柱塞在负载作用下伸出左边（A 端）将提供“推出”运动，然而柱塞向右运动将被 U 型夹头（B 端）终止，从而实现“牵引”运动。商业电磁阀仅能实现其中的一个功能。图 2.6-2 是一个典型牵引商业线性电磁阀的剖视图。

旋转电磁阀的操作原理和线性电磁阀相同，此外通过各种各样的机械装置将电枢的轴向运动转变为旋转运动。其使用内部平面或球轴承和插槽或滚道来将牵引运动转换为旋转或扭转运动。

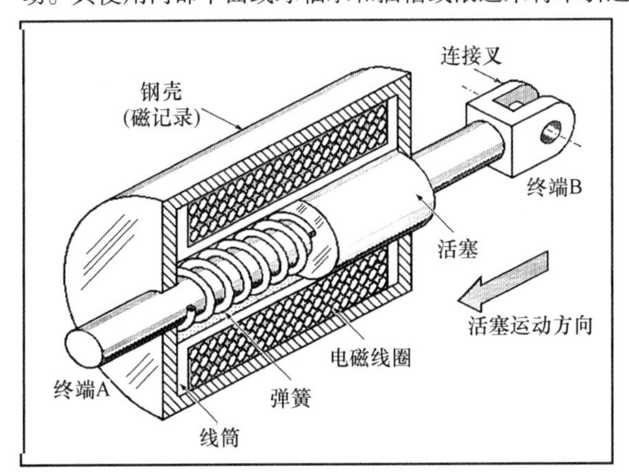

图 2.6-1 电磁阀柱塞的牵引或推出运动。当电磁阀接通电源后柱塞终端 A 推出，U 形终端 B 被拉进。

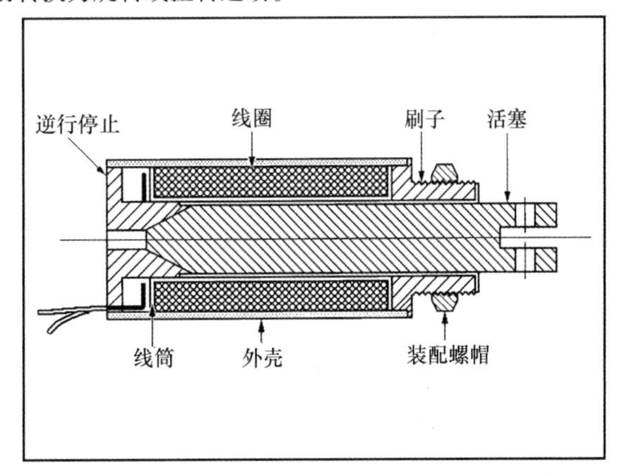

图 2.6-2 商业线性推拉式带有 U 型夹头的电磁阀剖视图。柱塞的锥形端提高了效率。电磁阀安装有螺纹衬套和螺母。

运动控制和过程自动化系统使用了许多不同种类的电磁阀，从而提供从简单开和关的转向功能到极其复杂排序功能的运动范围。当需要线性或旋转运动时，首先考虑电磁阀，这是因为与电动机或驱动器相比，电磁阀具有相对尺寸小和价格便宜的优点。电磁阀也很容易安装和使用，而且它们的功能多又可靠。

2. 技术考虑

当选择电磁阀时考虑的重要参数是它们的额定转矩/力、负载周期、预计工作寿命、性能曲线、环境温度范围和温升性能。电磁阀必须具有一个磁性回路以传递最大磁通密度和最小输入能量。通过卷线轴和气隙以及铁或钢壳将磁通线传递给柱塞或电枢。黑色金属比空气更容易传递磁通，但也需要气隙来允许柱塞或电枢运动。电磁阀的力或力矩与两极面距离的平方成反比。通过对黑色金属路径区域、柱塞或电枢的形状以及磁路材料的优化，能够增加输出力矩/力。

转矩/力的特性是电磁阀的一个重要指标。在大多数应用中，力在柱塞或电枢行程起始位置往往最小，但在柱塞或电枢到达回程前，力将以较快的速度增加到最大值。

电磁阀的磁力与线圈上铜线的数量、电流的大小以及磁路性能成正比。负载需要的牵引力不能大于电磁阀在任何行程中承担的载荷，否则柱塞或电枢将不能被完全牵引，因而，不能将载荷移动到需要的大小。

电磁阀中积累的热量是一个功率函数和功率应用的时间长度有关。温升限制决定了电磁阀的输入功率。如果采用了恒定电压，能通过有效减少安培匝数的数量来降低线圈的效率以减少积累的热量。反之，这也减少了其磁通密度和输出力矩/力。如果线圈的温度超出其绝热的温度范围，其性能将受到损害，电磁阀也将过早的失效。

可以通过风扇或吹风机的风强制冷却电磁阀，或在电磁阀上安装散热器，或在散热片上安装循环冷却液来进行散热。当然也可以选择使用比实际需要大一点的电磁阀。

电磁阀的加热受到占空比的影响，影响率为 10% ~100%，与电磁阀接通的时间成正比。通过最低的占空比和接通时间可获得开始和结束的最大力矩。占空比定义为接通时间与接通时间和停止时间总和之比。例如，如果电磁阀工作时间是 30s，停止时间是 90s，那么占空比是 30/120 = 1/4 或 25%。

电磁阀的工作性能与它的尺寸有关。一个大的电磁阀在一个给定的行程中要比同样电流的小尺寸电磁阀产生更大的力，这是因为它有更多的线圈匝数。

3. 开放式电磁阀

开放式电磁阀是最简单和最便宜的类型。它们有开放的钢框架，外露的线圈以及在线圈中心有可移动的柱塞。其设计简单，成本低廉，生产批量大，所以可以低价格出售。开放式电磁阀的两种型式是 C 型电磁阀和箱型框架电磁阀。它们通常被指定应用在无需长寿命和精确的定位的场合。

4. C 形框架电磁阀

C 形框架电磁阀是低成本的商业电磁阀，适合轻型应用。框架是由 C 形字母的钢板层积而成，并通过磁心完成磁回路，但它们有一部分线圈是没有完成的保护盖。柱塞是典型的钢棒料。然而，线圈经常需要密封以抵制气体和液体的污染物。这类电磁阀常用于家用电器、打印机、投币饮水机、防盗门锁、摄像头和自动售货机中。使用交流或直流电流对它们供电。然而，C 形框架电磁阀的使用期限可以达到上百万周期，而且标准型号的行程能到 13mm（0.5in）。

5. 箱型框架电磁阀

箱型框架电磁阀具有钢框架，它们在电磁阀两边包裹电磁线圈，改善了机械强度。线圈缠绕在酚醛树脂套环上，其柱塞是典型的实心棒料。箱型电磁阀的框架是由一些钢化的绝缘板堆叠而成的，从而控制涡电流，而且在交流电下将环状电流限制在电磁阀里。由于箱型框架电磁阀在机械和电子性能上优于 C 形框架电磁阀，所有箱型框架电磁阀一直被认为适合高端应用，如磁带机、工业控制、磁带录放机、商务机。标准商业箱形框架电磁阀可以使用交流或直流电供电，并且行程可以超过 13mm（0.5in）。

6. 管状电磁阀

管状电磁阀线圈完全封闭在圆柱形金属外壳中，这种金属外壳具有改进的磁电路的循环和更好的保护，以防止意外损坏或液体溢出。这些直流电磁阀提供商业电磁阀的最高容积效率，并且允许在工业和军事/航空设备等这些空间受到限制的地方使用。这些电磁阀可用在打印机、计算机磁盘和磁带驱动器、武器和军事系统中，无论是拉和推都可以。一些商业管状电磁阀在这个级别上可以达到 38mm（1.5in），有些可以由一个不超过 57mm（2.25in）长的单位提供 14kgf（30lbf）力。线性电磁阀可应用于自动贩卖机、影印机、门锁、水泵、找零机、和电影处理器等。

7. 旋转电磁阀

旋转电磁阀的操作原理和线性电磁阀一样，都是基于电磁原理，不同之处是旋转电磁阀的输入电磁能量转变为旋转或扭转，而不是直线运动。如果在旋转行程应用中需要控制速度就可以考虑使用这种旋转驱动器。旋转电磁阀的爆炸图如图 2.6-3 所示。它包括一个电枢板，当它被线圈上的磁通量拉进箱体内时可实现旋转安装。轴向行程是电枢在电磁阀被通电后移动到线圈中心的直线距离。三个球轴承到达它们需要定位的滚道最底端。

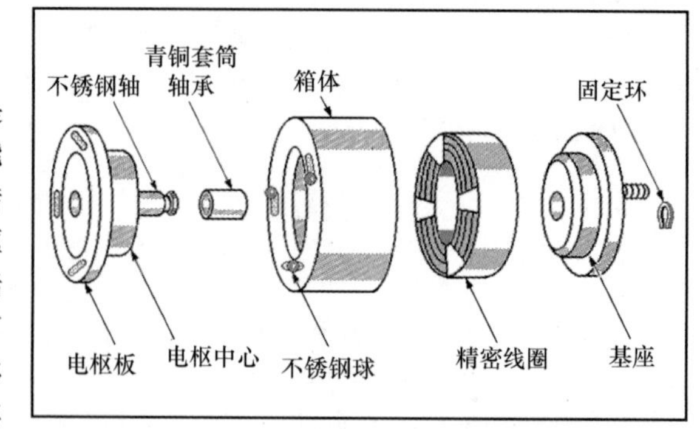

图 2.6-3 旋转电磁阀主要组件及其爆炸图。

旋转电磁阀的操作原理图如图 2.6-4 所示。其电枢由三个球轴承支承，轴承能绕着三个倾斜的球滚道进行旋转和上下运动。断开状态如图 2.6-4a 所示。当接通电源后，线性电磁力推动电枢并带动电枢盘旋转，如图 2.6-4b 所示。直到轴承上的球进入滚道的深端，旋转运动停止，从而完成了直线运动和旋转运动的转换。

这种类型的旋转电磁阀有一个钢制的外壳用来环绕和保护线圈，线圈缠绕，以在所允许的空间中放入最多的铜线。该钢空间为电能高效转换机械运动提供了很高的磁导率和低的残留磁通电能。

旋转电磁阀可以提供单位长度不超过57mm（2.25in）的超过115kgf·cm（100lbf·in）的转矩。旋转电磁阀可用在计数器、断路器、电子元件拾放机、ATM机、机床门票分配机和复印机等之中。

8. 旋转驱动器

如图2.6-5所示的旋转式驱动器的工作原理是同性相斥、异性相吸，类似电动机中的电磁极。一般情况下驱动器螺线电导管中的电磁流与连接在电枢上钛铁磁铁的永磁场相互作用，但可以自由旋转。

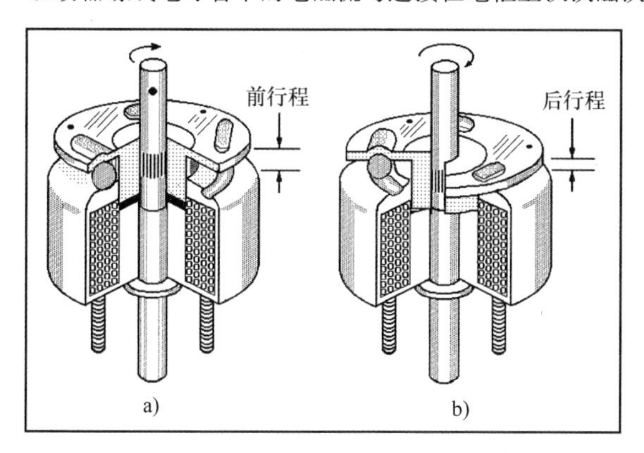

图2.6-4 旋转电磁阀断电（a）和通电（b）截面图。当通电时，电磁线圈电枢拉入，造成三个球轴承在转盘的侧面插槽深端进行滚动，实现将直线运动转变为旋转运动。

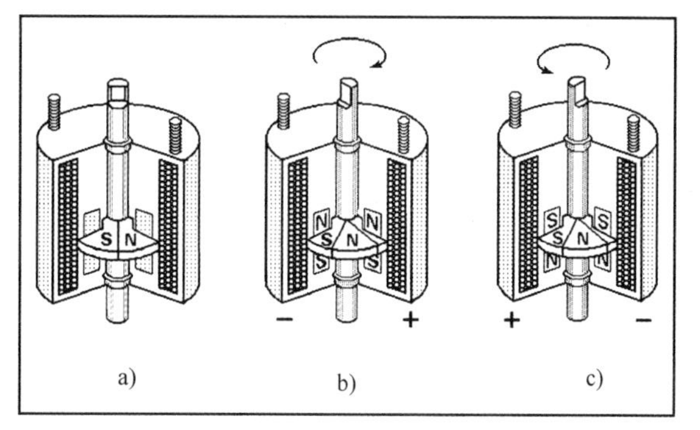

图2.6-5 双向旋转式驱动器的电枢上安装了一个永久磁铁磁盘，该磁铁与螺线形电导管相互作用。当电磁阀断开后（a），电枢寻找并保持中位；当电磁线圈通电时（b），电枢按图示方向旋转；如果输入电压时改变电极方向，电枢将反向旋转（c）。

这个来自美国俄亥俄州万达利亚汤姆森·拉莫·伍尔德里奇（美国汽车零件公司）开发生产的Ledex专利产品Ultimag选择驱动器满足了在小于360°有限工作行程中实现双向致动的需求，但能够比其他旋转电磁阀提供更高的速度和转矩。这种快速短行程执行器在工业、办公自动化、医疗设备以及汽车行业等领域获得了应用。

永久磁铁转子的极数是定子（磁扇区）的两倍。当驱动器不通电时，如图2.6-5a中，所述电枢磁极各分担一半定子极，引起轴冲程寻求和控制中冲程。

当将电源施加到定子线圈，如图2.6-5b所示，相关联的磁极在磁铁盘上面被N极化，在磁铁盘下面被S极化。由此产生电流相互作用将使楔铁线圈的电极一半相吸一半相斥。最终带动轴沿图示方向旋转。

当定子电压反向时，其磁极反转，从而N极在磁铁盘上面，S极在下面。因此，在驱动器相反的磁极的吸引和排斥下，将导致电枢反方向旋转。

根据制造商的信息，Ultimag旋转驱动器额定速度超过100Hz，最大转矩超过7.2kgf·cm（100ozf·in）。标准驱动器具有45°的冲程，但设计允许的最大行程为160°。这些驱动器可以在开/关模式中或按比例操作，也可以在开或闭环模式下操作。使用齿轮、传动带和滑轮可以加大行程，但会导致驱动器的转矩减少。

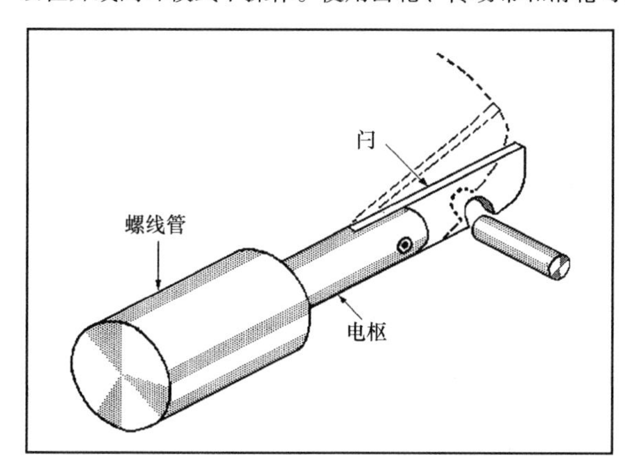

图2.6-6 门锁机构：线性螺线形电导管推出或插入可用在各种各样的锁定装置中，如保鲜库门、银行保管箱、安全文件、计算机和机床等。该装置是依靠可移动的闩扣来实现其设计功能的。

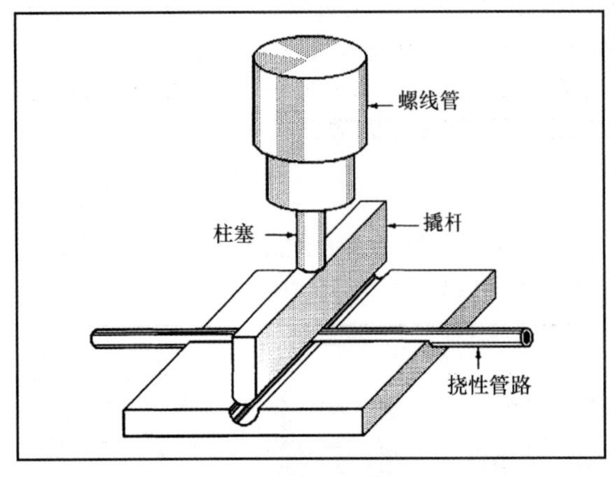

图 2.6-7　柔性管切断机构：当带有刀片的线性推出螺旋管被远程控制激发时，就能控制或截断柔性管中的液体流动。这个装置能取代那些无法阻止污染物的阀门或其他设备。该装置常用在那些需要控制液体流动的医疗、化学和科学实验室中。

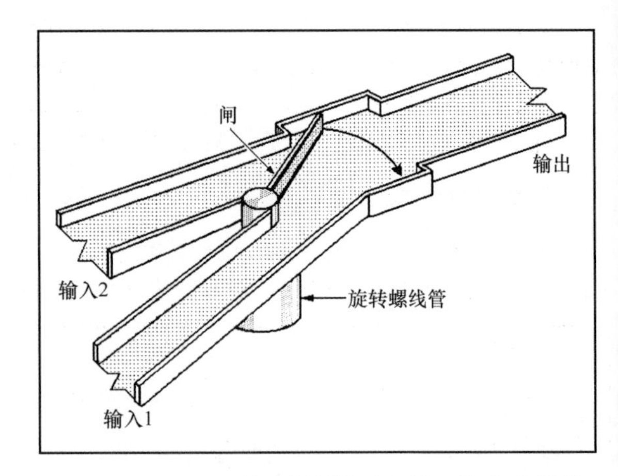

图 2.6-8　零件或材料转移机构：该分流器装置由旋转螺旋管和连接在电枢上的阀门所组成。阀门在按钮或自动控制下改变其两个位置从而调节零件或材料的流向或在重力作用下继续移动。

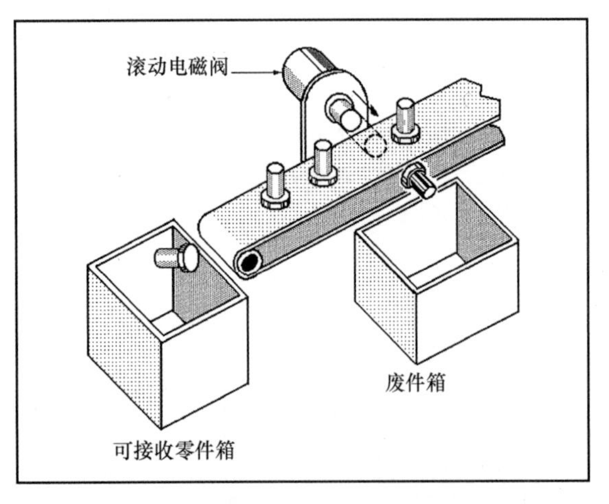

图 2.6-9　零件筛选机构：一旦推出线性螺旋管被触发，将能迅速将移动零件排出或丢弃到接收箱中。在适当的时候需要电子视频或报警装置来激发电磁线圈电磁阀。

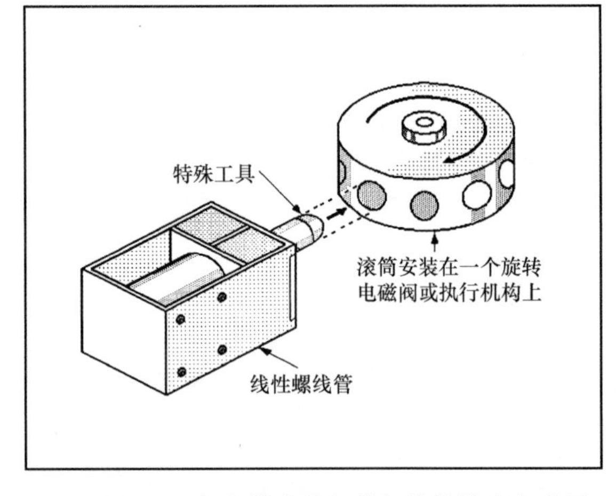

图 2.6-10　旋转定位机构：线性推出电磁阀与多工位滚筒配合，滚筒中安放的物体可通过线性螺旋管或触发器来引导。这个装置随着滚筒转动可以将零件自动安装到目标物体上或者能自动在物体上添加黏结剂。

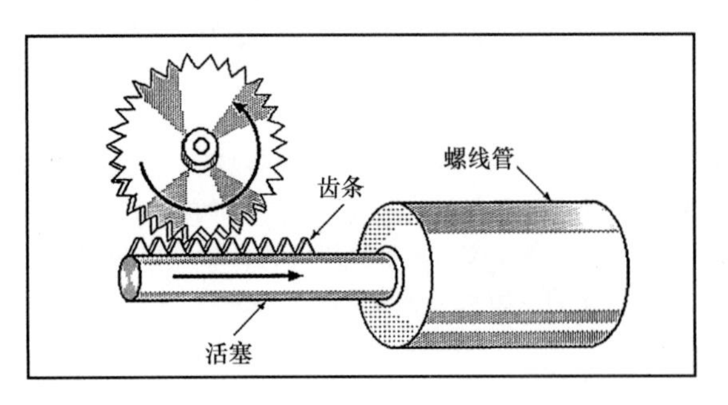

图 2.6-11　棘轮机构：拉入式电磁阀的活塞上安装了一个齿条，其电磁阀转变成了棘轮机构，该机构在人工控制或自动控制下能通过旋转齿轮使电磁阀到达精确的位置。

第3章

固定和移动式机器人

3.1 机器人简介

在科幻小说和电影中，机器人都是很受欢迎的题材，它们也广泛出现在各种科学和工程出版物中。近期出现了大量关于机器人在模仿人类行为和思维过程方面能力的迅速发展的讨论。在一篇流传很广的文章中提出了这样一个问题——“机器人可以被信任吗?”人们害怕机器人的智能可能超过人类甚至接管控制人类的生命，这些威胁最先出现在科幻小说当中。但是专家们认为，即使是当今最先进的机器人所拥有的心理能力也不过相当于一只迟钝的蟑螂。然而，另一些人看到了一个更加不易察觉的威胁——机器人的迅速发展，将会使我们想要它们作为工人、同伴，甚至是宠物。

关于先进机器人的真相，其实是非常平淡无奇的。大多数机器人应用于工业生产中，其中大部分被世界各地的汽车制造商购买。也有越来越多别的机器人市场，其中一个最重要方向是能够在地面、空中和水下运作的军用机器人，这些机器人的最初目的是作为救生员以拯救士兵、水手和被部署在陌生战斗环境中的飞行员的生命。一些机器人可用于侦察而另一些则可以投入到有关探测和摧毁像地雷水雷等的简易爆炸装置（IED）的工作中去。此外，飞行机器人，通常被称为无人机，可以令人吃惊地精确打击藏匿在人迹罕至的地方的敌人。

另一个不断增长的市场是商业和消费者服务机器人。如今，它们能够执行搁置和检索在仓库中的商品，在医院提供物资，清扫和清洗地板，甚至修剪草坪等任务。此外，不能忽视机器人在太空研发和海底科学探索中的作用。

术语“机器人”现在常用在我们的语言和媒体中，但是大多数人不知道其真正的定义。“机器手”这个词经常出现，是指用来操纵机器，看起来像人的胳膊和手的移动部件，可能是由人控制的或是全自动化的。它们可能是玩具、家用电器、工业机械和医疗器械。

3.1.1 机器人的定义

在本章机器人的定义与其他已发表的定义可能有所不同，但是更全面。机器人是有能力实现一系列功能的、电子编程的多功能机械，但通常情况下不使用完全自治的方式。真正的机器人可被重新进行电子编程，通过连接电缆传送信号的方式来执行其他职责。一个真正的机器人可以自动或手动改变用途，而不需要安装新的内部机械零件或电子电路。

这个定义排除了定制设计和制造用于重复执行相同任务的自动机械，因为这些任务通过更换内部的电气或机械部件就可改变。它也排除了曾经被认为是机器人的自动钢琴和数控机床，因为它们是通过编程的打孔卡或纸带来执行命令的。一些家用电器和工厂编程的微控制器工具也不被认为是机器人，因为它们的功能不能改变，除非改变其内置的微控制器。

另一方面，有些机器是真正的机器人但却不同于机器人的流行概念。但是，这些机器可以通过软件重新编程，以执行不同的日常任务，如切割、紧固、折叠、黏合，或在规定时间内在工厂或仓库周围堆放产品，或者可以在计算机的控制下进行常规实验室实验。

在室内工作的，用于处理隔离的有毒或放射性物质的、具备机械臂的实验室设备不是机器人，因为操作员的手中控制着机械手。这些设备更准确地称为遥控机器人，因为它们没有设计自主行动。同样，深潜水的潜水器上的机械臂也是一个遥控机器人，因为它也是由操作者的手部动作来控制检索洋底的生物或考古标本的。无线或有线控制的模型车辆（称为“bots”）、船只或飞机不是机器人，除非它们包含一些软件编程的功能，这是其运作的关键。

现代机器人由外部可编程存储器存储在中央处理单元（CPU）的软件来控制，如所有台式机和笔记本电脑。工业机器人的微处理器和相关的外围元件通常位于控制台并与机器人分离。这些控制台还包含电源供应器、键盘、磁盘驱动器以及提供反馈的感应电路。工业机器人的编程包括当人不小心闯入到其工作的“表面”时的停止命令，以及防止机器人损坏附近设施。

工业机器人通常有一个电缆上的手持控制挂件，允许操作员把机器人打开和关闭，并定期对存储程序软件进行更改或更新，以提高机器人的性能。一些示教盒也可以用于“教”机器人执行任务，如绘画、焊接或材料处理。在这些活动中熟练的专家通过手动移动机器人手腕进行所有必要的运动，有效地执行这些任务，而机器人的动作都记录在内存中，因此它们可以通过回放，像所“教”的那样准确的执行任务。

3.1.2 固定自主工业机器人

现代工业机器人是自主的而且通常是固定的。这意味着，一旦由软件或程序员制定了程序，即使没有人为干预，这些机器人也将重复执行分配给它们的任务。一些工业机器人被设计并进行编程使它们在轨道上或轨道的短距离内移动，以完成分配给它们的任务，这些机器人被称为可移动机器人，而不是完全移动机器人。

工业机器人可以全天候的保持工作，它们不会因为厌倦或疲劳而休息或放慢工作。大部分被分配到危险的任务，如焊接、打磨、迅速地从一个地方到另一个地方搬运重物、反复排空并传入托盘堆叠部件，或作为协调工作单元转移机器之间的部件。它们还能在展台或隧道中快速喷漆，这样的工作如果由人类完成会吸入有毒的物质。一些工业机器人设计成通用的，而有些则是优化执行单一任务，比通用机型更快、更有效、更经济。由于不是连续使用，没有额外组件，这些专门的机器人可以有更低的成本和更轻的重量，并且占用更少的地面空间。

工业机器人的主要规格：①轴数；②最大有效载荷或在关节处的搬运能力（以 kgf 或 lbf 计）；③手臂距离（m 或 ft）；④可重复性（±mm）；⑤重量（kg 或 t）。本章介绍了四种当前的工业机器人家族的插图和规格数据。

3.1.3 机器人历史

捷克剧作家卡雷尔·恰佩克（1890—1938），是第一个使用单词“机器人”的人，它是从强迫劳动或农奴的捷克语中得出的。据说恰佩克多次成为诺贝尔和平奖的候选人，是一个非常有影响力和多产的作家和剧作家。1921 年 1 月在布拉格，恰佩克的戏剧 R. U. R（Rossum 的通用机器人）中，机器人的使用被介绍给公众。恰佩克在 R. U. R 中讨论了天堂，在那里，这些机器给人们带来很多好处，但在最后他声明，机器人将带来等价的失业和社会动荡的苦难。他不完全是机器人的爱好者。

3.1.4 全球机器人市场

美国机器人工业（RIA）报告，材料搬运仍然是新的机器人订单的最大的应用领域，在 2010 年第一季度的北美销售中大约占总体的 60%。RIA 估计，有大约 19 万机器人现在在美国的工厂工作。这使得美国在其整体使用机器人的数量上仅次于日本。RIA 估计，在 2010 年将有超过一百万的机器人在全球范围内使用。另据报道，着力于扩大工业化和人口的国家，如中国和印度，正在迅速扩大机器人的购买量。

汽车行业是机器人在北美的最大客户，其在 2009 年经历了经济困境，这是 2009 年机器人产业非常困难的原因之一。RIA 报道，世界各地的机器人公司效益都在经历下滑，他们正忙于应对包括汽车行业在内的许多行业对其资本设备采购大幅减少而造成的经济衰退。然而，在 2010 年，生命科学、制药、生物医药产业对机器人的采购有所增加，食品和消费品行业的订单也有较小的增幅。

3.2 工业机器人

工业机器人的定义由其控制系统的特点、机械臂或手臂几何形状、操作模式和其末端效应器或安装在机器人手臂上的工具决定。工业机器人可由与它们性能相关的编程模式、有限与无限的顺序控制进行划分。这些术语是指末端效应器可以采取的路径，因为它是通过其编程运动来加强的。已经确认的有四类：有限顺序控制和点对点，连续路径和控制路径三种无限控制形式。

工业机器人之间的另一个区别是它们的控制方式：伺服或非伺服。伺服机器人包括一个闭环提供反馈，并使其具有三种无限顺序控制的形式之一。当闭环包含一个速度传感器或位置传感器或两者兼而有之时可以实现反馈。相比之下，非伺服机器人具有开环控制，这意味着它没有反馈，因此是一个有限序列机器人。

工业机器人可以采用电动机或液压气动执行器。电动机是现在最流行的工业机器人的驱动器，因为它们是最不复杂和最有效的动力源。有些工业机器人已经安装了液压驱动，但这种技术已经失去了青睐，特别是对于必须受控制和在人口稠密的环境中工作的机器人，液压驱动的噪声大，而且一旦原油泄漏，在封闭的空间中容易出现火灾的危险。此外，相比电力驱动，液压驱动装置需要更频繁的维护。

然而，液压驱动机器人可以处理 2224N（500lbf）以上的负载，它们可以在户外或无限制的空间安全的使用。还用在有挥发性气体物质存在的情况下，而此时电动机就存在危险性，因为电动机电弧可以引起爆炸起火。一些限制任务的台式机器人采用气动执行器，但它们通常是简单的两轴或三轴机器人。另一方面，现在广泛使用气动动力操作末端效应器，如“机械手”或电驱动机器人手腕上的机械爪。典型的例子是包括两个旋转气动执行器，能够围绕两轴滚动和偏转移动夹具的手腕组件。

术语“自由度”（DOF）用于表示机器人的轴数，是机器人能力的一个重要指标。有限序列机器人通常只有两个或三个轴，而无限序列机器人为了执行更复杂的任务通常有五个轴或六个轴。虽然，基础机器人操作臂可能只有三个轴：机械臂横向轴（基础旋转），肩旋转（延伸），肘关节伸直（抬高），但是手腕可以提供多达三个附加轴——间距、滚动和偏转。

如图 3.2-1 所示为重型落地式机器人，有六个轴，由一个电动机驱动。控制块包含一个数字计算机，由操作系统和应用软件编程使之可以执行分配给机器人的任务。操作员或程序员可以通过控制台上的按钮控制和操作机器人手臂的运动，因此，它可以通过其完整的程序序列手动运行。在编程过程中，可以调整程序，以防止机器人的任何部分与附近的物体相撞。

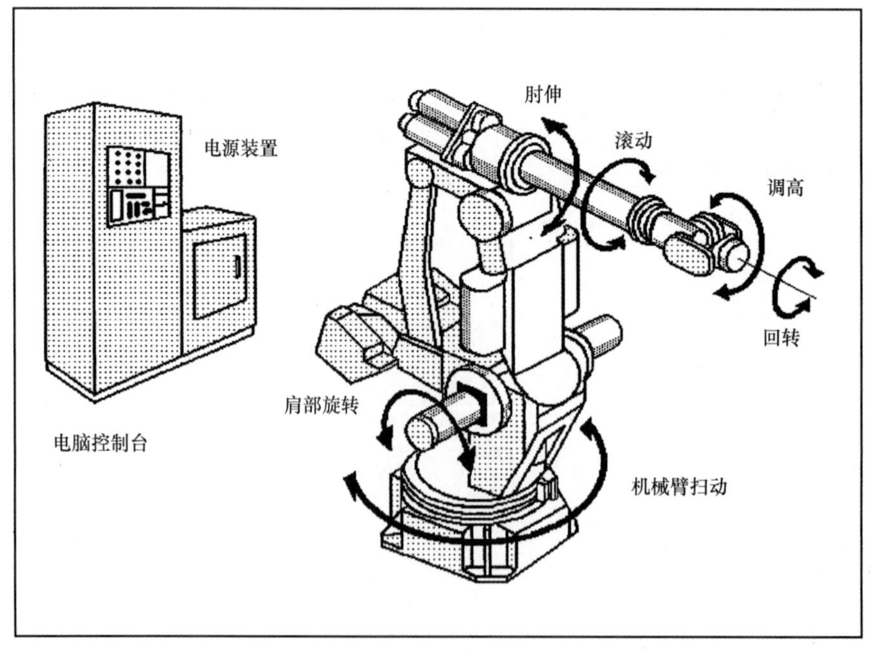

图 3.2-1 落地立式六自由度工业机器人组件。

一些工业机器人配备手持挂件控制箱，通过电缆连接到计算机控制台。挂件通常包含一个按钮面板和彩色液晶显示屏（LCD）。允许操作员或程序员通过完整的任务分配手动地“教”机器人，控制机器人的机器臂和最终效果。路径序列中每个轴的运动都被储存在内存中，使得操作员可以随时命令机器人回访工序历程。

一些落地式的工业机器人被设计为可以颠倒、垂直或以一个角度安装，使之更好地进入工作领域。倒置的机器人通常悬挂在结构框架上，当参与到如焊接长焊缝或给长的物体喷漆的工作时，这些框架上可能有允许机器人在有限距离运动的导轨。同样，机器人可能会被定位在墙壁上的固定位置，或者当需要垂直运动时它们可以在垂直导轨上安装，也可以设置一个角度安装在导轨上。

3.2.1 工业机器人的优点

工业机器人可通过自动编程来执行范围较专用自动机床更广的任务（专用自动机床如数控加工中心，它可以选择多种不同的工具来完成不同的工作）。工业机器人被认为是多功能的机器，大多数制造商设计机器人的某些特征去实现特定的应用，如焊接、涂装、产品或部件的装箱或组装。

制造商的文献和规格表中列出了这些特色机器人，但这并不意味着这些机器人仅仅局限于这些功能，当在其他应用程序中需要类似功能时，它们的表现也很令人满意。这些特点使机器人由它们的具体规格决定合适的具体应用，包括大小、重量、有效载荷、范围、重复性、范围、速度、操作和维护的成本等因素。

决定购买机器人时应根据对购买需求列出清单。首先，做这些决定时最重要的是顾客的结论：较低成本的专用机器不能比一个机器人做的工作更具成本效益。也需要对其他因素进行评估，包括技术和经济两方面，如下：

- 所有者把机器人集成到现有的生产设施的能力。
- 机器人的操作员和程序员培训或再培训的成本。
- 编写新的应用软件，指挥自动化过程的成本。
- 估计当人工操作员对机器人更换工具或例行维修时的停机时间和开销损失。

工业机器人需要与其他常规机器、输送机、材料处理设备正确整合为一个协调的工作单元才能实现其全部优势。当早期的机器人买家发现孤立的机器人不能单独工作时，他们得到了昂贵的教训，因为它们没有被纳入工厂的正常工作流程中，最终被放弃。精心设计的工作单元才能保证有一个协调和及时的工作流程。

工业机器人能够有效地执行艰苦或重复的任务，特别是在工作人员暴露于对生命有危胁的恶劣环境条件中时。这些环境条件包括：

- 温度或湿度过高。
- 存在会损害肺部的有害或有毒烟雾。
- 焊接电弧可能会损坏无保护的眼睛。
- 熔融金属喷涂或明火燃烧未受保护的皮肤。
- 高电压源。

然而，机器人证明自己不受这些因素的影响，因为它们能够表现出比技术精湛，经验丰富的工人更一致和高品质的做工。如在焊接、涂装和重复的装配工作中，或是在有条件的室内环境中也是如此，如汽车装配生产线和设备工厂。

现在，工业机器人广泛应用于机床、汽车、飞机、造船。以及家电制造行业。此外，许多不容易辨认的机器人，执行着拾起和就地组装电子元件、电路板等灵活的任务。此外，能够沿自动化仓库中广泛布置的长度和高度迅速移动的机器人现正在远程计算机控制下存储和检索各种物体和包裹。

3.2.2 工业机器人的特性

机器人购买决策的重要指标是有效载荷、范围、重复性、干扰半径、运动的范围和速度、有效载荷能力和重量。范围以毫米或英寸为单位，运动范围是由机器人的三维（3D）半球形工作包络来计量确定的，这是当所有的轴在其极端位置上时，可以由机器人的工作点达成的轨迹。每个轴的运动速度均以度每秒来测量。机器人必须能够连接到执行其任务所需的所有部件或工具，所以通常工作范围决定了所需机器人的大小和重量。

机器人轴的运动速度通常是100～300°/s。高效率的加速和减速性能备受青睐。如果机器人是要做大量的起重工作，有效载荷是最重要的衡量单位是磅（lbf）和公斤（kgf）。一些生产用的工业机器人能够处理的最大载荷可达400kgf（882lbf），但大多数的要求是远远低于此的——一般小于23kgf（50lbf），一个大型的落地式机器人可以重达2t。

刚度是另一个重要的机器人规格。这个词意味着机器人手臂必须在所有可能的位置具有足够的刚性，没有弯曲或下错峰，以执行其分配的任务。如果机器人有足够的刚度，它可以一致地执行重复任务，而不偏离其编程的尺寸公差。这种特性可称为重复性，与刚度相关，用毫米或英寸的偏差来衡量。

3.2.3 工业机器人的几何学

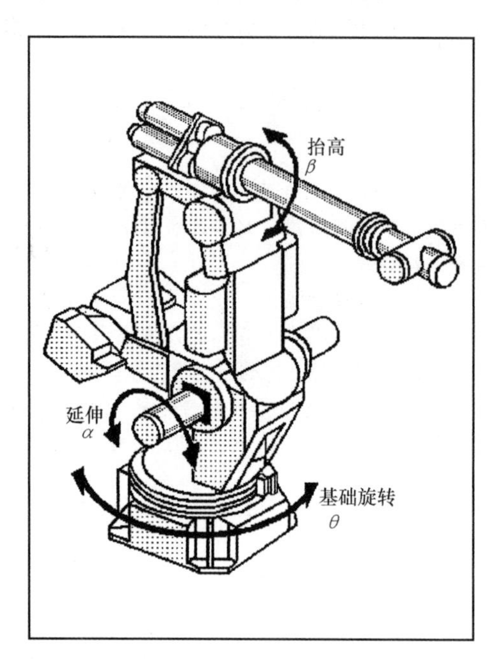

图 3.2-2 低肩铰接旋转或接头形状机器人。

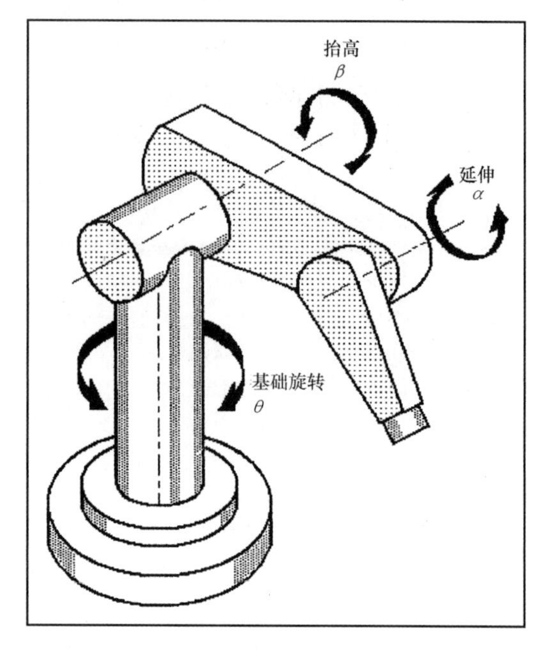

图 3.2-3 高肩铰接旋转或接头形状机器人。

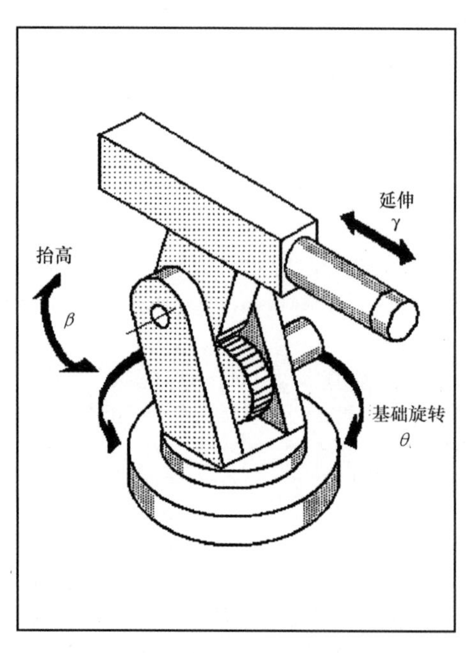

图 3.2-4 极坐标或炮台式机器人。

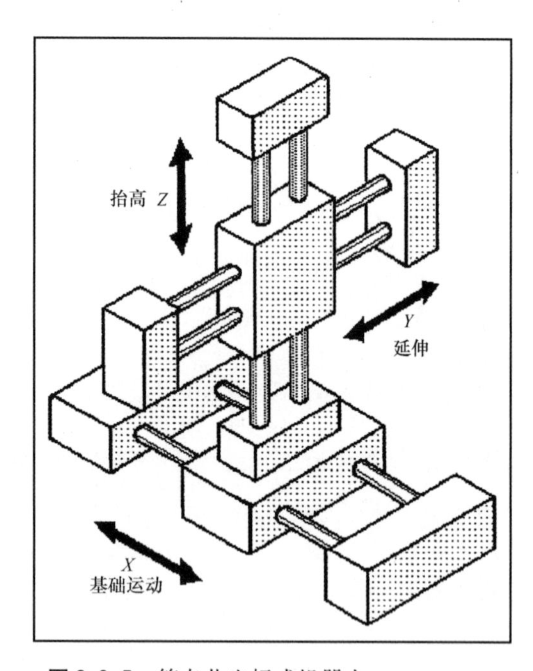

图 3.2-5 笛卡儿坐标式机器人。

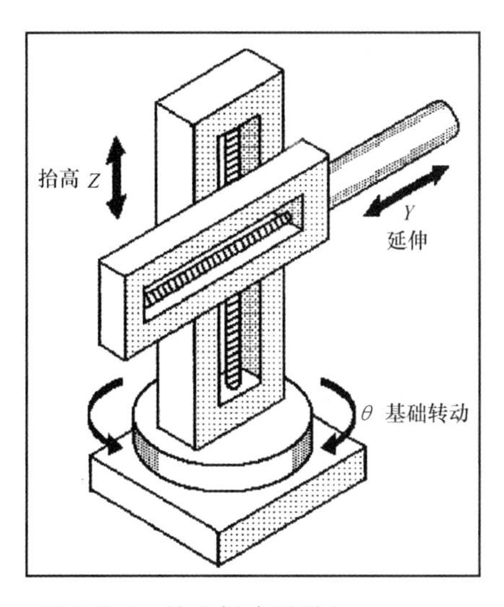

图 3.2-6　柱坐标式机器人。

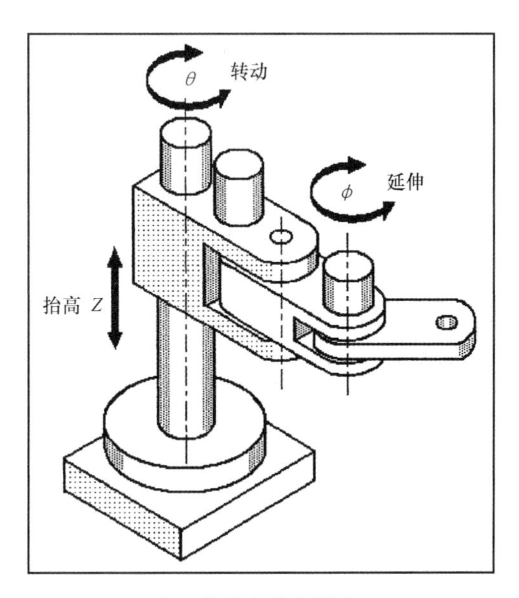

图 3.2-7　垂直关节连接机器人。

主要有四种固定式机器人几何形状：①铰接、旋转或关节臂；②极坐标或炮台；③笛卡儿；④圆柱。低肩关节机器人如图 3.2-2 所示，图 3.2-3 是一个高肩膀的关节型机器人。先进落地式工业机器人最常用的几何形状配置是铰接机器人，但也有许多变化。图 3.2-4 为极坐标型机器人，图 3.2-5 为笛卡儿坐标型机器人，图 3.2-6 为柱坐标式机器人，图 3.2-7 为在这些基本设计上变化的垂直关节连接机器人。

机器人手臂末端的机器手腕作为末端效应器或工具的安装板，有两种常见的设计，即双自由度（2DOF）和三自由度（3DOF）。如图 3.2-8 所示是二自由度手腕的一个例子，它允许围绕臂轴的滚动和围绕与臂轴成直角的轴的调高。二自由度手腕的另一个版本如图 3.2-9 所示，除了围绕与臂轴垂直的轴的调高外，它还具有围绕臂轴的第二种单独滚动能力。一个三自由度的手腕如图 3.2-10 所示，除了滚动和调高外，它能够提供垂直于滚动和定位轴的第三轴偏航。可以通过安装末端效应器或工具来增加自由度，这些末端效应器或工具能够围绕与手腕相独立的轴运动。

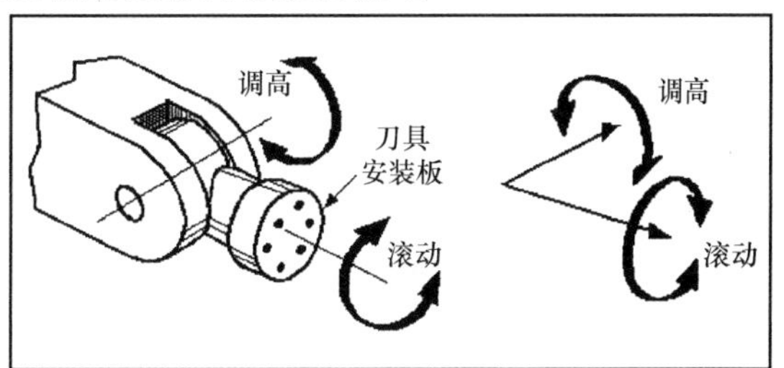

图 3.2-8　二自由度机器人手腕可以通过俯仰轴或滚动轴将刀具或末端夹持器连接到安装板附近。

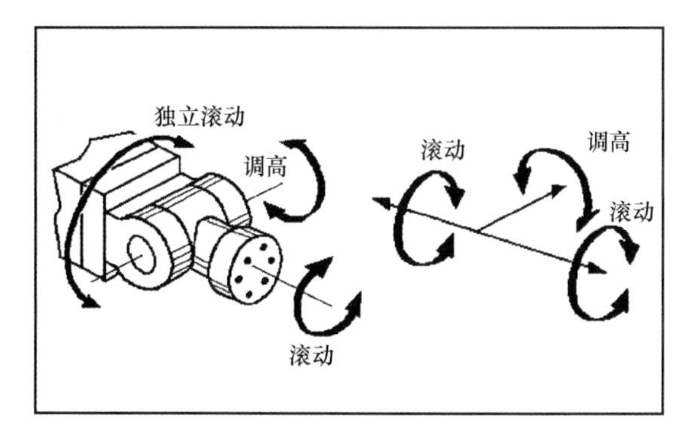

图 3.2-9　二自由度机器人手腕可以通过俯仰轴或两个滚动轴将刀具或末端夹持器连接到安装板附近。

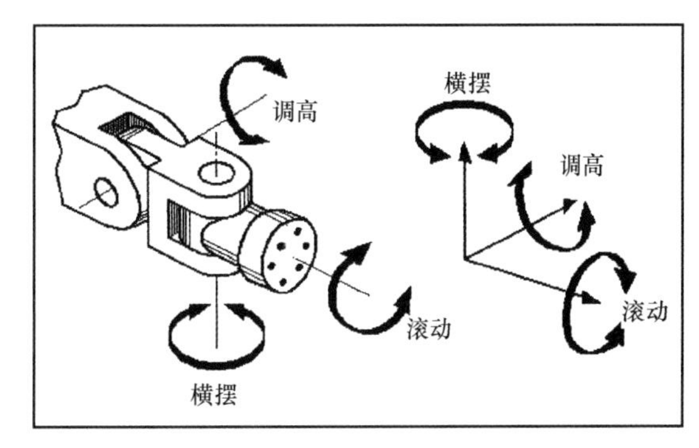

图 3.2-10　三自由度机器人手腕可以通过三轴（调高轴、滚动轴和横摆轴）将刀具或末端夹持器连接到安装板附近。

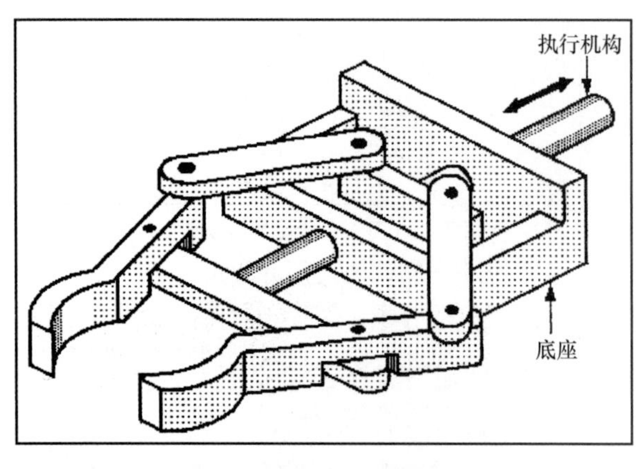

图 3.2-11 由往复式机构操作的机器人手爪。链接打开和关闭的“手指”允许它们掌握并释放物体。需要一个单独的电源（未显示）。

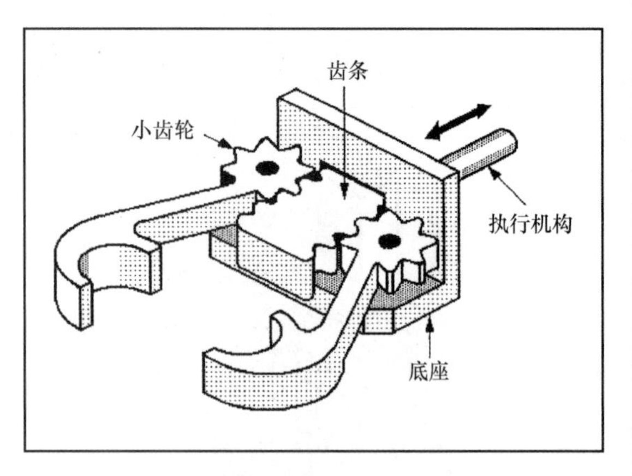

图 3.2-12 由一个齿条和小齿轮机构操作的机器人手爪。齿条和齿轮打开和关闭的“手指”允许它们掌握并释放物体。需要一个单独的电源（未显示）。

机器人有很多不同种类的末端夹持器，但其中最常见的是夹状或爪状的两指夹持器或机械手，可以拿起、移动和释放物体。这些夹子有些是通用的，其他一些则具有加工而成的、在指定位置适合于外表面或特定对象内轮廓的夹持表面。用于抓住如气瓶等物体的外部时，手指被做成向内运动抓取和提升物体；用于抓住物体如管道或钢瓶等的内部时，手指被做成在物体内部移动并向外扩展来抓住物体内表面并提起物体。

在图 3.2-11 和图 3.2-12 中所示的终端执行器需要独立的执行机构作为动力，通常是安装在机器人终端执行器与机器人手腕之间的电动机或带活塞的气缸。然而，图 3.2-13 所示的抓手上，包括了一个既可使用气动又可液压驱动的执行机构，该执行机构通过活塞来打开和关闭机械爪。

现在有更先进的、多功能的多指机械手夹持器，但它们必须由主机内的软件或一个独立的控制器来控制，如一台笔记本电脑。例如，机械手可以有三个手指和一个相对的拇指，由电动机驱动时，拇指能够围绕不同尺寸、形状和方向的物体卷曲，将对象牢牢抓起。尽管这些机械手都比较昂贵，但它们消除了定制加工手指以适应物体的需要，而且它们可以拿起随机定位的物体。

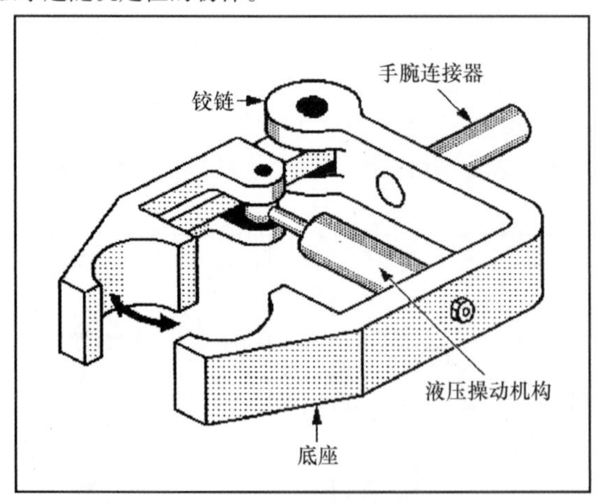

图 3.2-13 由气动或液压机构来操作的机器人手爪。活塞打开和关闭的“手指”允许它们掌握并释放物体。

3.3 4种不同的ABB工业机器人

下列描述ABB机器人的信息来源于ABB机器人文献。4种不同的ABB工业机器人具有领先的特性，如负载特性和手臂延展特性。

图3.3-1 ABB IRB 2400。

图3.3-2 ABB IRB 6400RF。

图3.3-3 ABB IRB 6640。

图3.3-4 ABB IRB 7600。

3.3.1 IRB 2400

ABB 的 IRB 2400（见图 3.3-1）包括三种型号，都能广泛应用于针对机械保养和材料处理的弧焊（各个工序）任务中。

· IRB 2400L 拥有 7kgf（15lbf）的负载能力和 1.8m（5.91ft）的延展范围。

· IRB 2400/10 拥有 12kgf（26lbf）的负载能力和 1.50m（4.92ft）的延展范围。

· IRB 2400/16 拥有 20kgf（44lbf）的负载能力和 1.50m（4.92ft）的延展范围。

所有型号都有六轴的，都可以倒置安装，其中一些为满足环保标准可用高压蒸汽清洗。

3.3.2 IRB 6400RF

两种型号的 ABB IRB 6400RF（见图 3.3-2）机器人都是强大、精确的材料去除机器人。

·IRB 6400RF 2.5 200 拥有 200kgf（440lbf）的负载能力和 2.50m（8.20ft）的延展范围。

·IRB 6400RF 2.8 200 拥有 200kgf（440lbf）的负载能力和 2.80m（9.19ft）的延展范围。

这些机器人提供了一个强大的、刚性的、坚固的结构，使高速和高功率材料的去除能力不受路径控制的影响。它们还可以执行通常由具有工业机器人的灵活性和成本效益的加工工具来完成的加工工作。其控制器提供了快速转换和始终如一的高精密、短而精确的周期时间。机器人适应要求苛刻的代工环境，因为它们有特殊的涂料、密封和端盖。电动机和连接器的保护，使它们能够承受高压蒸汽洗涤。它们的机械平衡臂配备有双轴承。先进的运动控制和碰撞检测，大大降低了它们破坏工具和工件的风险。

3.3.3 IRB 6640

ABB 的 IRB 6640（见图 3.3-3）包括七种型号，分别提供不同的臂长和处理能力。它来自于早期成功的 IRB6600 系列组件，并取代了该系列。

·IRB 6640－180 拥有 180kgf（396lbf）的负载能力和 2.55m（8.37ft）的延展范围。

·IRB 6640－235 拥有 235kgf（517lbf）的负载能力和 2.55m（8.37ft）的延展范围。

·IRB 6640－205 拥有 205kgf（451lbf）的负载能力和 2.75m（9.02ft）的延展范围。

·IRB 6640－185 拥有 185kgf（407lbf）的负载能力和 2.80m（9.19ft）的延展范围。

·IRB 6640－130 拥有 130kgf（286lbf）的负载能力和 3.20m（10.50ft）的延展范围。

·IRB 6640ID－200 拥有 200kgf（440lbf）的负载能力和 2.55m（8.37ft）的延展范围。

·IRB 6640ID－170 拥有 170kgf（374lbf）的负载能力和 2.75m（9.02ft）的延展范围。

手臂范围值在 2.55～3.20m（8.37～10.50ft）这个范围，要记住，一个机器人的工作范围越大，其处理能力越低。这两个 ID（内部修整）机器人在上臂内侧有自己的进程电缆。由于这一特性，电缆跟随机器人手臂的每一个动作摆动，而不是不规则的摆动，在定位焊上有很高的应用价值。

上臂扩展和不同的手腕模块允许对每个机器人的工作过程进行定制。这些机器人可以弯曲向后的功能，极大地扩展了它们的工作范围，同时也允许它们在拥挤的生产车间灵活地操作。这些机器人的典型应用是物料搬运、保养机、定位焊。每个机器人都可以进行修改来得到不同的功能，以使其适应不同的工作环境，如晶圆厂洁净室。被动安全特性包括载荷识别、可更改的机械步骤以及电子定位开关。

3.3.4 IRB 7600

ABB 的 IRB 7600（见图 3.3-4）新机器人系列有以下五种型号：

·IRB 77600－500 拥有 500kgf（1100lbf）的负载能力和 2.55m（8.37ft）的延展范围。

·IRB 77600－400 拥有 400kgf（880lbf）的负载能力和 2.55m（8.37ft）的延展范围。

·IRB 77600－340 拥有 340kgf（750lbf）的负载能力和 2.80m（9.19ft）的延展范围。

·IRB 77600－325 拥有 325kgf（715lbf）的负载能力和 3.10m（10.17ft）的延展范围。

·IRB 77600－150 拥有 150kgf（330lbf）的负载能力和 3.50m（11.48ft）的延展范围。

IRB7600 机器人具备足够的起重能力，以满足它们所服务的行业。典型的例子是在流水线上旋转车身、提升发动机就位、在铸造厂中移动重物、装卸单元设备组件和搬迁大型的重载托盘。

当机器人移动载荷超过 500kgf（1100lbf）时，在工厂和仓库的工作的人们表现出对安全的极大关切，他们担心载荷的掉落。除了工人受伤以外，机器人可能也会损坏。ABB 公司在 IRB7600 机器人上安装了碰撞检测系统监视它们的运动和负载，从而减少了负载机器人和附近物体之间的不必要的接触，尽管在物理作用下，系统电子路径的稳定功能和活跃的制动系统一起使机器人维持在计划路径上。为机器人提供的可选的被动安全特性包括载荷识别特性、可更改的机械步骤、安全位置开关。

3.4 自主和半自主移动机器人

与工业机器人相比，移动机器人可半自主或自主移动，它们具有各种尺寸和形状，但并不一定能被识别。它们可以是轮式或履带式车辆，水面或水表层载具，或旋转、固定翼飞机。这些机器人可以分为许多不同的类别：军事，执法/公众安全，科学，商业和消费品。消费品的子类有家电、教育和娱乐。

大多数移动机器人车辆，无论它们在陆地、海洋还是空中操作，都是半自动的，因为它们通常是由人类操作员通过无线电或灵活的电线或电缆连接发送的命令来控制的，机器人的必要反馈通过相同的通信链返回。唯一的例外是潜艇机器人，它们采用自主方案，因为它们不可能在水中接收命令和发送有意义的反馈。但当被发送到任务的出发点、完成任务之后和面对来自于母船的信号时，它们可以像半自主机器人那样操作。

3.4.1 通信和控制的选项

半自主移动机器人操作者通常使用控制器（改装的坚固笔记本电脑），将信号传送到机器人，可以在三维空间内实现启动、停止和操纵。控制器的液晶屏幕可以显示来自各种不同机器人传感器的实时视频和数据分屏窗口。操作者需要来自于机器人传感器的直接有效的、并能够覆盖任何内建编程功能的反馈。这些数据可以包括机器人的速度、行驶距离、电池的充电状态，甚至机器人上的温度读数。

3.4.2 可以侦察和检索的陆上移动机器人

通常具有陆基机器人传感器，允许它们避免冲突与障碍，如路径上的石块、墙壁、树木或很陡的陡坡。它们还配备了闭路电视、夜间照明系统和通信系统。军事和执法的移动机器人，无论使用履带还是车轮，都具有搜索和救援，以及炸弹处置能力。一些公共服务机器人也已配备水泵和水箱以应对在危险或交通不便地区的火情。

目前军用机器人的产量很大，它们的基本底盘或平台可以为特定的任务进行修改，增加专门的工具、传感器或武器，包括摄像机、声呐、雷达（以激光为基础的光探测和测距）和红外传感器。除此之外，军事化控制器的操作软件也可以修改或更新，以适应它们在战区的战术变换，并且可以通过安装更长寿命的充电电池来扩展它们的移动范围。它们必须能够承受冲击和振动、极端温度环境、雨水、盐水喷雾、风沙和灰尘，它们还必须能够在高海拔地区、丛林、沙漠运作。

摄像机允许操作员评估机器人路径上的障碍，并相应地改变其移动方案。该机器人可以在防护墙背后、土护堤或其他重大障碍后面进行演习。控制器的屏幕允许操作者看到机器人，实时显示移动距离，对于达到其目标来说，尤其是在夜间、雾、雨或烟雾的情况下，这是非常有用的，特别是来自机器人的可见光会使其成为敌人狙击手的目标的时候。一些军事机器人配备了武器，如机枪和榴弹发射器，允许操作者采取进攻行动，或在战斗情况下保卫自己。

3.4.3 可以搜索和探索的潜水移动机器人

有几种自主水下航行器（水下机器人）或无人水下航行器（UUVs）被称为海底移动机器人。它们看起来像鱼雷，用于完成海洋侦察、监视、目标捕获和其他任务，包括海底地雷或障碍物（如可能困住机器的渔网）的搜索。在海洋深处的压力作用下，它们也可以在三维空间内操作。

如前所述，这些机器人到达其指定的起始深度后，必须自主地执行它们的任务，因为无线电波和声波信号不能发送到水下机器人所在深度。这些潜水机器人的主要传感器是相机、导航系统、侧视声呐、声学多普勒海流廓线仪、GPS 天线。这些机器人像陆基机器人一样，由充电电池供电。

一旦被释放，自主水下机器人在重叠、平行的轨道内以重复扫描的模式开始搜索海洋的指定区域；这种模式允许它的侧视声呐提供搜索区域的完整展示，包括海底面积等。这些收到的信息提供了水下目标的形状和尺寸，使它们更容易识别。船上计算机中的程序指示自主水下机器人移动和稳定舵以弥补可能会迫使它偏离航向的当前受力、水温和盐度的变化。当扫描完成后，水下航行器露出表面并释放其位置信号，以便它可以通过母船的无线电召回。

现在自主水下机器人研究的发展方向是改进传感器，这些传感器将使这些机器人在进行检测工作时可以避开妨碍其工作的水下障碍物，如渔网、漂浮或悬挂的线或电缆、海带。如果机器被缠住了，这些传感器还可以使它逃脱。这项技术对浅、沿海地区的搜查行动特别有用，这些地区捕鱼活动极其频繁，亦可能会有矿藏或其他目标。

3.4.4 可以搜索和摧毁的机器人飞机（无人机）

空中机器人，俗称为无人机，在敌人占领的禁区或拒绝让地面观察员接近的跨国家边界执行空中侦察。基本上由无线电遥控无人机，这些机器人是半自主的，因为它们必须在地面上操作员或飞行员的操作下“飞行”。有些情况是应对附近的目标，而其他的情况下无人机会飞行几千英里，以达到它们的目标。许多情况会采用自动飞行以允许它们自主飞行并纠正由于风的作用导致的航向偏离。一旦到达目标区域，控制就切换回陆基飞行员。目标区域附近地面上的空气控制器，可直接指引这些机器人飞机观察或攻击目标。

一些机器人飞机配备空对地导弹，可以由飞行员发射，攻击机载相机确定的目标或由地面观察员用激光指针指定的目标。这些飞机不像地面移动机器人，它需要足够的仪器仪表和指导设备，能装满移动面包车或大房间。飞行员必须能合格驾驶常规固定翼飞机。

3.4.5 可以观察和报告的行星探测机器人

最有名和最公开的科学机器人是两个 NASA 的火星探测漫游者——“勇气号”和“机遇号”。两者一直在火星表面连续探索六年多。勇气号在 2004 年 1 月 3 日降落在火星上，机遇号于 21 天后 2004 年 1 月 24 日降落在火星上。它们调查了火星的山丘和火山口，并搜索了沙质平原中的水和生命（至少在过去有证据），以及进行地质研究。它们通过大型光伏（PV）太阳能电池板维持机载仪器工作。

3.4.6 能模仿人类行为的实验室/科学机器人

在政府和大学的实验室中，正在研发多种不同的科学机器人，它们难以归类，被制造以满足各种各样的研究目标。在心理逻辑的研究和医学研究中使用了一些具有人形特征的机器人。它们看上去像人类，具有色素硅胶塑形成的人类的脸和手的皮肤。在眼中植入微型摄像机，在耳朵中植入麦克风，它们的声音来自与下颚运动同步的扬声器。它们可以模仿人类的很多功能，如散步、说话、辨别物体或人，并有高水平的手动能力。其他机器人已经证明，发展先进的计算机程序、更精致的传感器以及改进的机器人组件都是非常有用的。

3.4.7 可以递送和取回货物的商业机器人

在工厂、仓库、高层建筑和医院中，已经研发了许多不同种类的机器人用于执行日常工作。大多数机器人都不容易被人们轻易识别出来，除非它们被确切指明。它们不容易被归类，因为它们的几何形状像工业机器人。很多机器人被制造用于在计算机控制下执行存储和检索指定地点的高架上的商品等任务。另一种是小的、扁的、公文包大小的轮式机器人，在医院中它是把物资运送的各个地点的原始运输车。它具备预先计划好的运动模式，它必须装有传感器，使它对命令中的指定交货地点进行自主响应。它可以在导航传感器的帮助下避开走廊并使用电梯到达目的地。

3.4.8 清洁地板和修整草坪的消费机器人

机器人的消费市场提供了智能玩具、趣味机器人和它的组装工具箱、教育机器人、家庭和草坪护理设备、私人机器人（或同伴）。这些都不是真正的机器人，除非它们可以由业主进行编程以执行其他活动。唯一只有趣味机器人能提供重新编程的可能性。一些地板和地毯清洗机器人制造成带滚筒式车轮的磁盘形状，使它们能够在两维空间内移动。它们底板上有声呐或红外传感器，防止它们遇到墙壁或楼梯的边缘而停止。这些障碍物可使它们扭转方向，并在重复的路径上继续进行其清洗工作。这些机器人有什么缺点呢？它们不能打扫房间的角落，也可能在小孩子把它们当成玩具或宠物并试图去捡起它们的时候伤害他们。

3.4.9 一些娱乐或教育机器人

一些博物馆和主题公园展出人形机器人，用它们模仿历史人物对生活中的重要事件作简短发言。它们可以适当改变面部表情、手和手臂的肢体动作。在早期它们都是机械，但现在可以进行编程，所以它们的发言和例程可以重新编程，允许有不同的表演。然而，许多移动图片中出现的“机器人”实际上是由幕后技术人员操纵的，通过无形的线或内部电动机控制。他们的声音是“配音”，由专业演员定时协调傀儡的动作完成。

3.5 7种移动式自主和半自主机器人

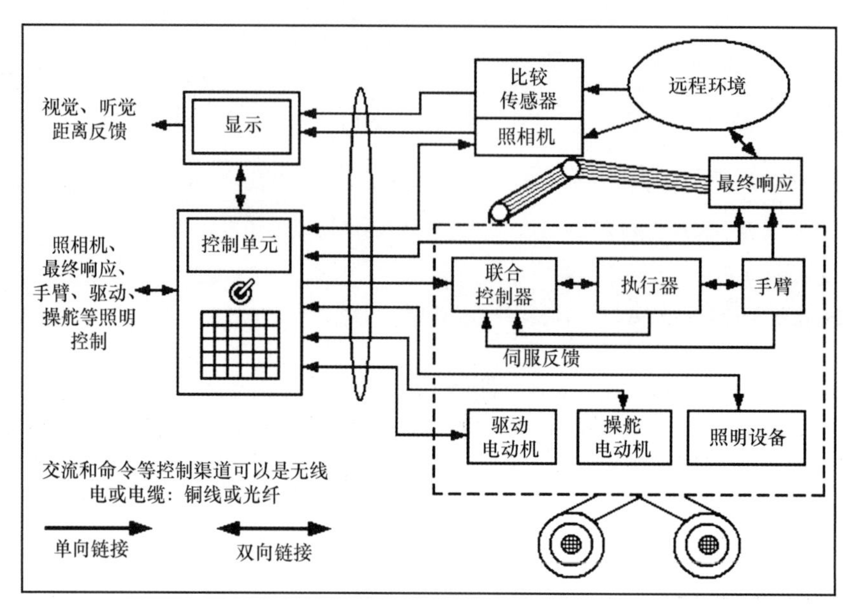

图 3.5-1 这是一个半自主移动机器人的简化框图，说明了它的主板通信、指挥和控制电路（虚线轮廓内）以及外部传感器，它们通过单向和双向无线电或电缆连接到操作者的控制装置和显示器（左）。

3.5.1 两个探索火星六年的机器人

NASA 火星探测漫游者勇气号和机遇号（见图 3.5-2）是轮式半自主机器人。它们有 1.5～2.4m（5～8ft）的翼状太阳能电池板。这两个火星探测机器人带给了我们大量的科学信息，有助于我们探索这个红色星球。此

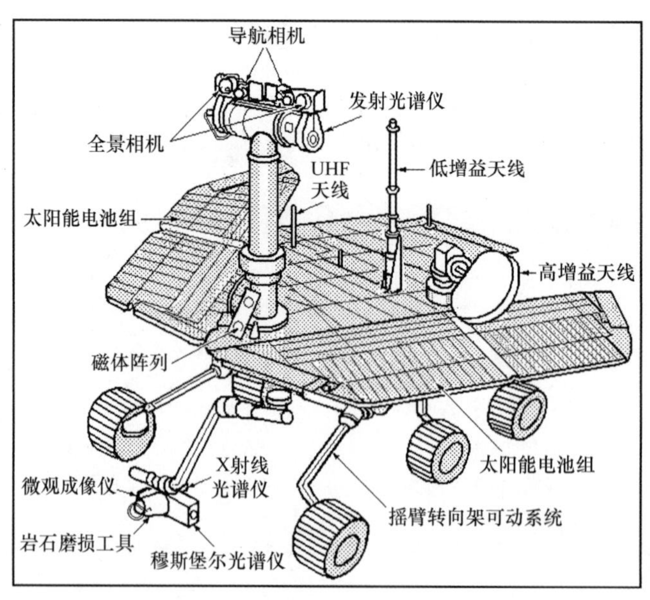

图 3.5-2 两个半自主移动机器人，NASA 火星探测漫游者勇气号和机遇号于 2004 年 1 月在火星上着陆。它们完成了探索工作，并在六年多来成功地从火星表面传达回大量信息，大大增加了我们对这个红色星球的认识。

外，它们已经证明其可靠性远高于预期的水平，通过复杂的电子系统，不管在多么陌生、寒冷、多风、尘土飞扬的千万公里外的星球上都可以从地球进行运作。

勇气号和机遇号都被设计成可折叠的，相对扁平可以在火星上进行长期的太空旅行。在它们被展开和激活之前，是包围在吸震的、充满空气的气囊中的，可以在大震动下无损伤。车轮和悬挂系统展开后，仪器的桅杆和所有主板天线按预定的顺序升起。表 3.5-1 给出了两个火星漫游者的参数规格。

六个轮子都是摇杆转向架流动系统的一部分，它们与不同轴上的摇臂组件相连，每个轮子都是一个支点。此外，后轮安装在一个单独的手臂上，能够绕一个独立销转动，确保得到最大的灵活性。转向舵允许所有六个车轮由计算机控制，每个车轮的直径为 25.9cm（10in），连接边缘和轮毂的内部弹簧可以吸收冲击和防止冲击传到机器人的敏感设备。此外，每个车轮踏板都有夹板，它可以在机器人穿越粉状土壤或攀登岩石时提供牵引。

可伸缩仪器桅杆所支持的水平的机器人“头”包含两个导航相机、两个全景相机以及摄像头背后的热辐射光谱仪。伺服电动机可使桅杆旋转 ±180°方位角，另一个伺服电动机可使头倾斜 +45°和 -30°。机器人与地球通信的三个天线为低增益天线、高增益天线和 UHF 天线，能够发送和接收各种不同的频率。这两个火星车都配备寻找古代火星上存在水和气候的迹象所需要的工具。因为机器人都不设有断路开关，它们可能会在今后几年提供有用的数据，即使两者陷入火星土壤中。

表 3.5-1　火星探测漫游者机遇号和勇气号的主要参数

制造者	美国航空航天局（NASA）喷气推进实验室
探索车机壳	
长	1600mm（5.2ft）
宽	2300mm（7.5ft）
高	1500mm（4.9ft）
总质量	185kg（408lb）
轮子和悬挂系统质量	35kg（80lb）
仪器质量	5kg（11lb）
通信	无线电频率
天线	低增益天线、高增益天线、UHF 天线
照相机	两个全景相机
	两个导航相机
光谱仪	迷你热辐射光谱仪（Mini - TES）
	穆斯堡尔光谱仪（MB）
	α 粒子　X 射线光谱仪（APXS）
特殊科学仪器	微观成像（MI）
	磁性组件
	岩石刻痕工具（RAT）

截至 2011 年 2 月 2 日，NASA 任务控制中心没有收到来自勇气号的信息，直至 2010 年 3 月 22 日时，勇气号正面临最艰难的挑战，试图在恶劣的火星冬季生存。在 2010 年 9 月，相遇号拍下它的第一个沙尘暴（旋转的尘埃云）图像，它工作的地方对于地面工作是个巨大挑战。与火星车的最后一次通信是在 2011 年 1 月 31 日[㊀]。

3.5.2 将取代勇气号和机遇号工作的机器人

火星科学实验室（MSL）是一个大的、盒式的 NASA 火星车，有一个小型汽车的大小，名为“好奇号”，它有六个轮子，重近 1t（900kg）。预定在 2011 年末前往火星并于 2012 年 8 月在这颗红色星球上降落。在完成火星上有史以来第一次精确着陆后，将有望长期代替勇气号和机遇号作为主要的火星探险车。它的任务是确定火星曾经或现在仍然是能够支持微生物生存的环境。在那里它将分析几十个从岩石上钻取的或从地面上拾起的样本，它也将尝试评估在火星上居住的可行性。

㊀ 原书出版时间较早，故有此说。

MSL 火星车领先的技术指标见表 3.5-2。预计这个探索车将采用阿特拉斯 V541 火箭发射，并将运作至少一个火星年，相当于 686 个地球日。MSL 火星车能够探索比之前的任何火星车更远的距离。MSL 火星车的三个目标是，确定是否有生命在火星上出现过，确定火星气候特点和火星地质学特点，为人类探索做准备。它也有很多其他的细节科学目标。

表 3.5-2　NASA 火星科学实验室火星车的主要参数

主要的承包商	波音公司、洛克希德·马丁公司
火星车长	2700mm（9.0ft）
火星车质量	900kg（1982lb）
仪器质量	80kg（176lb）
速度（最大）	90m/h（300ft/h）
障碍物高度（最大）	760mm（30in）
发动机输出功率（最大）	125W
电动输出功率/每天	2.5kW
建议有效负载	
照相机	
桅杆相机	手持透镜成像仪
光谱仪	火星降落成像仪
	化学相机光谱仪（CheMin）
	α 粒子 X 射线光谱仪（APXS）
	火星样本分析仪（SAM）
射线检查仪	辐射评估探测器（RAD）
	中子反照率动态探测器（DAN）
环境传感器	火星车环境监测站（REMS）
导航仪器	进入、下降、着陆仪器（MEDLI）
	避险相机（Hazcams）
	导航相机（Navcams）

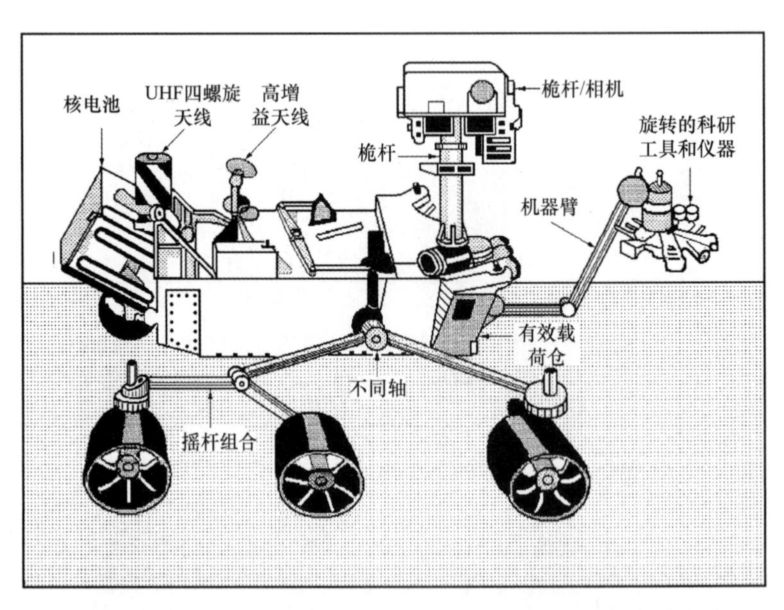

图 3.5-3　火星科学实验室（MSL）火星车即好奇号是比两个火星车勇气号和机遇号更大更重的半自主机器人，携带更多的科学仪器。着陆时，它被指定完成如下任务：判断火星是否曾经拥有过能够支持微生物的生命的环境，火星是否为可居住的星球。好奇号配备寿命为 14 年的核电池，不依赖于太阳能电池板。

它也有许多其他的详细的科学目标 MSL 火星车（见图 3.5-3）约是勇气号重量的两倍和机遇号的五倍，同时承载 10 倍以上重量的科学仪器。在除了板载地质实验室，好奇号还有用激光汽化岩石的设备，其能够探测火星岩石或土壤的超薄层 9m（30ft）外的。在汽化后由光谱仪、摄像机和望远镜捕捉分析光束照射区域的详细图像的原子类型。

好奇号在外观上与勇气号和机遇号有显著不同，因为它使用核电池，所以没有太阳能电池板。它的动力来自于钚 238 自然衰变而产生的电力。该系统设计在其刚开始执行火星任务时产生 125W 的电力，经过 14 年后，将下降到 100W。与勇气号和机遇号的太阳能电池板生产的约每天 0.6kW 的电量相比，核电池产生的每天 2.5kW 的电量要大得多。

这种衰变放出热量被转换成电能，在火星的每一天都会提供恒定的功率。余热通过管道分散出去，以保持电子系统温暖，这意味着没有电力被用于加热系统组件。该计划的主要任务持续约 2 个地球年，比电池预期最低 14 年的寿命少了很多。

虽然好奇号的目的和目标是在两年内达成，但如果资金足够，两年后，仍可以利用它的功能仪器获得更多的数据。留在火星上的设备可以承受极端温度[－127～30℃（－197～86℉）]和火星灰尘（但它不能抵抗氧化），只要有能量即可维持它的运作。

3.5.3 应对民间紧急情况的爪式机器人

爪式机器人（见图 3.5-4）是履带式半自主机器人，设计用来应对民间的紧急情况。这些情况包括确定被困在燃烧或倒塌的建筑物中人的方位，并参加对他们的救援；为警方提供有关人质的有用的信息，处理和处置疑似或已知的爆炸装置。这个手提箱大小的机器人的主要技术指标列于表 3.5-3。

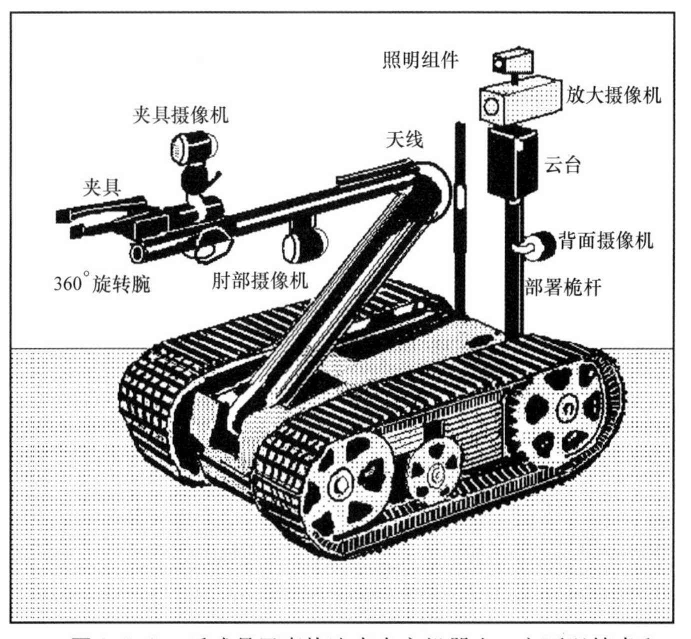

图 3.5-4 爪式是民事执法半自主机器人。它可以搜索和营救自然灾害的受害者，以及处理和处置爆炸装置。修改的军事机器人版本已经成功部署在伊拉克和阿富汗，这类机器人可配备可选的工具及配件，以适应具体的救援和处置任务。

爪式机器人是一个外表简陋但性能很高的设计，被美军用于服务伊拉克和阿富汗。军事机器人版本配备了用于进攻行动和自卫的机枪或其他武器。为了帮助指导其机械臂运动，它配备了 3 个红外彩色摄像机。它还具有自动对焦的彩色变焦摄像机，安装在一个有着明亮照明光源的突出的桅杆上。如果需要的话，平民版的爪式机器人可以升级为军事化的版本。

这个机器人直接由操作员通过控制单元（OCU）控制，该控制单元（OCU）基本上是一个连接着手持式手柄控制器的简单笔记本电脑。这些控制单元（OCU）允许机器人在距离操作者 1200m（4000ft）远的范围内操作，可使操作者安全地远离火区、爆炸装置引爆后受损结构的进一步倒塌，同时用摄像机查看范围内的危险情况。盘成线轴的电缆可以作为附件，该电缆在燃放地下爆炸装置时可以从线轴上拖拉使用。

表 3.5-3　爪式机器人的主要指标

制造商	奎奈蒂克公司
车辆	
宽	572mm（22.5in）
长	864mm（34in）
质量	52～71kg（115～156lb）
速度	8.4km/h（5.2mph）
有效载荷能力	45kgf（100lbf）
手臂提升能力	最大 9kgf（20lbf）
操作控制单元　（OCU）	
质量	15kg（33lb）
机器人电源	二铅酸电池，300Wh 36V 直流电源（标准）
OCU 电源	镍－金属氢化物 3.6Ah，24V 直流电源
OCU/机器人通信	无线：数据/模拟视频（标准） 光纤电缆：300m（可选）
摄像机（标准）	3 个红外彩色摄像机，自动对焦摄像机，照明光源
音频	双声道音频和话筒

3.5.4　运送医疗用品的机器人

一个手提箱大小的两轮的自主移动机器人，即组合车，可以作为给高层医院的所有楼层提供物资的主要运输工具。组合车系统（见图 3.5-5），被其制造商称为机器人自动化送货（ARD）系统。称为 TUG（见图 3.5-6）的初始移动机器人，其供应前端的下方是非常明显的，其主要的技术指标见表 3.5-4。ARD 系统已在超过 100 家医院中使用。它们可以为病房提供药物和膳食以及为部门提供大量物资支持。该系统被安排在预定或以需求为基础的情况下运送材料。

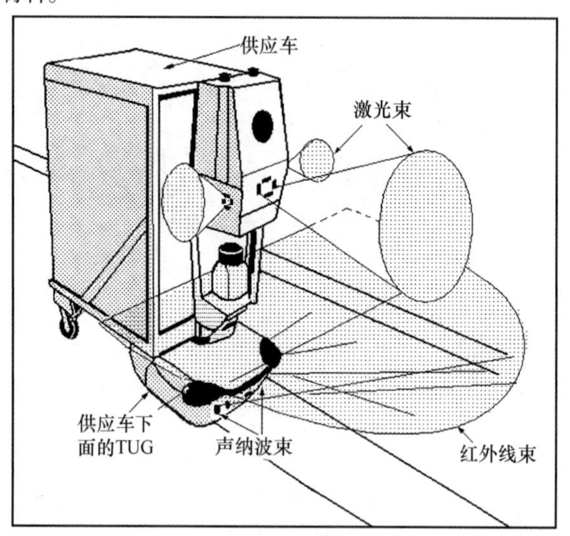

图 3.5-5　TUG 自主机器人，是与供应车配合使用的安装于其下面的牵引车，使供应车移动并分发物资。它是由激光、红外和从安装在其前端的传感器发出的声呐光束引导的。TUG 自主机器人可以自动行驶到指定的中途站，在很多高层医院里提供食品和医疗用品。

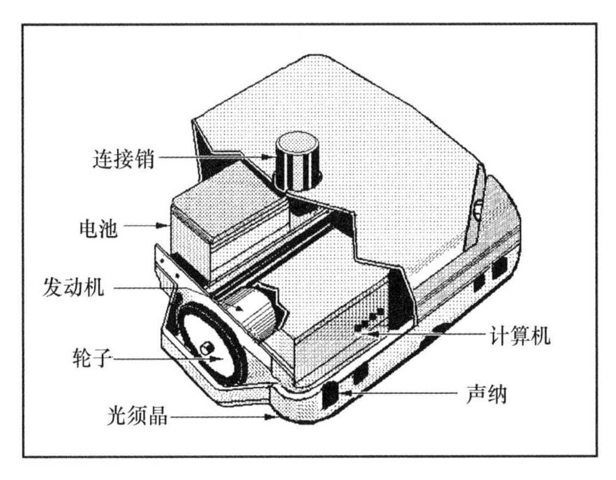

图 3.5-6 这个剖视图显示了公文包大小的TUG 自主机器人的主要组成部分。它有两个轮子，加上供应车组合变成了四轮车。这个机器人是自动化机器人交付系统（ARDS）的一个组成部分，它由一个指挥中心指挥。

当 TUG 自主机器人的两个轮子连接到两轮车前端时，就形成了一辆四轮的铰接式车辆。这种连接是通过壳体顶部的一个柱子安装在车的插口中形成的。选择两轮供应车可满足不同的供给要求。传感器圆柱体连接到车前，当它与 TUG 自主机器人配合时，就包括了红外线、激光和声呐传感器，这三个传感器使这个组合车导航可以发现电梯和走廊。可以调整这些传感器的光束在机器人的行走路线上的宽度和尺寸。

表 3.5-4 Aethon TUG 自主机器人的主要指标

制造商	Aethon
高	640mm（25in）
宽	510mm（20in）
长	510mm（20in）
质量	25kg（55lb）
附件	高冲击的 SBS 塑料
驱动器	两个独立的 24V 直流电动机
轮子	铝制轮圈；聚氨酯铸形胎面
动力系统	24V 直流电源；4 个 12V 铅酸电池
牵引能力	可达 227kgf（500lbf）或 113kgf（250lbf）［起重偏差在 2.54cm（1in）范围内］
通信	无线电频率：418MHz，900MHz，2.4GHz；呼叫器；电话

可以按一个电脑键召唤 TUG 自主机器人。作为护送车辆，TUG 自主机器人可以可靠地通过走廊、自动门、狭窄的过道，开关电梯，同时避免与行人的接触。因为它的机载计算机编程导航软件中包含医院的详细地图，并能分辨沿线所有其他的导航设备，所以它才能完成上述壮举。没有电线或嵌入在走廊墙壁的磁铁，它也可以到达目的地。由警示灯表示它正在备份、启动、停止，进入或离开电梯。车载扬声器可以播放录音。

3.5.5 可以侦察和攻击敌人的远程操控军用飞机

MQ－1“捕食者”（见图 3.5-7）是一个需要在中等海拔高度长距离飞行的远程遥控飞行器系统（RPV）。它也是一种没有飞行员的无人驾驶飞行器（无人机）。更简单地说，它是一种半自主飞行机器人。“无人驾驶”一词已不再适用于其先进的技术水平。“捕食者”能完成很多种任务，包括侦察、监视和搜索在地面上的关键目标。一个例子是搜索藏身于车辆中的恐怖分子。“捕食者”由地面控制人员在控制，可以提供地点、天气条件和敌情的实时数据，对攻击目标的机会作出判断。

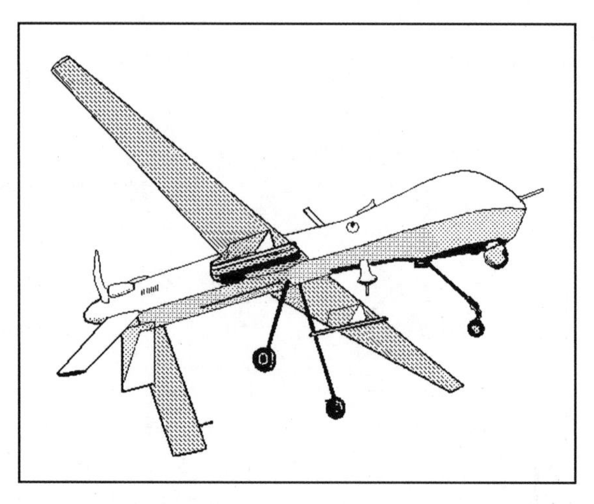

图 3.5-7 MQ－1“捕食者”是一个半自主的、长距离飞行、无人驾驶飞机，能够在中等海拔高度航行。它提供了大量人类和汽车运动的实时视频。“捕食者”由从数千英里以外的基地控制站的无线电信号控制，它可以配备导弹攻击并摧毁选定的敌方目标。

“捕食者”是由四架飞机和一个具有专用卫星链路的地面控制站组成的系统。这些系统由操作和维修人员 24 小时×7 天全天候支持。每个“捕食者”有一名飞行员和一个或两个传感器操作员。他们在地面控制站内“驾驶”飞机，或者通过卫星数据链路与数千里之外的飞机通信。如果有坚硬的地面和当地的视线通信，“捕食者”可以通过 1524m（5000ft）长 23m（75ft）宽的空间带起飞和降落。表 3.5-5 给出了 MQ－1“捕食者”的主要指标。

MQ－9“收割者”是 MQ－1“捕食者”的更高版本（原称为捕食者 B），是为美国和几个外国空中力量的发展而提出的。设计为长距离飞行、高空侦察的收割者，是比“捕食者”更大和更强的飞机。它具有比“捕食者”的 86kW（115hp）活塞式发动机更强大的 712kW（950hp）的涡轮螺旋桨发动机。“收割者”具有 3 倍于“捕食者”的速度，它可以携带 15 倍以上的弹药和巡航导弹。“收割者”有与“捕食者”相同的人员和操作支持，但自动驾驶仪使它们能够按预先设定的路线向目的地自主飞行，并且像“捕食者”一样，它们的武器始终处于飞行员的控制之下。

表 3.5-5 MQ－1“捕食者”无人驾驶飞机的主要指标

制造商	通用原子航空系统公司
发动机	115hp Rotax 914F，蜗轮增压，四缸
翼展	14.8m（48.7ft）
机翼面积	11.5m^2（123.3ft^2）
长	8.2m（27ft）
高	2.1m（6.9ft）
空重（质量）	5132kg（1130lb）
载重（质量）	1020kg（2250lb）
巡航速度	130～166km/h（70～90kn，81～103mi/h）
最大速度	56km/h（30kn，35m/h）
范围	3705km（2302mi）
升限	7620m（25000ft）
照相机	全动态视频、跟踪、彩色相机 可变光圈 TV（白天） 可变光圈 IR（暗光）
通信	无线电，IFF
瞄准系统	带有激光照明的 IR 光学激光指示器
导弹	2 激光导航空对地，穿甲弹

3.5.6 搜寻水雷和障碍物的水下机器人

REMUS 600（见图3.5-8）是由电池供电的自动潜水机器人，用于水下监视。一个AUV，这个名字来自远程环境测量单元的缩写。它的外观和移动方式像一个海军水下鱼雷，能够工作在600m（2000ft）深度的开放海洋，具有极大的控制范围和深度。表3.5-6给出了其主要的指标。REMUS 600的一个缩小版本的作业深度为107m（350ft）。

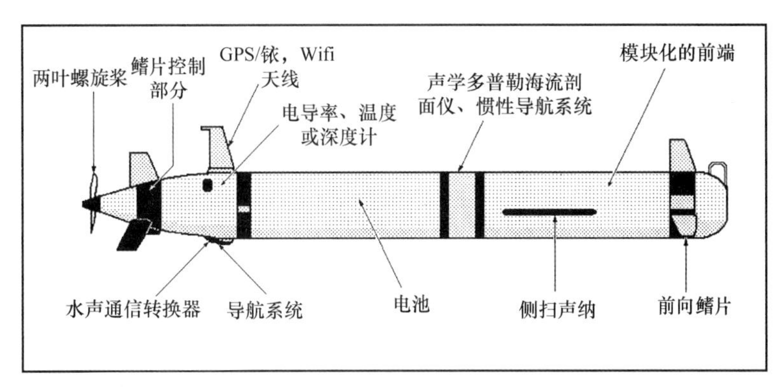

图3.5-8 REMUS 600，自主水下航行器（AUV），是潜水机器人，可以在深600m的开放海洋（1960英尺）中操作。它配备了水下导航，侧扫声呐系统，以及水面母船通信系统。REMUS 600可以搜索并找到海底的水雷和水下障碍物。

表3.5-6 REMUS 600水下机器人的主要指标

制造商	Hydroid公司
直径	324mm（12.75in）
长	3300mm（10.7ft）
质量	240kg（530lb）
最大操作深度	600m（1970ft）
续航时间	可达到70h
电池	5.2kWh可充电锂离子电池
动力	直驱直流无刷电动机
	敞开式两叶螺旋桨
速度范围	可达2.6m/s（5kn），可调用于偏航、转向的独立翅
控制	惯性导航、声纳、GPS
导航	声音调制解调器，铟，WiFi
通信	声音多普勒海流剖面仪
传感器，标准	（ADCP），惯性导航设备，侧扫声纳

REMUS 600设计用于搜寻和定位所有类型的水雷，包括浮动式、系绳式、磁式或接触式。它也可以搜索并找到可能会损坏或击沉船只的海底障碍物，以及沉没的军舰和设备。虽然它没有一个能捡起水下物体带有吸盘的机械臂，但它可适用于寻找科学研究的目标，如历史沉船残骸和考古文物。这个水下机器人由带有坚固平面屏幕的专门的笔记本电脑控制。它可以为操作者提供运营商的业务数据和图表，当其浮出水面时，其专有的软件可使母船上的操作者与之沟通并引导它。控制者也可以编程自主任务，参与操作人员的培训，并排除机器人故障。

当它沉入海里时，它遵循编程好的大面积的重复扫描搜索计划。通过三个独立的鳍稳定潜水，俯仰在预定的深度。声学多普勒海流剖面仪（ADCP的）通过补偿电流帮助其导航，可以偏离预设航线，而惯性导航系统可使其保持在原来的航线。侧扫声呐是其主要的水下监测仪器，并以视频形式记录和存储其输出，可以展现其跟踪路径上遇到的事物。

当使命完成后，它上升至水面，通过声应答器、GPS、卫星电话、WiFi 向其母船报告其位置，回到母船。REMUS 600 由各种模块组装，形成一个加压的船体，很容易被拆卸、维修或运送，此特点允许它重新配置选择模块，以适应任务变化。

3.5.7 提供抗干扰手术和快速恢复的系统

达芬奇外科手术系统允许一名外科医生由他或她的手指、手掌、手腕移动控制远程手术器械，通过控制台（见图 3.5-9）来执行手术，要比进行常规腹腔镜手术更精确。操作场景可以从一个 3D 摄像头的内窥镜视频屏幕上观看。自其制造商处获悉，它提供了一个进行腹部手术的微创技术。由于设备的敏捷和超薄，操作都可以通过小切口进行，这降低了病人的压力并加快了恢复时间。

达芬奇系统已被称为“机器人”，因为它的工作端类似于真实机器人的机械臂，但它实际上是一个不包括可编程计算机的、复杂的遥控机器人，所有操作都完全由医生执行。该仪器安装在位于病床旁边（见图 3.5-10）。这是一个单独的移动控制台，位于病人一侧。带有高分辨率三维光纤摄像头的内窥镜安装在一个单独的机械臂上。

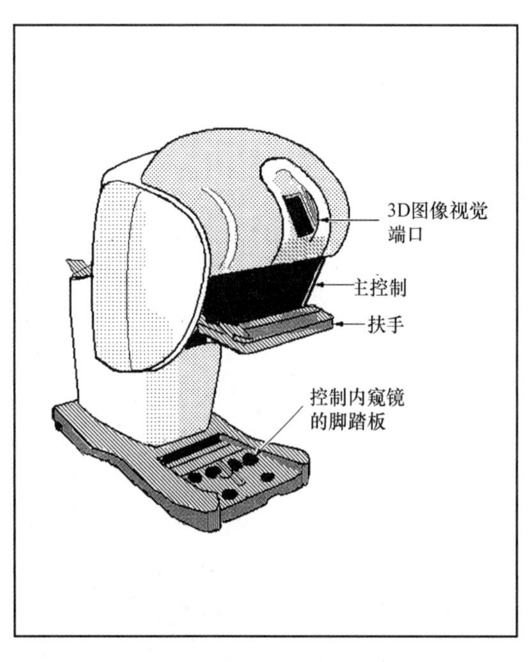

图 3.5-9 坐在这个达芬奇系统控制台上的外科医生可以在观看 3D 视频画面的同时为病人进行手术（视频场景是通过一个组合相机和被称为内窥镜的光源获得的）。位于显示屏下方的手术器械由医生掌握控制。手、手腕和手指的动作被翻译成真正的病人体内的仪器运动，内窥镜由脚踏指挥。安装在机器臂上的仪器位于病人旁边的独立的车上。

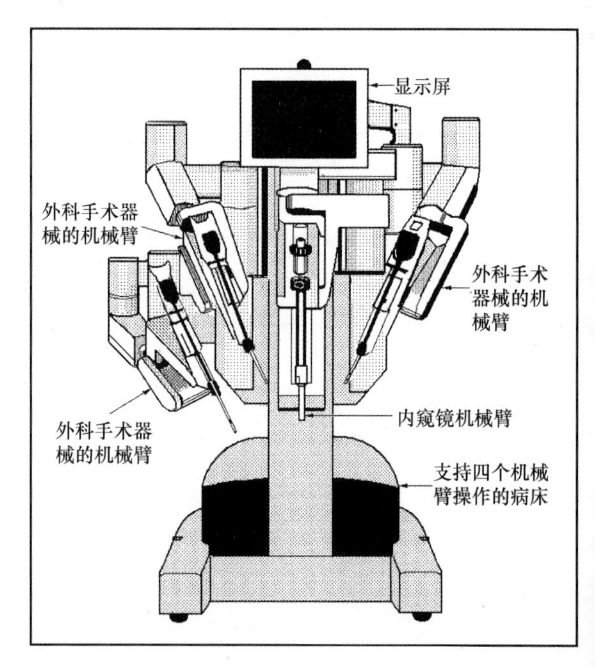

图 3.5-10 病人手术车。三个或四个机械臂安装在这个移动平台上，放在病人的旁边。两个或三个带有仪器的机械臂执行夹持、缝合或组织操纵等任务；第四个手臂负责内窥镜定位。小而薄的仪器端部可以七自由度移动。仅仅在外科医生的控制下进行操作，可以通过病人身体的小切口进行手术。

不同于大多数手持手术器械，许多达芬奇仪器，只有 1.5cm（0.5in）长的爪。这些工具包括剪刀、镊子，能够完成夹紧、缝合、组织操纵等任务的抓拉钩。它们允许仔细解剖病变组织时只造成非常小的、精确的切口。

相机和照明臂允许外科医生通过操作控制台底座上的脚踏来准确定位。可以实现高达 10～12 倍的放大倍率，可以移动到将在手术中移除的 5cm（1in）大小组织中。有两个不同的相机，分别是直的和 30°倾斜的相机，可让医生看到周围的器官，以及它们下面的部分。

3.6 机器人术语

执行机构：任何把电能、液压或气动能量转换成执行运动或任务的能量的换能器。例子是电动机、气动马达和螺线管。

自适应控制：根据测量过程变量连续自动地调整控制变量以优化性能的方法。机器人自适应控制需要两种超出其标准控制以外的功能：至少有一个传感器能够测量机器人的工作条件的变化；机器人的中央处理器必须被编程来处理传感器信息，并发送信号，在机器人的行动中纠正错误。

气动马达：气压和气流转换成旋转或往复运动的装置。

人形机器人：能模仿人类的外观和行为的机器人。

手臂：模拟人手臂的机械杠杆也是操纵行为和动力接头的互连设置，可以在手腕端部附加末端效应器或工具，在其工作范围内达到任何空间位置。

自主：机器人能够进行电子编程的任务或工作，无需人工干预。

轴：在任何三维空间内的运动线性方向：在笛卡儿坐标系中轴都标有 X、Y 和 Z 来指定轴相对于地球表面的方向：X 指平行于地面坐标系的定向平面或线；Y 是指垂直于 X 轴的定向平面或线，它也平行于地面坐标系；Z 轴是指垂直 X 和 Y 轴的定向平面或线，它垂直于地面坐标系。

电缆驱动器：驱动动力是通过电动机或执行器控制软电缆和滑轮传送到远程机器人节点的，如手腕或脚踝。它也被称为肌腱驱动器。

闭环：一种控制计划，把所需的输入值与输出值进行比较，它们之间有区别时就会发出偏差信号，执行纠正动作以使两者之间相等。

碰撞保护装置（CPD）：连接到机器人手腕的设备，可以检测机器人和一个外来物体之间的潜在碰撞接触，实际上一旦发生接触，在损害发生之前，它就会发出了一个信号使机器人停止或转移手臂的运动，它也被称为碰撞传感器或碰撞保护设备。

计算机视觉系统：一个具有视觉程序，使机器人获得、解释和处理视觉信息的电子系统，包含一台摄像机和计算机。相机被设置在一个限定范围内查看哪些部分被移动。在摄像机的视野内，视觉系统可以识别不同方向和位置的特定部件，并指挥机器人在该部件上进行具体操作。系统可以编程以区分混合组件中的个别零件，为包装或装配测量或检查零件，它可以抓起零件而不受其方向限制，并剔除有问题和不完整的零件。二维视觉系统可以处理二维图像以获得部件特征、位置、方向和数量。三维视觉系统具有二维系统的性能，而且还具有深度知觉，可以用来避免装配误差，检测出不平的物体，区分相似的部分，正确地定位。

连续路径规划：对整个运动路径的工具或末端效应器保持绝对控制的机器人运动控制方法。可以通过手动教学或通过在其工作周期内按顺序移动机器人手腕来完成编程。根据程序，机器人手腕在密集的范围内移动。当运动轴移动时，末端效应器执行分配的任务。所有运动轴同时沿着平稳连续的三维路径或轨迹移动，每一个都有不同的速度。它在工具路径苛刻的场合中有关键应用，如喷漆、胶黏或弧焊。

控制路径规划：令所有轴以给定的速度在点间沿直线运动的机器人运动控制方法。每个轴都可以协调，以便在指定的路径上它可以加速和平稳减速，按比例提供一个可预见的控制路径。

操作员可以使用示教编程所需路径的终点。此方法用于零部件装配、焊接、材料处理和机器抚育等应用。

自由度（DOF）：带有或不带有连接到手腕的末端效应器或工具的机器人通过旋转轴可以获得运动方向的数量。末端效应器可以增加自由度的数量。

末端效应器：任何工具、传感器或设备执行任务的机器人手腕。例子包括夹持器、机器手、焊枪、喷漆枪或测量装置。供电末端效应器通常有气动执行机构或电动机独立主机机器人，机器人可以添加一个或多个独立的自由度。

抓手：连接到机器人手腕上的机械抓取工具或机器手，可以拾起和放置具有不同形状和方向的对象，包装或装载、卸载部件或材料。最常见的夹子有两个对立的手指，它制造成适应特定方位的对象。它们可以由液压或气动执行机构或独立于主机机器人的供电电动机驱动。有一些具有三个以上手指的多功能夹子，当它们的手指靠向对象周围时可以足够灵巧地抓取对象，而不受其形状或方位限制。它们通常是由电脑主机机器人的中央电脑专用软件控制，或由一个独立的笔记本电脑来控制。

运动链：旋转和/或转化的关节或运动轴的组合。

运动学模型：用来定义机器人组件位置、速度和加速度的数学模型，不考虑其质量和受力。

运动学：动力学中关于机器或机器人运动单元之间运动方面的分支，从质量和力的角度单独考虑。

手动教授：一种为机器人编程的方法，它通过完成任务所需要的运动序列手动指导末端效应器，以及所有轴向的位置，可以由操作者通过控制面板或教授悬架记录。位置的坐标存储在机器人的计算机内存中，使它们可以回放自动执行录制任务。

制造单元：生产设备集中群，通常包括一个或多个工业机器人、计算机视觉系统以及配套设备，如部分输送机、索引表、检查站、末端效应转换器，和在执行特定功能的存储机架。通过计算机的连续处理来协调和同步所有设备。它也被称为装配单元或装配中心。

移动机器人：具有多种推进方式的机器人，包括车轮、轨道、螺旋桨或其他推进机制，用以登山、游泳或飞行。它包含了一个中央处理器和适当的传感器。它能够携带船上的设备，包括用于航行和执行任务的工具、控制器、传感器。这些机器人参与，但不局限于地球或行星探测、监视、爆破或其他有害物质的处置。移动机器人可以部分或完全自主行动，但大多数是由远程操作员，通过双向无线或有线（光纤）传输控制机器人及获取信息。摄像头和距离传感器提供导航指导。控制链接也可以用于重新编程机器人计算机。大多数移动机器人更准确地说为远程控制机器人，包括地面无人车辆、水上及水下无人载具、飞机或无人机。

可移动机器人：安装在轮子或滚子上的工业机器人，可以由动力源驱动，但被限制行驶在铁轨或轨道上。它们可以在水平、垂直或倾斜方向移动，同时执行分配的任务，如绘画和焊接。

开环：不带有偏差修正的机器人的控制技术，其精度通常取决于组件，包括位置运动控制器和步进电动机。

负载：机器可以承受的载荷，以公斤（kg）或磅（lb）衡量。

载荷能力：机器人可以安全处理的最大载荷。

点至点规划：机器人运动控制方法，在其中沿着运动路径编程一系列数值定义的停止点或位置。机器人移动到停止位置，执行一个操作，再移动到下一个位置。它继续这些步骤，在一个序列中执行所有操作，直到任务完成。这种控制方法适用于挑选材料处理和点与点之间的变动不需要控制的应用。

范围：工具点可以达到的最大距离，超出机器人的手腕的理论点，此时所有轴延伸到自己的极限。测定单位是毫米（mm）或英寸（in）。

重复性：在固定的条件下反复循环后获得的机器人的工具中心点位置的变化或偏差极限。根据测定以±mm表示。

分辨率：机器人可以确定的最小增量运动，机器人精度的衡量。

旋转接头：一个由固定和旋转部件组成的机构，连接到机器人手腕上时，允许手腕360°旋转，而不中断压缩空气、水和控制各种末端效应所需的电力的供应。

转动惯性：旋转体抗拒围绕其旋转轴的角速度变化的性质，由单位重量乘以单位长度的平方衡量——飞轮力矩（$kgf \cdot m^2$ 和 $lbf \cdot m^2$）。

半自主：由一个操作者操作的机器人，其中包含电子编程的传感器设备，能够执行基本功能，如录音、导航和报告机器人情况，反馈给操作者以获得最佳的机器人操作。

示教器：手持控制箱通过电缆连接到计算机控制柜，允许操作者进行编程和定义止点，从而“教”机器人操作。

遥控操作机器人：移动机器人局部自主控制其传感器，定向运动必须由远程操作员通过无线或有线（光纤）链接来指挥。

工具中心点（TCP）：机器人的手腕和部分工具末端效应器之间的位置，它定义为工具活动集中的位置如喷枪的喷嘴或弧焊电极的一端。

换刀：①两组成部分（主机和工具）的机器人工装交换的机制。主机连接到机器人手腕，包含组合的一半，另一半则是连接到末端效应器或与工具进行交换。当组合的两部分匹配时，它们可以通过气动或液压自动锁定在一起。可以交换的末端效应器的例子是夹具、焊接工具或去飞边机。②一个专门的机器人手爪，可以拿起、攀爬并释放大量的各种常见带有刀柄或刀杆的末端效应器。③安装在机器人手腕上的旋转刀架，包含能够索引所需的工作位置的工具选择。

工作区：使用所有可用轴，机器人组件的手腕可以达到的点的轨迹。

手腕：一组关节，通常是旋转的，在机器人手臂末端，带有接触末端效应器或工具的安装板。手腕可以有两个或三个自由度（DOF），两自由度手腕可以围绕两个支点和滚轴，或者一个支点和两个独立的滚轴移动工具或末端效应器。

3.7 改进的四肢机器人，一个更好的攀爬者

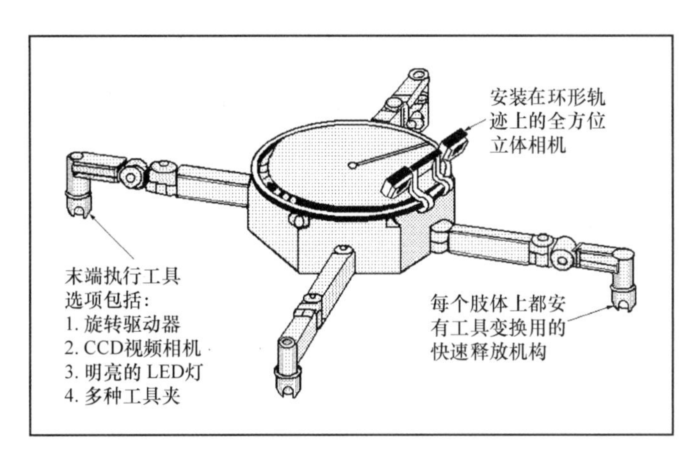

图3.7-1 狐猴Ⅱb是肢类机械实用机器人的第三代，但它有4个腿，而不是其前身狐猴Ⅱ的6个。这简化了机器人，使得它更容易爬上倾斜面。

在NASA喷气推进实验室（JPL）的科学家们已经设计和建造了三个不同版本的肢类机械实用机器人，简称为狐猴。其开发工作的目标是设计机器人用于太空任务，其可以沿着梁自动走向规定位置的机械对象，并已证明其有能力组装、维护、检查实际的设备。三个版本都是拟定的NASA自主行走和检测机器人（AWIMR），他们评估其设计。

第一代的狐猴，名为狐猴Ⅰ，由NASA的科学家和技术人员形容为“六肢实验机器人”。改进的型号为狐猴Ⅱ，它被形容为“第二代六肢实验机器人”（原书第4版）。狐猴Ⅰ可以使用一个或两个前腿操作，而狐猴Ⅱ可以使用任何肢体进行简单的机械操作。两个型号都配备了立体摄像机、导航和机械运动的图像数据处理电路、无线调制解调器，并允许远程控制，还可以传输图像。

如图3.7-1所示的狐猴Ⅱb是狐猴Ⅱ修改后的版本。它基本上与狐猴Ⅱ相同，但它只有四肢，而不是六肢。狐猴Ⅱb配备了相同的相机、数据处理电路和与前两个版本相同的无线调制解调器。唯一的改变，就是放弃其六肢设计。这种变化减少了每个肢体的质量以及机器人本身的质量。每个狐猴Ⅱ的肢体有四个自由度，但每个狐猴Ⅱb的肢体只有三个自由度，减少了机器人的复杂性。这个运动简化设计使得狐猴Ⅱb在水平的表面上移动更容易，更擅长爬坡。

尽管自由度减少了，剩下的三个自由度配置使狐猴Ⅱb有了更大的灵活度。狐猴Ⅱb的测量参数为：

- **它的六边形肢体直径** 280mm（11in）
- **每条腿的长度** 380mm（15in）
- **两肢展开的跨距** 1040mm（41in）

狐猴Ⅱb可达的范围比狐猴Ⅱ长25%。四肢和自由度数量的减少，以及重量的降低，减少了肢体的负载，降低了机器人的重心。狐猴Ⅱb获得了这些好处，却不会牺牲其载荷能力。

这项工作是由加州理工学院的诸位科学家为NASA喷气推进实验室完成的。

3.8 月球重力下六足机器人在网格上爬行

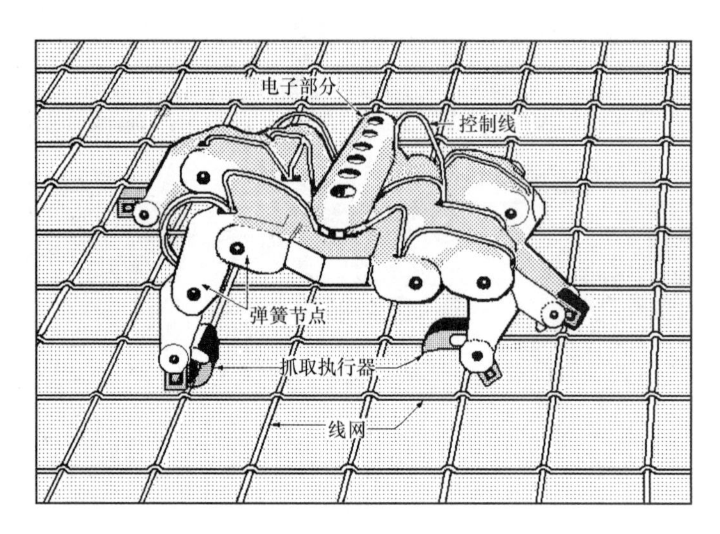

图 3.8-1 蜘蛛机器人是一个正在开发的手掌大小的移动机器人，结构简单，组装和修理容易其设计目的为加入 NASA 的探索任务，到远程行星搜索和救援。它有六个弹簧兼容关节和扣弦的脚，这允许它灵活地在网上行进，并可走在平坦的低重力表面。其编程腿交替夹紧和松开使机器人的运动，并保正在任何时候都有三个脚缠绕在网上。

四种不同的研究设施参与了蜘蛛机器人的设计、制造和测试。它们像蜘蛛，但只有六只脚，比蜘蛛少两只，如图 3.8-1 所示。蜘蛛机器人是一个相对廉价的、可行的步行机器人原型。这些机器人可以合作完成大量的装配、维修以及搜索和救援工作，支持 NASA 探索外层空间和远程行星的任务。微型机器人发展项目的资金来自于 NASA 的推进实验室（IPL）的先进理念和技术创新办公室。

喷气推进实验室的微型机器人开发项目的既定目标如下：

- 证明蜘蛛机器人在一个固定的动态网络上具有灵活性，可在低重力（微重力）下展开网格内工作。
- 开发了机器人运动控制算法、机器爪、抓算法。
- 实施和展示导航式蜘蛛机器人的行走行为。
- 为未来提供一个飞行试验的跳板。

蜘蛛机器人小，功耗低，与其他的腿和轮式机器人相比更专业。在目前的阶段，它们的设计主要是为了证明自己的能力，以更轻的重量爬在一个灵活的矩形网格上，走在平坦的表面，其零部件组装结构也很简单。

所有六条腿都有两个弹簧兼容的关节和扣弦的执行机构，脚的功能是钳到网格上。蜘蛛机器人编程总是固定三条腿，交替夹紧和松开它们的“脚”的网格，靠交替移动来实现推进。这些运动证明这个结构可以抓取网线或走在平坦的表面。同时这个结构简单易于组装和修理。

具有这些特征的蜘蛛机器人预计将能够穿越地形恶劣、轮式机器人无法进入的地方。正在研究的一种可能性是，令一队蜘蛛机器人共同协作努力完成一组任务。此外，该项目将探索其他可代替的运动形式以及增加蜘蛛机器人可以参与的任务。

蜘蛛机器人已经通过了沿抛物线路径飞行制造的低重力环境测试，在这段短暂的时间内证明了机器人能够沿网格爬行。这个测试的结果表明需要改善加入“脚”的蜘蛛机器人传感器的反馈以确保机器人在网格上爬行时的容错操作。加州理工学院、德克萨斯州 A&M 大学、国际空间大学，蓝天机器人参与了微型机器人开发项目。

3.9 两个机器人控制另一个机器人穿越陡坡

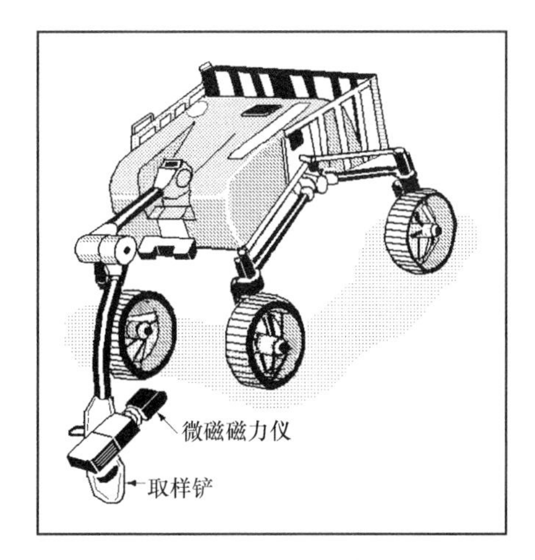

图 3.9-1 这个悬崖机器人是一个配备了科学研究仪器的自动机器人，以便它可以 90°的角度垂降下来探索地形太陡或危险陡峭的斜坡。预计将有地球、月球和其他行星上的应用。该机器人被其他两个称为锚机器人的专业自主机器人限制和控制。

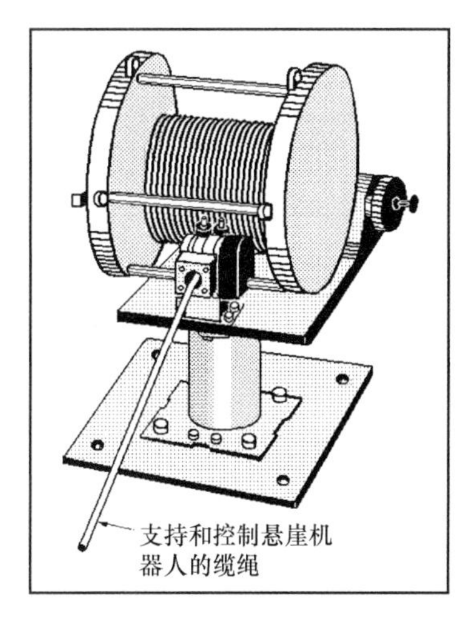

图 3.9-2 这台计算机控制绞车，将安装在两个锚机器人（尚未建成）上来控制悬崖机器人下降。

在 NASA 喷气推进实验室已开发的三个自动移动机器人的合作系统，允许机器人在陡峭的斜坡勘探。该系统称为 TRESSA，是陡峭的地区勘探和科学合作机器人的缩写，该系统允许对角度可达 90°的陡坡的科学探索。最初旨在探索火星上轮式机器人无法进入的陡峭山坡，在地球上的应用是解救那些被困在斜坡上的人或救援人员使用攀爬绳索十分危险的地方的人。

TRESSA 参考了极端登山者的“团队精神”和“安全系绳”作为技术基础。有两个自主机器人被称为在悬崖顶部的定位锚机器人，而第三个自主机器人称为悬崖机器人（见图 3.9-1），它沿着斜坡下降。悬崖机器人驱动动力来自锚机器人的计算机控制绞车，而锚机器人固定在悬崖的边缘。它们将自主控制系绳的张紧来配合悬崖机器人的重力。系绳被放出，并在必要时卷绕保持悬崖机器人的车轮持续接触崖面。通过控制速度的下降或上升可以防止车轮打滑，因而悬崖机器人能够自由驱动向上向下，或横跨斜坡。如图 3.9-2 所示的绞车将安装在两个尚未建成的四轮锚机器人上。

三个机器人系统要求机器人配合紧凑，这由 TRESSA 软件实现，它以两个 NASA 的软件开发为基础：一个是多个机器人控制，另一个是机器人的实时控制。这个软件的结合，使得它可以保持三个机器人同步协调工作，在任何时候都根据数据控制三个机器人和机器人之间的有线连接。

在设计和操作 TRESSA 时有两个主要考虑因素：系绳张力控制和故障检测。首先，张力测力传感器在悬崖机器人上彼此相连。同时也测量张力的方向，包括方位角和仰角。张力控制器结合了提升力的控制器和可选速度控制器来控制悬崖机器人的运动。

提升力控制器分析系绳的倾角。这个角度和悬崖机器人的重量确定了崖机器人的总提升张力。所需的总张力将被分配到每个锚机器人的组成部分。速度控制器计算要产生预期的悬崖机器人响应所需的缆绳速度。

故障检测系统基于系统内部每个机器人之间的相互监控，每个机器人都监控自己的表现，也监控其他机器人能够检测系统故障，并防止任何不安全条件出现的能力。在启动时测试通信链路，如果有任何机器人没有响应，系统将不会执行任何动作指令。运动之前，为了抵消悬崖机器人的重量，锚机器人将尝试设置在最佳的、水平的缆绳张紧状态。如果锚机器人在指定时间内未能达到其最佳的张紧程度，它会发送消息到其他机器人，阻止正要执行的命令。

如果检查到任何机械故障，如电动机失速，受影响的机器人会发送一条消息，停止任何现有的运动。信息以 10Hz 的周期在机器人中共享操作过程中的传感器信息。任一机器人的消息停止超过允许的时间间隔时，其他的机器人都会检测它的损失，并停止任何进一步的运动。

这项工作是由多位科学家为 NASA 喷气推进实验室完成的。

3.10 跳跃时可操控的六足机器人

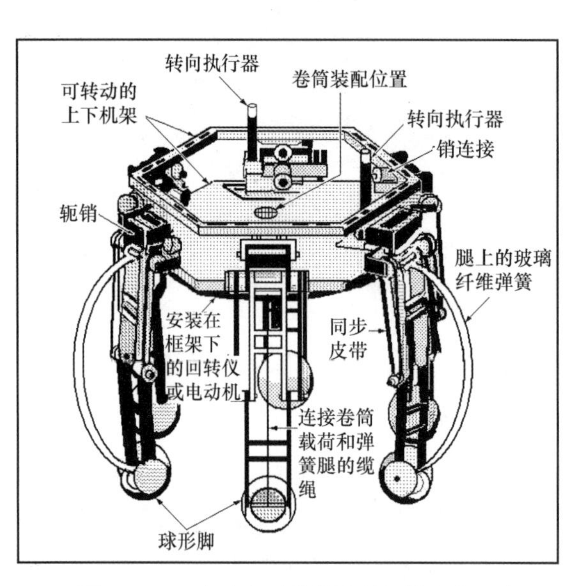

图 3.10-1 在这个可操纵跳跃机器人的六个腿上都固定有弓形玻璃弹簧，提供跳跃所需的能量。在每条腿两端，缆绳都缠绕在机动卷筒上（未显示）。当卷筒旋转时，缆绳被拉紧，拉起六条腿，从而压缩腿弹簧。当释放缆绳时，储存的能量释放出来，使机器人跳跃。缆绳张紧提供的弹簧压缩程度决定机器人可以跳跃的距离和高度。同步传动带驱动器保持机器人跳跃时腿部伸直。

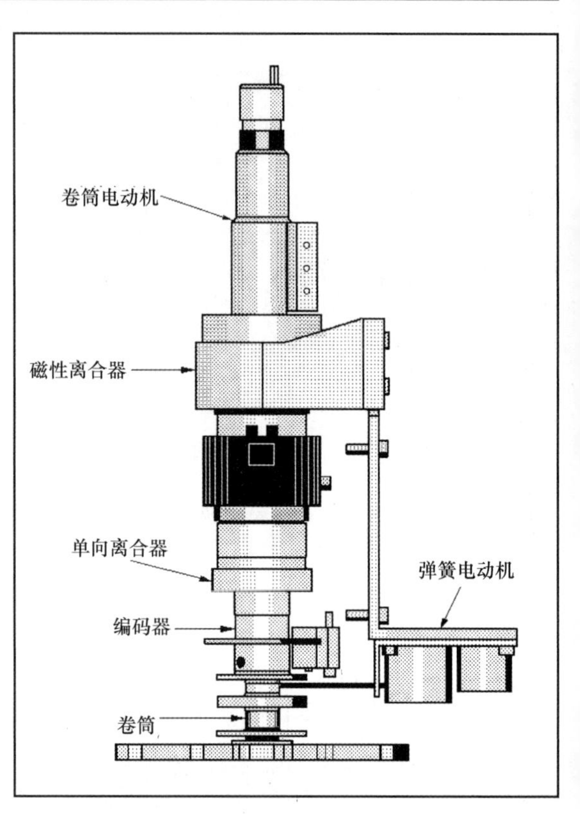

图 3.10-2 卷筒组件（集中位于下部框架）有足够的张力，卷曲在所有六个腿的弹簧内。由电动机旋转卷筒，编码器测量所有腿的压缩。当电磁离合器松开卷筒电动机时，触发一个跳跃，同时释放腿弹簧中储存的能量。吸收第一个跳跃落地后的冲击，储存足够的势能以保证继续的跳跃。

喷气推进实验室的工程师设计、建造、测试了一个在低重力下可操纵六足跳跃的机器人，是一个在月球或其他行星的卫星上应用的探索机器人。该跳跃机器人能够垂直跳 35cm（14in）高，或跳跃高 30cm（12in），长 50cm（20in）的距离。六条腿的电动转向可超过 40°的范围。样机上安装了一个陀螺仪，在月球重力条件下，带有可控飞轮的陀螺仪的稳定跳跃能力通过计算机模拟的机器人模型证明。

许多行星和月球探测的平台设计具有车轮或行走的腿，但这些不能在岩石或粗糙地形高效地移动。喷气推进实验室的工程师认为，一个稳定、可控的六足机器人可以更有效地探索这些地形。例如，月球表面的 83% 是密集的陨石坑高地，这种地形对于探险车来说是最有挑战性的。在这些地区，有 1m（3ft）高 34°角的斜坡，也有 50m（164ft）高 18°角的陡峭斜坡。

如图 3.10-1 所示，每一个六条腿的样机都有两个折叠梯部分，用支架和销连接到机器人的两个上下六角形框架上。腿部都有弯曲的玻璃钢板弹簧，固定在上下梯级之间。弹簧的尺寸是 1.2cm（0.5in）宽，25cm（10in）长。连接到每条腿最低梯级上的一根缆绳操控腿的中心线，该缆绳缠绕在一个中心位置的卷筒上，如图 3.10-2 所示。

当缆绳缠绕在由谐波电动机驱动的卷筒上时，张力作用在弹簧上，使其屈服产生任何所需的压缩量，就像卷筒上的编码器显示的那样。为了确保所有的腿在同一个方向起飞和降落，一个计时带轮驱动器与每条腿链相连，限制腿部线性运动的延长。机器人可以实现的跳跃高度和距离直接与施加在缆绳上的张紧力和腿部弹簧压缩量有关。此外，通过改变弹簧的尺寸，可以获得不同的跳跃距离和高度。

当机器人准备跳跃时，如图 3.10-3 所示，六条腿压缩。跳跃发生时，磁性离合器使卷筒和电动机释放，并同时释放蓄积弹簧势能的腿。六条腿增加了其稳定性，减少了跳跃和着陆时必须传递的力。内部的陀螺仪安装在机器人的六边形框架上，在跳跃过程中可使其稳定，并减少跳跃和着陆之间的不平衡力的影响。

图 3.10-3b 显示，飞行过程中的机器人腿部弹簧呈放松状态。只有两台电动机的两自由度转向机构使机器人具有在不同的角度跳跃和着陆的能力，所有六条腿都指向同一方向。腿可以从垂直位置摆动。较低的六角形框架上的两个销关节控制了整个机构。相隔 120°的两个电动机驱动器，包含了提供足够转矩来引导腿部的螺杆驱动器。由于机器人的腿不能向后驱动，在跳跃和着陆过程中腿的方位是稳定的。导航机构控制在不同角度的机器人腿（样机中允许与任一方向成 40°角）。

当跳跃后的机器人落地时，如图 3.10-3c 所示，它的腿部弹簧压缩以吸收冲击，此时储存足够的能量来保障下次跳跃。当腿缩回时，恒力弹簧电动机连接到上部卷筒，缠紧腿部缆绳，保持其处于张紧状态。当缠绕缆绳时，与卷筒和电动机驱动在同一条线上的单向离合器允许卷筒快速越过电动机。这可防止机器人落地后的弹跳，并允许弹簧为下一跳储存能量。

为了帮助机器人稳定并防止翻滚，在机器人底座上安装了电动陀螺仪。在跳跃过程中机器人发挥作用的任何部件都在机器人的方位上转移了很小的角位移，排除了机器人发生翻滚的可能。

样本机器人的主要结构由铝制成。机械组件保护盖安装在较低的六角形框架上，六个球脚由尼龙树脂通过快速成型制造。脚通过销固定在腿的底部，成为支点。这个系统中有四个执行器：一个弹簧执行器、两个转向执行器和一个陀螺仪执行器。弹簧执行器、转向驱动器和陀螺仪的测试表明这些元件可以成功地运行。

这里所描述的工作是在 NASA 的合约下，在加州理工学院喷气推进实验室完成的。

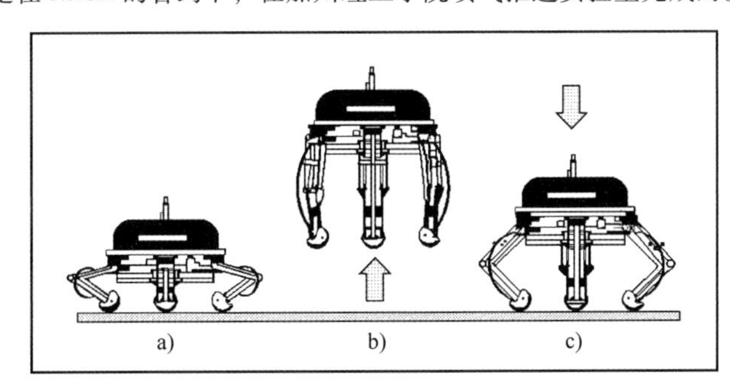

图 3.10-3 六条腿被卷筒上的缆绳压缩后，（a）机器人被指定目标准备跳跃。（b）卷筒释放，机器人跃起，通过内部转向仪稳定。（c）此时机器人在第一跳后着陆，其弹簧腿吸收冲击，为下一跳储存足够的能量，此时离合器释放和倒回缆绳，锁定压缩状态的腿，以防止机器人弹跳。

第 4 章

再生发电机构

4.1 可再生能源概述

随着美国人口的增长，对低成本电力能源的需求成指数增长。近几年来，可获得的低成本电力能源已经与美国人生活和生产的高标准紧紧联系起来。新形势下，政府要求电力工业安装更多的无二氧化碳可再生能源发电厂来将它的二氧化碳释放降到初期的水平，因为一些人认为二氧化碳是造成全球变暖和气候变化的原因。如果不提高电价，这个指令很难完成，所以现在大量的电力仍然来自排放二氧化碳的发电厂。

政府要求在2020年以前，所有电力生产厂家要降低20%的二氧化碳排放量；同时预计到2025年为止，要增加25%的再生能源生产厂；到2035年为止，来自清洁能源的电力要达到整个美国电力供应的80%。政府也要求，到2025年为止，二氧化碳的排放量降低到1990年的水平。现在有两种发电技术被认为能够产生足够的可再生的、非水能的、不含碳的、实用级的电力——风力涡轮机和太阳能光热。不幸的是，现在它们产生的电力只占整个美国电力供应的约4%：约2%从风力产生，约1%从太阳能产生。在特定时间内建造足够多的工厂离不开大量的政府开支计划。

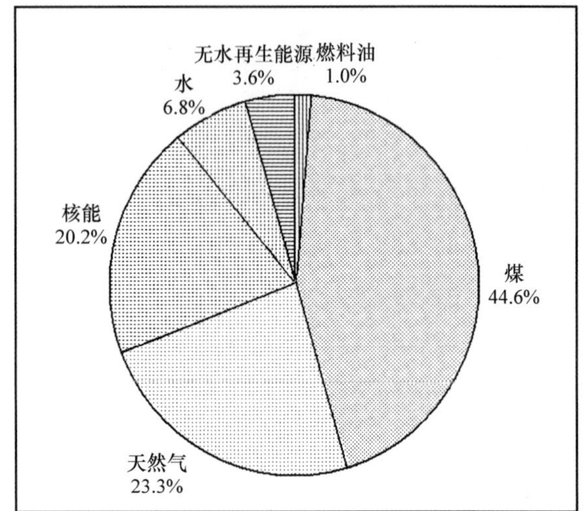

图4.1-1 用于发电的实用能源比例。无水再生能源包括风能、太阳能、地热能以及蓄电池（来源：美国能源部，能量信息管理局，爱迪生电力研究所）。

基于美国能源信息管理局（EIA）的信息，图4.1-1生动地展示了各种各样的实用能源电力生产比例。大约70%的美国电力是利用煤、天然气和石油（燃料油）等化石燃料的燃烧提供的，大约45%来源于煤炭，23%来源于天然气，其余1%来源于化石燃料。燃煤电力工厂仍排放了最多的二氧化碳和其他温室气体。

在美国，核电站和水力发电厂现在是无碳电力最大的生产者，大约20%的美国电力来自核反应堆，少于7%来自水电厂。然而，这两者无法承担政府减少二氧化碳排放的目标。核电厂（被认为是不可再生的）不能快速大量建造，其面临着耗时的复杂许可问题与大量的公众反对意见。由于环境的限制和淡水利用性的原因，尤其是在美国西南部的城市，将不再建设水电厂。

二氧化碳最近被归类为温室气体，它是所有化石燃料的副产品。化石燃料的副产品还包括甲烷、一氧化二氮、二氧化硫等毒性气体，与有毒性的温室气体不同的是，二氧化碳存在于碳酸饮料中，是人类呼吸产物并且是植物生长的必需品。燃煤电力工厂在电力工业中排放出超过60%的二氧化碳和大量其他温室气体。与燃气电力工厂20%的二氧化碳排放量相比，燃油电力厂仅排放了2%。电力工业自1980年开始，已经减少了57%的二氧化硫和含氮氧化物的排放。

根据美国能源信息管理局的规定，能源工厂仅仅排放了全国二氧化碳排放量的40%，其余60%来源于运输、建筑、工业部门等。运输部门排放了大约30%的二氧化碳，例如汽油、柴油车辆，火车、飞机等，建筑和工业部门排放了其余的25%~30%，例如工业锅炉、家庭取暖系统、楼群、工场等。很明显的是，比起简单相同的化石燃料电力工厂，有着不同能源的工厂更加难以规定限制二氧化碳的排放。如果所有的电力工厂将二氧化碳的排放量缩减，成百万吨的二氧化碳将由其他来源产生，对减少进口石油依赖不会有很大帮助。

4.1.1 核能：不可能成为主要再生能源

核电厂是最昂贵的电力能源工厂，而且建造它们需要很多年，在60年的时间里它们运转了90%的时间（在某些程度上，多于化石燃料电力工厂和风力发电厂和太阳能发电厂）。在31个州的104个核电厂能生产美国无碳电能的73%以上。在2011年，美国只有两个1100kW的反应堆在建。沃格特勒工厂坐落在佐治亚州奥古斯塔附近，自20世纪70年代投入第一个核反应堆建设（在沃格特勒工厂两个已经存在的反应器分别在1987年和1989年开始运转）。已经宣布了再建造六个反应堆的计划，但受到经济和管理的阻碍。因为核电厂建设不能满足电力需求，多年来它对无碳生产的贡献将会越来越低。分析表明，即使在10年内核电厂的数量双倍增加，二氧化碳释放量的减少也将微乎其微。

4.1.2 替代性可再生能源

常规电厂（化石燃料、水力和核能）能够产生约300~1300MW的电力。但是，这些数字只是最大额定值，忽略了效率低下的日常维护和停机时间。然而，尽管其实际功率输出会给定时间周期，但它们仍可以一年365天，一天24小时工作。风力涡轮机和太阳能热电站更是如此。

光伏（PV）面板是最常见可再生的太阳能发电的形式，但它们现在没有能力进行更具成本效益的公共事业级发电。它们每千瓦小时（kWh）的发电量成本最高且效率最低。然而，它们现在被安装在屋顶上的房屋和建筑物现场辅助发电，它们的业主希望减少电费，不依赖电力公用事业。但在业主能真正得到减少的电费前可能需要数年时间摊销其安装成本。

虽然关闭所有低效率的燃煤电力工厂是不可能的，但燃煤电力工厂减少碳排放的方式之一是溶解二氧化碳液化并隔离在地下洞穴，这一方式的效果已得到证实。在世界范围内，40%以上的电力仍然由燃煤电力工厂所产生，而另外的20%是天然气发电厂所产生的，它们继续将大量二氧化碳释放到大气中。

4.1.3 基本负载和基本负载需求电厂

基本负载和基本负载需求是在电器中使用的术语，用在公用事业行业中，是指合同承诺由电力公司每天24小时，一年365天生产指定额度电力。电力公司有必要保持基本负载，以保持电网稳定和满足实用需求。实用矿物电力生产设施旨在以恒定的功率提供给定的部分或全部地区的能源需求。这意味着无法每天24小时运作的可再生能源发电厂必须有一定的备份源，如备用发电机或能够驱动发电机的能量储存设施。这些包括电池、蒸汽锅炉、液化熔融盐桶以及压缩气室。

4.1.4 风车：早期可再生能源

几个世纪以来，风已经提供了免费的可再生机械动力，它减轻了许多劳动力密集型任务的负担，使人的生活变得更容易。风推动船上的帆，使人们不再完全依赖于人力划桨。风车泵水，用地下水灌溉谷物和树木。风车是现代风力涡轮机的始祖，它首先在低岛屿面向北洋的欧洲国家证实了自己，这些地区有着强劲、稳定的风向，由此成为了几个世纪以来可靠的电力供应来源。

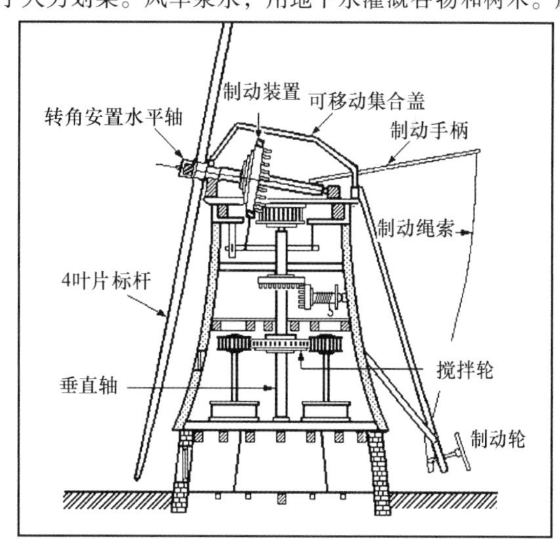

图4.1-2 荷兰风车被用于加工谷物。其上盖组件可由齿轮手轮转动以保持帆始终面向风。可以添加或删除帆刀片上的帆布以适应不断变化的风力条件，钳紧水平轴的制动装置可使用地面的制动轮来操作。

荷兰人发明了早期的旋转的带有四个旋转的刀片帆的空心柱磨机，并用帆布覆盖，以增加它们的机械动力。当风吹动帆时，帆旋转推动地面的机械设备。帆后面水平和垂直的齿轮轴被放置在一个沉重的木制房屋中，它能够旋转顶部的中空柱，保持帆在风中挺立。然而，此种设计只能通过绳索、滑轮、绞车以及大量的手工劳动面对不断变化的风向。

这引入了风车设计的下一个阶段，将木质房屋改为更结实、更稳定的基础圆砖石塔，这更适合于安装旋转机械。新的结构使帆、水平轴和垂直轴能配置在一个更小更轻的壳体或者是盖体中。这种创新方案使轴承和齿轮更容易沿着塔的边缘作机械运动。在可用的砖石塔转换为风车之后，有必要建立木塔。

这导致现在熟悉的荷兰风车的设计为木钟形塔有八角形的横截面，如图4.1-2所示，而不是较早圆形砌体交叉的横截面。在新的设计中有用在修理、紧急事件和工作日结束时的停驶装置。可以通过旋转曲柄的轮子来启用制动装置。通过张力夹紧与制动装置相连的环形处以停止水平轴的旋转。与此同时，在风力变化的情况下，帆的旋转速度可以通过增加或去除叶片上的帆布来调整。

一些风车在盖体中装有齿轮，以使其在工作地点能够在风中人工旋转。在轴端装有可调整的旋转风扇，使盖体像一个大风向标一样自由旋转。当帆可以在风中自动旋转时，帆布上的风向标可以被开启或关闭来适应变化的风力强度，它的表面区域被风吹产生自动旋转。

荷兰的风车用泵使陆地上的水升压，从雨水冲刷的农地流回大海和河渠。荷兰风车也可以帮助种植谷物，驱动机械设备砍伐原木，将矿石从矿里提出。在蒸汽动力的年代，在欧洲估计有 8000 个风车。在引入蒸汽动力之前，一个典型的风车能够输出 5 ~ 10hp。

在电力成为主要能源之后，一些大风车已成功转型为能量站。发电机连接到齿轮组上来发电，发出的电能能够向附近的住户和工厂进行短距离输送。

4.1.5 风力发电机组：风车的后裔

风力涡轮机转子叶片的轮廓像飞机的翅膀，借助风产生升力。升力转化成使转子转动的力。当风力条件有利时，转子的轴旋转，以足够的力量驱动发电机。风力涡轮机一般分为三种规模：公用事业规模，产业规模，居住规模。

· 大型公用事业规模的涡轮机，额定功率为 700 ~ 5000kW，产生公用事业级电力。

· 中等规模的工业规模发电机组，额定功率为 50 ~ 250kW，为公用范围以外的地方产生电能。它们常常配有柴油应急或备份发电机。

· 住宅规模涡轮机，额定功率为 50 ~ 50000W，为电网覆盖范围以外的家庭或农场使用泵或其他农业设备提供电能。

大多数公用事业规模的风力发电机为水平轴机，它的电是由与发电机的轴和齿轮系相连的三叶片转子的水平轴产生的。现代风涡轮机借鉴了风车的许多功能。机组位于机箱或一个封闭的平台上，可旋转保持迎风，而且转子可以通过其叶片“羽化”（如飞机螺旋桨）适于风速的变化。此外，在转子上的制动器可以使其停止旋转，方便维修或日常维护，在极端的风力条件下，它们可以停止转子以保护涡轮机不被损坏。

如图 4.1-3 所示为功率在 1.5 ~ 3.6MW 范围内的具有主要机械和电子机械部件的水平轴风涡轮机。所有主要部件被连接到一起组成一个标准动力系统。在设计中，三叶片的转子迎风，并且有着正向的偏轴来使系统保

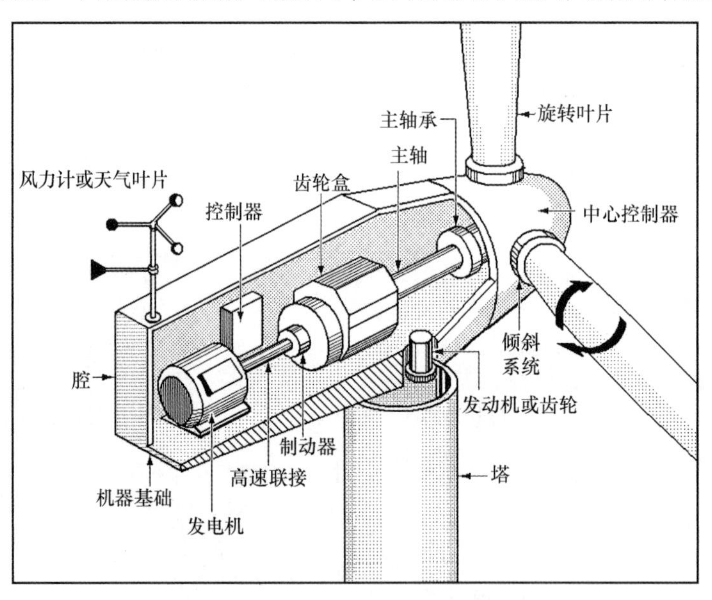

图 4.1-3 输出率为 500 ~ 3600kW 的风涡轮机正在向电网输送能量。这些涡轮机在 8 ~ 55mile/h（1mile = 1609.344m）风速下可以有效控制。速度在 8 ~ 15r/min 范围内的转子可以产生连续能量。三叶片的形式可以用于直径高达 104m、塔高高达 105m 的转子。

证迎风。这个动力系统包括一个连接着转子和两阶或者三阶齿轮箱的低速轴，驱动更高速度的耦合发电机。风涡轮机的发电机是典型的异步感应器，可以产生 550 ~ 1000V 的交流电。每个公用事业规模的涡轮机配备有一个变压器（未示出）来步控发电机电压，以满足现场电网连接值的要求，通常为 25 ~ 35kV。

涡轮机腔室中有一个控制器，其包括一个编程电脑，并且有着内部和外部的通信连接。这个类型的涡轮机腔室涵括油制冷器、水制冷器和一个维护起重机。所有这些部件精确安置于腔室的框架或底座上，通过一个或

两个偏航电动机或者齿轮，可以在塔顶旋转。该发电机产生的电力由塔内壁的电缆传输到电网。

风速计的信号和腔室顶部的叶片将风速的动态变化和风向变化的数据发送到控制器。控制器根据这些信号控制偏转，使转子迎风运动。涡轮机的工作通过转子叶片倾角可以达到最优化，由于风的情况一直变化，可以使其最大化能量输出。

控制器被编程，在风速到达切入速度，大约4m/s（9mile/h）的时候可以旋转涡轮机。如果风速超过阈值［20～27m/s（45～60mile/h）］并持续了10分钟，它也将关闭涡轮机，以防止系统损坏。风速的变化使涡轮机在变化的能量水平下运转，但在最新的公用事业规模的风力涡轮机中的电子电路可以将能量输出规则化，在风速变化的情况下仍保持恒定。涡轮机制造商表示，最优的风速典型值在11～16m/s（25～35mile/h）范围。

表4.1-1　两个通用电气风力涡轮机的主要规格

	1.5MW1.6－82.5	2.5MW2.5－103
运转数据		
额定功率	1.5MW	2.5MW
切入风速	3.5m/s（8mile/h）	3.0m/s（7mile/h）
断路风速	25m/s（56mile/h）	25m/s（56mile/h）
额定风速	8.5m/s（19mile/h）	7.5m/s（17mile/h）
转子		
叶片数量	3	3
转子直径	82.5m（271ft）	103m（338ft）
扫掠面积	$5346m^2$（$57544ft^2$）	$8495m^2$（$91439ft^2$）
转子转速	可变	8.5 ～15.3r/min
塔		
轮毂高度	80/100m（262/328ft）	85/100m（279/328ft）
发电参数		
频率，电压	50/60Hz，690V	50/60Hz，1000V

公用事业涡轮机的额定功率为1.5～3.0MW，转子直径为82～107m（270～350ft），塔（轮毂）高度为70～110m（230～362ft）。世界上最大的风力涡轮机的转子直径为120m（394ft）且有能力生成5MW的功率。额定功率为6 MW的发电机正在测试阶段，10MW的则在规划阶段。两个通用电气风力涡轮机的主要规格见表4.1-1，两个丹麦维斯塔斯风力涡轮机的主要规格见表4.1-2。

风电厂可以包含成百上千的整体输出功率高达300MW的风力涡轮机。在顺风地点，每年风力涡轮机工作约35%的时间。风力涡轮机通常联网工作，可以交换数据，主系统记录错误和状态报告并传递到远程地面控制中心。控制中心通过网络监控涡轮机，计算机程序可以对维护或突发事件做出响应，包括来袭的龙卷风、飓风或其他极端天气条件。

表 4.1-2 两个丹麦维斯塔斯风力涡轮机的主要规格

	V82 - 1.65MW	V90 - 3.0MW
运转数据		
标称输出	1.65MW	3.0 MW
切入风速	3.5m/s（8mile/h）	3.0m/s（8mile/h）
断路风速	20m/s（45mile/h）	25m/s（56mile/h）
标称风速	13m/s（29mile/h）	15m/s（34mile/h）
转子		
叶片数量	3	3
转子直径	82m（269ft）	90m（295ft）
扫掠面积	$5281m^2$（$56844\ ft^2$）	$6362m^2$（$68480ft^2$）
标称转速	14.4r/min	16.1r/min
塔		
轮毂高度	70～80m（230～262ft）	65～105m（295～344ft）
发电参数		
频率，电压	50/60 Hz，690/600V	50/60Hz，1000V

4.1.6 风力涡轮机设置地点

最有效和具有成本效益的风力涡轮机，如早期的风车，必须被置于尽管有季节性变化和天气变化但长年有风的地方，即使如此一年也只有大约35%的风力量。风电厂额定功率相对于化石燃料或核电站电要小得多，因为最强的风通常出现在晚上，因此风电厂必须采用辅助发电机或备用能源来源提供所需的基本负载电力，可以通过备用天然气发电机、柴油发电机或电池来完成。

美国能源部认为年内平均风速至少达到23km/h（14mile/h）的海拔达80m（260ft）的地点适合风电厂开发。在2010年，满足这些标准的州从北达科他州和明尼苏达州扩展到德克萨斯州。一个典型风力涡轮机所产生的电量与风速呈指数增长。换种说法，如果风速加速15%，涡轮机将多生产50%的电力。但是涡轮机产生的大部分电量是在约40km/h（25mile/h）的风速下得到的。

风电厂选址需要大面积的土地，具体取决于计划安装的大量风力涡轮机。地点可以在平原或山区，在沙漠或农田，这个选择取决于当地的风的条件。并且，与太阳能热场不同，涡轮机之间的空间可以用于生产活动，如放牧或耕种。然而，它远离对电力需求高的、人口密集的城市地点，这要求输电线路连接到电网。如果这些线路太长太贵，就只能放弃该处。

海洋上的风通常更强大和更恒定。如果一个风电厂坐落海上并且靠近人口密集的城市，那么传输线路可以比它建在乡村偏远地区短。然而，风力涡轮机必须能承受要求更高的海洋环境，在海上建造也比在陆地上建造更昂贵。它们必须承受狂风、风暴、盐雾的腐蚀。同时，海洋位置使它更加难于维修。

美国的第一个主要海上风力厂，科德角风能项目，在2001年提出建在马萨诸塞州楠塔基特岛，但是因公民投诉而一直搁置。最后在2010年4月由美国政府批准建设。当地居民和度假地的业主认为，成片的涡轮机太碍眼，可能会影响楠塔基特岛的景致、降低他们的房产价值。此外，一些印第安人部落抱怨涡轮机会打扰他们位于海床的神圣的葬礼场地。科德角风能项目的首席执行官声明该项目将发电到2012年底。

这个风电厂包括130个每个额定容量为3.6 MW的风力涡轮机，预计产生450MW功率。在楠塔基特岛，涡轮机将被安装在高79m（258ft）以上的塔上。它们将以成排有间隔的方式被设置在楠塔基特岛和玛莎的葡萄园之间的$64.7km^2$（$25mile^2$）土地上。这些塔底部直径5m（16ft），长24m（80ft）的部分沉入海面大约9m（30ft）深的水下。涡轮机的转子直径为111m（365ft）。离海最近的涡轮机离最近的海岸线只有大约8km（5mile）。

许多对风力发电厂的反对声音降低了普通公众对它的接受度。原因包括其发电功率不足以与化石燃料电厂竞争，转子旋转时产生巨大的嗡嗡声，干扰机场雷达，还有迁徙鸟类会死于撞击旋转转子的事实。

尽管有这些阻力的存在，德克萨斯州诺兰市的居民为了经济利益仍旧接受了风涡轮机。他们允许在斯维特沃特里或者附近建造世界五大风涡轮机中的四个，原因是风力发电厂需要服务和维修人员，而这会解决当地很多人的就业问题。在石油钻井、经营牧场和棉花养殖这几项行业中，就业率已经持续下降了几十年。这个区域的风涡轮机现在发电量可以超过8300MW，足够两百万户家庭使用。讽刺地说，风力发电成了当地的主要工业，而此前当地的主要工业是石油业。这些项目的成功，与州政府、联邦政府对可再生能源的批准和对税收的保证是分不开的。

4.1.7 聚光太阳能光热系统

聚光太阳能光热（CST）系统是目前唯一可靠的太阳能可再生能源系统，能够满足公用事业级电力与电网兼容的要求。

CST系统的电力生产被称为集中太阳能发电（CSP）。CST发电机应区别于产生太阳能的光伏（PV）电池和电池板。当单光子打击单电子时太阳能电池会产生电流，但这个原理限制了产能效率，仅能达到理论最大值的31%。其结果是，每千瓦小时的光伏电源的成本高于在这里提到的受到广泛认可的CST系统。

太阳能电池被广泛用作个体备用发电机，为家庭、办公室和工厂提供备用电源。它们还为远处的标志或者设备提供电力，那里通常是公共电力不可及或者可及但是不太实际、成本较高的地方。但是让光伏电池作为电力资源供给大规模公用电力并不经济。另外，它们仅能输出直流电，必须转换成交流电。

有四个公认的CST系统旨在将太阳的热能转化为大规模公用电力：

- 抛物槽镜太阳能热电站（低谷镜）。
- 电源塔式太阳能热发电厂（发电塔）。
- 线性菲涅尔反射镜太阳能热电站（菲涅尔反射）。
- 蝶式斯特林抛物面盘太阳光热电站（斯特林盘）。

大规模的太阳能阵列的设计目的是采集足够的太阳发出的热量来驱动涡轮机式发电机发电。这些系统的设计使这些设备有能力在给定区域的最佳日照下产生百万瓦特的电力。这些数值可与化石燃料产生的电力值相比，但这没有考虑到它们的相对效率。太阳能热电站的效率可以达到35%。

对CST阵列的产量比率计算还未将季节变化考虑在内，云雨天气和暴风雨的影响将会降低其能量的输出量。总体来说，CST阵列的能量产出量远比核能和化石燃料工厂的产量低得多。在美国一家CST电厂的最高产出量是250MW（小的化石燃料工厂可以达到300~500MW，而最大的燃煤工厂可以达到1300MW）。

4.1.8 抛物线式水槽镜太阳能设备

抛物线式水槽镜太阳能工厂是三个占地面积大的可移式线性CST系统之一，如图4.1-4所示，可以产生与输电网相比拟的电力。每一个装置都有上千个抛物线形或者平板形的镜片，被安置在平行的轴上。这些抛物线形镜片允许其聚焦太阳光线于挡在它们前面的喷漆钢管上。

管中的吸热矿物油作为闭环管系统的中间传热介质。这些管件位于所有镜片的焦点上，收集热量以传送到换热器。太阳热辐射可以保证循环油品在到达换热器之前，即在其传递到热水管线之前，维持在400℃（750℉）系统中的水被转化为蒸汽，再通过驱动涡轮机旋转发电。在蒸汽被冷凝为水之后，又会返回换热器。

其中的每一个镜子部分都在其偏轴上被连续移动，通过电脑控制来保持在白天能有太阳光聚焦于管线部分。没有必要相对于偏轴移动镜子，这是因为随着太阳从东方移动到西方，其对镜子的影响也是变化的。随着镜子和管线的变化，聚焦的太阳能也会跟着变化，这保证了油品维持在持续高温环境下。镜子和管线的所有平行轴沿着东西轴线被重新定位，使得其获得最大的太阳能。

在加利福尼亚州、亚利桑那州和内华达州，大量的抛物线式水槽镜太阳能热能发电厂已开始运行，与此同时，在亚利桑那州、加利福尼亚州和科罗拉多州，这些工厂正在建设和发展中。在内华达州有一个典型的例子——在2007年建成的占地400公顷的64MW太阳能热能发电厂。一个250MW的工厂将在加利福尼亚州的莫哈维沙漠建造，距离洛杉矶161km(100mile)，在沙漠里占地1765公顷。一旦在2013年正式运行，将会生产和在加利福尼亚州合并的CST设备一样多的电量。

一些CST系统由于受到分散的燃气锅炉影响而有所滞后，而这些锅炉却可以在阴天或者太阳落山后依旧进行能量生产，这就意味着涡轮机和发电机可以在太阳光不足的条件下运行。这带来了系统的稳定性，并且提供足够的能量来满足输电网的基本负载要求。在亚利桑那州的新工厂包括存储未用能量的金属槽，也可以被用于在太阳落山后和阴天时生产蒸汽。

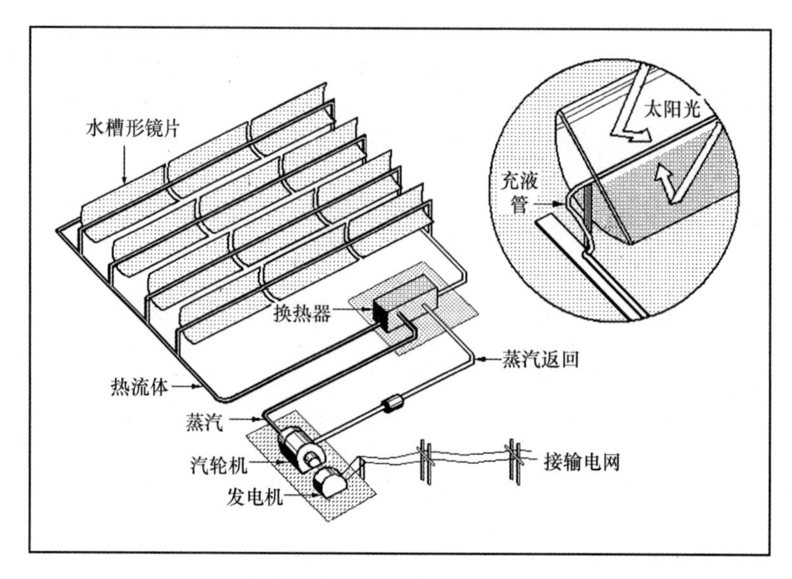

图 4.1-4 一个水槽形镜片太阳能热能发电厂包括一大组成线性排列的水槽形镜片，当太阳光照射下来时，它们会跟踪太阳光。这些镜片把热辐射收集起来，传递到大量装有油类液体导热介质的管网中。管子中的油被输送到换热器中，它的温度高到足够使临近管子中的水沸腾而变成蒸汽。这蒸汽驱动涡轮机旋转来带动发电机提供公用电能。之后，蒸汽被冷凝成水返回到换热器，保持热量交换日夜连续进行。

4.1.9 电塔太阳能光热设备

电塔式太阳能热电站（见图 4.1-5）是 CST 厂的另一种设计。它用大型平板式反射镜或者日光反射装置

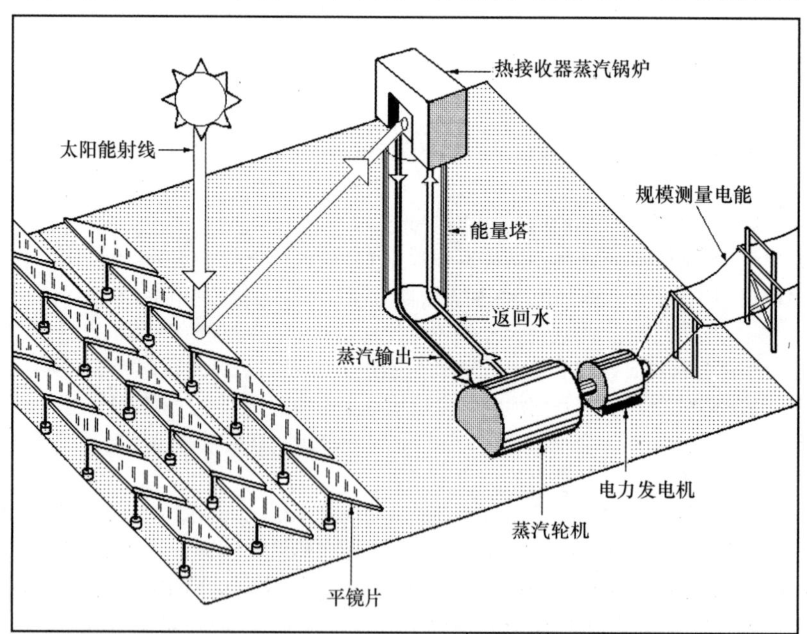

图 4.1-5 塔式太阳能热电厂包括大量线性排列的平面镜，当太阳光照射下来时，它们会跟踪太阳光。这些镜片把热辐射收集到冲水的接收器或塔顶锅炉中。太阳热辐射使水变为蒸汽，再通过管道传送至涡轮机，这些蒸汽驱动涡轮机旋转来带动发电机提供公用电能。之后，蒸汽被冷凝成水（水是系统中唯一的介质）返回到换热器，保持热量交换日夜连续进行。

（定日镜）在白天追踪太阳。每一个镜片或者定日镜都在电脑控制下沿着其自身轨道独立运动，来保证太阳光线能够反射到接收器或者蒸汽锅炉，这些接收器或者蒸汽锅炉被安置于塔顶，该设计之所以建得这么高就是为了能接收远距离的来自定日镜的反射光。在水槽镜系统中，所有的能量塔定日镜沿着东西轴线对齐。

塔顶接收器内部的水被直接转换为蒸汽，这是通过定日镜聚焦的太阳能的高温完成的。这些蒸汽沿着管线下降到地面并可以传送到几千英尺以外的汽轮机中，驱动发电机，完成公用事业级并兼容电网的电力生产。汽轮机里的蒸汽之后冷凝成水，被泵提升，返回到塔中的接收器，维持蒸汽流动以保证日照下操作的正常运行。

对于这项技术来说，这些镜子（定日镜）比其他 CST 系统中应用的要小得多，其测量值仅 $1m^2$。低轮廓、小型号使得其更容易安装和维护。在加利福尼亚州的兰卡斯特市，正在进行一个大型的能量塔项目，预计在 2012 年竣工。其包括两个 50 米高的塔，每个顶部都安置有一个热能接收器。每一个热能接收器都可以接收来自塔两侧的 6000 个定日镜反射回来的大密度能量。这个项目的 24000 个定日镜和两个高塔将会提供足够的蒸汽量，通过发电机产生 245MW 的功率。

这个能量塔系统比抛物线水槽系统更占经济优势，由于水是运行过程中唯一的热量传递介质，意味着太阳能产生的蒸汽直接用于驱动发电机的汽轮机旋转。这个能量塔是一个比抛物线式水槽系统简单的系统，在抛物线式系统中，来自于 400℃（750℉）油品的热量必须传给水来产生汽轮机的旋转和驱动发电机所必需的蒸汽量。一些能量塔系统和天然气锅炉成组使用，可以在太阳落山后产生足够的蒸汽量来支撑基本载荷，有着可再生能源和化石燃料的工厂现在被叫做混杂系统。

4.1.10 线性菲涅尔（LFR）反射热设备

线性菲涅尔反射热量工厂是一个 CST 设备，包括长、窄镜片，通常是弯曲的，可将太阳光线反射到高于镜片 15m 的、承装蒸汽的钢制管线上。这些管线称为线性接收器或者吸收器，其热量是由在其下面的镜子发射来的太阳光线产生的，传递热水和蒸汽的混合物到换热器，这些换热器可以驱动汽轮机发电机产生公用级电能。

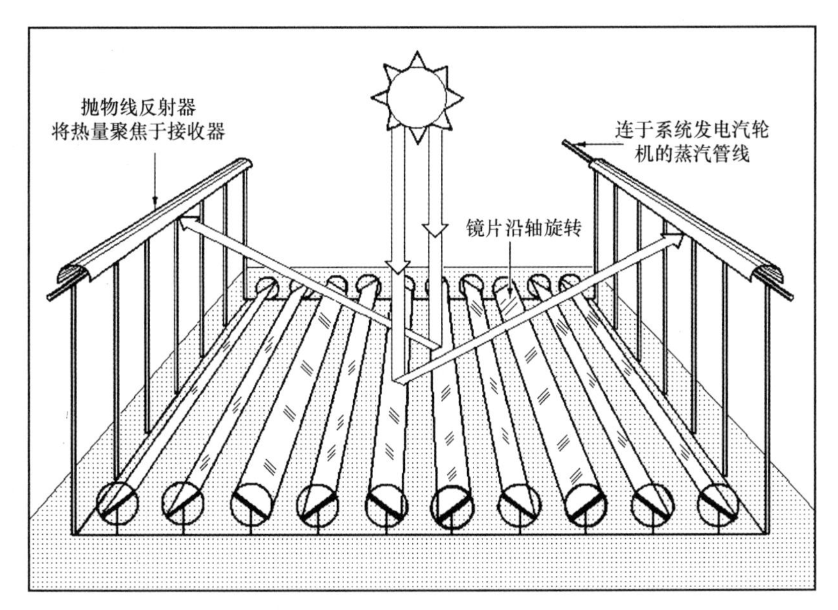

图 4.1-6 菲涅尔太阳能热电站包括大量线性排列的平面镜，当太阳光照射下来时，它们会跟踪太阳光。这些镜片把热量聚集到安装在它们之上 12～15m（40～50ft）的蒸汽管线或接收器上（反射镜可以集中太阳能热能到一个以上的接收机上）。如在其他太阳能热系统中那样，水变为蒸汽，这些蒸汽再驱动涡轮机旋转来带动发电机提供公用级电能。之后，连续的管道系统再把水返回到换热器，保持热量交换日夜连续进行。

大型设备需要温度为 320℃ 和 360℃（608℉和 680℉）的蒸汽。每一列的镜片和线性接收管线在长度上都是相等的——600m（2000ft）。轻微弯曲的复合层压薄板的镜片，被安排在 3 个 200m（666ft）段。每个 LFR 镜像段将以一个单一的电动机和齿轮箱来围绕其间距或横向轴旋转。至于在其他 CST 系统中，反光镜和接收管道将沿东西方向定向，一些 LFR 系统在线性接收器位置有小型的抛物线镜片，这会增加其上面的聚焦热量。

一些 LFR 系统有着其自身的线性接收器，其中包括杜瓦真空瓶套。最新的 LFR 设计与线性菲涅尔反射器（CLFR）系统紧密结合，是原有设计的升级。定日镜设备所需的面积减少，这是因为建造更多的接收器时可以建得更稠密。

LFR 系统只使用清水作为传热介质，从而消除中间传热流体的成本。因为它们的反射镜安装架不具有支持接收器管，它们可以更轻，更简单，更接近地面。系统设计允许手动清洁反射镜，节省自动化设备的洗涤成本。镜控软件可以将它们的焦点连续切换到不同的线性接收器，以优化效率。

LFR 系统有望和槽镜、电塔系统竞争，但目前它们的进度落后于其他 CST 技术。LFR 系统原型已经在澳大利亚、比利时和德国建造，但大多数项目仍处于建议或规划阶段。现在它是很难和这些 CST 比较成本效益和可靠性的。

4.1.11 抛物面斯特林太阳能光热设备

抛物面天线斯特林太阳能热电厂包括独立的动力装置，每个发电单元都可以生产公用事业级电力。A 组件（图 4.1-7）由一个 11m（37ft）宽，圆抛物面反射镜组成，在它的顶端用垂直杆支持着斯特林发动机发电。圆抛物面反射镜和发动机都固定在地面上的垂直垫座上。该发电单元由电脑控制可以俯仰和沿其偏航轴枢转，使它能够在白天持续跟踪太阳。

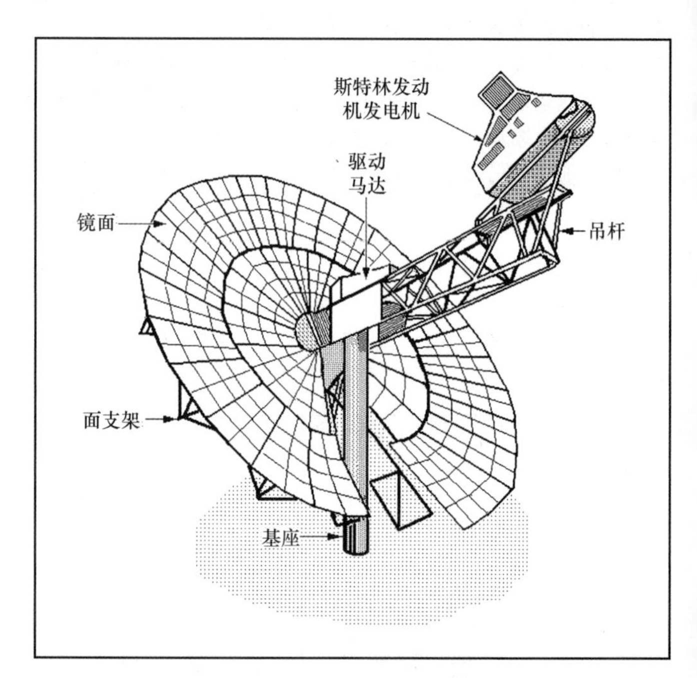

图 4.1-7 碟状斯特林太阳能光热系统由大量的独立太阳能热发电机组成。每个单元有一个抛物线或径向盘镜自动跟踪太阳并且集中热辐射在斯特林发动机上，这台发动机将强烈的太阳热转化为驱动能产生 25kW 电力的发电机的机械动力。许多这些单元合并的输出可产生公共事业级电力。

太阳的热辐射被反射盘上的斯特林发动机发电机连续集中着。这种强烈的热量使斯特林气缸内的氢气膨胀，活塞曲轴转动运行发动机，驱动发电机。这些发电的机组单元必须覆盖数百英亩的土地，以产生足够的满足电网的功率。

由四个独立的单元组成的原型天线系统位于美国桑迪亚太阳能热试验设备国家实验室，地处新墨西哥州的阿尔布开克附近。它是六种早期模型的升级版，发电功率是 150kW。最新的能量聚集器是比原始的矩形盘更小巧轻便的抛物线盘，由 40 个抛物线玻璃和金属片制成。那些像镜面一样的薄片是由薄片钢压制而成的，通常视某些零件呈轮廓形状。圆管框架支撑着金属片使抛物线盘更加牢固。

太阳能斯特林发动机是一个闭环四缸往复机，可以直接将太阳的热量转换成机械动力用于驱动发电机。不同于内燃机，斯特林发动机不必需燃料，因为没有内部燃烧参与，它实际上在较低的温度下运行。这种发电机是内部充满氢气的密封系统，氢气作为热交换的中介，随着发电机中氢气受热或冷却，压力升高或降低来驱动发电机中的活塞做往复性运动，使机轴转动来驱动发电机。液体冷却系统把发动机的余热排放到到大气中。

斯特林发电机单元是将太阳光直接聚焦在斯特林发电机的氢气管上而不是另一些 CST 系统的液体管上，效率较高。这使得发动机外部气温达到 775 ℃（1450℉）［相比 CST 充满液体的管道为 400℃（750℉）］。此外，斯特林发动机有一个平坦的效率曲线，因此可产生接近理论最大效率，哪怕当太阳被遮挡或快要落山的时候。

阵列碟式斯特林单元可以比定日镜占用较少的空间。此外，在一个工程中安装 40 个或更多个单元体时，可以生产 1MW 的功率，有助于它们的投资回报。此外，如果一个斯特林发动机发电机故障关闭，对该系统的总功率输出是没有严重影响的。另一个不那么明显的特点是，不像其他 CST 设备，斯特林发动机系统不需要供水，如果它建造在一个炎热的缺水的沙漠地区，这是一个优势。

4.1.12 斯特林发动机工作原理

斯特林发动机是罗伯特·斯特林在1816年苏格兰为了对抗蒸汽机而发明的，但是由于一些原因（主要是它启动比较慢），它一直没有获得成功。过去几年间，斯特林发动机已经给发动机爱好者提供了一个有趣的话题。然而，在最近几年，它的良好性能、较高的效率和可通过多种能源运动的优势给人们新的启发，它现在是碟式太阳能热驱动发电机的一个重要组成部分，能驱动生产大规模实用电的电力系统发电机。

斯特林发动机是一种利用对一定容量气体加热和冷却的重复循环来工作的热发电机，根据气体的普遍定律，在一定容积气体上压力与其温度成一定比例。气体受热膨胀，遇冷压缩，这就是斯特林发动机将热转化为机械工作的原理。

斯特林发动机和蒸汽机相似，都是热量通过蒸汽机的缸壁流进或流出。不同的是，蒸汽机把水变成气体形式作为工作气体，而斯特林发动机将一定容量的气体存放在密闭装置中并且保持它们的气体状态。斯特林发动机是不同于内部燃烧发动机的外部燃烧发动机。

太阳能热力系统的斯特林发动机有多个气缸来增加力度，并且以氢气作为工作气体存放在密闭气缸中，运转发动机所需要的热从聚集太阳能热量的抛物线形镜子获得，冷却由换热器来完成。慢启动问题是一个对斯特林发动机的常见抱怨。与其他太阳能光热系统不同，每个抛物面天线单元生产自己的电力，合并起来达到电网的要求。

两种典型的斯特林发动机结构是两个活塞的α型和配气活塞的β型。如图4.1-8的下部中所示，α型发动

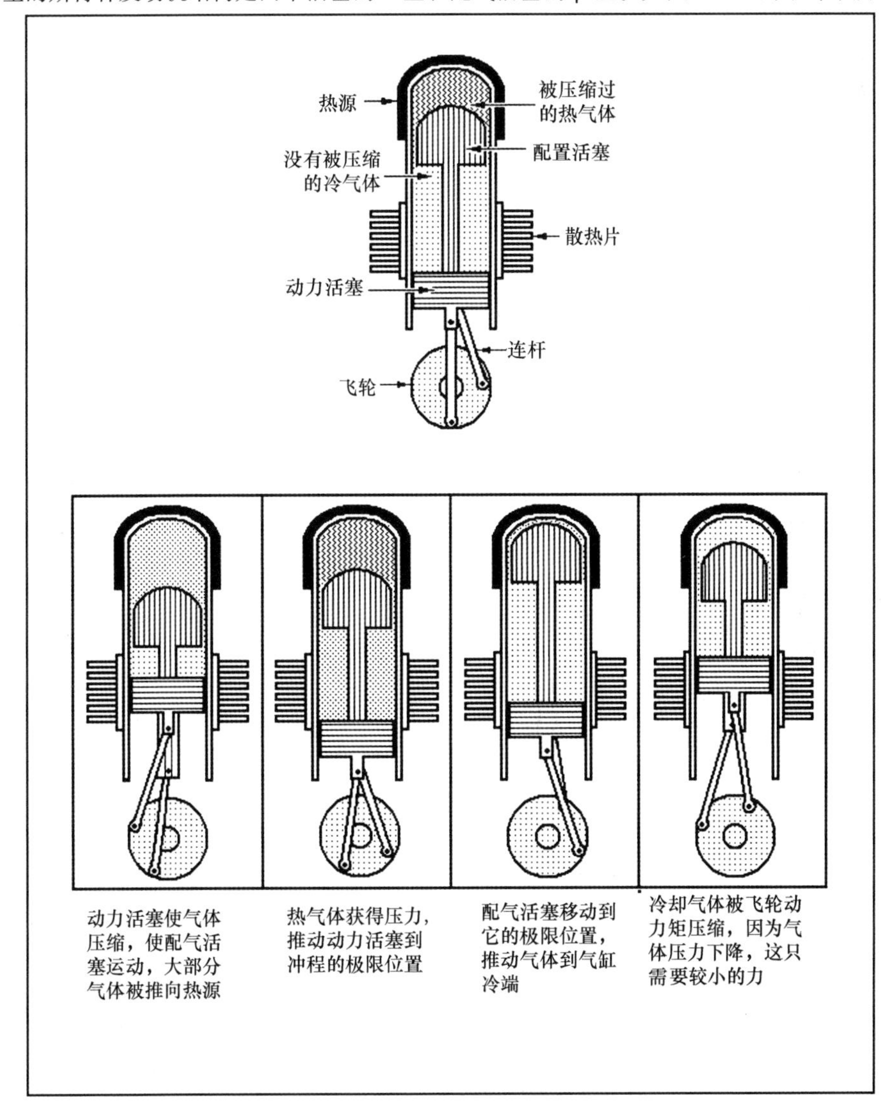

图4.1-8 β型斯特林发动机的全循环。

机有两个分离的能量活塞，而β型发动机在同样的气缸中有一个单独的活塞和与其同轴的配气活塞配合，配气活塞的外直径比气缸内部直径要小，当气体从很热的气缸转移到冷的散热器时可以允许工作气体自由地流过。

在图4.1-8下半部分可以看出，在工作气体被推送到气缸最热的后半部分时，这些工作气体膨胀并且利用这个推力推动活塞到它的极限位置。当配气活塞把气体推到气缸最冷端时，它会收缩，此时通过飞轮来提高机器的动力。这种β型设计可以避免在α型机器中由于遭遇的热动密封泄漏而引起的各种问题（这个图并没有显示内部的热交换或者再生过程，那些过程位于围绕置换活塞的气体通路上）。

4.1.13 CST可再生能源的展望

太阳能热电厂的建设工程要求由经济、气候、环境和距电力需求较高位置的距离来决定。技术选择有四项基本方式：抛物线式水槽镜设备、电塔太阳能光热设备、线性菲涅尔反射热设备抛物面斯特林太阳能光热设备之间进行。这就要求基于效率、建设难易程度、土地利用和成本效果方面评价各种技术方式的优点和缺点。在这个时候，这些技术中没有一种比其他三种具有明显的优越性。

能量塔系统是最简单的，因为有蒸汽管线，但是它们需要高塔和单独的发动机来移动定日镜跟踪太阳。相反抛物线式水槽系统需要大量油和水的泵入而不是简单地驱动定日镜。因为LFR系统的定日镜较小其仅需很小的安装空间，定日镜分布密集且只在一个方向上移动。因为用水作为换热介质，它们也需要大量的蒸汽管。对这三个系统来说，如果叶轮机械发电机故障，发电设备就会失效，而斯特林发动机发电机系统将能避免这一情况，因为它们是由单独自给的动力发电单元体构成的。

所有的CST工厂必须被建造在一年四季都会有强太阳光且平坦的位置上，除了碟形斯特林系统外，所有的发电技术都需要清水，这将它们限制在新墨西哥州、内华达州、亚利桑那州和加利福尼亚州西南部，这些地区都有平坦的、炎热的沙漠地带，但是，这些地区距离高耗电的人口密集地区都很远，这就意味着需要很长的电缆才能将CST工厂与美国电网相连。

所有的CST工厂将需要数百万英亩的土地（250MW CST工厂占地7.14km^2），还将以一些备用形式来维持其基本载荷，可能是一个烃燃料的蒸汽发生设备或某种形式的能源存储设备，如用熔盐保持热量以产生蒸汽或将压缩空气储存在一个密封的旋转涡轮机的储仓中。无论白天还是晚上都可以在需要的时候利用这些储存的能量。

4.1.14 水流动力的应用

几百年来，人们利用旋转水轮生产机械能完成像从河里抽水灌溉农田或是研磨谷物这样的任务。在工业革命之前，动力水轮就在驱动纺织机和加工车床、磨粉机、研磨机、钻机，水轮通过滑轮、传送带使这些机器运动。

然而，随着工业革命期间蒸汽机的发明，燃煤蒸汽机取代了以前那些临近河边的水轮动力机。从此人们远离了这一不产生有毒烟气、二氧化碳、辐射性物质的能源。

大型水坝有效利用了河流作为能源，尽管如此，由于环境因素和节约用水的原因，美国已经结束了大型水坝的建设。大坝水电站产生了美国的公用事业级电力的不到7%。这些年其他形式的水流动力能已经成为了美国的重要能量来源，如此获得了更多的新型无碳电力能源。在自然界中，潮汐和海浪产生的能量能够和太阳能相比较。

4.1.15 潮汐发电

美国正在开发利用潮汐和海浪能源，研发了许多水平或垂直结构水下叶轮的经验模型，但是都没能进行实际应用。然而，在美国和联合国，这些计划机器也已有大规模研发了。

潮汐是可预测的，它们能够在一天中可预测的时间里产生两个方向的能量，任何潮汐能量站的一个主要缺点就是只能在潮汐涨或退的时候才能产生能量，在世界各地每天一般只能有十个小时的工作时间。为克服这些障碍，将在不同地方的潮汐能量站形成工作网来保证能量流动。

这些利用潮汐涨退产生电能的计划中，总有潮汐堰坝或潮汐栅栏（挡潮闸）的结构。挡潮闸本质上是一个河上的河口坝。当潮水输入和输出时，水流通过大坝上的隧道。这样潮起潮落直接旋转涡轮机或者将空气通过管道使涡轮旋转。

在用于潮汐发电的水下涡轮机中，个别模型被视为有最佳的前景，其模型外观和行为看起来像水下风力涡轮机。由于水的密度比空气大约800倍，缓慢移动的潮涨潮落的潮汐能发挥比风力涡轮机更大的力量。因此，产生相同的输出功率时，潮汐涡轮机可以有比风力涡轮机转子直径更小的转子。不过，对潮汐发电也有担忧，因为涡轮机必须靠近河流或河口，会干扰船的导航，以及商业和娱乐活动，同时也威胁到海洋野生动物的迁徙。

4.1.16 海浪动力发电

海浪动力发电取代潮汐发电越来越被人们所接受，因为它能被安装在海洋中的近海处。海浪动力浮标不会影响船只航行和渔业活动。这些浮标产生的能量经岸上的转换站转换后储存到电站中。由于海洋中的环境恶劣，这些浮标必须简单、坚固、稳定，能够对抗强烈的海啸、台风，并安全地固定在海底。

海浪浮标是由美国俄勒冈州的一个工程师安娜特·温召尼根据螺线管设计发明的。这个再次改造的浮标像一个黄色的救生圈，随着海浪上下浮动，通过升式圆环使活塞杆做功，这个圆杆被安全地固定在海底，并使它保持垂直，特殊设计的铜丝线圈缠在圆杆的上端。上下快速浮动的环形浮标通过环形磁铁弯成管状。当海浪移动到上下浮动的浮标时，通过圆杆附近的磁铁，在弯曲的杆上产生电流。

一系列相同的浮标的产电总量能够达到网栅所需要的电压。每个浮标产生的电流通过电缆传到海底，在海底与其他浮标产生的电流合并，最后通过大型电缆发送到海岸站。这一概念是有益的可再生能源，像风能和太阳能一样，而且它可以一天 24 小时被利用。有人说海浪的能量密度是风能的 50 倍。

一些海浪动力浮标的下部和潮汐叶轮是相同的。有一些被设置在远离航线数公里的海域，这些海域必须被隔离，并且要装上危险告示以免与没有导航的渔船和小船相撞。然而，能够长期抵抗大海浪、海啸的独立浮标的设计仍然遇到困难。加强研究它对海员生活、鲸鱼迁移、商业捕鱼的影响是非常必要的。

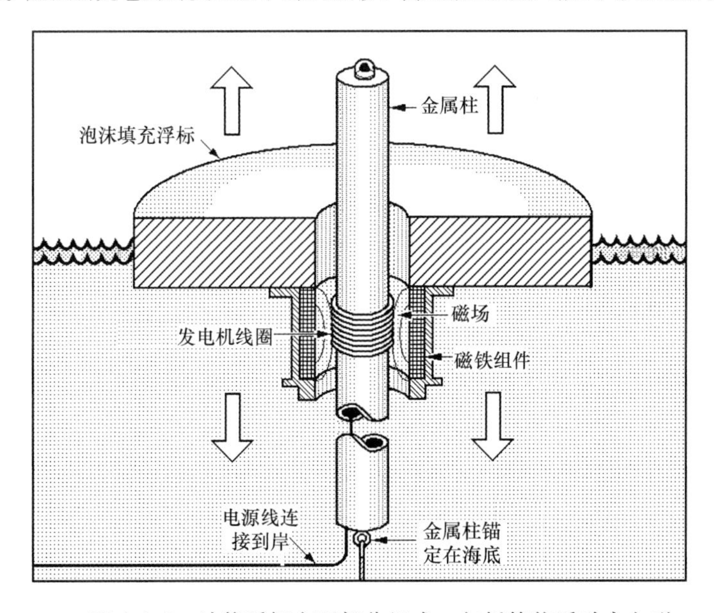

图 4.1-9 波能浮标由两部分组成：包括管状浮动永久磁铁和含有发电机铜线圈的轴向金属柱。波动导致浮标在一个基础上上下浮动，该基础锚定在海底。在这种线性的发电系统中，磁铁的磁场与线圈相互作用产生的感应电能能够达到 10kW。浮标群可以产生公用事业规模的电力，电力由电缆传输到海岸站。

4.1.17 另一种机械的水力发电方案

一种洋流、潮汐、波浪发电的新概念依靠水下涡轮泵对水或液压流体加压。在这个方案中，加压液体驱动会被输送到在陆地或海上平台的发电机。加州理工学院的研究人员提出了这样的建议，主要是利用该计划将现有或拟议的水电系统安放在水外，防止所有发电和输电设施进水。这将消除需要定期清除的电缆使用需求和可能对海洋生物生长造成的威胁，以及海水泄漏可能会损坏或破坏发电机的问题。

淹没在水下的叶轮泵（与风力发电叶轮机相似）从流动的水中获取能量来驱动齿轮泵旋转，使流体压力达到20.7MPa（$3000lbf/ft^2$），泵入的高压流体通过岸上或海洋平台上发电机中的直径1m（3ft）的管子，使发电机转动，发出电能。

水流在水下单元和水上叶轮发电机的闭式系统中循环流动。由水下叶轮发电机把海水从海洋中泵出，经过发电站又排回海里。然后，加压的流体将通过直径1m（3ft）的管道输送到海岸或海洋的平台上的涡轮发电机组中。流体旋转发电机产生公用事业级电力。

液压流体可以在淹没的设备和上述水涡轮发电机组成的一个封闭流动系统之间再循环。然而，如果使用海水的话，它可以通过涡轮泵从海底获取并且流回海洋。而加压液体可用于填充水上高架水箱或其他泵储藏的设施，推动涡轮发电机在高负荷时期发电。

这一想法需要大量水下叶轮泵单元来实现，因此安装这些单元使分散的高压流体聚集在宽的管中，有效地将能量传递给发电机或泵式储存罐中。然而，该方法也有与安装在海底的叶轮发电机涉及的相同问题，如干扰航行、捕鱼活动和海洋生物迁徙。

4.1.18 可再生能源的相对成本

美国能源资料协会估计，在2016年，光伏太阳能发电厂产生每千瓦时（kWh）的电力需要的成本为40美分（2009年的美元价值）。这是非可再生能源，如煤、天然气和核能（铀）设备的电力成本的3~5倍。以这种方法获得的风能每千瓦时将花掉12美分。美国政府将补贴可再生能源项目，使它们更接近非可再生能源的价格。

计划推出大量可再生能源发电厂的一个重要考虑因素是目前国家电网的不足——它很难连接到许多偏僻的位置。在美国缺乏合适的高压电转换线路延长它们的成本使可再生能源装置的花销增长。根据与西部独立电网的连接调节系统计划，需要27000km（15000mile）的转换装置，将花费800亿美元。这些转换线路额定765000V。

根据环境影响评估，美国在2009年和2035年之间将需要增加发电功率250万kW。其中44%或110万kW。是以煤炭为基础的。但根据国家级可再生能源的要求，将增加的可再生能源的功率只有38万kW。

由于其较低的初始资本成本，大型化石燃料电厂对世界各个国家仍具吸引力，如中国和印度。然而，在非可再生能源发电设备的价格都在上涨时，可再生能源发电设备的价格都在下降。不过这并不意味着更换所有非可再生能源设备的成本会显著减少。此外，即使有这样做的政治意愿，在未来50年内也不可能将非可再生能源设备替换为可再生能源设备。

4.2 风动力叶轮发电机的术语

风速计：安装在风力涡轮机机舱后部顶端测量风速的一个标准的气象仪器。其输出的数据被发送到控制器，用于改变转子叶片作为风速变化的响应。它通常是搭配一个风向标测量风向。

可用性：风力涡轮机的可靠性（或其他电厂）的衡量。电厂准备生产电力的时间的百分比。制造商声称，公用事业规模风力涡轮机的可用性超过90%。

叶片：翼型轮廓部分的转子组件（类似于飞机螺旋桨叶片）。长度超过45m（150ft），所以转子的直径可以超过90m（300ft）。公用事业规模发电机组额定10kW和以上的通常有三个叶片，规模较小的设备通常有两个。空气流过叶片产生推力，使转子旋转。叶片是由混有环氧玻璃纤维或碳纤维的环氧树脂制成。

制动器：停止转子旋转的机械装置。在风速超过切出风速时，和维护或在紧急情况下时应用。有些涡轮机有两个制动器，一个在低速转子轴，另一个的在高速发电机轴。

能力因素（CF）：风力涡轮机（或其他电厂包括化石燃料电厂、核电站、太阳能热电厂）的生产力的测量，表述为实际功率（设置时间段）比上可以产生的最大功率（同一时期）。一个典型的化石燃料装置的CF为40%～80%，风力涡轮机的CF为25%～40%。

控制器：基于风力涡轮机的计算机控制中心，用于编辑命令涡轮的函数。它可以在切入风速启动转子，并切出风速关闭，以防止涡轮机的损坏（强风可以弯曲叶片）。控制器从风速计、风向标处接收数据，并且可以在极端风力条件下覆盖例行程序的陆基风电场控制站通过无线电发送命令。

切入风速：涡轮机可以产生有用功率的最小风速。此值是13～26km/h（8～16mile/h）。

切出风速：安全的最大风速，约为80km/h（50mile/h）。

齿轮箱：内部有一系列的齿轮将转轴的风速从低速增至高速（30～60mile/h）来驱动发电机轴（1000～1800mile/h）发电（一些风动力叶轮发电机能够在没有齿轮箱的情况下，通过低速转轴发电，减小负重和花销）。

发电机：通常情况下，商业感应发电机产生的交变电流（AC）频率为50Hz或60Hz。

轮毂高度：从地面到转子轮毂中心线的距离，塔架高度的函数，可以超过90m（300ft）。

发动机舱：安装在塔顶的轴承上的简化的设备外壳。它包括主轴承、低速轴齿轮箱、制动器、发电机、控制器、变压器和起吊装置。在逆风涡轮机中，由一个或多个偏航电动机旋转，使转子迎风。

倾角：关于轮毂上旋转的转子叶片的术语。当叶片在风中获得最优的转子速度时“投入”叶片，或当发电机的运行风速超过安全风速或太低难以产生电力时，像羽毛一样消除推力，停止转子旋转。

转子：组装在轮毂上的叶片（在公用事业规模的风力涡轮机中通常是三个），是类似三叶片螺旋桨的配置。

高塔：支持机舱的高大空心柱，材料为钢或钢筋混凝土，这取决于涡轮机的位置。随着高塔海拔升高，风速增加，发电更有效。

涡轮机的设计：“逆风”涡轮机迎风；“顺风”涡轮机背向风。

公用事业规模的发电机组功率范围为700～5000kW。

风向标：测量风向的气象仪器，提供一个信号给控制器来操作偏航驱动器，以保持转子迎风。

偏航驱动器：电动机驱动的传动装置，在“逆风”涡轮机中响应风向变化旋转机舱转子，“顺风”涡轮机没有这些驱动器，它们的发动机舱被设计为风向标。偏航驱动器控制机舱自动地变化，以符合风的方向。

第 5 章

连杆驱动装置和机构

5.1　四连杆机构及其典型的工业应用

所有的机构都可以被分解成等效的四连杆机构。四连杆机构被看做是基本的机构并且应用于许多机械操作中。

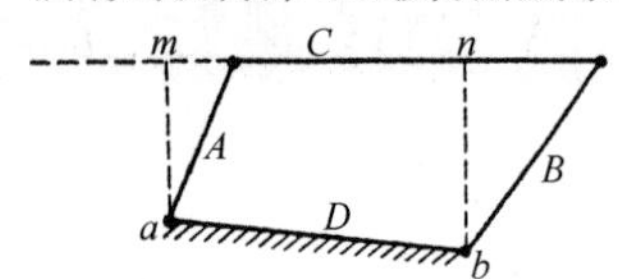

图 5.1-1　四连杆机构——两个曲柄、一个连杆和两曲柄固定中心的连线组成了基本的四连杆机构。如果 A 的尺寸小于 B、C 或 D 的话，那么曲柄可以旋转。可以预测该机构中杆的运动。

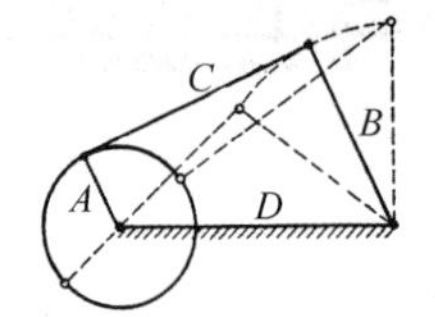

图 5.1-2　曲柄摇杆机构——正常工作时，必须保持下面的关系：

$A+B+C>D$；$A+D+B>C$；

$A+C-B<D$；$C-A+B>D$。

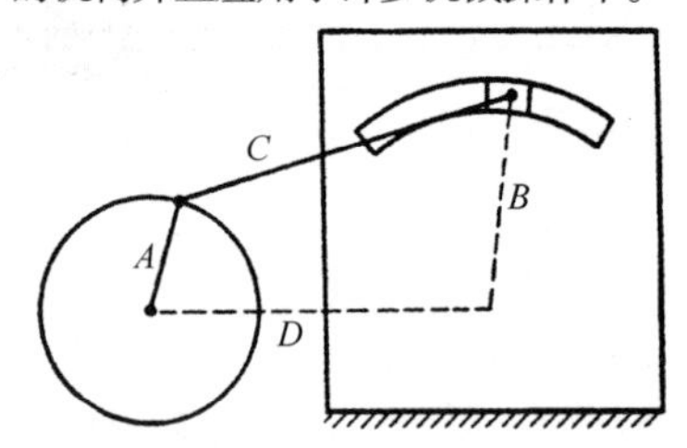

图 5.1-3　带滑块的四连杆机构——一个曲柄被一个有效曲柄长度为 B 的弧形槽所代替。

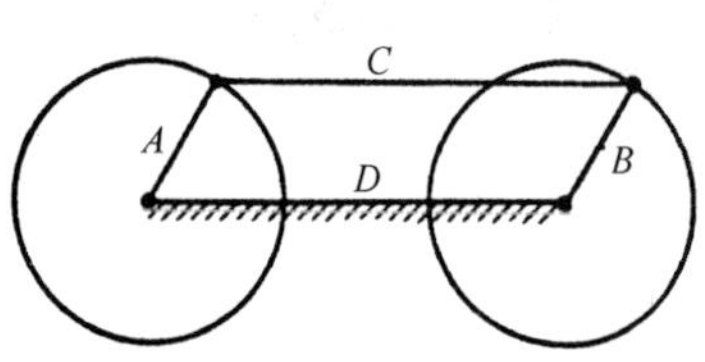

图 5.1-4　平行曲柄四连杆机构——四连杆机构的两个平行曲柄总是以相同角速度转动，但是它们有两个曲柄无效的位置。

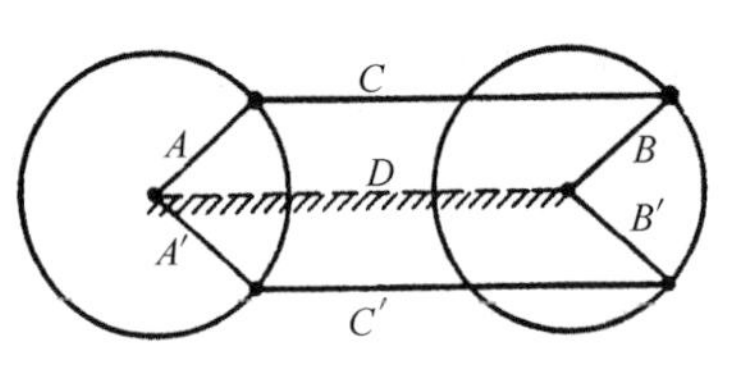

图 5.1-5　双平行曲柄机构——这个机构有两组成 90°夹角的曲柄机构，从而避免在中心出现死点位置。连杆始终是水平的。

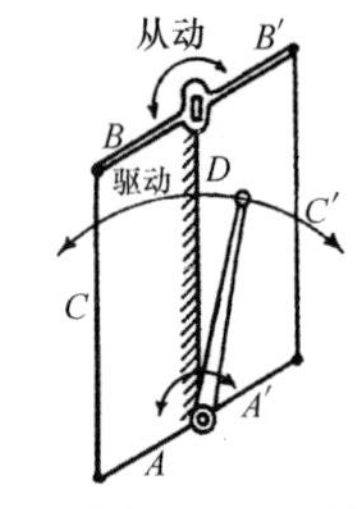

图 5.1-6　平行曲柄机构——蒸汽控制的连杆机构确保阀同时打开。

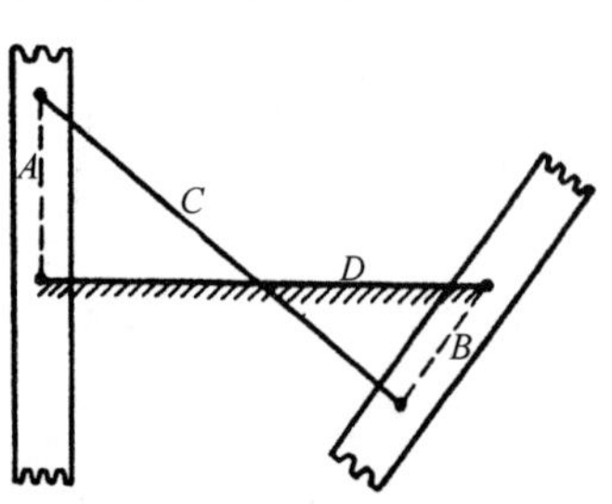

图 5.1-7　不平行曲柄机构——当齿轮通过死点时形成瞬心轨迹，从而可以代替椭圆传动机构。

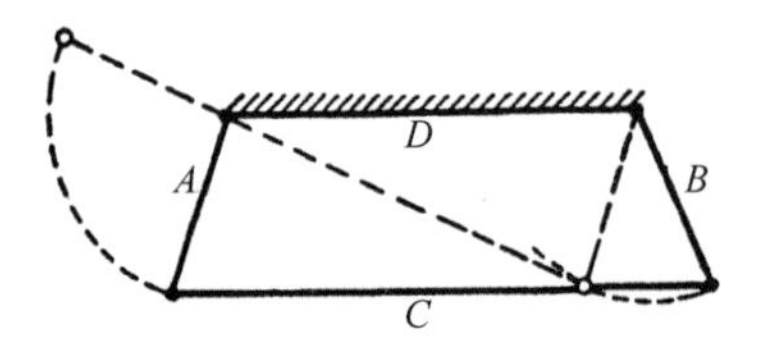

图 5.1-8　减速运动连杆机构——当曲柄 A 向上转动时传递运动给曲柄 B。当曲柄 A 到达它的死点位置时，曲柄 B 的角速度减小到零。

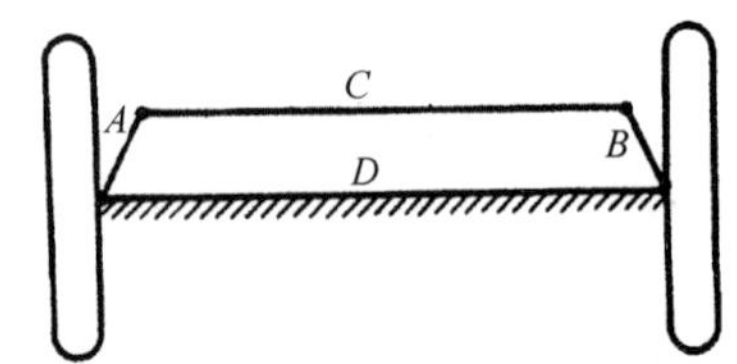

图 5.1-9　不规则连杆机构——这个连杆机构不能用于完全的旋转，但是可以用于特殊控制。用于车辆时，在后轴所形成的法向截面上，内侧比外侧移动的角度要大。

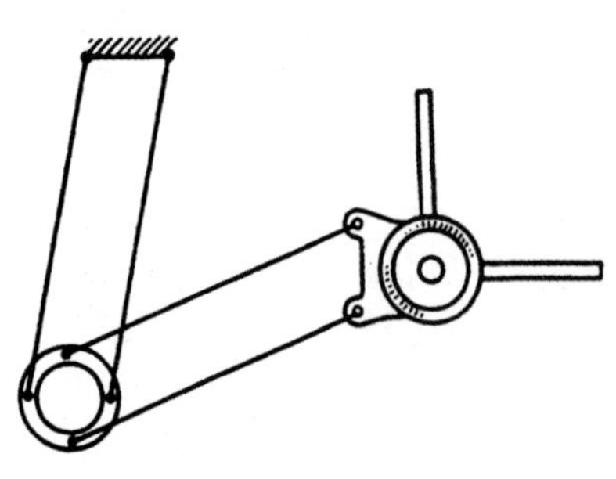

图 5.1-10　双平行曲柄机构——它是通用绘图机的基础机构。

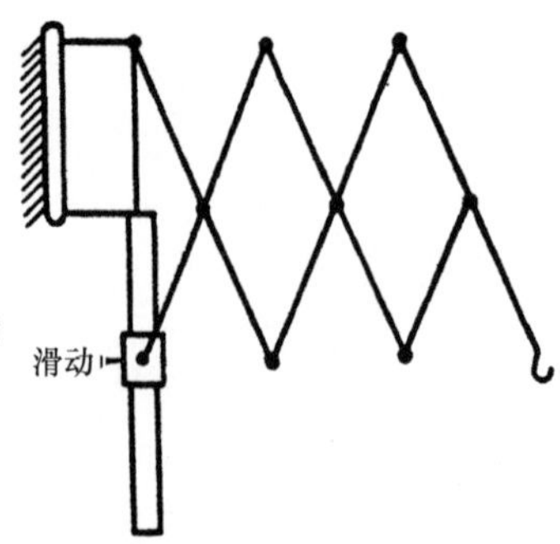

图 5.1-11　等边牵引连杆机构——这个“同步机构”由几个等边的连杆组成；它通常被用作可移动的灯支架。

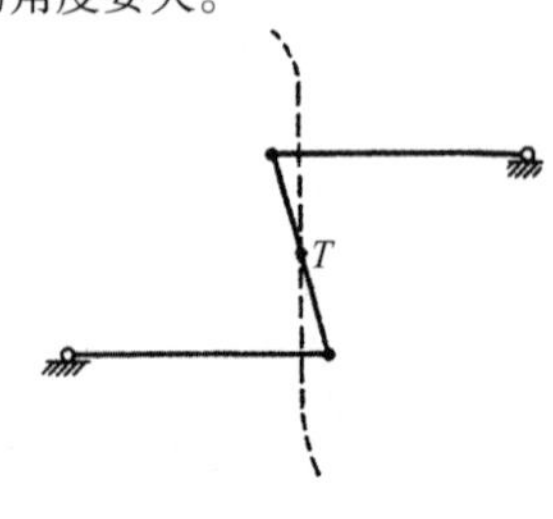

图 5.1-12　瓦特直线机构——点 T 形成一条垂直于曲柄平行位置的直线。

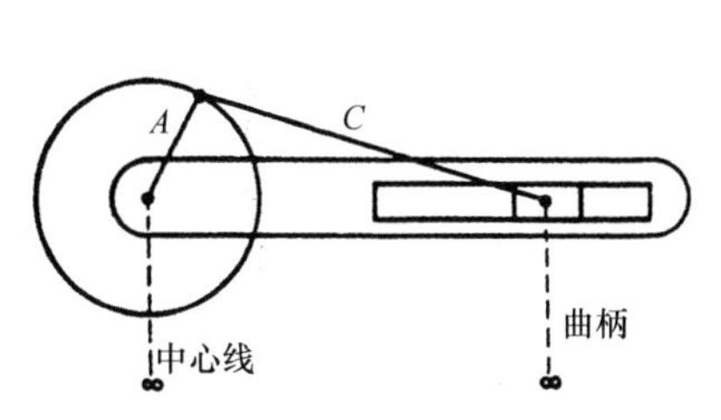

图 5.1-13　直线滑动连杆机构——这种机构形式中常用一个滑块来代替一个连杆。中心线和曲柄 B 都可以是无穷长。

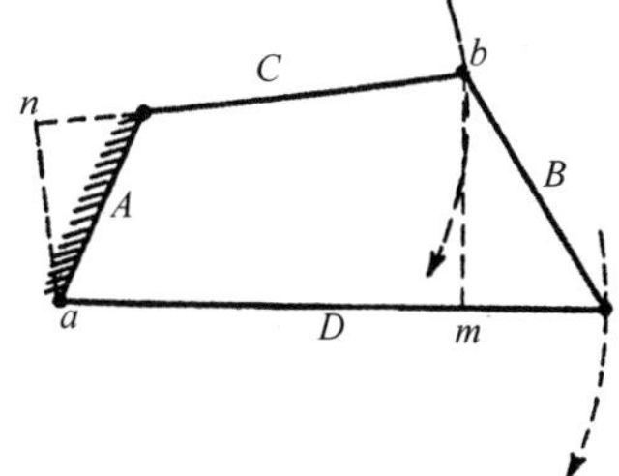

图 5.1-14　牵引连杆机构——这个连杆机构被用于插床的驱动。为实现完全的旋转运动，要求满足 $B>A+D-C$ 和 $B<D+C-A$。

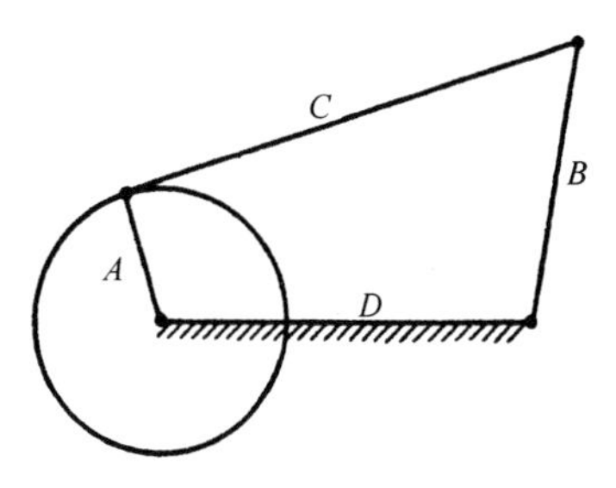

图 5.1-15　旋转曲柄机构——这个连杆机构通常用于把旋转运动变成摆动。

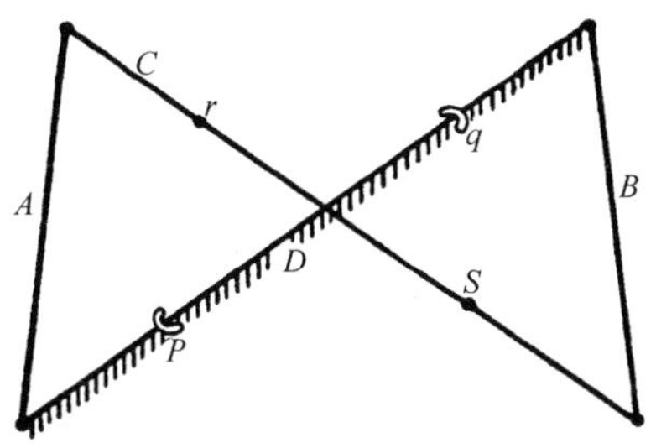

图 5.1-16　不平行曲柄机构——如果曲柄 A 有不变的角速度，那么曲柄 B 的角速度将会变化。

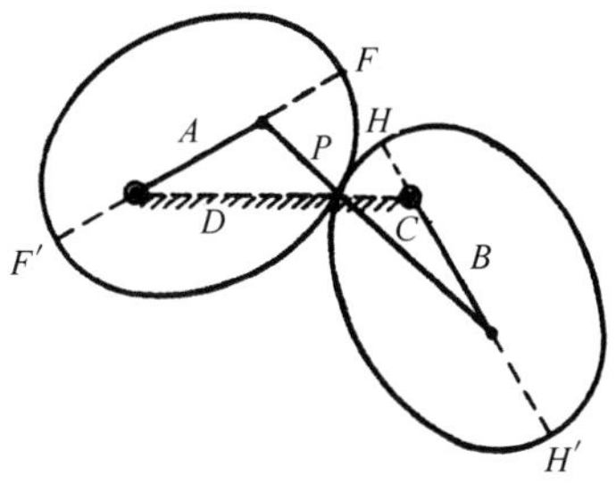

图 5.1-17　椭圆齿轮机构——它们可以产生像不平行曲柄机构一样的运动。

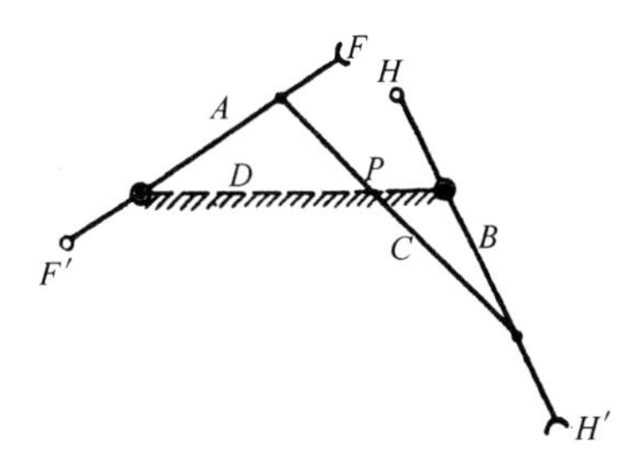

图 5.1-18　不平行曲柄机构——它与图 5.1-1 的例子相同，但是在连杆的末端有交叉点。

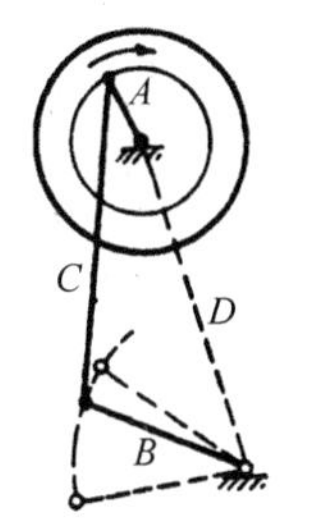

图 5.1-19　踏板驱动机构——这个四连杆机构用于驱动砂轮和缝纫机。

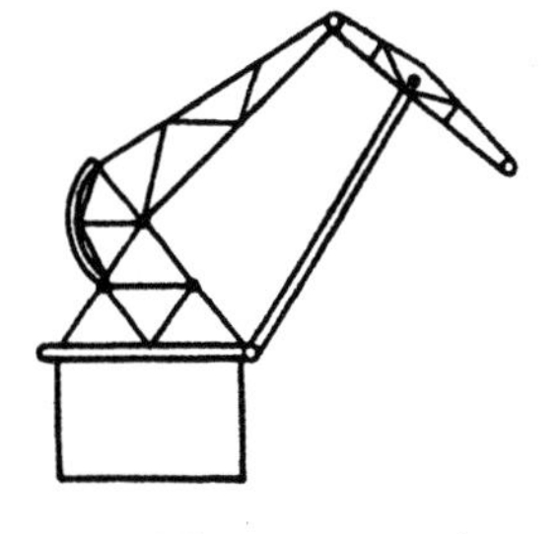

图 5.1-20　双杠杆机构——这个旋臂起重机利用顶部弯曲的 D 形部分可以在水平方向移动载荷。

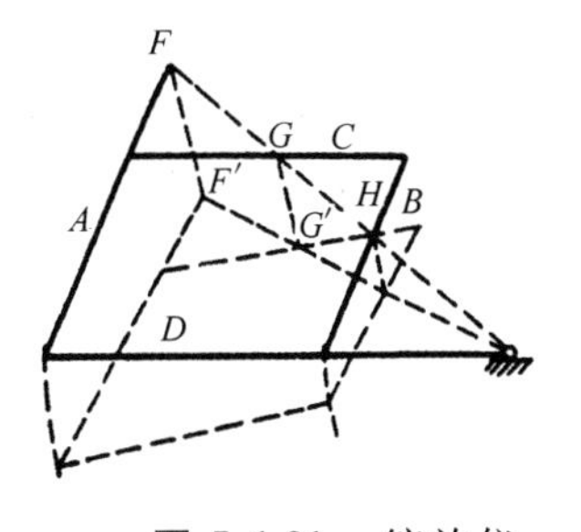

图 5.1-21　缩放仪——缩放仪是一个平行四边形机构。在这个机构中通过点 F、G 和 H 的线必须总是相交于一个公共点。

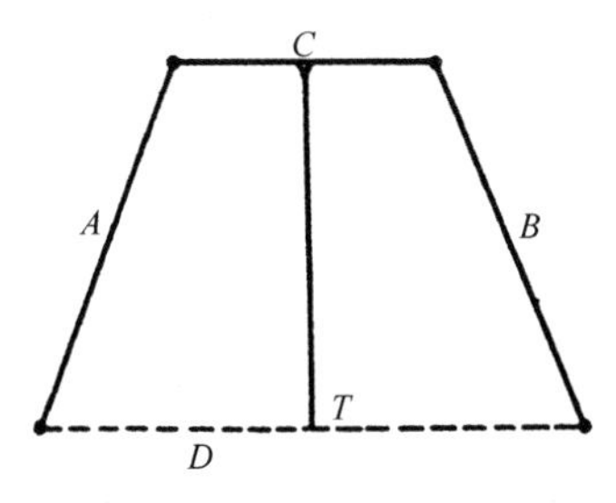

图 5.1-22　罗伯茨直线机构——曲柄 A 和 B 的长度应该超过 $0.6D$，而 C 的长度是 D 长度的一半。

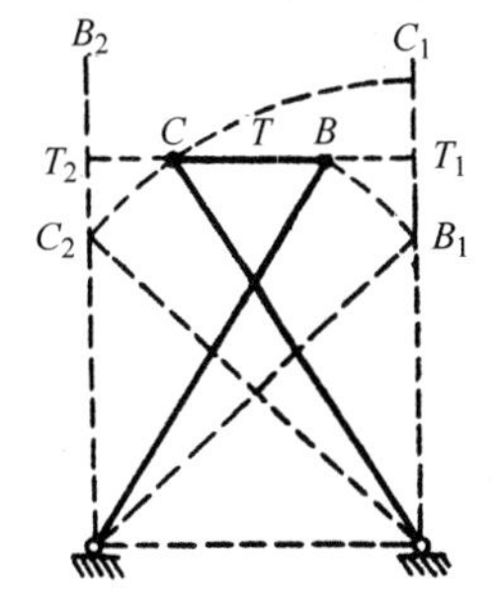

图 5.1-23　双摇杆机构——连杆是成比例制造的：$AB=CD=20$，$AD=16$，$BC=8$。

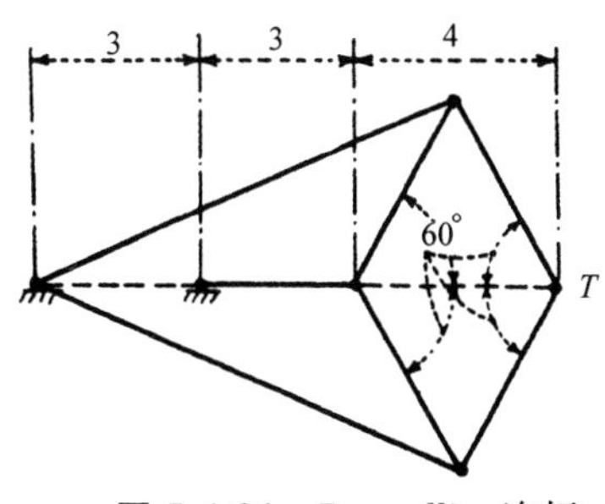

图 5.1-24　Peaucellier 连杆机构——当尺寸成如图上所示的比例时，点 T 的轨迹是一条与轴垂直的直线。

5.2　7 种连杆运输机构

运输机构一般负责移动物料。尽管这种移动是单向的，但是却使被运输的物料间歇前行。这类移动的主要特点是大部分移动件上的所有点都沿着相似或相同的轨迹移动。这样是必要的，以便这些移动件可以由一些凸台件等进行细分。凸台件可在物料向前运动时推动它们。运输完成后，运输构件按照与其前行完全不同的轨迹返回，而物料则被留下不动直到下一循环开始。在运输的间歇过程中，当运输构件返回它的起始位置时，按顺序执行一些操作。在任何情况下，选择最适合的特定运输机构均在一定程度上取决于运送物料形式和运动轨迹的安排。通常要有少量的超行程，这样当运输构件上的凸出物在行程阶段将要到达预定位置时就能够卸载物料。

这些插图的设计是从很多来源里选出的，是解决这类问题的典型方法。像插图显示的这些轨迹能够通过改变凸轮、杠杆和相关的零件来进行修改。不过，采用通常的试切方法也许可以获得最好的解决方案。

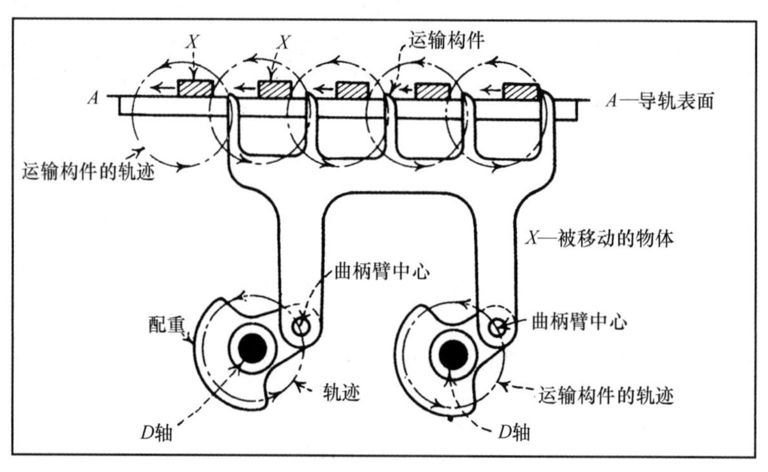

图 5.2-1　在这个设计里应用了旋转运动。两个 D 轴一起旋转，并支撑主要的移动件。在这个机器机体中的轴被驱动，并能与连杆、链和链轮连接，或与在两个相同齿轮间的中间惰轮连接，这两个相同齿轮通过键连接在轴上。轨道 A—A 被固定安装在机器上，压力或摩擦盘能够使轨道表面上的物料保持不动，以防止其在运送间歇产生任何移动。

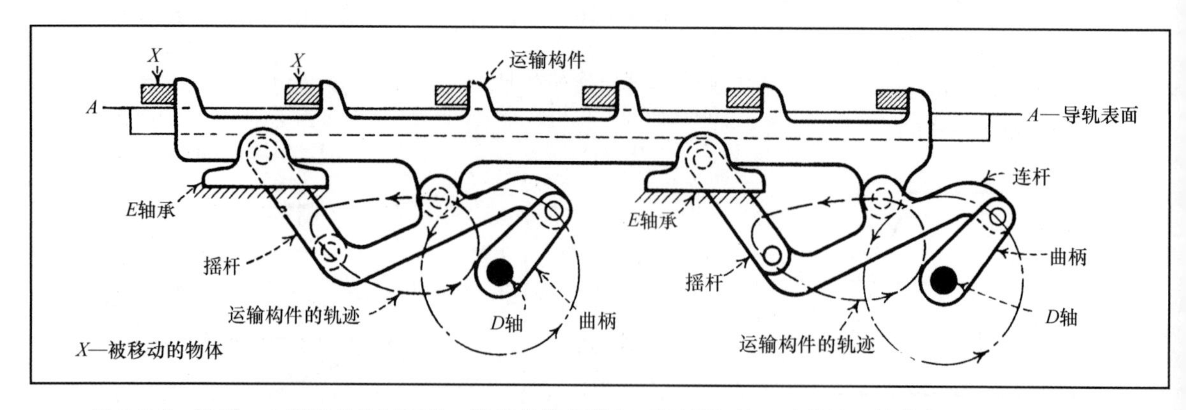

图 5.2-2　这是一个简单的连杆机构，该机构能把类似“蛋形”的运动传给运输构件。进程几乎是沿直线进行的。运输构件通过连杆带动。和图 5.2-1 的设计一样，两个 D 轴一起被驱动，并由机器的机体支撑。两个 E 轴承也由机器的机体支撑，而且导轨 A—A 被固定。

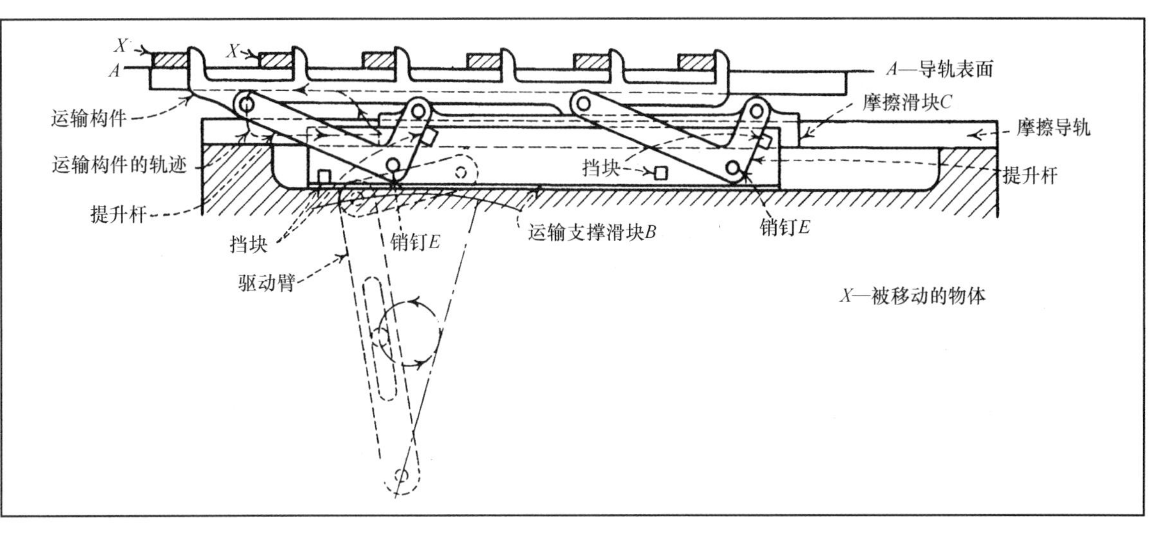

图 5.2-3 当上升和下降靠一个摩擦滑块来完成时，进程和回程可由一个适当的机构完成。可以看到，随着运输支撑滑块 B 开始向左边移动，位于摩擦导轨上的摩擦滑块将保持静止状态，结果提升杆开始沿顺时针方向旋转。这个运动使一直处在挡块之上的运输构件升高直到回程开始，这时反向运动开始。可以调整滑块和导轨间的摩擦力。图示这种运动使传输构件产生了一段很长的直线轨迹。

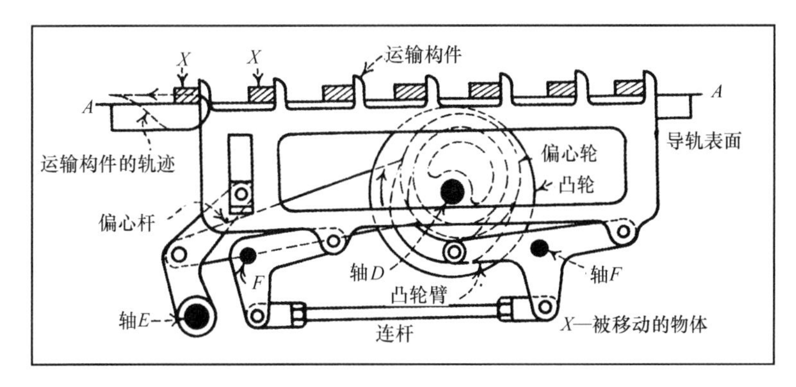

图 5.2-4 在图示的机构中，由一个偏心轮来执行向前运动，与此同时通过一个凸轮来完成运输构件的上升和下降。轴 F、E、D 的位置由机架决定。两个特殊的双臂曲柄支撑着运输构件，并通过一个连杆相互连接。

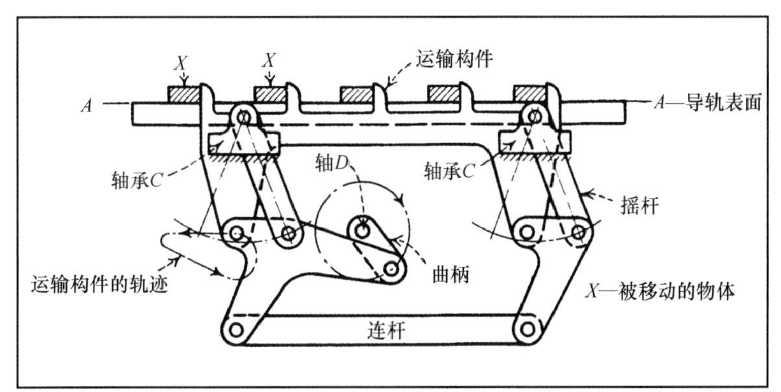

图 5.2-5 这是一种以连杆的运动为基础的运输机构。轴承 C 和驱动轴 D 均由机架支撑。

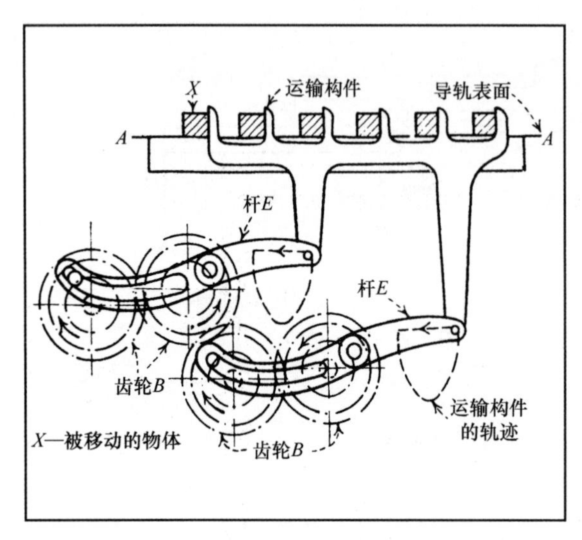

图 5.2-6 四个直径相同的齿轮通过相互啮合来实现机构的传输运动。齿轮和连杆传递向前和上下运动。齿轮轴由机架支撑。

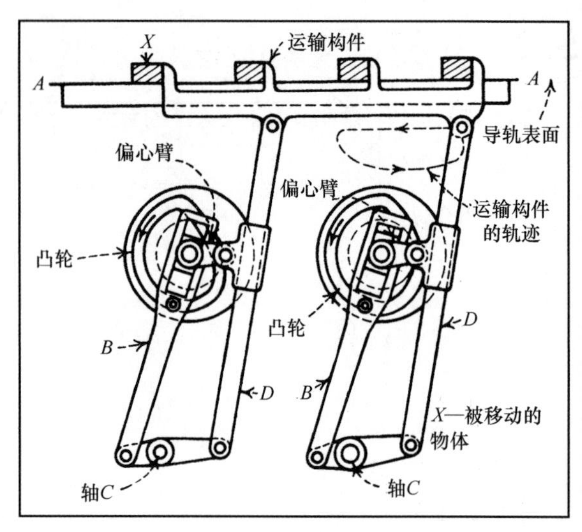

图 5.2-7 在这个运输机构中，进程和回程由偏心臂完成，而垂直运动依靠凸轮进行。

5.3 5 种直线运动的连杆机构

这些连杆机构可以不通过导轨就将旋转运动转化为直线运动。

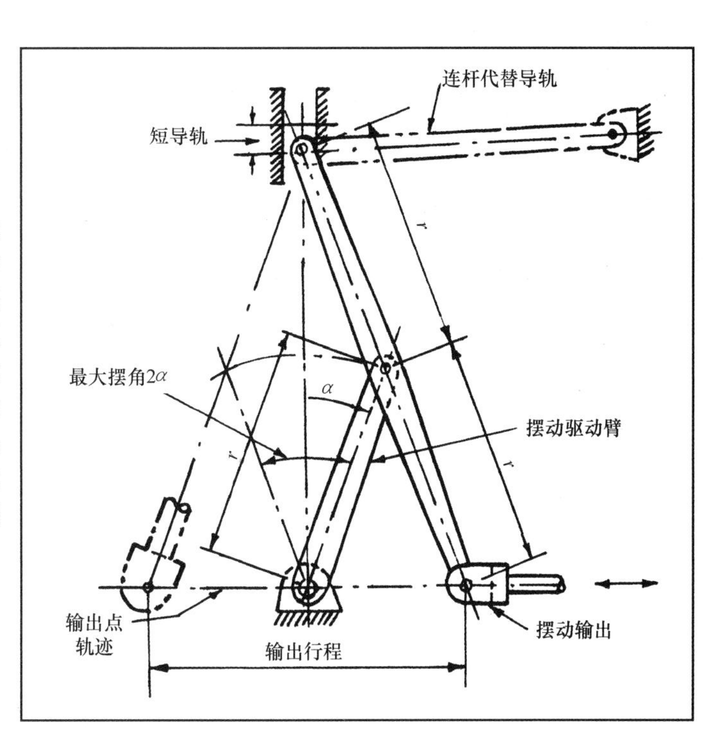

图 5.3-1 埃文斯连杆机构有一个最大约 40°摆动角的驱动臂。对于相对短的导轨来说，该机构的往复输出行程是很大的。在谐振运动中，输出运动是真正的直线运动。如果不需要精确的直线运动，连杆可以代替导轨。连杆越长，输出运动就越接近直线运动。如果连杆长度与输出运动行程相等，则来自直线运动的偏差仅仅只有输出运动行程的 0.03%。

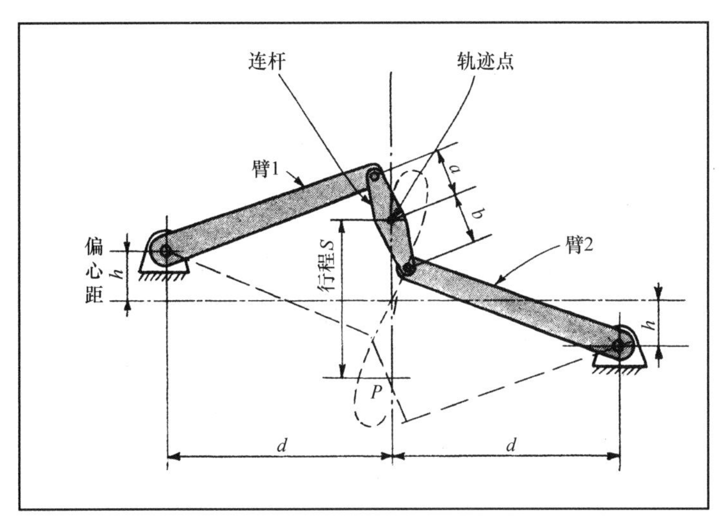

图 5.3-2 简化的瓦特连杆机构也可产生近乎直线运动。如果两个臂的长度相等，轨迹点在整个行程中用近似的直线画了一个对称的 8 字形。当连杆长度是行程的 2/3 时，行程最长、最直，而且臂长是行程的 1.5 倍。偏心距应该等于连杆长度的一半。如果两个臂长不相等，8 字形曲线的一部分比另一部分要直。当 a/b 等于(臂 2)/(臂 1)时，8 字的这部分曲线是最直的。

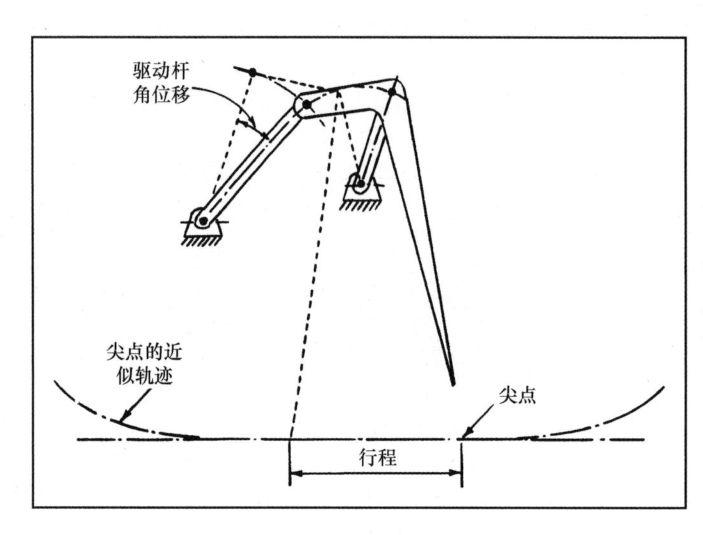

图 5.3-3 四连杆机构产生一接近直线的运动。这种机构可驱动自对准测量仪器上的指针。相对较短的驱动位移就能导致一个长的、几乎直线的运动。

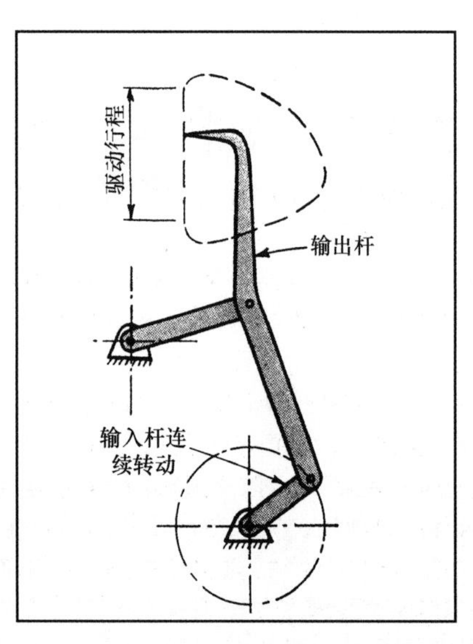

图 5.3-4 当连杆臂如图所示安装时可产生一个 *D* 驱动，即输出杆的尖点形成一个近似字母 *D* 的轨迹，因此在这个轨迹上有一个直线部分。这种运动可在直线驱动行程的前后实现快速接触和脱离的动作。

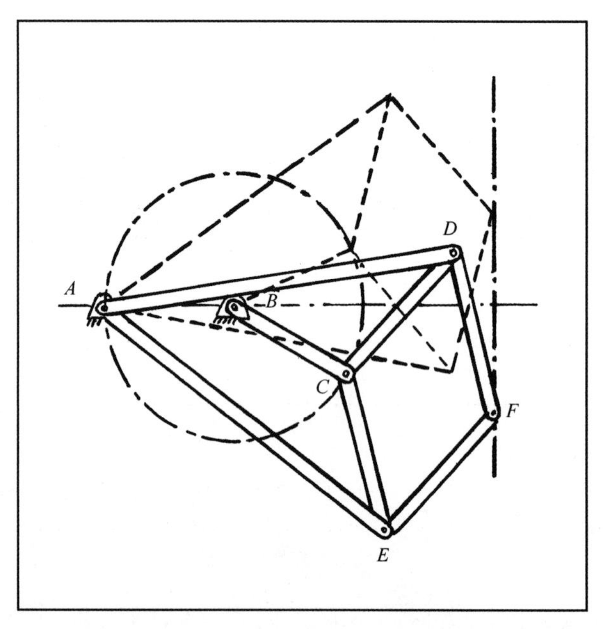

图 5.3-5 “纺织单元”是用连杆机构来解决传统的产生直线运动问题的首选。在自身运动的范围内，$AC \times AF$ 保持不变。因此，*C* 和 *F* 所形成的曲线是相反的；如果 *C* 点形成一个通过 *A* 点的圆的话，*F* 将形成半径无穷大的圆弧——垂直于 *AB* 的直线。必要条件是 $AB = BC$、$AD = AE$，并且 *CD*、*DF*、*FE* 和 *EC* 相等。通过在 *C* 的圆形轨迹的外侧选择 *A* 的位置，这个连杆机构常常可用于产生大半径圆弧。

5.4　12 种伸展和收缩装置

这里包括平行杆、伸缩式滑块和其他许多满足伸展、收缩设计问题的装置。

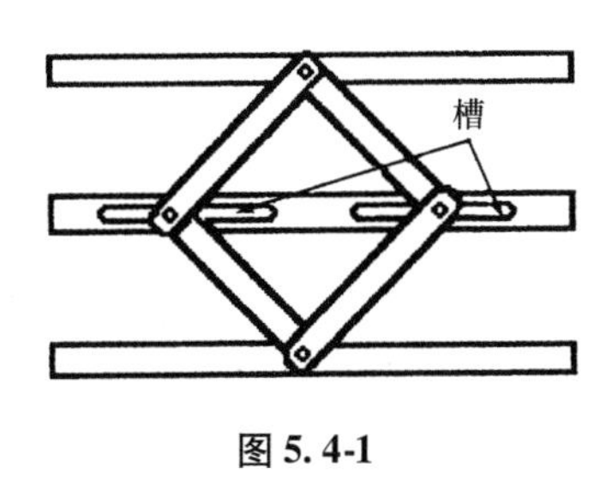

图 5.4-1

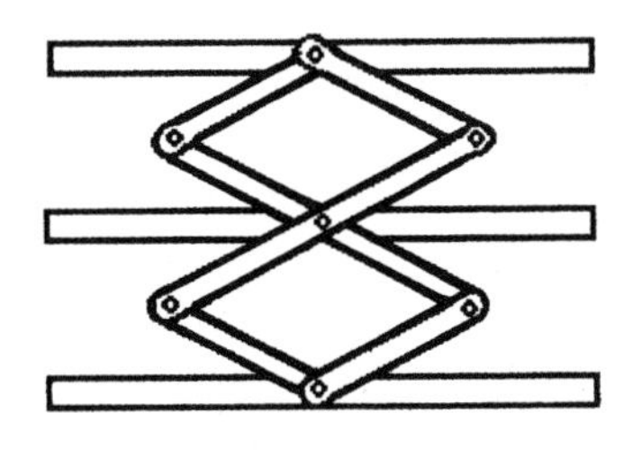

图 5.4-2

伸缩栅格常常用于安全装置中。单个平行四边形(图 5.4-1)需要一个槽形杆；双平行四边形(图 5.4-2)则不需要，但中间栅格杆必须用其他方法保持平行。

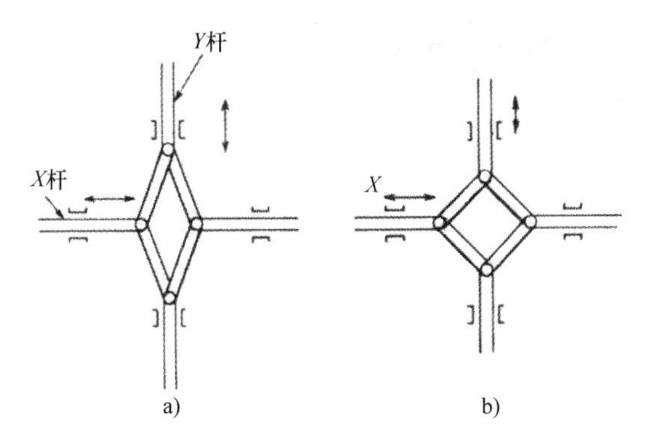

图 5.4-3　这种机构能产生可变运动。在图 a 位置，Y 构件比 X 构件运动得快。在图 b 位置中，两个构件的运动速度瞬时相同。如果持续沿着这个方向运动，X 构件的速度将变得比 Y 构件快。

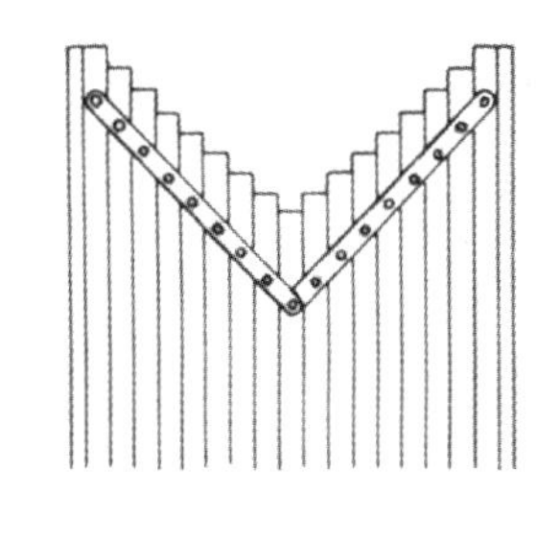

图 5.4-4

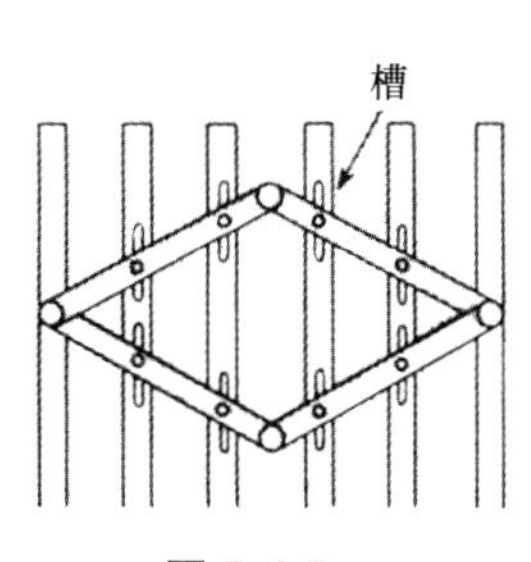

图 5.4-5

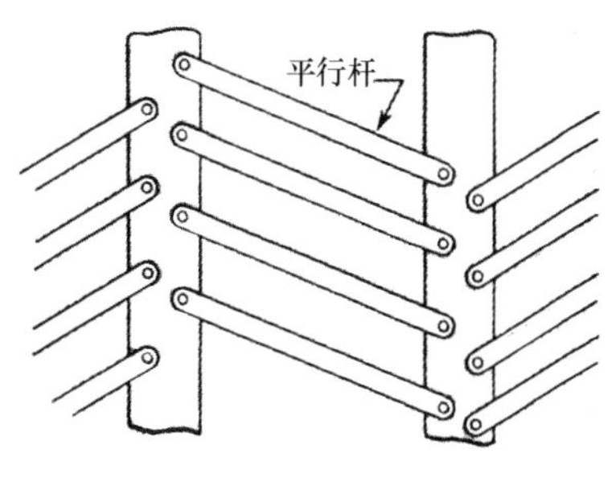

图 5.4-6

像百叶窗和门这样的多杆栅栏(图 5.4-4)可以有多种形式。图 5.4-5 中的槽允许垂直调整。图 5.4-6 中通过用平行杆连接垂直杆，杆之间的距离可以调整。

5.5 4种不同运动的连杆机构

图 5.5-1　这些改进的内摆线传动机构中不包括连杆机构和导轨，相对于行程长度来说，它的尺寸很小。分度圆直径为 D 的太阳齿轮是固定的。转动T形臂的驱动轴与这个太阳齿轮是同心的。分度圆直径为 $D/2$ 的行星轮和惰轮可以绕T形延伸臂上的支点自由转动。虽然惰轮确实有重要的机械作用，但它的分度圆直径没有几何意义。它使行星轮反向转动，这样仅仅通过普通的齿轮驱动，就产生了真正的内摆线运动。这样一个机构与作用等同、包含内齿轮的机构相比，仅占用一半的空间。中心距 R 是 $D/2$ 和 $D/4$ 之和，随机的距离 d 由特定的应用所决定。从动连杆上的 A 点和 B 点在 $4R$ 的行程中产生直线运动轨迹，而从动连杆被固定在行星轮上。当 AB 之间的连线包络一个星形线时，点 A 和点 B 之间的所有点形成椭圆轨迹。

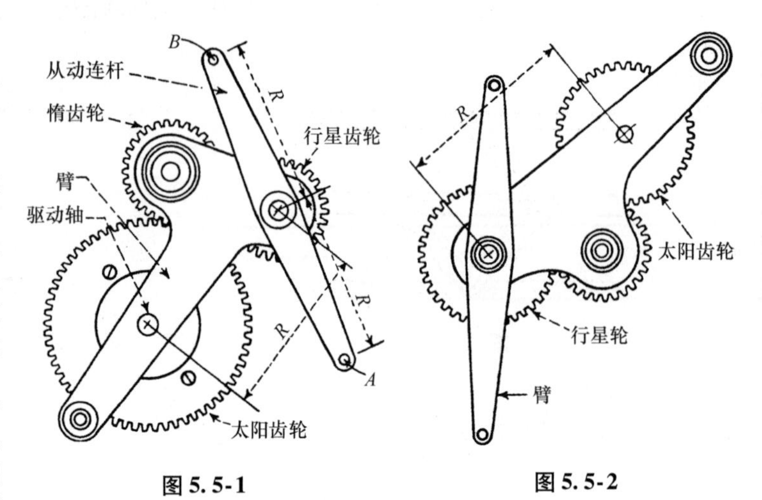

图 5.5-1　　图 5.5-2

图 5.5-2　图 5.5-1 中机构的微小改进将产生另一种有用的运动，见图 5.5-2。如果行星轮和太阳轮有相同的直径，在整周的循环中，臂将相对于自身保持平行。手臂上的点将因此形成半径为 R 的轨迹圆。同样的，惰轮的位置和直径的几何意义将不再重要。例如，这种机构可以被用来对均匀移动的纸板交叉打孔。R 值通过计算获得，以便 $2\pi R$ 或针尖所形成轨迹的周长等于相邻两孔间的距离。如果调整中心距 R，相邻两孔间的距离将根据需要进行改变。

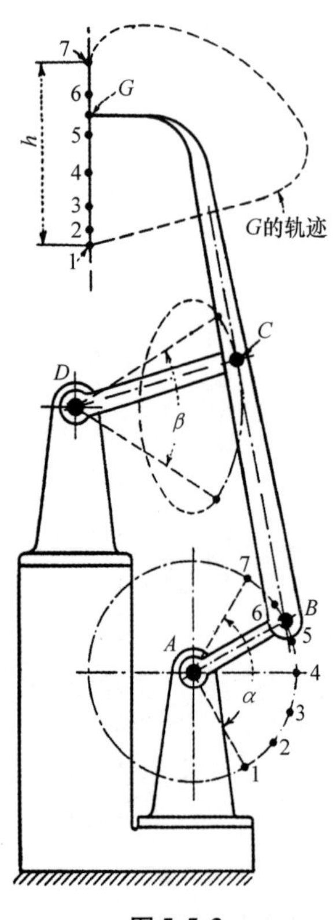

图 5.5-3

图 5.5-3　为了获得“D”形曲线轨迹，从 G 的轨迹的直线部分开始，用通过设置连杆 DC 的长度而获得的圆弧 C 来替换椭圆弧 C。

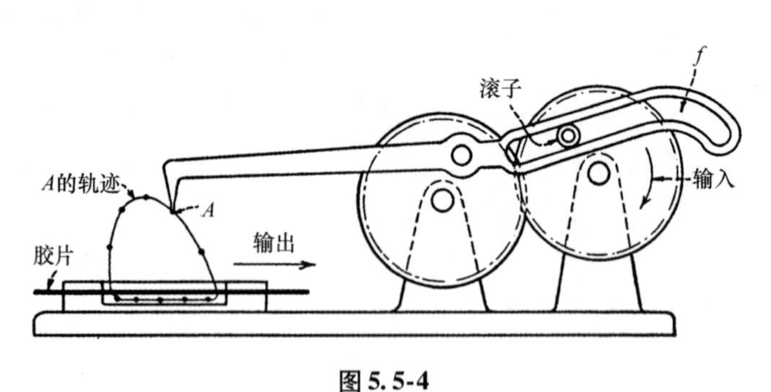

图 5.5-4

图 5.5-4　这个机构可以作为电影胶片的抓勾来进行工作。这个抓勾将形成近似直线的轨迹，并且在相对胶片的近似法线方向上插入和脱离胶片孔。导向槽 f 形状的微小改变将会引起输出轨迹曲线和速度的变化。

5.6　9 种加速减速直线行程的连杆机构

当不能方便地应用普通转动凸轮时，使用下面的这些机构或这类机构上的改进装置可获得加速、减速或加减速性能。

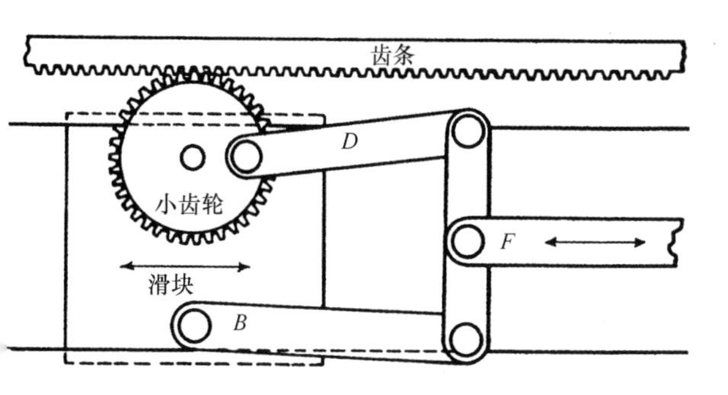

图 5.6-1　有齿轮、轴和销的滑块能使联杆 *B* 以恒速往复运动。齿轮上有用来联结 *D* 的曲柄销，同时它还与固定齿条啮合。当滑块完成向前行程并返回原地时，齿轮可以旋转一周。然而，如果滑块不在它的正常的行程范围内运动，齿轮只是完成一部分转动。本机构可以通过调整与连杆 *F* 相连的杆 *B* 和 *D* 的长度而改变。此外，连杆 *D* 的曲柄销可沿半径方向调整，或者将连杆和销均设计成可调整的。

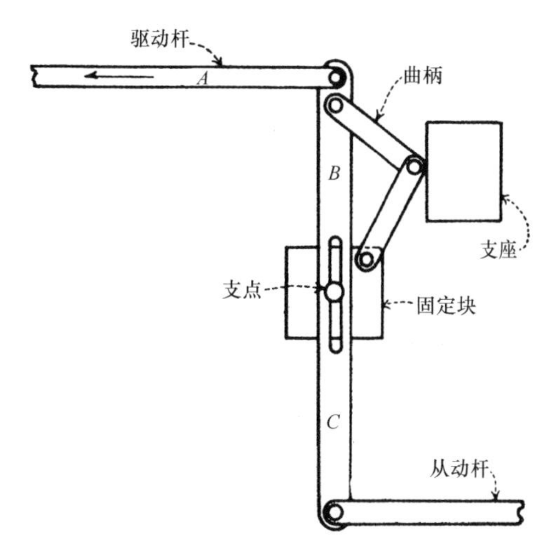

图 5.6-2　以恒速往复运动的驱动杆带动杆 *BC* 绕着固定块上的支点摇摆。杆 *B* 和固定块之间的曲柄与支座接触。驱动杆的运动通过曲柄使从动杆 *B* 减速。当驱动杆向右运动时，曲柄通过与支座接触而被驱动。转动时带槽的连杆 *BC* 围绕支点滑动。这样对杆 *BC* 来说可以延长臂 *B* 缩短臂 *C*。其结果就是使从动杆减速。回程时曲柄通过弹簧（未画出）返回，其作用是使从动杆返程加速。

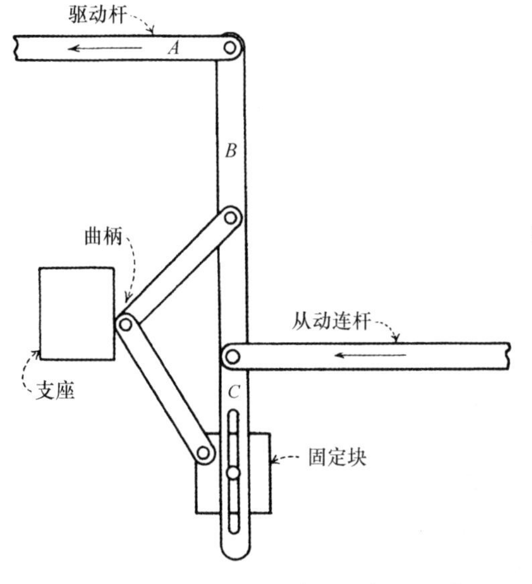

图 5.6-3　图 5.6-2 中的机构经过修改可以使驱动杆和从动杆产生同向运动。这里加速方向是箭头方向，减速发生在返回行程。当曲柄运动变平时，加速影响减少。

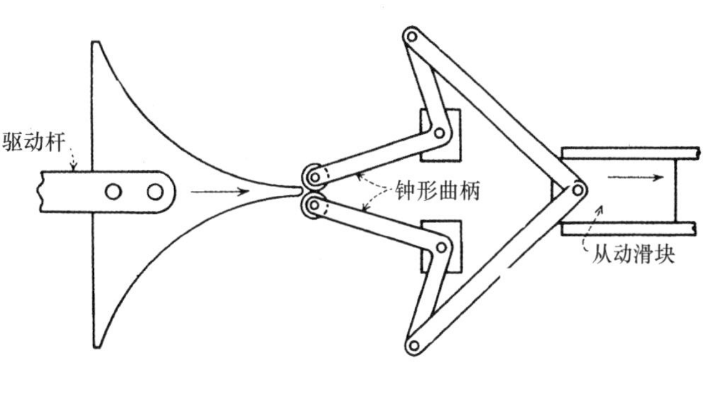

图 5.6-4　当驱动杆端部的曲面构件使两个滚子产生分离时，钟形曲柄产生加速运动，同时也使滑块产生加速运动。必须用弹簧使从动构件返回以便构成完整系统。

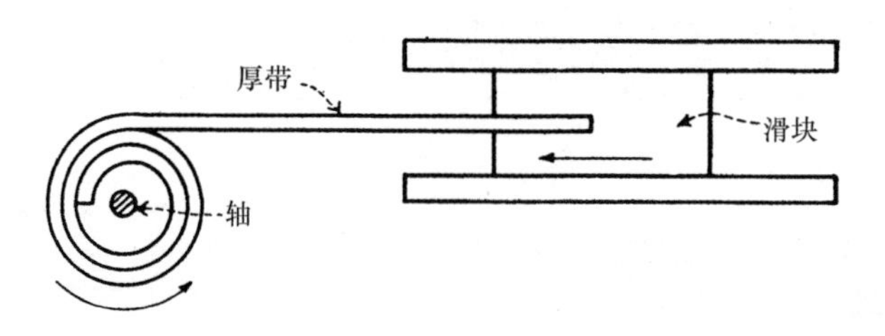

图 5.6-5　恒速轴卷起厚带或类似的柔韧的部件，增加半径将使滑块加速。这个轴必须靠弹簧或在反方向加上重物使其返回。

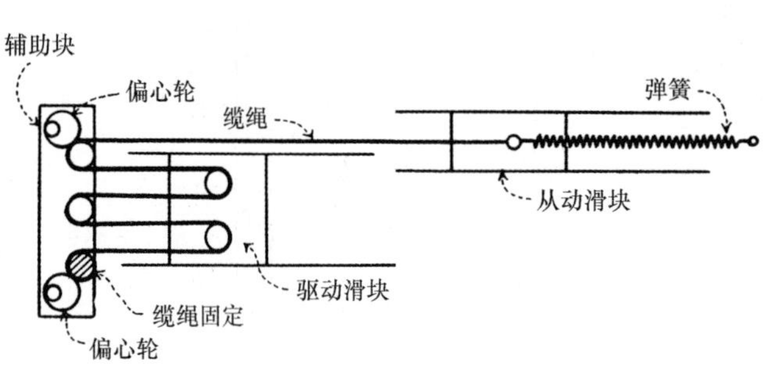

图 5.6-6　辅助块安装在两个同步偏心轮上，带动滑轮使缆绳在驱动和从动块间运动。从动块的运动行程等同于绳索伸出滑轮的长度，是驱动件和辅助块的附加运动。

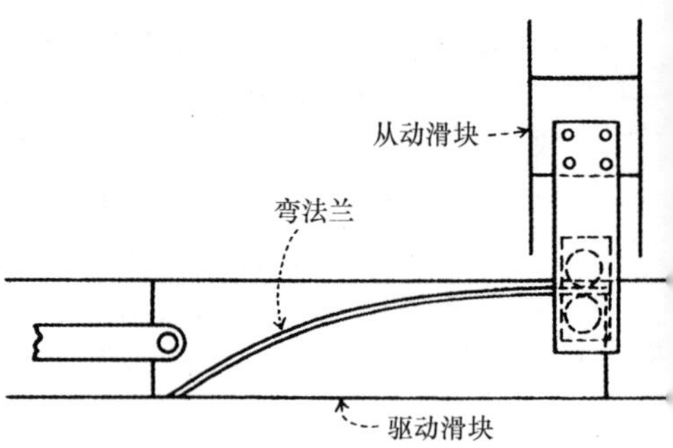

图 5.6-7　驱动滑块上的曲面凸缘被夹持在两个滚子之间，这两个滚子通过支架被固定到从动滑块上。根据加速或减速的需要来设计凸缘的曲线。此机构可自己完成回程。

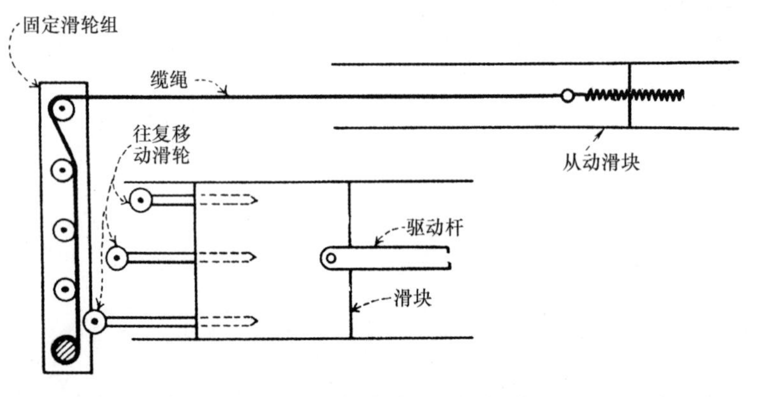

图 5.6-8　从动块的递增加速通过三个往复运动的滑轮与缆绳的逐渐啮合来完成。当第三个滑轮完成加速后，从动滑块的移动速度是驱动杆的 6 倍。

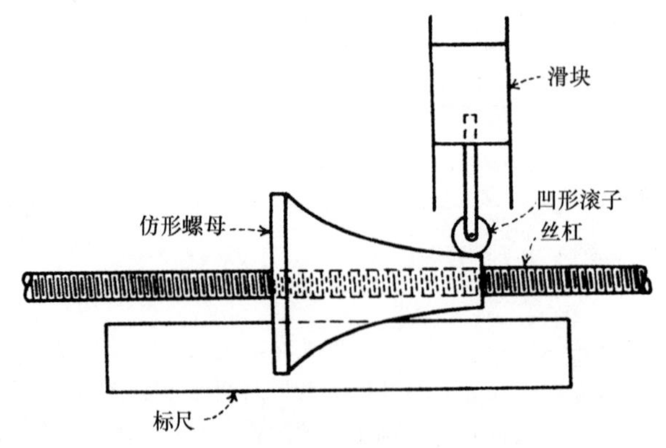

图 5.6-9　在标尺上开了一个槽，在其上移动的仿形螺母通过丝杠的反向转动来驱动，推动凹形滚子上、下运动，使滑块加速或减速。

5.7　12种放大短程运动的连杆机构

下列图例所示的是典型的放大短程线性运动的连杆机构。它们通常把线性运动转化为旋转运动。虽然这些特殊机构是用来实现隔膜或者波纹管运动的，但是这些相同或相似的机构也可以应用于其他需要获放大运动的机构中。这些机构的传动主要是依靠凸轮、扇形齿轮和小齿轮、杠杆和曲柄、绳索或链条、螺线或螺旋进给、磁力等构件或这些构件的组合来完成的。

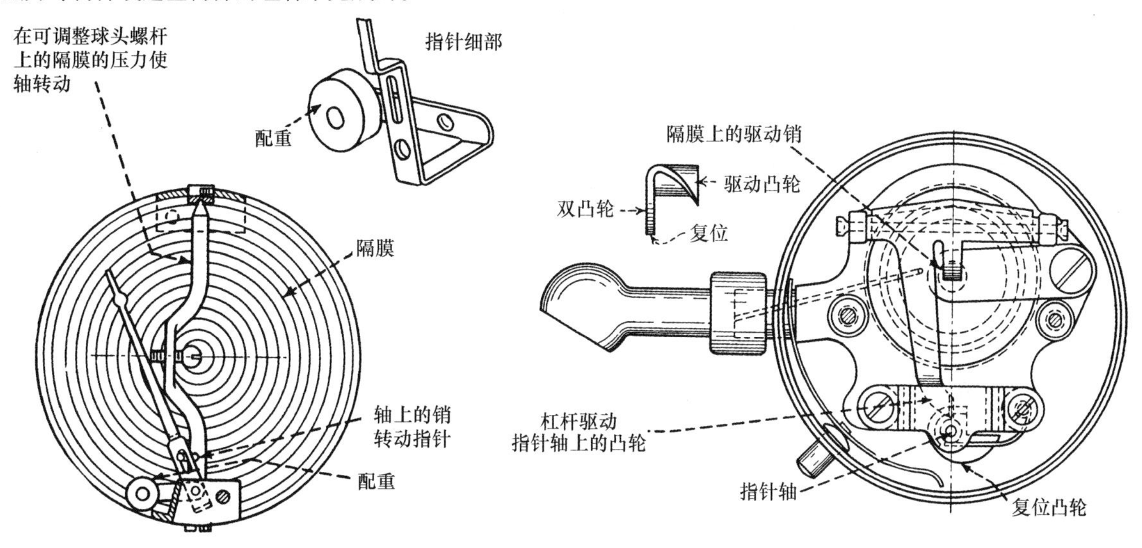

图 5.7-1　压力测量计中的杠杆传动。

图 5.7-2　轮胎气压表中的杠杆和凸轮驱动。

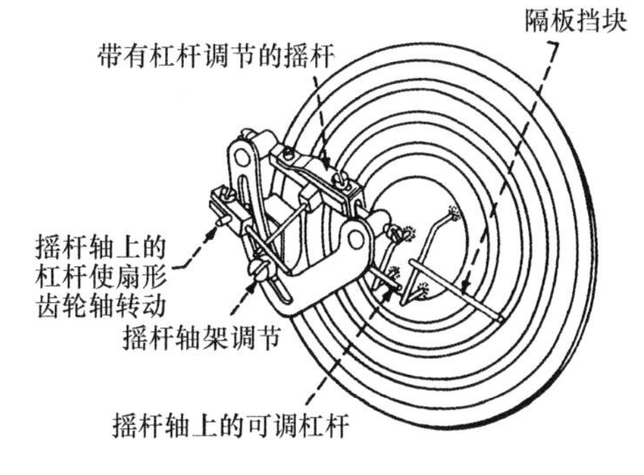

图 5.7-4　用于飞机速度指示器上的扇形齿轮驱动。

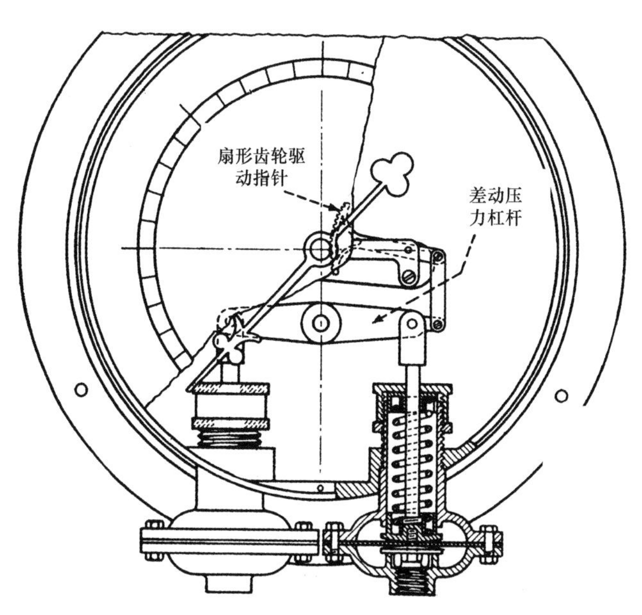

图 5.7-3　在差动压力测量仪中的杠杆和扇形齿轮。

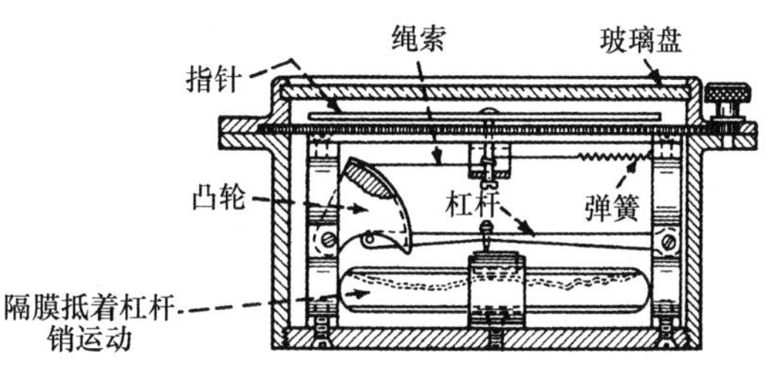

图 5.7-5　在气压计中的杠杆、凸轮和绳索传动。

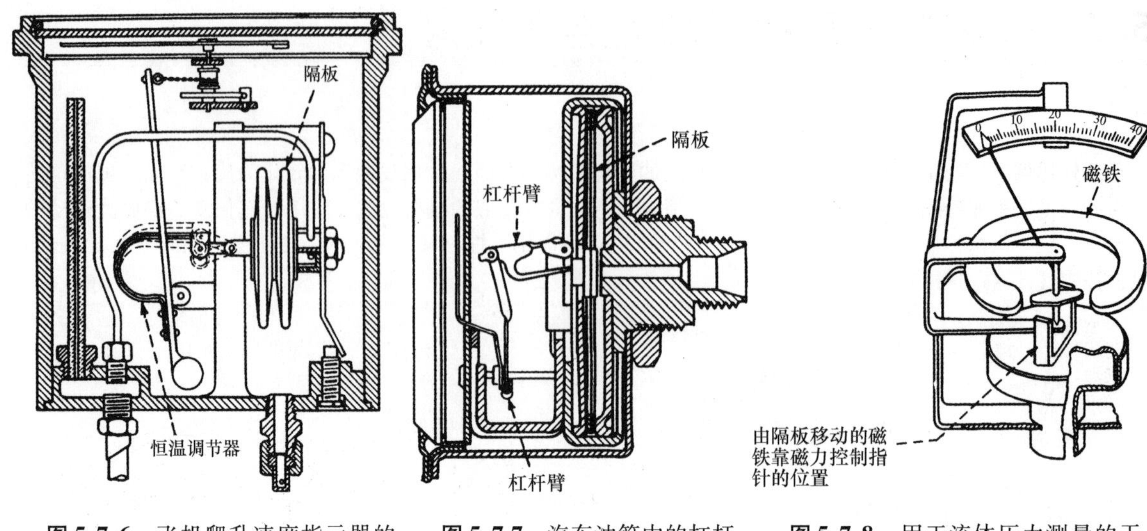

图 5. 7-6 飞机爬升速度指示器的连杆和链传动。

图 5. 7-7 汽车油箱中的杠杆系统。

图 5. 7-8 用于流体压力测量的干涉磁力场。

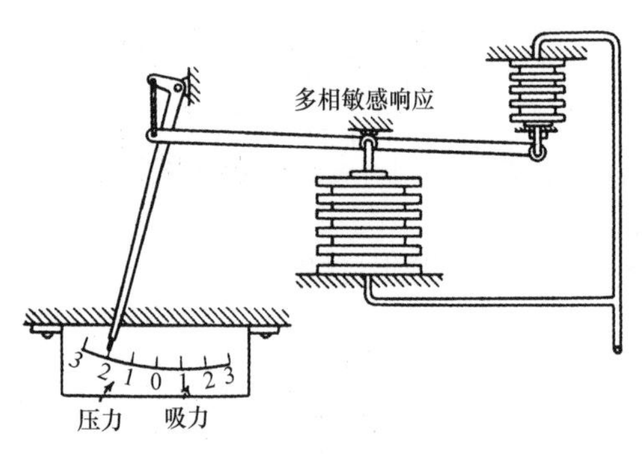

图 5. 7-9 用于测量气压变化的杠杆系统。

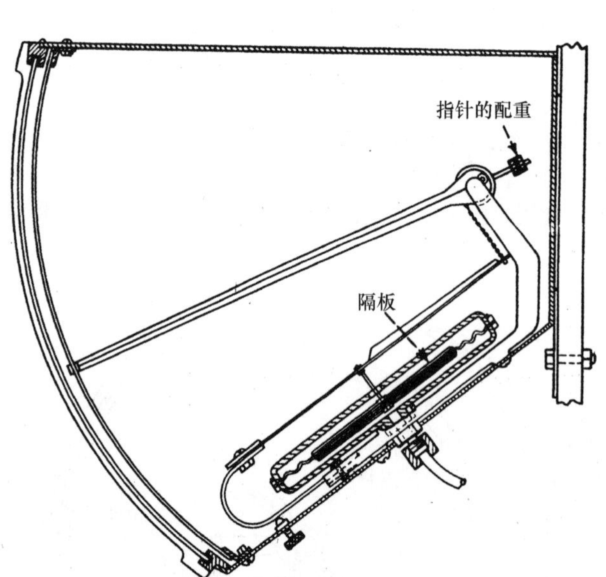

图 5. 7-10 风压表中的杆件系统。

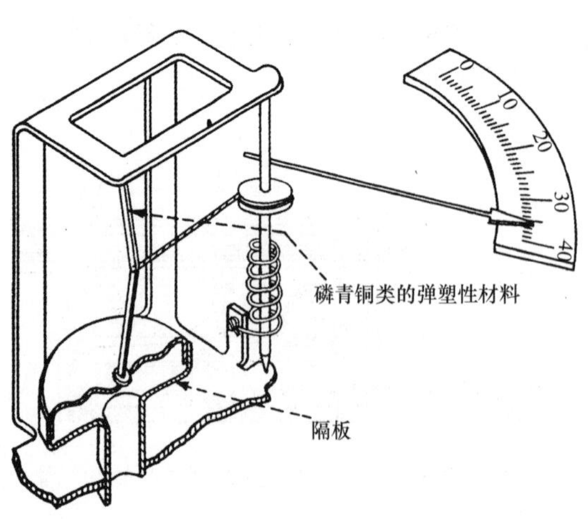

图 5. 7-11 用于液压测量装置的曲柄、缆绳驱动。

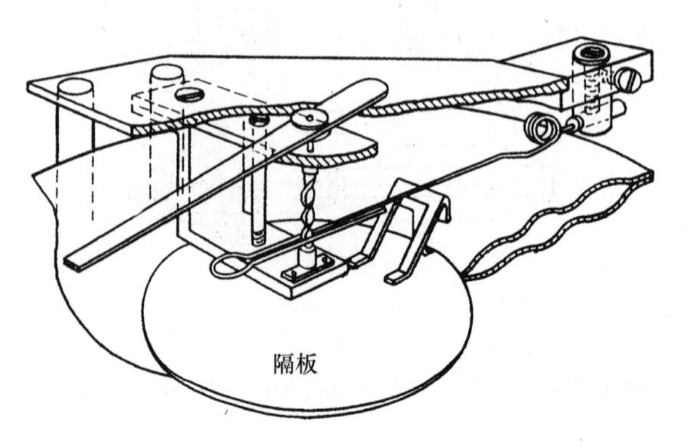

图 5. 7-12 万能模拟装置中的螺旋进给传动。

5.8 4种平行连杆机构

八连杆机构

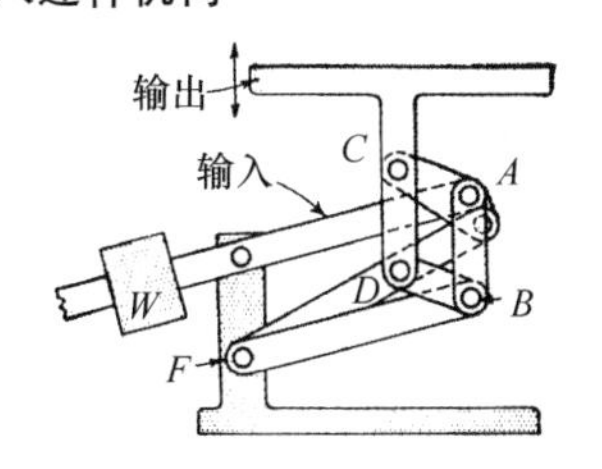

图5.8-1 在这个机构中，连杆*AB*总是平行于*EF*，连杆*CD*总是平行于*AB*。因此，*CD*将总是平行于*EF*。而且，由于连接是成比例的，*C*点将作近似直线运动。最后的结果是当输出平台直上、直下运动时，其将保持水平状态。配重允许将其用于剧场舞台的升降表演台。

双螺纹杆机构

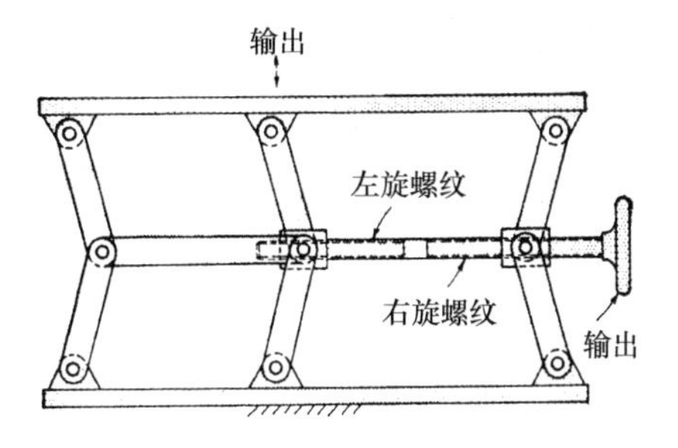

图5.8-2 转动调节螺纹杆延长和伸缩连杆铰接点，从而使平台升高和降低。图示为平行六连杆机构，本机构也可设计成四杆、八杆或更多的连杆。

张力调整机构

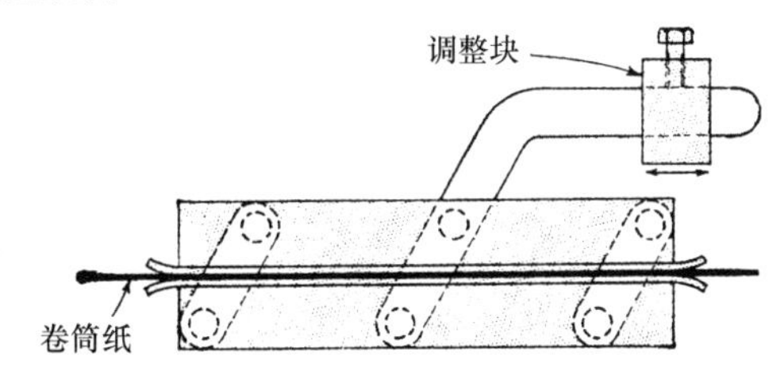

图5.8-3 一个简单的平行连杆机构，在卷筒纸、线、磁带和钢带上产生张紧力。通过调整调整块改变在材料上的拉力。

三杆支撑机构

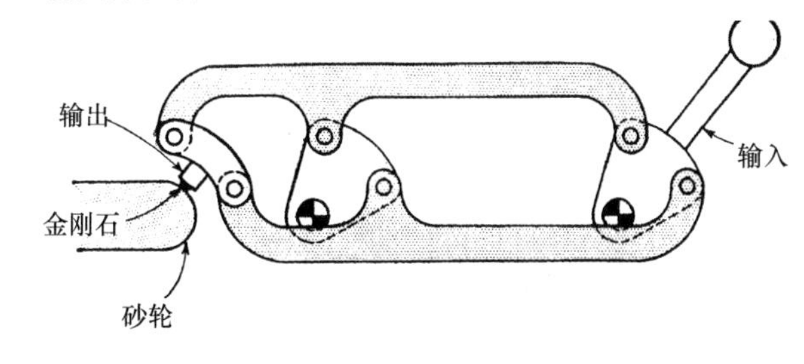

图5.8-4 两个三角形盘支撑架绕着在机架上的支点转动。输出点形成一个圆弧曲线轨迹。用它可以形成类似磨削砂轮的表面。

图5.8-4

5.9 7种行程放大机构

往复运动工作台传动

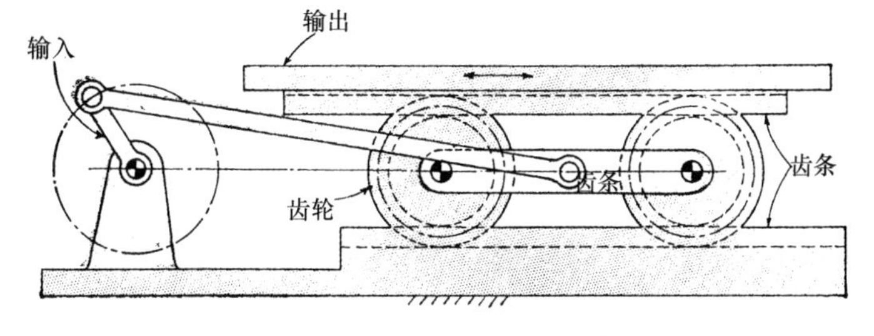

图5.9-1 两个齿轮，在底部固定的齿条上滚动，并驱动可移动的上齿条，上齿条与印刷台连接。当输入曲柄旋转时，工作台将移动4倍于曲柄长度的距离。

平行连杆进给机构

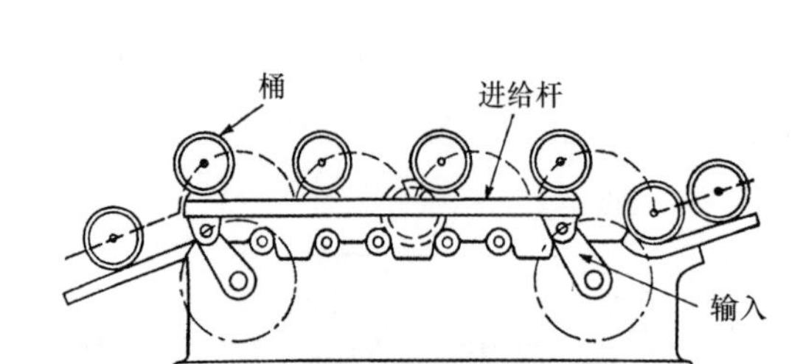

图 5.9-2　一个曲柄是输入，另一个从动曲柄保持进给杆水平。进给机构可以使桶从一个位置移动到另一个位置。

平行四边形连杆机构

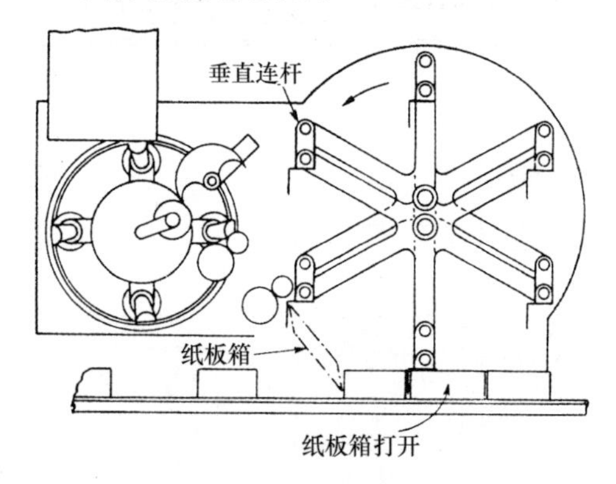

图 5.9-3　所有七个短杆在旋转时保持垂直。中心杆是驱动杆。这种独特的机构可以传递和打开纸板箱，此机构也可在其他许多方面应用。

平行连杆钻孔机

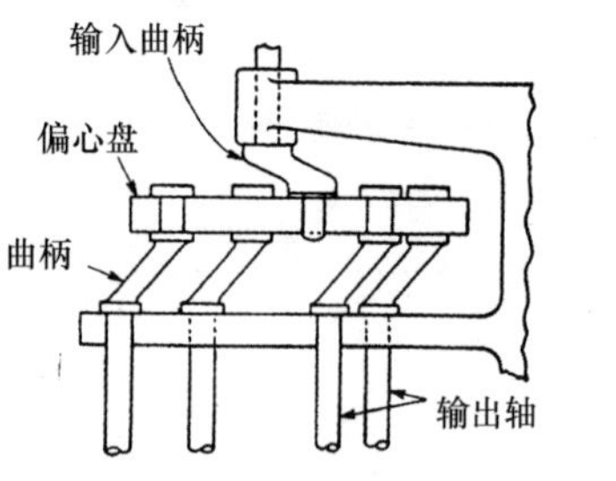

图 5.9-4　这种钻孔机带动数个钻轴，输入曲柄驱动偏心盘。从而依次旋转有相同长度和速度的输出曲柄。如果采用齿轮驱动的话，轴间的齿轮将占据很大空间。

平行板驱动器

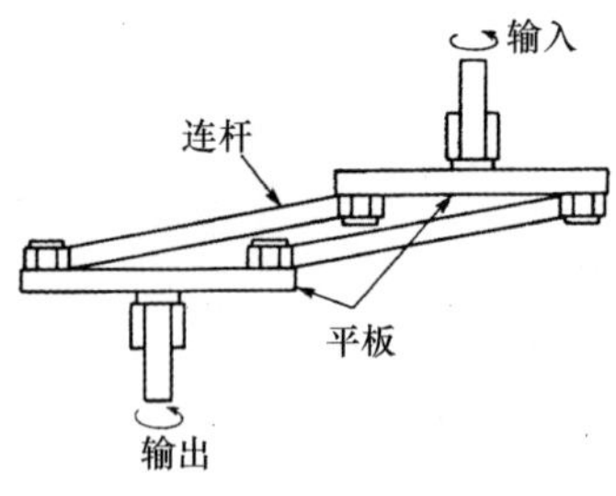

图 5.9-5　这个平行板驱动器的输入和输出轴以相同的角度关系转动。然而，可以改变轴的位置去适应不同的需要而不影响轴之间的输入输出关系。

形成曲线轨迹的机构

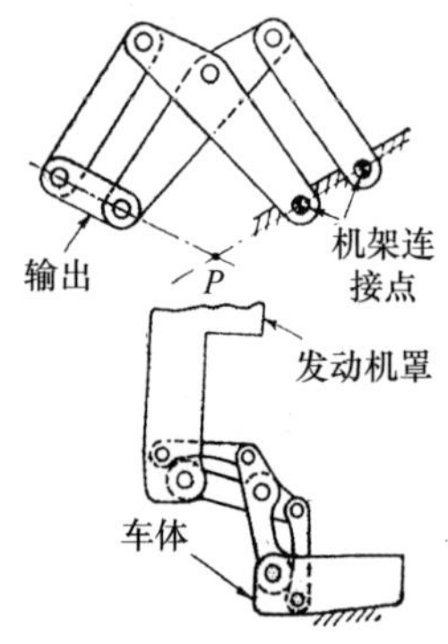

图 5.9-6　输出杆旋转时看起来像是围绕空间一点 P 旋转。这样可以避免对远距离或不及点处铰接的需要。这种机构适合铰接汽车的发动机罩。

平行杆耦合

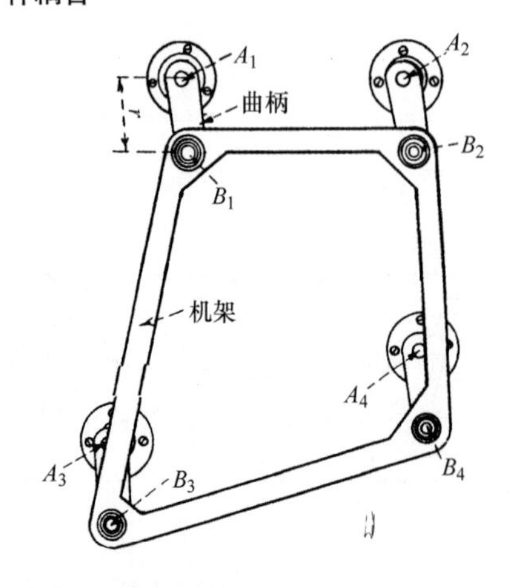

图 5.9-7　消除间隙的设计使这种平行杆耦合机构具有精确、低成本的特点，它可以取代齿轮或者链条驱动的机构，尽管链条驱动也能使平行轴旋转。任意多于两个的轴都可以靠其中任意一个轴来驱动，但需要完全满足下面两个条件：①所有曲柄必须有相同的长度 r；②轴 A 和机架支点中心 B 形成的两个多边形框必须一致。这个机构的主要不足是它的动力不平衡，这样就限制了它旋转的速度。为了削弱振动对机构产生的影响，机架应该以实际要求的强度为准，尽量减轻它的重量。

5.10　9种力和行程的放大机构

大角度振动器

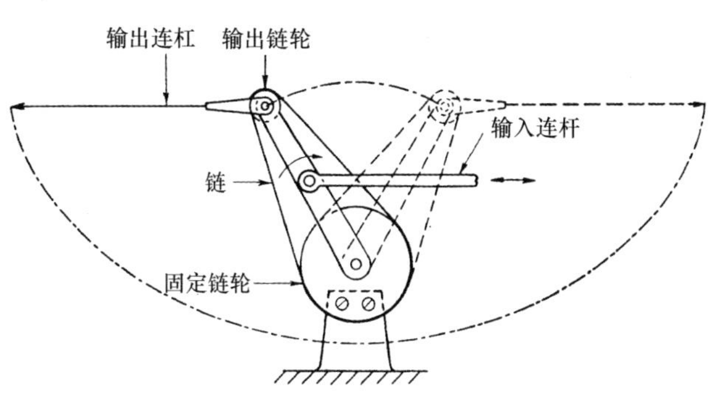

图 5.10-1　图中所示输入连杆机构的运动通过两个链轮和链条被转化为大角度的摆动。60°的摆动被转换为180°的摆动。

扇形齿轮驱动

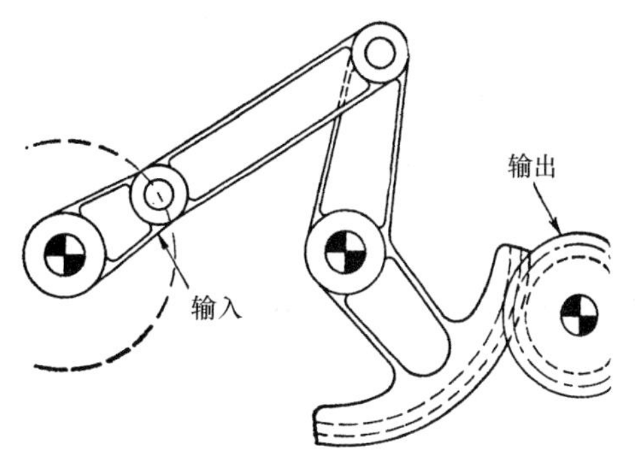

图 5.10-2　此机构实际上是由一组齿轮组合而成的四连杆机构。四连杆通常获得大约120°的最大摆动范围。扇形齿轮将与齿轮的半径成反比地放大摆动范围。对于图示的比例，摆动范围将增加2.5倍。

倍角驱动

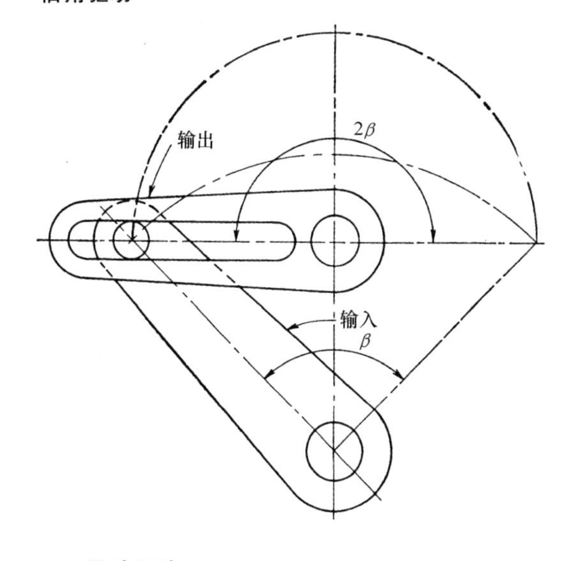

图 5.10-3　这个倍角驱动将把一个构件的 β 角摆动扩大为输出摆动的 2β。如果采用齿轮，除非安装惰轮，否则旋转方向不可能相同。在本例中，输入和输出轴的中心不能离得太近。顺时针旋转输入杆会使输出杆沿同样的方向运动。对任意比例杆系来说，轴间距决定了所获得的角度放大量。

滑动驱动

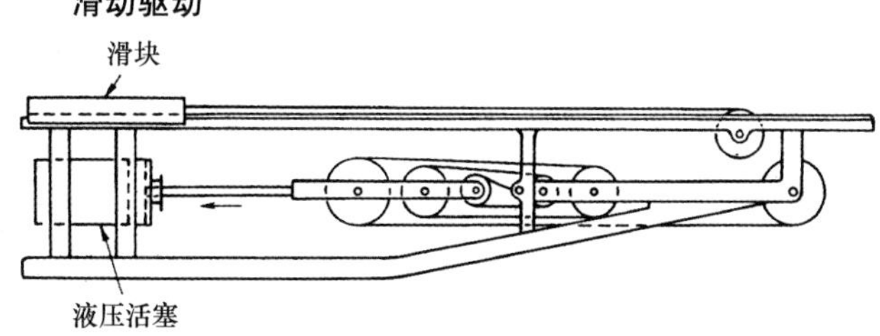

图 5.10-4　这个滑轮驱动扩大了液压活塞的行程，使得滑块迅速向右移动而弹射物体。

打字机驱动机构

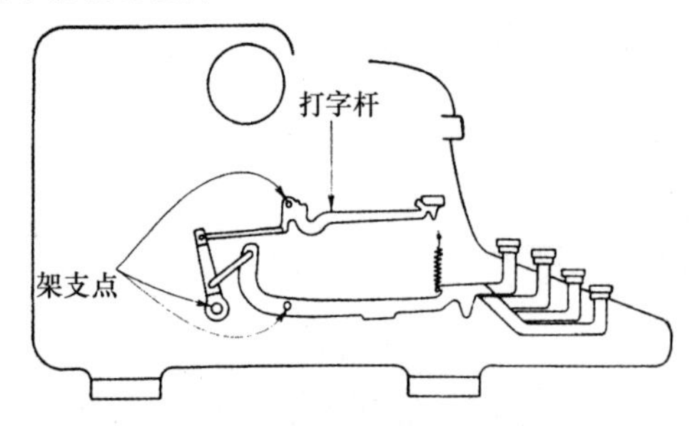

图 5.10-5 这个驱动机构增大了打字员的手指力量，在圆滚处把轻击转变成有力的重击。与机架相连的有三个支点。这样安排是为了使按键在敲击时可以自由移动。图示机构实际上是一系列连杆机构中的两个四连杆机构。许多打字机有这样一系列的四连杆机构。

双肘杆穿孔器

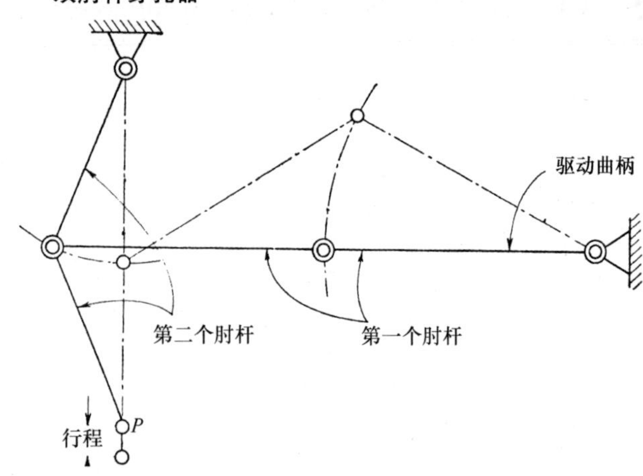

图 5.10-6 虽然它的重量（穿孔器的重量）使其产生向下运动的趋势，这个穿孔器的第一个肘杆保持点 P 在一个升高的位置。当驱动曲柄顺时针旋转(由一个往复摆动机构驱动)时，第二个肘杆开始被拉直，从而产生强烈的穿孔力。

齿轮齿条驱动机构

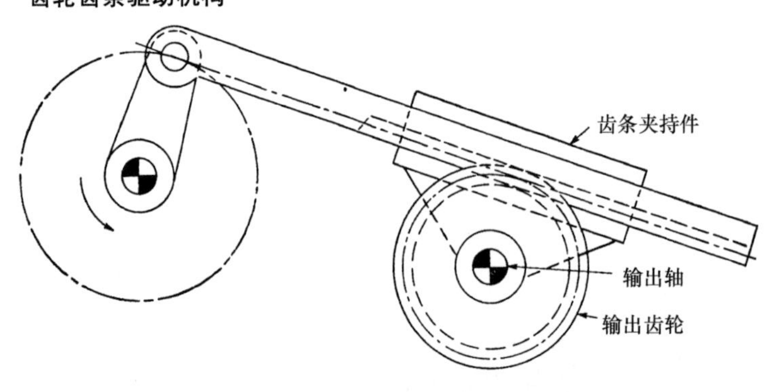

图 5.10-7 这个驱动机构可以使输入曲柄的旋转运动转换成更大的输出旋转运动(从 30°到 360°)。曲柄驱动滑块和齿条，齿条推动输出齿轮转动。

链条驱动机构

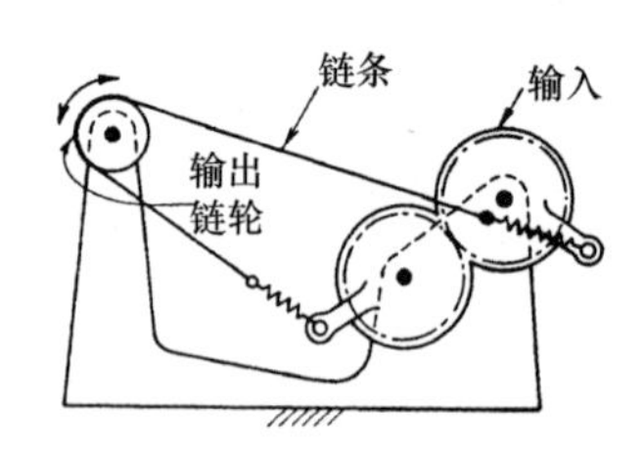

图 5.10-8 弹簧和链条安装到这个机构的齿轮曲柄上来驱动链轮输出。依靠齿轮的传动比，将输出期望的摆动，例如，输入轮每转一圈，在每个方向上输出将各转两圈。

杆系驱动机构

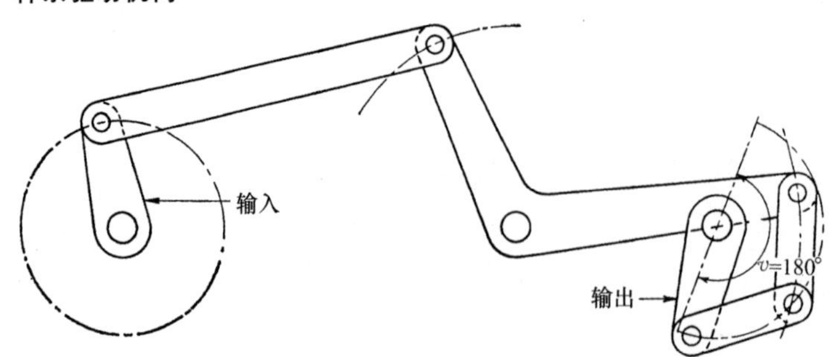

图 5.10-9 在这个驱动机构中，一系列连杆机构可以增加它的摆动角度。在如图所示的机构中，L 形摇杆是第二个连杆机构的输入。最后的摆角是 180°。

5.11 微分连杆机构的 18 种结构形式

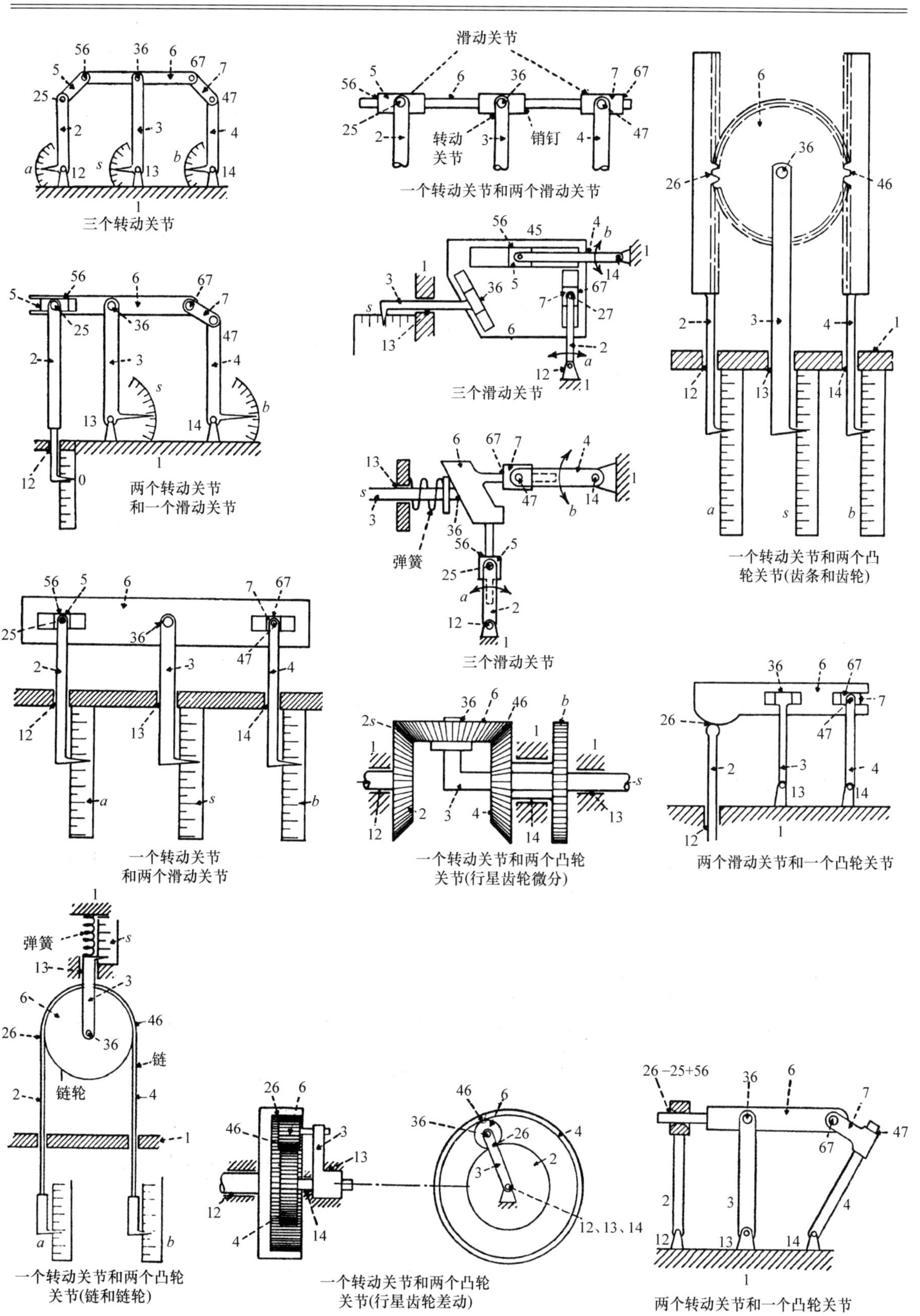

图 5.11-1

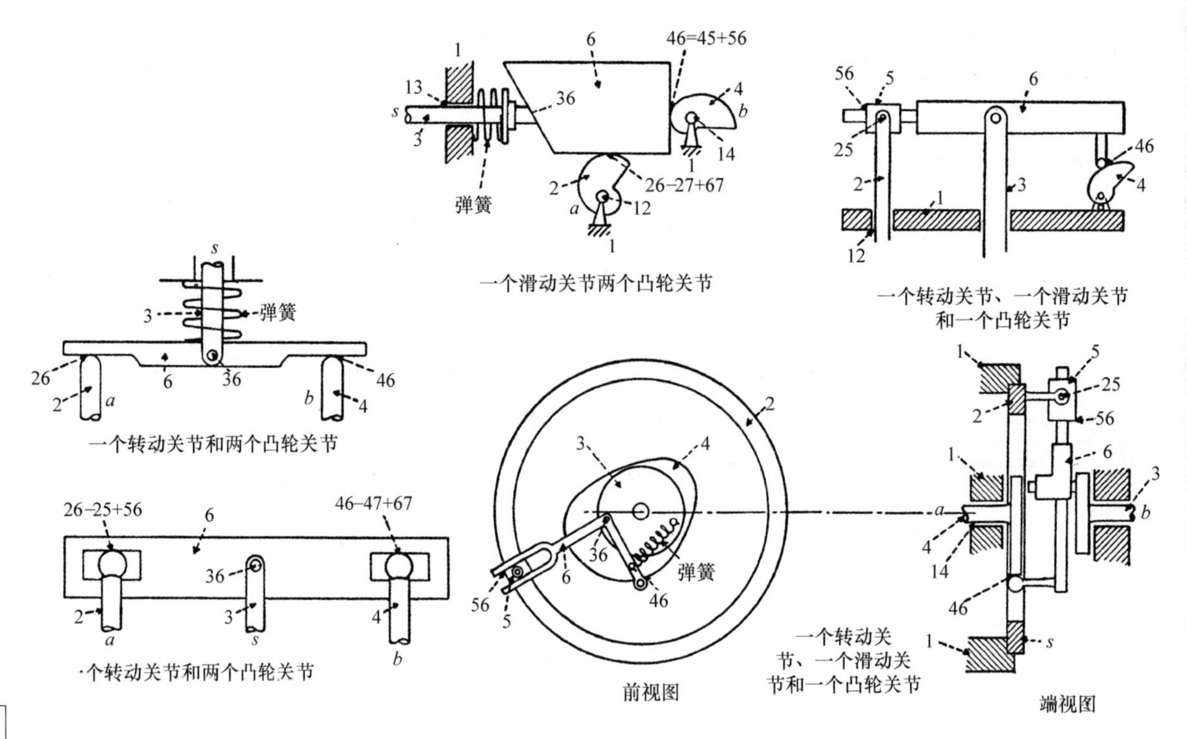

图 5.11-1（续）

图 5.11-1 所示的是图 5.11-2a 中的微分连杆机构的变形机构。这些机构都是基于具有三个关节的中间连杆 6 的变化而获得的。连杆的设计如下：机架杆是连杆 2、3 和 4；具有两个关节的中间连杆是连杆 5 和 7；具有三个关节的中间连杆是连杆 6。

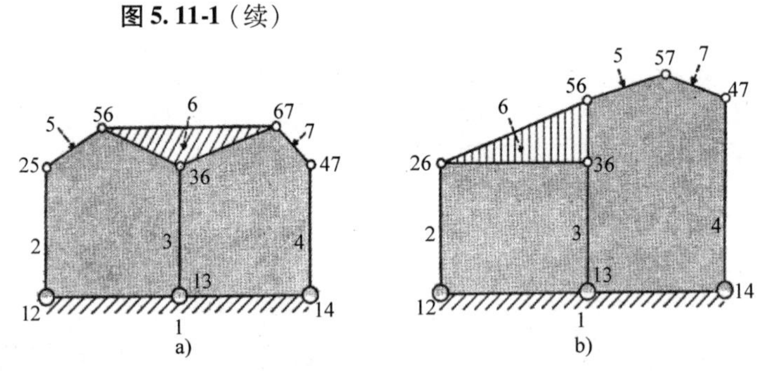

图 5.11-2 将要被加的输入运动是 a 和 b；它们的和 s 等于 c_1a+c_2b，其中 c_1 和 c_2 是比例系数。图 5.11-2b 中的连杆与图5.11-2a 中连杆的编号方式一样被编号。

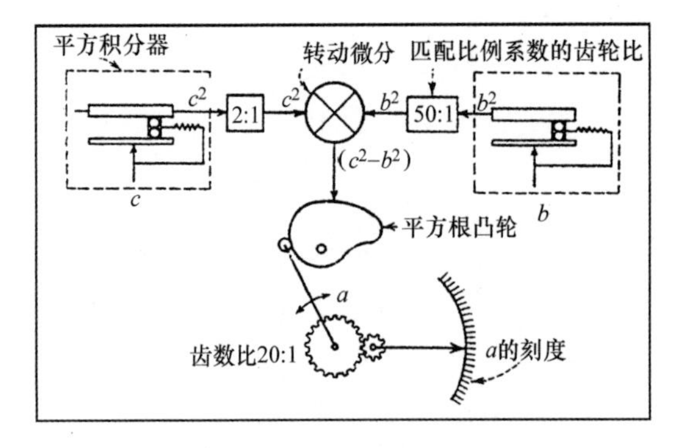

图 5.11-3 在图中显示的是用机械实现方程 $a=\sqrt{c^2-b^2}$的积分方法。它需要另外一些的零件。

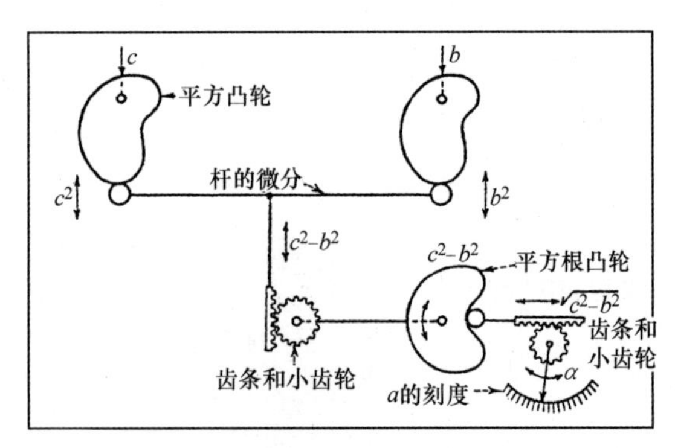

图 5.11-4 靠机械实现方程 $a=\sqrt{c^2-b^2}$的凸轮方法，使用函数发生器实现平方和用杆微分实现减法。与积分方法相比要注意减少零件。

5.12 四连杆空间机构

此类潜在的机构应有数百种，但迄今为止，只发明了很少一部分。这里呈现的是最好的一组——四连杆空间机构。

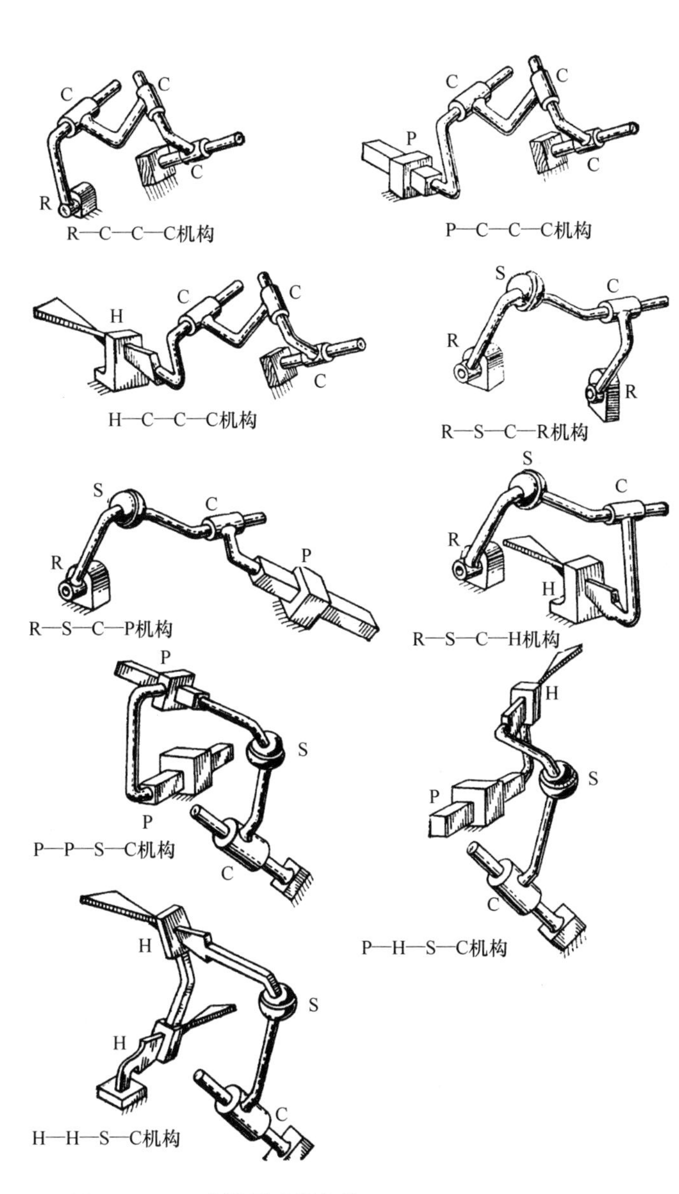

图 5.12-1 9 种被挑选的机构。

数量巨大的三维连杆机构领域实际上是一个未被探索的机构研究领域，这些三维连杆机构通常被称作空间机构，其中只有相当少的几种空间机构被研究和描述过，并且几乎没有对所知的空间机构进行分类。结果，许多工程师都对它们了解不多，使空间机构没有被尽其所能地广泛应用。

因为空间机构是靠各种连接关节或运动副的组合而存在的，所以可以根据关节的类型和排序来对它进行分类。根据一个关节的自由度数，建立了一个所知的所有运动副的列表（见表 5.12-1）。这些运动副都是以所知的方式来相互连接两个刚体，以便实现彼此间每种可能的相对运动自由度的。

1. 实用的 9 个机构

下一步将是寻找运动副和连杆的结合，它们将形成实用的机构。根据 Kutzbach 准则（唯一闻名的移动准则——由于运动副的限制决定了一个机构的自由度），已经确定了 417 种不同的空间机构。仔细探究发现其中的许多空间机构都是复杂的机械结构，故适用性受到限制。但是由于四连杆机构为简单的机械结构，所以对其有许多特殊的需求。现在已经发现总共 138 种不同的四杆机构。当然，其中的 9 种四杆机构具有特殊实用价值（见图 5.12-1）。

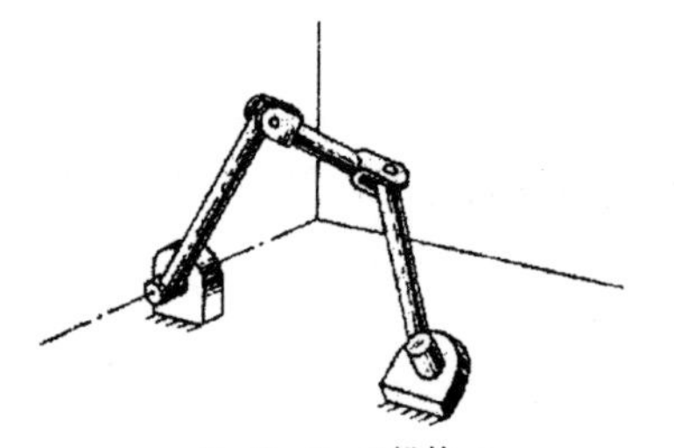
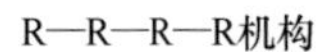
R—R—R—R机构

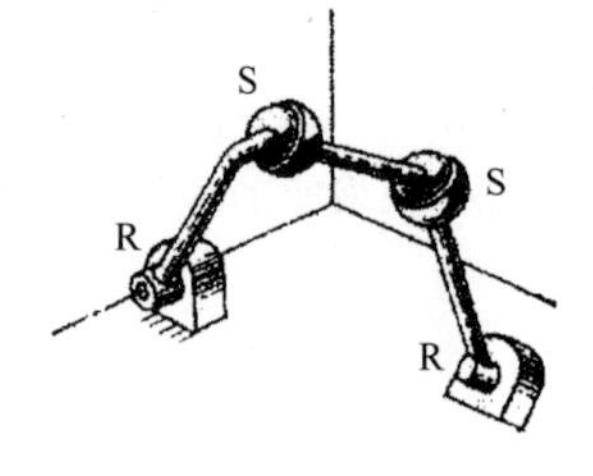

R—S—S—R机构

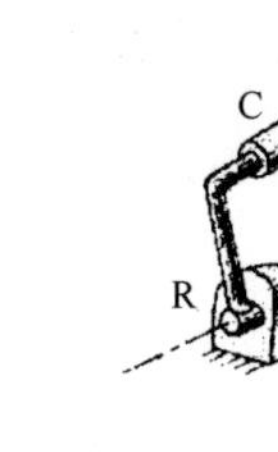

R—C—C—R机构

图 5.12-2 三种特殊的四连杆机构。

这 9 种四连杆机构非常容易获得，因为它们只包含那些面接触和自身连接的关节。在表中，这些关节是最多限制五个自由度的低副类型：

R——转动副，只允许转动；

P——移动副，只允许滑动；

H——螺旋副；

C——圆柱副，转动也可以滑动（因此有两个自由度）；

S——球面副，允许向任何方向转动的普通球关节（有三个自由度）。

所有这些机构可以从一个旋转输入产生旋转或滑动输出运动——连杆机构的最普通的机械运动设计要求。

根据绕着封闭运动链连续排列的字母符号，对照表 5.12-1 中的相应字母符号来对机构进行区分。第一个字母可以对连接输入连杆和固定杆的副进行区分，同样可以对最后一个杆与固定杆进行区分。于是，一个标号为 R-S-C-R 的机构是一个双曲柄机构，在输入曲柄和其连接件之间有一球面副，而在连接件和输出曲柄之有一圆柱副。

2. 特殊的空间机构

只有 Kutzbach 准则是不够的，因为对一些不特殊的空间机构，它无法预测这些机构的存在，例如，R-R-R-R 机构、双球副 R-S-S-R 机构和 R-C-C-R 机构（见图 5.12-2）。这些特殊的机构需要特殊的几何条件，以便拥有一个自由度。

R-R-R-R 机构需要一个特殊的转轴方向和一个特殊的连杆长度比来实现一个自由度的空间机构的功能。当作为一个自由度机构工作时，R-S-S-R 结构的一个连杆将有一个被动的自由度。当采用适当的结构时，R-C-C-R 的一个连杆将也会有一个被动的自由度，且将按一个自由度的空间机构来工作。

在这三个特殊的四连杆空间机构中，R-S-S-R 机构是最好的选择。在满足双曲柄运动要求方面，它是最适合和实用的结构。

表 5.12-1 运动副的分类

自由度数	型号	关节类型	
		符号	名称
1	100	R	转动副
	010	P	移动副
	001	H	螺旋副
2	200	T	环副
	110	C	圆柱副
	101	T_H	环副和螺旋副
	020	* *	* * * *
	011	* *	* * * *
3	300	S	球面副
	210	S_S	带槽的球面副和圆柱副
	201	S_{SH}	带槽的球面副和螺旋副
	120	P_L	平面副
	021	* *	* * * *
	111	* *	* * * *
4	310	S_G	槽形球面副
	301	S_{GH}	槽形球面副和螺旋副
			* * * *
	220	C_p	圆柱副和平面副
	121	* *	* * * *
	211	* *	* * * *
5	320	S_p	球面副和平面副
	221	* *	* * * *
	311		* * * *

* 自由度编号，以 N_R、N_T、N_H 的顺序给出

5.13　7种流行的三维空间驱动机构

三维驱动机构的主要优点是能在不平行的轴之间传递运动。它们也可以产生其他有用的运动种类。这里描述了这种驱动机构的七个工业应用。

1. 特殊曲柄驱动机构

这种类型的驱动机构是大多数三维连杆机构的基础，正如常见的四连杆机构是二维连杆机构的基础一样。两种类型机构的原理是类似的。在下面的示意图中，α 是输入角，β 是输出角。在本节中将都采用这种符号定义。

在图5.13-1中的四连杆机构中，驱动曲柄1的旋转运动被转换为输出连杆3的摆动。如果固定连杆是最短的，那么它是双曲柄机构；主动件和从动件都做整圈旋转。

在图5.13-2中的球形曲柄驱动机构中，连杆1是输入，连杆3是输出。转动轴相交于 O 点；连线 AB、BC、CD 和 DA 可以被认为是球体中环上的一部分。连杆的长度可以由角度 a、b、c 和 d 来表示。

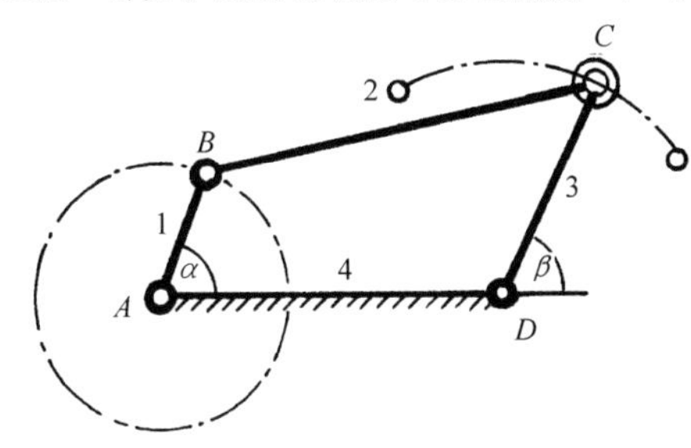

图5.13-1　四连杆机构。

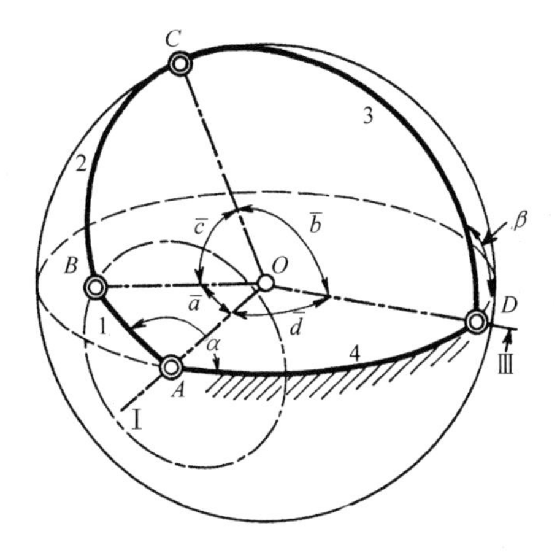

图5.13-2　球形曲柄机构。

2. 球形滑动、摆块驱动机构

通过使一个摆动杆足够长，可从一个四连杆机构中获得二维滑动滑块曲柄，如图 5.13-3 所示。通过对球形曲柄机构进行类似的改变，也可以获得球形滑块曲柄。

输入轴Ⅰ的旋转被转换为输出轴Ⅲ的左右摆动或转动。这些轴相对球形曲柄的机架 4 以 δ 角相交。γ 角与连杆Ⅰ和轴Ⅱ的长度相关，轴Ⅱ与轴Ⅲ成直角。

当 γ 小于 δ 时输出摆动，当 γ 大于 δ 时输出旋转。

输入角 α 与输出角 β 之间的联系在斜胡克铰中显示为

$$\tan\beta = \frac{(\tan\gamma)(\sin\alpha)}{\sin\delta + (\tan\gamma)(\cos\delta)(\cos\alpha)}$$

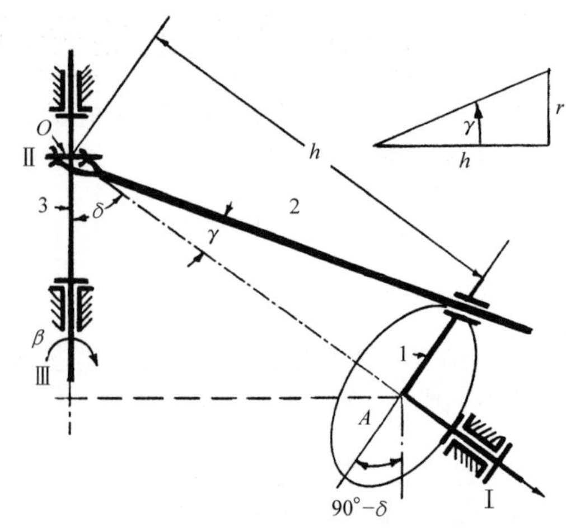

图 5.13-3

3. 斜胡克铰驱动机构

图 5.13-4 机构中球形曲柄的转动可以产生特殊的效果，即在大部分转动过程中输入和输出角之间呈线性关系。

令 $\delta=90°$，则从斜胡克铰方程可以获得用输入表达输出的方程。于是，$\sin\delta=1$，$\cos\delta=0$，以及 $\tan\beta=\tan\gamma\sin\alpha$。

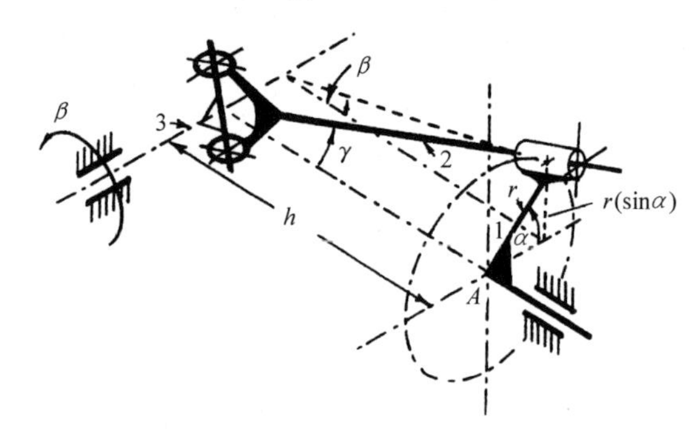

图 5.13-4　斜胡克铰。

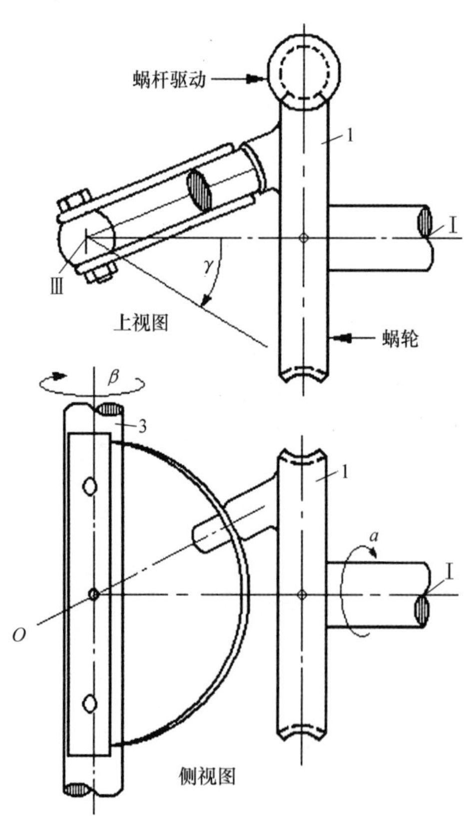

图 5.13-5　洗衣机机构。

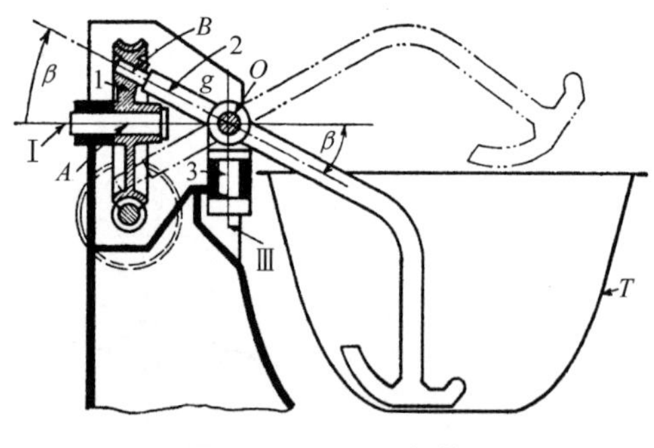

图 5.13-6　和面机构。

斜胡克铰的原理已经应用到洗衣机的驱动中(见图 5.13-5)。

这里，蜗杆驱动蜗轮 1，蜗轮上的曲柄与蜗轮轴呈 γ 角，曲柄处于两个平板之间，并使得输出轴Ⅲ按照方程的原理摆动。

和面驱动机构(图 5.13-6)也是以胡克铰为基础的，但是它跟随杆 2 的轨迹产生在容器中和面的摆动运动。

4. 万向联轴器传动机构

万向联轴器是一种球形滑块摆动的变形结构，但是 $\gamma=90°$。这种驱动可以提供一个完全旋转的输出，并且可以成对工作，如图 5.13-7 所示。

对于一个万向联轴器，联系输入与输出关系的方程是 $\tan\beta=\tan\alpha\cos\delta$，这里 γ 是连杆与轴 I 之间的角度。

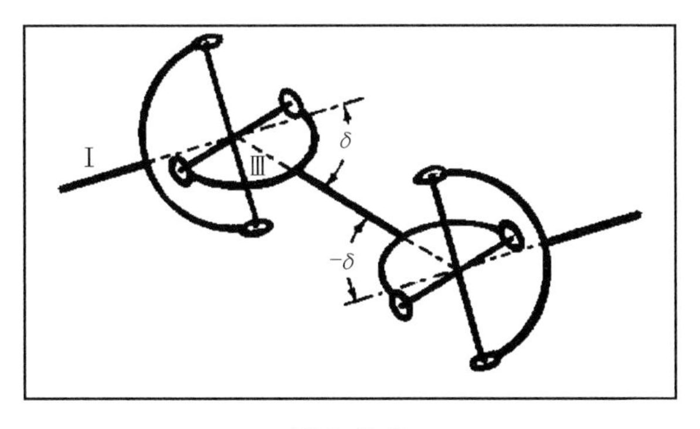

图 5.13-7

输出运动是变速运动（见图 5.13-8 中的曲线），除非万向节成对工作来提供匀速运动。

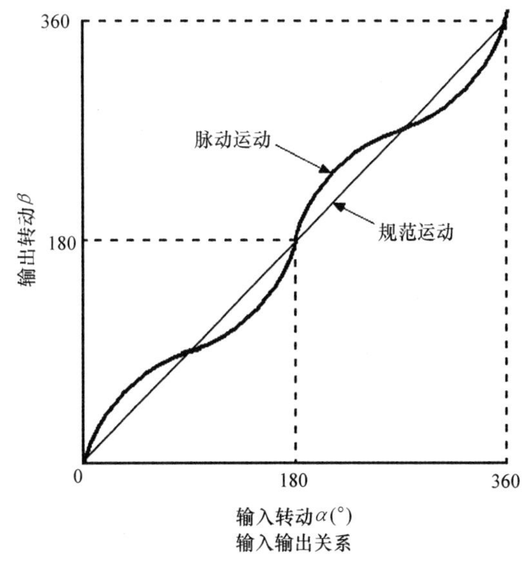

图 5.13-8

5. 三维曲柄滑块传动机构

三维曲柄滑块机构见图 5.13-9，它是平面曲柄滑块机构的变形。当在连杆 g 上的 B 点走了一个圆形轨迹时，连杆 g 总是通过一个球点滑动。在这个机构中，改变输出轴Ⅲ的位置，使其避免与圆的平面垂直，从而获得一个三维曲柄；另一种获得三维曲柄方法是使轴Ⅰ和轴Ⅲ不平行。

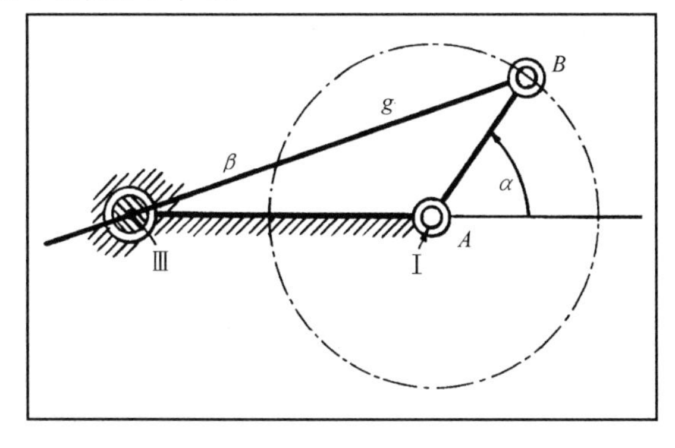

图 5.13-9

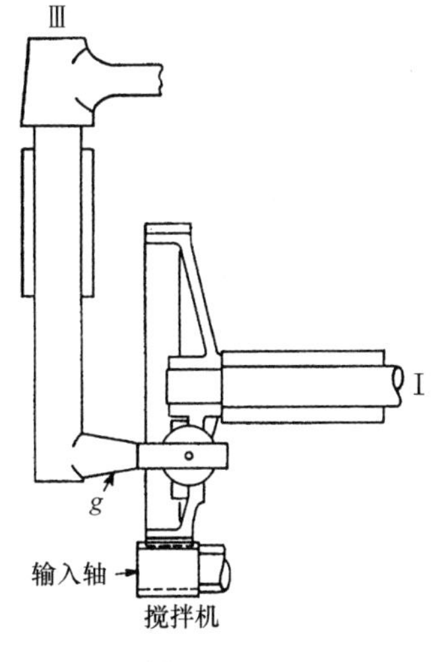

图 5.13-10

对于三维曲柄滑块机构的一种实用的变形结构是搅拌机（见图 5.13-10）。当输入齿轮Ⅰ旋转时，连杆 g 绕着轴Ⅲ旋转。因此，垂直连杆既有摆动旋转，又在其旋转轴方向上有一个正弦谐波运动。连杆在每个周期循环中进行最关键的扭曲运动。

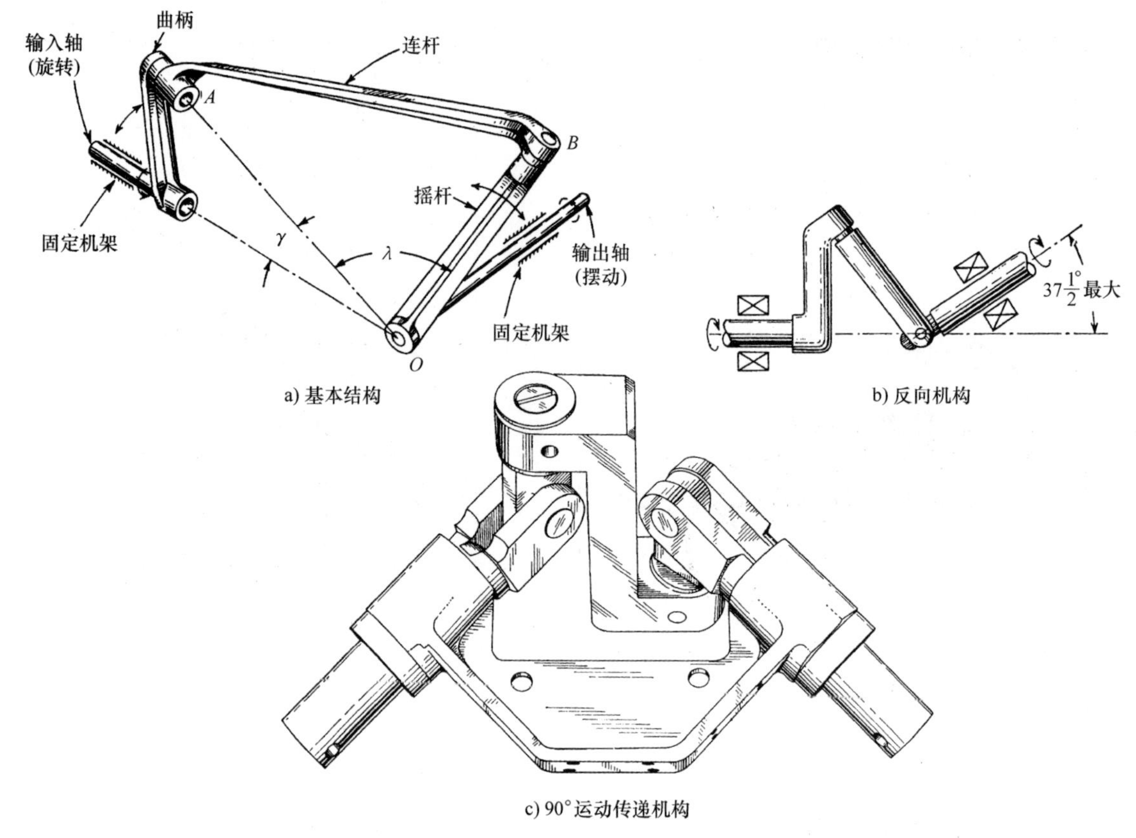

图 5. 13-11

6. 空间曲柄驱动机构

在三维连杆机构中最新发展的是如图 5. 13-11a 所示的空间曲柄机构。它类似于球形曲柄机构，但是有不同的输出特性。输入与输出之间的关系为

$$\cos\beta = (\tan\gamma)(\cos\alpha)(\sin\beta) - \frac{\cos\lambda}{\cos\gamma}$$

速度比是 $\dfrac{\omega_o}{\omega_i} = \dfrac{\tan\gamma\sin\alpha}{1 + \tan\gamma\cos\alpha\cos\beta}$

这里 ω_o 是输出的角速度，而 ω_i 是恒定的输入角速度。

与空间曲柄机构反向的机构如图 5. 13-11b 所示。它可以连接交叉轴，并且允许每个轴进行 360°旋转。

通过两个反向机构的组合(图 5. 13-11c)，可以得到传递 90°精确运动的一种方法。这种机构也可以成对工作。如果用齿轮替换中心连杆，它可以驱动两个输出轴；除此之外，它可以在两个弯曲处传递一样的运动。

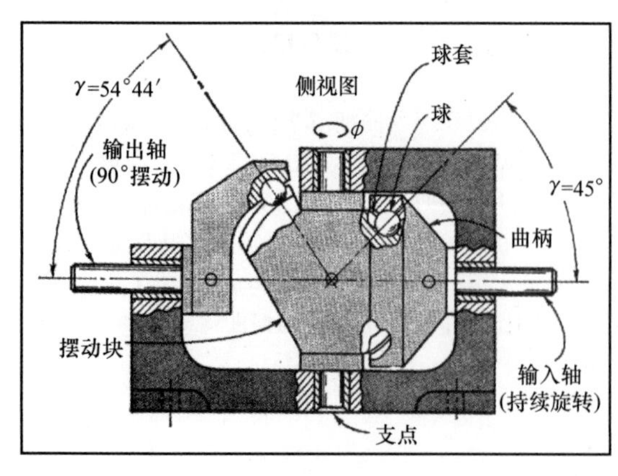

图 5. 13-12

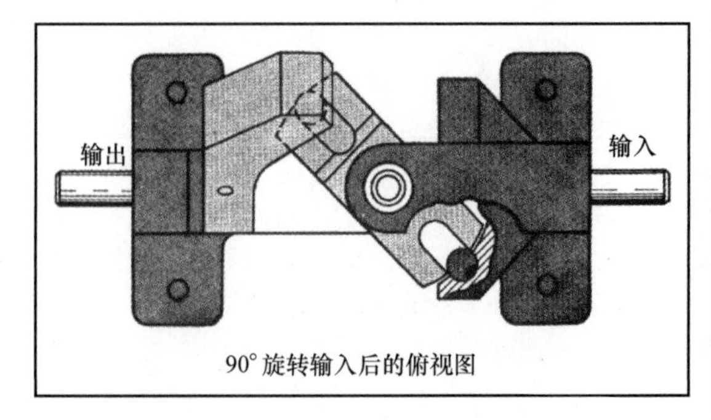

图 5. 13-13　在球套中的钢球将持续的旋转输入运动转换为输出运动，这个输出运动使轴前后摆动。

7. 空间曲柄机构的变形结构

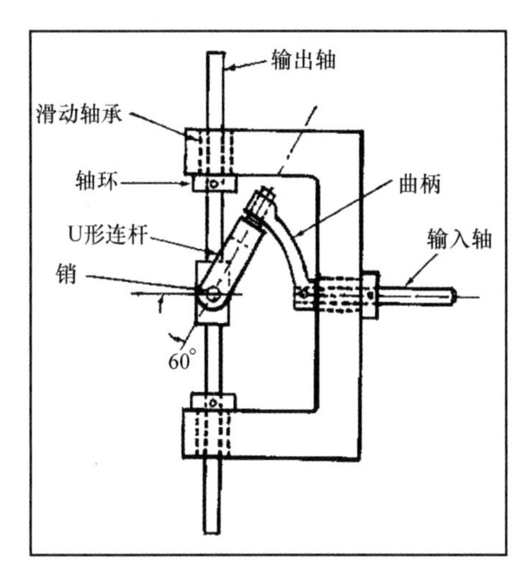

图 5.13-14 在直角状态下摆动获得动力。作圆周运动的输入轴使得输出轴在 120°内摆动。

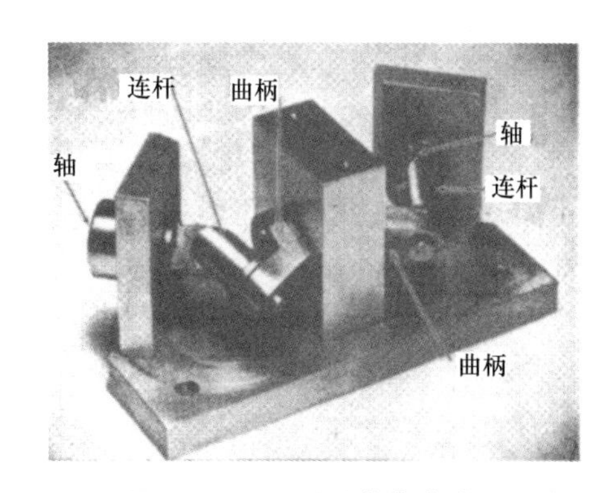

图 5.13-15 通过背靠背放置两个反向机构可以获得一个恒速比万向联轴器。运动的传递角可以达到 75°。

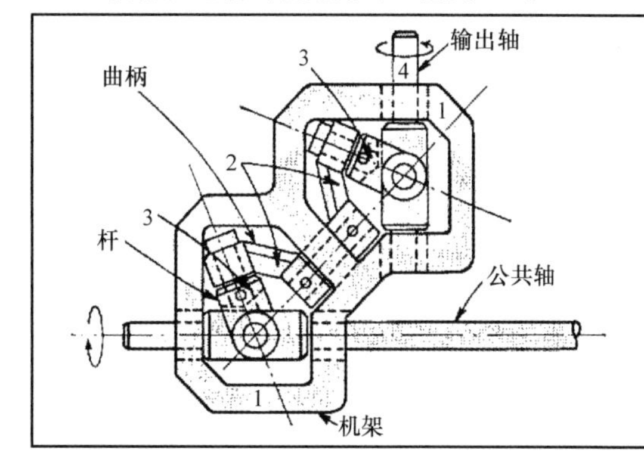

图 5.13-16 一个直角限制行程的驱动机构传递确切的运动形式。通过一个公共轴可以操作许多部件。

8. 椭圆滑块驱动机构

在图 5.13-17 中，一个球形摆块机构的输出运动 β 角可以借用二维“椭圆滑块机构”。这个机构有一个沿着支点 D 滑动的连杆 g，并且这个连杆 g 被固定到沿着椭圆形轨迹移动的 P 点上。这个椭圆运动可以通过万向联轴器传动装置来产生，这个装置是一个行星齿轮系统，它的行星齿轮的直径等于内齿轮直径的一半。行星齿轮的中心点 M 的轨迹是一个圆；在其圆周上任何点的轨迹都是直线，而在 M 点和其圆周之间的任何点的轨迹是椭圆，例如 P 点。

在三维球形滑块与二维椭圆滑块的尺寸之间有特殊的联系：$\tan\gamma/\sin\delta = a/d$，$\tan\gamma/\cot\delta = b/d$，这里 a 是椭圆的主半轴，b 是短半轴，d 是固定连杆 DN 的长度。短半轴就处于固定连杆 DN 的水平位置上。

如果点 D 在椭圆内移动，相对于旋转的球形曲柄滑块，可以获得一个完整的旋转输出。

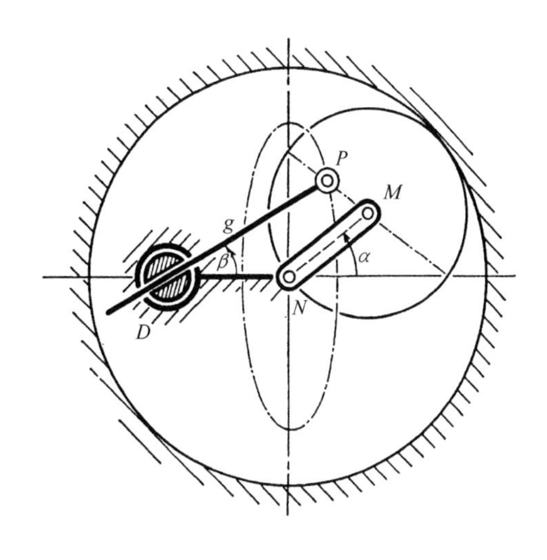

图 5.13-17

5.14 13种不同机构中肘节连杆的应用

$$机械增益 = \frac{F_B}{F_A} = \frac{1}{2}\frac{x}{y} = \frac{1}{2}\mathrm{Tan}\,\alpha = \frac{V_A}{V_B}$$

图5.14-1 很多机械连杆机构都是基于简单的肘节设计的，这个肘节由在运动过程中的某一点处趋向于排列成一条直线的两个连杆组成。机械增益是输入点 A 相对输出点 B 的速度比：V_A/V_B。当 α 角接近90°时，连杆形成肘节，并且机械增益和速度比都接近无穷大。当然，由于摩擦力的影响，力会降低，但仍然接近于无穷大。

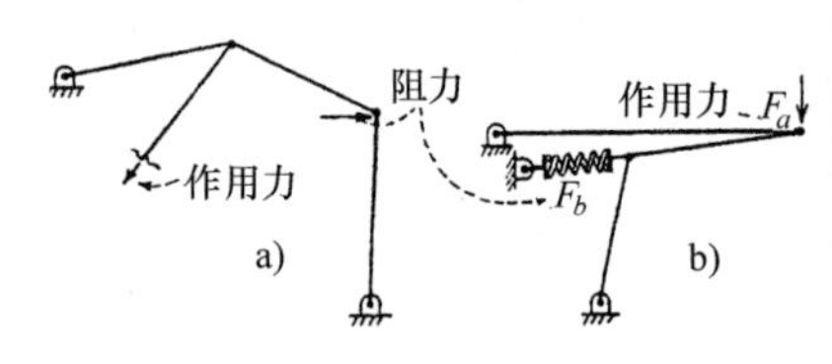

图5.14-2 通过其他连杆可以施加作用力，而且这些连杆不必相互垂直。图a中一个肘杆可以与另一个杆连接，而不是与一个固定点或者滑块连接。图b中两个肘杆在顶部相互重叠而不是彼此延伸地成一条线时将形成肘节。阻力可以是弹簧形成的力。

图5.14-3 压力机在工作行程的最低端需要很大的力。不过，在其他行程部分只需要很小的力。曲柄和连杆在压力行程的最低端将形成肘节，在最需要的时候获得一个高的机械增益。

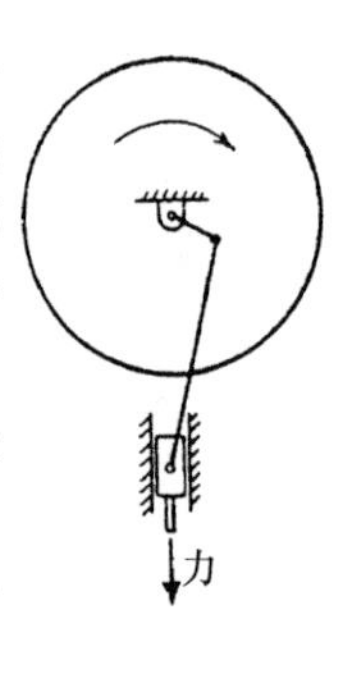

图5.14-3

图5.14-4 铆钉机器被设计成给每颗铆钉两次连续击打。跟随第一次击打(点2)，铁锤向上移动一段短的距离(相对点3来说)。继第二次击打(在点4)之后，铁锤向上移动较长的距离(在点1)以便为移动工件提供时间。两次打击靠曲柄旋转一周来完成，并且在每次行程的最低点(点2和4)时连杆都形成肘节。

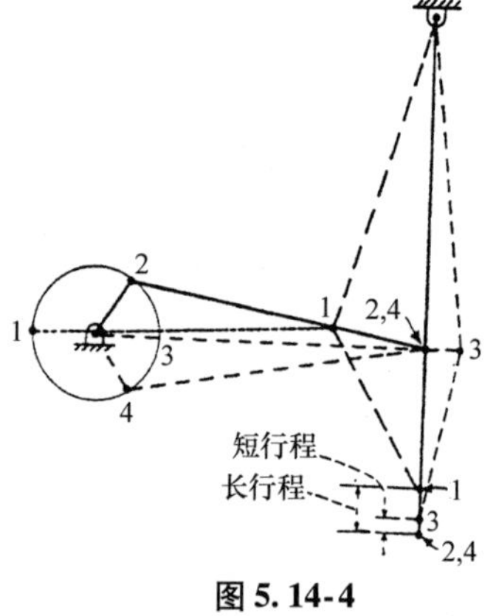

图5.14-4

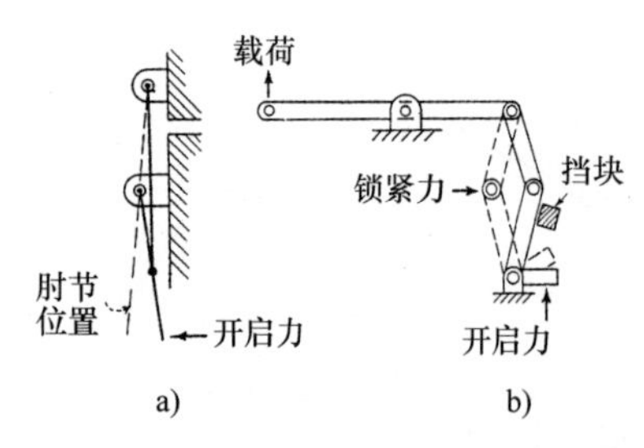

图5.14-5 当在行程的肘节部分时，锁紧销产生一个高的机械增益。一个简单的锁紧销在锁紧位置上作用了一个很大的力(图a)。对于正向锁紧来说，锁紧销闭合的位置稍微超过肘节的位置。因此只需一个很小的开启力便可击打连杆(图b)。

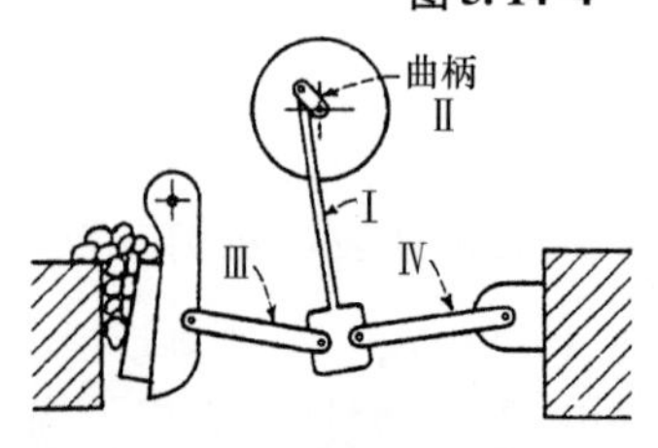

图5.14-6 石头破碎机有成系列的两个肘杆可获得高的机械增益。当垂直的连杆Ⅰ到达它行程的顶点时，它和驱动曲柄Ⅱ开始进入肘节位置；与此同时，连杆Ⅲ与连杆Ⅳ开始进入肘节位置。这些累加的结果产生一个很大的挤压力。

图5.14-7 一个摩擦棘轮被安装在一个轮上；一个轻弹簧使摩擦瓦与凸缘保持接触。这个设备允许臂Ⅰ顺时针旋转。不过，反面旋转引起的摩擦力迫使连杆Ⅱ和摩擦瓦进入肘节位置。这个动作大大地增加了锁紧的压力。

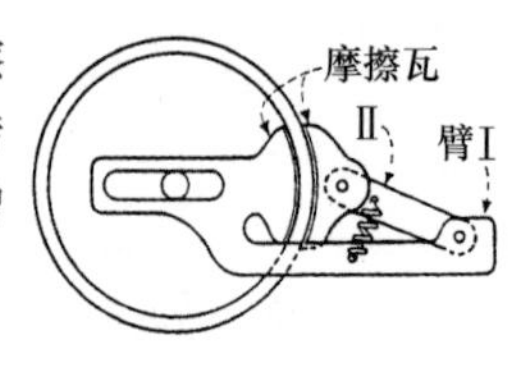

图5.14-7

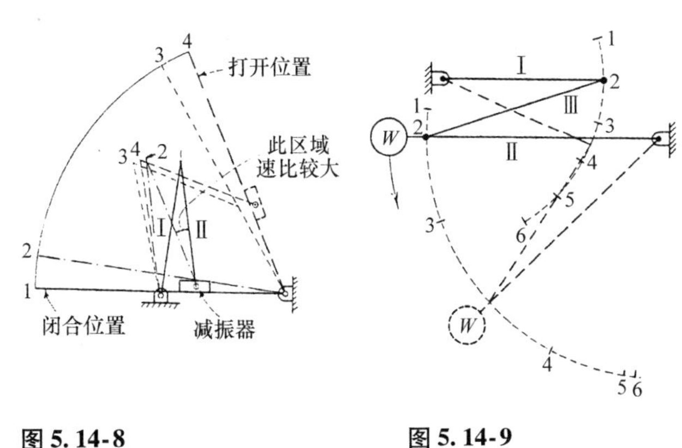

图 5.14-8

图 5.14-9

图 5.14-8 自动关门连杆机构在工作行程期间可实现高旋转速比。当门摆动关闭时，连杆Ⅰ与减振器臂Ⅱ开始形成肘节，并且使减振器臂Ⅱ产生大的角速度。减振器在闭合位置附近的减速运动更有效。

图 5.14-9 冲击减速器常出现在一些大的断路器上。当低位曲柄在行程的开始和结束缓慢旋转时，曲柄Ⅰ以匀速旋转，当杆Ⅱ和杆Ⅲ形成肘节时，曲柄Ⅰ在行程的中期迅速移动。靠重力获得加速并且在减振器减慢时使其返回到系统。

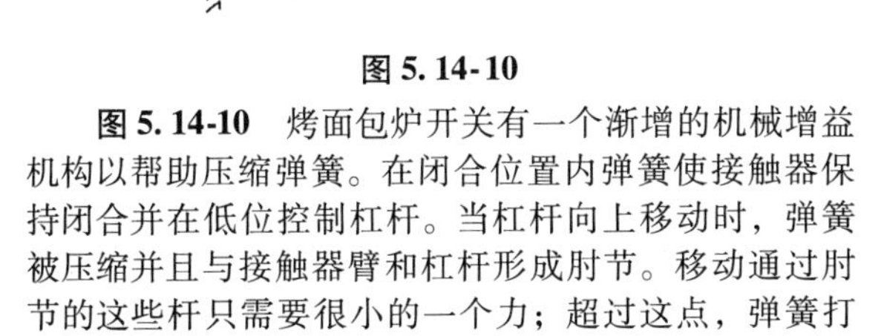

图 5.14-10

图 5.14-10 烤面包炉开关有一个渐增的机械增益机构以帮助压缩弹簧。在闭合位置内弹簧使接触器保持闭合并在低位控制杠杆。当杠杆向上移动时，弹簧被压缩并且与接触器臂和杠杆形成肘节。移动通过肘节的这些杆只需要很小的一个力；超过这点，弹簧打开接触器。相似的动作发生在闭合阶段。

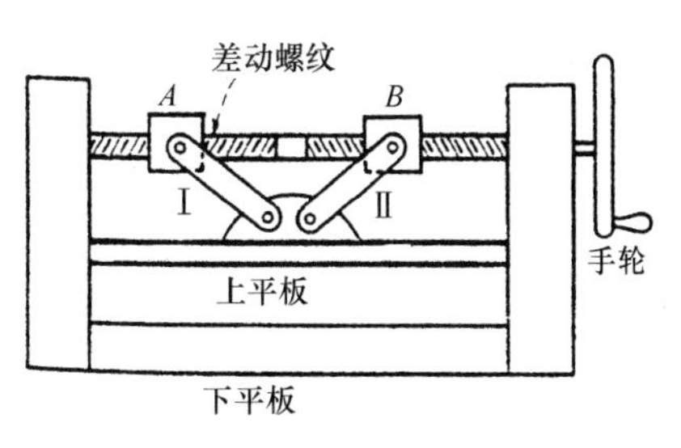

图 5.14-11 肘杆式压力机有个渐增的机械增益以抵消材料被压缩时的抵抗力。带差动螺纹的手轮同时移动螺母 A 和 B，使连杆Ⅰ和连杆Ⅱ形成肘节。

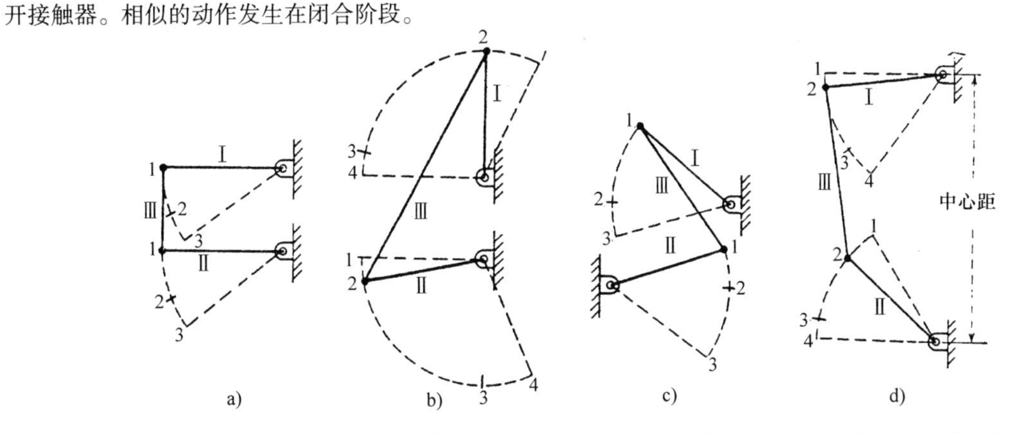

图 5.14-12 四连杆机构可以产生可变的速比(或者机械增益)。在图 a 中，因为曲柄杆Ⅰ和Ⅱ与连杆Ⅲ同时形成肘节，在机械增益方面没有变化。在图 b 中，增加连杆Ⅲ的长度就会增加在位置 1 和 2 之间的机械增益，因为曲柄Ⅰ和连杆Ⅲ接近于肘节。在图 c 中，在左侧放一个支点将产生类似在图 b 里的效果。在图 d 中，增加中心距使曲柄Ⅱ和连杆Ⅲ在 1 的位置接近肘节；曲柄Ⅰ和连杆Ⅲ在 4 点接近肘节位置。

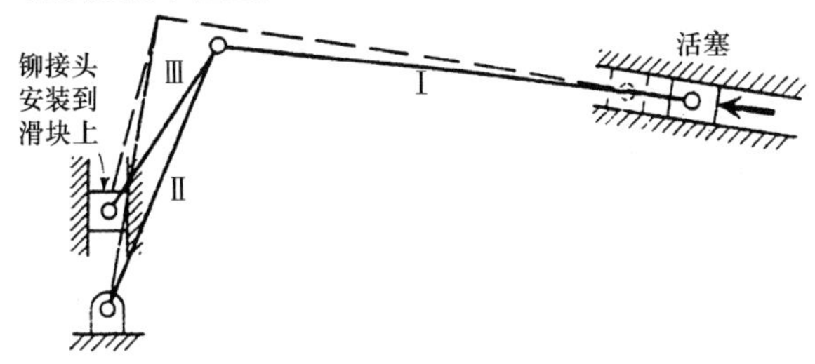

图 5.14-13 带有往复移动活塞的铆接机用图示的连杆机构产生一个高的机械增益。采用恒力驱动活塞，当连杆Ⅰ和连杆Ⅱ形成肘节时，铆接头上的力达到最大值。

5.15　铰接的连杆和扭转衬套使传动平稳起动

当衬套的扭转阻力抵抗偏转力的时候，离心力自动地拉动连杆。

一个蜘蛛形的连杆系统与一个橡胶衬套扭转系统组合形成了一个动力传递联轴器。由英国的Twiflen联轴器有限公司发明的这个装置(见图5.15-1、图5.15-2)具有极高平稳起动的特点。除了扭转系统外，它也依靠离心力自动地拉动连杆，于是，在高速转动时，提供了一个附加的平稳连接，以便吸收和隔离由驱动电动机所引起的任何扭转振动。

这种联轴器已经被用在连接船的主发动机到推进器的齿轮箱系统上。现在即使以很高的瞬时临界速度运转，该联轴器也能将推进器的振动降到可以忽略的程度。它在其他领域中的应用也是可以预见的，如用在内燃机驱动、机床和偏轨机构装置中，联轴器的工作范围是从100hp（74.6kW）的4000r/min到20000hp(1492kW)时的400r/min。

关节连杆。这个联轴器比早期Twiflex设计的联轴器更先进的一个关键点是其周围与主动和从动法兰连接的铰接连杆机构组，分叉或者相切的连杆在与外法兰相连接处有弹性的预紧联结的橡胶衬套，此时其他支点处于轴承上。

当有转矩作用在这个联轴器上时，连杆机构从中间位置沿正或者反方向偏转。这个偏转将受到外圆柱销上橡胶衬套转矩阻力的抵抗。当联轴器旋转的时候，连杆机构的质量使离心力增大，这增大的离心力能抵抗联轴器的偏转。因此，连杆机构的工作位置既取决于施加的转矩又取决于联轴器的旋转速度。

载荷条件下通过这个联轴器的转矩/偏转特性实验可以知道，当沿着正向偏转时联轴器的扭转刚度随着速度和转矩逐渐增加。尽管联轴器的几何形状是不对称的，但是转矩特性在正常工作范围内对于两个驱动方向都是相似的。联轴器的任何一半都可以作为驱动器实现任意一个方向的旋转。

这个连杆的结构可以使联轴器经过改进以满足个别系统精确的刚度要求或者提供相当低的转矩刚度，联轴器以这个刚度值传递转矩将比其他正向转动的联轴器更加平稳。这些特点使得Twiflex联轴器能做下列几项工作：

- 它使动力传输系统的扭转振动基本模型失调。这个联轴器在低速工作时非常平稳，而这个低速能使系统完全失调。
- 它能将发动机的扭转振动与从动机构隔开。在一个典型的齿轮传动系统中，如果联轴器刚度与传递转矩的比例小于7:1，通过齿轮箱驱动的主要机械传动方式就无法工作。然而，Twiflex联轴器很容易达到这一比例。
- 它能保护发动机免受从动机构冲击转矩的损坏。发动机的短路和其他冲击转矩常常有足够的时间在主轴上引起高的响应转矩。

使用适合于10000hp(7460kW)以525r/min转速旋转的TL2307G联轴器的设计样机时，工作点处的转矩刚度很大程度上是由联轴器几何形状决定的，而受橡胶衬套特性变化的影响却很小。并且，联轴器可以产生精度在5.0%范围内的转矩刚度值。

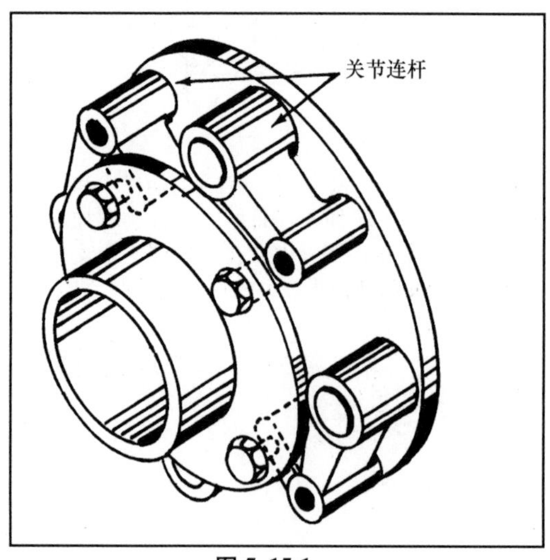

图5.15-1

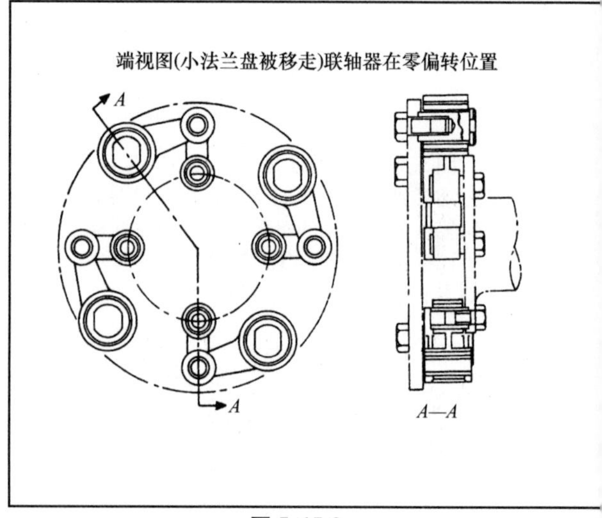

图5.15-2

这种新联轴器上的关节连杆(图5.15-1)被装在驱动法兰的周围。一个四连杆设计(图5.15-2)能传送来自于100hp的驱动电动机的转速为4000r/min的驱动转矩。

5.16　8种用于带离合器和制动器的连杆机构

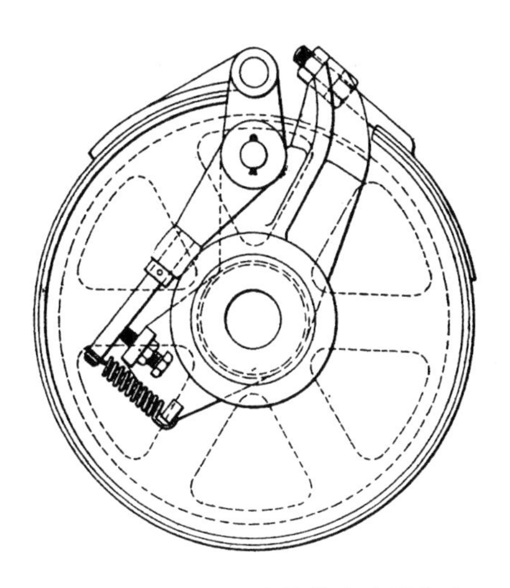

图5.16-1　一个外带离合器靠滚子和圆锥体来工作。

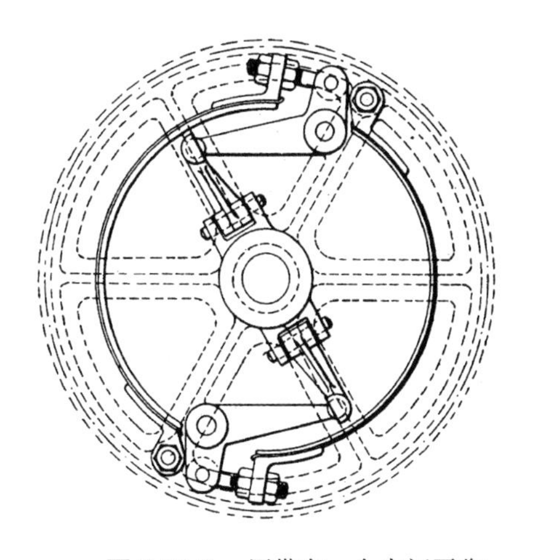

图5.16-2　用带有一个中间平衡器的两个半缠绕带制造的外带离合器。

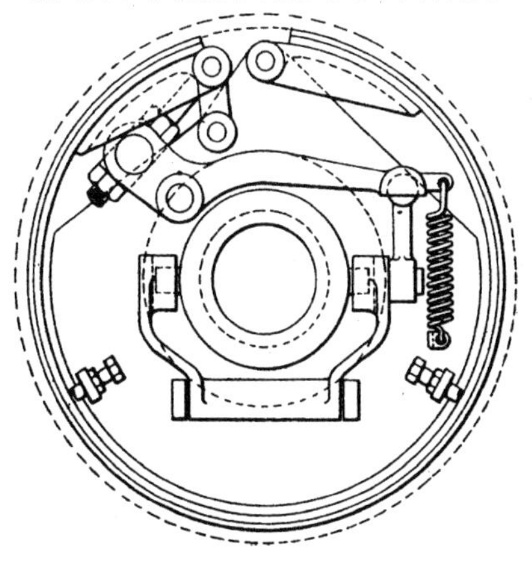

图5.16-4　内带离合器靠一个可沿轴向运动的叉来控制。

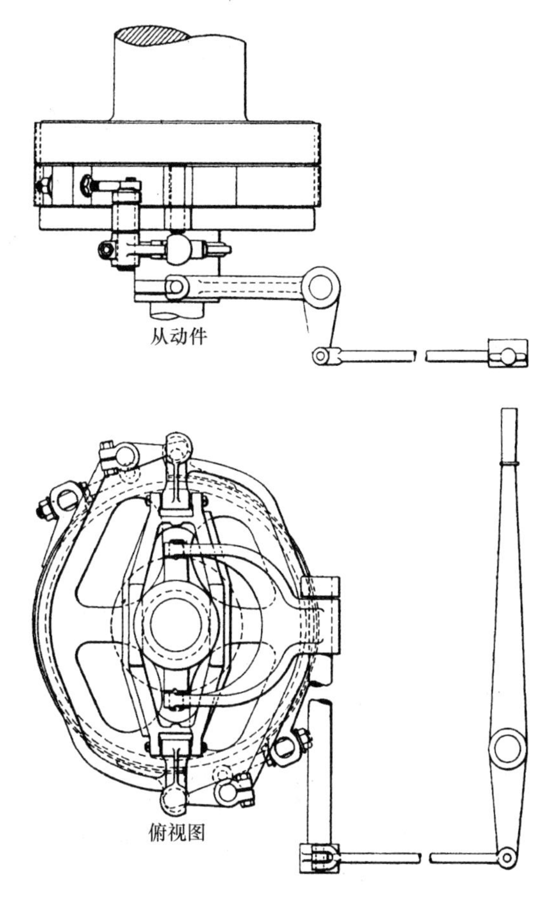

图5.16-3　用带有一个中间平衡器的两个全缠绕带制造的外带离合器。

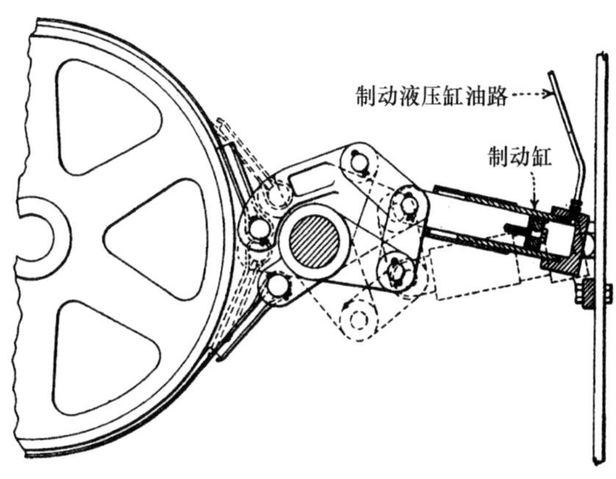

图5.16-5　用液压控制的一个双向作用的带制动器。

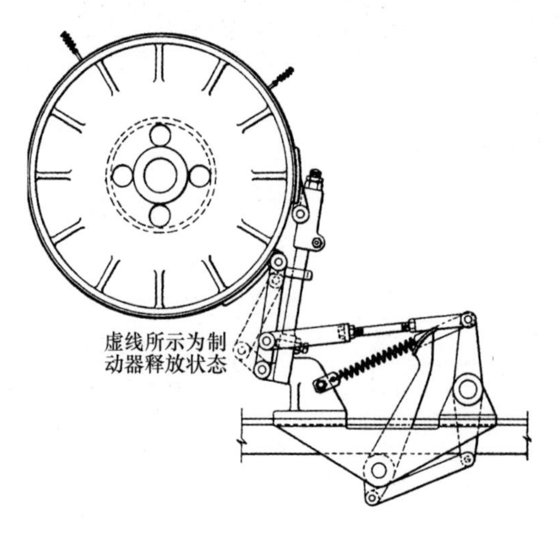

图 5.16-6 用脚踏板控制的起重机圆筒带制动器。

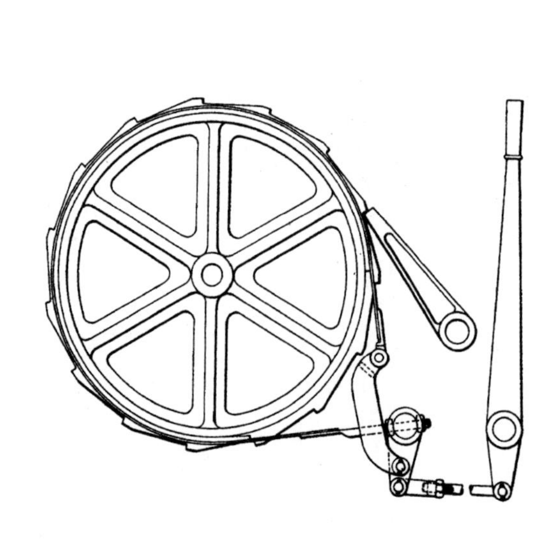

图 5.16-7 用一个单曲柄作用的带制动器。

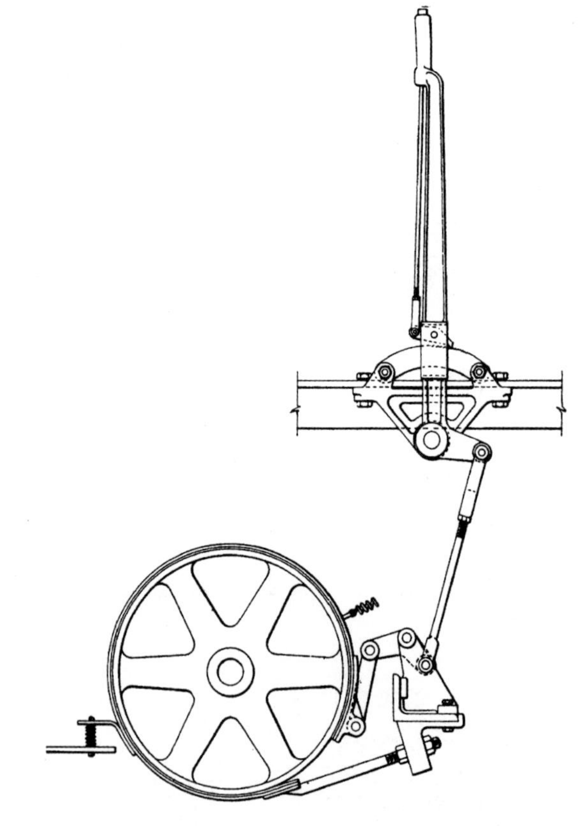

图 5.16-8 用一个棘轮杆控制的履带传动的带制动器。

5.17　具有最优力传递性能的曲柄摇杆机构的设计

结合列表和迭代方法能尽量减少四连杆机构设计中的试验次数和误差。

由于涉及复杂的方程和计算，曲柄摇杆机构的优化已经由计算机来最有效地完成。感谢哥伦比亚大学的机械和核工程系所做的工作，我们现在所需要的只是一个计算器以及这里提供的计算机生成的表格。计算已经由这所大学的 Meng - Sang Chew 先生完成。

曲柄摇杆机构 $ABCD$ 如图 5.17-1a 所示，图 5.17b 表示摇杆的两个极限位置。这里 ψ 表示摇杆的摆角，f 表示相对应的曲柄的旋转角度，它们都是通过延长线上的死点位置 AB_1C_1D 开始逆时针测得。

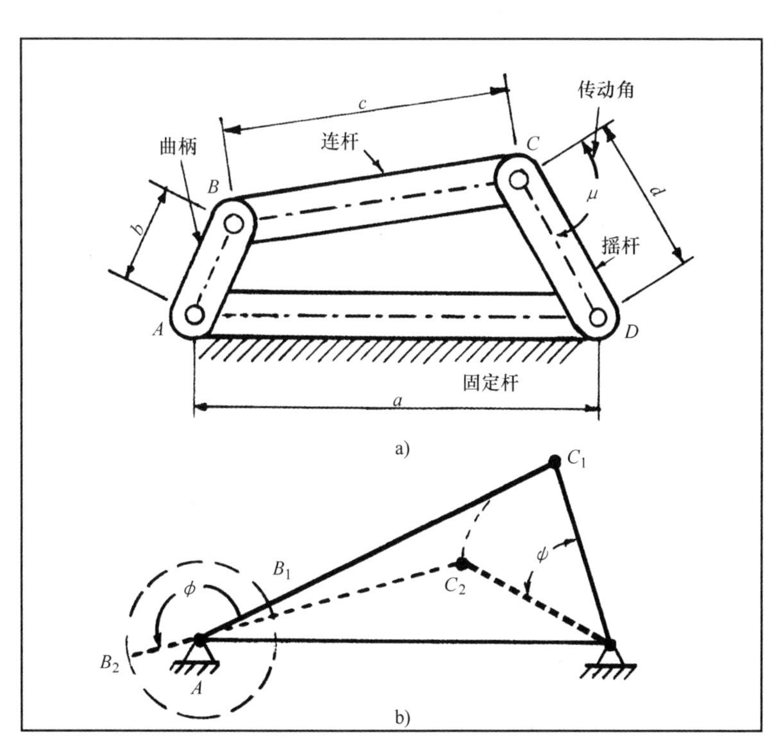

图 5.17-1　对典型四杆曲柄摇杆机构问题的优化，现在只需通过附表和计算即可完成。

问题是给定摇杆旋转角度 ψ，相对的曲柄的旋转角度 f 和最佳的力传递性能，求曲柄摇杆机构的各杆的比例。这个最佳的力传递性能通常由连杆 BC 的延长线和摇杆 CD 之间的传动角 μ 决定。

只考虑静态力的话，传动角越接近 90°，驱动部分施加在摇杆上与施加在摇杆轴承上的力的比率就会越大。在高速和重载应用时，传动角的控制就变得特别重要。

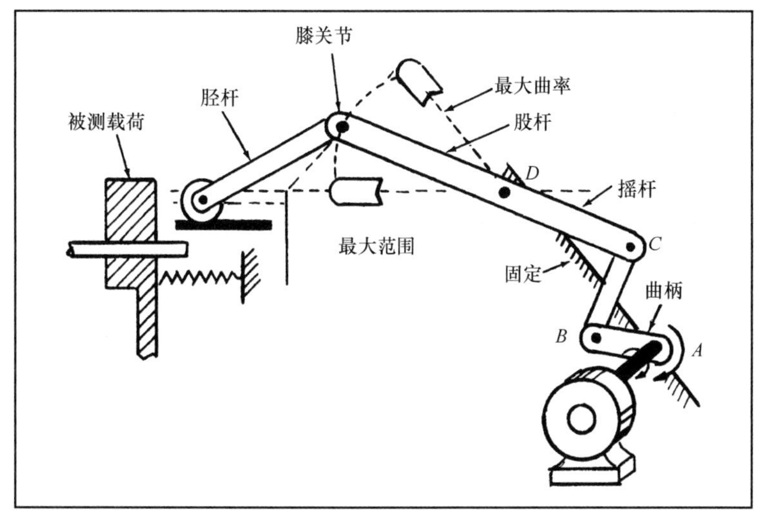

图 5.17-2　通过这里所叙述的下列的设计和计算过程，设计和制造出了这个膝关节检测器的一个样机。

如何实现优化：对于已给定的摇杆摆动角、相应的曲柄旋转和最佳的传动，确定曲柄摇杆机构比例的步骤如下：

- 在下面的范围内选择（ψ，f）：

  $0° < \psi < 180°$

  $(90° + 1/2\psi) < f < (270° + 1/2\psi)$

- 计算：$t = \tan 1/2f$

  $u = \tan 1/2(f - \psi)$

  $v = \tan 1/2\psi$

● 使用下表，找出连杆与曲柄长度的比值 λ_{opt}，它能够使从90°开始的传动角的偏差最小。在表中包括（ψ，ϕ）的最实用的组合。如果（ψ，ϕ）的组合在表里没有，或者是 $\phi=180°$，转到下一步（a，b，c）；

（a）如果 $\phi\neq180°$ 并且（ψ，ϕ）不在表给定的范围之内，任意中间值 Q 可以从下面的方程得出：
$Q^3+2Q^2-t^2Q-(t^2/u^2)(1+t^2)=0$

这里$(1/u^2<Q<t^2)$。

采用数字迭代的方法可以很方便地获得解：

设 $Q_1=\frac{1}{2}\left(t^2+\frac{1}{u^2}\right)$

从下面的递推公式中计算 Q_2，Q_3 等：

$$Q_{i+1}=\frac{2Q_i^2(Q_i+1)+(t^2/u^2)(1+t^2)}{Q_i(3Q_i+4)-t^2}$$

重复计算直到比值 $[(Q_{i+1}-Q_i)/Q_i]$ 足够小，这样就能够获得所需要的有效数值。

然后 $\lambda_{opt}=t^2/Q$

（b）如果 $\phi\neq180°$ 并且 λ_{opt} 需要表中两个输入值之间的插补来确定，令 $Q_1=t^2\lambda^2$，此处 λ 与表内最相近的输入值相对应，并且同上面的（a）中一样确定 Q 和 λ_{opt}。通常一次或两次的迭代就足够了。

（c）$\phi=180°$。此时，$a^2+b^2=c^2+d^2$；$\psi=2\sin^{-1}(b/d)$；并且从90°开始的传动角的最大偏差 Δ 等于 $\sin^{-1}(ab/cd)$。

● 确定连杆的比例如下：

$$(a')^2=\frac{u^2+\lambda_{opt}^2}{1+u^2}$$

$$(b')^2=\frac{v^2}{1+v^2}$$

$$(c')^2=\frac{\lambda_{opt}^2v^2}{1+v^2}$$

$$(d')^2=\frac{t^2+\lambda_{opt}^2}{1+t^2}$$

然后 $a=ka'$；$b=kb'$；$c=kc'$；$d=kd'$，这里 k 是一个比例系数，这样任一个连杆的长度（通常是曲柄）都与设计值相等。从90°开始的传动角的最大偏差 Δ 是

对于给定的 ϕ 和 ψ 的比值 λ 的优化值

ϕ/(°)	ψ/(°) 160	162	164	166	168	170	172	174	176	178
10	2.3532	2.4743	2.6166	2.7873	2.9978	3.2669	3.6284	4.1517	5.0119	6.8642
12	2.3298	2.4491	2.5891	2.7570	2.9636	3.2272	3.5804	4.0899	4.9224	6.6967
14	2.3064	2.4239	2.5617	2.7266	2.9293	3.1874	3.5324	4.0283	4.8342	6.5367
16	2.2831	2.3988	2.5344	2.6964	2.8953	3.1479	3.4848	3.9675	4.7482	6.3853
18	2.2600	2.3740	2.5073	2.6664	2.8615	3.1089	3.4380	3.9080	4.6650	6.2427
20	2.2372	2.3494	2.4805	2.6368	2.8282	3.0704	3.3920	3.8499	4.5848	6.1087
22	2.2145	2.3250	2.4540	2.6076	2.7954	3.0327	3.3470	3.7935	4.5077	5.9826
24	2.1922	2.3010	2.4279	2.5789	2.7631	2.9956	3.3030	3.7388	4.4338	5.8641
26	2.1701	2.2773	2.4022	2.5505	2.7314	2.9594	3.2602	3.6857	4.3628	5.7524
28	2.1483	2.2539	2.3768	2.5227	2.7004	2.9239	3.2185	3.6344	4.2948	5.6469
30	2.1268	2.2309	2.3519	2.4954	2.6699	2.8893	3.1779	3.5847	4.2295	5.5472
32	2.1056	2.2082	2.3273	2.4685	2.6401	2.8554	3.1384	3.5367	4.1668	5.4526
34	2.0846	2.1858	2.3032	2.4421	2.6108	2.8223	3.0999	3.4901	4.1066	5.3628
36	2.0640	2.1637	2.2794	2.4162	2.5821	2.7899	3.0624	3.4449	4.0486	5.2773
38	2.0436	2.1420	2.2560	2.3908	2.5540	2.7583	3.0259	3.4012	3.9927	5.1957
40	2.0234	2.1205	2.2330	2.3657	2.5264	2.7274	2.9903	3.3587	3.9388	5.1177
42	2.0035	2.0994	2.2103	2.3411	2.4994	2.6971	2.9556	3.3175	3.8868	5.0430
44	1.9839	2.0785	2.1879	2.3169	2.4728	2.6675	2.9217	3.2773	3.8364	4.9712
46	1.9644	2.0579	2.1659	2.2931	2.4468	2.6384	2.8886	3.2383	3.7877	4.9023
48	1.9452	2.0375	2.1441	2.2696	2.4211	2.6100	2.8563	3.2003	3.7404	4.8358
50	1.9262	2.0174	2.1227	2.2465	2.3959	2.5820	2.8246	3.1632	3.6945	4.7717

$$\sin\Delta = \frac{|(a \pm b)^2 - c^2 - d^2|}{2cd}$$

$$0° \leqslant \Delta \leqslant 90°$$

如 $\phi < 180°$，取 + 号。

如 $\phi > 180°$，取 − 号。

一个实例。在 N. Eftekha 博士的指导下，由哥伦比亚大学的整形外科诊疗室建造了一个测试人造膝关节的模拟器，如图 5.17-2 所示。驱动装置包括一个可调整的曲柄摇杆机构 *ABCD*。摇杆的摆角范围大约是从 48°到 16°。曲柄长 101.6mm（4in）并以 150r/min 的转速旋转。通过改变曲柄的长度可以调整摆角的大小。

要得到连杆的比例，假设在摇杆的旋转角度最大时的最佳传动比例，就是将这代表最极端的情况。对于小摆角来说，偏离 90°的最大传动角将减少。

曲柄旋转 48°，对应的摇杆摆动大约 170°。通过查表可得 λ_{opt} = 2.6100，这使得 a' = 1.5382，b' = 0.40674，c' = 1.0616，d' = 1.0218。

对于一个 4in（101.6mm）的曲柄来说，k = 4/0.40674 = 9.8343，a = 15.127in（384.226mm），b = 4in（101.6mm），c = 10.440in（265.176mm），d = 10.049in（255.245mm），这与所使用的比例非常接近。传动角偏离 90°的最大偏差为 47.98°。

这个过程不仅应用在曲柄摇杆连杆机构的优化上，而且也可以应用在其他曲柄摇杆机构的设计上。例如，如果摇杆的摆角和对应的曲柄的旋转已经确定，连杆对曲柄长度的比是任意的，方程里的 λ_2 就可以使用（1，u^2t^2）里的任意值。然后，比值 λ 就可以被修改来满足各种设计的需要，例如尺寸、轴承反力、传动角控制和这些需要的组合。

这种方法同样可以应用于飞机着陆轮收起系统的中心连杆机构设计，同样它也可以应用于任意一个满足这里所讨论的需要的四连杆机构设计。

ψ/（°）									
182	184	186	188	190	192	194	196	198	200
7.2086	5.3403	4.4560	3.9112	3.5318	3.2478	3.0245	2.8428	2.6911	2.5616
7.0369	5.2692	4.4227	3.8969	3.5282	3.2507	3.0317	2.8528	2.7030	2.5748
6.8646	5.1881	4.3795	3.8739	3.5174	3.2478	3.0341	2.8589	2.7117	2.5855
6.6971	5.1013	4.3287	3.8435	3.5000	3.2392	3.0317	2.8610	2.7171	2.5934
6.5371	5.0121	4.2726	3.8071	3.4768	3.2252	3.0245	2.8589	2.7189	2.5982
6.3857	4.9226	4.2131	3.7663	3.4487	3.2065	3.0129	2.8528	2.7171	2.5998
6.2431	4.8344	4.1518	3.7221	3.4167	3.1837	2.9972	2.8428	2.7117	2.5982
6.1090	4.7484	4.0900	3.6759	3.3818	3.1575	2.9780	2.8293	2.7030	2.5934
5.9830	4.6652	4.0284	3.6284	3.3447	3.1286	2.9558	2.8127	2.6911	2.5855
5.8644	4.5849	3.9676	3.5804	3.3062	3.0976	2.9311	2.7833	2.6763	2.5748
5.7527	4.5079	3.9080	3.5324	3.2669	3.0652	2.9045	2.7718	2.6592	2.5616
5.6472	4.4339	3.8500	3.4849	3.2272	3.0318	2.8764	2.7484	2.6399	2.5461
5.5475	4.3630	3.7936	3.4380	3.1875	2.9979	2.8473	2.7236	2.6190	2.5287
5.4529	4.2949	3.7388	3.3920	3.1480	2.9636	2.8175	2.6977	2.5967	2.5097
5.3631	4.2296	3.6858	3.3470	3.1089	2.9294	2.7873	2.6711	2.5734	2.4894
5.2776	4.1669	3.6345	3.3031	3.0705	2.8953	2.7570	2.6440	2.5492	2.4680
5.1960	4.1067	3.5848	3.2602	3.0327	2.8615	2.7266	2.6166	2.5246	2.4459
5.1180	4.0487	3.5367	3.2185	2.9956	2.8282	2.6964	2.5891	2.4996	2.4232
5.0432	3.9928	3.4901	3.1779	2.9594	2.7954	2.6665	2.5617	2.4744	2.4001
4.9715	3.9389	3.4450	3.1384	2.9239	2.7631	2.6369	2.5344	2.4491	2.3767
4.9025	3.8869	3.4012	3.0999	2.8893	2.7314	2.6076	2.5073	2.4239	2.3533

5.18 四连杆角运动设计

下面介绍怎样运用四连杆机构来产生连续或间歇的、进给机构所需的转角。

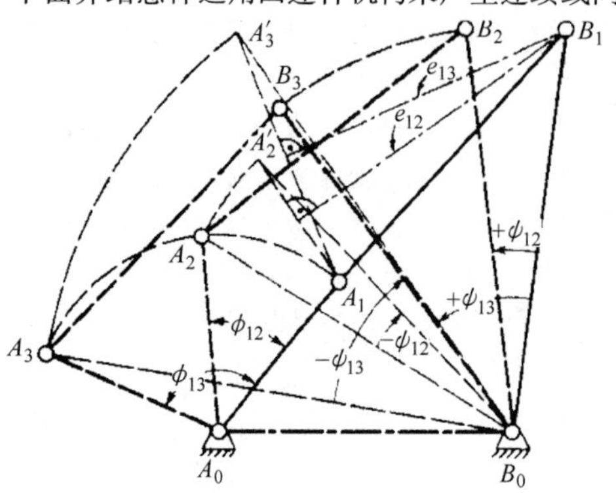

图 5.18-1 四连杆机构有两个同步的转角，ϕ_{12}和ϕ_{13}分别对应ψ_{12}和ψ_{13}。

在进给机构工作时，常常需要两组同步的转角。四连杆机构提供了一种方法。例如，在图 5.18-1 中对于给定的支点A_0、B_0和给定的曲柄长度A_0A，两个转角ϕ_{12}和ϕ_{13}必须与其他两个转角ψ_{12}和ψ_{13}同步。这意味着曲柄的长度B_0B必须足够长，以便四连杆机构可以对转角ϕ_{12}和ϕ_{13}分别对应的转角ψ_{12}和ψ_{13}进行协调。步骤如下：

1. 通过绕点B_0使A_2转过$-\psi_{12}$角获得点A_2'。
2. 同样通过绕点B_0使A_3转过$-\psi_{13}$角获得点A_3'。
3. 画线A_1A_2'，A_1A_3'和它们的垂直平分线并相交在需要的点B_1上。
4. 四边形$A_0A_1B_1B_0$代表了一个四连杆机构，它能够在转角ϕ_{12}，ϕ_{13}和ψ_{12}，ψ_{13}之间产生所需要的关系。

具有四个相对位置的三个角能够以类似的方式实现同步。图 5.18-2 展示了使用随意选择的支点A_0和B_0，怎样使角ϕ_{12}，ϕ_{13}，ϕ_{14}和对应的角ψ_{12}，ψ_{13}，ψ_{14}实现同步。在这种情况下，就可以确定曲柄的长度A_0A和B_0B，步骤如下：

1. 在角$A_3A_0A_4$的对角线上选择支点A_0和B_0。A_0B_0的长度是随意的。
2. 测量角$B_3B_0B_4$的一半大小，用这个角画B_0A_4，使其与A_0A_4相交，从而确定了曲柄的长度A_0A。这同样也可以确定点A_3，A_2和A_1。
3. 把B_0作为中心，B_0B_4作为半径标记角度$-\psi_{14}$，$-\psi_{13}$，$-\psi_{12}$，负号表示它们与ψ_{14}，ψ_{13}，ψ_{12}反向。这样就确定了点A_2'，A_3'和A_4'，但是因为A_3和A_4是关于A_0B_0对称的，使得点A_3'和A_4'重合。
4. 画线A_1A_2'和A_1A_4'，以及这两条线的垂直平分线，它们相交于所需点B_1。
5. 四边形$A_0A_1B_0B_1$表示四连杆机构，它会产生ϕ_{12}，ϕ_{13}，ϕ_{14}和ψ_{12}，ψ_{13}，ψ_{14}之间所需要的关系。

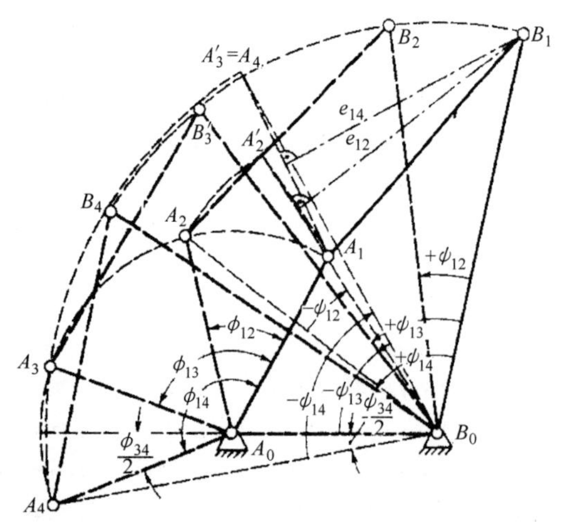

图 5.18-2 这里三个角位置ϕ_{12}、ϕ_{13}和ϕ_{14}，通过四连杆机构与ψ_{12}、ψ_{13}和ψ_{14}实现同步。

这些示意图表示怎样使这些角度在给定的空间内协调一致。在图 5.18-3a 中，曲柄的输入角度必须与叉形擒纵杆的输出角度一致。在图 5.18-3b 中，曲柄的输入角必须与倾斜漏斗的输出角一致。在图 5.18-3c 中，曲柄的输入角必须与扇形构件的输出角一致。在图 5.18-3d 中，在传送装置上的盒子通过输出曲柄倾斜 90°，输入曲柄通过一个联轴器驱动输出曲柄。图示所示其他机构同样能够使输入角与输出角协调一致；一些机构在循环中有暂停，其他的机构在暂停期间有一个线性输出。

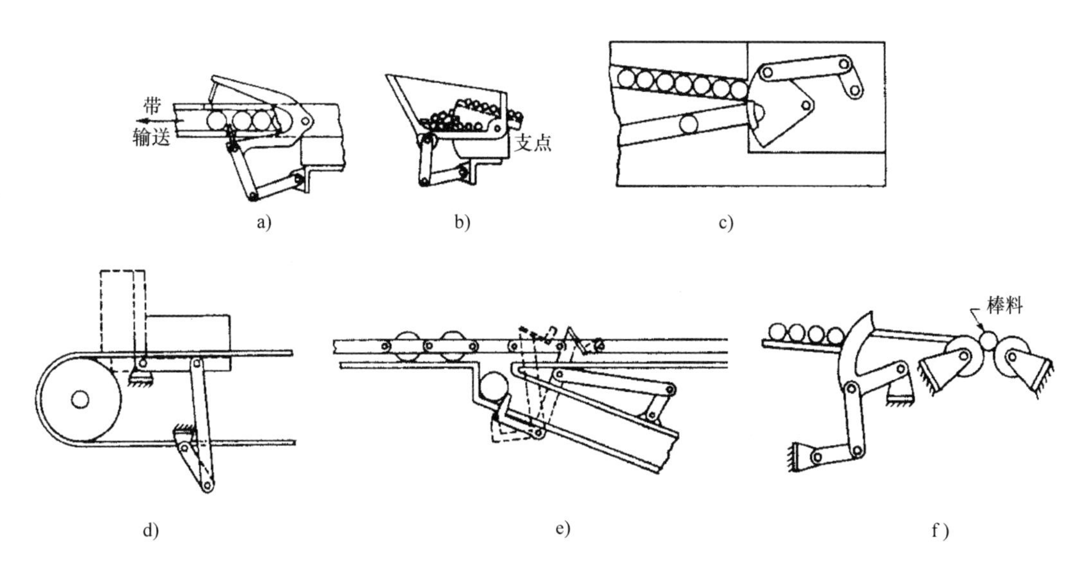

图 5. 18-3 进给机构的输入、输出转角通过四连杆机构实现同步。(a) 在传送带上对球形或者圆柱形零件进行分离进给。(b) 通过倾斜料斗实现球形零件的成组分类。(c) 通过重力实现的球形或者圆柱形零件分离进给。(d) 矩形零件在传送带上被翻转。(e) 通过杠杆分离零件，并通过右面的扳机控制输送带运动。(f) 在输入曲柄起动时，通过输出杠杆的角摆动实现棒料的定位。

5. 19 曲线运动的进给机构

四连杆机构能够组合成在相机、自动车床、农用机械和气割机械中使用的六连杆、八连杆或更多连杆的进给机构。

当进给机构需要复杂的曲线运动时，使用混合的连杆机构比使用四连杆机构更有必要。然而，四连杆机构可以被组合产生不同复杂程度的曲线运动，并且在选择更复杂的连杆机构之前四连杆机构的所有可行性都应该首先被考虑。

例如，图 5. 19-1 中的一个照相机的胶片传输机构有一个连杆上带点 d 的简单的四连杆机构，这个点 d 能够产生类似于大写字母 D 的曲线和直线运动 a。图 5. 19-2 中的一个更复杂的曲线运动也可以由四连杆机构的连杆点 E 产生，这个四连杆机构能控制一个自动轮廓车床。四连杆机构能够产生许多不同的曲线运动，如图 5. 19-3 所示。可选择连杆叉上的一些点，比如在连杆 b 上的 g_1、g_2 和 g_3 点和在连杆 e 上的 g_4 和 g_5 点，来产生需要的把稻草传送入碾轧机中的运动。

图 5. 19-4 所示为一个相似的进给和提升装置。旋转装置的曲柄 a 带动连杆 b 的移动和杆 c 的摆动，而杆 c 通过连杆 e 驱动导向臂 f。杆 h 带动从 g_1 到 g_7 的指状构件。它们产生从 a_1 到 a_7 的耦合运动曲线。

另外一个实用的例子是，考虑到要把图 5. 19-5a 中的气割机设计成用来沿着曲线轨迹 a 切割薄金属板。这里的点 A_0 和 B_0 在机器上是固定的，连杆 A_0A_1 的长度为了适应不同的曲线轨迹 a 是可以调整的。

B_1B_1 的长度也是固定的。问题是要在四连杆机构中对于给定的轨迹 a 找出连杆 A_1B_1 和 E_1B_1 的长度，这个轨迹 a 是连杆上的点 E 所形成的，切割吹管被安装在点 E 上。

图 5. 19-5b 是这个问题的图解法，需要选择点 A_1 和 E_4，以便 A_1E_1 到 A_8E_8 的距离相等，并且点 E_1 到 E_8 在所求的连杆曲线 a 上。这种情况下，只有点 E_4 到 E_8 表示了需要切割的轮廓。点 A_1 和 E_1 的正确的选择需要使下面的三角形相等：

$$\Delta E_2A_2B_{01} = \Delta E_1A_1B_{02}$$

$$\Delta E_3A_3B_{01} = \Delta E_1A_1B_{03}$$

$$\Delta E_8A_8B_{01} = \Delta E_1A_1B_{08}\cdots\cdots$$

并直到 $E_8A_8B_{01} = E_1A_1B_{08}$ 为止。与此同时，所有从 A_1 到 A_8 的点必须在以 B_1 为圆心的圆弧上。

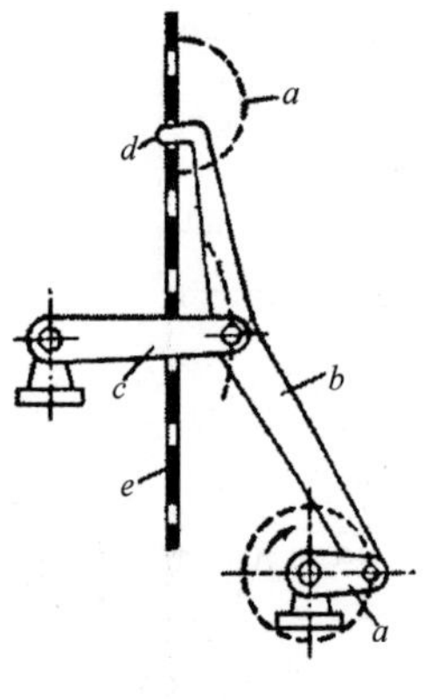

图 5.19-1

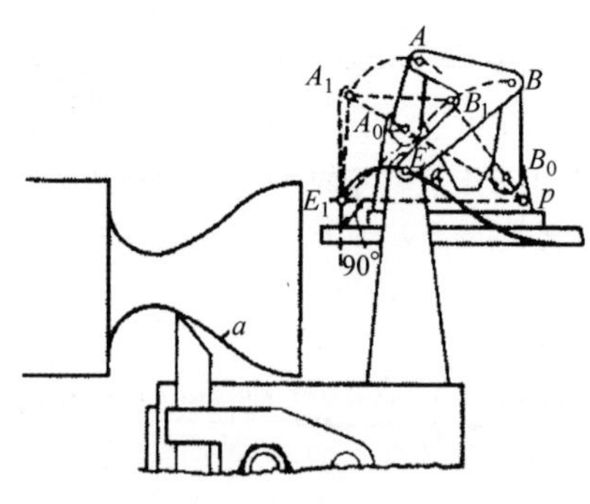

图 5.19-2

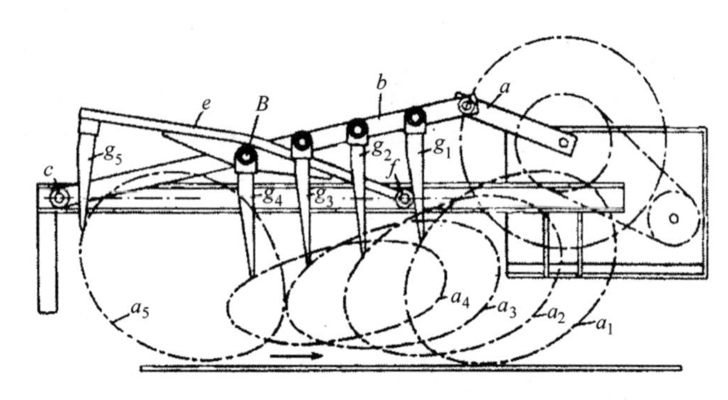

图 5.19-3

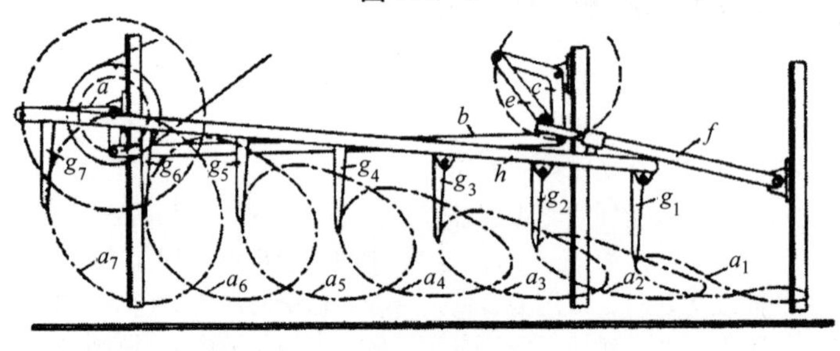

图 5.19-4

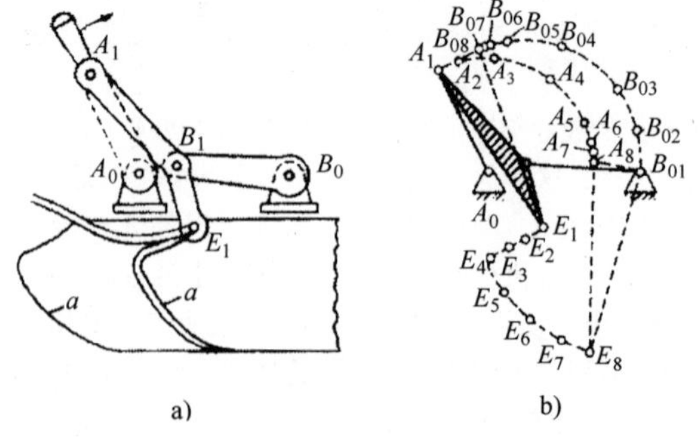

图 5.19-5

下面介绍合成的八连杆机构。

如图 5. 19-6 所示，设计一个有八个精确点的连杆机构。在这个机构中一个四连杆机构的曲线运动与第二个四连杆机构角的摆动是协调对应的。第一个四连杆机构由连杆上带连接点 E 的 AA_0BB_0 组成，这个点 E 产生带有八个从精确点 E_1 到 E_8 的 γ 曲线并驱动第二个四连杆机构 HH_0GG_0。连杆上的点 F 产生从精确点 F_1 到 F_8 的曲线 δ。连接点 F_2、F_4、F_6、F_8 是重合的，因为在这些连杆的位置上直线连杆 GG_0 和 GH 相互在一条直线上。这就是尽管连杆上的点 F 连续运动，而 HH_0 可以摆动的原因。连杆上的点 F_1 与 F_5 是重合的，F_3 与 F_7 重合，这样选择 F_1 作为圆弧 k_1 的中心，F_3 作为圆弧 k_3 的中心。这些圆与连杆的曲线 γ 在 E_1、E_5、E_3、E_7 是相切的，并且它们也表明了第二个四连杆机构 HH_0GG_0 的极限位置。

这个机构所需要的一个 HH_0 的极限摆角通过位置 H_0H_1 和 H_0H_3 来表示。输入曲柄 AA_0 每旋转一圈，它摆动四次，并且从 H_1 到 H_8 的位置与输入曲柄从 A_1 到 A_8 的位置相对应。

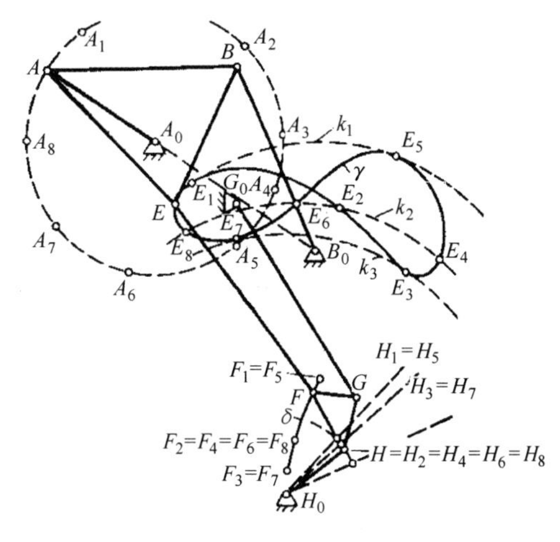

图 5. 19-6

如图 5. 19-7 所示为带有歇停和和谐间歇运动的复合连杆机构的合成。四连杆机构 AA_0BB_0 连杆上的点 E 通过从 E_1 到 E_6 点产生接近三角形的曲线。连杆机构可以很容易地做到这一点，并能方便地通过已知的四杆机构合成的方法获得各杆的组成比例。然而，这个连杆机构包括与第二个四连杆机构 FF_0HB_0 产生协调间歇运动的暂停阶段。这里以 EF 为半径，以 F_{12}、F_{34} 和 F_{56} 作圆心画相切的圆弧 k_{12}、k_{34} 和 k_{56}。

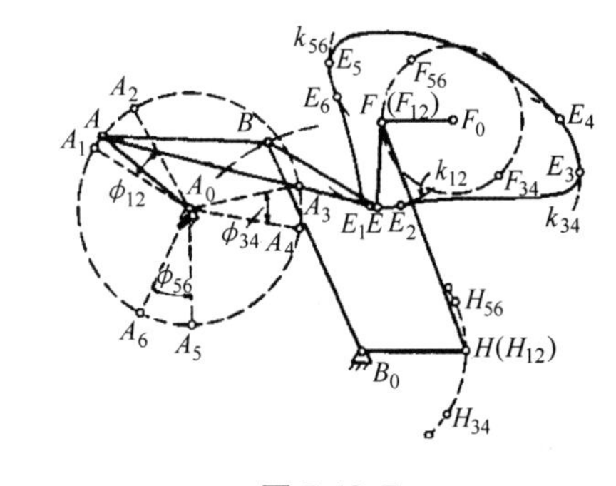

图 5. 19-7

这些圆心建立了以 F_0 作中心的圆并为第二个四连杆机构建立了支点。当 AA_0 连续旋转时，每个相切的圆弧都能使连杆 FF_0 产生歇停。于是，在一个循环周期中有三个歇停阶段的连杆 FF_0 能使第二个连杆 FF_0HB_0 产生间歇的曲线运动。在设计中心时，必须选择 F_0，以便减少角 EFF_0 与 90°的偏离，因为它会使施加在 E 点的所需转矩最小。B_0H 的长度可以定制，而在 H_{34}，H_{12} 和 H_{56} 的歇停时间与曲柄的角度 ϕ_{34}，ϕ_{12} 和 ϕ_{56} 有关。

一个复合的连杆机构同样能够产生带有一个歇停阶段的 360°的摆动，如图 5. 19-8 所示。两个四连杆机构是 AA_0BB_0 和 BB_0FF_0，并且输出连杆的曲线 γ 只穿过 E_1，E_2。杆 HH_0 产生摆动运动，它到输出连杆上点 E 的距离是 EH。固定点 H_0 位于输出连杆环形曲线 γ 之内。在点 H_3 产生歇停，在歇停期间，点 H_3 是与连杆曲线 γ 相切的圆弧 k 的中心。在这个例子中，设计在摆动 360°的一半时产生暂停。H_1 与 H_2 位置重合，表示了连杆的极限位置 HH_0，并且它们与连杆上的点 E_1 和 E_2 的位置相对应。

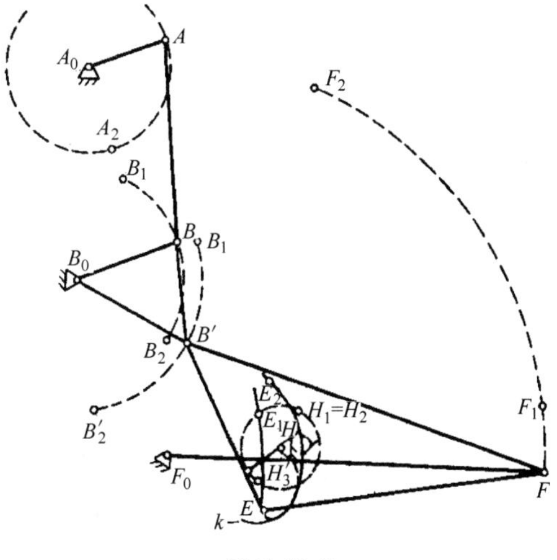

图 5. 19-8

5.20 帮助设计替代四连杆机构的罗伯特法则

下面是三个连杆机构的例子。

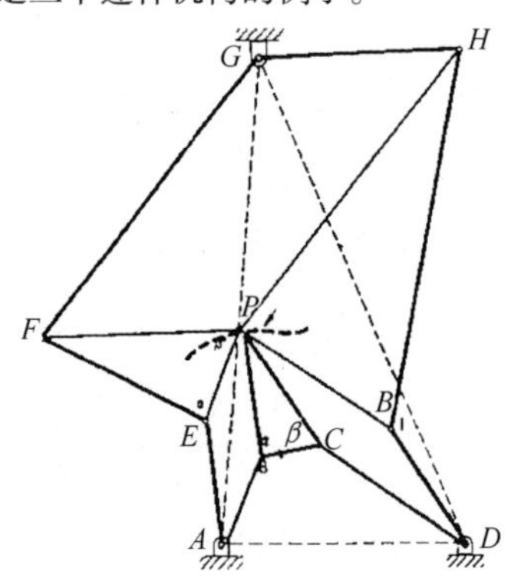

图 5.20-1 相似三角形法。

当设计或从样本中选择一个四连杆机构来产生需要的连杆曲线运动时，经常发现其中的一个支点被放在不方便的位置或传动角不合适。连杆曲线由将四杆机构上的两个曲柄连接的连杆上的点产生。根据罗伯特法则，至少会有其他两个四连杆机构产生同样的连杆曲线，而其中的一个连杆机构或许更合适于应用。

罗伯特法则规定两个可供选择的连杆机构被一系列相似的三角形联系到第一个连杆机构上。在这里图解法得到应用，这里展示了三个例子。第一个包括相似三角形，第二个是更方便的渐进法，第三个展示了一个特殊情况的解法，即连杆上的点处于连杆的延长线上。

1. 相似三角形法

图 5.20-1 中的四杆机构 *ABCD* 用点 *P* 来形成所需要的曲线，点 *P* 实际上是在连杆 *BC* 的延长线上。点 *E* 通过画 *AB* 的平行线 *EP* 和 *PB* 的平行线 *EA* 获得。这样就获得了与三角形 *BPC* 相似的三角形 *EFP*。这里需要设定的角 α 和 β。

点 *H* 以同样的方法获得，并且点 *G* 通过画 *GH* 平行 *FP* 和 *GF* 平行于 *HP* 来获得。

对于 *ABCD* 来说可供选择的连杆机构是 *GFEA* 和 *GHID*。所有这些连杆机构都是用点 *P* 来产生所需的曲线，并给定三个连杆机构之一，其他两个连杆机构就能确定。

2. 渐进法

用上面所介绍的相似三角形法，在设计适当的角时产生轻微的误差就会在连杆的尺寸上导致大的误差。在一条线上划分连杆的长度就可以避免角结构的设计。

这样，图 5.20-2 中的连杆机构 *ABCD* 可以看做从 *A* 到 *D* 的直线被划分，如图 5.20-3 所示。点 *P* 被包括在转换中。通过原始直线的延长线或画平行线，可以很快地找到 *EFGHI* 这些点。现在图 5.20-3 中包括了所有连杆的正确尺寸，将它放在一张扫描纸下，借助于圆规使连杆 *AB* 和 *CD* 旋转（见图 5.20-4），以便连杆机构 *ABCD* 与图 5.20-2 中的机构一样。连杆 *PEF* 和 *PHI* 分别平行于 *AB* 和 *CD* 旋转。完成的平行四边形给出了两种可供选择的连杆机构——*AEFG* 和 *GHID*。

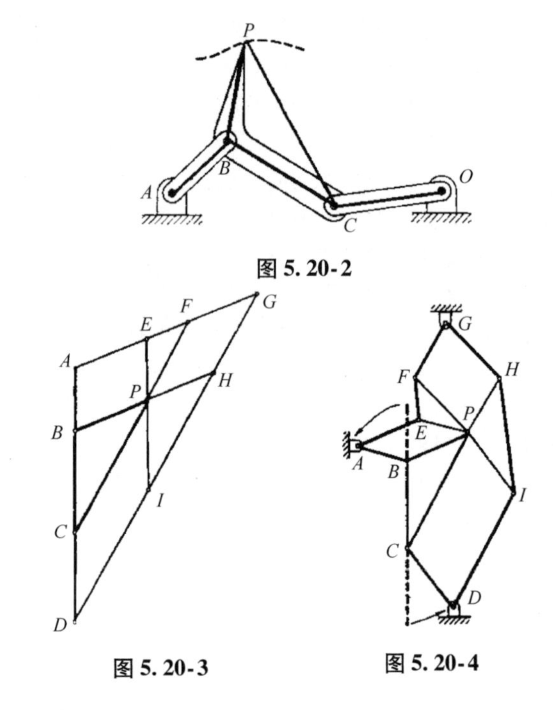

图 5.20-2，3，4 渐进法。

3. 特殊例子

如图 5.20-5 所示，连杆上的点 *P* 处于通过 *BC* 的一条直线上是很特殊的。通过画适当的平行线，可以快速找到连杆 *EA*、*EP* 和 *ID*。点 *G* 通过使用此比例来确定：$CB: BP = DA: AG$。然后，点 *H* 和 *F* 通过画 *AB* 和 *CD* 的平行线来确定。

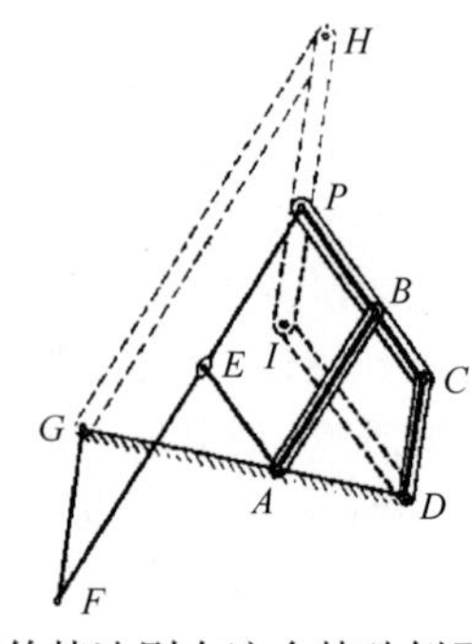

图 5.20-5 罗伯特法则在这个特殊例子中的简单应用。

5.21 曲柄滑块机构

曲柄滑块机构（见图5.21-1）是一种把往复运动转化为转动的高效机构，这种机构被广泛地应用于发动机、泵、自动机械以及机床中。下面列出的这些所推导的公式是比在教科书中所提到的更简单的形式。

符号含义：

L——连接杆的长度；

R——曲柄长度，即曲柄圆的半径；

X——曲柄轴的中心 A 到轴销 C 之间的距离；

X'——滑块的速度（C 点的线速度）；

X''——滑块的加速度；

θ——从死点（当滑块运动到最远端时）测量的曲柄角；

ϕ——连杆的角度，当 $\theta=0$ 时，$\phi=0$；

ϕ'——连杆的角速度，$=\mathrm{d}\phi/\mathrm{d}t$

ϕ''——连杆的角加速度 $=\mathrm{d}^2\phi/\mathrm{d}t^2$；

ω——曲柄恒定的角速度。

滑块的位移：

$$x = L\cos\phi + R\cos\phi$$

即

$$\cos\phi = \left[1 - \left(\frac{R}{L}\right)^2 \sin^2\theta\right]^{1/2}$$

连杆的角速度：

$$\phi' = \omega\left[\frac{(R/L)\ \cos\theta}{[1-\ (R/L)^2\sin^2\theta]^{1/2}}\right]$$

活塞的线速度：

$$\frac{x'}{L} = -\omega\left[1 + \frac{\phi'}{\omega}\right]\left(\frac{R}{L}\right)\sin\theta$$

连杆的角加速度：

$$\phi'' = \frac{\omega^2\ (R/L)\ \sin\theta\ [\ (R/L)^2 - 1]}{[1-\ (R/L)^2\sin^2\theta]^{3/2}}$$

滑块的加速度：

$$\frac{x''}{L} = -\omega^2\left(\frac{R}{L}\right)\left[\cos\theta + \frac{\phi''}{\omega^2}\sin\theta + \frac{\phi'}{\omega}\cos\theta\right]$$

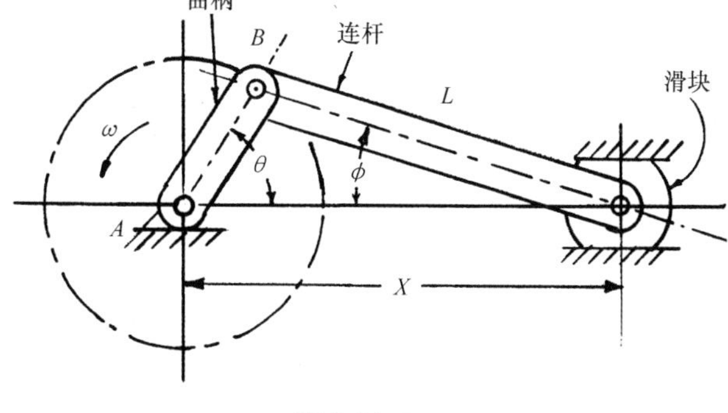

图 5.21-1

第 6 章

齿轮装置、驱动器和机构

6.1　齿轮和偏心圆盘在快速转位机构中的联合应用

图 6.1-1 所示的通用的转位机构能够提供多种图 6.1-2 所示的转位样式。

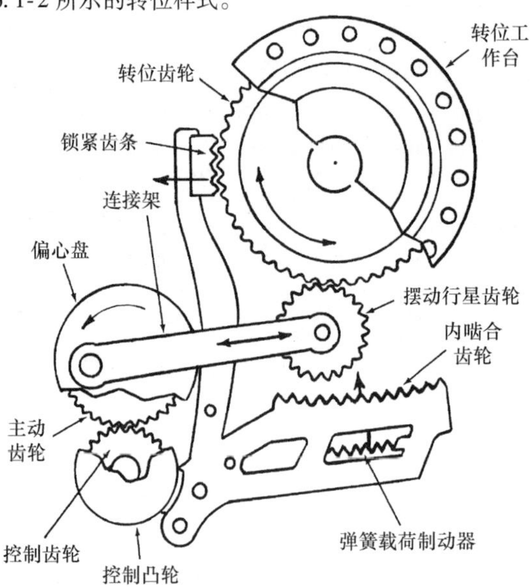

图 6.1-1

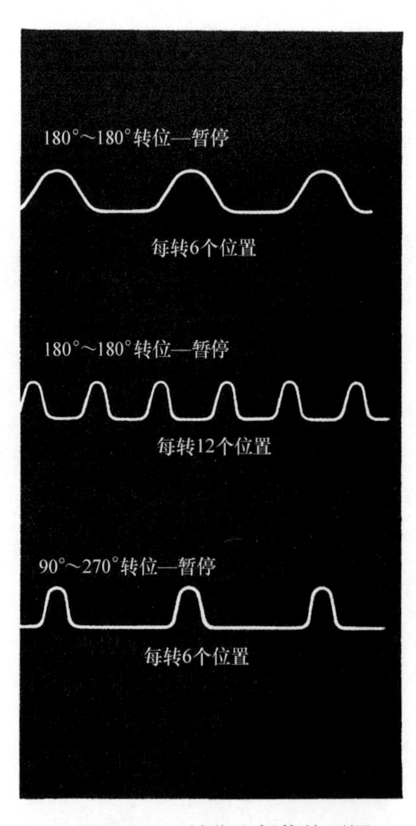

图 6.1-2　转位和暂停均可调。

一种由多个齿轮、齿条和杠杆组成的灵敏的间歇机械结构能平滑、灵活地将连续转动转换为起—停的转位运动。

它在高速工作时同样有很好的表现，可达到 2 秒/转（s/r），包括转位、停顿动作，也可应用于低速装配作业。

与转位凸轮和常用于将转动转换成起—停转位运动的棘轮机构相比，这种机械结构减少了冲击载荷，提供了更强的通用性。使用这种机构能轻松改变工作台每转一圈停顿的站数（停顿数），以及每次停顿的停顿时间长短。

1. 优点

它的高柔性拓宽了进给、分类、封装和称量等自动机械操作的使用范围，这些操作通过旋转的工作台就可以实现。此外，这种设计也有其他优点。

- 齿轮代替凸轮使得该机构制造起来更经济，因为对于机械加工来说，齿轮更简单些。
- 全部的机械连锁系统在动作中实现了完全的定时关系。
- 安装了齿轮传动以便当机器超载时暂停，防止在锁紧时机器受损。
- 其内部固有的防止倒转的齿轮系统，避免了在暂停时反跳运动和丢失运动。

2. 工作原理

单个电动机输入，驱动一个偏心盘和连杆。如图 6.1-1 所示的位置，转位齿轮和工作台被齿条锁住，行星齿轮与转位齿轮啮合不传递任何运动。当控制凸轮同时让锁紧齿条脱离转位齿轮、使弹簧控制的内啮合齿轮转动且与行星轮啮合时，工作台到下一个位置的转位开始。

这是一个行星齿轮系统，包括一个静止的内啮合齿轮，一个驱动行星轮和一个“太阳”转位齿轮。当曲柄一直向右移动时，将开始以谐波运动加速转位齿轮——一种理想的运动类型，缘于其低加速、减速的特性——同时将高速传动传给工作台。

在曲柄旋转 180°末段，控制凸轮使内啮合齿轮转动并脱离啮合，与此同时使锁紧齿条与转位齿轮啮合。当连杆向后被拉动时，行星齿轮可以在固定不动的转位齿轮上自由地旋转。

凸轮同步控制，以至于当曲柄在转位的开始和末尾完全处于拉紧状态时所有带齿零件完全暂时地啮合。该装置在别的方向也很容易被操作。

6.2 能实现平滑的停止和运转、形状特殊的行星轮

这种间歇运动机构应用在自动加工机床上，采用了叶片齿轮；有些节线是圆的，有些则不是。

这个间歇运动机构将圆形齿轮和非圆形齿轮组合成行星排列，如图6.2-1所示。

该间歇机构是哥伦比亚大学机械工程教授Ferdinand Freudenstein研制的。即使是高速转动，输入轴的连续旋转也能使输出轴沿任意方向实现平滑的停止—转动。

这种随意转换间歇运动已在包装、生产、自动传输和加工类机床上应用。

1. 变差动

Ferdinand Freudenstein发明的理论基础是通过两组齿轮获得的差动运动。一组齿轮的节线一部分是圆形的，另一部分是非圆形的。

节线是圆形的部分与机构的其他部分相协调，为输出部分提供了一个暂停时间或静止阶段。节线是非圆形的部分与机构的其他部分相作用，为输出部分提供了一个运动阶段。

2. 与槽轮机构相比较

Freudenstein的“脉动行星”机构的主要竞争对手是外部的槽轮机构和行星轮。这些装置有一些局限性如下：

- 在运动的暂停阶段为了锁住输出单元，需要某种方式使其与驱动销分离。而且，需要精密制造和认真设计以达到从静止到转动的平滑过渡，反之亦然。
- 槽轮机构对高速操作来说从运动学上的特点考虑是不好的，当然运动状态数（例如输出部分槽沟的数目）大时例外。例如在每次转位的开始和末尾输出部分的加速度都会有一个突然变化。
- 槽轮机构在设计上灵活性很差。输出部分的沟槽数这单一因素决定了其运动特性。这样使运动时间与间歇时间之比不能超过1/2，对转位周期的任一限定部分输出运动不能一样，它的方向总是与输出旋转方向相反。而且，输出轴必须总是与输入轴偏置。

已提出标准外部槽轮机构的许多改进建议，包括复合的、不等间隙的传动销、双滚筒和分开的出入槽。但是，这些提议只有部分成功地克服了其局限性。

3. 差动运动

在推导这个机构的工作原理的过程中，Freudenstein首先想到了一个传统的周转轮（行星轮）驱动，其对机架或支架的输入使一个包括齿轮2和3的行星装置能够带动输出“太阳轮”（齿轮4）转动，同时另一“太阳轮”（齿轮1）保持固定（见图6.2-1）。

r_1、r_2、r_3、r_4分别表示齿轮1、2、3、4的节圆半径，则输出效率为：

$$R=\frac{\text{输出轮的角速度}}{\text{支架的角速度}}$$

即 $R=1-r_1r_3/r_2r_4$

若 $r_1=r_4$、$r_2=r_3$，就没有“差动”，输出也保持不变。于是，当齿轮相互啮合时，拿齿轮3和4来说，它们的节线都是部分是圆形，部分是非圆形的，则当两轮转到 $r_1=r_4$、$r_2=r_3$ 时，齿轮4就

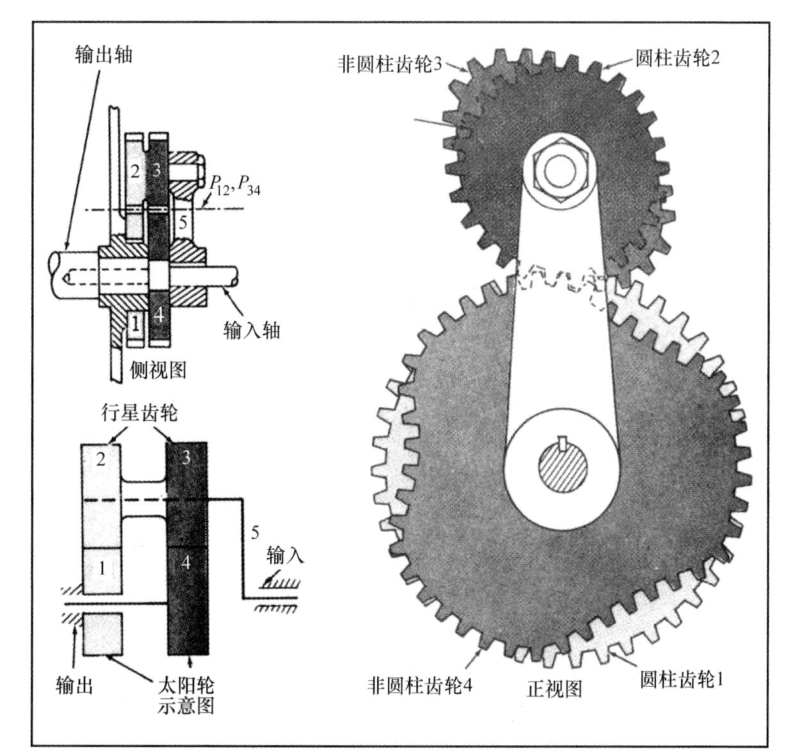

图6.2-1 在新的行星机构的核心位置（在正视图中，圆齿轮在非圆齿轮的后面），两齿轮的装配（侧视图）类似普通齿轮装配（见示意图）。

会处于暂停状态。当两轮转到 $r_1 \neq r_4$、$r_2 \neq r_3$ 处时，齿轮 4 就会转动。

根据上面的方程，差动的大小取决于半径的相差程度。齿轮 4 就是这样进行间歇运动的（见图 6.2-1）。

优点：脉动行星轮法表明间歇运动机构具有很强的应用性能。

- 轮齿能在暂停时锁住输出部分使其不动，也能在运动时起驱动作用。
- 能获得超高速性能。齿轮非圆部分的节线轮廓能根据运动学和动力学上的需要设计成很多种。从动部分不需要有定期的突然加速，所以从暂停到运动或从运动到暂停的传动都很平滑，没有机床或有效载荷的振动变化。
- 运动时间和暂停时间的比例有一个很宽的调节范围。若是需要的话，它甚至能超出整数。输入轮每转一圈，转位的数目也可不是整数。
- 输出部分的旋转方向与输入部分的旋转方向可以相同，也可以相反，这取决于齿轮 3、4 的非圆部分是完全在太阳轮 1 的齿节面的内部还是外部。
- 输出与输入部分的旋转是同轴的。
- 运动时的速度有一个很宽的调节范围。提供了转位时的部分标准输出速度；通过改变突起部分的数量和形状，能得到不同的其他运动特性。
- 这个机构简单，运动零件相当少，这样很容易达到动力学上的平衡。

设计启示：Freudenstein 说，该机构的设计非常简单。设计者首先必须确定出齿轮 3 和 4 突起部分的数量 L_3 和 L_4。图中 $L_3=2$，$L_4=3$。两齿轮上任何两个突起（一个齿轮上的突起与另一个齿轮上的突起）要相啮合必须有相同的弧长。所以，齿轮 3 上的每个突起必须与齿轮 4 上的每个突起相啮合，$T_3/T_4=L_3/L_4=2/3$，T_3、T_4 分别是齿轮 3 和 4 上齿的数目。T_1、T_2 表示齿轮 1 和 2 上的齿数。假设支架 5 的转速是确定的，然后确定齿轮 4 运动时间与暂停时间的比例 S。图中齿轮 $S=1$。从几何关系来看 $(\theta_{30}+\Delta\theta_{30})\ L_3=360°$，$S=\Delta\theta_3/\theta_{30}$。

所以 $\theta_{30}(1+S)L_3=360°$。

由 $S=1$ 和 $L_3=2$

知 $\theta_{30}=90°$ 和 $\Delta\theta_3=90°$

现在选择齿轮 3 非圆部分的合适轮廓。Freudenstein 找到了适合起动—停止机构的高速运动特性的轮廓（见轮廓图 6.2-2），

$$r_3=R_3\left[1+\frac{\lambda}{2}\left(1-\cos\frac{2\pi\ (\theta_3-\theta_{30})}{\Delta\theta_3}\right)\right]$$

在其他的性能中，该方程式所确定的轮廓具有这样的特点：从暂停到运动或从运动到暂停，由于支架 5 的恒速旋转，齿轮 4 的加速度为零。

在上述方程中，当 λ 与 R_3 相乘时，是 r_3-R_3 的最大值或峰值，用 h' 表示以与齿轮圆形部分的半径相区别。而且，每个齿轮突起部分关于它们的中点是对称的，中点用 m 表示。

为估计 λ 的值，Freudenstein 推出以下方程：

$$\lambda=\frac{1-\mu}{\mu}\times\frac{[S+\alpha-(1+\alpha)\mu][\alpha-S-(1+\alpha)\mu]}{[\alpha-(1+\alpha)\mu]^2}$$

其中，$R_3\lambda$ 为突起的高度；

$\mu=R_3/A=R_3/(R_3+R_4)$；

$\alpha=S+(1+S)L_3/L_4$。

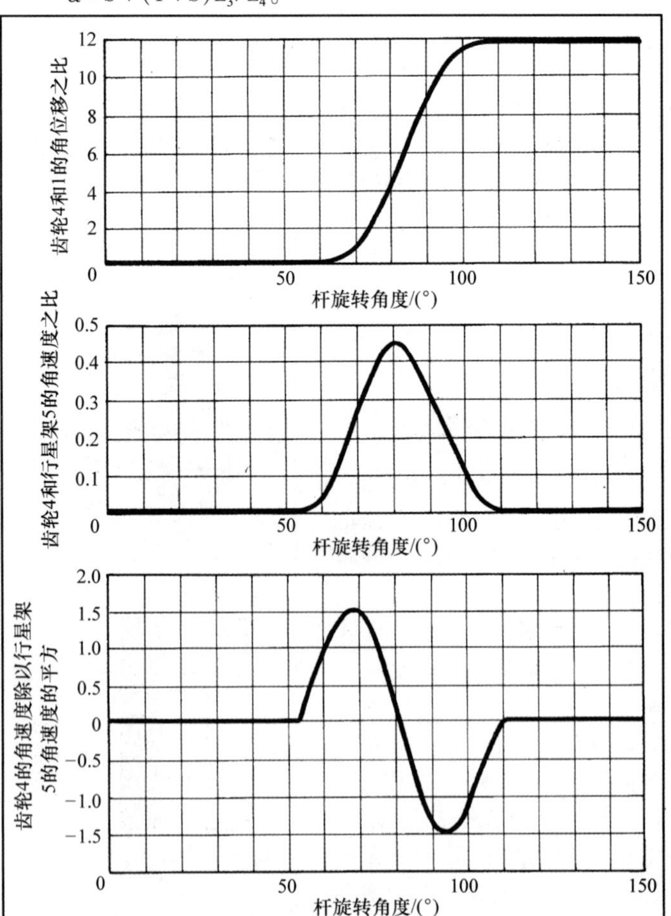

图 6.2-2 输出运动（上面的曲线）有较长的暂停时间；速率曲线（中间的）从零值平滑地变化到极值；过渡时的加速度为零（下面的）。

为求解该方程，选取一个合适的 μ 值，使 μ 为简分数，例如分数 3/8，其分子分母均为合理的小整数。

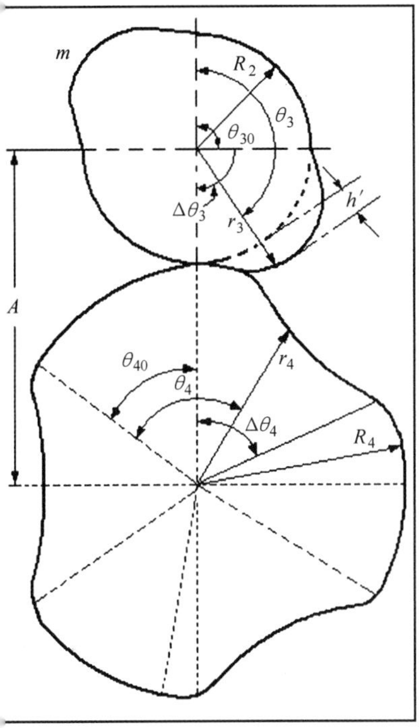

图 6.2-3 非圆柱齿轮轮廓是由圆弧与特殊凸轮曲线共同组成的。

因此，不需用电脑或一个较长的尝试—失败的过程，设计者就能得到这样的轮廓外形，它能使间歇运动很平滑。

6.3 控制泵行程的摆线齿轮机构

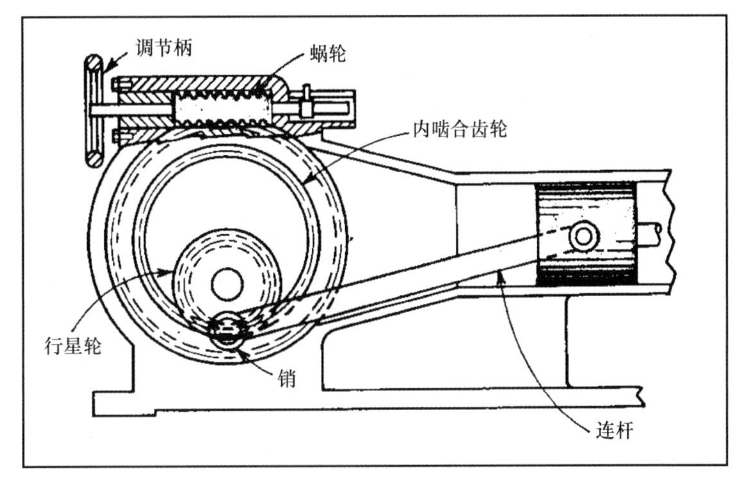

图 6.3-1 一个可调的内啮合齿轮与一个直径是其一半的行星齿轮相啮合，能使泵的行程做无限的变化。内啮合齿轮可通过与其相啮合的齿轮进行调节。在下面的设计中用拨叉代替了连杆。

气体或液体计量泵有一个与一个特殊尺寸大小的行星轮相啮合的可调的内啮合齿轮，该内啮合齿轮能够使泵的行程做无限的变化。当用一个伺服电动机驱动时，行程能手工或自动地设置。当泵处于停止或运动状态时，流量能控制在 180 ~ 1200L/h（48 ~ 317gal/h）。

直线运动是关键。该机构使用了一个行星齿轮，其直径是内啮合齿轮的一半。当行星齿轮在内啮合齿轮内部转动时行星轮上处于节圆上的一点的运动轨迹将是一条直线（而不是内摆线），此直线的长度等于行星轮直径。连杆的左端就用一个销连接在行星轮该点上。

如果用机械控制内啮合齿轮的外齿，则内啮合齿轮就可以进行调节了。为了使内啮合齿轮能够调节，可用一蜗轮与其外齿进行啮合。通过调节内啮合齿轮能够调节直线的倾斜程度。直线的两个端点在图中已经表示出来。在如图所示的位置，带动销将做垂直的循环运动，使泵的行程最小。旋转内啮合齿轮 90°，此时带动销将做水平循环运动，使泵的行程最大。

图 6.3-2 展示了另一种特殊样式，它用一个拨叉代替了连杆。这样可以使行程变为零。泵的长度也能极大地减小。

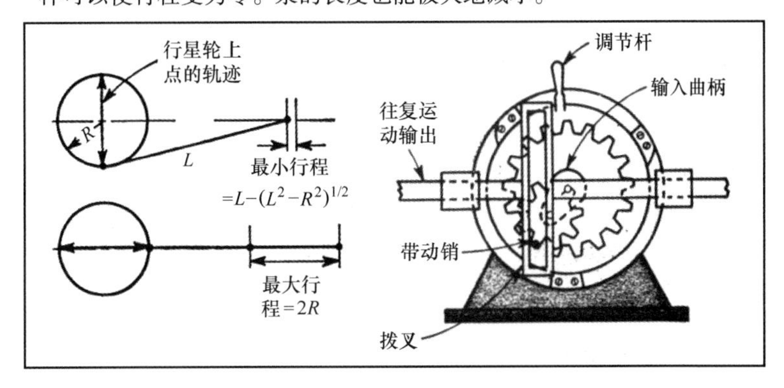

图 6.3-2

6.4 将旋转运动转换为直线运动的机构

一个紧凑的齿轮系统能够将旋转运动变为直线运动，该系统是加利福尼亚喷气动力实验室的Allen G. Ford设计的。它有一个行星齿轮系统以便与行星齿轮相连的杆的一端总在作直线路径的运动（如图6.4-1所示）。

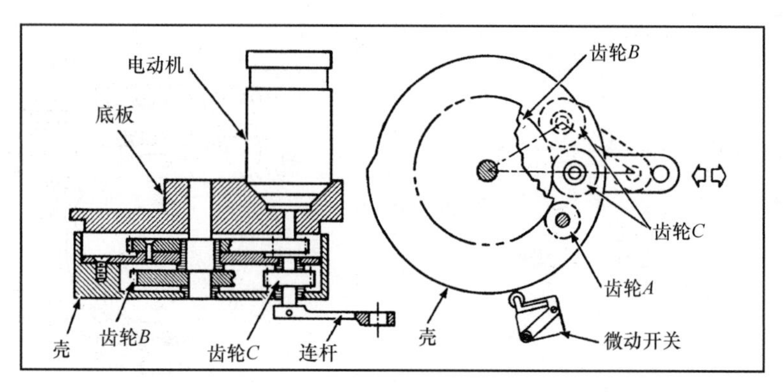

图6.4-1 由于三角形因素，杆的末端成直线运动（右）。

该齿轮系统由固定在底板上的电动机驱动。与电机轴相连的齿轮 A 和机壳使齿轮 C 沿固定不动的齿轮 B 转动。连杆长与齿轮 B 和 C 的中心距相等。齿轮 C 的中点、机壳的中心和杆的端点之间的连线形成一个等腰三角形，且三角形的底边始终在通过旋转中心的平面上。所以，与轮 C 相连的杆所输出的运动是直线运动。

当到达运动的终点时，有一个开关会使电动机反转，使杆复位。

6.5 双电动机行星齿轮机构提供两种速度并具有良好的安全性

许多升降机和起重机的拥有者和操作人员都担心由于任何原因导致电动机失效而产生的灾难性事故。解决此问题的一个办法就是利用两台额定功率一样的电动机作为行星齿轮机构的动力输入。

动力提供。每台电动机提供给升降齿轮所需的1/2输出动力(见图6.5-1)。一台电动机驱动既有内齿又有外齿的环形齿轮。另外一台电动机则直接驱动太阳齿轮。

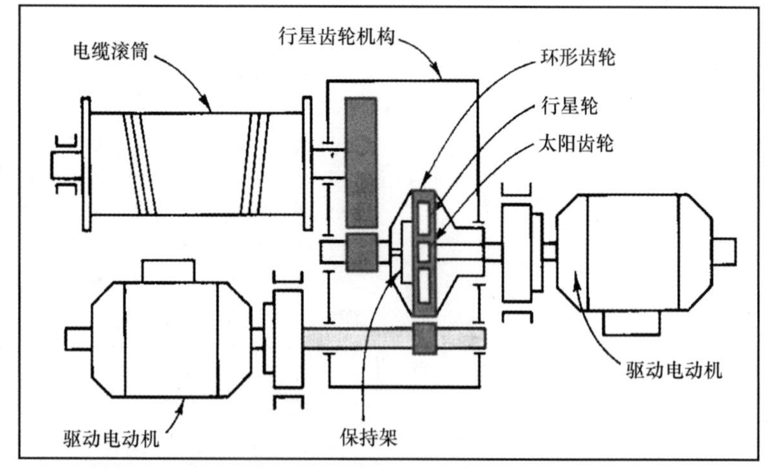

图6.5-1 来自两台电动机的动力会合于驱动电缆滚筒的行星齿轮机构中。

环形齿轮和太阳齿轮同向旋转。如果它们以相同的转速旋转，则与输出相连的行星保持架也将以同样的转速同向旋转。看起来好像行星齿轮的整个内部工作融合在一起。它们之间好像也没有相对运动。那么，如果一个电动机不能正常工作，保持架就以$\frac{1}{2}$原转速的速度旋转，另一个电动机仍以其固有的功率进行工作。当环形齿轮比太阳齿轮转得慢时亦是如此。

无需变换齿轮。只需改变一下装配结构就可以双速工作，这是此机构的另一优点。这样不用变换齿轮就可以获得不同的速度。

图中所示的是轧钢起重机的装配图。

6.6 转位和间歇机构

1. 内摆线机构

内摆线机构使人感兴趣之处是能够提供下列常见运动中的一种：

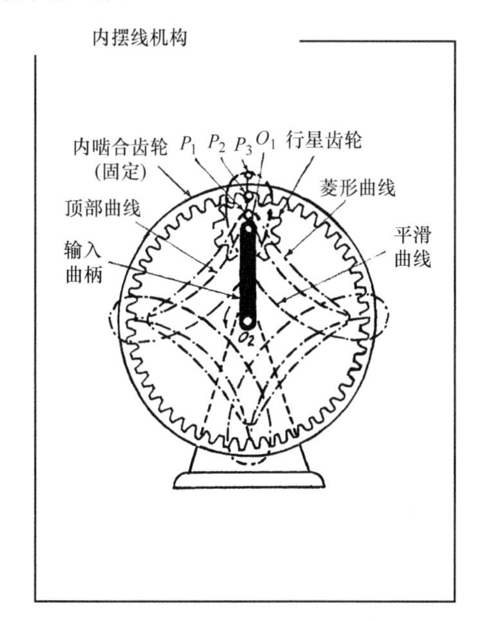

图 6.6-1 由输入驱动与一个固定的内啮合齿轮相啮合的行星轮。行星轮上的点 P_1 的轨迹是一个菱形曲线，行星轮节线上的点 P_2 的轨迹是常见的尖角曲线，P_3 是固定到行星轮上的延伸杆上的一点，其运动轨迹是一环形曲线。在一个应用中，把端铣刀安装在 P_1 点加工出菱形轮廓。

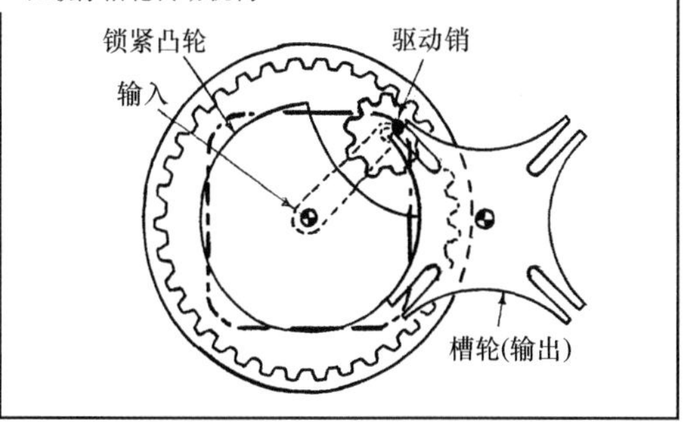

图 6.6-3 一般标准情况下，四槽槽轮机构的输入每转动一圈，开有沟槽的槽轮转动90°。固定在行星轮上的销使驱动运动形成一矩形摆线轨迹。因为驱动销以非圆路径运动，这能产生更平滑的转位运动。

- 间歇运动——能有或长或短的歇停时间。
- 向前摆动的旋转——输出内摆线运动，在此期间，前进运动大于返回运动。
- 具有一个歇停时间的从旋转到直线的运动。

下面是比较常见的内摆线机构。机构紧凑、能高速工作且反作用力小。这些机构能够分成以下三类：

内摆线——沿着内啮合环形齿轮滚动的外啮合齿轮上的一点的运动轨迹为摆线。这个环形齿轮通常是静止的且被固定在机架上。

外摆线——沿着固定的外啮合齿轮转动的另一个外啮合齿轮上的点的轨迹。

周摆线——沿着静止的外啮合齿轮转动的内啮合齿轮上的点的轨迹。

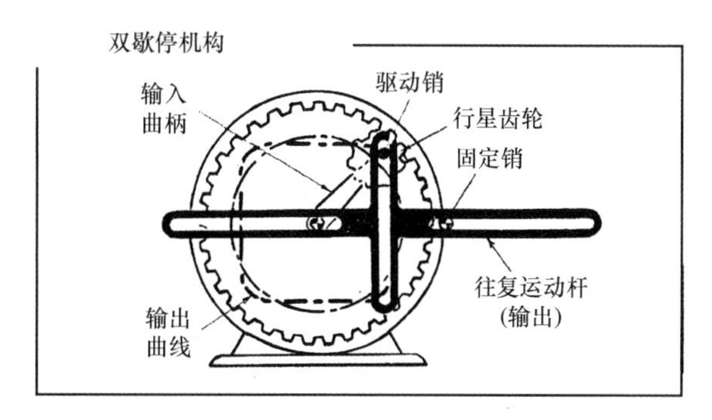

图 6.6-2 输出销与带有槽的部件连接在每个极端位置都会产生一个延长的歇停。这是菱形内摆线的另一个应用。

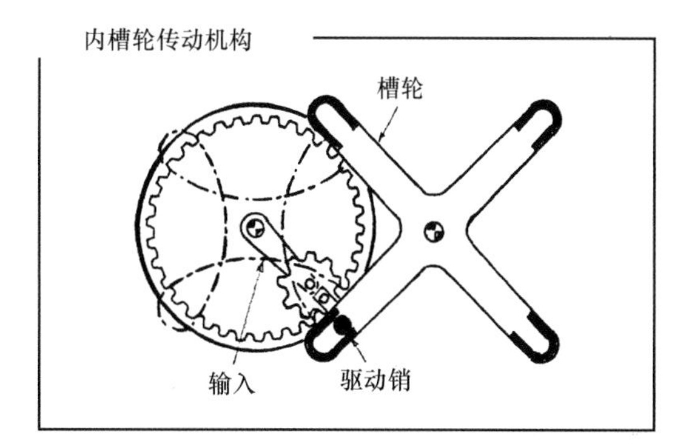

图 6.6-4 一环形曲线允许驱动销沿中心向外径向进入槽中。然后驱动销按照环形曲线运动使十字形构件迅速转位。像其他槽轮机构一样，在输入元件每次转过 270°的长时间歇停期前，输出转过 90°。

在进料和自动化机床中一些机构常常采用摆线运动。

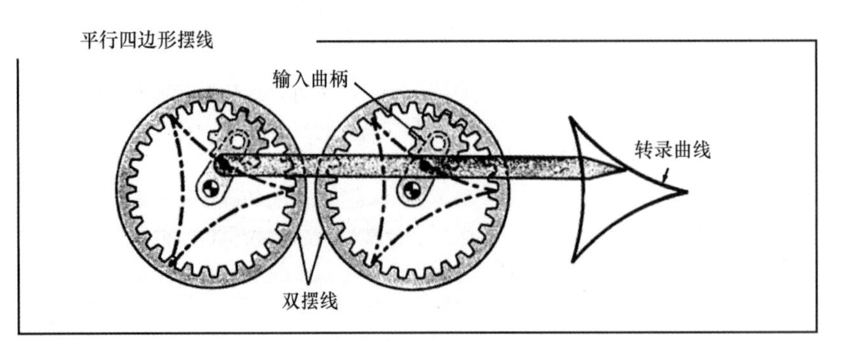

图 6.6-5 两个一样的内摆线机构使杆上的一点沿三角形轨迹运动。该机构在空间有限而又必须按照特定曲线轨迹运动的地方很有用。这些双摆线机构能被设计产生其他曲线形状。

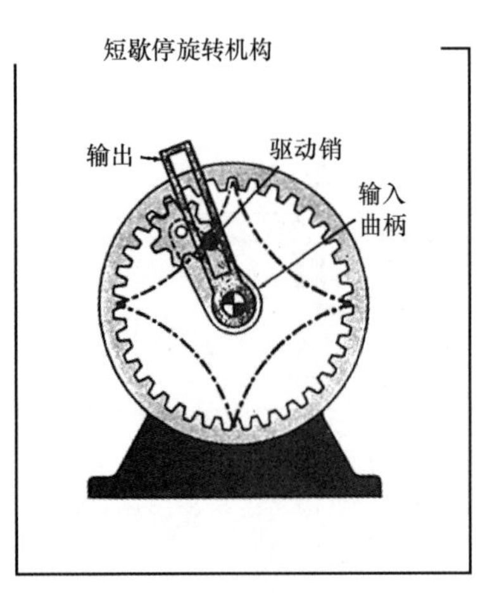

图 6.6-6 这个行星齿轮的节圆周长恰好是内啮合齿轮节圆周长的四分之一。输入轴每转动一圈，行星齿轮上的驱动销使带槽的输出构件歇停四次。

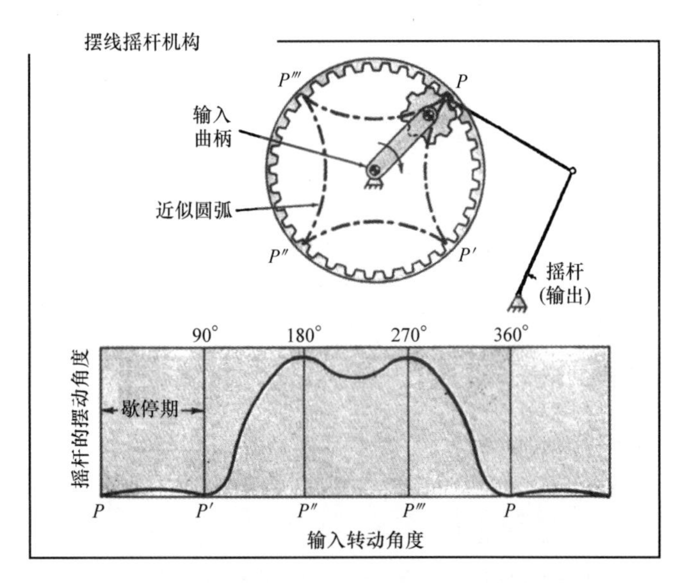

图 6.6-7 曲柄尖端的曲率近似地为一圆弧。因此，当从点 P 移到 P' 点时摇杆在右末端位置长时间的歇停。然后从点 P' 到点 P'' 有一快速返回，在这个阶段的最后摇杆有一个短暂的歇停。然后，摇杆从 P'' 到 P''' 有一轻微的摆动，如图中摇杆运动曲线所示。

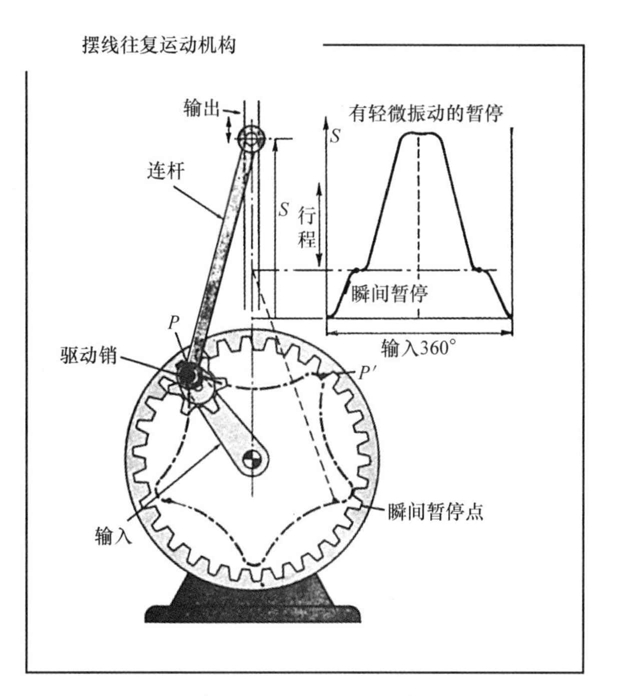

图 6.6-8 曲线的 $P-P'$ 部分能够使得机构产生一个较长的歇停，而且五个凸起的摆线能够避免在行程的末尾产生一个明显的振动。当曲线与连杆垂直时存在瞬间歇停的两点。

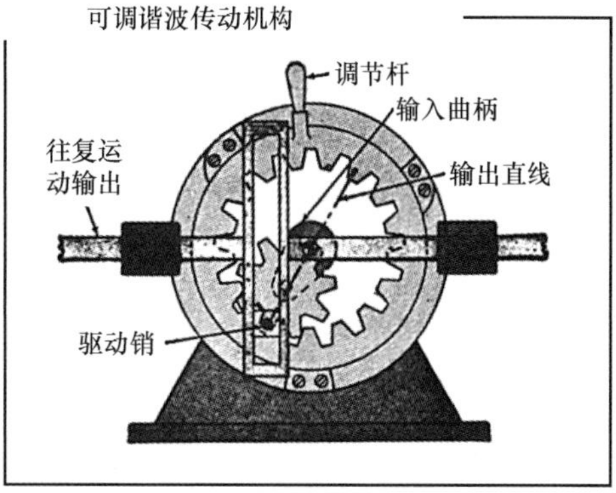

可调谐波传动机构

调节杆
输入曲柄
往复运动输出
输出直线
驱动销

图 6.6-9 通过使行星轮的直径等于内啮合齿轮的一半，位于行星轮上的驱动销可以使输出的轨迹为一条直线。销与带槽的构件相啮合，使输出前后往复地进行谐波（正弦曲线）运动。固定的内啮合齿轮的位置能通过调节杆进行调整，然后开始输出直线轨迹运动。当这个直线轨迹水平时，行程最大；当直线轨迹垂直时，行程为零。

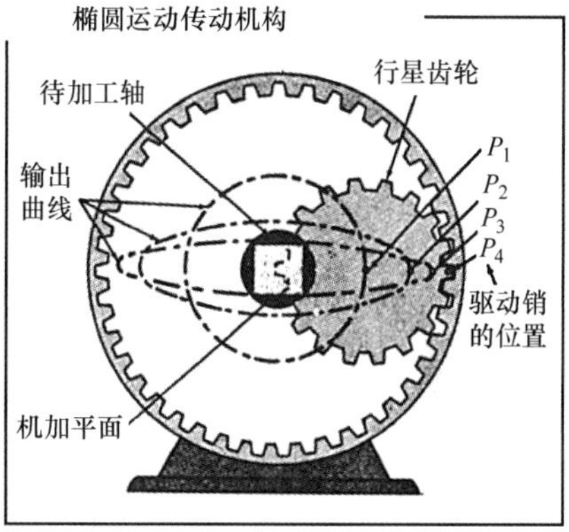

椭圆运动传动机构

待加工轴
行星齿轮
输出曲线
P_1
P_2
P_3
P_4
驱动销的位置
机加平面

图 6.6-10 通过使行星轮的直径等于内啮合齿轮的半径，行星轮上的每一个点（如 P_2、P_3 点）将产生一个椭圆形的曲线，所选择的点越靠近节圆这个曲线越平坦。行星轮的中点 P_1 轨迹是一个圆；在节圆上的点 P_4 的轨迹是一条直线。当切削刀具安装在 P_3 处时，它在圆形坯料上几乎能切削出两个平的截面，例如在螺栓上铣两个平面。螺栓上的另两个平面可以靠转动螺栓或使刀具转 90°来切削。

2. 外摆线机构

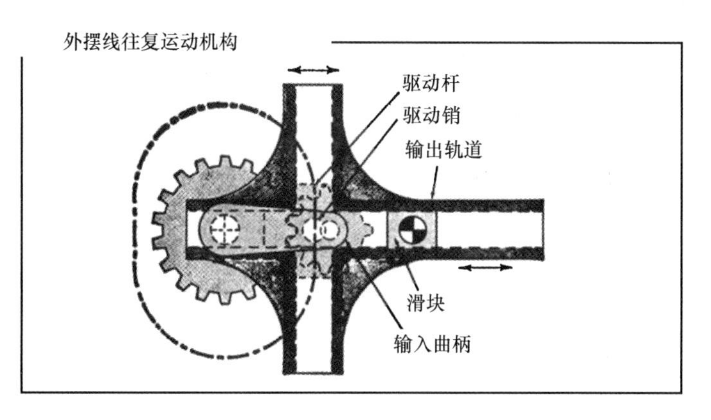

图 6.6-11 太阳齿轮是固定不动的，行星轮被输入曲柄驱动围绕着太阳轮转动。这个机构没有内摆线机构的内啮合齿轮。行星轮上的驱动销 P 的运动轨迹如图所示，该曲线包括两个接近平滑的部分。若销在槽内滑动，当输出构件在两个极端位置时能得到一个较短的歇停。如图所示，滑块被安放在水平槽中。

6.7　5 种万向齿轮机构

这些齿轮传动机构不需要导轨即可将旋转运动转变为直线运动。

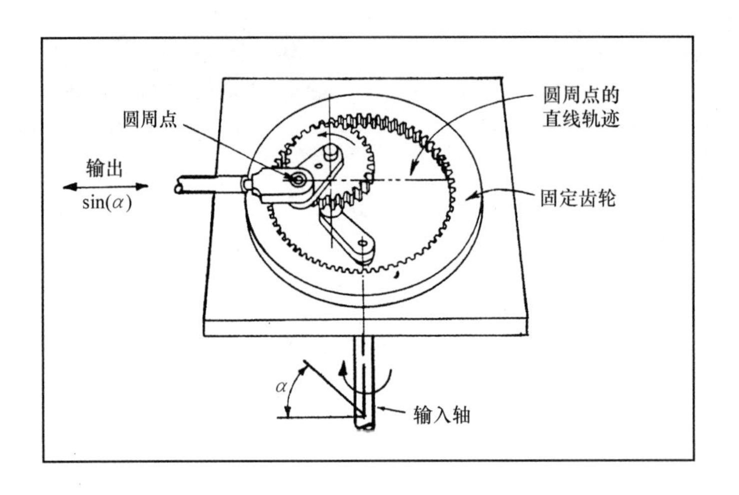

图 6.7-1　万向齿轮传动机构是基于如下原理工作的：通常来说一个圆在另一个圆内进行滚动，其圆周上的任意一点将形成一个内摆线轨迹。当这两个圆的直径比率为 1∶2 时，这个轨迹退化为直线（沿大圆的直径）。输入轴转动驱动小齿轮沿固定的大齿轮内齿转动。安装在小齿轮节圆上的销钉形成一直线轨迹。它的线位移在理论上与输入轴转动角的正弦或余弦成比例。

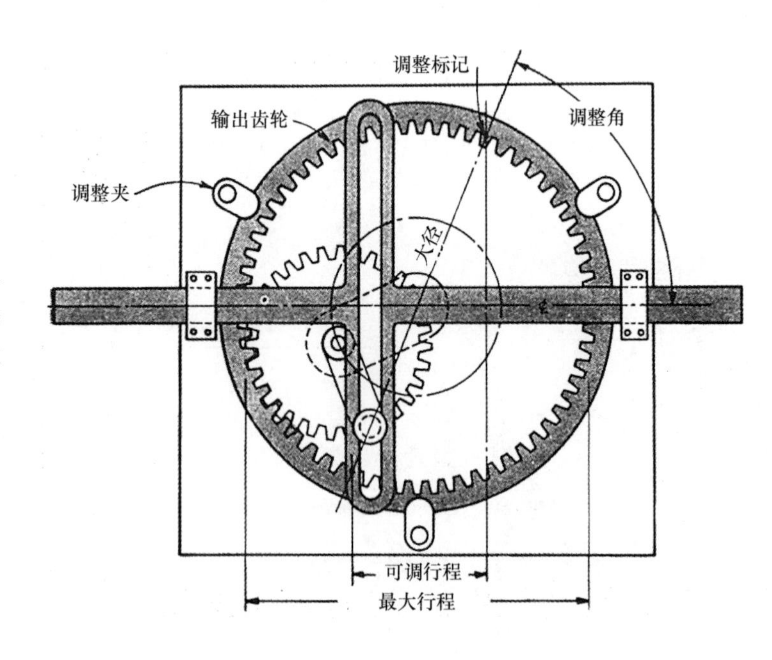

图 6.7-2　万向齿轮传动与苏格兰叉的组合机构提供了一个可调整行程。外部齿轮的角坐标是可调整的。调整的行程等于大直径在苏格兰叉中心线上的投影，驱动销钉沿着这个大直径移动。这个叉所进行的是简谐运动。

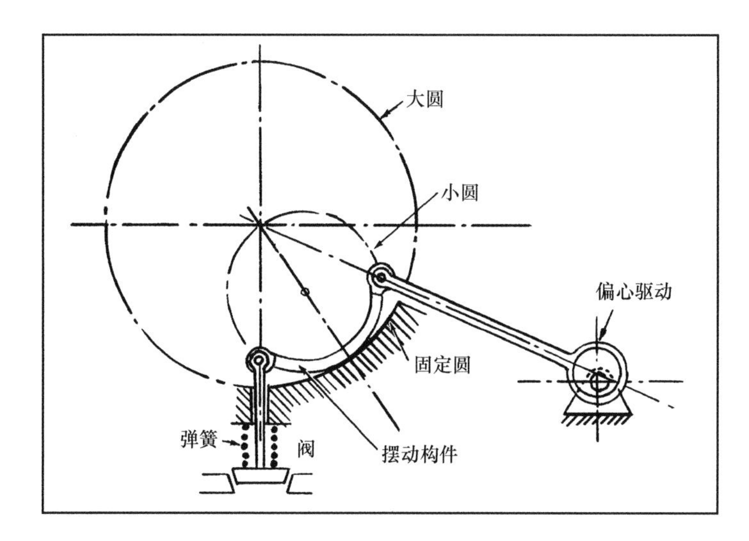

图 6.7-3　阀门驱动机构表明了如何应用万向法则。一段小圆弧构件在半径为其二倍的大圆弧上来回摇摆。输入输出杆均安装于小圆弧的点上。有这两点均形成直线轨迹。阀杆的导轨防止摆动构件滑移。

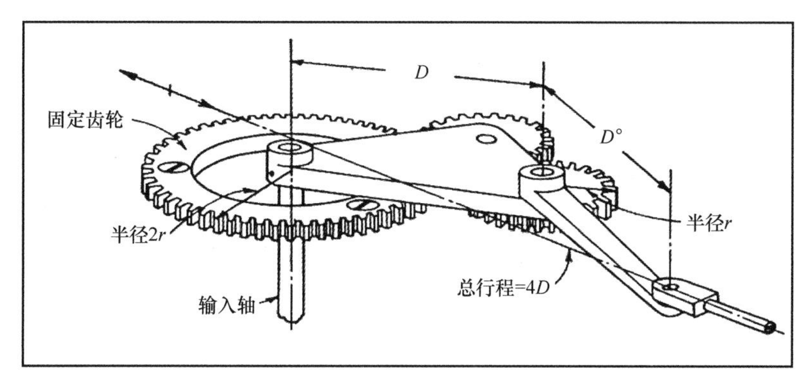

图 6.7-4　所示的简化的万向机构中不需要使用价格相对较贵的内齿轮。在这里只用了直齿圆柱齿轮。当然这些齿轮必须满足一些基本要求，即 1∶2 的传动比和适当的旋转方向，适当的旋转方向是通过引入一个适当尺寸的惰轮来得到的。这种机构为与之相匹配的齿轮传递一个大的行程。

图 6.7-5　在简化的万向机构中对齿轮进行重新啮合设计可完成另一种有用的运动。如果固定的太阳齿轮与行星小齿轮的比率为 1∶1，固定在行星轮上的轴臂会在旋转中相对于自身保持平行，同时臂上任意一点将会形成一个半径为 R 的轨迹圆。当成对安装时，这种机构可以在移动的纸带上冲孔。

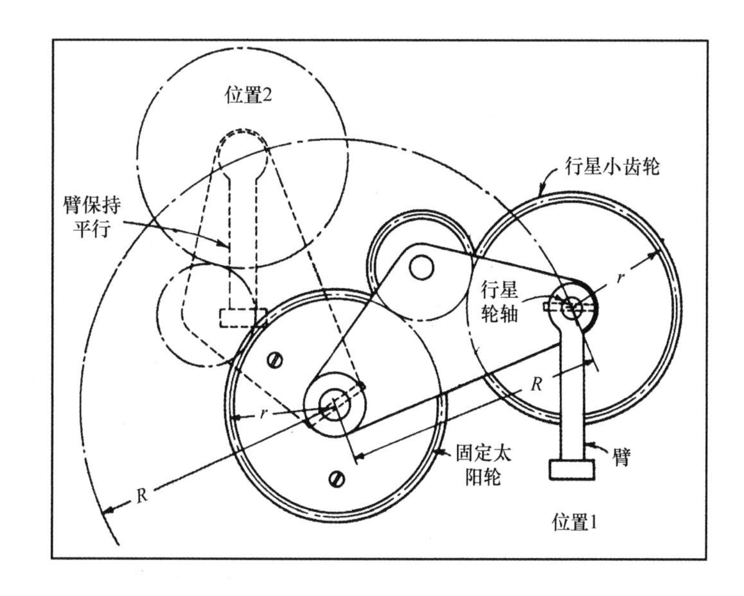

6.8 受控的差动驱动

将一差动齿轮装置连接到变速传动装置中，将以减小速度范围为代价，增大驱动能力。反之，在减小驱动能力的情况下，可以增大速度范围。这些变量的许多组合都是可行的。差动性能依赖于制造商。一些系统有锥齿轮，其他的有行星齿轮。使用单差动齿轮或双差动齿轮均可。带差动齿轮的变速驱动装置的额定功率可以高达30hp（22.38kW）。

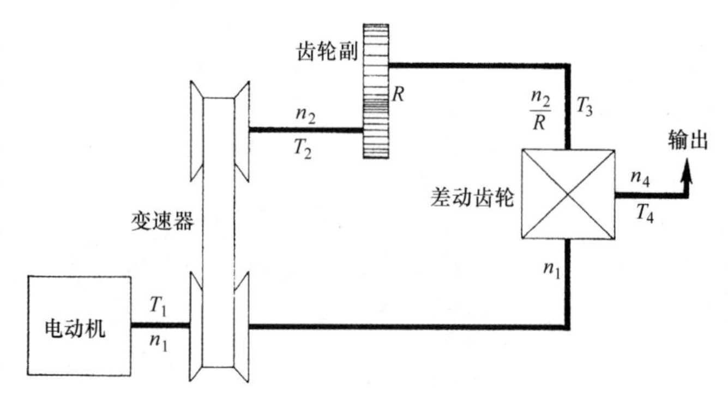

图 6.8-1

增大输出功率的差动齿轮（图 6.8-1）。差动齿轮的两端被连接，一端与电动机的输出连接，另一端与变速器的输出连接。额外使用的一对齿轮如图 6.8-1 所示。

输出速度：

$$n_4 = \frac{1}{2}\left(n_1 + \frac{n_2}{R}\right)$$

输出转矩：

$$T_4 = 2T_2 = 2RT_2$$

输出功率：

$$hp = \left(\frac{Rn_1 + n_2}{63025}\right)T_2$$

功率增量：

$$\Delta hp = \left(\frac{Rn_1}{63025}\right)T_2$$

速度变量：

$$n_{4\max} - n_{4\min} = \frac{1}{2R}\ (n_{2\max} - n_{2\min})$$

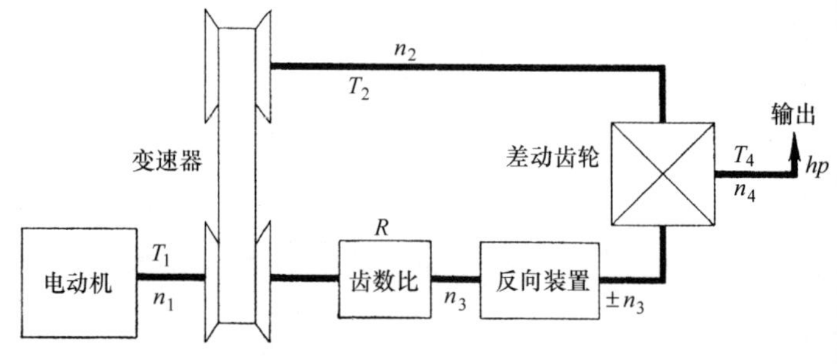

图 6.8-2

增大转速范围的差动齿轮（图 6.8-2）。这个布置方式实现了最小速度为零的大调速范围，反向亦如此。

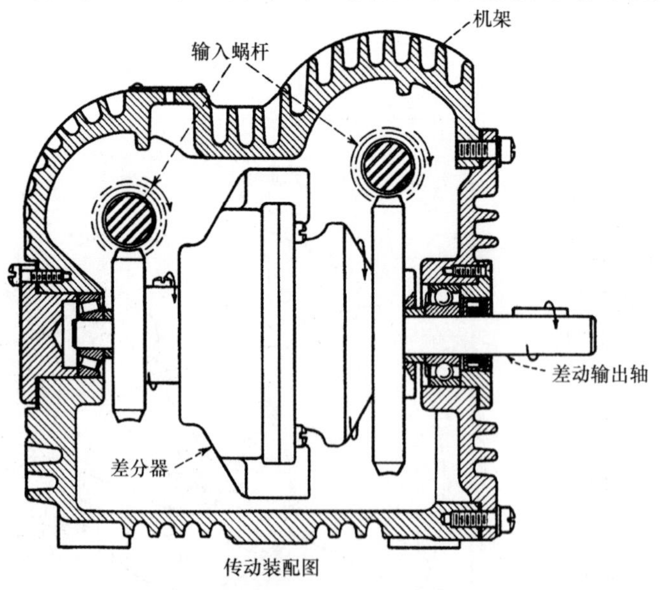

图 6.8-3　一个变速传动装置由进给一个差动机构的两组蜗轮蜗杆组成。输出轴的速度取决于两个输出蜗杆之间的转速的不同。当两个蜗杆的速度相等时，输出为零。每个蜗轮轴带动一个锥形滑轮。这两个滑轮固定安装，它们的锥形是相对的。调整滑轮上传动带的位置，对它们的输出速度有复合影响。

6.9 产生高效、高减速比传动的柔性面齿轮

一个柔性面齿轮传动系统（见图 6.9-1）可以在同轴输入输出的紧凑传动中提供高的减速比。

用这种传动方案在单级减速器中可以获得 10∶1 ~ 200∶1 的减速比，因此，对于多级减速器来说，1000000∶1 的减速比是可以达到的。这个柔性面齿轮减速器专利的拥有者是美国密歇根州的 Clarence Slaughter。

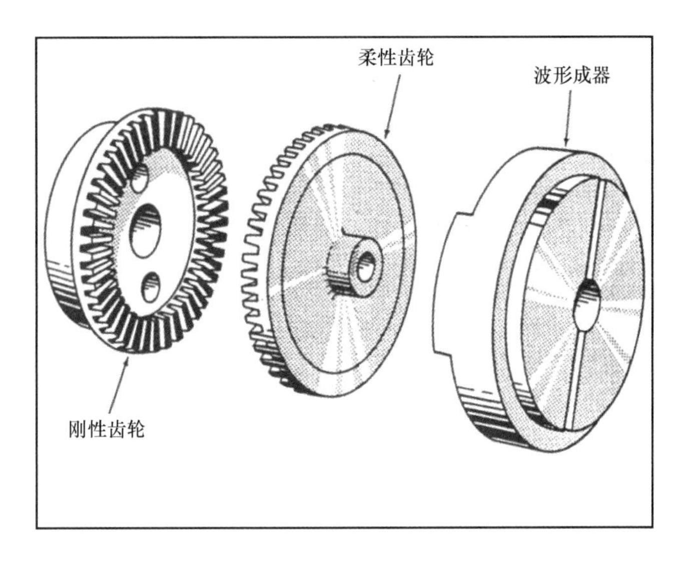

图 6.9-1 旋转的波形成器使柔性面齿轮发生变形，并在啮合点使其与刚性面齿轮钢轮进入接触。两个齿轮的齿数略有不同。

单级齿轮减速器由三个基本零件组成：一个由塑料或薄金属制成的柔性面齿轮；一个整体的、刚性面齿轮；带有一个或多个滑块和滚子的波形成器，这个波形成器迫使柔性面齿轮和刚性面齿轮在同相点处啮合。

减速器的高速输入通常驱动波形成器。低速输出既可以从刚性面齿轮获得，也可以从柔性面齿轮处获得，不和输出轴相连的面齿轮被固定到外壳上。

齿数的影响（图 6.9-2、图 6.9-3），两个面齿轮之间的运动取决于它们齿数的微小不同，通常 1 个或 2 个齿，但是已经设计出了齿轮齿数相差 10 个的传动装置。

在波形成器旋转的每圈中，两个面齿轮之间由于齿数的不同会有相对运动产生。减速比等于输出齿轮的齿数与两个面齿轮齿数差之比。

两级和四级齿轮减速器是通过组合带有多列齿的柔性面齿轮和刚性面齿轮，并用一个公共的波形成器来驱动柔性面齿轮而组成的。

通过使柔性面齿轮起密封作用，并从刚性面齿轮得到转动输出，来完成减速器的密封。

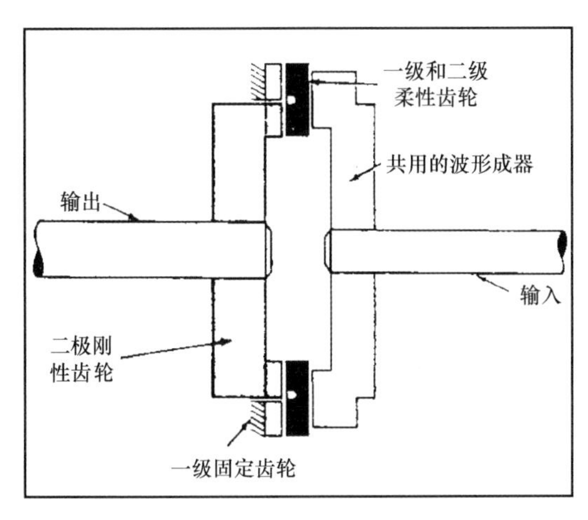

图 6.9-2 靠共用的波形成器驱动一级、二级集成的柔性齿轮来实现二级减速器的驱动。

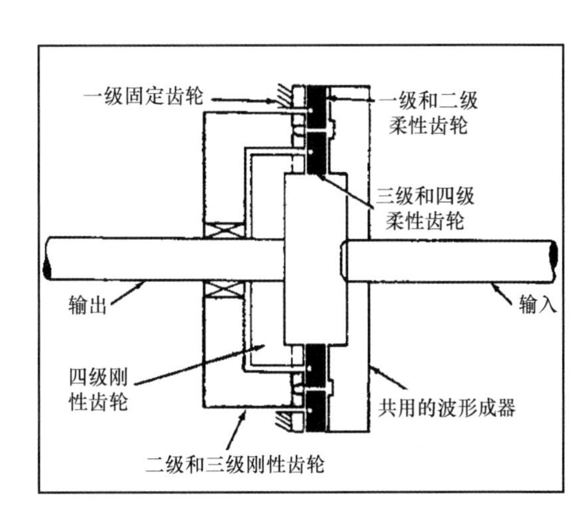

图 6.9-3 理论上来说，四级减速器可以实现 1000000∶1 的减速比。传动链既简单又紧凑。

6.10 紧凑的转动时序发生器

从一个顺时针转动中，可以获得顺时针和逆时针两个同轴转动。

这个转动时序发生器是由普通的行星差动齿轮机构和棘爪机构装配而成的。它的单输出和双转动输出（一个是顺时针，另一个是逆时针）都是同轴的，并且在整个转动周期中输出转矩都是恒定的。装在轻而紧凑的圆柱形壳体中，这个时序发生器不需要笨重的棘齿、摩擦离合器或凸轮轨道从动件。时序发生器可以应用在自动生产线设备、家用电器及汽车上。

图6.10-1是时序发生器的示意图。太阳齿轮的顺时针旋转使得四个行星齿轮的保持架也顺时针旋转。如果行星齿轮的保持架被固定，那么，当太阳齿轮顺时针旋转时，环形齿轮将逆时针旋转。

图6.10-2是棘爪机构的示意图。它由下列零件组成：一个被安装在行星齿轮保持架上的棘爪，一个安装到环形齿轮上的圆环，且带有一对棘滚的一个棘爪支撑臂的一端被固定。棘爪支撑臂的另一端绕一个短轴旋转，这个短轴安装在固定的壳体壁上。

时序发生器循环开始时，环形棘爪滚子处于圆环的槽中。此时圆环被锁住，并且使与输入轴相连的行星齿轮保持架顺时针旋转（图6.10-2a）。当棘爪转动接近四分之三圈的时候，它开始与行星齿轮保持架棘轮啮合（图6.10-2b），这使得棘爪支撑臂旋转，从而导致环形棘轮从槽中滑出（图6.10-2c）。此时，如果锁紧保持架，圆环和圆环齿轮就可以逆时针旋转。在共同旋转一短暂时间后，行星齿轮输出轴停止它的顺时针转动，而圆环齿轮输出轴则继续顺时针转动。

当圆环到达图6.10-2d所示的位置时，就完成了一个循环周期，输入轴停止。如果需要的话，输入也可以逆时针旋转，那么时序将是反向的，直至再次回到初始位置。

在一个改进的时序发生器中，棘爪支撑臂被缩短到等于棘轮半径的长度。当棘爪支撑臂和棘轮旋转时，避免了输出旋转的短暂重叠。在这个设计中，圆环开始旋转前保持架停止转动。

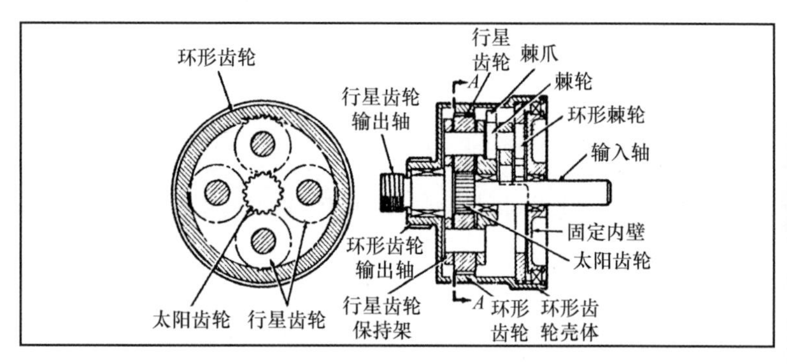

图6.10-1 转动式时序发生器有一个与行星齿轮输出同轴的环形齿轮输出。顺时针的输入旋转被转化为行星齿轮的顺时针输出，随后是环形齿轮的逆时针输出。时序靠图6.10-2所示的棘爪来进行控制。

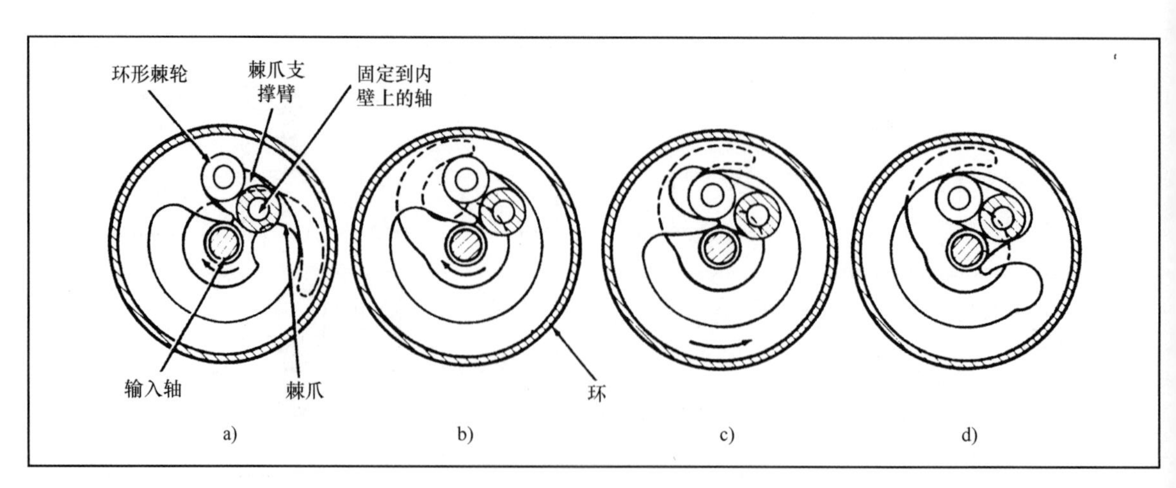

图6.10-2 棘爪工作时序由四个阶段组成：（a）当环形棘轮使环形齿轮固定时，输出轴使保持架顺时针旋转；（b）棘爪开始与棘轮啮合；（c）环形棘轮开始从槽中移出，并且当环开始转动时保持架停止旋转；（d）当环回到终点位置时，时序结束。

6.11 行星齿轮系

设计者在不断努力开发结构新颖且实用的行星齿轮系。下面介绍48种常见的行星齿轮系以及它们的速比方程。

1. 导弹舱盖的传动（图 6.11-1）

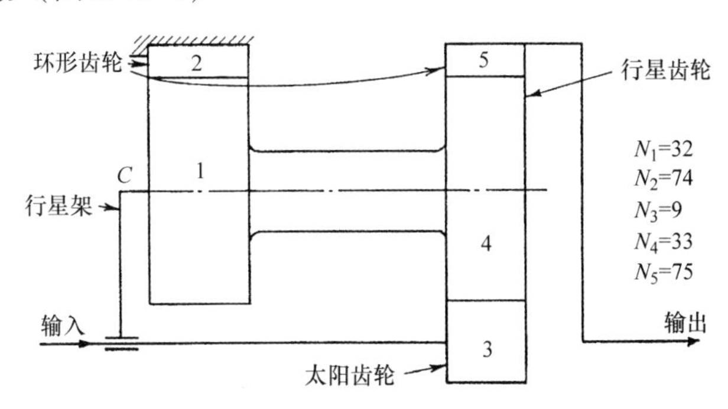

图 6.11-1 环形齿轮2固定；环形齿轮5输出。

速比方程 $$\boxed{R=\frac{1+\dfrac{N_4N_2}{N_3N_1}}{1-\dfrac{N_4N_2}{N_5N_1}}}=\frac{1+\dfrac{(33)\ (74)}{(9)\ (32)}}{1-\dfrac{(33)\ (74)}{(75)\ (32)}}=-541\frac{2}{3}$$

图中、式中，C是行星架，齿轮链中的非齿轮元件，它的转动影响速比；N是齿数；R是总减速比；1、2、3等是传动链中的齿轮号（与图中的标号对应）。

2. 双偏心轮传动（图 6.11-2）

输入传送给双偏心曲柄（行星架）。

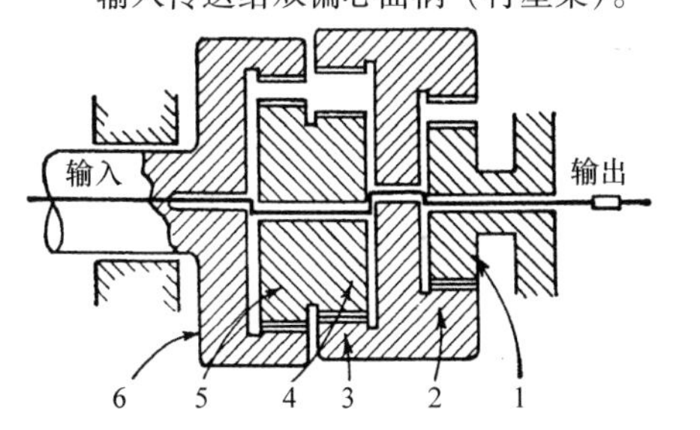

$$R=\frac{1}{1-\dfrac{N_5N_3N_1}{N_6N_4N_2}}$$

式中，$N_1=103$，$N_2=110$，$N_3=109$，$N_4=100$，$N_5=94$，$N_6=96$

$$R=\frac{1}{1-\dfrac{(94)(109)(103)}{(96)(100)(110)}}=1505$$

图 6.11-2

3. 双行星轮传动

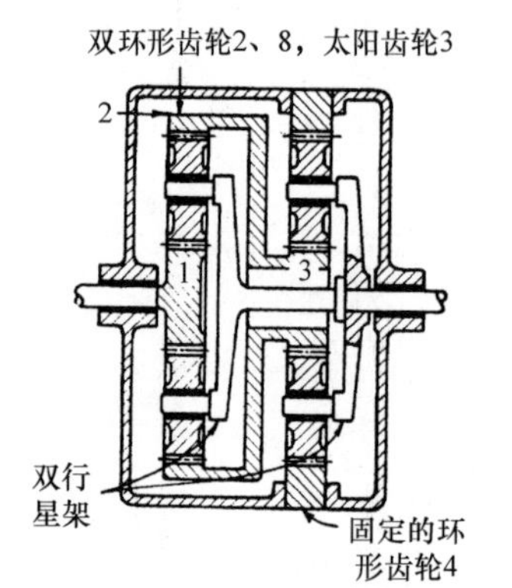

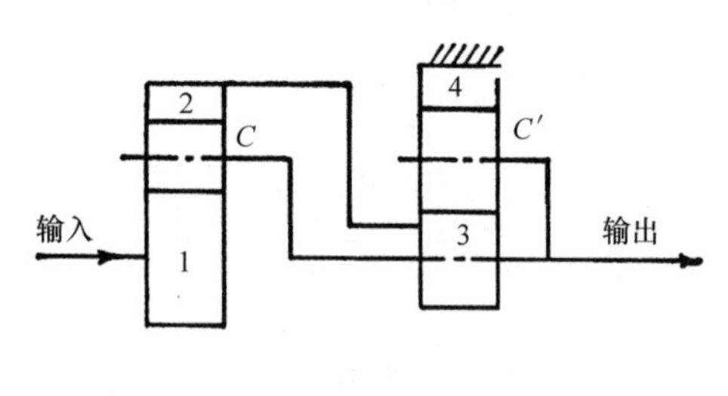

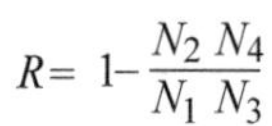

$$R=1-\frac{N_2}{N_1}\frac{N_4}{N_3}$$

a)

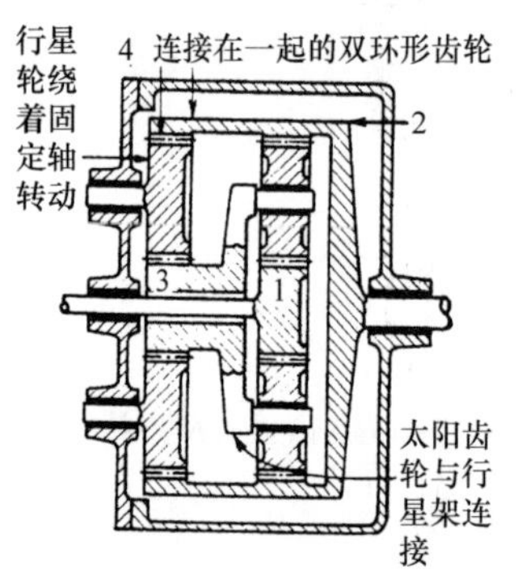

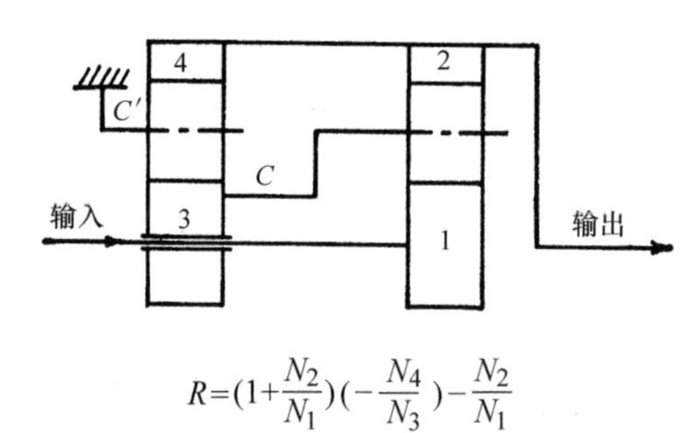

$$R=(1+\frac{N_2}{N_1})(-\frac{N_4}{N_3})-\frac{N_2}{N_1}$$

b)

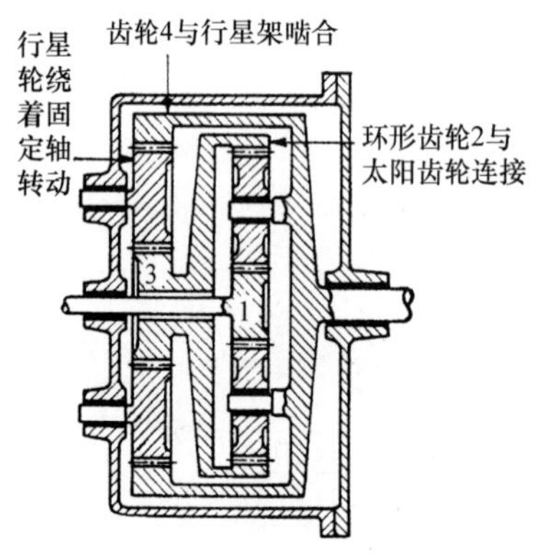

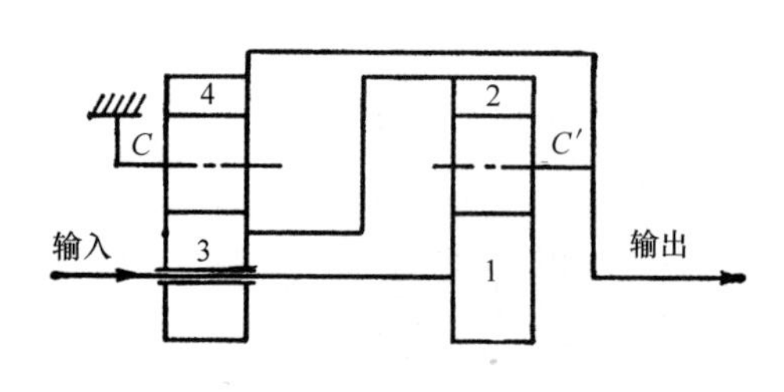

$$R=1+\frac{N_2}{N_1}(1+\frac{N_4}{N_3})$$

c)

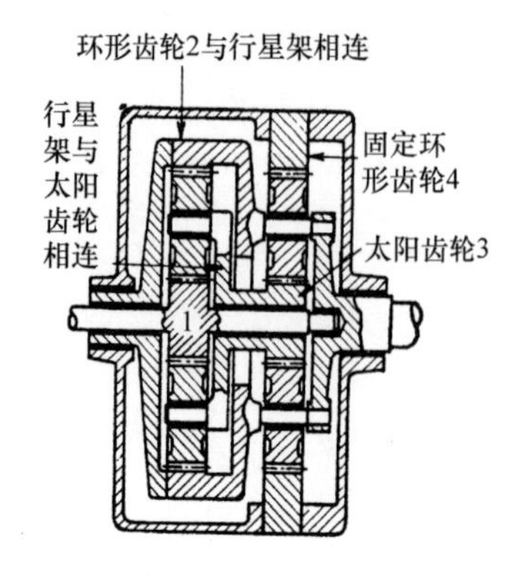

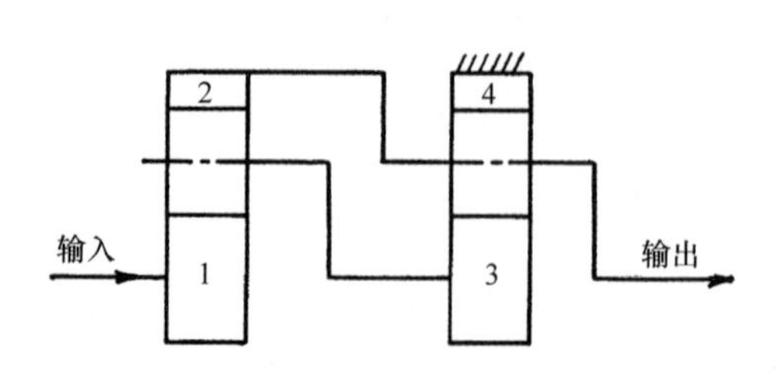

$$R=1+\frac{N_4}{N_3}(1+\frac{N_2}{N_1})$$

d)

图 6.11-3

4. 固定的差动传动

两个零件的输出速度不同导致高减速比。

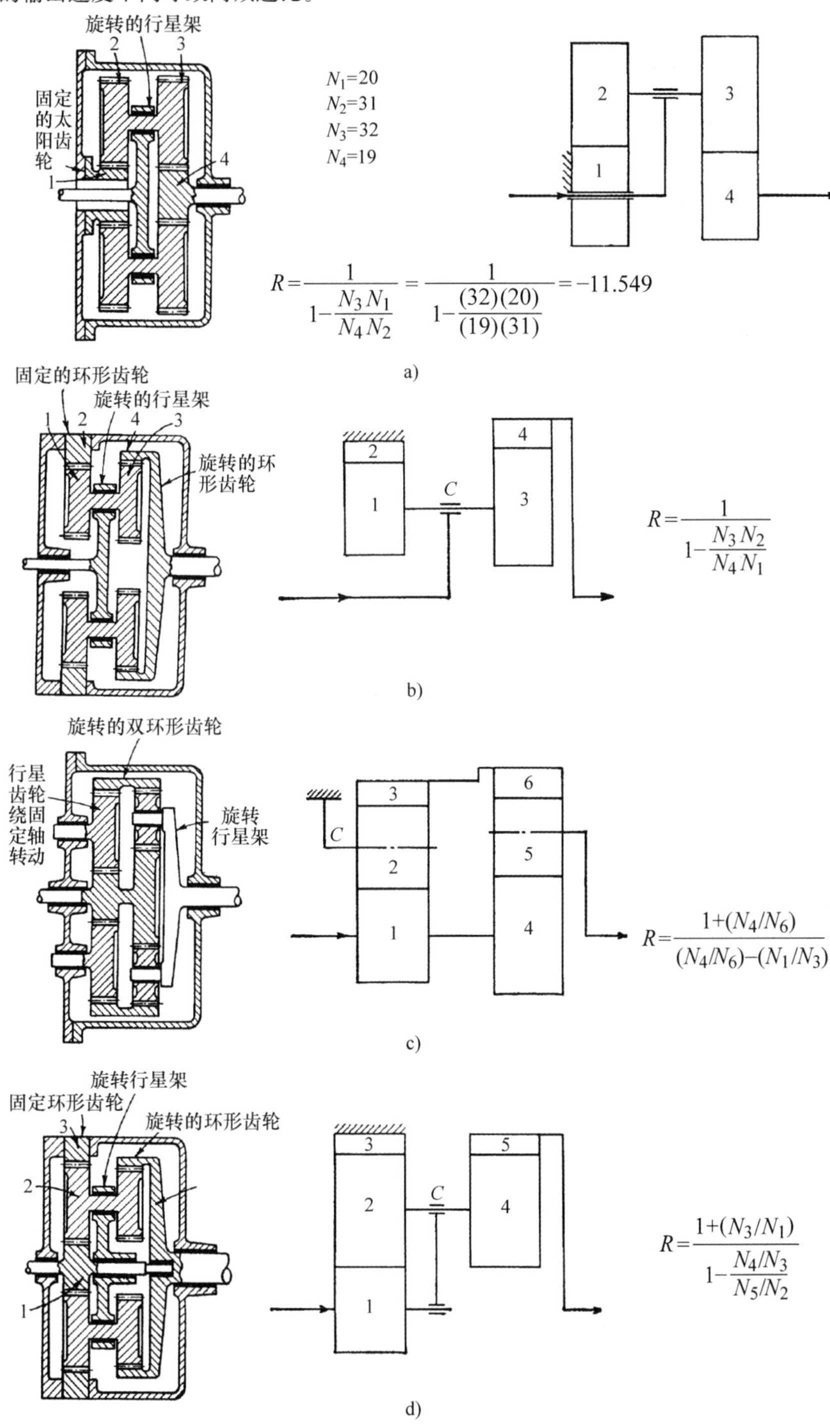

图 6.11-4

5. 简单的行星齿轮机构及其转换机构

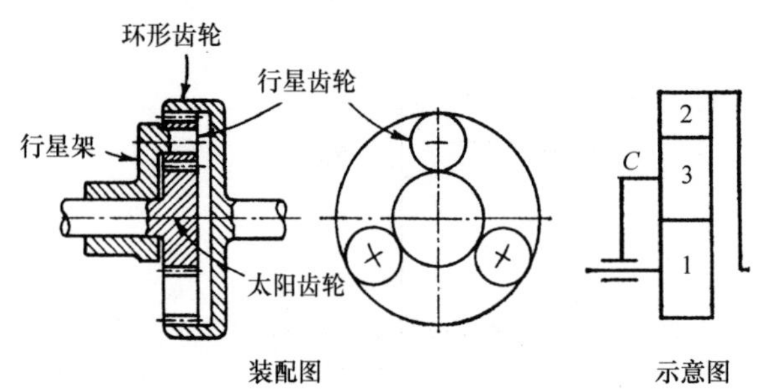

图 6.11-5

输入零件	固定零件	输出零件	减速比方程
1	C	2	$R=-N_2/N_1$
2	C	1	$R=-N_1/N_2$
1	2	C	$R=1+(N_2/N_1)$
2	1	C	$R=1+(N_1/N_2)$
C	2	1	$R=\frac{1}{1+(N_2/N_1)}$
C	1	2	$R=\frac{1}{1+(N_1/N_2)}$

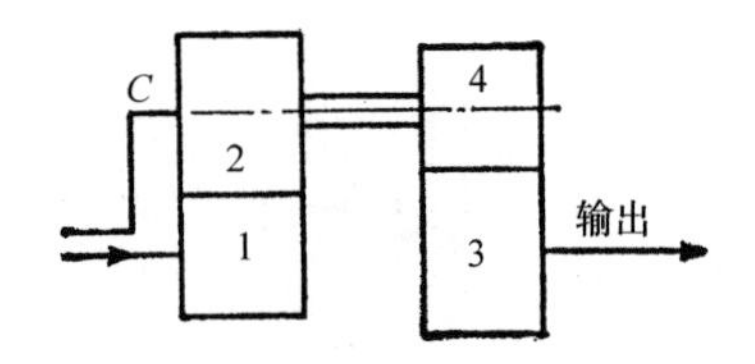

图 6.11-6

输入零件	固定零件	输出零件	减速比方程
1	C	3	$R=\frac{N_2N_3}{N_1N_4}$
1	3	C	$R=1-\frac{N_2N_3}{N_1N_4}$
3	1	C	$R=1-\frac{N_1N_4}{N_2N_3}$
3	C	1	$R=\frac{N_4N_1}{N_3N_2}$
C	1	3	$R=1\Big/\left(1-\frac{N_1N_4}{N_2N_3}\right)$
C	3	1	$R=1\Big/\left(1-\frac{N_2N_3}{N_1N_4}\right)$

6. 镶齿的锥齿轮

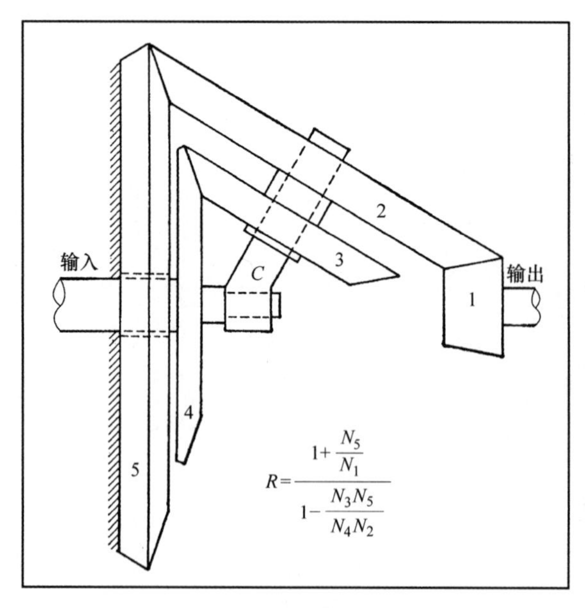

图 6.11-7

7. FORDOMATIC 双速传动（福特电机公司）

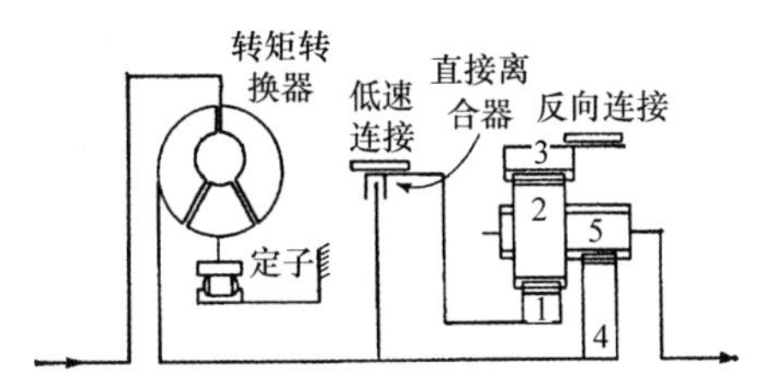

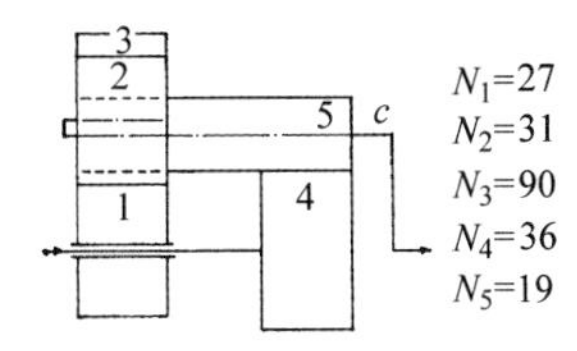

低速传动——齿轮 1 固定 $R=1+\dfrac{N_1}{N_4}=1.75$

反向传动——齿轮 3 固定 $R=1-\dfrac{N_3}{N_4}=-1.50$

注意：动力滑动传递和上述类似，但是此时 $N_1=23$，$N_2=28$，$N_3=39$，$N_4=28$，$N_5=18$。这样在减速传送和反向传送时将获得相同的速比。

$$R=1+\frac{23}{28}=1.82 \quad R=1-\frac{79}{28}=-1.82$$

图 6.11-8

8. CRUISE-O-MATIC 三速传动（福特电机公司）

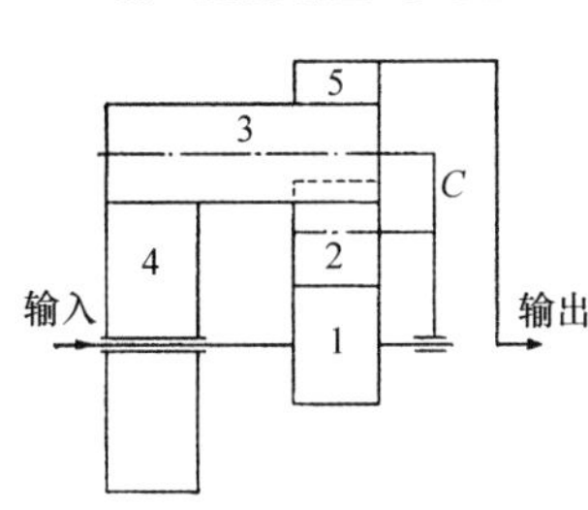

长行星齿轮　$N_3=18$

短行星齿轮　$N_2=18$

太阳齿轮　$N_4=36$，$N_1=30$

环形齿轮　$N_5=72$

低速传动——输入到齿轮 1，C 固定

$$R=\frac{N_5}{N_1}=2.4$$

中速传动——输入到齿轮 1，齿轮 4 固定

$$R=\frac{1+\dfrac{N_4}{N_1}}{1+\dfrac{N_4}{N_5}}=1.467$$

反向传动——输入到齿轮 4，C 固定

$$R=\frac{N_5}{N_4}=-2.0$$

图 6.11-9

9. 液压自动三速传动（通用电机公司）

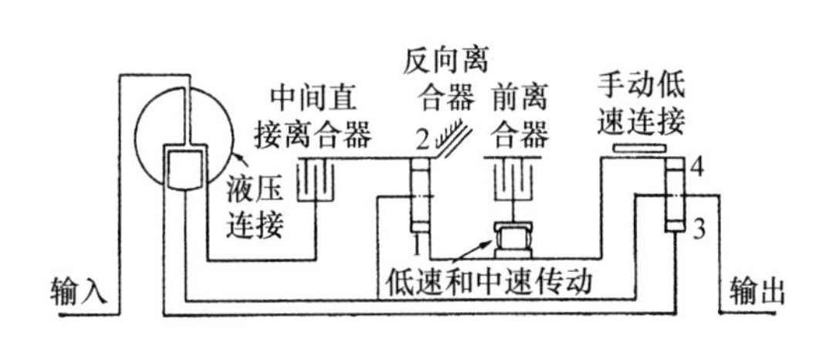

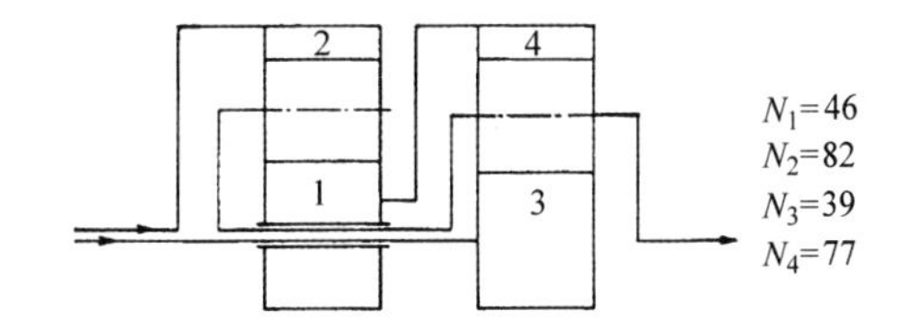

低速传动——输入到齿轮 3，齿轮 4 固定

$$R=1+\frac{N_4}{N_3}=2.97$$

中速传动——输入到 2，1 固定 $=1+\dfrac{N_1}{N_2}=1.56$

反向传动——输入到 3，2 固定

$$R=1-\frac{N_4N_2}{N_3N_1}=-2.52$$

图 6.11-10

10. 三行星齿轮机构传动

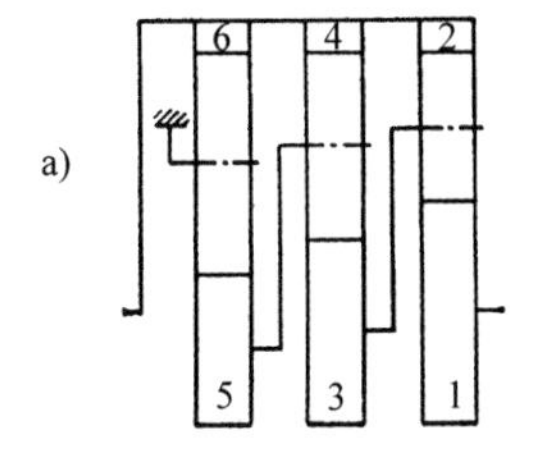

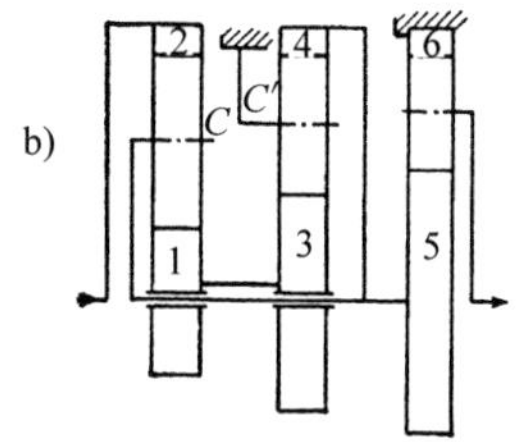

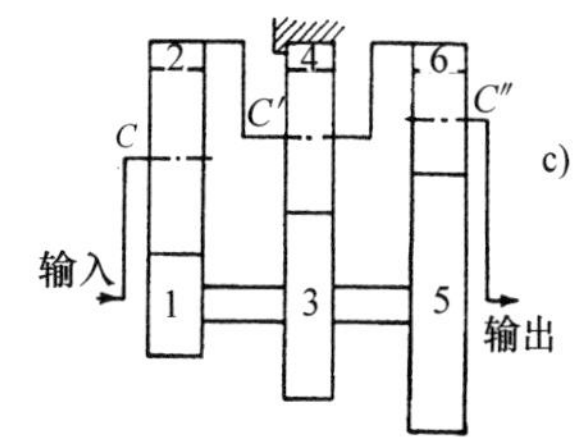

输入到齿轮 1，齿轮 6 输出

a）$R=\left(1+\dfrac{N_2}{N_1}\right)\left[\left(1+\dfrac{N_4}{N_3}\right)\left(-\dfrac{N_6}{N_5}\right)-\dfrac{N_4}{N_3}\right]-\dfrac{N_2}{N_1}$

b）$R=\left[1+\dfrac{N_1}{N_2}\left(1+\dfrac{N_4}{N_3}\right)\right]\left(1+\dfrac{N_6}{N_5}\right)$

c）$R=\left[1+\dfrac{N_4/N_3}{1+(N_2/N_1)}\right]\Big/\left[1+\dfrac{N_4/N_3}{1+(N_6/N_5)}\right]$

图 6.11-11

11. 福特拖拉机传动

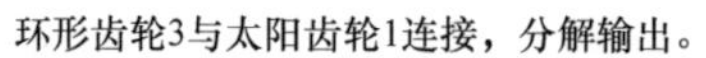

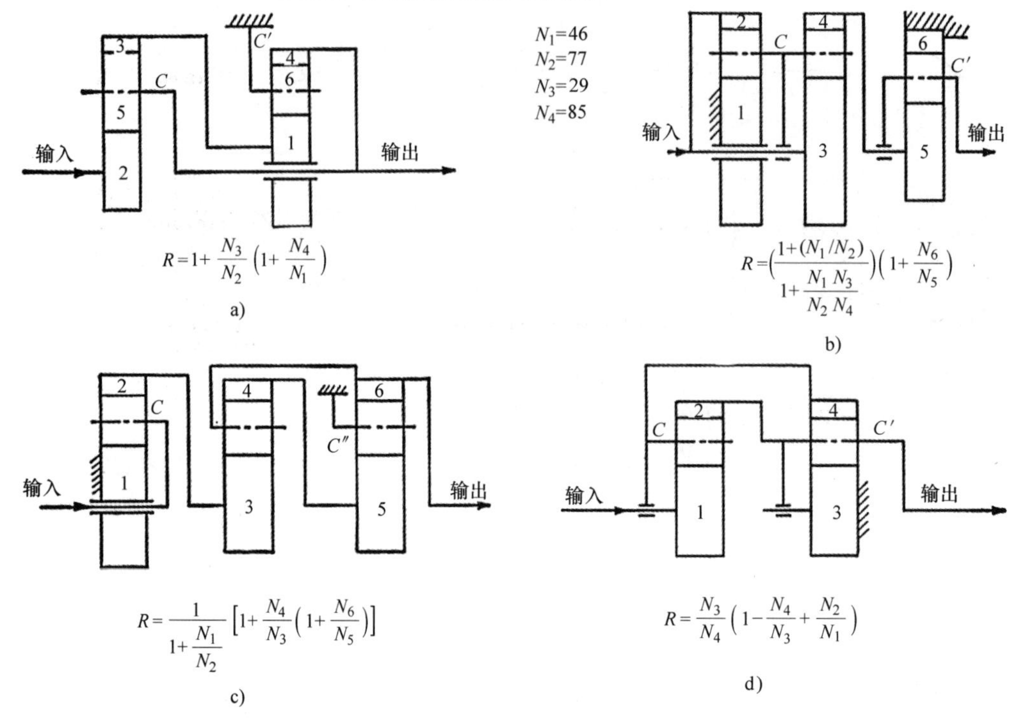

图 6. 11-12

12. LYCOMING 蜗轮机传动

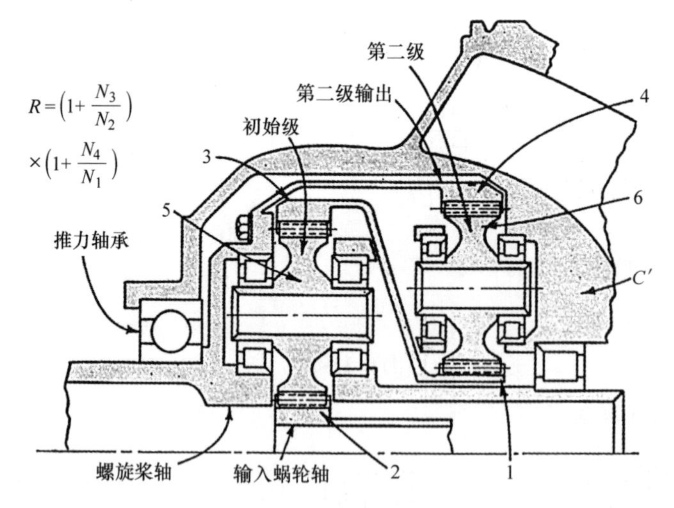

图 6. 11-13 输入至太阳轮齿 2，螺旋桨轴输出。与福特拖拉机传动基本上采用了一样的传动系统（齿数相等），所以具有相同的减速比。

13. 直齿轮和斜齿轮的复合传动

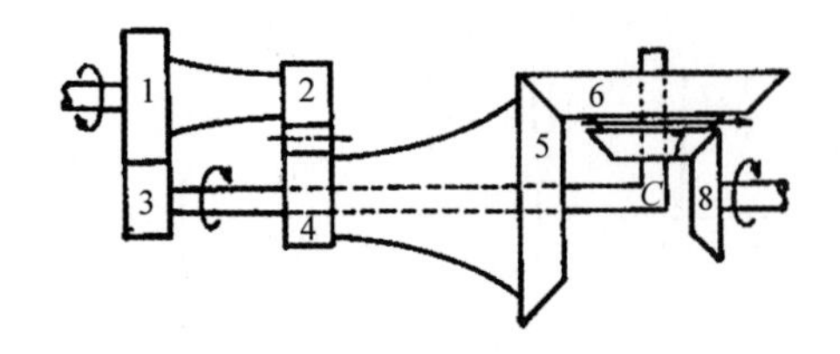

$$R=\frac{1}{-\frac{N_1}{N_3}\left(1+\frac{N_7N_5}{N_8N_6}\right)-\frac{N_7N_5N_2}{N_8N_6N_4}}$$

图 6. 11-14

14. 两齿轮行星机构传动

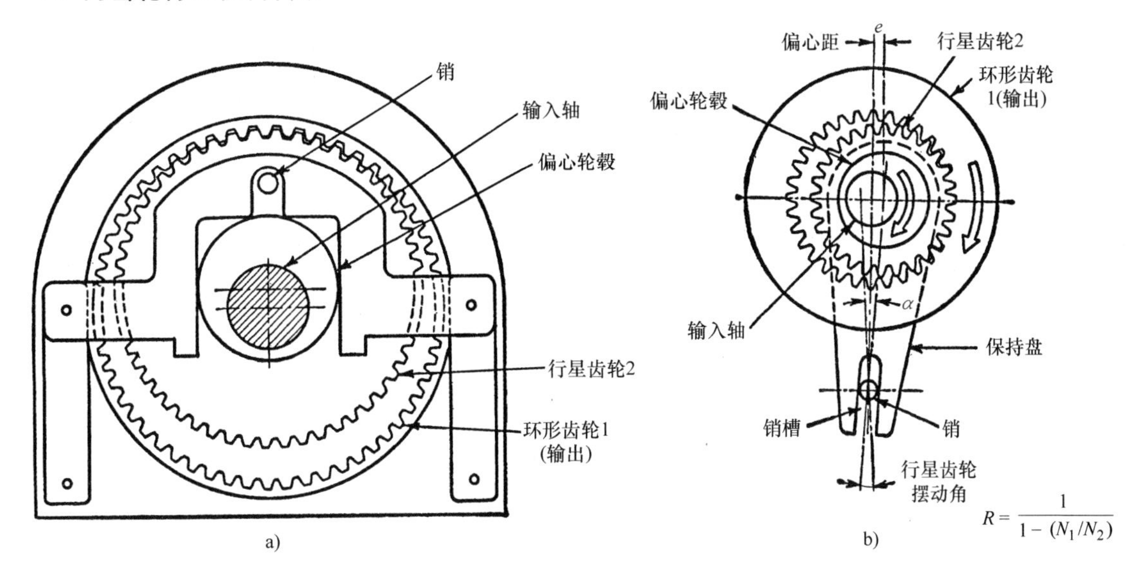

图 6.11-15 图 a）中的销被固定在行星齿轮上，而行星齿轮安装在输入轴的偏心轮毂上。环形齿轮是输出齿轮。图 b）中装置被简化了，它的输出会产生轻微的波动。

15. 平面中心传动

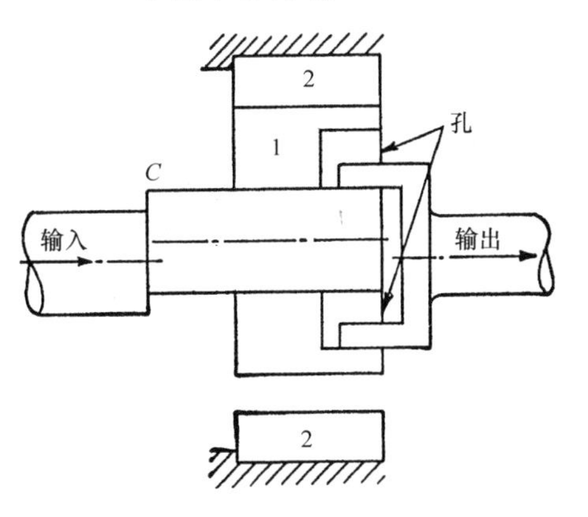

$N_2=65$

$N_1=64$

行星齿轮 1 偏心地安装在输入齿轮上（行星齿轮 1 与偏心轮毂的连接不是刚性连接）。输出由孔驱动。

$$R=\frac{N_1}{N_1-N_2}=\frac{64}{64-65}=-64$$

图 6.11-16

16. 摆动齿轮传动

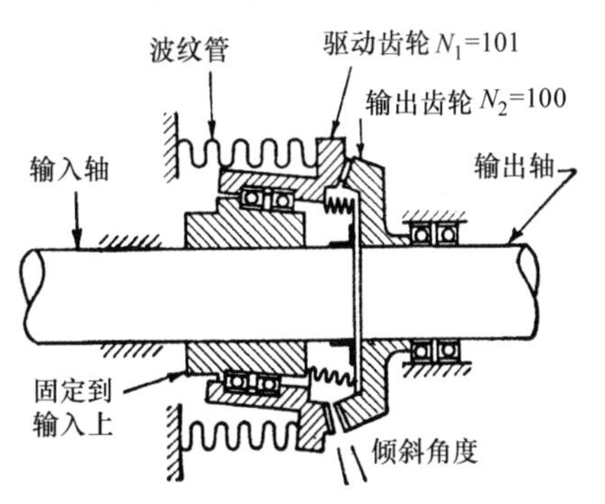

这个传动装置与谐波传动非常类似。斜摆动齿轮只在圆周上的一个点处啮合，因为驱动齿轮有一个小倾斜角度。驱动齿轮齿数 N_1 比输出齿轮齿数 N_2 多一个齿，驱动齿轮不转动，只偏转和倾斜。

$$R=R_i=\frac{1}{1-m_{or}}$$

$$R=\frac{1}{1-\frac{N_1}{N_2}}=\frac{1}{1-\frac{101}{100}}=-100$$

图 6.11-17

6.12 非圆齿轮

非圆齿轮的成本通常比功能相同零件的成本高，如连杆机构和凸轮。但是随着现在生产技术的发展，制造成本已经相应降低了，比如计算机控制齿轮成型。而且因为平衡更容易与连杆机构相比，非圆齿轮更加紧凑并且运动更加平稳。在高速机械设备中平衡是需要重点考虑的问题。除此之外，与凸轮相比，非圆齿轮有一个优点是可以产生连续单向的圆周运动。凸轮的缺点就是只可以提供往复运动。

1. 非圆齿轮的两种应用

●只用在从动元件的角速度需要很大变化的地方，例如快速回程机构、间歇机构，具体有印刷机、刨床、剪床和自动进料机构等。

●用在需要生成精确的、非线性函数的地方。例如用于机械式计算机中的平方求根、平方相乘或生成三角函数和对数函数。

设计一个形状独特的齿轮与其他任何形状的齿轮进行适当的转动啮合是完全可能的。唯一需要满足的条件是两轴之间的距离必须保持恒定。然而，这个啮合齿轮的节线可能是一个开放的曲线，而且当采用两个对数螺线齿轮时（如图 6.12-1 所示），齿轮圆周的一部分啮合时齿轮旋转。椭圆齿轮只有在成对使用并且绕着各自的焦点转动的时候才能正确啮合。然而，类似椭圆的齿轮可以靠基本的椭圆来得到。这些高阶的椭圆齿轮（见图 6.12-2）可以绕着中心 A、B、C 或 D 形成各种令人感兴趣的啮合。例如，两个二阶的椭圆齿轮可以绕着它们的几何中心旋转；但是在每次周转运动中将产生两个完整的速度周期。基本椭圆齿轮和 2 阶椭圆齿轮的轮廓差别是非常小的。请注意四阶椭圆齿轮类似于正方形齿轮（这就解释了为什么图 6.12-3 所示的方形齿轮确实可以工作，有时还成为领带夹上的装饰）。

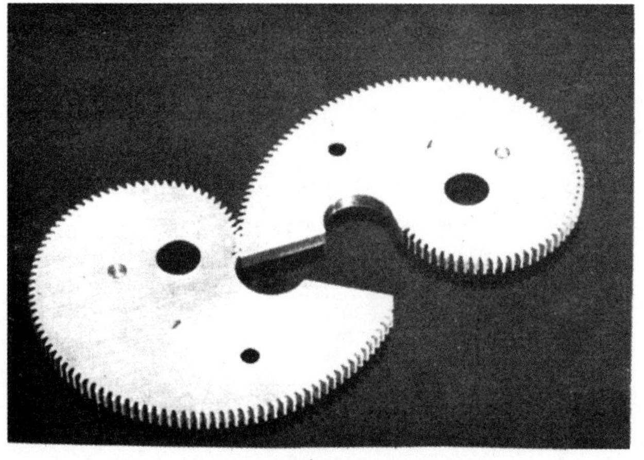

a)

b)

c)

图 6.12-1 图 a）所示的对数螺线齿轮的曲线是开放的，它们往往是计算装置中的零部件。图 b）所示的椭圆形齿轮的曲线是封闭的，它们一般应用在自动机械中。图 c）所示的特殊形状的齿轮可以提供范围较宽的速度、加速度特性。

一个偏心安装的圆形齿轮只有采用特殊推导的曲线才可以恰当地滚动（如图 6. 12-4 所示）。例如可以采用类似于椭圆的曲线。为了正确地啮合，椭圆齿轮必须要有比偏心齿轮多 1 倍的齿。当半径 r 和偏心矩 e 已知时，椭圆齿轮的主半轴则为 $2r+e$，小半轴为 $2r-e$。注意齿轮组中的一个齿轮必须要有与偏心齿轮一起转动的内齿。事实上，可以生成与任何形状的非圆齿轮啮合的内齿（但是曲线可能是开放型的）。

也可以设计非圆齿轮与特殊形状的齿条啮合，如图 6. 12-5 所示的啮合包括一个椭圆齿轮和正弦曲线齿条。图中展示的是一个三阶椭圆，但实际上可以应用任意椭圆滚动曲线。这些曲线的主要优点是，当椭圆齿轮转动时，它们的转动轴是沿着直线移动的。还有一个是对数螺线齿轮与直齿条的啮合机构，齿条必须根据螺旋角来倾斜其运动方向。

2. 设计方程

这里以函数形式给出三个用于常见设计的非圆齿轮方程。它们适用于任何非圆齿轮副的设计。符号的定义见图 6. 12-7。

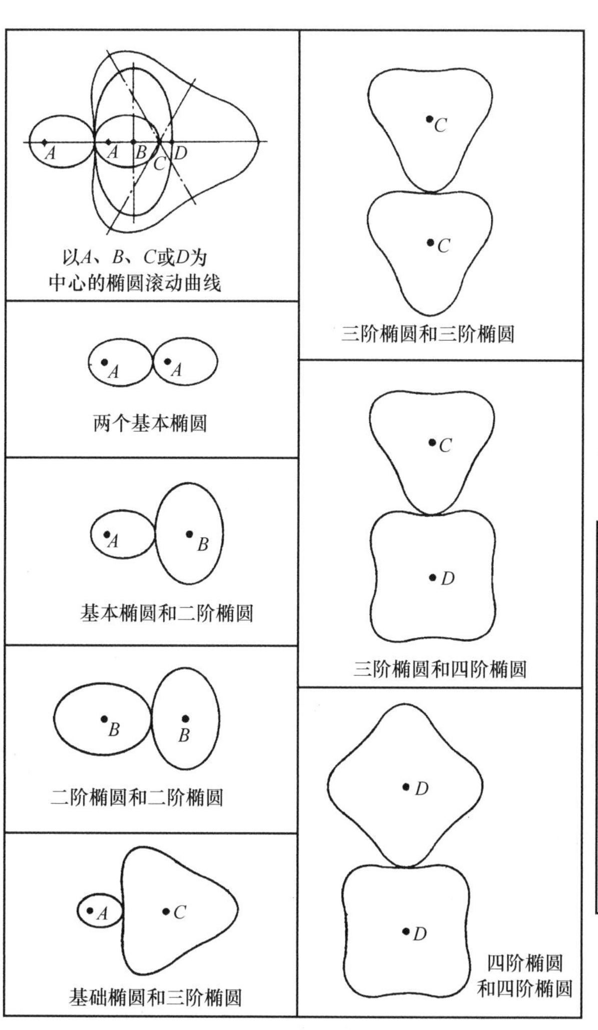

图 6. 12-2　基本和高阶椭圆齿轮的啮合。

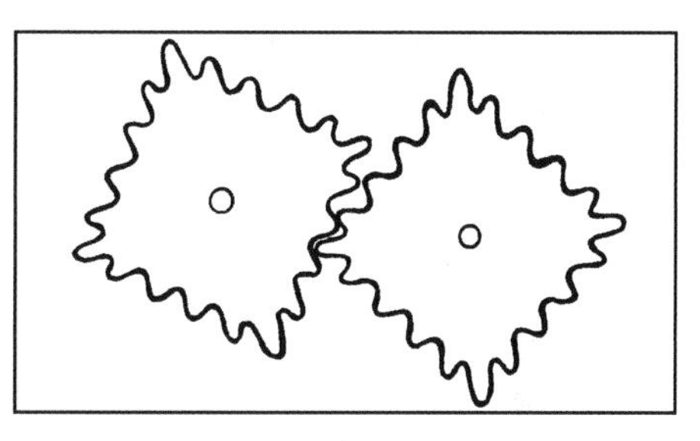

图 6. 12-3　方形齿轮似乎违反了基本运动学规律，但是它们模拟替代了四阶椭圆齿轮。

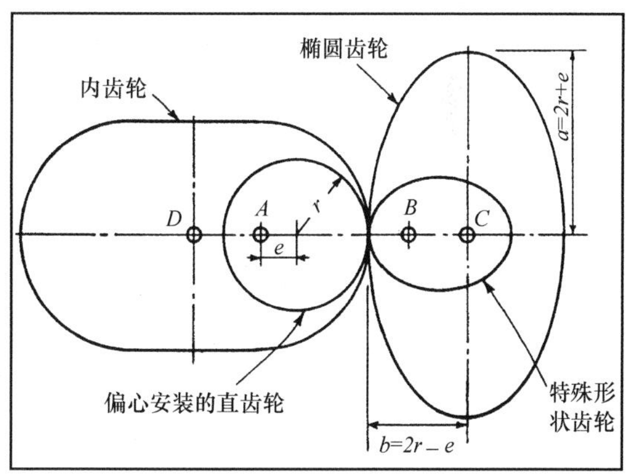

图 6. 12-4　绕 A 点转动的偏心直齿轮将可以和图中所示的三个齿轮中的任何一个齿轮恰当啮合，这三个齿轮的中心分别在 B、C 和 D 点。

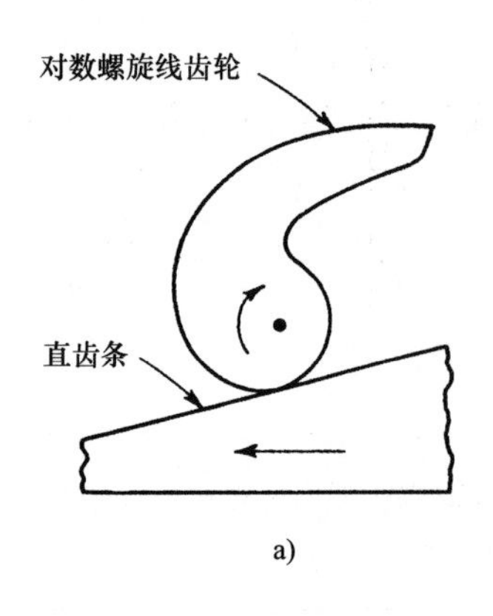

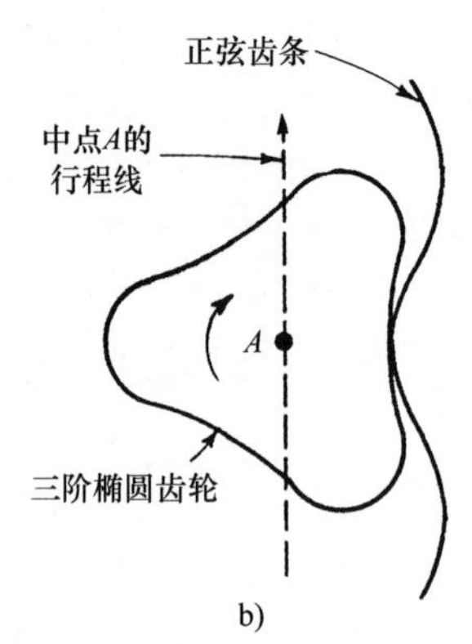

正弦齿条方程

$$X = C - \frac{b^2/a}{1+\epsilon\cos\theta}$$

$$Y = \frac{2P_n}{\sqrt{1-\epsilon_n^2}}\tan^{-1}\left(\sqrt{\frac{1-\epsilon_n}{1+\epsilon_n}}\tan\frac{n\theta}{2}\right)$$

基础椭圆

$$P_n = b^2/a \quad \epsilon_n = \epsilon \quad n = 1$$

三阶椭圆

$$P_n = \frac{9b^2/a}{\sqrt{9-8\epsilon^2}} \quad \epsilon_n = \frac{\epsilon}{\sqrt{9-8\epsilon^2}} \quad n = 3$$

图6.12-5 齿条与非圆齿轮啮合是可行的。与对数螺旋线齿轮（a）啮合的直齿条必须斜向移动；三阶椭圆齿轮（b）的中心点沿着一条直线移动。

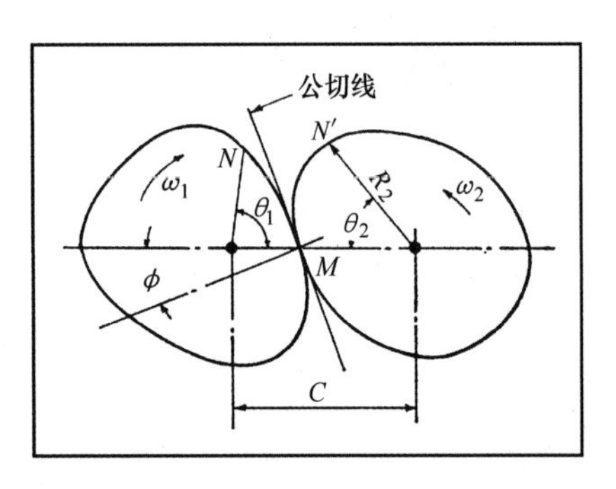

图6.12-6

符号

a——椭圆的半长轴

b——椭圆的半短轴

C——椭圆的中心距(见图6.12-6)

ϵ——椭圆的偏心距 $=\sqrt{1-(b/a)^2}$

e——偏心安装的直齿轮的偏心距

N——齿数

P——径节

r_a——曲率半径

R——有效的节圆半径

S——节圆的周长

X，Y——直角坐标

θ——相对于 R 的极角

ϕ——倾角

ω——角速度

$f(\theta)$，$F(\theta)$，$G(\theta)$——θ 的各种函数

$f'(\theta)$，$F'(\theta)$，$G'(\theta)$——θ 函数的一阶导数

图6.12-7

例1 一个齿轮曲线的极坐标方程和中心矩已知，求与其啮合齿轮的极坐标方程：

$$R_1 = f(\theta_1) \quad R_2 = C - f(\theta_1)$$

$$\theta_2 = -\theta_1 + C\int\frac{d\theta_1}{C-f(\theta_1)}$$

例2 两个齿轮转动角之间的关系和中心距离已知,求两个齿轮的极坐标方程：

$$\theta_2 = F(\theta_1) R_1 = \frac{CF'(\theta_1)}{1+F'(\theta_1)}$$

$$R_2 = C - R_1 = \frac{C}{1+F'(\theta_1)}$$

例3 两个齿轮的角速度之间的关系和中心距已知，求两个齿轮的极坐标方程：

$$\omega_2 = \omega_1 G(\theta_1) \qquad R_1 = \frac{CG(\theta_1)}{1+G(\theta_1)}$$

$$R_2 = C - R_1 \qquad \theta_1 = \int G(\theta_1)\,d\theta_1$$

五种类型的非圆齿轮的速度方程和特性列在表6.12-1中。

3. 封闭曲线的校核

用以下公式可以快速地分析、判断齿轮的齿轮节线是封闭的还是开放的。

例1，如果 $R=f(\theta)=f(\theta+2N_\pi)$，则齿轮节线是封闭的。

例2，如果 $\theta_1=F(\theta_2)$ 且 $F(\theta_0)=0$，则由方程 $F(\theta_0+2\pi/N_1)=2_\pi/N_2$ 组成的曲线是封闭的，而且 N_1 和 N_2 可以用整数或有理小数来替换。如果必须用小数来解这个方程，那么这条曲线会有两个相交点，这当然不是理想的条件。

例3，如果 $\theta_2=\int G(\theta_1)\,d\theta$，假设 $G(\theta)\,d\theta=F(\theta_1)$，采用与例2中同样的方法，只是下标被颠倒了。

采用一些齿轮装置时，只有采用正确的中心距时配合齿轮的节线才是封闭曲线。中心距可以用这个公式计算

$$4\pi = \int_0^{2\pi}\frac{d\theta_1}{C-f(\theta_1)}$$

表 6.12-1　五种非圆齿轮系的特性

类　型	评　价	基 本 方 程	速度方程，ω_1 = 常数
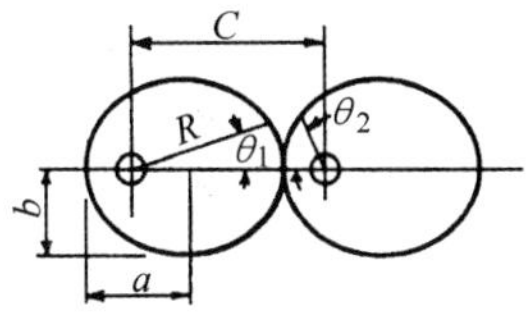 两椭圆齿轮绕焦点旋转	两个齿轮相同。比较容易制造。用于快速回程机构，如印刷机、自动化机械	$R=\frac{b^2}{a\,[1+\epsilon\cos\theta]}$ ϵ 为偏心距 $=\sqrt{1-\left(\frac{b}{a}\right)^2}$ a 为$\frac{1}{2}$长轴 b 为$\frac{1}{2}$短轴	$\omega_2=\omega_1\left[\frac{r^2+1+(r^2-1)\cos\theta_2}{2r}\right]$ 当 $r=\frac{R_{max}}{R_{min}}$ 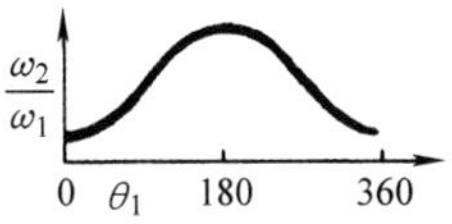
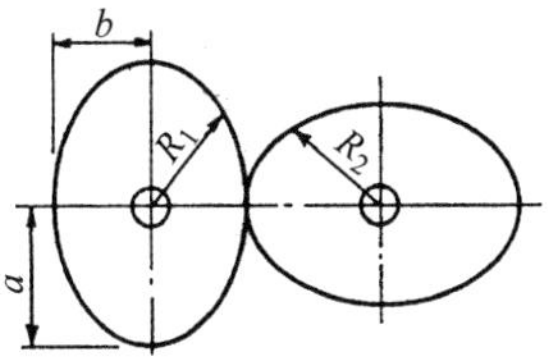 两个二阶椭圆齿轮绕其几何中心旋转	两个齿轮相同。几何特性众所周知。比真正的椭圆齿轮更容易平衡。用在一个循环周期需要完成两个速度循环的地方	$R=\frac{2ab}{(a+b)-(a-b)\cos 2\theta}$ $C=a+b$ a 为最大半径 b 为最小半径	$\omega_2=\omega_1\left[\frac{r^2+1-(r^2-1)\cos 2\theta_2}{2r}\right]$ 式中　$r=\frac{a}{b}$ 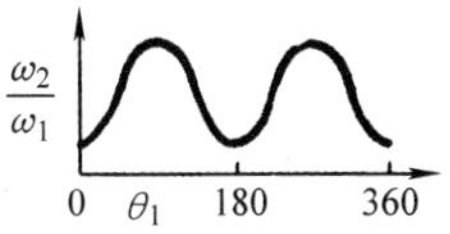
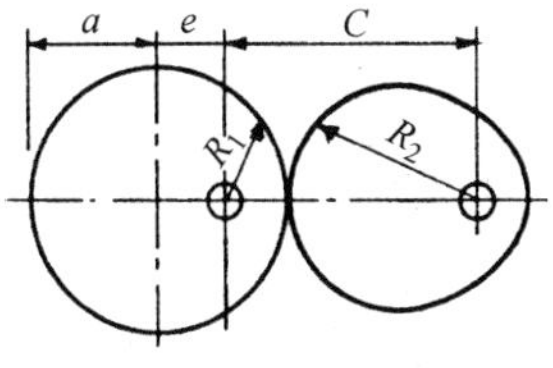 偏心齿轮和与它配对的齿轮转动	标准直齿轮可以作为偏心轮来使用。与其啮合的齿轮有特殊的形状	$R_1=\sqrt{a^2+e^2+2ae\cos\theta_1}$ $\theta_2=\theta_1+C\int\frac{\mathrm{d}\theta_1}{C-R_1}$ $C=R_1+R_2$	$\frac{\omega_2}{\omega_1}=\frac{\sqrt{a^2+e^2+2ae\cos\theta_1}}{C-\sqrt{a^2+e^2+2ae\cos\theta_1}}$ 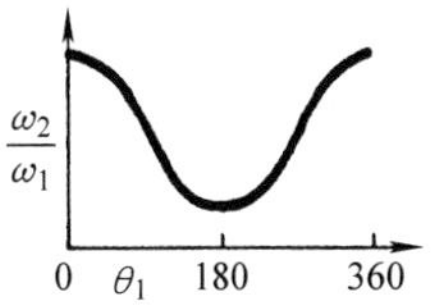
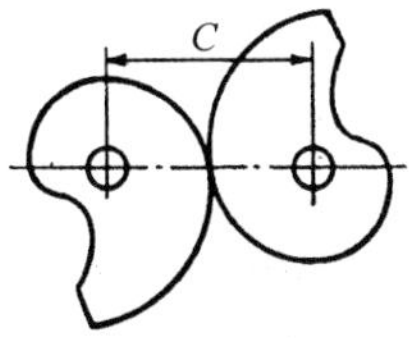 两个对数螺旋线齿轮	两个齿轮可以是相同的，并且一起使用可以获得各种函数。但是它们必须是开放齿轮	$R_1=Ae^{k\theta_1}$ $R_2=C-R_1$ $=Ae^{k\theta_2}$ $\theta_2=\frac{1}{k}\lg(C-Ae)^{k\theta_1}$ e 为自然对数底	$\frac{\omega_2}{\omega_1}=\frac{Ae^{k\theta_1}}{C-Ae^{k\theta_1}}$ 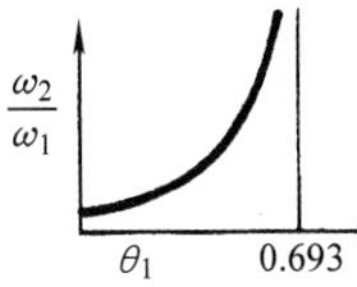
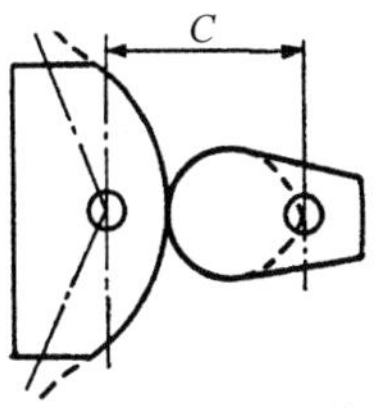 正弦函数齿轮	产生的角位移与输入角的正弦成比例。它们必须是开放齿轮	$\theta_2=\sin^{-1}(k\theta_1)$ $R_2=\frac{C}{1+k\cos\theta_1}$ $R_1=C-R_2$ $=\frac{Ck\cos\theta_1}{1+k\cos\theta_1}$	$\frac{\omega_2}{\omega_1}=k\cos\theta_1$ 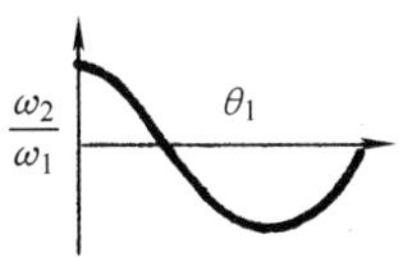

6.13 薄金属板齿轮、链轮、蜗杆和棘轮机构

当一个特殊的运动必须以间歇的形式而不是连续的形式传送，并且载荷较轻时，使用本节中的这些机构是最理想的，因为它们成本较低并适合于大批量生产。尽管它们通常不被认为是精密零件，但棘轮和齿轮的误差可以控制在 ±0.007in（0.1778mm）的范围内，如果必要的话，可以靠剃齿来提高它们的精度。

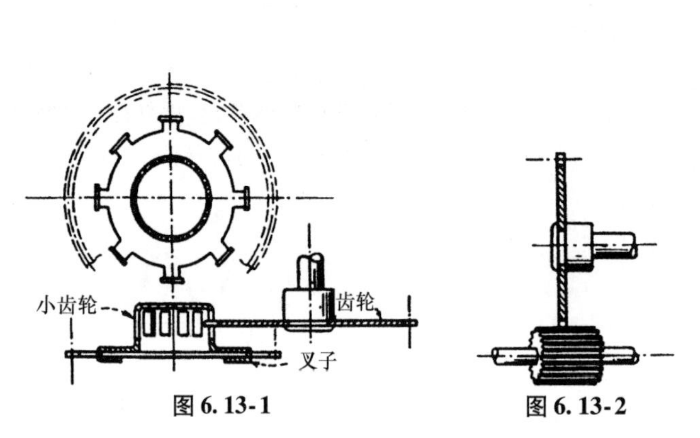

图 6.13-1　图 6.13-2

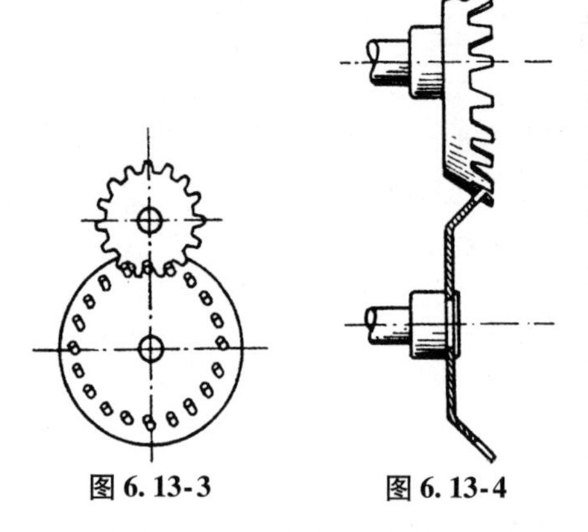

图 6.13-3　图 6.13-4

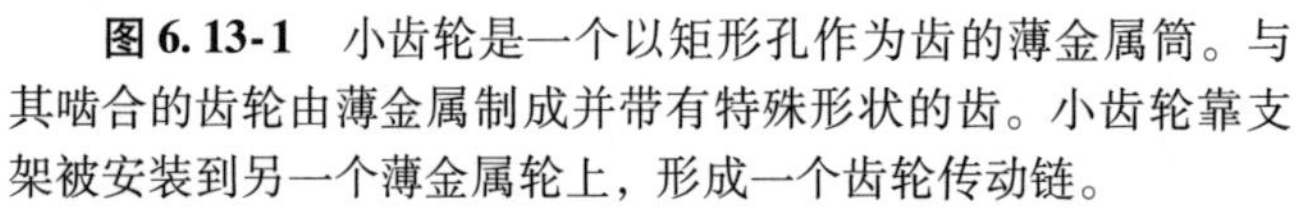

图 6.13-1　小齿轮是一个以矩形孔作为齿的薄金属筒。与其啮合的齿轮由薄金属制成并带有特殊形状的齿。小齿轮靠支架被安装到另一个薄金属轮上，形成一个齿轮传动链。

图 6.13-2　薄金属齿轮与一个宽齿小齿轮啮合。这个小齿轮可采用挤压成型或机械加工的方法获得。薄金属齿轮的齿是标准的齿型。

图 6.13-3　小齿轮与圆盘上的圆销配合。这个圆盘由金属、塑料或木头制成。圆销可以铆接或靠螺纹来固定。

图 6.13-4　两个齿型为圆锥形的齿轮在平行轴上形成斜齿轮啮合。它们都有特殊的齿型。

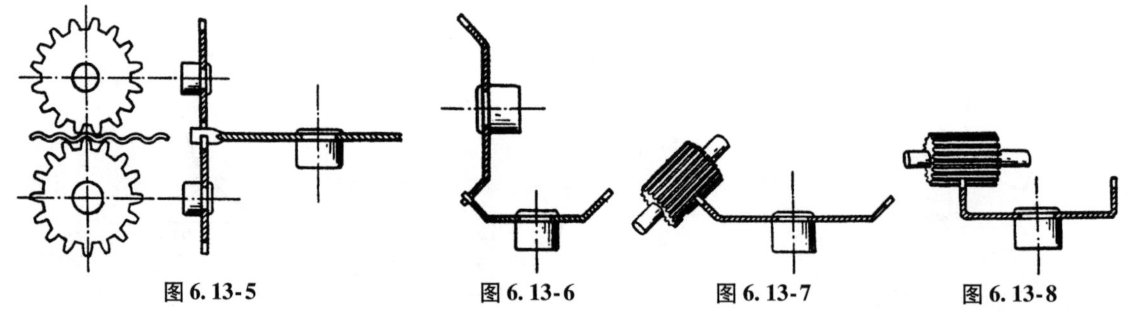

图 6.13-5　图 6.13-6　图 6.13-7　图 6.13-8

图 6.13-5　一个用边缘上的波形代替齿的水平圆盘与一个或两个薄金属小齿轮啮合。它们都有特殊的齿型并被安装在相交轴上。

图 6.13-6　两个带有特殊齿型的斜形齿轮被安装在垂直相交的轴上。可以通过铆接将它们安装在轮毂上。

图 6.13-7　成型的斜形齿轮与一个机加的或挤压成型的小齿轮啮合。这两个齿轮都可以采用标准齿型。

图 6.13-8　一个筒形齿轮与在垂直相交轴上的一个整体小齿轮啮合。

图 6.13-9　将两个一样的模锻齿轮错开一个齿距进行叠加可以消除间隙。在每个齿轮上的弹簧承担的任务是吸收无效运动。

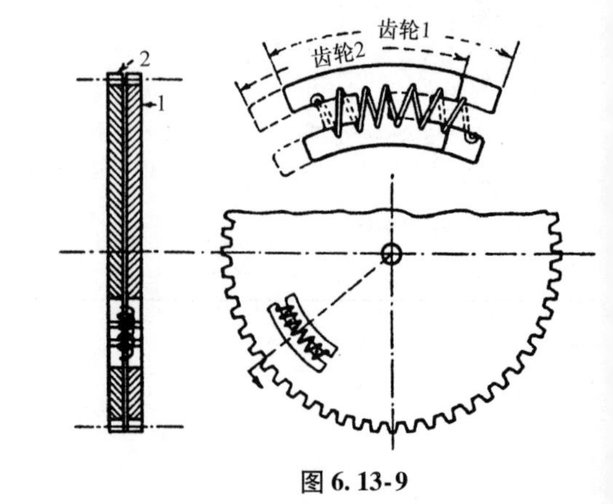

图 6.13-9

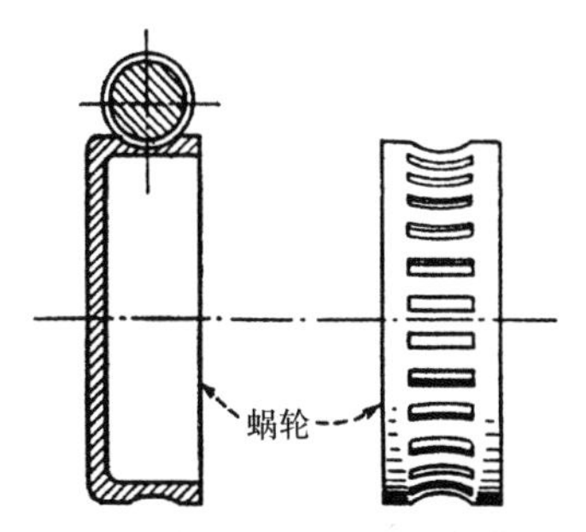

图 6.13-10 用凹口代替蜗轮的齿的一个薄金属筒与一个标准的蜗杆啮合。

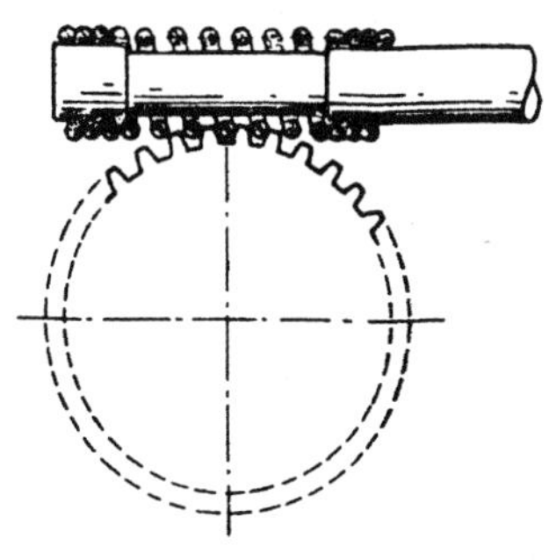

图 6.13-11 带有特殊齿型的齿轮与一个安装在轴上的弹簧啮合，弹簧起蜗杆的作用。

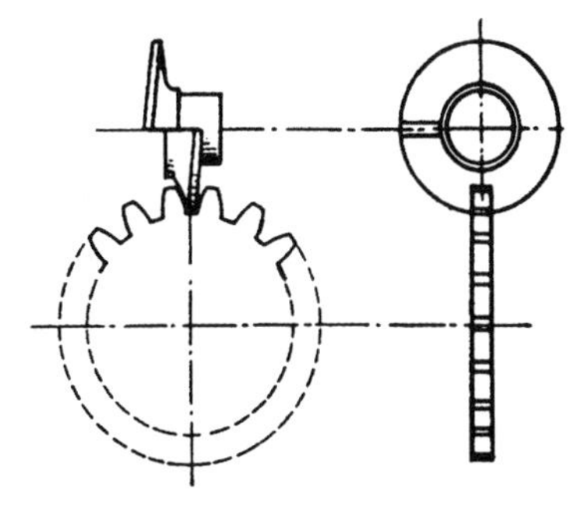

图 6.13-12 蜗轮由一个带有特殊齿型的薄金属板制成。蜗杆是一个断开并形成螺旋形的薄金属圆盘。

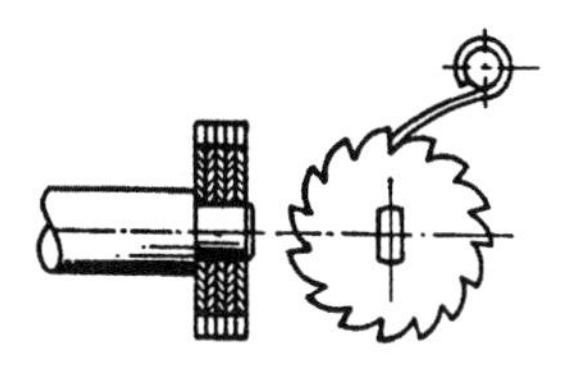

图 6.13-13 当带有单侧齿的单个棘轮的厚度不够时，可以将这些单个棘轮叠加到一起以适应一个宽的薄金属棘爪。

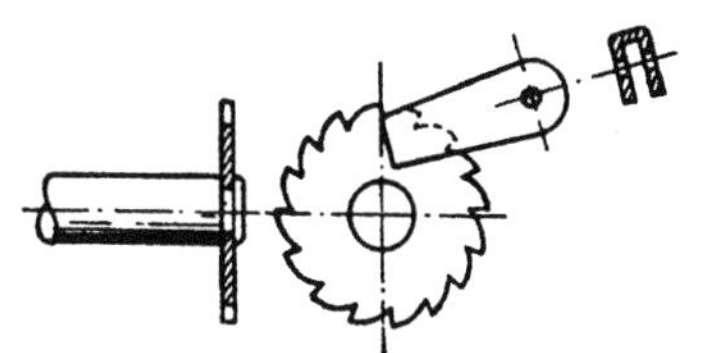

图 6.13-14 为了避免将棘轮叠加，单个棘轮与一个也是由薄金属制成的 U 形棘爪配合使用。

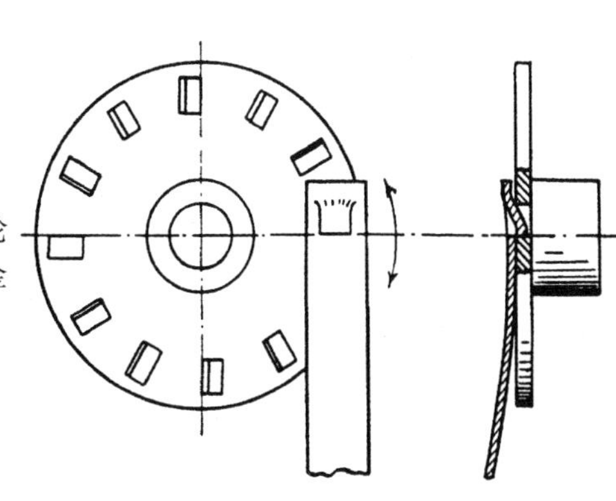

图 6.13-15 这是一个用方形冲孔作为齿的冲孔圆盘。棘爪是一片弹簧钢。

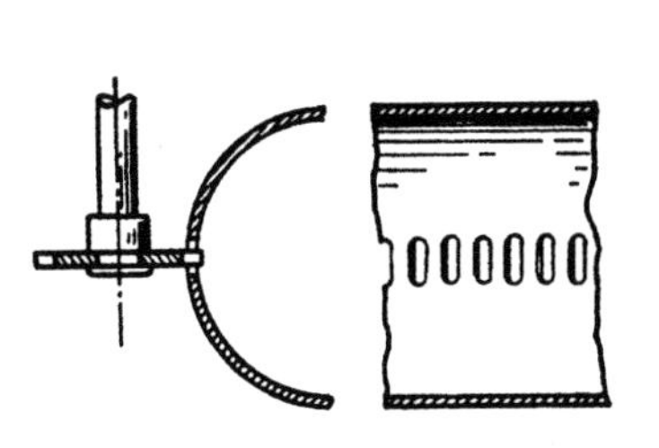

图 6.13-16 是一个带有特殊齿型的薄金属小齿轮与带开口的金属圆筒上啮合。它们形成小齿轮和齿条的配合。

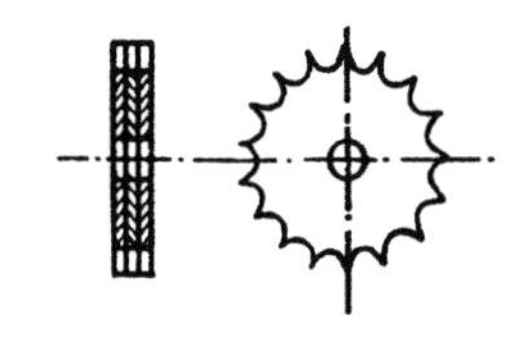

图 6.13-17 这个链轮和图 6.13-13 相似，可以将单独冲压制成链轮组装在一起。

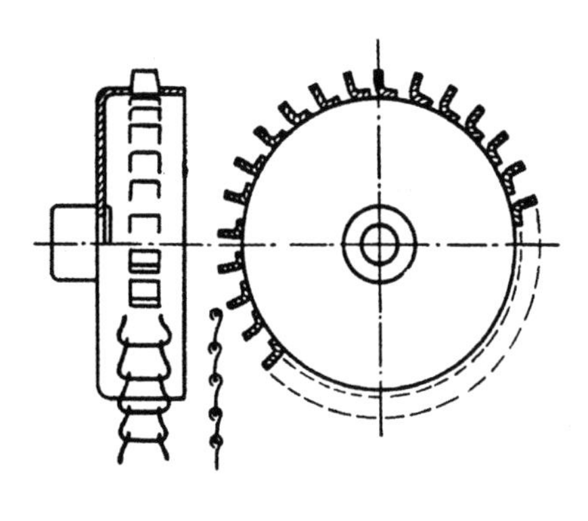

图 6.13-18 为了配合图示的钢丝链，在一个金属圆筒上将冲口部分弯起制成链轮。

6.14 齿轮变速装置

用齿轮和离合器改变速比的十三种结构形式。

1 通过键安装到轴上

2 可以在轴上转动的无键安装

3 滑移齿轮通过键安装到轴上

4 离合器（离合器通过键安装在轴上，而齿轮不是用键安装在轴上的）

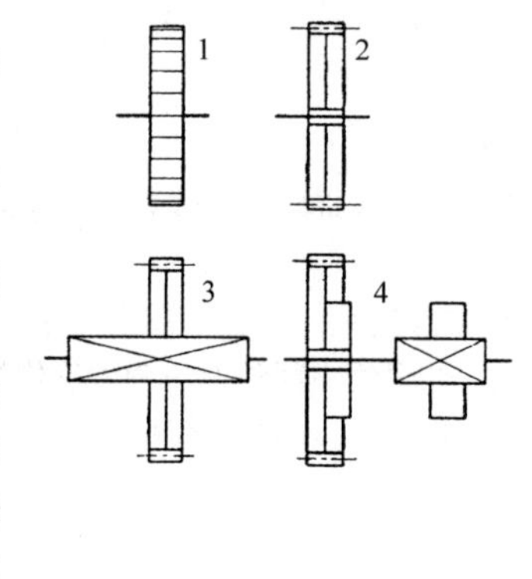

图 6.14-1 用在下列图中的表示齿轮和离合器的示意图

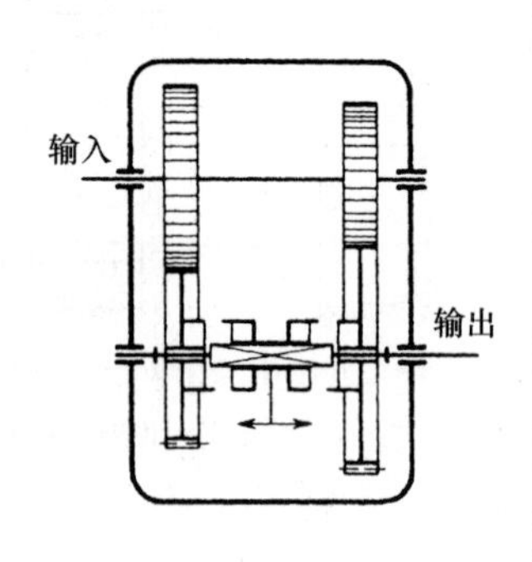

图 6.14-2 双离合器传动装置。两对齿轮可以发生啮合。第一对还是第二对齿轮传递运动取决于离合器的位置，不传动的那对齿轮空转。离合器在图示的中间位置时，两对齿轮都空转。为了降低噪音推荐采用人字齿齿轮。

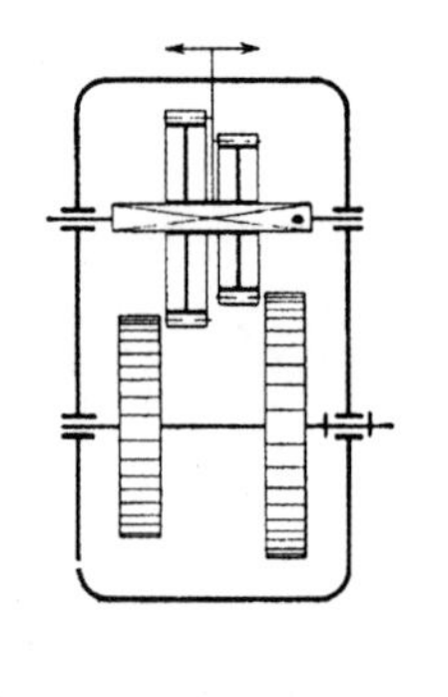

图 6.14-3 滑移改变传动装置。齿轮靠横向滑动发生啮合。在滑动轴套上最多可以安装三个齿轮。在任何操作位置上只能有一对齿轮啮合。这个装置与图 6.14-2 中的装置相比更简单，也更经济，并且应用也更广泛。将齿的两侧倒角会使啮合更容易。

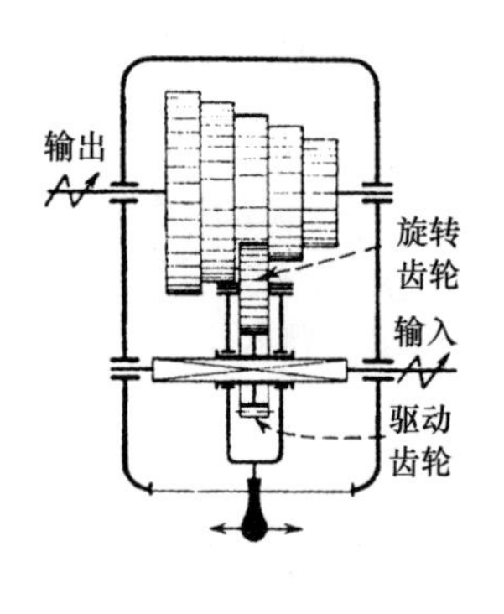

图 6.14-4 双离合器传动装置。输出齿轮被固定到轴上。按下手柄，然后横向移动旋转齿轮可以通过任何输出齿轮实现传动。因为旋转齿轮容易产生振动，所以这个传动装置不适合于大转矩的传动。这个传动装置的总传动比不应该超过 1∶3。

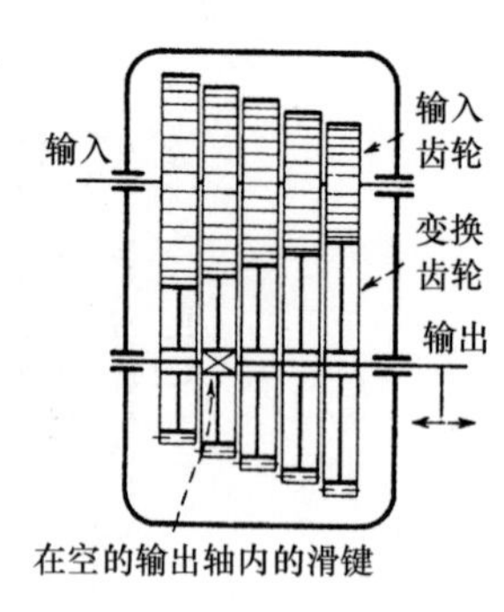

图 6.14-5 滑键传动装置。一个弹簧驱动的滑键被安置在空的输出轴内。在滑动轴套上最多可以安装三个齿轮。当滑键到达特定的位置时将从输出轴内弹出，以便将选定的齿轮锁紧到输出轴上。图中没有显示中心位置。

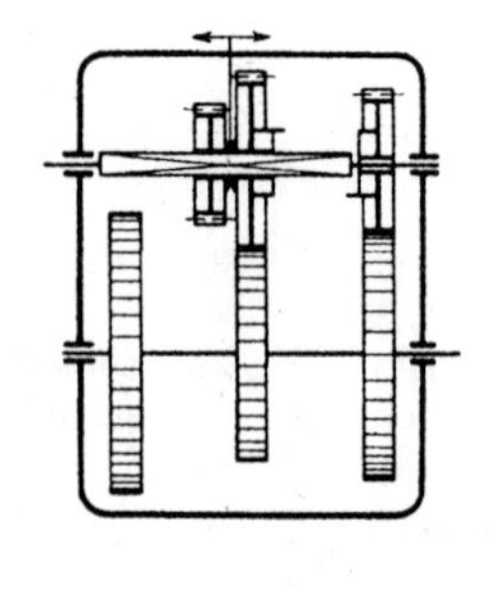

图 6.14-6 这个装置中的两个齿轮连接在一起并可滑动。这个装置可以产生三个速比：直接啮合获得速比 1 和速比 2；第 3 个速比通过连接到一起的两个齿轮来传递。

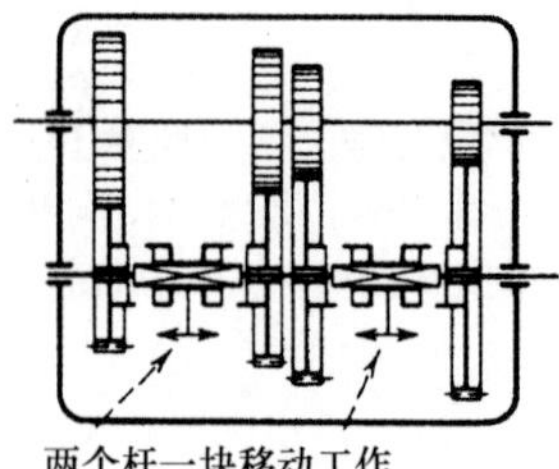

图 6.14-7 双离合器传动装置。一个离合器必须总是在中间位置上。当传动发生变化时，两个离合器可以同时移动。这个装置仅仅需要两个轴即可获得四种传动比。

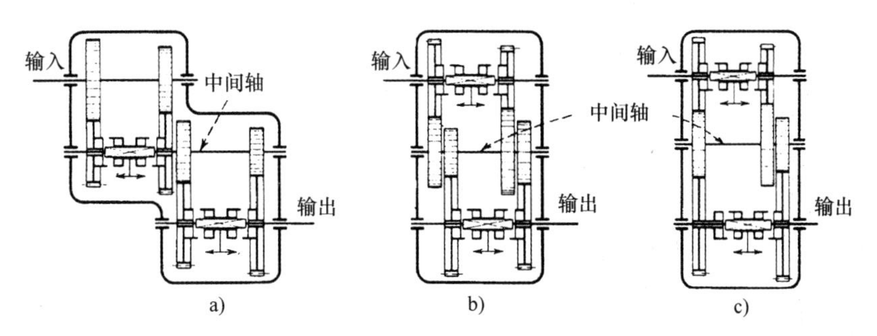

图 6.14-8 一个可以提供四种传动比的三轴传动装置。(a) 第一个轴的输出是第二个轴的输入。采用中间轴消除了一个离合器总是保持在中间位置上的需要。一个杆位置的误动也不会影响传动。(b) 为了节省空间，将中间轴上的离合器移到第一个轴上。(c) 如果用中间轴上一个齿轮代替一对齿轮可以进一步节省空间。修改后的传动比可以通过计算获得。

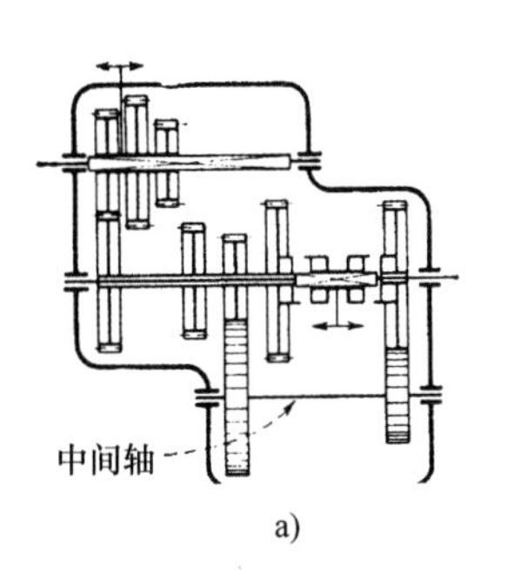

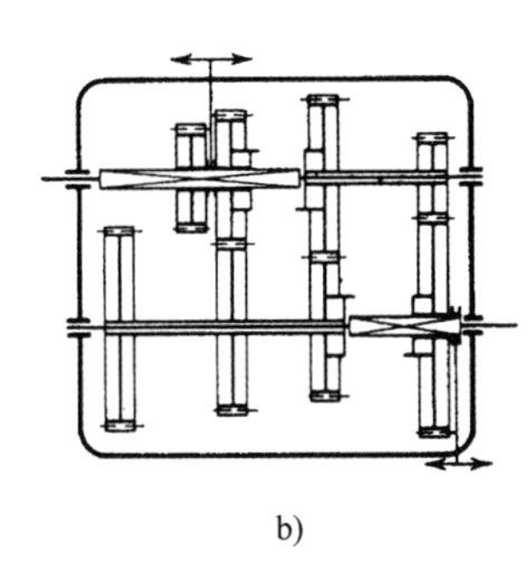

图 6.14-9 用两个离合器和图 a) 中的十个齿轮或图 b) 中的八个齿轮配合可以获得六个传动比。最多可以有六个齿轮参与啮合。这两个装置都不需要有一个离合器必须保持在中间位置上。

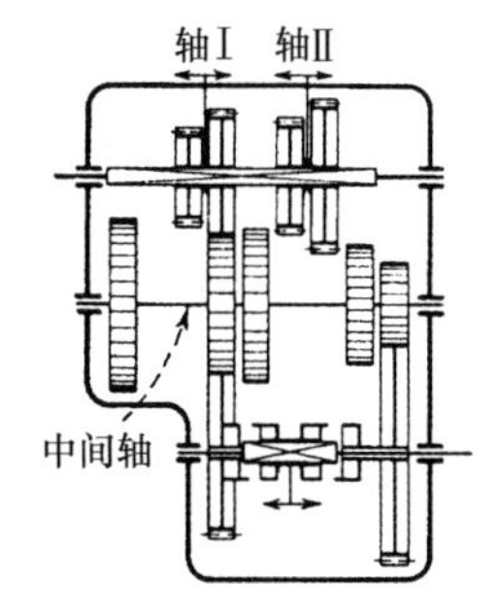

图 6.14-10 这个可产生八种传动比的装置有两个滑移齿轮和一个离合器。这个结构减少了零件数和需要啮合的齿轮数。轴Ⅰ和轴Ⅱ的位置是互相依赖的。如果一个离合器正在啮合，另一个离合器必须处于中间位置。

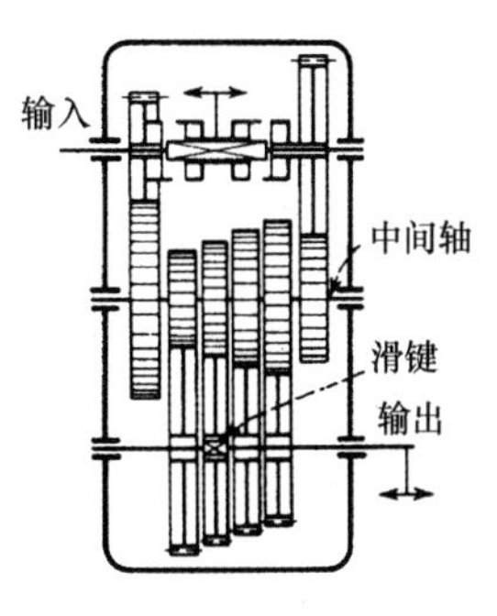

图 6.14-11 这个装置可以产生八种传动比。一个离合齿轮传动和滑键传动串联。滑键相对较低的强度限制了其传递大的转矩。

6.15 用于齿轮和离合器的转换机构

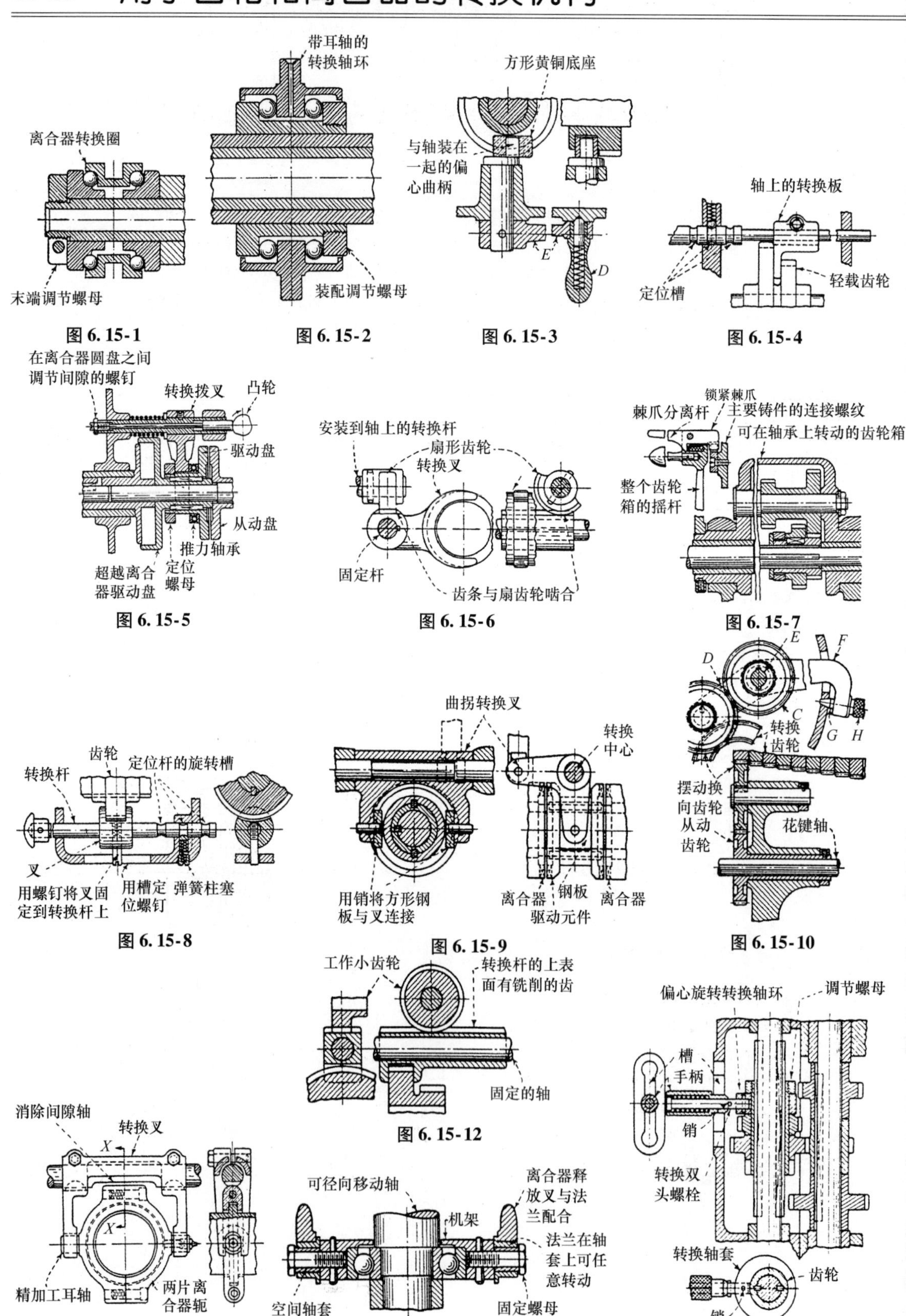

图 6.15-1

图 6.15-2

图 6.15-3

图 6.15-4

图 6.15-5

图 6.15-6

图 6.15-7

图 6.15-8

图 6.15-9

图 6.15-10

图 6.15-12

图 6.15-11

图 6.15-13

图 6.15-14

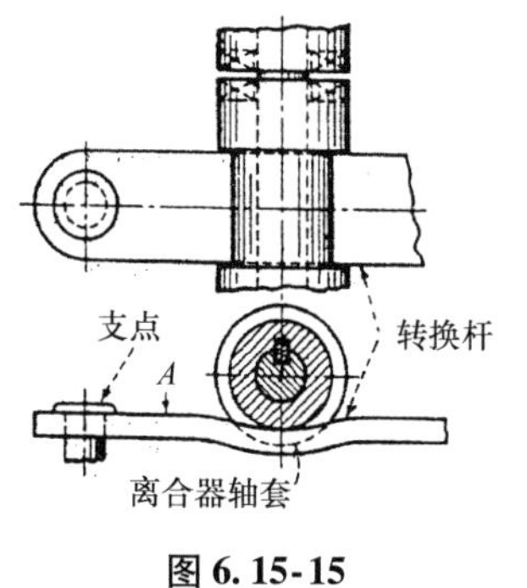

图 6.15-15

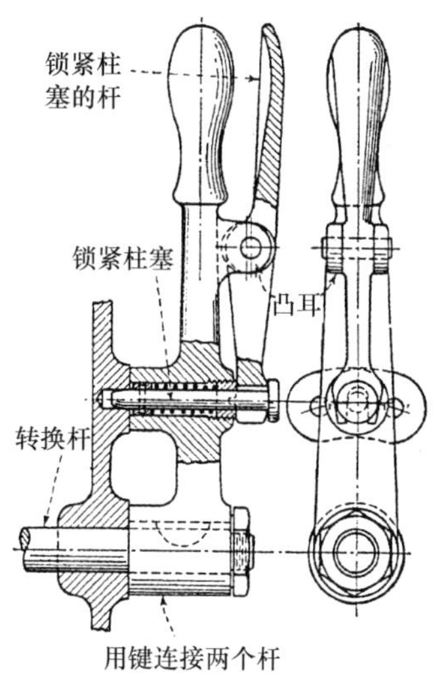

图 6.15-17

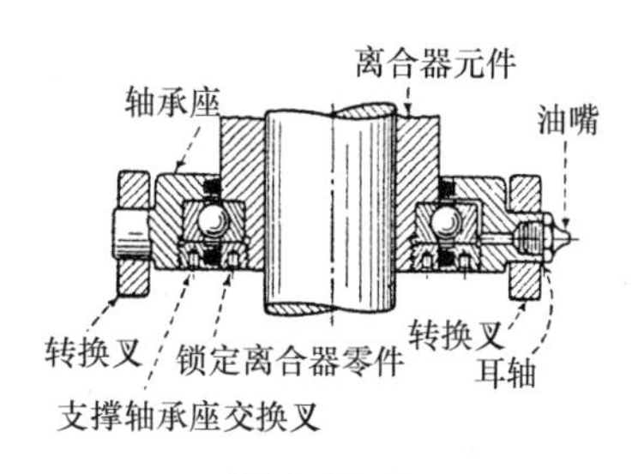

图 6.15-18

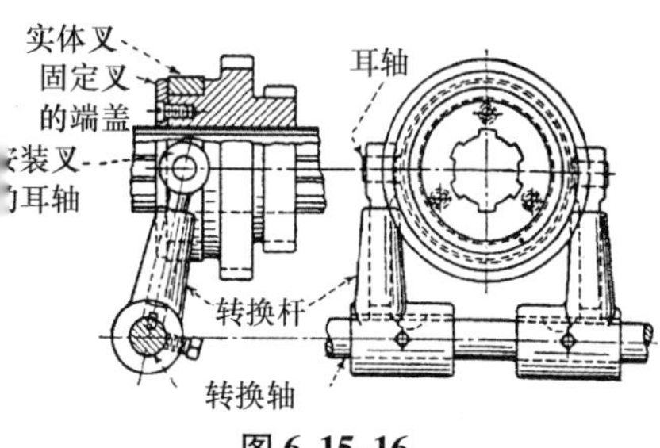

图 6.15-16

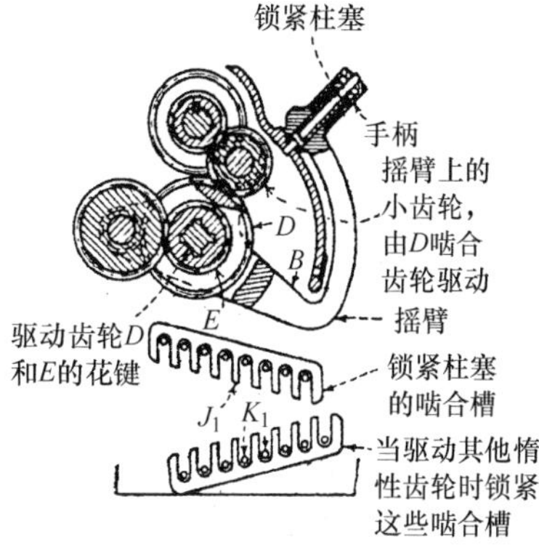

图 6.15-19

无星形轮的差速器

如果你经历过车的一个车轮因产生不了力矩没法移动，而另一个车轮进行无用的旋转使得车子不能离开一个沟，你就得感谢这里所介绍的有限滑动差速器的发明人（Seliger 和 Hegar）。

在平直行驶的时候它作为驱动轴，通过环形齿轮由驱动轴的小齿轮所驱动。只有在一个车轮失去牵引，沿着不同弧度行驶，或者试图以不同于其他车轮的速度旋转时，差速器才开始工作。然后，楔形、双向的超越离合器（见图 6.15-20）脱离啮合，使这个车轮脱离牵引而旋转。

变形机构。每个离合器有三个工作位置：正转，空转和反转。因此按照道路的状况和转向可以有多种驱动和空转的组合。美国专利 3124927 描述了有关的几种组合：

- 在左转的时候，左轮被驱动，而右轮被迫以比左轮更快的转速转动，于是超越运行使离合器分离。装配在每个离合器内的摩擦环起转换作用。磨损可以忽略不计。
- 在左转弯时，来自传动轴的动力应该被转换，摩擦环将移动每个离合器，使得左轮自由转动，而右轮与汽车的传动轴实现完全连接。
- 汽车在笔直的道路上行驶时，如果有一个车轮与路面脱离接触，在动力驱动下其他车轮将迅速传动所有的转矩（普通的星形轮的差速器正好以相反的方式工作）。

差速器的开启和关闭。需要注意一个限定：动力没有进行分级划分。车轮既可以被控制进行正转又可以以相同的速度反转，或者脱离控制。这个差速器是与普通的星形轮差速器不同的机构，普通的星形轮差速器可以任何速比来划分驱动的可变载荷。

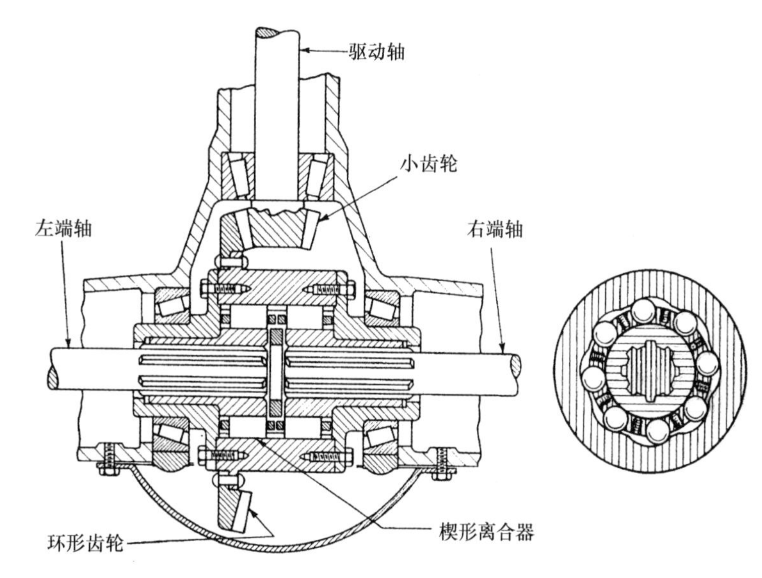

图 6.15-20 双向超越离合器分离了非驱动车轮。

6.16 双蜗轮传动机构

“自锁”这个词应用在齿轮传动中意味着一种输入传动可以随机地使输出齿轮沿正向或反向转动。但是当外部转矩试图使输出沿正向或反向发生转动时，输入就会锁住输出齿轮。对于想保证输出端的载荷不影响齿轮位置的设计者来说，常常需要这种特性。蜗杆是少数可以产生自锁的齿轮传动中的一种，然而，却是以牺牲效率为代价的。当齿轮自锁时，效率很少超过40%。

以色列工程师 B. Popper 发明了一种效率超过90%的自锁双蜗轮传动机构，而且发明者说这机构还有减速自锁的特征，见图6.16-1。

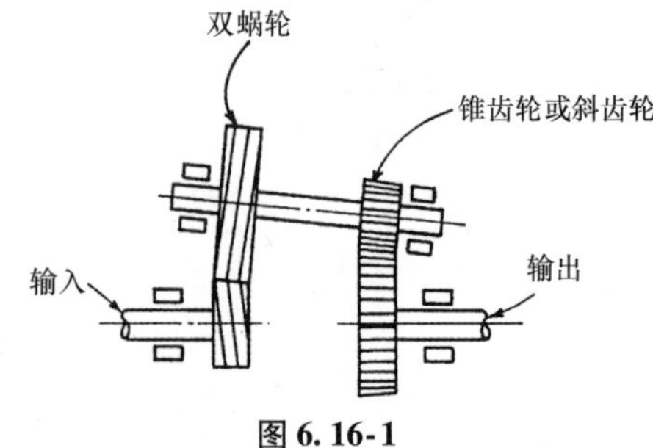

图 6.16-1

这种“双蜗轮”传动已经成功地应用于以色列设计的计数器和计算机中许多年了。其元件参见图6.16-2。

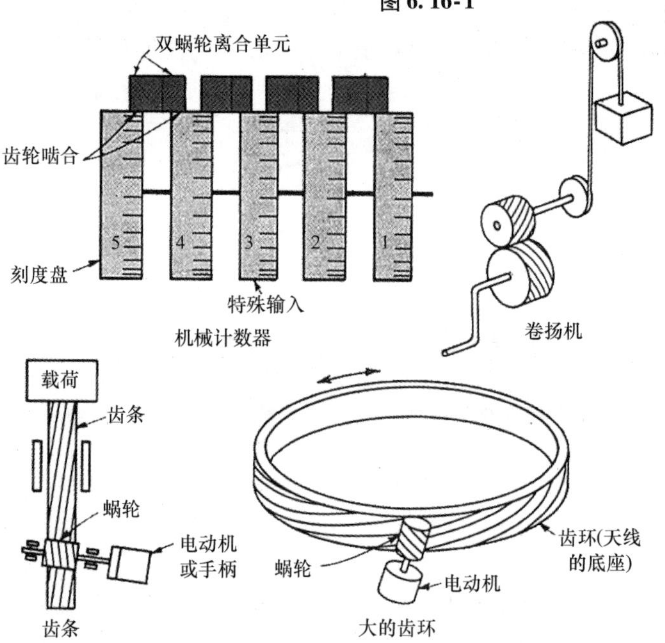

图 6.16-2

双蜗轮传动结构很简单。两根螺杆或两个蜗轮的螺旋互相啮合。每个蜗轮的旋向不同且都有不同的螺旋角。为了恰当地啮合，蜗轮的轴线不是平行的，稍微有点倾斜。如果两个蜗轮有相同的螺旋角，将是通常的双向传动，类似于斜齿轮的传动。选择适当和不同的螺旋角，蜗轮传动就会像我们所希望的那样产生自锁或者既产生自锁又具有减速锁紧的特性。减速锁紧这个全新的特性以这种方式进行描述是最恰当的。

当输入齿轮减速时（例如，当电源切断时，或当外部载荷在某个方向上作用到输出齿轮上试图制动输出齿轮时），整个传动系统立即锁紧直到停止，只有利用系统中的弹性元件才可使其得到缓冲。

几乎任何类型的螺纹都可以用在这个新的传动机构上，例如标准螺纹、60°螺旋角螺纹、梯形螺纹，或任意浅轮廓的螺纹。因此，蜗杆可以由标准的机械设备制造商制造。

下面介绍新传动机构的应用。

双蜗轮传动的应用可以分为两类：

（1）利用自锁特性防止外部载荷影响传动系统。

（2）利用减速锁紧特性当输入减速时使系统制动直至最后停止。

当 $\tan\phi_1$ 不大于 μ 或满足下列公式时，发生自锁。

$$\tan\phi_1=\frac{\mu}{s_1}。$$

角 ϕ_1 和 ϕ_2 分别代表两个蜗轮的螺旋角，$\phi_1-\phi_2$ 是两个蜗轮轴之间的夹角。角 ϕ_1 非常小（通常是2°~5°）。

这里，s_1 代表安全系数（由设计者选择）。即便 μ 小于假设的值，安全系数也必须稍大于1，以确保自锁。角度 ϕ_2 和 $\phi_1-\phi_2$ 都不影响自锁特性。

减速锁紧将在下面的条件下发生，当 $\tan\phi_2$ 也不大于 μ 时；或假设使用第二安全系数 s_2（$s_2>1$）时，满足公式：

$$\tan\phi_2=\frac{\mu}{s_2}$$

为了让上述方程成立，ϕ_2 必须总是大于 ϕ_1。而且，μ 是参照蜗轮的螺纹都是方形螺纹得来的。如果螺纹是倾斜的（阶梯螺纹或V形螺纹），则 μ 值必须修正，此时，

$$\mu_{修正}=\frac{\mu_{方程成立值}}{\cos\theta}$$

在转动过程中输入力与输出力之间的关系是

$$\frac{P_1}{P_2}=\frac{\sin\phi_1+\mu\cos\phi_1}{\sin\phi_2+\mu\cos\phi_2}$$

效率由下式决定：

$$\eta=\frac{1+\mu/\tan\phi_2}{1+\mu/\tan\phi_1}$$

6.17 螺旋锥齿轮和准双曲面齿轮的设计

可以合理选择轴的长度和半径来避免根切（美国俄亥俄州刘易斯研究中心）。

在加工齿轮齿的时候，对螺旋锥齿轮和准双曲面齿轮采用计算机辅助的解析法设计有助于避免齿轮轴的根切。图 6.17-1 所示的是一个螺旋锥齿轮设计，这个设计中轴从齿表面的两头延伸来提供双轴承支撑。在这个设计中主要的问题是在轴的小端（相当于径向坐标为 r，而轴向坐标是 u），选择轴的长度和半径，这样生成齿形的刀头就不会切到轴，也就不会产生根切。

解析法和计算机程序基于刀头运动所形成表面的方程，且基于轴的圆柱表面方程和表示在固定坐标系中插齿机的各种参数与齿轮之间关系的方程。轴和刀具相碰的位置定义为同时满足刀头轨迹表面方程和轴表面方程的矢量。解出这些方程可以得出相碰点的坐标 u 和 r。

已知插齿机加工齿轮的基本参数，计算机程序就会沿着刀具的轨迹找到大量点所表示的 u 和 r 的数值。这些计算生成一个封闭曲线族（如图 6.17-2 所示），它们是相碰点的轨迹。低于曲线的区域不会发生碰撞，于是，曲线包涵了供设计者选择的、可以避免轴和刀头相碰的 u 和 r 值。

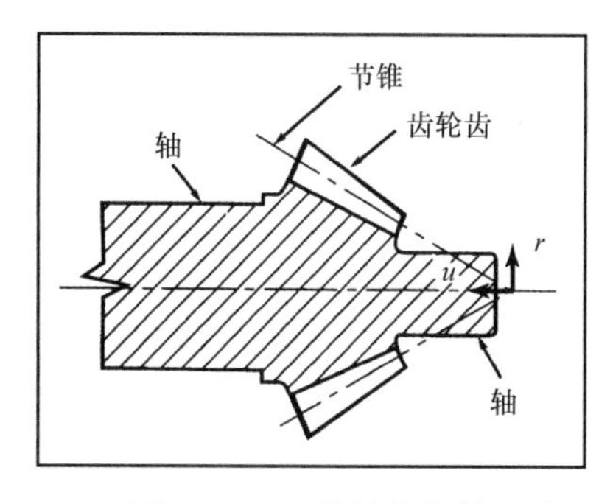

图 6.17-1 设计的螺旋锥齿轮包括两个连成一体的延伸轴。其中一个轴的长度可以接近甚至超过节锥的顶点。

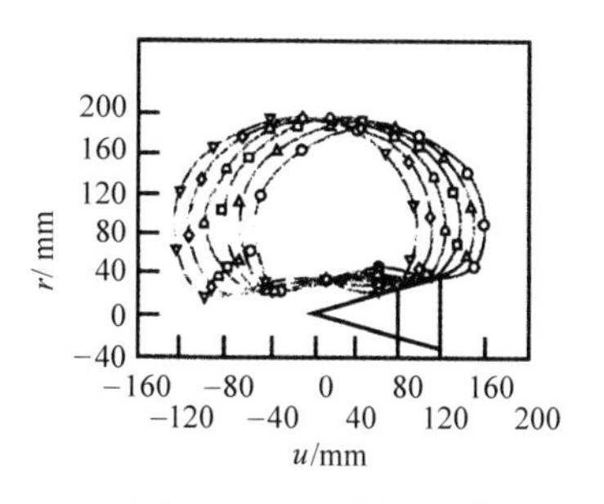

图 6.17-2 应用于准双曲面齿轮的封闭曲线族。它有助于在细轴的一端选择轴的长度和半径。曲线下的区域里刀头和轴不会发生碰撞。

6.18 改进蜗轮啮合的机械加工方法

伊利诺伊大学的研究人员提出了一种加工平面蜗轮驱动中啮合的平面蜗轮和圆柱蜗杆的新方法，这种驱动方法具有比传统的弧齿锥齿轮和双曲面齿轮更好的啮合。在这项由 NASA 约翰·格伦研究实验室赞助的研究中，所研制出的齿轮形状基于利用倾斜头铣刀生产平面蜗轮表面而不是传统的齿轮滚铣刀。

轮齿加工设备与加工弧齿锥齿轮和双曲面齿轮的设备类似，但在这种加工方法中倾斜头铣刀将取代齿轮滚铣刀。除了比齿轮滚铣刀大以外，倾斜头铣刀可以更为精密、快速地加工平面蜗轮和圆柱蜗杆的表面。在这里，“头铣刀”也指刀头磨削或切削工具。

如图 6.18-1a 所示，一个平面蜗轮可以由倾斜头铣刀的刀片或具有直线轮廓的磨削面来加工。铣刀的倾斜角可以防止轮齿接近被加工槽的干涉。

如图 6.18-1b 所示，与平面蜗轮啮合的圆柱蜗轮可以由安装在加工机器托架上的倾斜头铣刀加工，倾斜头铣刀的刀片或磨削面具有抛物线轮廓，它偏离了加工平面蜗轮时的直线轮廓。圆柱蜗轮和托架之间的最短距离遵循加工过程中一个啮合循环的抛物线函数。这给齿轮驱动提供了传递误差抛物线函数。

平面蜗轮轮廓与蜗轮铣刀之间的小的失配可能会造成在蜗轮驱动器中的轴承局部接触。传递误差抛物线函数可以吸收由于校正误差所引起的传递误差不连续线性函数。这一点非常好，因为这些误差是齿轮驱动器中噪声和振动的主要来源。

使用倾斜头铣刀的主要优点是切削速度与形状生成过程相互独立。完成零件的质量可以通过选择切削速度来改善，适当的切削速度可以降低引起轮齿变形的切削高温。切削或磨削的表面、铣刀的定位和基准可以通过理论的螺旋铣刀加工的形状推导。这个推导过程通过一种算法来确定，该算法说明了倾斜头铣刀的形状，并执行消除齿间干涉的配合要求。

已经设计了模拟所需的圆柱形蜗杆和平面蜗轮的啮合与接触的齿接触分析计算机程序，程序检测结果如下：

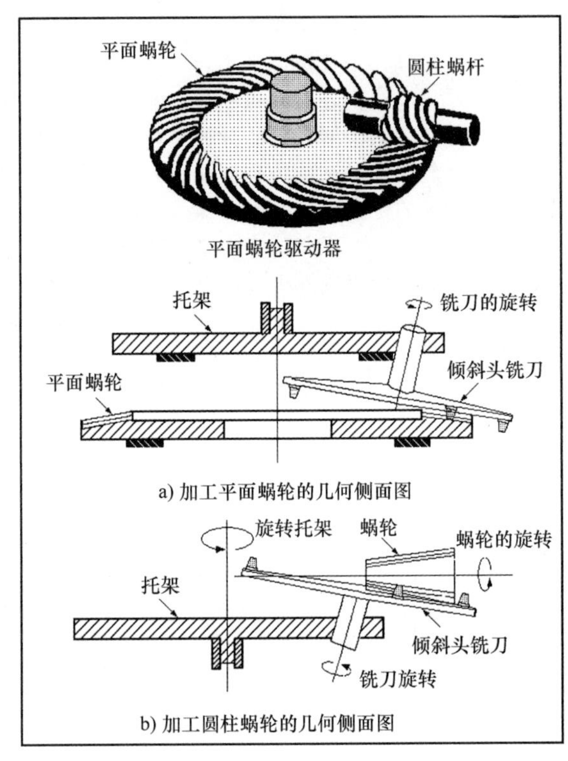

图 6.18-1 相对于齿轮毛坯的倾斜头铣刀。在蜗轮驱动器中，改善平面和圆柱形蜗轮的加工工艺以获得更为精密的配合。

期望的传递误差是低幅度抛物线函数；接触会定域化，并且由于它们沿着轮齿表面，其路径是轴向的；轴承接触不会产生严重的接触应力区；接触比大于三。

这些结果表明在所有的旋转位置上，至少有三对齿接触。

这项工作是由 NASA 约翰·格伦科研实验室的研究人员完成的。

6.19 来自减速器的单向输出

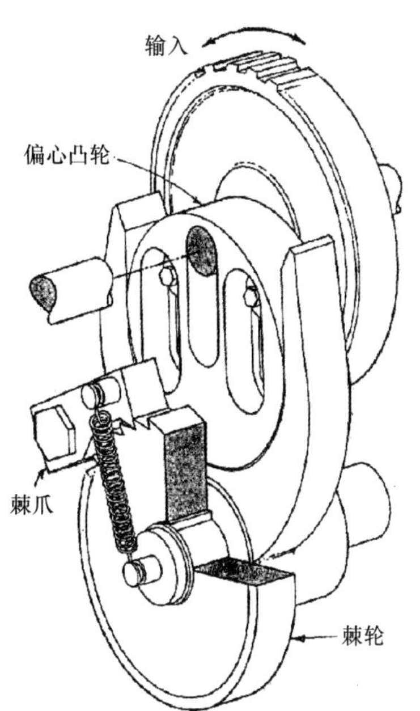

图 6.19-1 这种偏心凸轮适用于高减速比，但是其不平衡性限制它必须以低速转动。当它的输入转向改变时，输出不会滞后。输出轴断续地转动，这是因为它是通过一个棘轮机构中的棘爪驱动的，这个棘爪被安装到一个 U 形从动件上。

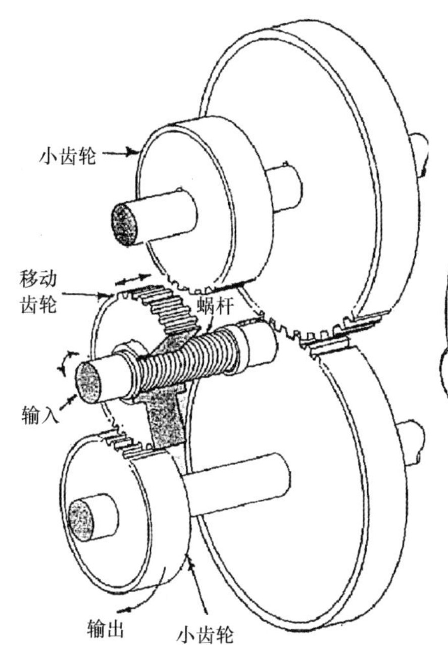

图 6.19-2 当输入转动改变方向时，移动齿轮沿一蜗杆移动并向另一个小齿轮传递驱动转矩。为了使齿轮顺利啮合，齿轮末端都被加工成锥形。输出转动平滑，但是，当齿轮轴移动而转动方向变化后会有滞后。齿轮不能比小齿轮间的轴向偏差宽，否则将会有破坏性的干涉。

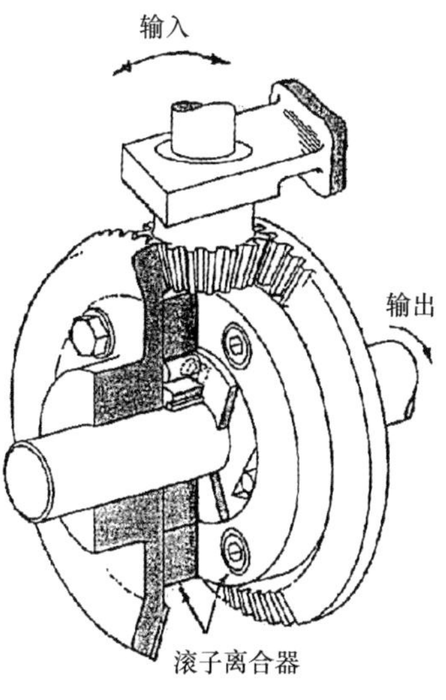

图 6.19-3 两伞形齿轮通过滚子离合器传动。一个离合器沿一个方向安装，另一个离合器则反向安装。当输入转向改变时，平稳的转动输出有一点变化，也可能没有任何中断。

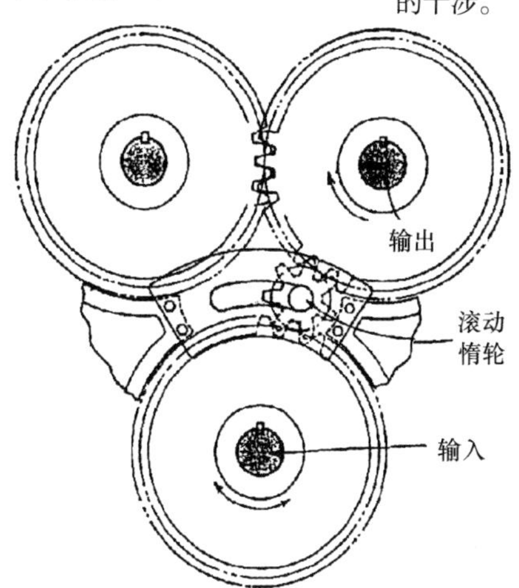

图 6.19-4 在输入方向改变后，这个滚动惰轮也能产生一个平稳输出。惰轮必须受到小的拉力，这样它将平稳传输并与其他齿轮相啮合，而且不会在齿轮间保持回转。

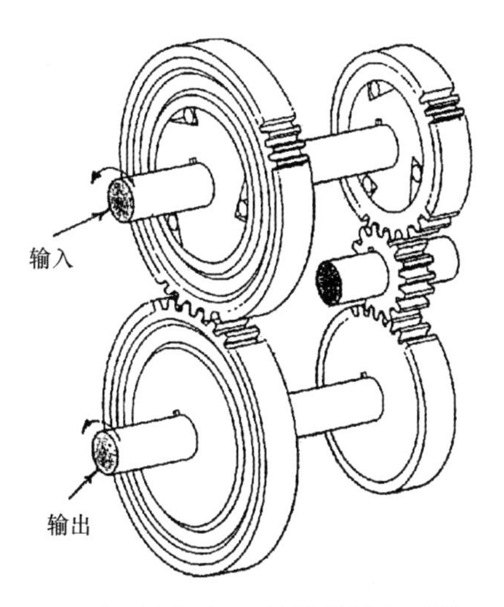

图 6.19-5 在这种传动中，滚子离合器在输入齿轮上。这些离合器也将提供平稳的输出速度，当转向改变时，输出有些滞后。

6.20 齿轮传动五连杆机构的设计

齿轮传动五连杆机构可以提供极好的力传递性能，并且可以产生比传统的四连杆机构更加复杂的输出运动，包括歇停运动。

设计一个可以将匀速旋转的输入运动转化为非匀速旋转的输出运动或往复运动的机构是很有必要的。为了实现这样的目的，机构的设计通常都是以四连杆机构为基础的。这些连杆机构能产生正弦曲线输出，这个输出可以被修改成各种运动。

然而，四连杆机构有其局限性，它们不能提供有效持续的歇停运动。当需要歇停运动时，设计者不得不使用凸轮，并且不得不接受凸轮固有的速度限制和其所引起的振动。四连杆机构较大的局限性是它们之中只有几种机构具有传递足够力的能力。

增加四连杆机构输出运动的多样性，并且使它们获得更长时间歇停运动和更好的力传递能力的一个方法就是增加一个连杆。然而，五连杆机构并不切合实际，因为它只有两个自由度，因此需要两个输入来控制输出。

简单的约束两个相邻的连杆是不能解决问题的。五连杆机构将只会具有和四连杆机构一样的功能。当然，如果约束任意两个不相邻的连杆，从而消除一个自由度，五连杆机构将成为一个有使用功能的机构。

齿轮传动提供了解决方案。这里有几种在五连杆机构中约束两个不相邻连杆的方法。一些可行的方法包括齿轮的应用、使用槽和销钉连接或非线性带机构。在这三种可行性的方法中，齿轮传动是最吸引人的。一些应用的齿轮传动系统（如图 6.20-1 所示）包括成对的外啮合齿轮传动、行星轮在外环形齿轮内旋转、行星齿轮驱动带槽的曲柄。

在一个成功的系统（见图 6.20-1a）中，每一个外啮合齿轮中都有一个通过杆被连接到横木上的固定曲柄。这个系统已经成功地应用在将旋转运动变为高冲击性直线运动的高速机床中。斯特林发动机中有一个相似的系统（见图6.20-1b 所示）。

在另一个不同的系统（见图 6.20-1c）中，行星轮上的销钉形成

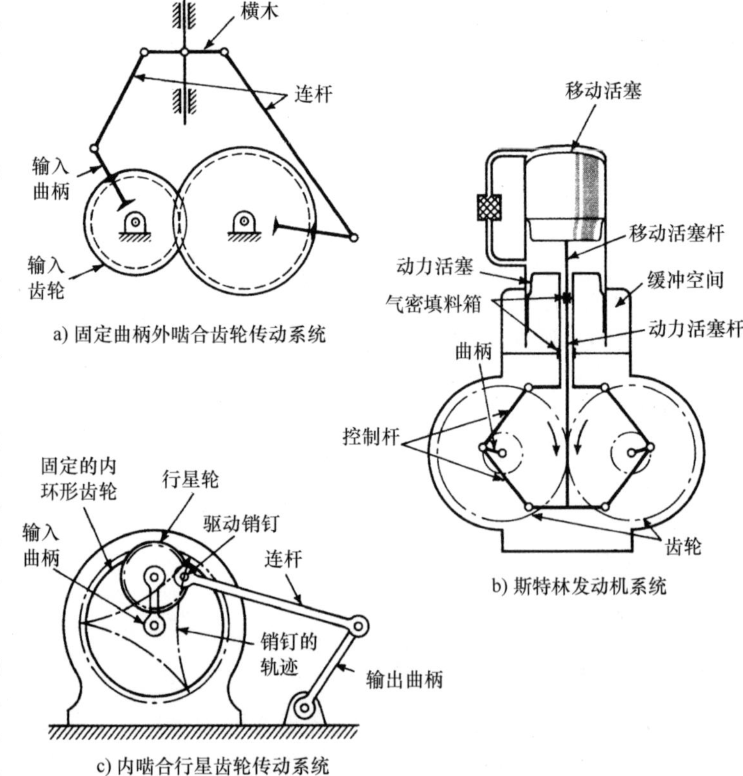

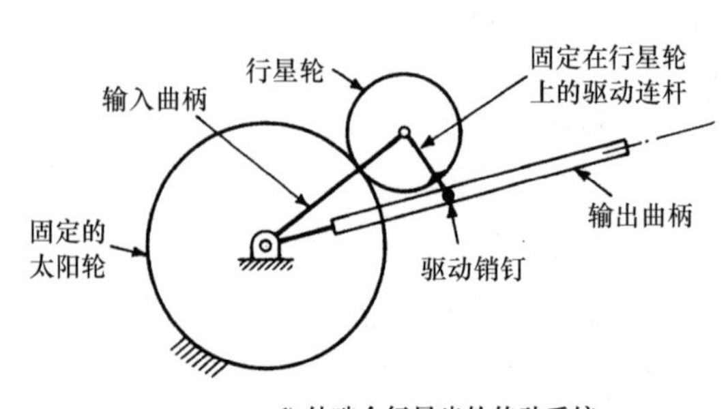

图 6.20-1 五连杆机构设计可以以成对的外啮合齿轮或行星轮为基础。它们可以使简单的输入运动变为复杂的输出运动。

了外摆线运动轨迹，三瓣形曲线推动输出曲柄前后运动，并且在右手端的极限位置有个长时间的歇停。一个带槽的输出曲柄（见图 d）可以提供相似的输出运动。

两位机械工程的教授，俄亥俄州杨斯敦州立大学的 Daniel H. Suchora 和阿克伦大学的 Michael Savage，已经对这个机构的演化进行了详细的研究。

两位研究者已经建立了这种机构的五种运动演化型式（见图 6. 20-2）。为了区别这五种型式，以每种型式中的固定连杆来进行命名。研究表明这五种机构将会有很大的实用价值。

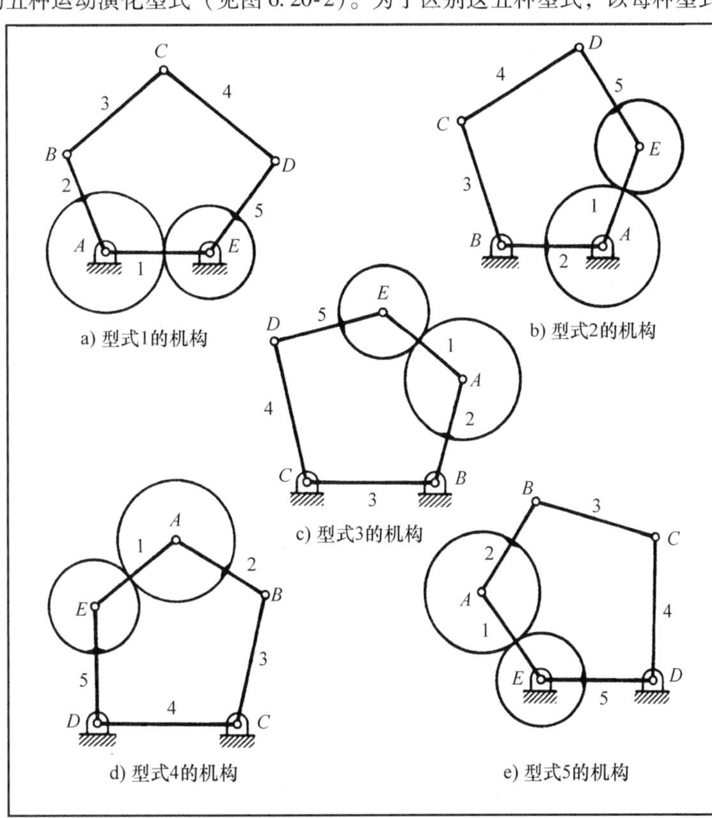

图 6. 20-2 五种型式的齿轮传动五连杆机构。每种型式中采用了不同的连杆作为固定的杆。第 5 种型式可能是最有助于机械设计。

在第 5 种型式的机构中（见图 6. 20-3a），固定的齿轮作为太阳轮使用。在点 E 的输入轴驱动输入曲柄转动，从而使行星轮绕着太阳轮转动。然后，固定在行星轮上的连杆 a_2，通过连杆 a_3 驱动输出曲柄（连杆 a_4）。在任何输入位置处，第三和第四个杆可以被装配在两个不同的位置或者“相位”（见图 6. 20-3b）。

输出变化的机构。在型式 5 的机构中，在杆关节 B 有不同的行星轮曲线轨迹的基础上可以获得不同的输出运动。控制“B 曲线”形状的变量是齿数比 GR（$GR=N_2/N_5$）、杆长比 a_2/a_1 和齿轮装置的初始位置。这个初始位置靠 θ_1 和 θ_2 的初始位置来定义，分别用 θ_{10} 和 θ_{20} 来表示。

典型的 B 曲线形状（见图 6. 20-4）包括椭圆形、尖形和环形。当 B 曲线是椭圆形（见图 6. 20-4b）或者半椭圆形（见图 6. 20-4c）时，生成的 B 曲线与四连杆机构生成的真正圆的 B 曲线相类似。导致连杆 a_4 的输出运动是正弦振动曲线，与四连杆机构产生的相似。

当 B 曲线是尖形（见图 6. 20-4a）时，产生歇停。当 B 曲线是环形（见图 6. 20-4d 和图 6. 20-4e）时，可获得双振动。

在 B 曲线是尖形（见图 6. 20-4a）的情况下，通过使 a_2 的值与行星轮节圆半径 r_2 的值相同，使杆关节 B 落在行星轮的节距圆上。齿数比在图示的所有情形中都是一致的（$GR=1$）。

对于图 6. 20-5 所示的各种机械结构，Suchora 和 Savage 教授通过在与输入杆角度 θ_1 相反的方向绘制输出连杆 a_4 的角度 θ_4 来研究齿轮传动五连杆机构产生的不同输出运动。

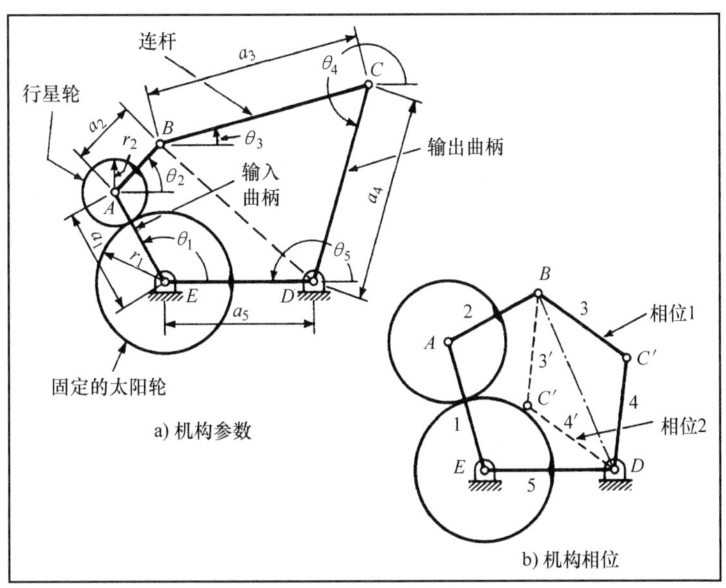

图 6. 20-3 采用第 5 种型式的机构详细设计。输入曲柄使行星轮绕太阳轮旋转，这个太阳轮通常都是固定的。

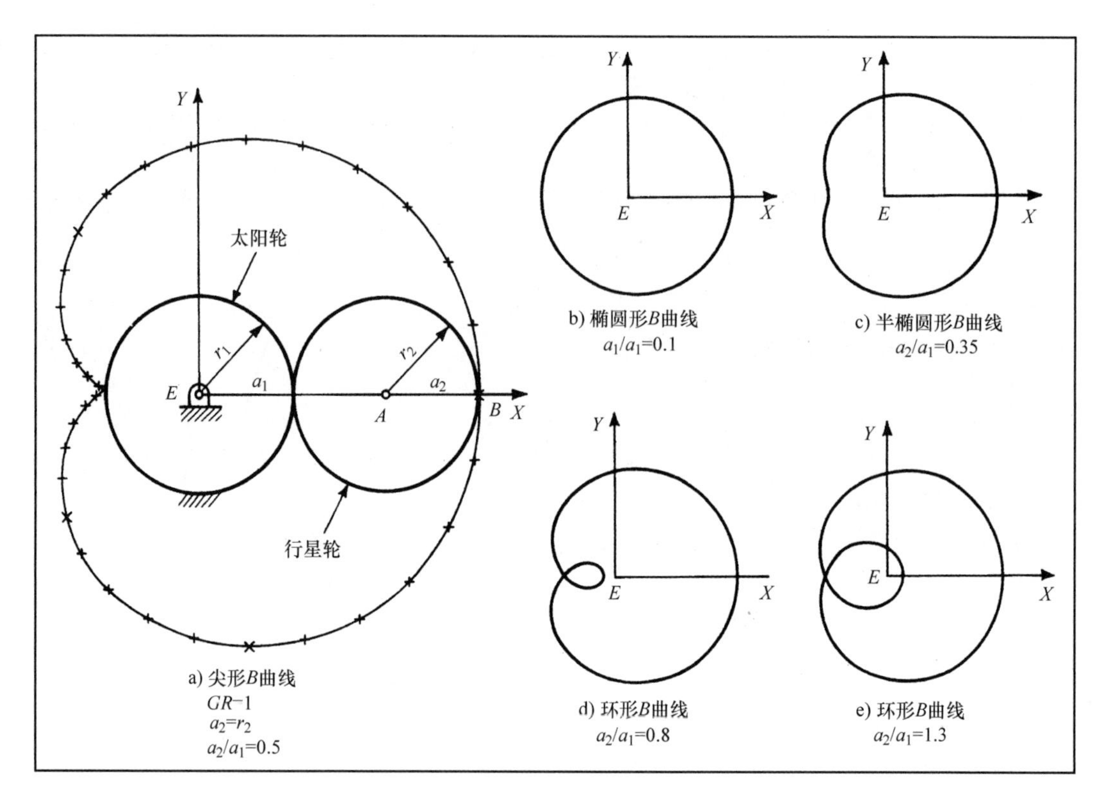

图 6.20-4 典型的 B 曲线形状可以从各种型式 5 的齿轮传动五连杆机构中获得。行星曲线的形状通过杆长比 a_2/a_1 和其他参数来改变。具体的描述看正文。

位移、速度和加速度的计算

位移 θ_4 的值可以从下面的方程中获得：

$$\theta_4 = 2\tan^{-1}\left(\frac{I \pm \sqrt{I^2 + H^2 - J^2}}{H + J}\right)$$

其中 $H = a_1\cos\theta_1 + a_2\cos\theta_2 - a_5$；$I = a_1\sin\theta_1 + a_2\sin\theta_2$；并且 $J = 1/2a_4\ (a_3^2 - a_4^2 - H^2 - I^2)$；其中 $\theta_2 = \theta_{20} + (1 + 1/GR)\ (\theta_1 - \theta_{10})$，其中 θ_{10} 和 θ_{20} 分别是 θ_1 和 θ_2 的初值。

根据设计的目的，一旦 θ_4 被确定了，那么 θ_3 将由下式得到：

$$\theta_3 = \tan^{-1}\left(\frac{a_4\sin\theta_4 + I}{a_4\cos\theta_4 + H}\right)$$

为了得到速度 θ_4' 和 θ_3' 用下列等式：

$$\theta_4' = \frac{a_1\sin\ (\theta_3 - \theta_1)\ + a_2\sin\ (\theta_3 - \theta_2)\ \theta_2'}{a_4\sin\ (\theta_4 - \theta_3)}$$

$$\theta_3' = \frac{a_1\sin\ (\theta_1 - \theta_4)\ + a_2\sin\ (\theta_2 - \theta_4)\ \theta_2'}{a_4\sin\ (\theta_4 - \theta_3)}$$

其中 $\theta_2' = (1 + 1/GR)$。

用下列等式得到加速度 θ_4'' 和 θ_3''

$$\theta_4'' = \frac{L}{a_3a_4\sin\ (\theta_4 - \theta_3)}$$

$$\theta_3'' = \frac{K}{a_3a_4\sin\ (\theta_4 - \theta_3)}$$

其中，$K = a_3a_4\cos\ (\theta_3 - \theta_4)\ \theta_3'^2 + a_4^2\theta_4'^2 + a_1a_2\cos\ (\theta_1 - \theta_4)\ + a_2a_4\cos\ (\theta_2 - \theta_4)\ \theta_2'^2$ 并且 $L = a_3^2\theta_3'^2 - a_3a_1\cos\ (\theta_3 - \theta_4)\ \theta_4'^2 - a_1a_3\cos\ (\theta_3 - \theta_1)\ + a_2a_3\cos\ (\theta_3 - \theta_2)\ \theta_2'^2$。

在图中所示的四个例子中有三个例子的 $GR=1$（尽管齿轮副没有显示）。因此，一个旋转输入将产生一个完整的 B 曲线。每个机构将产生不同的输出。

一个机构（见图 6.20-5a）产生一个近似正弦曲线的往复输出运动，这个输出运动可以比等效的四连杆机构的输出有更好的力传递能力。在整个旋转运动过程中要获得最好的效果，传输角 μ 应该在 45°～135°范围内。

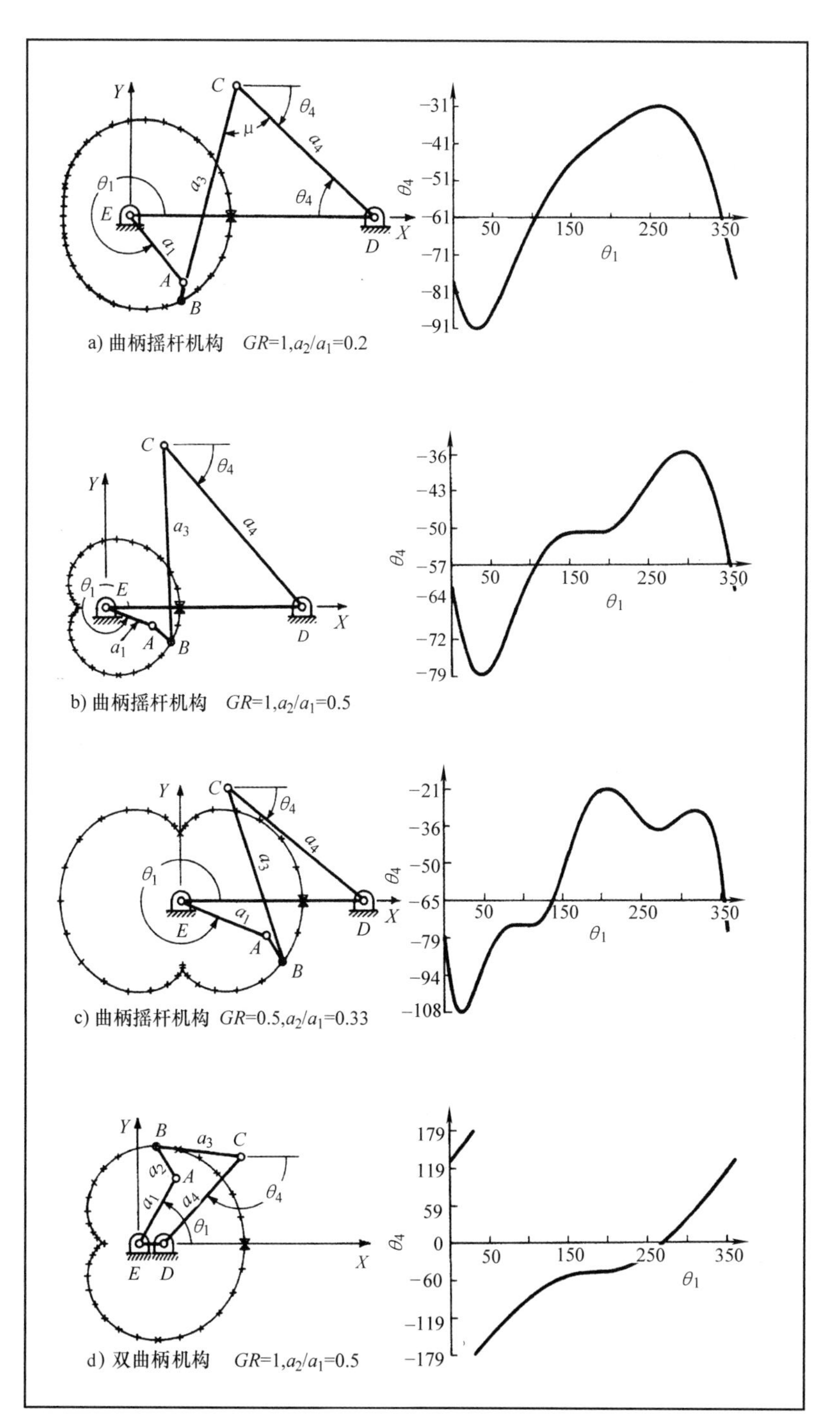

图 6.20-5 不同的输出运动可以通过不同的齿轮传动五连杆机构来获得。适当的设计可以获得歇停。传递力的能力是优良的。本图中，绘出了一些对应于五连杆机构的输入连杆的角度对应的输出连杆的角度。

另一个机构（见图 6.20-5b）产生的输出曲线上，有一段水平或者近似水平的部分。事实上在旋转输入这段期间，连杆 a_4 是固定的，在图中所示的输入转角 θ_1 为 150°～200°。还可以设计持续时间较长的歇停。

通过改变齿轮的齿数比到 0.5（见图 6.20-5c），可以获得一个复杂的运动；在 B 轨迹曲线的尖点 1 和尖点 2 处产生两个歇停。一个 $\theta_1=80°$～110°的歇停保持得较好。240°～330°的歇停实际上产生了小的摆动。

歇停的效果受到点 D 相对尖点的位置、连杆 a_3 和连杆 a_4 长度的影响。设计这个机构是可行的，并且每个旋转输入周期都可以产生两个有用的歇停。

在齿轮传动五连杆机构的双曲柄机构中（见图 6.20-5d），输出连杆可以产生整圈旋转。输出运动接近线性，在 B 轨迹曲线的尖点产生有用的中间歇停。

通过这个讨论，很显然型式 5 且 $GR=1$ 的齿轮传动机构为机械设计者提供了很多有用的运动。

6.21 设计摆线机构的方程

针对基本的行星轮传动的角位移、角速度和角加速度的方程式如下：

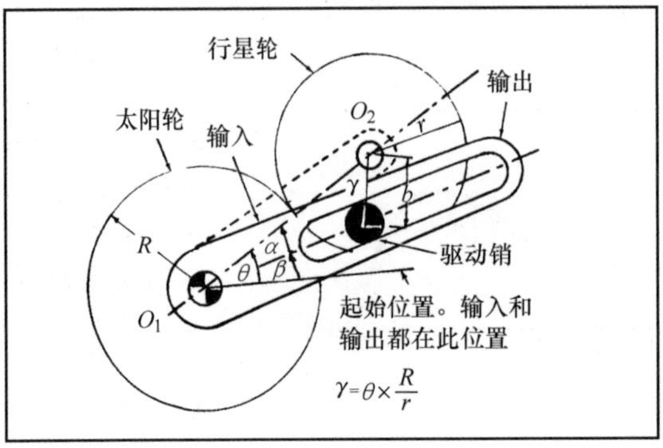

图 6.21-1 外摆线传动的方程。

角度

$$\tan\beta=\frac{(R+r)\ \sin\theta-b\sin\ (\theta+\gamma)}{(R+r)\ \cos\theta-b\cos\ (\theta+\gamma)} \tag{1}$$

角速度

$$V=\omega\frac{1+\dfrac{b^2}{r\ (R+r)}-\left(\dfrac{2r+R}{r}\right)\left(\dfrac{b}{R+r}\right)\left(\cos\dfrac{R}{r}\theta\right)}{1+\left(\dfrac{b}{R+r}\right)^2-\left(\dfrac{2b}{R+r}\right)\left(\cos\dfrac{R}{r}\theta\right)} \tag{2}$$

角加速度

$$A=\omega^2\frac{\left(1-\dfrac{b^2}{(R+r)^2}\right)\left(\dfrac{R^2}{r^2}\right)\left(\dfrac{b}{R+r}\right)\left(\sin\dfrac{R}{r}\theta\right)}{\left[1+\dfrac{b^2}{(R+r)^2}-\left(\dfrac{2b}{R+r}\right)\left(\cos\dfrac{R}{r}\theta\right)\right]^2} \tag{3}$$

符号

A——输出角加速度（r^2/s^2）；
b——行星轮中心到驱动销中心的距离；
r——行星轮节圆的半径；
R——固定太阳轮节圆的半径；
V——输出角速度（°/s）；
β——输出角度（°）；
$\gamma=\theta R/r$；
θ——输入角度（°）；
ω——输入角速度（°/s）。

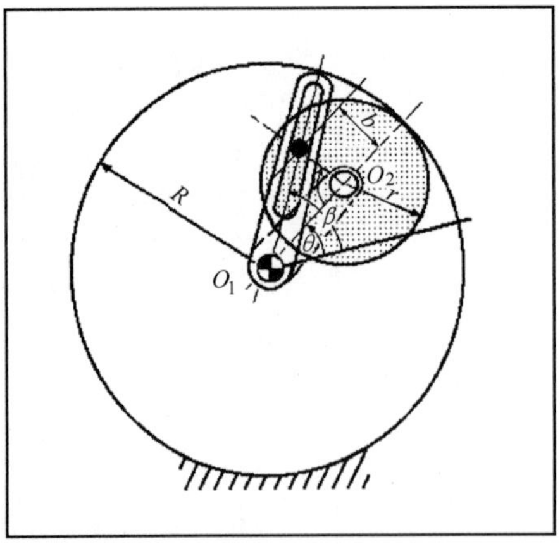

$$\tan\beta=\frac{\sin\theta-\left(\dfrac{b}{R-r}\right)\left(\sin\dfrac{R-r}{r}\theta\right)}{\cos\theta+\left(\dfrac{b}{R-r}\right)\left(\cos\dfrac{R-r}{r}\theta\right)} \tag{4}$$

$$V=\omega\frac{1-\left(\dfrac{R-r}{r}\right)\left(\dfrac{b^2}{(R-r)^2}\right)+\left(\dfrac{2r-R}{r}\right)\left(\dfrac{b}{R-r}\right)\left(\cos\dfrac{R}{r}\theta\right)}{1+\dfrac{b^2}{(R-r)^2}+\left(\dfrac{2b}{R-r}\right)\left(\cos\dfrac{R}{r}\theta\right)} \tag{5}$$

$$A=\omega^2\frac{\left(1-\dfrac{b^2}{(R-r)^2}\right)\left(\dfrac{b}{R-r}\right)\left(\dfrac{R^2}{r^2}\right)\left(\sin\dfrac{R}{r}\theta\right)}{\left[1+\dfrac{b^2}{(R-r)^2}+\left(\dfrac{2b}{R-r}\right)\left(\cos\dfrac{R}{r}\theta\right)\right]^2} \tag{6}$$

图 6.21-2 内摆线传送方程。

1. 近似直线的形成

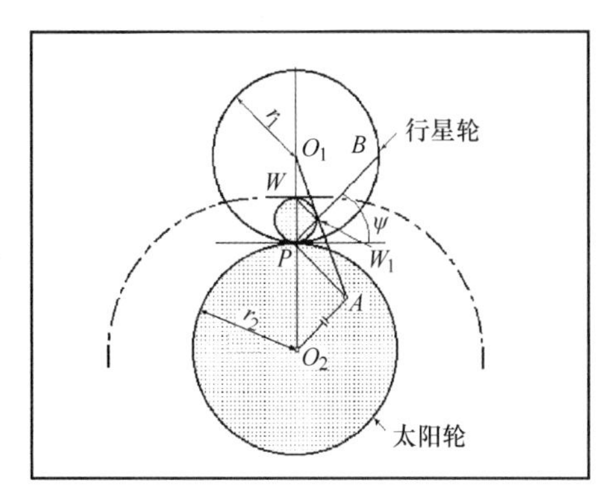

图 6.21-3 一个齿轮在另一个上转动使曲线变平。

经常希望在行星轮上找到可以近似成直线的一些点来作为输出曲线的一部分。这些点将产生歇停机构。步骤如下（见图 6.21-3）：

1. 画任意一直线 PB；
2. 画它的平行线 O_2A；
3. 从点 P 做垂直于 PA 的直线，交点为 A；
4. 连接点 O_1 和点 A 成直线 O_1A，交 PB 于 W_1 点。
5. 画 PW_1 的垂线与直线 O_1O_2 相交于点 W。
6. 画以 PW 为直径的圆。

在这个圆上的所有点形成带有近似直线部分的曲线。这一周也叫做拐点圆，因为在图示位置上所有点形成的曲线有一个拐点（曲线经过点 W）。

这是个特殊例子。以齿轮半径为直径画一个圆（直径 O_1P）。这是个拐点圆。任意一点。例如在点 W_1，将在所选的附近区域形成一个近乎直线的曲线。曲线的切线总是会穿过齿轮的中心 O_1（如图 6.21-4、图 6.21-5 所示）。

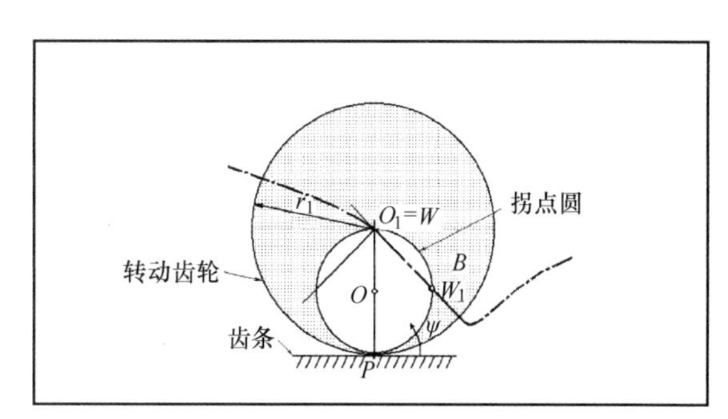

图 6.21-4 在齿条上滚动的齿轮形成 V 形曲线。

当一个齿轮在另一个齿轮内转动时，为了找到拐点圆：

1. 从接触点 P 画任意的一条直线 PB。
2. 画 PB 的平行线 O_2A，并且使 PA 垂直于 O_2A。交点为 A。
3. 过滚动齿轮的中点画直线 AO_1，并与 PB 相交于点 W_1。
4. 通过点 W_1 画 PW_1 的垂线与直线 O_1O_2 相交于点 W。直线 PW 为拐点圆的直径。圆上的任意点 W_1 将重复地形成近似的直线，如图所示。

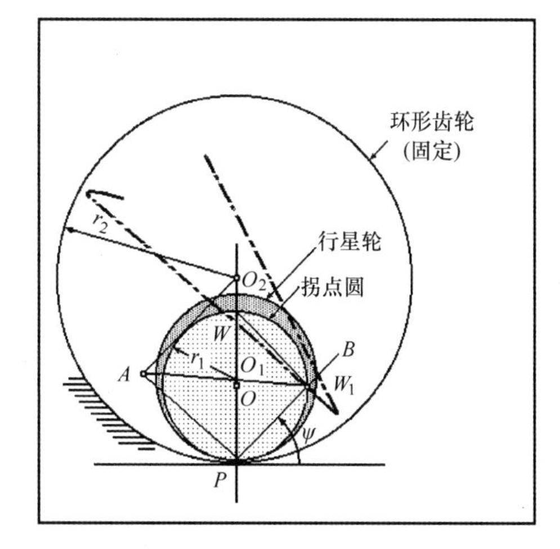

图 6.21-5 在一个齿轮内滚动的齿轮形成锯齿形曲线。

2. 歇停的设计

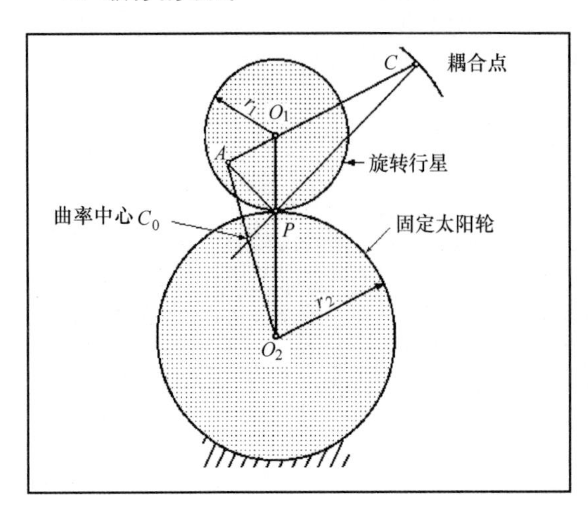

图 6.21-6 曲率中心：一个齿轮在另一个上转动。通过确定不同点的曲率中心，可以决定摆动或者往复运动臂的长度来提供较长的歇停时间。

1. 画一条通过点 C 和 P 的直线 CP。
2. 画一条通过 C 和 O_1 的直线 CO_1。
3. 在 P 点画一条垂直 CP 的直线。交点为 A。
4. 画一条直线 AO_2，得到的交点 C_0 即为曲率中心。

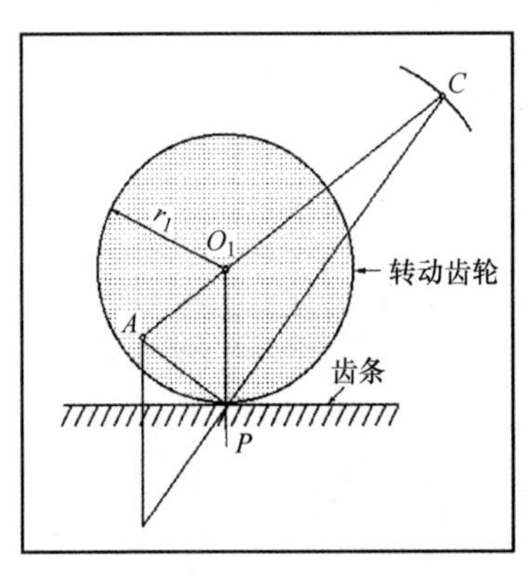

图 6.21-7 曲率中心：一个齿轮在齿条上滚动。这个结构与前面介绍的例子类似。

1. 画直线 CP 的延长线。
2. 通过点 P 画一条垂直于 CP 的直线。交点为 A。
3. 从 A 点画通过 O_1 点的直线。交点为 C。

一个齿轮在另一个齿轮的外部转动的曲率中心可以直接用 Euler-Savary 方程计算得到：

$$\left(\frac{1}{r}-\frac{1}{r_c}\right)\sin\psi=\text{常数} \tag{7}$$

式中，角度 ψ 和 r 决定了 C 的位置。

专门对 O_1 点和 O_2 点连续两次应用这个方程式，

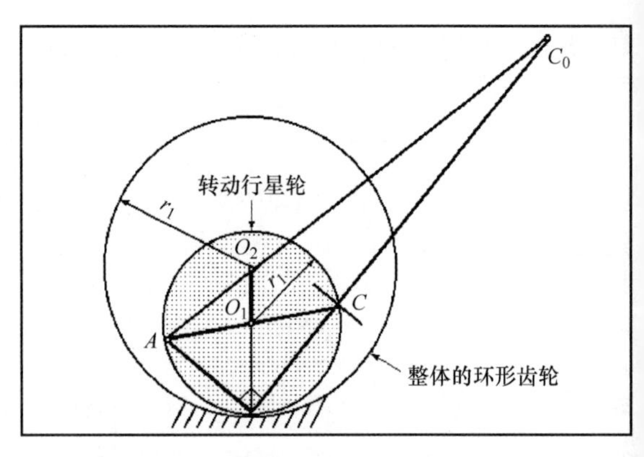

图 6.21-8 曲率中心：一个齿轮在另一个齿轮内滚动。

1. 画 CP 和 CO_1 的延长线。
2. 通过点 P 画一条垂直于 CP 的直线，并与直线 CO_1 相交于点 A。
3. 画直线 AO_2 与 CP 相交于点 C_0，此点为曲率中心。

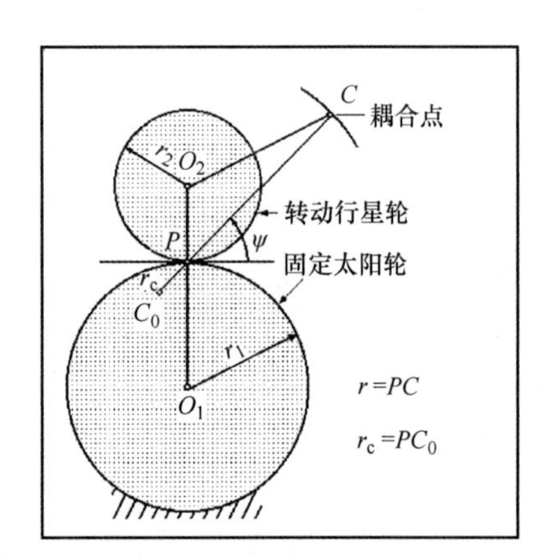

图 6.21-9 分析解决方案。

而 O_1 点和 O_2 点都有自己的旋转中心，可以得到下面的方程式：

$$\left(\frac{1}{r_2}-\frac{1}{r_1}\right)\sin 90°=\left(\frac{1}{r}+\frac{1}{r_c}\right)\sin\psi$$

或者
$$\frac{1}{r_2}+\frac{1}{r_1}=\left(\frac{1}{r}+\frac{1}{r_c}\right)\sin\psi$$

这是最后设计方程式，所有的元素除了 r_c 外，都是已知的；因此解决 r_c 就确定了 C_0。

对于一个齿轮在另一个齿轮内滚动的情况，Euler-Savary 方程式为：

$$\left(\frac{1}{r}+\frac{1}{r_c}\right)\sin\psi=\text{常数}$$

可以推导出：

$$\frac{1}{r_2}-\frac{1}{r_1}=\left(\frac{1}{r}-\frac{1}{r_c}\right)\sin\psi$$

6.22 设计齿轮滑块机构的曲线和方程

什么是齿轮滑块机构？它不过是一个带有两个齿轮并且与曲柄在同一条直线上啮合的曲柄滑块机构（见图6.22-1）。但是，由于其中的一个齿轮（行星齿轮3）被固定到连杆上不能旋转，所以输出是从行星齿轮得到的，而不是滑块。根据构件之间比例的不同，就产生了多种循环输出运动。

在对这种机构性能的研究中，美国康涅狄格州布里奇波特的Preben Jensen教授推导出了定义它的运动和加速度特性的方程。然后，他对自己所设计的机构进行了一些改进（见图6.22-5～图6.22-8所示）。他相信这些改进的机构会优于它的原始机构。Jensen用示意图（见图6.22-8）展示了其中一个机构的输出怎样能在每个循环里都完全停顿，或者能为了到达新位置不停地进行越来越大的摆动。机器的设计者可以通过不同的设计安排和把这些装置的两个进行组合获得多种间歇运动，还能够通过改变机构的歇停时间来适应机器自动进给的需要。

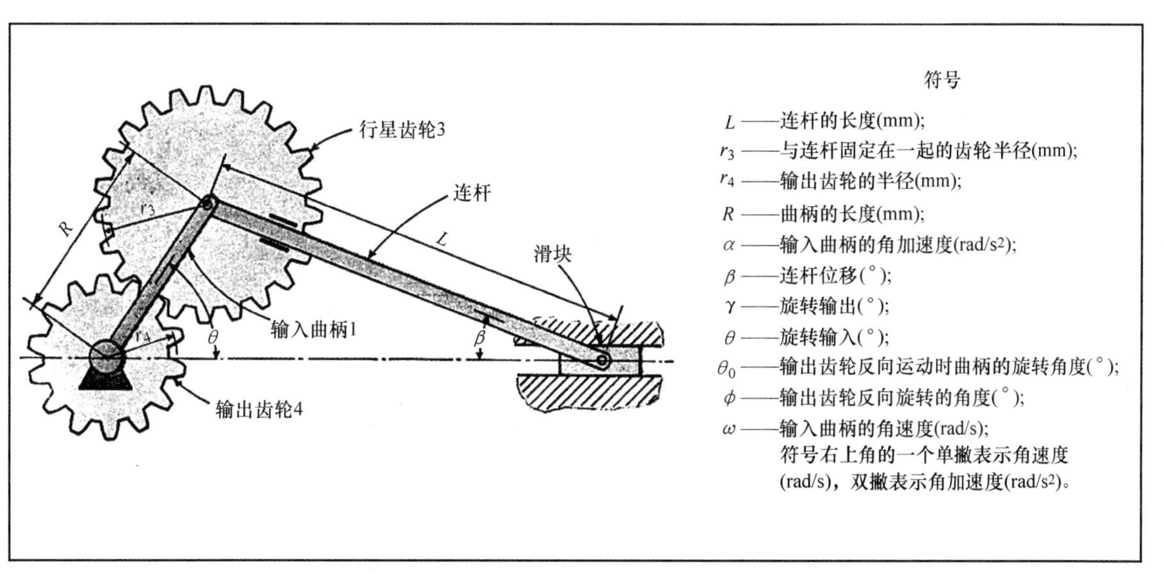

图6.22-1 一种基本的齿轮滑块机构。它与大家熟悉的三齿轮驱动不同，因为滑块限制行星齿轮运动。通过和输入轴同心的齿轮输出，而不是通过滑块。

1. 基本形式

曲柄1输入，齿轮4输出。当曲柄逆时针旋转时，它使行星齿轮3沿着行星轮的路径在齿轮4附近来回摆动。这使齿轮4的输出运动发生变化，输入每转一圈，齿轮4会沿逆时针方向旋转两圈（这时$r_3=r_4$）。

当曲柄1以速度ω驱动齿轮4时，Jensen得到的对于齿轮4的角位移、速度、加速度的方程如下。

2. 角位移

$$\gamma=\theta+\frac{r_3}{r_4}(\theta+\beta) \tag{1}$$

这里，β根据下面的关系计算（见这篇文章中的符号列表）：

$$\sin\beta=\frac{R}{L}\sin\theta \tag{2}$$

3. 角速度

$$\gamma' = \omega + \frac{r_3}{r_4}(\omega + \beta') \quad (3)$$

这里

$$\frac{\beta'}{\omega} = \frac{R}{L}\frac{\cos\theta}{\left[1-\left(\frac{R}{L}^2\right)\sin^2\theta\right]^{1/2}} \quad (4)$$

4. 角加速度

$$r'' = \alpha + \frac{r_3}{r_4}(\alpha + \beta'') \quad (5)$$

这里

$$\frac{\beta''}{\omega^2} = \frac{R}{L}\frac{\sin\theta\left[\left(\frac{R}{L}\right)^2 - 1\right]}{\left[1-\left(\frac{R}{L}\right)^2\sin^2\theta\right]^{3/2}} \quad (6)$$

对于固定的角速度，方程 5 变为

$$r'' = \frac{r_3}{r_4}\beta'' \quad (7)$$

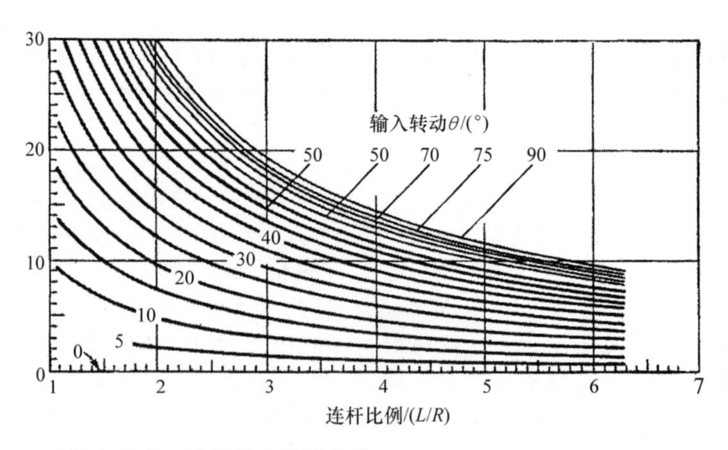

图 6.22-2　连杆的角位移曲线。

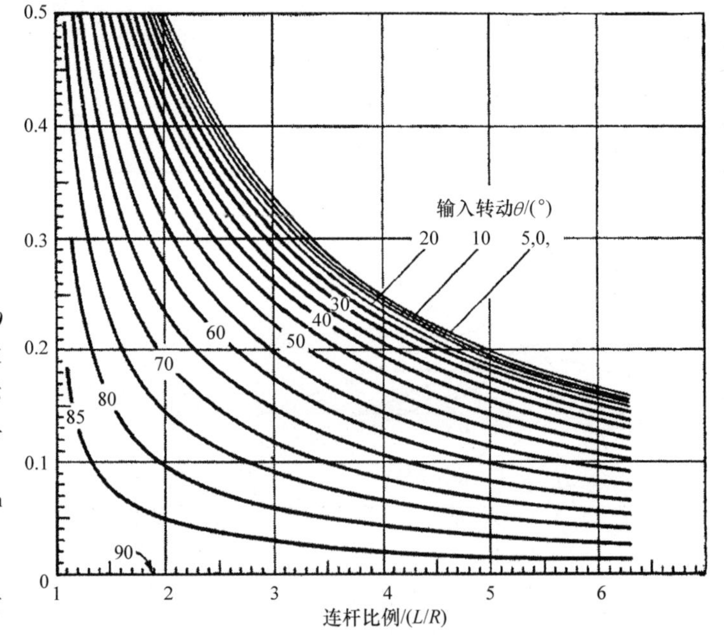

图 6.22-3　各种角度的曲柄的角速度曲线。

5. 设计曲线图

根据不同的 L/R 比例和曲柄角度 θ 的位置，Jensen 教授对方程进行了 1 求解并获得了图 6.22-2 ~ 图 6.22-4 所示的设计曲线图。于是，如果一个机构具有如下参数：

$L = 12\text{in}$（304.8mm），$r_3 = 2.5\text{in}$（63.5mm），$R = 4\text{in}$（101.6mm），$r_4 = 1.5\text{in}$（38.1mm），$\omega = 1000\text{rad/s}$。

在曲柄角度 $\theta = 60°$时，输出速度可以由下式计算如下：

$$L/R = 12/4 = 3$$

从图 3 得 $\beta'/\omega = 0.175$

$$\beta' = 0.175\ (1000) = 175\text{rad/s}$$

从方程 3 得

$$\gamma = 2960\text{rad/s}$$

6. 三齿轮结构

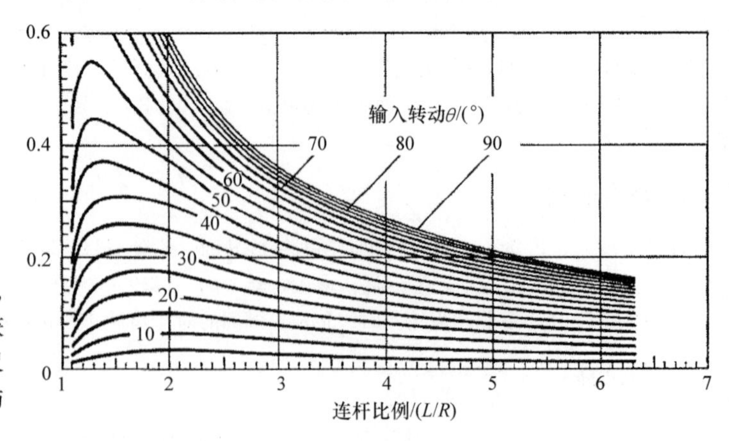

图 6.22-4　各种角度的曲柄的角加速度曲线。

在图 6.22-5 里有一个有趣的结构，它通过在传动机构中增加惰齿轮 5 而获得。如果此时在两边的齿轮 3 和 4 的尺寸相等的话，这样输出齿轮 4 也就会与连杆 2 有同样准确的摆动。

Jensen 说，这个连杆机构的一个应用是在机器里套筒与输入轴同心使用，并且必须来回摆动提供往复运动。在这个机构里通过把套筒作为输出齿轮的一部分，用轴来驱动套筒。

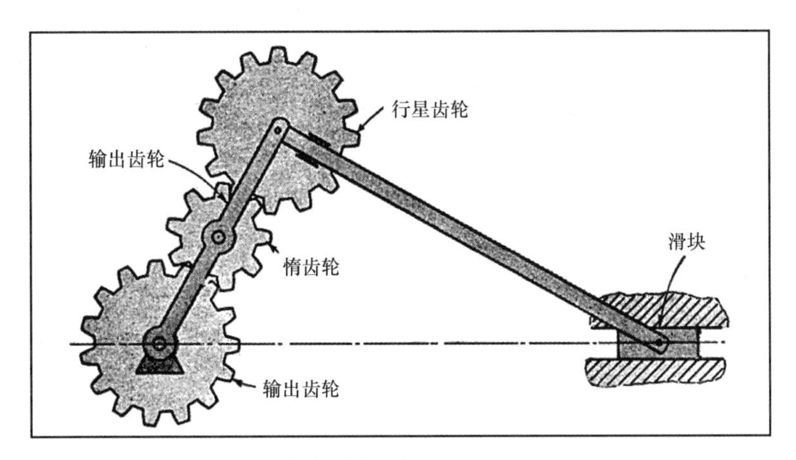

图 6.22-5 改进的齿轮滑块机构。

7. 内齿轮结构

通过用一个内齿轮来替换图 6.22-1 中的一个外齿轮，能够得到两个具有较大可变输出能力的机构（见图 6.22-6 和图 6.22-7）。其中，图 6.22-7 中的机构吸引了 Jensen。它能够按照比例产生一个歇停或向前的摆动，也就是说，它们之一向前旋转输出，比方说 360°，然后向后旋转 30°，向前转动 30°，然后通过再向前转动 360°进行周期循环。

在这个机构中，曲柄驱动固定在连杆 2 上的大的环形齿轮 3。齿轮 4 输出。Jensen 推导出下面的方程：

8. 输出运动

$$\omega_4 = -\left(\frac{L-R-r_4}{Lr_4}\right)R\omega_1 \qquad (8)$$

当 $r_4=L-R$ 时，从方程 8 得 $\omega_4=0$，并且机构的比例可以产生一个瞬时歇停。为了获得向前的摆动，r_4 必须比 $L-R$ 大，就像 Jensen 的模型（见图 6.22-8）所示那样。

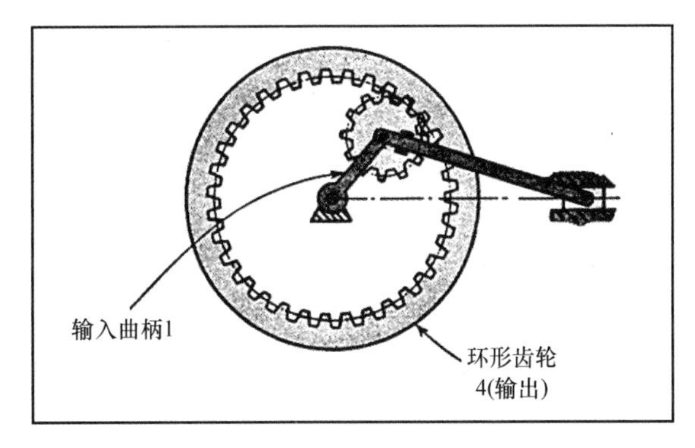

图 6.22-6 环形齿轮和滑块机构。环形齿轮是输出并代替了在图 6.22-1 中的中心齿轮。

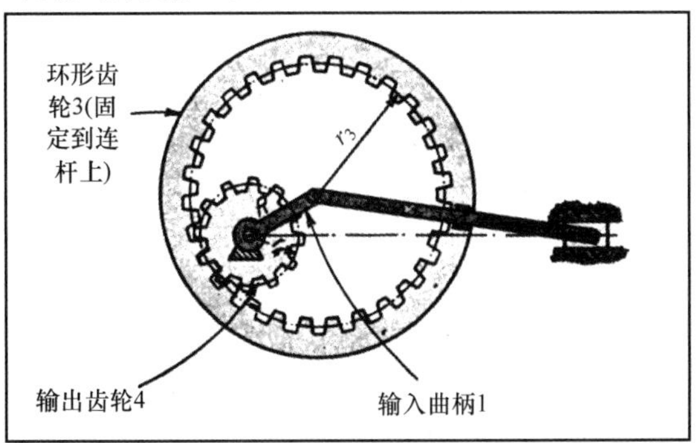

图 6.22-7 一个更实用的环形齿轮和滑块的机构。现在是从小齿轮输出。

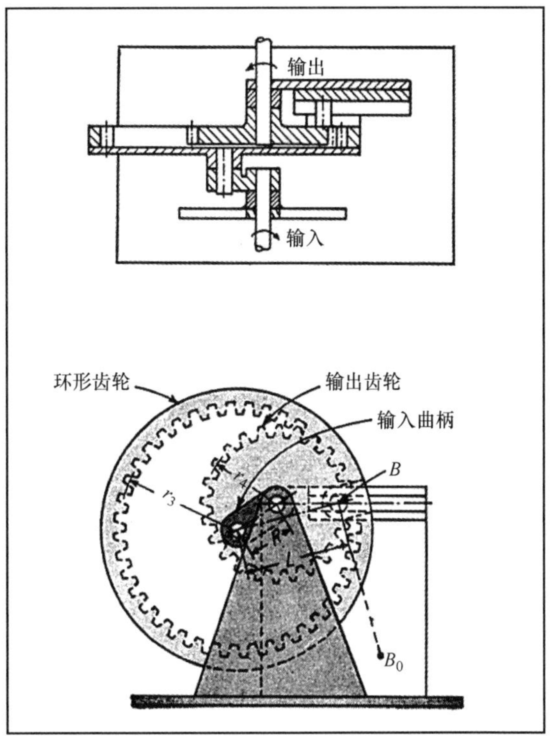

图 6.22-8 Jensen 的环形齿轮和滑块机构的模型如图所示。通过让 r_4 大于 $L-R$ 可以获得一个向前的摆动运动。

如果齿轮 4 回转，然后再次开始向前转动，这就必须有两个齿轮的运动速度为零的位置。这两个机构是关于 A_0B 对称的。在输出齿轮反向转动时，如果 θ_0 等于曲柄旋转（输入）的角度，而 ϕ 也等于齿轮 4 向后旋转的角度，于是

$$\cos\frac{\theta_0}{2}=\left[\frac{L^2-R^2}{r_4\ (2R+r_4)}\right]^{1/2} \quad (9)$$

并且

$$r=\theta_0-\frac{r_3}{r_4}\ (\theta_0-\beta_0) \quad (10)$$

这里

$$\sin\beta_0=\frac{R}{L}\sin\frac{\theta_0}{2} \quad (11)$$

9. 比例图表

图 6.22-9 中的曲线图有助于给图 6.22-8 中的机构构件提供一个能实现特殊向前摆动的比例。该表适用于 R 等于 25.4mm（1in）的情况。对于 R 其他值的情况，按比例转换表中 r_4 的值，如下所示。

例如，假设在每个循环中，输出齿轮回转 9.2°，这样 ϕ = 9.2°。同样给定的还有 R = 19.05mm（0.75in），L = 38.1mm（1.5in），这样 $L/R=2$。

从图表的右侧找到 L = 50.8mm（2in）时的 ϕ 曲线，然后向上找到 L = 50.8mm（2in）的 θ_0 曲线，在左边的纵坐标上读得 $\theta_0=82°$。

现在返回到第二个交叉点并向上在 $L=2$ 时从横坐标的刻度上读得 $r_4=1.5$。因为 R = 19.05mm（0.75in），而图表是针对 $R=1$ 的，按照下面的方法转换 r_4：r_4 = 0.75(1.5) = 28.702mm(1.13in)。

于是，如果把机构输出齿轮的半径设计为 r_4 = 28.702mm（1.13in），那么在曲柄旋转 83°的时候，输出齿轮会向后转动 9.2°。当然，在当曲柄再旋转 83°的时候，齿轮 4 将返回到它的初始位置，然后在曲柄继续旋转最后的 194°时，齿轮 4 将保持向前转动。

10. 将来的改进

图 6.22-8 中所设计的机构是为了使输出运动能很容易地从正向摆动转换为瞬时的歇停，或者不规则地顺时针或逆时针旋转。这通过变换作为中心滑块曲柄滑动件的销钉的位置来实现。同样可以用一个偏心滑块曲柄机构、一个四连杆机构或一个滑块连杆机构作为基本机构。

串联的两个机构能够使输出产生一个延长的歇停或两个独立的歇停。工作期间两个独立歇停之间的角度靠插入一个差动齿轮来进行调整，差动齿轮的作用是使第一个机构输出轴的位置相对于第二个机构输入轴的位置可以被改变。

机构同样能通过引进一个附加杆 BB_0 来改进，附加杆引导销钉 B 沿着圆弧运动来代替线性轨迹。这使得机构性能有一个微小的提高。

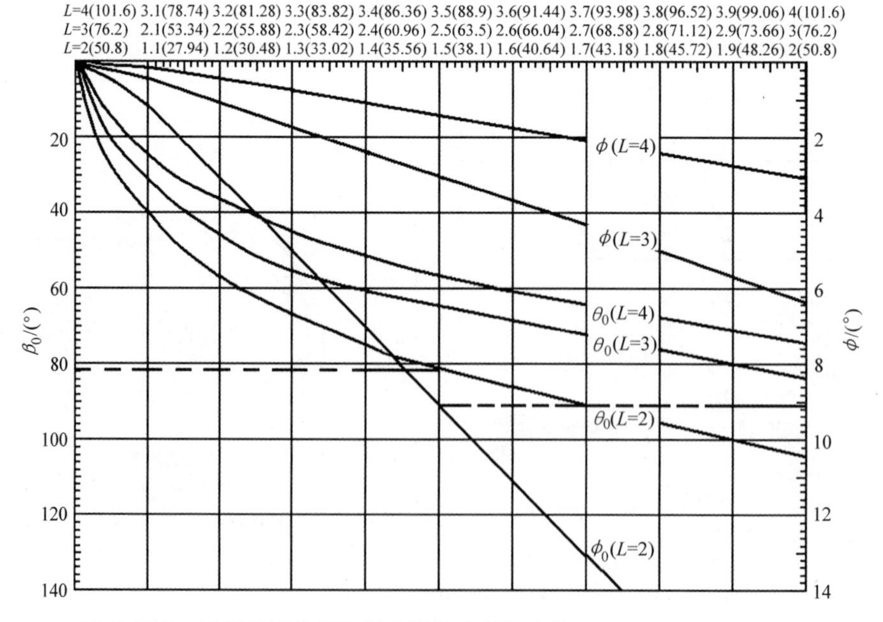

图 6.22-9 选择环形齿轮和滑块机构比例的表格。

第 7 章

凸轮、槽轮、棘轮驱动机构

7.1 凸轮控制的行星轮系

在新型机构中设计一个带凹槽的凸轮，可以产生变化范围较大的输出运动。

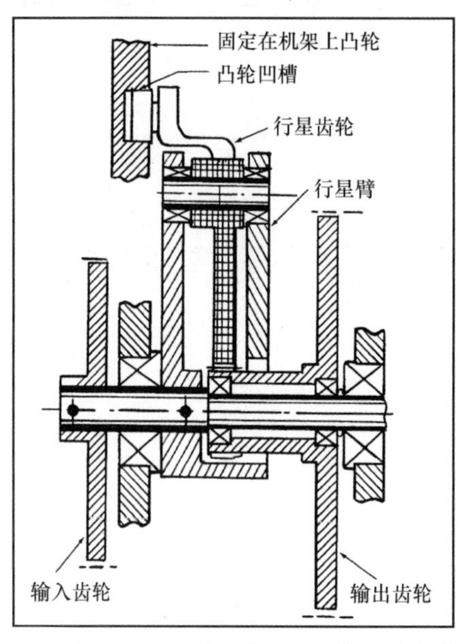

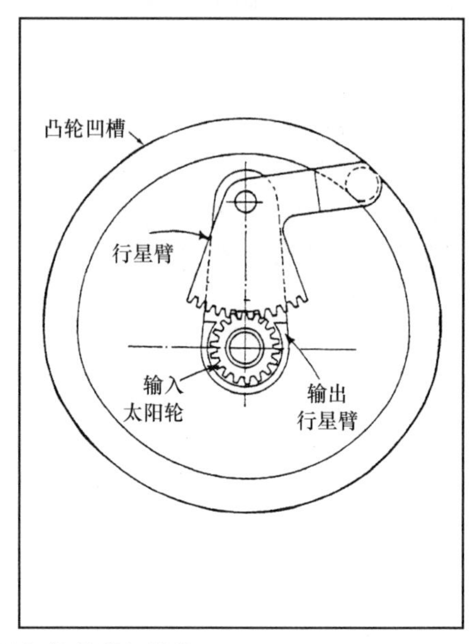

图 7.1-1 用于胶片传送的一个凸轮行星机构的**详细结构**。

你想要行星轮系的各种输出运动中有更多的变化吗？用一个带凹槽的凸轮控制行星轮你就能够实现。这种方法给行星轮系带来如下附加特性：

- 实现长时间歇停、最小加速和减速的间歇运动；
- 速度周期变化；
- 在每个输入周期中有二级以上的恒速。

由于要求行星轮系的输出与凸轮的轮廓保持同步工作，这种行星轮系的设计比较复杂。然而，这种机构现在已用于胶片的传送并且应该在自动化机器中有广泛的应用。这里给出方程、表格和步骤，它们将使设计过程更容易。

1. 机构怎样工作？

因为行星齿轮不允许作整圈的旋转，所以行星齿轮不必是整圈加工出齿，仅加工一个扇形齿轮即可。太阳轮和输出齿轮是一体的。行星臂被固定到输入轴上，输入轴与输出轴是同轴的。安装在行星轮上的是随动滚子，这个随动滚子被安放于凸轮的凹槽内。凸轮被固定在机架上。

行星臂（输入）以匀速转动，并且每个周期转一圈。太阳轮（输出）在每个周期也转一圈。然而，靠行星齿轮相对行星臂的摆动改变了机构的运动。这种运动是靠凸轮的控制来完成的（一个半径固定的凸轮将不影响输出，而且驱动仅能产生 1∶1 的固定传动比）。

2. 与其他装置的比较

这种凸轮、行星轮机构的主要特点是它具有产生广泛变化的非均匀运行的能力。这种功能可用不少于两个的数学表达式来定义，每个表达式在各自的区间范围内有效。被广泛了解的间歇机构不包括这些特征：内外棘轮、三齿轮驱动和心形曲线驱动。

三齿轮和心形曲线驱动可以提供一个歇停，但仅仅是一个中很短的时间。当采用凸轮、行星轮时，靠在行星轮和太阳轮之间实现 4∶1 的传动比，一个机构在 360°的周期内可以获得超过 180°的歇停。

此外，如果只靠凸轮本身会有产生往复运动的缺点。换句话说，在工作周期内输出总要出现回程，在许多应用中这是不允许的。

3. 设计步骤

一个行星齿轮系的基本方程如下：

$$d\theta_S = d\theta_A - n d\theta_{P-A}$$

式中 $d\theta_S$——太阳轮（输出）的转动（°）；

$d\theta_A$——行星臂（输入）的转动（°）；

$d\theta_{P-A}$——行星齿轮相对行星臂的转动（°）；

n——行星轮对太阳轮的传动比。

这个系统所需的输出运动通常由运动曲线的形式来决定。于是，设计步骤如下：

- 选择适当的行星齿轮与太阳轮的传动比；
- 列出行星轮的运动（如同凸轮随动件的运动）方程；
- 计算适当的凸轮轮廓。

7.2 5种行程放大机构

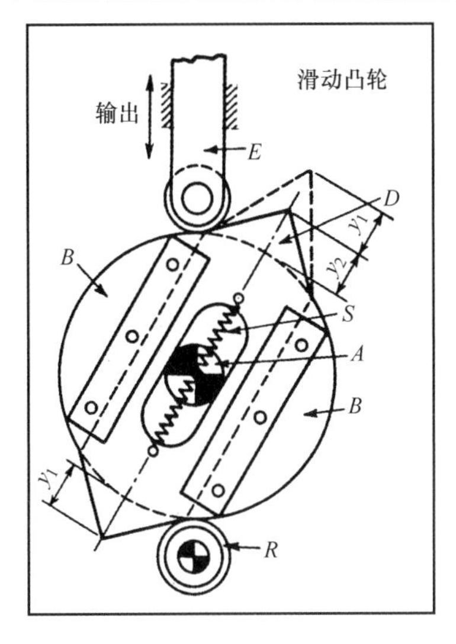

图7.2-1

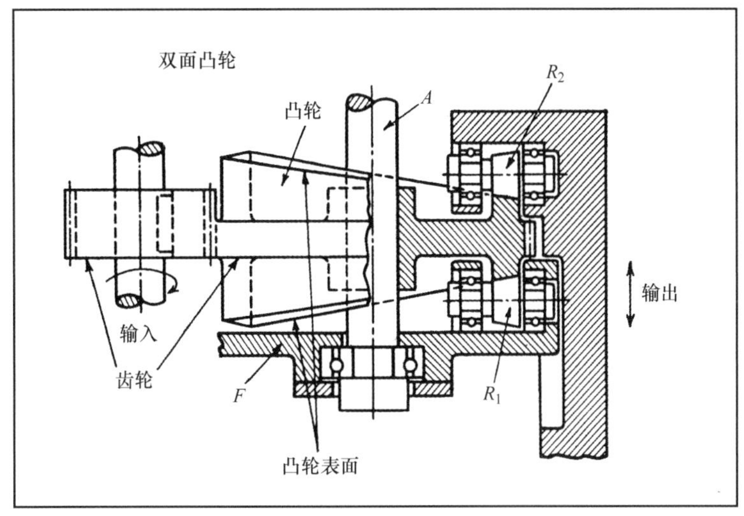

图7.2-3

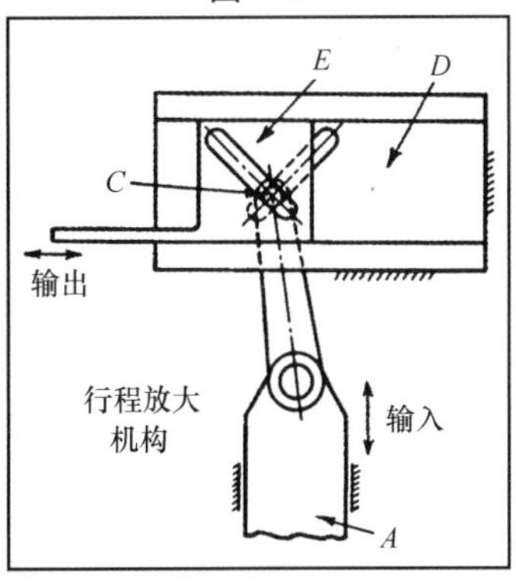

图7.2-2

图7.2-4

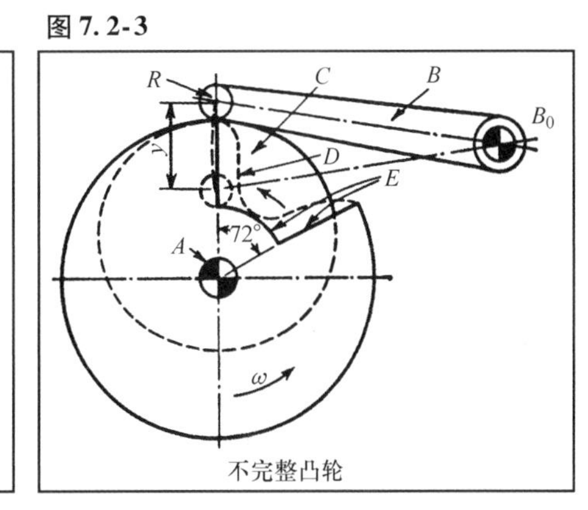

图7.2-5

当行程放大机构的压力角太大而不能满足设计要求，并且不希望扩大凸轮的尺寸时，可以用一些装置来减小压力角。

图7.2-1 滑动凸轮机构。这种机构用在线材成形机上。凸轮D有个带尖的形状是因为有特殊的卷线运动要求。机器在低速下运转，但这个原理同样可以应用于高速凸轮。

原先所希望的行程是（y_1+y_2），但是这样将会产生一个大的压力角。所以在凸轮的一侧行程减小到y_2，另一侧增加到y_1。圆盘B被安装到凸轮轴A上。凸轮D的两个终点连成一个矩形，从动轮E的上升运动由凸轮滚过固定轮R完成。

图7.2-2 行程放大机构。本机构被用在压力机上。两个对称的槽，第一个在固定构件D上，第二个在滑块E上。放大被凸轮驱动的输入滑块A的运动。A向上运动时，E快速的向右运动。

图7.2-3 双面凸轮。这种机构使行程加倍，从而使压力角减小到原来大小的一半。滚子R_1固定，当凸轮旋转时依靠与R_1接触的下表面使自身被托起，同时其上表面使可移动的滚子R_2产生向上的运动。滚子R_2线性驱动输出运动，于是输出行程近似等于凸轮上下表面升高之和。

图7.2-4 凸轮与齿条。这个机构增加了杆的摆动。凸轮B围绕A旋转。从动滚子运动了y_1的距离；在此期间内，扇形齿轮D在齿条E上滚动。因此杆C的输出行程是两种运动的合成，使行程扩大到y。

图7.2-5 不完整凸轮。可在72°内实现快速升降。对凸轮轮廓的初始要求是D，但是D会产生严重的压力角。可通过增加凸轮C来解决这种情况。这个凸轮也绕凸轮中心A旋转，但是速度是凸轮D的五倍（未画出的齿轮比5:1）。然后，在72°范围内初始的凸轮被完全去除（见E表面）。所需超过360°（因为72°×5=360°）的运动通过对凸轮C的设计来完成。这样可以使相同的压力角在上升360°而不是72°时发生。

7.3 凸轮曲线生成机构

在不容易加工时，常常不设计复杂的凸轮曲线。所以开始设计凸轮机构前要先核实这些机构。

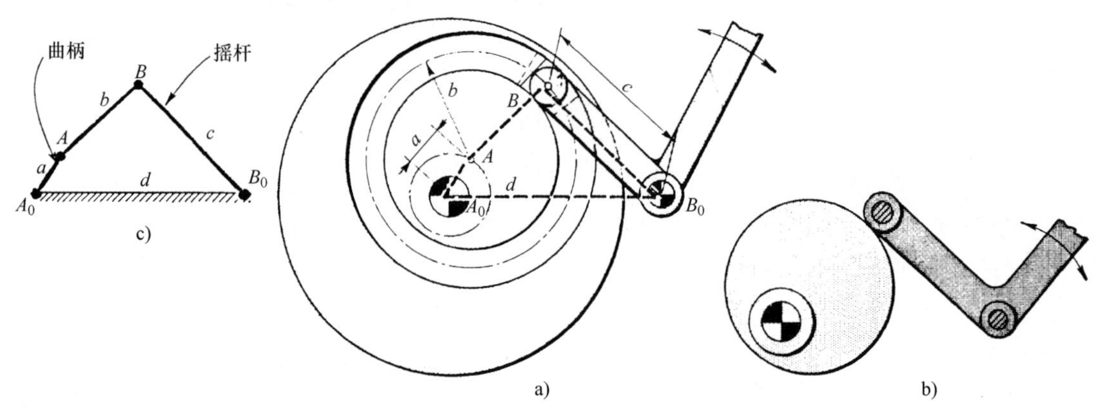

图 7.3-1 通过在转向架上偏心地安装平板，在转塔车床上很容易加工出圆形凸轮槽。在图 b 中，带加载弹簧的从动件的平板凸轮能够产生相同的输出运动。许多的设计者没有意识到这种类型的凸轮和图 c 所示的具有等效杆长的四连杆机构有相同的输出运动。因此，当用凸轮来代替连杆机构时，最容易获得曲线。

如果你不用母凸轮而又想在金属板上加工一个凸轮曲线，那么你希望它应该能达到一个怎样的精度呢？那主要取决于你所使用的那个机构采用怎样的精度来完成刀具对凸轮板的加工。这里所介绍的机构是根据它们的实用性而仔细挑选出来的。他们能够被直接用来加工凸轮或者制造母凸轮以便加工其他凸轮。

在自动进给机构和螺纹加工中，凸轮曲线常常被使用。这些凸轮曲线按照下列顺序依次来介绍：圆形的、恒速的、简单正弦曲线的、摆线的、修正摆线的和圆弧凸轮曲线。

1. 圆形凸轮

由于加工凹槽比较容易，这种凸轮在机械加工中很普遍。凸轮（见图 7.3-1a）有一个圆形凹槽，凹槽的中心 A 到平板凸轮中心 A_0 的距离为 a。这种凸轮可以简单地用带有弹簧加载随动件的平板凸轮来代替（见图 7.3-1b）。

让人感兴趣的是使用这种凸轮能够很容易地复制四连杆机构的运动（见图 7.3-1c）。所以，在图 7.3-1c 中的摇杆 BB_0 等效于图 7.3-1a 中摆动随动件的运动。

可以通过在车床上偏心地安装平板来加工凸轮，可以加工出表面粗糙度很小、公差接近为零的圆形凹槽。

凸轮以低速运转时，可以用圆弧形滑块代替滚子。这样就可以传递高载荷。这种“动力凸轮”的优化设计通常需要计算时间消耗。

这种圆弧凸轮的缺点（有时是优点）是，当从给定点移动时，它的随动件与采用其他等效的凸轮曲线相比会产生更高的加速度。

2. 匀速凸轮

通过旋转凸轮盘和线性进给刀具能够产生一个匀速凸轮轮廓，凸轮盘和刀具具有恒定的速度，沿着轨道转化为滚子的随动件将随后移动（见图 7.3-2a）。在随动件为摆动的例子中，仿形点（刀具）放在一个杆上，这个杆的长度等于摆动滚子随动件的长度，并且这个杆以匀速旋转（见图 7.3-2b）。

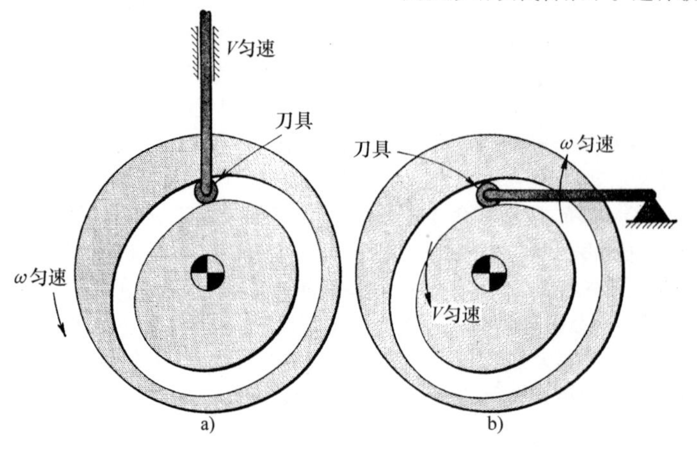

图 7.3-2 靠匀速进给刀具和旋转凸轮，可以加工一匀速凸轮。刀具以线性进给（a）或者以圆弧进给（b），这取决于随动件的类型。

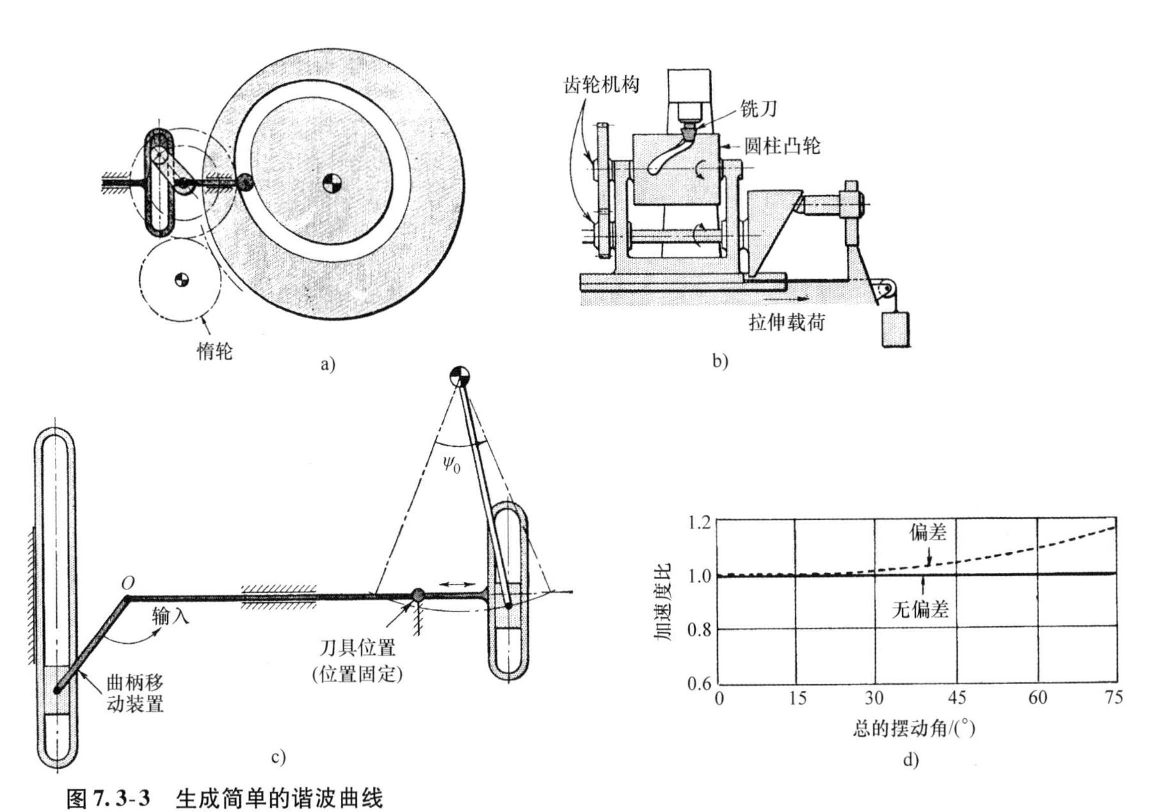

图 7.3-3　生成简单的谐波曲线

（a）当齿轮机构带动凸轮旋转时，曲柄移动装置使刀具进给；（b）将圆柱滑块加工成圆柱凸轮；（c）用反向的曲柄移动连杆机构来替代齿轮装置；（d）用摆动随动件代替滑移随动件时加速度的增加。

3. 简单的谐波曲线凸轮

凸轮靠自身的匀速旋转和曲柄移动装置上刀具的移动而生产出来，其中曲柄移动装置通过配合的齿轮带动凸轮旋转。图7.3-3a是沿径向驱动随动件的原理图；同样的原理可用于偏置驱动和随动滚子摆动。齿轮的传递比和曲柄移动装置上曲柄的长度控制压力角（进给和回程的角度）。

对于谐波运动的圆柱凸轮来说，图 7.3-3b 中的夹具能很容易地被安装用于加工。这里，圆柱凸轮旋转时能沿轴向移动，同时靠重力载荷（或加载弹簧）加工圆柱。

在图 7.3-3c 中，反向的曲柄移动连杆机构来替代图 7.3-3a 中对齿轮啮合的需要。当凸轮有一个摆动随动滚子时，它将加工出近似简单的谐波运动曲线；而当凸轮有径向或者偏置的随动滚子时，它将加工出精确的曲线。带槽的零件安装在机架上，曲柄绕着 O 点旋转。这样将使连杆以简单的谐波运动形式作前后摆动。滑动件带动将要被加工的凸轮，而凸轮以恒速绕着的中心旋转。臂的长度和实际的机构、调节装置的摆动随动滚子的长度做成一样长，以便滑块中心点的极限位置位于连杆的中心线上。

刀具固定安装在构件的中心线延长线上的某处。如果使用径向或者偏置的随动滚子，滑块将被固定在构件上。

当凸轮有一个摆动随动件时，来自于简单谐波运动的偏差使加速度的增加范围为 0 ~ 18% （图 7.3-3d），增加的多少取决于随动件的整个摆角。注意当总的摆动角达到45°时，加速度将增加大约5%。

4. 摆线运动凸轮

由于摆线运动凸轮具有良好的加速性能，所以从设计者角度看，它的曲线可能是最希望获得的。幸运的是这种曲线很容易获得。在选择机构之前深入了解摆线理论是很值得的，因为它不只产生摆线运动，而是能产生所有类似的曲线。

这种摆线运动是基于补偿的正弦曲线（见图 7.3-4）。因为在 C、V 和 D 点的曲率半径是无限长的（曲线在这些点是平的），如果这个曲线是凸轮的凹槽曲线并在

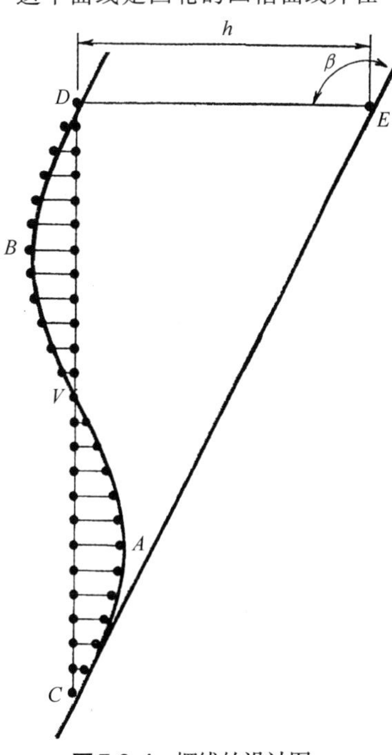

图 7.3-4　摆线的设计图

CVD 连线方向上移动，由这个凸轮驱动的随动滚子在 *C*、*V*、*D* 的加速度将为零，无论随动轮子指向什么方向。

现在，凸轮在 *CE* 方向上移动和随动件的运动方向在 *CE* 连线的垂直方向时，在 *C*、*V*、*D* 三点随动件的加速度仍然是零。现在这个曲线已经变成为基本的摆线，它被当做具有确定振幅（振幅是在垂直方向上测量的）的正弦曲线，振幅与匀速时的直线是重叠的。

摆线被认为是最好的标准凸轮轮廓，是因为它有低的动力载荷、低的冲击和振动特性。具有这些显著特性可使凸轮在循环旋转期间避免加速度的突变。此外，通过对摆线进行某些修改也能够使凸轮的性能获得改进。

5. 修正摆线

当在 *C*、*V*、*D* 三点的曲线的半径保持无限长时，为了修正摆线只需改变方向和振幅幅值即可。

在图 7.3-5 中比较了一些工业上常用的修正曲线。图 7.3-5a 给出了凸轮的原始摆线。需要注意的是：被添加到匀速那条线上的正弦振幅与机体是垂直的。在图 7.3-5b 中给出了 Alt 修正曲线（德国人 Hermann Alt 首先分析了这个曲线，因其而得名），正弦振幅与匀速那条线是垂直的。修改结果是改进了低速特性，如图 7.3-5d 所示，但提高了加速度的幅值，如图 7.3-5e 所示。

获得 Wildt（以 Paul Wildt 的名字命名）修正摆线过程如下：选择 *W* 点，*W* 在 $0.57\dfrac{T}{2}$处，然后通过穿过 *OP* 中点的 *yP* 来画直线 *WP*，则可使正弦曲线的基线与 *yW* 垂直。这种修正得到 $5.88h/T^2$ 的最大加速度。而标准摆线有 $6.28h/T^2$ 的最大加速度，所以修改后加速度减小了 6.8%。

通过特殊点 *P* 构造一个摆线曲线是个很复杂的课题，这里 *P* 点可以是图 7.3-5c 中方框限定范围内的任意点，即 *P* 点有一特定的范围。对这种摆线修正的需要有增长的趋势。

6. 修正摆线的产生

能产生修正摆线族的方法之一是设计一对支架和齿条机构（见图 7.3-6a）。

凸轮体能够绕着轴转动，这个轴安装在可移动的支架 1 上。刀具中心是固定的。如果支架沿箭头方向被丝杠以匀速驱动，钢带 1 和 2 也能使凸轮体旋转。凸轮的这种旋转和位移将加工出一个螺旋槽。

对这种修正的摆线，必须对凸轮施加第二个运动，以便补偿原始摆线的偏差。这可以通过安装第二钢带来完成。当支架 Ⅰ 移动时，带 3 和 4 使偏心轮旋转。由于机架是固定的，绕偏心轮的滑块水平运动。这个滑块是支架 Ⅱ 的一部分，因此，凸轮获得了正弦曲线运动。

以变化的角度 β 安装支架 Ⅰ 来和图 7.3-5b 和图 7.3-5c 中的 β 相对应，这种机构也可以改装后来加工带有摆动随动件的凸轮。

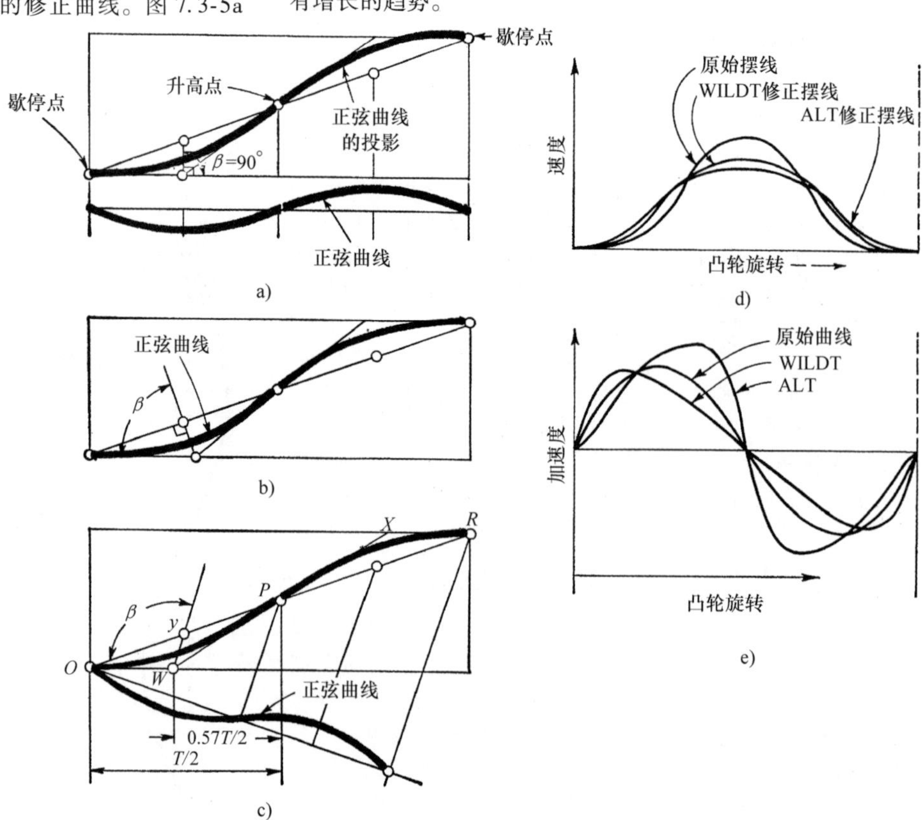

图 7.3-5 一系列摆线：
(a)标准摆线运动；(b)Halt 修正摆线；(c)P. Wildt 修正摆线；(d) 速度特性比较；(e) 加速度曲线比较。

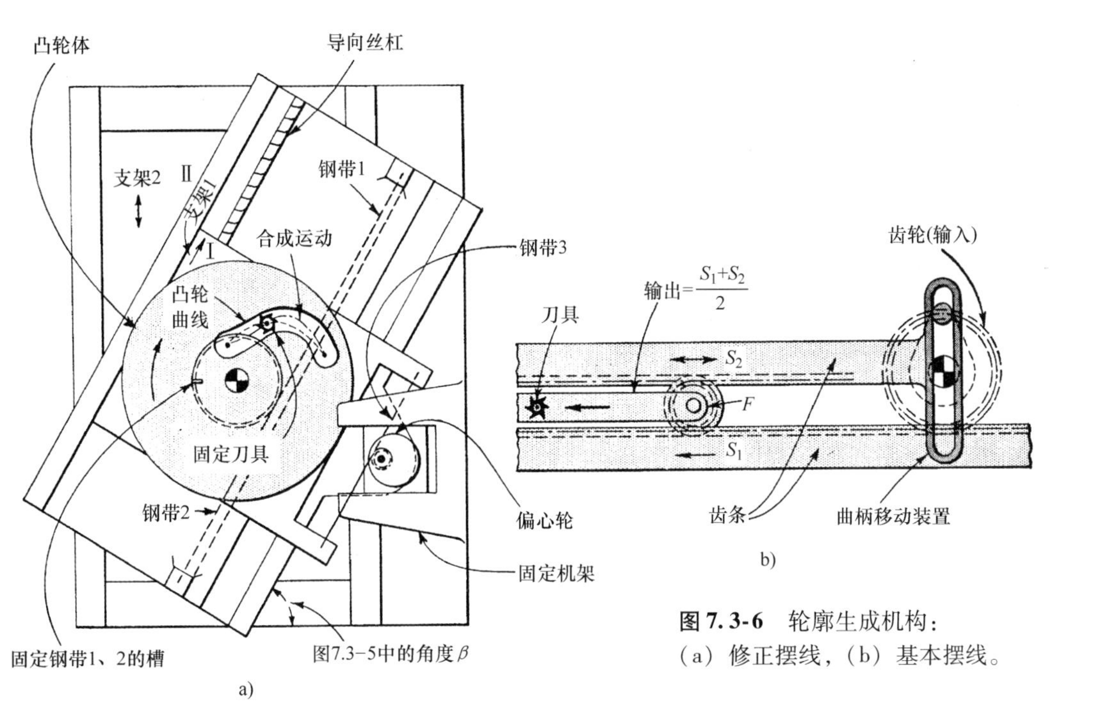

图 7.3-6 轮廓生成机构：
（a）修正摆线，（b）基本摆线。

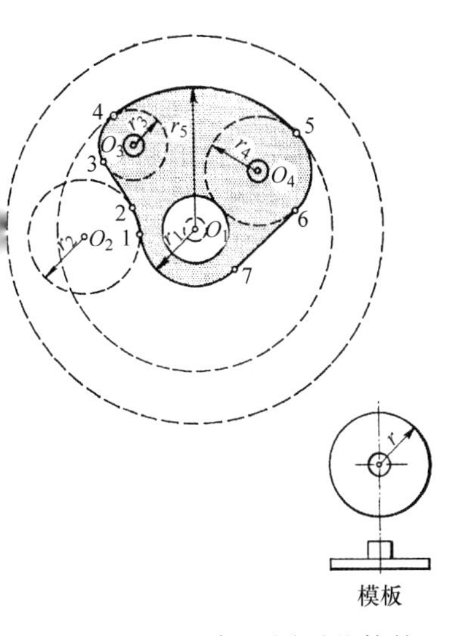

图 7.3-7 加工圆弧凸轮的技术。半径 r_2 和 r_5 是在机床上加工的，硬化模板将配合 r_1、r_3 和 r_4 的手锉加工。

7. 圆弧凸轮

近年来，当速度要求很低的时候，摆线和其他相似的曲线廓形的凸轮经常被使用。尽管如此，圆弧曲线的凸轮仍然被经常使用，这些凸轮由一些圆弧或者一些圆弧和直线组成。对比较小的凸轮，用图7.3-7中的加工技术可以精确地加工。

假设轮廓是由下列部分构成的：以 O_2 为圆心的圆弧$\widehat{12}$，以 O_3 为圆心的圆弧$\widehat{34}$，以 O_4 为圆心的圆弧$\widehat{45}$，以 O_4 为圆心的圆弧$\widehat{56}$，以 O_1 为圆心的圆弧$\widehat{71}$以及直线段$\widehat{23}$和$\widehat{67}$。这种方法要求钻削、车削和模板锉削组合加工。

首先，在 O_1、O_3 和 O_4 点钻削直径尺寸 0.254cm（0.1in）的孔。然后钻以 O_2 为中心、r_2 为半径的孔。接着把凸轮以 O_1 为旋转中心安装在车床上，钢板被加工成一个直径尺寸 $2r_5$ 的圆。这个工作完成了较大的曲线半径。然后直线$\widehat{67}$和$\widehat{23}$是通过铣床铣削来完成的。

最后，对于比较小的凸状的圆弧，通过车削使其半径分别为 r_1、r_3 和 r_4。在图 7.3-7 中给出了一个这样的例子。模板有几个中心适合于在 O_1、O_3 和 O_4 点钻孔。接着以硬化模板作为导向锉削圆弧$\widehat{71}$、$\widehat{34}$和$\widehat{56}$。最后扩孔 O_1 使它的尺寸能够使轮毂与凸轮相配合。

这种方式常常比从图样中复制的或者从凸轮中锉削出扇形要好，这个凸轮轮廓上的许多点是通过计算得到的。

8. 歇停补偿

除了圆弧凸轮之外，上述介绍的轮廓生成机构的缺点就是：在凸轮的升降周期内，它们不包括歇停期。而这种机械在上升的末期必须是非接触的，而且在下降周期开始点凸轮必须以精确的角度旋转。这增加了误差的可能性和降低了生产率。

尽管如此，这里有两种机构能通过一个特殊的歇停时间进行凸轮的自动化加工。他们是双槽轮驱动和双偏心轮机构。

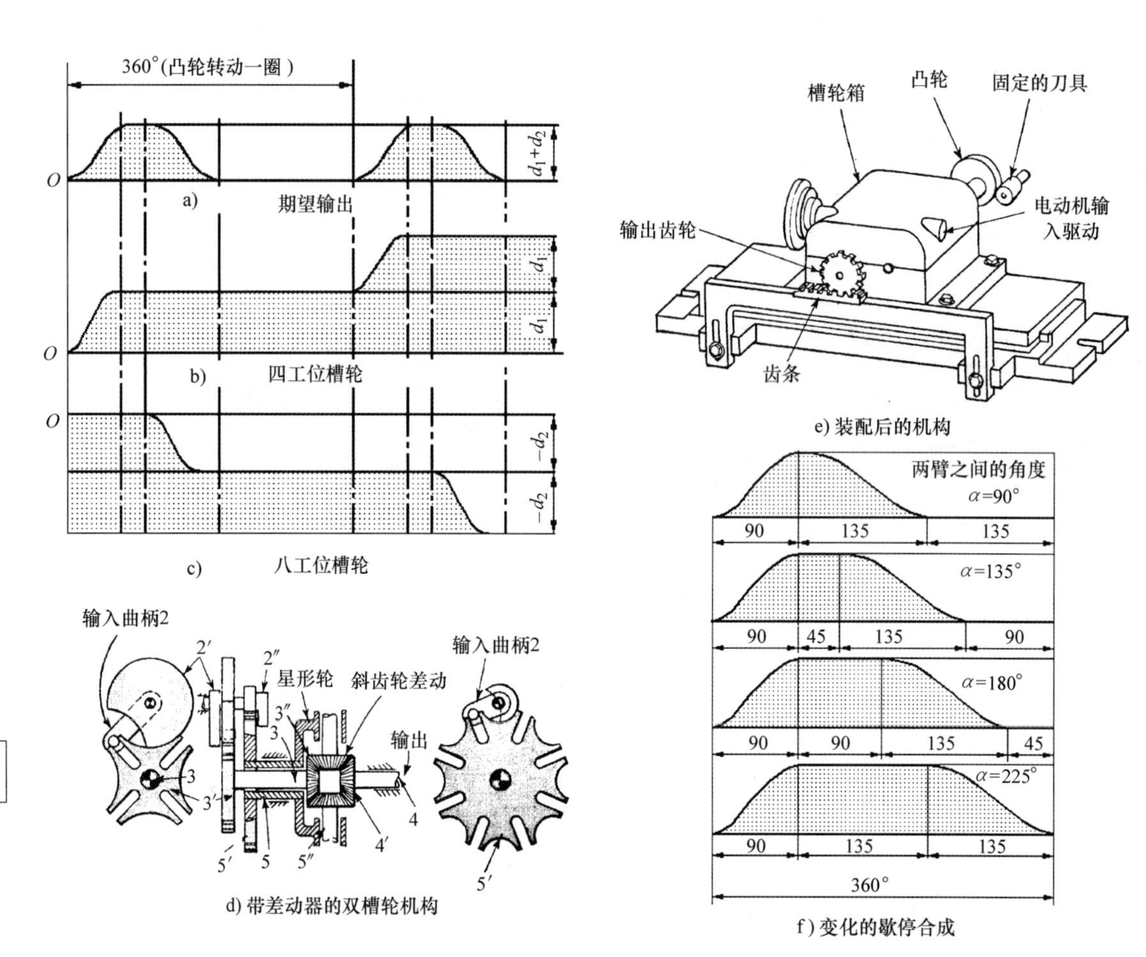

图 7.3-8 为了获得长时间歇停，使用了带差动的双槽轮机构，理想的凸轮输出特性（a）通过添加四工位槽轮的运动（b）到八工位槽轮的运动（c）而获得。图（d）所示的是带差动的槽轮的机械机构；实际使用的装置如图（e）所示。在图（f）中通过改变在槽轮驱动曲柄间的角度可以获得较大变化范围的歇停输出。

9. 带差动的双槽轮机构

如图 7.3-8a 所示，设想理想的输出在上升和下降部分包括歇停（特殊的延迟）。顺时针旋转的一个槽轮输出将产生一个和图 7.3-8b 中上升—歇停—再上升—再歇停运动相似的间歇运动。这些上升部分已经被变形为简单的谐波曲线，而且它们已经很接近纯谐波曲线，从而保证了它们的许多实际应用价值。

如果像在图 7.3-8c 中所示的逆时针旋转的另一个槽轮运动通过图 7.3-8d 中的差动装置被添加到顺时针槽轮的运动上，那么，合成运动将是理想的输出运动，如图 7.3-8a 所示。

改变槽轮的两个输入曲柄之间的相对位置，就可以改变这个机构的歇停时间。

在图 7.3-8d 中给出了这个机构的机械结构图。通过齿轮（图中没标出）驱动两个驱动轴。来自于四个工位槽轮的输入通过轴 3 传到差动装置；来自于八个工位槽轮的输入通过星形轮传递。来自差动装置的两个输入合成通过轴 4 输出。

图 7.3-8e 所示的是装配后的机构。刀具在空间位置上是固定的。输出来自于与固定齿条啮合的齿轮部分。通过电动机驱动凸轮，电动机也驱动封闭的槽轮。于是，整个装置使滑块前后往复运动，从而使凸轮正确地向刀具方向进给。

10. 通过耦合驱动槽轮

如图7.3-8d所示，当通过匀速曲柄驱动槽轮时，在分度循环的起点和终点加速度有一个突然的改变（当曲柄进入或离开槽的时候）。通过使用带有耦合元件的四连杆代替曲柄可以避免这种突然的变化。在图7.3-9中，耦合点C的运动使其能够平滑地进入到槽轮的槽内。

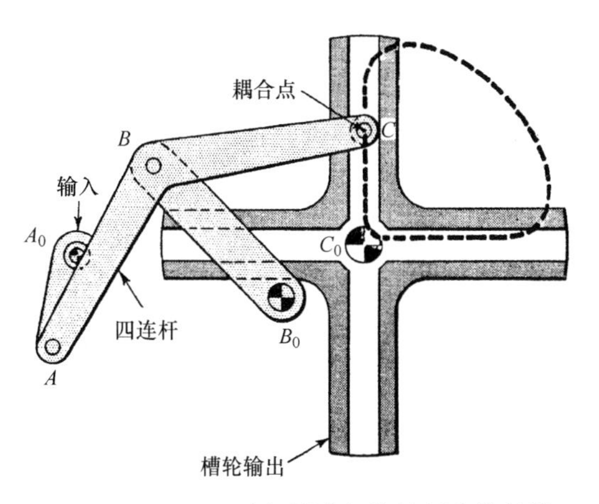

图7.3-9 四连杆耦合机构被用来代替槽轮机构中的曲柄，以便获得比较平滑的加速度特性。

11. 双偏心轮驱动机构

这是另一种带歇停的自动化加工凸轮的机构。在图7.3-10中的曲柄A的旋转能使摇杆C产生一个摆动，并且在两个极限位置有延长的歇停时间。固定在摇杆上的凸轮通过链传动而旋转，然后以适当的运动向刀具进给，例如在摇杆的歇停期间加工凸轮。

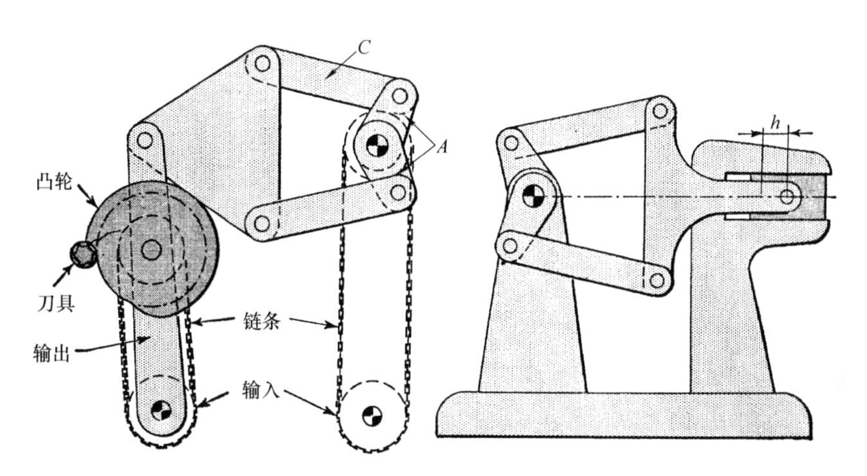

图7.3-10 带歇停的双偏心轮驱动机构被用来自动加工凸轮。凸轮具有旋转和摆动运动，相对于凸轮理想的歇停时间，在摆动的两个极限位置有歇停时间。

7.4 凸轮机构的15个应用

此处的各类机构反映了凸轮能参与工作的各种方式。

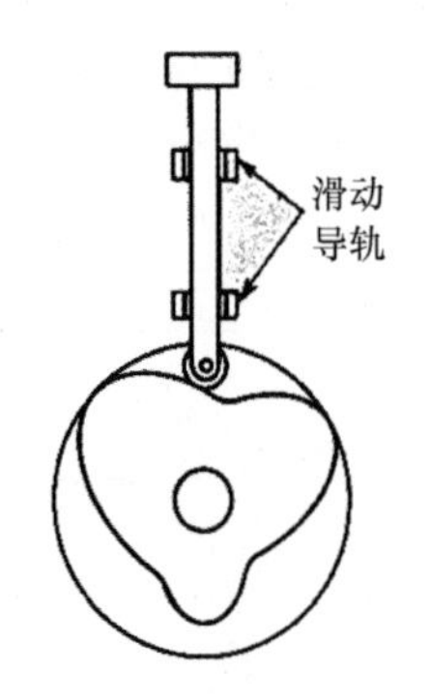

图7.4-1

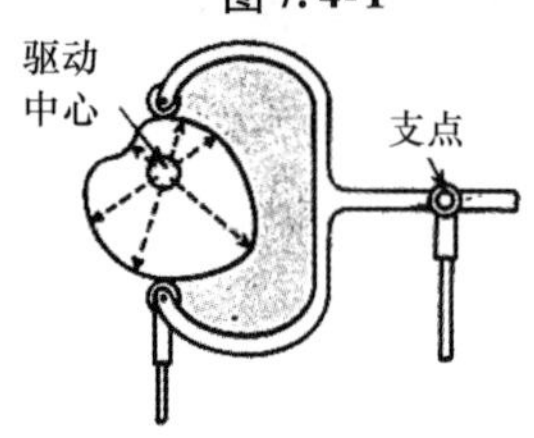

图7.4-2

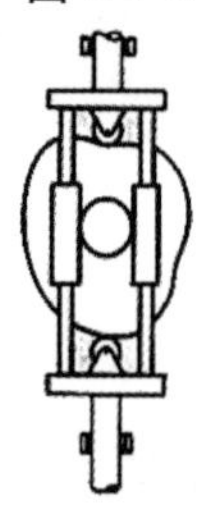

图7.4-3 匀速转动被转变为可变的往复运动（见图7.4-1）；一个简单叉形从动件的摆动或振动（图7.4-2）；或者刚性更好的从动件（图7.4-3），它能为蒸汽机提供阀门移动机构。振动性运动凸轮必须被设计成当通过它们的驱动轴中心测量时，任何一处对边的距离都相等。

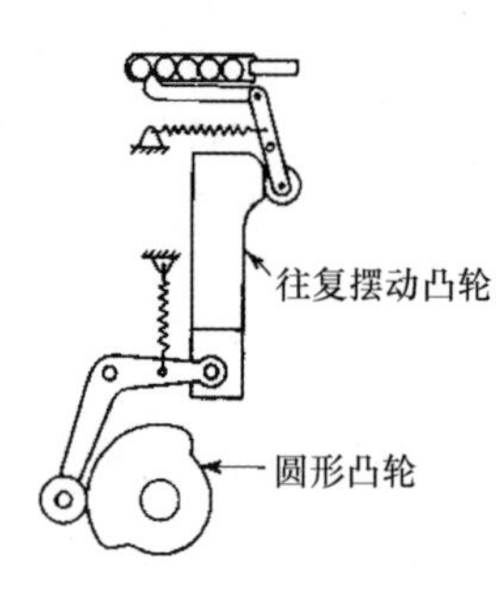

图7.4-4 应用于自动化机器的一个自动进给机构。它有2个凸轮，1个作圆周运动，另一个作往复运动。这个组合机构消除了不规则进给和在棒料进给时由于缺乏主动控制而引起的任何麻烦。

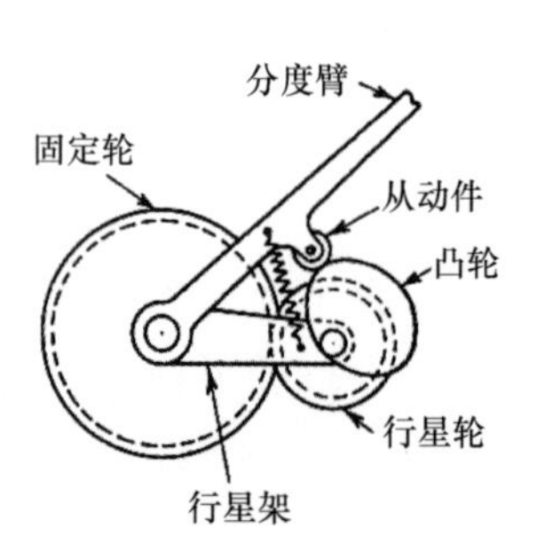

图7.4-6 这种分度机构由一个行星齿轮和凸轮组合而成。一个行星轮和凸轮相互被固定；行星架以匀速绕着固定轮旋转。分度臂在歇停期间有一个不均匀运动。

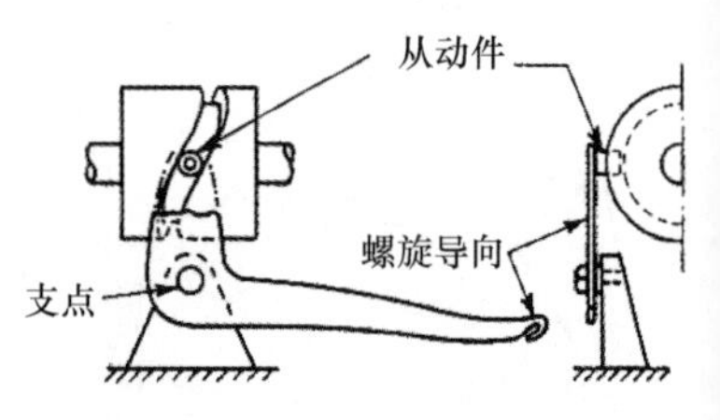

图7.4-5 带有铣削槽的一个圆柱凸轮被用在缝纫机器上引导螺纹运动。这种凸轮也广泛地应用于纺织品制造机器中，例如织布机和其他复杂的纺织品机器。

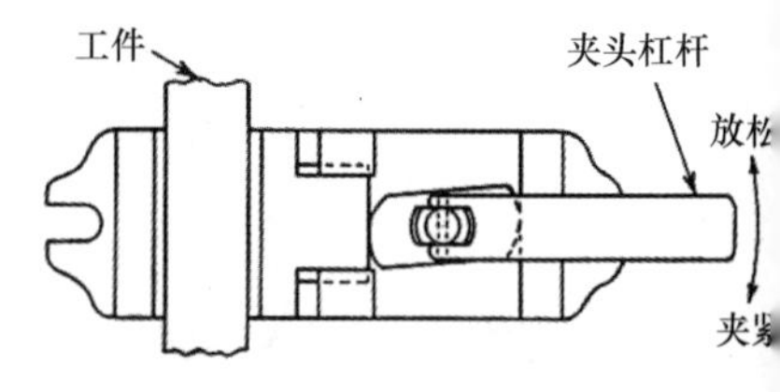

图7.4-7 靠手柄驱动的一个双偏心机构可以为机床夹具提供强有力的夹紧作用。

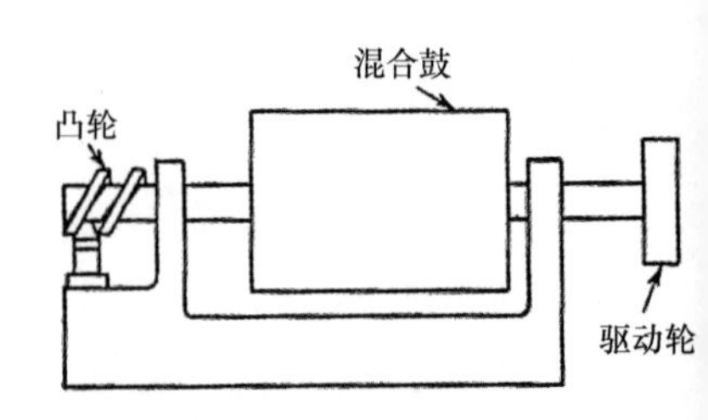

图7.4-8 应用于涂料、糖果或者食品的混合滚筒机构。混合鼓在旋转时有一个小的摆动运动。

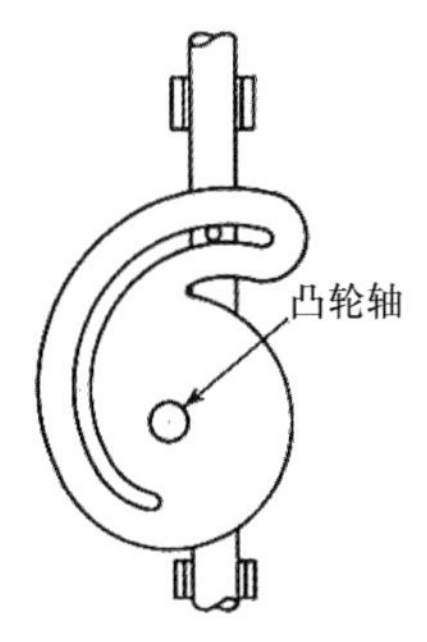

图 7.4-9 一个槽凸轮将一个凸轮轴的摆动转变为一根杆的可变直线运动。改变槽的形状可改变杆运动以满足具体的设计要求，例如直线和对数运动。

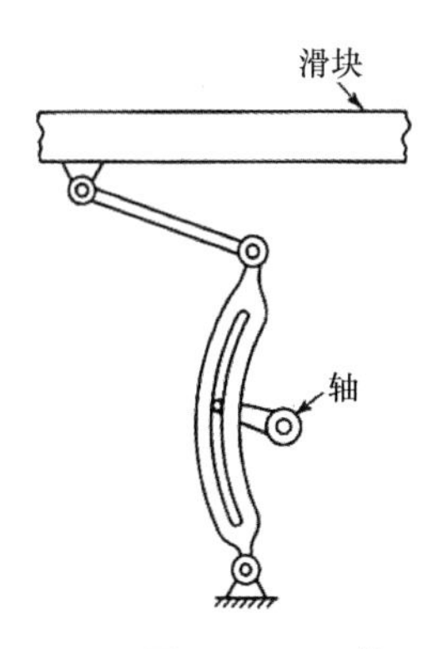

图 7.4-10 将一根轴的连续的旋转运动转变为一个滑块的往复运动。该设备被应用在缝纫机和印刷机上。

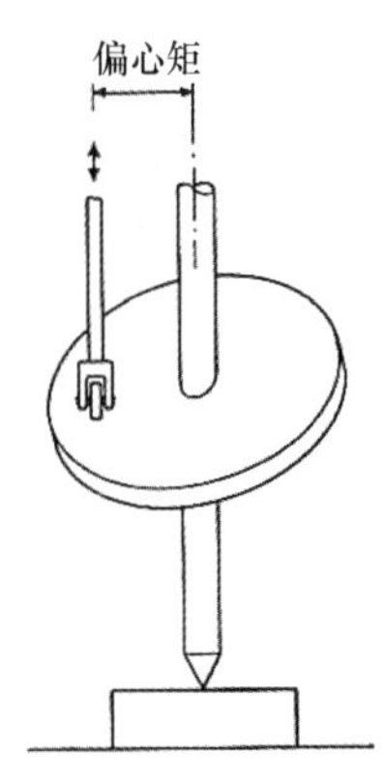

图 7.4-11 旋转斜盘凸轮只可应用于轻负荷装置（如泵）中。凸轮的偏心产生了引起过度负载的力。多个从动件可以安在一个圆盘上，因此为多活塞泵提供了平稳的抽吸作用。

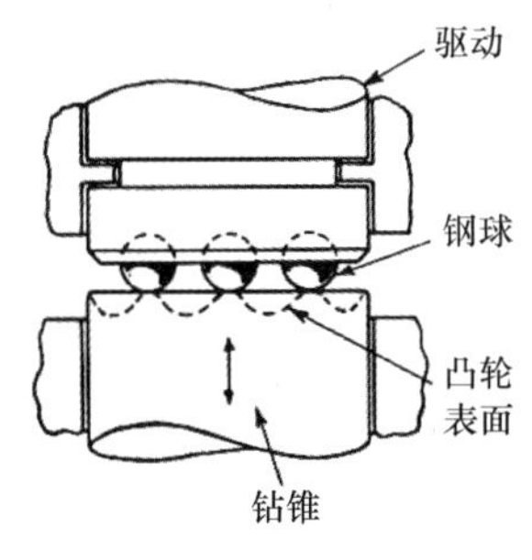

图 7.4-12 这个钢球凸轮能把一台电钻的高速旋转运动转变为高频率的振动，这种振动在钻锥当作旋转锤来切割石料和混凝土时可以提供动力。这个附件也能被设计成适合手钻的。

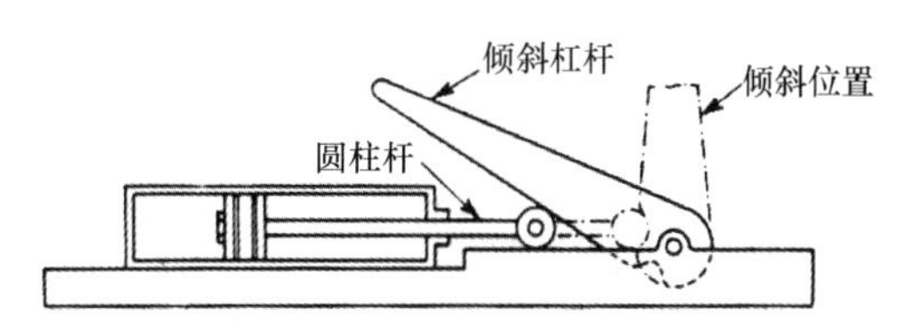

图 7.4-13 这个倾斜装置被设计成当圆柱杆被拉回时杠杆保持在倾斜位置，或者采用加载弹簧使圆柱杆返回。

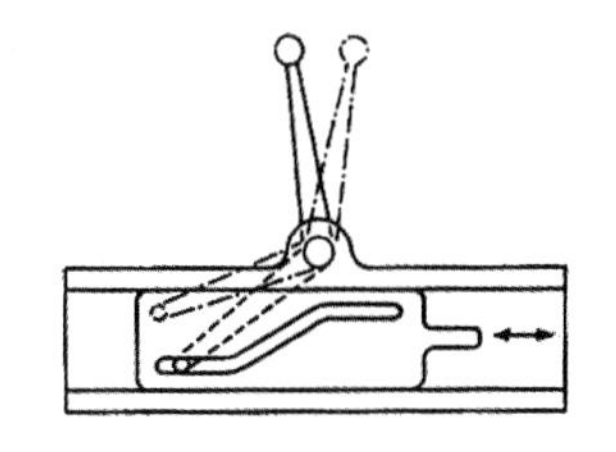

图 7.4-14 被遥控的这个滑动凸轮能在大多数机器上不易接近的一个位置上变速。

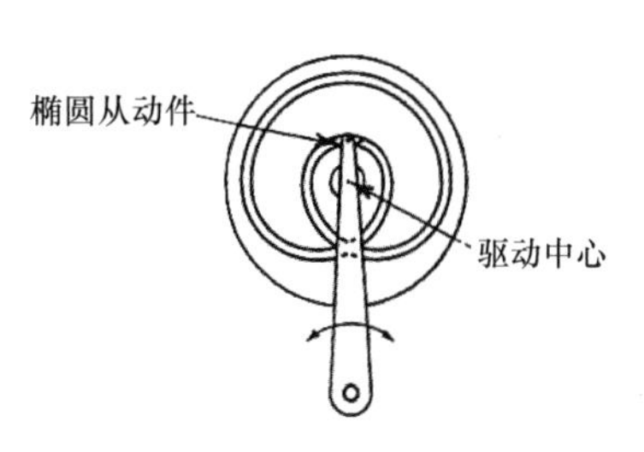

图 7.4-15 一个带槽沟的椭圆形从动件形成的机构要求从动件转一圈时凸轮转两圈。

7.5 特殊功能的凸轮

1. 一些实例

图 7.5-1 当从动件到达凸轮的边缘时，如果从动件可以继续推动凸轮，它就可以实现快速下落。凸耳 C 和 C'被固定到凸轮轴上。可在凸轮轴上随意转动的凸轮被凸耳 C 和调整的螺母限制。当凸轮顺时针旋转时，凸耳 C 通过凸耳 B 来驱动凸轮。在图示位置滚子将从凸轮的边缘下落，然后凸轮加速顺时针运动，直到凸耳 B 碰到凸耳 C'的调节螺母。

图 7.5-2 当使用两个整体的凸轮和从动件时，从动件可以获得瞬间的下降。从动滚子与凸轮 1 接触。继续的旋转将使接触转移到平面的从动件，这个从动件将脱离凸轮 2 的边缘突然下降。在歇停后，从动件通过凸轮 1 被恢复到它的初始位置。

图 7.5-3 改变槽内的两个滚子之间的距离，凸轮的歇停时间将随之变化。

图 7.5-4 一个往复运动销（图中没显示）使圆柱凸轮间歇旋转。当一个销从槽沟 1 移动到 2 时，凸轮是静止的。槽沟 2-3 在比槽沟 1-2 低的位置上；因此，当销回撤时，它使圆柱凸轮转动；然后它从 2 爬升到 1 的新位置。

图 7.5-5 一个双槽沟凸轮旋转两圈可以使从动件正好完成一次行程。这个凸轮有可移动开关 A 和 B，它们在两个槽沟内交替引导从动件。图中位置显示，B 准备引导滚子从动件从槽 1 到槽 2。

图 7.5-6 和图 7.5-7 通过让凸轮在输入轴上移动可以增加行程。所以，从动件的总位移就是在固定滚子上凸轮的位移与从动件相对于凸轮的位移之和。

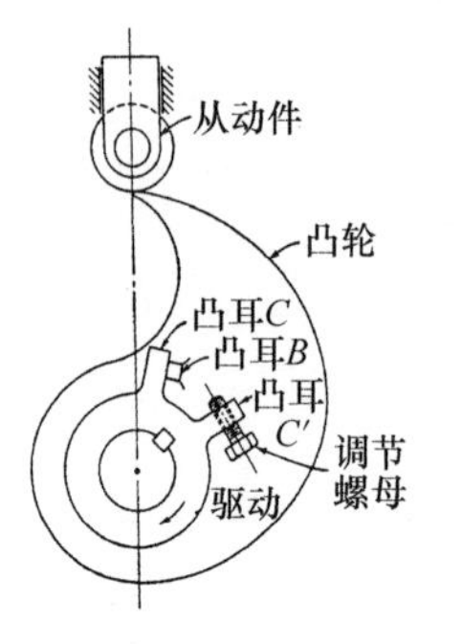

图 7.5-1 快速作用的浮动凸轮。

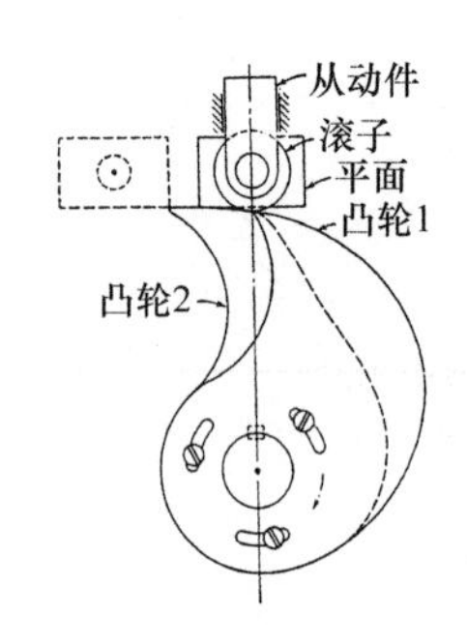

图 7.5-2 快速作用的歇停凸轮。

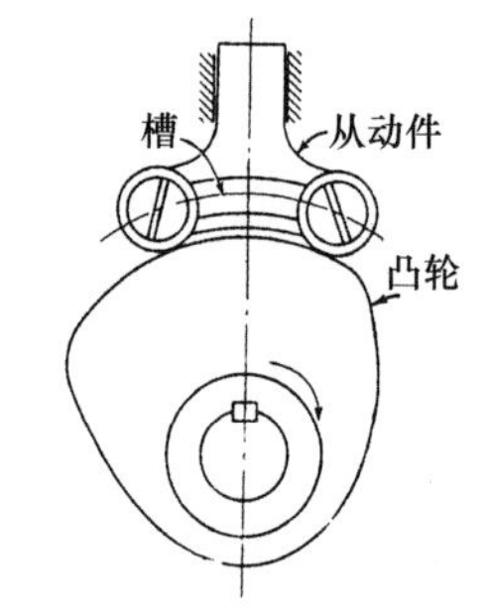

图 7.5-3 可调的歇停凸轮。

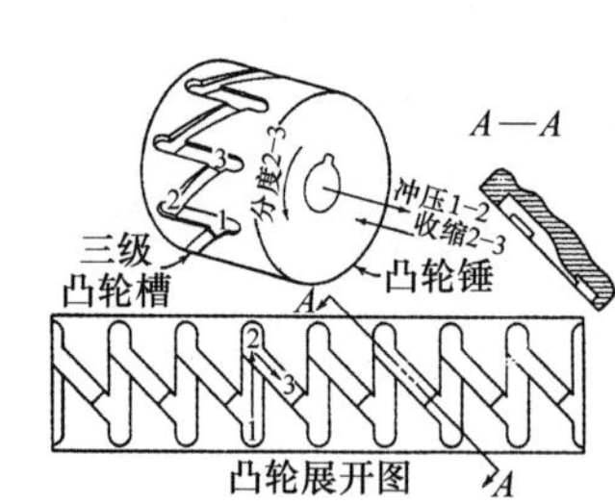

图 7.5-4 分度凸轮。

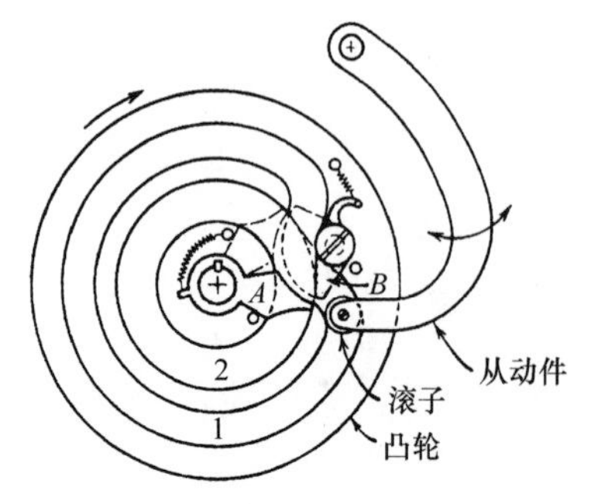

图 7.5-5 双转动凸轮。

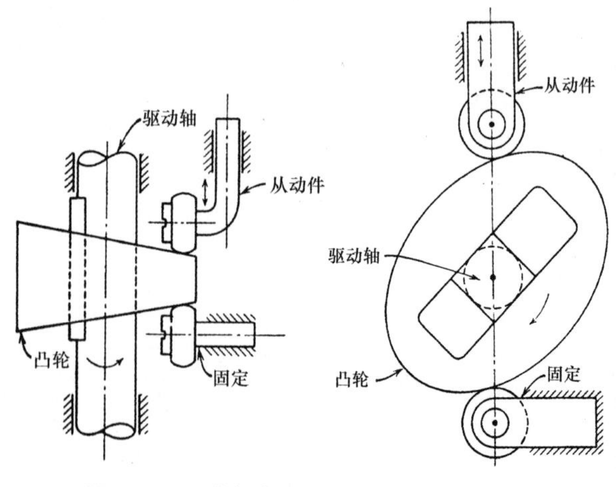

图 7.5-6 增加行程的锥凸轮。

图 7.5-7 增加行程的圆盘凸轮。

2. 可调歇停的凸轮

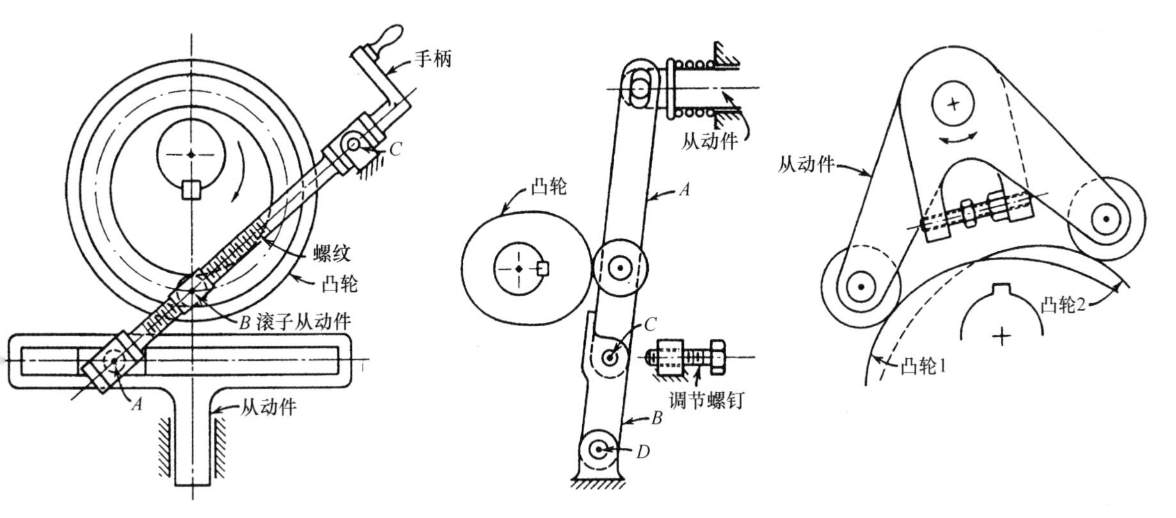

图 7.5-8　可调滚子位置凸轮。

图 7.5-9　可调支点的凸轮。

图 7.5-8　从动件的调整是通过旋转手柄改变 *A*、*B* 间的距离来完成的。

图 7.5-9　通过调整螺钉，连杆到从动件的支点可以从 *D* 点调整到 *C* 点。

图 7.5-10　带有凸耳 *A* 的主凸轮通过销钉与旋转轴相连，从而获得歇停的调整。凸耳 *A* 推动柱塞向上到达图示的位置，并且使锁紧销钩住固定的挡块，于是，柱塞保持这个向上的位置上不动。靠凸耳 *B* 柱塞可以被放开。凸轮盘上的圆形槽允许凸耳 *B* 移动，因此，柱塞保持在锁紧位置的时间可以改变。

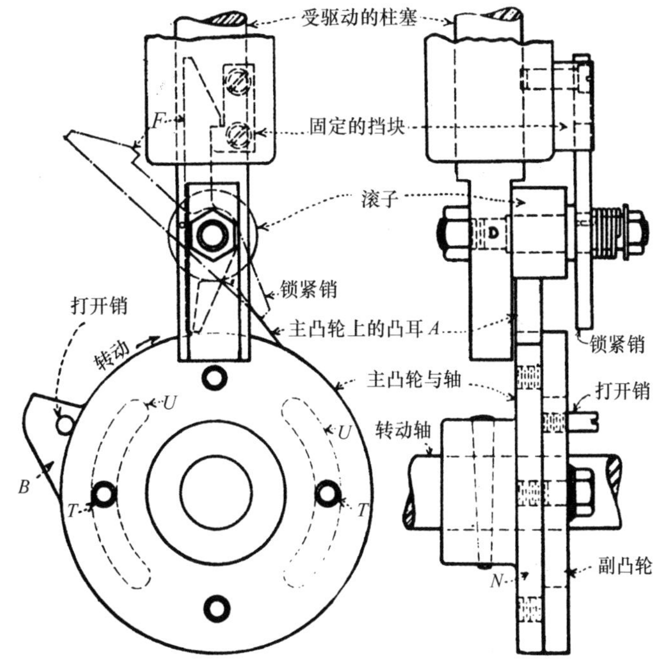

图 7.5-10　可调整带凸耳凸轮。

7.6 槽轮机构

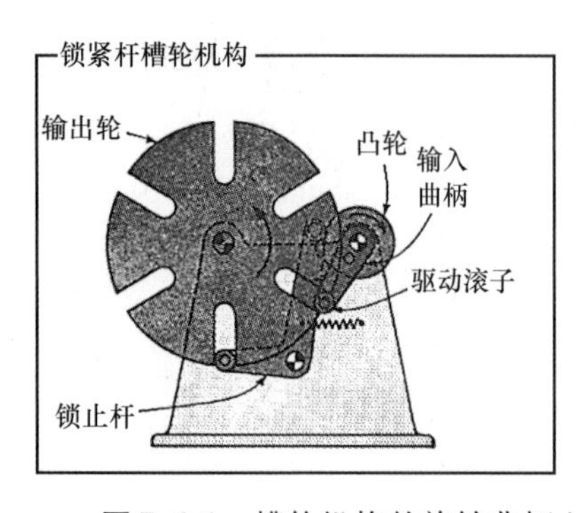

图 7.6-1 槽轮机构的旋转曲柄上有一驱动滚子，当它进入一个槽时，输出轮就会迅速地转位。在图7.6-1上，锁止杆上的圆滚（图上将要滚出槽的圆滚）与槽相啮合以防止槽轮不转位时的移动。

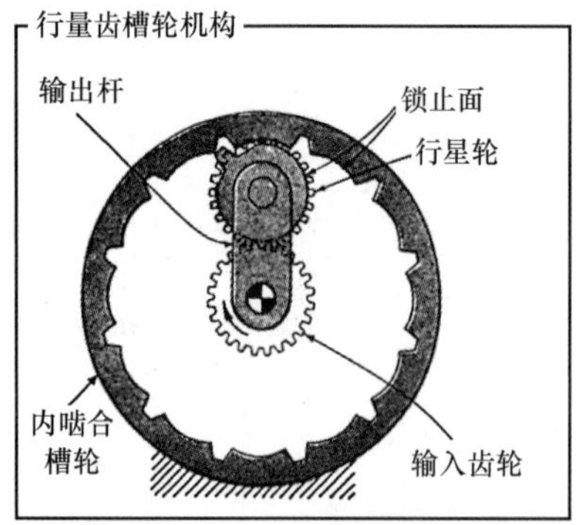

图 7.6-3 当驱动齿轮用在锁止盘上的一个单齿驱动行星齿轮时，输出杆保持静止。锁止盘是行星齿轮的一部分，它与环形齿槽轮相啮合，使输出杆转动一个位置。

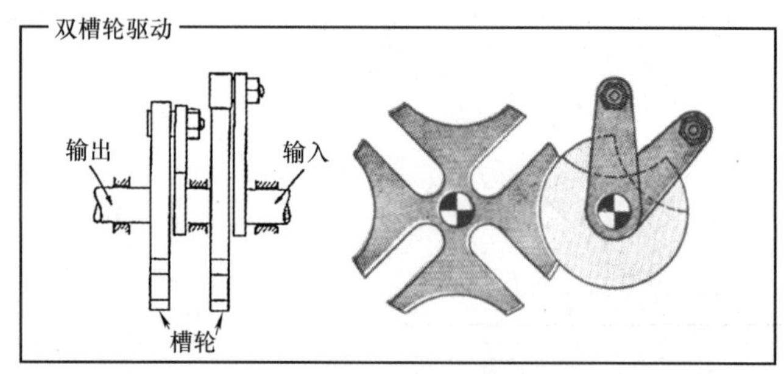

图 7.6-2 第一个槽轮的从动部分是第二个槽轮的驱动部分。这样产生一个较宽输出转动变化范围，这个输出转动包括两个快速转位之间长时间的暂停。

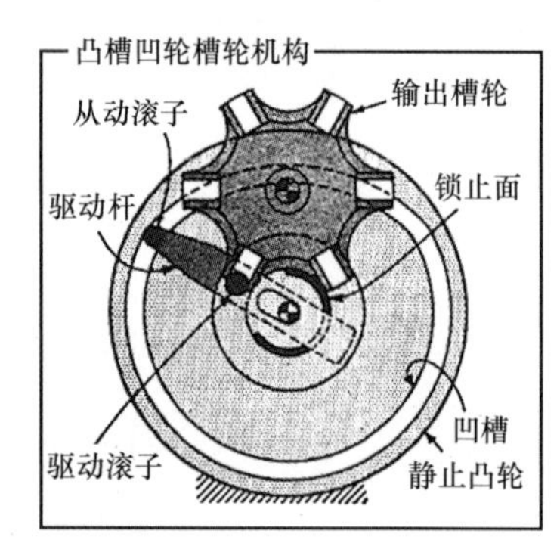

图 7.6-4 当槽轮被匀速转动的圆滚驱动时，它常常有很高的加速和减速特性。在这里的改进中，当被槽凸轮转动驱动时，包括驱动滚在内的输出杆可以沿径向移动。于是，当驱动滚与槽轮相啮合时，连杆将沿径向向内移动。这个动作降低了槽轮的加速力。

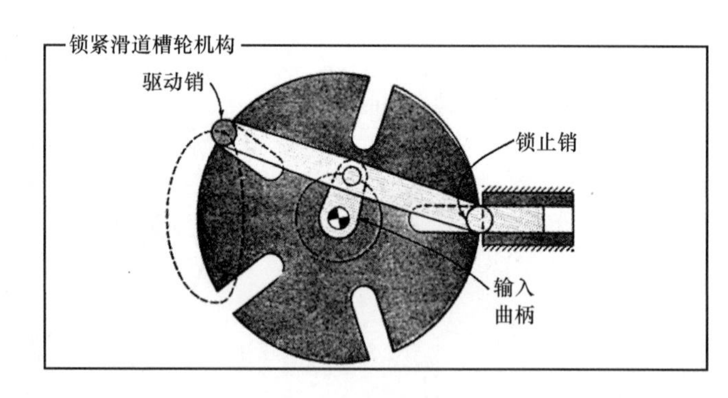

图 7.6-5 一个销锁紧或松开槽轮，另一个销在槽轮未被锁紧时驱动槽轮。在图所示的位置，驱动销将与沟槽相啮合，使槽轮进行转位。与此同时，锁止销恰好刚离开沟槽。

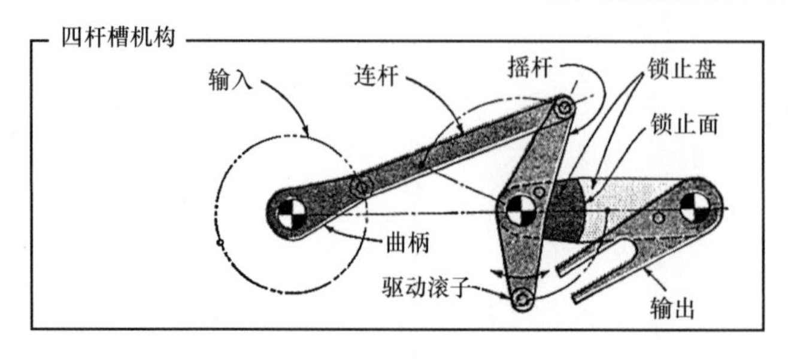

图 7.6-6 一个四连杆槽机构能够产生一个很长的暂停时间，输出一个摆动运动。驱动轮的转动能够使得驱动滚在输出杆上往复地进出。在暂停期间，两盘的表面能够使输出保持在图示的位置上。

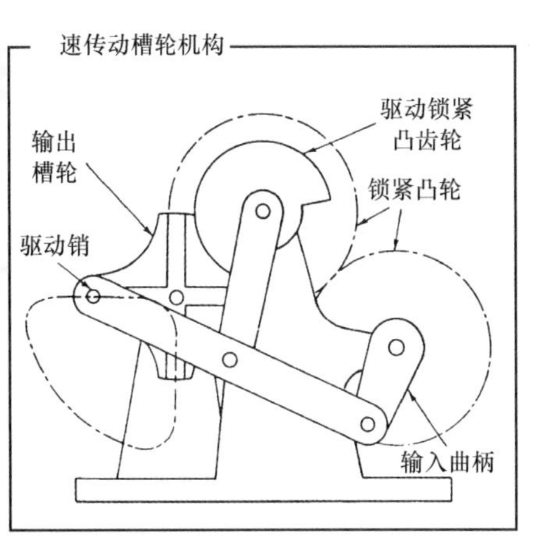

图 7.6-7 在一个四杆机构的连杆伸出部分上的点连接的轨迹曲线中，有大致成 90°的两条直线。这为驱动销直接进入沟槽提供了条件，因为当驱动销进入沟槽很深时槽轮都不会运动。然后，槽轮将产生一快速转位。一个锁紧凸轮通过齿轮与输入轴相连接，它能防止槽轮在不转位时移动。

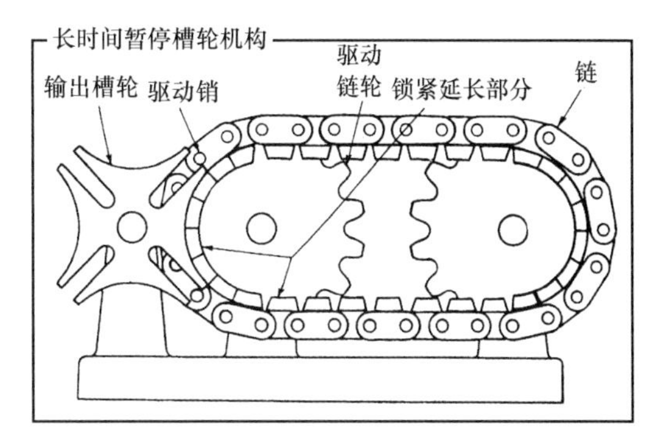

图 7.6-8 这种槽轮机构上有一条链，链上有与标准槽轮相结合的伸出销。该机构在槽轮每转动 90°时都可以有一个较长的暂停时间。链轮间空间的大小决定了暂停时间的长短。有些链节具有特殊的延长部分，能够在暂停时锁住槽轮。

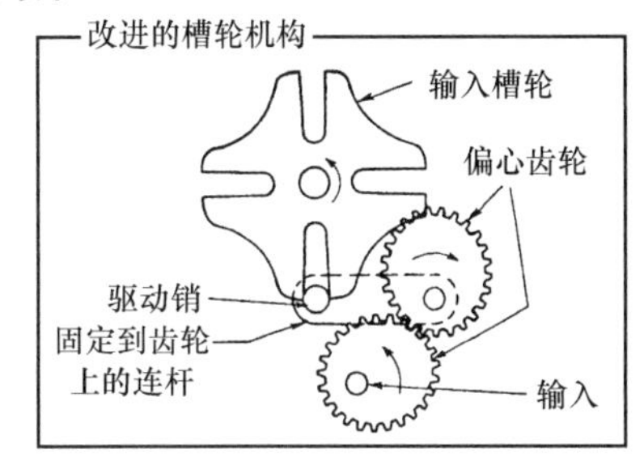

图 7.6-9 普通槽轮机构的输入连杆以匀速转动，这样就限制了设计的灵活性。也就是说，当尺寸和状态数确定后，输入轴的转速决定了暂停时间的长度。图中椭圆形齿轮产生一个变化的曲柄转动，它能够延长或缩短暂停时间。

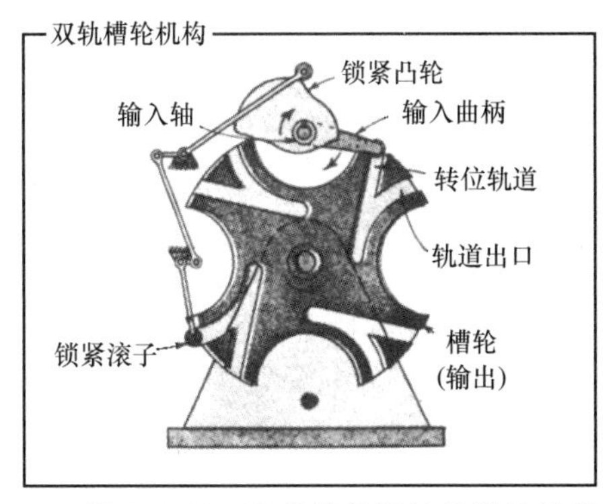

图 7.6-10 这种槽轮设计的关键是必须使输出滚子沿切线方向进入和脱离槽轮（因为曲柄快速的转位输出）。如图所示，一种新的具有双轨道的转位机构已经成功地研制出来了。圆滚进入一个轨道槽轮就转位 90°（在四阶段槽轮中），然后自动地沿滑出轨道脱离槽轮。

当非转位时，相连的连杆机构就会锁住槽轮。在图示的位置上，锁紧滚恰好将要脱离槽轮。

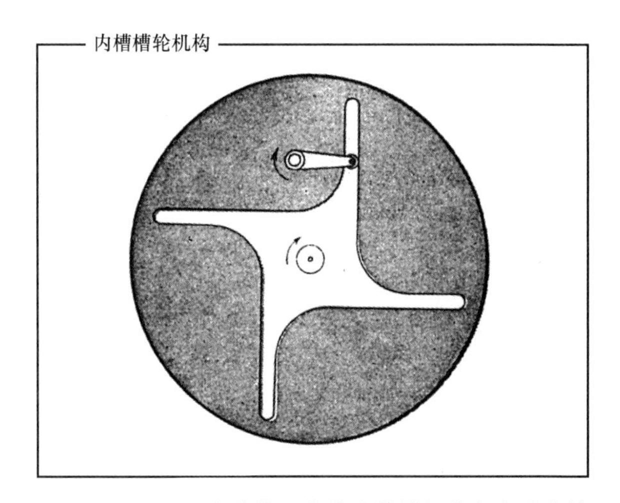

图 7.6-11 这种装置允许滚筒沿切线方向进出传动槽。在图示位置，驱动圆滚刚刚完成槽轮的转位，正要沿切线方向转过 90°（在这段时间中，需要有一个独立的锁紧装置以防止外力使槽轮反转）。

图 7.6-12 在该简单机构中的输出部分不会向任何方向转动，直到输入部分开始驱动它。在工作过程中，驱动杆靠销上的轴承使输出盘转位。转位时因为输入盘上的槽处于允许控制杆尖进入的位置，控制杆在凸轮的作用下离开输出轮。但是，当杆离开销子时，输入盘使迫使控制杆尖离开盘上的槽，而另一端进入输出盘上凹槽。这样能够锁紧输出部分，使其在暂停时不向任何方向转动。

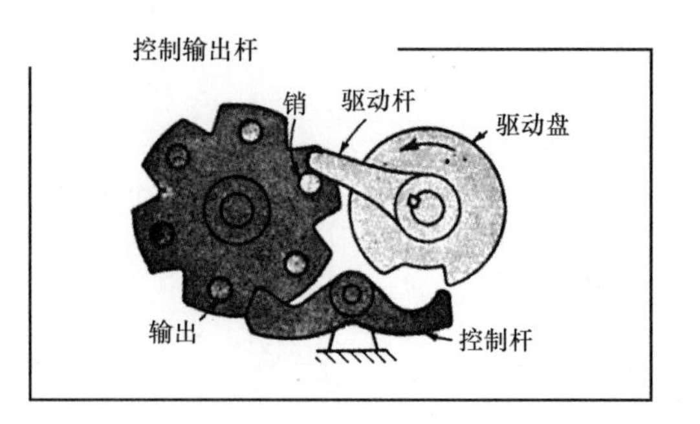

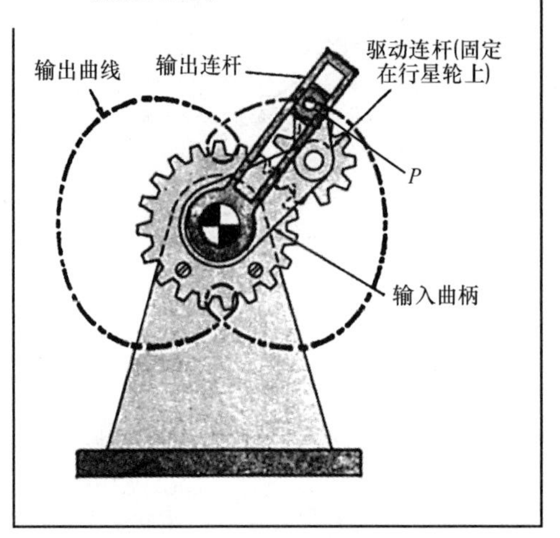

图 7.6-13 一个与行星轮相连的曲柄使点 P 的运动轨迹为两个环形曲线，如图所示。开有滑槽的输出曲柄在竖直方向有短暂地摆动。

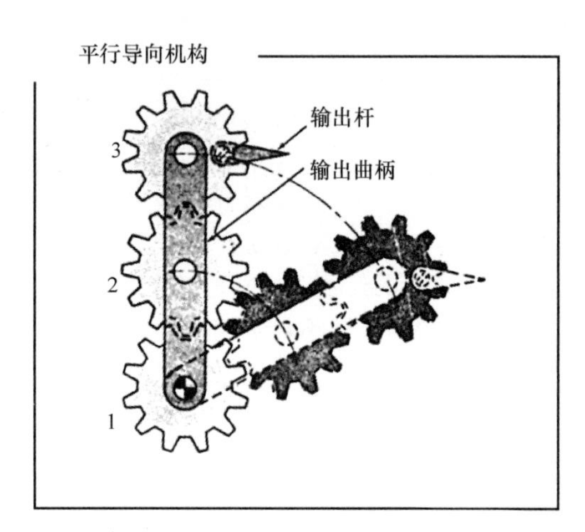

图 7.6-14 输入曲柄与两个行星轮相连接。太阳轮的中心是固定的。使三个齿轮半径相同，轮 2 为惰轮，在驱动曲柄的转动过程中，固定在齿轮 3 上的任何部分都将与它原来的位置平行。

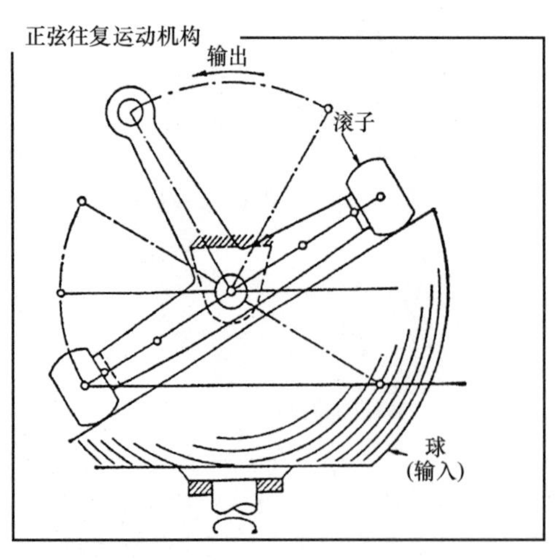

图 7.6-15 该往复运动机构将旋转运动转化为往复移动，在往复运动中摆动部分与输入轴处于同一个平面上。输出部分包括两个带着滚子的臂杆，且滚子与切去顶端的球面相接触。球的转动产生了摆动输出。

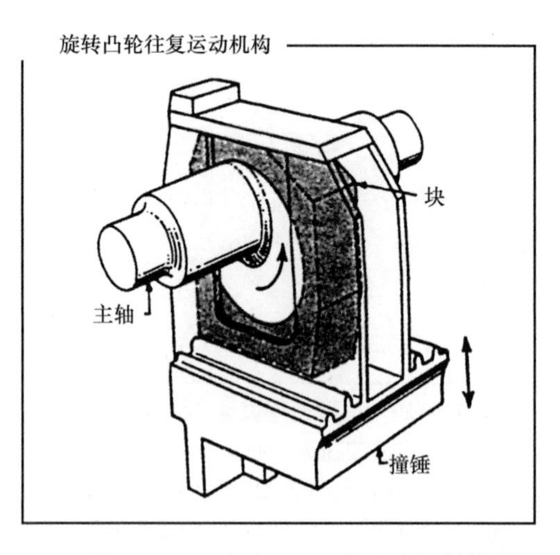

图 7.6-16 高达 2500t 的压力机被设计进行如下零件的成形加工：连杆、拖拉机履带连杆和轮毂。图中的这个简单自动喂料机构使压力机每小时加工 2400 个锻件成为可能。

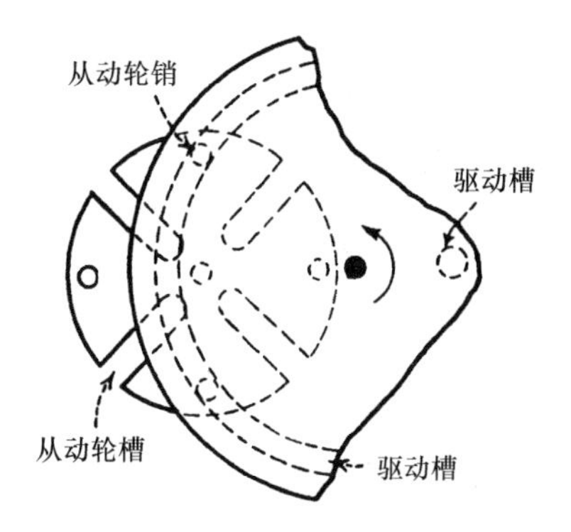

图 7.6-17 外槽轮机构。暂停时，驱动槽锁住从动轮销。转动时，驱动销与从动轮槽紧密配合。

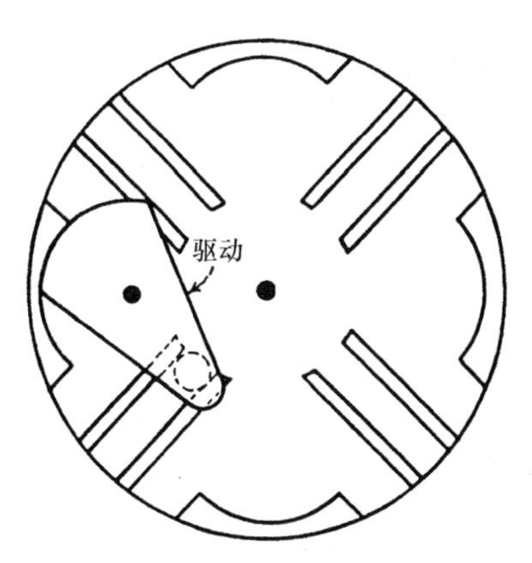

图 7.6-18 内置槽轮机构。驱动和从动轮沿着同一个方向旋转。暂停期间驱动轮所转过的角度大于 180°。

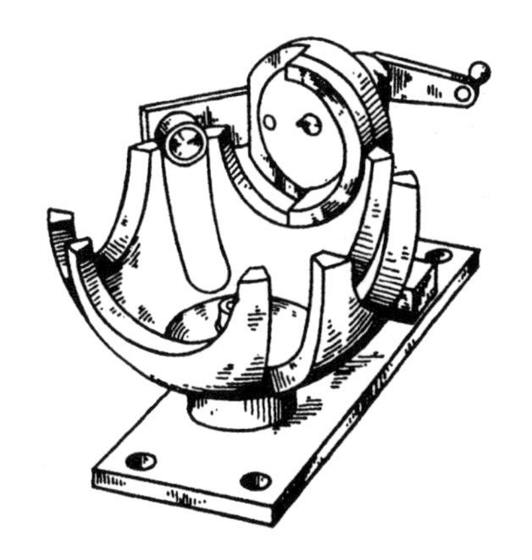

图 7.6-19 球面槽轮机构。驱动轮和从动轮在相互垂直的轴上。暂停时，驱动轮恰恰旋转 180°。

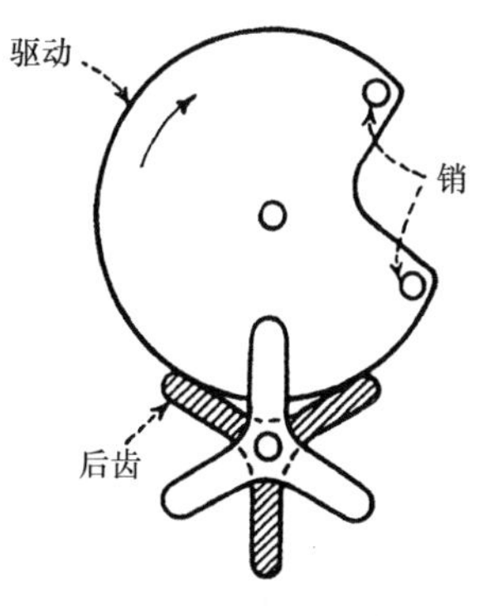

图 7.6-20 一个间歇计数机构。驱动轮转动一圈，从动轮转动 120°。在暂停期间，从动轮上的后齿被锁在凸轮表面上。

7.7 改进的槽轮传动机构

这里的大部分机构都在普通的槽轮运动中加了一个改变速度的部件。

图 7.7-1 普通的外部槽轮传动以匀速驱动，产生一个包括变速和暂停的输出。改进后的槽轮机构如图所示，在其运动时，有一匀速的间隔时间，这个间隔时间可以在有限范围内改变。当弹簧载荷驱动滚轮进入固定的凸轮 b 时，输出轴的转速为零。当滚轮沿着凸轮的路径运动时，输出速度达到某一个定值，这个速度低于未被改进的具有相同数目沟槽数的槽轮所能输出的最大速度。这一恒速连续输出的时间是有限的。滚子离开凸轮时，输出速度为零。然后输出轴暂停，直到滚子重新进入凸轮。弹簧能使滚子到驱动轴之间的径向距离产生变化，以产生所需要的运动。在匀速输出时，滚子运动的轨迹以所要求的传动比为基础。

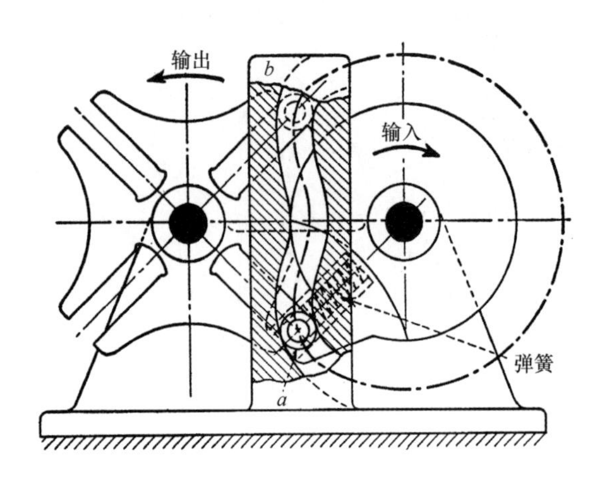

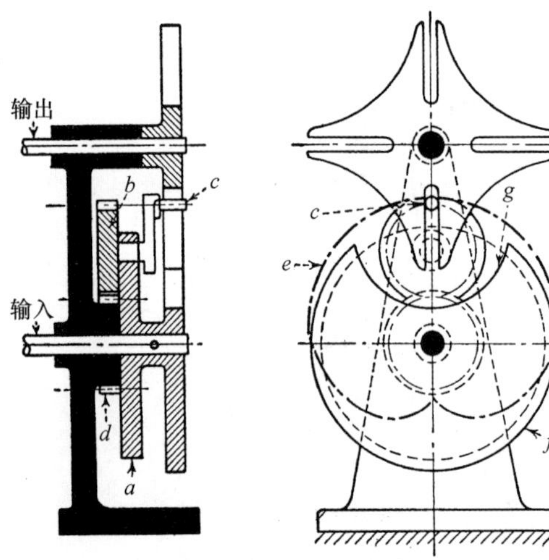

图 7.7-2 这个设计将一个行星轮并入到传动机构中来。输出轴的运动周期减小，最大角速度比具有相同沟槽数的未改进的槽轮机构的大。曲柄轮的一个驱动单元由行星轮 b 和传动滚 c 组成。传动滚轴与行星轮节圆上的一点同线。因为行星轮沿固定的太阳轮 d 转动，传动滚 c 轴的轨迹是一个心形的曲线 e。为防止圆滚妨碍锁紧盘 f，弧度 g 应该比未改进时槽轮所要求的大。

图 7.7-3 通过驱动含有两个曲柄连杆的槽轮，可得到与图 7.7-2 相近似的运动曲线。输入曲柄 a 通过连杆 c 驱动曲柄 b。安装在 b 上的驱动滚子的可变角速度取决于中心距 L，以及曲柄力杆的半径 M 和 N。这个速度等效于靠椭圆形齿轮驱动输入轴所产生的速度。

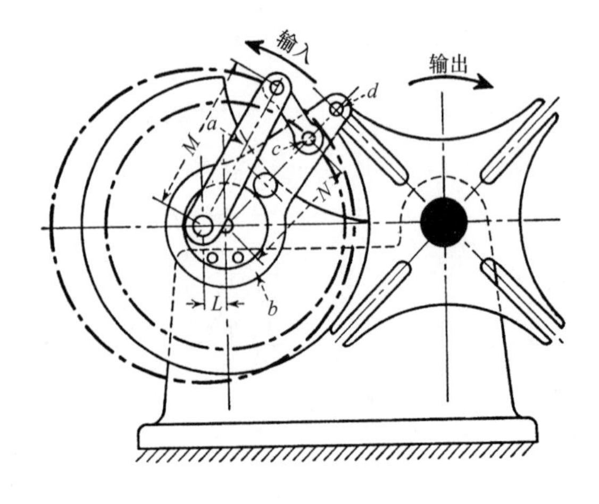

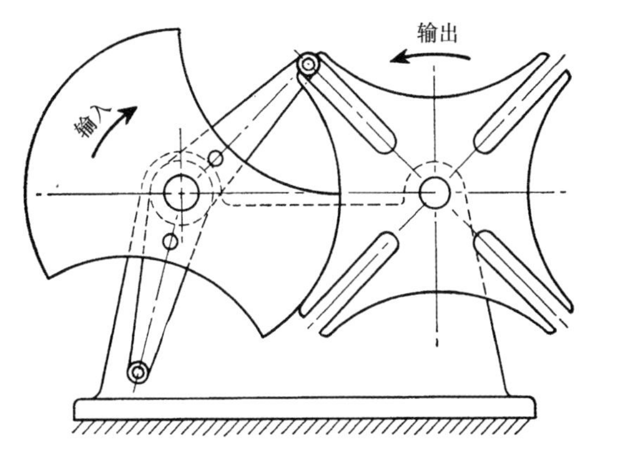

图 7.7-4 通过设置驱动滚，使其相对输入轴不对称，是可改变暂停时间的，且这样不会影响运动期间的持续时间。如果想要不均匀的运动时间和暂停时间，圆滚的曲柄长应该不相等，星形轮应该做合适的改进。该机构称为不规则的槽轮驱动机构。

图 7.7-5 在这个间歇运动机构中，两个圆滚驱动输出轴，并在暂停时能够锁紧输出轴。对于输入轴的每一转，输出轴都会有两个运动阶段。输出角 φ 由轮齿的数目决定。传动角 ψ 在有限的范围内可以选择。齿轮 a 被装在驱动轮 b 上的两个驱动滚间歇地驱动，轮 b 装在机架 c 上。在暂停时间内，圆滚沿齿顶转动。在运动的时间内，一个圆滚的路径 d 是一条倾向输出轴的直线，且与从动轮有关。凸轮的轮廓和路径 d 平行。齿顶是半径为 R 的圆弧，该弧与圆滚的路径相似。

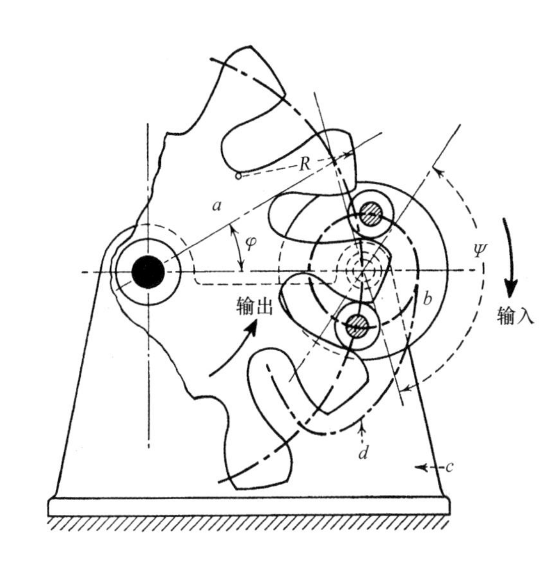

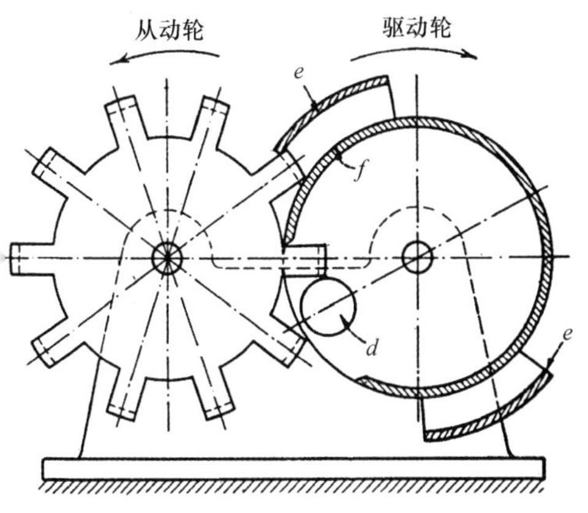

图 7.7-6 是带有一个圆筒锁装置的间歇传动机构。在暂停的末尾，带动销 d 和两齿啮合前后的短时间内，内部的圆筒 f 不能使从动轮锁紧，因此添加了与筒 f 同轴的辅助筒 e。只有具备两者才能获得很好的锁紧性能。它们的长度是由从动轮的节圆决定的。

7.8 间歇机构——外槽轮机构的运动学

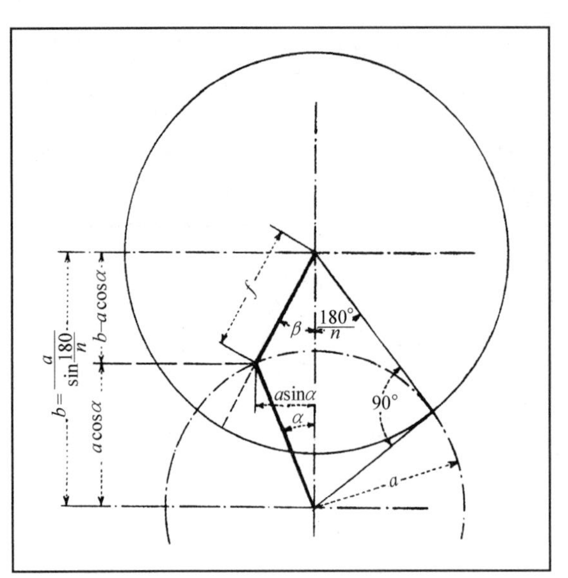

图 7.8-1 外槽轮机构的基本轮廓图。图中的符号与基础方程中所用的符号是一致的。

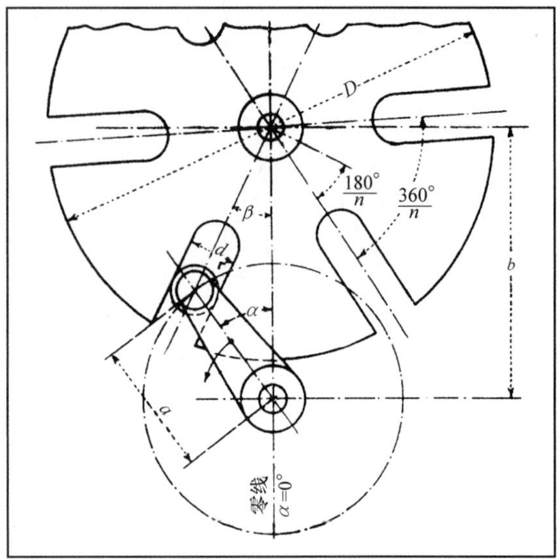

图 7.8-2 一个六槽轮机构的示意图。当确定 D 时必须考虑滚筒的直径 d_r。

表 7.8-1 一个外槽轮机构的符号和公式

假定或给出：a，n，d 和 p

a——驱动单元的曲柄半径；

n——槽的数量；

d_r——滚筒的直径；

$m=\dfrac{1}{\sin\dfrac{180}{n}}$；

p——驱动曲柄的恒定速度，r/min；b 为中心距，$p=am$；

D——从动单元的直径，$D=2\sqrt{\dfrac{d_r^2}{4}+a^2\cot^2\dfrac{180}{n}}$；

ω——驱动曲柄的恒定角速度，$\omega=\dfrac{p\pi}{30}$rad/s；

α——驱动曲柄在任意时刻的角度值；

β——从动单元的角位移对应曲柄角度值 α；

$$\cos\beta=\frac{m-\cos\alpha}{\sqrt{1+m^2-2m\cos\alpha}};$$

$$\text{从动单元的角速度}=\frac{\mathrm{d}\beta}{\mathrm{d}t}=\omega\left(\frac{m\cos\alpha-1}{1+m^2-2m\cos\alpha}\right)$$

$$\text{从动单元的角加速度}=\frac{\mathrm{d}^2\beta}{\mathrm{d}t^2}=\omega^2\left(\frac{m\sin\alpha\ (1-m^2)}{(1+m^2-2m\cos\alpha)^2}\right)$$

最大角加速度发生时刻

$$\cos\alpha=\sqrt{\left(\frac{1+m^2}{4m}\right)^2+2}-\left(\frac{1+m^2}{4m}\right)$$

最大角速度发生在 $\alpha=0°$，等于

$$\frac{\omega}{m-1}\text{rad/s}$$

将匀速运动转换为间歇运动的最常见的一个应用机构就是外槽轮机构。

从动单元或槽轮包括很多与驱动曲柄中的滚子相配合的槽。槽的数量决定了驱动轴歇停和运动之间的比率。槽的最低数量是 3，最高数量在理论上是无限的。实际应用中很少使用三槽槽轮，因为它具有很大的加速度值。超过 18 个槽的槽轮也是很少见的，因为它们需要直径相当大的轮子。

在具有任何槽数的外槽轮中，歇停时间总是超过运动的时间，而内槽轮正好相反。对于球形槽轮来说，歇停和运动都是 180°。

为了使外槽轮正常的工作，滚子必须切向进入槽。换句话说，当滚子进入或者离开槽时，槽的中心线与滚子中心和曲柄旋转中心的连线必须形成直角。

这里给出的计算是以这里所述的条件为基础的。

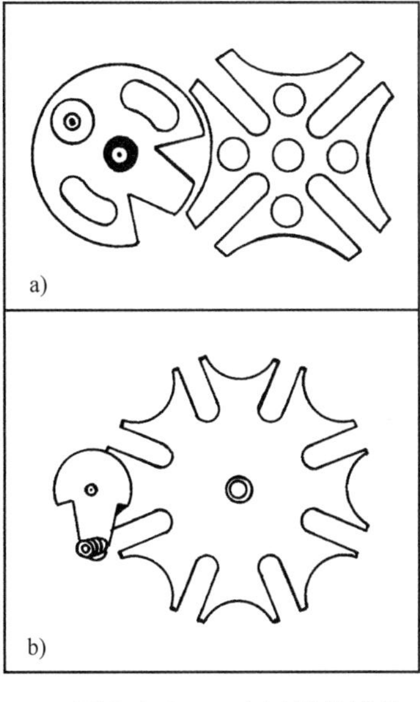

图 7.8-3　一个四槽的槽轮（a）和一个八个槽的槽轮（b）。它们都有制动装置。

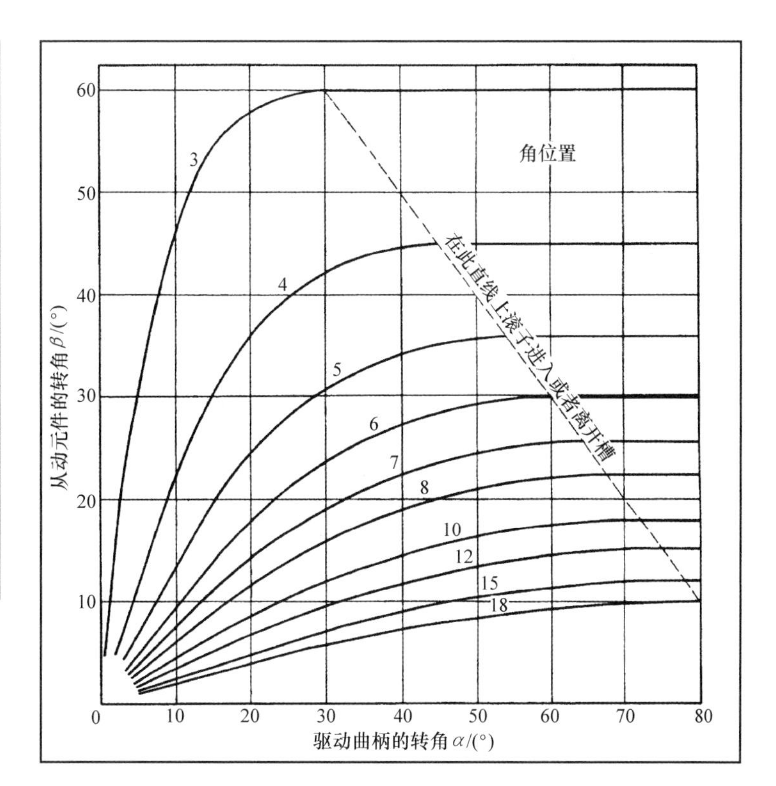

图 7.8-4　确定从动元件的转角。

考虑图 7.8-1 所示的外槽轮，其中

n——槽的数量

a——曲柄半径

从图 1

b——中心距，$b=\dfrac{a}{\sin\dfrac{180}{n}}$

令 $$\frac{1}{\sin\dfrac{180}{n}}=m$$

即 $$b=am$$

它将简化运动方程的推导，在这个运动中指定轮子和曲柄中心的连接线为零线。与其相反的应用是指定 α 的零值，描述驱动曲柄的角度，在曲柄的那个角度上滚子进入槽。

于是，图 7.8-1 中从动曲柄在任意角度的半径值 f 为

$$f=\sqrt{(am-a\cos\alpha)^2+\alpha^2\sin^2\alpha}$$
$$=\alpha\sqrt{1+m^2-2m\cos\alpha} \qquad (1)$$

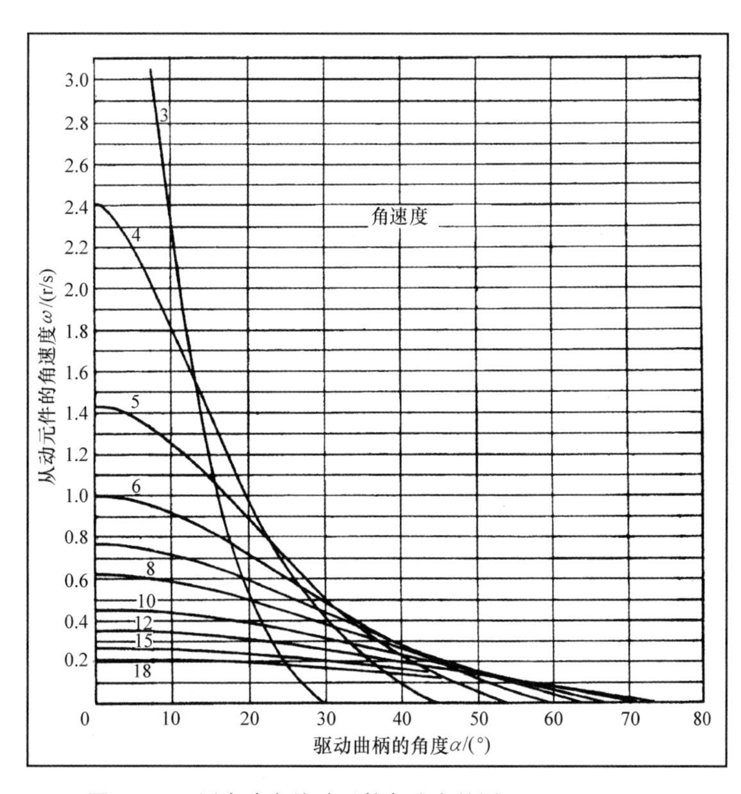

图 7.8-5　用来确定从动元件角速度的图。

表 7.8-2 外槽轮的主要运动数据

槽数 n	$\frac{360°}{n}$	歇停范围	运动范围	m 和中心距($a=1$)	从动元件的最大角速度（rad/s）等于 ω 乘以下面表内的值，曲柄在0°位置	当滚子进入槽时，从动元件的角加速度（rad/s²）等于 ω^2 乘以表格内的值			从动部分的最大角加速度（rad/s²）等于 ω^2 乘以表格内的值		
						α	β	系数	α	β	系数
3	120°	300°	60°	1.155	6.458	30°	60°	1.729	4°	27°58′	29.10
4	90°	270°	90°	1.414	2.407	45°	45°	1.000	11°28′	25°11′	5.314
5	72°	252°	108°	1.701	1.425	54°	36°	0.727	17°31′	21°53′	2.310
6	60°	240°	120°	2.000	1.000	60°	30°	0.577	22°55′	19°51′	1.349
7	51°25′43″	231°30′	128°30′	2.305	0.766	64°17′8″	25°42′52″	0.481	27°41′	18°11′	0.928
8	45°	225°	135°	2.613	0.620	67°30′	22°30′	0.414	31°38′	16°32′	0.700
9	40°	220°	140°	2.924	0.520	70°	20°	0.364	35°16′	15°15′	0.559
10	36°	216°	144°	3.236	0.447	72°	18°	0.325	38°30′	14°16′	0.465
11	32°43′38″	212°45′	147°15′	3.549	0.392	73°38′11″	16°21′49″	0.294	41°22′	13°16′	0.398
12	30°	210°	150°	3.864	0.349	75°	15°	0.268	44°	12°26′	0.348
13	27°41′32″	207°45′	152°15′	4.179	0.315	76°9′14″	13°50′46″	0.246	46°23′	11°44′	0.309
14	25°42′52″	205°45′	154°15′	4.494	0.286	77°8′34″	21°51′26″	0.228	48°32′	11°3′	0.278
15	24°	204°	156°	4.810	0.263	78°	12°	0.213	50°30′	10°27′	0.253
16	22°30′	202°30′	157°30′	5.126	0.242	78°45′	11°15′	0.199	52°24′	9°57′	0.232
17	21°10′35″	201°	159°	5.442	0.225	79°24′43″	10°35′17″	0.187	53°58′	9°26′	0.215
18	20°	200°	160°	5.759	0.210	80°	10°	0.176	55°30′	8°59′	0.200

角位移 β 可以从下式获得：

$$\cos\beta=\frac{m-\cos a}{\sqrt{1+m^2-2m\cos\alpha}} \quad (2)$$

图 7.8-2 是一个六槽槽轮机构的示意图。槽轮的外径 D（当考虑滚子的直径 d 的影响时）可以从下式获得：

$$D=2\sqrt{\frac{d_r^2}{4}+a^2\cot^2\frac{180}{n}} \quad (3)$$

对公式（2）和时间进行微分，可以得到从动元件的角速度：

$$\frac{d\beta}{dt}=\omega\left(\frac{m\cos\alpha-1}{1+m^2-2m\cos\alpha}\right) \quad (4)$$

此处 ω 是曲柄的恒定角速度对 β 进行二次微分，可得到从动单元的角加速度：

$$\frac{d^2\beta}{dt^2}=\omega^2\left(\frac{m\sin\alpha\ (1-m^2)}{(1+m^2-2m\cos\alpha)^2}\right) \quad (5)$$

为便于参考，所有的符号和公式都在表 7.8-1 中给出。表 7.8-2 包含了拥有 3～18 个槽的外槽轮的所有主要数据。其他数据可以从图中获得：图 7.8-4 为角度，图 7.8-5 为角速度，图 7.8-6 为角加速度。

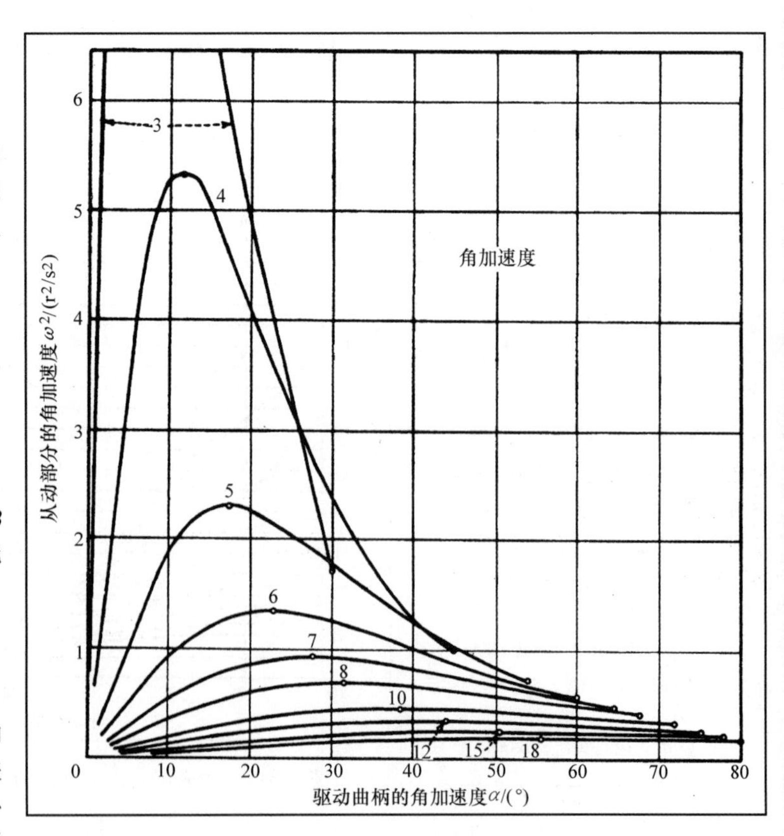

图 7.8-6 用来确定从动部分的角加速度的图。

7.9 间歇机构——内槽轮机构的运动学

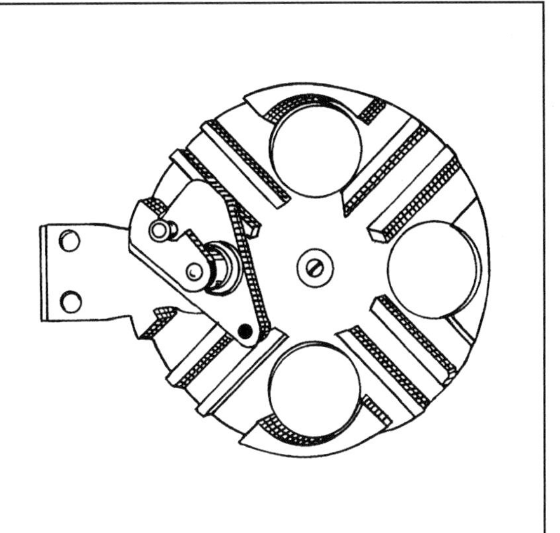

图 7.9-1 一个四槽的内槽轮与一个制动机构装配在一起。

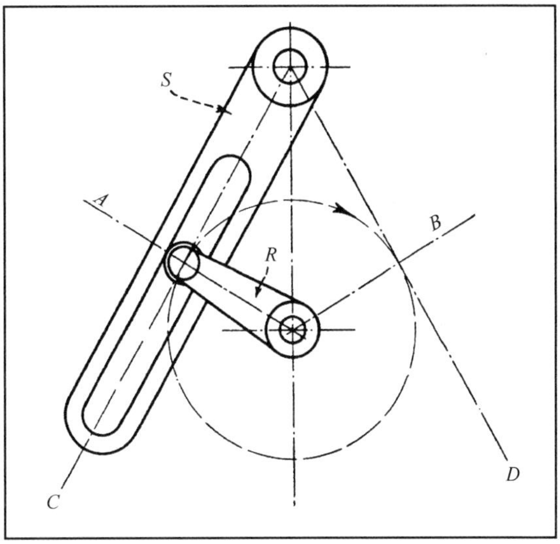

图 7.9-2 带槽曲柄的运动从 A 到 B 表现为外槽轮的运动，从 B 到 A 表现为内槽轮的运动。

在间歇传动的歇停范围必须超过180°的场合，外槽轮的设计可以满足条件并可作为标准装置来使用。但是在歇停的范围必须小于180°时，必须使用其他间歇机构，内槽轮机构是获得这种运动的一种方式。

所有内槽轮机构的歇停范围总是小于180°。因此，留给槽轮更多的时间去达到最大速度，所以加速度比较低。当滚子进入或者离开槽的时候，角加速度达到最大值。然而，在从动轮的运动范围内加速度的值没有到达峰值。几何最大值将会发生在曲线的延长部分。但是这个延长部分没有意义，因为从动元件将会进入与驱动元件的大转角相关的歇停阶段。

几何最大值处在曲线的延长部分上，并且落入外槽轮运动的范围内。通过下面提到的曲柄和槽的驱动机构可以了解这一点，如图7.9-2所示。

当滚子曲柄 R 旋转时，带槽的连杆 S 将进行摆动，这个摆动的位移、加速度和角加速度可以以连续曲线的形式给出。

表 7.9-1 内槽轮机构的符号和公式

假定已知或给出：a，n，d 和 p

a——驱动元件的曲柄半径；

n——槽的数量；　　$m=\dfrac{1}{\sin\dfrac{180°}{n}}$；

d——滚子的直径；

p——驱动曲柄的恒定速度（r/min）；B = 中心距 = am；

D——从动元件的内径，$D=2\sqrt{\dfrac{d^2}{4}+a^2\cot^2\dfrac{180°}{n}}$

ω——驱动曲柄的恒定角速度（rad/s），$\omega=\dfrac{p\pi}{30}$rad/s；

α——驱动曲柄在任意时刻的角度值；

β——从动元件相对曲柄角度 α 的转角；

$$\cos\beta=\frac{m+\cos\alpha}{\sqrt{1+m^2+2m\cos\alpha}};$$

$$从动元件的角速度=\frac{d\beta}{dt}=\omega\left(\frac{1+m\cos\alpha}{1+m^2+2m\cos\alpha}\right)$$

$$从动元件的角加速度=\frac{d^2\beta}{dt^2}=\omega^2\left[\frac{m\sin\alpha\ (1-m^2)}{(1+m^2+2m\cos\alpha)^2}\right];$$

最大角速度发生在 $\alpha=0°$时，$=\dfrac{\omega}{1+m}$rad/s；

当滚子入槽时产生最大的角加速度，$=\dfrac{\omega^2}{\sqrt{m^2-1}}$rad/s^2

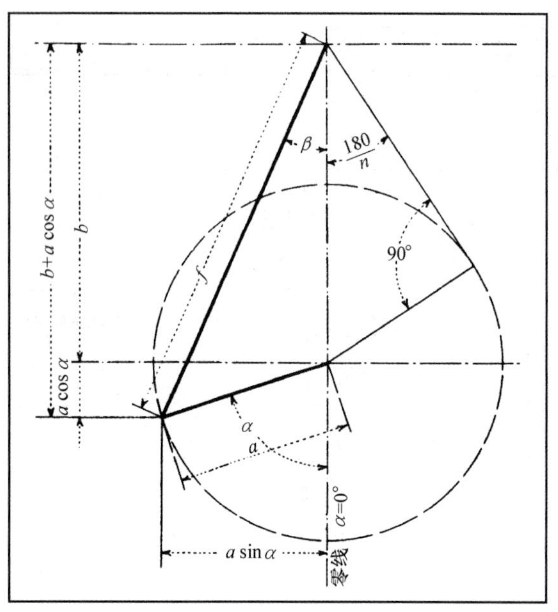

图 7.9-3 建立在图中符号基础之上的基本轮廓被用来推导内槽轮方程。

图 7.9-4 一个六槽内槽轮机构的示意图。符号是通用的，运动方程在表 7.9-1 中已经给出。

当曲柄 R 从 A 到 B 旋转时，带槽连杆 S 将会从 C 到 D 运动，精确地再现具有相等槽角的外槽轮所产生的所有运动。当曲柄 R 继续运动，从 B 回到 A 时，那么带槽连杆 S 将从 D 返回到 C，这次是精确地再现（尽管带有运动方向的镜平面是相反的）内槽轮的运动。

因此这个运动的曲线特性既包括外槽轮的情况又包含内槽轮的情况；外槽轮的工作区域在 A 和 B 之间，内槽轮的工作区域在 B 和 A 之间。

加速度曲线几何上的最大值只处于 A 和 B 区域之间，图示的曲线部分属于外槽轮。

除了工作平稳外，内槽轮的主要优点是它清晰的歇停范围。它的一个缺点是从动元件相当大的尺寸将增加抵抗加速度的力。另一个特征，有时也是一个缺点，就是滚子曲柄轴的悬臂式结构。这个轴不是一个完全的轴，因为曲柄必须被固定到输出轴悬臂的一端。

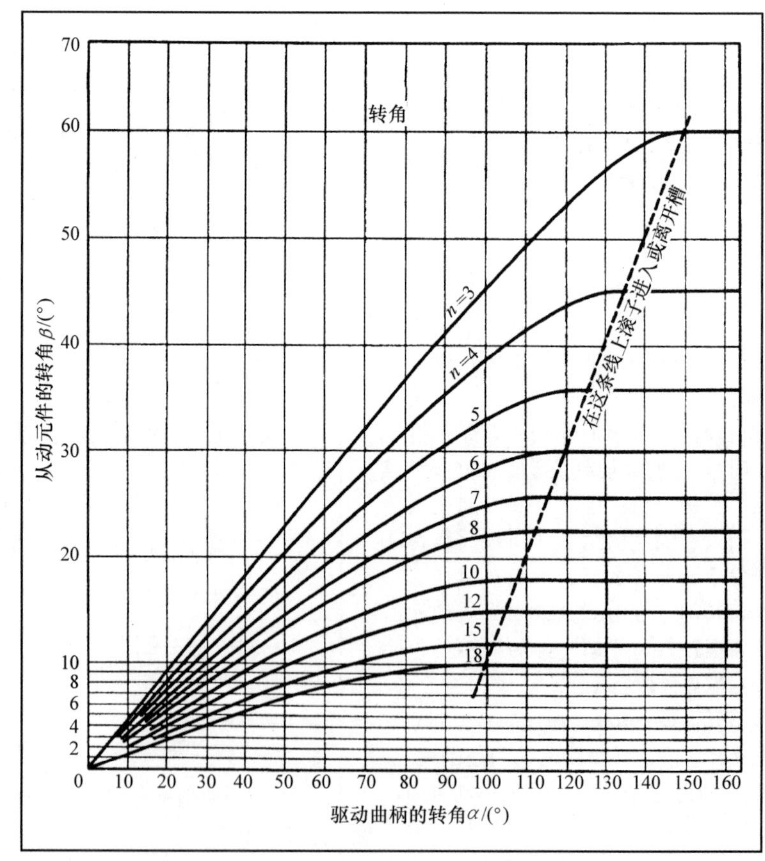

图 7.9-5 此图表可以用来确定从动元件的转角。

为了简化方程，指定轮子和曲柄中心的连接线为零线。当驱动曲柄在这条线上时它的角度 α 为零。下面的关系是在图 7.9-3 的基础上推导而来的。

n——槽的数量；

a——曲柄半径；

b——中心距 $=\dfrac{a}{\sin\dfrac{180°}{n}}$；

令
$$\frac{1}{\sin\dfrac{180°}{n}}=m$$

此时
$$b=am$$

为了获得从动元件的角度 β，需要首先计算从动曲柄半径 f：

$$f=\sqrt{a^2\sin^2\alpha+(am+a\cos\alpha)^2}$$
$$=\alpha\sqrt{1+m^2+2m\cos\alpha} \qquad (1)$$

并且因为
$$\cos\beta=\frac{m+\cos\alpha}{f}$$

所以
$$\cos\beta=\frac{m+\cos\alpha}{\sqrt{1+m^2+2m\cos\alpha}} \qquad (2)$$

根据这个公式，角度 β 可以根据机构驱动元件的角度 α 来计算。

对方程（2）求一阶导数获得角速度：

$$\frac{d\beta}{dt}=\omega\left(\frac{1+m\cos\alpha}{1+m^2+2m\cos\alpha}\right) \qquad (3)$$

此处 ω 描述的是驱动曲柄轴的恒定速度：

$$\omega=\frac{p\pi}{30}$$

p 为它的每分钟旋转数。

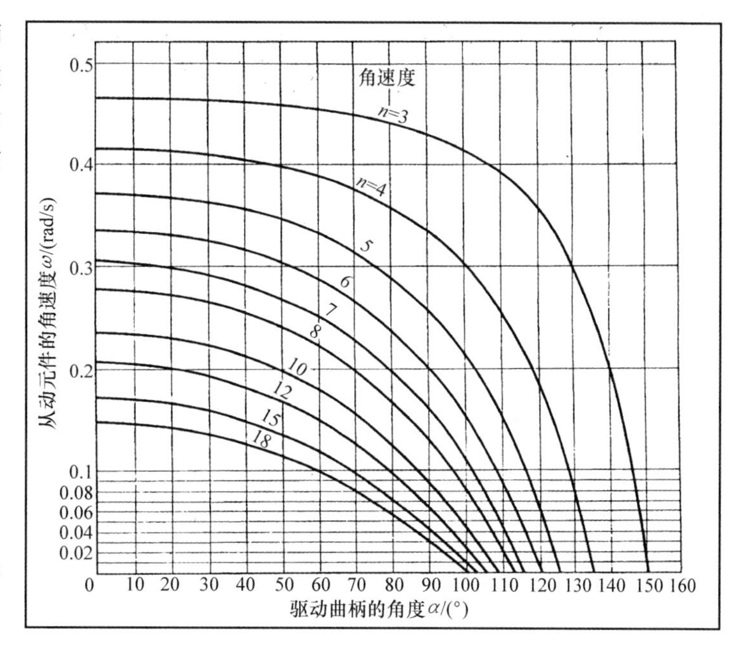

图 7.9-6 此表可以用来确定从动元件的角速度。

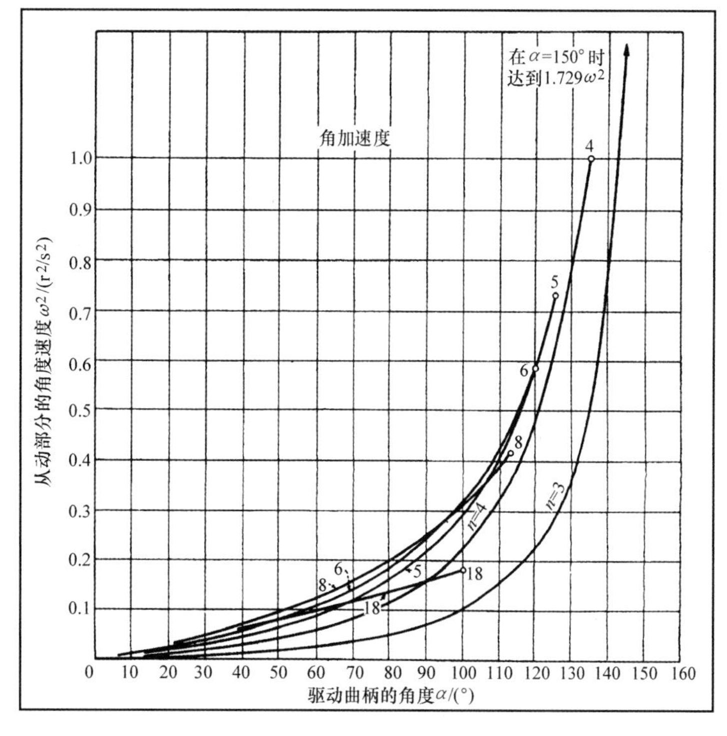

图 7.9-7 此表可以用来确定从动元件的角加速度。

由公式（3）再进行微分可以得到角加速度：

$$\frac{d^2\beta}{dt^2}=\omega^2\left[\frac{m\sin\alpha(1-m^2)}{(1+m^2+2m\cos\alpha)^2}\right] \qquad (4)$$

最大角速度显然发生在 $\alpha=0°$处。它的值可由公式（3）在把 $\alpha=0°$代入后得到的式子中求得：

$$\frac{d\beta}{dt_{max}}=\frac{\omega}{1+m} \qquad (5)$$

表 7.9-2　内槽轮的主要运动数据

槽的数量 n	$\frac{360°}{n}$	歇停范围	运动范围	m，中心距 $a=1$	从动元件的最大角速度等于 ω（rad/s）乘以表格中的值，此时 α 和 β 都是 0°	当滚子进入槽时，从动元件的角加速度等于 ω^2（单位：rad/s²）乘以表格中的值		
						α	β	系数
3	120°	60°	300°	1.155	0.464	150°	60°	1.729
4	90°	90°	270°	1.414	0.414	135°	45°	1.000
5	72°	108°	252°	1.701	0.370	126°	36°	0.727
6	60°	120°	240°	2.000	0.333	120°	30°	0.577
7	51°25′43″	128°30′	231°30′	2.305	0.303	115°42′52″	25°42′52″	0.481
8	45°	135°	225°	2.613	0.277	112°30′	22°30′	0.414
9	40°	140°	220°	2.924	0.255	110°	20°	0.364
10	36°	144°	216°	3.236	0.236	108°	18°	0.325
11	32°43′38″	147°15′	212°45′	3.549	0.220	106°21′49″	16°21′49″	0.294
12	30°	150°	210°	3.864	0.206	105°	15°	0.268

最大加速度通过用 180/n+980 来代替公式（4）中的 α 来获得：

$$\frac{d^2\beta}{dt^2_{max}}=\frac{\omega^2}{\sqrt{m^2-1}} \tag{6}$$

图 7.9-4 所示的是一个六槽内槽轮的设计图。这个图和全文所有的符号都列在表 7.9-1 中，以便于参考。表 7.9-2 包含了拥有 3～18 个槽的内槽轮的所有的主要数据。

其他数据可以从图表中获得：图 7.9-5 为角度，图7.9-6为角速度，图 7.9-7 为角加速度。

7.10　新型转位星形轮机构挑战槽轮传动

对带圆弧沟槽的星形轮能够很容易地进行数学分析和加工制造。

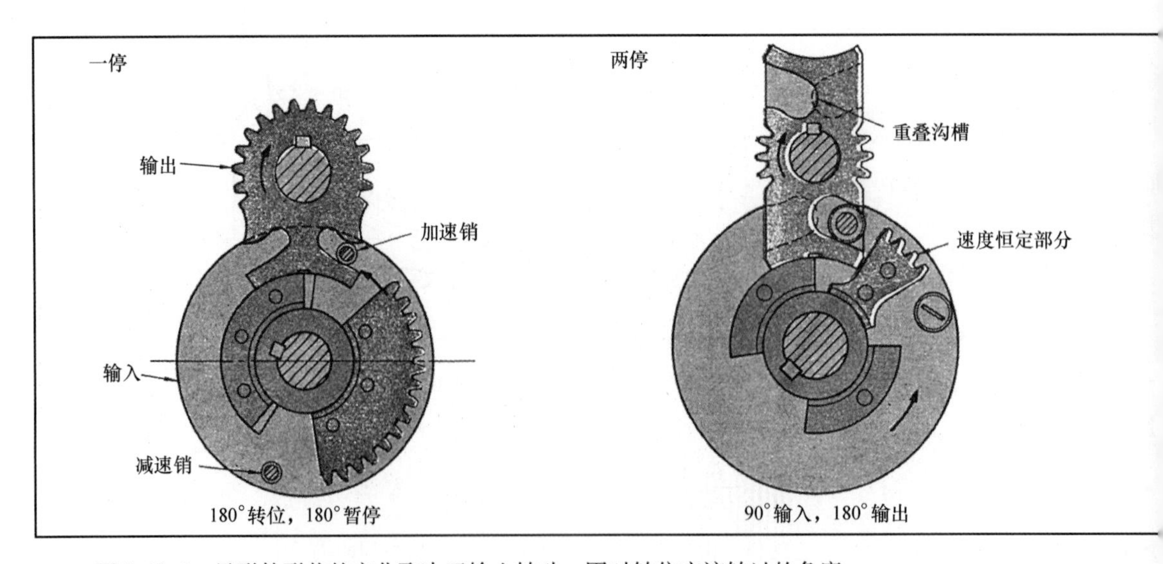

图 7.10-1　星形轮形状的变化取决于输入转动一圈时转位应该转过的角度。

带圆弧槽而不是行星槽（见图7.10-2）的星形轮系列能够产生快速的起停转位运动，且加速力小。

这种快速的、自由振动循环对各类生产机床和自动装配线是很重要的，在自动装配线上可将零件从一个工位移到另一个工位进行钻削、切削、铣削和其他加工。

环槽星轮是由美国俄亥俄州克利夫兰市的 Martin Zugel 发明的。

带有周转槽的老式星形轮的运动很难分析描述，而且也很难制造，因为其沟槽是圆弧。在整个的销槽啮合过程中可把它作为一个四连杆机构来进行数学分析。

特点：利用这种方法，能够分析槽轮的半径变化，对于任何实际设计要求，加速曲线提供的静载荷低于槽轮提供的。

星形轮的另一优点是它们能在一个短周期内（180°）转位360°。这种只需要一次暂停的操作，槽轮机构是无法实现的。实际上，槽轮不能作两次暂停操作，并且它们很难每次转位产生三次暂停。大部分的两停转位装置都是由凸轮驱动的，这就意味着转位时需要较大的输入角。

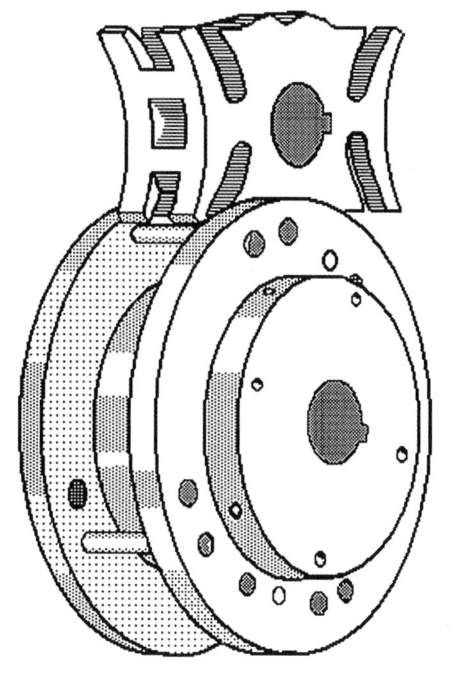

图7.10-2 当轮转动180°时，星形轮平滑地转过360°，在另一个180°中星形轮暂停，等待轮跟上来。

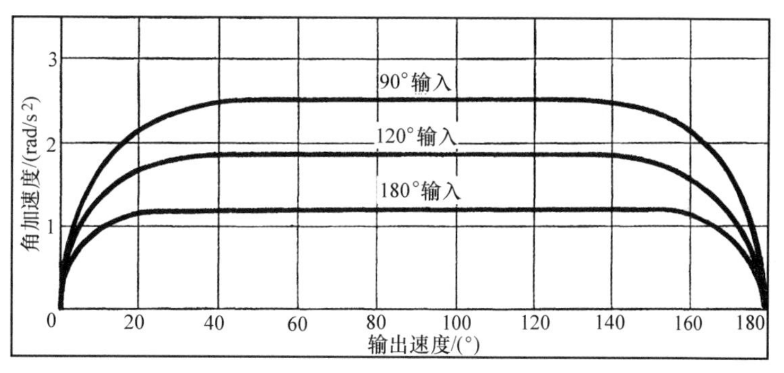

图7.10-3 只有一个暂停的转位运动设计能够使其转位时间更长，以降低转位速度。

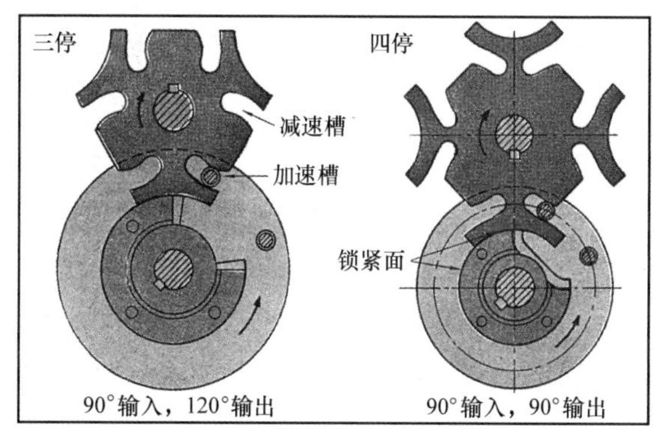

图7.10-4 加速销使输出轮达到一定的速度。齿轮部分啮合以保持输出转动超过180°。

操作顺序：在操作中驱动轮作连续旋转。顺序（见图 7.10-5）如下：当加速销与弧形槽啮合时，开始驱动输出轮按顺时针旋转。同时，锁紧面越过输出轮的右面实现转位。

图中销 C 在中点处能连续加速输出轮，使其通过中点，在中点处槽轮才开始减速。直到销对称（见图 7.10-5）时加速结束，减速开始。这时销 D 承担减速冲击力。

可修改设计：在加速滚子从槽 1 中出来的阶段，输出轮的角速度可以变化以满足设计要求。例如，在这时，与减速销相啮合或开始与圆的恒速部分相啮合也是可能的。通过在加速销和减速销之间插入轮齿，可以获得更多的输出转位角度。

左边的星形轮在转一周时，将起停四次，在此期间驱动轮转四圈。在刚开始转位的位置，输出角速度是零，这是任何一个工作速度接近于零的星轮工作的必要条件。

在非啮合时，输入与输出轴之间的角速度之比（传动比）完全依靠设计角 α 和 β，而且与槽的半径 r 无关。

设计对比：然而，槽的半径大小对加速力的方式影响很大。可将四停槽轮与四阶段圆周转位系统相比较，四停槽轮机构是一个好的对照物。

假设 $\alpha=\beta=22.5°$，由三角学知识知：

$$R=A\left[\sin\beta/\sin(\alpha+\beta)\right]$$

结果 $R=0.541A$。应该满足的唯一条件是 r 充分大，以使轮转过中心位置。即满足 $r>\dfrac{RA(1-\cos\alpha)}{A-2R-A\cos\alpha}\approx 0.1A$，$r$ 没有上界，所以槽可以是直的。

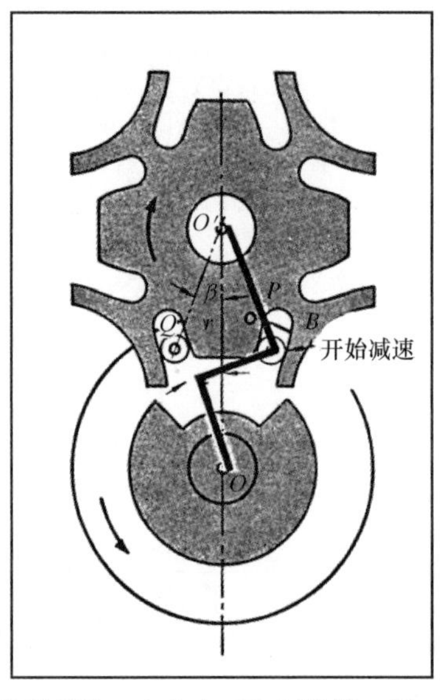

图 7.10-5 通过在星形轮上开有半径为 r 中心在 OP 上的槽，星形轮的运动特性有所提高。像四连杆机构，$OO'PQ$。

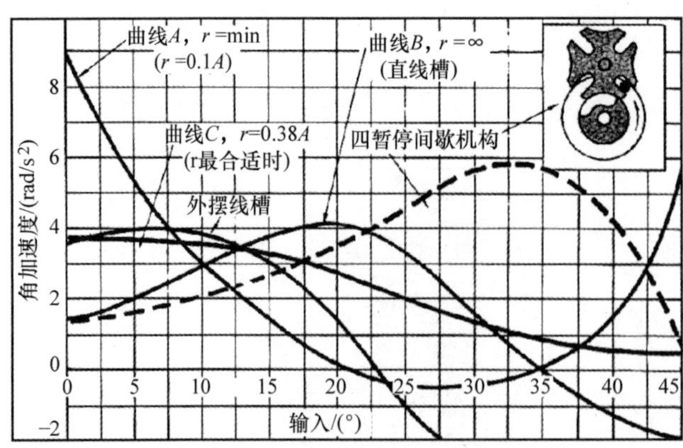

图 7.10-6 随着驱动轮的旋转，星轮的加速力变化曲线 A、B、C。当槽最合适时（曲线 C），加速力小于四暂停间歇机构。

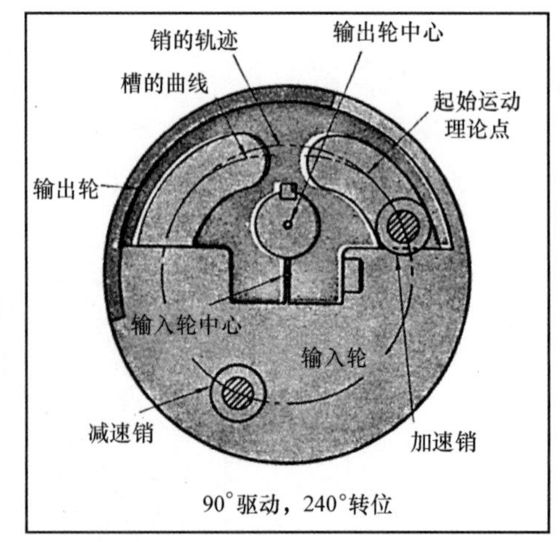

图 7.10-7 该内星形轮的半径是不同的，以减缓转位冲击。

7.11 棘齿变速传动机构

图 7.11-1 中由单个元件组成的、减速比为1∶1和1∶16(或 1∶28)的一个在线轴传动机构是由德国的 Telefunken 设计出来的。它基本上由相互弹性接触的一些摩擦轮组成。

齿数比为 1∶1 的锥齿轮可以提供粗调节和摩擦传动，而齿数比为 1∶16 或 1∶28 的锥齿轮可以提供精密或微调节。

如图所示，一个弹簧对精调小齿轮施加压力，目的是防止在粗调过程中产生间隙。当前轴正向运动从而开始微调时，粗调停止工作。弹簧也保证前轴总是在配合接触中。

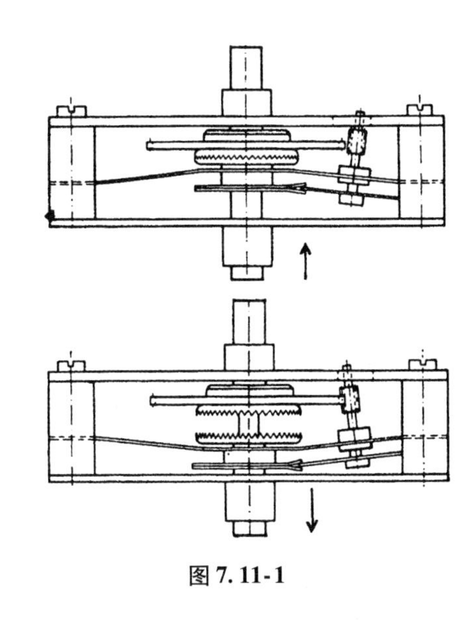

图 7.11-1

7.12 改进的棘轮机构

这种棘轮传动设计具有确定的运动，只沿同一方向，一次转一齿而不转过。关键零件是一个小短轴，当棘爪保持在一个齿槽的底部时，它能很好地从另一个齿槽的底部移过齿的顶部，恰好到达下一个相邻的齿。

制动杆上装有短轴和弹簧，组成一个系统。该系统能保持连杆和棘爪与棘轮外周相接触，并使短轴和棘爪互相支撑移动到齿间的不同空间槽。再用一个偏移零件，可以是另一连杆或电磁线圈，将固定杆在定位销之间从一边移动到另一边，如图上双箭头线所示。只有当短轴在一齿槽的底部不动以防止反转时，棘爪才会从一个齿槽移动到另一个齿槽。

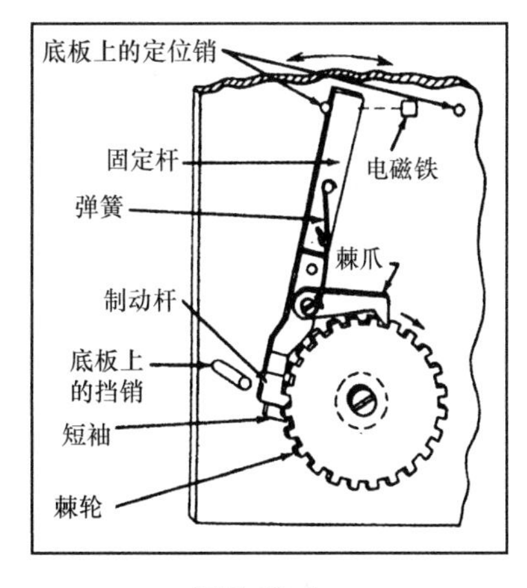

图 7.12-1

7.13　无齿棘轮机构

带有弹簧、滚子和其他装置的棘轮机构保持一个方向的运动。

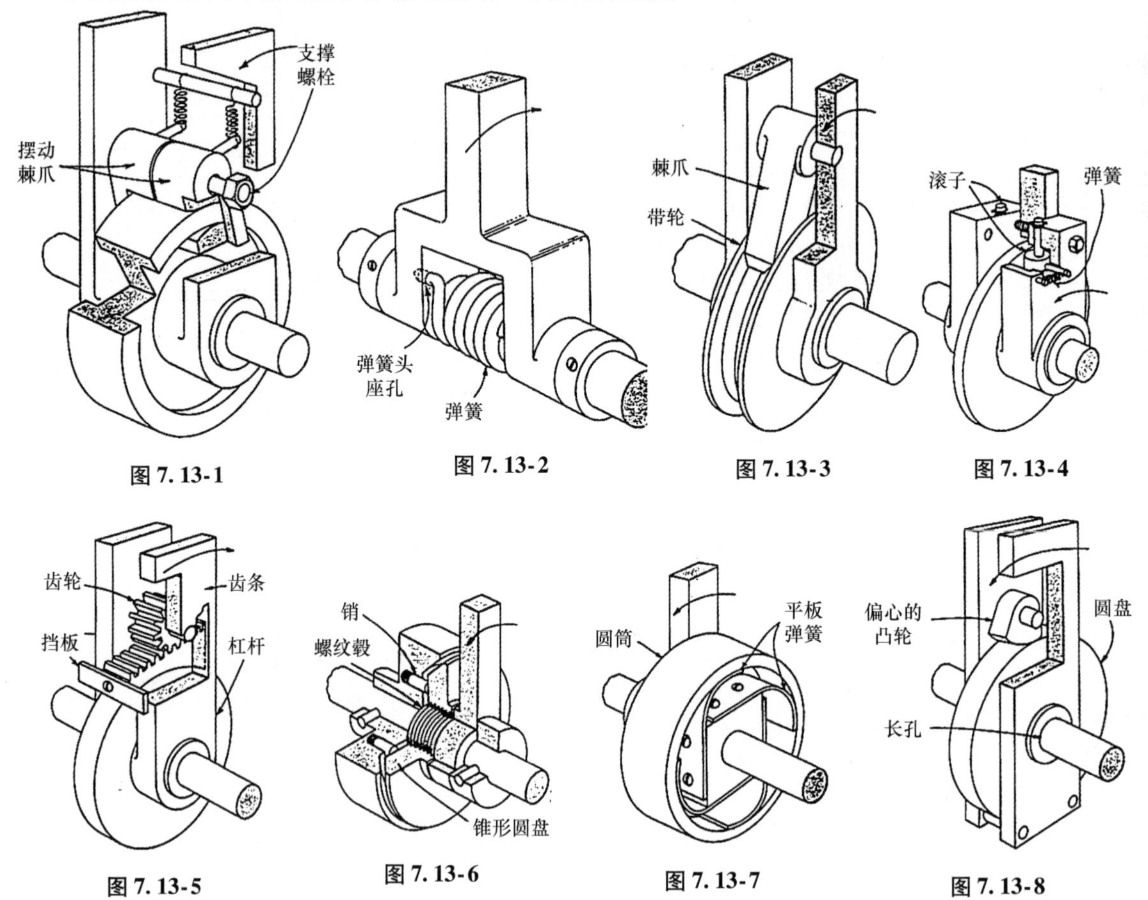

图 7.13-1　　图 7.13-2　　图 7.13-3　　图 7.13-4

图 7.13-5　　图 7.13-6　　图 7.13-7　　图 7.13-8

图 7.13-1　当杠杆向前摆动时，**摆动棘爪**卡在轮缘处，而在回程时松开。与支撑螺栓间隙配合的孔将确保相邻两个摆动棘爪的表面保持接触。

图 7.13-2　因为**弹簧**的内圈直径比轴的外圈直径小，所以弹簧把轴挤压得很紧。在向前的行程中，弹簧缠绕得更紧，在反向行程中，弹簧松开。

图 7.13-3　当棘爪楔入凹槽中时，**带轮**被推转。为了紧密配合，棘爪的底部被加工成类似 V 带的锥形。

图 7.13-4　**偏心滚子**在向前行程中挤紧圆盘。在回程中，滚轮向后旋转而解除锁紧。弹簧可保持偏心滚子和圆盘接触。

图 7.13-5　**齿条**被加工成楔形以便轴正向转动时齿条可以在滚齿轮和圆盘之间被楔紧。当驱动杠杆作回程时，它通过挡板带动齿条脱离楔紧。

图 7.13-6　**锥形圆盘**像螺母一样沿着杠杆的螺纹毂中心前后移动。带弹簧的销的少许摩擦可以使锥形圆盘不能随螺纹毂转动。

图 7.13-7　当杠杆沿一个方向转动时，**平板弹簧**在圆筒内伸展，当杠杆沿相反方向转动圆筒时，很容易拉动平板弹簧。

图 7.13-8　在工作周期的一半时，偏心**凸轮**楔紧圆盘。在连杆上的长孔使凸轮在其位置上楔得更紧。

7.14　棘轮结构的分析

棘轮被广泛地应用于机械中，主要用来传递间歇运动或使轴只能在一个方向上旋转。棘轮轮齿既可以在圆盘的圆周上也可以在环的内侧边缘上。

与棘轮齿啮合的棘爪是一根一头可转动的杆；另一头被制成与棘轮齿的齿根面相配的形状。通常，采用弹簧或配重来使棘轮和棘爪保持持续的接触。

在大多数设计中，常常希望弹簧力尽可能的小。它只要足够克服分离力即可，分离力包括惯性力、重量和支点上的摩擦力。考虑到啮合的棘爪和使其承担载荷时，弹簧力不应过大。

为了保证棘爪自动进入棘轮并且不需要弹簧即可保持啮合，有必要设计一个正确的齿根面。

自啮合的必要条件是

$$Pc + M > \mu Pb + P\sqrt{(1+\mu^2)^{\mu_1 r_1}}$$

忽略重力和支点的摩擦力：

$$Pc > \mu Pb$$

但是 $c/b = r/a = \tan\phi$，并且因为 $\tan\phi$ 近似等于 $\sin\phi$：

$$c/b = r/R$$

进行条件代入

$$rR > \mu$$

对于钢与钢之间的干摩擦，取 $\mu = 0.15$，因此，用

$$r/R = 0.20 \sim 0.25$$

安全系数大，棘爪就会更容易地啮合。对于 $\phi = 30°$ 的内齿，$c/b = \tan 30° = 0.577$，这个值大于 μ，所以这个齿可以自啮合。

在设计棘轮和棘爪时，使点 O、A 和 O_1 在同一个圆上。那么，AO 和 AO_1 将会相互垂直，这将保证作用在系统上的力最小。

棘轮和轮齿的大小由设计的尺寸和压力决定。如果轮齿，即节距比所需要的强度还要大，应该使用多棘爪结构。合理安装棘爪，以便它们的其中之一在棘轮旋转少于一个节距时能与棘轮啮合。

通过并排安置多个棘爪可以获得一个好的进给，而相对应的棘轮具有标准的转动和相互连接。

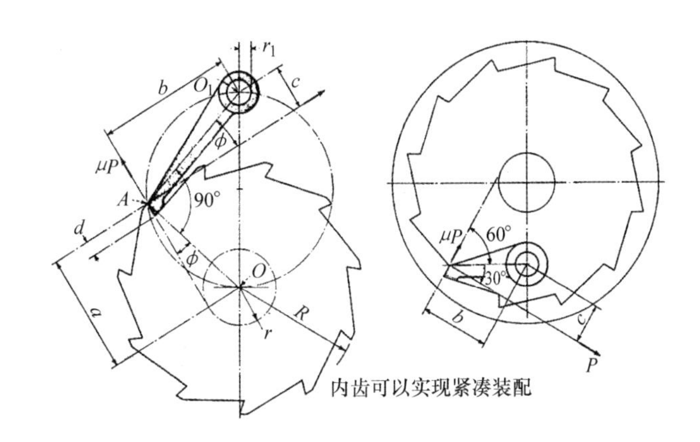

图 7.14-1　受压的棘爪靠齿压力 P 和棘爪的重量产生一个趋于使棘爪啮合的转矩。摩擦力 μP 和支点摩擦力趋向于使棘爪脱离啮合。

a——棘轮转矩的力矩臂；
M——棘爪的重力引起的关于 O_1 的力矩；
O_1，O_2——棘轮和棘爪各自的支点中心；
P——齿压，= 轮的转矩/a；
$P\sqrt{(1+\mu^2)}$——支点销上的载荷；
μ，μ_1——摩擦系数；
其他符号含义请参见图。

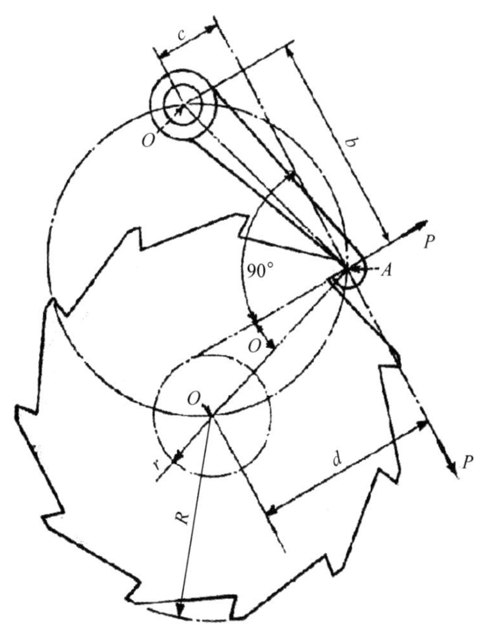

图 7.14-2　绷紧的棘爪像其他结构一样，在部件上作用有同样的力。可以应用同样的设计原理。

第 8 章

离合和制动装置

8.1 基本的机械离合器

摩擦离合器和刚性离合器在这里都进行了图解。图 8.1-1 ~ 图 8.1-7 介绍了外部控制离合器，图 8.1-8 ~ 图 8.1-12 介绍了内部控制离合器，其中内部控制离合器又被进一步划分为过载安全式、超越式和离心式离合器。

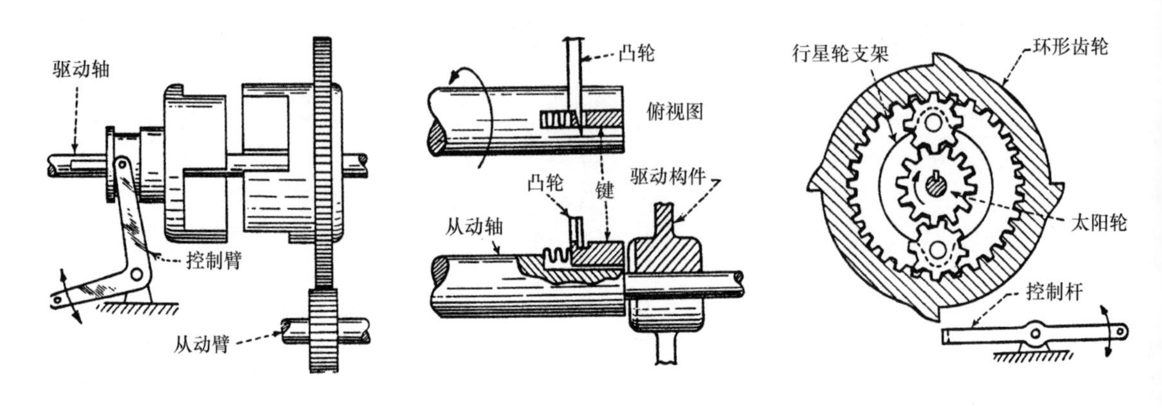

图 8.1-1　　图 8.1-2　　图 8.1-3

图 8.1-1　爪式离合器。当离合器右半部分能自由地转动时，左边可滑动的部分被安装到驱动轴上。控制臂控制滑动部分与传动接合或分离。然而，这个简单、坚固的离合器在接合和滑动部分表现出较高的惯量时容易受到较高冲击的影响。并且接合需要长的轴向运动。

图 8.1-2　滑键离合器。带有键槽的从动轴上带有自由旋转构件。这个构件沿其中心开有径向槽。滑键上加有弹簧力，但是在啮合槽中受到控制凸轮的控制。为使离合器啮合，需要把控制凸轮抬高使滑键进入其中的一个槽。为了分离，凸轮降低进入键的路径，并且从动轴的旋转迫使键从驱动构件上的槽滑出。

图 8.1-3　行星传动离合器。在图中所示的分离位置上，当从动行星轮支架保持不动时，驱动太阳轮使自由转动的环形齿轮逆时针空转。若控制杆锁住环形齿轮，从动行星轮支架将沿顺时针方向转动。

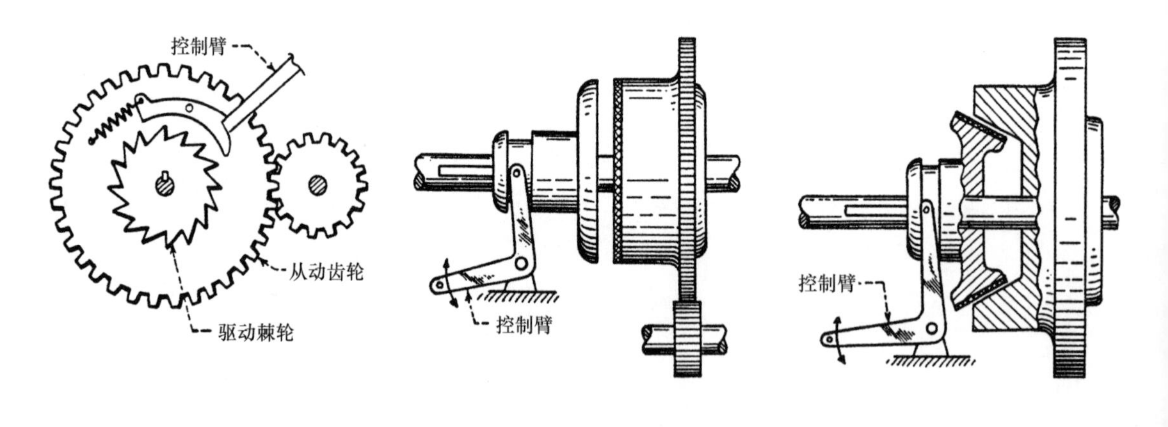

图 8.1-4　　图 8.1-5　　图 8.1-6

图 8.1-4　棘爪棘轮离合器。(外部控制)这种离合器的驱动棘轮与驱动轴之间用键连接，棘爪与从动齿轮之间用销连接，从动齿轮能在驱动轴上自由地旋转。当控制臂抬起时，棘爪上的弹簧拉伸，棘爪与棘轮相啮合驱动齿轮传动。为分离离合器，将控制臂放下，这样从动齿轮就会与棘轮相脱离，从动部分停止转动。

图 8.1-5　盘式离合器。盘式离合器通过相配的两盘面产生的摩擦来传递动力。左边的滑动盘用滑键固定，右边的盘能自由地在轴上转动。离合器传递转矩的能力取决于当离合器啮合时，控制部分引起的轴向力。

图 8.1-6　锥面离合器。锥面离合器就像圆盘离合器一样，需要轴向运动来进行啮合。但是却需要较小的轴向力，因为两个相配的锥面间的摩擦增大了。摩擦材料通常只在其中一个锥面上使用。被安装的自由旋转构件抵消轴向推力。

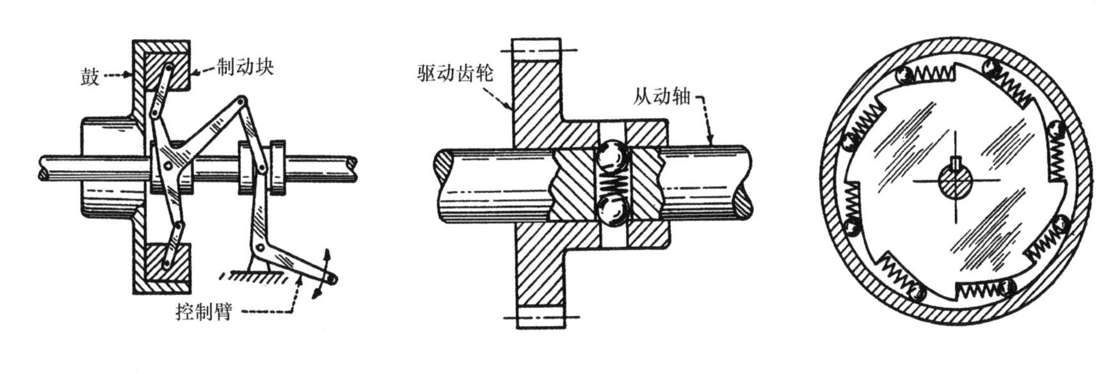

图 8.1-7　　图 8.1-8　　图 8.1-9

图 8.1-7　伸缩制动块离合器。这个离合器啮合靠控制臂的运动来完成。它控制连杆机构来迫使摩擦制动块沿径向伸展，以便使它们与毂的内表面相接触。

图 8.1-8　弹簧和球径向制动离合器。这个离合器能够保持驱动和从动部分同步运转，直到转矩过大时为止。这时球将被迫向内运动压缩弹簧，球与毂上的孔脱离啮合。结果驱动齿轮将继续旋转，而从动轴将保持不动。

图 8.1-9　凸轮和滚子离合器。这种超速离合器比棘轮棘爪离合器更适合于高速自由转动。内部的驱动构件在其外轮缘上有凸轮表面，在外轮缘上的轻弹簧迫使滚子楔入到凸轮表面和从动构件的内圆柱表面之间。在传动时，是摩擦力而不是弹簧力使滚子紧紧楔入两表面之间，提供直接的顺时针方向的驱动。弹簧能够保证高速的离合动作。如果从动构件转速开始超过驱动构件，摩擦力将迫使滚子离开楔紧的位置，此时，离合器将滑动。

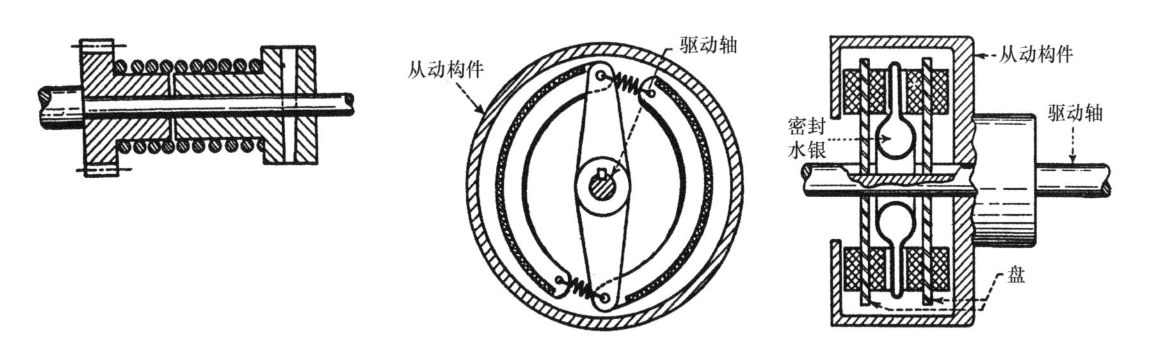

图 8.1-10　　图 8.1-11　　图 8.1-12

图 8.1-10　缠绕弹簧离合器。这种简单的单向离合器由两个转动的轮毂组成。两个轮毂被恰好能缠绕在它们上的螺旋形弹簧连接。在驱动方向上，弹簧紧紧地裹住轮毂增加了摩擦夹紧力。但是，如果驱动反向旋转，弹簧将松开，使得离合器滑动。

图 8.1-11　伸缩块离心离合器。这种离合器的工作方式与图 8.1-7 所示的类似，只不过该离合器没有外部控制。与驱动构件相连的两个摩擦块被弹簧向里拉，直到它们到达“分离”速度。在那个速度下，离心力将使摩擦块向外运动与鼓轮接触。传动轴转动得越快，摩擦块与轮鼓间的压力越大，于是增大了离合器的转矩。

图 8.1-12　水银密封离合器。这种离合器包括两个摩擦盘和一个充有水银的橡胶囊。停止时，水银充满在一个绕轴的环行腔中，但是，当以足够高的速度旋转时，水银在离心力的作用下向外运动。此时，水银使橡胶囊轴向扩张，迫使摩擦盘与相对的壳体表面接触，并使其运动。

8.2 弹簧缠绕的滑动离合器

当设计成在预定转矩滑动时，这种简单的弹簧离合器变得十分有用。这种离合器制造简单——甚至能在家制造，它不受外部温度和摩擦力变化的影响。这里提供了两个双弹簧滑动离合器的有关信息。图 8.2-1为带传动的两个双弹簧离合器。

图 8.2-1 两个双弹簧离合器用在这种磁带传动中。

弹簧离合器是这样的一种装置，它只能沿一个方向驱动载荷，在输出过载或者输入转向相反时脱离连接。弹簧离合器被改进成在两个方向上均能预定滑动，因此，这种离合器被称为“滑动离合器”。通过使用一个分级螺线弹簧实现了上面的改进。后来靠在两个螺旋线弹簧之间引入一个中间离合器，这种离合器得到了进一步的发展。这种双弹簧的创新更适用于对输出转矩精度要求较高的场合。

大部分的设计使用了一个摩擦盘离合器或者一个摩擦块离合器以获得预定的滑动(在达到预定的转矩值之前,输入输出轴之间不会打滑)。但是，摩擦盘离合器在两个方向转动的转矩能力(或者是滑动转矩)是相同的。

通过比较，分级弹簧滑动离合器(见图 8.2-2)可以被设计成在每一个旋转方向上具有相同或者不同的传递转矩的能力。发生滑动时，转矩的大小各不相同，这就提供了较宽的设计范围。

产生滑动的零件是分级弹簧。最大级弹簧的外径与输出齿轮孔紧密配合。较小级弹簧的内径紧紧地缠绕在轴上。轴沿一个方向的旋转使弹簧圈与轴紧紧地接触，孔内的弹簧圈产生滑动。沿相反方向的旋转使弹簧受到反向作用，在轴上产生滑动。

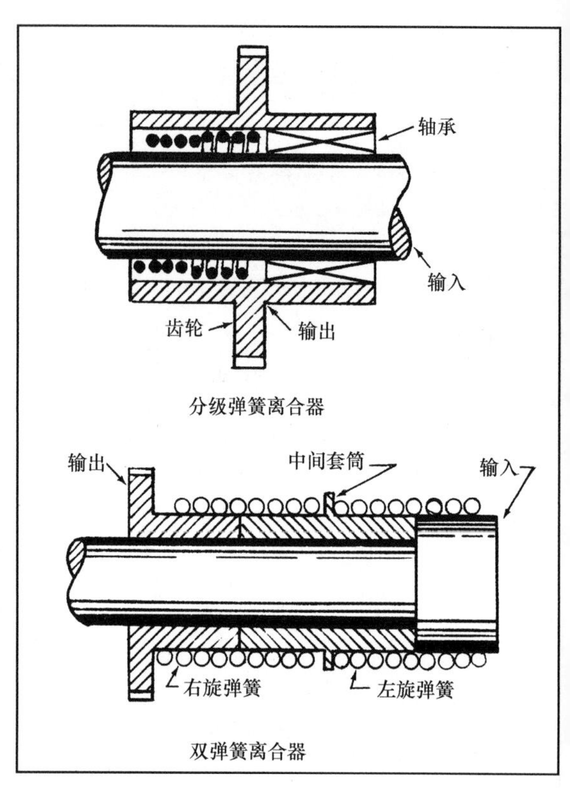

图 8.2-2 这两种是弹簧离合器的改进形式，它们具有在任一旋转方向上都能独立滑动的特性。

1. 双弹簧滑动离合器

这种弹簧离合器也允许双向滑动和在两个旋转方向上有不同的承载转矩能力。它需要两个弹簧，一个是左旋的，一个是右旋的，以便连接输入构件、中间构件和输出构件。这几个构件是同轴的，中间构件和输入构件可以在输出轴上自由地旋转。输入构件沿一个方向的旋转使连接输入和中间构件的弹簧夹紧。第二个连接中间构件和输出构件的弹簧被反向缠绕并倾向于释放和滑动。输入构件沿相反方向旋转使两个弹簧的运动相反。这样输出构件和中间构件之间的弹簧产生滑动。因为这种设计在尺寸窜动上允许较大的独立性，所以，它很适用于对滑动转矩有很高精确要求的场合。

2. 可重复的性能

弹簧缠绕的滑动离合器和制动器有明显的可重复的滑动扭转特性，这种特性不受工作温度的影响。有没有润滑，承载转矩的能力都保持不变，而且也不受摩擦系数变化的影响。因此，使离合器产生分离的转矩大小等于使离合器产生滑动的转矩大小。这一稳定性使多设计一个滑动构件以获得可靠的操作显得没有必要。这些优点在大部分的滑动离合器上都没有。

3. 制动器和离合器的结合

滑动制动器和离合器在带传动中如何相互工作来保持恰当的张力，可参见图 8.2-3 中的一个令人感兴趣的，在其中一个方向上工作的例子。这里的制动器是一个简单的滑动离合器，它的一面被固定到机壳上。尽管所展示的分级弹簧离合器和制动器是简单的，但是，在实际传动中安装的是双弹簧装置。

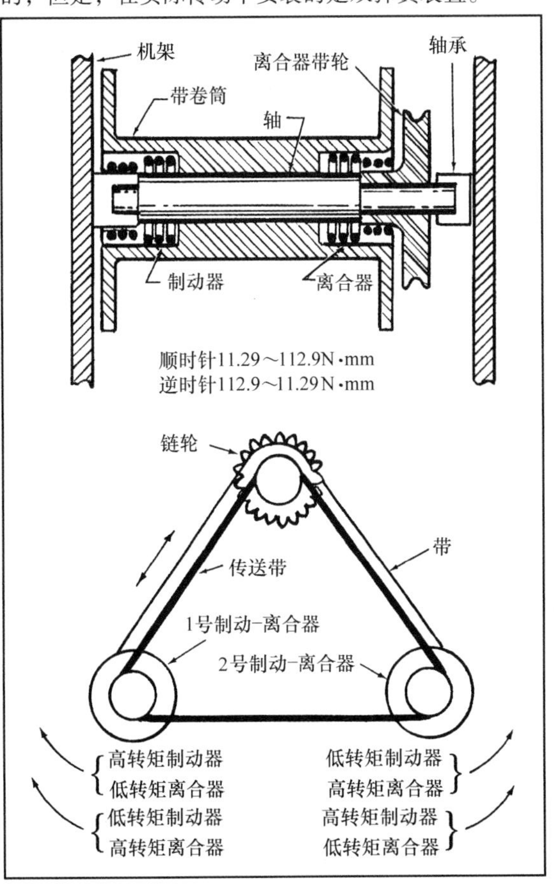

图 8.2-3 这种带传动要求两个离合器和两个制动器来确保在两个方向上都有恰当的张紧力。在此卷筒剖视图中显示了一组离合器和制动器。

链轮驱动带和传动带。这要求带的线速度不变(要求之一)。但是滚筒的角速度在卷上或展开时将发生改变。这里所要做的工作是在任何时候和每个方向上都在带上保持适当的张力。制动器和离合器的组合做到了这一点。例如，在逆时针方向，制动器可能变成“低转矩制动器”，它能抵抗 11.29N · mm(0.1lbf · in)的转矩；在这个方向上，离合器是一个“高转矩离合器”，它将提供一个 112.9N · mm(1lbf · in)转矩。于是，离合器比制动器多承受 101.62N · mm(0.9lbf · in)的转矩。

当反向转动时，同样的制动器变成高转矩制动器，可阻止 112.9N · mm(1lbf · in)转矩，此时，离合器变成一个低转矩离合器，可传递 11.29N · mm (0.1lbf · in)的转矩。于是，在逆时针方向，离合器驱动滚筒，在另一个方向，制动器克服离合器并提供一个稳定的阻力，以产生带的张力。当然，离合器也允许带传动的带轮超速传动。

需要两组制动器和离合器。第二组将提供一个反向的转矩值，如图 8.2-3 所示。组 2 的滑动离合器和组 1 中的制动器促使带沿顺时针方向转动。使用组 1 中的离合器和组 2 中的制动器促使带沿另一个方向转动。

在实际中，通过保证弹簧与孔或弹簧与轴之间的最小干涉，在制动器和离合器上的低转矩可以忽略。在弹簧离合器中，低转矩被放大到必要的大小，以便驱动制动器和滑动离合器的张力转矩。

这个由方向滑动离合器和制动器组成的简单装置产生的运动，如果不依靠较复杂的设计是不能被复制的。

由圆形、矩形和方形的弹簧缠绕的滑动离合器和制动器传递转矩的能力分别为

$$T=\frac{\pi E d^4\delta}{32D^2},\quad T=\frac{Ebt^3\delta}{6D^2},\quad T=\frac{Et^4\delta}{6D^2}$$

式中，E 是弹性模量($\mathrm{N/m^2}$)；d 是弹簧圈直径(m)；D 是轴或孔的直径(m)；δ 是弹簧和轴或弹簧和孔之间的直径干涉(m)；t 是弹簧圈厚度(m)；b 是矩形线弹簧圈的宽(m)；T 是传递的滑动转矩(N · m)。

驱动滑动弹簧所需要的最小力矩(在弹簧上轻微地夹紧)是

$$M=\frac{T}{e^{\mu\theta}-1}$$

式中，e 是自然对数的底数(e = 2.716)；θ 是每个轴上弹簧包角(rad)；μ 是摩擦系数，M 是弹簧和轴之间的干涉力矩(N · m)。

4. 设计实例

要求：设计一个类似上图所示的那种带传动机构。对两个方向上的滑动离合器和制动器转矩的要求如下：

(1) 滑动离合器的正常收紧能力(主动功能)是 56.515N · mm(0.5lbf · in) ~90.424N · mm(0.8lbf · in)。

(2) 滑动离合器在超越方向上(被动功能)是 11.29N · mm(0.1lbf · in)。

(3) 制动器的正常供给能力(主动功能)是 79.03N · mm(0.7lbf · in) ~112.9N · mm(1.0lbf · in)。

(4) 制动器在超越方向上(被动功能)是 11.29N · mm(0.1lbf · in)(最大)。

假设先前图示的双弹簧设计包括 19.05mm (0.75in)的圆筒直径。弹簧的轴向长度也可知，其相当于在连接轴间被等分 12 圈。假设为圆形线圈弹簧，如果 0.635mm(0.025in)是主动功能中所需要的最大

直径干涉，计算这个弹簧线圈的直径。在被动功能中用圆形线圈弹簧，它产生一个不超过 25 的弹簧指数。

滑动离合器，主动弹簧：

$$d=\sqrt[4]{\frac{32D^2T}{\pi E\delta}}=\sqrt[4]{\frac{32\times 0.75^2\times 0.8}{\pi(30\times 10^6)(0.025)}}\text{in}=0.050\text{in}(1.27\text{mm})$$

最小的直径干涉是$\frac{0.025\times 0.5}{0.8}\text{in}=0.016\text{in}(0.41\text{mm})$。因此，弹簧的直径干涉将在 18.415mm(0.725in)~18.644mm(0.734in)范围内变化。

滑动离合器，被动弹簧：

$$\text{线圈直径}=\frac{\text{滚筒直径}}{\text{弹簧指数}}=\frac{0.750}{25}\text{in}=0.030\text{in}(0.762\text{mm})$$

直径干涉：

$$\delta=\frac{32D^2T}{\pi Ed^4}=\frac{32\times 0.750^2\times 0.1}{\pi(30\times 10^6)(0.030)^4}\text{in}=0.023\text{in}(0.584\text{mm})$$

采用一个最小的摩擦系数 0.1，来决定弹簧离合器最小的直径干涉，这个弹簧离合器将传动 90.32N·mm(0.8lbf·in)的最大滑动离合器转矩。

最小直径干涉：

$$M=\frac{T}{e^{\mu\theta}-1}=\frac{0.8}{e^{(0.1\pi)(6)}}$$

所以弹簧的直径干涉是 18.466mm(0.727in)~18.923mm(0.745in)

$$\text{最小}=0.023\times\frac{0.019}{0.1}\text{in}=0.0044\text{in}(0.1016\text{mm})$$

制动器弹簧。通过类似的计算，主动制动器弹簧线圈的直径是 1.3462mm(0.053in)，它的直径干涉在 18.415mm(0.725in)~18.618mm(0.733in)范围内变化；被动制动器弹簧的线圈直径是 0.762mm(0.030in)，它的直径干涉在 18.466mm(0.727in)~18.898mm(0.744in)范围内变化。

8.3　控制滑动的概念使弹簧离合器获得新的应用

弹簧离合器上一个非常简单的变化解决了磁带和胶片传动上的一个持久的问题——当卷筒卷上或展开时，如何保持带的张紧力恒定。轴的转矩必须直接随着带的直径变化而变化，所以许多设计者依靠增加电器控制系统来解决这个问题，但那要增加额外的构件，额外的电动机将使该解决方案成本较高。美国纽约的 Joseph Kaplan 设计的自适应弹簧制动器（见图 8.3-1）能够产生一个恒定的拉伸转矩（滑动转矩），这个转矩能通过由带滚筒的直径控制的一个杠杆装置（见图 8.3-2）轻松自动地实现变化。这种新的制动器通过产生不同精确等级的滑动转矩来测试电动机或电磁线圈的输出。

Kaplan 将他的“控制滑动”概念应用到另外两个产品中。在可控转矩螺旋驱动器中（见图 8.3-3），一个分级弹簧在沿任一方向转动时产生一个 141.125N · mm（1.25lbf · in）的滑动。在精密仪器装配中，它能避免将螺钉拧得过紧。分级弹簧也是通过与不通过转矩测量仪的基础，转矩测量仪允许输出转矩检测产品不超过 1%。

干涉弹簧。这三种产品是由 Kaplan 为制动传动机械设计的一系列滑动离合器、拉力制动器和滑动联轴器中最新的产品。实际上，这些都是由弹簧离合器派生来的。通过一个制动器的响应，这一离合器中的弹簧可以避免与轴夹紧。制动器停止制动，弹簧将夹紧轴。如果轴沿适当方向转动，那么它是自激的。在另一方向上，弹簧超限。因此，弹簧离合器是一个单向离合器。

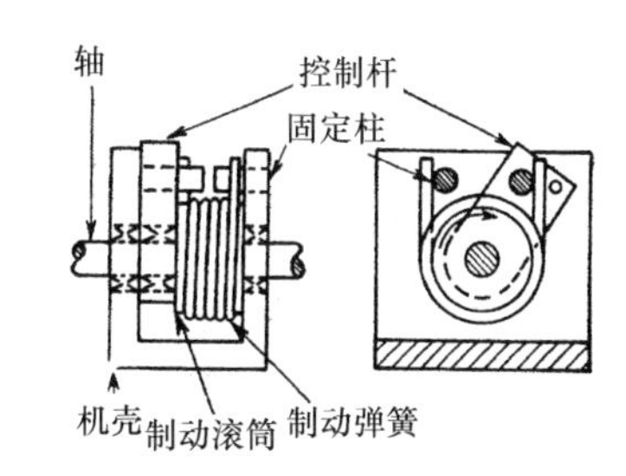

图 8.3-1　可变转矩拉力制动器。

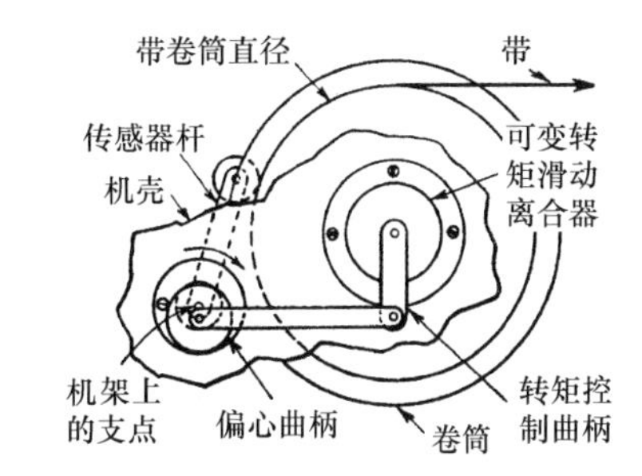

图 8.3-2　保持带的张紧力恒定。

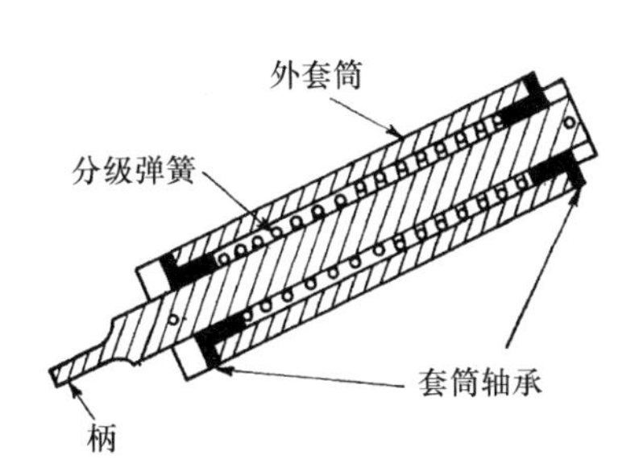

图 8.3-3　恒转矩螺旋驱动器。

8.4 弹簧带夹紧来驱动超速离合器

超速离合器使用一系列的螺旋带而不是常用的滚子或斜柱来传递转矩，这种离合器只占用普通离合器占用空间的一半。设计(见图 8.4-1)也简化了装配，并通过去掉传统离合器一半多的零件，降低了40%的成本。

节省成本和空间的关键是离合器免除了对硬化处理过的外滚道的需要。滚子和斜柱要求滚道必须经过硬化处理，因为它们通过内外滚道间的斜楔作用来传递动力。

弹簧带的作用：当倒转时，超速离合器(包括螺旋带型的在内)会滑动或超限运动(见图 8.4-1)。当外部构件沿顺时针方向转动，内环作为从动构件时，发生滑动或超限运动。

这种离合器是由美国密歇根州国家标准公司发明的，它包括一套高碳弹簧钢带(设计图中有六个)，当离合器驱动时，弹簧钢带夹紧里面的构件。外面的构件只是保持弹簧拉紧和在起动离合器时起作用。因为没有楔紧运动，所以它几乎可以用任何材料制造，这就节省了许多成本。例如，在如图 8.4-2 所示的自动转矩变换器中，弹簧带安装在铸铝的反应器中。

降低磨损。弹簧带在离合器里面的构件上受到弹簧力作用，但是它们靠外面的构件来拉紧和转动。然后，带的离心力会减小作用在里面构件上的力，这就相当于降低了超速转矩。

带的内部固定到里面构件的一个 V 形槽内。当外部构件倒转时带会卷起，在 V 形槽中产生一个楔紧作用。这个作用与带有螺旋弹簧的弹簧离合器的作用相似，但是与缠绕型的离合器相比，弹簧带型离合器在超速之前稍微有些展开，所以它响应较快。

离合器的边缘承受整个载荷，且一个带在另一个带上也有个复合作用。当转矩逐渐变大时，每个带都对它下面的带有推动作用，这样每个顶部受到比较稳定的力，进入到 V 形槽中。带承载转矩的能力在 9.597N · m(85lbf · ft) ~ 45.160N · m(400lbf · ft)范围。它们的应用场合主要在自动传输、起动器和工业机械中。

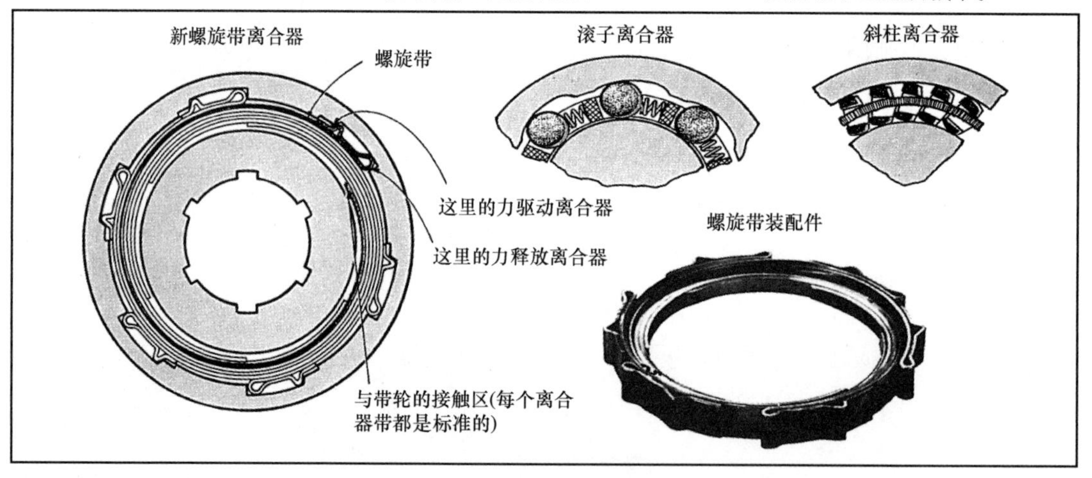

图 8.4-1 当外圈逆时针转动时，螺旋带向内施加力，滚子和斜柱向外施加力。

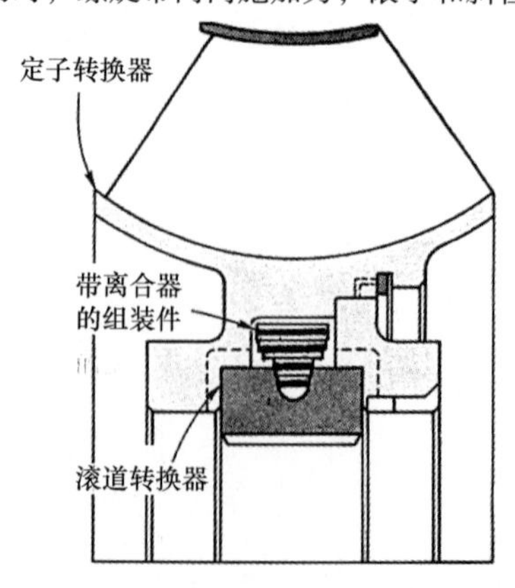

图 8.4-2 螺旋离合器带可以单独购买以满足用户的装配要求。

8.5 滑动和双向离合器的组合来控制转矩

转矩限制旋钮包括一个双重微型离合器——一个制动滑动离合器与一个新的双向锁紧离合器相串联，以防止从动构件使旋钮倒转。旋钮中的双向离合器锁住轴，防止面板上的后冲转矩，滑动离合器从面板外限制转矩传送。这个离合器是由纽约的 Ted Chanoux 发明的。

这个离合器(见图 8.5-1)是试图解决经常困扰设计工程师的一个问题时的成果。面板后面的机构，如精密的电位计或开关应该由一个从面板上伸出的轴来操作。但是，这个机构不能够转动轴。只有在旋钮前面的操作人员才能转动轴，并且他必须控制所施加转矩的大小。

解决设计问题。这个问题出现在飞机的导航系统设计上。

计数器提供一个经度或纬度的读数。当飞机准备起飞时，根据起动时的位置，导航员或飞行员将计数器设置到一个标称值并起动系统。然后，电脑接受从陀螺仪直接传来的信息，从安装在机翼上的仪器中得知速度，加上其他数据，然后在计数器提供一个读数。

整个机构容易受到振动、加速、减速、冲击和其他高转矩载荷的影响，所有这些可以通过系统得到反馈，并且可以传给计数器。这种新的旋钮装置直接锁住机构轴以抵抗振动、冲击载荷和偶然的翻转。此外，它也减小了系统预设的输入转矩。

操作：为了使轴旋转，操作者压下旋钮 1.588mm(1/16in)，并且把它拧到所希望的方向。当松开时，旋钮会返回，轴会立刻自动地以零间隙锁到面板或机架上。如果由于几圈后偶然碰上机械停止，轴上转矩超过预设值时，或者旋钮要转到回位位置时，旋钮将会滑动以保护这个机构。

实质上，通过键槽推动旋钮转动制动离合器和双向离合器释放笼，释放笼的指状物延伸到离合器的滚子之间，以便离合器凸轮转出滚子，这个滚子通常在离合器凸轮和带有滚子弹簧的外圈之间被卡住。这一动作允许凸轮和轴沿着顺时针和逆时针方向转动，但是它能可靠地锁紧轴，最高可以禁得住 0.1408N · m(30ozf · in)的内部转矩。

应用：制动离合器不用移动轴上的旋钮也能被调节，以便限制输入转矩到需要的值，轴的外径只有 22.86mm(0.900in)，总长是 0.940in (23.876mm)。旋钮的外部材料是镀铝的(黑色或者是灰色的)，其他所有零件都是不锈钢的。该装置被设计用来满足军队 MIL-E-5400 3 级和 MILK-3926 规格的要求。

它们主要应用于机器、机床、雷达系统和精密电位计上的计数器、复位开关和控制装置。

八关节联轴器。一种新型的联轴器由在三维装置中的两平行连杆机构组成，见图 8.5-2。它能在管联轴节中进行宽角度和侧向偏置运动。通过在两连接管间放置一个波纹管，该联轴器能连接高压力和高温管，如用于精炼设备、蒸汽厂和动力厂中的管。

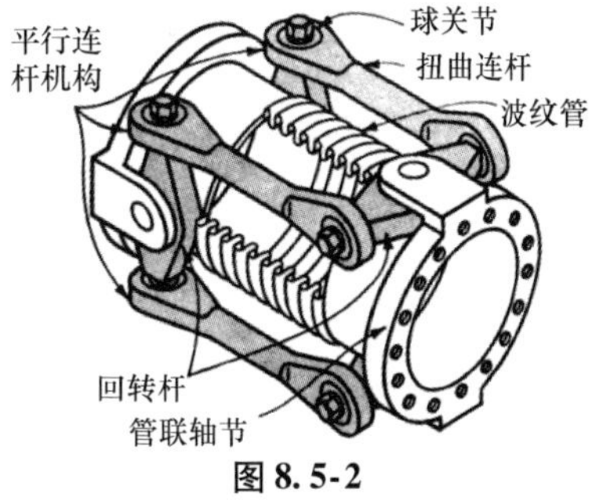

图 8.5-2

该联轴器中关键的零件是四个回转杆(如图)，它们被安装在两个平面内。每个回转杆的两端都有球关节相连。在不同平面上开有孔的“扭曲”连杆连接回转杆形成完整的系统。该装置允许每个管面扭曲成明显的圆弧形，以及相对其他管作垂直方向的改变。

通过将几个带有中心管的螺纹管连接在一起，可以形成更长的连杆。

这个联轴器是由美国加利福尼亚 Ralph Kuhm 设计的。

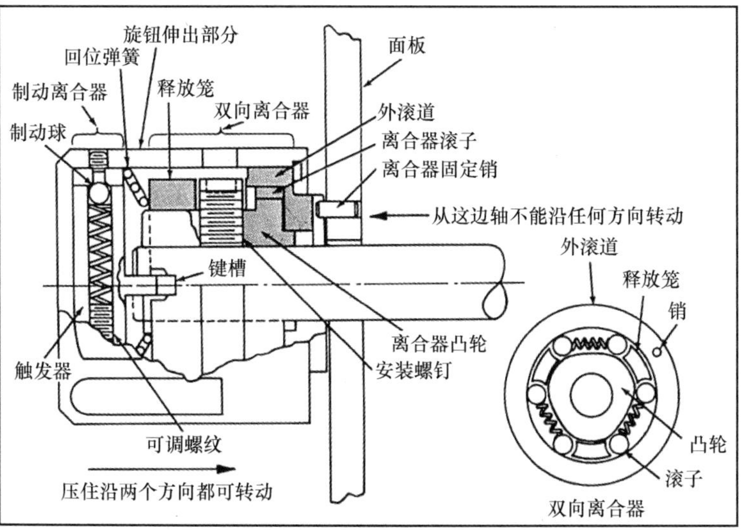

图 8.5-1 微型旋钮在面板外面很容易操作，只要将它按下并拧到所需要的方向上即可。当释放时，双向离合器自动锁住轴以防止各种冲击和振动。

8.6 多功能滑动离合器

滑动离合器是一种在预定条件下允许相对于连续旋转轴滑动的反传动机械设备。这一特性允许驱动滑轮、齿轮或输出轴按应用需要进行滑动和停止。滑动离合器能够控制拉伸、扭转、受力；防止设备超载；它能轻轻地停止和开启驱动系统以防止损坏冲击传递。主要有四种商用滑动离合器：机械的、气动的、单向的、鄂式的。这些中机械滑动离合器最普遍。

如剖视图 8.6-1 所示，一个典型的机械式商用滑动离合器是由磁带盒和壳体两部分组成的。磁带盒由轮毂、拉力弹簧、内外平板、摩擦块、调节螺母组成。通常磁带盒用紧定螺钉通过轮毂和输入轴平面箍紧在输入轴上。壳子通常通过紧定螺钉箍紧在输出滑轮、齿轮或输出轴上。力矩从紧固的输入轴通过力矩销传递到输出壳上，力矩销通过键入其中的外平板安装在壳体内。

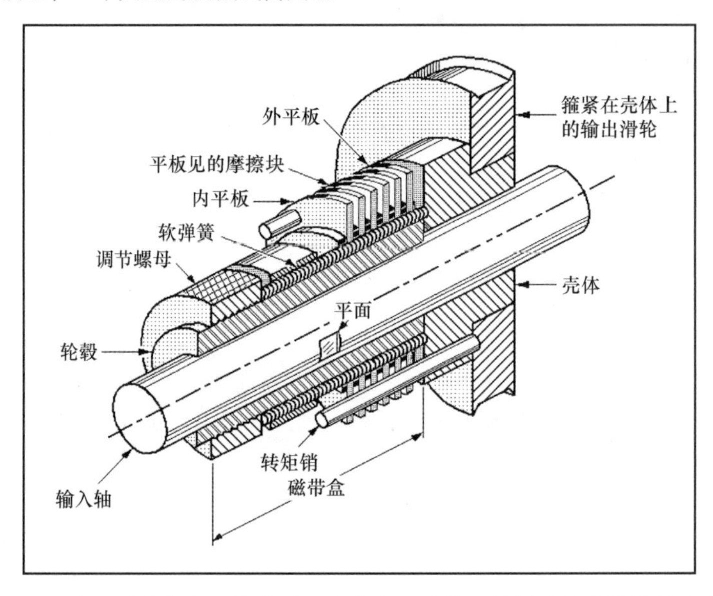

图 8.6-1 当驱动设备出现故障时，安装在驱动轴上的滑动离合器能够防止超载，施加不变的张力，控制转矩，保护人员和财产安全。

传递力矩的大小可以通过磁带盒上的调节螺母控制，螺母旋转时，会挤压一列软弹簧。（这些弹簧从螺母的背面延伸，通过磁带盒，直至内平板）如果作用于滑动离合器一个确切的转矩，调节螺母可以用一个固定的轴套来代替（轴套安装在轮毂上以保持弹簧压缩恒定）。离合器的动作是通过夹在圆形铜板之间的耐磨材料完成的，圆形铜板通过转矩销保持对齐。商用滑动离合器是双向的，这意味着输出齿轮、滑轮或轴可以通过把输入轴和输出轴调换变成输入元件。

商用的或非专门设计的滑动离合器转矩值可以从几盎司力英寸到一千磅力英寸。离合能力与相互依存的转矩、每分钟的旋转次数、工作周期有关。如果这些因素中的一个减小，其他两个或者其中任意一个变量将会增大。在生产厂家指定的由于摩擦引起的热量值之上，积累过多的热量会降低滑动离合器的工作能力和寿命。热量的累计用瓦特来衡量。（这可以表达成为：瓦特＝转矩×转每分钟×0.11）然而，如果一个摩擦板滑动离合器工作在设计限制内，它的操作寿命有望达到三千万个周期。

在一个轴与滑轮或齿轮装置中，输入轴插入磁带盒的轮毂中并通过紧定螺钉箍紧。然后，壳体在输入轴的上方插入，以至于转矩销刚好进入外平板的孔中。输入轴保证了磁带盒和壳体的对中。

在一个轴对轴传动装置中，输入轴也是首先插入磁带盒的轮毂中并通过紧定螺钉箍紧。然后，输出轴插入壳体，也通过紧定螺钉箍紧。输入和输出轴中心线精度在±0.010TIR 以内，保证轴颈位置恰当。在任何一种装置中离合器都不需要润滑，因为摩擦材料不需要任何润滑。

商用机械式滑动离合器有多方面的应用，因为它们有如下特点：

（1）张紧控制——在运动的钢丝、纸、薄膜或线上能保持恒定的张力，无论它是否为缠绕形式，也能够对运动材料在直径和速度上的变化自动补偿。

（2）转矩控制——能够使用正确的张紧连接螺杆式瓶盖，在木头或金属中沉入螺钉，紧固螺栓。

（3）超载保护——如果机器突然故障，它能够通过滑动保护机器免于损坏。（操作人员免于受伤）机器安全关闭，故障排除后恢复执行动作。

（4）索引——通过离合器的滑动能够使带有连续运转的驱动电动机的机器周期性停止。这一特性使索引、做标记的完成动作实现分档。

（5）力的控制——能推动生产线上的一件产品远离活动门，并保持它的位置直至准备好了使它进入下一个阶段。这一特性防止了产品和传送带的损坏。

（6）轻轻地启动和停车——通过滑动允许离合器轻轻地开启和停止，这消除了对于保证连续转矩和拉伸的抗冲击离合器的需要。

除了这里描述的商用机械离合器以外，还有气动的和鄂式的离合器。通过气体压力来执行的气动离合器有与机械滑动离合器相同的摩擦元件。在一个操作中，它们可以啮合或是脱离，改变转矩。在任何时候，它们都可以远距离调节转矩。这些离合器建议用于伺服系统中，因为它们相比同尺寸的机械式离合器能够传递更高水平的转矩。鄂式的离合器允许简单可靠的相调节，允许轴与齿轮、滑轮或滚轮的啮合与释放。标准鄂式的离合器的120个齿通常由整体钢胚加工而成。

8.7 传递恒定转矩的行走压力盘

这种自动离合器使得驱动盘沿着从动盘的表面移动，以防止负载过高时离合器盘过热。“行走”作用使得离合器能数个小时传递发动机的满载转矩，而离合器盘和发动机没有严重损坏。

由加利福尼亚 K-M 离合器公司制造的自动离心离合器结合了调速机和楔块的原理来传递发动机转矩到传动轴(见图 8.7-1 ~ 图 8.7-3)。

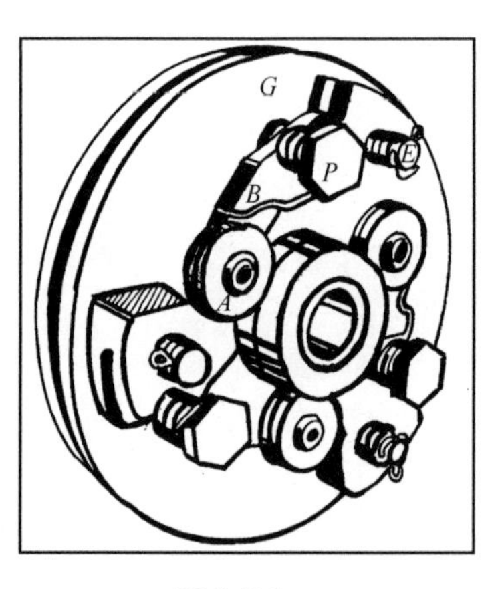

图 8.7-1

工作原理。随着发动机转速的不断提高，与飞轮杠杆相连的飞轮配重有一个向离合器盘边缘移动的趋势，但这被保持弹簧止住。然而，当轴的速度达到 1600r/min 时，离心力克服弹簧的阻力，配重向外移动。同时，杠杆的锥形一端楔入到销 E 上的一个槽中，销 E 与驱动离合器盘相连。楔入作用促使销和离合器盘移动并与从动盘相接触。

气缸每次点燃，能量脉冲都会传向离合器。随着每次脉冲，杠杆向外移动，且离合器表面之间的压力也在增加。在气缸下一次点燃之前，杠杆和驱动盘返回原位。两个表面间的压力波动在发动机点燃过程中不断重复。

盘的行走。如果负载转矩大于发动机转矩，离合器将立刻产生滑动，但是满转矩传动仍旧持续着，而且不会严重过热。然后，压力盘暂时从从动盘上离开。但是，当盘转动而且转矩不断增大时，压力盘再次与从动盘相接触。实际上，压力盘沿从动盘的接触面的“行走”使得离合器连续传递发动机的满转矩。

应用。这个离合器已经在功率为 5 ~ 9hp 的 4 冲程发动机上测试了几百个小时。根据 K-M 离合器公司的介绍，由于其无负载起动的特点，这个离合器使设计者可以应用比以前使用的发动机更小的发动机。

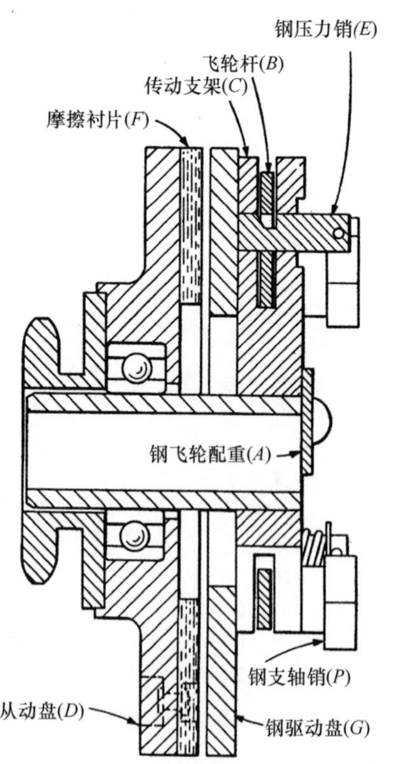

图 8.7-2　当速度达到 1600r/min 时，驱动盘移向盘 D，间隙闭合。

这个离合器也已作为制动器来使用，以便保持发动机的转速在安全范围内。例如，如果驱动轮或从动机构被锁紧时阀门偶然打开，离合器将停止。

这个离合器可以与链轮、滑轮或短轴安装在一起。它能在任一位置工作，而且，能够沿任一个方向被驱动。这个离合器能装在船上，以使从动盘能传送所使用的转矩。

压力盘用铸铁制造，从动盘是用镁制造的。为了防止磨损太大，钢飞轮配重和钢飞轮杆都经过硬化处理。

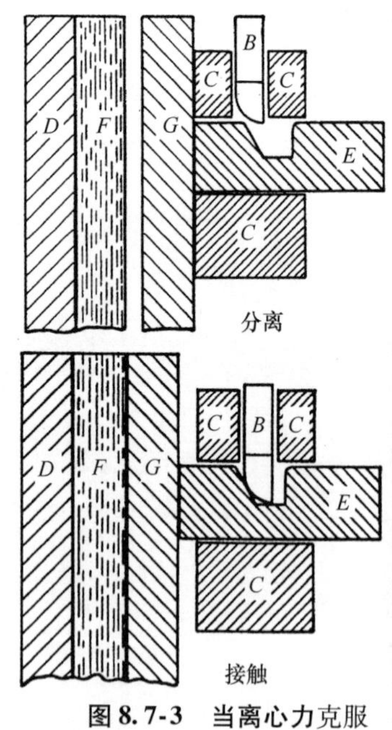

图 8.7-3　当离心力克服了弹簧阻力时，杠杆的作用力使两盘贴在一起。

8.8　7种超速离合器

这些简单的装置都可以在车间中以很低的成本制造出来。

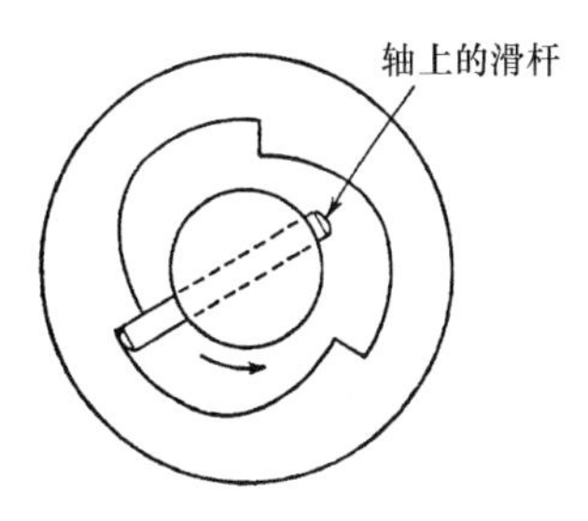

图 8.8-1　螺旋式离合器。

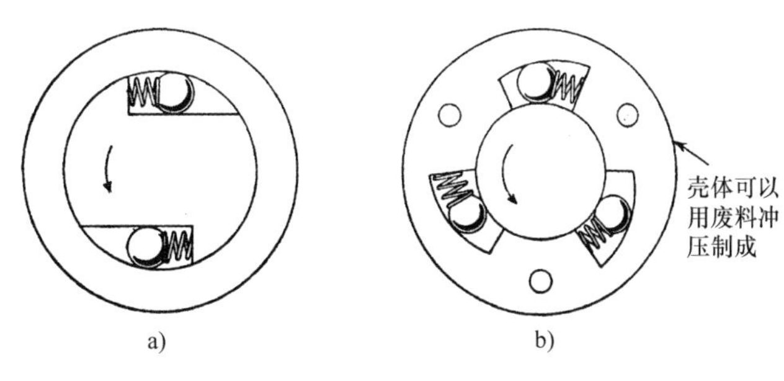

图 8.8-2　球楔或者滚子楔：内部离合器(a)；外部离合器(b)。

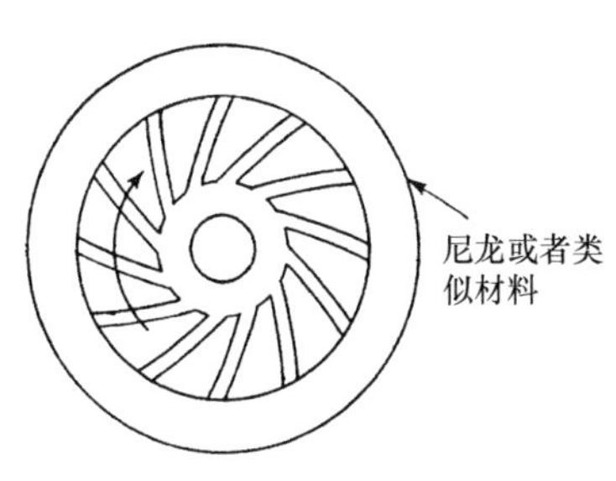

图 8.8-3　浇铸楔块(轻载)。

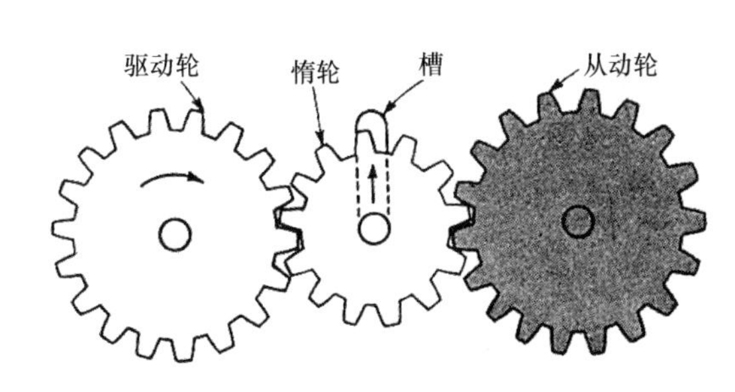

图 8.8-4　当驱动方向改变时，脱离啮合的惰轮在槽内上升。

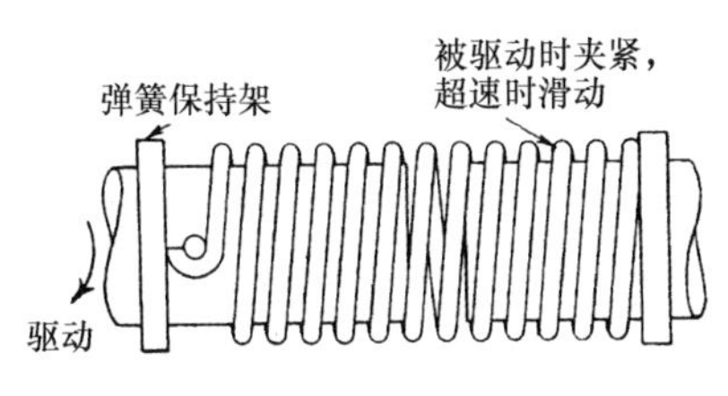

图 8.8-5　滑动弹簧离合器。

图 8.8-6　内棘轮和受弹簧作用的棘爪。

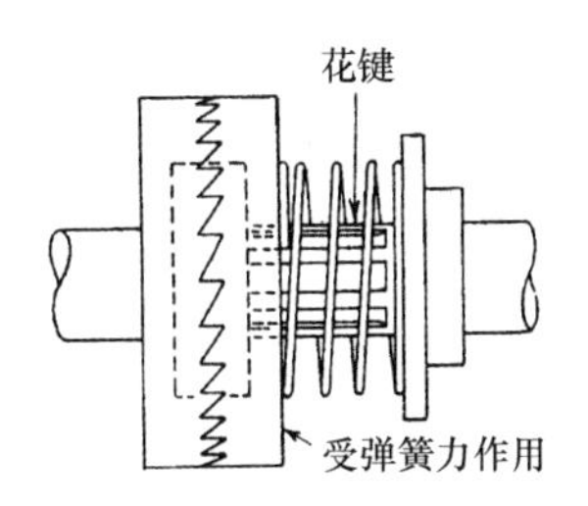

图 8.8-7　单向爪形离合器。

8.9 在单向离合器中受弹簧力作用的销辅助楔块机构

楔块与滚柱联合使用能够构成简单的降低成本的机构，来满足大部分机械应用对转矩和支承的要求。图 8.9-1 中的装置由巴黎的 Est. Nicot 设计并制造，这个装置在超速离合器中提供单向转矩传输。另外，它也可以作为滚子轴承来使用。

离合器的额定转矩取决于楔块的数量。至少三个楔块均匀分布在滚道的圆周上，以便在滚道上获得合理分布的切向力。

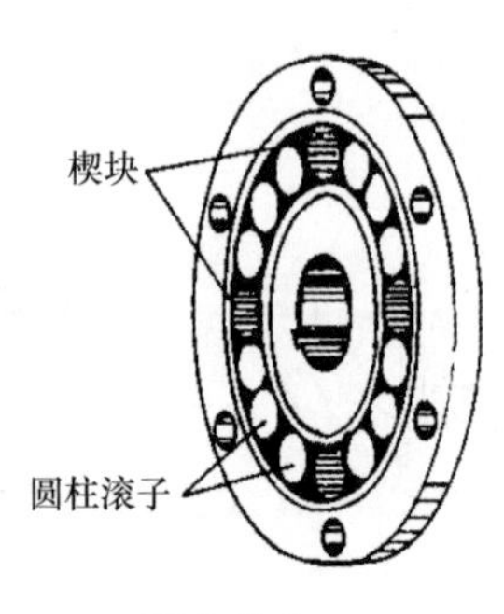

图 8.9-1

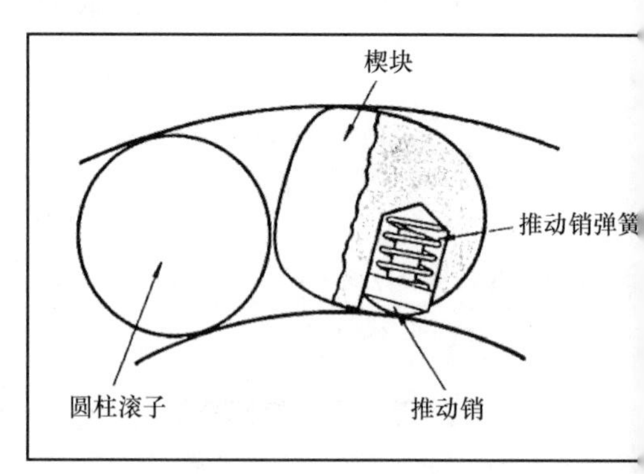

图 8.9-2 滚道是同心的；楔块的轮廓能够锁紧弯道，它的轮廓由两个半径不同的且不同心的曲线组成。一个受弹簧力作用的销保持楔块在锁紧位置，直到旋转方向上作用了转矩。滚子轴承不能倒转，是因为轴承滚道的硬化处理钢太脆不能承受楔块锁紧的冲击。楔块和滚子能混合在一块提供任何所需要的转矩值。

8.10 滚子离合器

这种离合器既可由电驱动又可由机械驱动，只需要采用功率 7W 的电磁线圈就可在转速为 1500r/min 时传递 0.5hp。滚子靠驱动机壳和凸轮轮毂(与输出齿轮连在一起)间的支架(与带有齿的控制轮连在一起，见图 8.10-1)来定位。

当棘爪脱离啮合时，机壳在摩擦弹簧上的拉力转动滚子支架，并且使滚子楔入啮合。这使得机壳通过凸轮驱动齿轮。

当机壳旋转而棘爪与控制轮啮合时，摩擦弹簧在机壳内滑动，滚子被推回，脱离啮合，动力于是被中断。

根据制造者英国的 Tiltman Langley 有限公司介绍，该装置能在 -40℃（-40℉）~93.3℃（200℉）范围内工作。

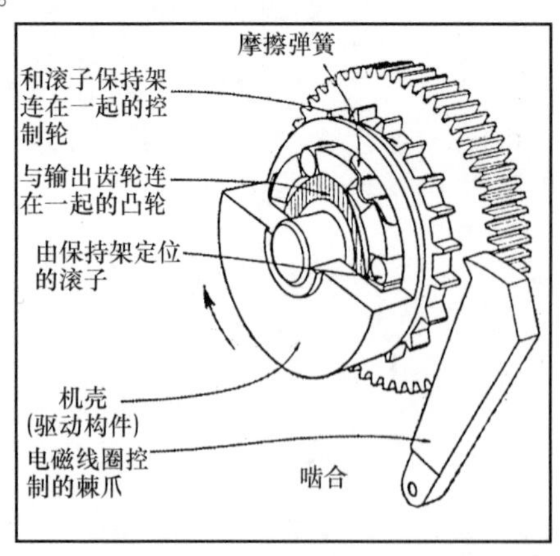

图 8.10-1 这种滚子离合器提供了一个正传动。

这个离合器由两个旋转构件(见图 8.10-2)组成，只有当内部构件驱动时，它被使用以便于外部(从动)构件作用于它的带轮。当外部构件驱动时，内部构件将空转。它的一个应用是在甩干机中。离合器在普通电动机和高速电动机之间起到调解作用，以提供两种可供选择的输出速度。

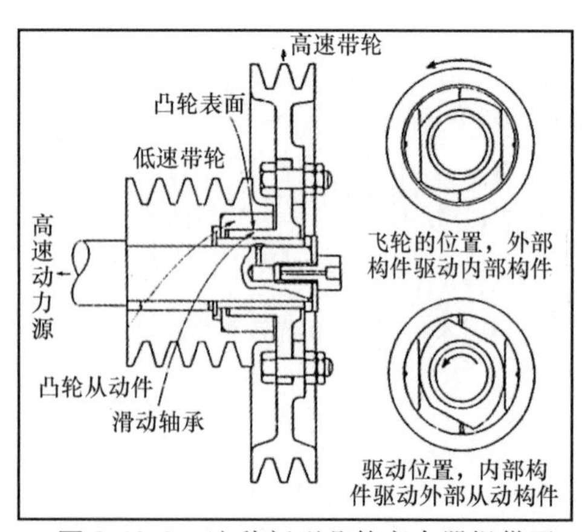

图 8.10-2 这种新型凸轮离合器提供了两种速度操作。

8.11　超越离合器图例

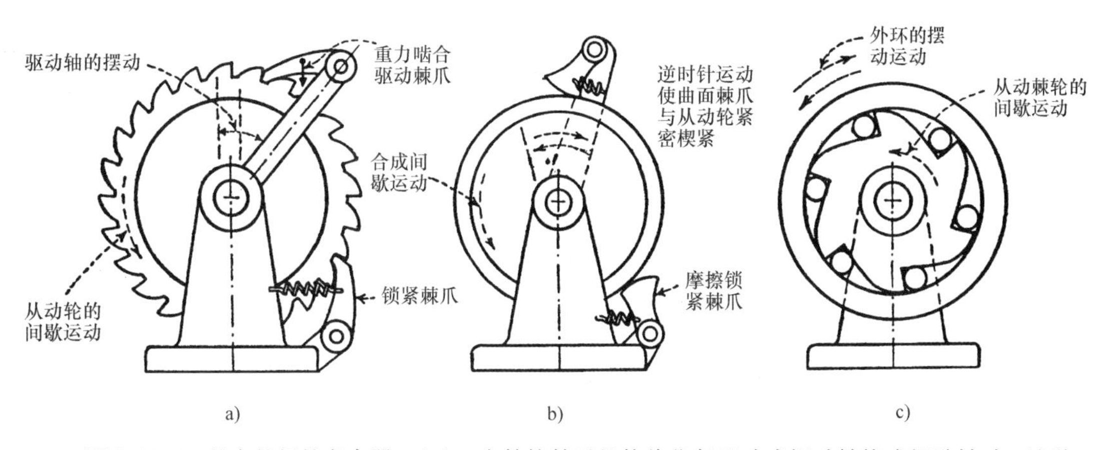

图 8.11-1　基本的超越离合器：(a)一个棘轮棘爪机构将往复运动或摆动转换成间歇转动。这种运动是直接的，但是受到齿节倍数的限制。(b)摩擦型离合器噪音小，但是它要求用弹簧装置来保持偏心棘爪处于啮合状态。(c)在这个装置中，球或滚子代替了棘爪。外滚道的运动将滚子楔入棘轮的倾斜表面。

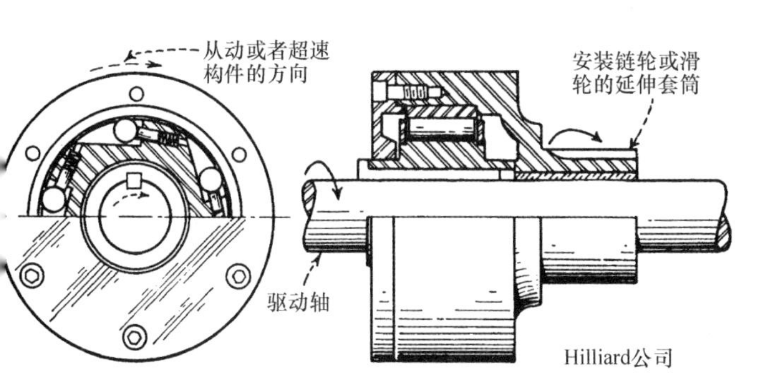

图 8.11-2　一种商业化的超越离合器带有保持滚子始终在凸轮表面和外滚道之间相接触的弹簧，所以没有间隙或运动损失。这种简单的设计可靠且工作平稳。对于反转操作，滚子机构能轻松地在机壳内反转。

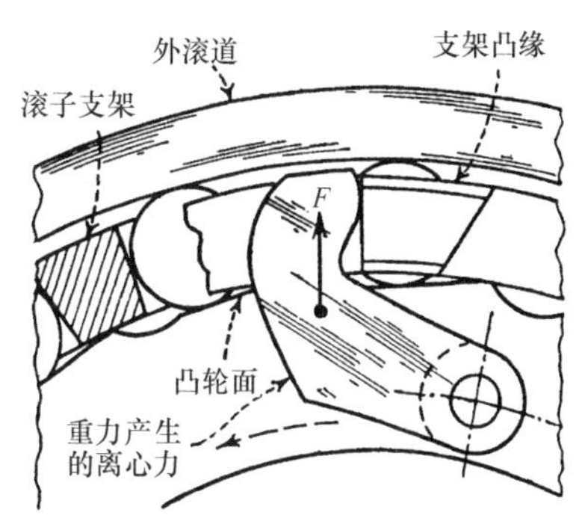

图 8.11-3　离心力能使滚子与凸轮和外滚道保持相接触。有一力加在支架凸缘上，支架用来控制滚子的位置。

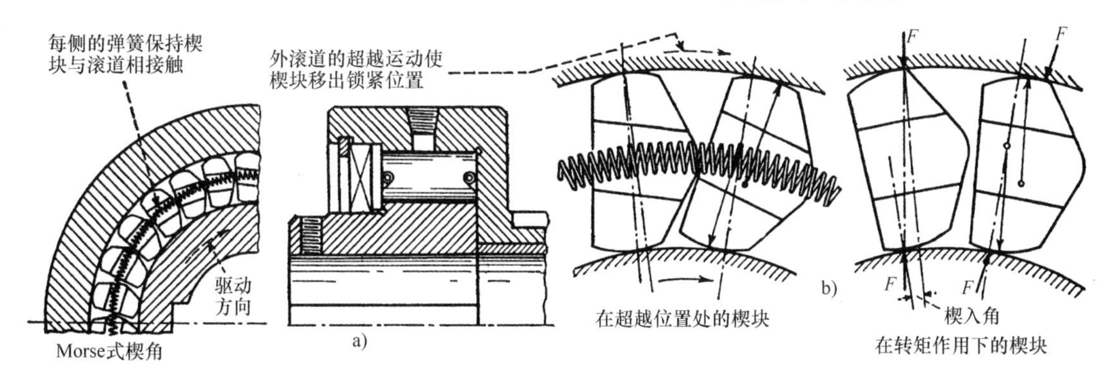

图 8.11-4　楔块能够在圆柱形的内外滚道间传递转矩。弹簧能够起到楔块支架的作用。(a)与滚子相比，由于楔块的形状能允许在有限的空间内有更多数量的楔块，于是能承载更大的转矩。不需要特殊的凸轮表面，所以这种结构可以被安装在齿轮或轮毂里。(b)滚动作用使楔块在驱动和从动构件之间楔紧。应有一个相应的大楔角来确保直接接触。

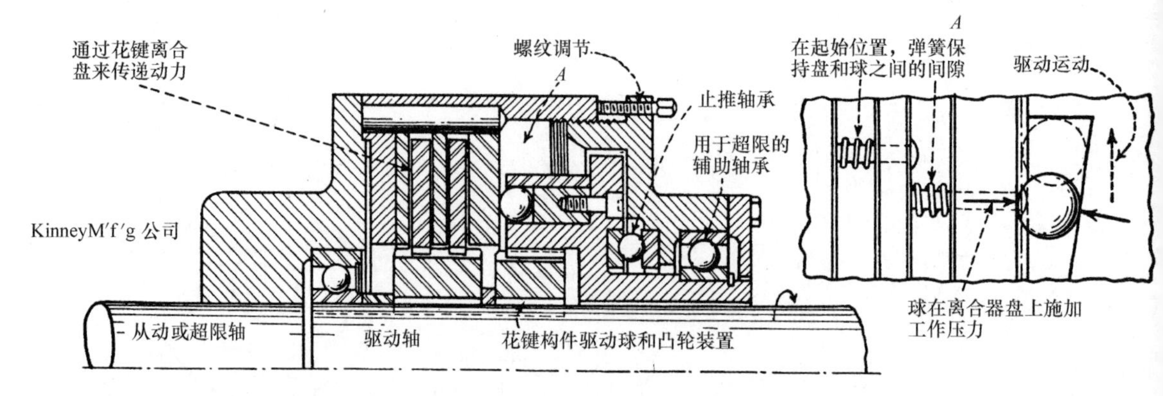

图 8.11-5 多盘离合器由几个烧结青铜盘表面摩擦驱动。压力由凸轮装置施加，它迫使一系列球与圆盘相接触。传递转矩的一小部分是由驱动构件带来的，所以传递转矩的能力不会受到接触球局部变形的限制。摩擦表面的滑动决定了承载能力，并且防止冲击载荷。圆盘弹簧轻微的压力确保了平稳的接触。

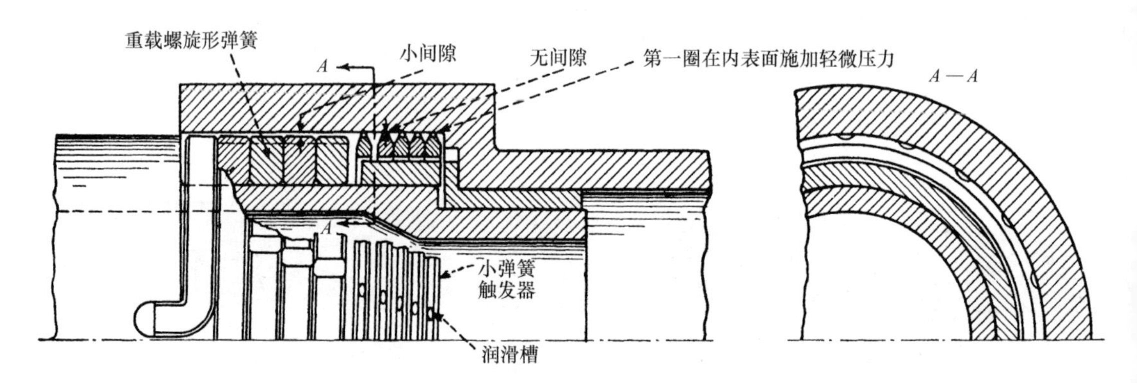

图 8.11-6 该啮合装置是由一个螺旋弹簧组成的，该螺旋弹簧由两部分组成：一个轻载触发弹簧和一个重载螺旋形弹簧。它与内轴相连并受其驱动。外部构件在触发器上摩擦的相对运动使弹簧卷起。这将使弹簧直径变小，这将占用小的间隙并将对内表面施加压力，直到整个弹簧紧紧地接触到一起。弹簧的螺旋角能够被改变成与超越方向相反的方向。

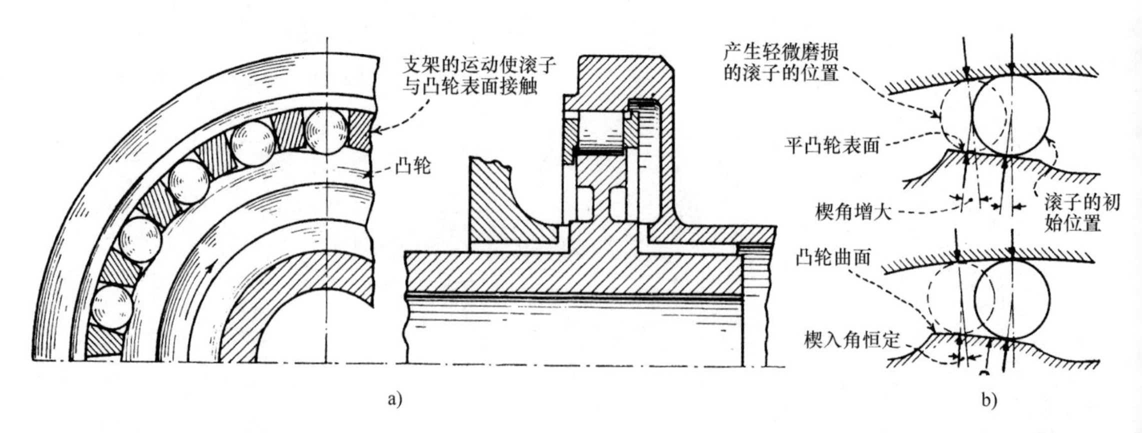

图 8.11-7 自由轮离合器被广泛应用到动力传动中，它具有一系列的直边凸轮表面。采用的啮合角为 3°。当大啮合角不起作用时，应用更小的啮合角来锁紧，并且不易脱离。(a)浮动支架的惯性使滚子在凸轮和外滚道之间楔紧。(b)连续的工作导致表面的磨损；0.0254mm(0.001in)磨损改变直边凸轮上的啮合角为 8.5°。曲线凸轮表面保持恒定的啮合角。

8.12 超速离合器的10种应用

这些离合器可用于飞轮、转位和止退机构上，它们能解决许多设计问题，下面介绍一些例子。

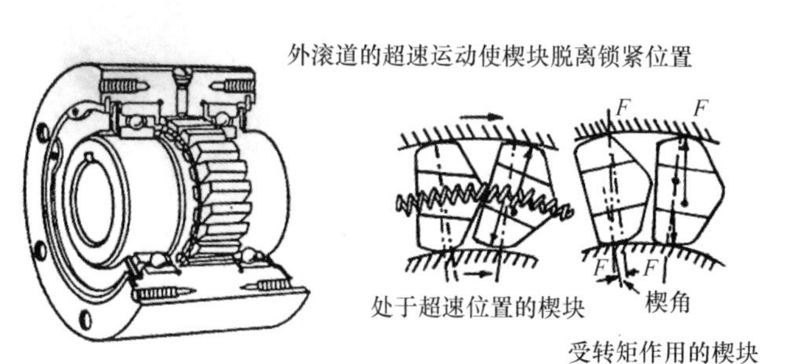

图 8.12-1 精密楔块起楔紧作用并由经过硬化处理过的合金钢制造而成。在楔块离合器中，转矩通过楔块在滚道间沿一个方向的楔入运动被从一滚道传到另一滚道；在另一个方向上，离合器空转。

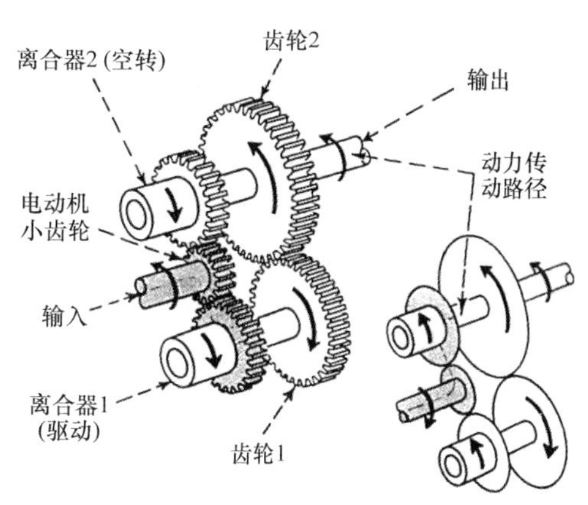

图 8.12-2 这种速度转动装置要求输入转动能倒转。逆时针输入通过离合器1驱动齿轮1，逆时针输出，离合器2空转。顺时针输入(如图)通过离合器2驱动齿轮2，输出依然是逆时针的，离合器1空转。

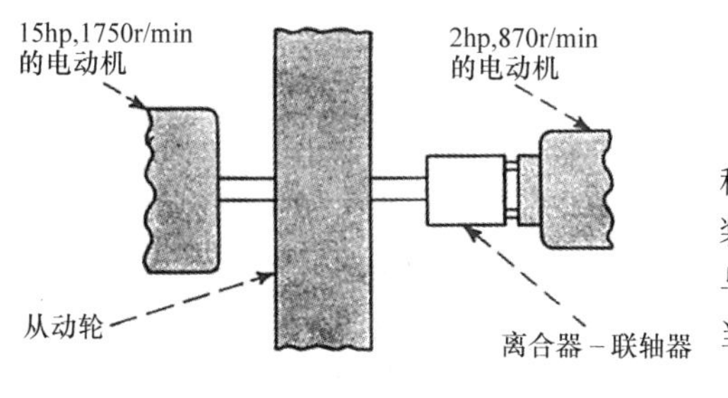

图 8.12-3 若超速离合器连接了两个电动机，这种用于砂轮的速度传动装置可以是一个简单、共线的装置。离合器的外滚道通过一个电动机驱动；内滚道与砂轮轴通过键连接。当电动机驱动时，离合器啮合；当用较大电动机驱动时，内滚道空转。

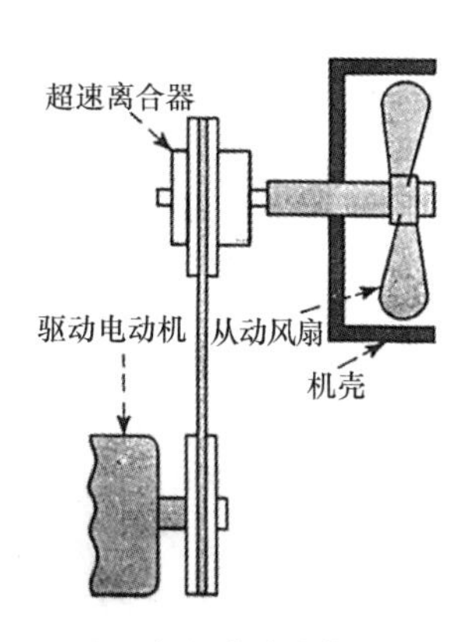

图 8.12-4 当驱动动力停止时，这个风扇自由转动。若没有超速离合器，风扇的动量能将带崩断。若驱动能源是一个通过齿轮传动的电动机，风扇动能的反馈也能使齿轮产生过大的应力。

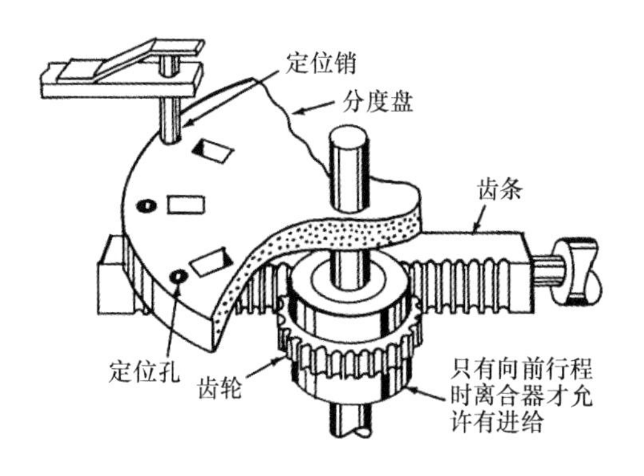

图 8.12-5 这个变位工作台与离合器轴通过键连接。工作台随齿条的行程而转动；只有在齿条的行程运动时，动力才会通过外环形齿轮传过离合器。分度只有很短的位置要求。工作台确切的位置是由受弹簧力作用的销确定的，该销拉着工作台向前到达最终的位置。然后销将保持工作台的位置不变，直到液压缸的下次工作行程。

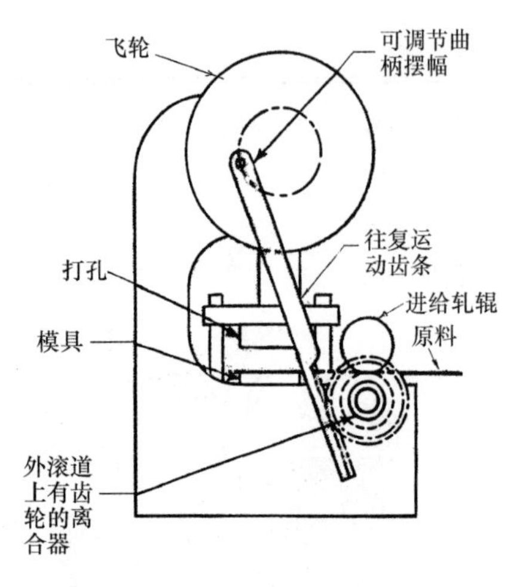

图 8.12-6　这种冲床的进给被设计成在打孔时的下行程阶段(离合器空转)原料板保持不动；在上行程离合器传递转矩时产生进给。进给机构能够很容易地调节来改变进给量。

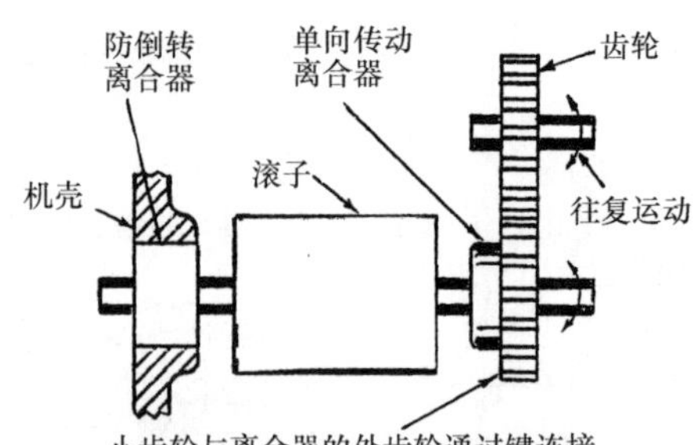

图 8.12-7　通过设置两个离合器实现转位和止退，这样当一个离合器传动时，另一个空转。图示的这种机构应用在胶囊制造机械上，通过滚子涂胶并间歇地停止，这样刀片能够准确地剪切材料，以形成胶囊盒。

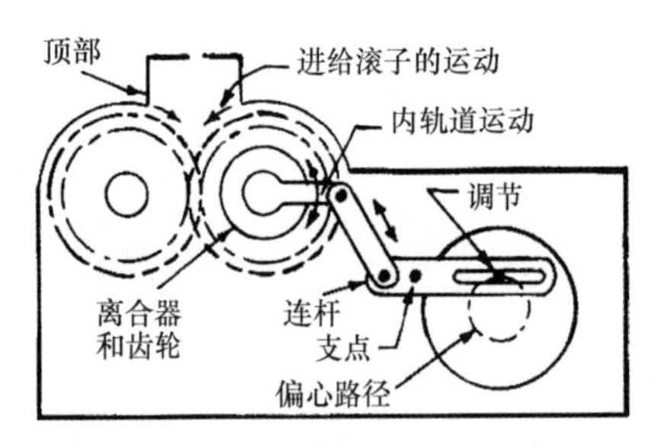

图 8.12-8　这种糖果制造机械的间歇运动是可调的。离合器通过棘轮使进给滚子转动，使原料在加料斗中摇动。

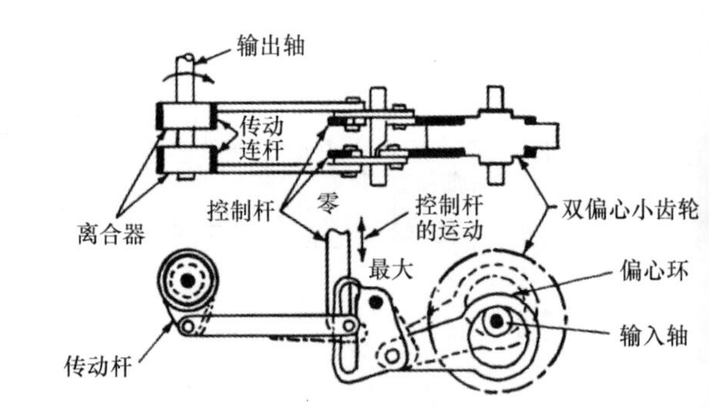

图 8.12-9　这种双推动传动装置具有两个偏心机构和传动离合器。两个离合器的输出呈 180°相位状态。每个偏心机构的转动将产生两个驱动行程。于是，行程长度，即输出转动能够通过控制杆在 0 到最大值之间调节。

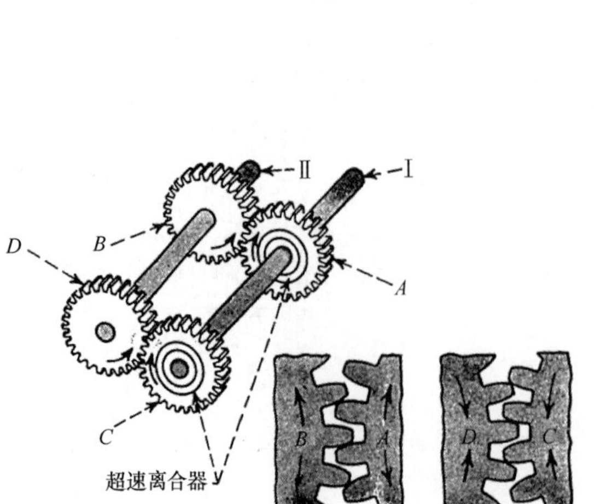

图 8.12-10　这种防止回转装置依靠超速离合器来保证在装置中不产生回转。齿轮 A 靠齿轮啮合和回转驱动 B 和轴Ⅱ，如图 8.12-10a 所示。在齿轮 C 中的超速离合器允许齿轮 D(由轴Ⅱ驱动)驱动齿轮 C，导致如图 8.12-10b 所示的啮合和回转。超速离合器实际上从未空转。它们通过在轴Ⅰ和齿轮 A、C 之间的柔性连接来吸收所有的回转。

8.13 楔块型离合器的应用

超速楔块离合器沿一个方向传递转矩，沿相反方向则减速、停止、保持或自由转动。其应用包括超速、止退和转位。它们的选择类似于其他机械装置的选择——要求检查传递的转矩、超速速度、润滑形式、安装特性、环境条件和可能遇到的冲击。

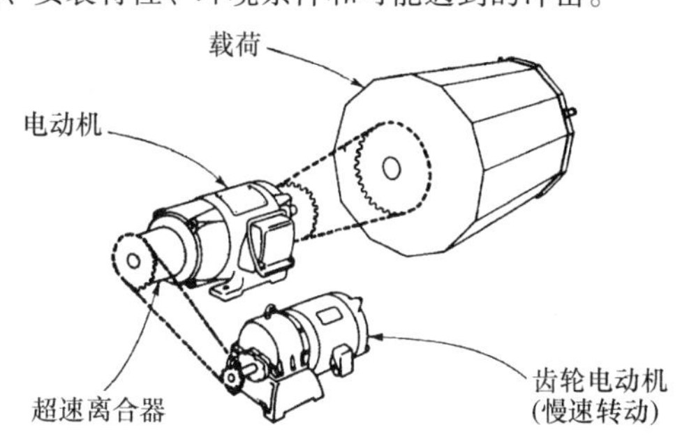

图 8.13-1 超速允许沿着一个方向传递转矩，在另一个方向上自由转动或者空转。例如，通过超速离合器和高速轴，齿轮发动机驱动外载。获得能量的高速电动机使内部构件以高速电动机的转速旋转。齿轮电动机继续驱动内部构件，但是离合器空转。

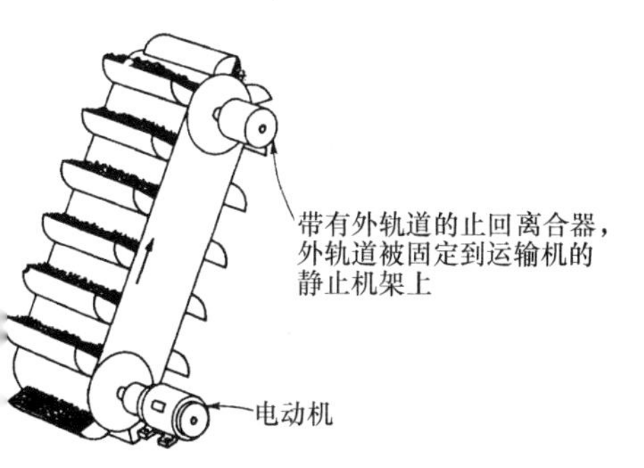

图 8.13-2 止退离合器只允许沿一个方向旋转。离合器起到防止反转装置的作用。一个例子是离合器装载在运输机的顶轴上。外滚道与运输机的转矩杆固定架连在一起。不论何种原因，若运输机的动力被中断，止退离合器将防止料斗滑下以致倾倒货物。

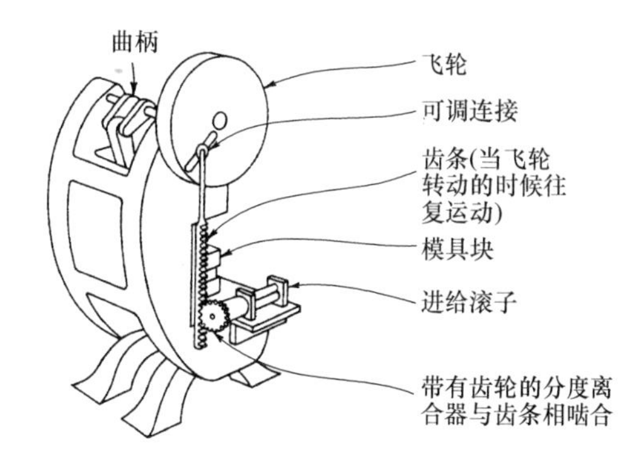

图 8.13-3 转位离合器传递沿一个方向的间歇转动；一个例子就是冲床的进给滚子。在冲床曲轴的每一个行程，由齿条和小齿轮系统完成进给滚子的一次进给行程。系统将原料输送到冲床的模具上。

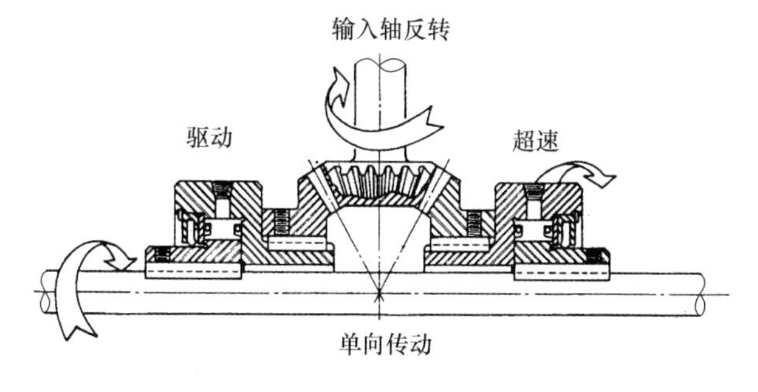

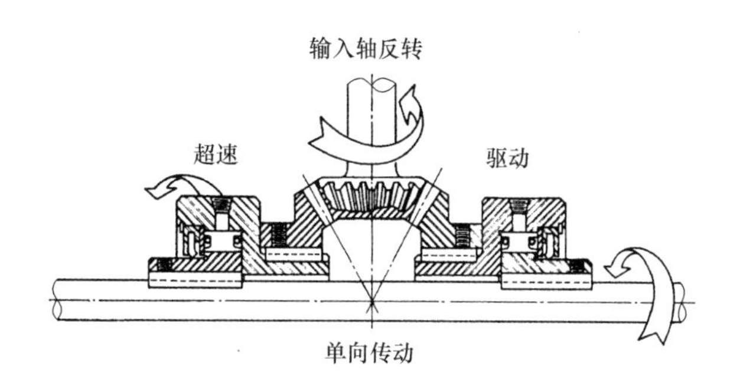

图 8.13-4 带有倒转机构的单向传动装置将两个超速离合器合并到齿轮、滑轮或链轮中。这里展示了一个带有倒转输入轴的 1∶1 传动比的直角传动装置。不论输入轴方向如何，输出轴都沿顺时针转动。通过改变齿轮的大小，可以得到相对于输入的持续或间歇的单向输出。

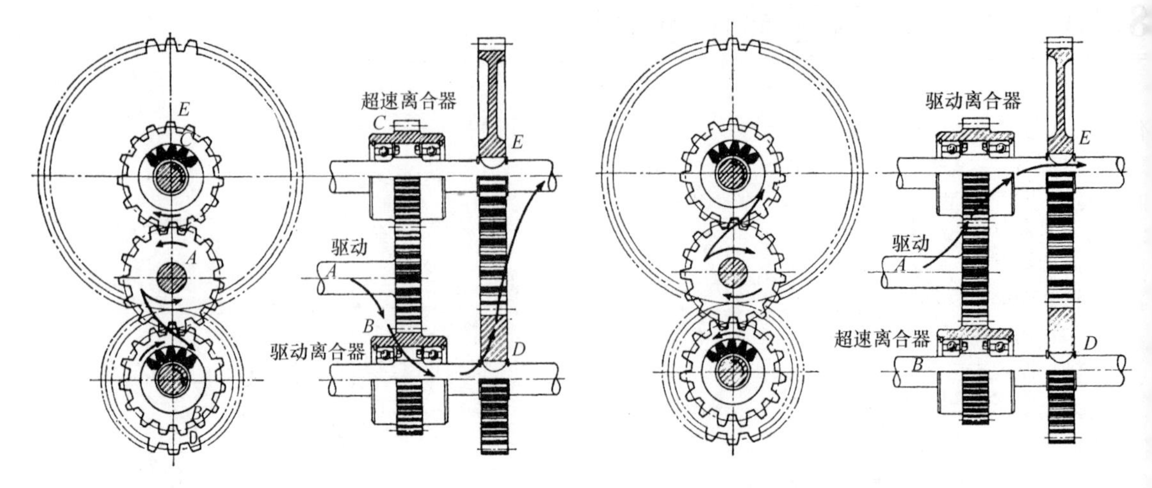

图 8.13-5 通过使用直齿轮和改变输入轴的转动方向，双速单向输出是可以实现的。轴 A 的旋转将齿轮 B、D 和 E 的动力传到输出轴。逆时针旋转，使下面的离合器啮合，上面的离合器空转，因为齿轮 C 比轴转动的快。这是由齿轮 B 和 E 之间的减速造成的。齿轮 A 的顺时针旋转使上面的离合器啮合，下面的离合器空转，因为齿轮 D 和 E 之间的速度提高了。

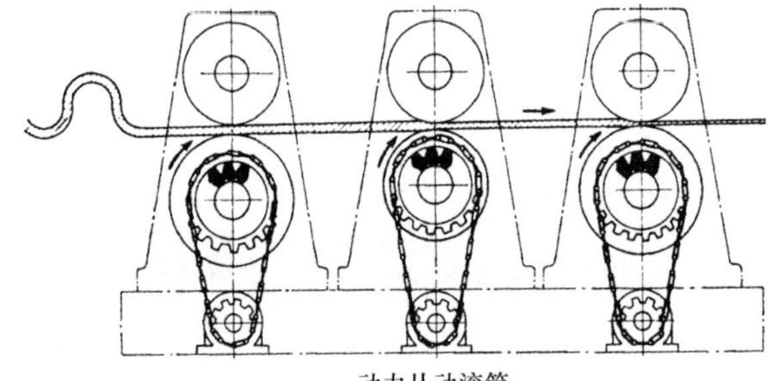

图 8.13-6 在保持其他所有功能具有相同的基本速度，只是针对某一特定功能实现一个不同的速度范围时，需要一个差速或补偿机构。由于驱动或滚子直径的变化，一系列的独立从动滚子可以有不同的表面速度。超速离合器允许具有较低圆周速度的滚子超速或者适应加工材料的速度。

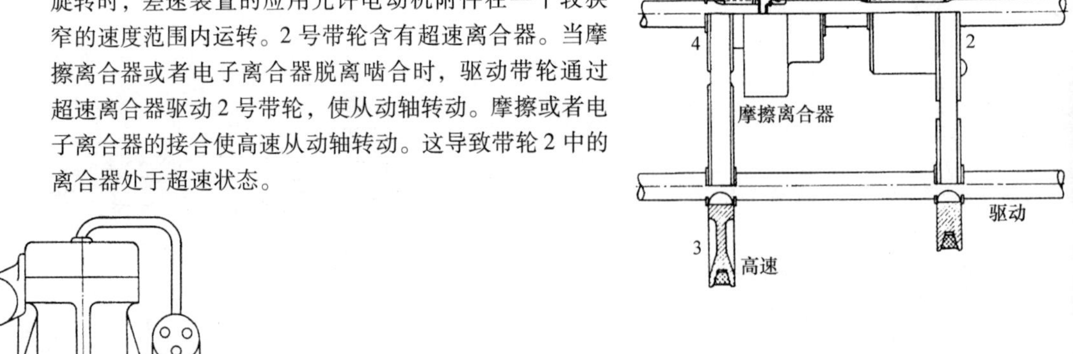

图 8.13-7 当电动机可在一个较宽的速度范围内旋转时，差速装置的应用允许电动机附件在一个较狭窄的速度范围内运转。2 号带轮含有超速离合器。当摩擦离合器或者电子离合器脱离啮合时，驱动带轮通过超速离合器驱动 2 号带轮，使从动轴转动。摩擦或者电子离合器的接合使高速从动轴转动。这导致带轮 2 中的离合器处于超速状态。

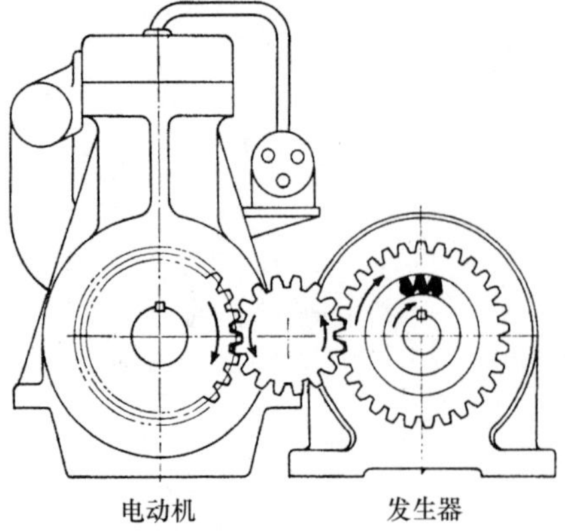

图 8.13-8 通过一个动力系统产生高惯性消耗可以避免倒转。在具有高阻力的机器中，它防止动力传动链损坏。当发生器在空载条件下突然关闭电动机时，它将有一个拧断发生器轴的趋势。超速离合器使发生器减速比比电动机的减速比小。

8.14 用于精密设备的小型机械离合器

小型机械离合器必须具有以下特性：(1)快速响应——可动零件要轻；(2)柔性——允许多个构件控制操作；(3)紧凑性——相同的功效下，直接离合器比摩擦离合器更小；(4)可靠性；(5)耐用性。

图 8.14-1　一个棘轮棘爪单循环 Dennis 离合器。这种离合器的主要部分是驱动棘轮 *B*、从动凸轮盘 *C* 和由凸轮盘带动的连接棘爪 *D*。离合器臂 *A* 的下面的齿一般使棘爪保持脱离啮合状态。当被驱动时，臂 *A* 逆时针摆动直到它脱离凸轮盘 *C* 的边缘 *F* 的轨迹为止。在弹簧 *E* 的作用下，棘爪 *D* 与棘轮 *B* 相啮合。然后，凸轮盘 *C* 顺时针转动，直到一圈的末尾，盘上的销 *G* 撞击臂 *A* 的上部，凸轮带动它顺时针返回到正常位置。然后 *A* 的下半部分执行两个功能：(1)它使棘爪 *D* 脱离与驱动棘轮 *B* 的啮合；(2)它阻止边缘 *F* 和凸轮盘的更进一步运动。

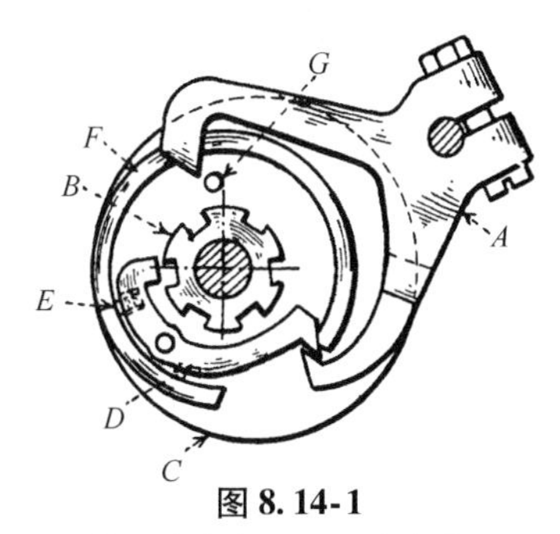

图 8.14-1

图 8.14-2　棘轮棘爪、单循环的、双重控制的离合器。这个离合器的主要零件是驱动棘轮 *B*、从动曲柄 *C* 和受弹簧力作用的棘爪 *D*。驱动棘轮 *B* 被直接与电动机相连并能绕杆 *A* 自由旋转。从动曲柄 *C* 被直接地连接到机床的主轴上并也能在杆 *A* 上自由地旋转。受弹簧力作用的棘爪 *D* 由曲柄 *C* 带动，它一般与弹簧销 *E* 保持脱离状态。为启动离合器，臂 *F* 被抬高，使弹簧销 *E* 移动，并且，使棘爪 *D* 与棘轮 *B* 相啮合。离合器弹簧锁 *G* 的左臂处在棘爪 *D* 的突缘的轨迹上，它通常通过曲柄 *C* 的凸轮边缘的转动被移开。对特定的操作，挡板 *H* 被暂时放下。这防止弹簧销 *G* 的运动，导致在循环的后部分离合器脱离啮合。它一直保持脱离，直到挡板 *H* 被抬起，允许弹簧销 *G* 运动和恢复循环。

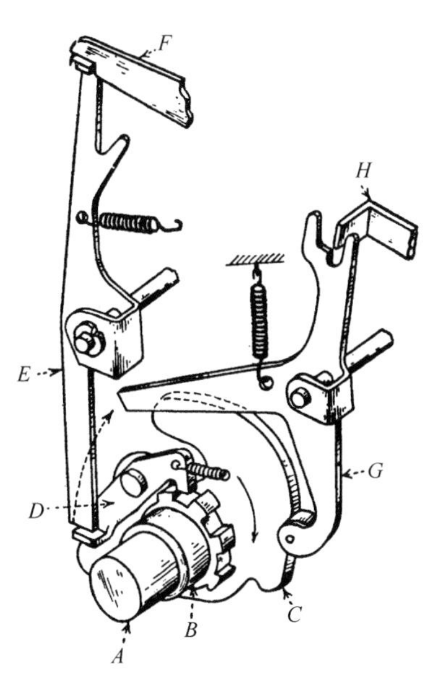

图 8.14-2

图 8.14-3　行星传动离合器。这是一种外部控制的刚性离合器。两个齿轮传动链给计数器提供一个双向传动以使机器循环和移动支架。齿轮 *A* 是驱动件；从动齿轮 *L* 与行星齿轮支架 *F* 直接相连。行星轮是由一体的齿轮 *B* 和 *C* 组成的。齿轮 *B* 与惰轮 *D* 啮合。齿轮 *D* 和 *G* 分别带动凸耳 *E* 和 *H*。那些凸耳可以与控制叉的臂 *J* 和 *K* 上的端面相接触。

当机械停止时，控制叉被定位在中央，这样臂 *J* 和 *K* 脱离凸耳的轨迹，允许 *D* 和 *G* 空转。为了实现啮合传动，控制叉顺时针摆动，如图所示，直到在臂 *K* 上的端面与凸耳 *H* 啮合，阻止环形齿轮 *G* 的进一步运动。所以，可以建立一个纯齿轮传动链，沿着同一个方向驱动 *F* 和 *L*，就像驱动 *A* 一样。同时，当齿轮链持续逆时针转动时，它使 *D* 的速度发生改变。一个反转的发生器使控制叉逆时针旋转，直到臂 *J* 遇到凸耳 *E*，阻止 *D* 的进一步运动。这将驱动另一个具有相同传动比的齿轮链。

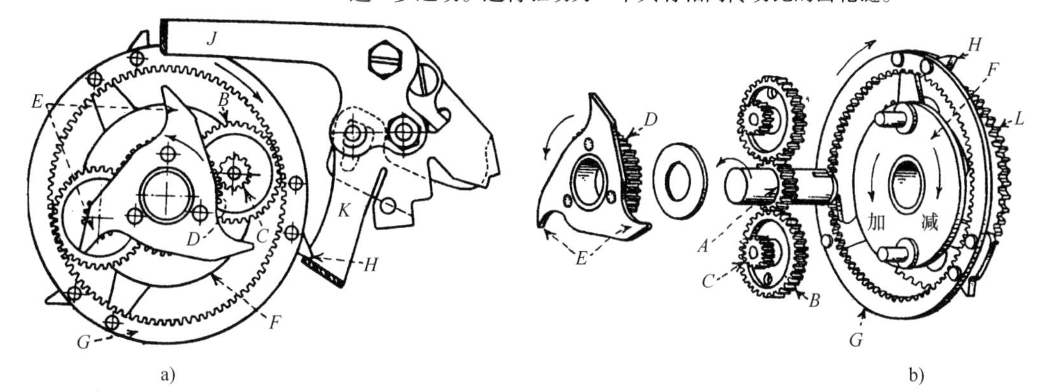

图 8.14-3

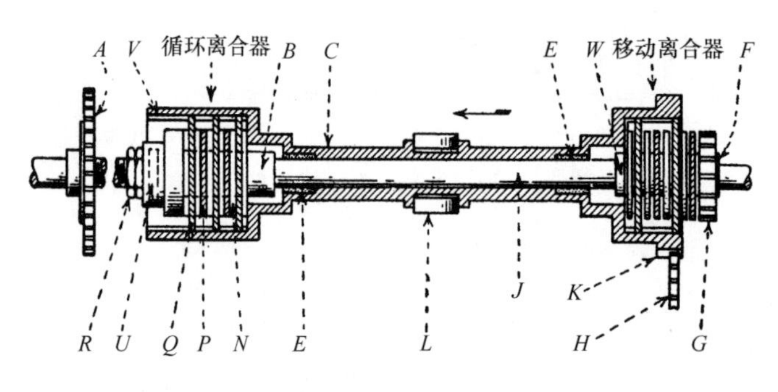

图 8.14-4

图 8.14-4　多盘摩擦离合器。两个多盘摩擦离合器组合到一起形成具有两个位置的一个装置，图中所示的是装置在左侧位置时的情况。一个梯形圆柱机壳 C 中装进了这两个离合器。内部自润滑轴承支撑在同轴的轴 J 上的机壳，轴 J 靠与机壳齿轮齿 K 啮合的传动齿轮 H 驱动。在另一端，机壳装有多金属盘 Q，这些金属盘与键槽 V 啮合，并且与树脂片状盘 N 产生摩擦接触。然后，它们将与一组金属盘 P 接触。这些金属板上开有槽用来与套 B 和 W 上的平面相连。

在图示位置上，滚子 L 施加压力，迫使机壳移向左边，使左边的离合器压到调节螺母 R 上。这些螺母通过套 B 驱动齿轮 A，套 B 与塞孔轴 J 通过销 U 相连。当支架移动后，滚子 L 迫使机壳向右，当然，它们首先减小左边离合器中盘间的压力。然后，滚子 L 通过两个离合器之间的位置，它们最后压迫右面离合器与轴承 F 接触。这个动作通过套筒 W 驱动齿轮 G，套筒 W 能在塞孔轴上自由转动。

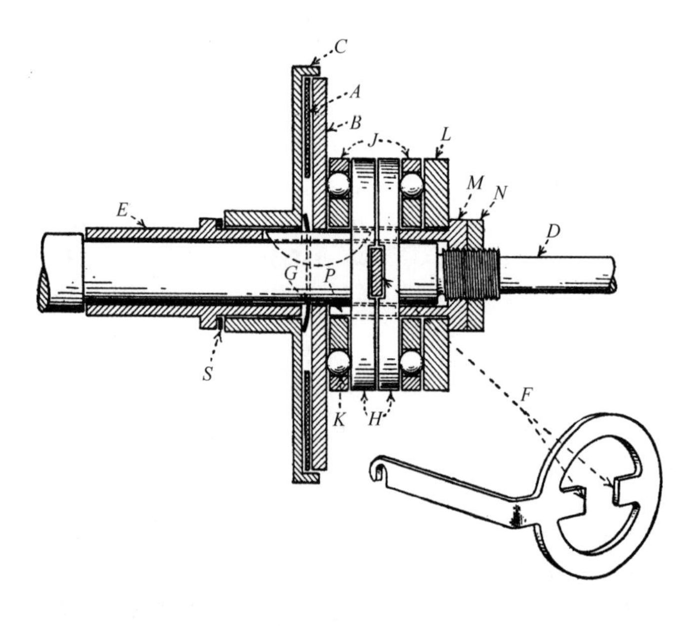

图 8.14-5

图 8.14-5　单盘摩擦离合器。这个离合器的基本零件是树脂片状离合器盘 A、钢盘 B 和圆筒 C。通常它们被弹簧垫圈 G 分离。为了进行啮合传动，抬高控制杆的左端，使处于盘 H 的槽中的突耳 F 顺时针摆动。这个运动使盘沿着轴套 P 轴向移动。轴套 E 和 P 及盘 B 通过键与驱动轴相连；所有其他的零件能自由旋转。通过与板 L 相对的推力球轴承 K 和调节螺母 M 使装配件产生右移的轴向运动。通过 A、B、C 上的摩擦面相对 D 轴上的轴肩推动垫圈 S、轴套 E 也可以使装配件向左移动。然后，就会使树脂片状盘 A 来驱动圆筒 C。

图 8.14-6　过载释放离合器。这是一个简单的、受弹簧力的作用的双盘摩擦联轴器。轴 G 驱动螺栓 E，E 驱动开有沟槽的盘 C 和 D，盘 C 和 D 均与树脂片状盘 B 相对。通过调节在螺栓 E 带螺纹的端部上的两个螺母，弹簧 H 保持压缩状态。这使得装置在轴向压力的作用下与 E 左端的轴肩相接触。

这样使树脂片状盘 B 通过与齿轮两面的摩擦来传递动力，该齿轮能自由地在螺栓 E 上旋转。齿轮的这一运动导致输出小齿轮 J 旋转。如果使用该离合器的机械装置发生故障，并且齿轮 J 不能转动，电动机在无过载的情况下能继续转动。然而，树脂片状离合器盘 B 和大齿轮间可能会有滑动。

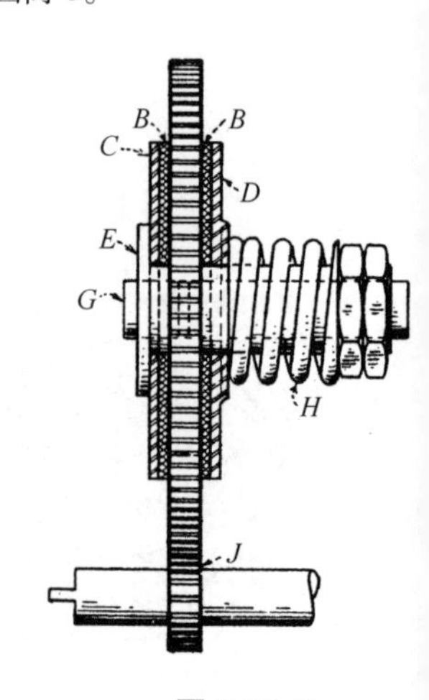

图 8.14-6

8.15 工位离合器的机构

这些工位离合器可以设计成各种各样的形式，在加工期间，它们可以在选定的点启动或者停止机械装置。

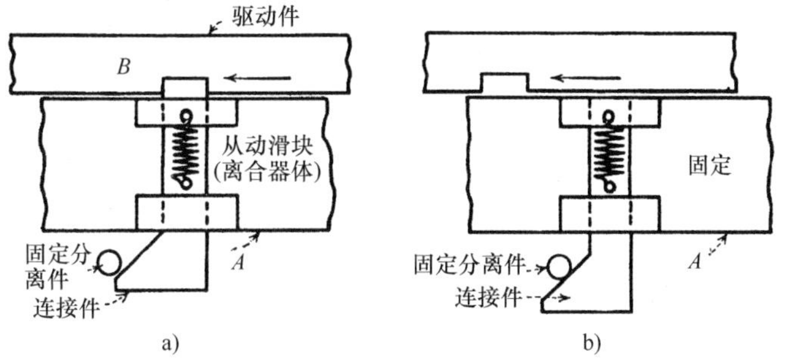

图 8.15-1 图 a 中驱动件和离合器体协调地移动，从而使连接件与分离件接触。在图 b 中，持续的移动使连接件回撤。

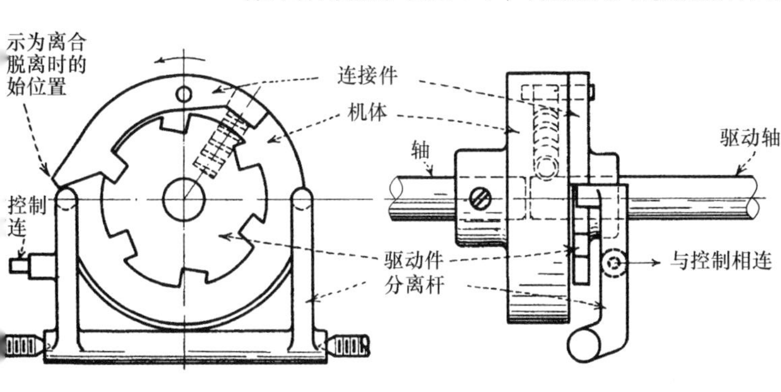

图 8.15-2 两工位离合器的两个位置成 180°。因为它只有一个分离，所以这个离合器也能起单工位离合器的作用。

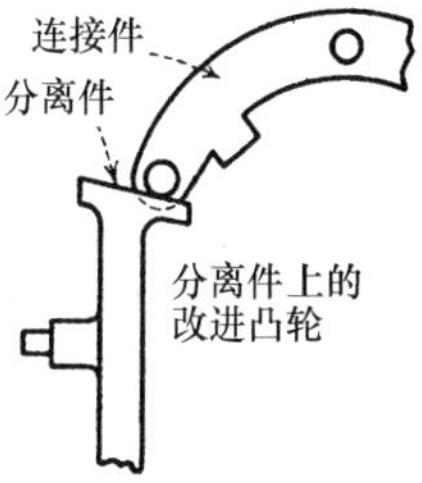

连接件
分离件
分离件上的
改进凸轮

图 8.15-3 在图 8.15-2 中所示的凸轮分离件的改进。

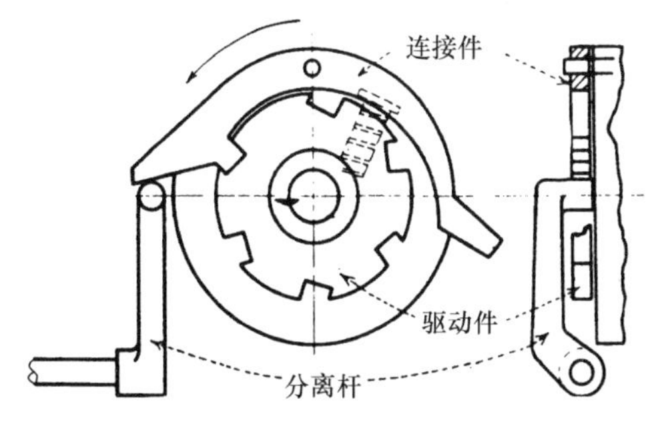

图 8.15-4 两个位置成 180°的单分离件两工位离合器。因为连接器有两个凸轮，所以只需要一个分离件。

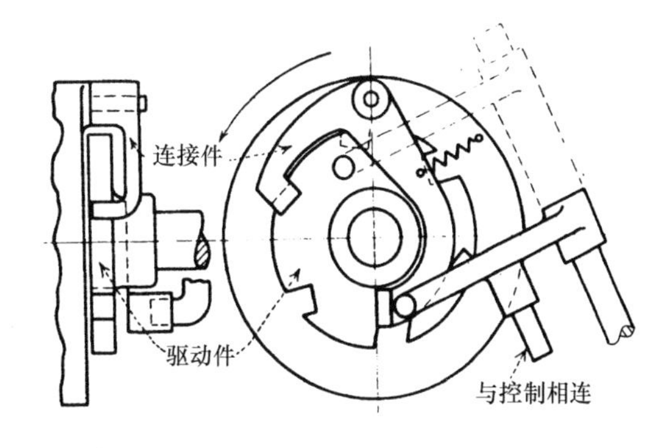

图 8.15-5 这种带有一个双分离件的单工位或两工位离合器比较紧凑，因为机体外没有突出零件。

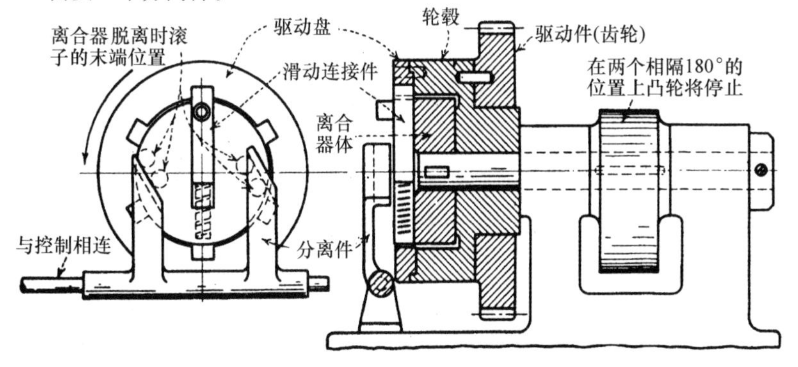

图 8.15-6 带有内置驱动凹槽的工位离合器的端面和剖视图。

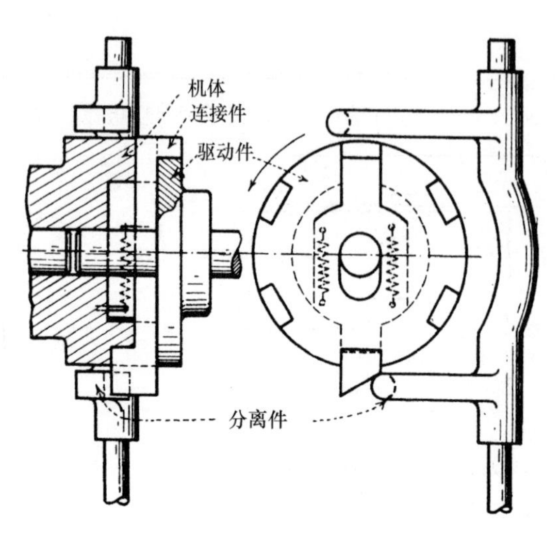

图 8.15-7　这种单工位或双工位离合器依靠一个或两个分离件。它的两个工位间隔 180°。

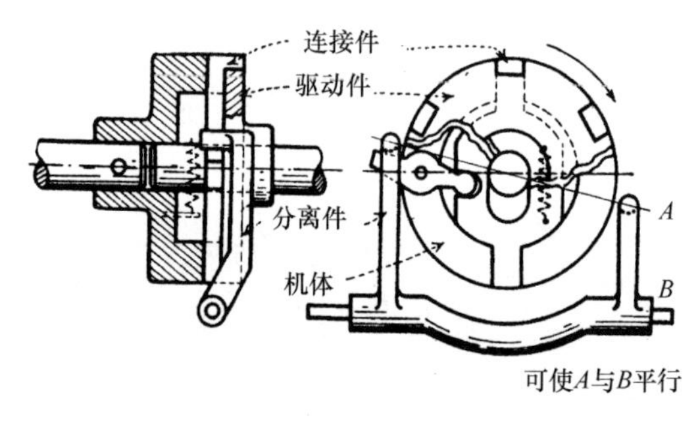

图 8.15-8　这是另一种单工位或双工位离合器。它有一个或两个分离件，两个工位间隔 180°。

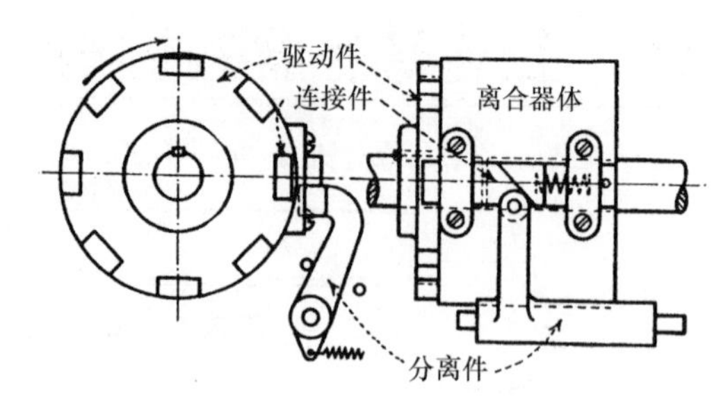

图 8.15-9　单工位轴向连接离合器。

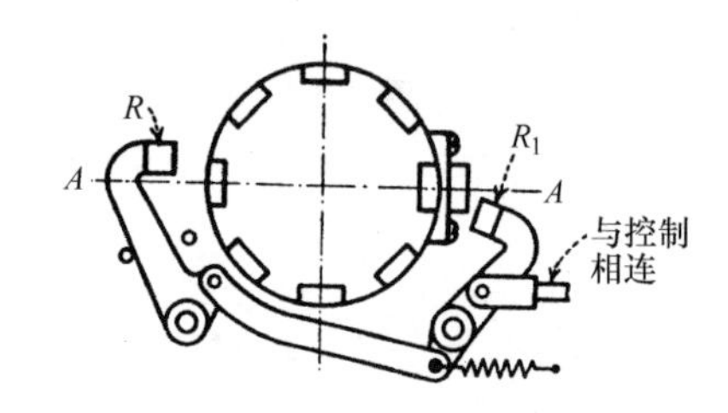

图 8.15-10　两工位离合器。分离件的滚子 R 和 R_1 也可以被设置在中心线 A—A 上。

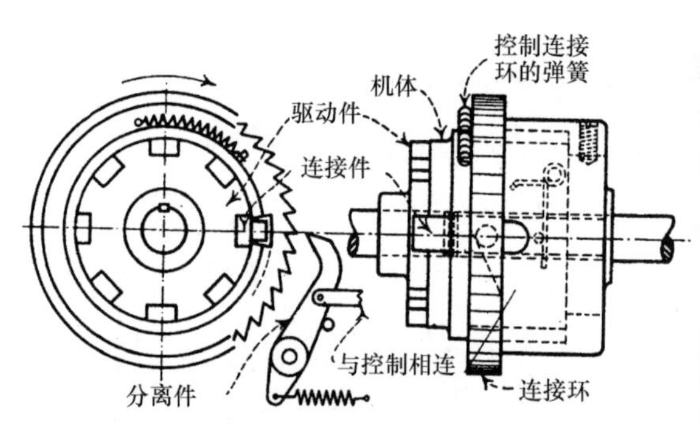

图 8.15-11　用于在任何位置上瞬间停止的、无需选择的多工位离合器。

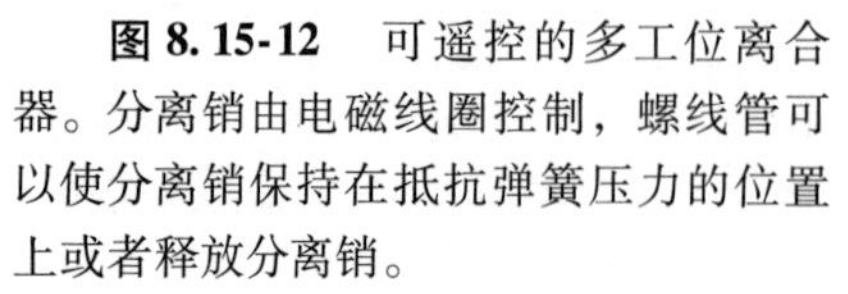
图 8.15-12　可遥控的多工位离合器。分离销由电磁线圈控制，螺线管可以使分离销保持在抵抗弹簧压力的位置上或者释放分离销。

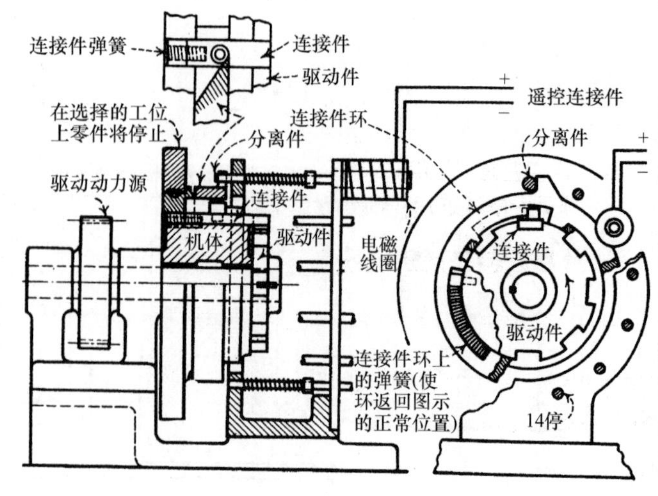

8.16 电磁离合器和制动器的 12 种应用

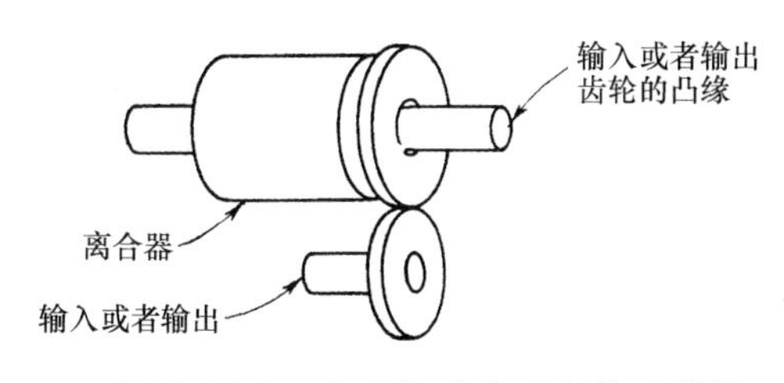

图 8.16-1 实现与动力或者传感器装置的连接或断开。

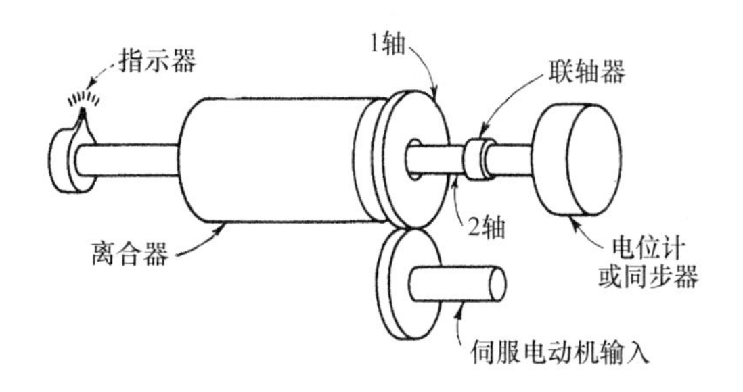

图 8.16-2 校准保护(供电调节)。

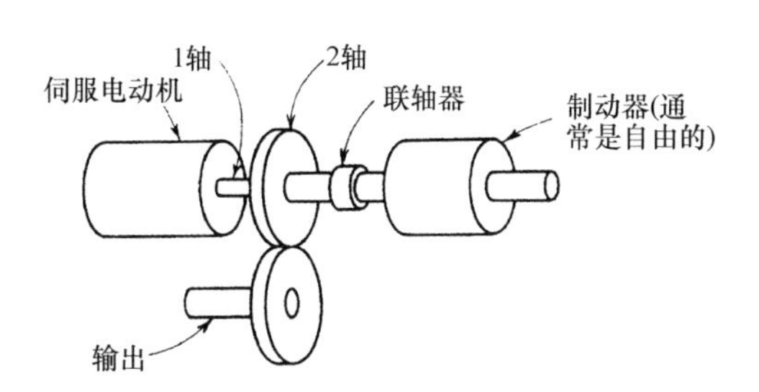

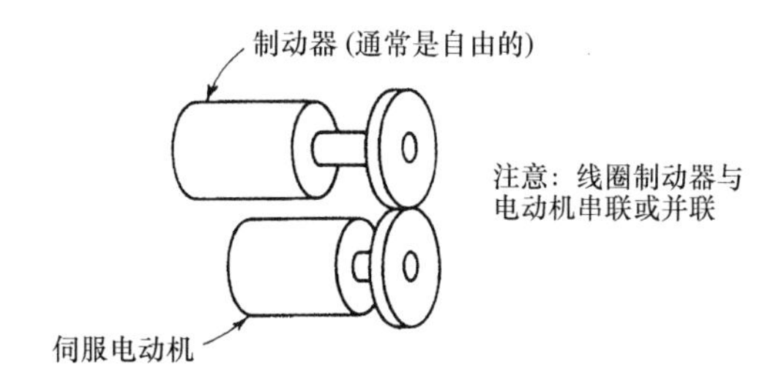

图 8.16-3、图 8.16-4 简单的伺服电动机制动器。

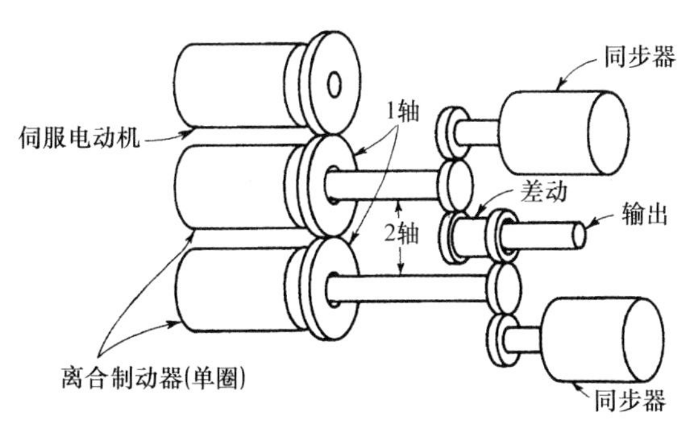

图 8.16-5 增加或者减少两个输入。

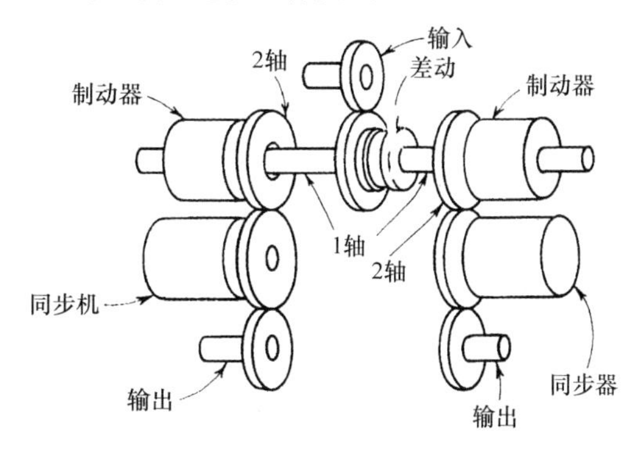

图 8.16-6 通过差动控制输出。

1. 磁性摩擦离合器

最简单、适应能力最强的电磁控制的离合器就是磁摩擦离合器。它的工作原理与简单的由电磁线圈控制的带有弹簧复位功能的电子继电器的原理相同。和继电器一样，它是一个简单的、通过电路控制功率通量(在该例子中是转矩)的自动开关。

2. 使用旋转还是固定的磁场?

这是一个磁力设计上的一个老问题。旋转磁场离合器包括一个旋转线圈，通过电刷和集电环供电。静止磁场离合器有一个静止的线圈。旋转磁场离合器还是比较普通的，但是已经有了明显的向静止磁场离合器发展的趋势。

通常来说，旋转场离合器是一个在驱动(输入)构件上带有一个螺旋管的两构件装置。它能直接与电动机或者减速器轴相连接，而不用卸下驱动电动机。在大型号旋转离合器中旋转螺线管增加了惯性，而在尺寸比较小的旋转离合器中，它能提供比静止磁场离合器更好的尺寸与额定输出比。

静止磁场离合器是一个含有旋转输入、输出构件和一个固定的螺线圈机壳三个构件的装置。它避免了使用电刷和集电环，但是，它要求增加轴承支撑和减小装置公差。

3. 完全磁性离合器

磁滞离合器和涡流感应离合器对我们来说可能要比摩擦离合器陌生得多。它们依靠磁力原理操作，而

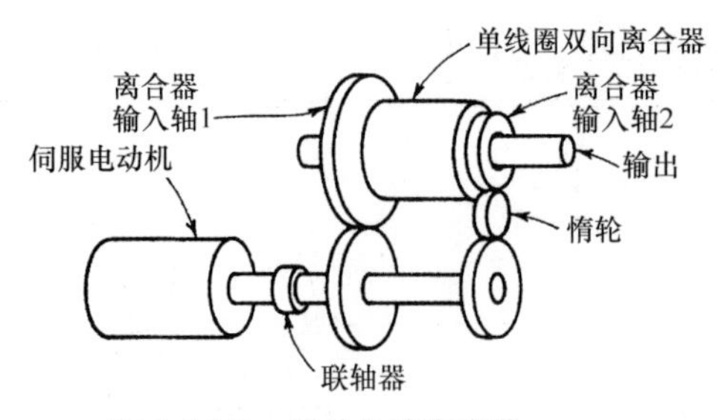

图 8.16-7 简单的速度变化。

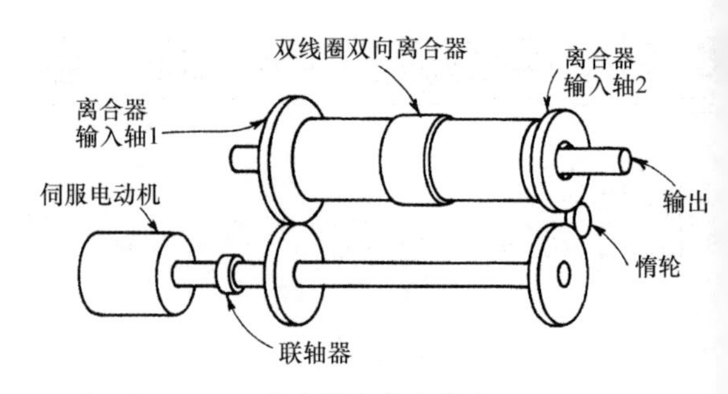

图 8.16-8 速度的变化和分离。

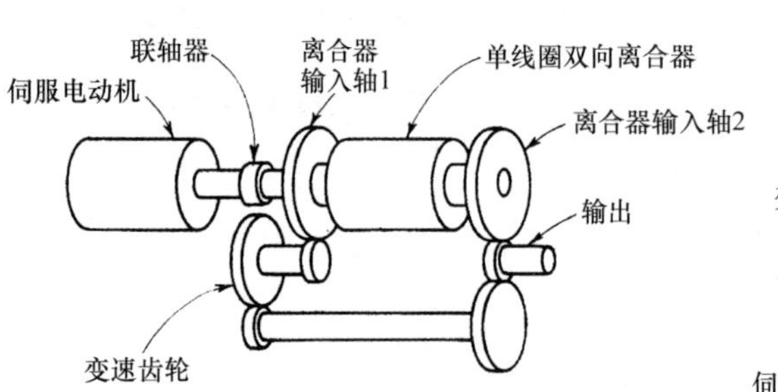

图 8.16-9 简单的方向变化。

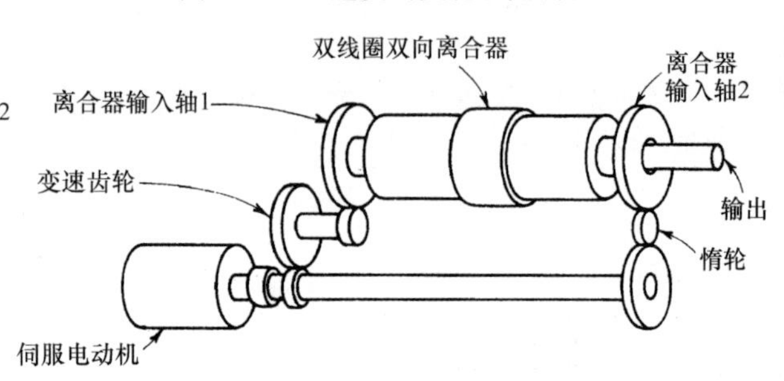

图 8.16-10 方向变化和分离。

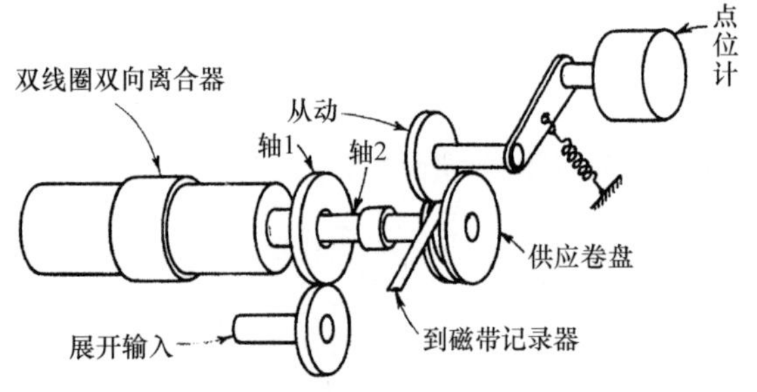

图 8.16-11 恒张紧力。

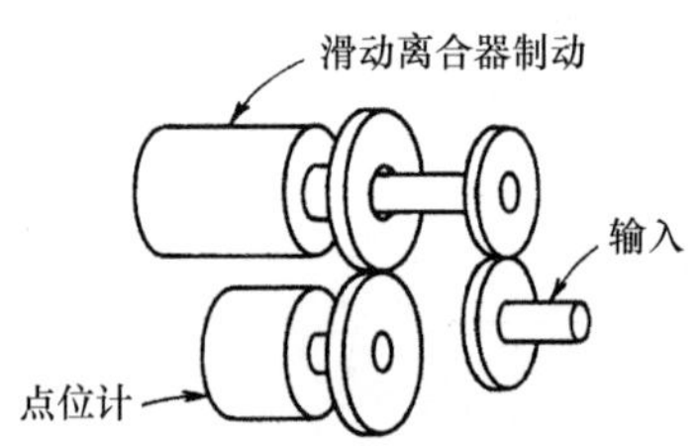

图 8.16-12 电位计的控制。

不需要构件之间的机械接触。这两种类型在结构上几乎一样，但是磁滞离合器的磁力部分是电绝缘的，涡流感应离合器的磁力部分却是通电的。在磁通量从两个离合器构件之间穿过方面，这两种类型的磁性模拟是相似的。

4. 磁滞离合器

磁滞离合器是一个成比例转矩控制离合器。就像它的名字一样，它在永磁转子环上使用磁滞作用以产生一个充分恒定的转矩。该转矩几乎完全与速度无关(除了轻的,不可避免的副涡流转矩,它不会严重地降低性能)。对于给定的控制电流它能够同时驱动或者连续滑动，且在任何滑差下无转矩变化。通过一个晶体管驱动可以满足它的动力控制的要求。典型的应用包括线圈或者带的张紧，伺服控制驱动和测力计中的转矩控制。

5. 涡流感应离合器

涡流离合器是固有的速度敏感装置。它们实际上没有磁滞，而是通过消耗经过转子线圈中的涡流来产生转矩。该转矩几乎是滑动速度的一个线性函数。这些离合器在速度控制的应用中表现得最好，例如摆动阻尼器。

6. 粒子和流体磁性离合器

磁粒子和磁力场离合器之间没有真正的区别，只是磁粒子离合器中的磁介质是一种干粉；在流体离合器中，它是一种漂浮在油中的粉。在两种离合器中，磁性介质都是被引入到输入和输出表面的空隙之间，这两个表面相互不直接接触。当离合器线圈通电以后，表面间磁场中的粒子被激活；当它们相互剪切时，就在离合器构件之间产生一个转矩。

理论上，与同样小重量和有限尺寸的微型摩擦离合器相比，这些离合器能具有接近磁滞离合器的比例控制特性。但是实际上，微型磁粒子离合器的使用寿命到目前为止还不能满足工业的需要。

7. 其他磁性离合器

以下为两个精密复杂的概念——哪个都没发展到能实际应用——只是本研究领域的人员可能对此感兴趣。

静电离合器依靠高压而非磁场来产生力。

磁致伸缩离合器依靠磁力来改变在两个非常精密的物体之间平衡的晶体或者金属棒的尺寸。

第9章

锁紧、紧固、夹紧装置和机构

9.1 16种弹簧锁、肘节和触发机构

下面是基本锁紧和快速打开机构的示意图。

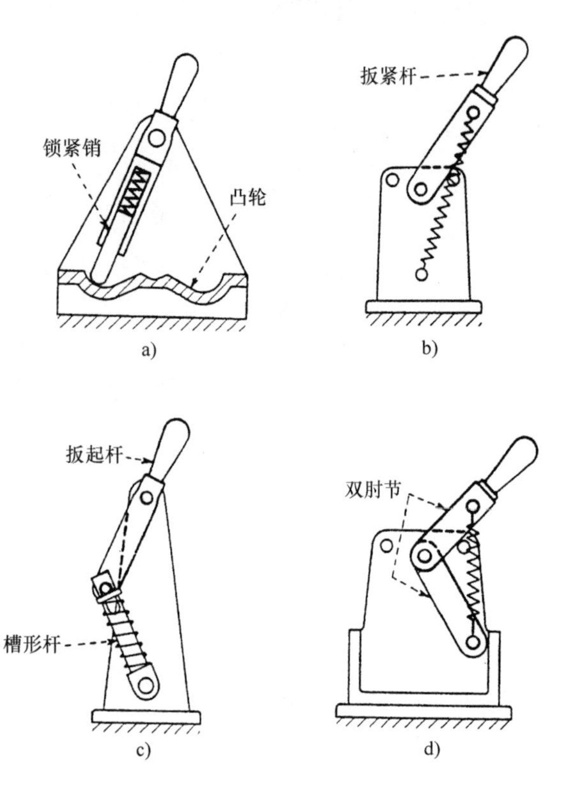

图 9.1-1 凸轮形导轨的弹簧锁(a)有一个扳紧和两个打开的位置；(b)简单越过中心肘节的动作；(c)采用槽形杆越过中心肘节；(d)双肘节经常用于电子开关。

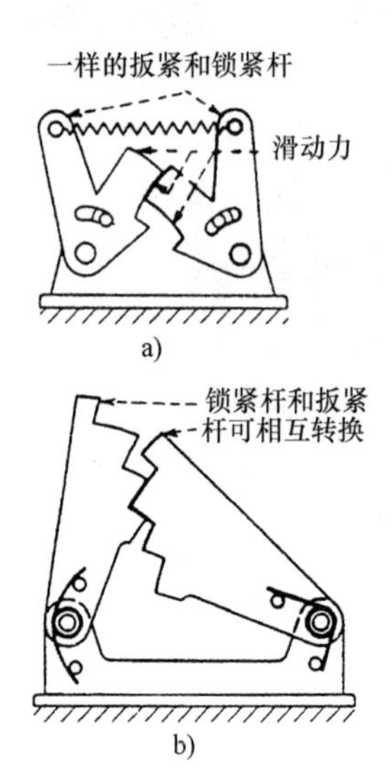

图 9.1-2 形状相同的扳紧和锁紧杆(a)允许它们的功能相互转换。滑动表面的半径必须有适于配合的尺寸。阶梯弹簧锁(b)提供几个锁紧位置可供选择。

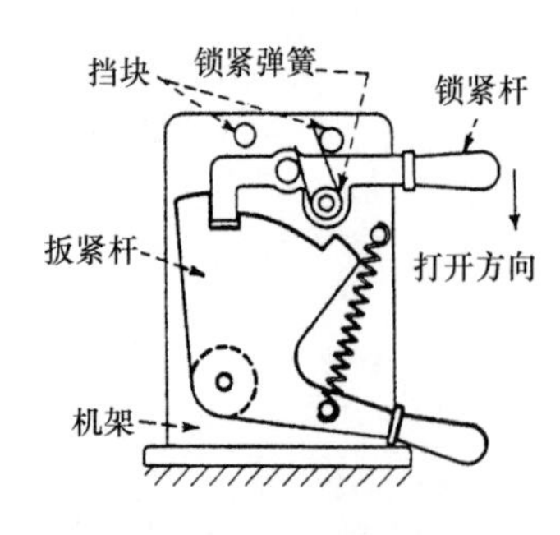

图 9.1-3 锁紧和扳紧杆通过弹簧力使锁起动打开扳紧杆。被扳紧的位置可以是不固定的。机架内的一些销钉可用作挡块、支点，或者用于弹簧的固定。

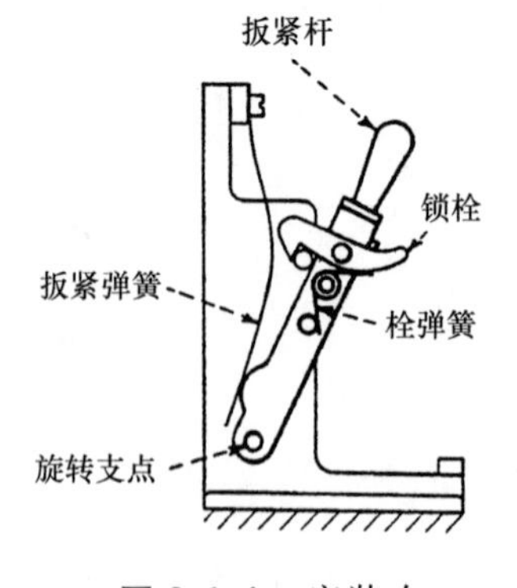

图 9.1-4 安装在一个扳紧杆上的锁栓允许两个杆同时达到工作点。在打开锁后，扳紧弹簧使杠杆顺时针旋转，然后靠自重来工作。

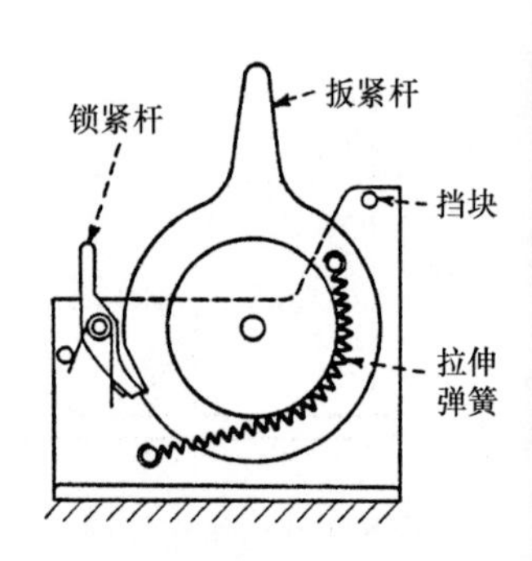

图 9.1-5 一盘形锁紧机构在圆柱体的中心上有一个拉伸弹簧。弹簧力总是作用在以杠杆支点为圆心的固定半径上。

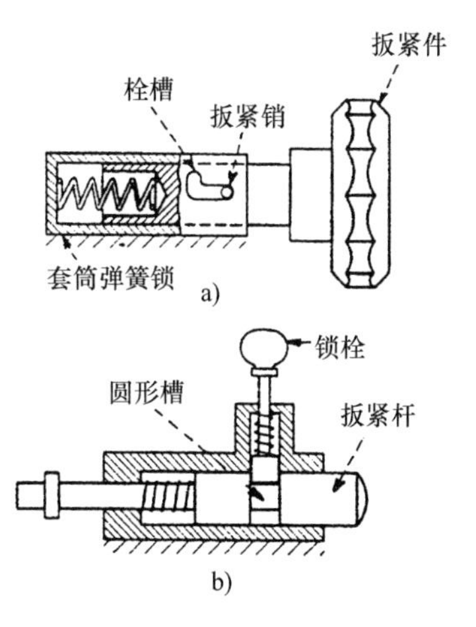

图 9.1-6　套筒弹簧锁(a)有一个 L 形的栓槽。轴上的销与这个栓槽配合。扳紧需要一个简单的推和拧动作。(b)锁栓和扳紧杆靠轴向运动来锁紧和开启弹簧锁。

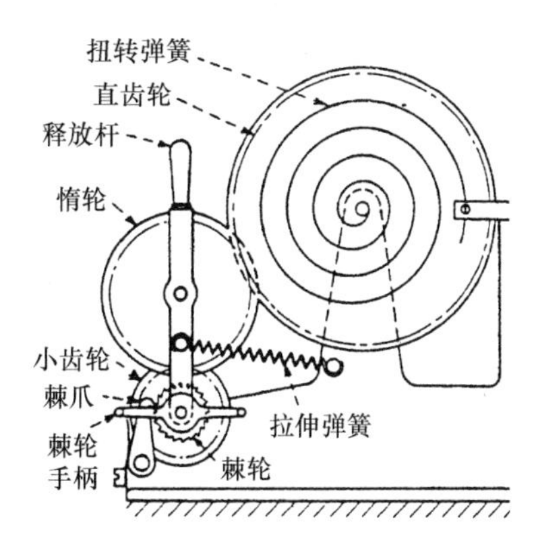

图 9.1-7　这个齿轮扳紧装置有一个固定在小齿轮上的棘轮。扭曲弹簧对直齿轮施加一个顺时针方向的力，而拉伸弹簧使齿轮保持互相啮合。逆时针方向转动棘轮手柄使设备卷紧，同时也使扭转弹簧卷紧。移动释放杆允许直齿轮返回到卷紧前的位置，而棘轮手柄不动。

图 9.1-8　这个偏心锁紧机构中(a)锁紧杆的顺时运动扳紧并锁住滑块。释放滑块时需要锁紧杆作逆时针方向运动。(b)采用与(a)中一样的逆时针方向运动，锁紧凸轮扳紧和释放扳紧杆。

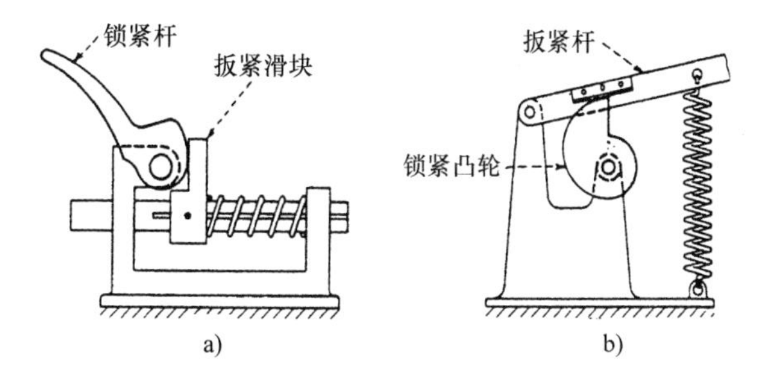

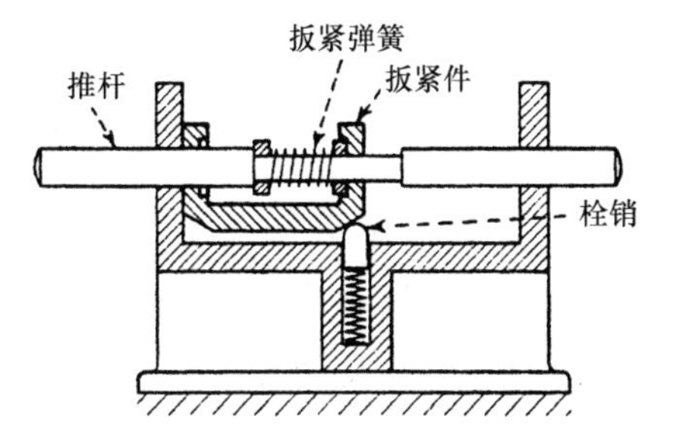

图 9.1-9　弹簧加载的扳紧件在角部有斜面。这根推杆的轴向运动迫使扳紧件与机架上受弹簧力的球或销接触。当这种扳紧积累足够的力来克服栓销弹簧时，扳紧件快速右移。这个动作可以在两个方向上重复进行。

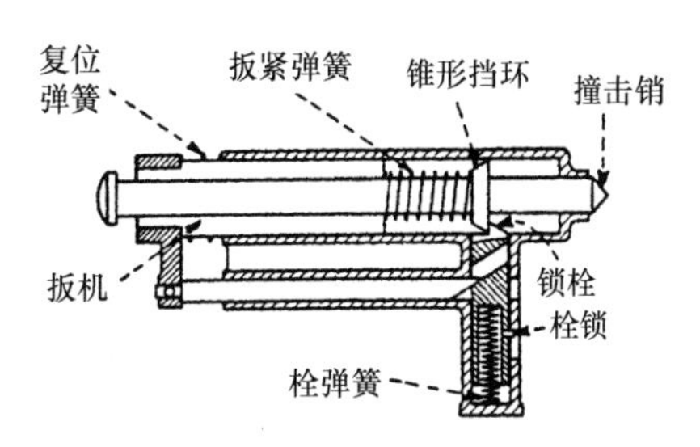

图 9.1-10　这个撞击机构在销上有一个锥形挡环。扳机上的压力迫使锁栓向下，直到在扳紧弹簧力的作用下挡环被松开，销冲出来。复位弹簧使扳机和销回到原位置。锁栓在销上锥形挡的作用下被迫向下，直到栓的弹簧力被克服后，锁栓弹回。如果除去扳机和撞击销，栓销将保留锁栓。

9.2　14 种急动机构

这里图示了产生机械急动的 14 种方式。

当作用于一个设备上的力超过一段时间后，这个力积累到一个临界状态引起突然的运动，从而导致机械急动。理想急动机构在力量达到临界状态之前不会产生运动，但这是不可能的，只是接近这种理想工作状态的方式被用来衡量一个急动机构的效率。这里所示的一些设计很接近理想状态，另一些不太接近，但是这些不太接近理想状态的设计有比较好的额外补偿特性。

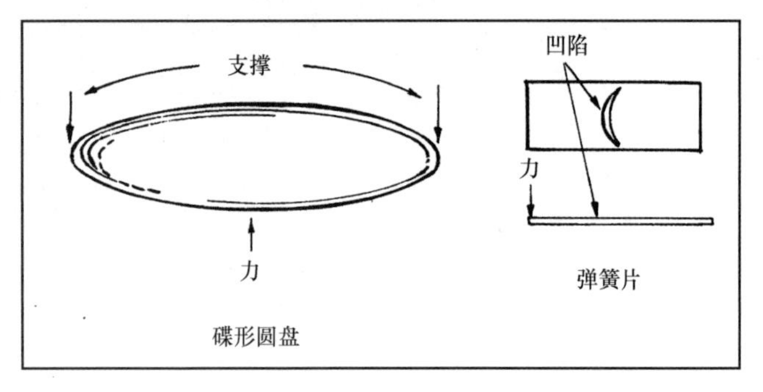

图 9.2-1　碟形圆盘是一种简单、常用的产生急动方法。由弹簧材料制成的弹簧片在受到偏心力作用时能形成各种形状。“蛙鸣器”就是一个典型的应用。以这种方法制成的一种双金属元件将在预定温度时将反转自己。

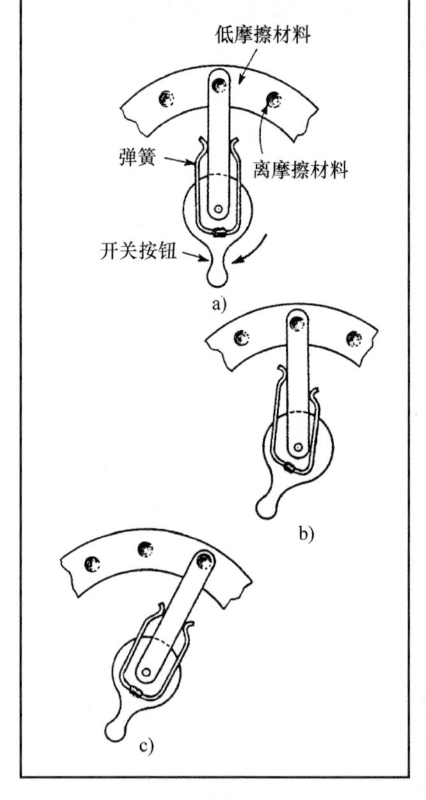

图 9.2-2　摩擦力可以被用来抵抗逐渐增加的载荷，直到摩擦力被突然克服。对于那些体积小的、不需要较大的力和运动的敏感设备来说，这是一个很有用的原理。这种方式类似于我们打响指。这类的动作或许是最原始的急动机构。

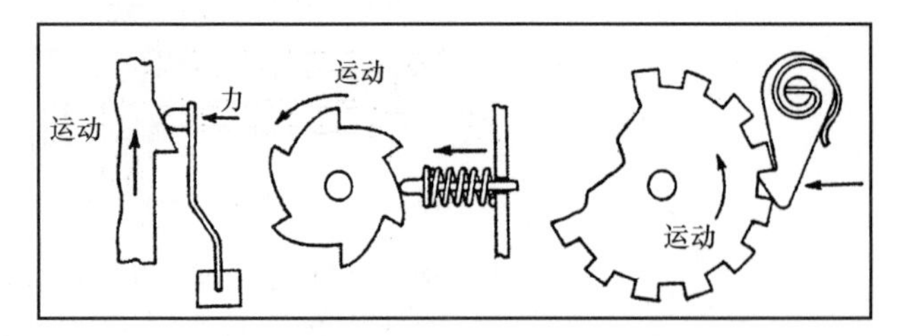

图 9.2-3　棘轮和爪的组合或许是使用最广泛的急动机构形式。实际在许多复杂机械装置的应用中，棘轮和爪的变形结构都是其主要特征。不过，根据定义，这种运动不是真正的急动。

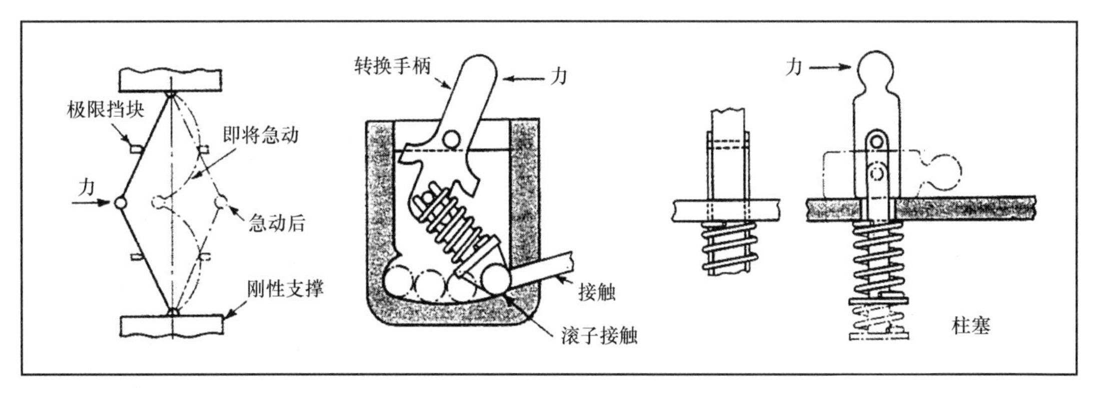

图 9.2-4 偏心机构被应用于电子开关中。与此原理相关的大量精巧设计已被应用到许多不同的机构中。它是大多数急动机构的基础。

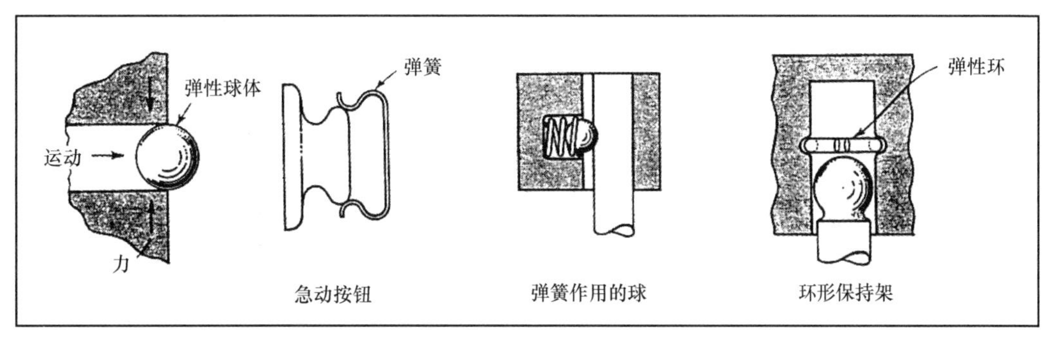

图 9.2-5 喷丸原理是以急动按钮为基础的，用于固定的弹簧作用的球和保持环圈等必须经得住重复使用。它们的作用可以提供容易或者困难的移动。磨损会改变所需要的力。

图 9.2-6 一个装满空气的泄气阀阻挡活塞的移动，直到气缸前部的气压已经增加到一个相当高的压力时，产生急动。低压一侧的泄气阀区比高压一侧的大六倍。因此，施加在高压一侧使泄气阀移动的压力是为了使阀门保持在适当的位置而施加在低压一侧压力的六倍。

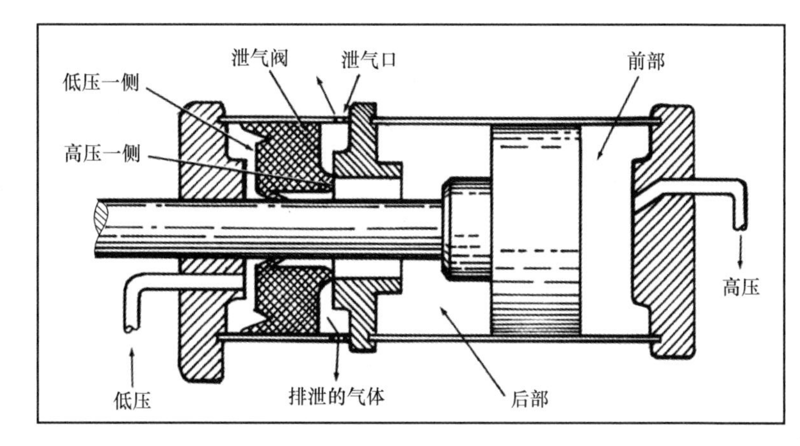

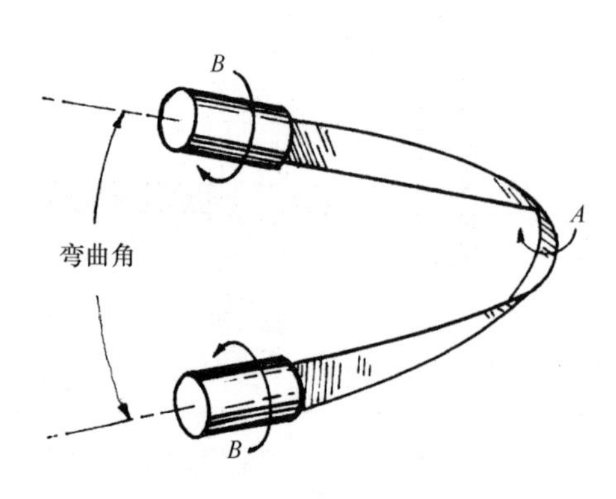

图 9.2-7 当在 *B* 处转动时，扭曲带将产生急动并在 *A* 处会有“里面外翻”的动作。扭曲设计参数包括带的宽度、厚度和弯曲角度。

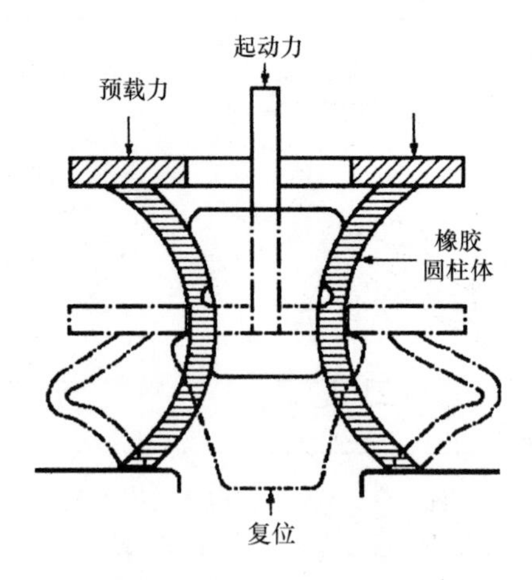

图 9.2-8 被挤压的圆筒有可以逐渐变形的弹性壁，当它所受的压应力变为弯曲应力时，圆筒将突然塌陷。

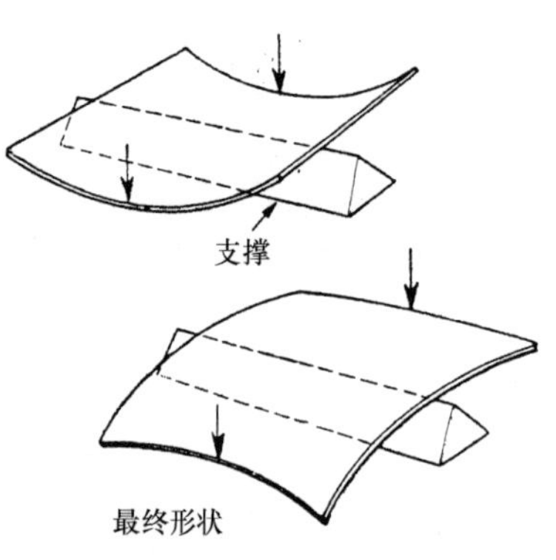

图 9.2-9 当如图所示，在外力作用下曲面弹簧的形状将发生改变。“推拉”钢测量带可以说明这种现象。材料弯曲会使带硬化，从而在悬臂状态时可以支撑一定的力，除非负载过重否则不会突然断裂。

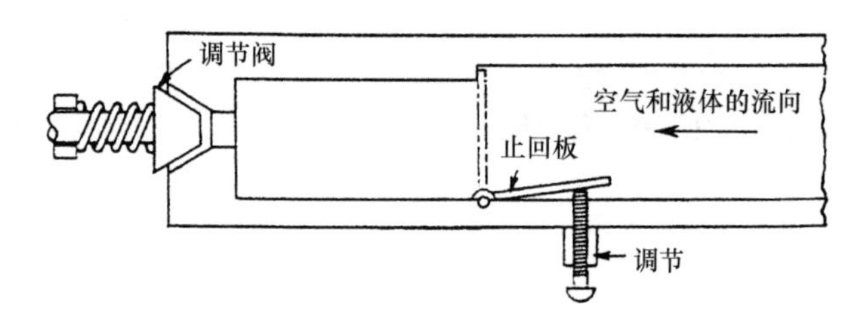

图 9.2-10 止回板可以阻止以有限的速度流动的气体或液体。借助一个调节阀，当压力降到设计值之下的时候止回板会突然关上(因为增加了速度)。

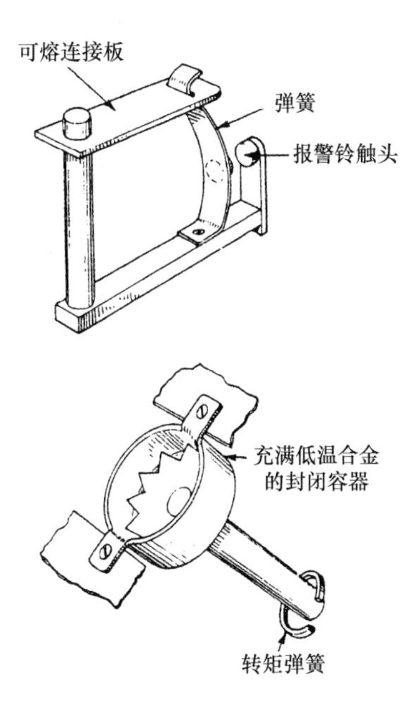

图 9.2-11 在高温或者腐蚀性的化学制品可以造成损害的地方，受损害的连接件可以被利用。如果温度变得太高或者气体中有太多的腐蚀性，连接件将在设计条件下产生变化。设备通常只被要求工作一次，尽管该图中下面的设备可以被快速复位。本装置局限于应用于对于温度控制。

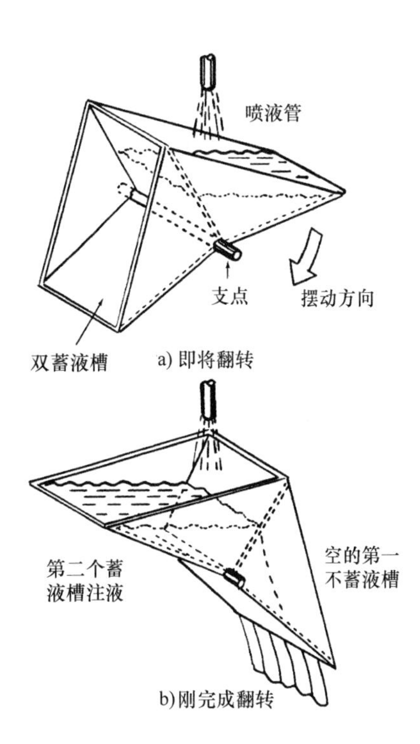

图 9.2-12 虽然与大多数急动机构相比动作较慢，重力翻转机构可以被叫急动机构是因为它们有个能量积累并引发自动释放的过程。排污用的翻转蓄液槽即是一个例子。图 a 中它准备翻转。当失去平衡时，它将迅速翻转，如图 b 所示。

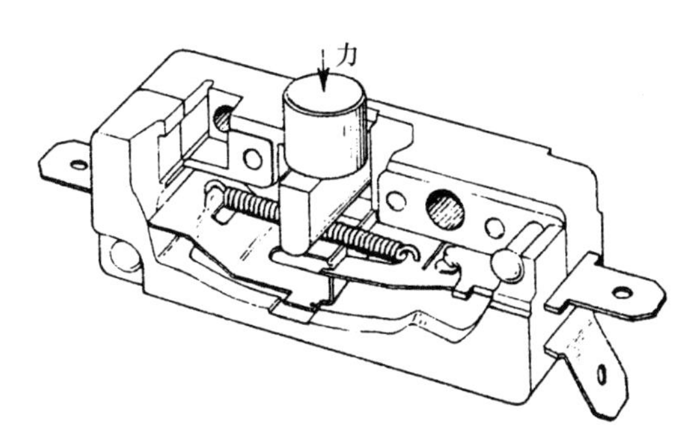

图 9.2-13 偏心拉伸弹簧与旋转接触片一起作为一个构件被用在开关中。这里所示的例子非常特殊，因为只有弹簧承受驱动力。

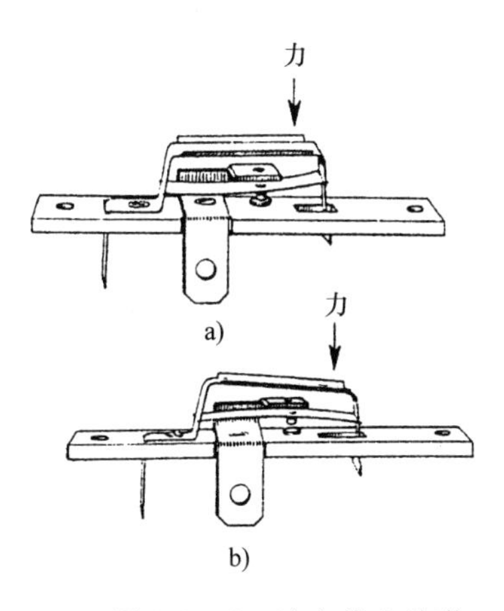

图 9.2-14 这个偏心片弹簧的动作是电子控制中很多灵敏急动开关的基础，适合作为电控制开关。有时，弹簧的动作与双金属片的温度调节动作相结合使开关对热或者冷作出反应，既可以用于控制目的，又可以满足安全的需要。

9.3 远程控制锁紧机构

这种简单的机构使携带离合器和连接器的平行板接合或脱离。

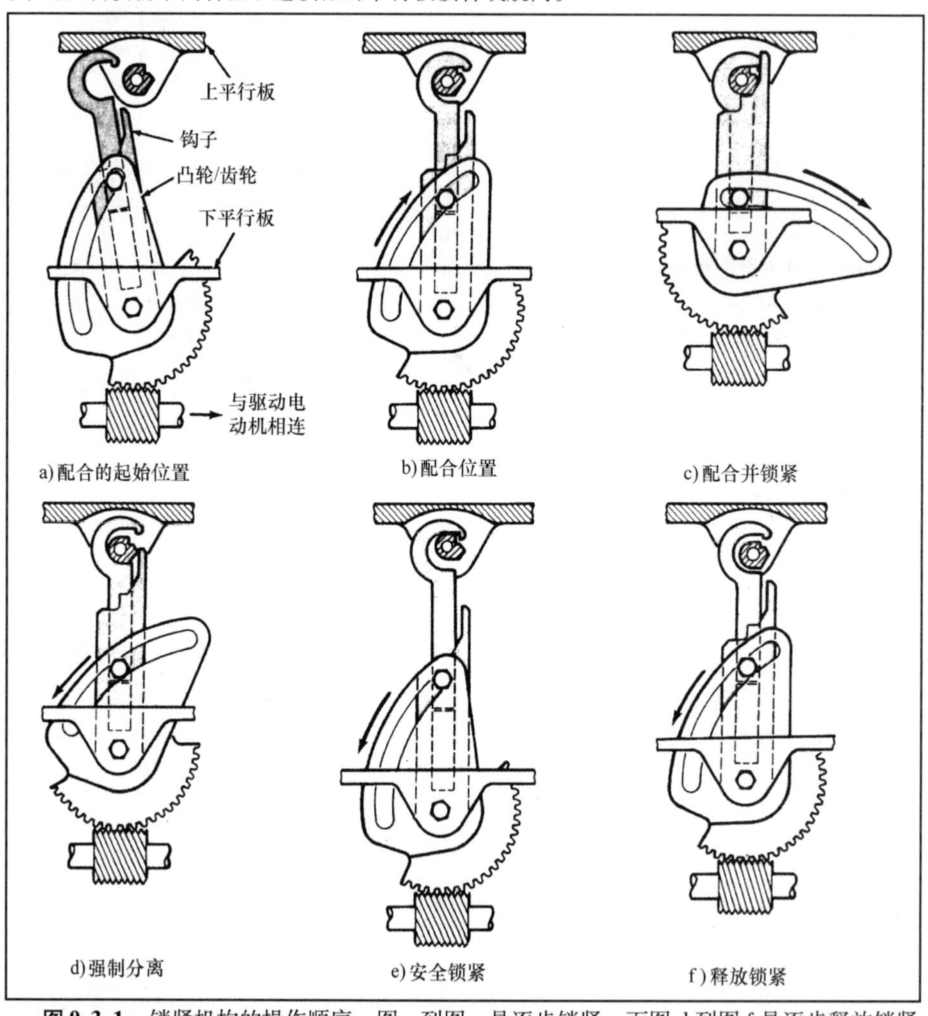

图 9.3-1 锁紧机构的操作顺序：图 a 到图 c 是逐步锁紧，而图 d 到图 f 是逐步释放锁紧。

在一个连续的运动过程中，一个锁紧使两个平板产生接合(见图 9.3-1)。在宇宙飞船上，锁紧机构使携带 20 个液体离合器和电子连接器的平板连接(和断开)。离合器/连接器的连接座在一个平板上，相配合的连接销在另一个平板上。为了在远程控制下进行搬运、储存或加工，设计了适当的锁紧机构，这个机构同样有一个故障防止功能：除非两个平板都获得支撑，否则不允许它们完全分离。这样，两个平板就不能散开，也不能使人受伤或毁坏设备。

机构使用 4 个凸轮/齿轮装配件，下平板的每个角都有一个装配件。在平板侧面上的齿轮均朝向里侧，被用来平衡载荷并使两个平板保持对齐。在凸轮轴齿轮装置上的蜗杆与驱动电动机相连。

图 9.3-1 表示了一对平板锁紧和释放锁紧的运动顺序。最初，钩子倾斜地伸出。两个平板被带到一起，当它们相距 119mm (4.7ft)的时候，驱动电动机启动(见图 9.3-1a)。蜗杆使钩子旋转，直到钩子接近对面平板上的销(见图 9.3-1b)。蜗杆的进一步转动使钩子回缩并使下平板上升(见图 9.3-1c)。两个平板上的离合器和连接器完全接合和锁紧。

蜗杆反向旋转使平板分离，并且使下平板降低，使离合器分离(见图 9.3-1d)。然而，如果下平板没有支撑，锁紧安全功能启动。如果下平板自由地悬挂着，钩子就不能脱离销(见图 9.3-1e)。如果下平板有支撑，钩子伸出并升起以脱离销(见图 9.3-1f)，这样两个平板就完全分离。

这个工作是由罗克韦尔国际公司的 Clifford J. Barnett、Paul Castiglione 和 Leo R. Coda 为约翰逊航空中心所作的。

9.4 可伸缩固定器的插入、锁紧和轻松释放

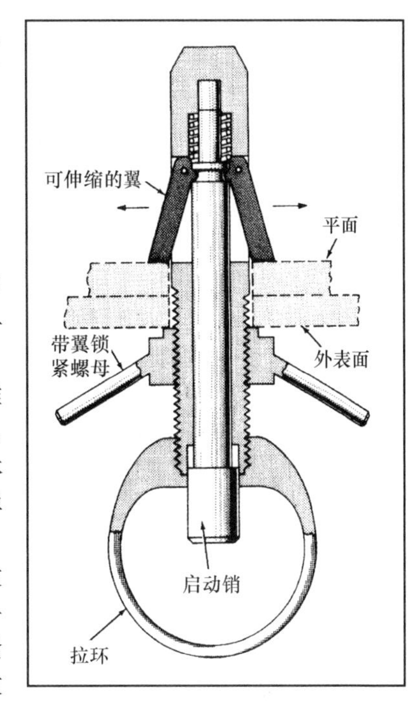

图 9.4-1 一个带有可控制伸缩部件的固定器从一侧就能插入和锁紧。

由美国国家航空与航天局(NASA)的 Ames 研究中心的 C.C. Kubokawa发明的销型可伸缩固定器能够把板材固定到一起，在墙上或甲板上固定东西，或者是固定表面曲率不同的元件，例如从一个凹形到一个凸形表面。

带有启动销的固定器。固定器的圆柱体上有个便于插入孔中的锥形头；另一端有螺纹，外面套有带翼锁紧螺母，此外，如果需要的话，可以再安装一个拉环，这样在固定器释放后可方便地拉出来。圆柱体上的凹槽内嵌有两个或更多个由启动销控制的可伸缩翼。这些翼在弹簧力作用的销未被压下时是展开的。

安装此固定器时，先压下启动销，使可伸缩翼收拢。当固定器放置好后，松开启动销，部件通过下面的锁紧螺母被紧密地连接在一起。这一过程将在伸展的翼上施加压力。当松开固定器时，拧松锁紧螺母，再次按下启动销使翼收拢。与此同时，拉环可以拧在带有螺纹的圆柱体一端，以便更容易将固定器从部件中拉出。

这个发明由 NASA 申请专利(美国专利号为 No. 3,534,650)。

9.5 自动释放载荷的抓钩

由位于伊利诺斯州的 Argonne 国家实验室设计的这个简单的抓钩机构，用来自动卡紧和释放来自于上方起重机的载荷。开发这个自释放机构的目的是用来从核反应堆中移出燃料棒。它可以在人类工作有危险或不能胜任的地方进行工作，例如从直升机上放下并释放载荷。

机构(如图 9.5-1 所示)由两部分组成：一个扣紧载荷的起升把手和一个连在起重机上的抓紧部件。在起升把手下的滑动锁紧 - 释放轴环是这个机构设计的关键。

弹簧的妙用。设计一个圆柱形内表面的抓钩外壳，在内表面上开有一条环形槽，槽里面有夹紧弹簧和 3 个金属销。当爪位于起升把手下边时，三个金属销的边缘与把手接触，并退回槽内。通过起升把手以后，它们又被弹出来，把抓钩锁紧在起升把手上。此时，载荷可以被提起。

当载荷被再次放到地面上时，在重力和来自于上方压力的作用下迫使外壳下降，直到三个金属销与一个双圆锥释放轴环相接触。当这三个金属销滑过上圆锥面时，它们退回槽内，而当滑过下圆锥面时，它们又被弹出来。

然后抓钩被拉起，以便释放轴环抬起圆柱形棒直到它被装入升降把手的凹座内。因为轴环的移动距离有限，三个销在上方拉力的作用下退回槽内。从而使抓钩能很容易地被拉起来。

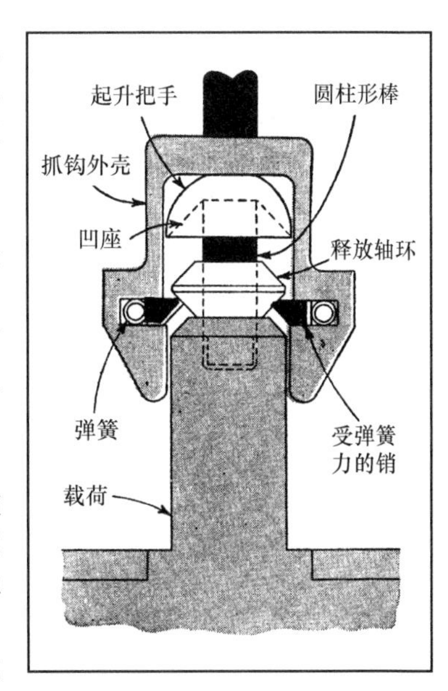

图 9.5-1 这个自动抓钩机构的关键部分是一个滑动释放轴环。

9.6 带有滚珠制动的快速释放锁紧销

当连接处的压力可忽略时，这个新型的快速释放锁紧销可以被拉出，从而让连接在一起的两个部件分离。

对可以快速而且方便地拉出的锁紧销和紧固件的需求正日益增长，这个锁紧销可以满足需要，而且它安全可靠，不会无故松开。

这个简单锁紧销的关键在于一组制动滚珠和与之相配合的槽。无论销是安装好的还是从部件中拔出时，滚珠都必须在槽内。这在装配中很容易实现，但是在拆除时必须去除锁紧销上的载荷，使滚珠落入槽内。

工作原理。根据与美国国家航空与航天局(NASA)马歇尔太空飞行中心签订的合同，T. E. Othman、E. P. Nelson 和 L. J. Zmuda 开发了这个锁紧销。它的组成如下：一个轴套的后端有一个弹簧加载的滑动手柄，在手柄内装有一个被弹簧向后推的滑动柱塞(到它的锁定位置)。

在某种范围内柱塞可以压缩柱塞弹簧向前移动，手柄可以压缩手柄弹簧向后滑动。当柱塞被压缩的弹簧推向前的时候，制动滚珠进入到柱塞前端附近的槽中。当柱塞被打开向后移动时，滚珠被挤入套筒上的孔内，防止锁紧销缩回。

为了安装锁紧销，将柱塞向前按压，以便使滚珠掉入槽内并将锁紧销推入孔中。当柱塞被释放时，滚珠锁住套筒，防止其意外缩回。

为了拔出锁紧销，将柱塞向前按压，使得滚珠掉入槽内，与此同时向后拉动手柄。如果锁紧销上的载荷可以忽略的话，锁紧销就从连接处退回；否则，手柄弹簧将被压缩，手柄将迫使柱塞向后，所以滚珠将回到它们的锁紧位置。

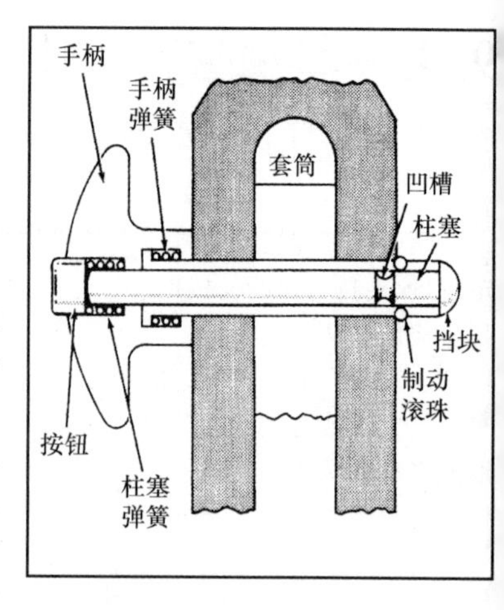

图 9.6-1 当连接处的压力可忽略时，锁紧销迅速打开。

关节连接处容许锁紧销分离的压力可以通过调节手柄弹簧的压缩程度来改变。如果连接处的压力过大或者是紧固销以通常的方式退回，在柱塞的前端敲击，来保证柱塞停留在其后端的位置，由制动滚珠防止锁紧销退回。在柱塞前端的挡块防止柱塞被向后推动。

9.7 转矩撤消时自动闸锁住起重机

工作原理。当转矩作用于驱动轴上时(见图 9.7-1)，四个钢球沿凸轮的斜面向上移动。虽然设计者将它称为凸轮，但实际上它是一个端面上具有部分类似凸轮表面的同心环。由于滚珠被约束在中心的四个杯形凹坑中，凸轮被迫沿轴向向左移动。由于凸轮从锥面上移开，凸轮和通过键与凸轮相连的驱动轴便能自由旋转。

如果转矩被撤消，弹簧将推动凸轮，而驱动轴齿轮将迫使凸轮返回到螺纹套筒的锥面内，以实现快速制动。

虽然这套制动机构(既能正转又能反转)被设计用于手动操作，但其原理可以应用于有动力的系统。

当起重机上的驱动转矩消失时，安装在链式起重机上的这个闸机构能自动将其锁紧，从而帮助工程师将设备升起并精确地调整。

设计者 Joseph Pizzo 指出，这个闸机构同样能作为一套辅助制动系统用于斜面上的滚轮传送带设备。

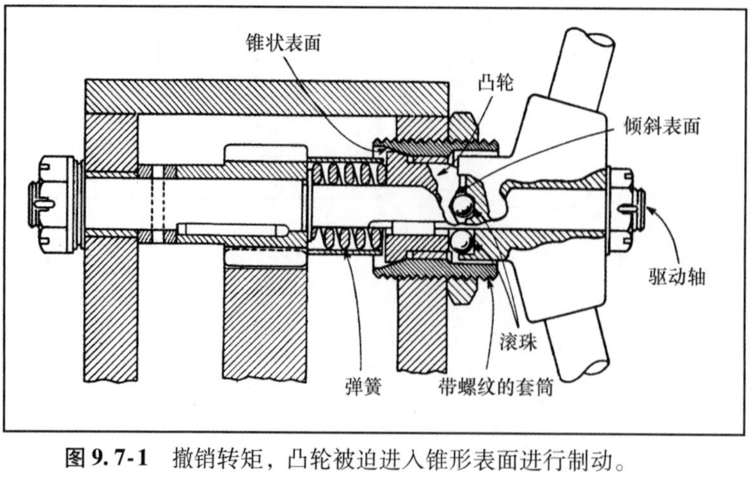

图 9.7-1 撤销转矩，凸轮被迫进入锥形表面进行制动。

9.8 牢固夹持物体的提升钳机构

两个四杆连接机构是这个长机构的关键组成部分，这个具有恒定重量/夹持力比的长机构能够在其夹持范围内夹持任何物体。这个长机构依靠两个连杆机构之间的横向拉杆来产生大小相等并反向的连杆运动。当水平连杆之间的比例可以使其沿倾斜的直线轨迹运动时，端部安装有夹板的垂直连杆产生移动。所以，装载重量被吊起，形成楔形的两个夹板用一个与物体的重量而不是尺寸成比例的力夹持重物。

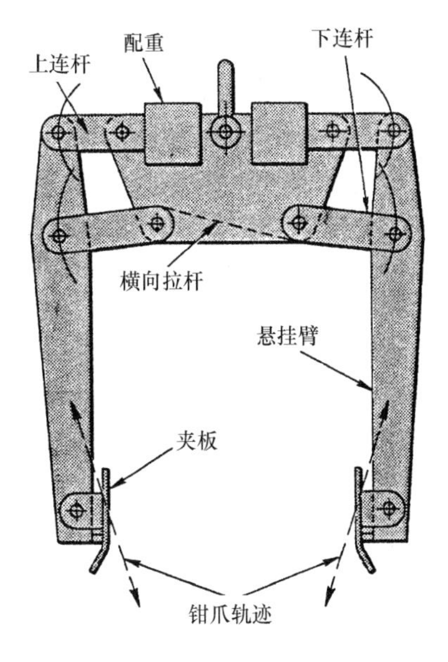

图 9.8-1

9.9 垂直受力锁紧机构

这类机构简化了设备模块的安装和拆卸。

这个锁紧装置在两个垂直的方向上同时作用来安装或拆卸电子设备模块盒。这个机构(见图 9.9-1)只需要手柄的一个简单的运动来推拉航空电子模块盒，便可在它后部面板上或从在面板上受弹簧力的连接器座上插入或拔出连接器，从而将电子模块盒下压装到散热板上或者使电子模块盒从散热板座上分离，这块散热板是面板组装件的一个组成部分。这种思路同样适用于液动、气动和机械系统。在技术人员的活动受到防护服限制的地方，例如在危险的环境中，或者在要由机器人或远程控制机械手来完成的安装和拆卸的地方，这种类型的机构能简化模块化设备的手工安装和拆卸的过程。

图 9.9-2 说明了安装的顺序。第一步，手柄被安装到手柄凸轮上，并向下扳。第二步，当导轨上的滑块进入到电子设备模块盒底部附近的槽中时，技术人员或机

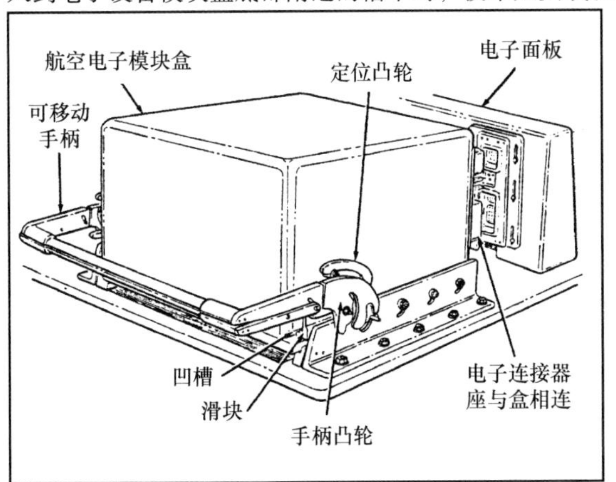

图 9.9-1 当航空电子盒被安装在这个套锁紧机构上时，它与后面的电子连接器配合并被锁紧在散热板的特定位置上。

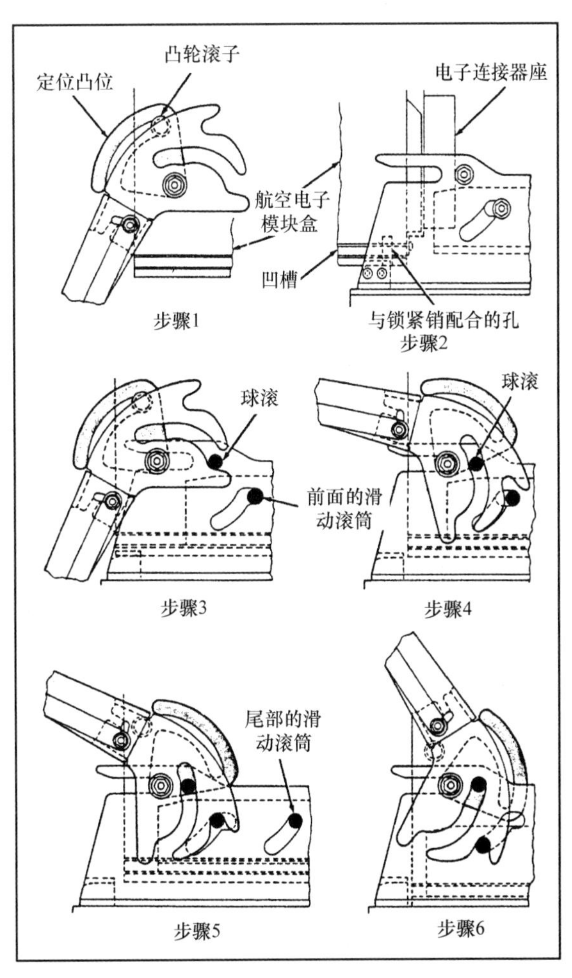

图 9.9-2 此安装顺序图说明了在航空电子盒向后和向下运动时，手柄和定位凸轮的位置。

器人向后推动这个盒。第三步，随着铁盒继续向后运动，手柄凸轮自动与导轨内的槽对齐，并与导向滚子配合。第四步，手柄向上旋转75°，迫使这个盒向后运动并与电子连接器配合。第五步，手柄继续向上旋转15°，将手柄凸轮和滑块锁紧。第六步，手柄继续旋转30°，迫使这个盒和受弹簧力的连接器座向下，以便这个盒和锁紧销配合后被锁在散热板上。拆卸的顺序与之相同，只是运动过程相反。

9.10 快速释放装置

快速释放装置有很多应用。虽然这里展示的是用于快速释放吊钩的离合装置的操作，但这其中所包含的机械原理还可以应用在许多地方。最根本的是，它是一个典型的曲柄杠杆机构，具有载荷越大这个曲柄杠杆越有效的特性。

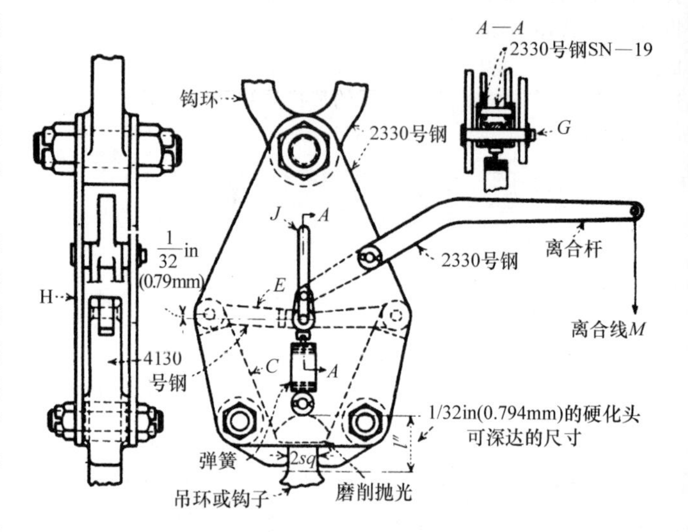

图9.10-1 为闭合提升钩子而设计的一个简单的快速释放曲柄杠杆装置。

钩子被悬挂在吊环上，载荷或工件靠装置上的闩锁获得支撑，这个闩锁被加工成类似指状零件 C。零件 C 绕一个销回转。被装配到零件 C 上的臂 E 一端由销连接，另一端由一个滑动销 G 连接。金属板 H 将整个装置封闭，其中包括当钩子被释放时为引导销子 G 在垂直方向上运动的槽 J。在它们被释放后螺旋弹簧使臂返回到底部位置。

为了闭合钩子，用离合线 M 拉动离合杆，直到臂 E 超过它的水平中心线。释放载荷时，曲柄杠杆的作用失效。

下面介绍**强制锁紧和快速释放机构**。

这里的目的是设计一个能够将两个物体牢固地连接在一起或根据需要快速释放的简单装置。

一个物件，例如平板，被一个受弹簧力的、带槽的螺栓固定到另一个物体上，例如一个小车，这个螺栓在适当位置上被两个保持臂锁紧。两个保持臂的运动受到锁紧圆筒的限制。为了释放平板，一个锁紧销被驱动向上提起锁紧圆筒并使保持臂旋转，从而使其与带槽的螺栓头脱离接触。结果，受弹簧力的螺栓退出，平板与小车分离。

这个可滑动的锁紧销可以由电引火器、液压设备或电磁线圈来驱动。这个机构的原理可以应用在任何既需要快速被释放又需要强制接合的场合。这个机构建议应用在运输小推车或者货车的连接装置、起重机的吊钩或吊爪上，以及应用于远程控制机器手的快速释放机构。

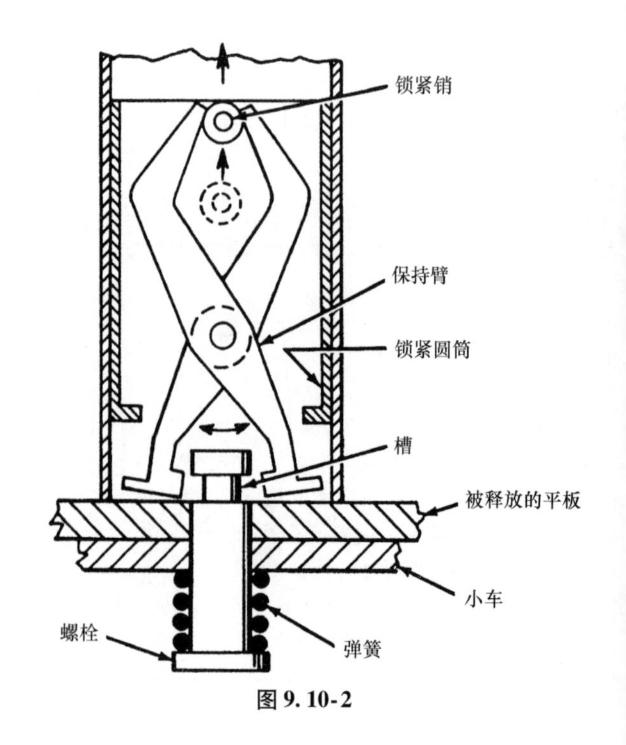

图9.10-2

9.11 释放闩锁的形状记忆合金装置

通过形状记忆合金块来执行的两种微型闩锁释放装置由约翰·霍普金斯大学的一个研究员为戈达德太空飞行中心研制。这一工作的目的是为了开发这种金属合金的潜在应用领域。在20世纪30年代，人们发现了形状记忆效应，但具有形状记忆特性的镍钛合金技术的第一次重要进展是由美国海军军械实验室在20世纪60年代做出的。形状记忆合金记忆着它原始冷成型时的形状，加热变形后它还会回到原来的形状，这种特性作为气动或电动执行器的替代品被开发，用于驱动某些机械元件，如机器手臂。

一种典型的镍钛合金标注为Flexinol或Nitinol，后者是镍钛海军军械实验室的缩写。在典型用途下，一个适当尺寸、形状的记忆合金块，通常是丝状或条状，在安装到试验机上之前，在预先设定好的低于两种介质操作温度的某个值下使其变形。当期望记忆合金块沿一个方向运动时，它就会被加热到超过它的转变温度，使其回到记忆中的未变形的状态。然而，当希望其沿着两个相反的方向运动并回到变形的状态时，该材料就得冷却到它的转变温度以下。

特定用途选择记忆合金的标准是该合金的转变温度要比应用场合的目标温度高出适当的值。这里讨论的记忆合金装置是其他记忆合金设备的典型，该装置是通过记忆合金块在端部接触引起的电阻效应加热的。

如图9.11-1上部的图像所示，两个弯曲的记忆合金块作为一个夹具的两个部分使一个锥形手柄保持在容器之内。然而，就像下部的图像所示那样，当这两个弯曲的记忆合金块通过电流加热到超过它们的转变温度时，它们记忆起原始形状而伸直，此时手柄被松开。这个设备是冗余的，因为只要两个记忆合金块中的一个当电流通过时伸直，手柄就会被松开。

图9.11-2的上部的图像展现了在一个上部安有锁紧销的容器内有一个直的、平的记忆合金块。该记忆合金块被偏置线圈弹簧扭转变形到约90°的扭转角。在这个位置下，锁紧销处于它的锁紧位置，此时夹紧端盖使其关闭。当下部图像中记忆合金块通过电流被加热时，它旋转到初始不扭曲的形状，克服偏置线圈弹簧，此时松开端盖。这种理念适合各种应用领域，在该领域中需要一种通过有限角度提供低转矩驱动的装置。

镍钛合金、铜-锌-铝-镍合金、铜-铝合金是主要的三类记忆合金，但是锌、铜、金、铁的合金也同样具有记忆特性。形状记忆聚合物也被提出来了，并且铁磁形状记忆合金也正在被研究，因为磁性响应可能比温度降低的响应更快，更有效。

这项工作是约翰·霍普金斯大学应用物理实验室的Cliff E. Willey为戈达德太空飞行中心所做的。

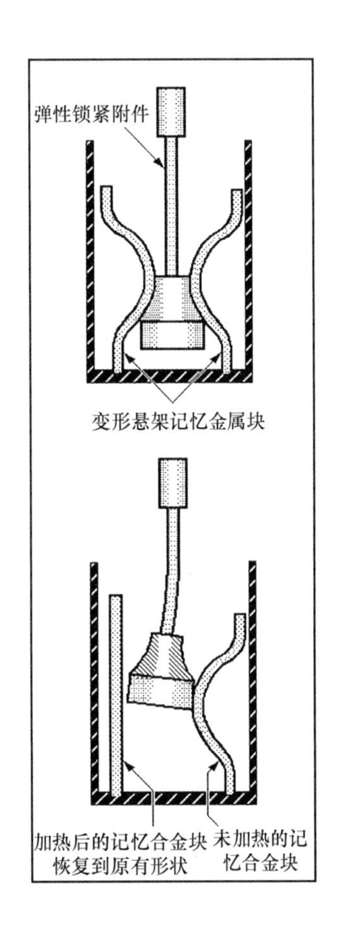

图9.11-1 两个变形的记忆合金块作为一个夹具的两个部分通过一个可动轴使一个锥形手柄保持停止。当加热时，两个金属块都变直，释放手柄，但是，在这个冗余的设备中，只要一个记忆合金块伸直，手柄就会被松开。

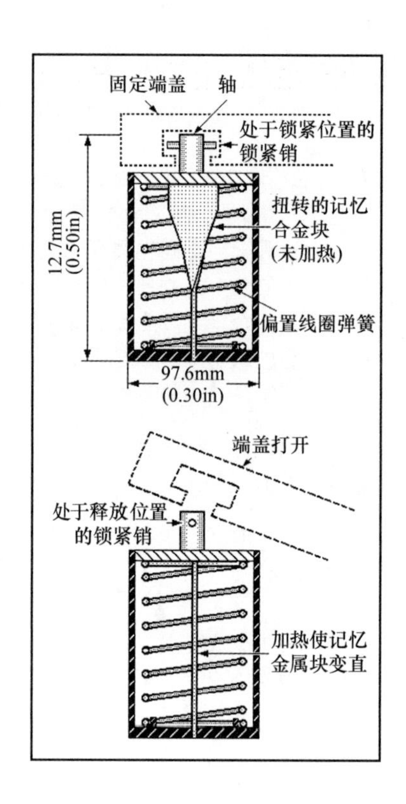

图 9.11-2 安有锁紧销的记忆合金块通过偏置线圈弹簧被保持在 90°扭转位置，使其夹紧的端盖处于关闭状态。但当金属块加热后，它记忆起它直的形状，并克服弹簧的扭转，使锁紧销转动，松开端盖。

9.12 圆环使进入适当位置的台式升降机夹紧

图 9.12-1 所示是一种不需要额外夹紧力就能使台式升降机被安全地锁紧在适当位置的简单却有效的技术。这个平台(如图所示)包括两个特殊的圆环装配件，它们通过两个锥形环的简单物理接触产生的力来卡紧四根圆柱轴。

于是，不同于传统的台式升降机，它不需要外力来将平台夹紧在适当的位置。然而，当平台从一个位置升至另外一个位置时仍然需要传统的传动力。

圆环的工作原理：圆环装配件的尺寸比通常用在减振装置上的环形弹簧尺寸要大一些。这套装配件由一个圆锥向上的非金属内圆环和一个圆锥向下的钢制外圆环组成。

外圆环与平台相连，内圆环被定位在圆柱轴的圆周上。当平台被升至设计高度时，停止传动力，整个平台的所有重量都施加在外圆环上，给其一个向下的力，这个力通过斜楔的作用传递给内圆环一个水平方向的力。

于是，圆柱轴被内圆环牢固地夹紧。平台越重，产生的夹紧力也就越大。

这个技术的优点是轴不需要开槽或螺纹，并且成本也得到降低。此外，圆柱轴还可由增强的混凝土制成。

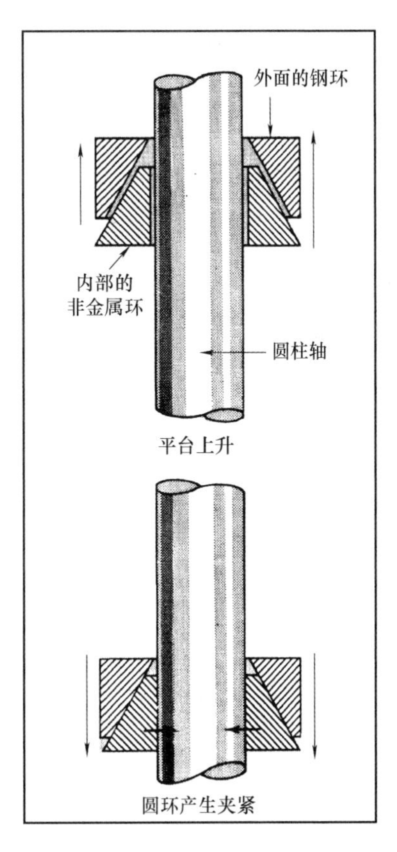

图 9.12-1 环形弹簧随着平台的上升（上图）释放圆柱。当撤除夹紧力（下图）时，圆柱被里面的环夹紧。

9.13 液压缸内的凸轮爪将板件夹紧

位于每个工件夹具内的单个双向运动的液压缸将工件夹紧或松开，以及在需要时将爪缩回或伸出。随着活塞杆完全退回液压缸内(图 9.13-1a)，夹具的爪缩回并张开。当停止工件夹具的控制阀被打开时，活塞杆向前移动304.8mm(12in)。运动(图 9.13-1b)的前254mm(10in)使板材定位缓冲器与工件接触。杆的伸长部分上的凸轮面将移动块向上移，同时锁紧销开始落入工作位置。活塞杆移动的下一个 3/4in (19.05mm)(图 9.13-1c)，使工件夹具的锁紧销完全配合并使下面的爪向上抬起直至接触工件底部。于是，工件夹具的滑块被锁紧在前挡块和锁紧销之间。活塞移动的最后 1/4in(6.35mm)(图 9.13-1d)，两爪用 1.1×10^4N(2500lbf)的压力将工件夹紧。不需要对工件的厚度进行调整。一个开爪限制开关将工件夹具锁定在适当的位置(图 9.13-1c)上，以便进行装卸操作。

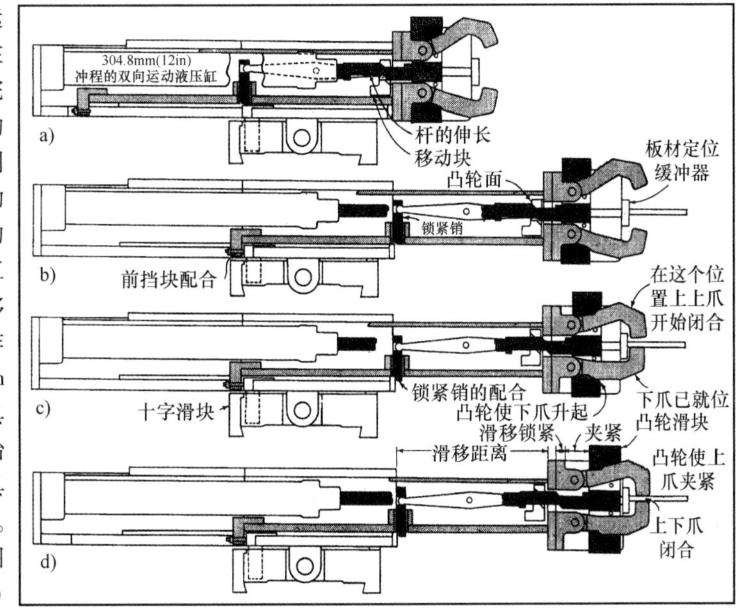

图 9.13-1

9.14 用于机床和固定设备上的快速作用夹具

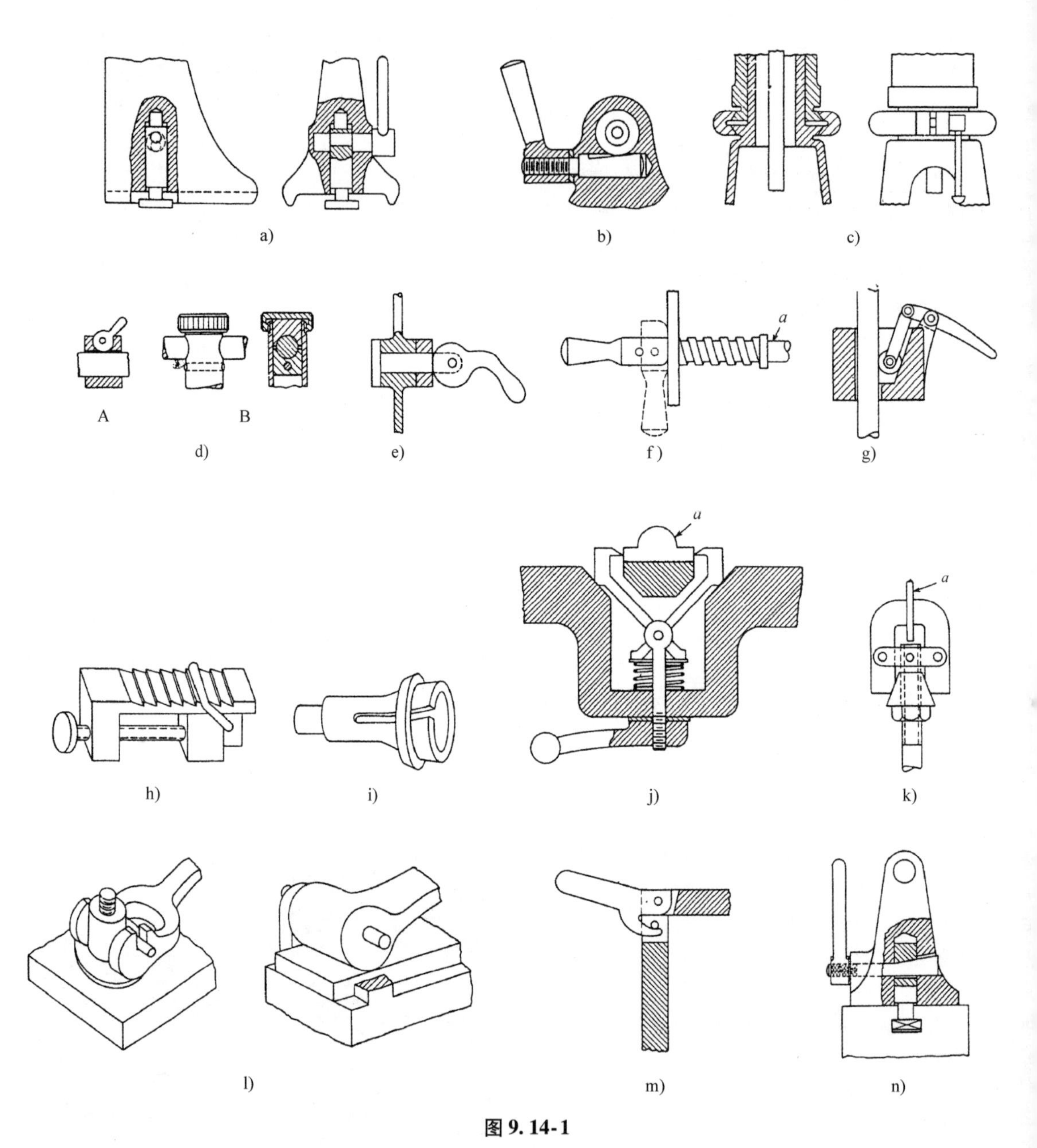

图 9.14-1

(a)偏心锁紧。(b)轴夹紧螺栓。(c)一种夹紧空心圆柱的方法。这种方法可以对圆柱进行快速旋转调整。(d)(A)夹紧杆件和绳索的凸轮销。(B)将一个小的圆柱工件固定到一个带有螺母和夹爪的机构上的一种方法。这种方法允许机构中的轴进行纵向快速调整。(e)可以锁紧轮和轴的凸轮销。(f)弹簧手柄。手柄在垂直和水平位置的运动为 a 处提供运动。(g)用于锁紧杆件和绳索的一个滚子和斜槽组成的机构。(h)将轻构件锁紧在机构上的方法。机构上的锯齿表面可以使不同厚度的构件被快速安置。(i)带有滑动环的弹性圆锥夹具。(j)夹紧构件 a 的特殊夹具。(k)圆锥、螺母和杠杆构成的夹具将构件 a 夹紧。夹具能有两个或多个爪。如果仅有两个爪的话，这套夹具可以作为小虎钳来使用。(l)两种不同类型的凸轮夹具。(m)凸轮板的锁紧。手柄向下的运动将凸轮板牢牢锁紧。(n)滑动构件通过一个楔形螺栓被锁紧到开槽的构件上。这套夹具允许机构中的构件进行快速调整。

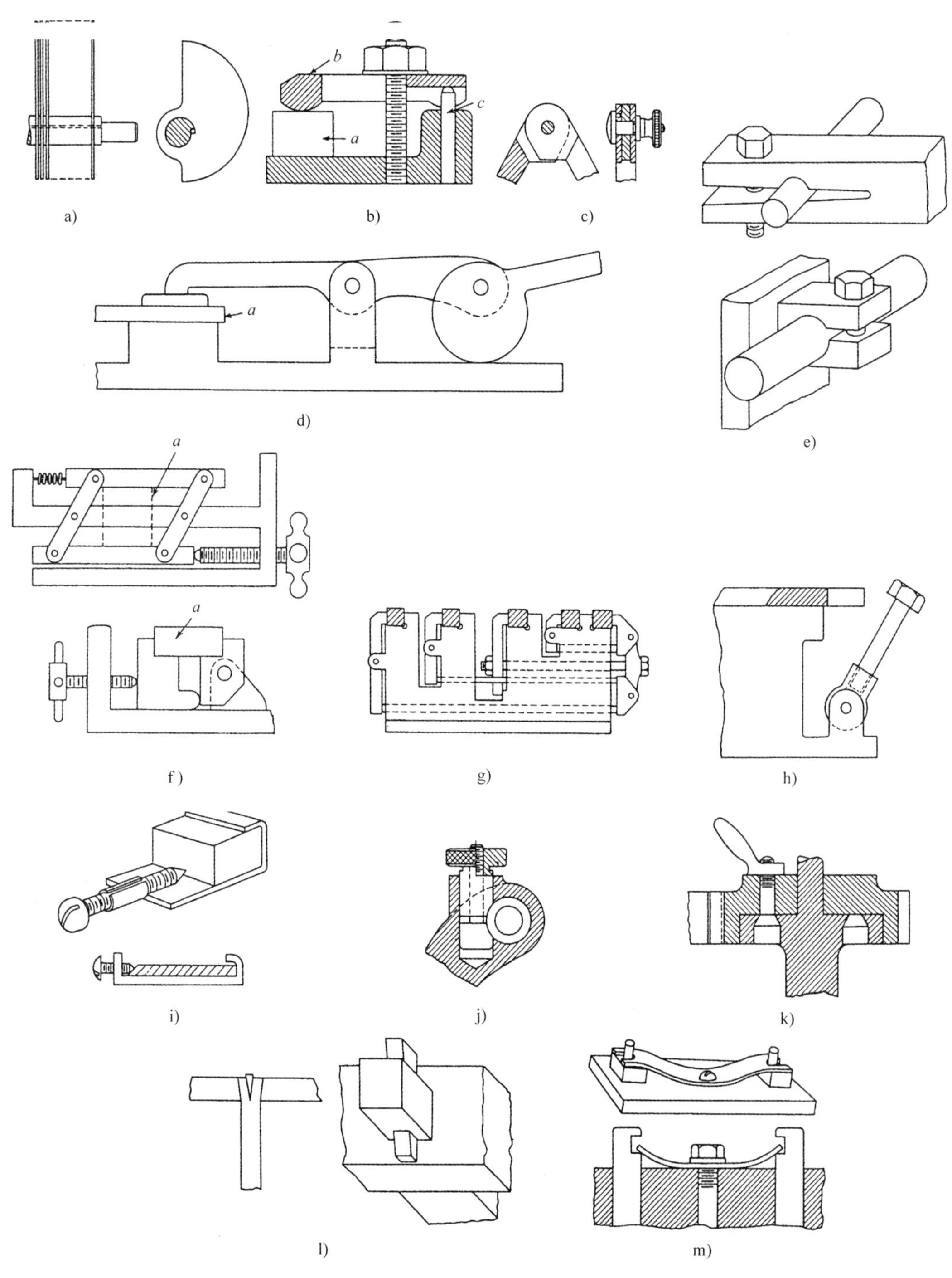

图 9.14-2

(a)一种用圆形楔将电容极板固定到机构上的办法。电容极板的顺时针转动，使其被锁紧在机构上。(b)一种用特殊卡具卡紧构件 a 的方法。零件 b 绕销 c 旋转。(c)一种用夹紧螺钉将两个可移动部件夹紧的方法，以便两个部件可以在任何角度位置上被固定。(d)卡紧零件 a 的凸轮压板。(e)卡紧圆柱形零件的两种方法。(f)用特殊卡具卡紧零件 a 的两种方法。(g)一套特殊的卡具，只需要拧紧一个螺栓就能将五个零件平行的夹紧。(h)一种用螺栓和可移动零件定位构件的方法，这个零件提供了一种快速锁紧板件的方法。(i)一种快速锁紧、调整或松开中心构件的方法。(j)一种用卡紧螺钉和指旋螺母锁紧在机构中的轴套的方法。(k)一种用螺栓和起螺母作用的手柄将附件固定到机构上的方法。(l)一种用斜楔将构件紧固到机构上的方法。(m)用一根弹簧片和一个螺钉将两个零件固定到机构上的两种方法。不需要松开螺钉就可以将零件卸下。

9.15 靠摩擦力夹紧的装置

为了利用机械的优势，在摩擦力夹具的设计中用到了多种设备。这些夹具能用相当小的光滑面来夹紧比较大的载荷，并且只需要简单的控制就能将载荷夹紧或松开。如图所示，这些夹具可以用螺钉、杠杆、曲轴、楔形块以及它们的组合来实现夹紧或松开。

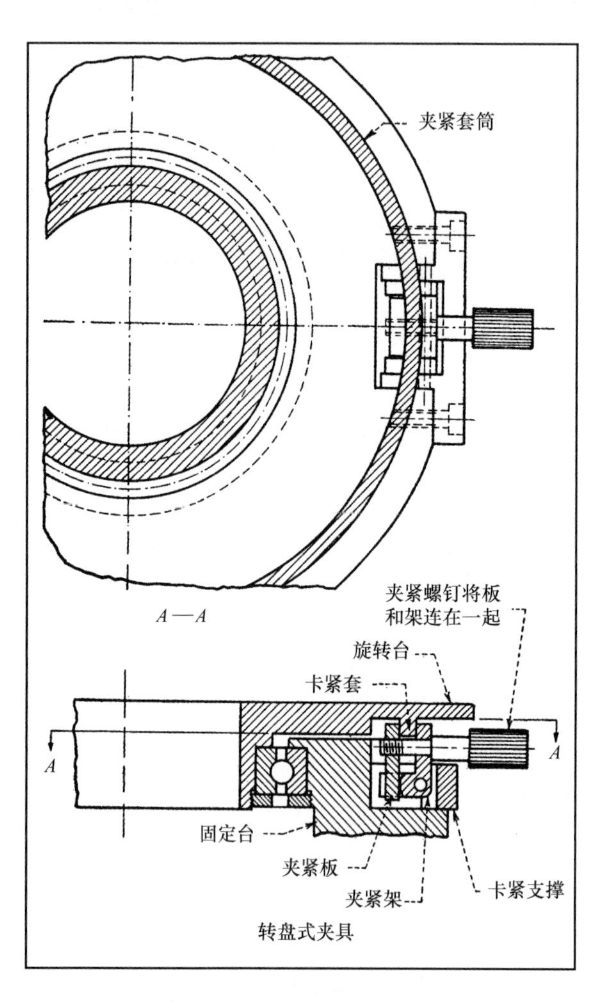

图 9.15-1　这套卡具用销连接在装配台上，因而不会打乱台面布局。

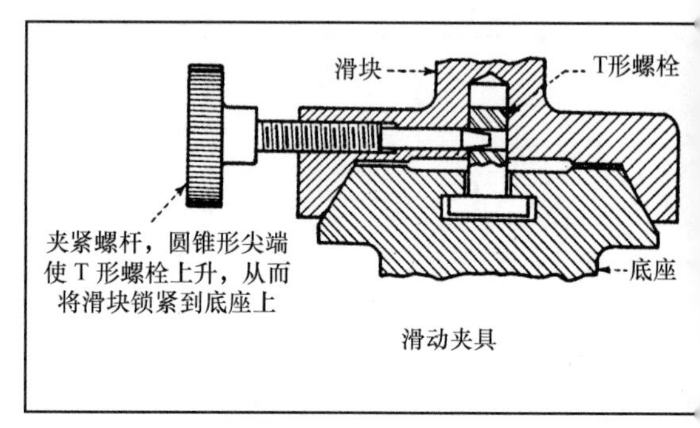

图 9.15-2　滑动夹具。

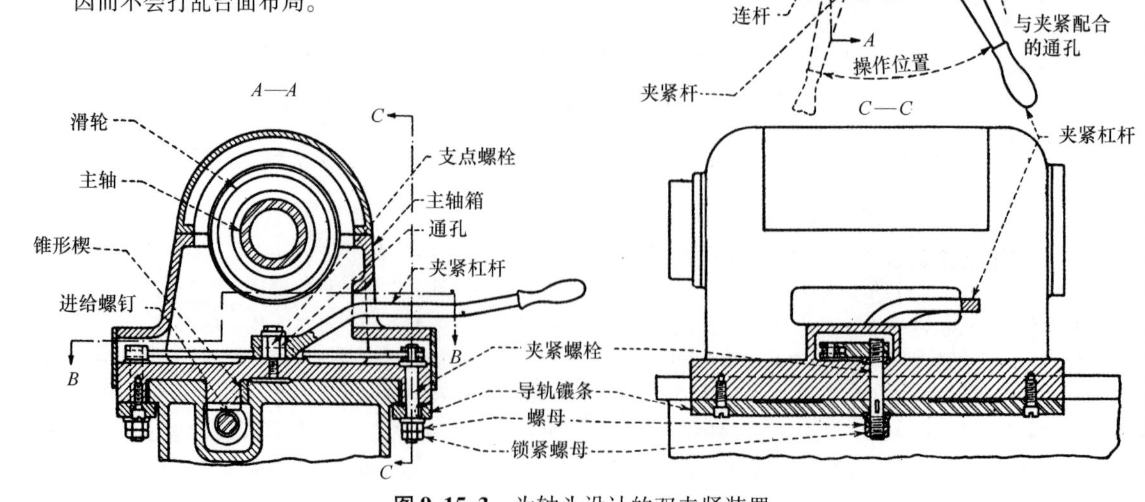

图 9.15-3　为轴头设计的双夹紧装置。

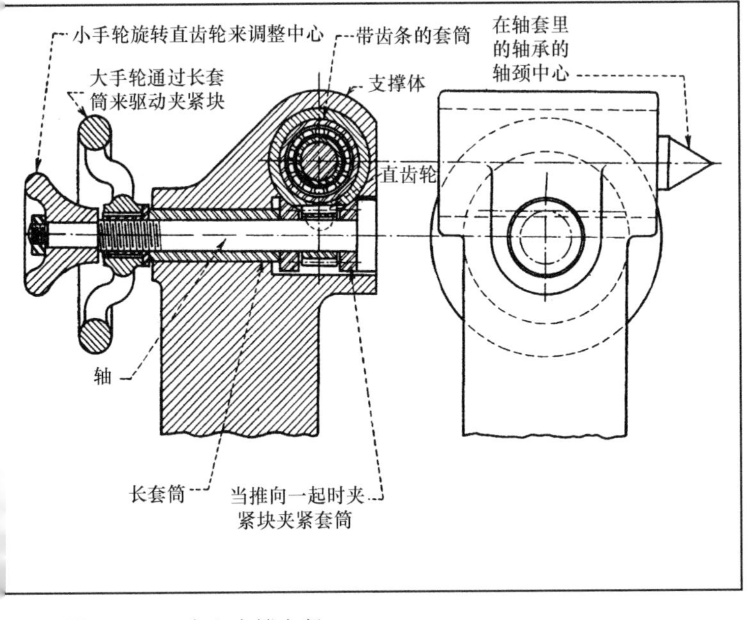

图 9.15-4　中心支撑夹紧。

图 9.15-5　底座夹紧。

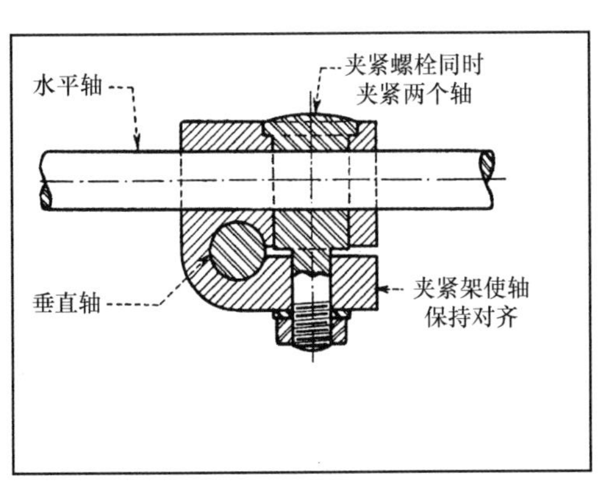

图 9.15-6　直角夹紧。

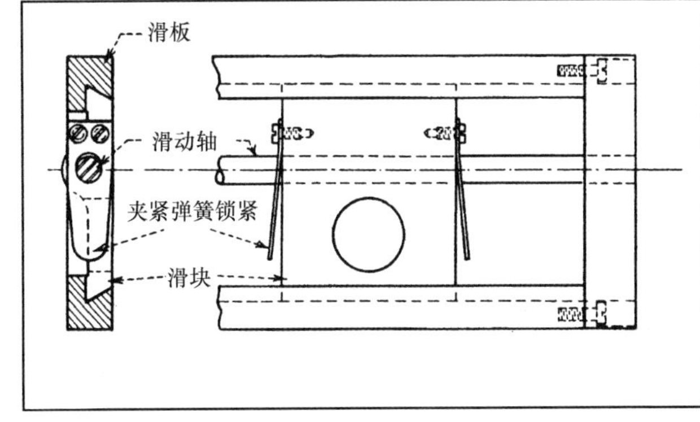

图 9.15-7　滑动夹紧。

图 9.15-8　试件夹具夹紧。

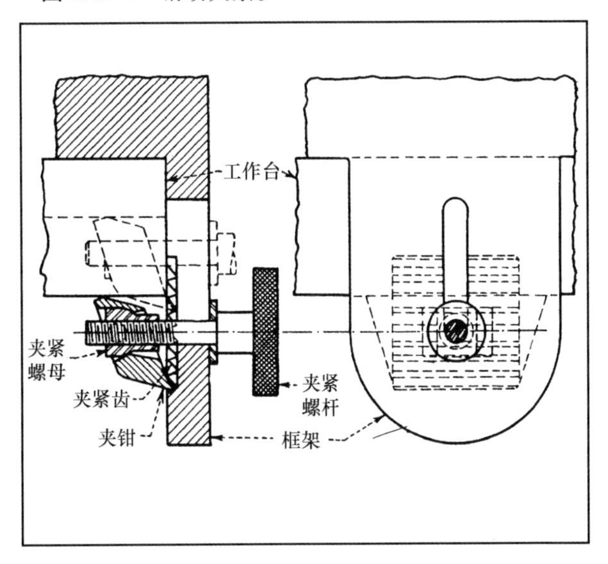

图 9.15-9　工作台夹紧。

9.16 用于阻止机械运动的制动器

图示是一些用于阻止机械运动的坚固和实用的装置。

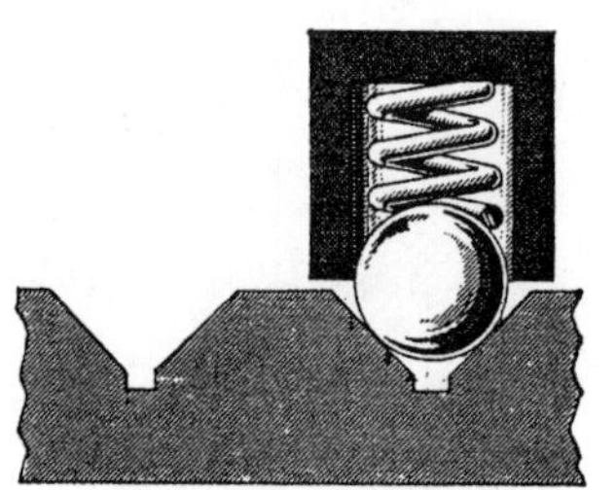

图 9.16-1 固定的夹持力在两个方向上都是不变的。

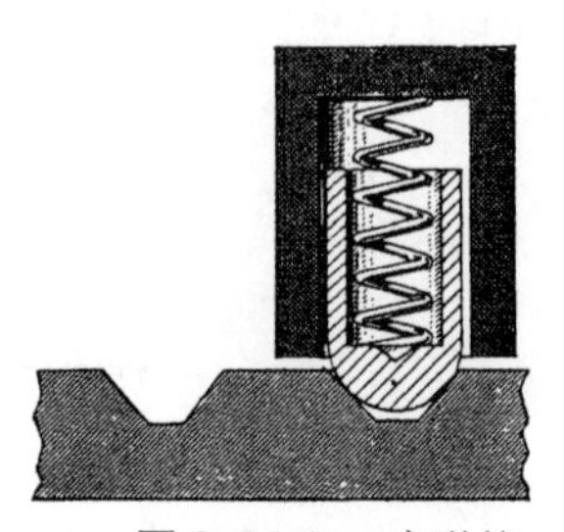

图 9.16-2 球形柱塞有较长的使用寿命。

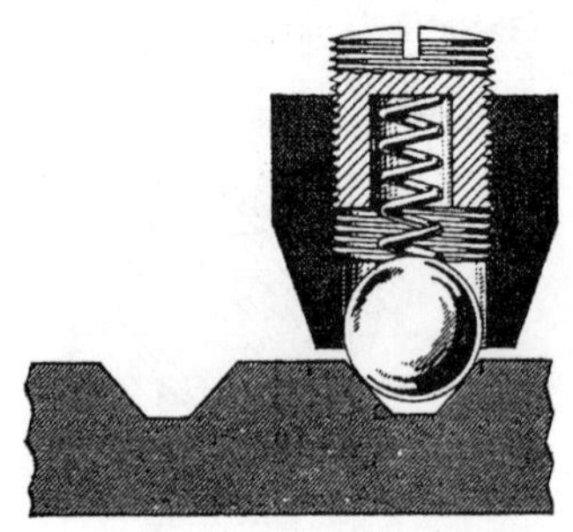

图 9.16-3 螺钉可对夹持进行调整。

图 9.16-4 斜楔作用锁定箭头方向所示的运动。

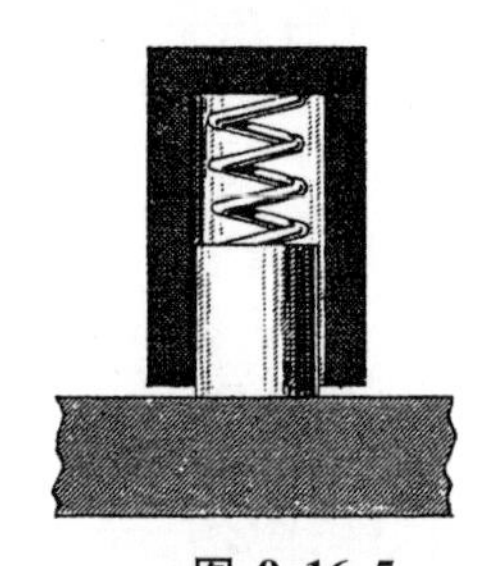

图 9.16-5 摩擦产生夹持力。

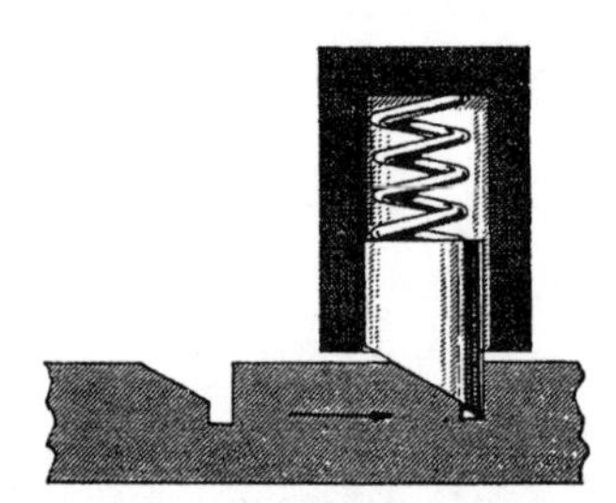

图 9.16-6 凹槽的形状控制着杆的运动方向。

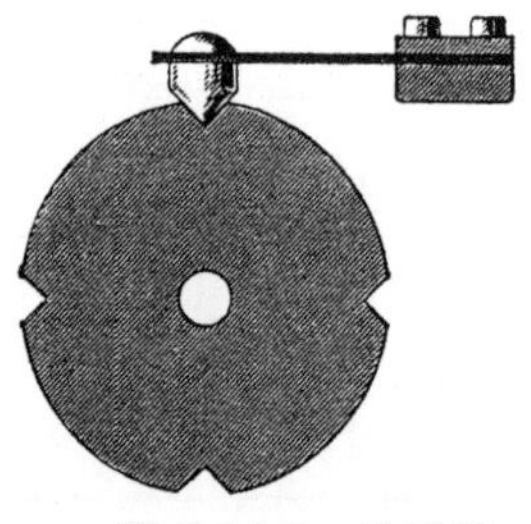

图 9.16-7 片弹簧提供有限的夹持力。

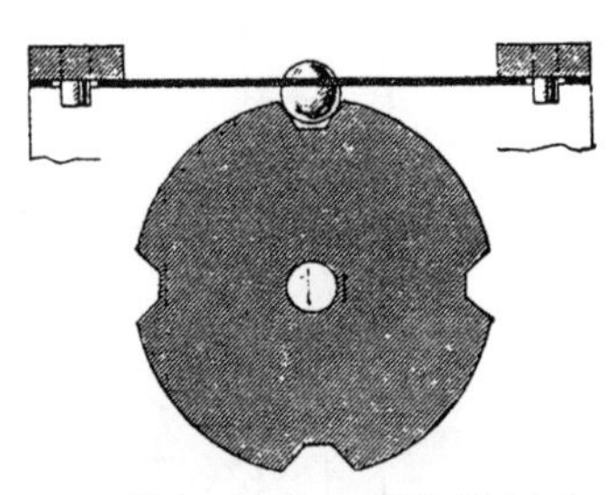

图 9.16-8 片弹簧制动器能够被快速移动。

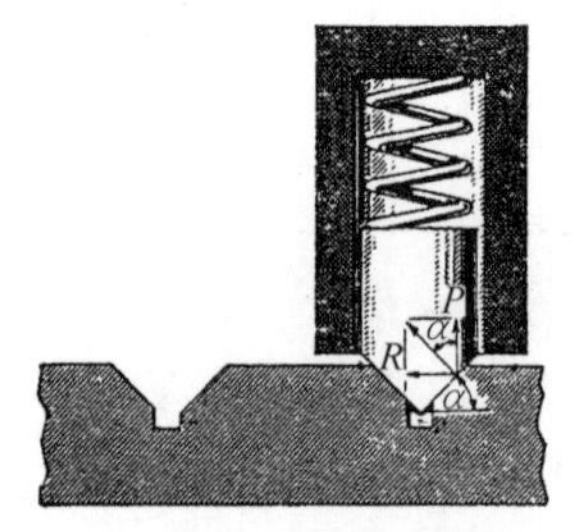

图 9.16-9 圆锥或楔形头的制动器。

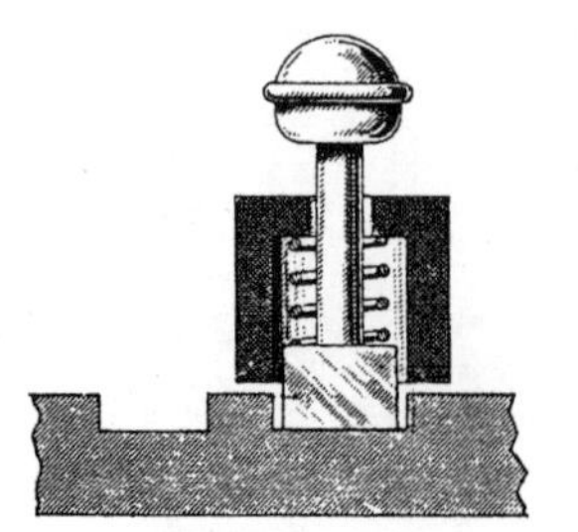

图 9.16-10 可以手工释放的直接制动器。

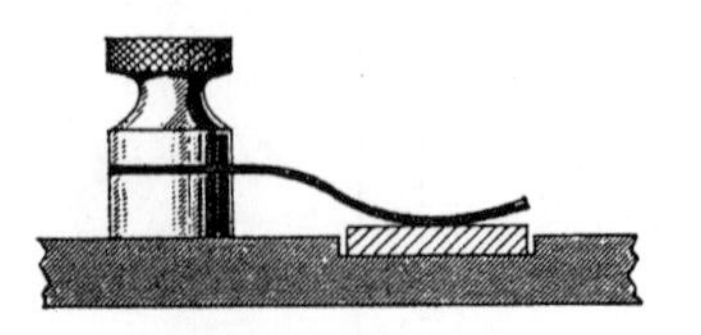

图 9.16-11 夹持平片零件的片弹簧。

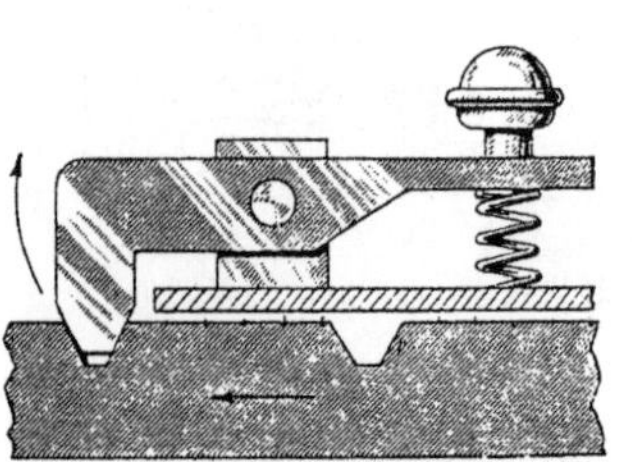

图 9.16-12 在一个方向上发生自动释放，而在另一个方向上必须手工释放。

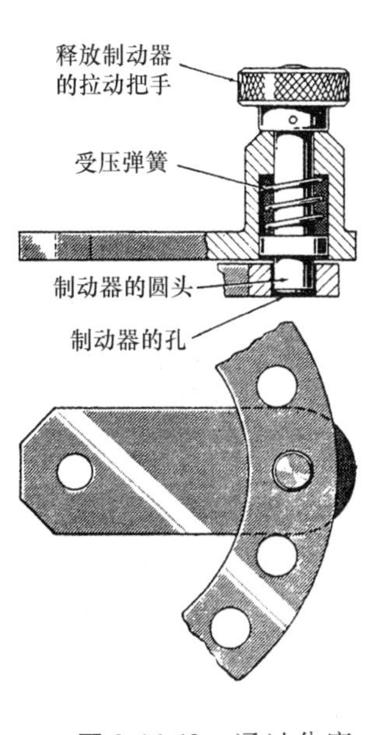

图 9.16-13　通过分度盘上间隔的孔进行轴向定位(分度)。

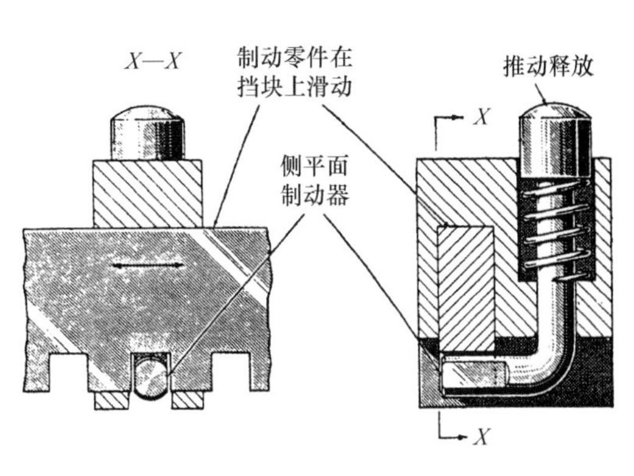

图 9.16-14　直接制动器有一个用于释放直杆的按钮。

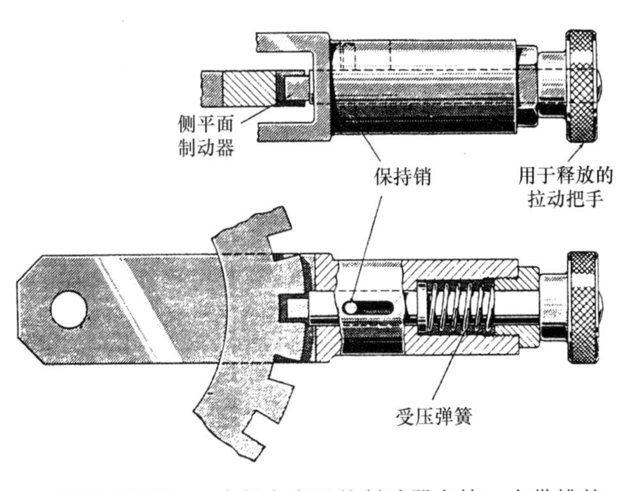

图 9.16-15　一个径向安置的制动器夹持一个带槽的分度盘。

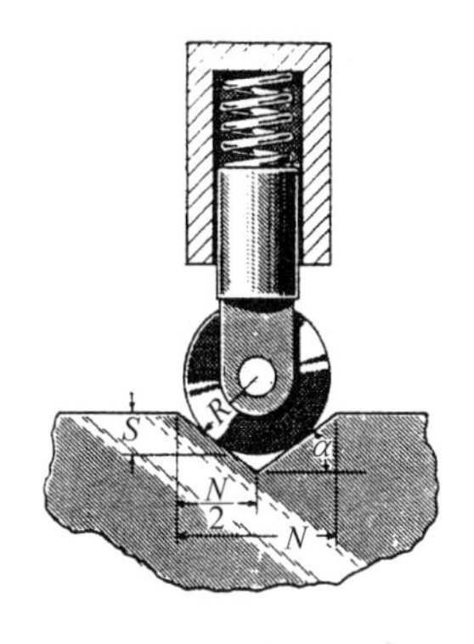

图 9.16-16　一个旋子制动器被放置在一个槽里。

升度 $S=\dfrac{N\tan\alpha}{2}-R\times\dfrac{1-\cos\alpha}{\cos\alpha}$

滚子半径 $R=\left(\dfrac{N\tan\alpha}{2}-S\right)\left(\dfrac{\cos\alpha}{1-\cos\alpha}\right)$

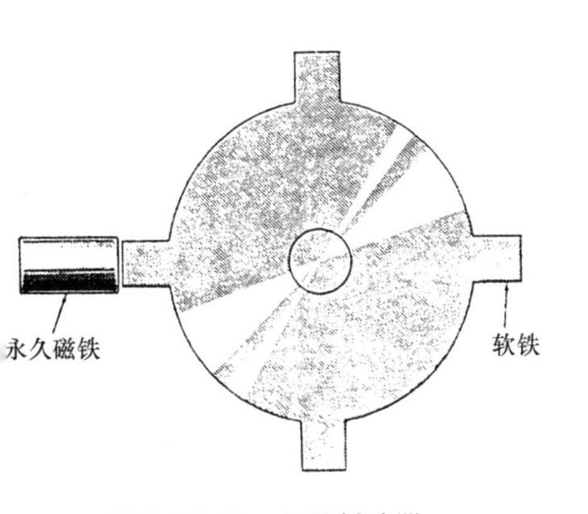

图 9.16-17　电磁制动器。

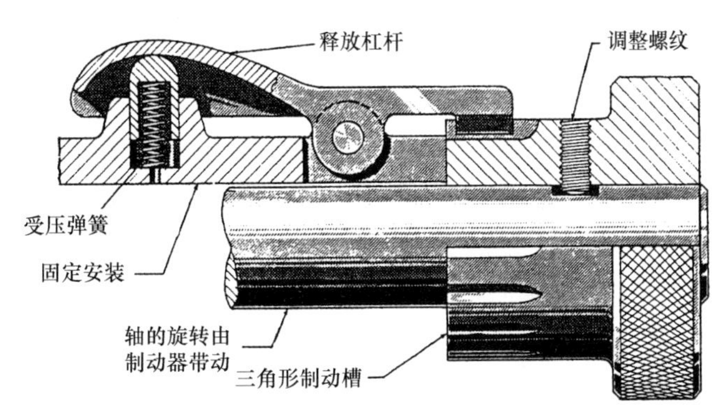

图 9.16-18　轴向制动器定位带手动释放装置的调整把手。

9.17 精确对齐可调整零件的夹紧装置

有许多容易拆卸零件的夹紧方法，在数量和种类上都能满足需要。在很多情况中，只要夹具能提供足够大的力，使零件被夹紧时不能移动，任何设计形式都是令人满意的。然而，有时还要求可移动零件必须被夹紧并保持与一些固定件之间的准确对齐。这些夹具的例子如图所示。

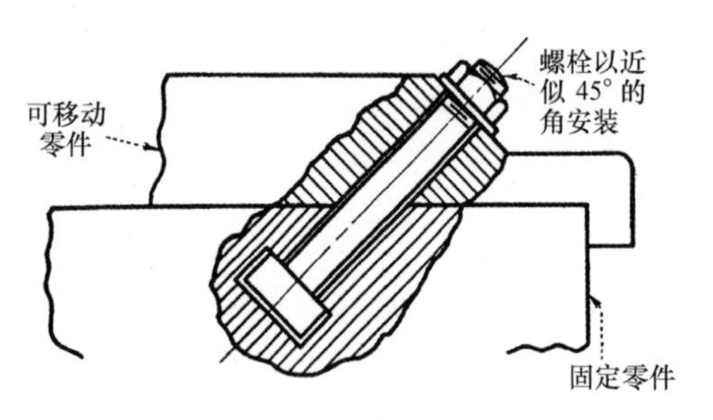

图 9.17-1　当螺母被拧紧时，可移动零件的边上的凸缘被拉动并与固定零件的加工边缘接触。这种方法是有效的，但是如果被夹紧的零件太重或不平衡的话，它的拆卸就很困难。

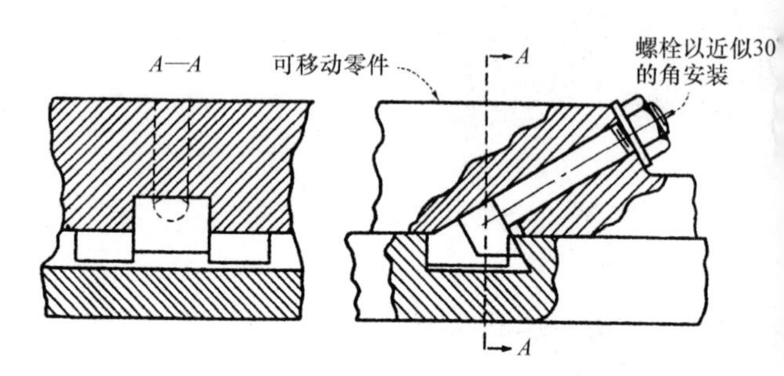

图 9.17-2　螺栓头的下边缘与定位槽的角侧面接触，使得键紧紧地固定在槽的另一面。这种设计可以使被夹持件很容易地拆卸，但是它只有在工作压力直接向下或与垂直于槽的侧边的方向相反时才有效。

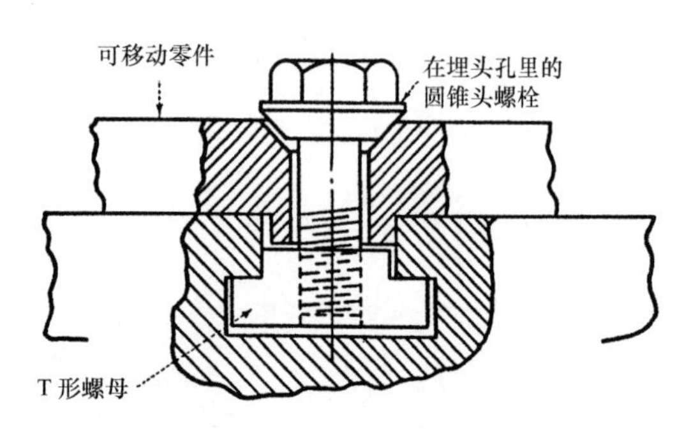

图 9.17-3　当T形螺母被压在槽的一侧时，可移动零件被固定在槽的另一侧上。拧下螺栓就可以很容易地拆卸被夹紧的零件。由于螺栓的弹性，作用在与槽非接触的键的侧面的重压允许少量的移动。

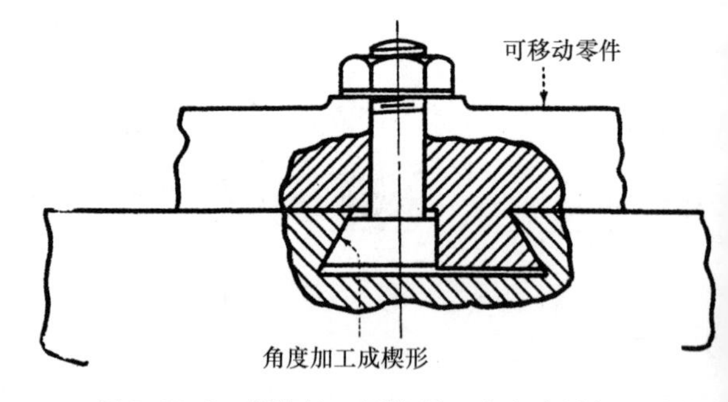

图 9.17-4　螺栓的一侧按照一个角度被加工成楔形，它在槽里随着螺母的拧紧而夹紧，为了方便拆卸，零件必须能够在整个槽上滑动。

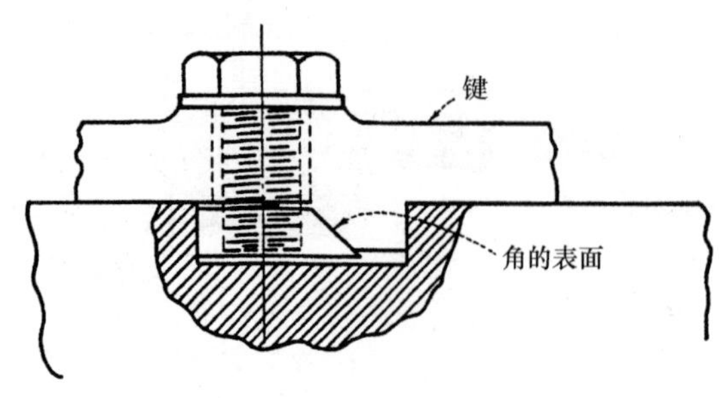

图 9.17-5　螺母的角表面与键有角度的面接触，并使键向槽的侧面反方向向外移动。当螺钉把螺母向上拉时，由于螺母与槽面的摩擦，对被夹紧的零件产生向下的拉力。

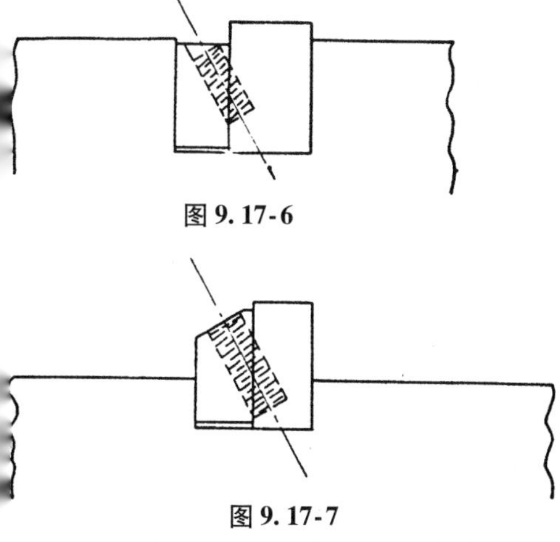
图 9.17-6

图 9.17-7

图9.17-6 和图9.17-7 这些设计只是在槽的深度上不同。它们在向上的方向上不能承受大的压力，但优点是能够应用在狭窄的槽上。

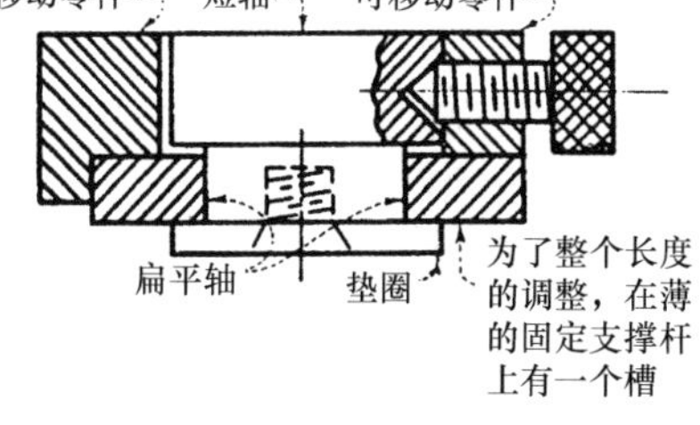

图 9.17-9 在可移动零件的一边安装凸缘并在另一边安装一个圆锥形尖头螺钉。一个短轴穿过两个可移动零件，并带动定位圆锥慢慢移出螺钉校准的位置。这个轴的与固定零件相对的两侧将做成平的，以防止当可移动件被移开时轴发生转动。一个大垫圈被螺钉固定在轴的下表面上。当带有滚花的螺钉向里拧时，可移动零件被向下拉和对着凸缘向后推，轴被向上带动。在力的作用下，轴面对槽的边缘向上。这样上面的零件就能够在任意位置移动或锁定。从轴的定位圆锥中撤出螺钉后，可以拆卸上面的零件。

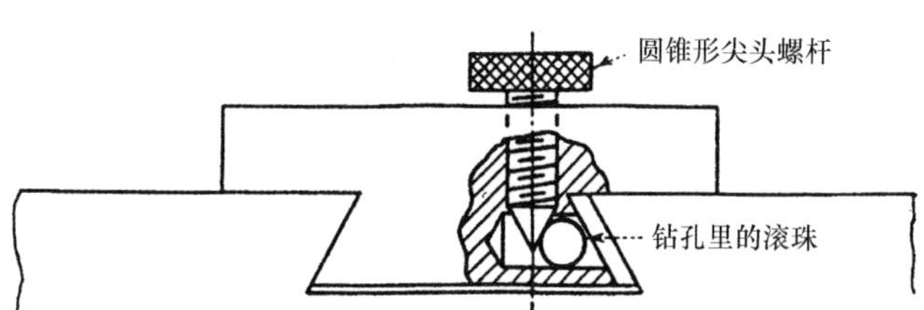

图 9.17-8 螺纹的接触使滚珠对楔边产生向外的压力，楔块通过销与可移动零件松散地连接。在调整螺钉不可能穿过固定零件时，可以将这种滑动应用在大平面上。

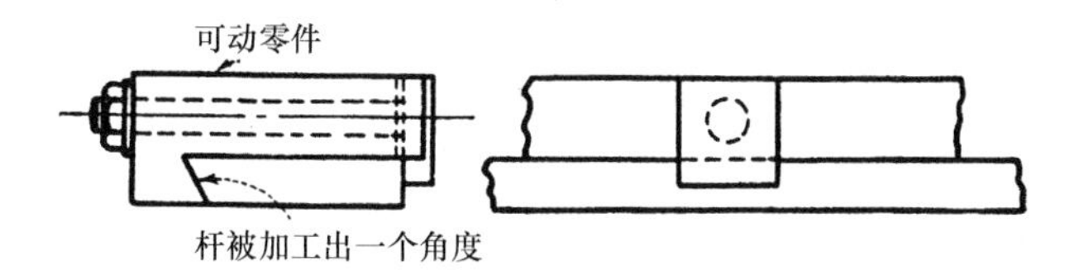

图 9.17-10 为了与可移动的表面配合，把杆的一边加工出一个角度。当穿过移动件的螺栓拧紧时，两个零件被相互牢牢地夹紧。

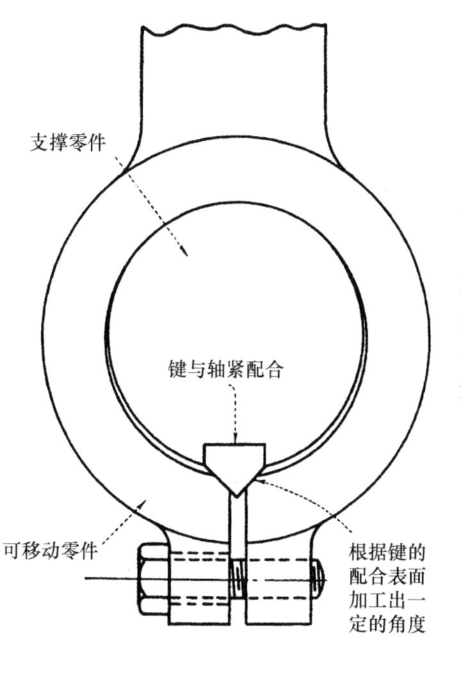

图 9.17-11 当螺钉被拧紧时，在键的有角度的面上，斜面有向外移动的趋势，这使得可移动件被拉动紧紧地贴在相对的轴面上。

图 9.17-12 当螺钉被旋转时，它引起形成燕尾槽的、可移动的一侧移动，直到它在可移动零件上夹紧。可移动的一侧应该尽可能窄，因为这个零件在夹紧零件的角表面上有向上移动的趋势。

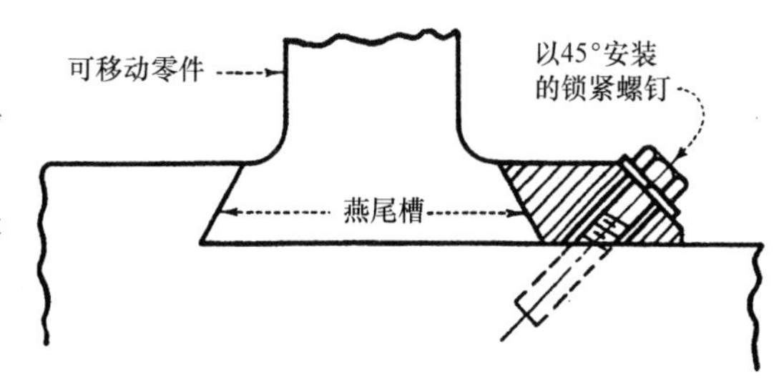

9.18 受弹簧力的卡盘和夹具

用于夹持工件的受弹簧力的夹具比其他夹具更实用，它们的优点是安装时间更短，工件更换得更快。因为弹簧力能够很容易且准确地调整，所以能够降低工件的扭曲程度。

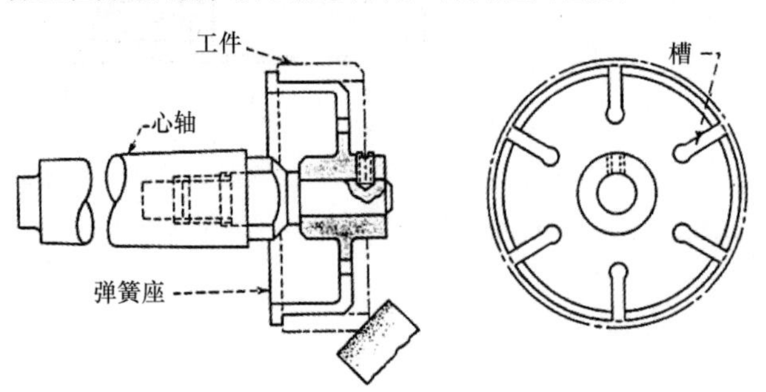

图 9.18-1 受弹簧力的座有一直延伸到它的表面的径向槽。这些可以保证作用在工件上的夹紧力是均匀的。在轮缘上施加一个轻微的载荷就可以很容易地固定工件。这个夹具的主要用途是球轴承座圈的磨削，因为那里切削力很小。

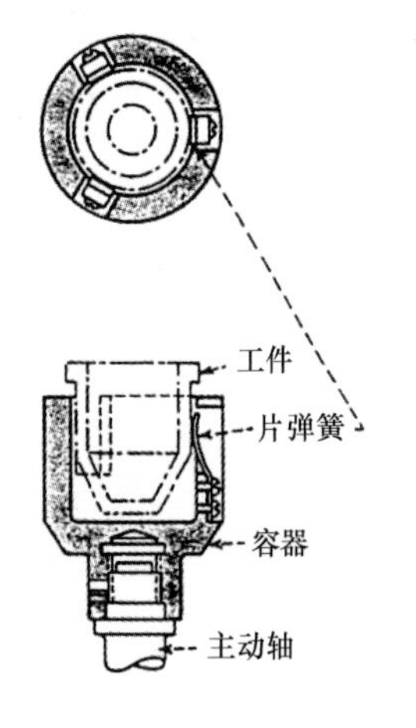

图 9.18-2 一个杯状夹具具有三个在壁上等分安装的片弹簧。这种通常表面涂漆的工件在杯子旋转时被插到杯子里，由于工件是手工放置在夹具上的，为了保证安全，主轴由摩擦力驱动。

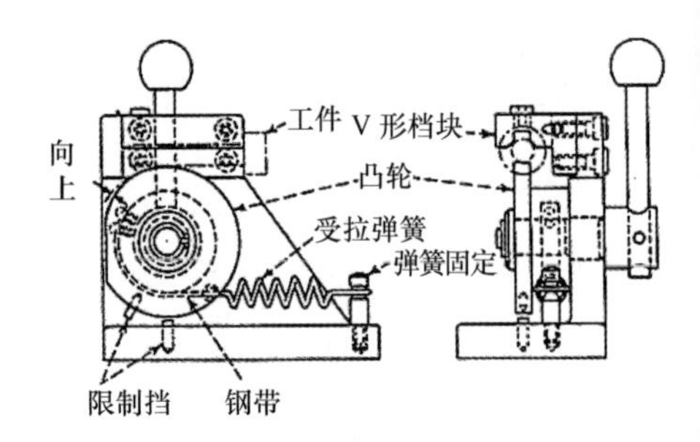

图 9.18-3 这个弹簧夹钳有个凸轮拉伸弹簧来施加夹紧力。拉紧弹簧通过钢带驱动凸轮。释放手柄时，凸轮相对V形杆夹紧工件。当装置上没有工件时，两个止动销限制移动。

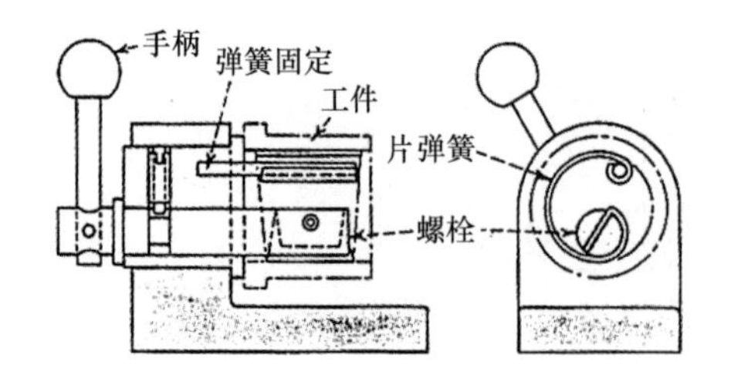

图 9.18-4 片弹簧夹具主要用于装配时夹持工件。弹簧卷曲的一头被固定在机座上，另一头用螺栓固定。当螺栓旋转时，弹簧绷紧，并且外直径减小。当工件滑过弹簧之后，释放螺栓手柄，然后弹簧压住工件，使其被夹紧。

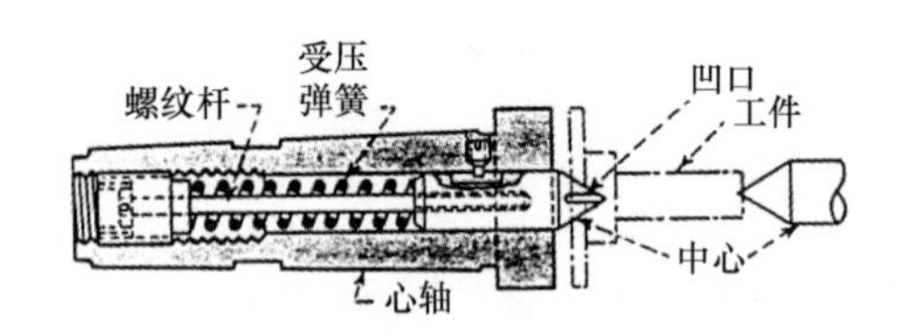

图 9.18-5 这个机床的中心承受弹簧力，并且夹持只受弹簧压力的工件。驱动中心的八个尖边凹口或圆锥表面咬住工件并驱动它。它的弹簧力可以调整。

第 10 章

链条和带传动装置及机构

10.1 变速带和链传动

变速传动能在规定的范围内提供无数个速度传动比。它们不同于级轮传动，在级轮传动中只能提供一些不连续的速度传动比。

机械“全金属”传动利用的是摩擦力或者受到预紧力作用的圆锥、圆盘、环和球体，它们都会有一定的滑动。带传动具有滑动或摩擦损失小的特点，而链传动则既不滑动，也没有摩擦损失——它使输入和输出轴之间保持固定的状态关系。

1. 带传动

带传动的传动效率高，而价格却相对较低，大部分使用 V 带，并用钢丝加固到 in 宽。

带传动的速度调节可通过以下四种基本装置中的任一个来实现。

可变间距系统(见图 10.1-1)。输入轴上的一个可变节圆槽轮带动输出轴上的一个实心(固定节圆)槽轮。为了改变速度，中心距可以变动，通常是用可调节底座使电动机倾斜或者滑动来进行调节(见图 10.1-6)。

4:1 的速比很容易实现，转矩和马力的大小则取决于可变直径槽轮的位置。

固定间距系统(见图 10.1-2)。安装在输入和输出轴上的两个可变节圆槽轮保持两轴中心距不变。两槽轮由连杆控制。一个槽轮节圆直径受到直接控制，另一槽轮的圆盘受弹簧力作用能够自动调节；或者两槽轮的节圆直径都能通过连杆系统(见图 10.1-5)进行直接控制。Pratt 和 Whittney 已经将图 10.1-5 所示的系统应用到了数控机床的主轴传动上。

可以获得 11:1 的速比，这就意味着用一个 1200r/min 的电动机可以得到的最大输出转速为 $1200\sqrt{11}$r/min = 3984r/min，最小输出转速 = 3984/11r/min = 362r/min。

双减速系统(见图 10.1-3)在输入和输出轮上都是固定节圆槽轮，但是在中间轴上的两个槽轮都是可变节圆类型的。输入输出轴之间的距离是固定的。

同轴系统(见图 10.1-4)在该装置中，中间轴允许输出轴和输入轴共轴。为了使中心距固定，四个槽轮都必须是可变节圆类型的，并用连杆控制，这与图 10.1-6 中的系统相似。这个系统可以获得 16:1 的速比。

装配后的传送带装置(见图 10.1-7)。这是将电动机和可变节圆的变速器组装成一个整体的装置。通常它的传送带是加筋的，速比可通过一个手柄进行调节。

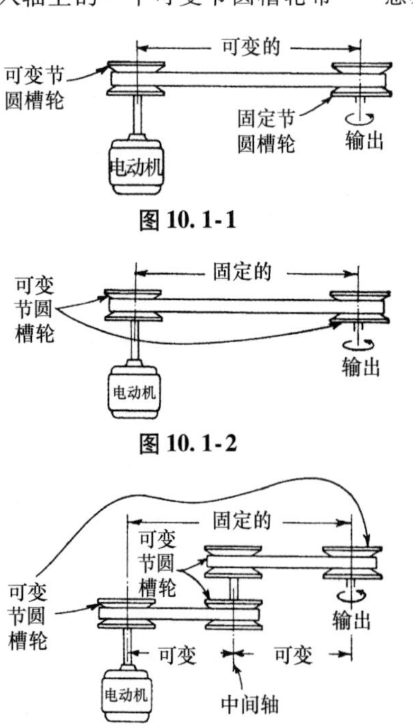

图 10.1-1

图 10.1-2

图 10.1-3

图 10.1-1 ~ 图 10.1-4 为可变速输出的四种基本的带传动装置。

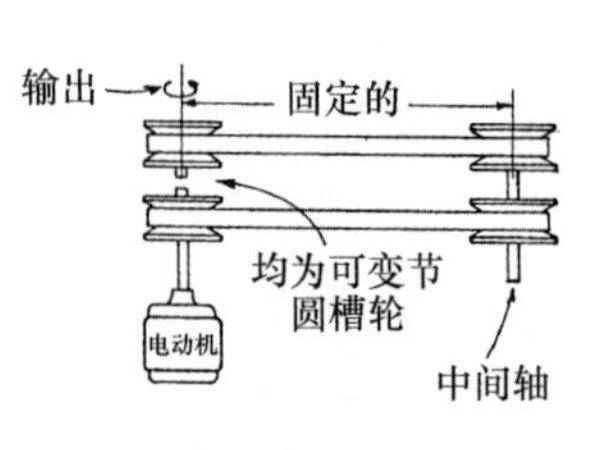

图 10.1-4

图 10.1-6 串联结构使双带系统产生高的减速比。

图 10.1-5 连杆控制带轮。

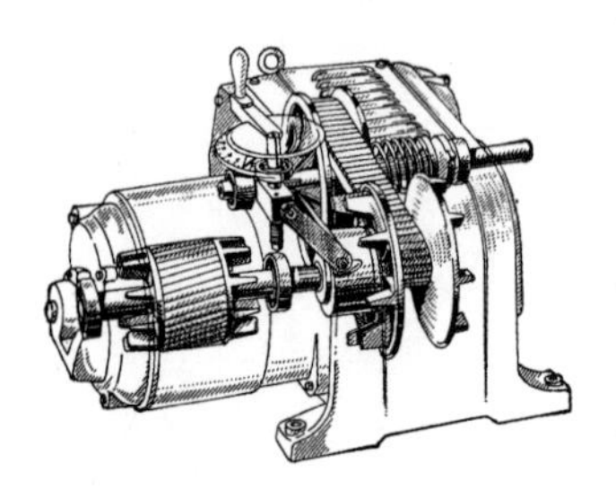

图 10.1-7 装配后的传送带装置。

2. 槽轮传动机构

可变节圆槽轮的轴向移动用以下四种方法的一种控制。

连杆驱动机构。装配在图 10.1-5 中的槽轮直接由一些连杆控制，这些连杆依次靠手工来调节。

弹簧压力机构。在图 10.1-2 和 10.1-4 中槽轮的锥面受到轴向弹簧压力。这种类型的典型带轮在图 10.1-8 中有图解。这些带轮被用于与直接控制的槽轮连接，或者与可变中心距的装置连接。

凸轮控制的槽轮机构。这个槽轮(见图 10.1-9)的锥体部分被固定在一个浮动的槽轮上，在一个带轮的轴上自由转动。带的张力转动锥体，锥体的表面由于弹簧的倾斜面而形成凸轮面。凸轮的作用使锥体楔入传动带，这样能够提供足够的表面压力来避免在高速时的滑动，如曲线所示。

离心力驱动机构。在这个独特的槽轮装置(见图 10.1-10)中，驱动槽轮的节圆直径由钢球的离心力控制。安装在从动轴上的另一个可变节圆槽轮由转矩控制。当传动速度增加时，这些钢球的离心力使驱动槽轮的边同时受力。随着载荷的变化，从动槽轮上的可移动法兰相对于固定法兰转动。槽轮法兰的差速转动使它们向一起运动，并且促使 V 带向具有较低传动比的从动槽轮外边缘运动。当载荷随速度减小而增加时，驱动槽轮也会移动。采用极限载荷时，它将被移动到空转位置。当对转矩敏感的槽轮是驱动轮时，任何增加的驱动速度都会关闭它的法兰，并且打开离心部件的法兰，于是保持了常速输出。该装置在额定功率为 1.492 ~ 8.952kW (2 ~ 12hp) 的范围内能很好地变速。

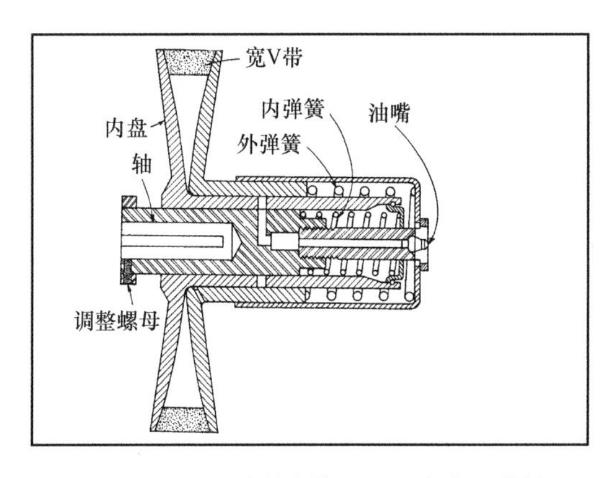

图 10.1-8 受弹力作用的可变节圆带轮。

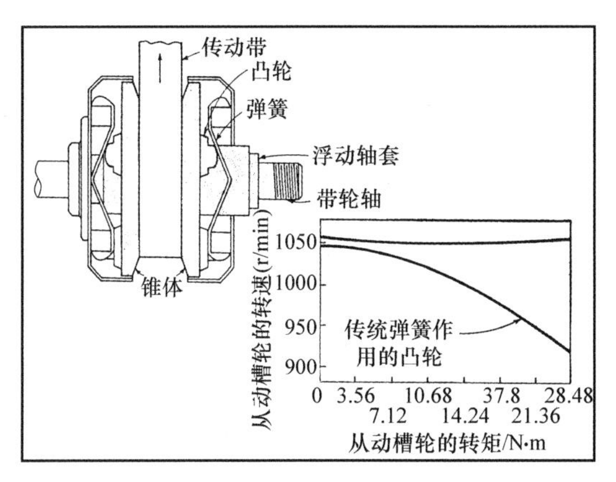

图 10.1-9 凸轮控制的带轮可避免在高速时打滑。

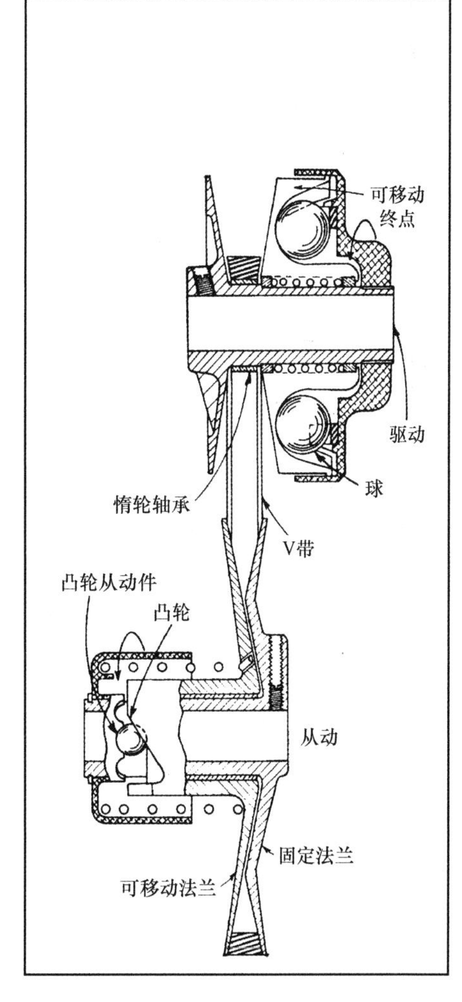

图 10.1-10 钢球控制的带轮的两边受到离心力的压力。

3. 链传动

图 10.1-11 所示为**PIV**（positive infinitely variable）**传动**。这种直接、无限可变的链传动避免了成形叠片链齿和链轮之间的任何滑动。每个单独的叠片都可以在链轮整个宽度上自由地横向滑动。链条与锥形面链轮的放射状径向沟槽的表面配合，链轮被安装在输入和输出轴上。这些表面都不是直圆锥形，而是有些凸形曲线以使链条在所有位置都保持恰当的张紧。两个滑轮的节圆直径都靠连杆来直接控制。在整个操作范围内，齿直接参与工作。速比为6:1时，功率可达18.65kW（25hp）。

双滚子链传动（见图 10.1-12）。这种特殊研制的链能承受16.412kW(22hp)的功率。硬化处理过的滚子楔入到可变节圆链轮的硬化处理过的两个圆锥形滑块之间。径向滚动摩擦导致链条平滑啮合。

单滚子链传动（见图 10.1-13）。如采用这种链的双股形式可以提高承载能力到 37.3kW（50hp）。剪刀形杠杆控制系统保持每对链轮表面在整个工作中承受适当比例的力。

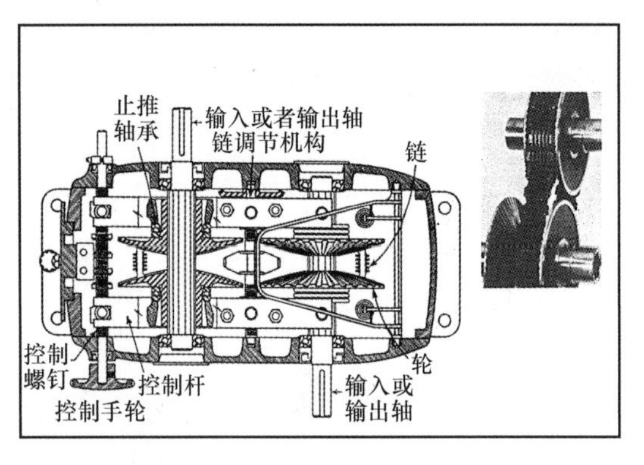

图 10.1-11 PIV 传动链与可变节圆槽轮的径向槽面紧密啮合以防止滑动。

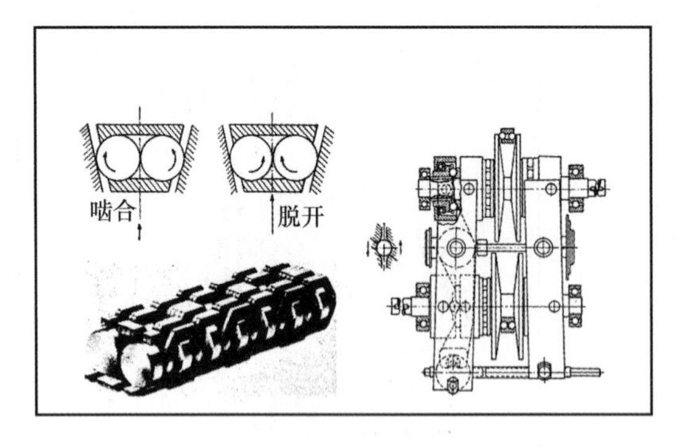

图 10.1-12

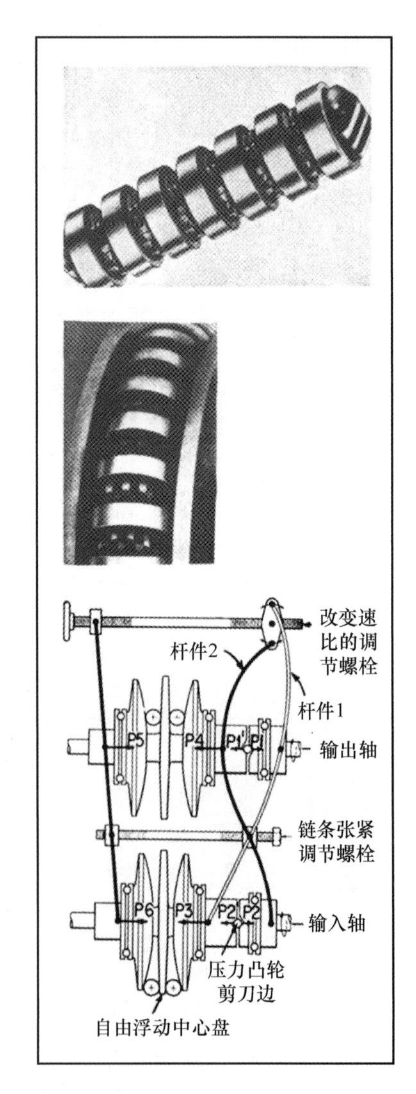

图 10.1-13 应用于大功率场合的单滚子链传动。

10.2　与混合带保持协调的配合

将带、缆绳、齿轮和链条富于想象力地融合到一块使用，可以拓展轻载同步传动的应用范围。

传送带用于机械的传动已经很久了。现在常用的平带和V带都相当轻、噪声小、经济、允许有安装误差。传送带只通过摩擦来传递动力，在静载荷作用下以适当速度(20.33m/s 和 30.5m/s)工作时效果最好，在低速下工作效率有轻微下降，在高速下离心力作用将影响其工作能力，而且，在承受冲击载荷或者起停时可能会产生啜的现象。即使以均速转动，标准带也可能会有蠕动现象。因此带传动必须保持在一定的张紧状态下才能正常工作，这样就在带轮轴的轴承上增加了载荷。

另一方面，齿轮和链通过直接啮合的表面间的支承力来传动动力。相对于驱动轴和从动轴的运动来说，它们没有滑动或蠕动。但是，当链滚子和齿轮齿在进入啮合和脱离啮合时，它们之间的接触会产生很大的滑动。

直接传动对于配合表面的几何特性也非常敏感。一个齿轮载荷由一个或者两个齿承受，于是放大了齿与齿间较小的误差。链子的载荷分布较宽，但是在驱动轮的有效半径内节距的变化会使链速产生轻微波动。

为了抵消这些应力，链子和齿轮必须用硬质材料制造，并在工作中进行润滑。从它们工作时的噪声可以听出配合表面之间的冲击和摩擦的剧烈程度。

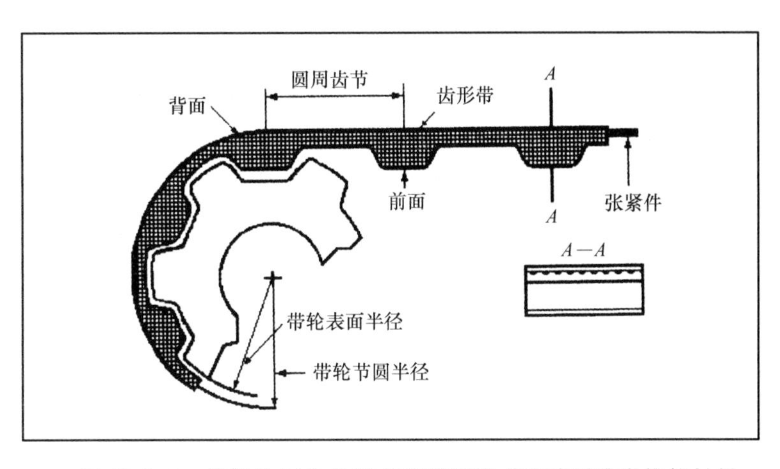

图 10.2-1　传统的同步带掺有玻璃纤维或聚酯纤维类抗拉材料，以及橡胶或聚氨脂基体成分，具有梯形齿轮廓。

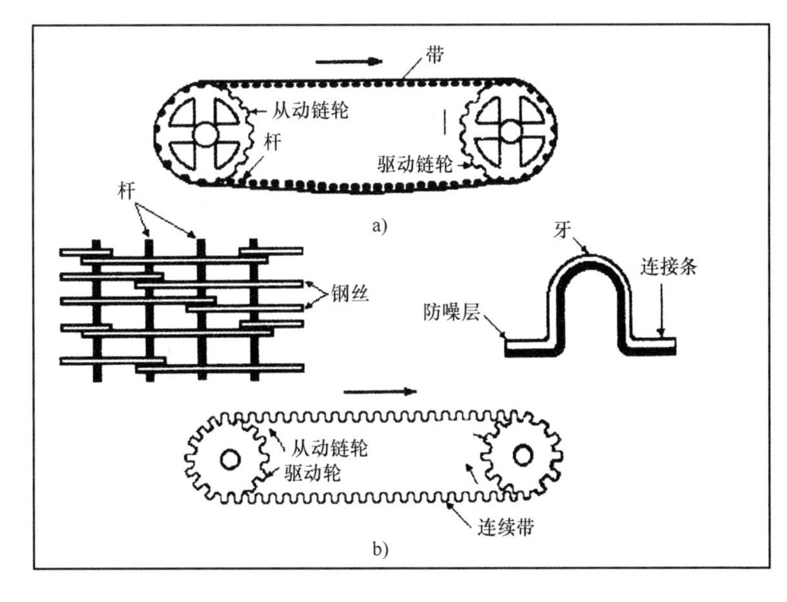

图 10.2-2　NASA 金属同步带利用了不锈钢的强度和柔性，并且表面镀有防噪声和抗摩擦的塑料。

含有梯形齿的同步带(图 10.2-1)是由带、齿轮和链组合而成的。这些质量上佳的同步带可以传递大功率[高达 596.8kW (800hp)]。许多新的同步带设计思想已经用于仪表和商业机器的低速、小功率传动中。

1. 钢带的可靠性

美国国家航空与航天局(NASA)戈达德空间飞行中心(Greenbelt,MD)的研究人员在制造用于飞行器仪器传动中的长寿命齿形传送带时采用了钢制结构。

国家航空与航天局的工程师们试图设计一种带传动，这种带应该能在恶劣的环境(如最热或者最冷)下的连续或断续的长期工作中保持自身强度和同步。

于是采用了两种钢传送带设计。其中一个是更像一个链的传送带设计，如图 10.2-2a 所示，钢丝在传送带长度方向上布置并间隔地缠绕在与传送带垂直交叉的杆上。这个杆具有双重作用，一个起杆销的作用，另一个起与链轮上的圆柱形凹槽啮合的齿的作用。装配好的传送带表面镀一层塑料以便降低噪声和磨损。

在第二种设计(见图 10.2-2b)中，一钢条弯成一系列的 U 形齿。这种钢条足够柔软，所以在环绕链轮运动时能够弯曲，但材料抗拉伸。这种传送带表面也有镀层塑料以便降低噪声和磨损。

最好的 V 带是用一整条不锈钢带做成的，根据经销商介绍该钢带“和刀片一样薄”，但是，可通过把几段焊接到一块而获得 V 带，从而可以获得不同的性能。

NASA 已经将这两种传送带申请了专利，并且已获得了商业应用的许可。研究人员预测这两种传送带将在那些必须拆卸后才能看到皮带轮的机械、永久被封装的机械和安装在很偏远地方的机械中特别有用。另外，不锈钢带也可以用在高精密仪器设备中，因为它既不会伸展也不会滑动。

虽然塑料和缆绳传送带不具有 NASA 钢带的强度和耐用性，但是却具有很强的通用性并使生产线更经济。其中最经济和实用性最广的是新式的球链，现在它们只是普遍用于关键链条和灯的开关拉绳。

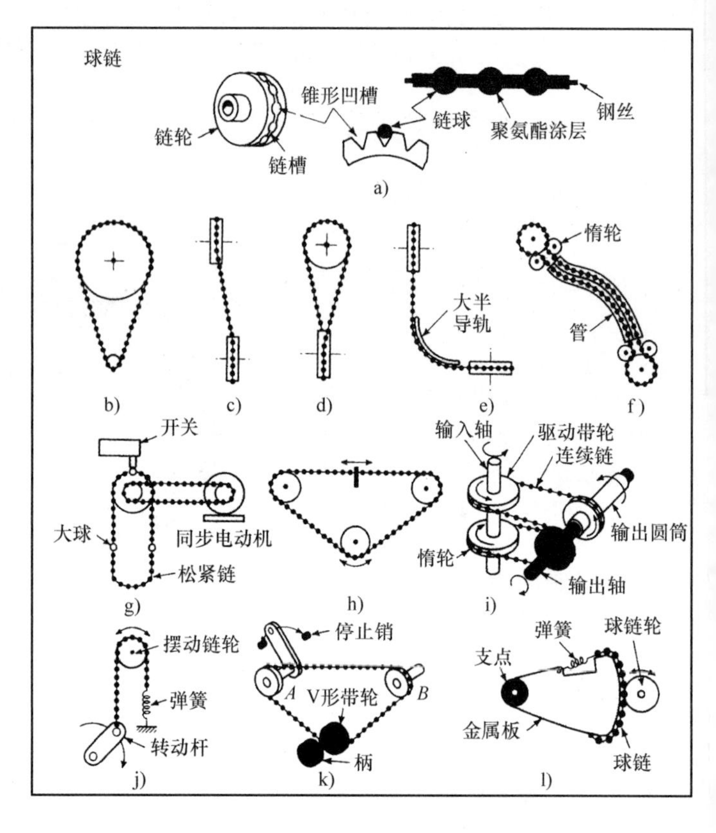

图 10.2-3 带有球和 4 个销的聚氨酯涂层钢缆“链”可以在普通带和链不适用的工况工作。

表 10.2-1 普通同步带

型　号	节圆 /in(25.4mm)	张力/宽 /(lb/in) (175.2N/m)	中心丢失常数 Kc
标准(图 10.2-1)			
MXL	0.080	32	10×10^{-9}
XL	0.200	41	27×10^{-9}
L	0.375	55	38×10^{-9}
H	0.500	140	53×10^{-9}
40DP	0.0816	13	—
大转矩(图 10.2-2)			
3mm	0.1181	60	15×10^{-9}
5mm	0.1968	100	21×10^{-9}
8mm	0.3150	138	34×10^{-9}

驱动产品性能指标

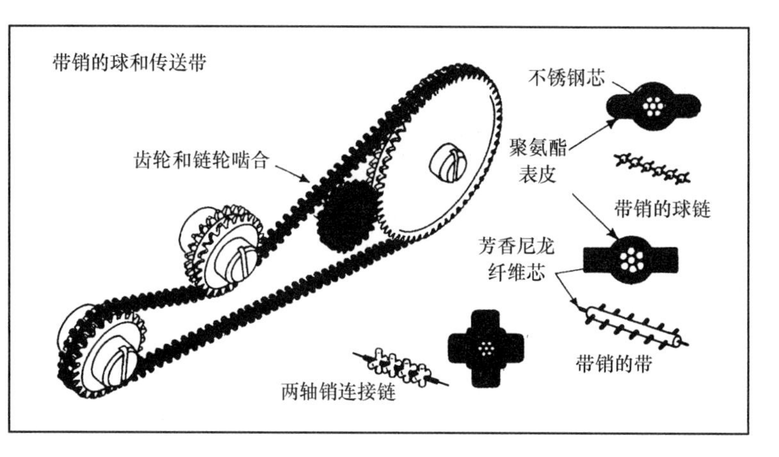

图 10.2-4 塑料销消除了球链从皮带轮凹槽中滑出的倾向，并且能够在角传动中获得较大的精度。

新式的球链——如果称作链恰当的话——没有链节。它由一整条长的不锈钢绳索或者芳香尼龙纤维芯和聚氨酯表皮镀层组成。塑料覆层被做成一定间隔的球形（见图 10.2-3a）。形成的节长度可以控制在 0.0254mm（0.001in）范围内。

绳索在有沟槽的带轮中运行，球正好与带轮表面的圆锥凹槽相啮合。球链的柔性、轴向对称性和可靠传动特性适用于很多普通和特殊的情况。

- 经济的、防滑和不需润滑的高速比传动（见图 10.2-3b）。与其他链和带相比，球链的承载能力受到它本身抗拉强度（对于单股的钢链来说是 40 ~ 80lbf，即 178 ~ 356N）、速度变化比和链轮或带轮半径的限制。
- 连接未对齐的链轮。如果链轮之间有间隙，或者链轮相互平行但是不在同一个平面内，球链最大能补偿 20° 的这种不对齐（见图 10.2-3c）。
- 交叉轴的角度最大可达 90°（见图 10.2-3d）。
- 用导轨或者导管实现直角和远程传动（见图 10.2-3e 和 10.2-3f）。这些方法只适合低速和低转矩的场合，否则导架和链子之间的摩擦损失将难以接受。
- 在机械计时时，间隔使用大球来控制微型开关（见图 10.2-3g）。可以改变或者更换链子以提供不同的计时规律。
- 精确的从旋转到直线运动的转换（见图 10.2-3h）。
- 只用一个单股带即可实现单个输入驱动、两个转向相反的输出（见图 10.2-3i）。
- 从旋转到摆动运动的转换（见图 10.2-3j）。
- 离合调节（见图 10.2-3k）。利用一个没有凹槽的带轮，当它到达预设的限位处时允许链滑动。同时，球的带轮保持输出轴同步。类似地，一个具有浅凹槽的带轮或者链轮允许链子在过载时滑动一个球的位置。
- 廉价的“齿轮”或者扇形齿轮是通过球链绕着一个圆盘的圆周或者金属板的实心弧制成的（见图 10.2-3l）。于是，链轮的作用就像是一个小齿轮。对于齿轮加工来说采用其他设计效果会更好。

2. 一种更稳定的方法

不幸的是，在重载下倾向于形成凸轮状的球链容易从深的链轮凹槽中出来。在它最初的改进阶段，球长出“肢”来——两个销的投影与绳索轴是相互垂直的（见图 10.2-4）。带轮或者链轮看起来像是容纳传送带的带有沟槽的直齿轮。实际上，带轮能和具有恰当节圆的普通直齿轮相啮合。

不同形式的带也可以和两列销一块来使用。一列销的投影是垂直的，另一列销的投影是水平的。这种结构允许装置在一系列垂直的轴之间传动而不会扭曲绳索，就像球链一样，但没有球链载荷的限制。减小扭曲可以增加传动寿命和可靠性。

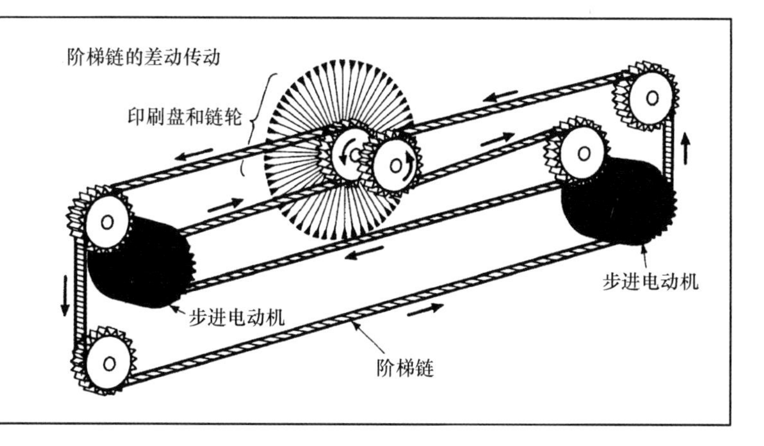

图 10.2-5 在印刷传动中的塑料和绳索阶梯链。在极端条件下，这组合种链的寿命是钢链的很多倍。

利用卷边金属轴环，这些带、缆和链的混合体可以在应用领域按照需要的尺寸进行连接。并且，所有厂家的拼接体的抗拉强度均不会低于缆绳的一半。

3. 并行缆绳传动

并行缆绳传动是另外一种空间直接传动，为了提高稳定性和强度而降低了柔性。这里缆绳穿过阶梯，阶梯的表面涂覆塑料涂层，图 10. 2-6 中是阶梯的外观图。这样的“阶梯链”也可以和带齿的皮带轮啮合，并且皮带轮无须开槽。

一个缆绳、塑料阶梯链是图 10. 2-5 中惠普紧凑打印机差分传动的基础。当电动机沿同一转向以同一转度转动时，支架就会向左或向右移动。当电动机沿相反方向但相同转速转动时，支架就保持静止，而打印盘则转动。这个电动机的差分传动可以产生打印盘移动和转动的综合运动。

混合式阶梯链也可以和金属盘或皮带轮上大的直齿啮合(见图 10. 2-6)。这样的“齿轮”可以和皮带轮或标准齿距合适的小齿轮进行安静的啮合工作。

另外一种模仿了标准链条的并行缆绳“链”在长度上的质量是 0. 111g/mm(1. 2oz/ft)，无须润滑，并且几乎可以无声地工作。

4. 一个常规注解

一个新的高性能齿廓已经在传统的齿轮带上测试过了。它具有标准的芯和弹性体结构，具有圆弧形齿而不是通常的梯形齿(见图 10. 2-7)。齿距为 3mm 和 5mm 的产品都曾有过介绍。

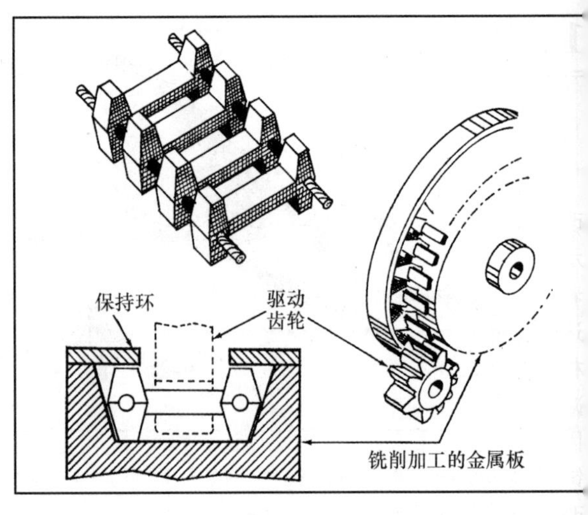

图 10. 2-6 齿轮链能代替阶梯链、宽 V 带，或者如图示代替一个齿轮与标准小齿轮啮合。

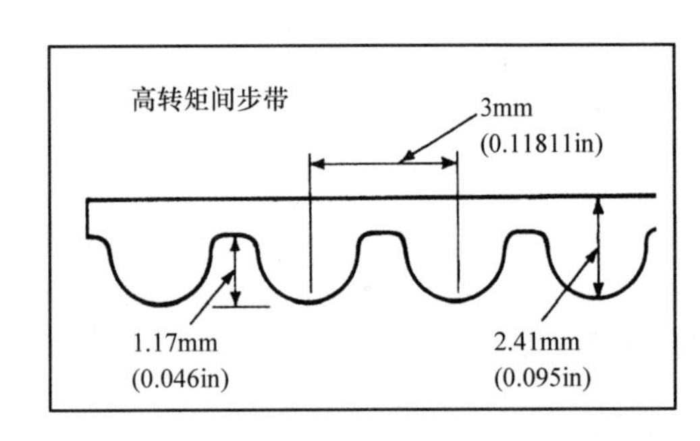

图 10. 2-7 高转矩齿(节距为 3mm 和 5mm)提高了橡胶带的承载能力。

10.3 在不影响速比的情况下改变中心距

增加转轴和刀具的间隙可以改变链条的长度，如图 10.3-2 所示，由 F 变成 E。如果让惰轮随着链条轮转动，长度由 G 变为 H。这两种情况下，链条长度的变化相似，只是方向相反。链长度 E 减去 F 接近于链长度 G 减去 H。因为链条不是平行传动的，所以链条的长度在需要变化时就可以改变。链轮需要有偏心距，以避免干涉。由于产生的松弛与小角度（2°～5°）的余弦变化成正比，所以不会影响传动。对于长度为 1828.8mm（72in）的链条来说变化是 0.508mm（0.020in）。

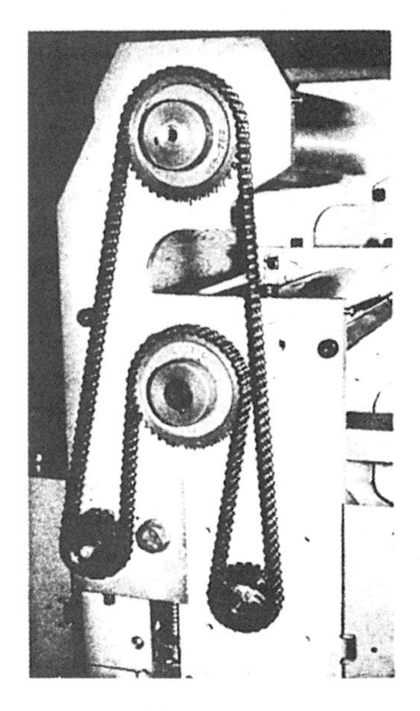

图 10.3-1

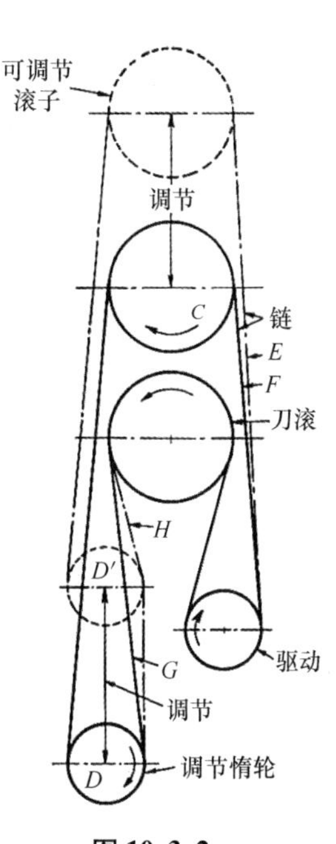

图 10.3-2

10.4 通过电动机的安装支点来控制张紧力

带的张紧力与载荷成正比。

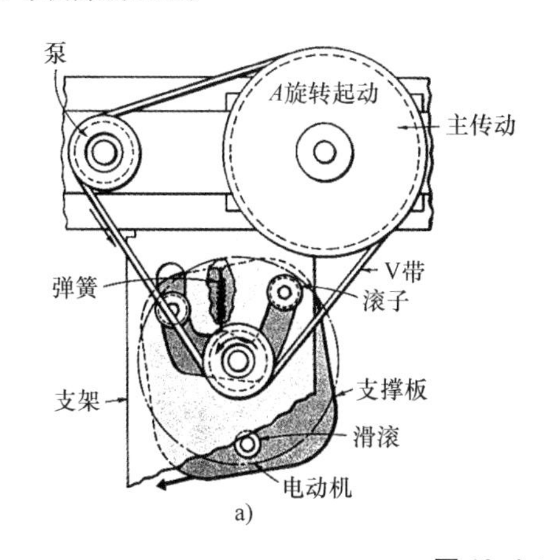

图 10.4-1

当搅动周期完成后，电动机就会和处于右边槽里底部的右边滚子保持暂时的停顿。当甩干开始的时候，图 10.4-1a 中启动转矩在定子上就会产生反作用，并通过底部滚子来支撑电动机扭转。直到左边的滚子碰到左边槽底部时电动机的扭转才停止。此时电动机将摇摆，只有靠驱动泵和洗衣桶的 V 带才能限制其摇摆。

在零转速的瞬间，电动机产生了最大的转矩并且开始增加对洗衣桶、水和洗涤的动力。电动机绕着左边的滚子扭转（b）所增加的张紧力与输出转矩成正比。当洗衣桶达到最大转速时，动力降低，带的张紧力也减小了。在反向搅动周期时将是同样的反向作用。

10.5 带有衬套的滚子链及其改进

用于动力传递、输送和起重的各种滚子、侧板和销结构。

1. 标准滚子链——用于动力的传递和输送

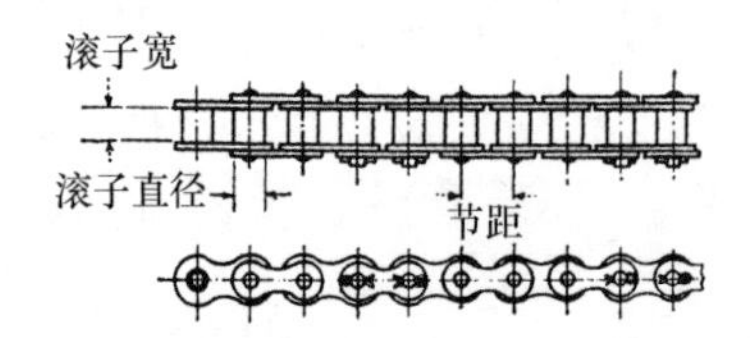

图 10.5-1 单个链的链宽——尺寸为 15.875mm (5/8in) 或更小的有一个弹簧夹连接链的各节；而 19.05mm (3/4in)或者更大的有一个开口销来连接链的各节。

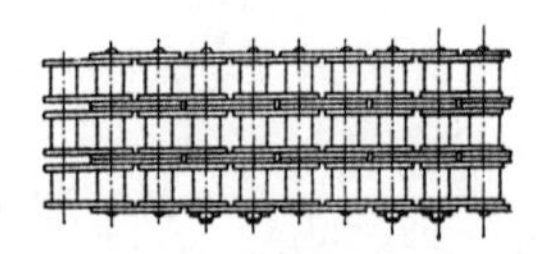

图 10.5-2 复合链的链宽——类似于单个链的链宽。它的宽度最大可达到 12 个单个链的宽度。

2. 增大了节距的链子——用于输送

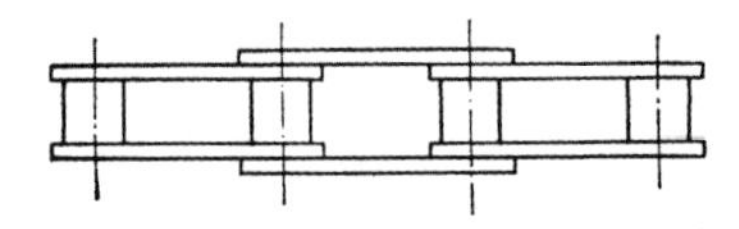

图 10.5-3 标准滚子直径的链——常做成节距 25.4～101.6mm(1～4in)的，并且用开口销连接链的各节。

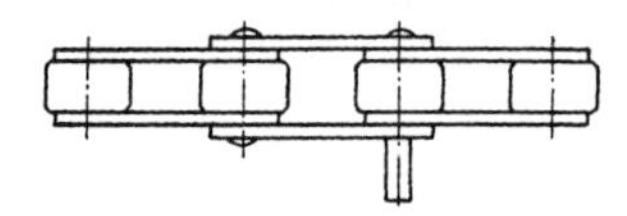

图 10.5-4 大滚子直径的链——有与标准滚子链相同的基本链型，但是不做成复合宽度的。

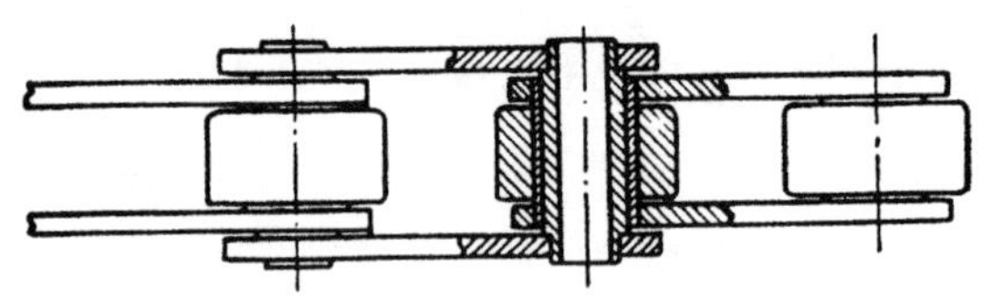

图 10.5-5 空心销的链——节距做成 31.75～381mm(1.25～15in)的。它能变化以适应销连接的附件。

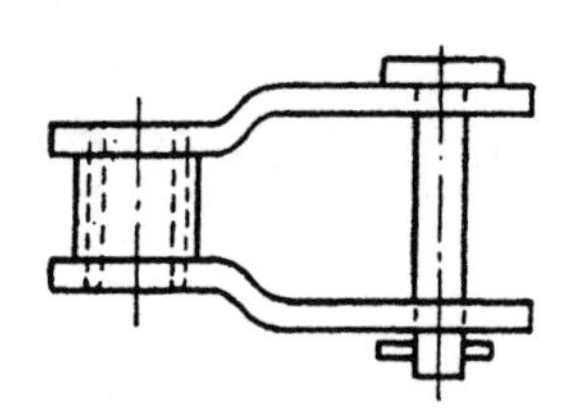

图 10.5-6 偏置链节的链——用于当长度要求是奇数节，以及缩短或延长一个链节时。

3. 标准节距的改进

图 10.5-7 直接连接的链——当需要时链的连接可以在单侧或双侧间隔进行。图示为一个标准滚子。

图 10.5-8 弯曲连接的链——与直接连接的链相似，图示为一个标准滚子。

4. 节距加长的改进

图 10.5-9 直接连接的链——图示为一个大直径滚子。

图 10.5-10 弯曲连接的链——图示为一个大直径滚子。

5. 空心销

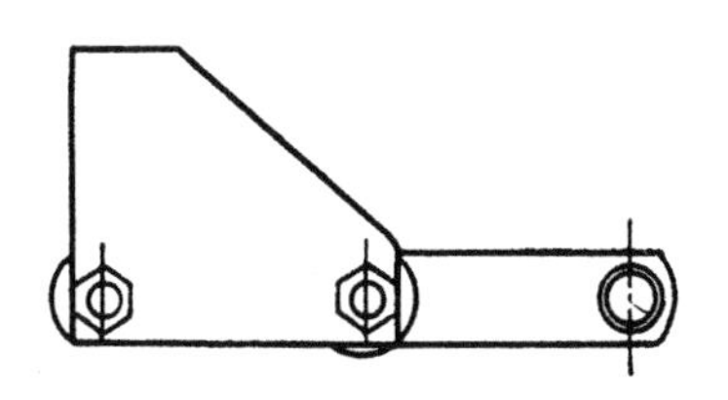

图 10.5-11　直接连接的链——这些连接是可换的，以适用于不同的应用领域。

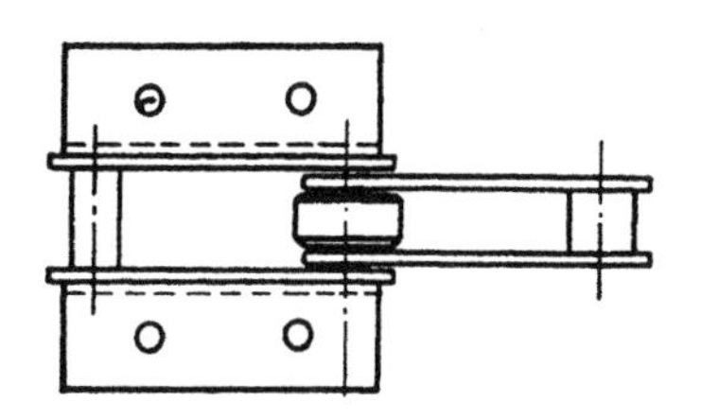

图 10.5-12　弯曲连接的链——与直接连接的链相似，也适用于不同的应用领域。

6. 加长的销链

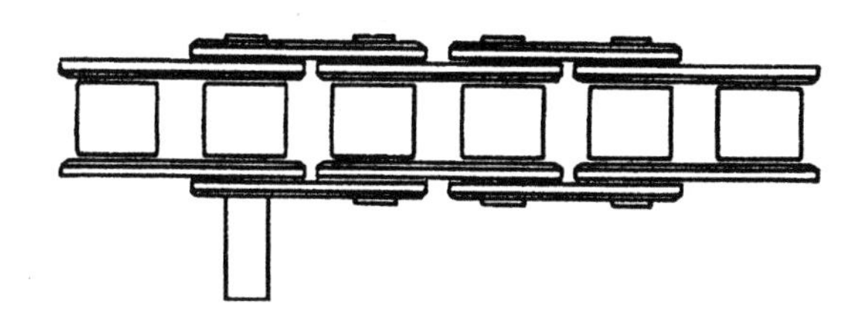

图 10.5-13　标准节距的链——销可以在任意一边加长。

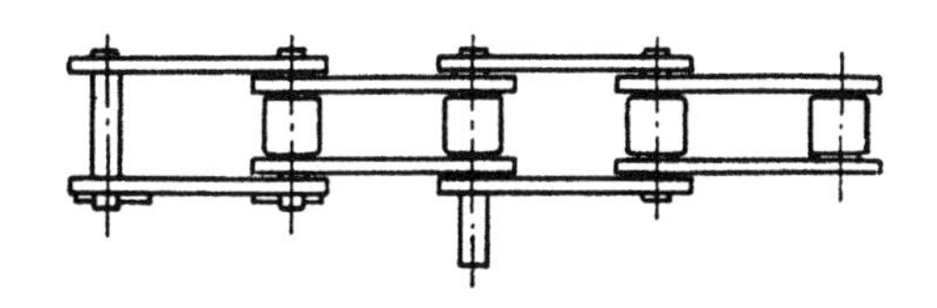

图 10.5-14　加长节距的链——与标准节距的链相似，适用于不同的应用领域。

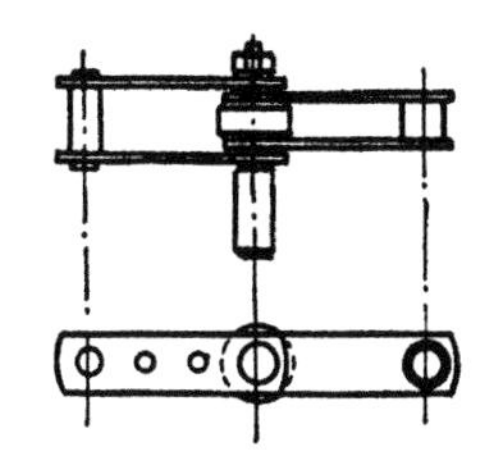

图 10.5-15　空心销的链——销的设计适用于不同的应用领域。

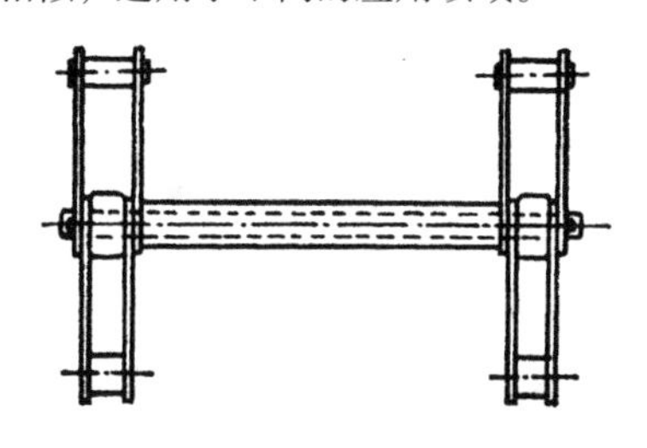

图 10.5-16　横杆的链——杆可以从空心销中被移动。

7. 特殊改进

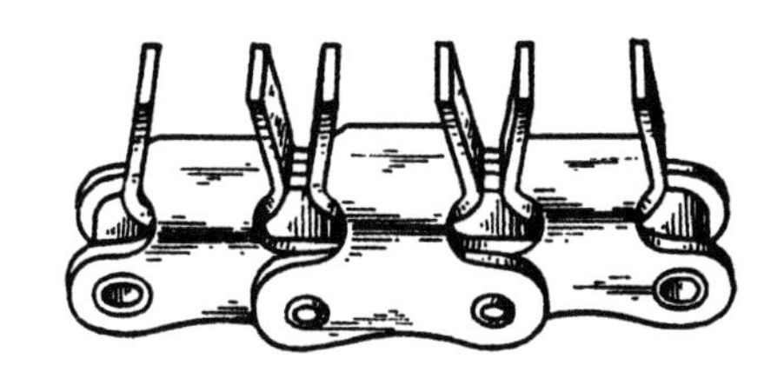

图 10.5-17　用于保持输送的物体。

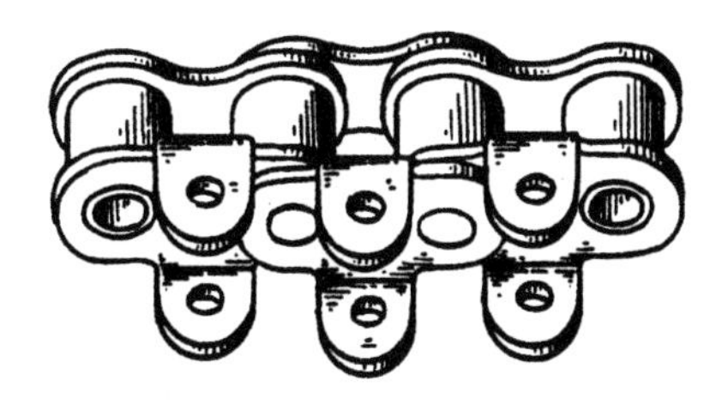

图 10.5-18　用于保持输送的物体在链子的中心线上。

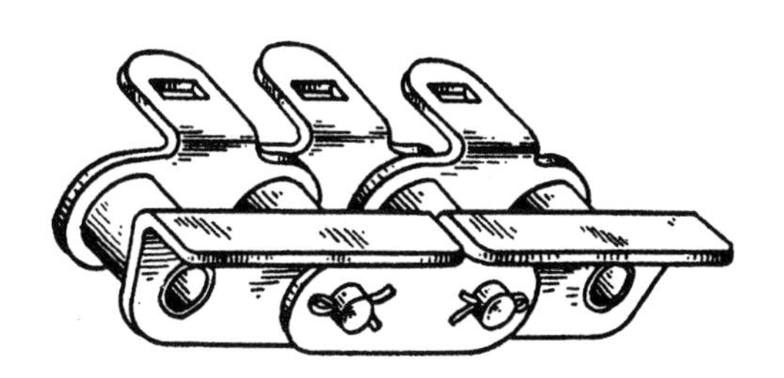

图 10.5-19　用于只需要在一个方向上弯曲时。

图 10.5-20　用于支撑集中载荷。

10.6 滚子链的12种创新性应用

这种低成本的工业链能够以多种方式执行任务，而不只是单纯的传递动力。

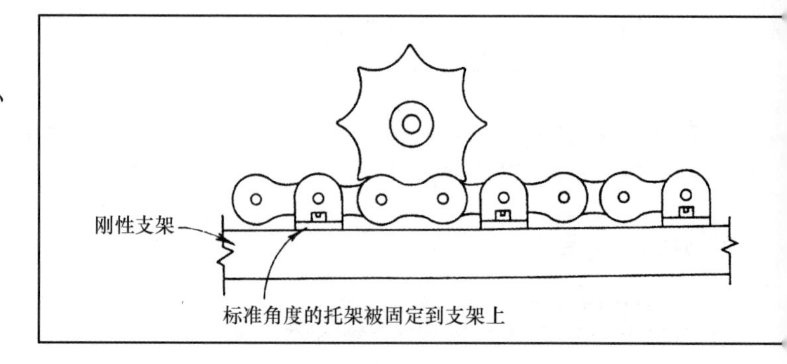

图10.6-1 这种低成本的齿条和小齿轮装置很容易用标准零件来装配。

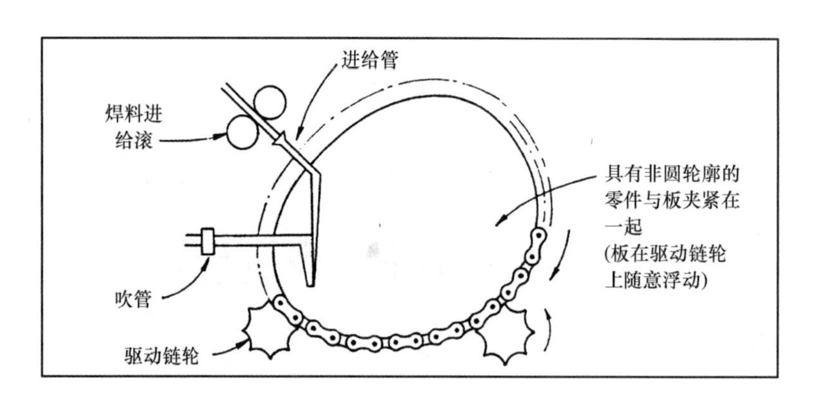

图10.6-2 齿条和小齿轮原理的灵活应用——这是一个用于非圆外壳的焊料夹具。也可以类似地设计出主动工作的凸轮。标准角度托架使链子与凸轮(或者夹紧板)相连接。

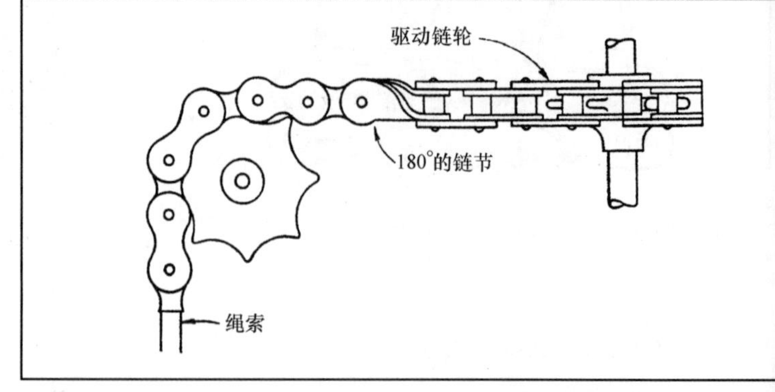

图10.6-3 这种可控制绳索方向的转换器被广泛地应用在飞行器上。

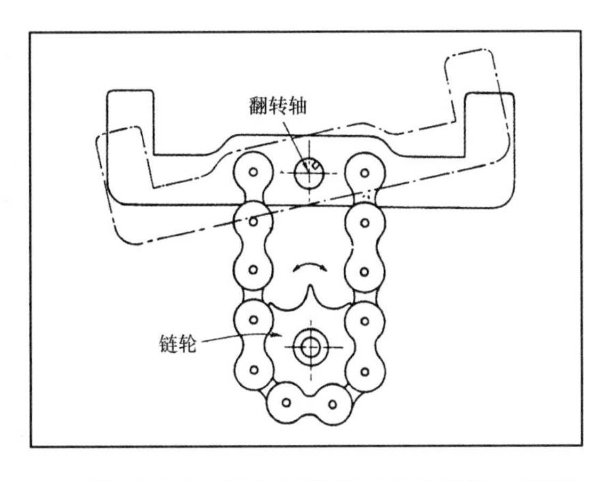

图 10.6-4 机构与图 10.6-3 中机构一起可用于翻转或摆动的传递，可以实现远距离传输并且能绕过障碍物。翻转角度不能超过 40°。

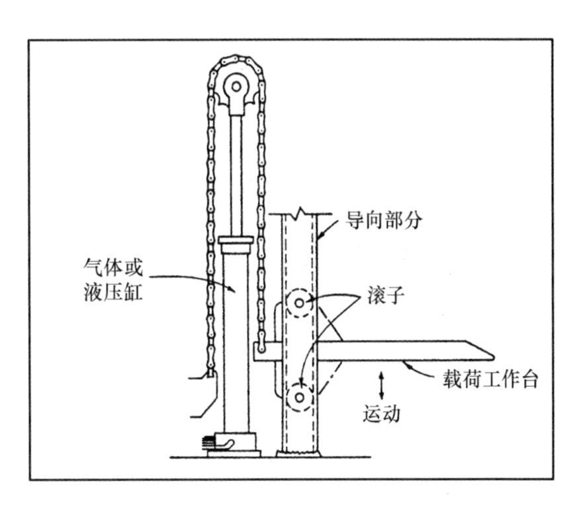

图 10.6-5 这种起动装置可通过使用滚子链来简化。

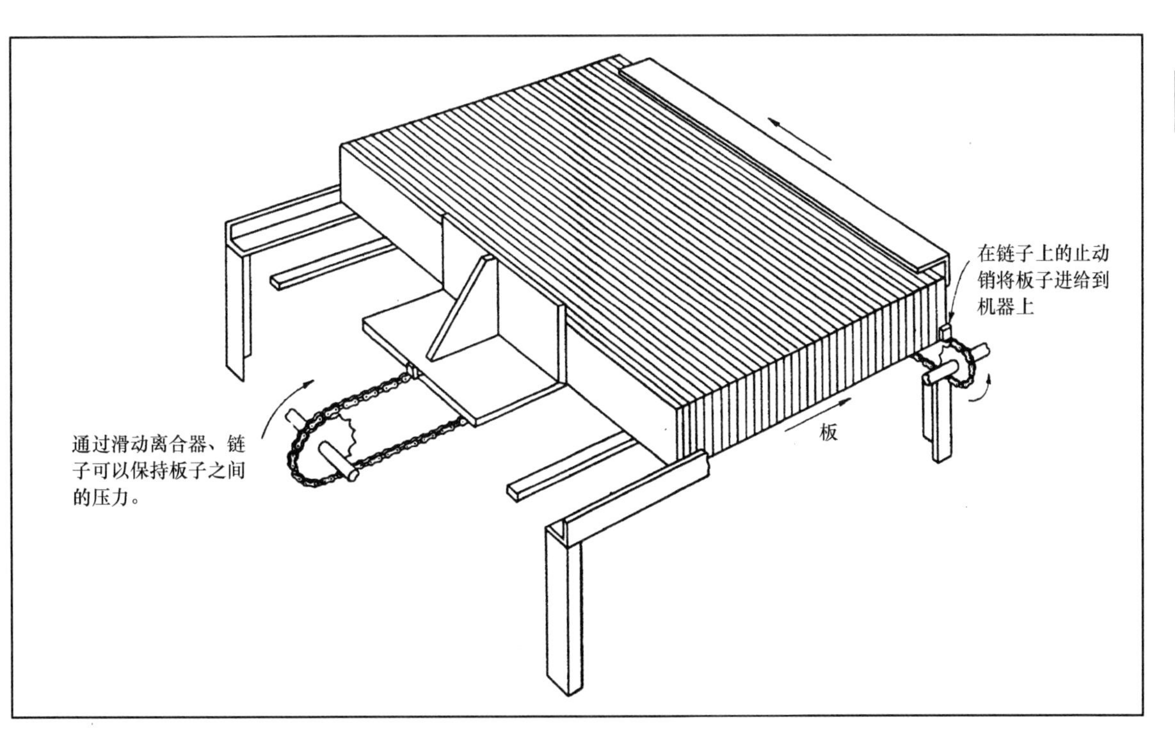

图 10.6-6 这里是转子链的转位和进给应用的两个例子。这种装置将胶合板进给到机器中。这里应用滚子链的优点是它的柔性和进给较长。

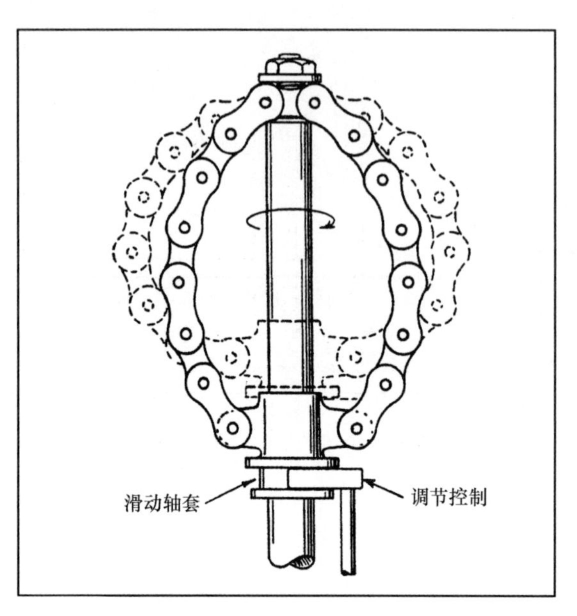

图 10.6-7 当旋转速度慢下来时，用标准托架可简单地附加上控制重量，从而增加反作用力。

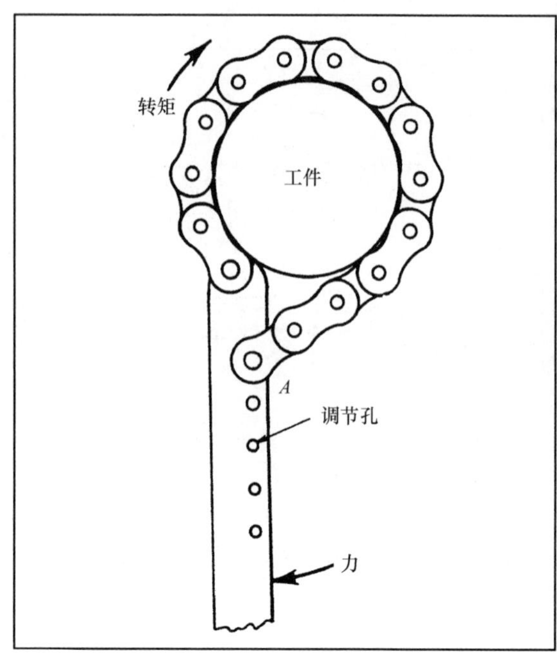

图 10.6-8 可以调节扳手支点 A，以便能夹住各种规则或不规则形状的物体。

图 10.6-9 在滚子链的空位之间，较小的零件可以被输送、进给，或者被导向。

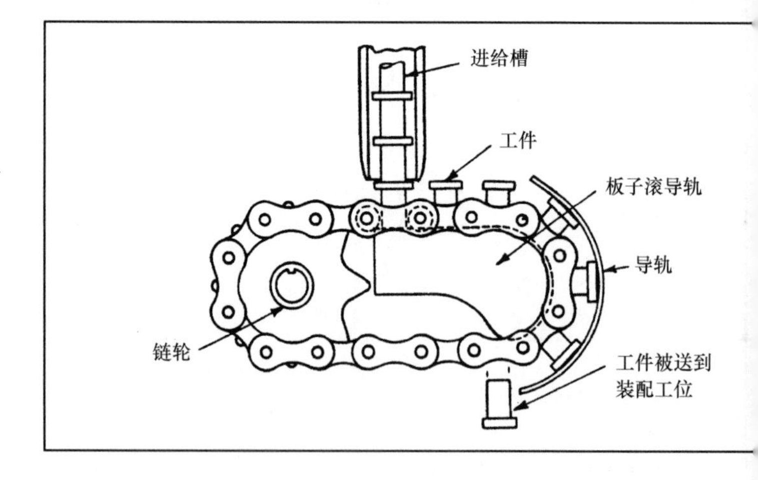

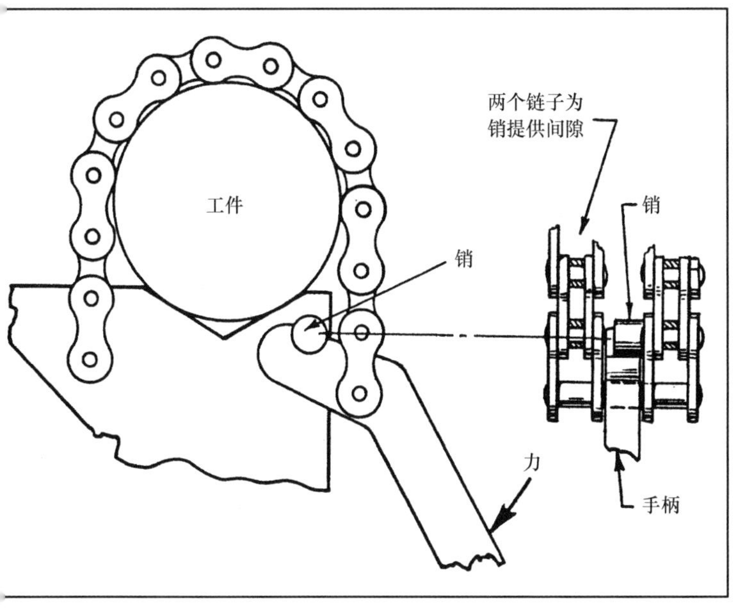

图 10.6-10　用两个链子来完成夹紧肘杆的动作，此时销在支点位置上。

图 10.6-11　通过将标准滚子链零件和标准窗帘轨道零件组合可以获得轻载触轮输送装置。小齿轮电动机通常用来驱动输送装置。

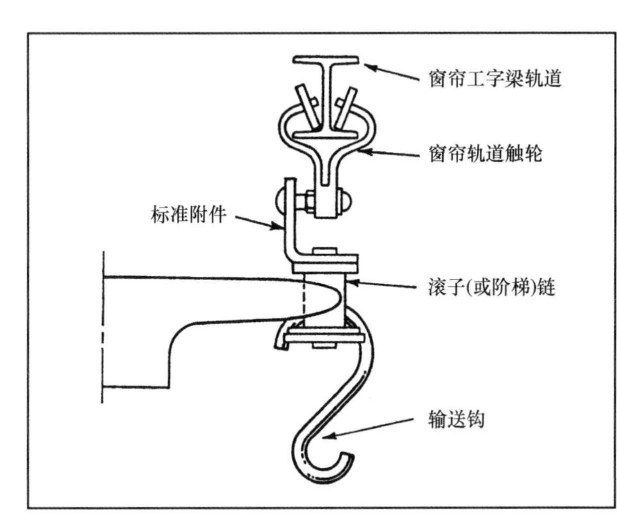

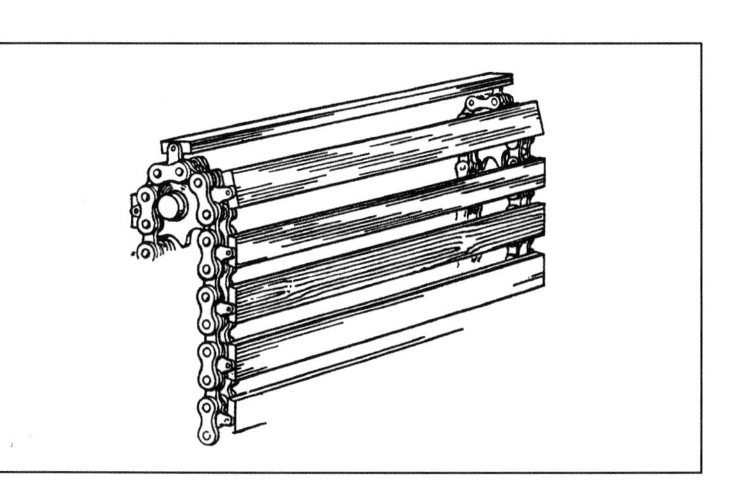

图 10.6-12　装有由木头、塑料或者金属板制造的板条的链条带，可以用作可调整的保险装置、传送带和快速动作安全门窗。

10.7 在链传动中减少跳动的机构

在链运动中所出现的由链和链轮的弦运动造成的跳动，可以通过在驱动链轮中加入一个补偿循环运动来减小或者避免。为了减小在链传动中链条上下摆动和由动态载荷造成的振动，所设计的机构包括非圆齿轮、偏心齿轮和凸轮驱动的中间轴。

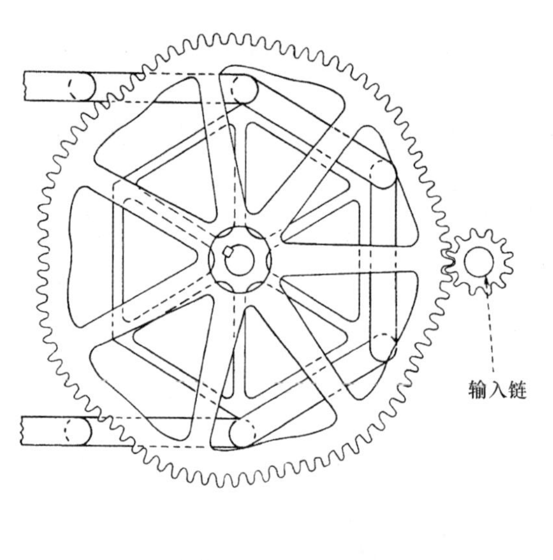

图 10.7-1 安装在链轮轴上的大型铸齿、非圆齿轮有波形轮廓，这些波形轮廓的数量等于链轮的齿数。小齿轮也有一个相应的非圆外形。虽然采用了特殊外形的齿轮，但是传动完全等同于链的波动。

图 10.7-2 这种传动有两个偏心安装的直齿小齿轮(1 和 2)。动力是通过带轮传递的，带轮靠键连接到与小齿轮 1 相同的轴上。通过键与小齿轮 2 的轴相连接的小齿轮 3(未画出)驱动大齿轮和链轮。然而，只有当小齿轮 1 和 2 的节线是非圆的而不是偏心的时，该机构才完全等于传送链的速度。

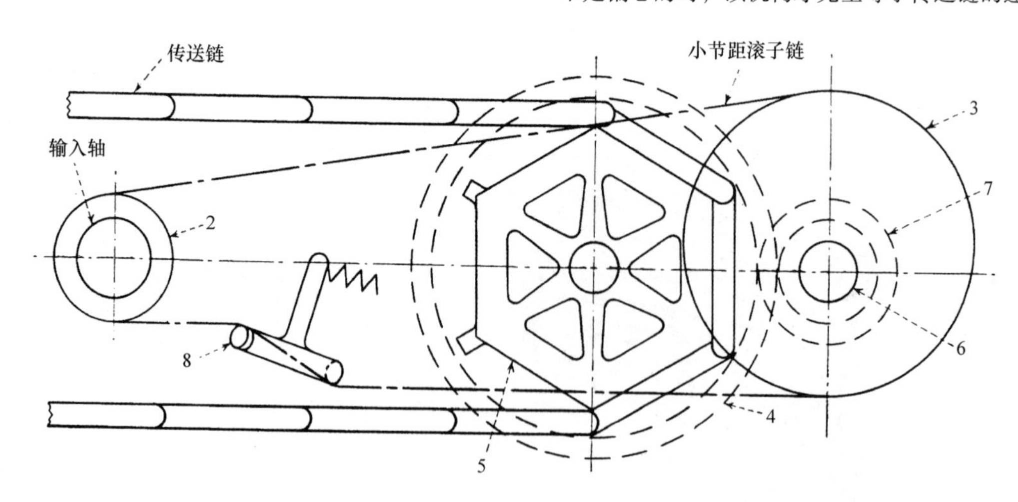

图 10.7-3 附加的链轮 2 通过一个小节距链 1 驱动非圆链轮 3。这将使速度波动通过小齿轮 7 和齿轮 4 传向轴 6 和长节距输送链轮 5。这对齿轮的齿数比和链轮 5 的齿数相等。受弹簧作用的杠杆和滚子 8 起拉紧的作用。输送带的运动是匀衡的，但是因为链 1 的节距必须保持得很小，所以该机构限制了承载能力。通过使用多股小节距链可以提高承载能力。

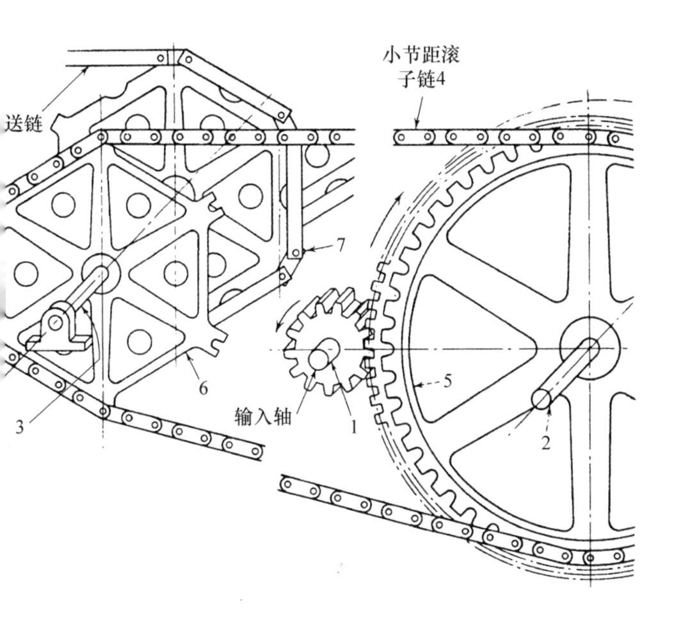

图 10.7-4 动力是通过链 4 从轴 2 传到链轮 6 的，于是将波动的速度传向轴 3，并通过它传到链轮 7。因为链 4 节距小，链轮 5 相应地较大，所以链 4 的速度接近匀速。这就得到了几乎恒定的传送速度。该机构需要滚子拉紧链松弛的边，否则将限制承载能力。

图 10.7-5 圆盘 3 使链轮产生可变的运动。它支撑销、滚子和圆盘 5。盘 5 上有径向槽并偏心地安装在轴 2 上。轴 2 与链轮的转速比值等于链轮上的齿数。链速并不完全等速。

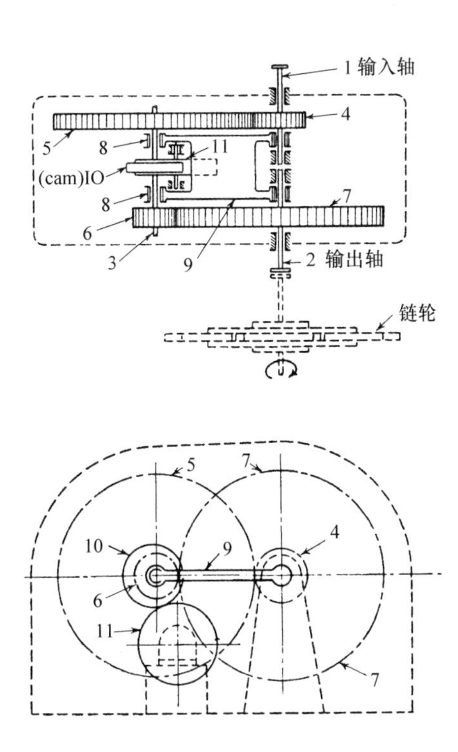

图 10.7-6 “行星齿轮”系统(齿轮 4、5、6 和 7)由凸轮 10 驱动，并且将波动速度传给链轮，而链轮通过轴 2 与链的波动保持同步，于是系统完全等于链速。凸轮 10 处于一个圆形惰轮滚子 11 之上。由于力的平衡，凸轮保持与滚子直接接触。该装置具有标准的齿轮，可以同时起到减速器的作用，并且能传递很大的动力。

第 11 章

弹簧、螺纹装置和机构

11.1　平弹簧在机构中的应用

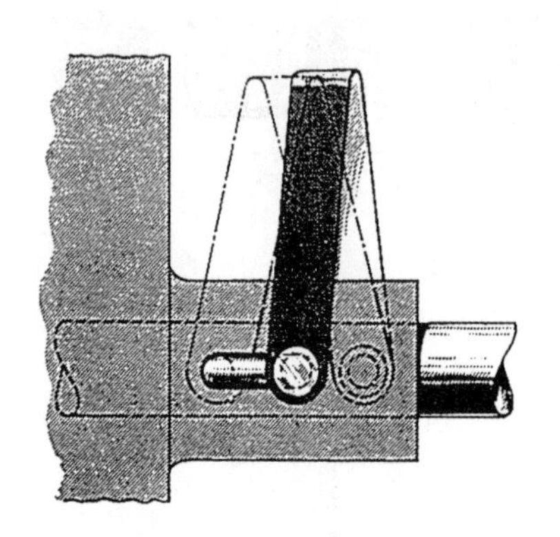

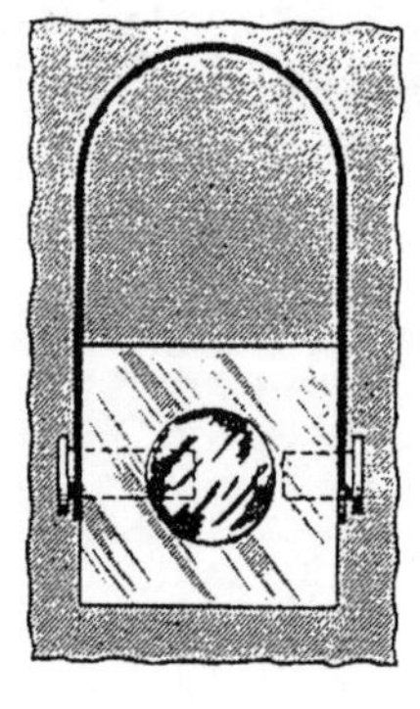

图 11.1-1　合适长度的 U 形弹簧可使这个装置获得近似的恒力。两个销钉不能在同一直线上，否则弹簧将脱落。

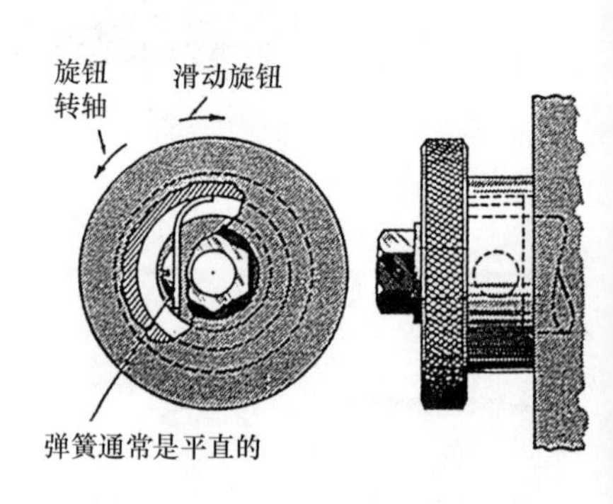

图 11.1-2　**平的线形挡圈**在装配旋钮前是平直的，装配旋钮后，张紧力将有助于挡圈单向的锁紧。

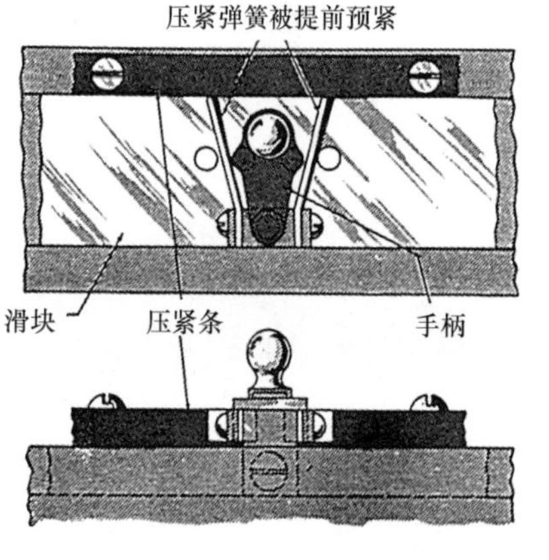

图 11.1-3　当手柄销推动压紧弹簧与压紧条脱离接触时，可以使滑块很容易地定位。

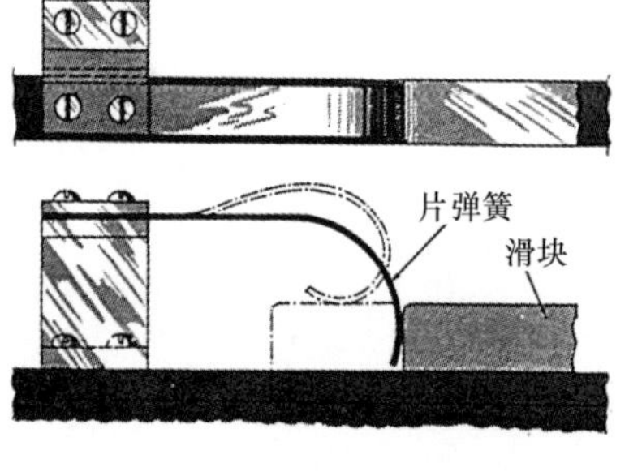

图 11.1-4　**靠弹簧加载的滑块**在弹簧伸展时总是要返回它的初始位置，除非它一直被压着。

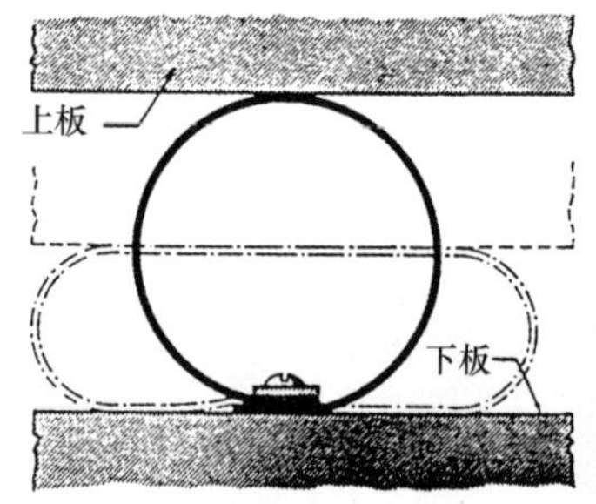

图 11.1-5　当增加上、下板上的载荷时，板间**增加的支撑区域**靠一个环形弹簧来提供。

图 11.1-6　弹簧中近似恒定的**张紧力**和作用在滑块上的力都是靠一个单线圈弹簧来提供的。

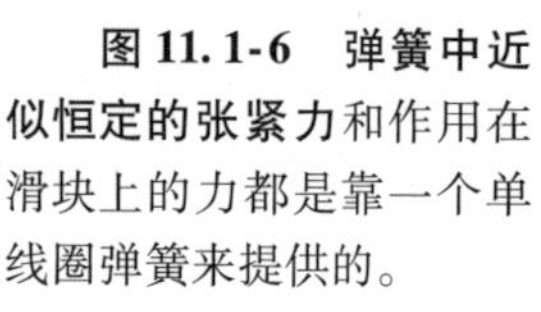

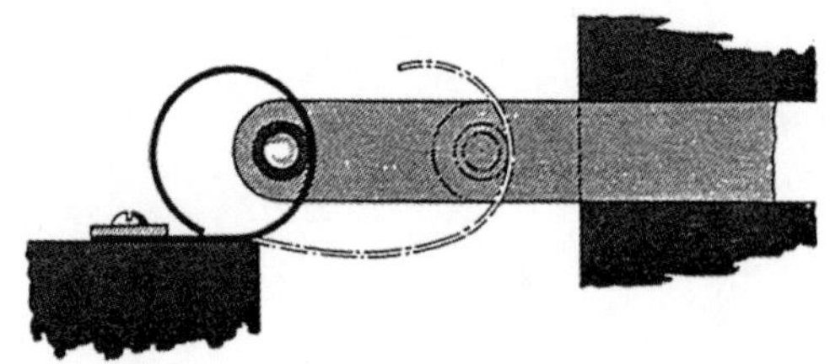

图 11.1-7　这个螺旋形弹簧使轴向机架方向移动，从而得到最大的轴向位移。

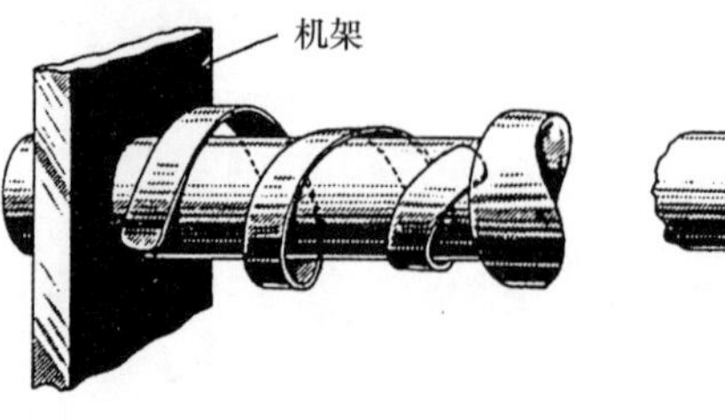

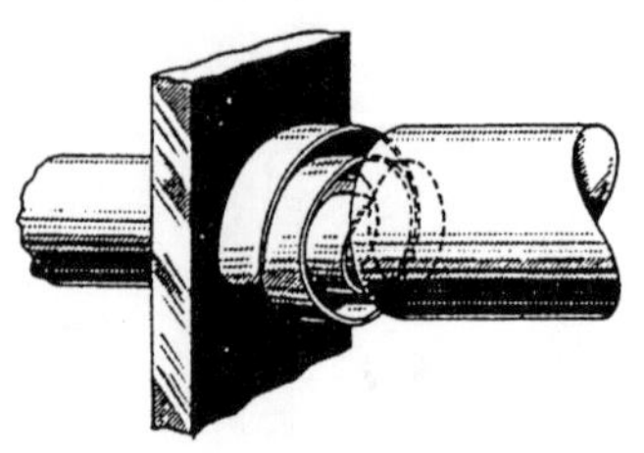

以下这些机构依靠平弹簧来实现有效的工作。

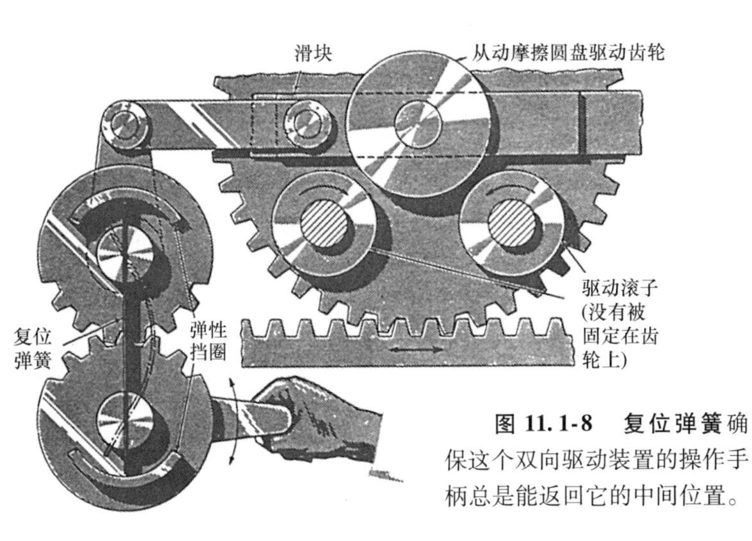

图 11.1-8 复位弹簧确保这个双向驱动装置的操作手柄总是能返回它的中间位置。

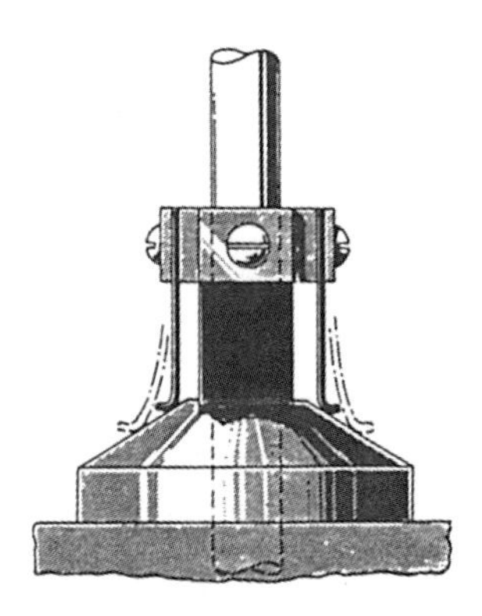

图 11.1-9 因为锥角很小，所以这个**缓冲器装置**能迅速增加弹簧张紧力。这个装置的反弹也是最小的。

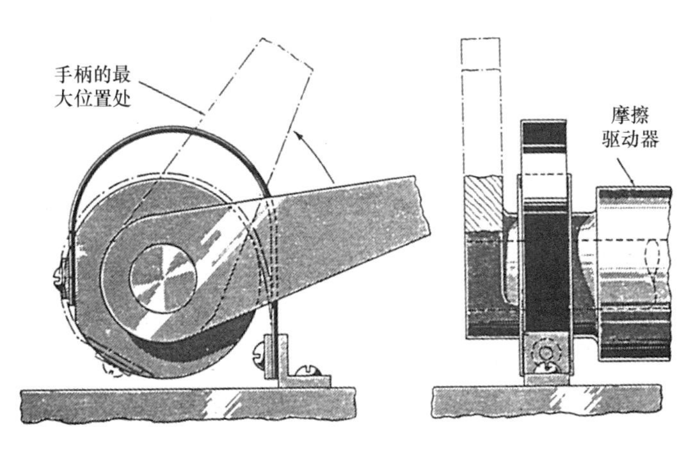

图 11.1-10 当旋转手柄推动摩擦驱动器时，这个靠**弹簧固定的圆盘**将改变其中心位置。这个**圆盘**也可以充当内置的挡块。

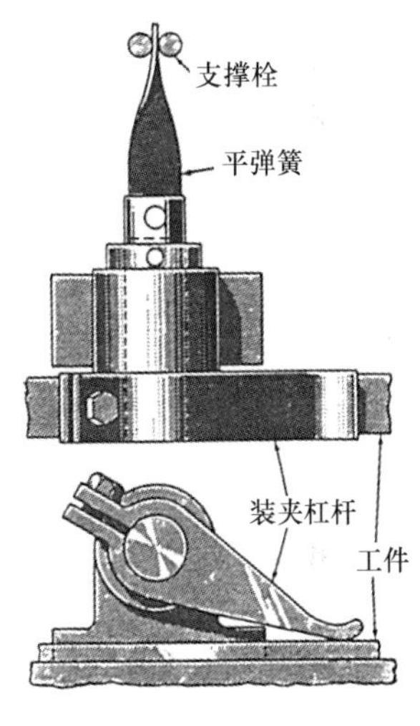

图 11.1-11 这个压力装夹装置中的平弹簧在装配时有个预先扭曲，以便可以对薄零件提供夹紧力。

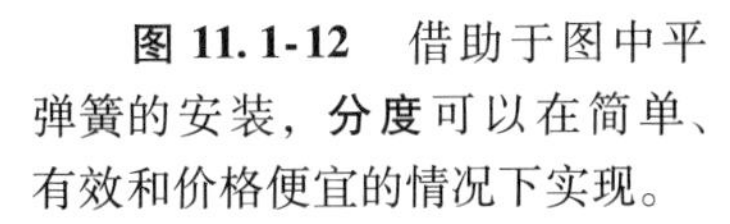

图 11.1-12 借助于图中平弹簧的安装，**分度**可以在简单、有效和价格便宜的情况下实现。

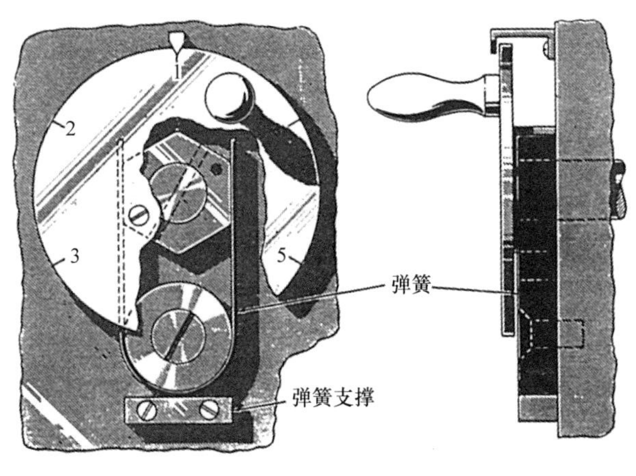

11.2 弹簧的12种应用方式

变速比装置、滚子定位、节省空间和其他一些灵巧装置均需要通过弹簧来实现。

图11.2-1 这个装置用弹簧来限制低速伸展，靠从轻载突变成重载来改变速率。

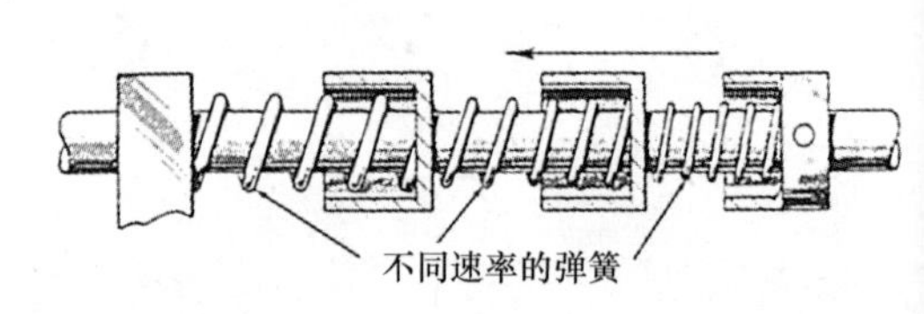

图11.2-2 这个机构能够在预定位置提供三个阶段的速率变化。不管位置如何，较轻的弹簧总是首先受压。

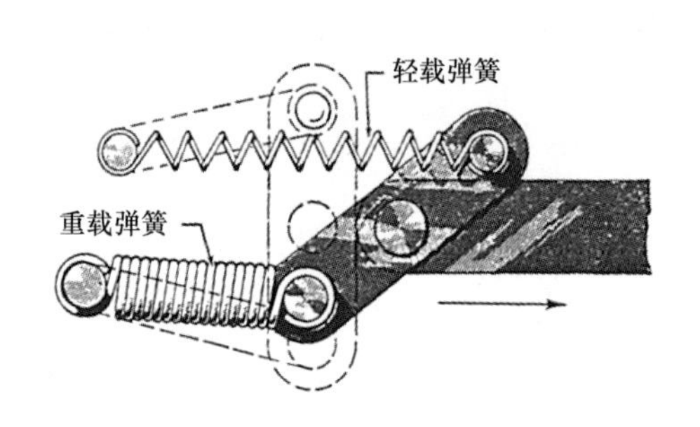

图11.2-3 这是一个分速器的连杆机构，在驱动器行程的开始阶段保持低张紧力，然后逐渐提高张紧力。

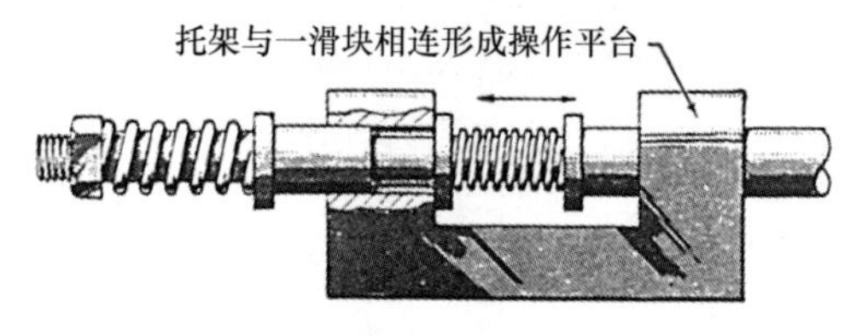

图11.2-4 这种压缩机构在双向压缩时提供两种速率。在一个方向的压力大，而在反方向的压力则较小。

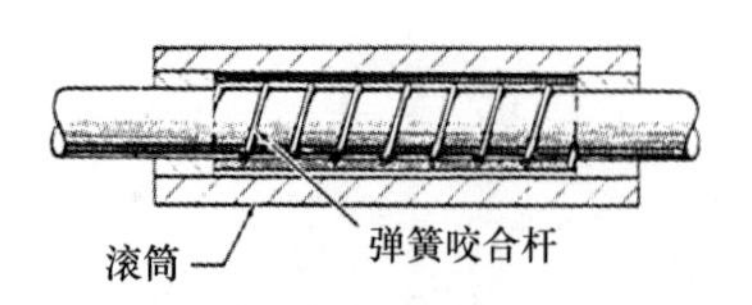

图11.2-5 在这个装置中，靠在轴上缠紧的弹簧实现滚筒的定位。滚筒将在轴向推力作用下滑动。

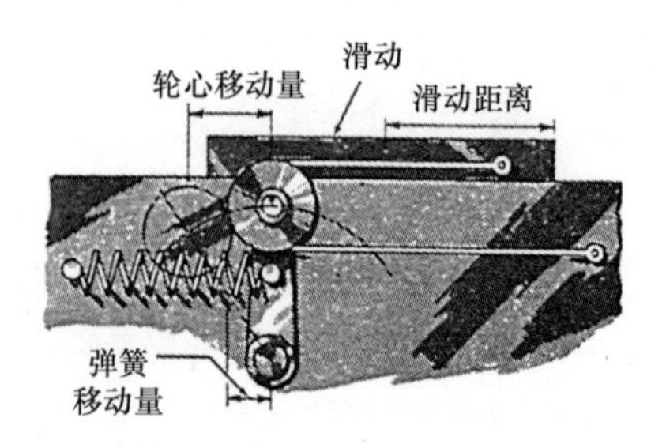

图11.2-6 滑块长距离的移动引起弹簧短距离的伸展，从而维持弹簧张紧力在最大值、最小值之间变动。

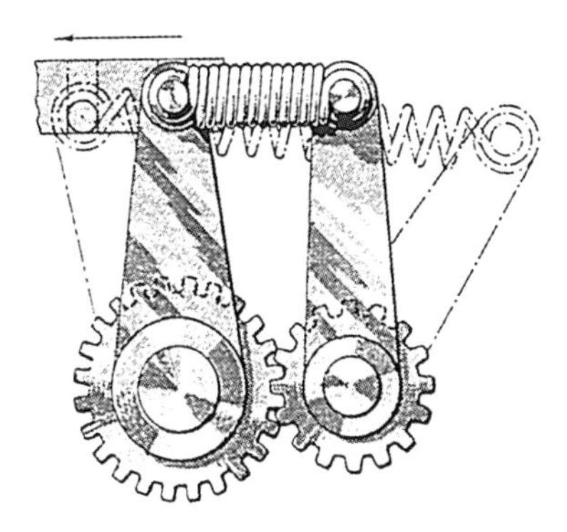

图 11.2-7　这是为同时运动增大张紧力的机构，是由一个可移动的弹簧支架与另一个可移动杠杆相啮合来组成的。

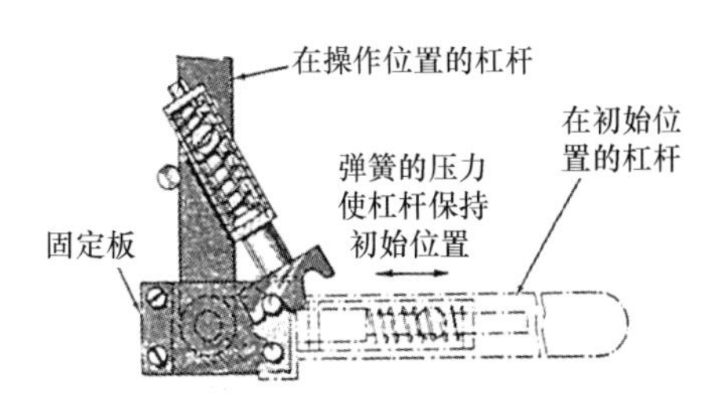

图 11.2-10　这里曲肘的动作确保齿轮轴杠杆被拉过初始位置时不发生偏移。

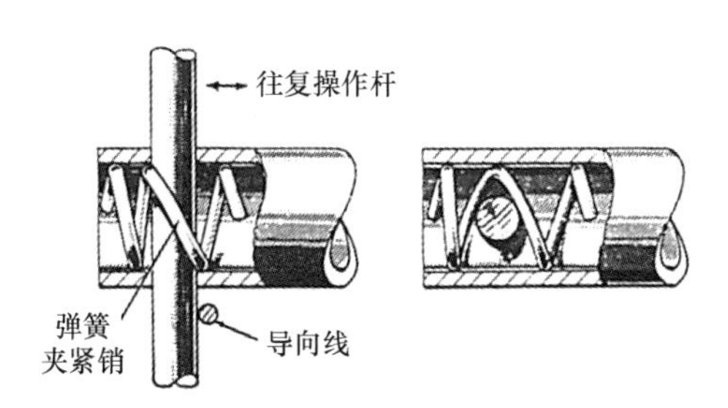

图 11.2-8　这个销夹紧机构是带夹紧销的一个弹簧靠摩擦力来限制移动和转动，而且不需要工具销就能重新定位。

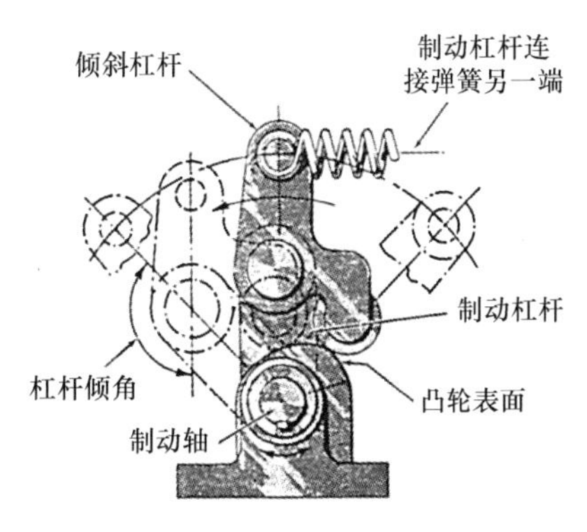

图 11.2-11　当制动杠杆到达图示位置时，张紧力以不同的速度变化，倾斜杠杆倾斜时速度减小。

图 11.2-9　封闭的绕制弹簧与料斗相连，在用做非颗粒材料的可移动输送管道时它不会发生扭曲。

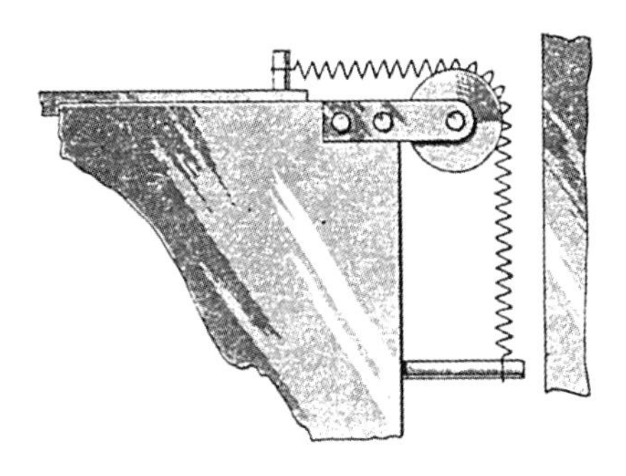

图 11.2-12　弹簧轮使弹簧在拐角处偏转时得到支撑，提高了弹簧的疲劳强度和使用寿命。

11.3 低转矩传动中的弹簧限位机构

在仪器和控制设计中限位弹簧机构应用广泛。所有下面图示的装置都在输出运动达到极限位置时进行限位。例如，在一个装置中可以把弹簧机构放置在传感元件和标识元件之间，起到过载保护作用。当输入轴处于自由运动状态时，调节控制器的指针在停止前沿正向被拨到其极限位置。这里所述的前六种机构具有各种形式的旋转运动，最后一种机构具有很短的线性运动。

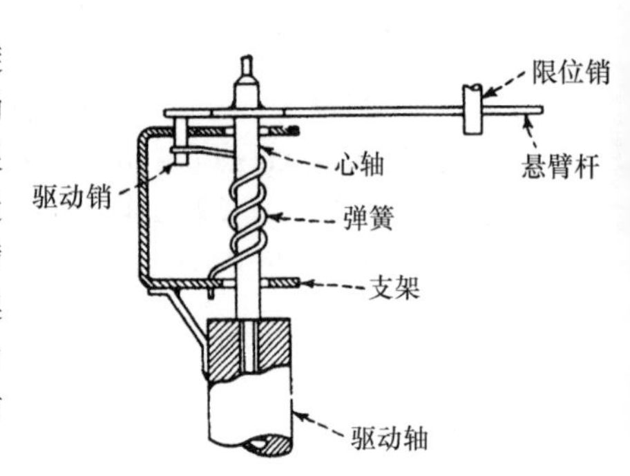

图 11.3-1　单向限位机构。这个机构中的悬臂杆几乎能旋转 360°。它的移动仅仅受限位销的限制。在一个方向上，驱动轴的运动也受限位销的限制。但在反方向上传动轴能旋转越过限位销将近 270°。操作过程中，当驱动轴沿顺时针方向旋转时运动能通过支架传递给悬臂杆。弹簧依靠驱动销支撑支架。当悬臂杆转到设定位置时，它撞上可调整的限位销。然而，通过将支架移离驱动销并卷紧弹簧，驱动销能继续旋转。在设备中使用动力驱动元件(如双金属元件)时，采用限位机构是很重要的，以防止在过载区域造成破坏。

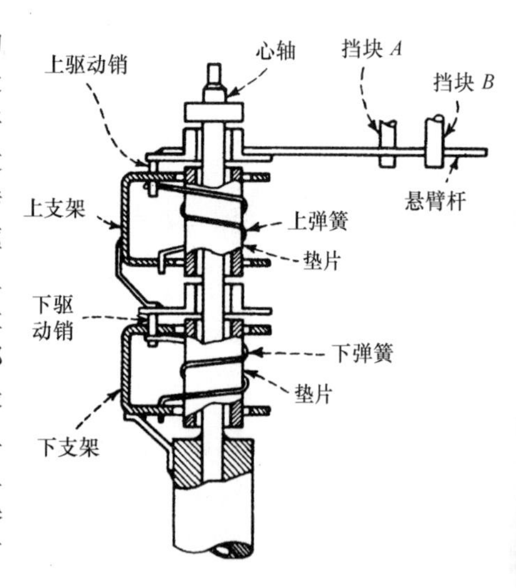

图 11.3-2　双向限位机构。这个机构与图 11.3-1 的机构类似，只是它有两个限位销来限制悬臂杆的运动。并且输入运动能在任何一个方向上控制输出运动。采用这个装置，只需将驱动轴总转动中的一小部分传递给悬臂杆，这一小部分可以发生在驱动轴转动范围的任何地方。驱动轴的运动通过下支架传递到下驱动销上，这个驱动销被在下支架上的弹簧拉紧。下驱动销通过上支架向上驱动销依次传递运动。另一个在上支架上的弹簧拉紧上驱动销。当悬臂杆没有到达挡块 *A* 或 *B* 的位置时，由于上驱动销和悬臂杆相连，所以驱动轴上的如何转动都能传递到这个杠杆上。驱动轴按逆时针方向旋转时，悬臂杆最终将撞上可调整的挡块 *A*。然后，上支架远离上驱动销，并且上弹簧开始卷紧。驱动轴按顺时针方向旋转时，悬臂杆将撞上可调整的挡块 *B*，并且下支架远离下驱动销，另一个弹簧卷紧。限位弹簧机构的主要应用在仪器仪表中，但重载机械也可以通过增加弹簧和其他承载元件的强度来应用这些机构。

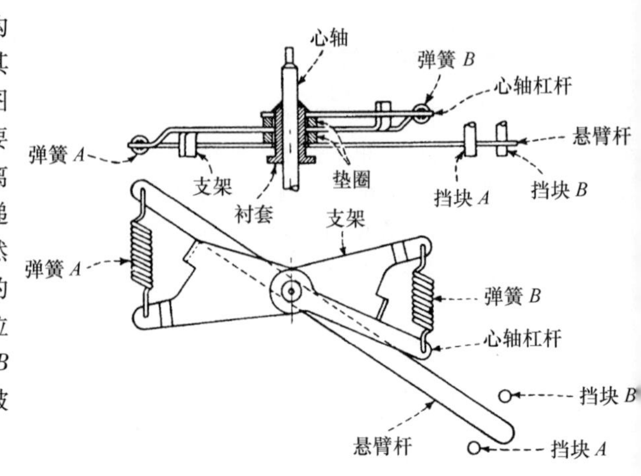

图 11.3-3　双向、限行程限位机构。这个机构除了在每个方向上的最大控制角度限制到 40°外，其功能与图 11.3-2 的机构完全相同。相比之下，图 11.3-2 中的机构能转动 270°。这个机构适用于需要最大部分的输入运动以及很小的在两个方向上远离挡块的运动。当心轴旋转时，运动由心轴杠杆传递到支架。心轴杠杆通过弹簧 *B* 与支架发生联系。然后，通过弹簧 *A* 拉动悬臂杆，支架的运动以相似的方式传递给悬臂杆，直到杠杆到达挡块 *A* 或 *B* 的位置。当心轴逆时针旋转时，悬臂杆最终停留在挡块 *B* 的位置。如果心轴杠杆继续推动支架，弹簧 *A* 将被压紧。

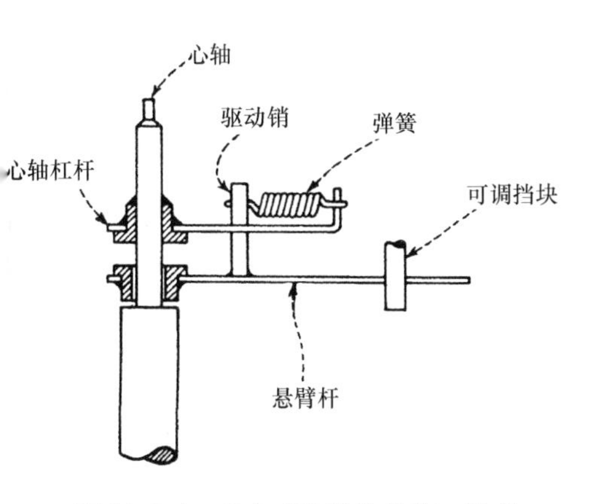

图 11.3-4　单向 90°限位机构。这是一个独立的限位机构，允许以挡块为起始位置的最大旋转角达 90°。图示机构为顺时针方向转动的，但也可以做成逆时针方向转动的。安装到心轴上的心轴杠杆将心轴的转动传给悬臂杆。心轴杠杆上的弹簧拉紧驱动销，直到悬臂杆到达可调挡块的位置。此后，如果心轴继续转动，弹簧将处于拉紧状态。在逆时针方向上，驱动销直接接触到心轴杠杆，所以不能进行限位。

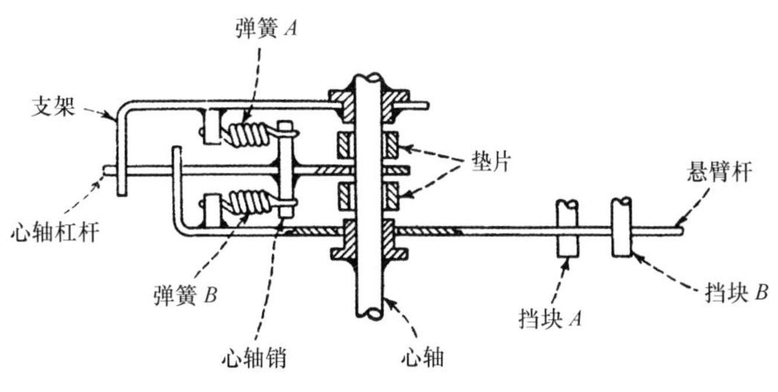

图 11.3-5　双向 90°限位机构。这个双向限位机构允许每个方向的最大转角达到 90°。当心轴转动时，运动由支架传递到心轴杠杆，然后再到悬臂杆。支架和悬臂杆被在心轴杠杆上的弹簧 *A* 和 *B* 拉紧。当心轴逆时针旋转时，悬臂杆碰上挡块 *A*。由于心轴杠杆与悬臂杆固连，所以安装在心轴上的支架继续旋转并与心轴杠杆脱离，使弹簧 *A* 张紧。当心轴顺时针旋转时，悬臂杆碰到挡块 *B*，并且支架推动心轴杠杆，使弹簧 *B* 张紧。

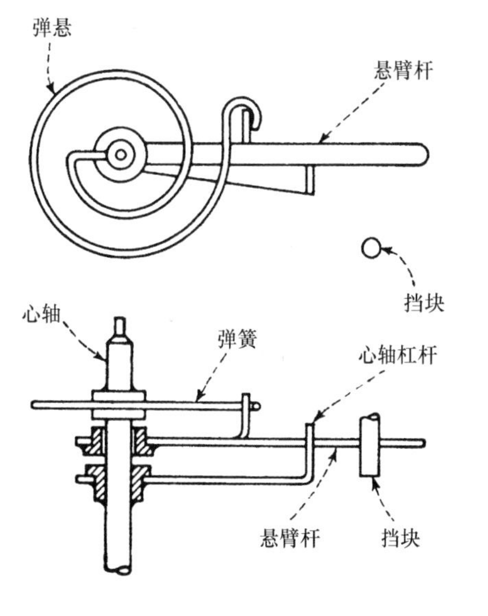

图 11.3-6　单向 90°限位机构。这个机构的工作与图 11.3-4 中的机构完全相同。只是这个机构中用平螺旋线弹簧代替了图 11.3-4 中的螺旋形线圈弹簧。平螺旋线弹簧的优点是可以获得较大的限制范围并能节省空间。与心轴杠杆相连的弹簧拉紧悬臂杆。当悬臂杆碰上挡块时，心轴杠杆能继续旋转，并且心轴卷紧弹簧。

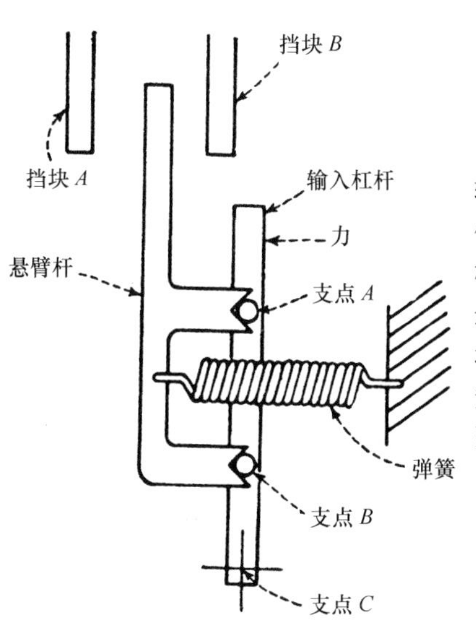

图 11.3-7　双向限位的线性位移机构。上述的机构均是对转动的限位。图 11.3-7 所示的是针对小的线性运动的双向限位机构，它也可被用在旋转运动中。当在绕 *C* 点转动的输入杠杆上施加一个力时，运动直接通过支点 *A*、*B* 传到悬臂杆上，悬臂杆通过弹簧与这两个支点紧密接触。当悬臂杆碰到可调挡块 *A* 时，悬臂杆绕支点 *A* 旋转，并且脱离支点 *B*，从而压紧弹簧。当撤消作用力时，输入杠杆沿相反方向运动直到悬臂杆碰到挡块 *B*，这使悬臂杆绕支点 *B* 旋转，而支点 *A* 脱离悬臂杆。

11.4　弹簧马达及典型相关的机构

弹簧马达广泛应用在钟表、照相机、玩具及其他机构上，所以设计在明确的时间范围内工作的机构时，应用弹簧马达的思路看起来是现实的。弹簧马达通常应用在小功率、其他动力源不可用或不实用的情况下，但通过采用低功率电动机或其他方法增加能量，弹簧马达还可以用在需要大转矩或高速的间歇运动中。

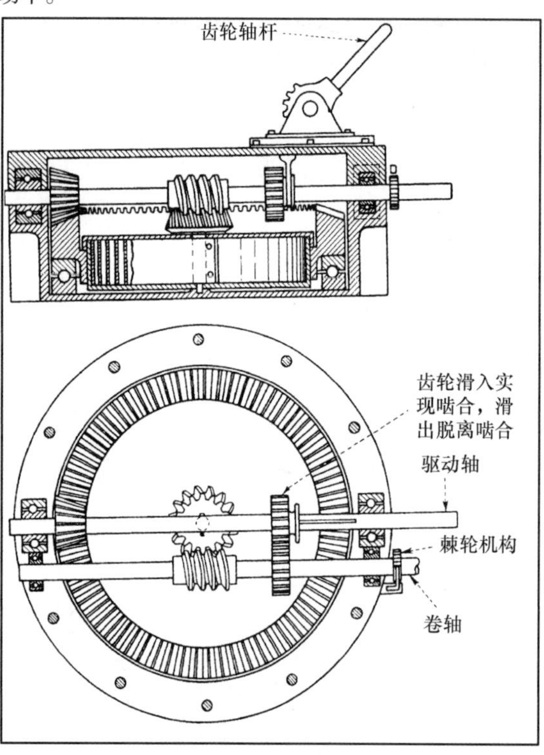

图 11.4-1

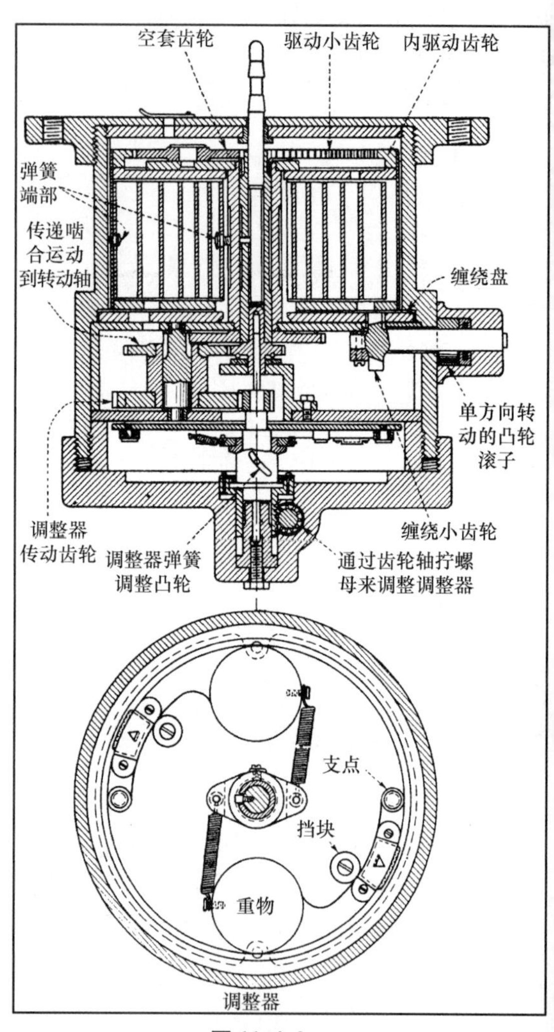

图 11.4-2

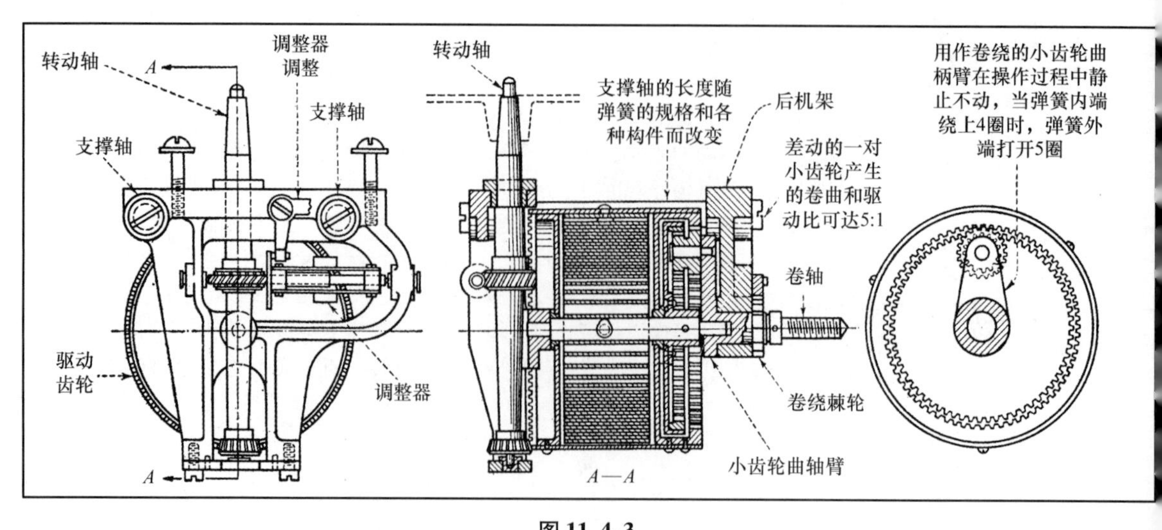

图 11.4-3

下面几个弹簧马达的专利设计展示了传递和控制弹簧马达动力的各种方法。安装在卷筒内的平螺旋形弹簧得到了广泛的应用，因为它结构紧凑，直接生成转矩，允许大的角位移。齿轮传动链和反馈机构能减少动力的额外消耗，所以动力持续时间很长。调节器通常用来控制角速度。

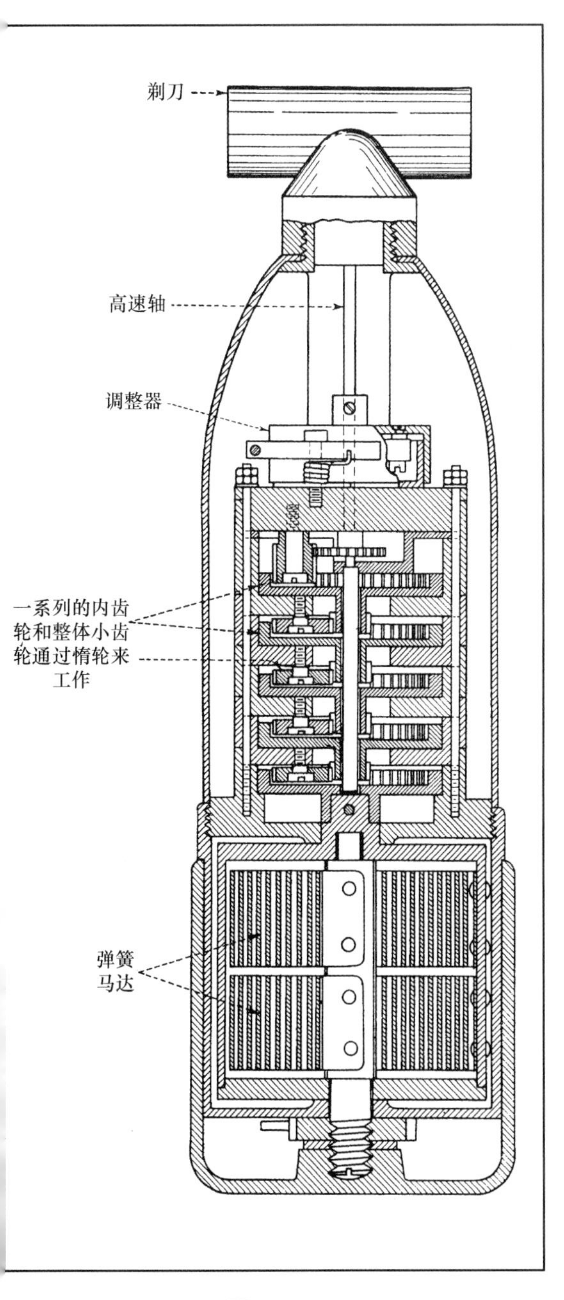

图 11.4-4

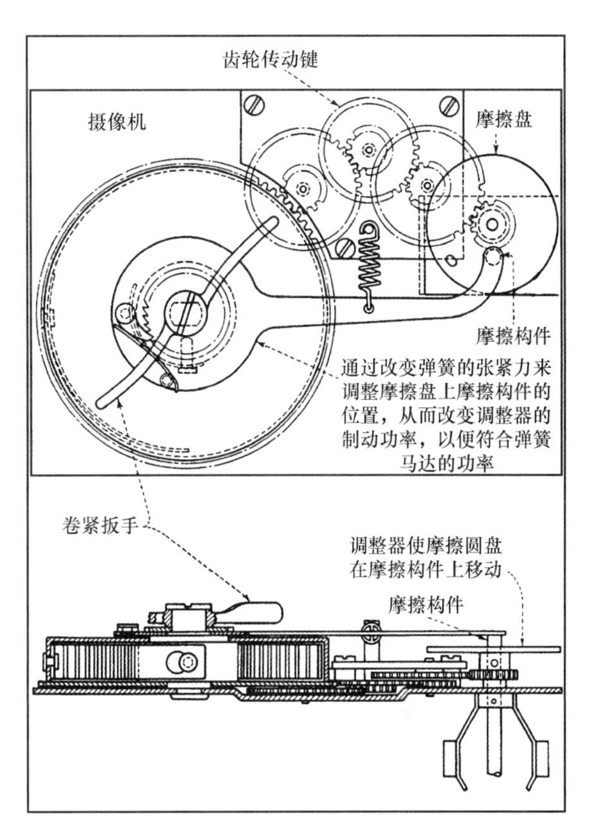

图 11.4-5

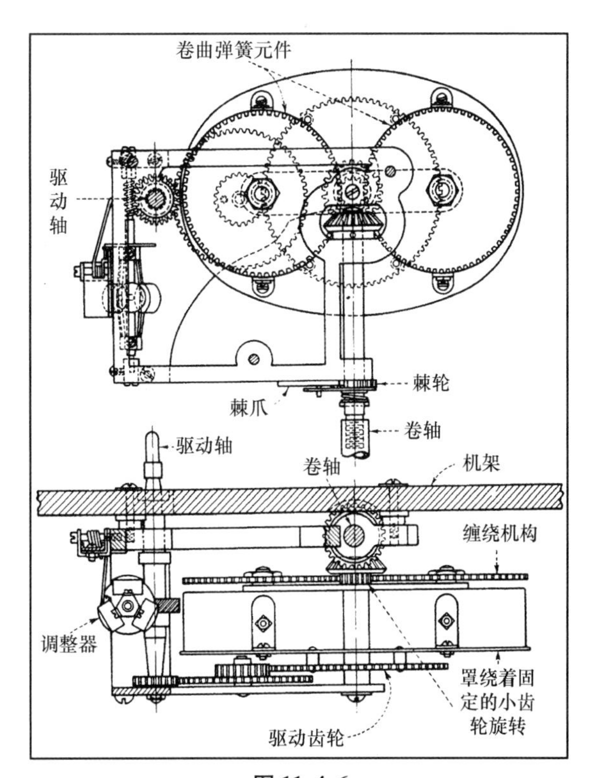

图 11.4-6

11.5 空气弹簧机构

1. 用空气弹簧驱动机构的 8 种方式

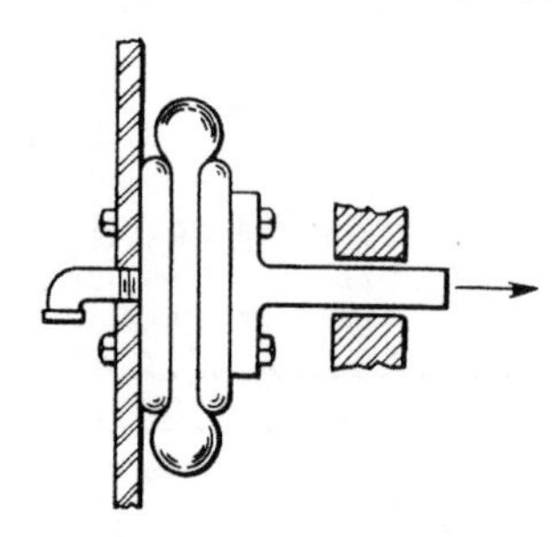

图 11.5-1 线性动力连杆机构：用一个或两个褶合的空气弹簧来驱动导杆。这个导杆通过重力、反向力、金属弹簧或者有时靠空气弹簧的内部刚性返回到初始位置。

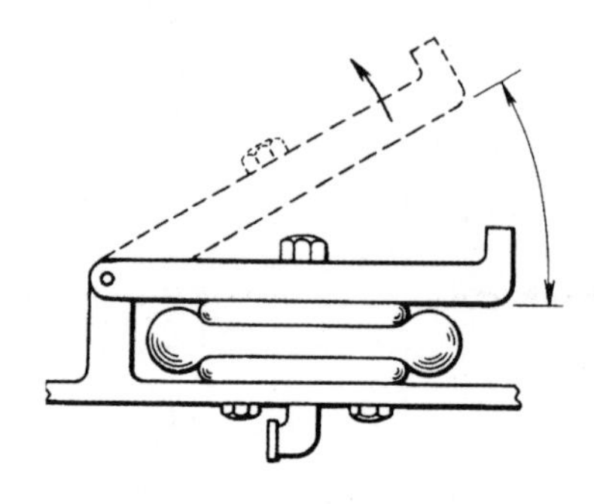

图 11.5-2 旋转动力连杆机构：旋转圆盘可由一个或两个褶合的空气弹簧驱动，实现 30°角的旋转。角度大小的限制取决于弹簧可实现多大的偏转。

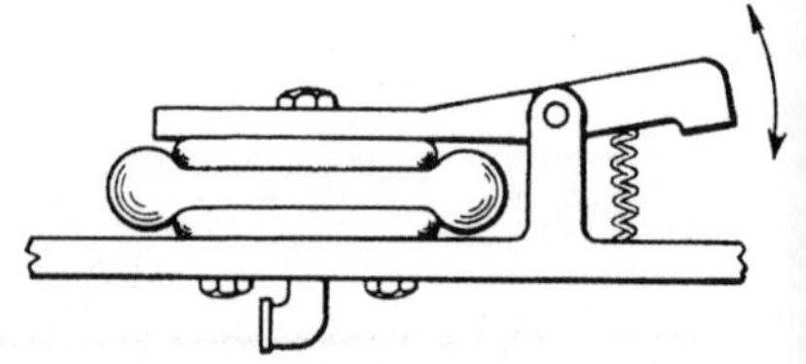

图 11.5-3 夹钳：夹头通常由金属弹簧撑开。开动空气弹簧使夹钳合紧。夹钳的夹头张开的角度可以达到 30°。

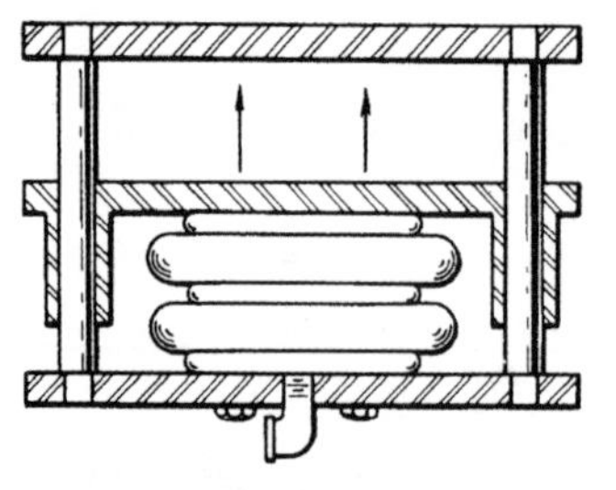

图 11.5-4 直接作用的压力机：将一个、两个或三个褶合的空气弹簧单独安装或装成一组。它们成组使用时会自动稳定。重力使平台返回它的初始位置。

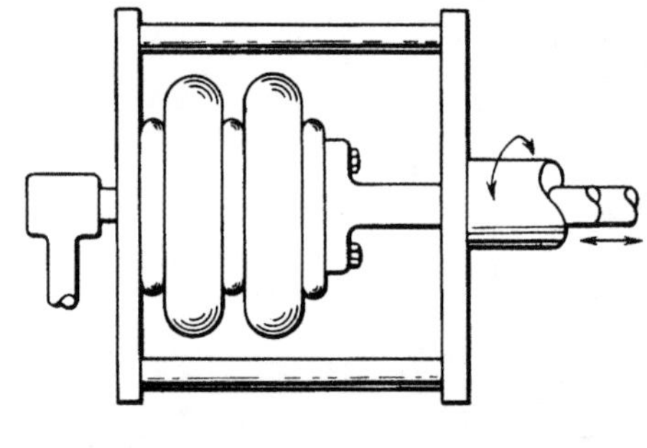

图 11.5-5 旋转轴驱动器：当轴旋转时，驱动器使轴沿纵向移动。可以采用一个、两个或三个褶合的空气弹簧。在旋转轴与空气弹簧间需要一个标准的接头。

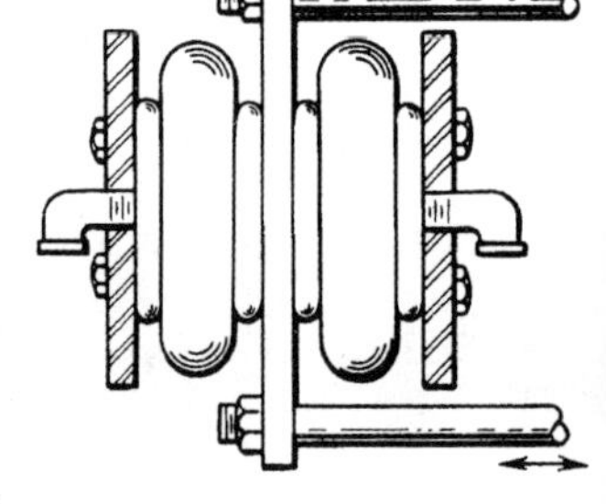

图 11.5-6 往复线性动力的连杆机构：它与一个、两个或三个背靠背安装的褶合的空气弹簧一起作往复运动。采用两个或三个褶合的空气弹簧时，他们的动力杆需要导向。

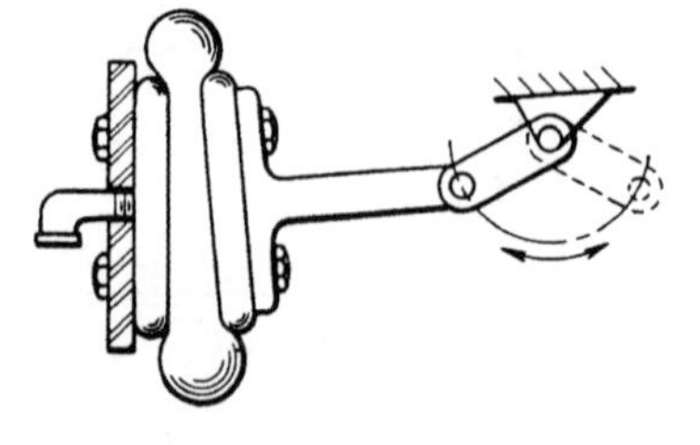

图 11.5-7 摆动机构：它通过曲轴 145°的摆动使从动杆转动。由于连杆销的圆弧轨迹，它允许有一个小于 30°的倾角。用金属弹簧或反向力使连杆回位。

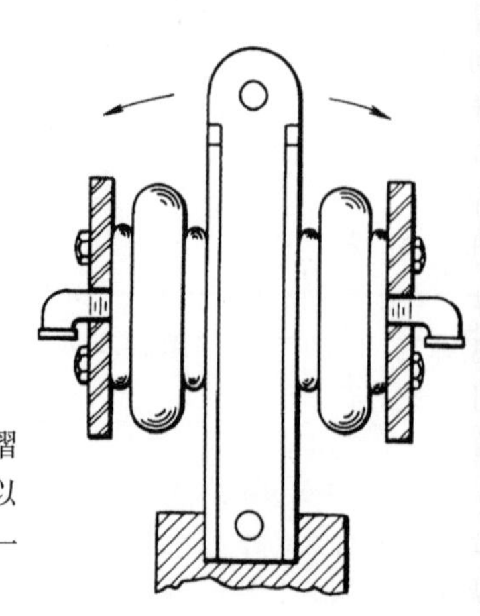

图 11.5-8 往复转动机构由两个褶合的空气弹簧组成。能摆动达 30°。可以将一个大的空气弹簧与一个小弹簧或一个加长的杠杆配对使用。

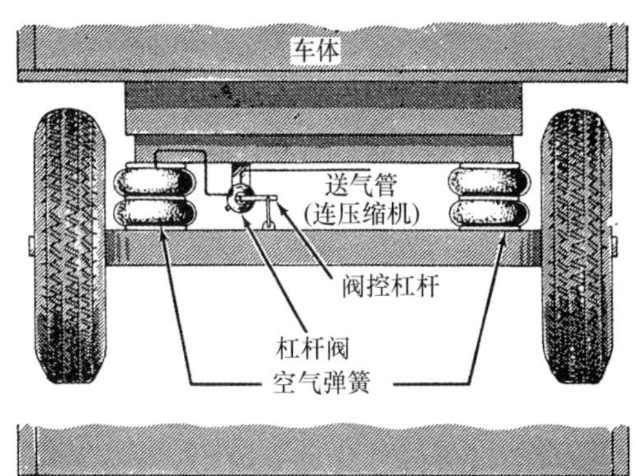

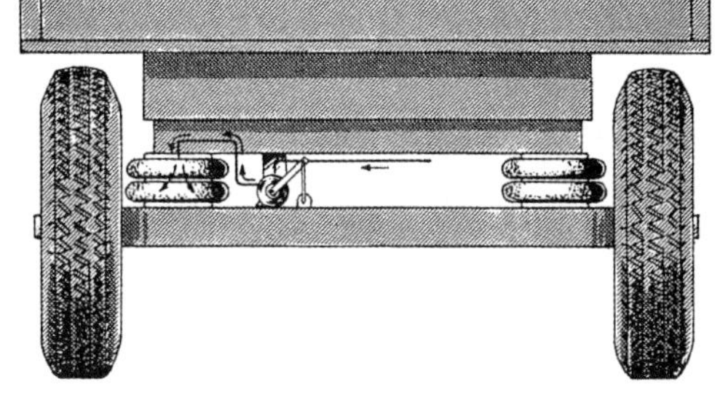

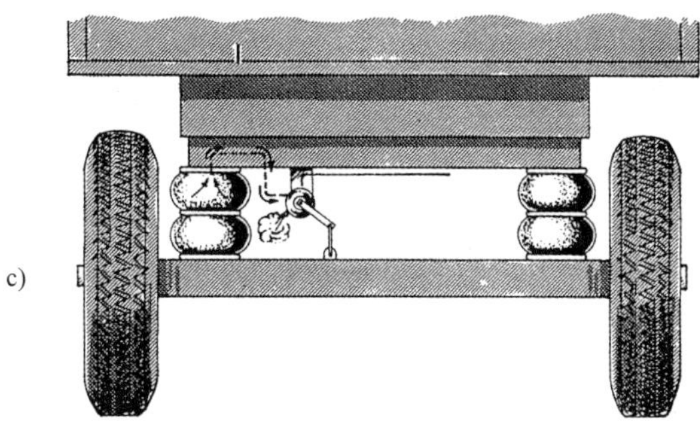

图 11.5-9　车辆上的空气减震机构：正常静态条件下，空气弹簧处于需要的高度时，高度控制阀被关闭(a)。当车辆加上负载后，阀门打开使空气进入弹簧，使空气弹簧恢复到原有高度，但压力较大(b)。当去除车上的负载时，阀门排放空气降低气压，空气弹簧恢复到设计高度(c)。

2. 空气弹簧的常见类型

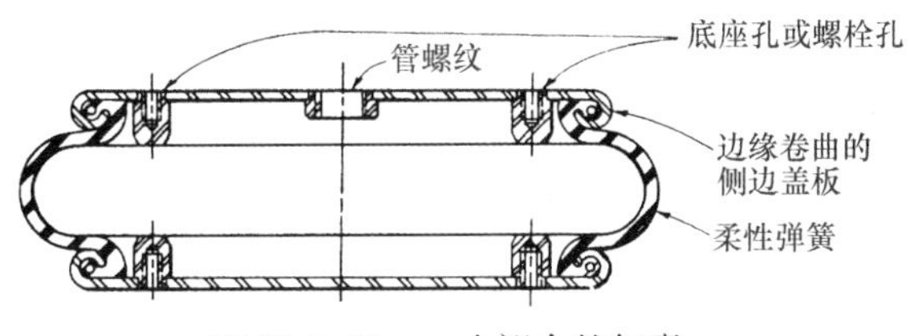

图 11.5-10　一个褶合的气囊。

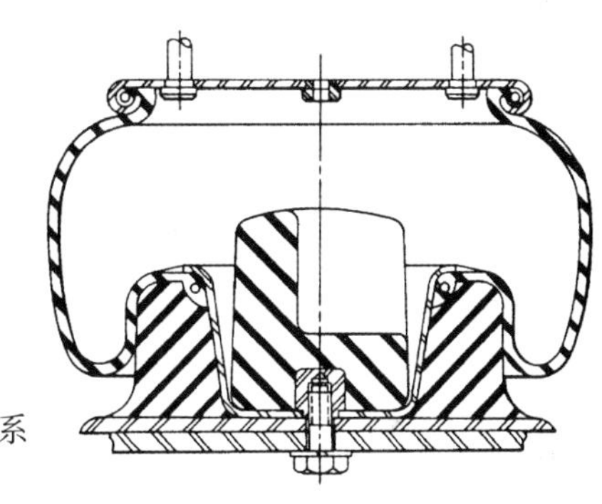

图 11.5-11　滚动套筒式弹簧。

空气是一种理想的负载介质。它弹性大，并容易改变弹簧的弹性系数，不产生永久变形。

空气弹簧是利用压缩空气作为弹簧元件的弹性装置。在变载荷下，空气弹簧也能保持柔软的乘坐和固定的车辆高度。在工业应用中，它们可以用来控制振动(隔离或放大振动)和驱动连杆机构以便提供转动或直线运动。下面将根据图来阐述三种类型的空气弹簧(气囊、滚动套筒和滚动隔板)。

(1) 气囊型　一个单独的褶合空气弹簧从侧面看像一个轮胎。它虽然行程有限，但是弹性系数比较高。对于大多数尺寸的弹簧，不需附加装置，它的自然频率就可以达到 2.5Hz(150 周/min)，对于最小的尺寸来说，频率高达 4Hz(240 周/min)。其横向刚性很高(大约是垂直方向的一半)。因此，弹簧在用于工业振动的隔离时，其横向十分稳定。它可以通过手动操作充满或通过连接压力调节器填充空气，使其膨胀到固定的高度。当需要短的轴向长度时，这类弹簧还可以驱动连杆机构，但它很少被用在机动车辆的悬架系统中。

(2) 滚动套筒式弹簧　这个弹簧有时被称做可逆套筒或滚动凸起型弹簧。它的运动类似望远镜——在空气弹簧底部的凸起部分沿活塞向上卷起，向下释放。这类弹簧最初被用在车辆的减振机构中，因为它们的横向刚度几乎为零。

(3) 滚动隔板式弹簧　这些弹簧横向稳定性高，可以用做振动隔离器，驱动器或恒力弹簧。但是，由于它们弯曲部分的消极作用，压力调节器通常不能维持其压力的稳定。

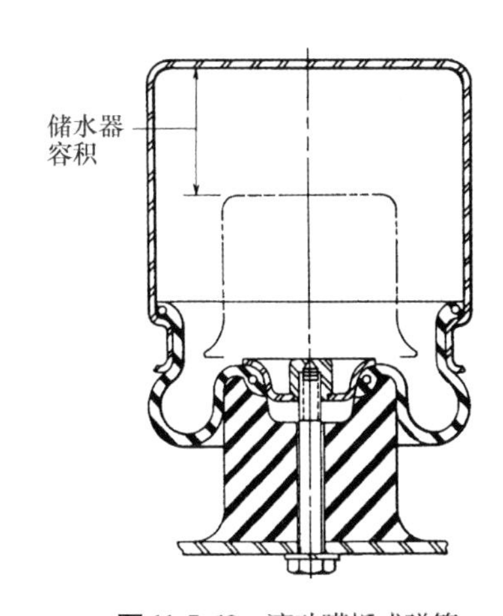

图 11.5-12　滚动膜板式弹簧。

11.6 靠弹簧获得变化率的机构

在弹簧伸展或收缩时，挡块、凸轮、连杆机构和其他一些机构能改变负载和倾斜率。

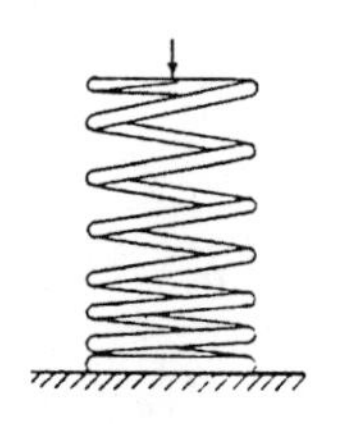

图 11.6-1 变螺距弹簧，有效的线圈数随偏转而变化——从线圈底部开始逐渐变化。

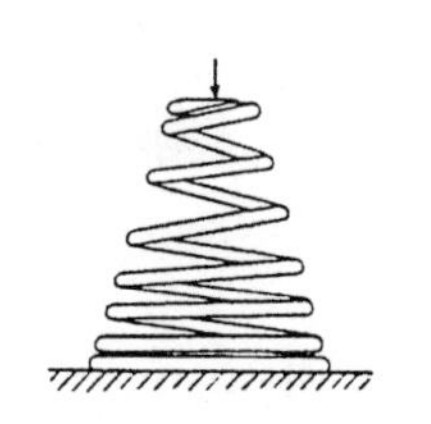

图 11.6-2 弹簧外径和螺距渐变，二者结合产生相似的效果，只是这种渐变外径弹簧有较小的实心高度。

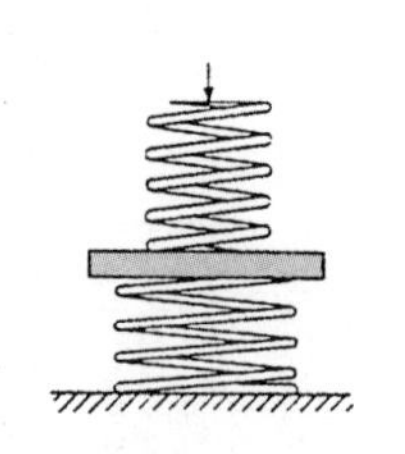

图 11.6-3 双体弹簧，一个弹簧在另一个弹簧之前已完全收缩。

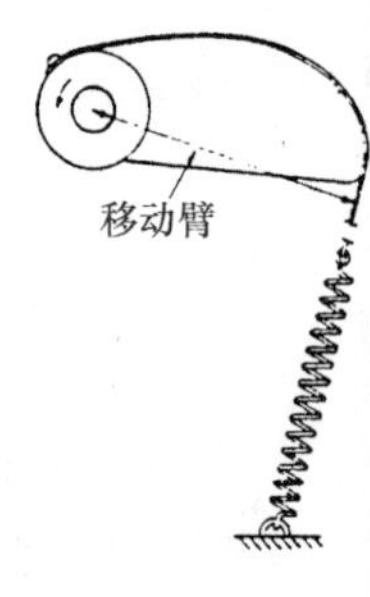

图 11.6-4 凸轮弹簧机构，使力矩关系在转动过程中随力矩臂的变化而改变。

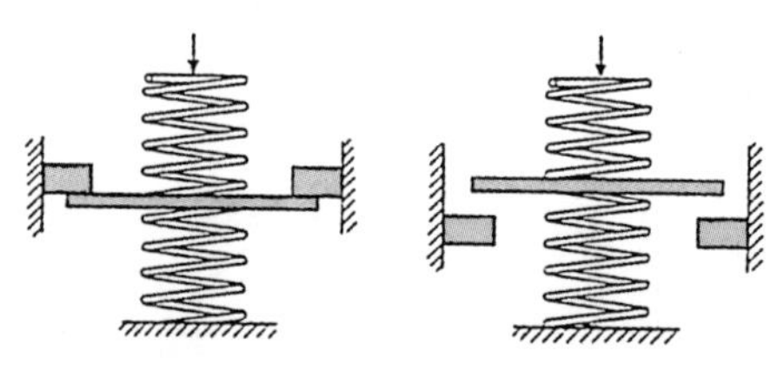

图 11.6-5 挡块可用在压缩或伸展弹簧中。

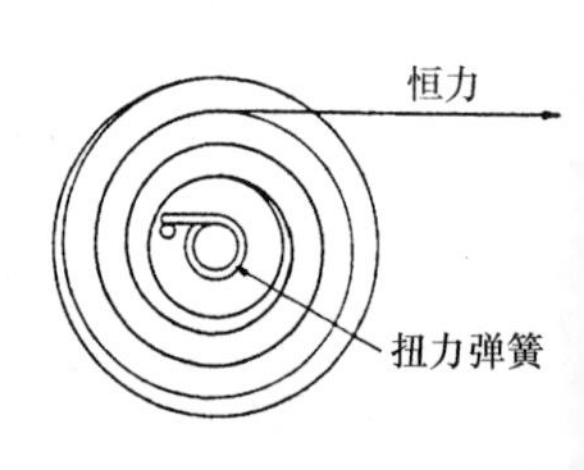

图 11.6-6 扭力弹簧与变半径滑轮结合产生一个恒力。

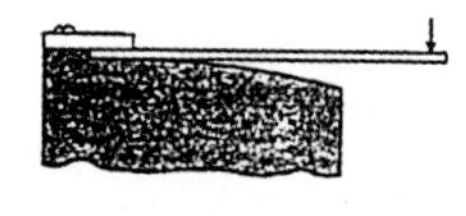

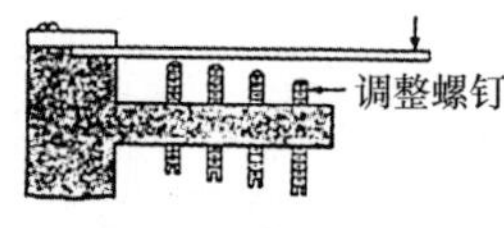

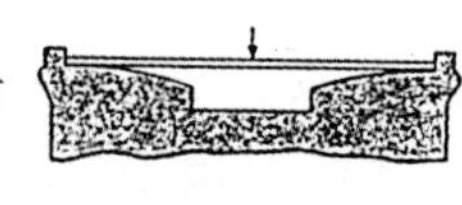

图 11.6-7 片弹簧的合理安装可以使它们的有效长度随挠度而变化。

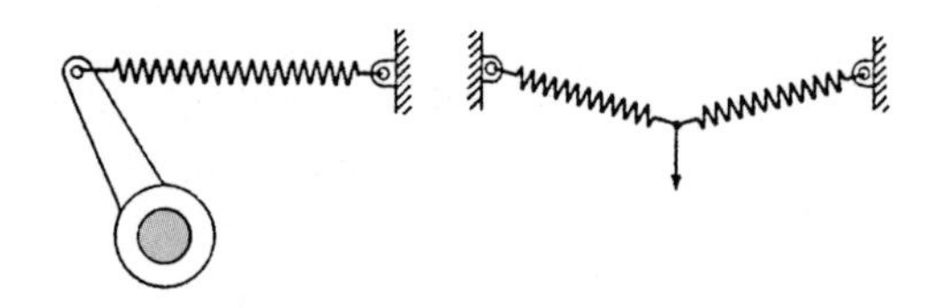

图 11.6-8 这些连杆类型装置被应用在需要控制力矩大小或抗振动的减振机构中。

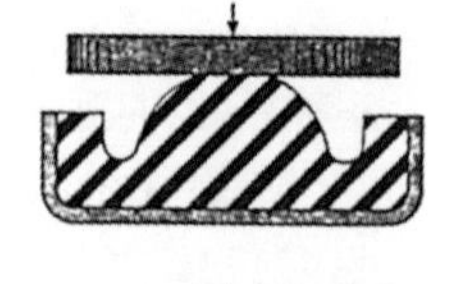

图 11.6-9 成形橡胶弹簧的特性随它形状的变化而变化。

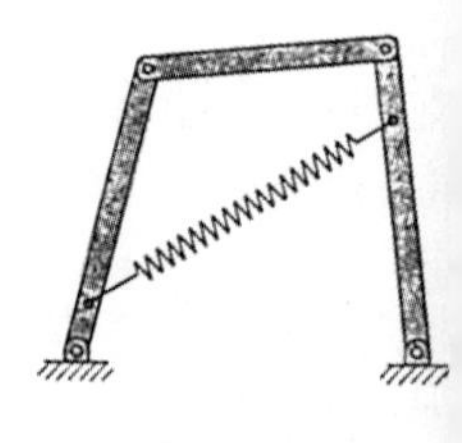

图 11.6-10 用弹簧连接的**四杆机构**具有负载和偏角范围大的特性。

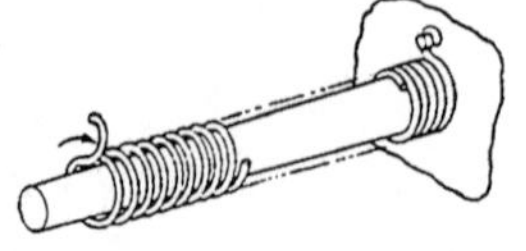

图 11.6-11 锥形心轴和扭力弹簧装置，随着扭曲变形，有效工作圈数或弹簧圈数将减少。

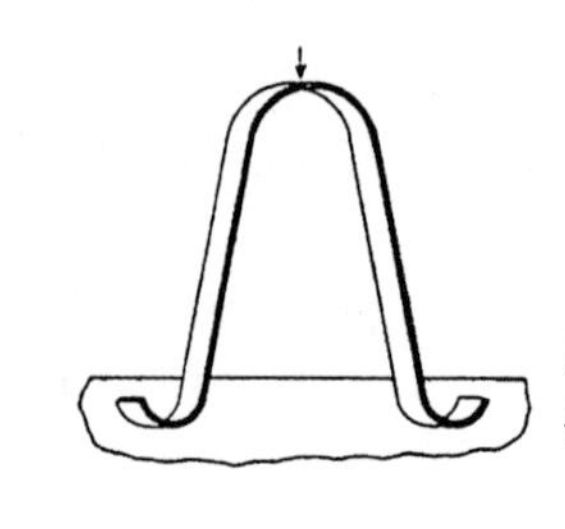

图 11.6-12 拱形簧片弹簧作成图示形状能近似提供恒力。

11.7 碟形弹簧

碟形弹簧是一种具有不同高度(h)和厚度(t)比的低矮轮廓的锥度环，如图 11.7-1 所示。图 11.7-2 为它们的四种组合方法。

碟形弹簧具有各种广泛的应用：

弹簧的高度、厚度比(h/t)约为 0.4 时——具有近似线性弹性系数和小变形的高抗载荷能力。

弹簧的高度、厚度比在 0.8 和 1.0 之间时——作为紧固件和支承件及在成组使用时，几乎能达到线性弹性系数。

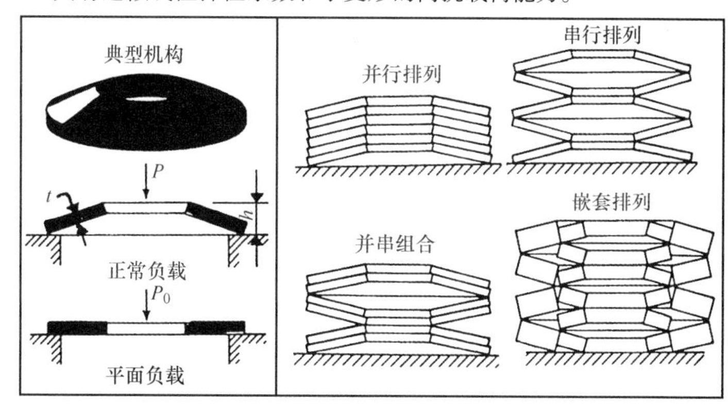

图 11.7-1 基本碟形弹簧。

图 11.7-2 四种组合方式。

弹簧的高度、厚度比在 1.6 左右时——从 60% 的变形开始达到一个固定弹性系数(与完全压缩平面的位置有关)，并逐步达到平面位置，如果需要，可反向变形达 140%。在多数应用中，水平位置是运动的极限位置，如果变形超过水平位置，那么必须允许接触件做自由运动。

具有固定弹性系数的碟形弹簧可以应用在车床尾部部件的活动心轴上。由于尾部部件受热膨胀，碟形弹簧能吸收部件长度的变化而不增加任何负载，所以车床能正常工作。

对于弹簧的高度、厚度比超过 2.5 的——弹簧是刚性的，如果稳态点(曲线的最高点)被超过，弹性系数为负使抵抗力迅速下降。如果允许，碟形弹簧将迅速通过它的平面位置。换句话说，它将使自己内外颠倒。

成组工作。并行排列安装的成组碟形垫圈已经成功应用在各种情况下。

图 11.7-3 是手枪或步枪的减振器机构，用来吸收反复高能的冲击载荷。预加载荷螺母使碟形垫圈变形到它们所要抵抗的硬度。成组的碟形垫圈由中心轴导向，外部导向靠圆柱、导向环或是这些部件的组合来完成。

柴油发动机的绕紧起动器(见图 11.7-4)代替了大功率的电动机或辅助气动马达。为了使发动机起动，能量通过手动方式被储存在一组依靠手柄压缩的碟形弹簧里。能量释放时，伸展的碟形弹簧组使一个与飞轮齿轮相啮合的小齿轮旋转，起动发动机。

如图 11.7-5 所示的是应用在离合器中的碟形载荷弹簧。

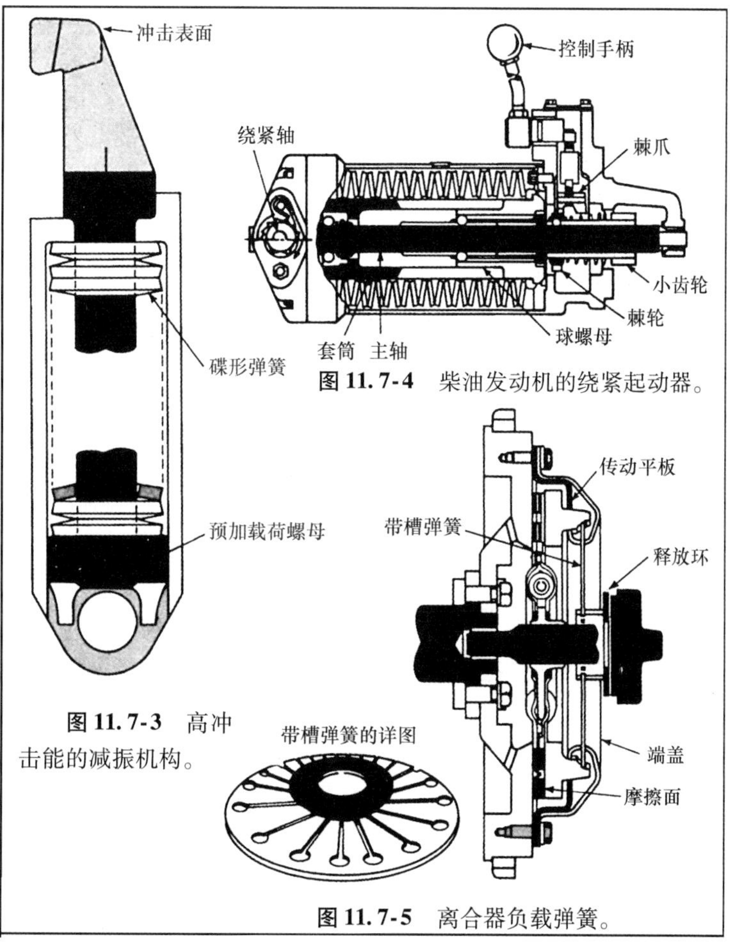

图 11.7-3 高冲击能的减振机构。

图 11.7-4 柴油发动机的绕紧起动器。

图 11.7-5 离合器负载弹簧。

11.8 振动控制中的弹簧连杆机构

振动机械与其周边的结构之间需要减振器么？这些隔离振动的装置就像一个强悍的斗士，吸收轻微冲击并在强烈冲击力的作用下保持稳固。

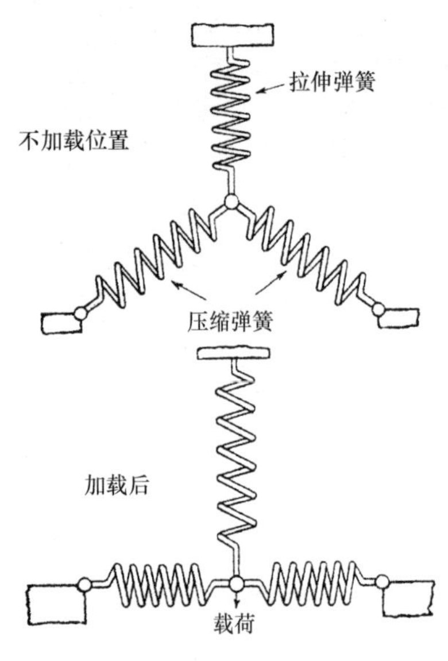

图 11.8-1 这个基本弹簧结构的刚度为零。在图示的载荷位置压缩弹簧成直线排列时，这个弹簧结构会“像云雾一样柔软”。但是如果改变重量或压缩弹簧的排列，刚度将大大提高。这种支承使适用于振动隔离，因为它的零刚度提供了大于振幅的范围或移动量，通常振幅范围为2.54cm(1in)的百分之一。

这里所示的结构在需要时能提供很强的吸振能力，并且当力产生大的变化时，又能提供稳固的支承。与之相反，依赖于“软”弹簧(如正弦弹簧)的隔离器不能满足许多应用，而适用于允许重量少许变化的支承载荷的大范围移动或力的大振幅变化。

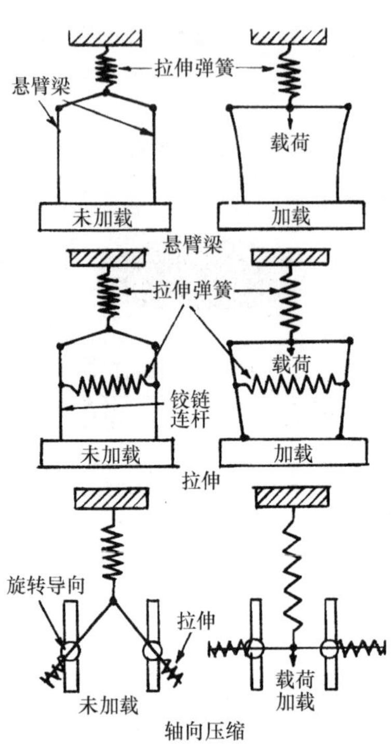

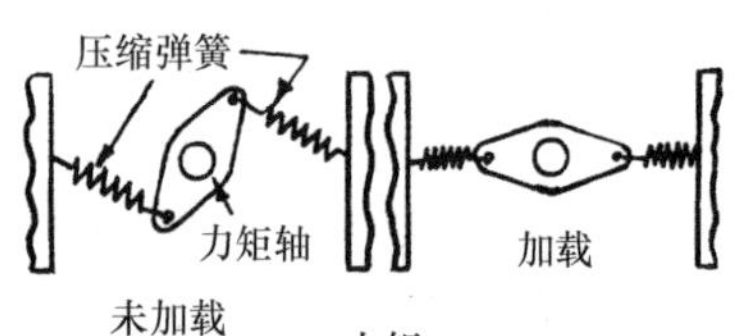

图 11.8-2 图示的机构适用于基本设计。这里也可用拉伸弹簧或悬伸弹簧代替倾斜的螺旋弹簧。类似的，也可用不同类型的弹簧代替轴向拉伸弹簧。零扭转刚度的弹簧也可以使用。

振动隔离原理的几种应用表明了设计的多样性。卷曲弹簧(见图11.8-4)和汽车上的悬臂梁及扭杆悬挂机构都可通过增加一倾斜弹簧来减小刚性。如图11.8-5所示拖拉机座位的刚性以及依次传递的振动也可用类似的方法减小。机械拉伸测量仪(见图11.8-6)对拉伸的微小变化都能敏感地表示出来。例如，称重天平能测出名义上同一物体的微小变化。非线性力矩测量仪(见图11.8-7)能精确显示预定精度的力矩变化。

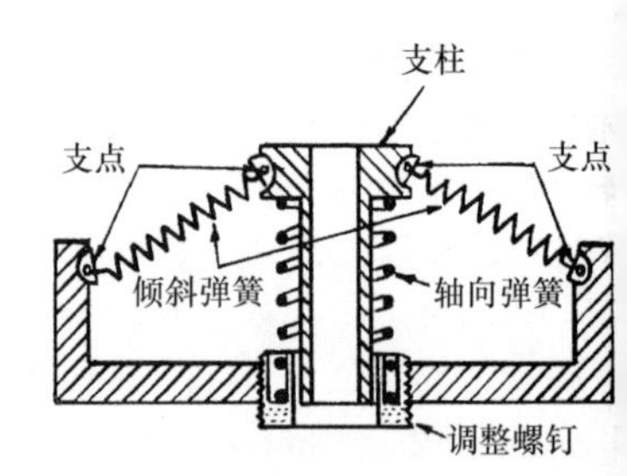

图 11.8-3 普通支承是以基本弹簧的结构为基础的，只是用一根轴向压缩弹簧代替了拉伸弹簧。绕着中心支柱布置的倾斜压缩弹簧与将要被隔离的元件相连。当加上载荷后，有必要调整使倾斜弹簧的倾斜角达到零度。特定的零刚度支撑可提供的载荷的范围由轴向弹簧的调整范围和物理限制来决定。

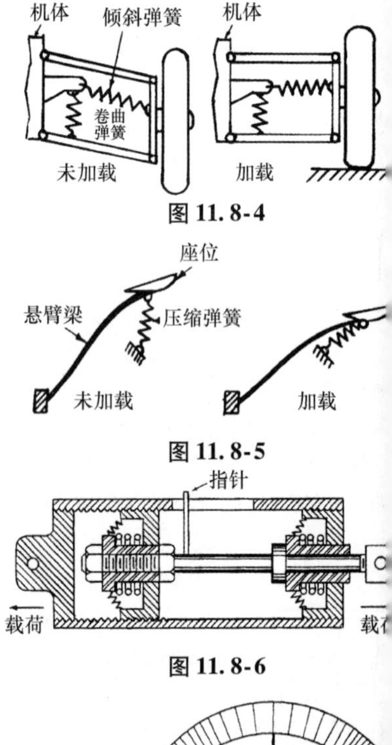

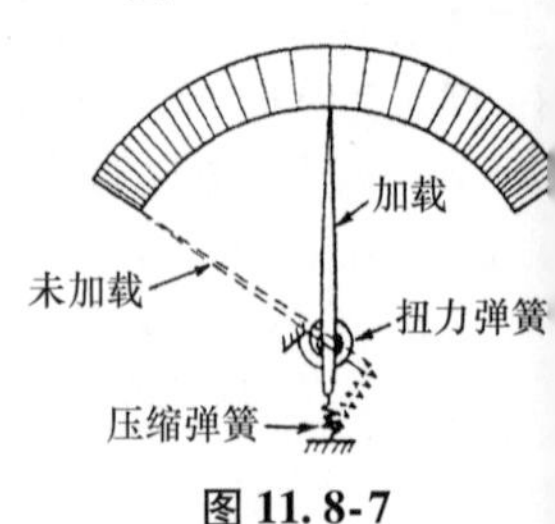

图 11.8-7

11.9　20种螺纹装置

在机械设计工作中，需要调整、安装或锁紧时，有时只需要一个螺栓和一个螺母，采用使二者之一只转动而不作直线移动和另一个零件只作直线移动而不转动的方法来完成。

大部分的这些装置应用精密度要求较低，所以螺纹可以是螺旋线或螺纹条，螺母可以是在轴上的开口环或者有孔的圆盘。也可以从五金商店购买低价的标准螺钉和螺母。

1. 一些基本螺纹装置

这里是一些使用螺纹可能产生的基本运动转换形式(见图11.9-1)：

- 把旋转运动转换成直线运动或者相反(a)。
- 把螺旋运动转换成直线运动或者相反(b)。
- 把旋转运动转换成螺旋运动或者相反(c)。

当然，这种螺纹可以与其他零件结合使用；如在图11.9-2中的四连杆机构，或者采用多头螺纹实现力或运动的放大。

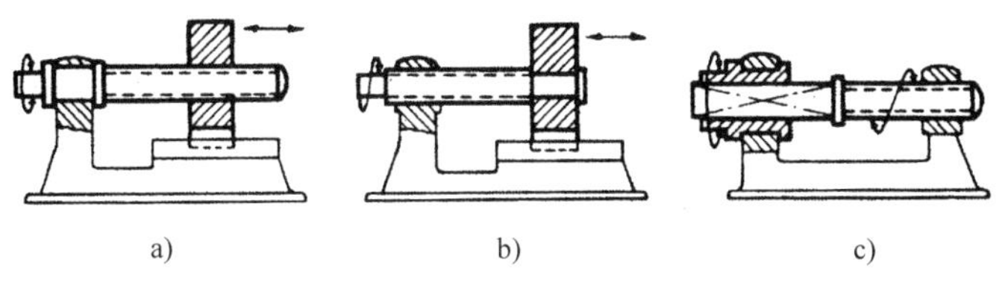

图11.9-1　螺纹运动转换包括：从旋转运动转换为直线运动(a)，从螺旋运动转换为直线运动(b)，从旋转运动转换为螺旋运动(c)。如果螺纹没有自锁的话，这些转换都是可逆的(当螺纹的效率超过50%的时候,它是可逆的)。

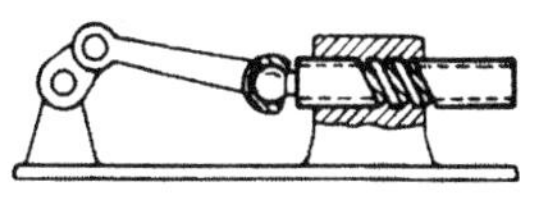

图11.9-2　标准的四连杆机构用螺纹代替滑块。这样输出的是螺旋运动而不是直线运动。

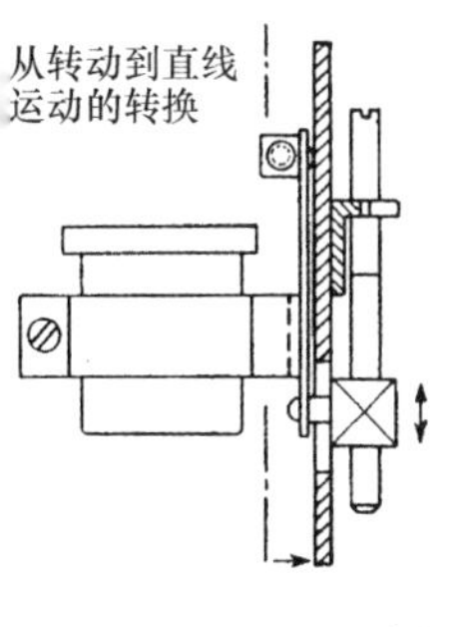

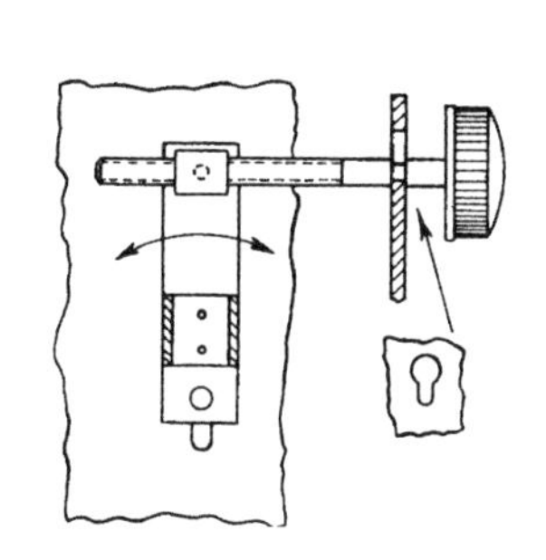

图11.9-3　靠螺纹驱动的灯泡双向调整的机构可以使灯泡上下移动。旋钮(右图)调整灯泡作绕一支点的转动。

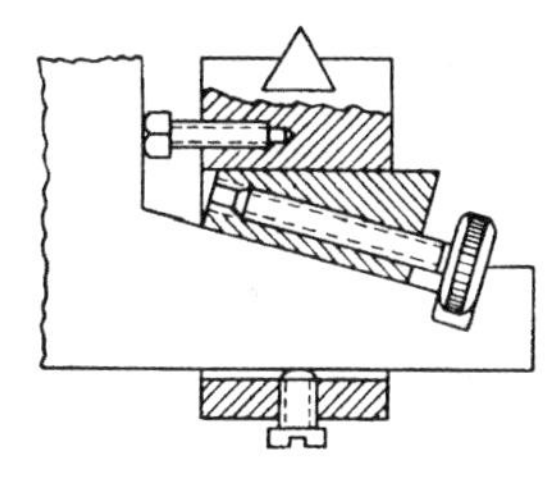

图11.9-4　一个螺纹驱动的楔块可以使锋刃支撑上升或者下降。另两个螺钉一个对锋刃进行侧面定位，另一个使其锁紧。

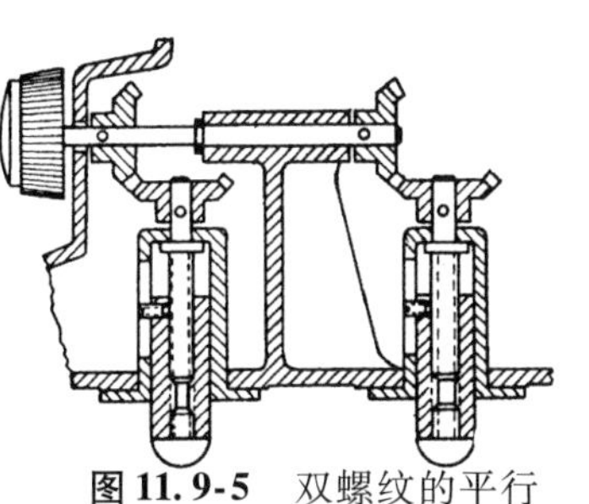

图11.9-5　双螺纹的平行安装结构可以均匀地升高投影仪。

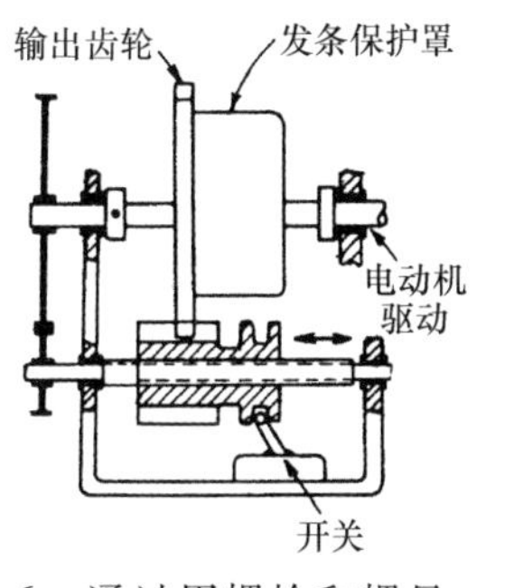

图11.9-6　通过用螺栓和螺母来控制电动机的开关可以使自动发条一直处于拉紧状态。电动机驱动必须是自锁的，否则只要开关关闭，发条就会松开。

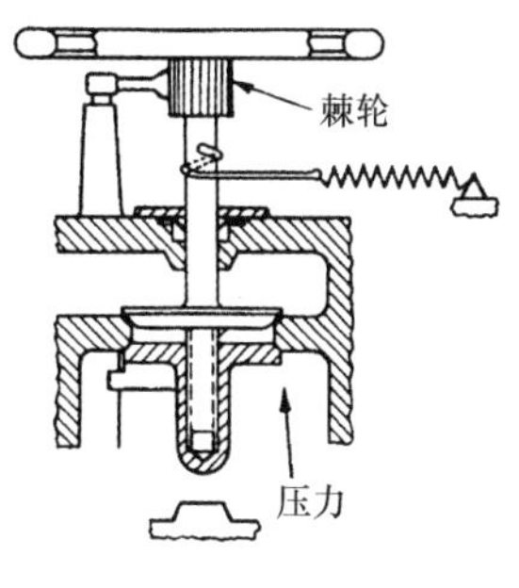

图11.9-7　阀杆有两个反向移动的阀锥。当打开后，上阀锥首先向上移动，直到它接触挡块。阀轮的进一步旋转迫使下阀锥离开它的位置。与此同时弹簧被卷紧。当棘轮松开时，这个弹簧拉着两个阀锥返回到它们原来的位置上。

2. 从直线运动转换为旋转运动

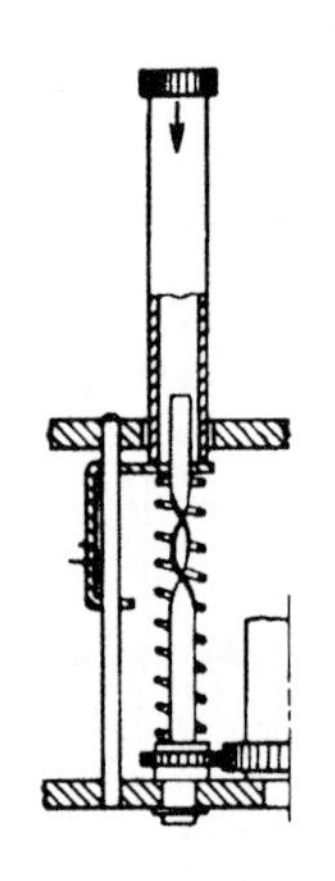

图 11.9-8　金属条或方形杆能够被缠绕做成一个长的导向螺纹。它很适合于把直线运动转换为旋转运动。这里是一个照相机卷胶片的按钮机构。通过改变这个金属条的缠绕可以很容易地改变转的圈数或者输出齿轮的停顿次数。

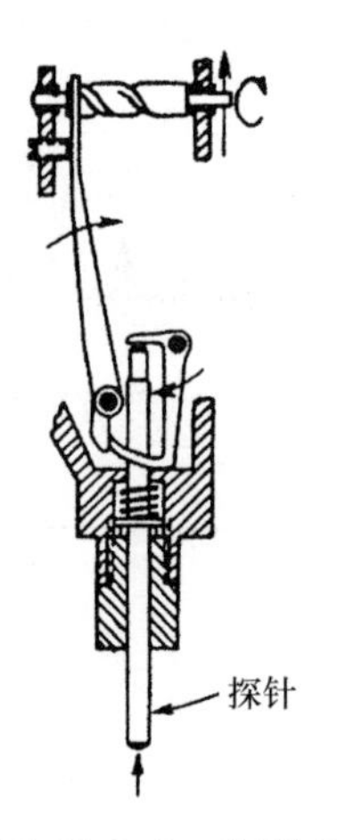

图 11.9-9　探针量规通过一个双连杆机构放大了探针的运动，然后转换为旋转运动来移动刻度指针。

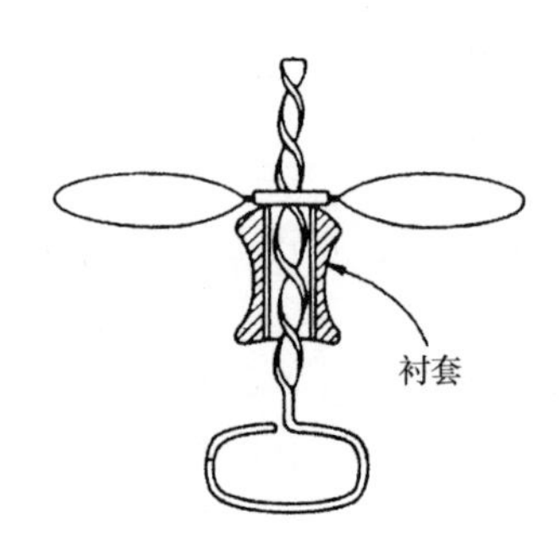

图 11.9-10　通过推动带螺纹的衬套向上并脱离螺纹，这是我们所熟悉的飞行螺旋桨玩具的工作原理。

3. 自锁机构

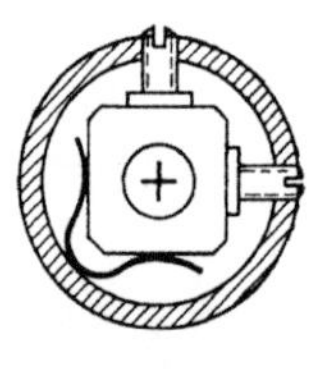

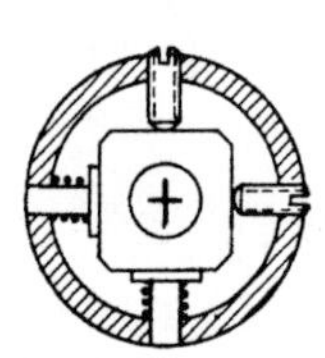

图 11.9-11　对于望远镜瞄准器的驱动和弹簧返回的调整有两种可供选择的方法。

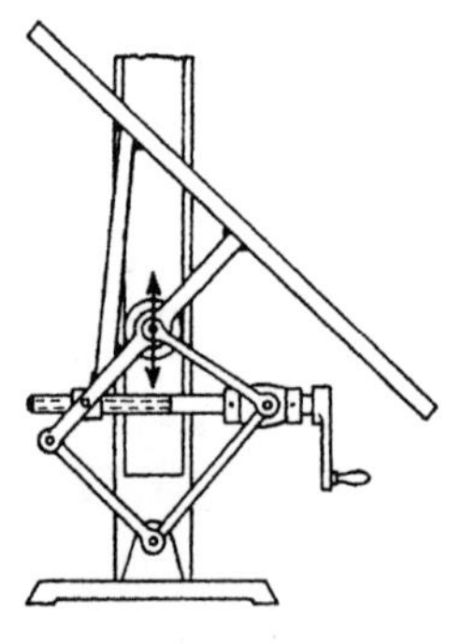

图 11.9-12　对于复杂的连杆机构这种螺钉和螺母能形成自锁驱动。

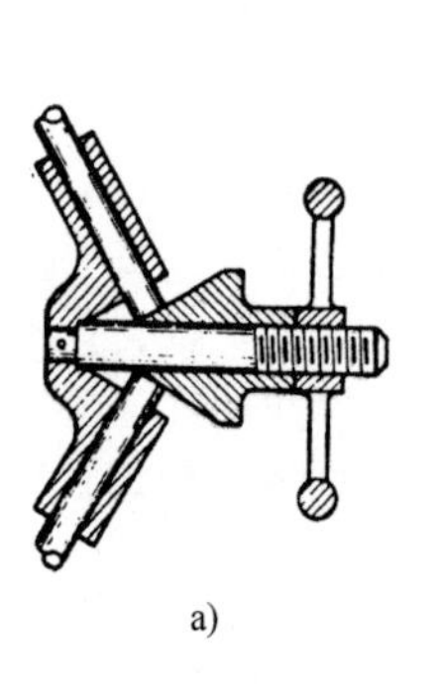

a)

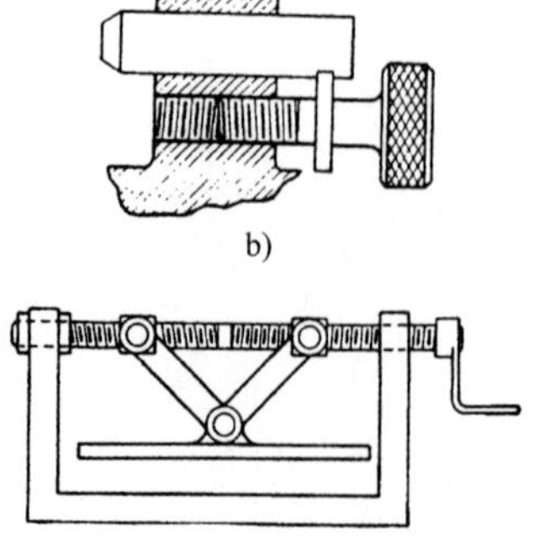

b)

c)

图 11.9-13　力的转换。在图(a)中螺纹手柄推动锥形衬套，从而推动其外表面上的两个杆形成平衡压力。在图(b)中螺栓是为了保持和驱动定位销以便进行锁紧。图(c)中左右两个轴提供压力。

4. 双螺纹机构

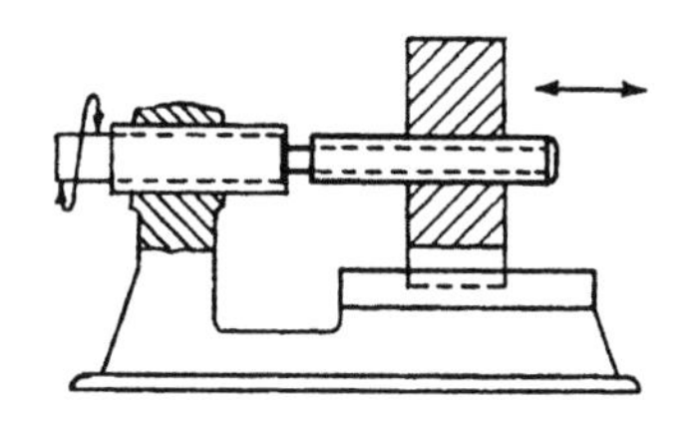

图 11.9-14　当作为差动器使用时，双螺纹螺栓可以用相对低的价格对精密设备进行很好的调整。

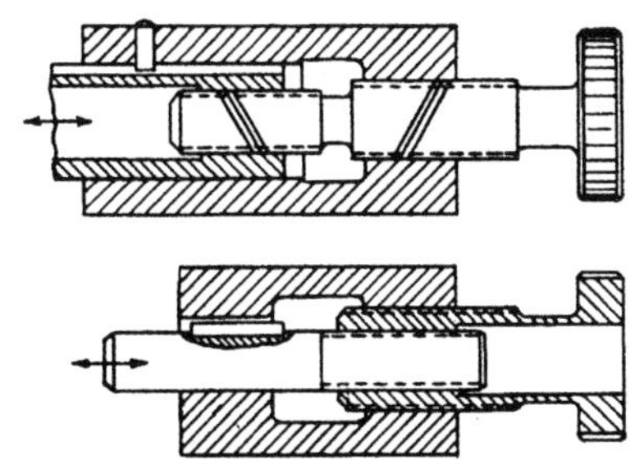

图 11.9-15　差动螺纹机构可以有多种形式。图示两种结构形式：在上面的图中，两个反向螺纹在一个轴上，而在下面的图中，同向螺纹在两个不同的轴上。

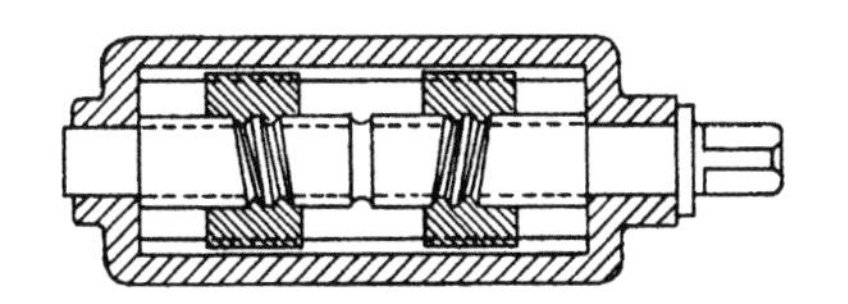

图 11.9-16　两个反向螺纹螺栓可以使两个移动的螺母产生高速的对中夹紧。

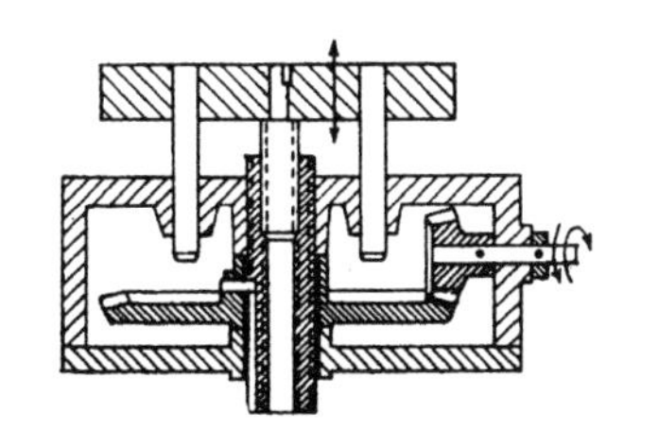

图 11.9-17　输入斜齿轮的转动可以使测量工作台缓慢地上升。在精密螺纹系列中，如果两个螺纹分别是$1\frac{1}{2}$～12 和从$\frac{3}{4}$～16，那么输入齿轮每旋转一圈，这个测量工作台将上升大约 0.01016cm (0.004in)。

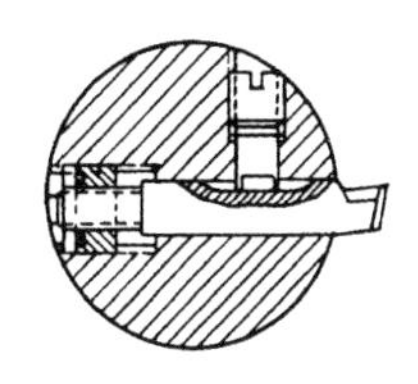

图 11.9-18　通过调整差动螺纹可以调整钻杆里的车刀。一对特制的销钉扭转中间的螺母，从而在使螺母向前的同时拉紧带螺纹的车刀。然后车刀靠固定螺钉夹紧。

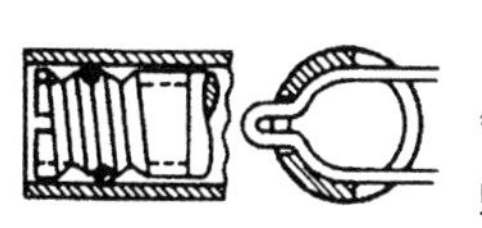

图 11.9-20　在这种简单的管螺纹装置中，金属线叉子就是螺母。

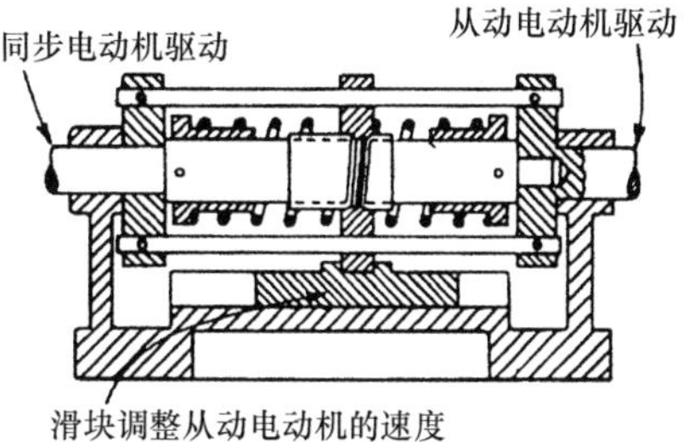

图 11.9-19　两个电动机与两个差动螺纹轴连接，一个是小型同步电动机，另一个将变为变速电动机。当可移动螺母和滑块运动时，两个电动机回转圈数的不同将出现，从而提供电调速补偿。

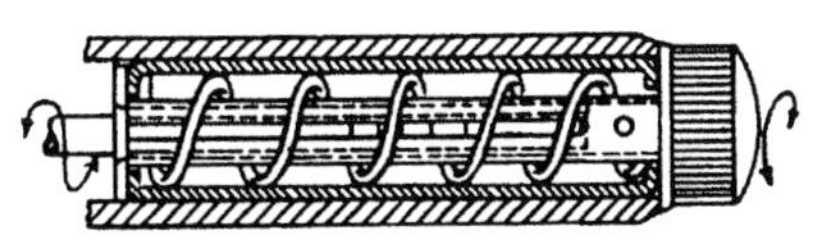

图 11.9-21　机械光锥包括一个作为螺钉的弹簧和一个作为螺母的开口环或者金属弯线。

11.10　应用螺纹机构的10种方式

螺纹机构的三种基本组成部分是，驱动零件(按钮、轮盘、手柄)、螺纹装置(配套的螺栓和螺母)和滑动装置(配套的导杆和导轨)。

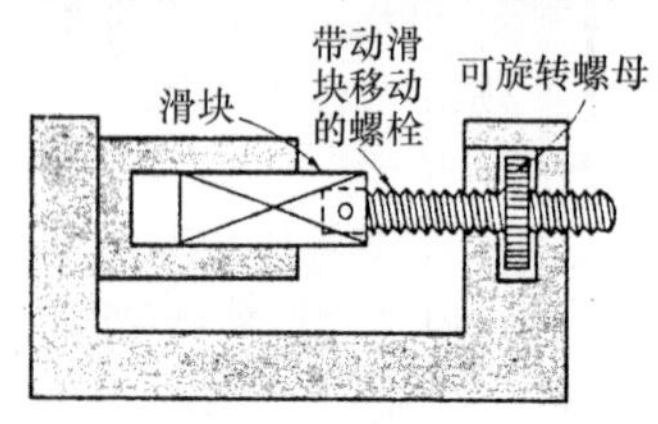

图 11.10-1　螺母能够旋转但不能纵向移动。典型的应用有螺旋千斤顶、沉重的垂直升降门、泄洪闸门、歌剧院灯光调焦器、游标卡尺和活动扳手。

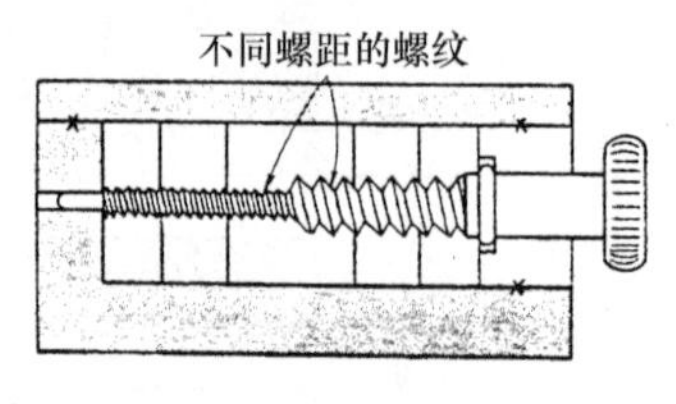

图 11.10-2　通过使用不同螺距的螺纹可以得到差分运动。当螺栓旋转时，这些螺母沿相同的方向以不同的速度移动。

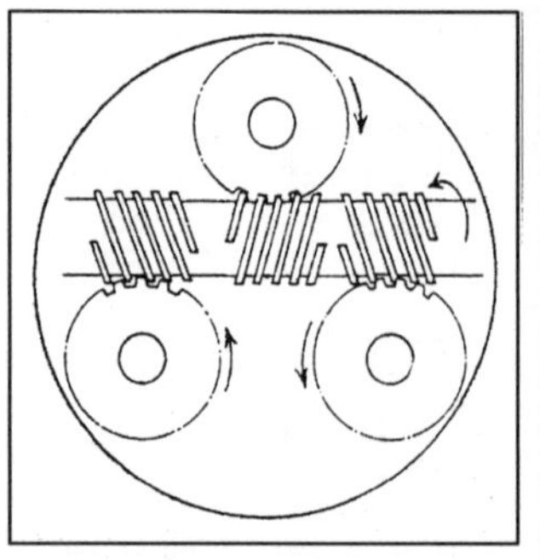

图 11.10-3　一个螺栓可以同时驱动三个齿轮，齿轮的轴和螺栓的轴是垂直的。这种机构能够代替更昂贵的齿轮装置，特别是在需要减速和从单个输入获得多个输出的场合。

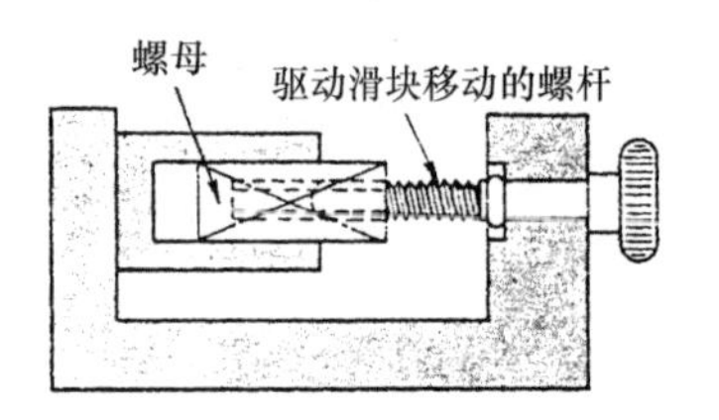

图 11.10-4　螺杆只能旋转，而螺母只能沿纵向移动。典型的应用：车床尾座进给装置，台虎钳，车床溜板箱。

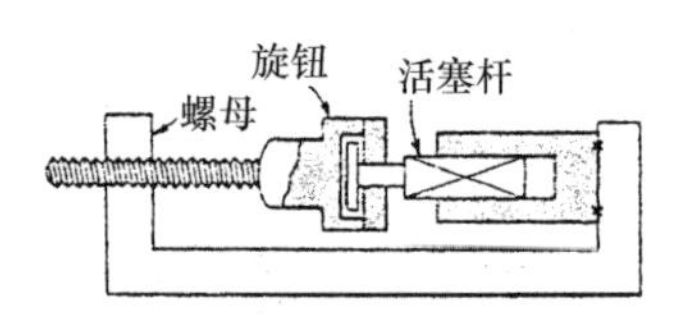

图 11.10-5　螺杆、活塞杆和调节旋钮安装在一起。螺母和导向器是固定的。它常常应用场合：螺旋压力机，调整用的车床的固定支架钳和牛头刨床的滑块调整。

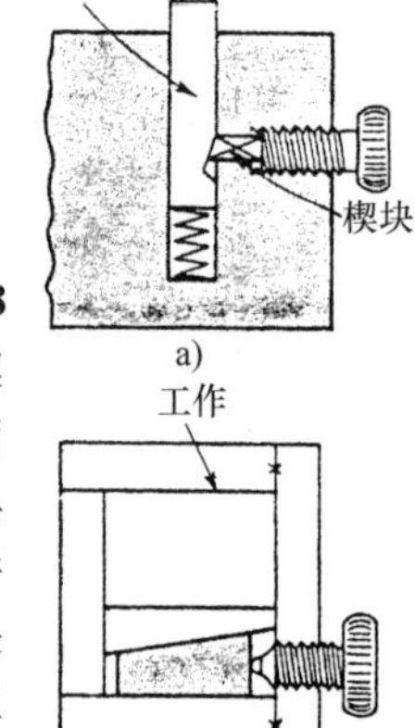

图 11.10-8　螺纹驱动楔块锁紧定位销(a)和在夹具中夹紧工件(b)。这只是螺纹在多种工具和制模应用中的两个。

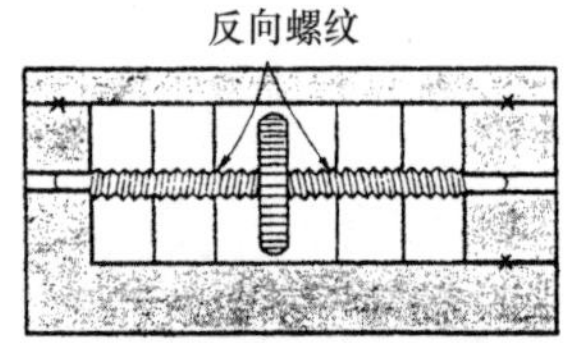

图 11.10-6　横向滑块的反向运动：用反向螺纹装置可以完成调节元件或者其他螺纹驱动的零件。

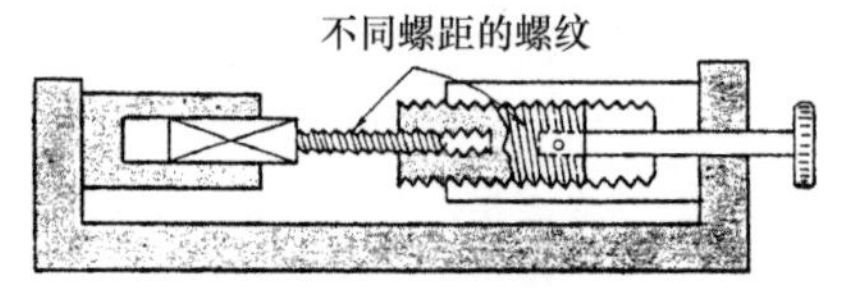

图 11.10-7　同心螺纹也能得到差分运动。在任何需要旋转机械运动的地方这种运动是有用的。一个典型的例子就是气体瓶阀门，它需要缓慢打开同时又容易控制。

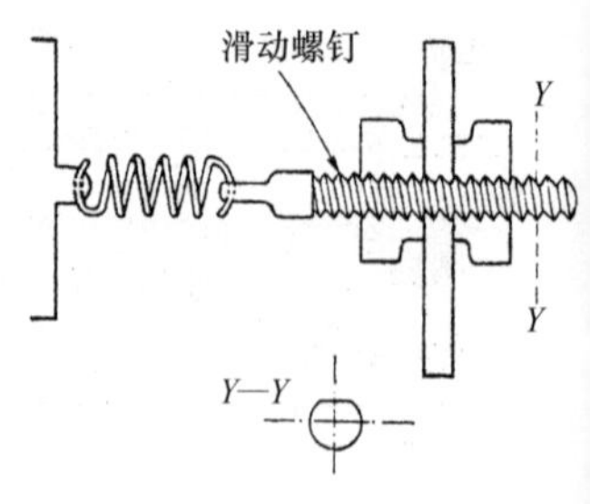

图 11.10-10　固定螺母可以被放在操纵盘的两侧以阻止轴向螺钉的移动，同时减小振动。比如像用于剪切和切削的机床上的长度挡块和可调节挡块。

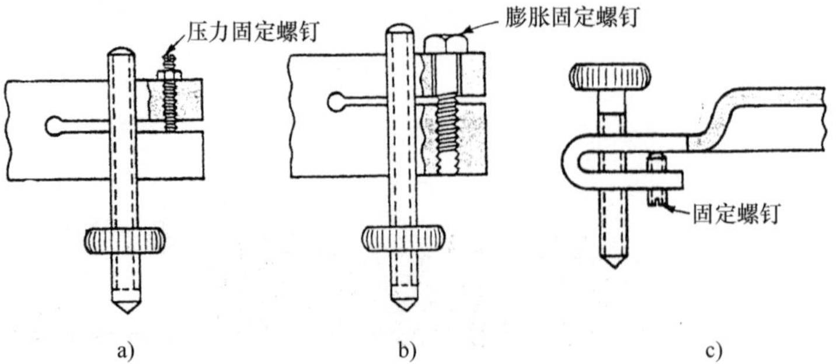

图 11.10-9　通过使用压力螺钉(a)或膨胀螺钉(b)能有效地调节螺钉锁紧。如果调节螺钉被拧进到成型金属零件里(c)，使用一个固定螺钉能使这个调节被锁定。

11.11 7种特殊的螺纹装置

差分、双向和其他类型的螺纹能提供快慢进给、时间调整和很强的夹紧作用。

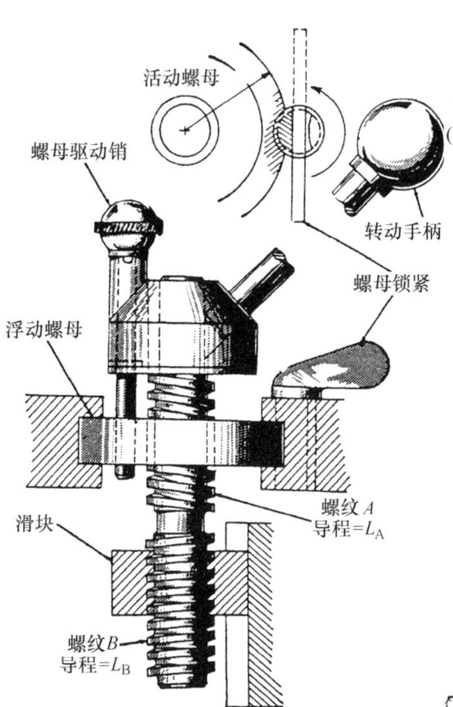

图 11.11-1 快慢进给机构。螺母固定时，采用左右旋螺纹每转一圈的滑动运动等于 L_A 加 L_B；当螺母不固定时，每转一转的滑动运动等于 L_B。当螺纹是差动的时，可以获得带快速回程的精确进给运动。

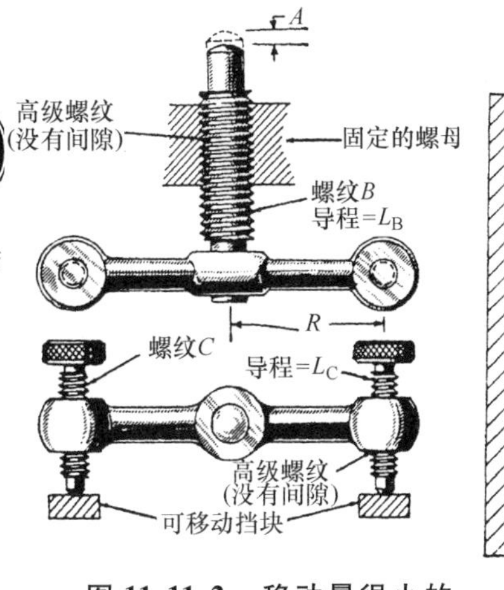

图 11.11-2 移动量很小的运动机构。例如显微镜测量设备就是具有这种特性的一个装置。当 N 等于螺纹 C 的圈数时，A 的移动量等于 $N(L_B \times L_C)12\pi R$。

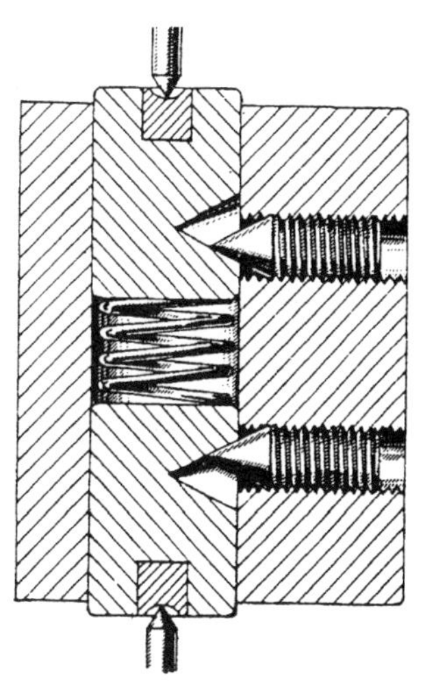

图 11.11-3 支撑调整机构。这种螺纹机构是进行支撑调整和过载保护的一种简便方法。

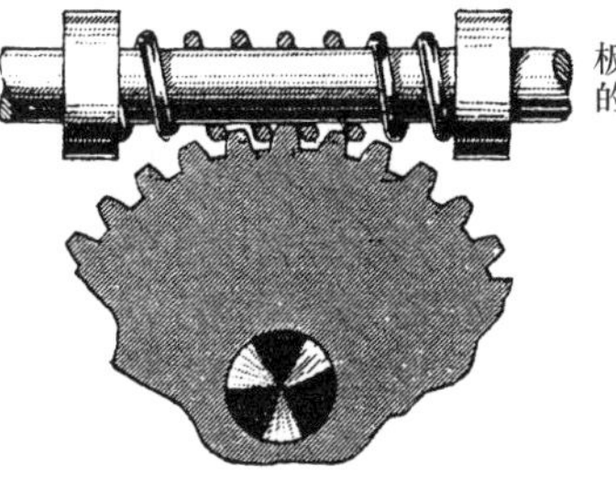

图 11.11-4 减振螺纹机构。当把图示的缠绕弹簧用于轻载的蜗轮驱动时，它们的优点是可以吸收较大的冲击振荡。

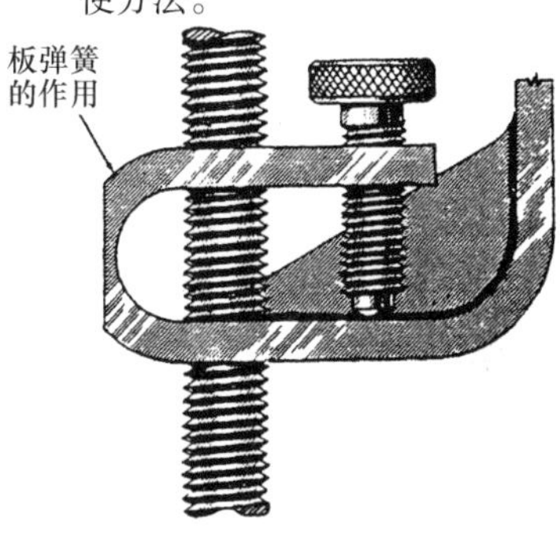

图 11.11-5 消除间隙。大的螺杆被锁紧后，当小的螺钉被拧紧时所有间隙被消除，手指即可产生足够的转矩。

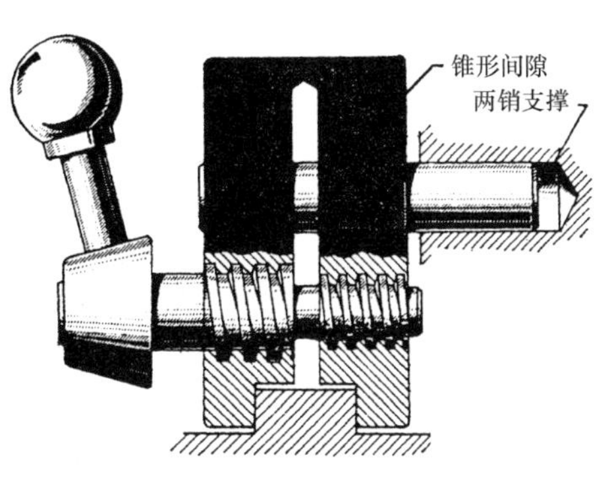

图 11.11-6 差动夹头。使用差动螺纹使夹头夹紧的方法是使用大小不一的螺纹与高夹紧力相结合。夹紧力 $P = Te[R(\tan\phi + \tan\alpha)]$。其中，$T$ 为手动转矩，R 为螺纹的平均半径，ϕ 为摩擦角（大约为0.1），α 为平均螺距或螺旋角，e 为螺钉的效率（一般为0.8）。

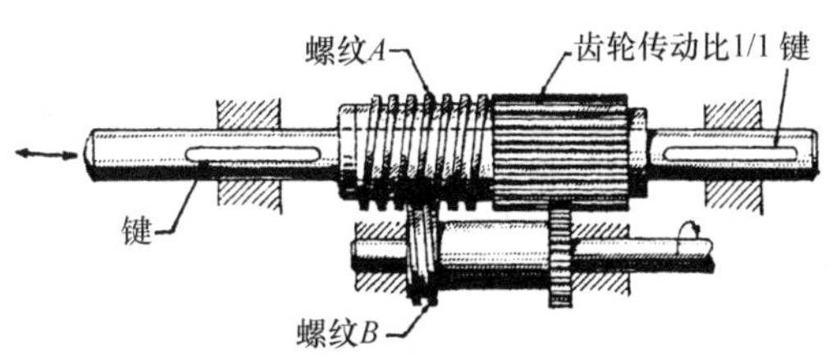

图 11.11-7 在这里旋转运动快速转换为精确的直线运动是可能的，这种装置适合于轻载。螺纹是左旋和右旋。L_A 等于 L_B 加上或减去一个小的增量。当 $L_B = 1/10$ 和 $L_A = 1/10.5$ 时，螺纹 A 每转产生的线性运动将是 0.05in（0.127cm）。当螺纹具有相同旋向时，线性运动等于 $L_A + L_B$。

11.12 14种调整装置

这里收集的是能够提供和具有机械调整功能的一些基本装置。

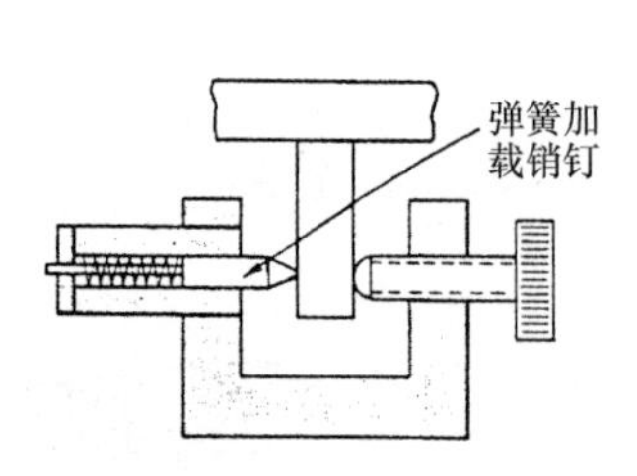

图 11.12-1 弹簧加载销钉总是提供与调整力相反的力。水平座起抵抗重力的作用，但是对于大部分其他装置来说，弹簧需要一个反作用力。

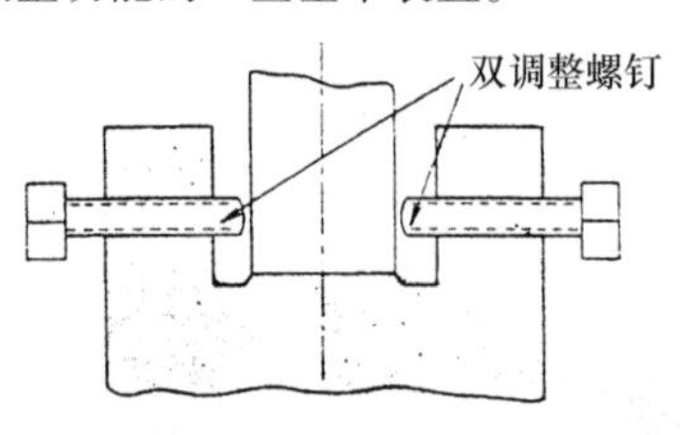

图 11.12-2 双螺钉提供非弹性反作用力。一个螺钉后退，拧紧另一个螺钉，可以获得相当小的调整。而且一旦被调整后，位置就能保持固定并可以防止其他力使装置的调整失败。

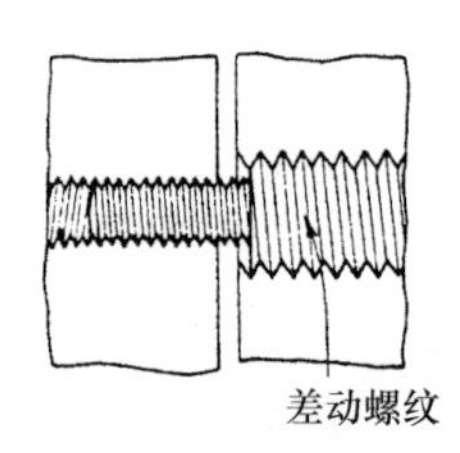

图 11.12-3 差动螺钉有相同旋向的螺纹但是有不同的螺距。通过使用差动螺纹，两个零件的相对距离能获得高精度地调整。

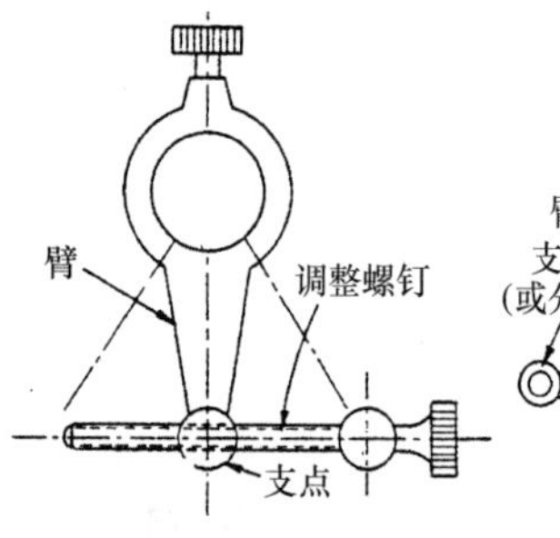

图 11.12-4

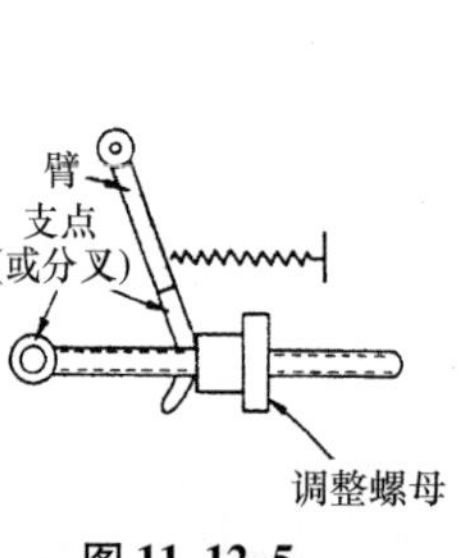

图 11.12-5

在图11.12-4中，由于从动零件上内螺纹的圆弧轨迹，调整螺钉和臂之间的旋转运动是必要的。相似原理在图11.12-5中，需要螺钉被支撑或者臂被分叉。

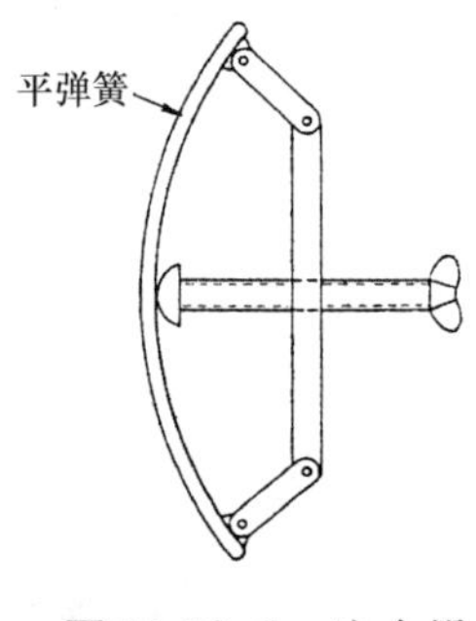

图 11.12-6 这个设计成**弧形的导向机构**是调整装置的一个例子。平弹簧是它的零件之一，既提供反作用力又执行机构的主要功能——为记录销导向。

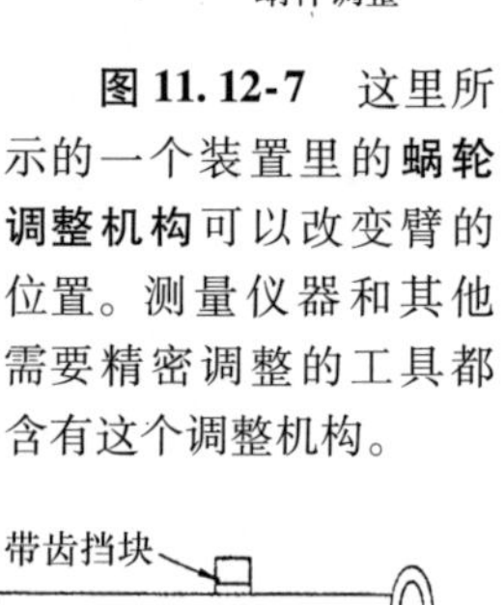

图 11.12-7 这里所示的一个装置里的**蜗轮调整机构**可以改变臂的位置。测量仪器和其他需要精密调整的工具都含有这个调整机构。

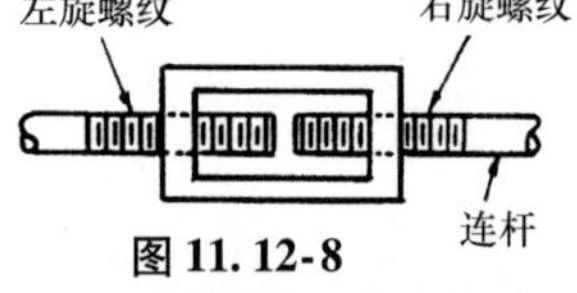

图 11.12-8

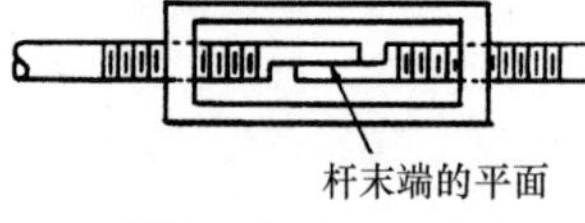

图 11.12-9

图11.12-8中在末端带反向螺纹的**连杆**仅仅需要一个简单的螺母来提供简单的轴向调整。

图11.12-9中，当调整螺钉转动时，因为杆末端的平面，没有必要同时阻止两个杆旋转，阻止一个连杆即足够。

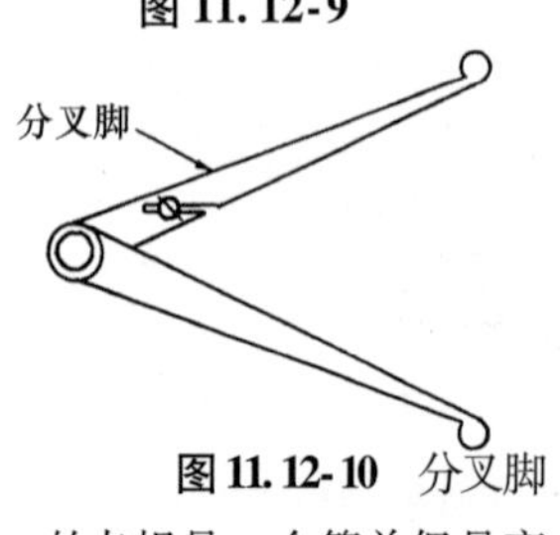

图 11.12-10 分叉脚的卡规是一个简单但是高效调整装置的例子。锥形螺钉使分叉脚受力，于是，使两个脚之间的距离开得更大。

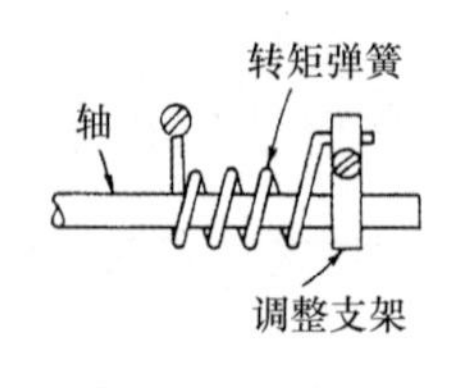

图 11.12-11

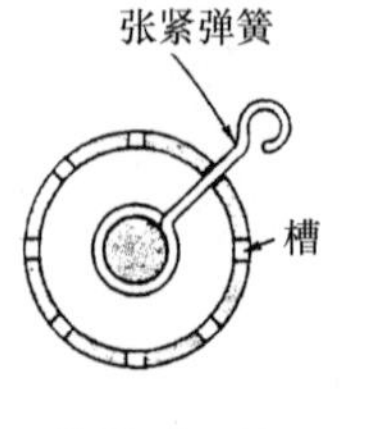

图 11.12-12

图11.12-11中，通过转动与轴配合的弹簧圈和在所需的转矩位置处锁紧弹簧圈就可以调整**轴的转矩**。在图11.12-12中，在弹簧被扭转达到所需的转矩后，把扭转弹簧臂放入调整槽内。

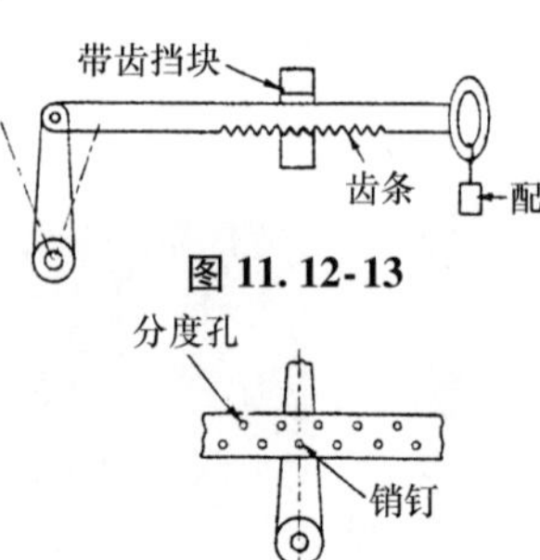

图 11.12-13

图 11.12-14

图11.12-13中**齿条和带齿的挡块**常常被用于调整重的百叶窗、锅炉门和类似的设备。这些调整都是不连续的，它取决于齿条的齿距。当有大的反向调整力时，需要给齿条加个配置以使齿保持啮合。图11.12-14中的分度孔对齿条提供了调整。销钉使零件相互锁紧。

11.13 长冲程、高分辨率线性驱动器

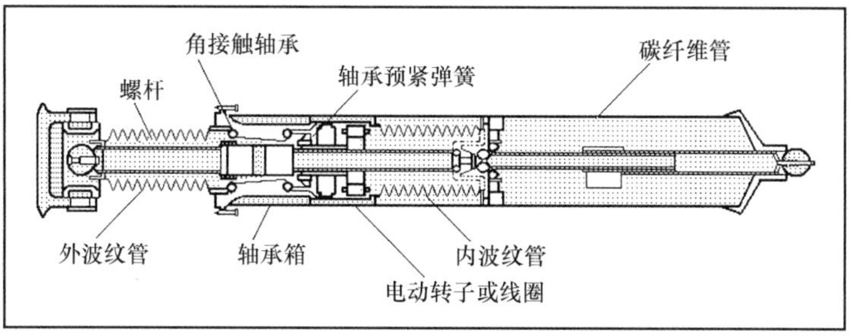

图 11.13-1 这个局部剖视图解展现了精密线性执行直接驱动器的主要元件。

卫星干涉仪中提出的，用于粗定位的长冲程、高分辨率线性驱动器被认为在医疗成像和半导体设备制造中有应用。由加州理工学院工程师团队为美国航空航天局喷气推进实验室提出的精密线性执行直接驱动器，或简称 PLADD，能够完成关于一厘米的亚微米级增量或旋转量的定位运动。PLADD 的设计者也认为该驱动器在 20nm 的重复增量内同时具有长冲程（120mm）和高分辨率的能力。它们的报告指出这种驱动器有能力重复完成这些运动五至十年。与其他精密的线性执行机构相比，PLADD 不包含齿轮、连杆或液力换能器。

像截面图中展现的那样，PLADD 包括一个商用圆形螺杆执行器，该执行器直接由一个商用三相无刷直流发电机驱动。圆形螺杆执行器在螺杆上装有一个圆形弹簧预紧螺母，这样设计圆形螺杆就会保持不转。发电机直接与驱动连杆相连，没有中间轮系，反过来，驱动连杆就与圆形螺母相连。由于没有轮系，这一直接驱动器的设计消除了复杂性、侧隙和与轮系相连的不对中电势。

装有弯曲杆的断电制动会防止因疏忽而引起的移动，弯曲杆是通过预紧弹簧压紧在驱动杆上的。此外，也装有压电堆，它被激活以抵抗弹簧的作用，并推动弯曲杆离开驱动杆，这意味着压电堆必须得通电才能从制动中释放驱动杆。

为了得到长的操作寿命，所有的机械驱动元件都浸没在气密波纹管的油槽中。波纹管的外端和圆形螺杆的外端安装在一起，因此防止了圆形螺杆的转动。

PLADD 定位通过电子系统控制，该系统包括数字和模拟子系统。这些子系统与电动机、制动装置、两个编码器相互作用，一个是霍尔效应传感器和旋转编码器，另一个是玻璃规模编码器。这个系统采用比例积分微分算法，这使得三相无刷直流发电机的每三对线圈有不同的电压指令。

对于可选的两种控制模式中的一种，电压施加给梯形转码图中的线圈，梯形转码图基于霍尔传感器的时间信号，这种控制方式允许电动机在每转内 24 步粗定位。第二种控制方式采用正弦转码图，在图中，玻璃尺编码器的输出被换位成旋转增量，该增量在一转中产生超过 400000 步的精细定位反馈。

这项工作是由加州理工学院的诸位研究人员为美国航空航天局喷气推进实验室完成的。

第 12 章

联轴器及其连接

12.1 平行轴的连接

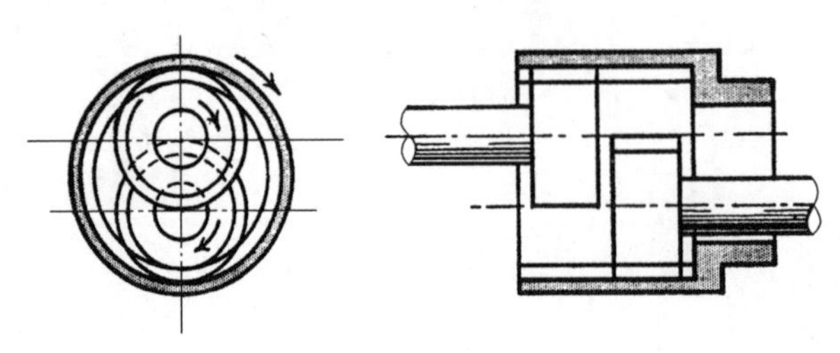

图 12.1-1　一种连接轴的方法，它用齿轮代替了链条、带轮摩擦驱动。它的主要限制是要求有足够的中心距。尽管如此，可用一惰轮来缩短中心距，如图所示。这可以是一个普通小齿轮或是一个内啮合齿轮。传递是恒速的并且有一个轴向自由度。

图 12.1-2　这种连接包括两个万向联轴器和一个短轴。如果输入和输出两个轴始终保持平行，并且两端的连接对称地设置，那么在输入和输出轴之间速度的传递是恒定的。在转动期间，中间轴的转速是变化的，在高速或夹角较大时会产生振动。轴的偏心可以改变，但是轴向位移要求其中一个轴是花键连接。

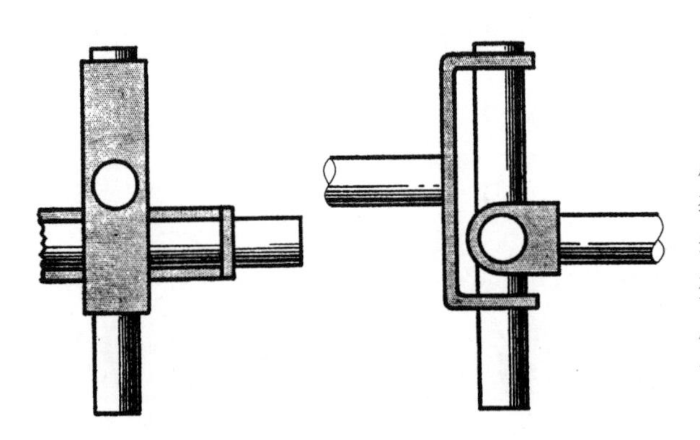

图 12.1-3　这种交叉轴连接是图 12.1-2 所示机构的一个变形。每个轴都有一个连接套，以便它能沿着一个刚性交叉构件的杆滑动。传动是恒速的，尽管两轴的偏心大小可变，但两轴仍必须保持平行。没有轴向自由度。中间的交叉构件形成一个圆形的运动，于是易于受到离心力的作用。

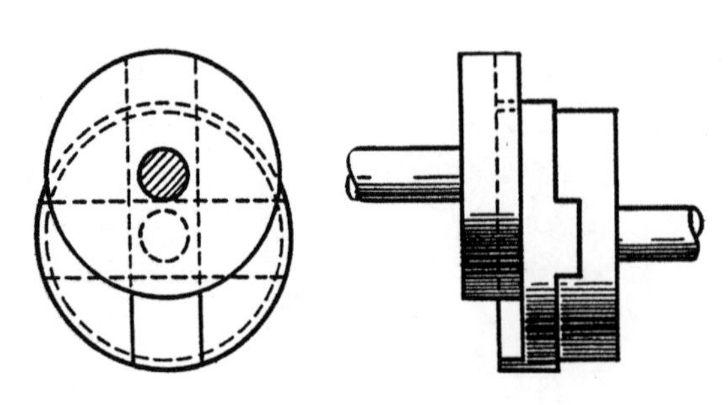

图 12.1-4　当它的中心构件形成一个圆形的运动时，这个 Oldham 联轴器提供恒速的运动。轴的偏心可变，但是两轴必须保持平行。轴向可以有较小的位移。由于两槽的偏心，中间构件可能发生倾斜。通过扩大其直径和在同一个横平面对槽进行铣削可以消除这种现象。

12.2 用于偏心轴连接的新型连杆联轴器

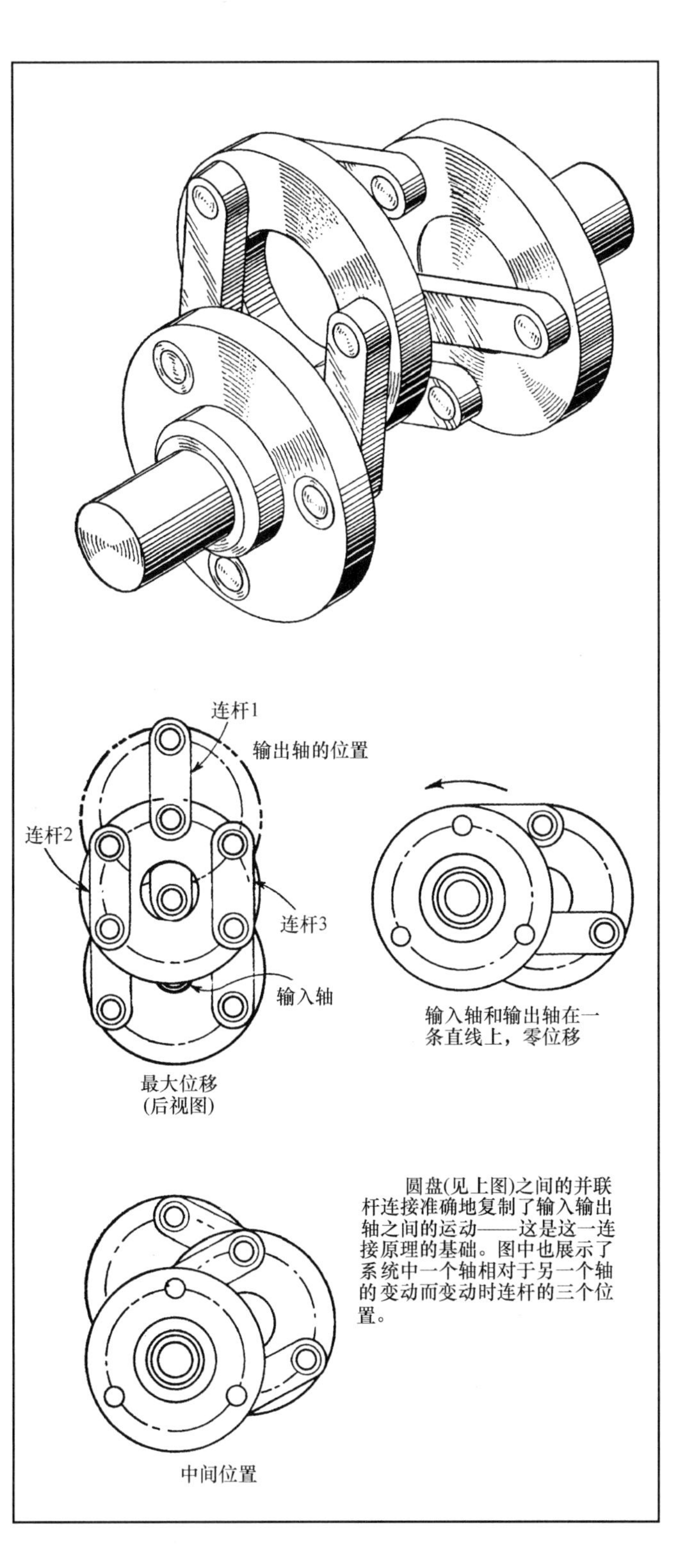

图 12.2-1

非正统的、非常简单的连杆和圆盘装置是一个具有广泛用途的平行轴连接机构的基础。当它受力旋转时，这种连接——实质上是三个圆盘的统一旋转和由六个连杆的一系列的内部连接(见图12.2-1)——能够适应较大的轴向位移变化。

径向位移的变化不影响输入输出轴间的恒速关系，也不会影响可能导致系统不平衡的初始径向力。这些特征展现了它在汽车、轮船、机床和滚磨机(见图)上不寻常的应用。

它的工作原理。该联轴器的发明者，阿拉巴马州麦迪森市的 Richard Schmidt 说：“一些德国的工程师在好几年前就已经知道一个类似的连杆机构。但是那些工程师们却没有勇气应用这理论，因为他们错误地假设了中间圆盘必须用一个轴承来支撑。”实际上，Schmidt 发现中心圆盘可以自由地选择它的旋转中心。在实际工作中，三个圆盘都以等速旋转。

连杆与圆盘是用轴承连接的，这些轴承在等直径的节圆上以 120°相等的间隔均匀地分布。轴间距能够连续地从零(两轴在同一个直线上时)到最大值间变化，最大值是连杆的两倍长(见图12.2-2)。当连接波动时，轴间没有状态变化。

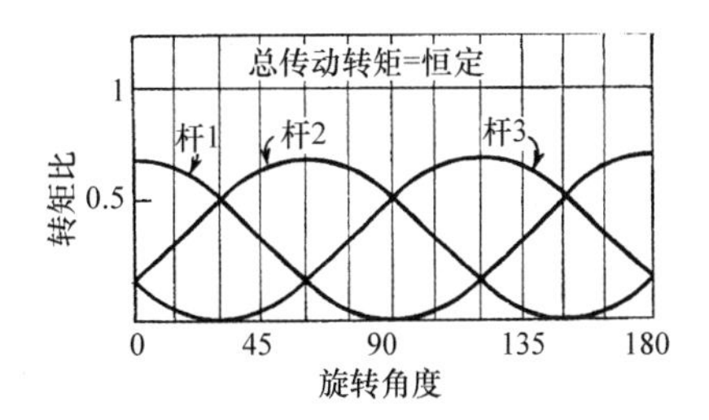

图 12.2-2 在不考虑转角的情况下，一组中的三个连杆传递的转矩之和是一个定值。

12.3 圆盘和连杆联轴器简化了传动

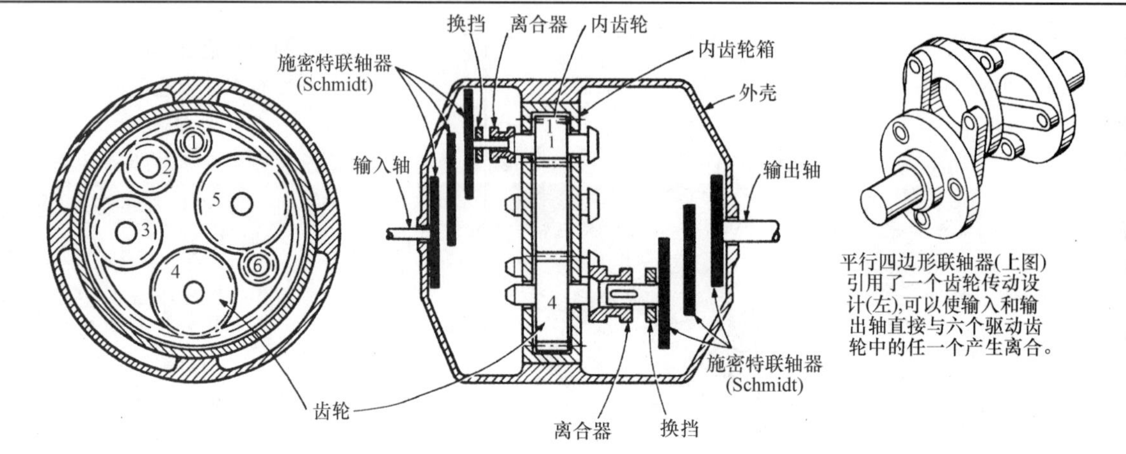

图 12.3-1

当轴受力旋转时，可以在轴间实现大的轴向位移的一种独特的圆盘和连杆联轴器开辟了一种新的传动设计方法。它是由阿拉巴马州麦迪逊的 Richard Schmidt 开发的。

这个联轴器(见图 12.3-1 右侧图)能在轴之间产生轴向相对位置移动时使输入输出轴之间的转速比恒定。这将使要被设计的齿轮和带传动机构采用较少的齿轮和带轮。

节省一半的齿轮：在如图所示的内啮合齿轮传动中，在输入端的一个施密特(Schmidt)联轴器能够允许输入直接地与六个齿轮中的任何一个相连，这六个齿轮都与内齿轮啮合。

在输出端，当动力通过齿轮传出以后，另一个施密特(Schmidt)联轴器允许动力从六个相同的齿轮中的任何一个直接传出。于是，在机构运转时，可以选择 6×6 减去 5(31)个不同速比中的任何一个。传统的设计可能需要两倍多的齿轮。

功率强大的泵：在蜗杆型泵中(见图 12.3-2)，当输入轴顺时针旋转时，蜗杆转子被迫在齿轮箱内转动，齿轮箱内有一个从一端到另一端的螺旋槽。于是，转子的中心线将沿着反时针方向旋转产生一个强大的抽吸力以传输大量的液体。

在带传动中(图 12.3-3)，施密特(Schmidt)联轴器允许传送带移到下面的不同带轮上，而传送带在上面带轮上的位置不变。通常，由于传送带长度不变，上面的带轮也应该移动并提供三种输出速度的选择。使用这个装置，可以得到 9 种不同的输出转速。

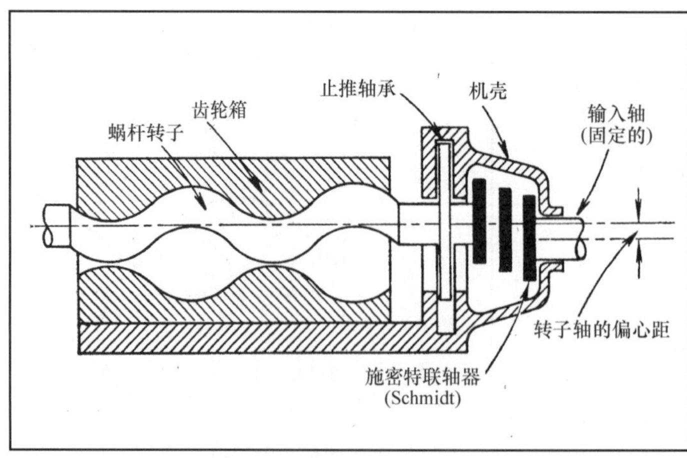

图 12.3-2 为了满足抽吸的需要，这个联轴器允许一个螺旋形的转子进行摆动。

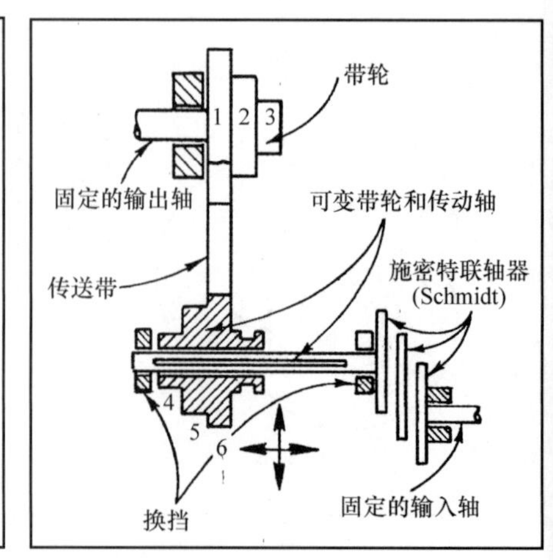

图 12.3-3 当底部带轮移动时这个联轴器开始减速。

12.4 当传递转矩时，内部锁紧空间框开始弯曲

在保持轴上的大转矩不变的同时，这个联轴器允许产生非同寻常的轴向不重合误差。

在大转矩传递中，柔性传动轴联轴器能够允许产生不寻常的大角度误差和轴向运动。并且，在有角度误差的传动中，从动构件的旋转速度保持恒速。换句话说，就像使用一个万向联轴器或一个胡克铰一样，他们不会产生周期性跳动。

图 12.4-1 中的联轴器基本上是由一系列的正方形空间框构成的，每个框的弯曲都会在对角上产生偏转，并且每个框都与邻近的框用螺栓以交替对角的方式连接。这个装置是 Robert B. Bossler 发明的并获得了美国专利，专利号是 3177684。

在一个传动链中，联轴器允许转轴间产生不可避免的不重合误差。这些不重合度误差是由加工质量差的零件、尺寸变动、温度变化和支撑构件的变形造成的。联轴器通过运动接触或者弯曲来容纳轴间的不重合度误差。

然而，大多数联轴器有运动接触零件，这就要求有润滑和维护。摩擦零件也消耗动能。而且，润滑剂和密封限制了联轴器的使用环境和联轴器的寿命。在使用过程中零件会磨损，当零件磨损加剧时，联轴器会对运动产生一个大的阻力。另外，在许多设计中联轴器也不能提供一个真正的恒速。

提高柔性：Bossler 研究了市场上的各种联轴器，并首先发明了一个有运动接触的新型联轴器。经过疲劳实验之后，他意识到，如果想获得他所想要的改善，不得不设计一个能够弯曲但无滑动和摩擦的联轴器。

然而，柔性联轴器的性能不是没有设计问题。任何一个柔性联轴器应该能与强的、厚的刚性构件配合使用，这些刚性构件能轻松地传递设计转矩和提供以设计速度操作的刚度。

然而，轴线不重合要求这些构件有弯曲。弯曲产生交变应力能减少联轴器的使用寿命。一个构件的强度和刚度越大，由轴线不重合产生的交变应力越大。所以，高速传递转矩时，所能提供强度和刚度的大小将取决于轴线不重合所允许的范围。

设计中的问题是以最小的成本使柔性联轴器在完成转矩的传输和克服轴线不重合度间达到均衡。Bossler 把注意力放到了驱动轴上，想象他如何能将它变成柔性的。

他开始用下面的基本原理去发展它。驱动轴如何传递转矩？通过拉伸和压缩。他开始关注能够传递转矩的主要支撑，并且发现它们是弯曲的梁。但是，一个弯曲的横梁在拉伸和压缩时不如直梁强度大。他放弃了弯曲的梁，取而代之的是由直梁组成的方形空间框，称之为双螺旋结构。一个螺旋结构包含压缩因素；另一个螺旋结构包含拉伸因素。

使螺旋结构变平：在存在轴线不重合度时，为了获得恒速的特性，平板的总数应该是一个偶数。但是，即使是一个奇数，周期速度的变化也非常的小，远小于使用胡克铰时的变化量。

尽管 Bossler 所分析和获得的方程都是以方形构件为基础的，但是，Bossler 认为由于安装孔的位置，正方形对联轴器来说是不理想的。螺旋线越平滑，换句话说距离 S 越小，联轴器所能承受的轴线不重合度就越大。

因此，Bossler 开始用矩形的空间框代替方形的空间框。在这一设计中，用于把邻近的一对平板偏置固定在一起的螺钉头为“较平滑”螺旋线的设计提供了足够的间隔。方形平板联轴器和矩形平板联轴器在应力上的不同是不重要的，所以，方形方程可以被大胆地应用。

设计方程：通过提出一些关键的假设和近似值，Bossler 将复杂的解析关系转化为直接的设计方程和图表。推导的方程和实验的验证结果可见于 NASA 报告《Bossler 联轴器》，CR1241。

承受转矩的能力：当由方程（1）给定压力后，联轴器弯曲前的最大传递转矩能力可能发生在其中的一个空间框构成杆上。设计者通常知道或者设定了联轴器应能传递的最大的连续转矩。而且，还必须允许可能的冲击载荷或过载。于是，应该设计一个具有最大转矩能力的离合器，根据 Bossler 的估算，这个最大转矩能力至少是最大连续转矩的两倍，也可能是三倍。

引入应力：初始看来，好像方程（1）在选择离合器大小时供选择的余地很大。例如，通过选用使离合器小一些的比较小的螺栓直径 d 或使平板变厚。传递转矩能力很容易被提高。

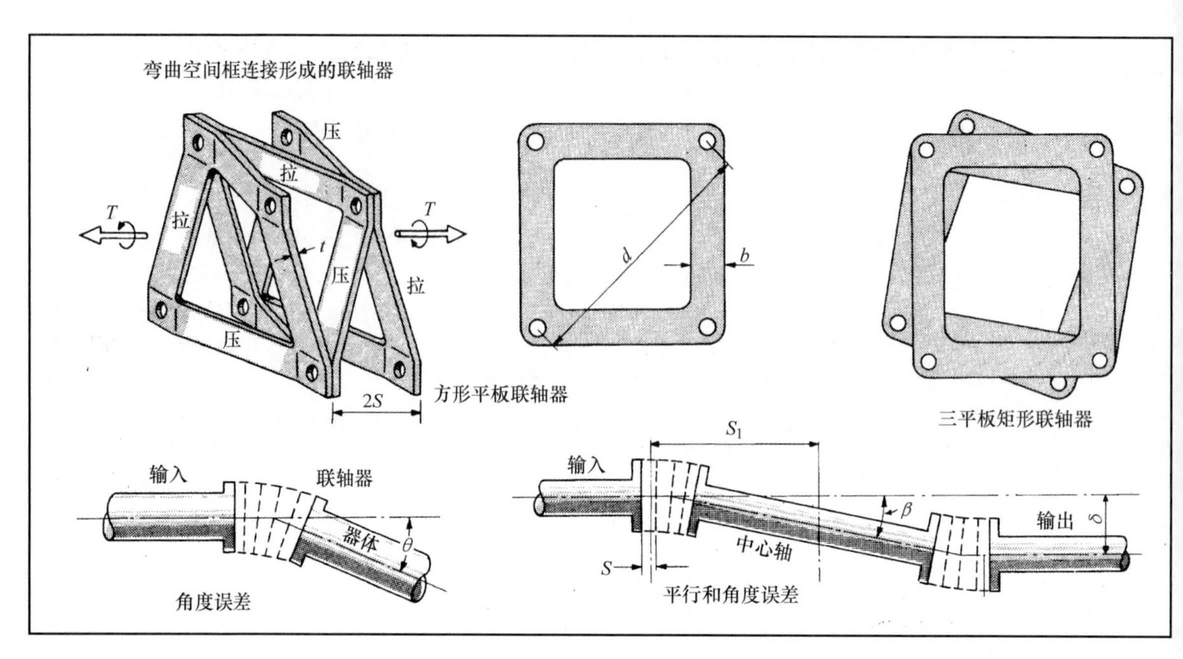

图 12.4-1

下面介绍 Bossler 联轴器的设计方程。

最大传递转矩的能力：

$$T=11.62\frac{Ebt^3}{dn^{0.9}} \tag{1}$$

每个不重合度每度承受的最大应力：

$$\sigma_{max}=0.0276Et/L \tag{2}$$

满足转矩要求的最小厚度：

$$t=0.4415\left(\frac{dT}{bE}\right)^{1/3}n^{0.3} \tag{3}$$

平板最薄时联轴器的重量：

$$W=1.249w\left(\frac{T}{E}\right)^{1/3}d^{4/3}b^{2/3}n^{1.3} \tag{4}$$

能允许的最大轴向不重合度：

$$\theta_{max}=54.7\left[\frac{bd^2}{TE^2}\right]^{1/3}\sigma_c n^{0.7} \tag{5}$$

能允许的最大轴向不重合度(简化)：

$$\theta/d=10.9\frac{n^{0.7}}{T^{1/3}} \tag{6}$$

能允许的最大偏差角：

$$\beta=54.7\left[\frac{bd^2}{TE^2}\right]^{1/3}\sigma_e C/n^{0.3} \tag{7}$$

其中，$\sum_{x=1}^{x=n}\left[1-(x-1)\frac{S}{S_1}\right]^2$

能允许的最大偏差角(简化)：

$$\beta/d=\frac{10.9C}{T^{1/3}n^{0.3}} \tag{8}$$

临界速度频率：

$$f=\frac{60}{2\pi}\left(\frac{k}{M}\right)^{1/2} \tag{9}$$

其中，$k=\frac{24(EI)_e}{(nS)^3}$；$(EI)_e=0.886Ebt^3S/L$。

式中 b——构件的宽度；

d——两个对角圆间的中心距；

E——弹性模量；

f——第一临界速度，转/分；

I——构件的平动转动惯量 $=bt^3/12$；

k——单自由度的弹簧刚度系数；

L——构件的有效长度。这个参数是必需的，因为关节使构件端部变硬，推荐值是$L=0.667d$；

M——中心轴和联轴器的质量；

n——每个联轴器中平板的数量；

S——平板偏离平面的偏差大小；

t——构件的厚度；

T——施加到联轴器上的转矩，通常作为最低的弯曲转矩极限；

w——单位体积的重量；

W——平板在一个联轴器中的总重量；

$(EI)_e$——弯曲刚度，使联轴器每单位长度弯曲一弧度时的转矩；

β——在存在平行误差时，每个联轴器变化的等效角（°）；

θ——总的角度误差（°）；

σ_c——屈服应力。

但是，任何一种方法都将使离合器变硬，因此，在离合器过载之前，将使允许轴线不重合度误差的范围减小。应力和轴线不重合度的关系包括在方程(2)中，方程(2)所表示的是当一个平板的不重合度误差是1°且转动传递转矩时产生的最大平面弯曲应力。

平板厚度：为了优化承受轴线不重合度误差的能力，应该在能够满足所需转矩强度的前提下选择最小厚度的平板。为了确定这个最小厚度，Bossler发现将方程(1)整理成方程(3)所示的形式是可行的。任何符合最小厚度方程的联轴器的重量都可以靠方程(4)来确定。

最大误差：当输入输出轴的中心线以一定的角度(误差角)相交时，将产生角度误差。当所选材料的极限应力和联轴器的尺寸已知时，最大许用角度误差可以从方程(5)中计算得出。

如果这个许用值不能满足要求，设计者应该通过增加更多的平板来改变尺寸因素。为了简化方程(5)，Bossler在疲劳极限与模数比和 d/b 的比方面做了一些假设，从而获得方程(6)。

平行偏差：这种情况发生在当输入输出轴保持平行但是有横向位移时。当使用方程(6)时，方程(7)是一个特性方程，可以被用来设计曲线。像前面的例子一样，Bossler通过作同样的假设获得了方程(8)。

极限速度：由于联轴器的非外圆结构，所以装置的操作速度要高于其临界速度是重要的。不仅应该比较高，而且还要避免整体关系。

Bossler算出了一个对计算临界速度(公式(9))很方便的关系，他使用了一个近于理想化的弹簧刚度系数。

Bossler也针对减轻重量提出了许多建议，比如：

平板的尺寸：在外形尺寸和离心载荷允许的前提下，选用最大的 d 值。通常，在低于300ft/s(91.44m/s)的极速下，离心载荷不是问题。

平板的数量：在满足所需性能的前提下，选用最少的数 n。

平板的厚度：在满足所需极限转矩的前提下，选用最小的厚度值 t。

关节：应该保守一些，采用高强度的连接件。要有磨损保护。使构件中心线和螺栓中心线交于一点。

偏差大小：在满足间隙要求的前提下，使 S 值最小。

12.5 偏心销消除了轴线不重合误差

两个匈牙利工程师发明了一个全金属联轴器(见图12.5-1)，用以连接具有轴线不重合误差的两轴，即这种轴线不重合度未超出轴半径的大小。

这种联轴器应用在这样的轴上，它们之间要么传递大转矩，要么操作速度很高而且以最高效率操作。万向联轴器价格太贵，而且有太多的间隙，弹性联轴器在高载荷或者震动时太容易受损。

制造原理。事实上，这个联轴器由两个圆盘组成，每个都通过键与一个花键轴连接。一个圆盘均匀地分布着四个固定的柱螺栓，另一个圆盘上钻有与柱螺栓相对应的四个大直径孔。每个孔里安装一个可以在里面自由旋转的轴承。然而，这些轴承的孔是偏心的。轴承孔偏心距的大小等于两个轴中心线的偏差。

工作中，输入输出轴允许有轴线不重合误差，而且它们仍按照不存在轴线不重合误差时的角度关系旋转。

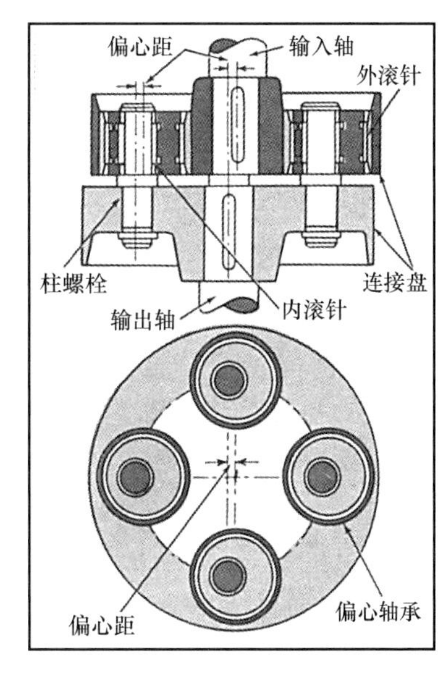

图12.5-1 偏心轴承旋转以弥补轴间的偏差。

12.6 万向联轴器以恒速沿45°角传递动力

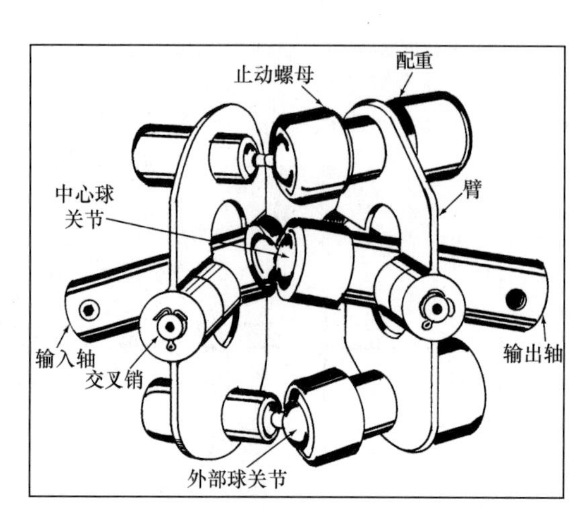

图 12.6-1 一个由支架和球关节组成的新设置传递等速运动。

由美国明尼苏达州的 Malton Miller 设计的如图 12.6-1 所示的万向联轴器能恒速以 45°角传递动力。

已研制出了能够传递 14.92kW（20hp）的实速传动样机。

现在只用一个万向联轴器还不能实现恒速传动。工程师们不得不在两个胡克铰之间放置一个中间轴或使用一个分杆式万向联轴器来获得所需要的结果。

球关节。基本上来说，实速关节是一个带有大接触面积的球关节系统，它能通过关节传递转矩。这种装置可以减少轴承的高压力对相应工作表面带来的一些问题。低摩擦轴承也增加了工作效率。这种关节可以在高速保持振动最小的条件下达到平衡。

这种关节是由驱动和从动两个部分组成的。每一部分都在传动轴的端部有一个连接套筒，一对驱动臂相对并在穿过连接套的交叉销上转动，另外，在每个驱动臂的端部都有一个球关节连接。

当关节旋转时，在一个关节平面上的角度弯曲是由球关节的旋转造成的，而在90°平面上是由驱动臂绕着横向的销摆动产生的。当转动时，通过球关节的转动和驱动臂的摆动，扭转从关节的这一半传到另一半上。

平衡：实际上，关节的每一半绕自身的中心轴转动，所以每一半关节可单独考虑平衡。中间的球套连接只是固定两轴的交点。对整个传动装置中，它不传递任何的动力。

通过使关节每一半上的两个驱动臂的重量相等来实现旋转平衡。由于球关节的偏心摆动，加速力的平衡靠配重来实现。配重处于每个驱动臂的对面位置上。

外部球关节在两个运动平面上工作，在垂直于主轴的平面上它快速地旋转，而在平行于主轴的平面上它沿着横向销稍微地旋转。在这个连接机构中，驱动轴的转角被准确地传递给从动轴，并且在所有轴相交处提供了恒转速和恒转矩。

轴承：唯一使用轴承的地方是球关节和在横向销上的驱动臂。滚针轴承支撑在横向销上的驱动臂，横向销经过硬化处理和磨削。球关节的轴承表面上涂抹了高压润滑脂。作用于球关节表面上的最大额定载荷低于 600lb/in^2（4134kPa）时，没有明显的摩擦所引起的热和动力损失。

功率：在与测力计相连的载荷作用下，对这个装置以所有额定传动角度的传动进行了实验。第一个功率比较小的可用装置已完成了实验，它是针对驱动功率为 14.92kW（20hp）、转速为 550r/min 设计的，适合于拖拉机发动机动力传送。

相似的联轴器已经被设计作为泵联轴器。但是实速传动在速度和传动构件方面的不同是合理的。另一方面，采用泵联轴器时，由于弹簧的弹性，速度可能会产生波动。

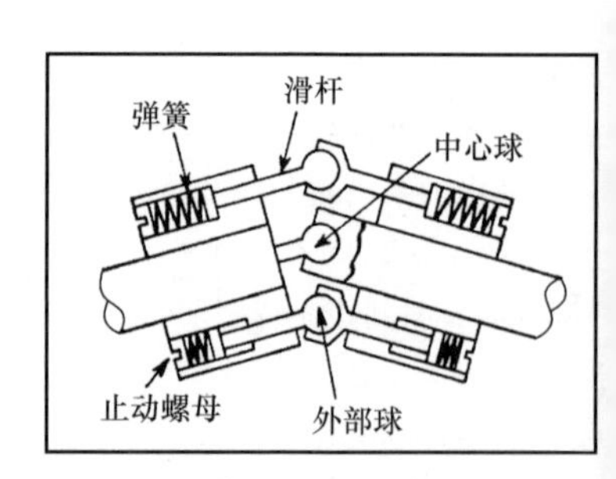

图 12.6-2 一种早期的成一定角度的轴连接的结构。它要求有一个受弹簧力作用的滑杆。

12.7　10 种万向联轴器

1. 胡克铰

最常用的万向联轴器是胡克铰。它能够有效地传递转矩，轴间角度最大可达 36°。在低速运动的手工机械中，两个轴之间的夹角可以达到 45°。胡克铰的简单装配是靠两个叉形轴的端部与一个十字形零件的连接来完成的。

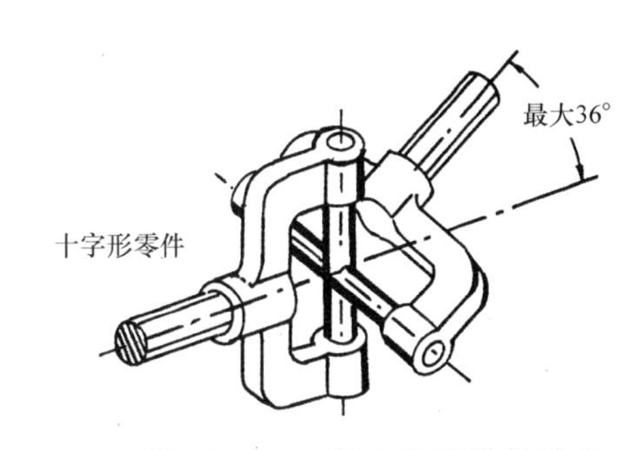

图 12.7-1　胡克铰可以传递重载，经常用到精密的防摩擦轴承。

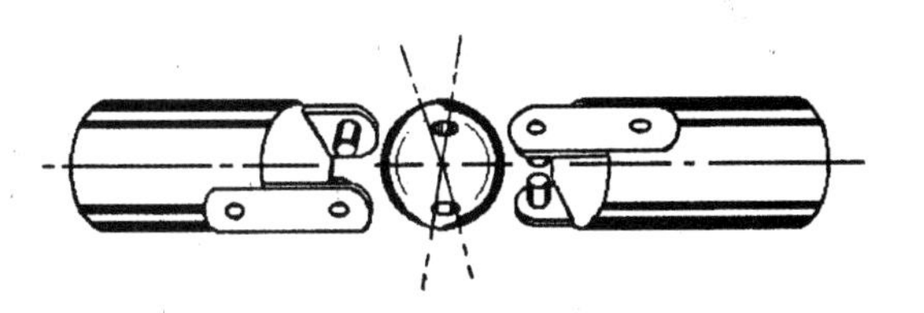

图 12.7-2　球销轴连接代替了十字形零件，结果获得更紧凑的关节。

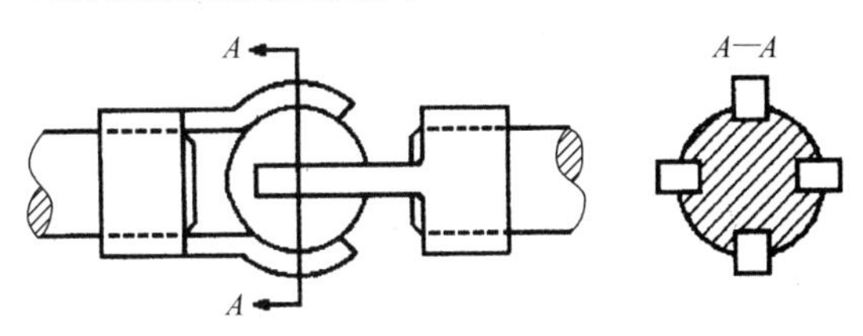

图 12.7-3　球槽关节是球销关节的改进。套筒上的转矩传到球上。槽中转矩的滑动接触越大，使得在传递高转矩和大的轴间角时关键零件的润滑更容易。

2. 恒速联轴器

单胡克铰的缺点是从动轴的转动速度是变化的。利用驱动轴的转速乘以轴间夹角的余弦的倒数可以得出最大转速，而乘以夹角的余弦就可得出最小转速。一个速度变化的例子：驱动轴转速是 100r/min，轴间夹角是 20°。最小输出速度是 100 × 0.9397r/min = 93.9r/min，最大输出速度是 100 × 1.0642r/min = 106.4r/min。因此，之差为 12.43r/min。当输出速度很高的时候，输出转矩就会降低，反之亦然。在一些机构中，这是一个需要克服的特性。尽管如此，图 12.7-5 中两个万向联轴器用一个中间轴连接就解决了这个速度和转矩的问题。

图 12.7-4　销筒联轴器固定到一个轴上，并且与另一个轴上开有槽的球形端部相连接，形成一个关节，它也允许有轴向运动。然而，在该例子中，轴间夹角应该小。并且，这个关节也只适合于低转矩传动。

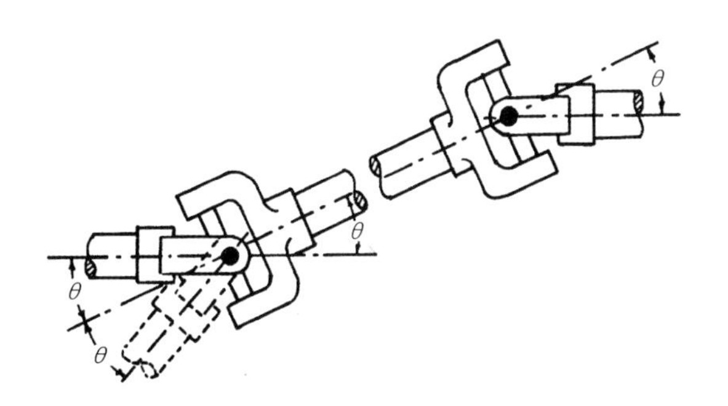

图 12.7-5　通过连接两个胡克铰得到的一个恒速关节。它们应该具有相等的输入和输出角度才能正常工作。必须装配叉架，以便它们总是在同一个平面内。这样，它的轴夹角是单关节夹角的两倍。

这个单恒速联轴器基于两个构件的连接点必须总是处于共同的运动平面上的原理（见图 12.7-6）。因为每一个构件到连接点的半径总是相等的，所以它们的旋转速度就会相等。这个简单的联轴器对玩具、仪表和其他轻载机构来说是比较理想的。对于重载情况，像军用车的前轮驱动，可以用图 12.7-7 中的这个更加复杂的联轴器。它用一个滑动构件将两个关节紧密连接。分解图（见图 12.7-7b）展示了这些构件。对于重载万向联轴器还有其他设计形式。一种是大家所知道的球笼式万向联轴器，它由一个保持六个圆球始终在公共运动平面上的支架组成。另一种恒速联轴器，邦迪克斯球式恒速万向联轴器中也含有圆球。

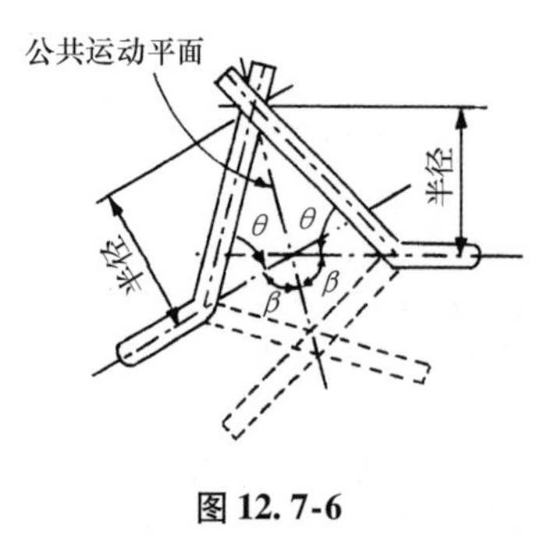

图 12.7-6

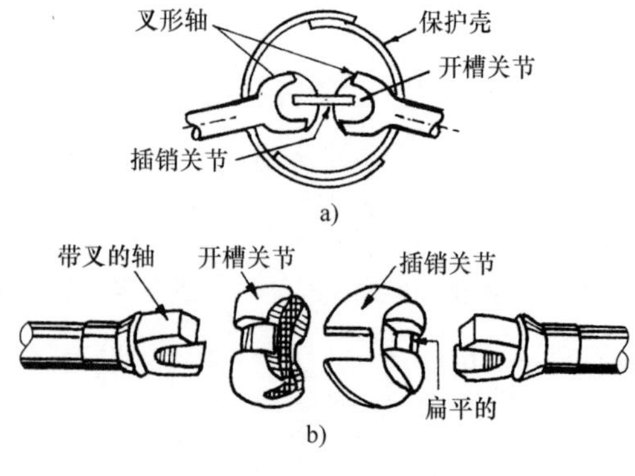

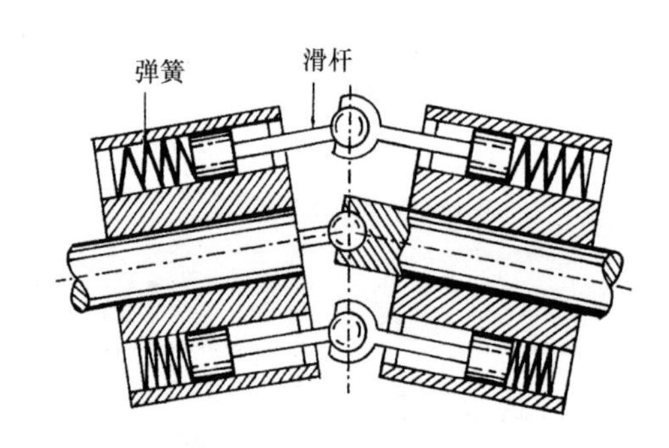

图 12.7-7

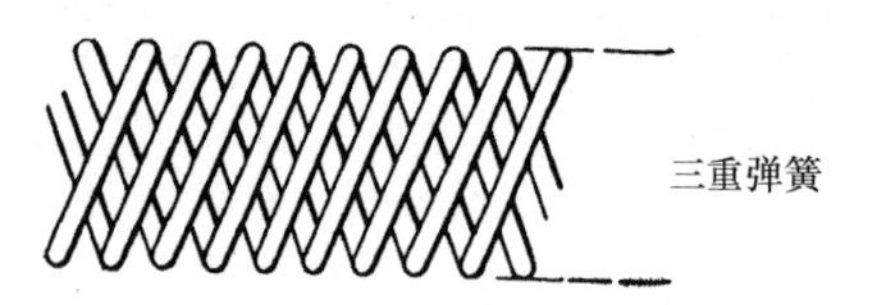

图 12.7-8 这个柔性轴可实现任意轴角。如果很长的话应该注意避免反冲和打卷。

图 12.7-9中的标签：弹簧、滑杆

图 12.7-9 这种泵型联轴器的滑杆能够往复运动，滑杆可以使活塞在缸中运动。

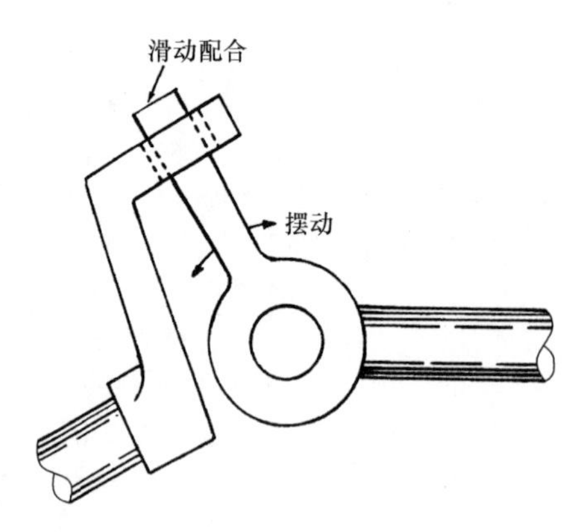

图 12.7-10 这种轻载联轴器对许多简单、低成本机构来说是比较理想的。滑动摆杆必须随时保持良好的润滑。

12.8 连接转轴的方法

连接转轴的方法包括从简单的螺栓法兰装配，到复杂的弹簧和合成橡胶装配组件等各种形式。在下面介绍一些链条、花键、带和滚子的连接方法。

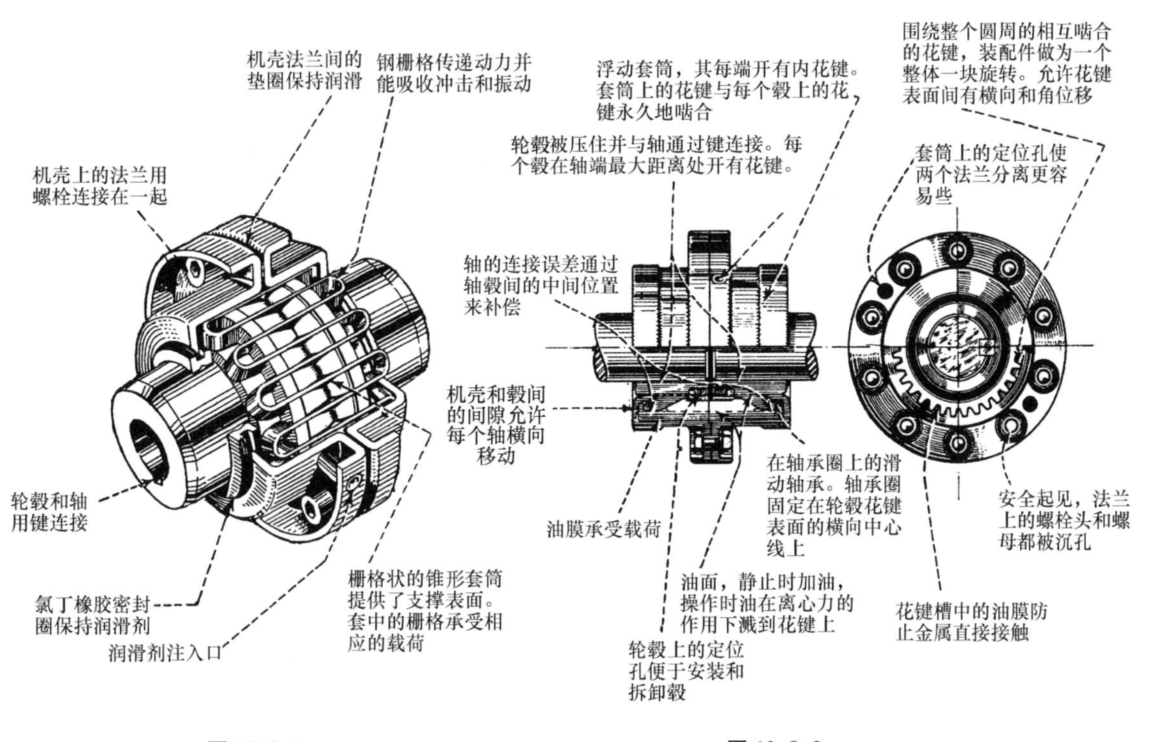

图 12.8-1

图 12.8-2

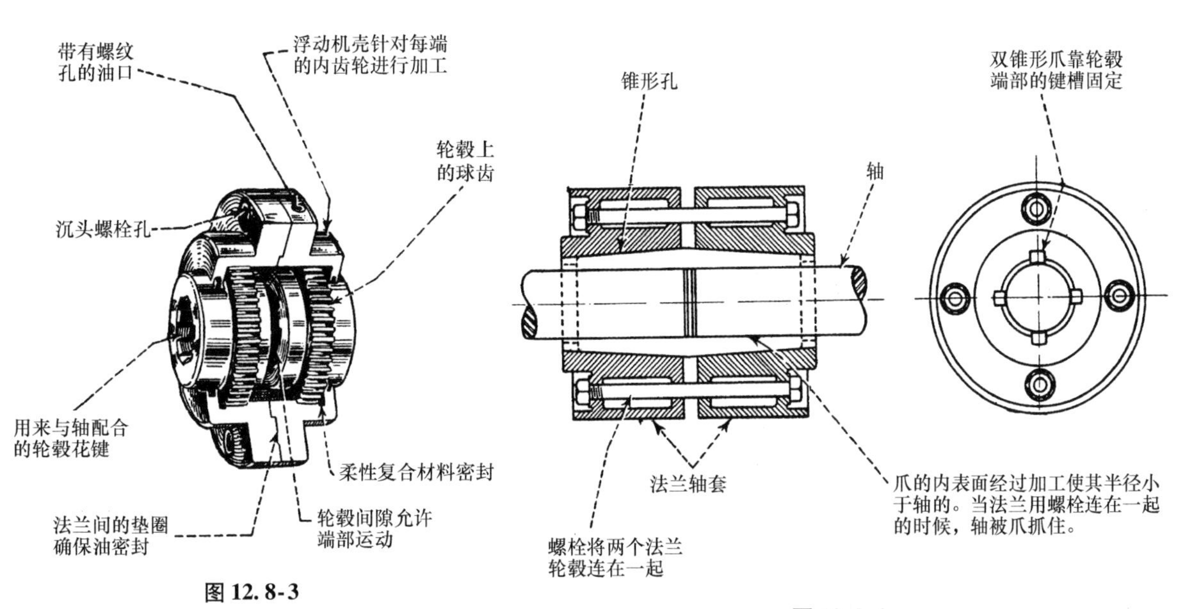

图 12.8-3

图 12.8-4

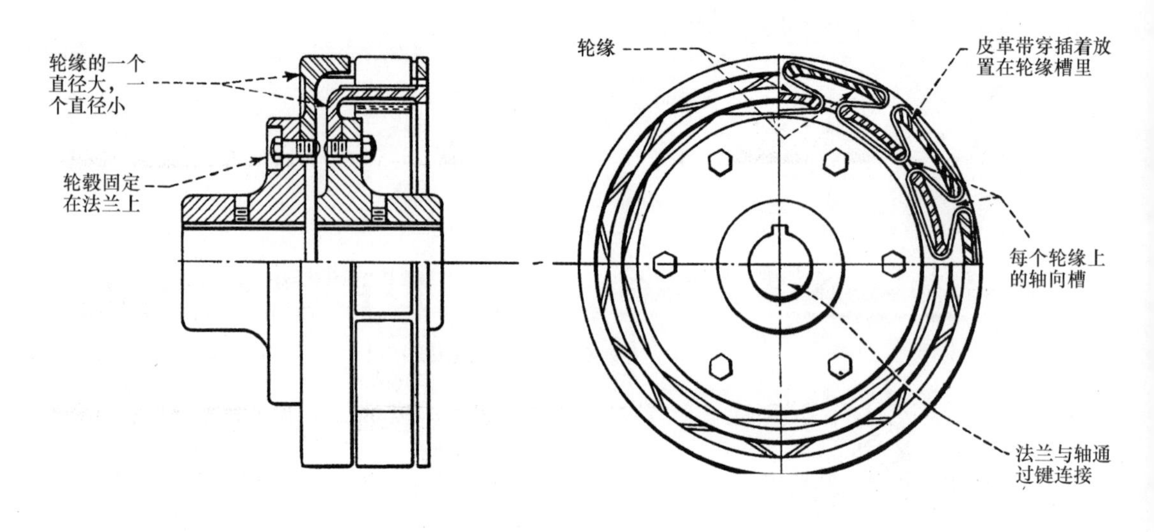

图 12.8-5

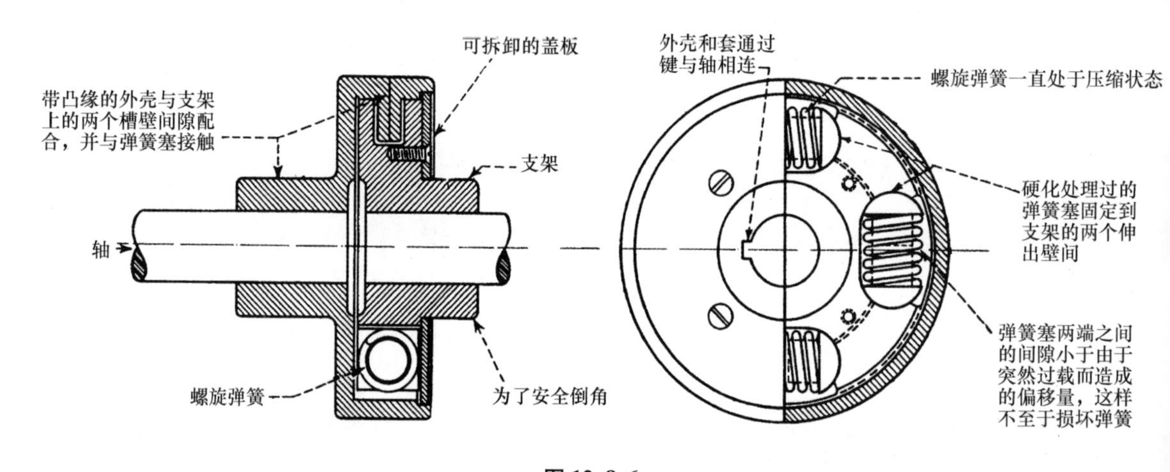

图 12.8-6

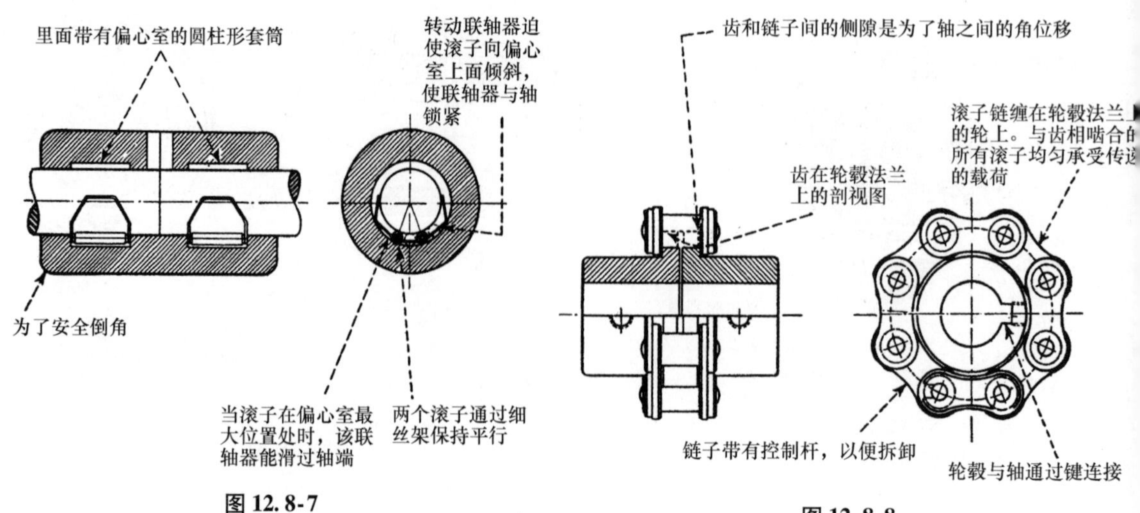

图 12.8-7

图 12.8-8

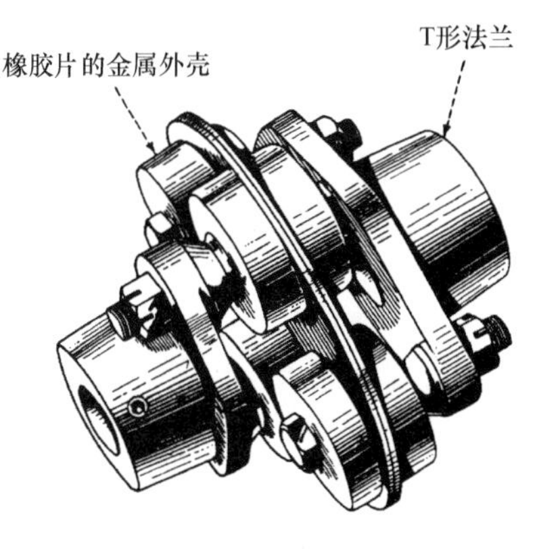

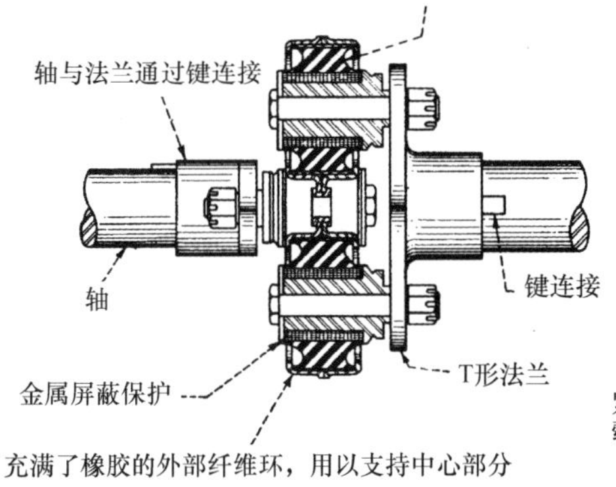

图 12.8-9

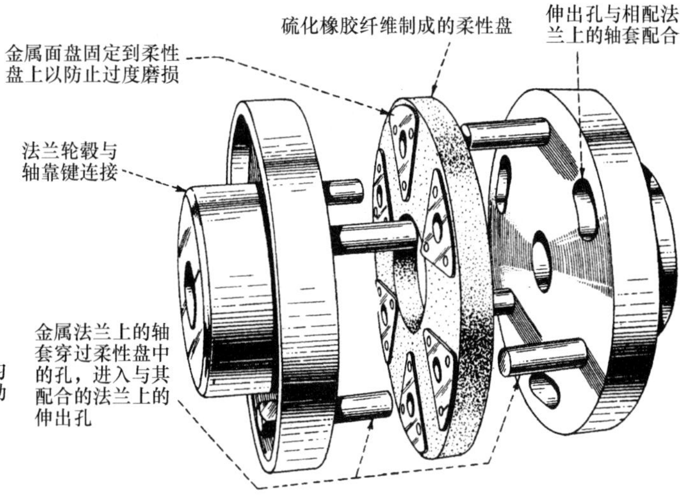

图 12.8-10

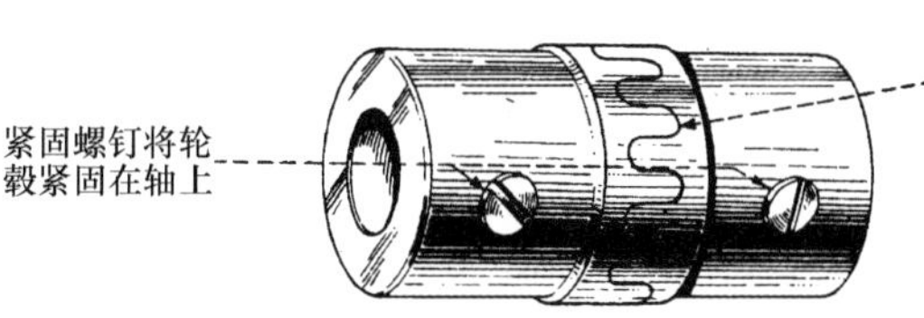

图 12.8-11

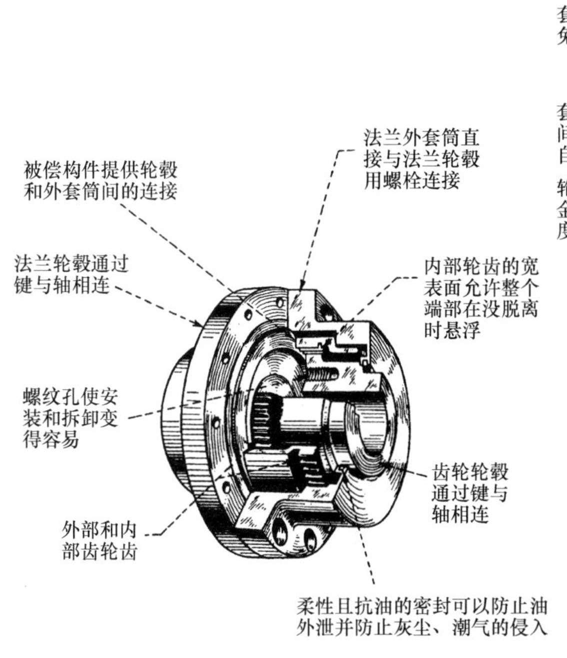

图 12.8-12

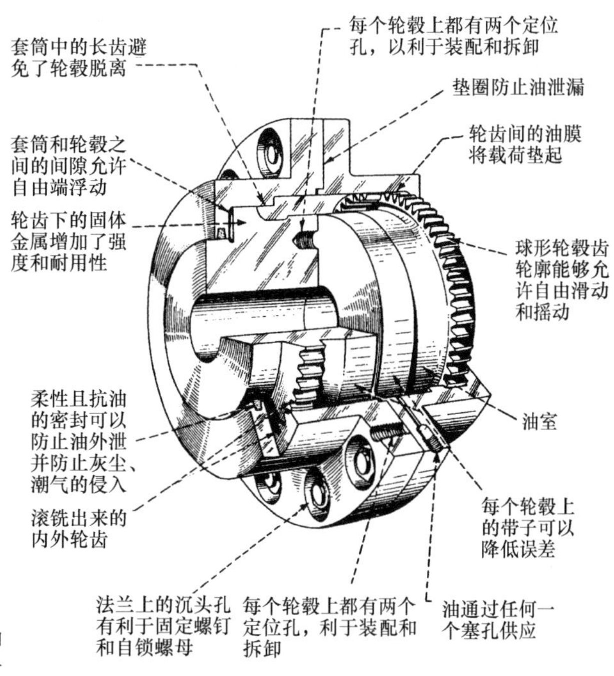

图 12.8-13

下面介绍几种含有**内外齿轮、球、销和非金属零件的用来传递转矩的联轴器**。

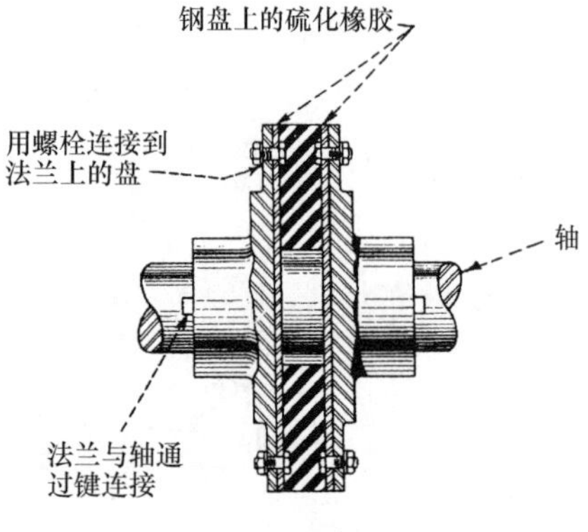

钢盘上的硫化橡胶
用螺栓连接到
法兰上的盘
轴
法兰与轴通
过键连接

图 12.8-14

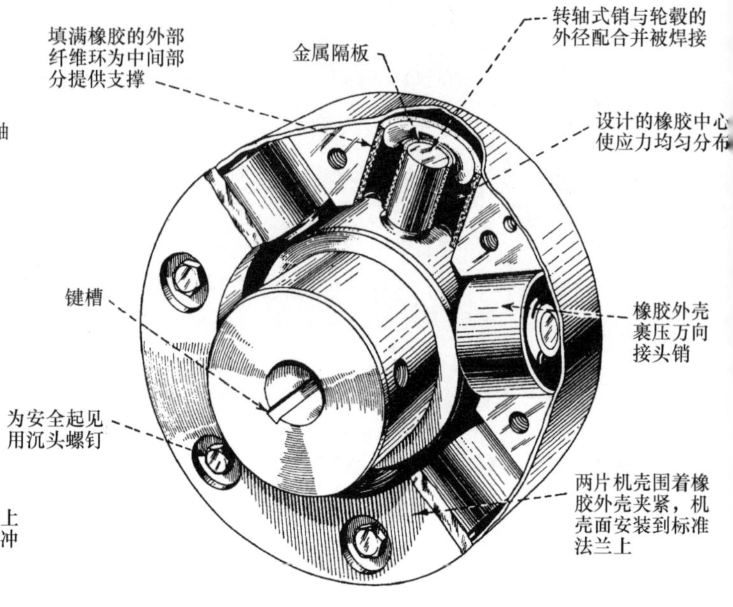

填满橡胶的外部
纤维环为中间部
分提供支撑
金属隔板
转轴式销与轮毂的
外径配合并被焊接
设计的橡胶中心
使应力均匀分布
键槽
橡胶外壳
裹压万向
接头销
为安全起见
用沉头螺钉
两片机壳围着橡
胶外壳夹紧，机
壳面安装到标准
法兰上

图 12.8-15

通过键和定位
螺钉将轮毂固
定到轴上
在联轴器的爪间放上
非金属材料以吸收冲
击和振动

图 12.8-16

插入球轴承能允
许端部有间隙
固定螺钉和键将法
兰轮毂安装到轴上

图 12.8-17

柔性销能补偿轴间
的连接误差。一端
由弹簧保持环夹持，
另一端在轴套中横
向运动
弹簧保持环使
柔性销保持在
法兰里
钢片在保位
器槽内的十
字销上转动
固定螺钉和键
将法兰轮毂安
装到轴上
十字销
填蜡的、自润滑青铜衬套

图 12.8-18

这个联轴器不需要润滑
球保持在法兰
上的凹槽里
保持器上的突
出部分使球处
于适当的位置
轮毂的键槽
保持球的面盘
法兰上的小
孔用以帮助
移动球
动力通过六个
橡胶球传递

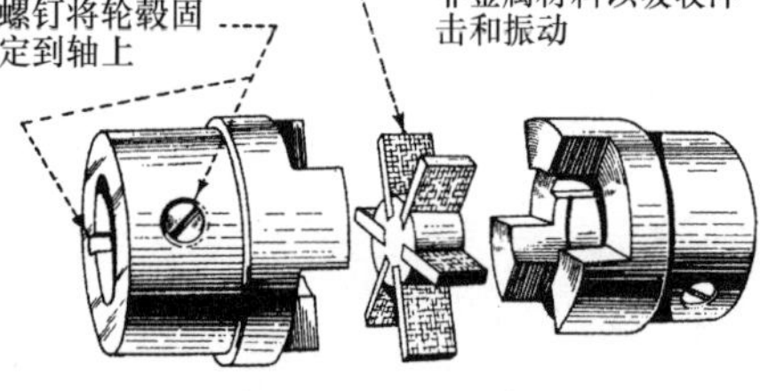

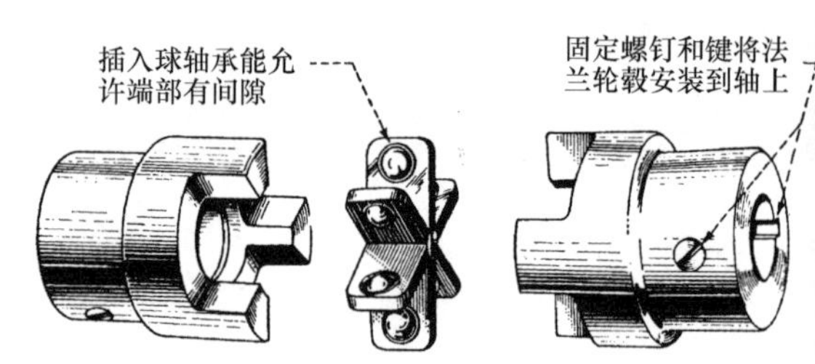

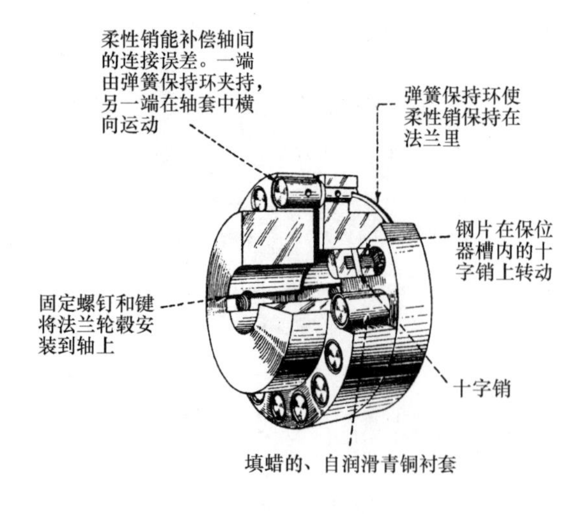

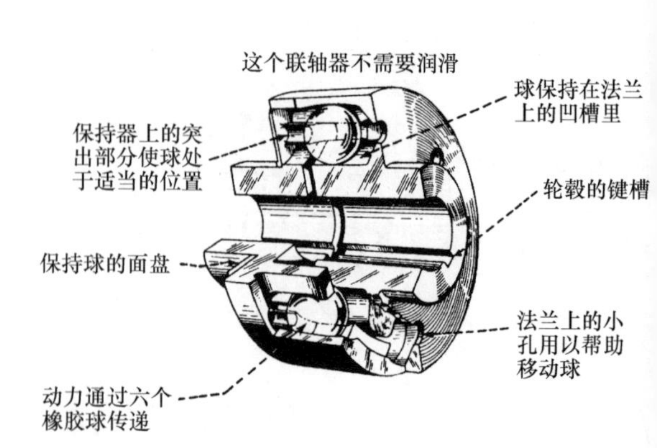

图 12.8-19

12.9　连杆联轴器机构

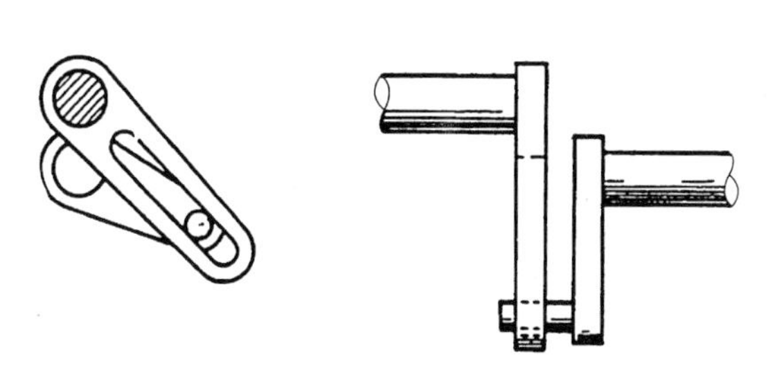

图 12.9-1　如果不要求恒速传动，可以使用销和槽联轴器。因为有效工作半径是时刻变化的，所以速度的传递是不规则的。轴之间必须时刻保持平行，除非在槽和销之间放置一个球关节。可以有轴向运动，但是轴之间的任何角度变化都将进一步影响速度的传输。

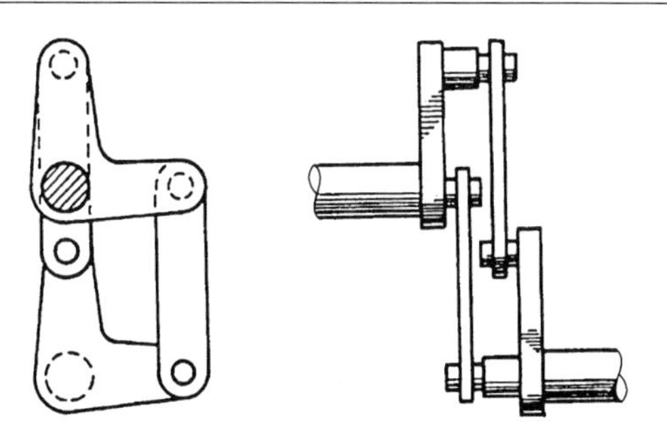

图 12.9-2　这个平行曲柄机构驱动发动机上面的凸轮轴。每个轴上至少有两个连杆连接的曲柄。为了恒速运动和避免死点，每个杆必须完全对称。通过在每个连杆端部安装球关节，曲柄装置部件之间可以有移动。

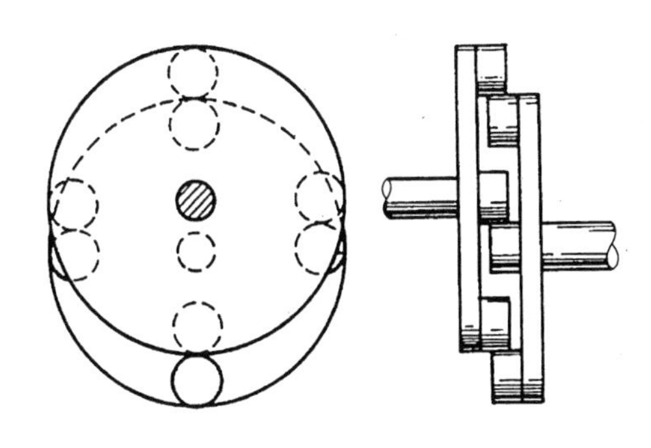

图 12.9-3　这个机构与图 12.9-2 中的机构在运动学上是等效的。它通过用两个圆盘和接触销代替连杆而设计得到。每个轴带有一个含有三个或更多突出销的圆盘。销的半径之和与轴的偏心距相等。当联轴器转动的时候，每对销的中心线保持平行。销不需要有相等的直径。以恒速传递，可以有轴向自由度。

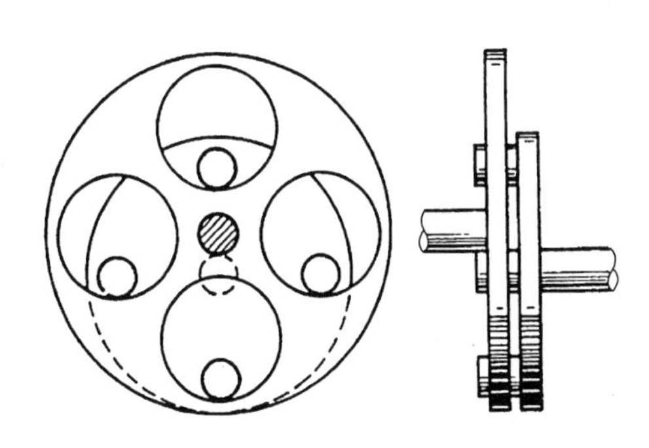

图 12.9-4　这个机构与图 12.9-3 中的机构相似。但是，孔代替了一些销。半径之差等于偏心距。恒速传递，可以有轴向自由度，但是就像图 12.9-3 所示的，轴的轴线必须保持固定。这种类型的机构可以安装在行星齿轮减速箱中。

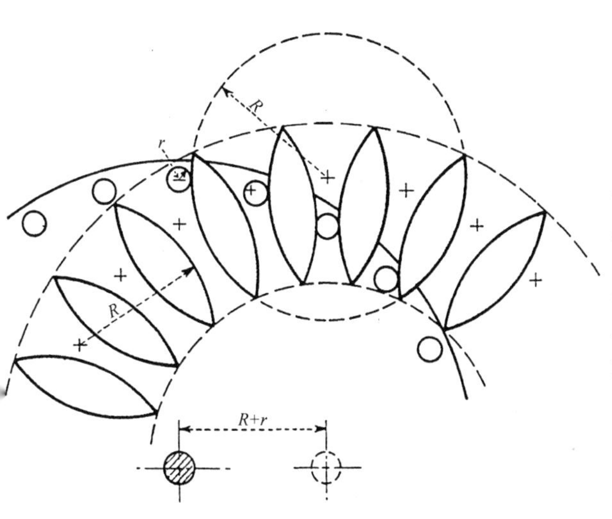

图 12.9-5　所示的是销联轴器中的一种特殊的变化形式。大部分销与凸透镜形状的(或盾牌形状的)部分相啮合，这些部分是理论上大销的扇形部分。形成凸透镜状部分的轴受到联轴器核心点的撞击，距离 $R+r$ 等于轴中心之间的偏心距。恒速传递，可以有轴向自由度，但是轴必须保持平行。

12.10　10种不同的花键连接

1. 圆柱形花键

图12.10-1　正方形花键可以简单连接。它们主要用在精确定位要求不高的场合来传递小的载荷，这种花键一般用在机床上，需要用螺钉辅助来固定元件。

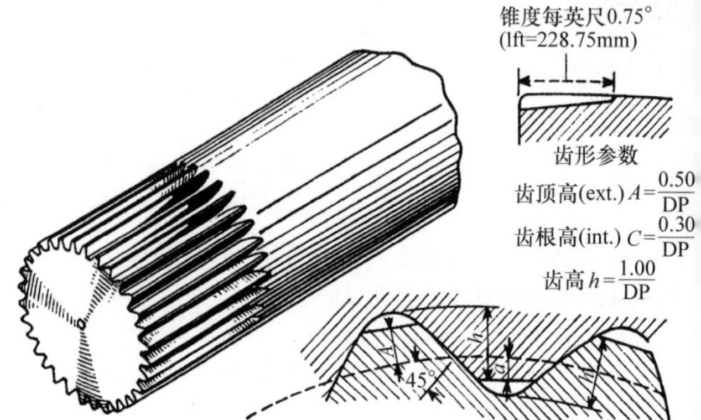

图12.10-2　小尺寸的细齿花键大多数用来传递小的载荷。这个花键轴被压入较软材料的孔中实现较经济的连接。最初花键被做成直齿的而且仅限于小节距，45°细齿花键已经被标准化，且具有大的节距，直径最大可以达到254mm(10in)，为实现过盈配合，细齿被做成锥形的。

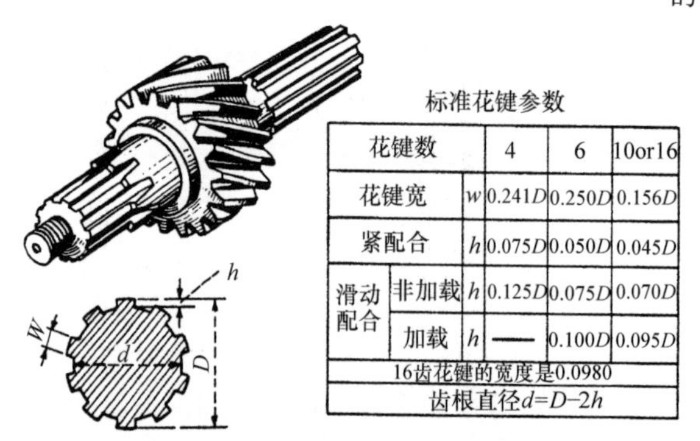

标准花键参数

花键数			4	6	10or16
花键宽		w	0.241D	0.250D	0.156D
紧配合		h	0.075D	0.050D	0.045D
滑动配合	非加载	h	0.125D	0.075D	0.070D
	加载	h	——	0.100D	0.095D
16齿花键的宽度是0.0980					
齿根直径$d=D-2h$					

图12.10-3　直齿的花键在自动化领域有广泛的应用。这样的花键经常用于滑动件。根部的尖角限制了转矩承受能力，在花键的投影面积上能承受能力大约1000Pa的压力。根据不同的应用，齿的高度可以改变，如图中的表所示。

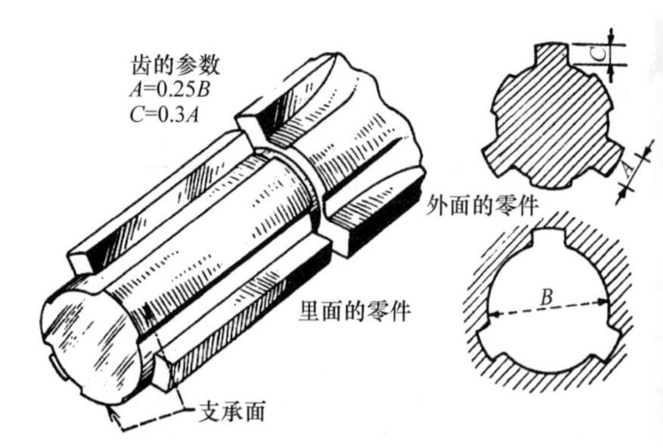

图12.10-4　机床花键在花键间有很宽的缺口，这允许精确地磨削圆柱面，以便精确定位。里面的零件能够很容易地进行磨削，这样它们就可以与外面的零件表面紧密配合。

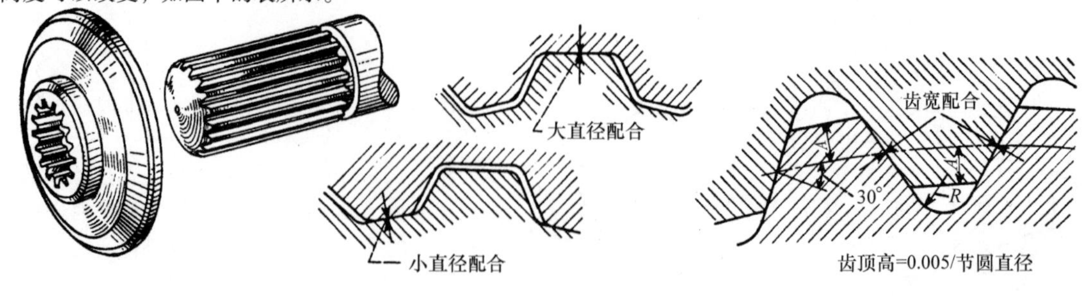

a)　　　　b)

图12.10-5　渐开线花键用于传递大载荷的场合。齿的设计参数以一个30°的短齿为基础。(a)花键能够靠大直径或小直径的过盈配合来定位。(b)齿宽或齿侧定位的使用具有在齿根获得全角半径的优势。花键可以是平行的或螺旋状的。精密、硬化处理的花键可以承受400Pa的接触压力。图示的径节等于齿与节圆直径的比。

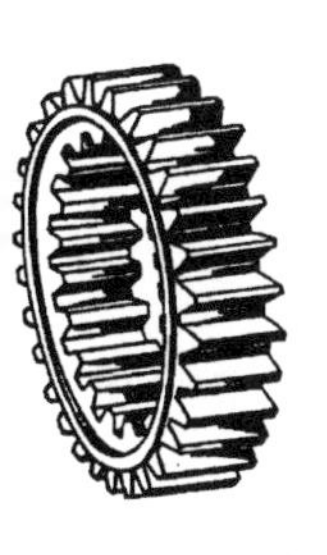
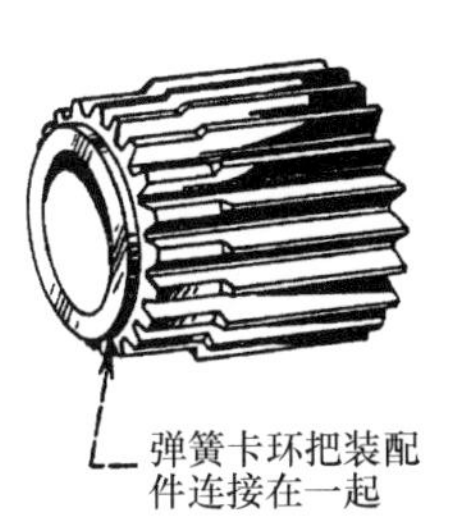

图 12.10-6 特殊的渐开线花键根据齿轮齿的比例加工。使用大切深的齿轮，接触面积就可能越大。图示的复合齿轮是由修整过的较小的齿轮齿和里面做成花键的大一点的齿轮齿组成的。

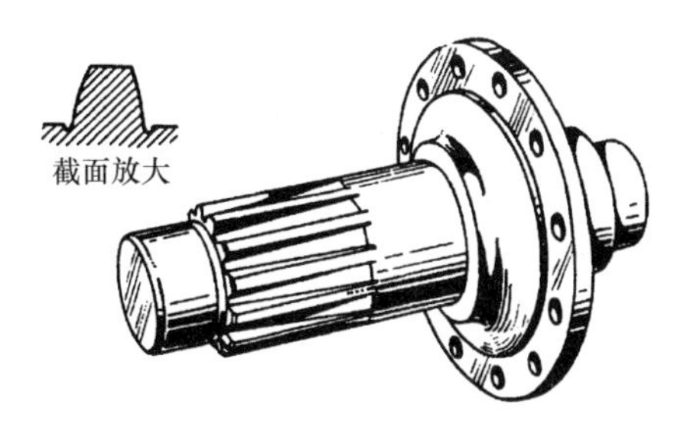

图 12.10-7 根部是锥状的花键用在需要准确定位的驱动器上，这种方法能够使零件牢固地配合。这种带有30°渐开线短齿的花键比根部平行的花键具有更高的强度，并且在一定锥度范围内能够用滚刀滚齿。

2. 面花键

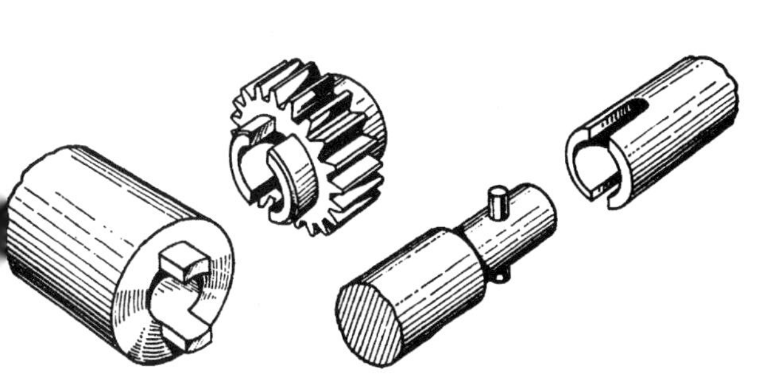

图 12.10-8 在轴心或轴上机加工出来的槽可以用于成本较低的连接。这种花键仅限于较轻的载荷，并且需要一套锁紧装置来保持正确的啮合。对于较小的转矩和定位精度要求不高的场合，可以采用销钉和套筒的方法。

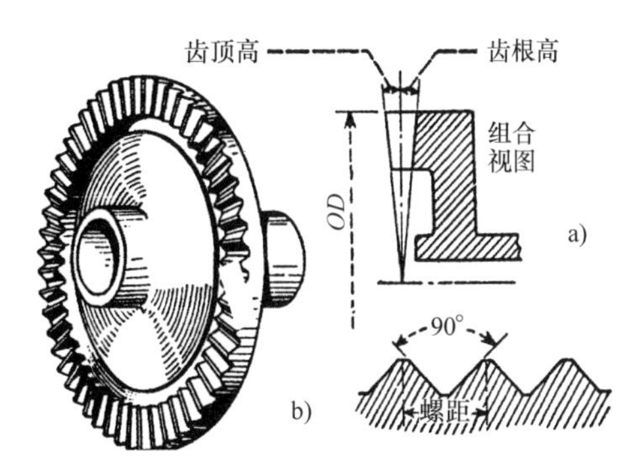

图 12.10-9 通过铣削或成型加工出来的径向花键形成简单的连接。(a) 齿宽比沿径向缩小。(b) 齿可以是直边的 (类似城堡形有许多缺口的) 或是倾斜的：常见的为90°角。

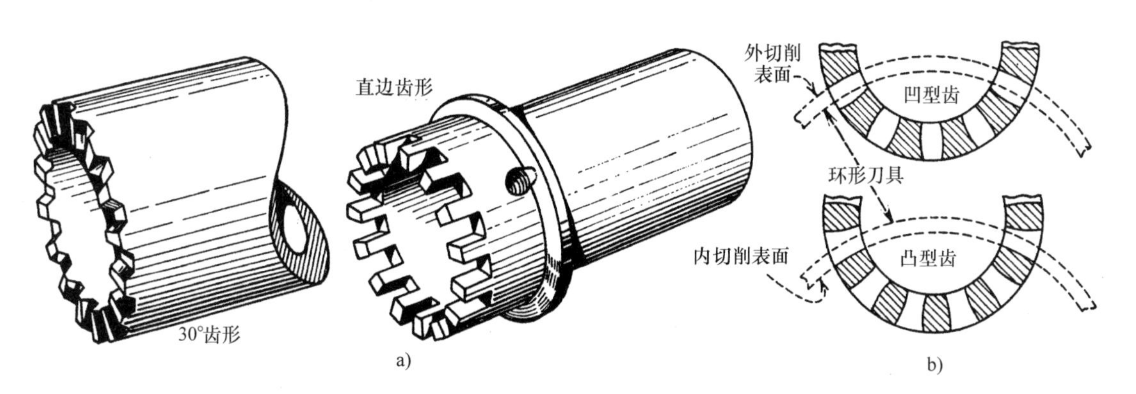

图 12.10-10 弯曲联轴节的齿由面铣刀加工。当使用硬度大的零件时需要精确定位，齿可以磨削加工。(a) 这个过程加工出来的齿有同样的深度。它们能够在任意的压力角下加工，但是常用的是30°角。(b) 由于切削的作用，在一个零件上齿的形状是凹形的，而在另外一个需要与其装配在一起的零件上的齿是凸形的。

12.11 14种把轴套固定到轴上的方法

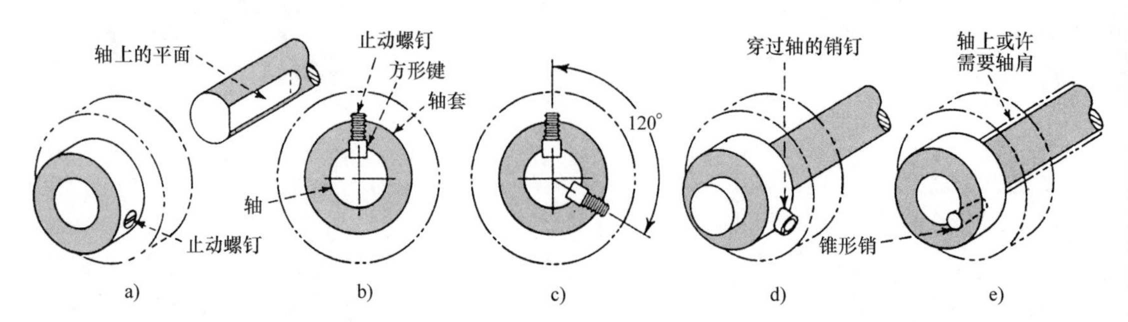

图12.11-1 一个在轴套上的圆端止动螺钉（a）施压在轴的一个平面上。这种固定方法适合于低冲击力的小功率驱动，但不适合于需要频繁拆卸和安装的场合。带有止动螺钉的键（b）防止频繁的拆卸和安装造成轴损伤。它能够承受高冲击载荷。两个呈120°角的键（c）传递超重的载荷。直的或有锥度的销（d）防止尾部摇动。试验装置中可采用容易拆卸的膨胀销。锥形销（e）与轴平行，可能在轴上需要一个轴肩，它能够在齿轮或带轮没有轴套时起作用。

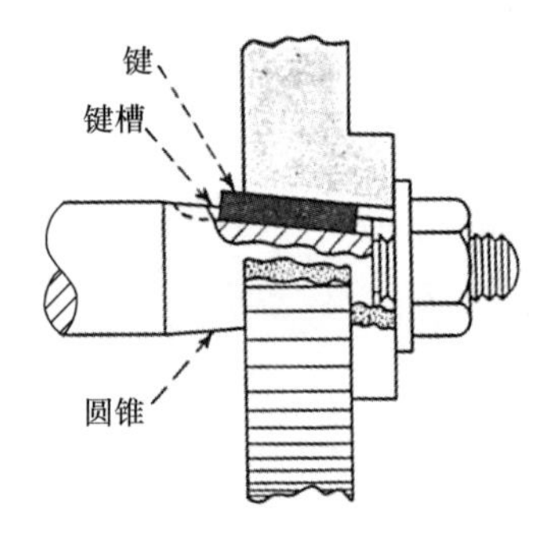

图12.11-2 一个有键和螺纹头的锥形轴是一个刚度集中的装配件。它适合于工作量大的应用场合，但它不容易拆卸。

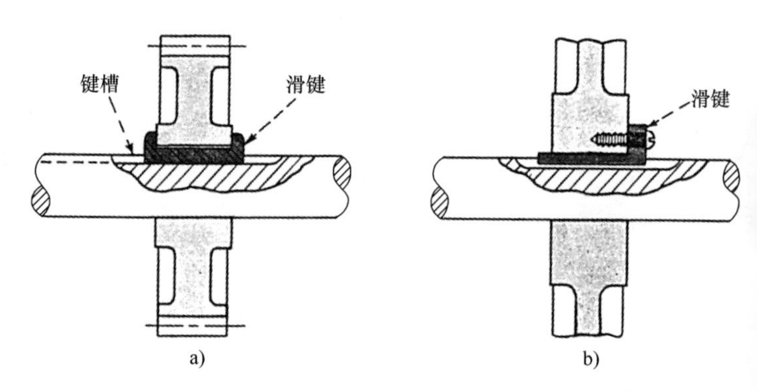

图12.11-3 滑键(a)允许轴向齿轮移动。键槽必须加工到轴端部。对于盲孔键槽(b)，轴套和键必须钻或攻丝，但是当只有一个短键槽时，设计允许齿轮被安装在轴上的任何位置。

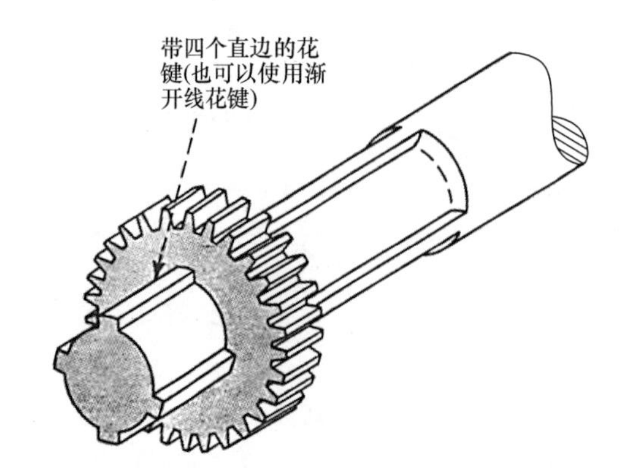

图12.11-4 花键轴经常使用于齿轮必须移动的场合。方形花键可以被磨削到能够安装在较小直径的缺口上，但是渐开线花键能够自定心且强度好。如果有轴套的话，非滑动齿轮可以用销安装在轴上。

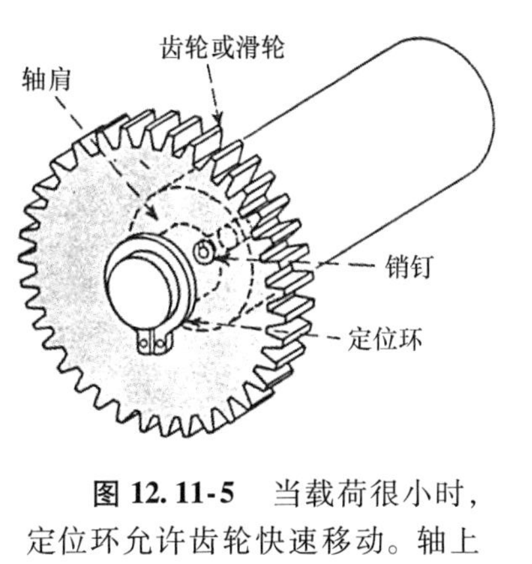

图 12.11-5 当载荷很小时，定位环允许齿轮快速移动。轴上的轴肩是必要的。如果要保护过载，需要剪切销来确保齿轮不从轴上脱离。

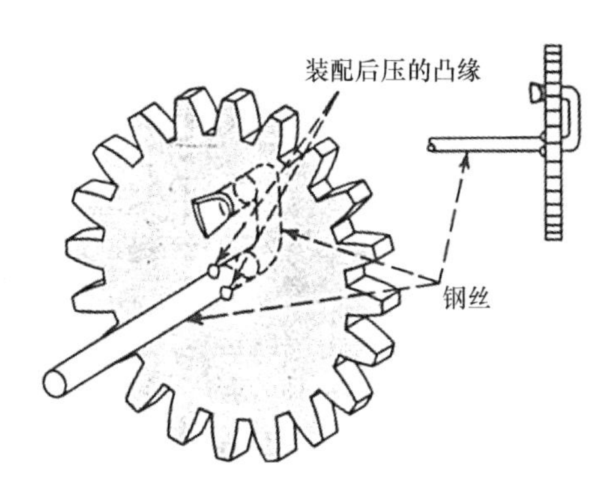

图 12.11-6 扁平齿轮和成形的钢丝轴可以应用于工作量较小的场合。在钢丝的两条腿上的凸缘能够阻止其分离，钢丝轴的弯曲半径应该足够小，使得齿轮能够就位。

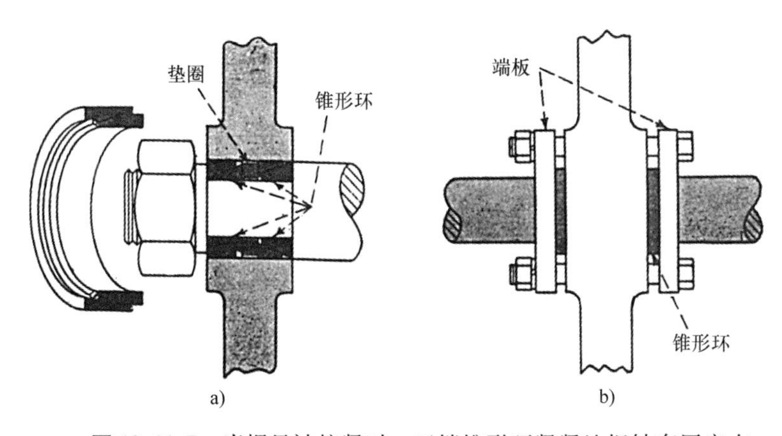

图 12.11-7 当螺母被拧紧时，互锁锥形环紧紧地把轴套固定在轴上。当采用销钉和键装配时，轴套和轴的粗加工不影响其同心。轴端的安装需要一个轴肩（a)。端板和四个螺栓（b）可以使轴套被安转在轴的任意位置上。

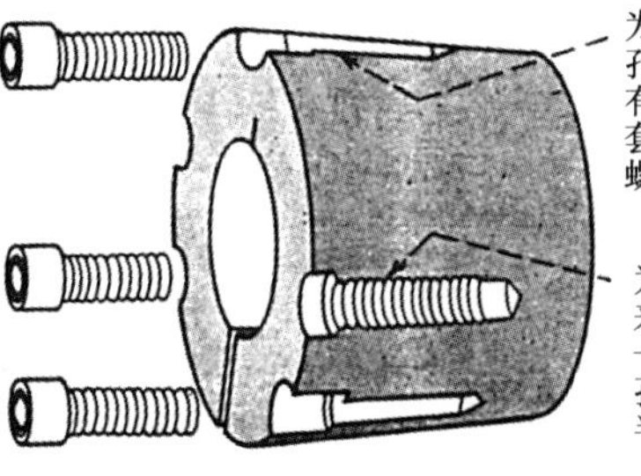

图 12.11-8 这种裂口衬套外直径是锥形的。在轴套上的裂口孔与毂上的裂口孔对齐。为使其变紧，孔的靠毂的一半有螺纹。孔的衬套上的一半没有螺纹。当紧固时，一个螺丝将轴套推入毂中，反向过程实现拆卸。

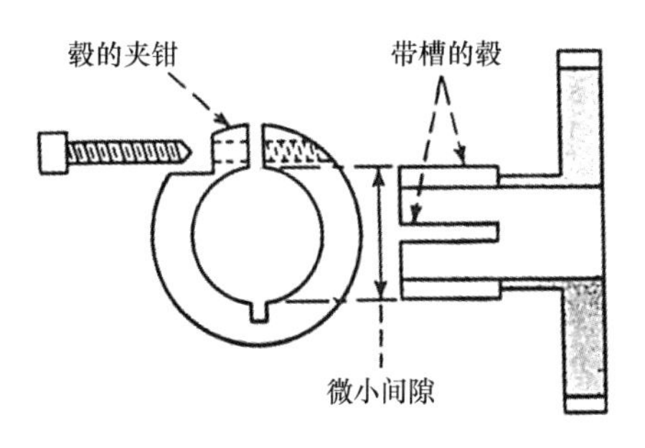

图 12.11-9 一个精密齿轮的轮毂通过一个独立的毂夹钳被夹紧到轴上。制造商列出了轮毂和夹钳的标准尺寸，以便他们能够把它们有效地固定到一根精磨的轴上。

12.12 多边形提供更好的连接

研磨多边形轮廓的企业工程师认为，具有精确研磨多边形剖面的驱动轴和轮毂可配合获得比传统的花键连接、键槽连接、平面连接更强的连接效果。最普遍的非圆多边形是具有三个或四个波瓣或突尖的形式。圆滑过渡点基本是一个三角形的三瓣剖面，通常用于固定或锥面连接中，相比之下，基本是圆角过渡的正方形的四瓣剖面，通常可用于滑动连接或固定连接中。图 12.12-1 展示了当转矩上升时，三波瓣轴是如何与相配合的轮毂锁紧的。

从前，木制轴的两端被雕刻成锥形多边形，并插到相配合的、轮廓分明的轮孔中。轴的每一端都用木楔紧固一个轮子以形成刚性的组合，这些组合安装在由人或动物拉动的大车上，当大车移动时，这些组合在木制轴承内旋转。人们发现，当加载的车辆移动时，这些组合能够抵抗应力、应变，不会发生失效。允许轮子在固定轴上旋转的金属环出现以前，工匠们利用粗糙的工具手工制造这些组合结构。不幸的是，从那以后，可由各种材料制造而成的非圆形剖面的刚性连接在历史中消失了。

后来，当金属轴和轮毂永久地连接在一起时，在配合部件上加工花键、键槽、平面连接要比研磨非圆形的配合表面更加容易和省钱。然而，约 70 年前，在二次世界大战期间，非圆形连接在奥地利开始复苏、发展、标准化。战争之后，它们被法国和德国引进，在德国，多边形结构包含在德国 DIN 标准中。这些标准包括研磨三瓣和四瓣公制连接的数据。（DIN32711 - 32712），之后，DIN 衡量标准被转化成英制单位，该理念被引入美国工业领域。

随着德国 Fortuna 型研磨机器的发明，多边形连接变得更为人们所接受，也更加便宜。这种研磨机器能够研磨匹配的轴和孔的直径，因为它包括一个带有特殊机械驱动系统的磨头。这种系统使磨头固定，所以当保持轮子垂直于旋转工作台的中心线时，它可以在椭圆形路径上移动研磨轮。通过在磨头运动周期和部件旋转之间设定一个比值，可以生产带有无限个波瓣的多边形，从两个波瓣到获得一个椭圆形。三瓣和四瓣形式也能够被研磨用于挤压或滑动配合。

随着精确研磨技术的获得，研磨多边形的驱动轴连接形式相比于磨制的花键连接、键槽连接、平面连接、锯齿轴连接更具优势的应用领域出现了。直轴或锥形轴能够研磨成三瓣多边形，轮毂能具有相配合的多边形孔，这样连锁行动能提供零侧隙和完美的角度方位。这一特点使重复装配和拆卸更加容易。轴端部可以车螺纹并用螺母垫片锁紧。（四瓣多边形结构更适合于滑动连接）

现在，为消费者完成这项研磨工作组织了商业公司。在这些公司里的工程师认为，获得固定或滑动连接时，多边形的轴和孔或轮毂要比传统方法更加优越，因为它们在连接长度上，轴和孔的直径上有着巨大的承载能力。例如，在滑动驱动连接中，可以提供允许较小滑动间隙的更平稳的运动，因此就减小了侧隙。而且这种连接在极限转矩可逆条件下，能够抵抗更大的冲击载荷，如发生制动和传动时。

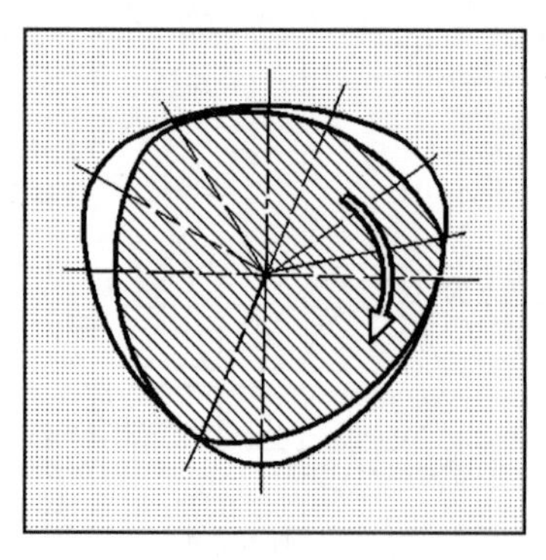

图 12.12-1 夸张的视图说明了，随着转矩增长，多边形剖面是如何与轮毂锁紧的。

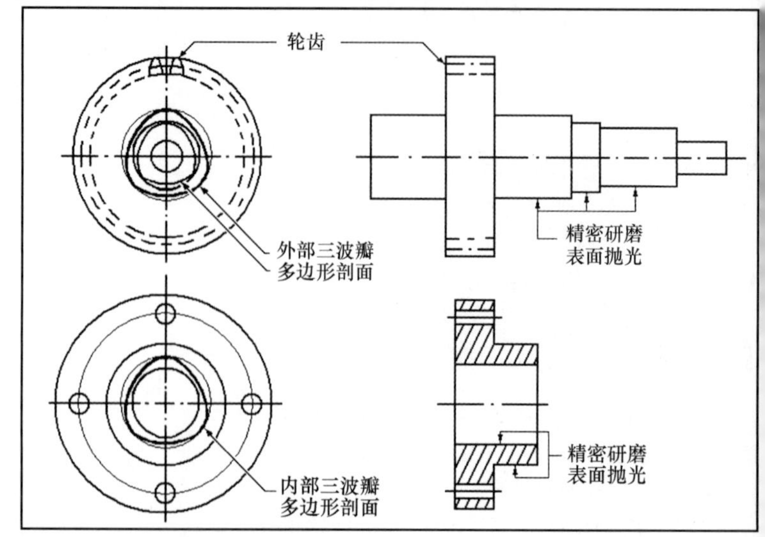

图 12.12-2 一个直的三波瓣多边形剖面轴与一个具有类似剖面的轮毂相配合。

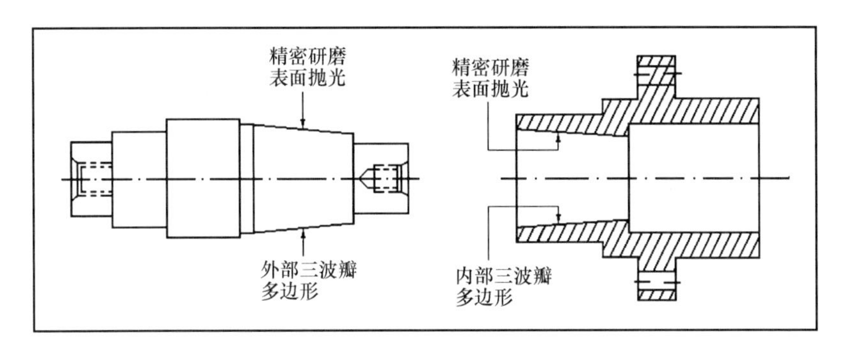

图 12.12-3 一个锥形三波瓣多边形剖面轴与一个具有类似剖面的轮毂相配合。

工程师也宣称，在任何驱动连接中多边形轴和孔在轴的直径范围内有提供最高转矩传递的能力，这一点已经通过截止至失效点的扭转实验证实。同时，他们也坚持认为多边形提供最优的结果，虽然他们承认如果较低的执行能力和更便宜的连接形式能够满足设计者的要求，多边形的结构通常不是设计者的第一选择。

多边形连接应该被指出的原因如下：

克服了花键连接时的问题，如由扭转效应引起的失效。

减小侧隙至接近于零。

提供最优的角度定位控制（硬化后研磨可以允许配合部件在 24in 的轴长范围内在 2″内定位）。

硬化后允许进行机加工（硬化后部件能够承受更高的转矩，因为在花键轴中，机加工后热处理会引起扭曲变形）。

更低的制造成本（这一点特别适合于大批量的生产运行，此时检查和校正是关键）。

多边形的功能优势是什么？

在给定的平面内提供最高的剪切强度——是渐开线花键的两倍。

产生没有径向跳动的轴肩。

在轴的直径范围内提供最高的承载能力（它在整个平面内承载而不是花键的几个齿）。

提供其他驱动连接不能与之相比的同心度（多边形和轴承的直径在同一个操作中研磨）。

允许承受松滑零件强烈干扰的部件配合。

在承受相同剪切载荷的作用下能够允许更短的连接。

解决空间和重量限制问题。

提供自定心简化的装配和拆卸（甚至在封闭安装的连接中）。

提供最好的角度定位精度。

允许精密磨削加工（1in 直径上 ±0.0002，5in 直径上 ±0.0005，±0.0003 的剖面精度）。

第 13 章

具有特定运动的装置、机构和机器

13.1 同步带、四连杆组成的平滑转位机构

这是一种基于同步带、带轮和连杆(见图 13.1-1)而不是常用的棘轮机构或凸轮的间歇机构，能够平滑地加速和减速完成周期的起—停运动。

这个机构是斯考特纸业公司(美国费城)工程研究部的 Eric S. Buhayar 和 Eugene E. Brown 研制的，应用于自动装配生产线上。

而且，这些机构具有状态调整器的作用，其驱动轴相对于输出轴的旋转位置可以根据需要调整。这种状态调整器已经用于纺织和印刷工业以改变当两滚筒被同一输入驱动时，交换两滚筒的计数器。

1. 从链结构转变而来

间歇运动机构具有典型的精密外形和结构。它们已经在钟表和生产机床上应用多年。对链型间歇机构(如图 13.1-1 所示)的研究得到了关注，该机构精确地使一条链绕着四个链轮完成停顿–转位输出。

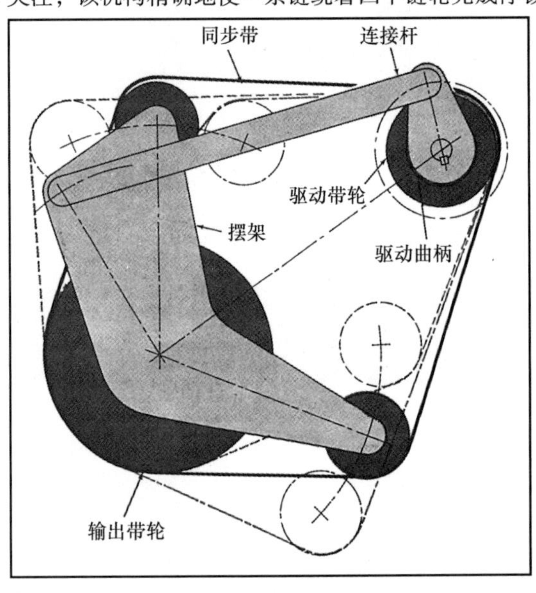

图 13.1-1

该装置的驱动轴上装有一个偏心链轮。输入轴通过传动比为 1 的齿轮传动也驱动了另一轴。这第二个轴安装了一个类似的偏心链轮，但是该链轮能自由转动。链条先通过第一个惰滑轮，然后再通过第二个输出滑轮。

当驱动齿轮转动时，它也拖着绕着它的链条产生特定的转动输出。但是，须用两弹簧制动块，因为滑轮的周长不是一个常数，所以传动中有变间隙设置。

2. 商品型

一条链连接着一个商品化的状态调整器驱动零件。移动手柄改变输入与输出轴之间的状态。链条的理论长度是不变的。

为了改进这种链条装置，斯考特纸业公司的工程师们决定保持输入与输出滑轮在固定位置，并保持两个惰轮在摆架上。重叠长度的偏差变得特别小，从而能安装一个没有弹性载荷张紧轮的同步带代替链条。

若摆架保持在一个位置，该间歇机构会以恒定速度输出。改变摆架到另一个新位置，输入与输出之间的状态关系就会自动地改变。

3. 应用计算机技术

为获得间歇运动，通过在输入轴上增加一曲柄和在摆架上加一个连杆，将一个四连杆安装在该机构上。研究者们在计算机上选择了一个迭代程序来优化确定四连杆机构形式。

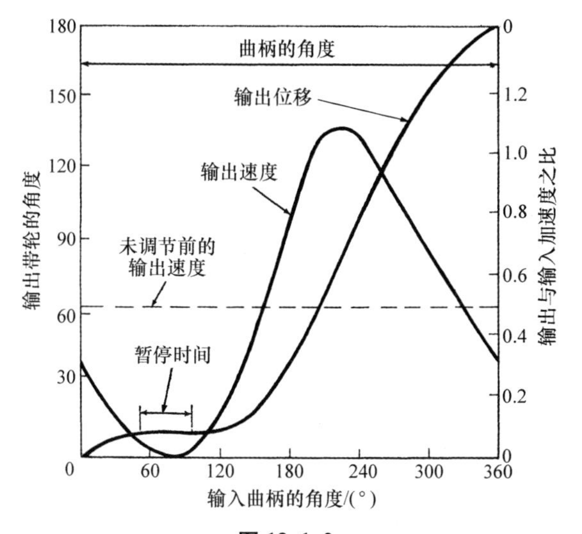

图 13.1-2

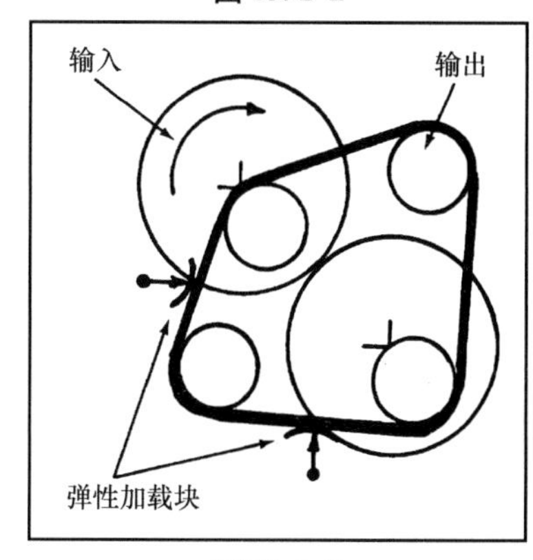

图 13.1-3

在一个有两个暂停驱动的设计中，可获得大约50°的暂停时间段。首先输出慢慢转动，随后是“伪暂停”，这期间几乎是固定不动的。直到输入轴转了几乎2/3圈(240°)后，输出才渐渐变快。输入曲柄转动一整圈之后，它继续以较低速度运动并开始重复减速－暂停－加速循环。

13.2 转位和间歇机构

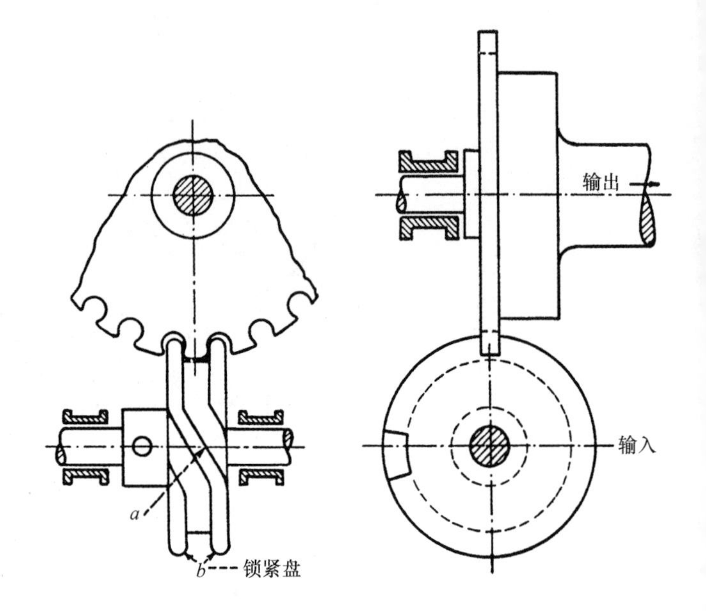

图 13.2-1 **这个机构**在两个交错轴之间传动间歇运动。两个轴之间的角度不需要特别精确。输入轴每转一周，输出轴转过的角度等于输出齿轮转过的圆周齿距除以节圆半径。运动持续的时间长短由锁紧盘 b 上的有一定角度的连接件 a 的长度决定。

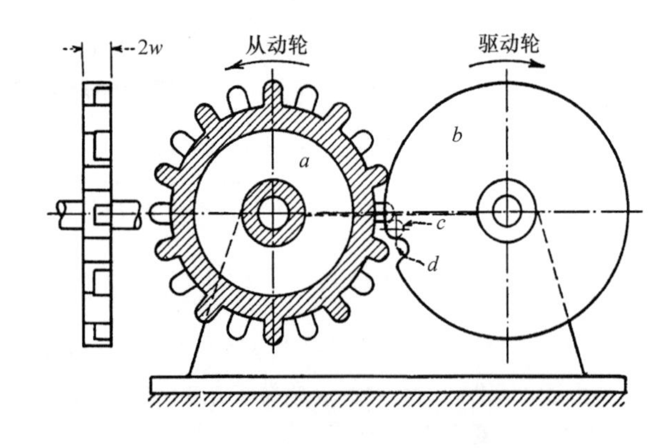

图 13.2-2 “半齿”间歇传动。驱动轮 b 是一个宽度为 w 的圆盘，在其圆周上有挖去部分 d。紧挨着挖去部分有一个销 c。宽度为 $2w$ 的从动轮 a 上有偶数个正齿。其上的全宽齿和半宽齿相间。在暂停时，两个全宽齿与驱动轮的圆周相接触，起到锁紧的作用。它们之间的半齿在驱动轮的后面。在暂停的末尾，销 c 与半齿相啮合，使从动齿轮转过一个圆周节距。于是，全宽齿与挖除部分 d 相啮合，使从动齿轮再转一个齿距。然后，又开始暂停，重复循环。

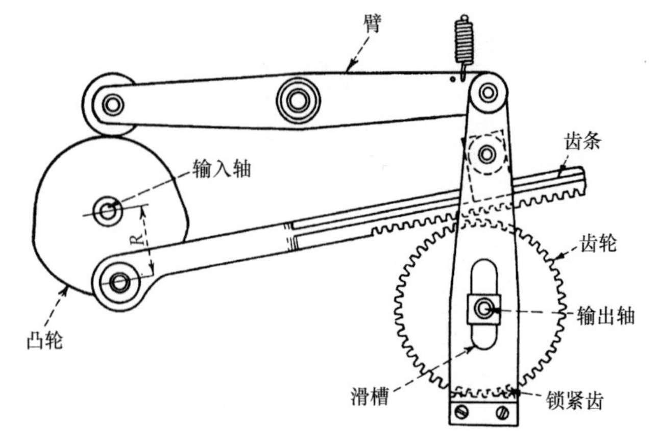

图 13.2-3 该机构能够产生 180°转动和 180°暂停。输入轴驱动齿条，齿条在半圈内与输出轴齿轮相啮合。当齿条与输出轴齿轮相啮合时，在滑槽底部的锁紧齿脱离啮合，相反，若齿条脱离开输出轴齿轮时，滑槽底部的锁紧齿进行啮合。这样能够沿正向锁住输出轴。换向点发生在死点中心位置，以便齿轮的运动是连续的、正向的转动。通过改变半径 R 和齿轮的直径，在转动的那半圈中，能够改变输出轴的转动圈数，以适应不同的需要。

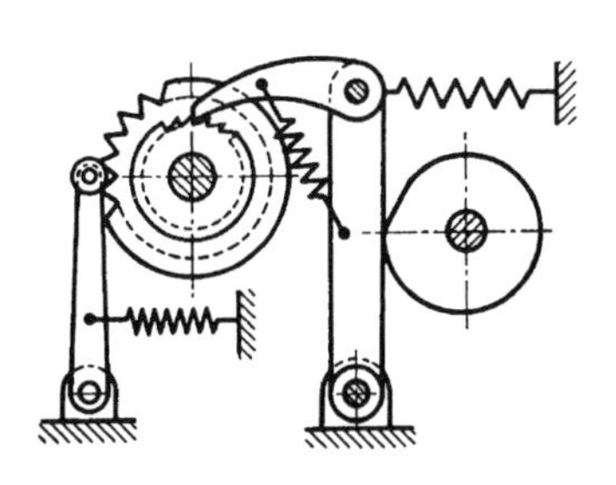

图 13.2-4　凸轮驱动的棘轮机构。

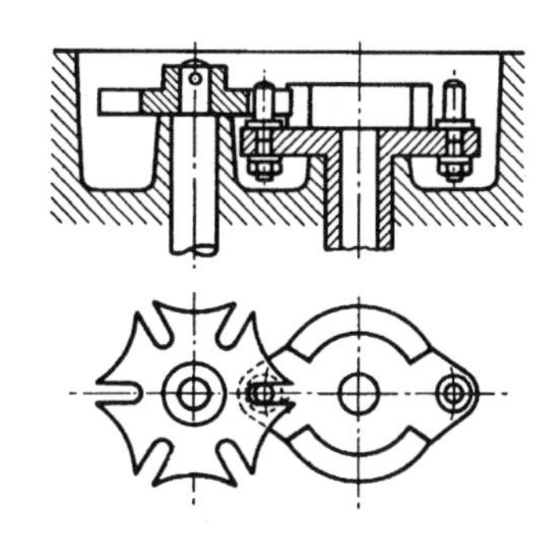

图 13.2-5　传动比是 3 的双驱动 Maltese 十字槽间歇机构。

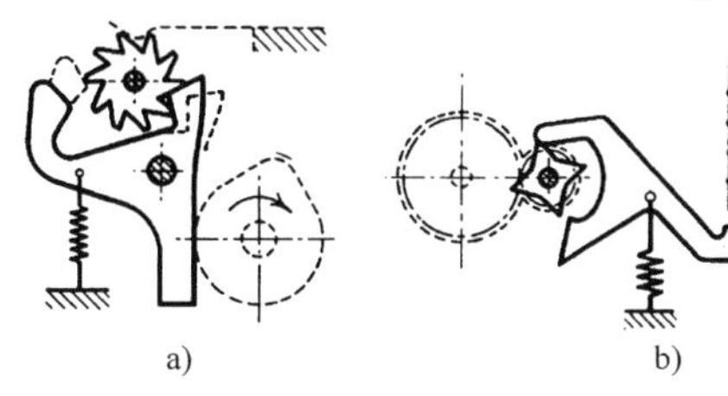

图 13.2-6　（a）出租车费指示器上的凸轮驱动棘轮机构；（b）螺旋线圈控制的棘轮机构。

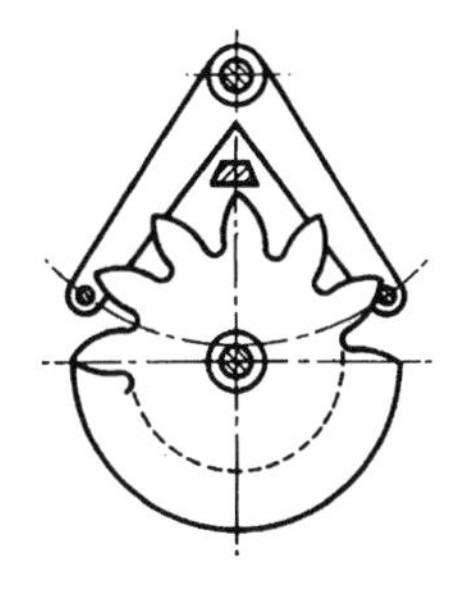

图 13.2-7　电子米尺上的棘轮机构。

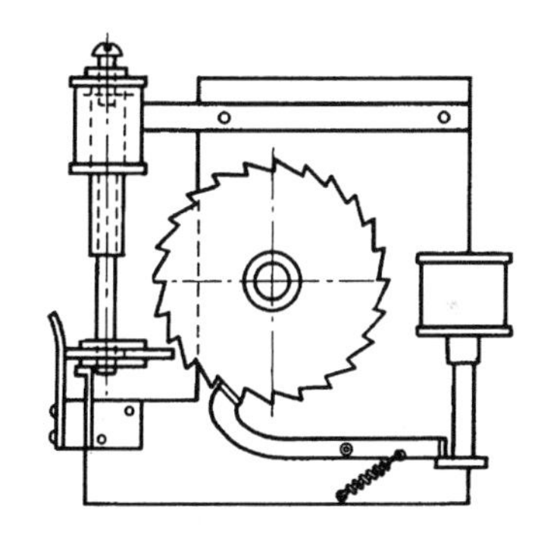

图 13.2-8　一个电磁线圈控制的棘轮机构，其上有电磁线圈复位装置。一个滑动垫圈与轮齿啮合。

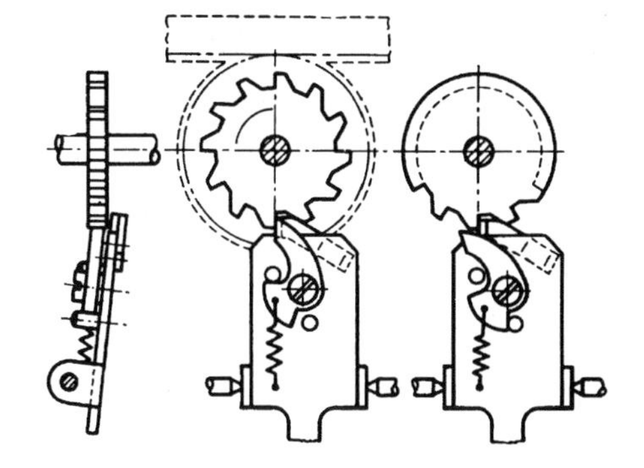

图 13.2-9　有一个摆动平板通过棘轮齿轮机构平面，平板上固定了与弹簧相连的棘爪。

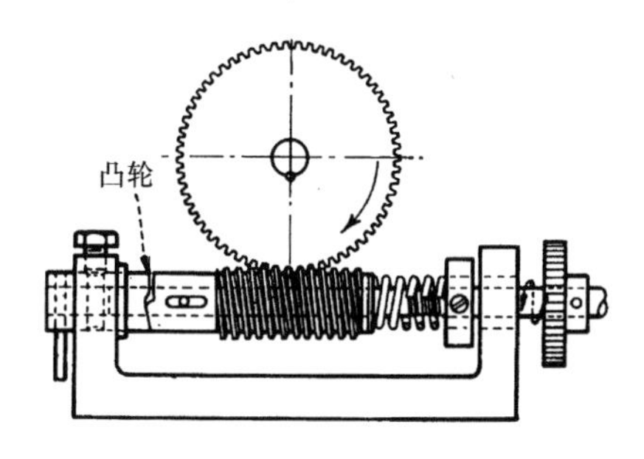

图 13.2-10　靠工作轴上的凸轮进行补偿的蜗杆驱动机构产生了齿轮的间歇运动。

13.3 旋转运动转化为往复运动和歇停运动的机构

1. 一些基本机构

四杆滑块机构

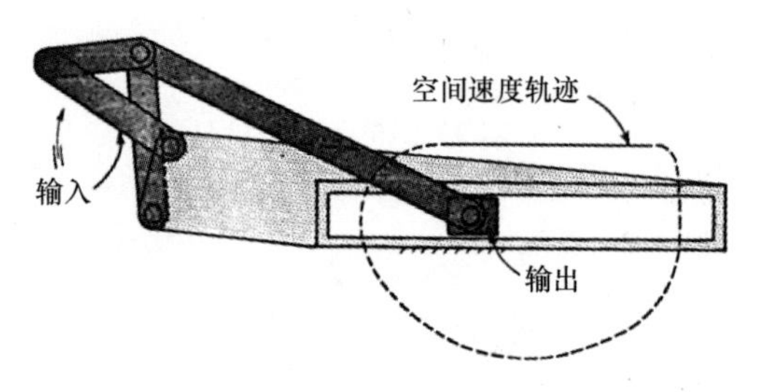

图 13.3-1 采用适当的尺寸，输入杆的转动几乎能够使槽内的滑块以匀速运动。

摆动链机构

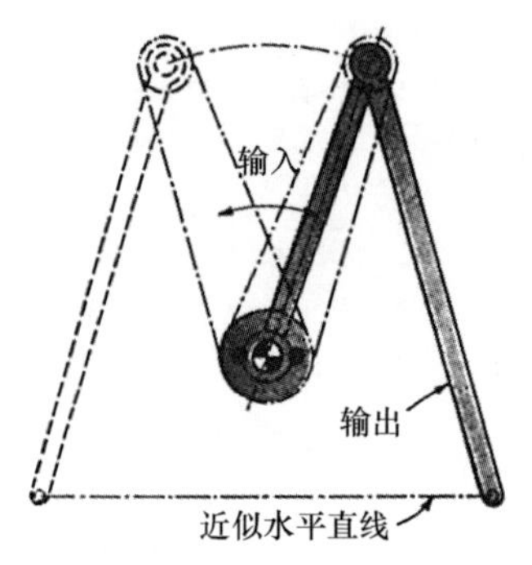

图 13.3-2 输入杆的旋转运动能被转化为连杆机构末端的直线运动。连杆安装在较小的链齿轮上，而较大的链齿轮安装在机架上。

三齿轮行程放大机构

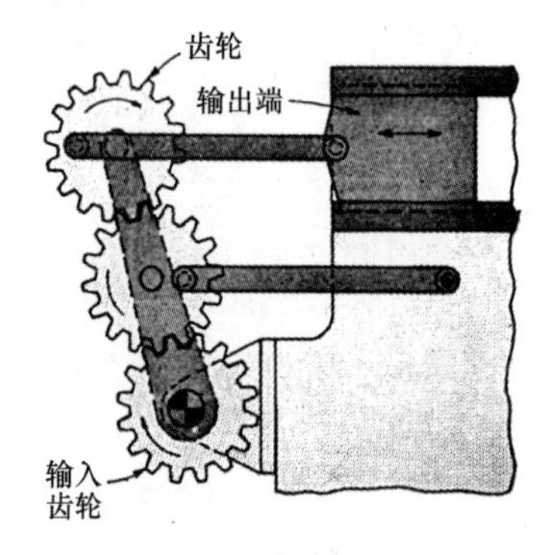

图 13.3-3 输入齿轮的转动使与机架相连的连杆摆动。这种运动将使输出滑块产生较大行程的往复运动。

齿轮齿条机构

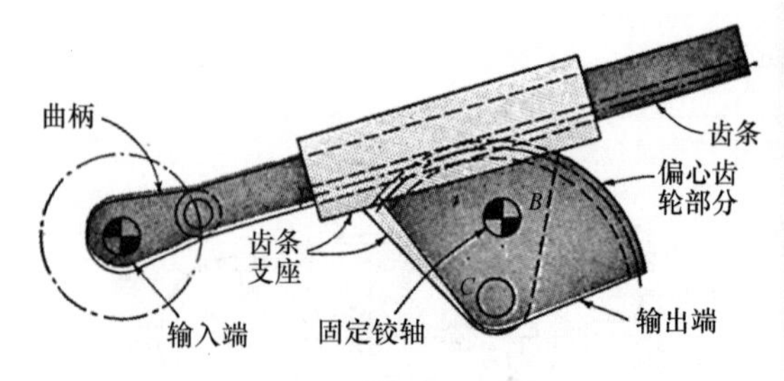

图 13.3-4 输入轴的旋转运动转化为输出齿轮的摆动。齿条支座和扇形齿轮在 C 点用销固定，但是扇形齿轮本身却绕 B 点摆动。

线性往复运动机构

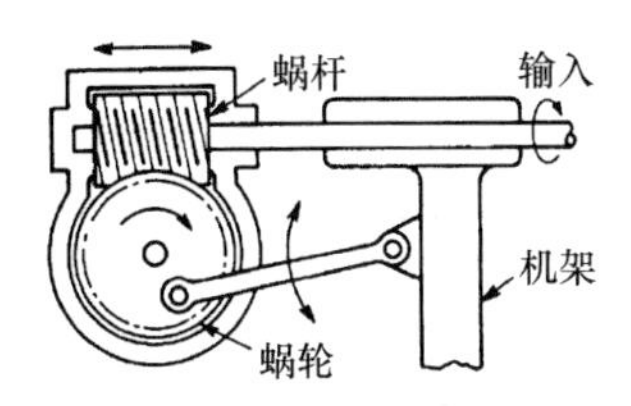

图 13.3-5 这个线性往复运动机构将旋转运动转化为与输入轴同轴线的往复运动。轴的旋转运动驱动了用连杆安装在机架上的蜗轮。于是，输入端的旋转运动使蜗轮驱动自己向右运动，从而产生往返运动。

盘－滚子驱动机构

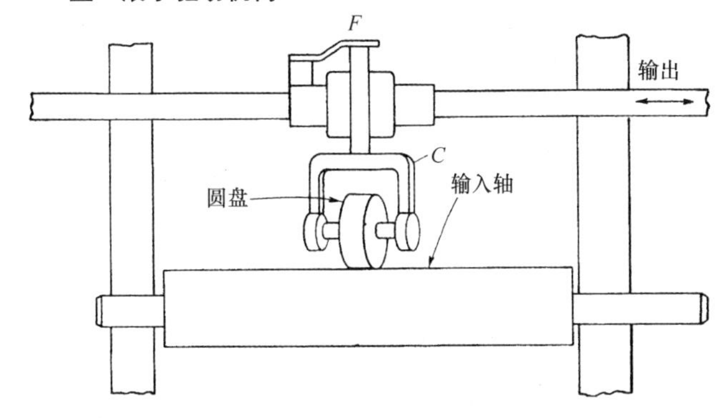

图 13.3-6 在这个驱动机构中，一个被硬化的圆盘与输入滚子的轴呈一定角度安装，并且将旋转运动转换为与输入轴平行的线性运动。滚子通过片弹簧 *F* 压在输入轴上。通过改变圆盘的角度很容易改变进给速度。如果内置一个安全装置以防卡住，这个机构能够产生一种相当缓慢的进给。

轴承、滚子驱动机构

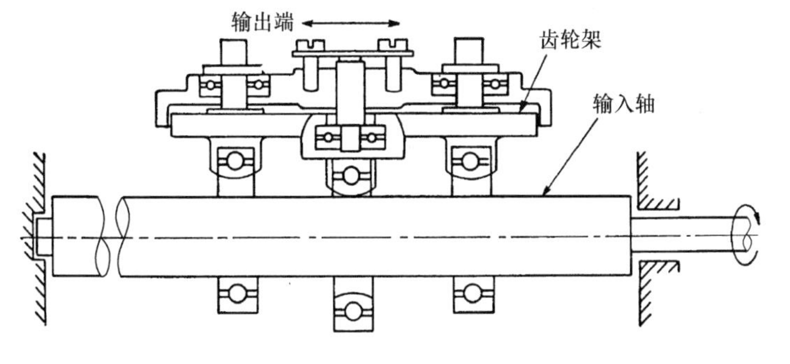

图 13.3-7 用三个球轴承代替单个的圆盘，可以避免在圆盘和滚子之间产生较大的赫兹应力。轴承的内圈在其中一侧接触。因此，需要一个传动装置来改变轴承的角度。这个机构也可以降低在轴上的弯曲力矩。

往复空间曲柄机构

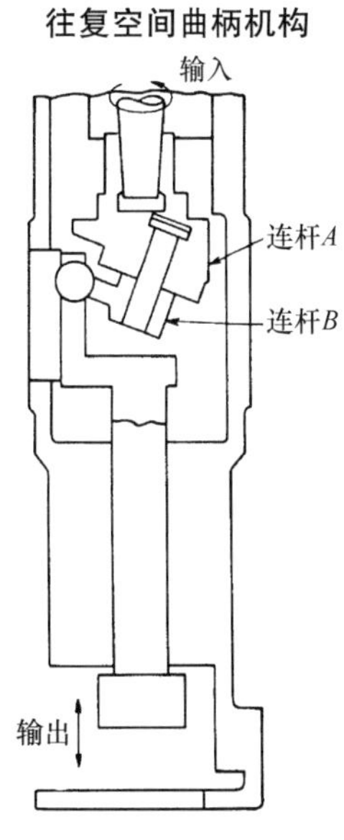

图 13.3-8 这个曲柄的转动输入使连杆 *A* 的底部表面相对于中心杆摇摆。连杆 *B* 与连杆 *A* 是脱离的，但是槽限制了它的转动，这导致输出部件线性往复运动。

2. 长时间歇停机构

摆动曲柄、行星轮驱动机构

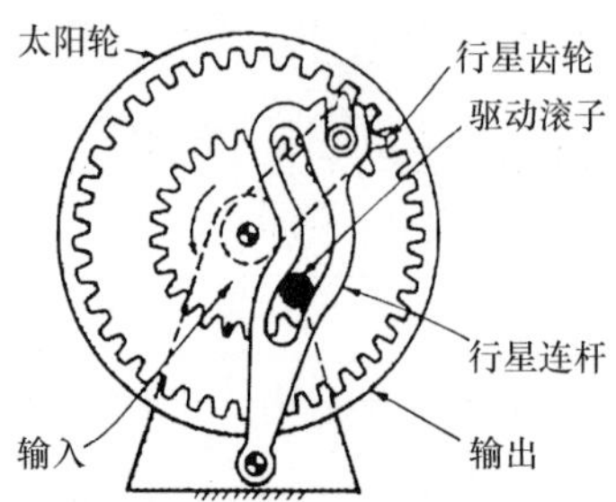

图 13.3-9 通过间歇停留运动来驱动行星齿轮。如图所示，驱动滚子与在行星连杆上的圆弧槽相配合。当滚子沿槽图示的截面移动时，连杆和行星齿轮保持不动。结果，输出太阳轮进行带有渐进摆动的旋转输出运动。

链条、滑块驱动机构

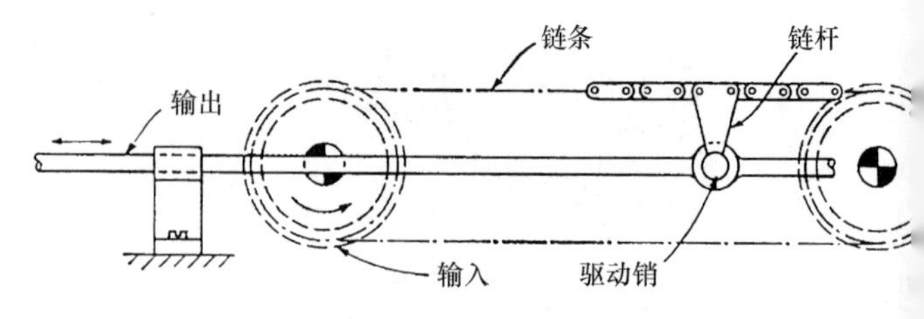

图 13.3-10 链杆驱动输出杆作摆动运动。当链销通过左端链轮时，会产生一个逐渐放慢的歇停。

链条、摆动驱动机构

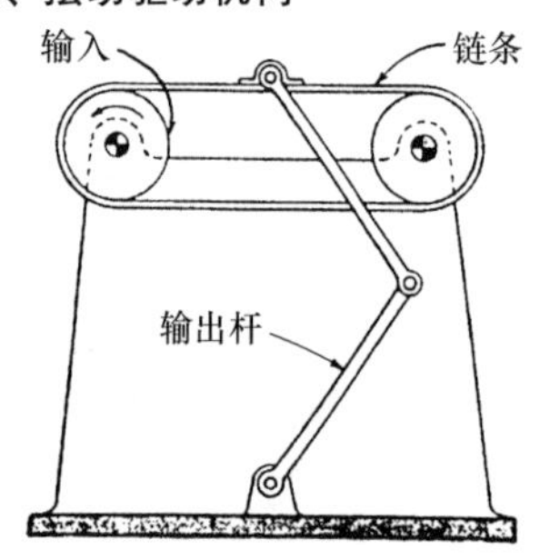

图 13.3-11 输出轴以匀速往复摆动，但它在两端产生长时间的歇停，同时长度等于链轮的半径的链杆绕着两个链轮运动。

链条、滑块驱动机构

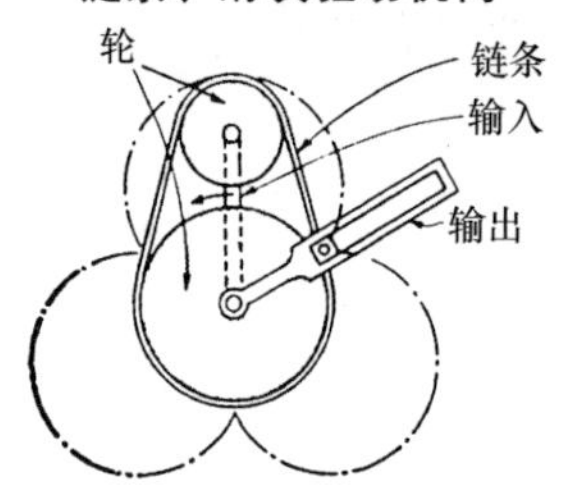

图 13.3-12 输入曲柄使小链轮绕着固定的大链轮的轨道转动。安装在链条上的一个连接块在输出杆的槽内滑动。在图示的位置，输出将开始一个大约 120°的长时间的歇停期。

摆线歇停机构

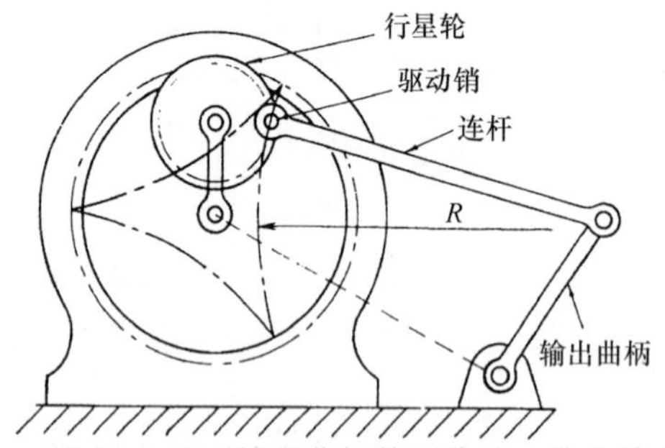

图 13.3-13 输出曲柄前后脉动，并在其右边的极限位置产生长时间的歇停。输入轴靠一个曲柄使行星齿轮旋转。行星齿轮上的驱动销沿图示的三角形摆线移动。摆线的右侧是半径接近为 R 的圆弧。如果连杆长度等于 R 时，在输入曲柄旋转完三分之一圈时，输出曲柄达到一个暂停。然后，输出曲柄反转，在左边极限位置歇停，反转，然后重复它的歇停。

凸轮、蜗轮歇停机构

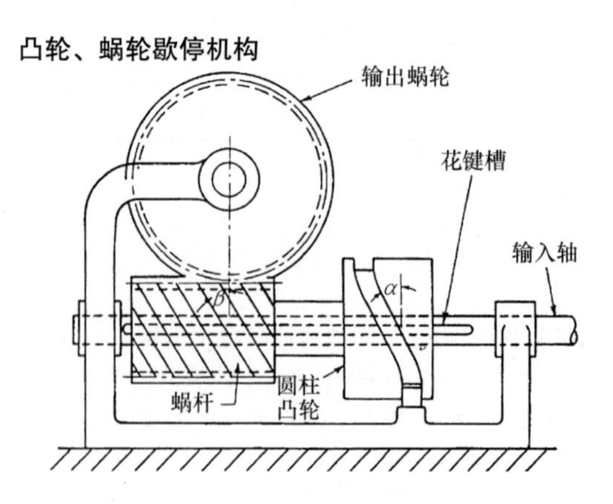

图 13.3-14 如果没有圆柱凸轮，图中的输入轴将靠蜗杆以匀速驱动输出蜗轮。然而，蜗杆和圆柱凸轮可以在输入轴上作线性滑动。由输入轴的旋转带动与圆柱凸轮相连的蜗杆作往复运动，于是，添加或减少了对输出的运动。如果圆柱凸轮的角 α 等于蜗杆的角 β，则输出在图示的转动的极限位置产生歇停。然后它加速旋转来弥补这个歇停时间。

凸轮、螺旋齿轮歇停机构

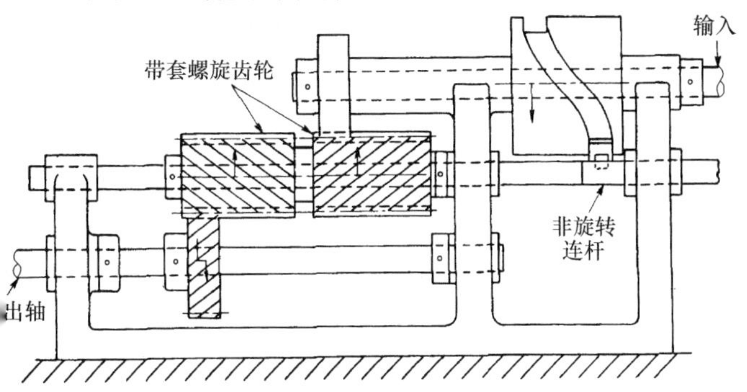

图 13.3-15 当一个螺旋齿轮沿轴线移动(转动被限制)时，由于螺旋角的作用它将向配对的齿轮传递旋转运动。这个原理被应用在图示的机构中。输入轴的旋转使中间轴向左移动，这将能使输出轴的转动加快或减慢。

六杆歇停机构

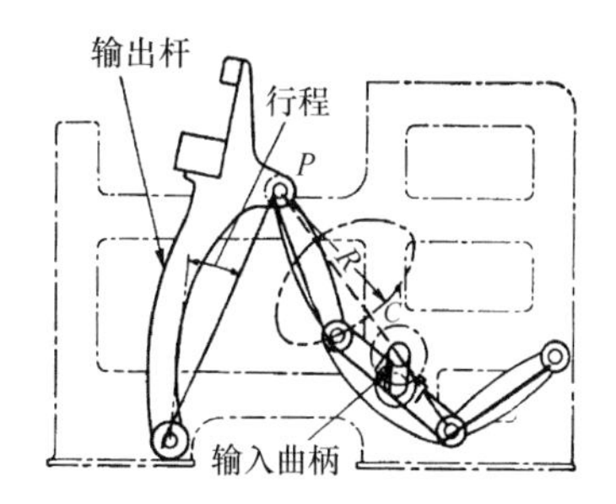

图 13.3-16 输入曲柄的旋转运动能使输出杆摆动，且在其右端极限位置有个长时间的歇停。产生这种情况的原因是 C 点的运动轨迹是一条接近于圆弧的曲线(从 C 到 C' 点,中心是 P 点)。当运动到曲线该段时，输出几乎是静止的。

凸轮、滚子歇停机构

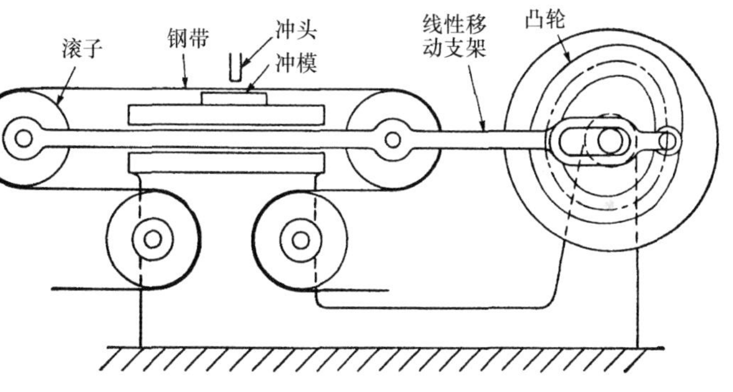

图 13.3-17 在这个机构中钢带匀速进给，但是在冲模工位(如图中所示)，钢带应该停止以便执行冲压操作。当被向右移动时，钢带绕可移动的滚子运动。当滚子变成向右移时将带动钢带向右移动。因为钢带是向左正常进给的，所以如果采用适当设计的凸轮就能够消除线性进给速度以便使钢带停止运动，冲压后再加速赶上正常的速度。

三齿轮驱动机构

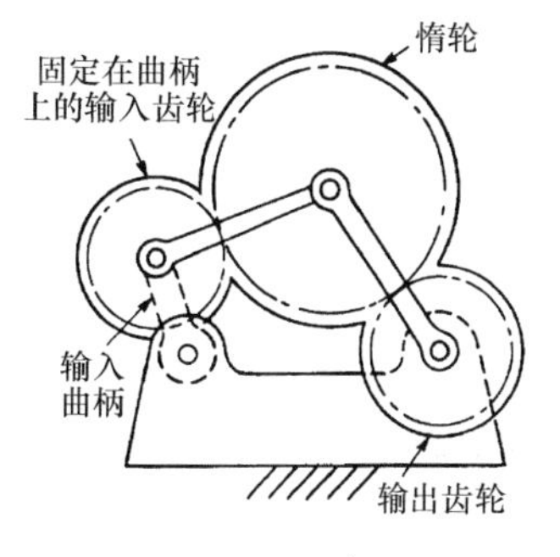

图 13.3-18 这个机构实际上是四连杆与三个齿轮的组合。当输入曲柄旋转时，它带动驱动齿轮转动，而驱动齿轮通过惰轮驱动输出齿轮。该机构可以获得多种输出运动。当齿轮间的相关直径改变时，输出齿轮可以摆动，达到一个短时间的歇停或短暂的反转运动。

双曲柄歇停机构

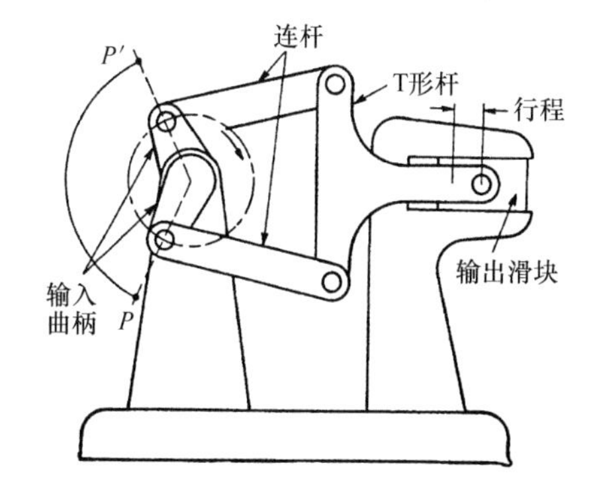

图 13.3-19 两个曲柄被连接到一个共同的轴上，这个轴也被作为输入轴。于是，两个曲柄之间的距离总是保持恒定不变。机构中仅有两个机架点——输入轴中心和输出滑块导轨的中心。当输出滑块到达它行程的末端(向右)、一个曲柄转动 PP' 角时，输出滑块保持歇停。

快速凸轮、从动轮运动机构

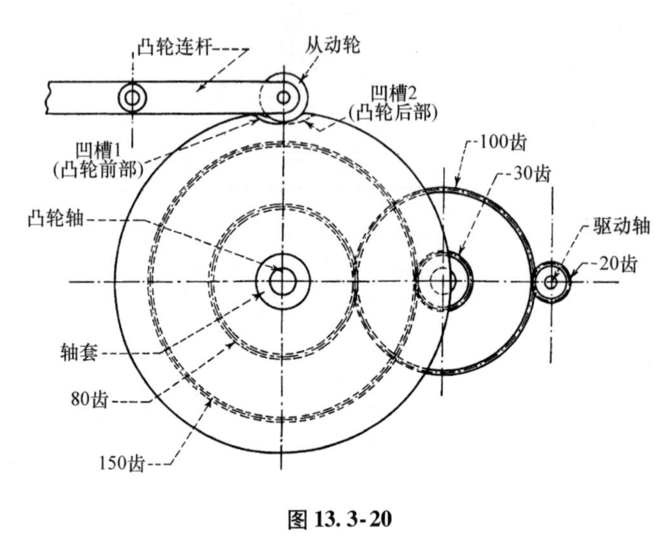

图 13. 3-20

使用图中的由多种凸轮、齿轮组成的机构，在驱动轴每旋转 n（这里 n 是一相当大的数）圈时，可以获得快速凸轮运动。单凹槽凸轮转动 $1/n$，对应凸轮轴在驱动轴每转一圈中转动一次，且凸轮在从动轮下转动相当慢。图示的双凹槽凸轮机构循环 100 次使凸轮连杆工作一次，并对其传递快速运动。两个相同的凸轮之一和 150 个齿的齿轮通过键被连接到轴套上，轴套可以绕凸轮轴随意转动。凸轮轴带动第二个凸轮和 80 个齿的齿轮。30 个齿的齿轮和 100 个齿的齿轮是一体的，同时 20 个齿的齿轮被装配到一个旋转驱动的轴上。一个凸轮以传动比 1/4 进行转动；另一个凸轮以传动比 20/100 乘 30/150（1/25）进行转动。所以，这凹槽正好与驱动轴每转 100 圈重合一次（4 × 25）。凸轮连杆的运动等同于凸轮相对驱动轴以 1/4 的传动比进行转动。为了获得快速凸轮运动，n 必须分解为质因数。例如，如果 100 分解为 5 和 20 两个质因数，凹槽正好与驱动轴每转 20 圈重合一次。

间歇运动机构

图 13. 3-21 中的机构经过改进可以产生停顿、没有停顿的变速或短暂反向运动的变速。一匀速转动的输入轴驱动链条绕链轮和惰轮转动。臂作为连接链条和输出曲柄末端之间的连杆。在机构的工作周期内链轮的传动比必须是 N/n，其中 n 为链轮的齿数，而 N 为链条的链节数。当 P 点绕着链齿轮从 A 点运动到 B 点时，曲柄匀速转动。在 B 点和 C 点之间，P 点减速运动；在 C 点和 A 点之间，P 点加速运动；而在 C 点有个短暂的歇停。靠改变惰轮的尺寸和位置或臂和曲柄的长度，可以获得各种运动。如果缩短曲柄的长度，在 C 点附近会产生一短暂的反向运动；如果曲柄被加长，输出速度将在最大和最小速度之间变化，但所有速度都大于零。

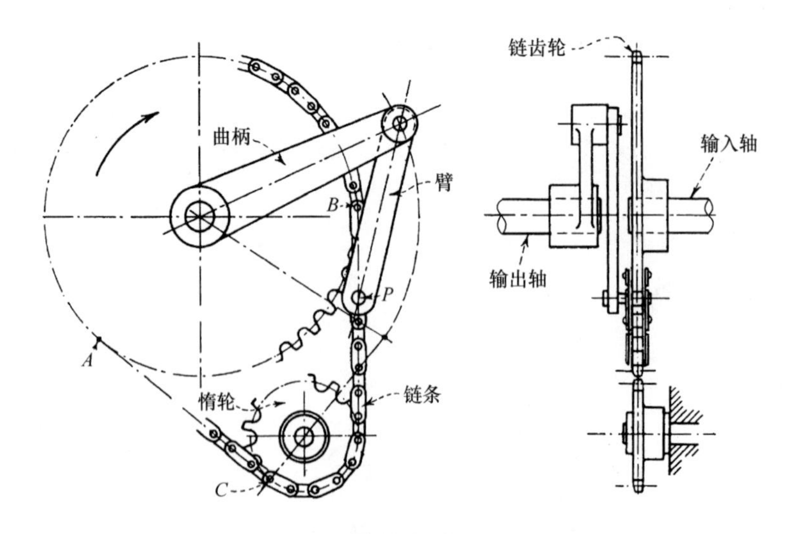

图 13. 3-21

3. 短时间歇停机构

齿轮、滑块和曲柄机构

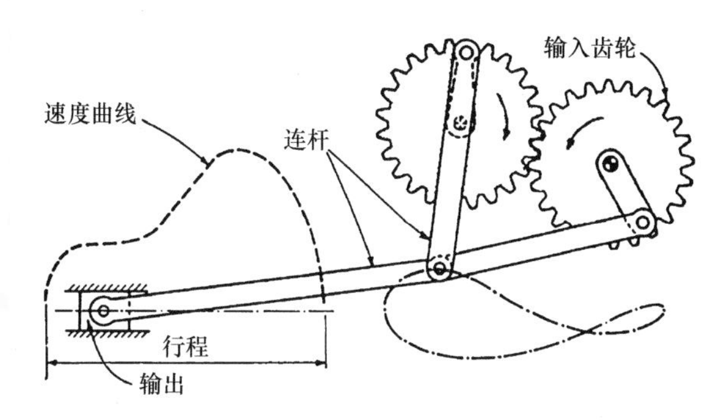

图 13.3-22 输入轴驱动两个齿轮，这两个齿轮依次驱动这些连杆产生如图所示的速度曲线。滑块缓慢地以恒速移动。

齿轮摆动曲柄机构

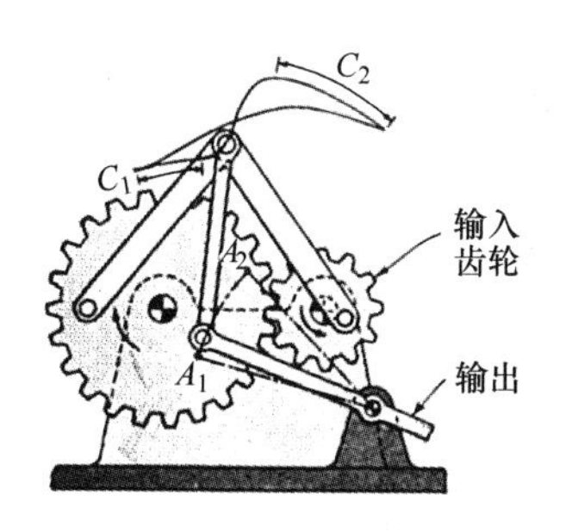

图 13.3-23 在这个机构中，连接销所形成的轨迹曲线有两部分，C_1 和 C_2，它们很接近于中点在 A_1 和 A_2 的两个圆弧。因此，从动杆在两个极限位置将有歇停。

曲线滑块驱动机构

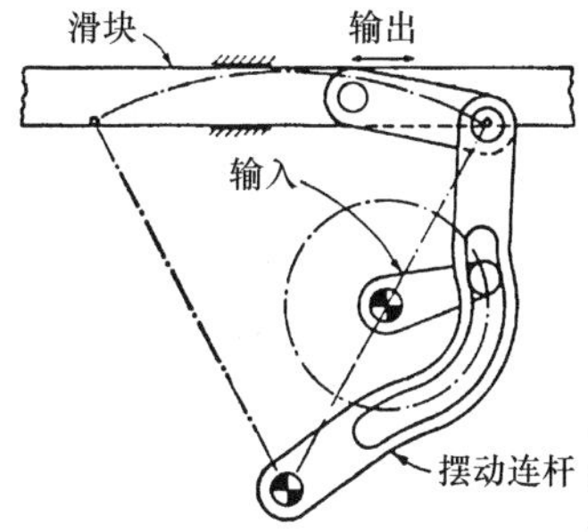

图 13.3-24 在摆动连杆上的圆弧槽允许连杆在输出滑块到达的右边位置时产生歇停。

三谐波驱动机构

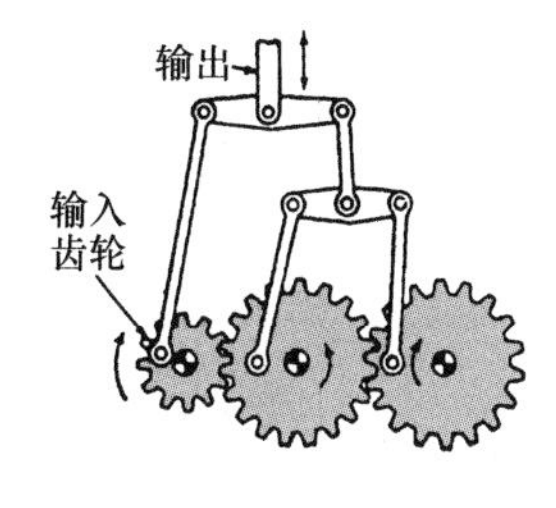

图 13.3-25 输入轴驱动与连杆相连的三个齿轮。连杆选择不同的长度可以获得变化范围较大的往复输出运动。另外，每个转动周期至少能够获得一个歇停。

惠氏急回驱动机构

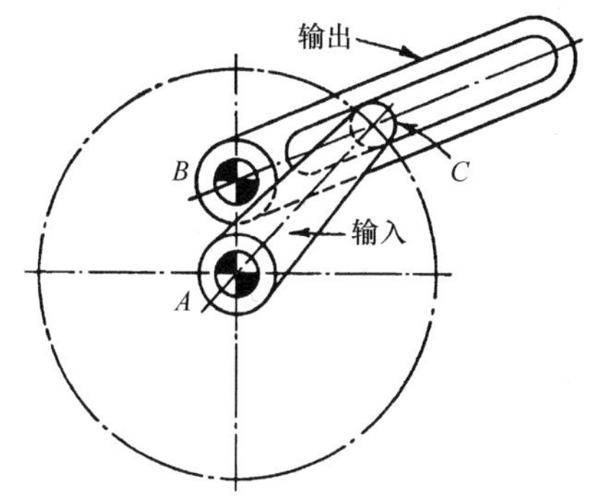

图 13.3-26 变化的运动能简单地被传给输出轴 B，但请注意 A 轴和 B 轴不共线。

轮和滑块驱动机构

图 13.3-27 输入圆盘每转一圈，滑块向前与输出轮啮合并使其转过一个齿。当输出轮静止时，一个片弹簧将其锁住。

13.4 实现间歇旋转运动的摩擦装置

摩擦装置可以避免普通棘爪和棘轮传动中所常见的不利因素的影响。如：①有噪声的运转；②棘爪啮合需要间隙；③载荷集中在棘轮的一个齿上；④棘爪啮合依靠外部弹簧。这里介绍的五个机构都是将一个连杆的往复运动转化为间歇旋转运动。连杆向左的行程驱动轴逆时针转动，此时这个轴是自由轴。在连杆向右的回程期间这个轴保持静止。

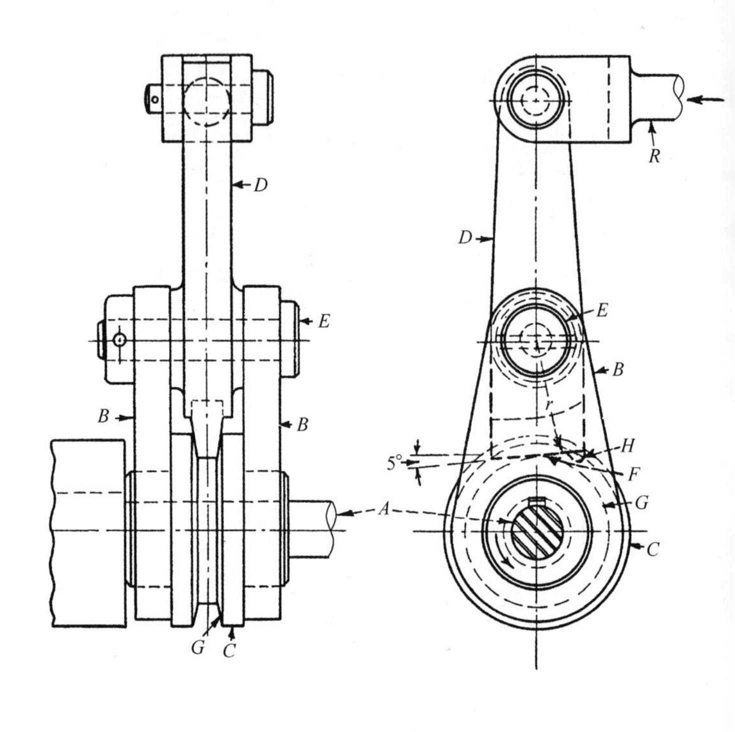

图 13.4-1　楔块圆盘机构。其中轴 A 由轴承座 J 支撑；环形零件 C 通过键与轴 A 装配，并且它有一个环形凹槽 G；零件 B 可以绕着 C 的轴肩转动；杠杆 D 可以相对 E 转动，并且与连杆 R 相连，连杆 R 由一个偏心轮（图中未表示）驱动。连杆 R 向左边移动时，连杆 D 绕 E 轴作逆时针旋转直到 F 表面楔入凹槽 G。D 的持续转动使得 A、B 和 D 像一个整体一样绕着 A 逆时针转动。输入运动的反向运动立即使 F 表面脱离凹槽 G，于是解除轴 A 的锁紧，在它回程期间轴 A 保持静止，因为它的载荷使摩擦力减少。当 D 持续绕 E 轴顺时针转动时，为了减小摩擦，被硬化和抛光的拐角点 H 支撑凹槽 G 的底部，从而限制了进一步的转动。然后杠杆带动 B 绕 A 转动直到行程结束。

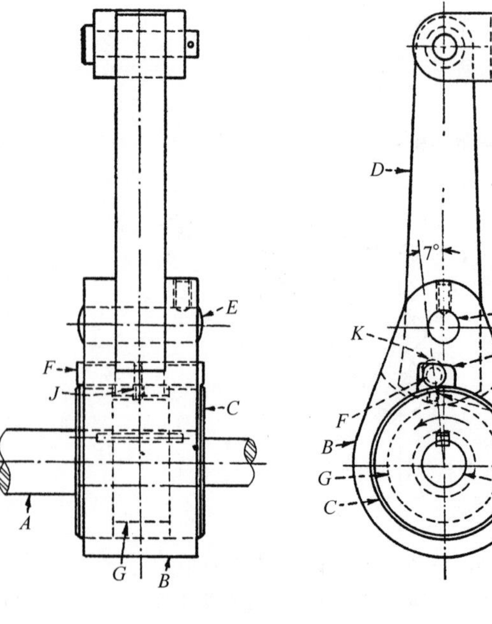

图 13.4-2　销和圆盘机构。绕着 E 转动的杠杆 D 上的小长孔 K 中有一个销 F。孔 K 允许销作少许的垂直运动，但用螺钉 J 限制其在水平方向上的运动。零件 B 可以绕轴 A 随意转动。在零件 B 上的开口部分 L 和 H 分别允许与销 F 和杠杆 D 有一个间隙。通过键与轴连接的环形零件 C 有一个环形凹槽 G，这个凹槽 G 允许与杠杆 D 的末端有一个间隙，靠连杆 R 带动的杠杆 D 的逆时针运动锁紧零件 C 和开口部分 L 的顶部之间的销。这大约发生在偏离垂直轴 7° 左右的位置。现在 A、B、D 被相互锁在一起并且绕轴 A 转动。连杆 R 的回程使杠杆 D 绕 E 轴顺时针转动，从而解除斜楔锁紧的销直到销碰到 L 的侧壁。由于载荷的作用，当解除锁紧的轴 A 保持静止时，连杆 R 向右的连续运动使 B 和 D 绕轴 A 顺时针转动。

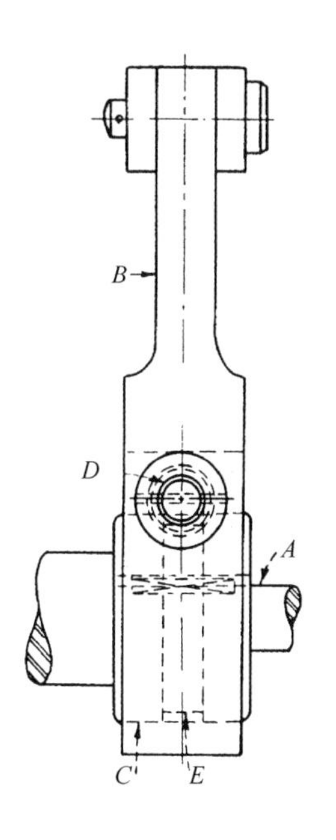

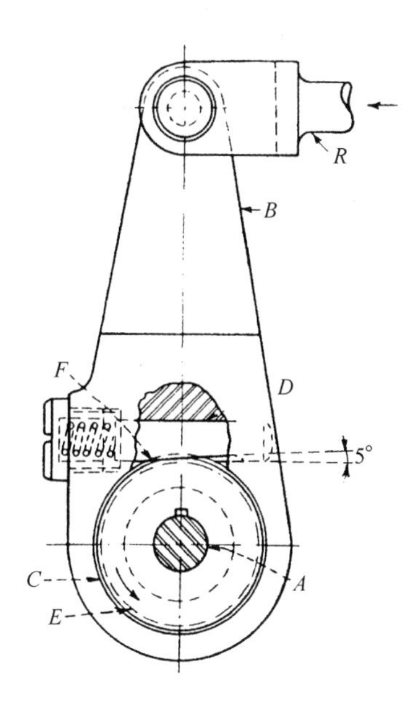

图 13.4-3　滑动销、圆盘机构。借助于弹簧压力，零件 B 绕轴 A 作逆时针转动使销 D 相对零件 B 向右运动直到销的底部平面 F 与环形零件 C 的环形凹槽 E 相互楔紧。为产生最有效的楔紧作用，销的底部的倾斜角大约是5°。环形零件 C 通过键与轴 A 进行连接。现在 A、C、D 和 B 作为一个整体逆时针转动直到连杆 R 的行程结束。B 的反向运动使销 D 解除楔紧，以便在零件 B 进行顺时针转动时轴 A 保持静止。

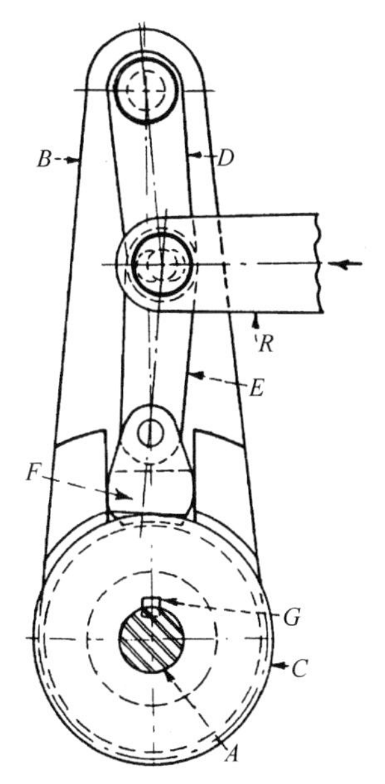

图 13.4-4　肘杆、圆盘机构。依靠拉直肘杆 D 和 E，连杆 R 开始输入行程(向左运动)楔紧在凹槽 G 中的楔块 F。零件 B、两个肘杆和环形零件 C 通过键与轴 A 进行连接，它们绕着 A 一起逆时针转动直到连杆 R 的行程结束。连接杆 R 的反向运动提起楔块 F，于是轴 A 被释放，这时零件 B 持续顺时针转动直到行程结束。

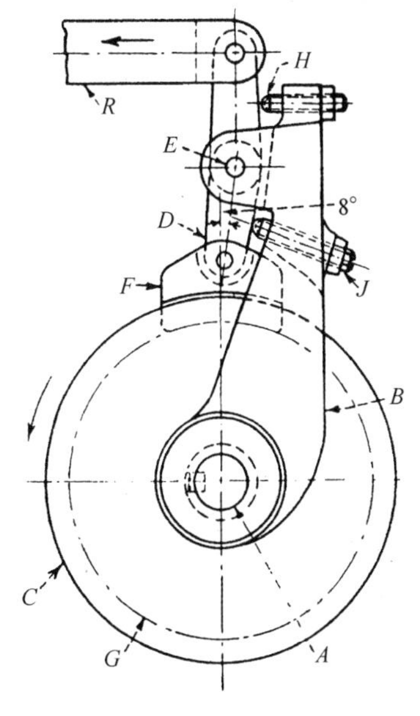

图 13.4-5　摇杆、圆盘机构。依靠作往复运动的杆 R 向左运动的拉动，杠杆 D 绕支点 E 逆时针转动，于是，楔块 F 进入圆盘 C 的凹槽 G 中。轴 A 通过键与 C 进行连接，并且和零件 B、杠杆 D 作为一个整体逆时针旋转。连杆 R 的向右的回程使杠杆 D 绕支点 E 作顺时针转动，从而从凹槽 G 中拉出楔块 F，于是轴 A 被解除约束，这时 D 和接触调节螺钉 H 带动 B 绕 A 运转直到行程结束。调节螺钉 J 防止楔块 F 在凹槽中锁死。

13.5　9种不同的球型直线导轨

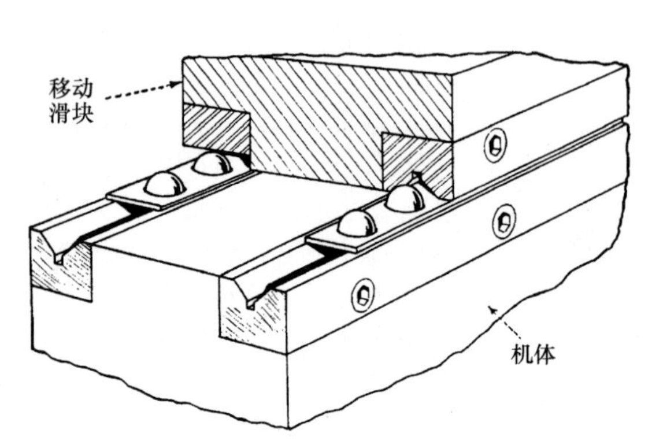

图 13.5-1　由V形槽和平面组成的一个简单的水平球型导轨适合用在无侧向力的往复运动中，它要求有一个重型的滑轨来保证球的连续接触。球保持架确保了球的运动空间，其接触表面经过硬化和研磨处理。

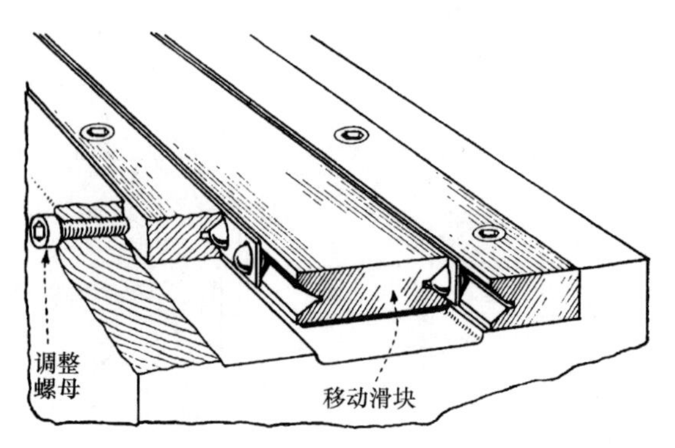

图 13.5-2　当滑块处于垂直位置或者受到横向载荷时，双V形槽是必要的。在滑道中通过调整螺母或者弹簧力来防止松动。球和V形槽之间的金属与金属的接触确保了运动的精确性。

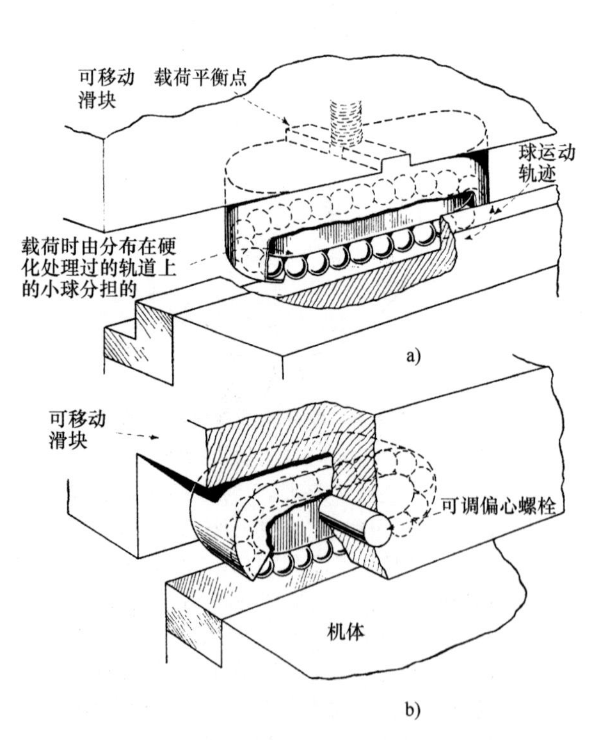

图 13.5-3　球支架的优点是不限制运动，因为球都能够自由地作圆周运动。球支架最适合用于承受垂直方向的载荷。(a) 图中类型具有侧向预紧力，所以也要有侧向约束。(b) 在平面上球支架很容易调整。

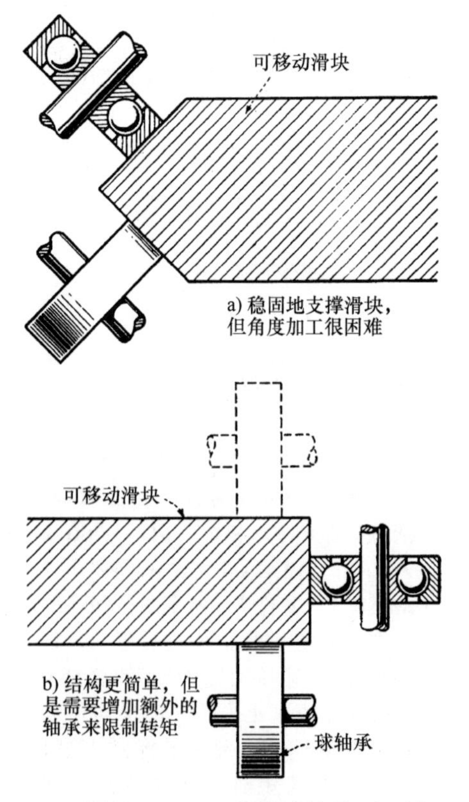

图 13.5-4　工业用球轴承可以被用来生产作往复运动的滑块。为了防止滑块的松动，必须进行调节。(a) 带斜面的滑块。(b) 矩形滑块。

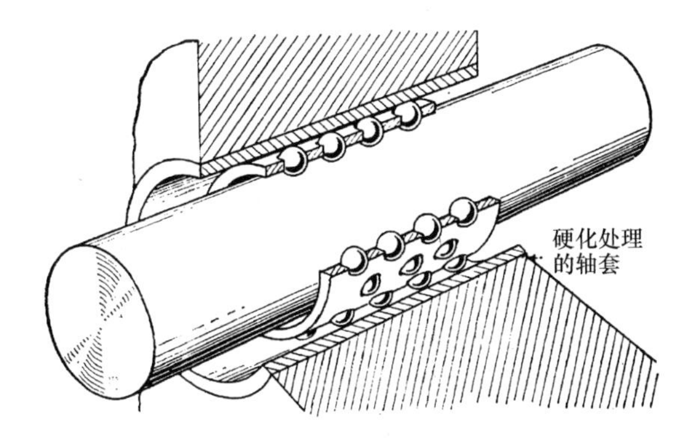

图 13.5-5 这种由硬化处理的轴套、球和保持架组成的套筒轴承可用于往复和摆动运动中。与本图中的轴承相似，该轴承在运转中受到限制。这种轴承在任何方向上都能承受横向载荷。

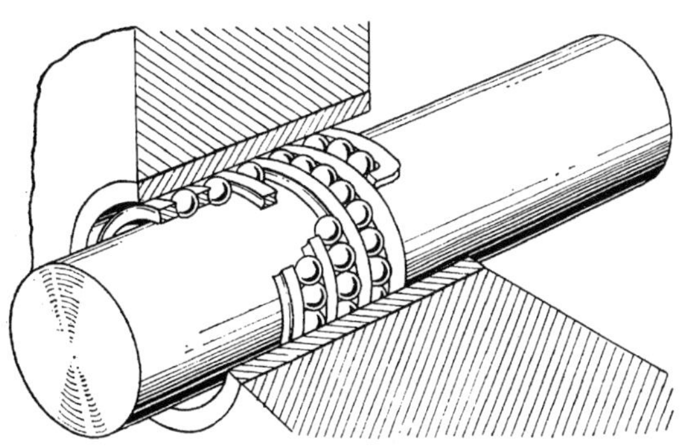

图 13.5-6 这种往复运动球轴承的设计是为了实现旋转运动、往复运动和摆动。一个线型保持架在其螺旋轨道上固定球。行程大约是外部轴套和保持架长度之差的两倍。

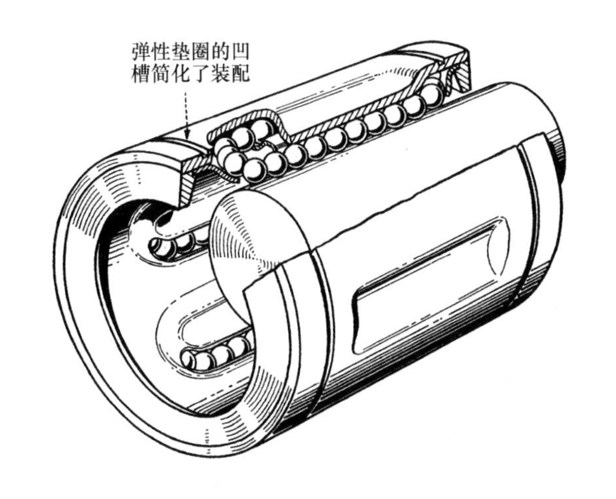

图 13.5-7 球衬套上有几个球的循环装置，这种装置允许球进行不受限制的直线运动。这个衬套很紧凑，只需要一个钻孔即可安装。为了提高承载能力，使用的轴应该进行硬化处理。

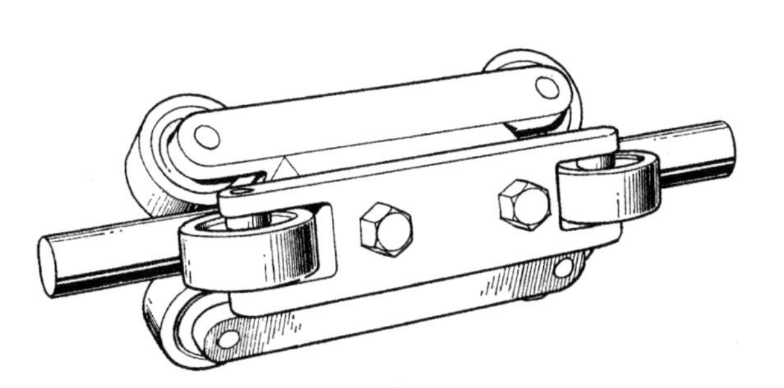

图 13.5-8 圆柱轴可以靠工业用的球轴承来支撑，这些轴承被装配成一个导轨。这些轴承必须紧紧地与轴接触，以防止松动。

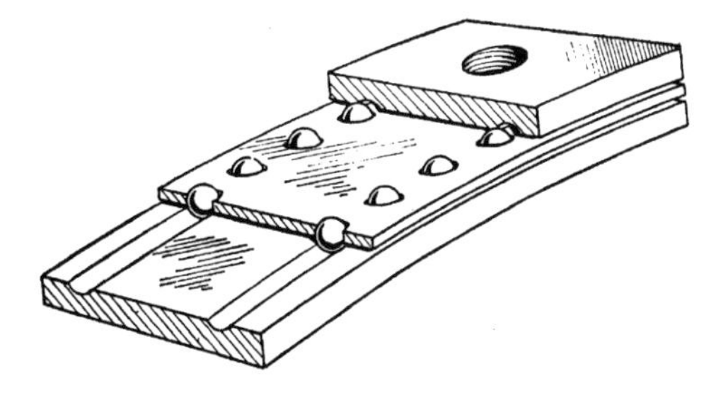

图 13.5-9 当曲率半径很大时，用这个装置在平面上实现曲线运动是可能的。但是，保持两凹槽之间等距是很重要的。凹槽的圆弧部分减小了接触应力。

13.6　滚珠丝杠将旋转运动转化成直线运动

图 13.6-1　当发生紧急情况座位向外被弹射出时，这种筒形旋转驱动装置能迅速收紧皮带，以便使飞行员与座位强制分离。这样消除了飞行员和座位同时掉下的可能性，防止阻碍降落伞打开。来自于弹射装置中的气压推动驱动装置里的圆筒使滚珠丝杠沿轴向移动。丝杠的直线运动转化为球螺母的旋转运动。这一运动迅速卷起皮带（如图所示），以便将飞行员从其座位上弹出。

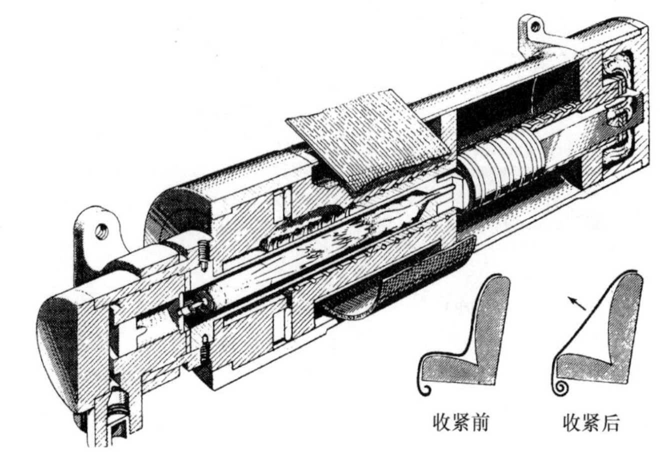

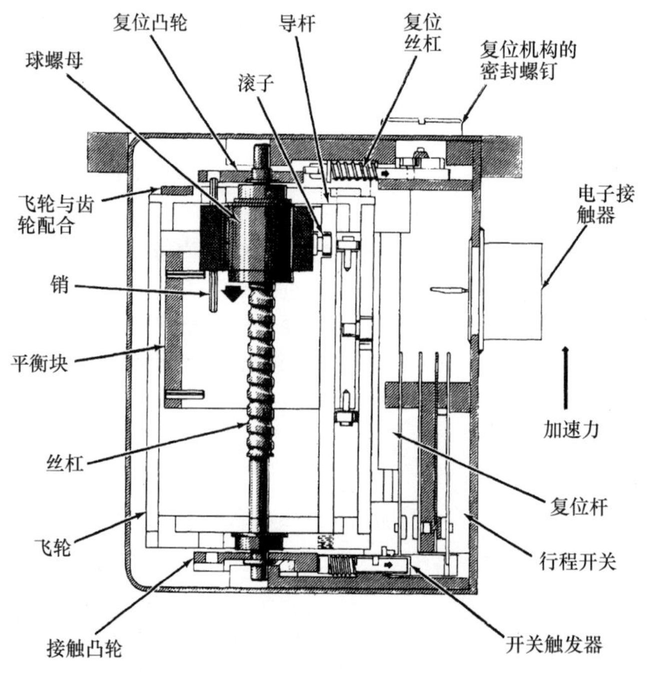

图 13.6-2　这种延时开关装置在导弹的直线运动中具有定时功能。它的作用是保证导弹头的安全。精确的“最小保险时间”系统在充分的受力保护条件下装配到速度过快的导弹上可以减缓导弹的速度，因为速度过快的导弹可能在导弹头引爆之前击中目标。螺母的重量加上加速时的惯性力将会使尾部带有飞轮装置的滚珠丝杠旋转。选择好丝杠的螺距，以使飞轮的旋转反映导弹运行的距离。

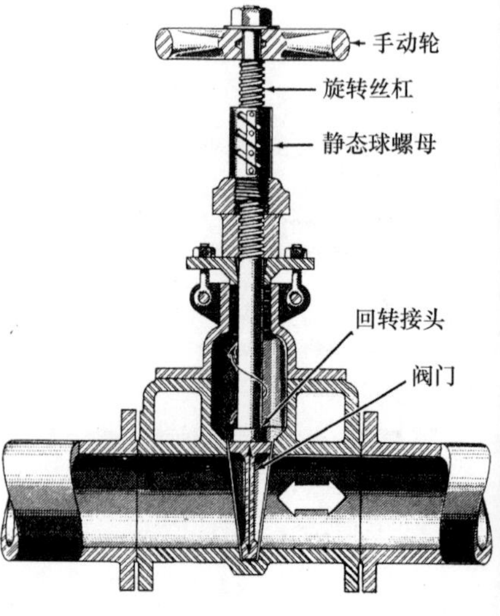

图 13.6-3　依靠固定在球螺母中的丝杠转动，可以快、易、准地控制流经阀的液体。丝杠可以使阀门直线运动。回转接头可以消除丝杠和阀门之间产生的相互转动。

13.7　改变直线运动方向的 19 种方法

这些连杆、导轨、摩擦驱动和齿轮机构可以成为很多独特装置的基础构件。

1. 连杆机构

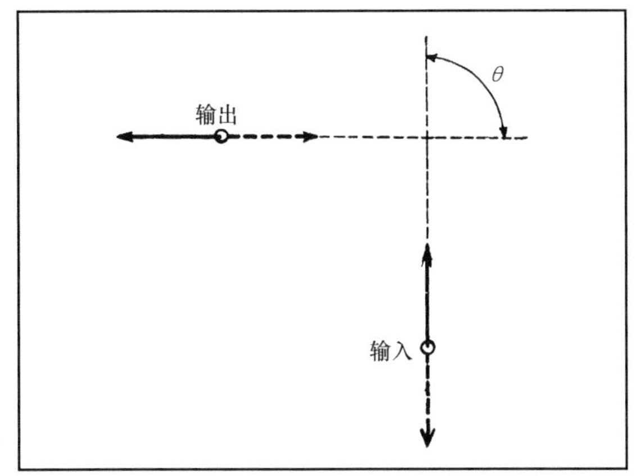

图 13.7-1　基本问题（θ 一般接近 90°）。

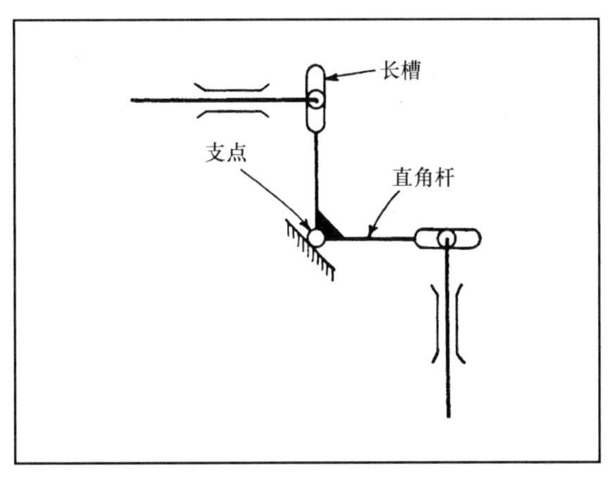

图 13.7-2　槽杆。

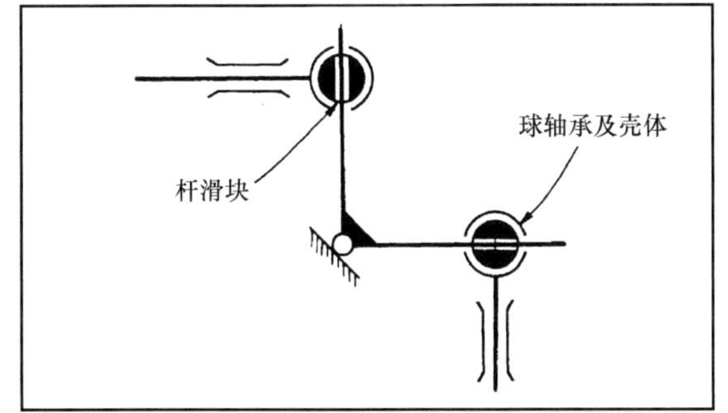

图 13.7-3　球轴承。

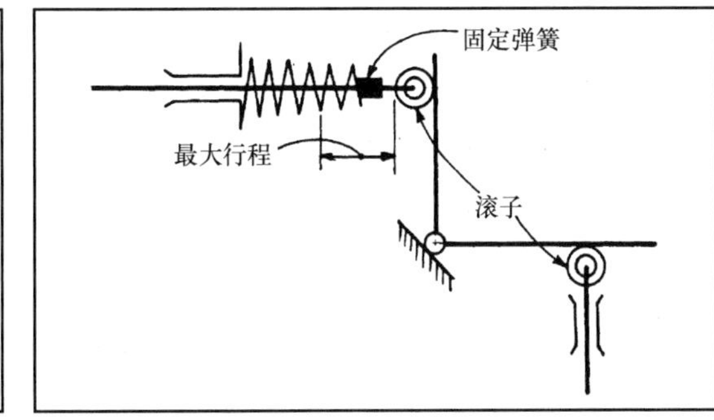

图 13.7-4　弹簧驱动杆。

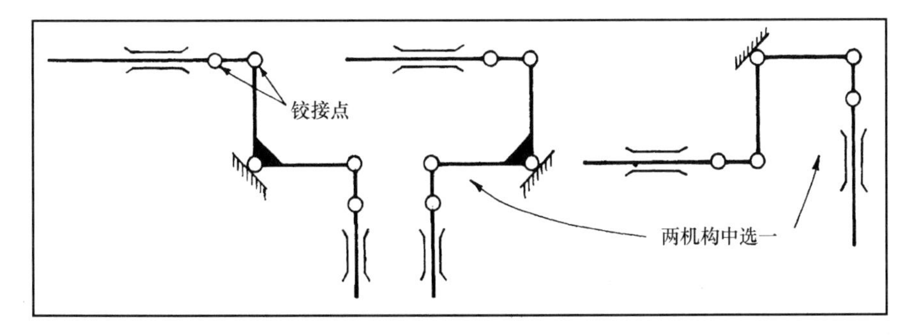

图 13.7-5　带有可选择机构的铰接杆。

2. 导轨

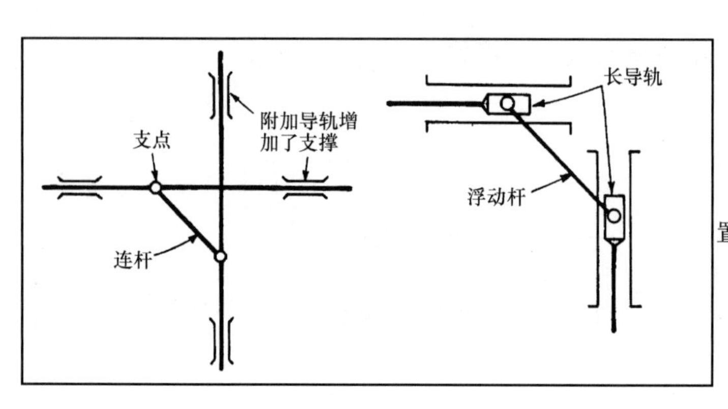

图 13.7-6　单连杆(左图)经过重新设置(右图)，省去了额外的导轨。

3. 摩擦驱动

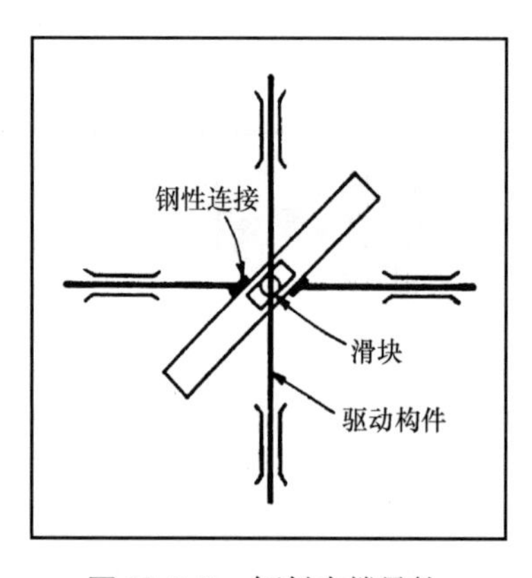

图 13.7-7　倾斜支撑导轨。

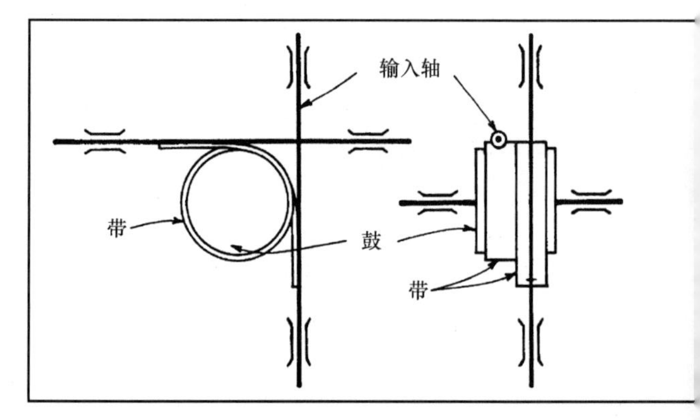

图 13.7-8　带、钢条或者绳索绕过鼓系于驱动和从动构件上，链轮和链条可以取代鼓和带。

4. 齿轮

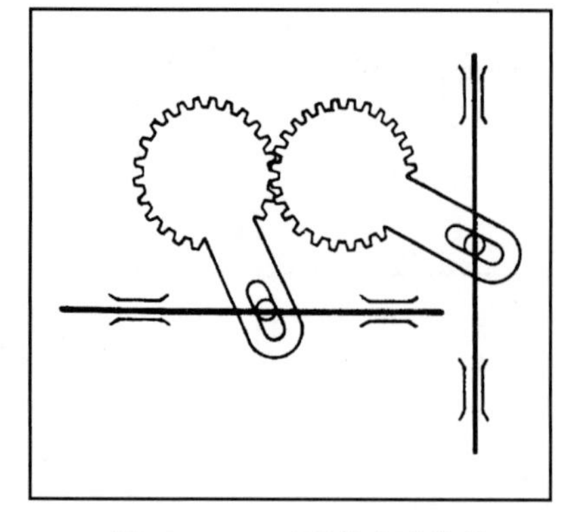

图 13.7-9　匹配的扇形齿轮。

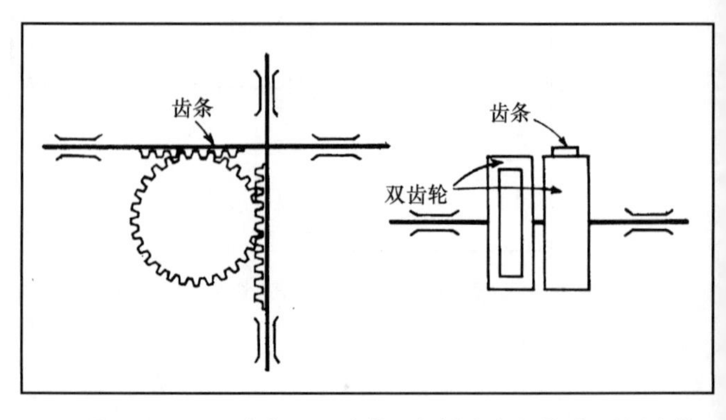

图 13.7-10　齿条—双齿轮(在低成本机构中可用摩擦表面代替)。

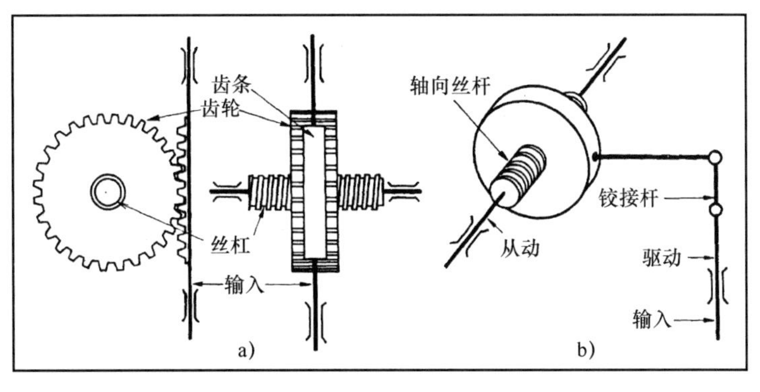

图 13.7-11 带有驱动齿条的轴向丝杠（a）和铰接杆（b）都在进行不可逆的运动，也就是说，驱动件必须总是在驱动。

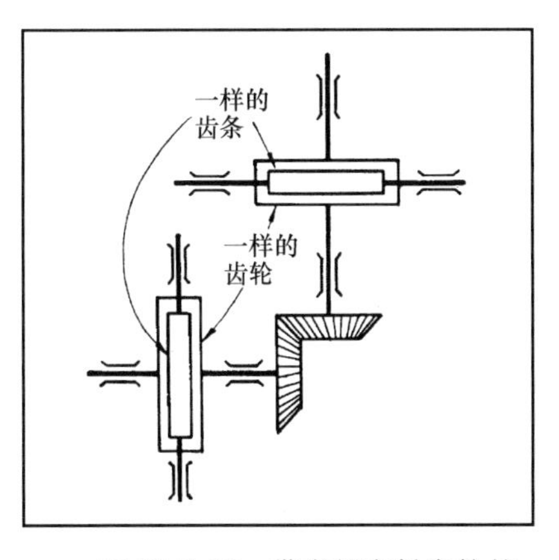

图 13.7-12 带有相应斜齿轮的驱动齿条可进行可逆的运动。

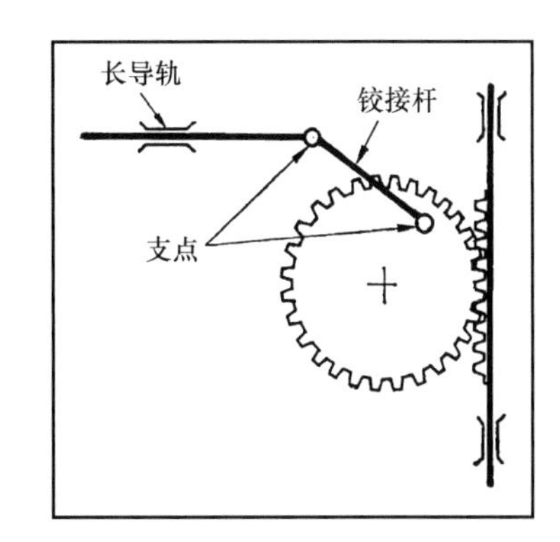

图 13.7-13 用齿条驱动的曲柄机构，包括一个铰接杆。其运动被限制在相当小的范围内。

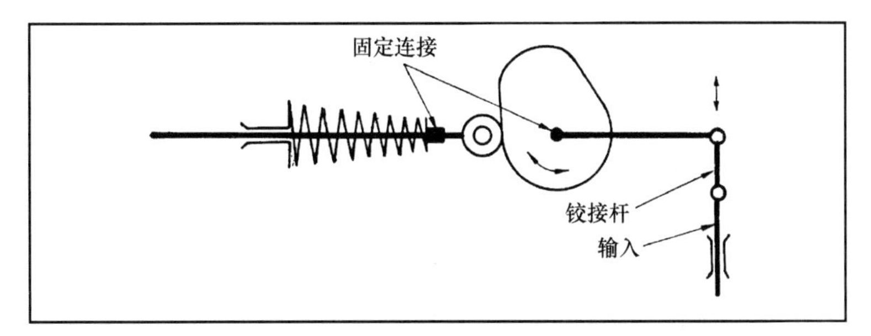

图 13.7-14 凸轮和一个弹簧加载的从动件机构，凸轮旋转时可改变输入/输出的传动比。这个运动通常是不可逆的。

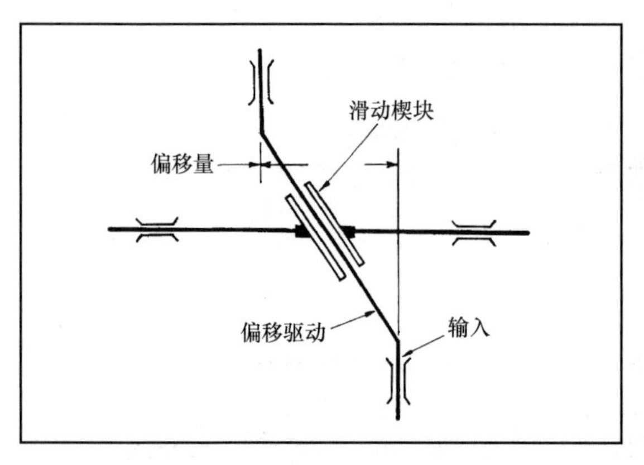

图 13.7-15　偏移驱动装置通过楔块的运动驱动从部件。进行润滑和使用具有低摩擦系数的材料可以使偏移量最大化。

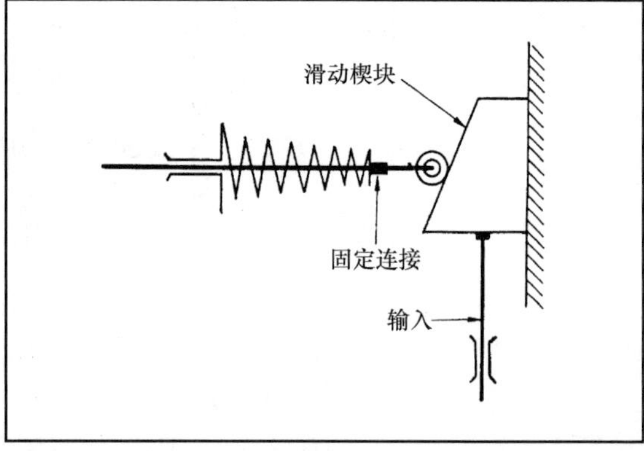

图 13.7-16　滑动楔块与偏移驱动相似，只是需要弹簧加载的从动件；由于采用了滚子从动件，故对摩擦的要求不那么苛刻。

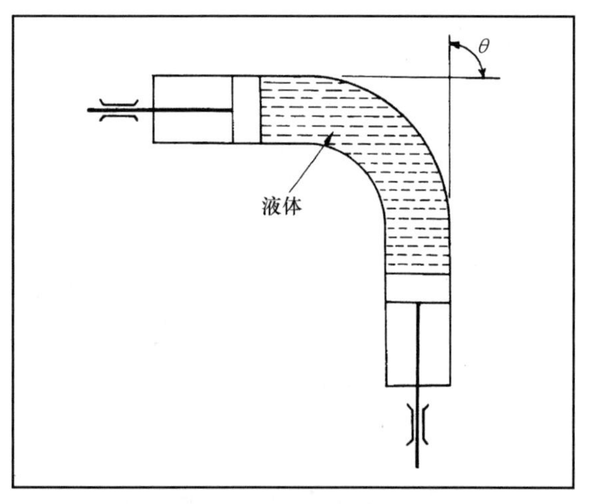

图 13.7-17　液体连接允许通过任何角度传递运动。泄漏问题和活塞的精确装配要求使这种方法比想象的要贵得多。而且，虽然运动可逆，但必须总有压力才能达到最好的效果。

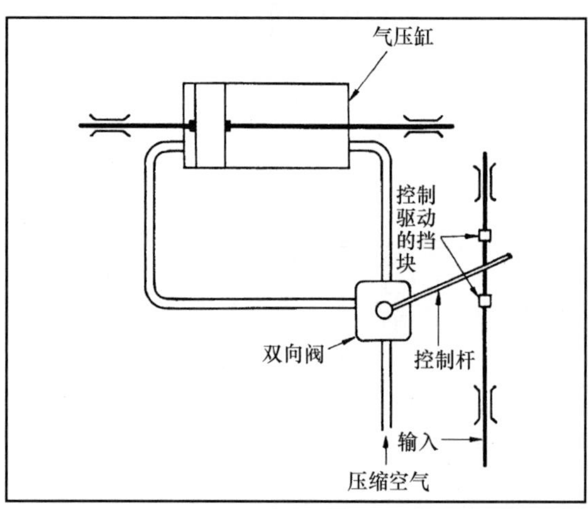

图 13.7-18　只有需要两个极端位置时，选用带有双向阀的**气压系统**才是理想的。这种运动是不可逆的。驱动件的速度可以通过调节输入气缸的气体来完成。

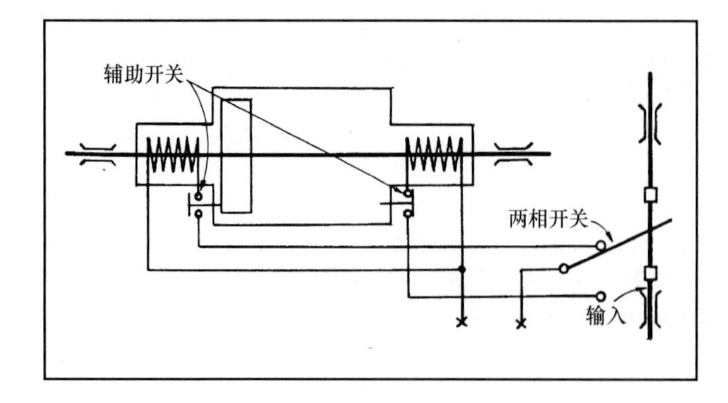

图 13.7-19　线圈与两相开关组成一个模拟气压系统。在行程的最后中断与励磁线圈的接触。这个过程是不可逆的。

13.8 可调节输出机构

连杆运动调节器

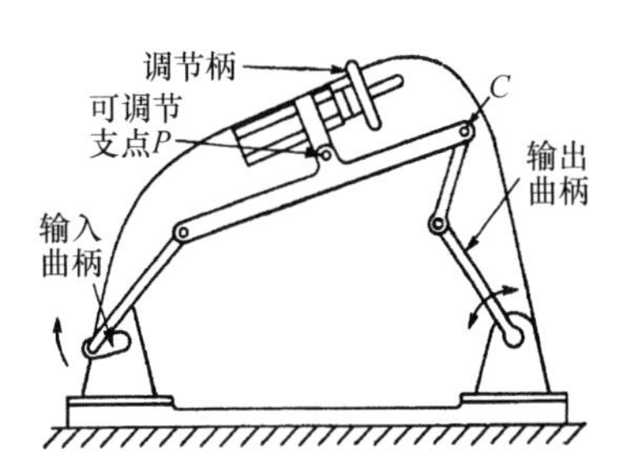

图 13.8-1 图示为六连杆机构，在其工作期间通过改变中间连杆的支点位置来实现输出杆的运动和速度调节。输入曲柄旋转引起点 C 绕着支点 P 摆动。这样依次给予输出曲柄一个摆动运动。一个螺钉装置用来改变 P 点位置。

凸轮运动调节器

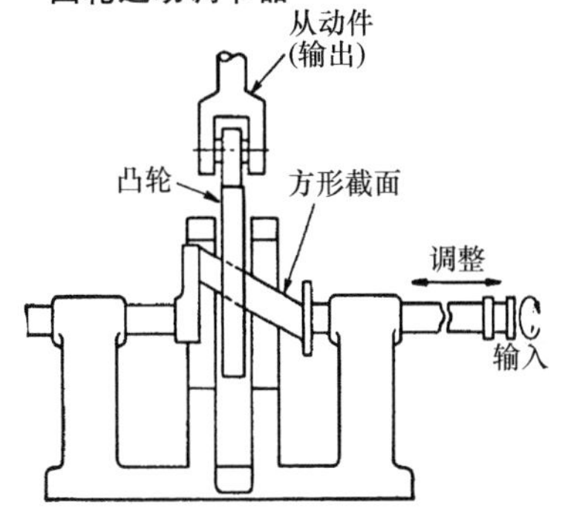

图 13.8-2 工作中可以通过线性地向左或向右移动输入轴来改变从动凸轮的输出运动。凸轮有一个方形的孔，它正好可以使曲柄轴的方形横截面穿过。输入曲柄的旋转运动可以引起凸轮的偏心运动。例如，向右调节输入轴使得凸轮由径向向外移动，这样可以增加从动件的行程。

双凸轮机构

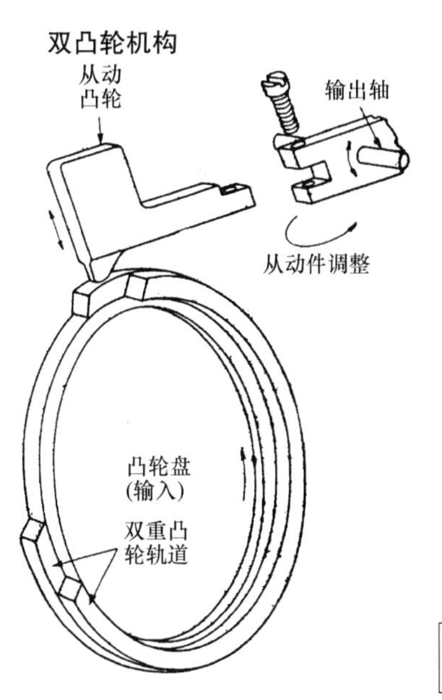

图 13.8-3 这是一个简单却很有效的用来改变凸轮定时的机构，从动件可以在水平面上进行调节，而在垂直面上是受约束的。这种板状凸轮可以包括两个或多个凸轮轨道。

阀门行程调节器

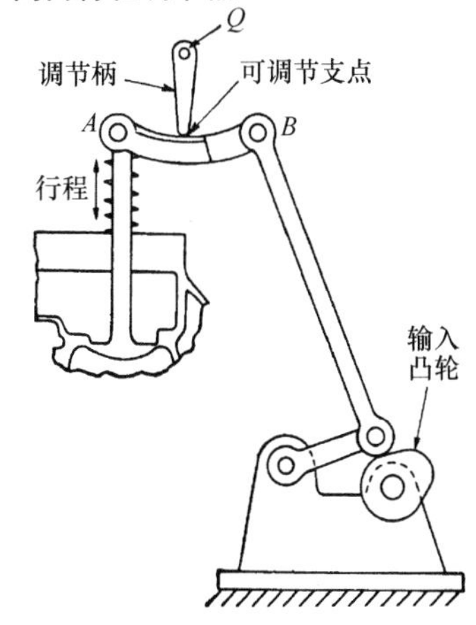

图 13.8-4 这个机构可以调节内燃机阀门的行程。有一个弧形表面的连杆可以绕着一个可调节的支点转动。转动调节柄可以改变阀门的行程、A 点和 B 点位置所占的比例。弧形连杆的曲率中心在 Q 点。

3D 机构

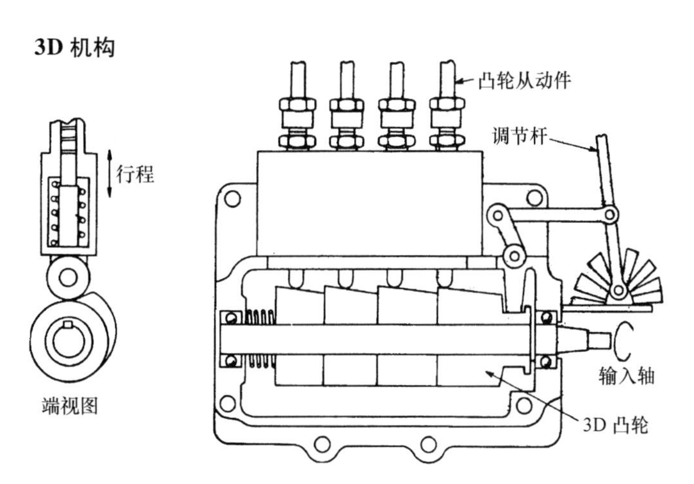

图 13.8-5 四个从动件的输出运动可以通过向左或向右调整由四个 3D 凸轮组成的构件来改变。可以用调整杠杆来实现直线调整。这个杠杆有六个调整位置。

活塞行程调节器

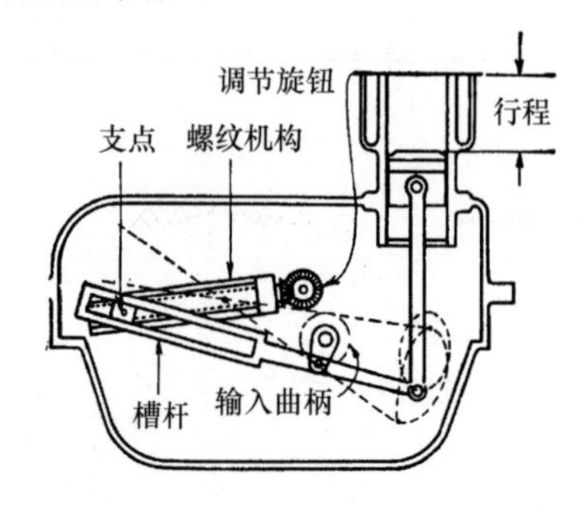

图 13.8-6 输入连杆通过使槽杆摆动来驱动活塞上下运动。支点的位置可以通过螺纹机构来调整，即使活塞在满载的情况下也可以调整。

同步轴机构

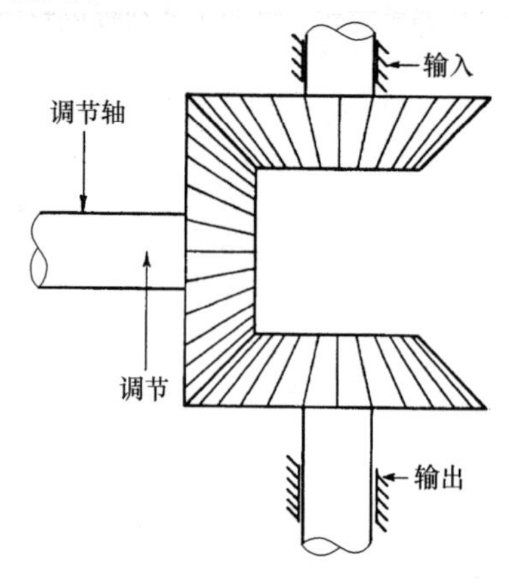

图 13.8-7 调节轴的实际位置通常都是保持固定的。输入轴利用锥齿轮来驱动输出轴。通过转动调节轴来改变输入轴和输出轴半径的相对位置。当输入轴和输出轴同步转动或者改变输出轴上凸轮的转速时，它们对系统产生一个转矩。

偏心支点机构

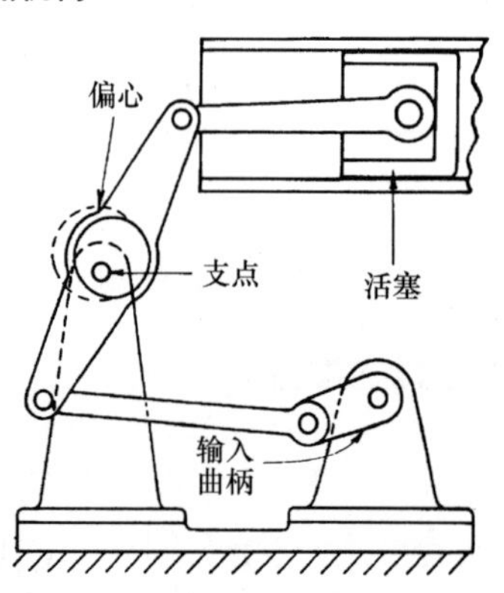

图 13.8-8 旋转输入柄可以使活塞作往复运动。行程的长度取决于支点的位置，即使旋转时这个位置也很容易被调整，通过转动偏心轴即可。

13.9 换向机构

双连杆换向器

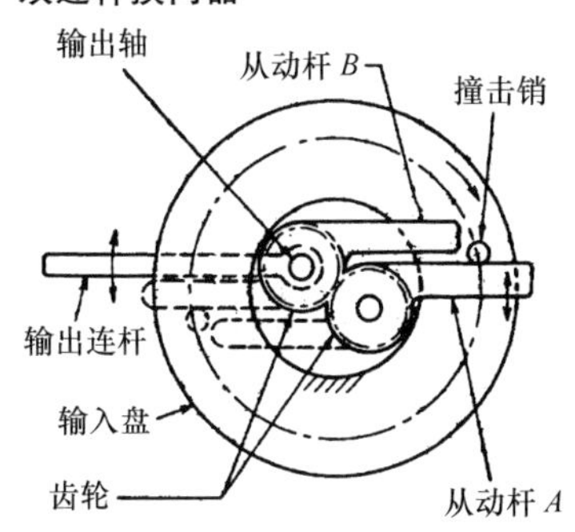

图 13.9-1 这个装置可使输出运动在输入转 180°后自动换向。输入圆盘上有一个过盈配合的销。它撞击连杆 *A* 使它顺时针旋转。连杆 *A* 依次用它的齿轮部分(或者齿轮通过销钉与连杆 *A* 相连)驱动连杆 *B* 做逆时针转动。输出轴和输出连杆(可以是工作构件)与连杆 *B* 相连。

在接近 180°的旋转后，销滑过连杆 *A* 撞击与其相遇的连杆 *B*，于是使连杆 *B*(输出)换向。然后再经过另一个 180°的旋转后，销滑过连杆 *B* 撞击连杆 *A*，再次开始这个循环。

时杆换向器

图 13.9-2 这个装置也有一个撞击销，但是这个销是在输出构件上。输入锥齿轮驱动两个从动锥齿轮，这两个从动锥齿轮绕着共同的轴随意旋转。然而，棘爪离合器是通过花键与轴连接的，故可以沿轴向随意滑动。如图所示，右边的从动齿轮被锁到驱动轴上。因此输出齿轮顺时针旋转，直到销撞击到换向杆使肘杆向左移动。一旦通过其中心，肘弹簧就会将棘爪拉向左边，与左边的从动齿轮啮合。这就会立即使输出换向，输出将逆时针旋转直到销再次撞击换向杆。因此，这个机构在输出每转 360°后就自动换向。

改进的瓦特换向器

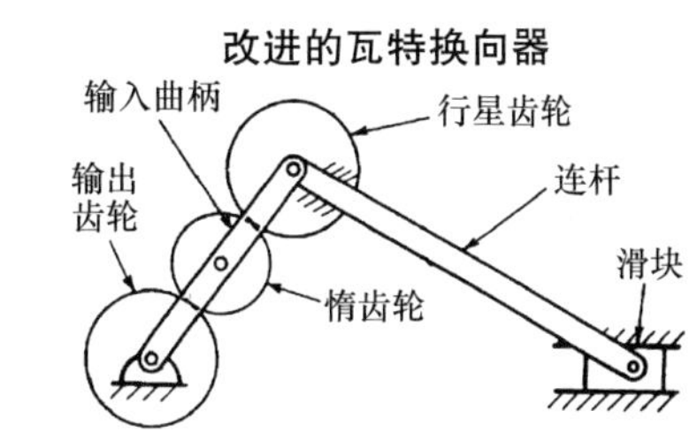

图 13.9-3 这是著名的瓦特曲柄机构的改进形式。输入曲柄使得行星齿轮沿着输出齿轮转动。但由于行星齿轮是固定在连杆上的，使得输出齿轮持续地自我换向。如果两个齿轮的半径相等，每当输入曲柄旋转 360°都会使输出齿轮按照连杆所摆动的相同的角度摆动。

下面的机构在行程中自动地从一个支点换到另一个支点。

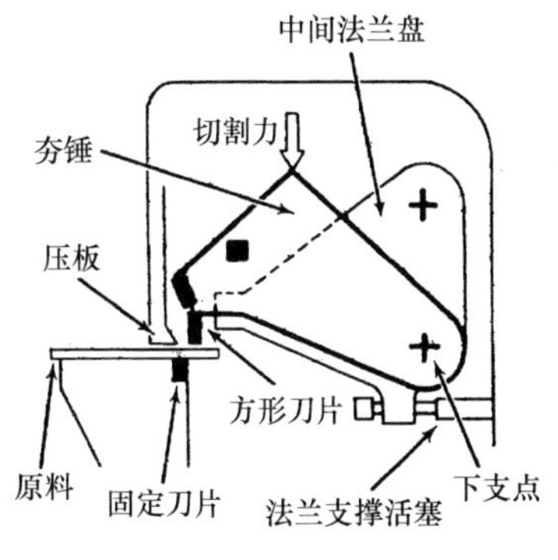

a)

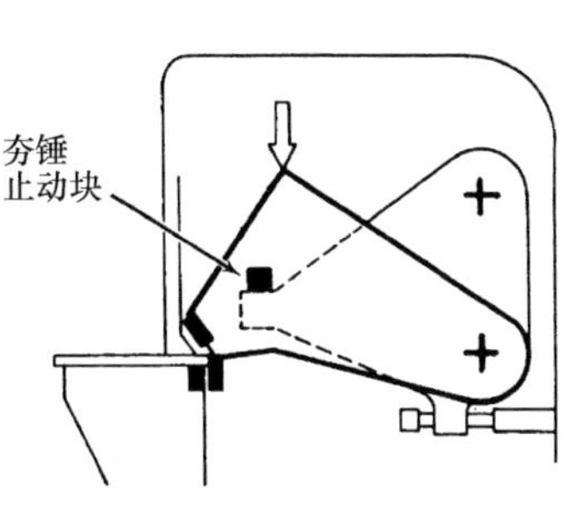

b)

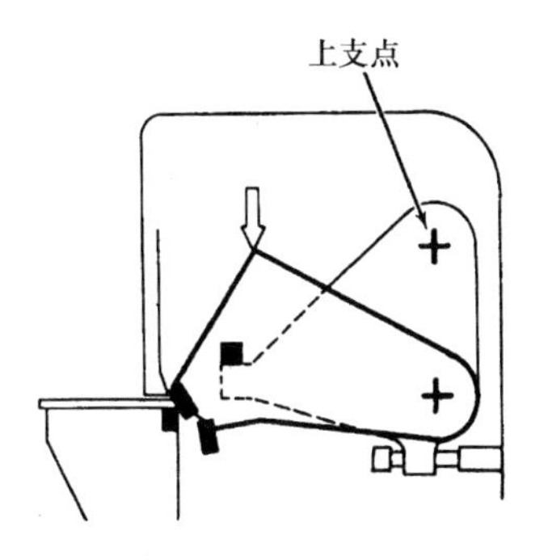

c)

图 13.9-4 两个支点和中间法兰盘控制着切割次序。法兰盘被安装在切割机机架的上支点上，而切割夯锤在下支点与法兰盘相连。在循环工作的开始，夯锤绕着下支点旋转并用方形刀片切割平板；中间法兰盘的运动受到法兰支撑活塞的限制。在切割后，夯锤停在法兰盘的底部。这克服了法兰支撑活塞的约束力，并且夯锤绕着上支点转动。这使得斜向刀刃对平板做斜向切割。

13.10 计算装置

模拟计算装置几乎能够对每分钟的输入变化作出及时的反应。类似于图示的例子，一些基本单元被组合形成最终的装置。这些装置可以进行加、减、分解矢量、解特殊函数或三角函数。

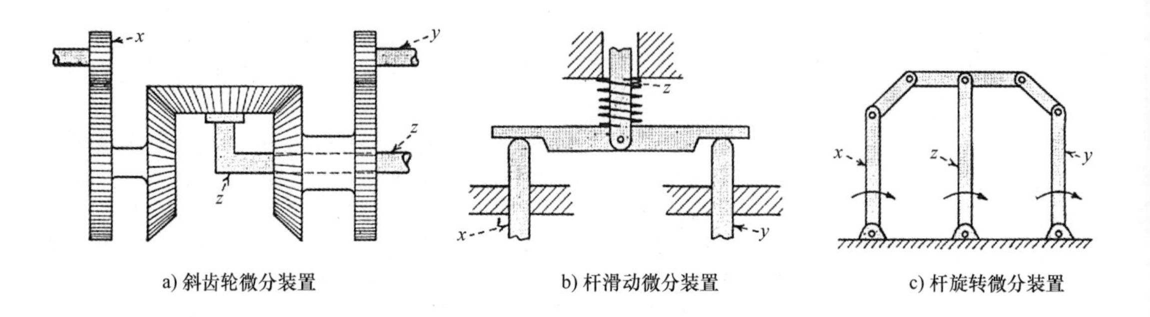

图 13.10-1 加法和减法通常是基于微分原理。变量取决于是否输入：(a) 旋转轴，(b) 杆的移动，或者 (c) 杆的角位移。该装置可以解方程：$z=c(x\pm y)$，在这里 c 是比例系数，x、y 是输入，z 是输出。x、y 在同方向的运动执行加法运算，在反方向的运动执行减法运算。

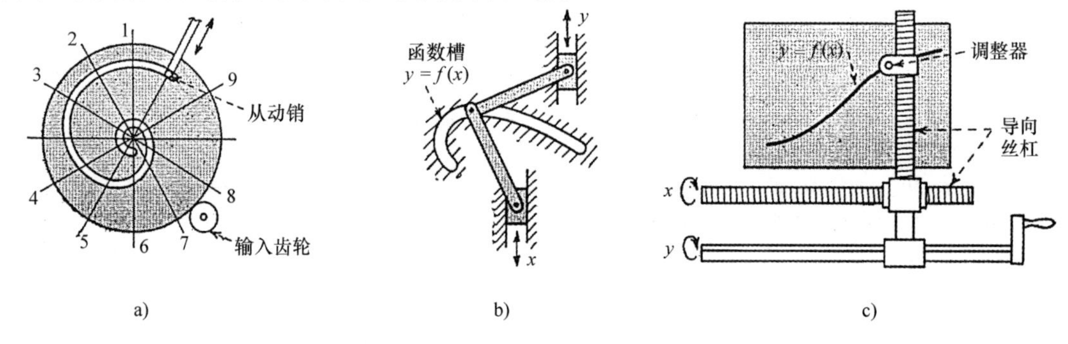

图 13.10-2 函数发生器将特殊方程机械化。(a) 一个倒数凸轮将一个数转换为它的倒数。这是通过将分子和分母进行简单的乘法来简化除法。凸轮旋转到一个相当于分母的位置。凸轮中心与从动销之间的距离相当于一个倒数。(b) 一个带槽的函数凸轮用来运算包含一个变量的复杂函数是理想的。(c) 一个函数被绘制到安放在台面上的一张大纸上。一个分析器以恒速转动 x 方向的导向丝杠。一个操作器或者光电跟踪器转动 y 方向的输出以保持调整器与曲线重合。

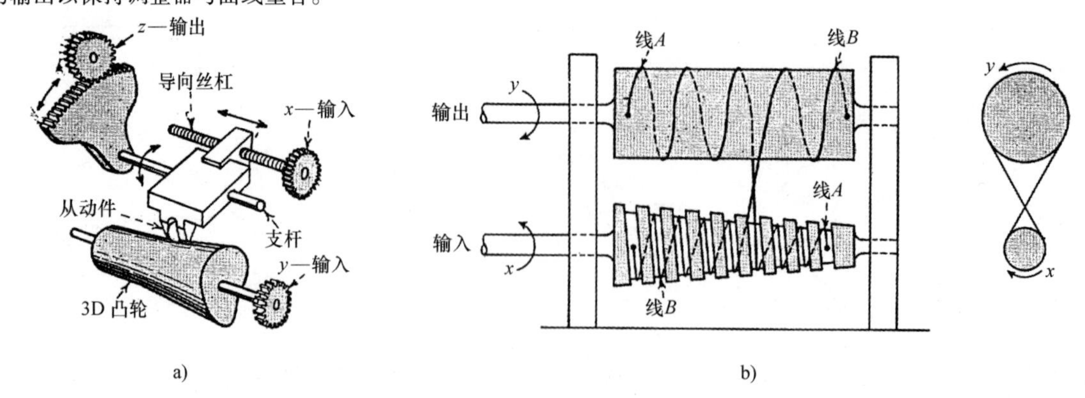

图 13.10-3 (a) 一个三维凸轮装置用两个变量产生函数 $z=f(x,y)$。凸轮靠 y 输入旋转；x 输入沿着一个支杆移动从动件。凸轮的轮廓使从动件旋转，并且传递给 z 输出齿轮一个角位移。(b) 这是一个产生正负输入平方 $y=c(\pm x)^2$ 的圆锥凸轮装置。圆锥上任意点的半径与线到点的右侧的长度是成比例的；因此，圆柱的转

动与圆锥的转动平方也是成比例的。输出通过一个齿轮微分器被转化为正数来完成进给。

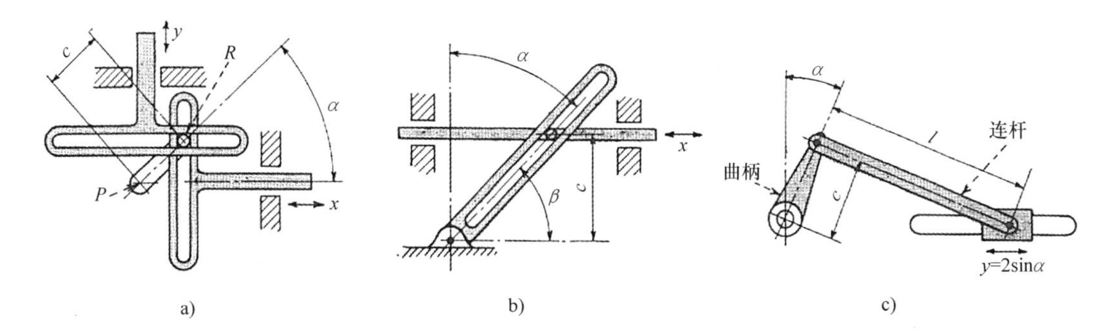

图 13.10-4 三角函数计算装置。(a) 用来计算正、余弦的曲柄移动导杆机构。曲柄绕着固定点 P 旋转，获得角度 α，并且使两个导杆产生运动：$y = c\sin\alpha$，$x = c\cos\alpha$。(b) 正切、余切装置产生 $x = c\tan\alpha$ 或 $x = c\cot\beta$。(c) 偏心轮和从动件制造起来很简单，但是正、余弦函数值是很接近的。在 90°和 270°时最大的误差是 0；1 是连杆的长度，c 是曲柄的长度。

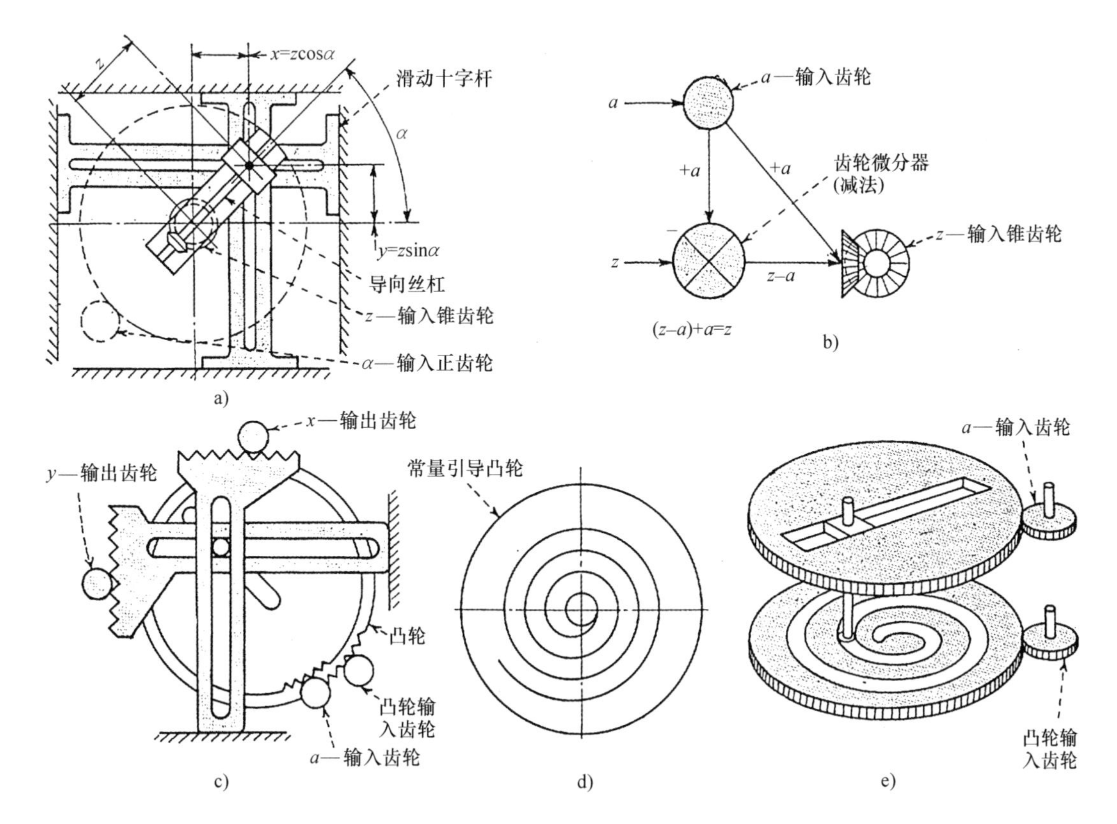

图 13.10-5 分量分解装置决定矢量的 x 和 y 分量，这个矢量的角度和大小是不断变化的。方程是 $x = z\cos\alpha$，$y = z\sin\alpha$，这里 z 是矢量的大小，α 是矢量角。装置也可以合成矢量分量以获得一个解。在 (a) 中，输入是通过锥齿轮和导向丝杠来实现 z 的输入，通过正齿轮实现 a 的输入。在 (b) 中，齿轮微分器可以避免 a 输入影响 z 输入。这样的问题在 (c) 中通过用常量引导凸轮 (d) 和 (e) 来解决。

下面呈现的是进行**可变函数的乘法、除法、微分和积分运算的典型的计算装置**。

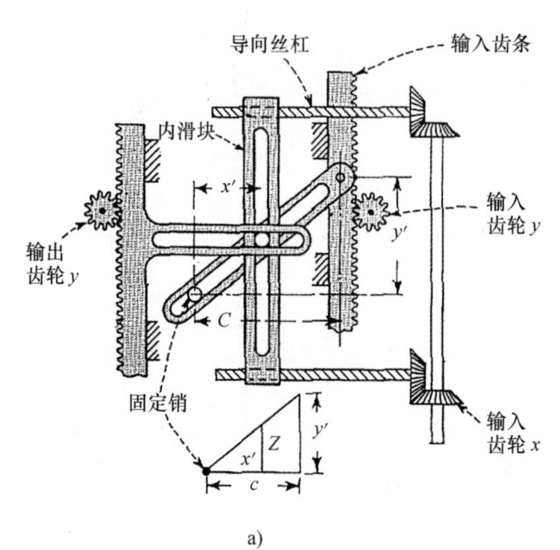

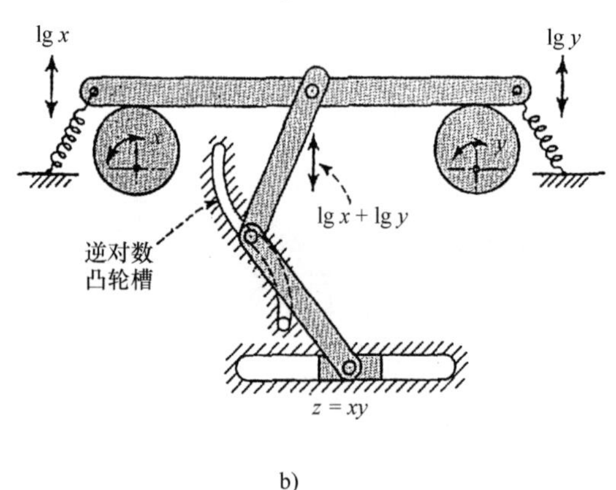

图 13.10-6 二维平面的乘法，x 和 y 通常能用两种方法来解决：(a) 相似三角形法，或者 (b) 对数方法。在方法 (a) 中，长度 x' 和 y' 与输入齿轮 x 和 y 的旋转角度是成比例的。距离 c 是常数。根据相似三角形原理，$z/x = y/c$ 或 $z = xy/c$，这里 z 是输出齿条的垂直位移。这个装置修改后可以适用于负变量。在方法 (b) 中，输入变量通过对数凸轮产生 lg$x$、lg$y$ 的直线位移来完成进给。这个函数然后可以加上一个微分杆，这个微分杆 $z = \lg x + \lg xy$（负的比例系数）。结果通过反对数凸轮完成进给，以便从动件的运动符合 $z = xy$。

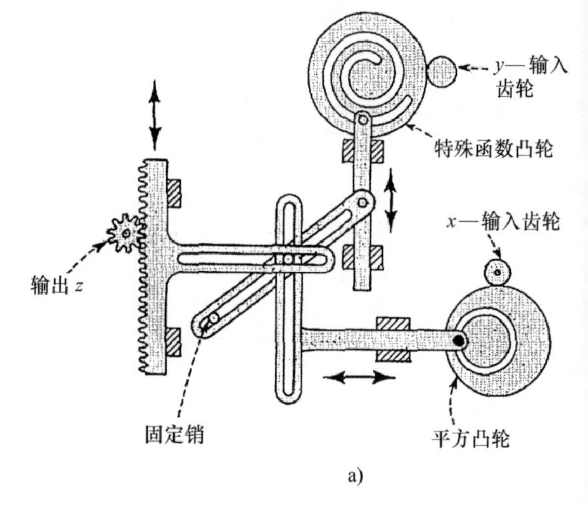

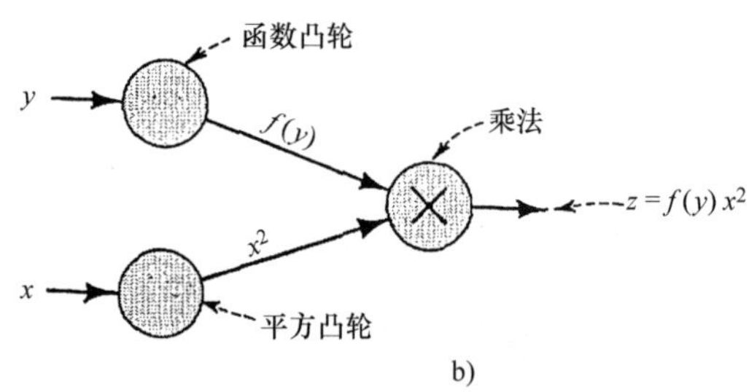

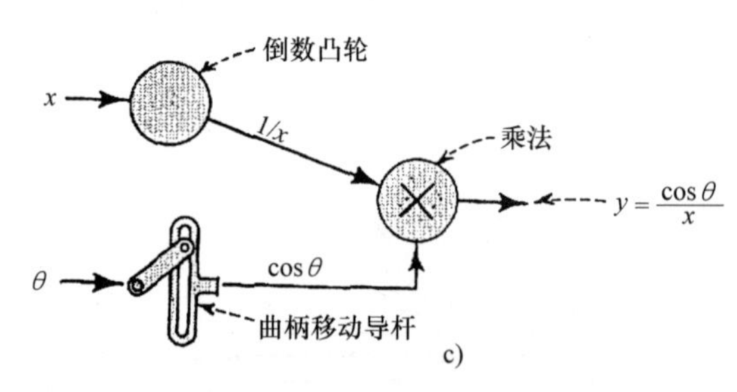

图 13.10-7 复杂函数的乘法运算可以将图 13.10-6 装置中的输入滑块和齿条用凸轮代替来实现。同样采用相似三角形原理。在图 a 中的装置解得方程：$z = f(y)\ x^2$。原理图如图 b 所示。两个变量的除法可以通过一个倒数凸轮产生的一个变量的进给再乘以另一个变量来完成。图 c 所示的是 $y = \cos\theta/x$ 的解。

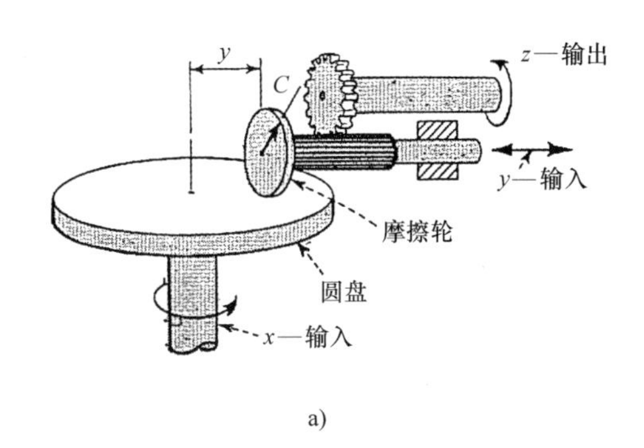

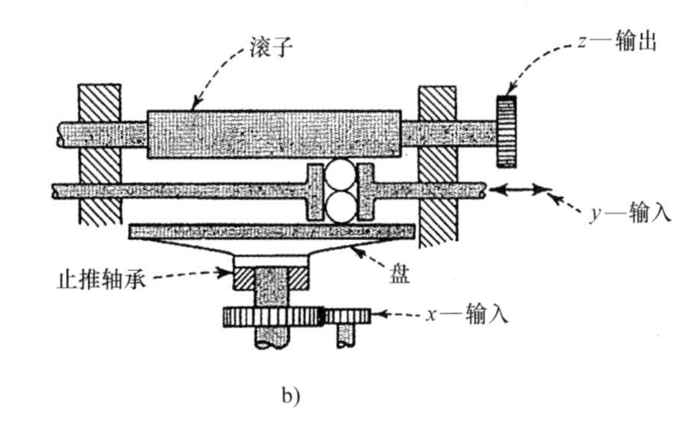

图 13.10-8 积分器主要是变速驱动。在图 a 中，x 输入轴转动圆盘，然后转动在 y 输入轴上的摩擦轮，y 输入轴与 x 输入轴是垂直的。当摩擦轮旋转时，它转动了在可移动的 y 输入轴上的花键轴。在水平的 z 输入轴末端上的齿轮驱动 z 轴转动。

沿着圆盘半径方向移动 y 输入轴，使摩擦轮的旋转速度由在圆盘中心的零一直到圆盘的外圆的最大值之间变化。于是，z 轴输出是 x 输入的旋转速度、摩擦轮的直径和在圆盘上摩擦轮的半径距离 y 的函数。

在图 b 所示的积分器中，两个球代替了摩擦轮和 y 输入轴的花键轴，并且当 y 输入轴移过圆盘的整个直径时，代替 z 输出轴上齿轮的一个滚筒提供了一个变速输出。

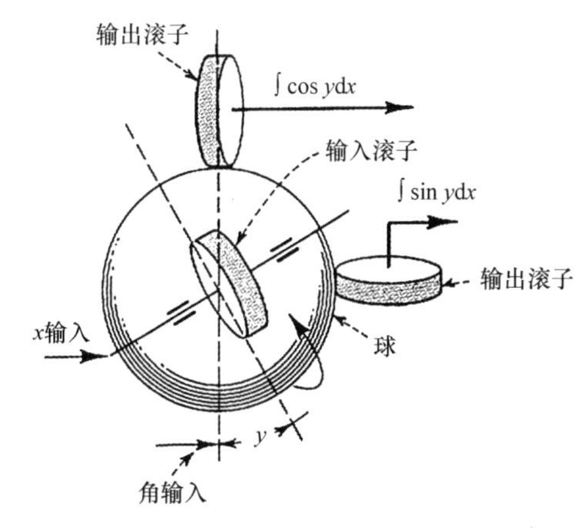

图 13.10-9 一个分量积分器有 3 个圆盘来获得一个微分方程的 x、y 分量。在 x 输入轴上的输入滚子使球体旋转，而 y 输入杠杆臂调整滚子相对球体的角度。正弦和余弦输出滚子提供平行于 x、y 轴的分量的积分。

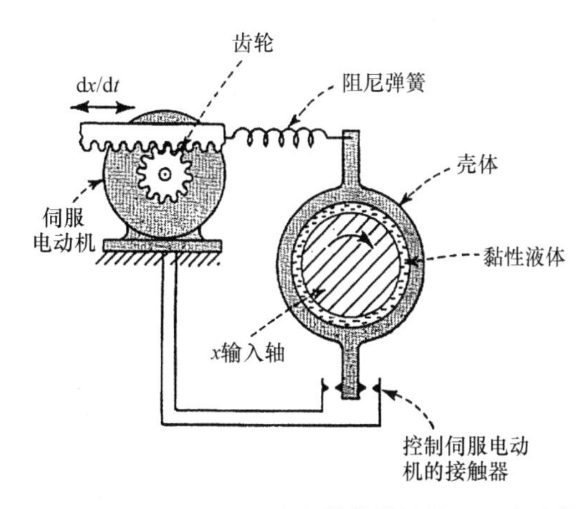

图 13.10-10 这个微分器是基于一个液体薄层中的黏性阻尼力与 x 输入轴的转速成比例的原理。阻尼力与处于拉紧状态的阻尼弹簧达到平衡状态。弹簧的长度由在壳体底部的被电接触器控制的伺服电动机来调整。轴速度的改变可以导致黏性转矩的变化。在壳体中的轴关闭一组电接触器，使电动机轴转动。这将使调整弹簧松紧的齿条重新定位并平衡系统。伺服电动机齿轮的所有转动是与 dx/dt 成比例的。

13.11 机械动力放大器的6个应用

准确定位和重载下的运动是这类纯机械式增扭器能执行的两项基本工作。

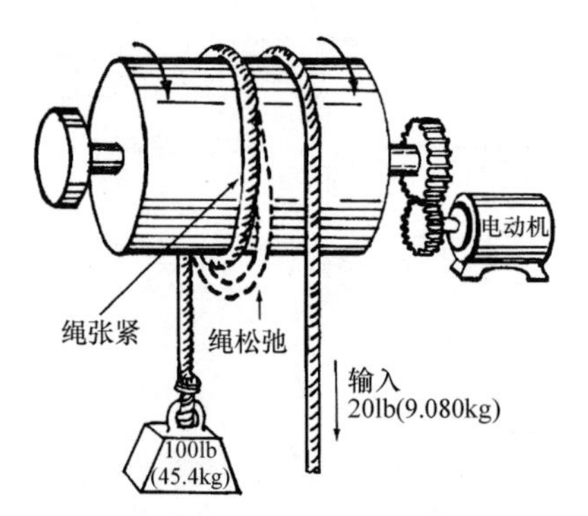

图 13.11-1 索式卷筒机原理是这里所介绍的机械动力放大器的基础，它组合了两个反向转动的滚筒。当输入轴旋转拉紧滚筒 *A* 上的带时，滚筒连续旋转，但只传送力矩。当过分拉紧滚筒上的带时，滚筒 *B* 将阻止输出。

这种机械动力放大器响应速度快。来自滚筒的持续旋转的动力可以被瞬间利用。当用于位置控制时，气动、液压和电子系统，甚至那些具有连续运转动力的系统，都要求有转换器将信号从一个能量形式转换到另一种形式，而机械功力放大器可以直接进行控制运动的传感。

这个通用机械设备的四个主要的优点如下：

1）动力源的动能可持续地应用于快速反应。

2）可以复制运动和放大动力而无需转变动力形式。

3）位置和速度反馈是固有的设计特性。

4）输入与输出之间的零漂移消除了累积误差。

另一个重要的优势是，这个设备改装后可以执行特殊的功能，而能执行这个功能的其他类型的系统更昂贵并且工作起来不一定比这个设备可靠。下面的通过6个应用的图解说明这些优点怎样被用于工作中来解决各种各样的问题。

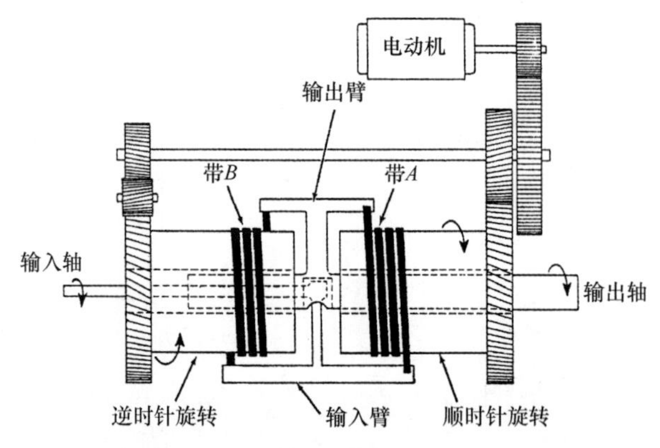

图 13.11-2 索式卷筒机是一个简单机械放大器。缠绕在一个电动机驱动的滚筒上的绳将滑移，除非绳的另一头被放松。所需要的拉紧力取决于摩擦系数和绳的缠绕数。通过将带 *A* 和 *B* 与输入轴和臂连接，这个动力放大器提供两个方向的输出，以及准确角度定位。当输入轴顺时针转动时，输入轴使固定在滚筒上的带 *A* 松弛。因为固定带 *A* 的受力端与输出轴连接，所以它传递从动滚筒的顺时针转动，通过这个从动滚筒带 *A* 被缠到输出轴上。因此，带 *B* 放松并在自己的鼓轮上滑动。当输入轴的顺时针转动停止时，张紧的 *A* 带放松并在自己的鼓轮上滑动。如果输出轴过载，输出臂将使带 *B* 张紧，拉紧带 *B* 引起滚筒逆时针旋转，然后输出轴停止。

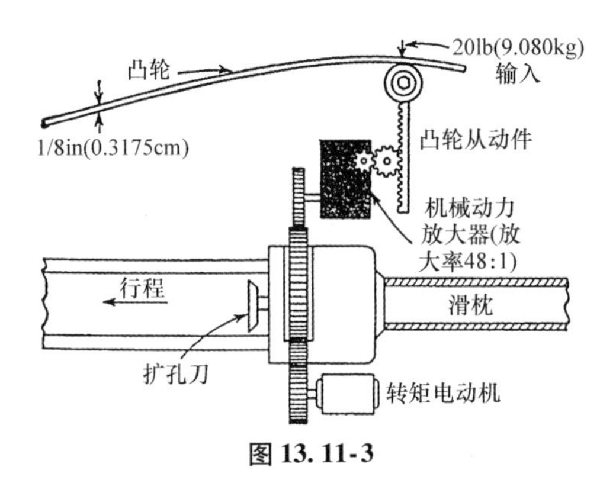

图 13.11-3

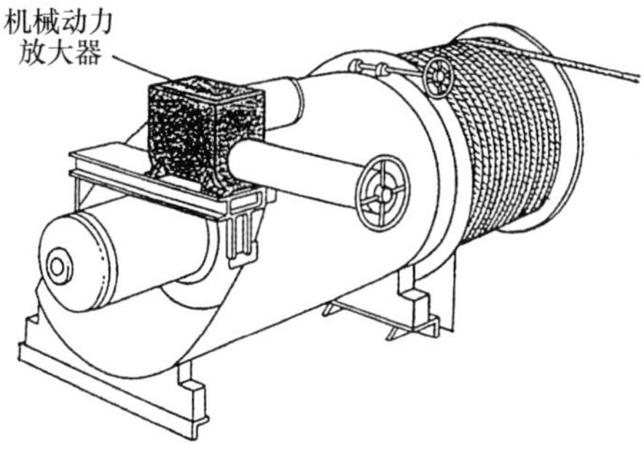

图 13.11-4

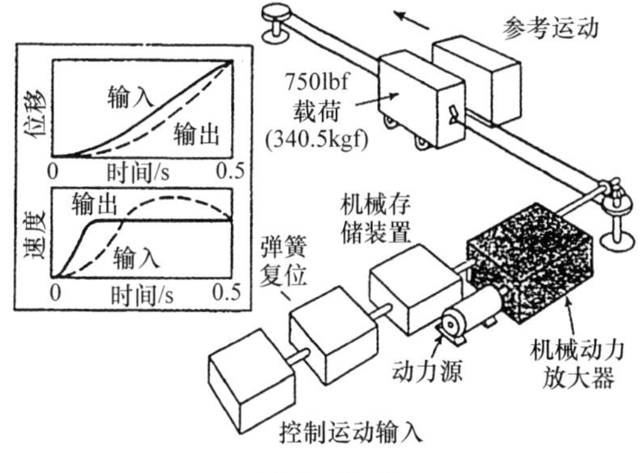

图 13.11-5

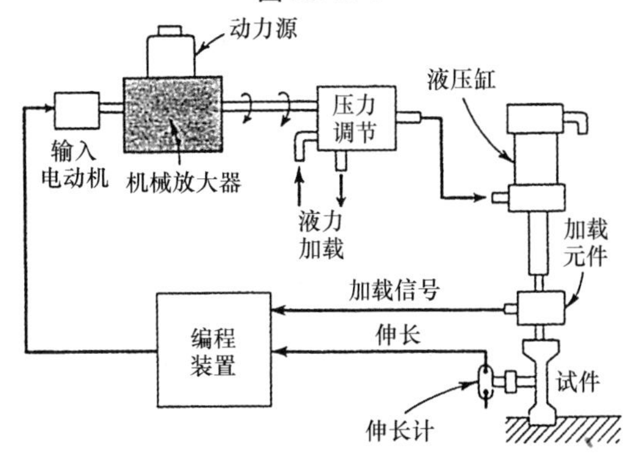

图 13.11-6

1. 非线性扩孔装置

问题：在扩孔过程中，螺纹间隙和槽处产生的扭曲在滚筒的长度上呈非线性作用。改进这种扩孔机通常要求作一些相关扭曲作用的实验。目前，扩孔刀的旋转完全靠由又长又重的楔形凸轮和相关的齿轮机构组成的纯机械机构来执行。不过，对于陡的螺旋角来说，作用在这个机构上的力变得极其高。

解决办法：将一个带有固有位置反馈的机械功率放大器加到这个机械机构上，如图 13.11-3 所示。凸轮和从动件无需驱动扩孔刀，只需要提供足够的转矩来确定放大器输入轴的位置。

2. 液压卷筒机控制

问题：大功率的液压泵电动机系统对于控制位置和运动具有良好的表现。例如，在7.46～111.9kW(10～150hp)范围内，通常方法是在一个封闭的液压环路内改变正排量泵的输出。然而，在许多能控制这个排量的系统中，一个与系统压力成正比的力反馈能导致严重错误甚至摆动。

解决办法：如图 13.11-4 所示是系统完整的外部视图。功率放大器的输出轴控制泵的排量，而它的输入靠手工控制。随着近些年遥控装置的发展，伺服电动机取代了这个手轮。大约 1.1125N · m(10lbf · in)的转矩驱动 66.75N · m(600lbf · in)的载荷。如果这系统必须传送 66.75N · m(600lbf · in)的载荷，设备会更昂贵并且操作更危险。

3. 载荷定位装置

问题：在 0.5s 的时间内必须将 340.5kgf(750lbf)的载荷从静止开始加速，并且按照参考的线速度使加度和定位同步进行。这也要求控制运动源要比载荷获得更快的加速。载荷力矩不应受限于任何滑动装置。

解决办法：带有一个单功率放大器的系统提供了解决方案(见图 13.11-5)。对两个方向进行了预载的一个机械存储装置驱动放大器的输入轴。这使得输入源随意进行加速。总的控制输入运动与放大器轴的输入运动之差被临时储存。在 0.5s 之后，载荷达到适当的速度，存储设备传送与输入精确同步的位置信息。

4. 拉伸试验机

问题：在一台液压拉伸试验机上，动力缸的行程必须被控制为试件两个变量(张紧和拉伸)的函数。一个被设计用来使控制信号与那些可变信号成比例的编程装置有一个大约 0.746W(0.001hp)的输出功率，这个功率太低了，以至于不能驱动压力调节器来控制到液压缸的流量。

解决办法：这个问题的分析显示了三个要求：程序的输出必须被放大大约 60 倍，位置精度必须在 2°内，并且加速度必须保持在很小的数值。机械动力放大器满足全部三个要求。图 13.11-6 所示的是完整的系统。它的设计主要基于稳态特性的原理。

5. 遥测和计算

问题：为了进行一个远程、靠液压测量的工作，同步系统已经用来传送远程测量读数到中心站，并且在本地指示计数器上重复这个信息。这个工作过程需要大量的测量和指示仪表。当增加新设备(例如票据打印机)时，力矩也需要增大。

解决办法：在中心站指示器里的机械动力放大器不仅提供额外的输出转矩，而且可以实现特定的同步，甚至比单独驱动指示仪表时同步性差异还要小(见图13.11-7)。

选择的同步发送器以最高600r/min的转速工作时，只能产生大约0.0211N·m(3ozf·in)的力矩。机械功率放大器可以提供高到11.125N·m(100lbf·in)的转矩，并被设计放在寄存器的底部，如图13.11-6所示。总的精度是在0.946L(0.25USgal)内，并且误差是非累积误差。

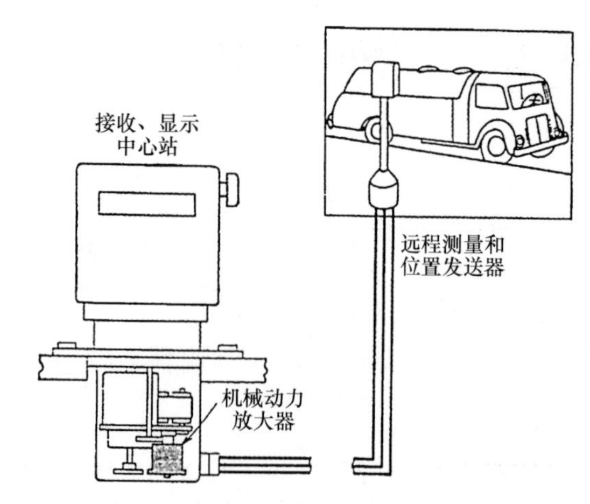

图 13.11-7

6. 不规则的布线

问题：远程控制一台布线机工作台的位置信息储存在胶片上。执行这个信息的伺服循环系统只产生大约0.007N·m(1ozf·in)的转矩。而工作台的丝杠大约需要27.145N·m(20lbf·ft)的转矩。

解决办法：如图13.11-8所示的是一个机械动力放大器如何为远程的工作台提供必要转矩。一台位置发送器把一个旋转运动的输出量转变一个成比例的电信号，把它送到一个机器定位的微分放大器中。与输出轴啮合连接的位置接收器提供与工作台位置成正比的信号。通过差分放大器比较、放大差值，并且把一个信号传给反向旋转的电磁离合器，这个电磁离合器被用来驱动动力放大器的输入轴。

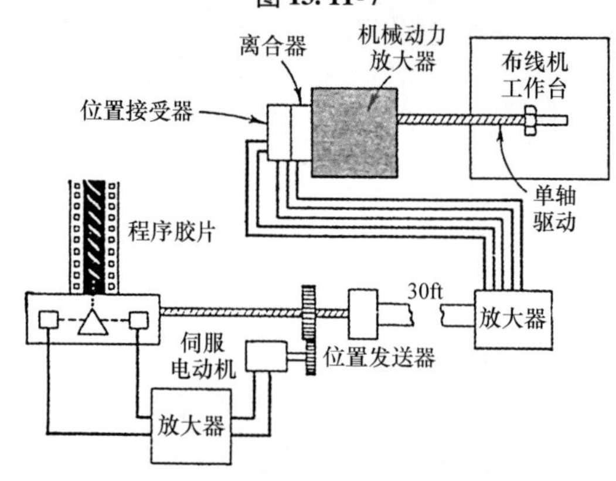

图 13.11-8

图 13.11-9 一个驱动横向进给滑块的机械动力放大器是以卷筒机的原理为基础的。通过改变控制力，作用到滚筒上的全部或者部分动力可以被利用。

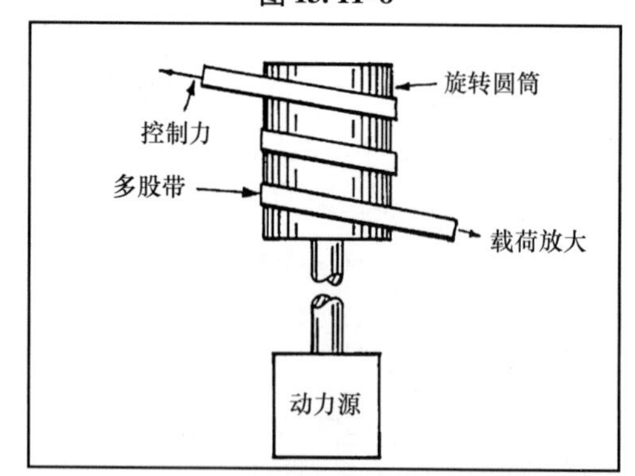

图 13.11-9

图 13.11-10 两个背靠背安装的滚筒提供在伺服系统里需要的双向动力。用二相异步电动机替换原驱动可以使电子或者磁性信号被放大。旋转的输入可以代替简易卷筒机的线性输入和输出。控制和多股带的输出头和控制端都与齿轮相连接，而这些齿轮与滚筒的轴是同心装配的。

当伺服电动机旋转控制齿轮时，它使带和滚筒一块锁紧，强迫输出齿轮和它一块旋转。当第二个滚筒空转时，伺服电动机的顺时针方向旋转产生顺时针方向的动力输出。通过改变伺服电动机的电压来改变伺服电动机的转速，从而改变输出的转速。

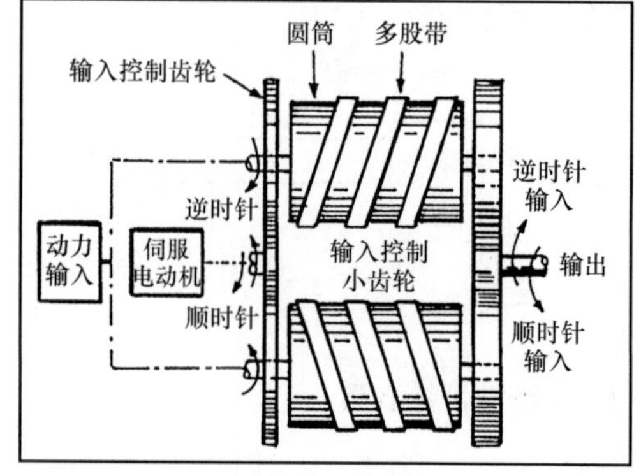

图 13.11-10

13.12 变速机械传动

1. 圆锥传动

如图 13. 12-1 所示的这组简单圆锥传动装置中均有一个与轮或传送带相结合的圆锥（或锥形）滚子。它们是由阶梯形滑轮系统发展而来的。即使更复杂的设计也只能把速度限定在一定范围内，并且一般必须是弹簧负载以减少滑动。

可调圆锥传动（见图 13. 12-1a）。这可能是最古老的变速摩擦系统，通常是专用的。来自于发动机驱动的锥体的动力通过摩擦轮被传送到输出轴，摩擦轮沿着锥面调整以改变输出速度。速度取决于接触点的直径比。

双圆锥传动（见图 13. 12-1b）。调整轮是动力传送元件，但是此装置很难预载，因为输出轴和输入轴都必须靠弹簧加载。第二个圆锥可以使减速范围增加一倍。

圆锥带传动（见图 13. 12-1c 和图 13. 12-1d）。在图13. 12-1c中，传送带包络了两个圆锥。在图 13. 12-1d 中，一个长的环状带在两个锥体之间运转。靠顺着锥体改变带的位置来获得无级速度调整。带的横截面必须足够大以便传送额定力，但是带的宽度必须维持在一个最小值以避免在带宽上产生大的速度差动。

电动耦合圆锥（见图 13. 12-2）。这个驱动装置由顺磁材料的薄叠片组成。这些叠片用可以限制感应场影响的半导体材料分隔开。在驱动圆锥中有一个感应场发生装置。与圆锥相邻的是用于场发生装置的定位电动机。由驱动圆锥的一个特殊部分产生的场降低了叠片周围磁感应的影响。这就使成对的叠片产生耦合并随着驱动轴旋转。在场发生元件的选择定位点的圆锥直径比决定了速度比。

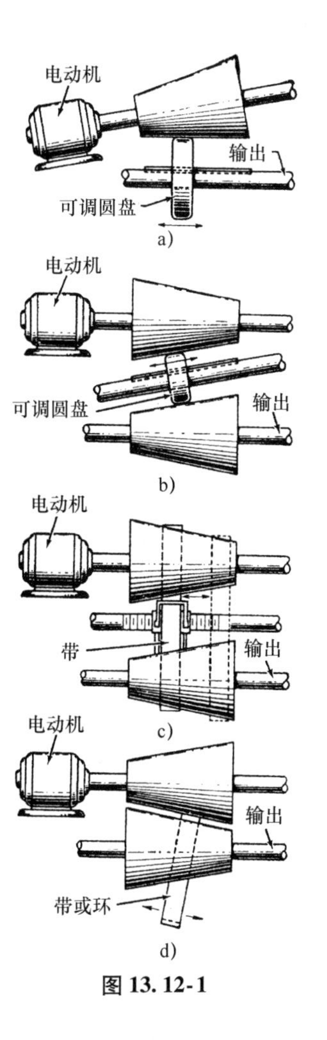

图 13.12-1

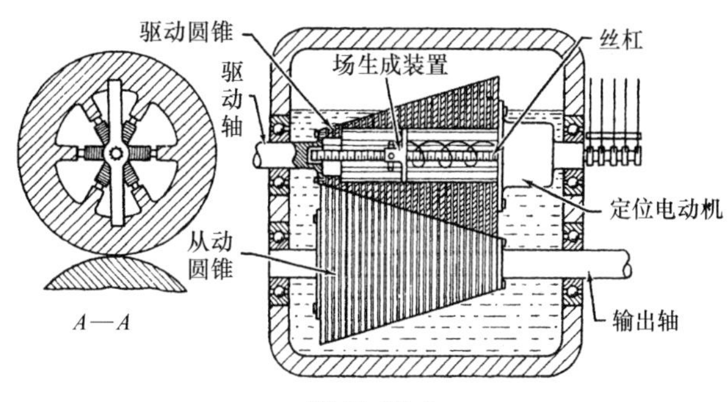

图 13.12-2

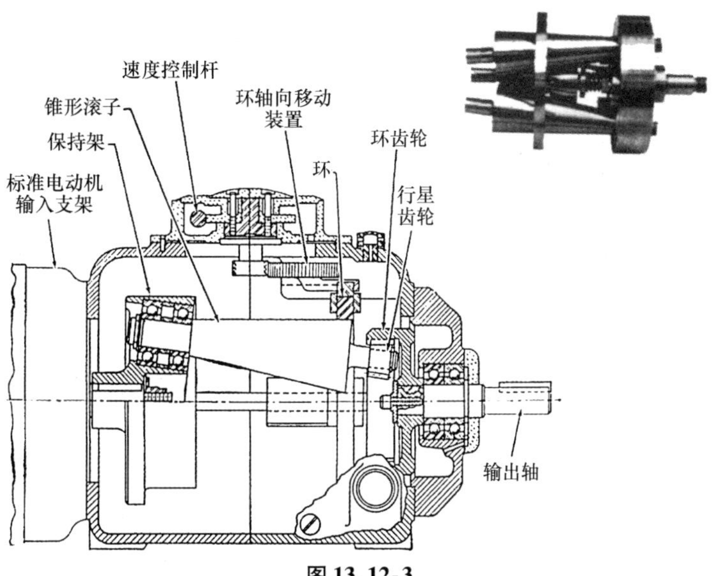

图 13.12-3

Graham 传动（见图 13.12-3）。这个工业装置由行星齿轮和三个锥形滚子（图中只显示了一个）组成。环由一个凸轮和齿轮装置轴向定位。驱动轴使带有锥形滚子的支架旋转。锥形滚子以与其锥角相等的角度倾斜，以便它们的外轮廓与装置的中心线平行。滚子和环之间的牵引力由离心力或者滚子的弹簧力提供。在每个滚子的端部一个小齿轮和环齿轮啮合。环齿轮是行星齿轮系统的一部分，并且与输出轴相耦合。

速度比取决于固定环的直径与接触点的滚子的有效直径之比，并且由环的轴向位置确定。由于差动特性，即使是最大的输出速度值也总会只是输入速度的三分之一。当驱动电动机的角速度与锥形滚子的中心绕它们共同的中心线的角速度相等时，输出速度为零（此中心是由不旋转的摩擦环的轴向位置确定的）。此驱动装置的制造额定功率可达 2.238kW (3hp)，效率可达 85%。

圆锥和环传动（见图 13.12-4）。这里两个圆锥体被一个预加载荷的环环绕。环轴向移动可以改变输出速度。这一原理类似于图 13.12-1c 中的圆锥和带传动。然而，在图示传动中，环和圆锥体之间的接触压力将随着限制滑动的载荷的增大而增加。

行星圆锥传动（见图 13.12-5）。这一系统基本上是一个行星齿轮系统，不同的是用圆锥代替了齿轮。行星圆锥靠由发动机驱动的太阳圆锥来旋转。行星圆锥在外部的一个不旋转外壳和行星支架之间受压。环的轴向调整改变圆锥绕其共轴的旋转速度。这样就改变了行星支架和输出轴的速度。因此，此机构类似于 Graham 传动机构（见图 13.12-3）。

如图所示的机构的速度调整范围为 4:1～24:1。在日本制造的这个机构的额定功率可达 1.492kW(2hp)。

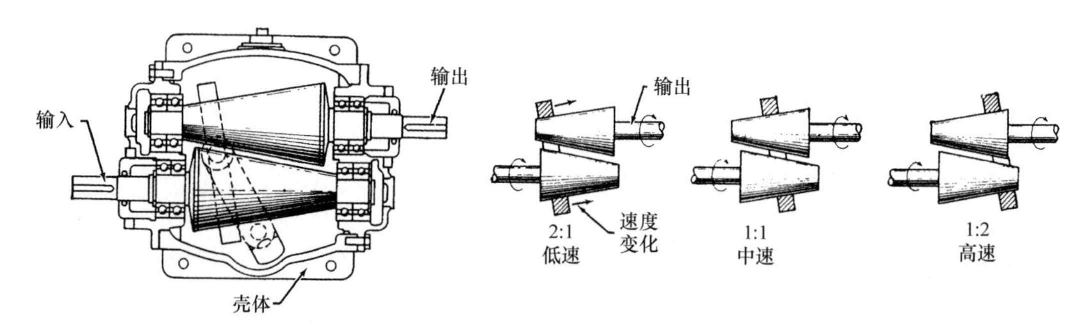

图 13.12-4

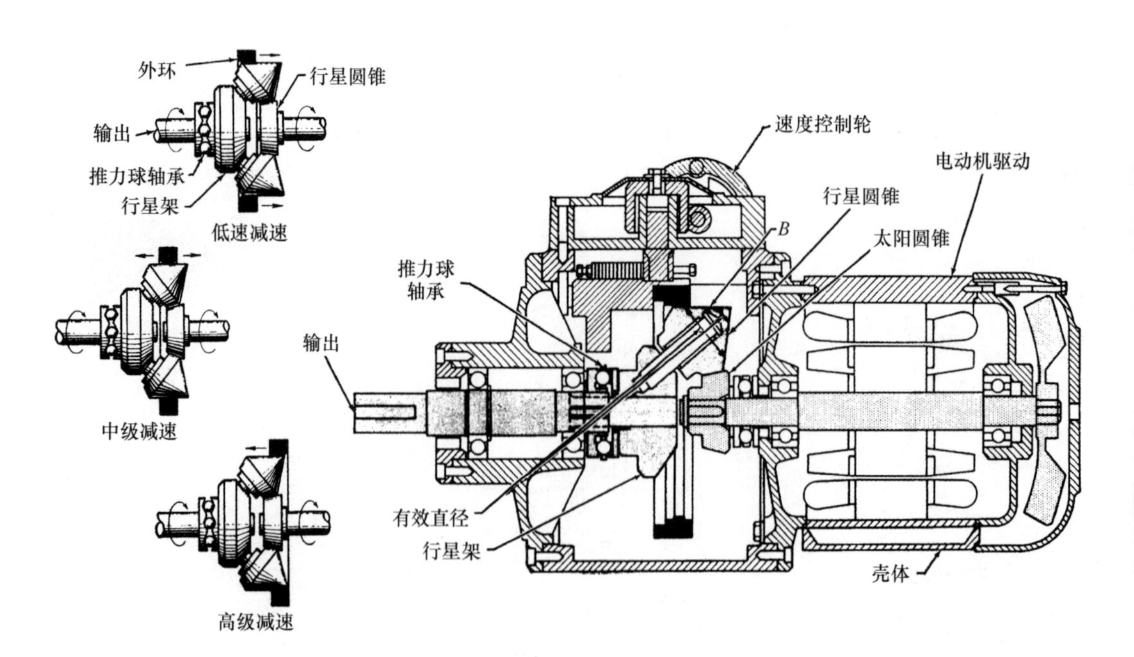

图 13.12-5

2. 圆盘传动

可调圆盘传动（见图 13.12-6a、图 13.12-6b）。图 13.12-6a 中，输出轴与输入轴垂直。如果驱动力、摩擦力、效率保持不变，输出转矩随输出速度的增大成比例地减小。轮子由高摩擦系数的材料制成，圆盘是钢制造的。由于滑移量比较大，所以只能传递小转矩。由于这个系统的速度调整范围很大，轮子可以越过圆盘的中心移动。

为了增加速度，可以增加第二个圆盘，如图 13.12-6b 所示。这个机构也使输出轴和输入轴平行。

弹簧加载的圆盘传动（见图 13.12-7）。在这个工业传动装置中，为了减少滑移量，增大了滚子和圆盘之间的接触力，在输出轴上安装有弹簧装置。速度通过旋转丝杠在垂直方向上移动锥形滚子来调节。图中的驱动装置的功率可达 2.984kW(4hp)。使用额定功率达 9.2kW（20hp）的驱动器时可装配两组滚子。效率可以高达 92%。标准的速度范围是 6:1，但是已经制造出了范围为 10:1的装置。由硬化处理过的钢制成的动力传送零件在油雾的环境中工作，于是使磨损最小化。

行星圆盘传动（见图 13.12-8）。在此摩擦传动装置中，四个行星圆盘代替了行星齿轮。行星圆盘安装在杠杆上，这个杠杆控制径向位置，并因此控制了运动轨道。环和太阳圆盘都由弹簧加载。

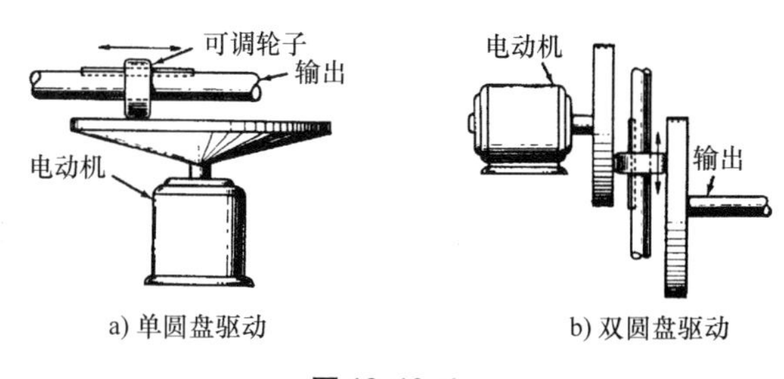

a) 单圆盘驱动　　b) 双圆盘驱动

图 13.12-6

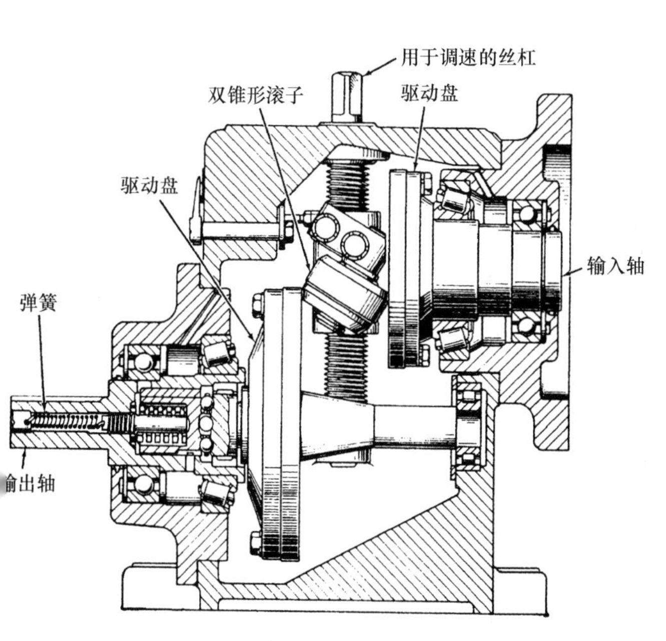

图 13.12-7

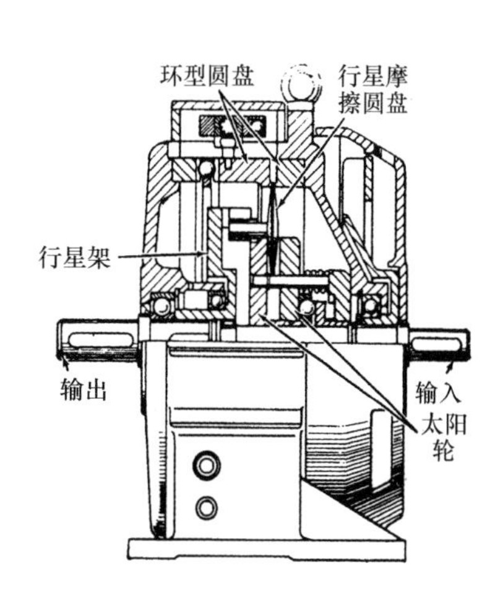

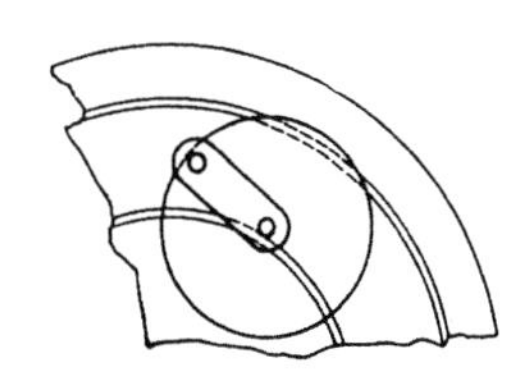

图 13.12-8

3. 圆环传动

圆环和滑轮传动（见图 13.12-9）。在这个传动装置中，一个厚的钢制圈环绕两个可变齿距（实际上是可变厚度）的滑轮。一个新型的齿轮连杆机构同时改变了两个滑轮的厚度（见图 13.12-9b）。例如，当上面的滑轮打开时，底部的滑轮的侧面关闭。这样就减小了上滑轮的有效节圆直径，增加了下滑轮的有效节圆直径，因此就改变了输出速度。

通常，圆环和滑轮在 *A* 点和 *B* 点啮合。然而在负载状态下，从动滑轮阻碍旋转，并且由于圆环的微小弹性变形，接触点将从 *B* 点向 *D* 点移动。圆环的形状由最初的圆形变为微椭圆形，并且接触点之间的距离减小。这样将在锥形滑轮之间楔入圆环，使圆环和滑轮之间的接触压力与施加的载荷成比例地增大，这样在任何速度之下的输出功率都是常数。这个传动装置的功率可达 2.238kW(3hp)，速度调节范围可达 16:1，实际范围大约是 8:1。

有些制造商通过使这些滑轮的一组反向，用不常见的交叉截面形式（见图 13.12-10）来安装圆环。

双圆环传动（见图 13.12-11）。动力通过两个钢制牵引圆环来传送，这两个牵引圆环与安装在两个独立轴上的两个轮盘相啮合。这个传动装置要求由弹簧系统（图中未画出）使外圆盘受到一个压力载荷。圆环经过硬化和倒圆以减小磨损。倾斜圆环的支架可以改变速度，从而迫使圆环移到所需的位置。

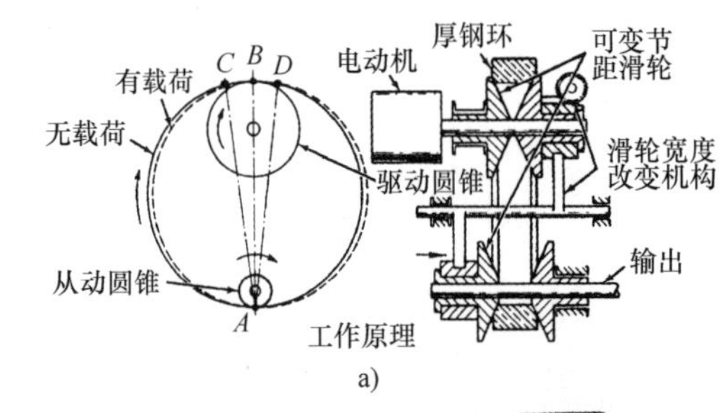

a)

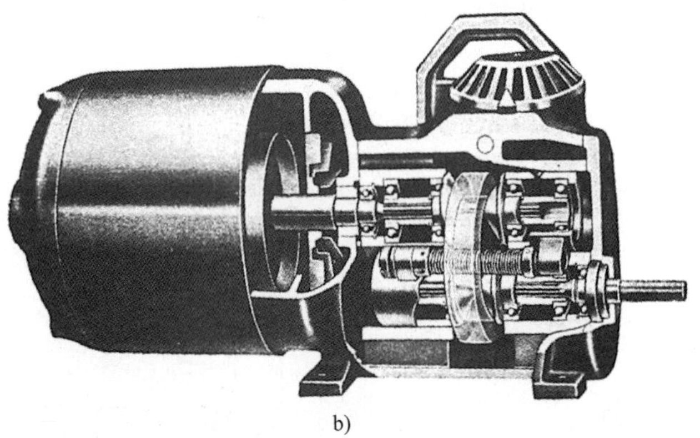
b)

图 13.12-9

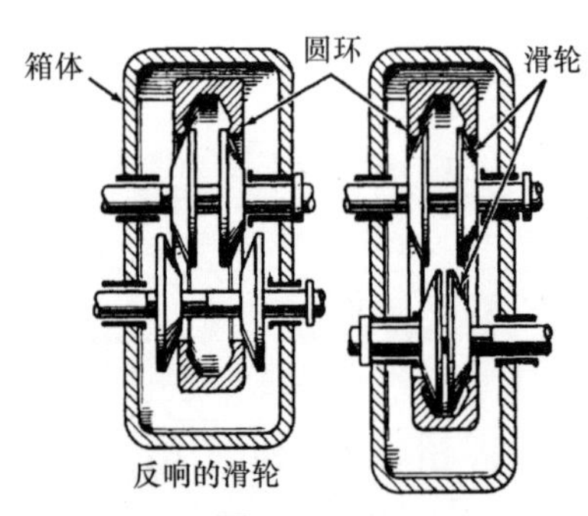

图 13.12-10

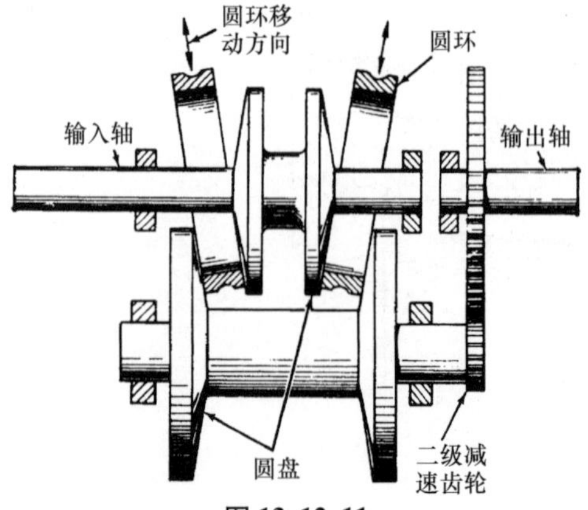

图 13.12-11

4. 球面传动

球面圆盘传动（见图 13.12-12 和图 13.12-13）。在图 13.12-12 中，通过改变滚子和球面圆盘的接触角可以改变传动装置的速度。如图所示，左球面圆盘通过键与驱动轴相连，右球面圆盘包含输出齿轮。圆盘之间靠螺旋弹簧施加载荷。

如图 13.12-13 所示的一个工业装置是图 13.12-12 中装置的输入轴和输出轴共轴的形式。滚子可以在轴承上自由旋转，并且速度可以在两个极限值 6:1 和 10:1 之间任意调整。一个自动装置调整滚子之间的接触压力，并保证该压力与外加扭转载荷精确成比例。

双球面传动（见图 13.12-14）。由两套球面圆盘和滚子组成的机构可以获得较高的减速。这样也减少了工作压力和磨损。输入轴带动两个反向的球面圆盘在装置中工作。圆盘通过两套三个滚子组驱动双面的输出圆盘。改变滚子的角度可以改变传动比。圆盘靠液压装置轴向加载。

倾斜球传动（见图 13.12-15）。动力靠钢球在圆盘之间传递，钢球的旋转轴线可以倾斜来改变球周围两条接触轨迹的相对长度，并因此改变输出速度。球的轴线可以均匀地向每个方向倾斜；球和圆盘的有效滚动半径可以使速度最大增加比为 3:1，或最大减小比为 1:3，总的输出速度变化可达 9:1。

靠一个通过所有球轴线投影的凸轮盘来控制倾斜。为了防止在起动或冲击载荷下的滑移，转矩响应机构安装在传动装置的输入和输出两侧。产生的轴向压力与作用转矩成比例。靠蜗杆传动来定位凸轮盘。已制造出功率为 1.12kW(15hp) 的传动装置。传动效率已在曲线图中绘出。

球面和滚子传动（见图 13.12-16）。端面是球形的滚子偏心地被安装在共轴的输入、输出球形圆盘之间。改变滚子的角坐标可以改变速比。

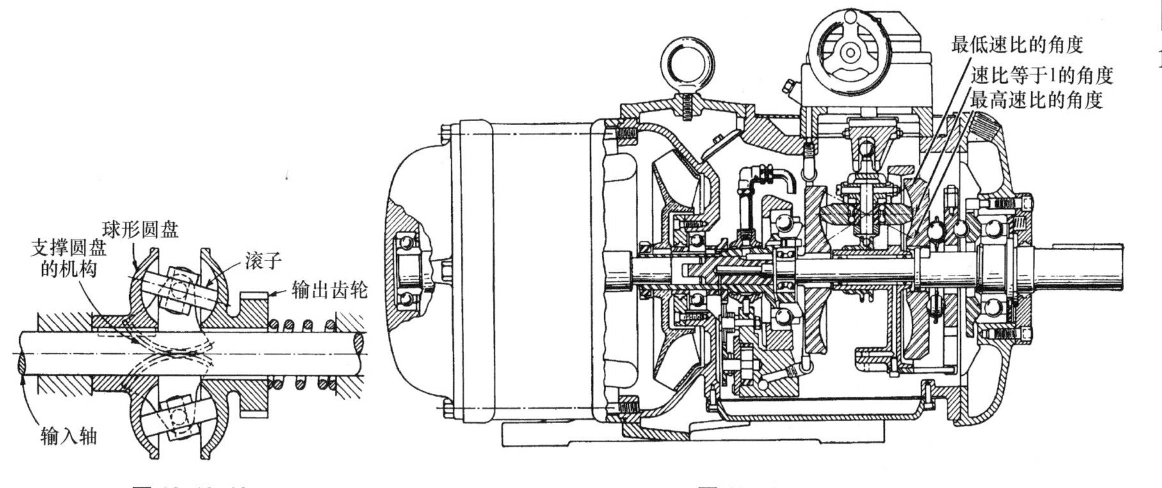

图 13.12-12

图 13.12-13

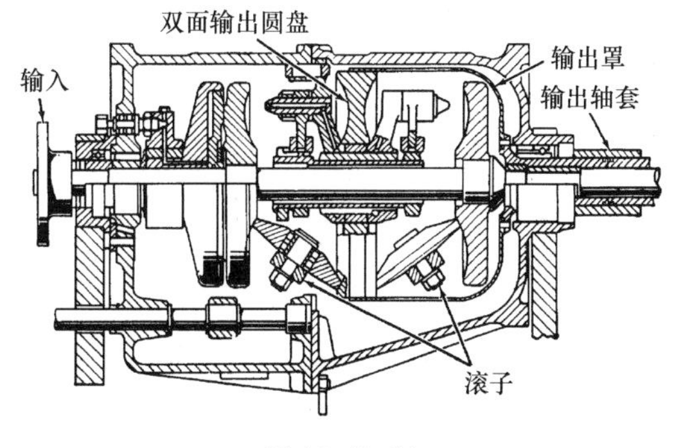

图 13.12-14

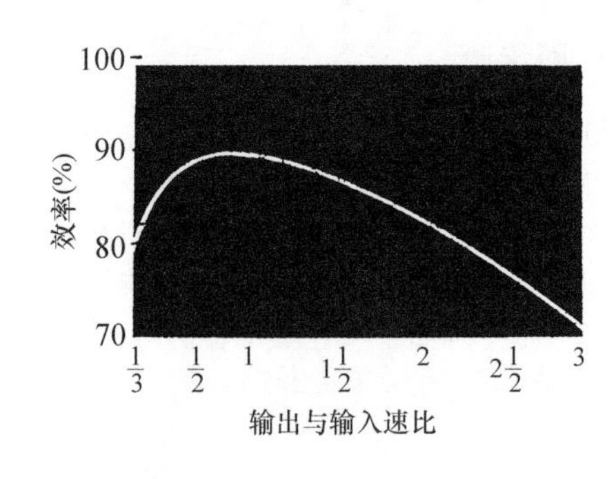

倾斜球传动效率

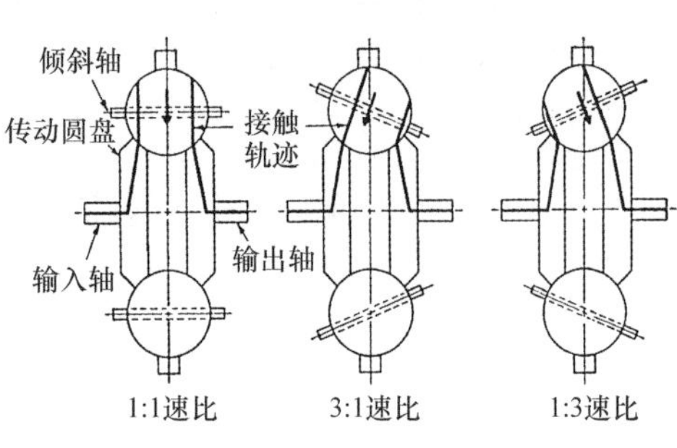

图 13.12-15

如图 13.12-16a 所示，当滚子的中心线平行于圆盘的中心线时，输出圆盘以与输入圆盘相同的速度旋转。如图 13.12-16b 所示，当接触点靠近输出轮盘的中心线，远离输入轮盘的中心线时，输出速度大于输入速度。相反地，如图 13.12-16c 所示，当滚子与输出轮盘以大半径接触时，输出速度减小。

一个负载凸轮保持轮盘和动力滚子之间的必要接触力。速度调整范围达 9:1；效率接近 90%。

球和圆锥传动（见图 13.12-17）。在这个简单的传动装置中，输出轴与输入轴是偏置的。内顶角为 90°的两个相对圆锥装配在各自的轴上。两个轴相互被预载。与圆锥接触的球的不同定位可以改变速度。球可以相对球板横向移动。圆锥形的空腔和球的表面经过硬化处理，此传动装置在油槽里工作。

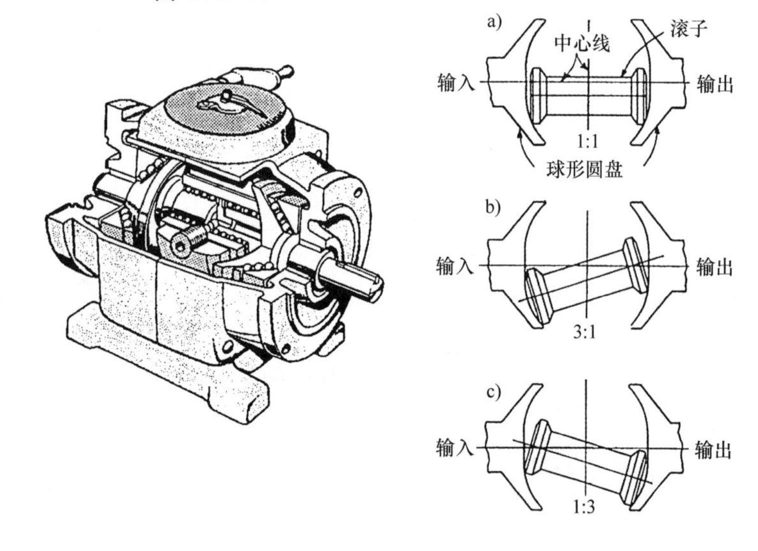

图 13.12-16

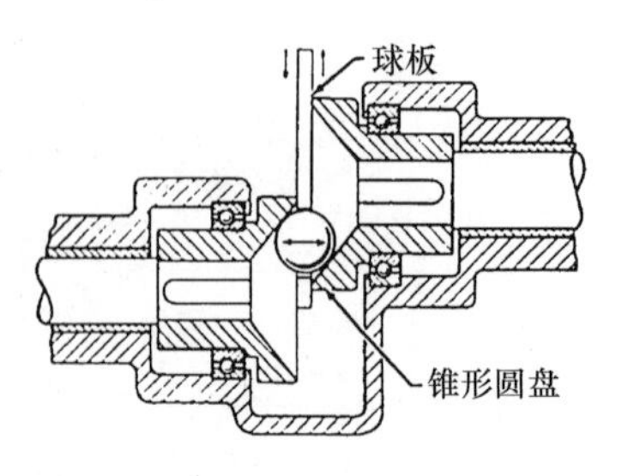

图 13.12-17

5. 多圆盘传动

球和圆盘传动（见图 13.12-18）。摩擦圆盘安装在花键轴上，可以轴向移动。由摆臂带动的钢球在导辊上旋转，并且与主动圆盘和从动圆盘相接触。盘形弹簧在球和圆盘之间施加外力。球的位置控制了接触半径的比率，并因此调整了速度。

只需要一对轮盘来提供速比，多轮盘增加了最大转矩。如果负载改变，一个离心装载装置将与速度成比例地增加或减小轴向压力。斜齿轮允许输出轴与输入轴在同一轴线上。输出与输入的速比从 1:1 到 1:5，并且驱动效率可达 92%。小球和圆盘传动的额定功率可达 6.714kW(9hp)，大球和圆盘传动的额定功率可达 28.348kW(38hp)。

表面涂油层圆盘的传动（见图 13.12-19）。无金属接触，其动力以 85% 的效率传送。工作时，交错的圆盘组用油涂层。在它们的接触点，边缘圆盘施加轴向力挤压油膜以增加黏性。锥形圆盘靠高黏度油膜的分子切应力来向带边圆盘传递运动。

三组锥形圆盘（只显示出一组）围绕着正中的带边圆盘组。使圆锥径向向带边圆盘移动（输出速度增大），或远离带边圆盘（输出速度减小），从而来改变速度。输出轴上的弹簧和凸轮将一直保持这些圆盘上的压力。

已制造出额定值超过 44.76kW (60hp) 的这类传动装置。小的传动装置自然冷却即可，而大的传动装置则需要水冷。

在通常条件下，这个传动装置以高速度传送额定动力时，有 1% 的滑移量，以低速度传送时有 3% 的滑移量。

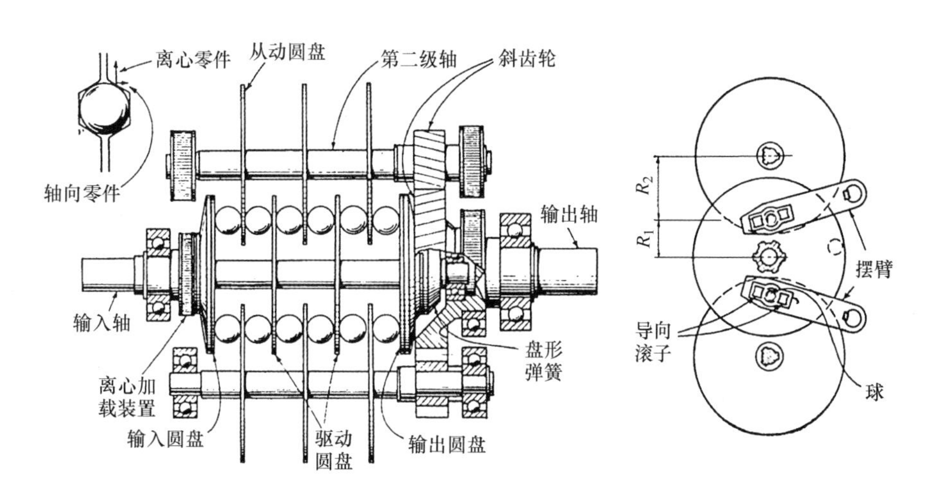

图 13.12-18

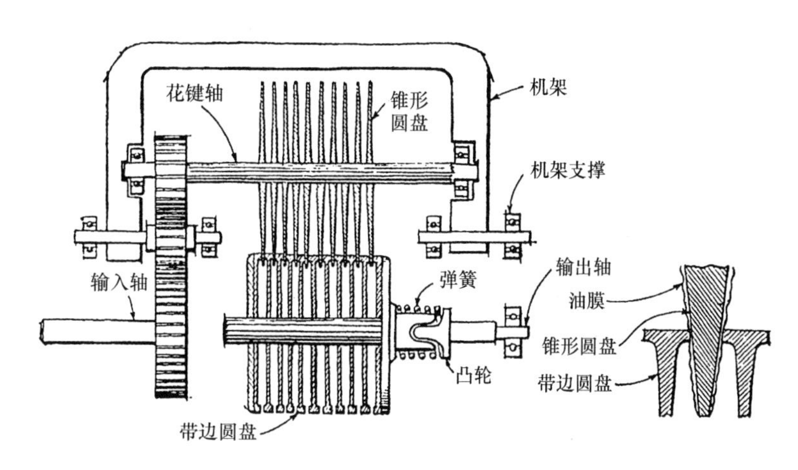

图 13.12-19

6. 脉冲传动

可变行程传动（见图 13.12-20）。这个传动装置由一个四杆连接机构与单向离合器（或棘爪）组合而成。驱动元件通过连杆机构使偏心轮旋转，从而使输出杆转过一个固定的角度。在回程中，输出杆超过输出轴。这样，脉动运动就传送给输出轴。这一独特优点使该装置应用于许多场合，例如送料器和混合器。改变可调支点就可以改变速比。在此系统中增加偏心轮、曲柄和离合器，可以增大每转的脉动频率，以使传动更平稳。

Morse 传动（见图 13.12-21）。输出轴上偏心轮的摆动运动被传送给输入连杆，然后，输入连杆带动输出齿轮旋转。输入连杆的运动是由控制杆调整的，这个控制杆带动滚子围绕自身的支点摆动，而滚子处于偏心凸轮的轨道上。通常，三连杆机构和齿轮被装配在一起进行重叠运动：当第三个连杆进行驱动时，另两个连杆在进行回程。通过旋转手柄重新定位控制杆，将改变输入杆、中间齿轮和输入齿轮的摆角。这是一个有固定工作范围的恒转矩传送装置。当最大输入速度达到180r/min时，最大输出转矩是11.994N·m(175ft·lbf)。速度可以在4.5:1 和120:1 之间变化。

零到最大速度的传动（见图 13.12-22）。这个传动装置也是基于可变行程原理的。当输入转速为1800r/min时，它将每分钟以任何高于零的转速比传送7200或更多的脉冲给输出轴。这个传动装置的脉动被输入轴和输出轴之间的几组平行的机构衰减（图 13.12-22 中只显示了其中的一组）。

当输入速度为零时，输入轴上的偏心轮通过一个弧形零件使连杆上下运动。主连杆没有往复运动。为了设定输出速度，可移动支点（图中是向上移动），从而改变了连杆的运动方向并且向主连杆传送摆动运动。安装在输出轴上的单向离合器提供了棘轮运动。输入轴的反向运动并不会使输出轴的运动反向。然而，传动装置可以用两种方式反向：①用一个特殊的可反转的离合器；②采用由齿轮组成的曲拐机构。

因为输出轴的速度包括零，所以这个传动装置被归类于无限速度范围驱动。它最大的速度是2000r/min，并且它的速度范围可以从零到输入速度的四分之一。它最大的额定功率是0.5595kW(3/4hp)。

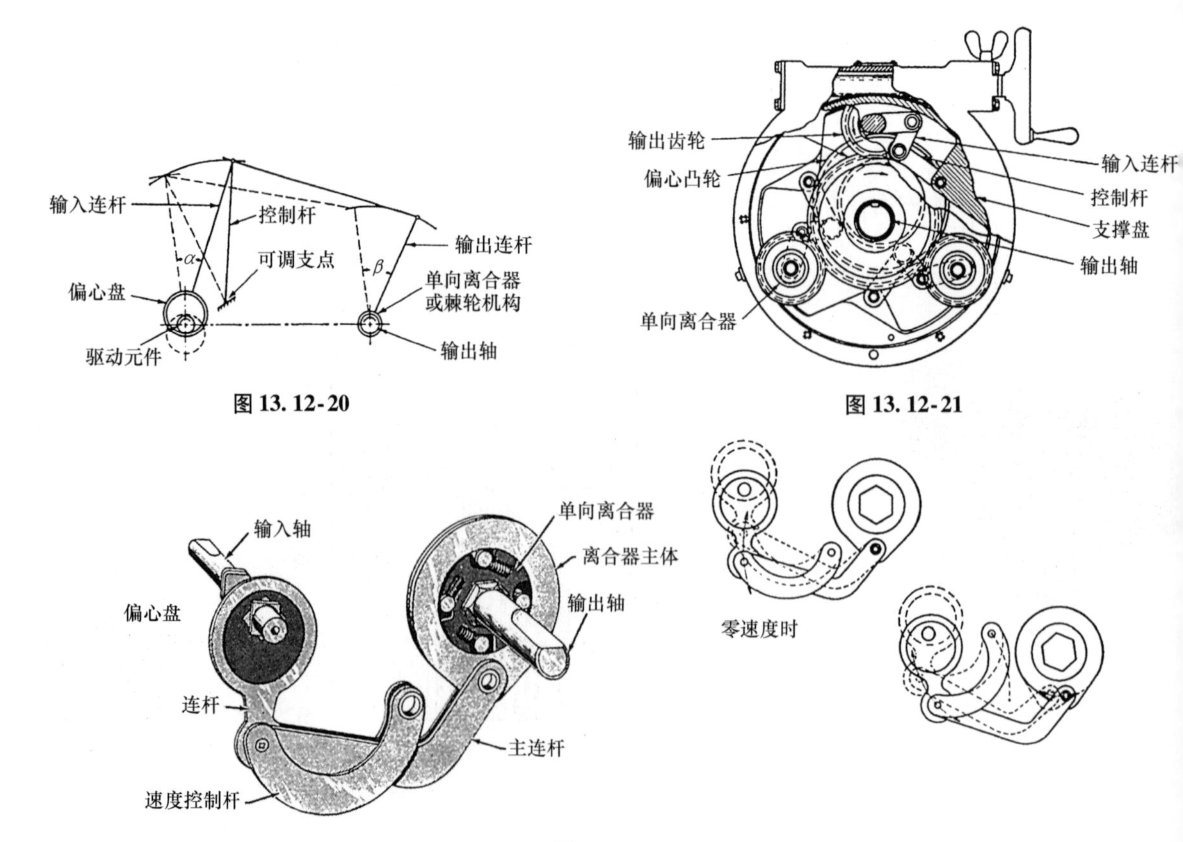

图 13.12-20

图 13.12-21

图 13.12-22

7. 辅助变速

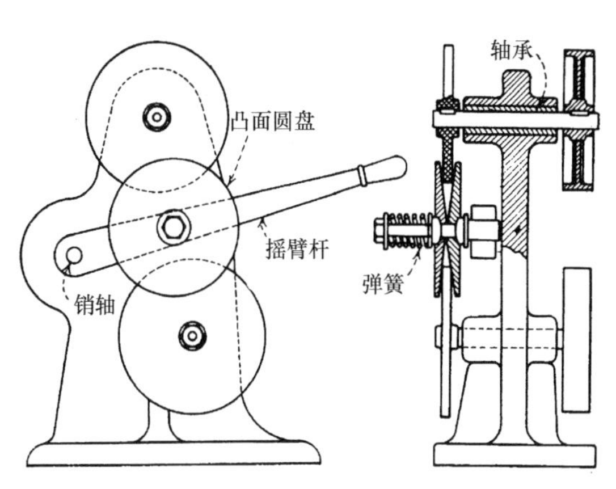

图 13.12-23 Sellers 轮盘包含一个在固定的平行轴之间传送动力的机构。凸面圆盘独立地安装在摇臂上，并且它们被一个卷曲弹簧紧紧地压在轴轮的凸缘上，成为一个中间滑轮。速比靠移动摇杆来改变。不可以反转，但是从动轴可以以高于或低于驱动速度的速度旋转。凸面圆盘必须安装在自定心轴承上，以确保每个位置上的良好接触。

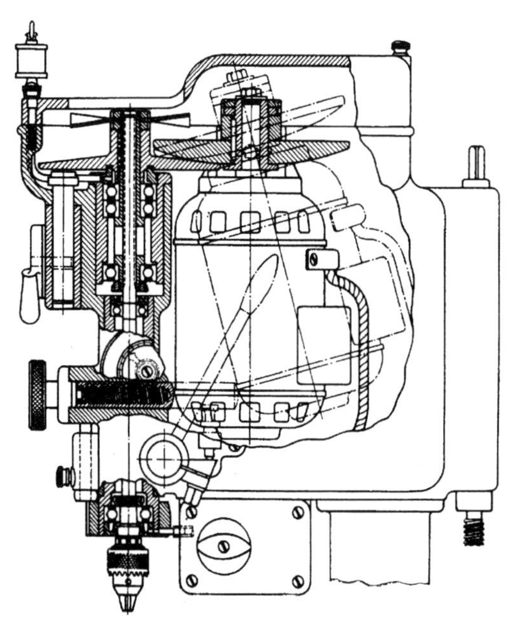

图 13.12-24 弧形圆盘装置上安装了一个电动机，这个电动机在其支点上摆动，以便改变接触圆的有效直径。这样就可以为一个小型钻床提供一个紧凑的传动装置。

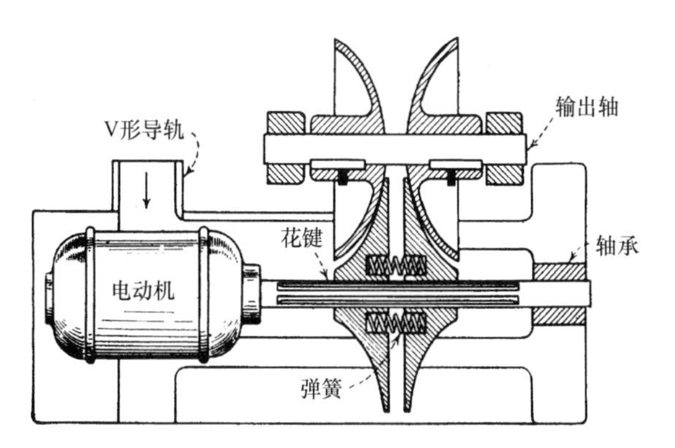

图 13.12-25 这是图 13.12-24 中所示较旧机构的另一种改进形式。它的工作原理与图 13.12-24 机构类似，只是它只有两个轴。它的速比是靠在 V 形导轨中移动的电动机来改变的。

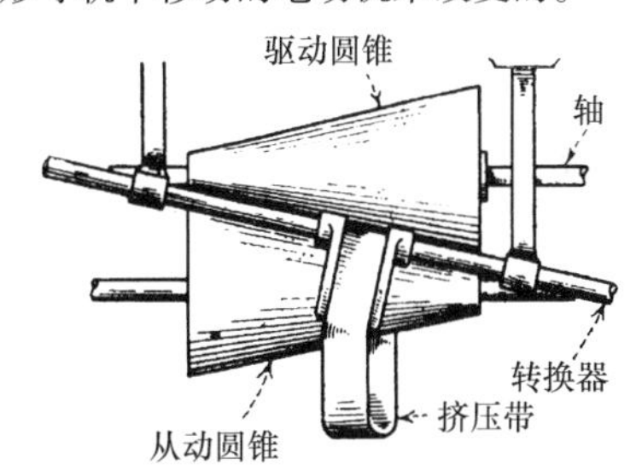

图 13.12-26 两个圆锥安装在一起，并且靠挤压带保持接触，通过带的纵向移动来改变速比。圆锥上的锥形必须修整，以防止带两边过度磨损。

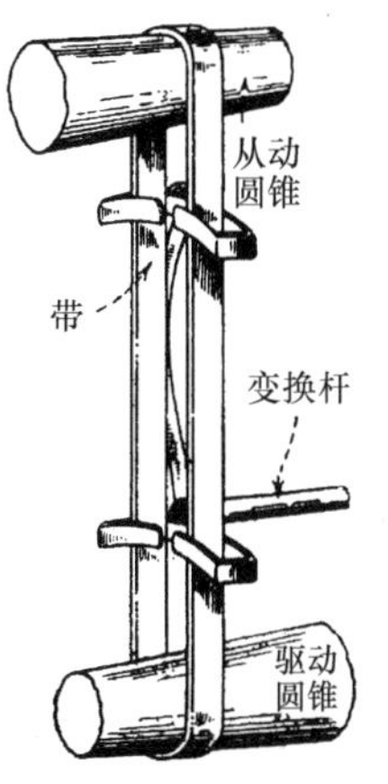

图 13.12-27 这些圆锥可以以任何需要的距离安装。它们靠一个带相连接。这个带的外侧边缘由耐磨的、柔性抗磨损的橡胶织物组成。它可以抵抗由带边缘以稍不同于圆锥实际接触处的角速度滑行时引起的磨损。纵向移动带可以改变这个机构的速比。

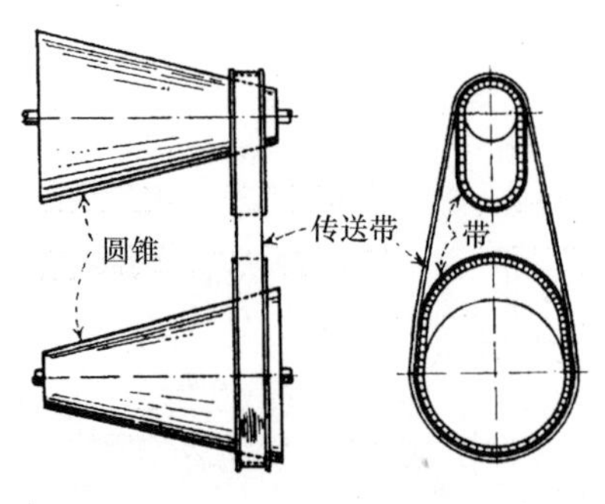

图 13.12-28　这个传动装置可防止带的“蠕变”和变速锥传动时的磨损。里层的内带是锥形的，并且无论传动带在什么位置上它们都呈现为平的或凸的接触面。速比是靠移动内带而不是主传送带来改变。

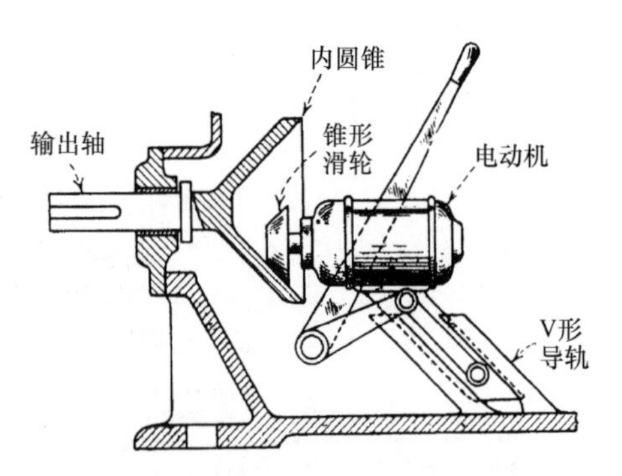

图 13.12-31　这个传动装置的主要部件是一个由电动机轴上的锥形滑轮驱动的中空内圆锥。在V形导轨里上下移动电动机和锥形滑轮可以调整速比。当电动机轴上的锥形滑轮被移到主动锥轮的中心时，电动机和主动锥轮的运动速度是相同的。这一特性使这个装置多应用于与电动机额定转速一致的大转矩场合，并且适用于轻载初步工作场合，能获得较低的转速。

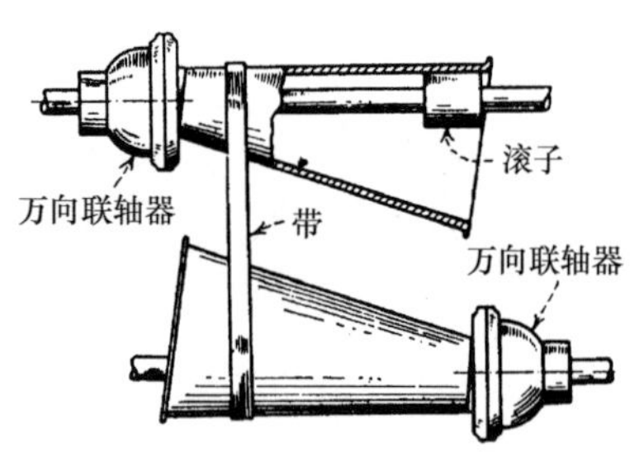

图 13.12-29　当这个传动装置有变速锥时，可以防止带磨损。然而这并没有消除带的蠕变作用，并且万向节也带来了它固有的维修问题。

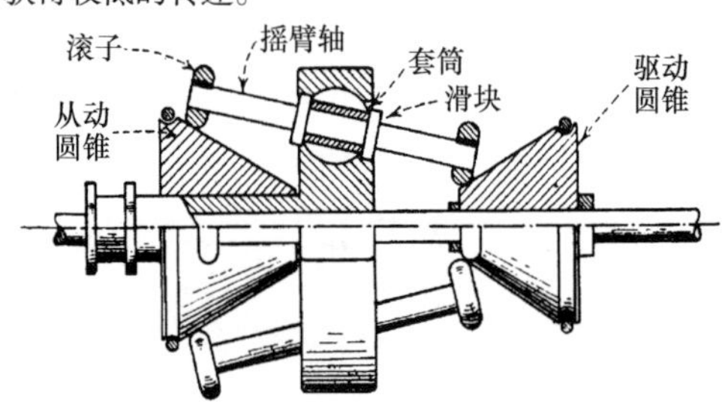

图 13.12-32　在这个传动机构中，驱动圆锥和从动圆锥以小直径相对的方式被安装在相同的轴上。右方的驱动圆锥靠键与公共轴相连，左方的从动圆锥安装在套筒上。动力由一系列端部安装了滚子的摇臂轴传递。当这些轴在一个圆盘内的套筒里回转时可以随意滑动，这个圆盘垂直于从动圆锥被安装的套筒。速比靠旋转摇臂轴并且允许它们在驱动圆锥和从动圆锥的圆锥面之间滑动来改变。

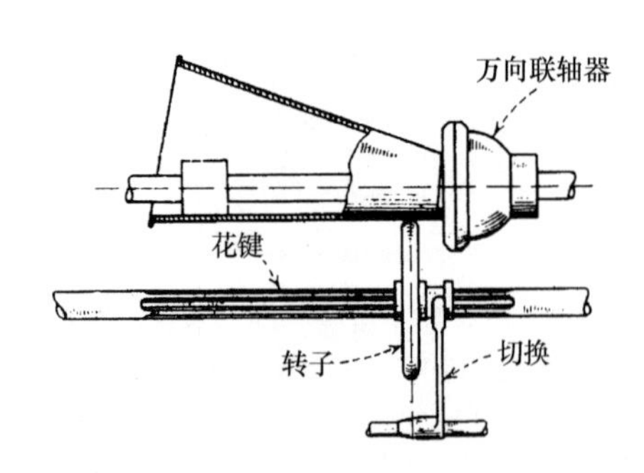

图 13.12-30　这个传动装置是图 13.12-29 所示传动装置的一个改进。一个滚子代替了带，这样可以减小传动装置的总尺寸。

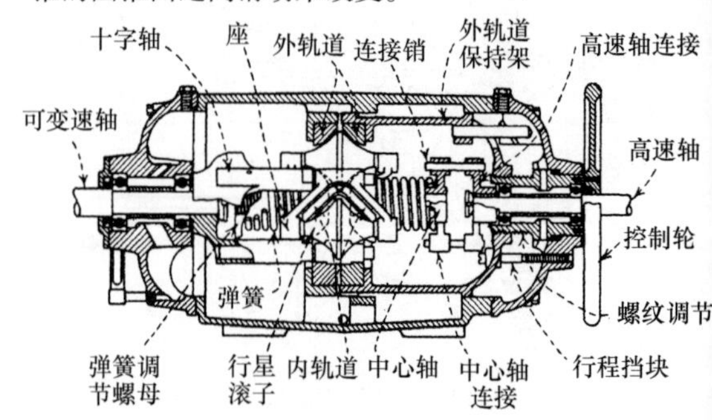

图 13.12-33　这个传动机构的行星滚子和轨道都是曲面的。圆锥形的内轨道绕着传动轴旋转，并且可以在滑键上任意纵向滑动。强力压缩弹簧使轨道和三个行星滚子紧密接触。

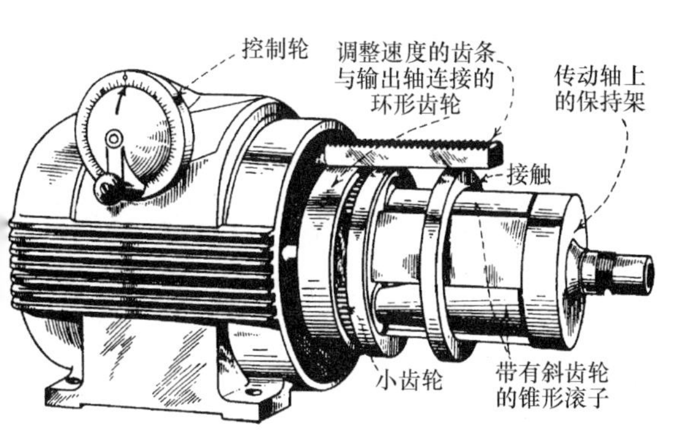

图 13.12-34 Graham 传动装置只由五个主要零件组成。固定在驱动轴上的星形轴带动三个圆锥滚子。每个滚子都有一个与环形齿轮啮合的小齿轮，环形齿轮与输出轴相连。纵向移动接触圈可以改变滚子和输出轴的速度。这个运动改变了接触直径的比率。

这些棘爪和惯性驱动装置提供重载和轻载的变速传动。

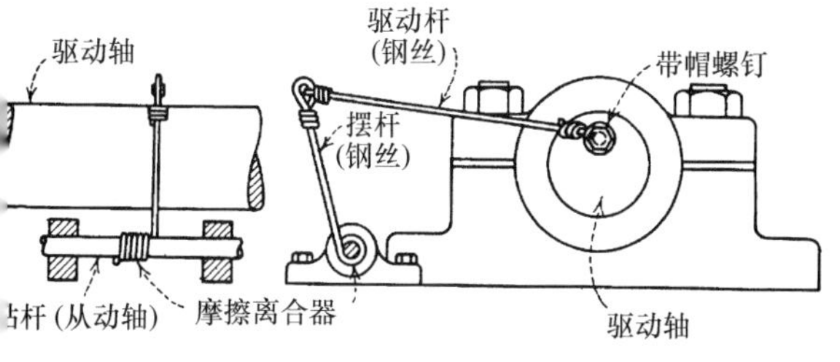

图 13.12-35 这个变速装置只适用于实验室中工作量小的场合或实验工作。驱动杆获得来自主动轴的运动，并且摆动摆杆。在机床上用钢丝绕着一个钻杆缠绕形成摩擦离合器，离合器的直径稍大于从动轴的直径。当驱动装置静止时，可改变杆的长度或偏心轮的偏移量来改变速比。

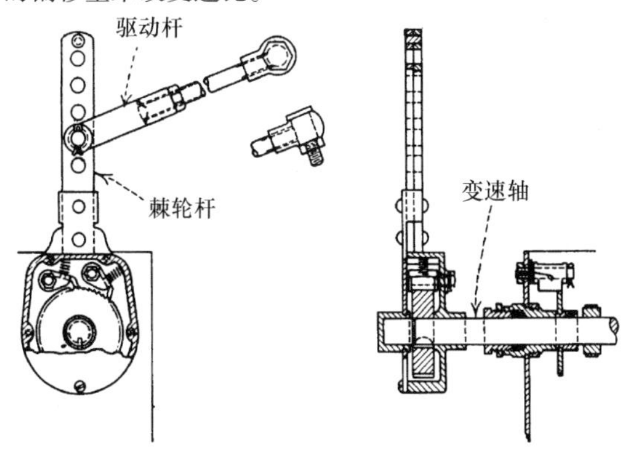

图 13.12-36 图例中的冲压润滑器驱动装置运用了棘轮传动装置的普遍原理。一个便利的滑动元件或者偏心轮的往复运动使棘轮杆摆动。往复运动给变速轴提供一个间歇的单向运动。只有当机构是静止时，才可以改变速比。在不同的孔里放置传动杆的插头可以改变棘轮杆的偏差量。

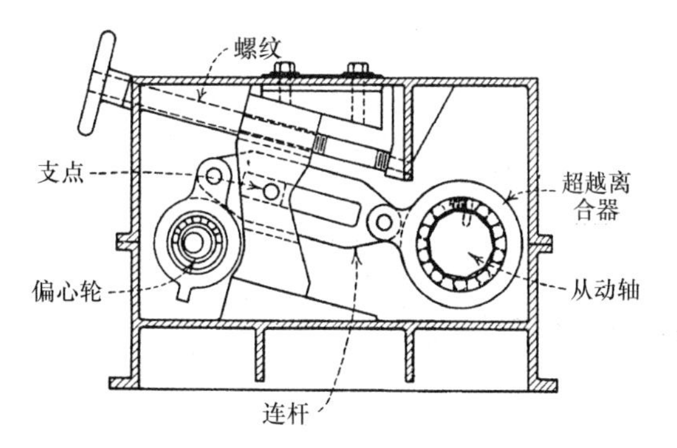

图 13.12-37 这个驱动装置是图 13.12-36 所示原理的延伸。这种 Lenney 传动是用一个超越离合器代替了棘轮。当机构运行时，靠改变连杆支点的位置改变从动轴的速度。

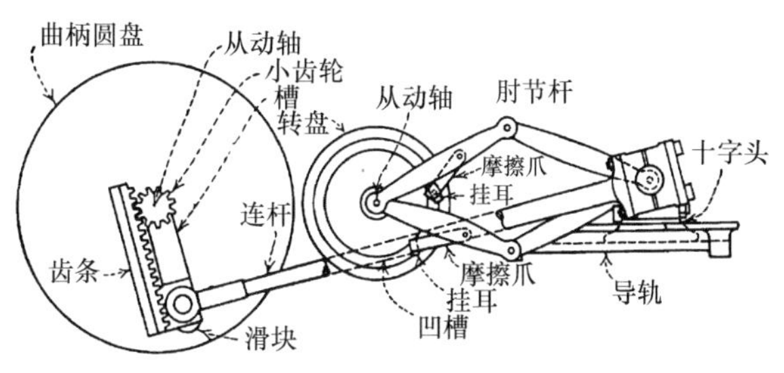

图 13.12-38 这个传动装置建立在图 13.12-37 所示原理的基础上。曲柄圆盘将运动传送给连杆。然后，十字头推动肘节杆，当摩擦爪进入凹槽后，肘节杆向离合器传递单向运动。借助于齿条和小齿轮改变曲柄的偏心距可以改变速比。

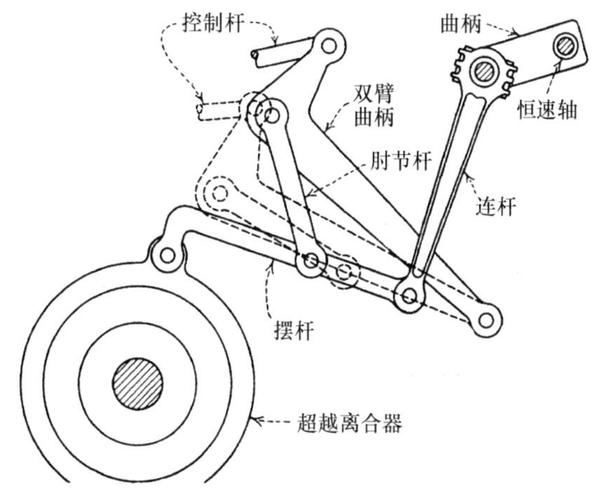

图 13.12-39 这是应用于以汽油为动力的有轨汽车上的变速传动装置。与安装在恒速轴上的曲柄相连的连杆摇动摆杆，并驱动超越离合器。这样就会传递间歇、单向的运动给变速轴。肘节杆使摆杆保持在设定的轨迹内。绕着在机架上的支点，双臂曲柄朝着虚线所示的位置摆动可以改变速比。这样就改变了超越离合器的运动。由于轴的连续运动，一些部件必定不能同步工作。

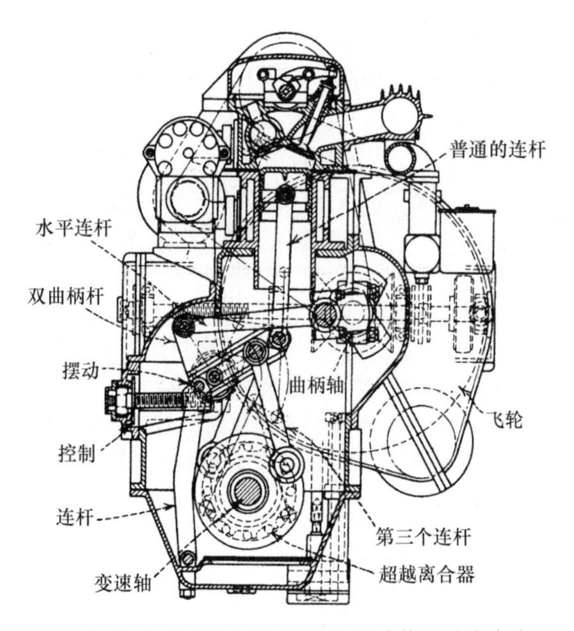

图 13.12-40 这个 Thomas 驱动装置是汽车发动机中完整的一部分，这个发动机的活塞运动由一个普通的连杆传递给双曲柄杆的长臂，而这个双曲柄杆绕着固定的支点摆动。使曲柄轴旋转的一个水平连杆与双曲柄的短臂连接。依靠一个飞轮使曲柄轴保持稳定、连续的运动。然而，这根轴只起到了驱动辅助设备的作用，并没有提供其他动力。主要输出动力由第三个连杆从双曲柄杆传递到超越离合器。在双曲柄杆上用一个十字头和导向机构调整第三个连杆的顶端来改变速比。当十字头离支点最远时速比最大，另外，十字头向着支点运动时速比会减小，直至到达一个“中立”位置，这种情况发生在连杆的中心线与支点重合时。

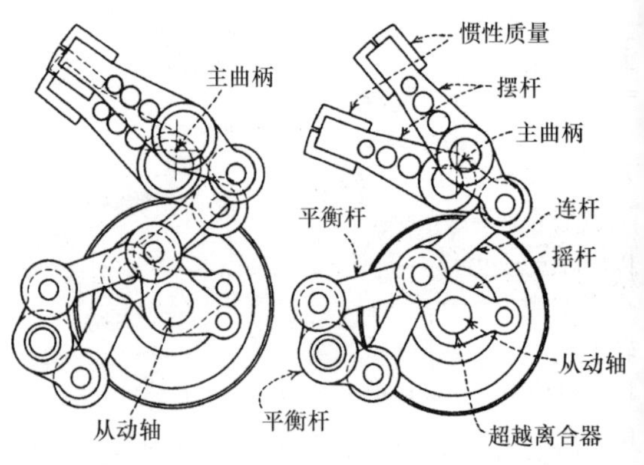

图 13.12-41 这个 Constantino 转矩转换装置是另一个作为发动机的一部分设计制造的汽车传动系统。速比会根据发动机的速度及负载自动改变，这是这个装置的特征。恒速轴使曲柄旋转，然后，曲柄驱动两个端部有惯性质量的摆杆。摆杆的另一端通过杆被安装到摇杆上。这些摇杆包含超越离合器。发动机低速运转时，惯性质量宽幅摆动。结果，摆杆的另一端惯性力的反作用力很小，所以摆杆没传递运动给摇杆。发动机速度的增大使惯性质量的反作用力增大。这样当曲柄旋转时就带动摆杆的小端摆动，然后通过连杆摇动摇杆，变速轴被单向驱动。

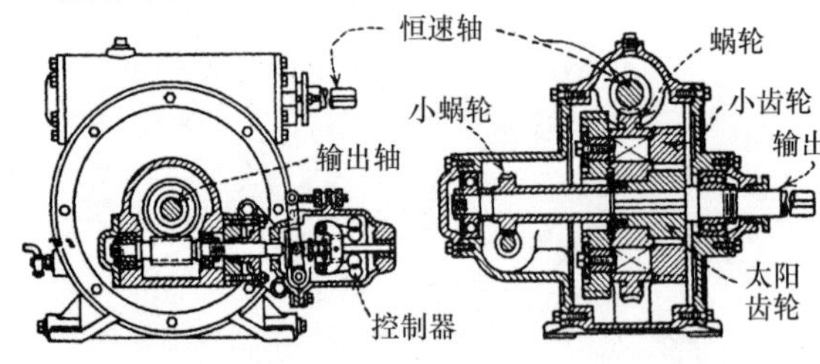

图 13.12-42 这个驱动装置有一个可调的差动齿轮机构。这个配件绕过主动轴回转的某部分，恒速轴使自由安装的蜗轮旋转，蜗轮带动两个小齿轮轴。然后，固定安装在这些轴上的小齿轮带动与其他行星齿轮啮合的太阳齿轮旋转。这个机构使安装在变速输出轴上的小蜗轮旋转。

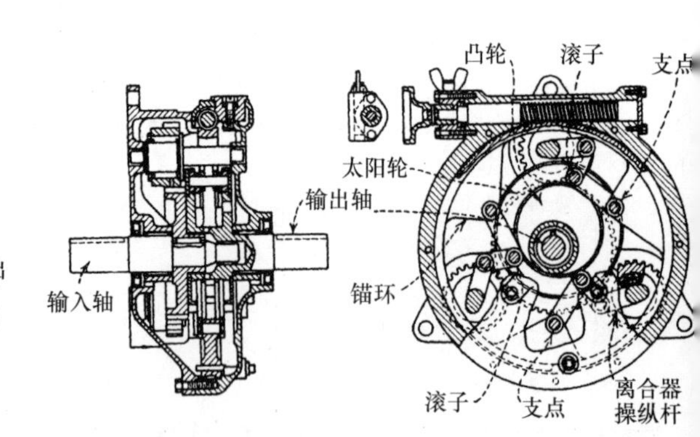

图 13.12-43 这个 Morse 驱动装置有一个与恒速输入轴成一体的偏心凸轮。它通过一系列连杆机构带动三个棘爪离合器摆动，这些连杆机构包括运行在凸轮表面的圆形凹槽内的三个滚子。离合器靠行星齿轮传动将单向运动传递给输出轴。使包括一个连杆支点的锚环旋转可以改变速比，进而改变了操纵杆的行程。

13.13 变速摩擦传动装置

本节中的这些传动装置既可以用在工业机器中传送大转矩，也可以用在实验室仪器中传送小转矩。只要是应用于减速而不是增速运动中，它们就都会有最好的表现。由于摩擦零件非理想的滚动，所有摩擦传动都有一定的滑移。但是如果进行有效的设计，这个滑移量将保持一个常数，从而导致从动件以常速运行。对载荷的变化进行补偿可以通过在从动端放置惯性质量来实现。弹簧或相似的弹性部件可以被用来使摩擦零件保持持续接触，并且加压以产生必要的摩擦力。在某些情况下，可用重力件代替这些部件。一般推荐定做摩擦材料，但是氯丁橡胶和橡胶也符合要求。通常情况下，只有一个摩擦部件是用这种材料制造的或者跟这种材料有关系，其余的部件都是金属的。

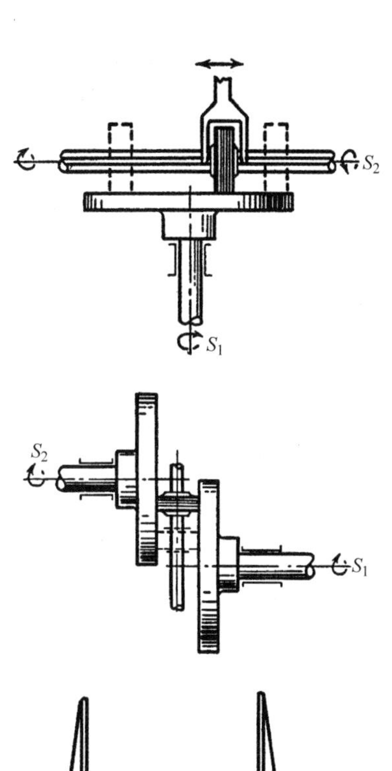

图 13.13-1 一个圆盘和滚子传动装置。滚子在圆盘上径向移动。它的速比取决于圆盘的有效工作直径。如虚线所示，当滚子移过圆盘的中心时，这些轴的相对旋转方向是反向的。

图 13.13-2 在两个圆盘之间有一个自转的、可以移动的滚子。因为两个圆盘的有效直径成反比地改变，所以这个传送装置可以快速改变速度。

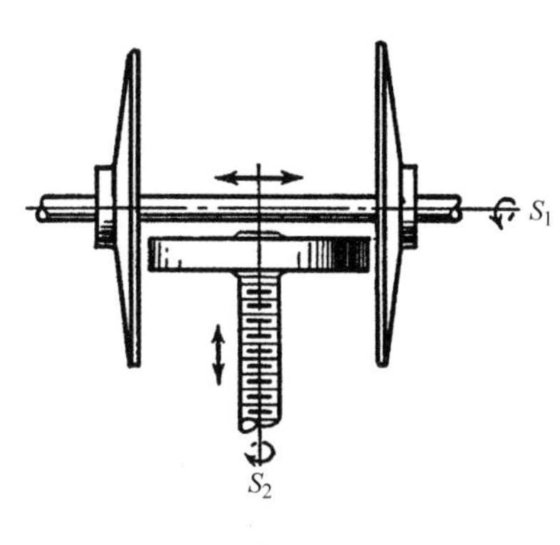

图 13.13-3 两个圆盘安装在同一个轴上，滚子固定在一个螺纹轴上。滚子与一个圆盘接触，然后可以变为与另一个圆盘接触，进而可以改变旋转的方向。通过螺纹轴的上下移动可以使旋转加速或者减速。

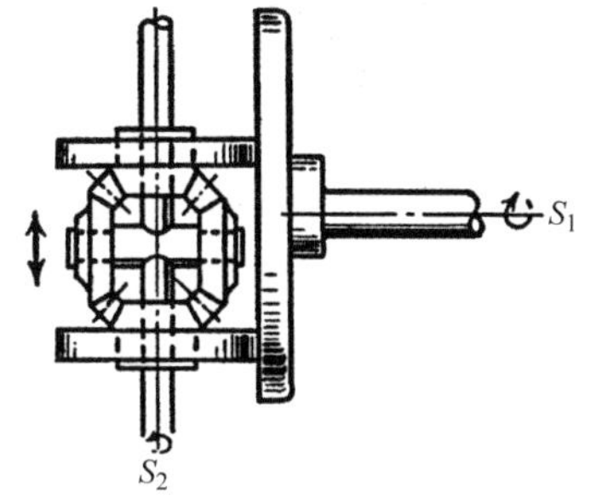

图 13.13-4 一个圆盘与两个差动的滚子接触。滚子以及它们的锥齿轮可以在轴 S_2 上自由旋转。这个传送装置适合于速度的精调。S_2 将获得两个滚子的差速。在圆盘表面上的差动装配是可变的。

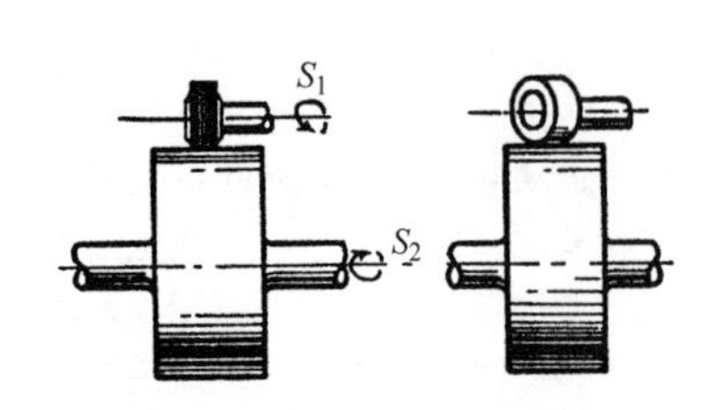

图 13.13-5　这个传送装置由一个圆筒和滚子组成。相对于圆筒使滚子倾斜可以改变速度。

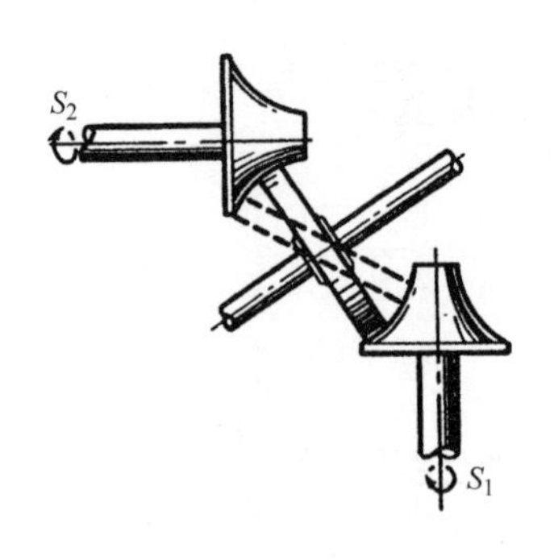

图 13.13-6　两个在相交轴上的球形锥和一个独立的滚子组成了这个传送装置。

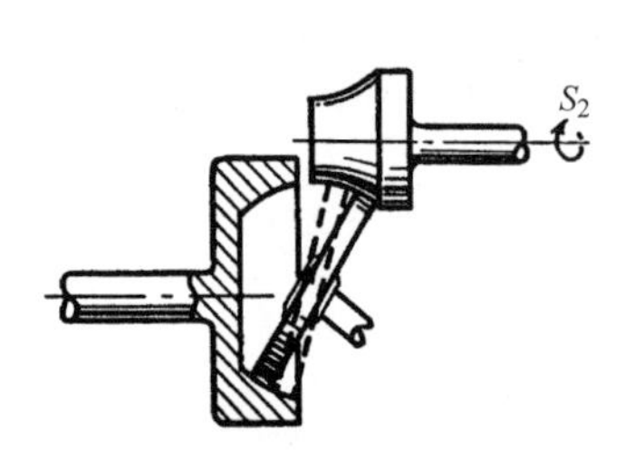

图 13.13-7　这个传送装置由一个球面锥体和一个带滚子的槽组成。它可用于速度的微调。

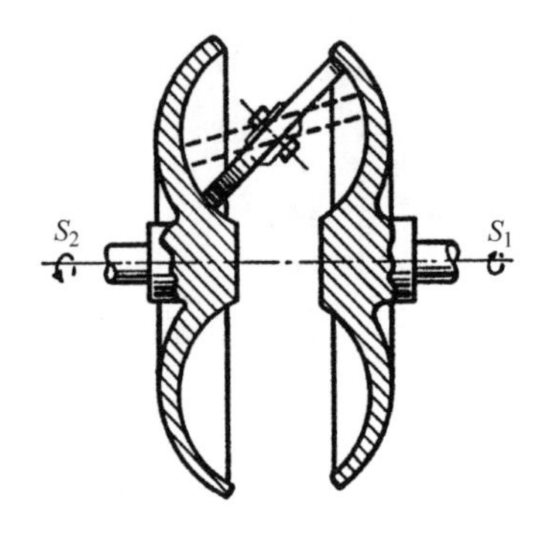

图 13.13-8　两个环形轮廓的圆盘和一个自由的滚子组成了这个传送装置。

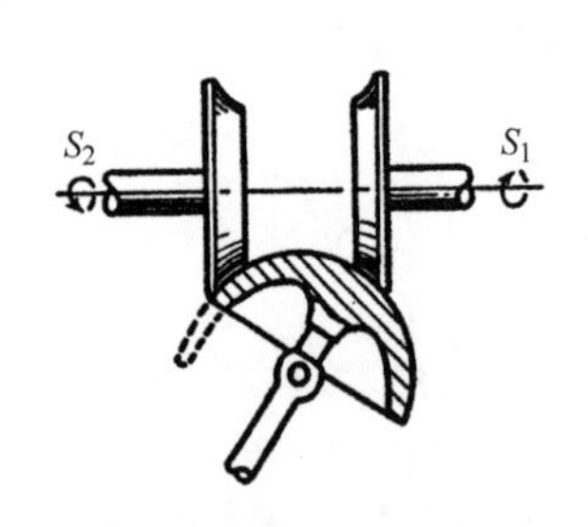

图 13.13-9　这个传送装置由两个圆盘和一个自由旋转的球面滚子组成。

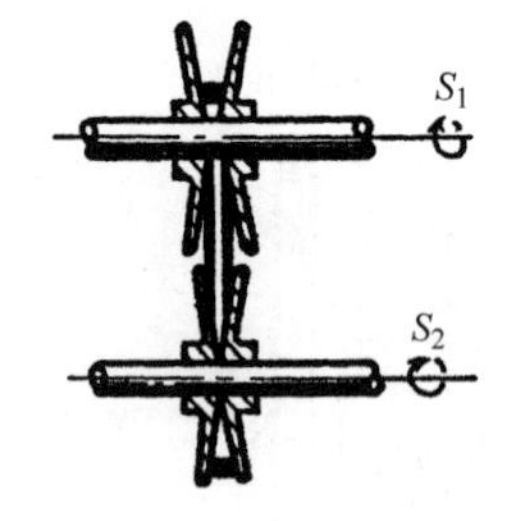

图 13.13-10　这个传送装置有用于 V 带的槽滑轮。调节两个滑轮之间的距离可以改变 V 带的有效工作直径。

13.14 应用在单向传动装置中的弹簧、往复运动小齿轮和滑动球

这四种传动装置将摆动运动转换成单向转动，以完成输送工作或计数。

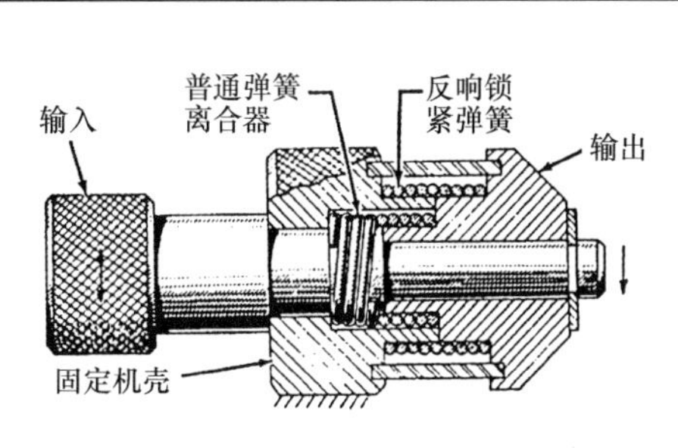

图 13.14-1　双弹簧离合器传动装置。

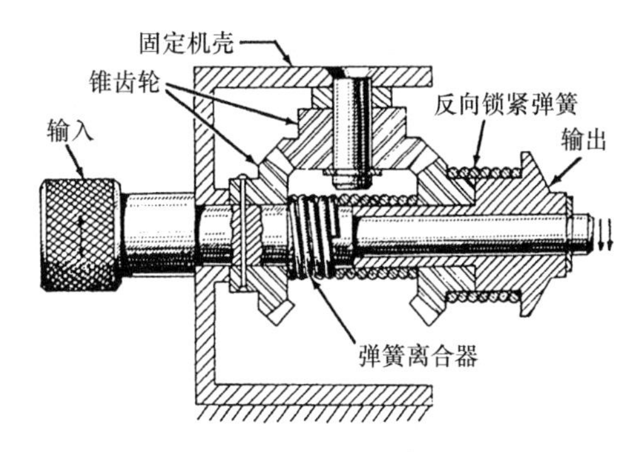

图 13.14-3　全波矫正传动装置。

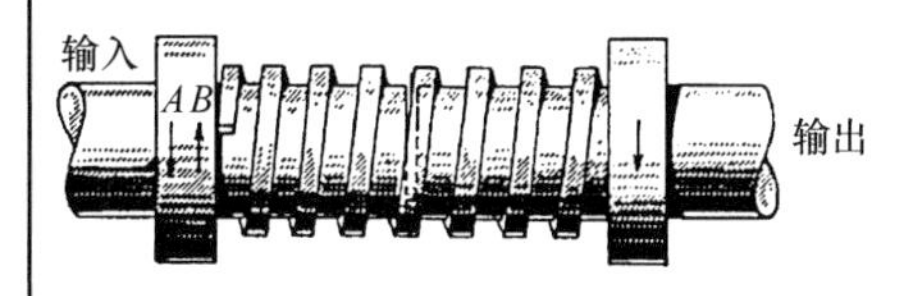

图 13.14-2　基本的弹簧离合器。

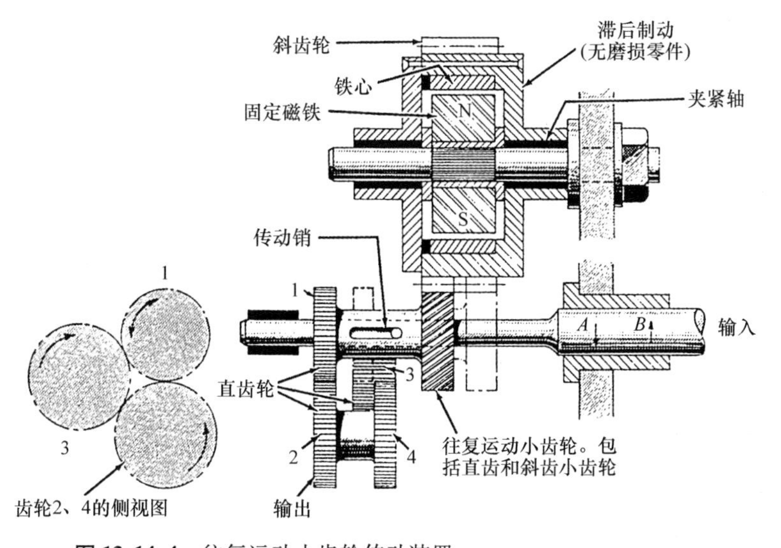

图 13.14-4　往复运动小齿轮传动装置。

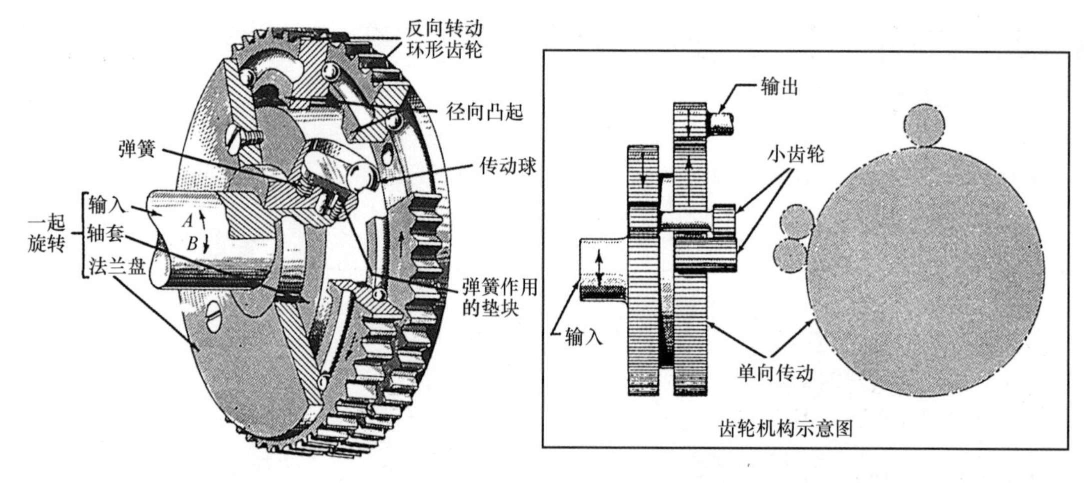

图 13.14-5 往复运动球传动装置。

图 13.14-1 中所示的单向传动装置是设计硬币序号盖印机时的副产品。

它的任务就是将输入曲柄的摆动（此例中是 20°）转换成单向运动，以便使色带前进。众所周知的用以获得单向传动的一个最简单的装置是弹簧离合器，它由一个螺旋弹簧连着两个共线轴（见图 13.14-2）。弹簧通常是由横截面为方形或矩形的钢丝制成。

这种离合器沿着一个方向传递转矩只是因为当它倒转时空转。连接两轴的螺旋弹簧不需要两端都固定，可以接受轻微的安装干涉。输入轴沿使弹簧卷紧的方向转动（图 13.14-2 中的方向 *A*）会导致弹簧将两个轴卷紧，然后，将运动从输入轴传到输出轴。输入轴沿使弹簧松开的方向倒转时，输出轴空转并承受微小拉力，这一微小拉力虽然很小，但在操作中会产生问题。

1. 双离合器转动装置

在回程中，弹簧离合器（见图 13.14-2）在带传动中不能提供足够的摩擦力使弹簧离合器在轴上滑动。于是输入输出一起转动，这就得不到所需要的单向传动。

首先尝试着用人工的方法增加输出摩擦，但是这导致设计很笨拙。最后，通过安装第二个螺旋弹簧，问题得到了圆满解决（见图 13.14-1），只是第二个弹簧比第一个稍大些，但目的也是只沿着一个方向传递运动。

这个大弹簧安装到输出轴和固定圆柱上。在这种方法中，两个弹簧的旋向相同，不希望出现的色带反向运动被立即阻止，并且很容易就获得了正向单向传动。

这种紧凑的传动装置被认为是一种机械半波校正器，在这种校正器中，它只传递一个方向的运动，阻止反方向运动的传递。

2. 全波校正器

通过引入一些反转齿轮，上面描述的原理也将提供一个机械的全波校正器，如图 13.14-3 所示。在这一应用中，像以前一样，沿一个方向的输入被直接传送给输出，但是，在反向行程上输入通过反向齿轮被传出，这样输出与输入的转向相反。换句话说，输出的原来的转向保持不变。于是，对于输入的每次后退前进运动，输出向前运动两次。

3. 往复运动齿轮传动装置

早期研制了一种单向传动装置，它利用一对斜齿轮的轴向推力来移动小齿轮，如图 13.14-4 所示。虽然乍看上去它很复杂，但是该传动造价低廉，一直在顺利地使用，且磨损小。

当输入沿 *A* 方向转动时，它通过直齿轮 1 和 2 驱动输出。往复运动小齿轮也驱动斜齿轮，斜齿轮的传动受到固定的永磁体和磁心间的逐渐变大的磁通量的阻碍。这种磁心装置实际上是滞后制动，且它的恒定的阻力矩在与其相互啮合的斜小齿轮上产生一个向左的轴向推力。输入反向转动，推力也反向，向右的推力使得移动小齿轮向右边移动。然后，通过齿轮 1、3、4 传动，这就避免了反转输入时产生反转的输出。

4. 往复运动球传动装置

当输入沿方向 A 转动时，如图 13.14-5 所示，传动球被拖向右侧，它的上半部分与在右环形齿轮中的一个径向凸起啮合，并且沿与输入相同的方向驱动这个凸起。球槽以沿轴心线 45°的方向被铣削，延伸到每侧的法兰处。

当反向输入时，球运行到每边的法兰，被拖向左侧并偏转以允许球转到左边环形齿轮上，并与它径向突起相啮合，从而以输入方向驱动齿轮。

然而，每个齿轮固定地与一个小齿轮持续啮合，然后小齿轮与其他齿轮啮合。于是，不管输入方向怎么变化，球将其自己定位到一个或另一个环形齿轮的下面，齿轮将保持它们各自的转向（图 13.14-5 中所示的转动）。因此，与其中一个环形齿轮相啮合的输出齿轮将只沿一个方向转动。

13.15 18种不同的液体和真空泵

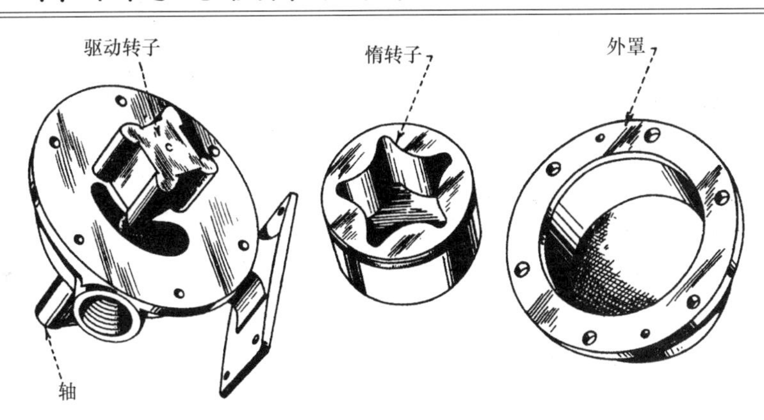

图13.15-1 旋转往复泵。这个泵的驱动转子和惰转子旋转的方向一致，并且相对于橡胶垫转动。这些橡胶垫可以抵抗油、煤油和汽油等液体而不退化，而且也可以使沙砾进入泵的时候能在不损坏泵的情况下自由通过。这个泵有产生恒压的能力，可以使流体在任何给定的速度下保持均匀的液体流动，甚至被放置在不同角度都不会受到影响。这种类型的泵像摩托车一样可以用汽油或柴油机驱动。它们已被应用于水循环和油冷却系统，同样也应用于机加工刀具中油的冷却。

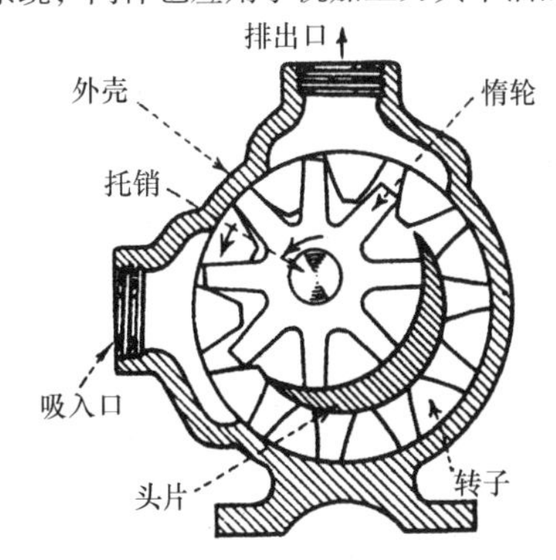

图13.15-2 惰轮/齿轮转子泵：当通过销安装在机壳上的惰轮与转子上的齿啮合时，这个泵才会工作。这个泵可以任意方向旋转，它的设计可以防止溅液、起沫或引起的重击声的搅动。过滤后的、大黏度范围的液体可以通过这个铁和铜制成的泵来输送。

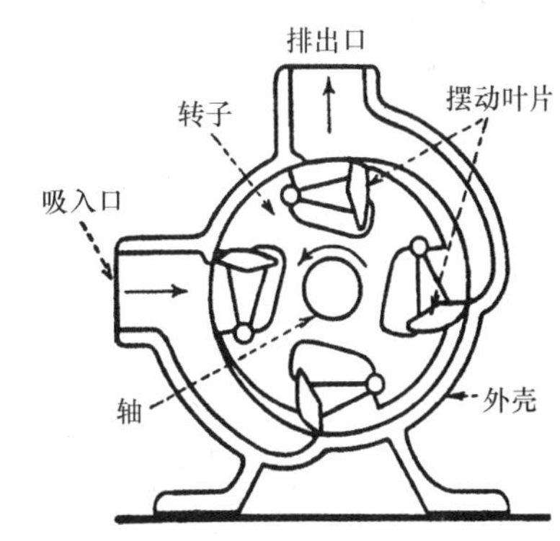

图13.15-3 摆动叶片式泵：当轴旋转时，这个泵的偏心转子上的铰链式叶片或转筒由于离心力的作用而发生摆动与内壁面接触。它们松弛地安装在转子的凹处并且只与壁面轻接触，进而减少磨损。液体的压力随着叶轮转过入口和出口而增加。

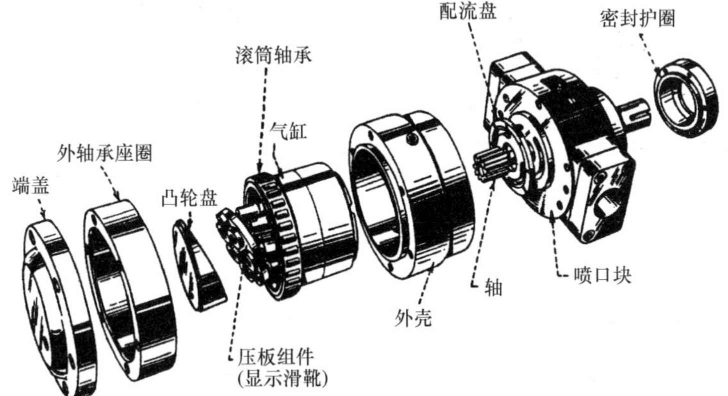

图13.15-4 摆盘式泵：这些泵含有一个旋转的滚筒，这个滚筒在沿着滚轴径向布置的圆柱体内安有多个平行的活塞。这些活塞通过通用连接器与向下压盘装配，形成压板机构。这个机构在滚筒内旋转，滚筒安装在壳体内由轴驱动旋转。弹簧相对于外壳一端的凸轮盘或旋转斜盘静止的倾斜面推动活塞和压板。随着滚筒旋转，活塞被迫跟随压板与旋转斜盘紧密接触。这个力使活塞沿轴向往复运动，同时气缸在旋转前半圈吸水，后半圈排水。旋转斜盘的角度越大，活塞走得越远，所传送的水就越多。

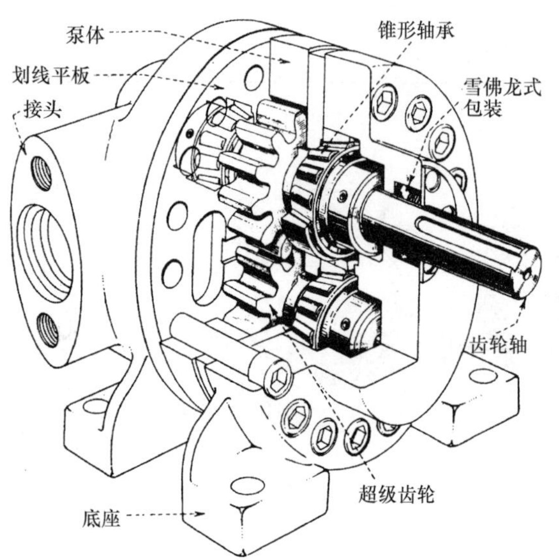

图 13.15-5 **液压齿轮泵**：这种泵的齿轮轴安装在锥形滚子轴承上，该轴承使齿轮定位精确、减少游隙、减少磨损。这一类型的重型泵操作压力可以达到6.89MPa（1000lbf/in²）。这些泵可以制成一个或者两个端轴形式，并且可以通过底部或者法兰安装。驱动轴的进口包装是用耐油材料制成的，齿轮轴是用硬化钼钢制成的。

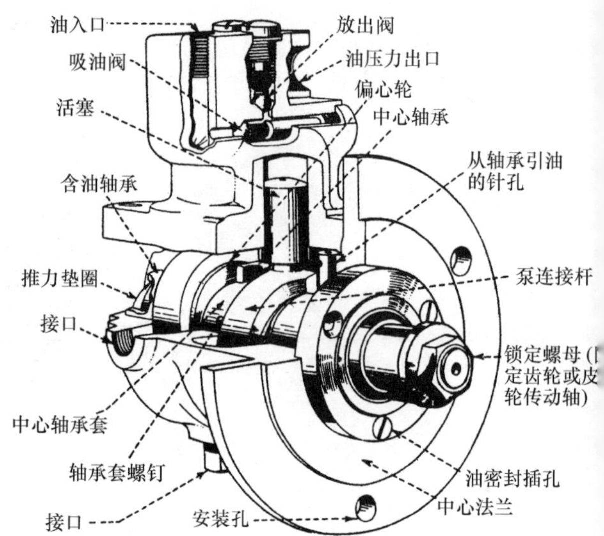

图 13.15-6 **双活塞式液压泵**：这种泵在转速为400～1200r/min时，压力可以达到0.69～27.58MPa（100～4000lbf/in²），这类型的泵可以在转速为900r/min、压力为17.24MPa（2500lbf/in²），传送流量为5.19L/min（1.37USgal/min）的条件下连续运行。它们可以安装在任何角度，并且通常使用小直径输油管线和紧凑型阀门。这类型泵有压力调节阀，出场时设置成在预定压力下打开旁路。

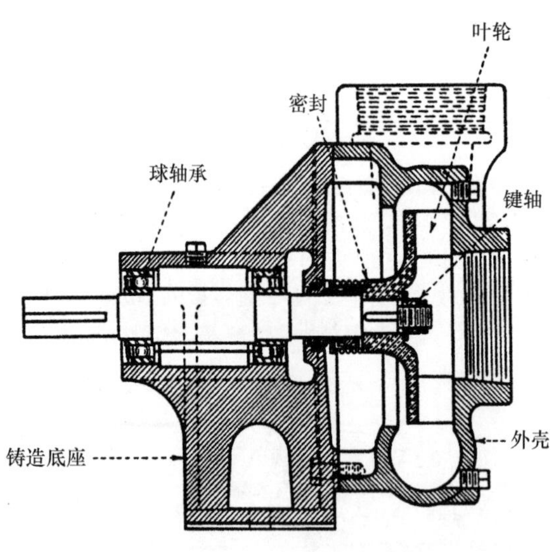

图 13.15-7 **离心泵**：这个支撑式泵（如图所示）有一个5叶片的开式叶轮，具有传递大量含有固体的液体的能力。叶轮轴通过安装在基座上的两对球轴承对中和支撑。轴封防止流体泄露而接触轴承。它的吸入口如图所示是泵壳前面的螺纹孔，排出口如图所示是泵壳后上方的螺纹管。这种设计的泵的容积流量可以达到1.89m³/min（500USgal/min）。

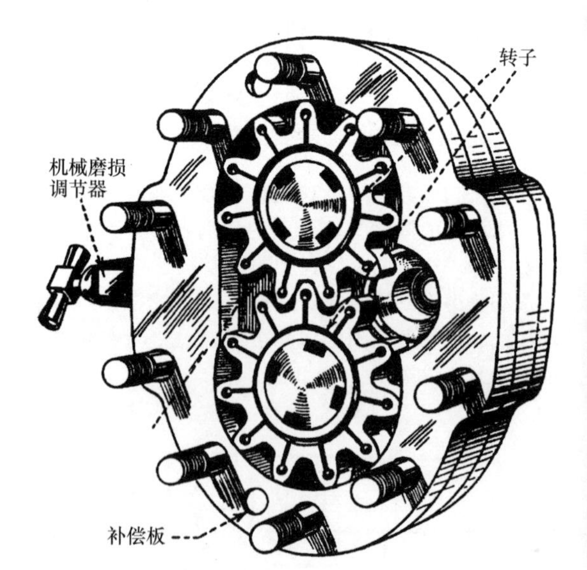

图 13.15-8 **外转子泵**：转子泵（或齿轮泵）是容积式泵，用来输送、测量或按比例分配液体。其两个转子中的一个被驱动，两个转子的叶片旋转来接触液体并且使其在叶片和内壁面间的间隙内移动。当液体从入口传递到出口时液体的压力会升高。自动控制会补偿泵的磨损来维持泵的容积效率。这些用不锈钢制成的泵在不搅动或不起沫也无需润滑的情况下可以每分钟传送18.93～1135.65L（5～300USgal）的液体。

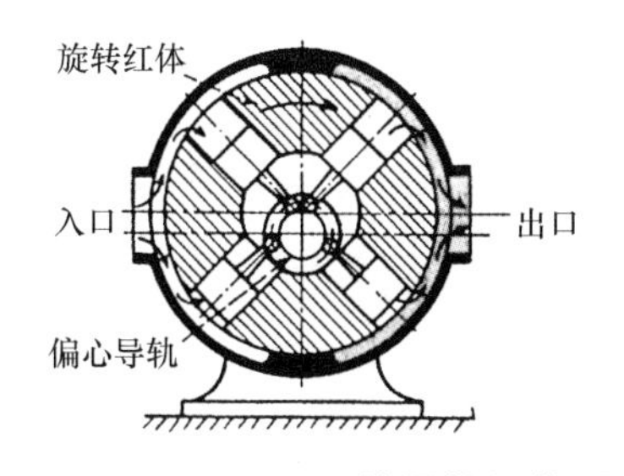

图 13.15-9　回转圆柱缸体泵： 这个泵的驱动轴和旋转缸体在泵壳内偏心安装。缸体内的四个活塞都连接在拉杆上，拉杆的另一端与偏心环连接。缸体旋转时，随着连接杆端部围绕着环滑动，缸内的活塞交替地前进或后退。这些往复活塞通过后退形成吸入腔，之后形成压缩腔，就是如此完成抽送动作的。外壳是分离的，所以液体会进入到入口或吸入侧，然后在出口或压缩侧被排出。

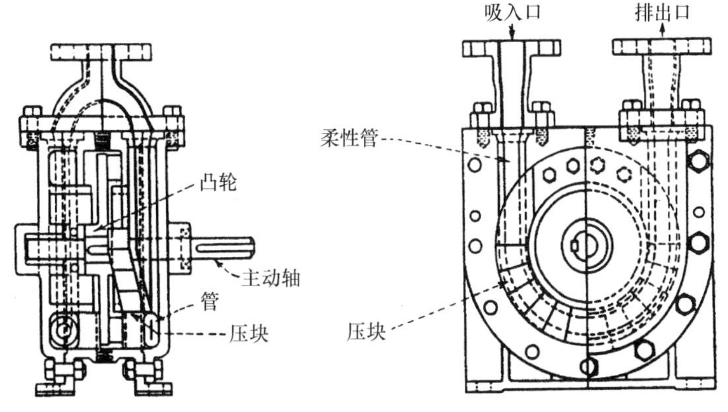

图 13.15-10　蠕动泵： 这些双向泵是基于对连接在入口和出口之间的氯丁橡胶管或合成橡胶管的持续挤压进行工作的。液体由于局部真空作用从吸入口进入管子，随着偏心凸轮驱动块在管内持续压缩，液体沿管子长度方向移动。凸轮经过之后管子恢复原来的直径。这种泵广泛应用于输送腐蚀性液体，因为管子使液体与泵内部件隔离而不受损坏。图示的铜泵传送流体的速率可达到 56.8L/min（15USgal/min），它产生的真空压力是 118.5kPa（35inHg），并且可以在 344.8kPa（50lbf/in^2）的压力下工作。

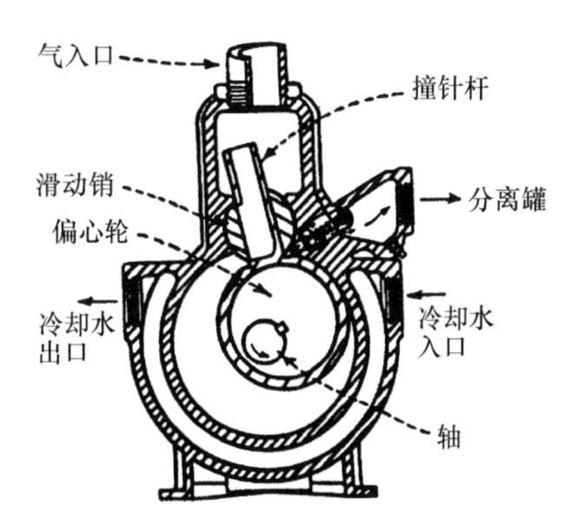

图 13.15-11　高真空泵： 这个泵中有三个运动部件用来完成产生高真空的第一步，即“粗形成”过程。它们用于在科学仪表中生产多种有照明、微波发电或其他功能的真空管子。从抽空的容器排出的管子再传送到扩散泵继续最终的输送。单级高真空泵可达到 2～5μm，但是当串联两个的时候，能达到 0.5μm。这些泵通过液体冷却来消除泵工作时产生的热量。

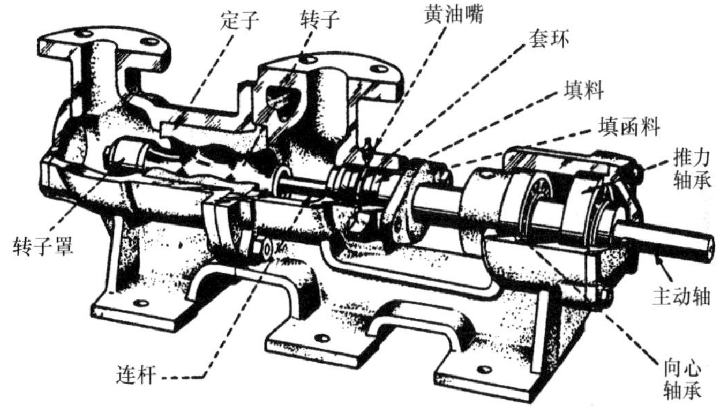

图 13.15-12　螺旋转子泵： 在这个容积式泵的螺旋定子腔内有一个螺旋转子来传送液体或稠状浆体。转子是用低合金钢或工具钢制成的，内部有双螺旋线的定子由天然橡胶或高弹塑性材料制成。转子型线与定子相匹配。转子转动的时候可以使液体或稠状浆体沿任意方向流动。由于对连续平稳的液流具有自吸性，所以这种泵可以传送自由流动的液体或者黏性浆体。每种物质都能被清理掉或者是被磨料污染，无论其化学性质是惰性还是活泼的，是均匀或是含有固体颗粒直径达到 2.2cm(7/8in) 的。这个设计简单，泵上没有阀门或定时齿轮。这种设计的最大标准泵可以在 1.38MPa（200lbf/in^2）压力下输送流量为 567.8L/min（150USgal/min）的液体。

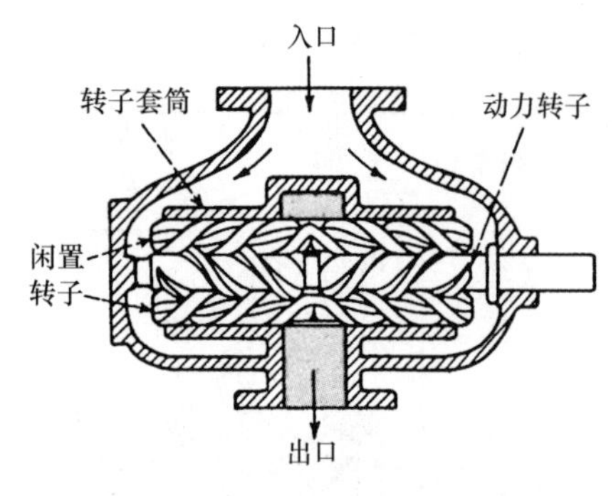

图 13.15-13　三螺杆泵：这些泵传输如燃油、润滑油或海水之类的液体。三螺杆泵（如图所示）中间的螺杆使两边的螺杆转向与之相反。所有的多螺杆泵传输液体都是通过全部螺杆在壳内的啮合协调作用完成的，在泵壳内有与螺杆数目相对应的通道。相反，双螺杆泵由定时齿轮来控制螺杆的相对运动。

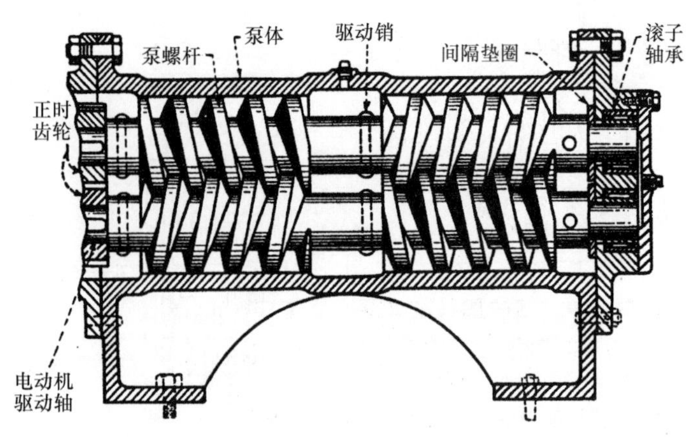

图 13.15-14　双螺杆泵：这些泵通过泵壳内相互啮合的两个螺杆传送适当流量下的液体。自定心交叉缝式齿轮控制双螺杆泵的相对运动并防止泵工作时螺杆边缘的磨损。有些类型的泵在两端吸入液体然后移到中心再排出；其他的型式吸入口和排出口都在泵中心。由于它们能实现油的平稳输送，因此被用于船舶和固定式锅炉的燃油泵。它们典型的低振动和没有脉冲的特性减少了连接管、软管和装置上的应变。这些自吸泵运转安静，高度可靠，并且当用电动机驱动低于1200r/min或用蒸汽轮机驱动低于1300r/min时，效率最高。

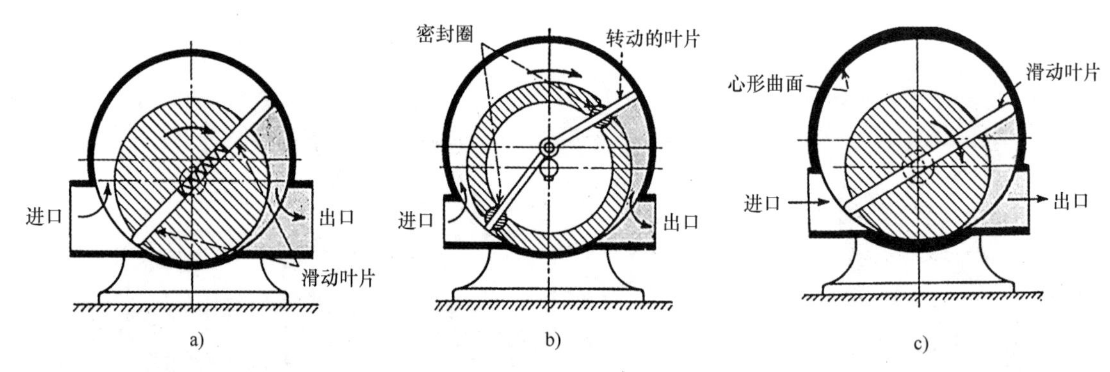

图 13.15-15　（a）Ramelli泵的叶片靠弹簧力的作用与壁保持接触，叶片的两端为了实现线接触而旋转。（b）两个叶片在泵体内转动并被一个偏心安装的圆盘驱动。叶片在密封圈里滑动并且总是径向对着泵体，因此产生表面接触。（c）一个心形曲面泵体允许使用一个叶片，因为通过圆盘中心的直线的泵体上的两个点的距离总是相等的。

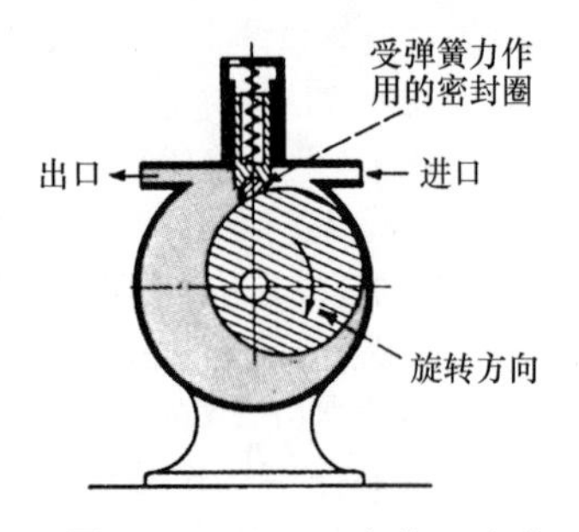

图 13.15-16　一个偏心安装在驱动轴上的圆盘代替了连续流动的液体。除圆盘在行程的顶部时外，受弹簧力作用的一个密封圈将进口和出口隔开。

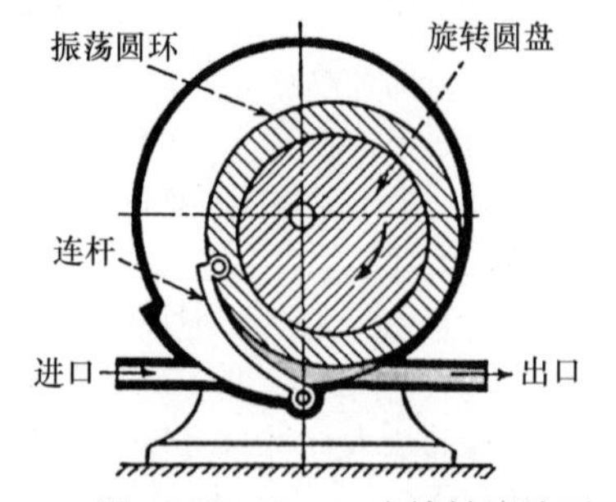

图 13.15-17　一个旋转压缩泵有一个分隔吸收边与压缩边的连杆。这个连杆与一个被圆盘驱动而振荡的圆环以铰链连接。振荡运动抽吸连续流动的液体。

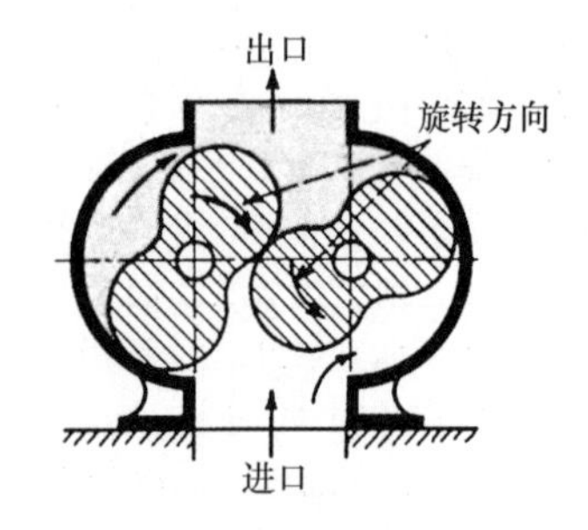

图 13.15-18　一个齿根压缩机有两个同样的具有特别齿形的叶轮。两个轴通过外齿的啮合而连接，从而保证两叶轮之间的持续接触。

13.16 10种不同泵的设计讲解

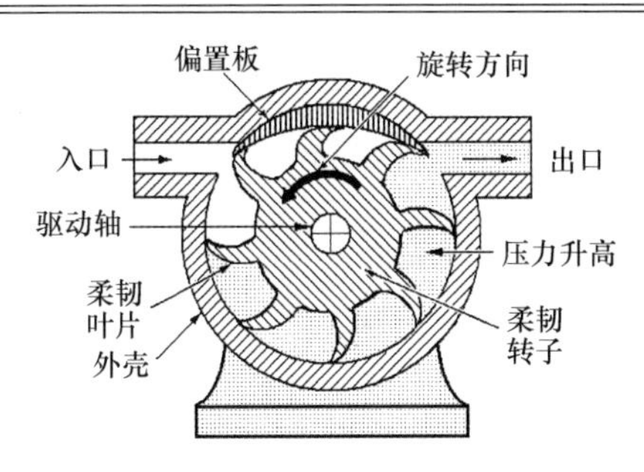

图 13.16-1 柔韧叶片回转泵： 具有带着径向柔性叶片的转子，叶片接触泵体内表面来隔离入口和出口以便吸入口能吸进液体。图示的偏置板允许转子驱动轴在壳内居于中心，使转子在旋转时保持平衡。在建议的工作周期之后合成橡胶转子可以方便地被替换。任意方向都能驱动它工作，这个泵也可以被安装在任何角度。这个泵只能传送无腐蚀性的液体。它们的工作转速通常在100~2000r/min范围内，在172.4kPa（25lbf/in^2）的压力下可以传送高达208.2L/min（55USgal/min）的液体。

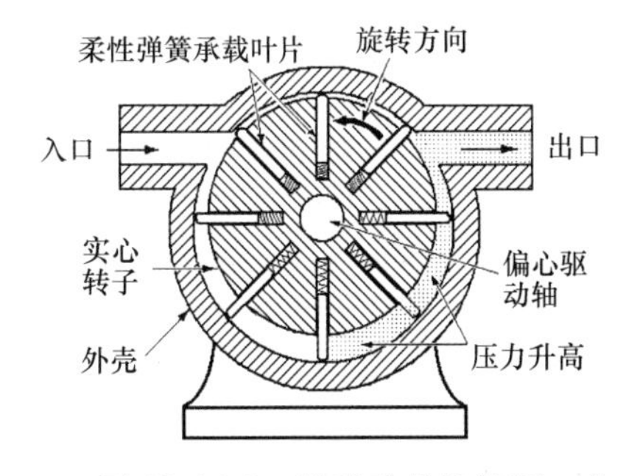

图 13.16-3 滑动叶片旋转泵： 在转子上的腔内有径向滑动叶片。它们在前进和后退时保持着与内壁面持续接触。这个泵的转子被安装在偏置的驱动轴上以至于叶片压缩时能达到壳的顶部，而又能随着旋转退回到底部。通过入口陷入两叶片之间的气体随着体积减小而被压缩。气体压力高于壳内压力时气体会排出。当作为真空泵操作时，除了从出口到入口的压力降低以外，其余与前述相似。这些泵操作的气体流量可达到283L/min，最大压力达到103.4kPa（15lbf/in^2），真空度可达88kPa（26inHg）。

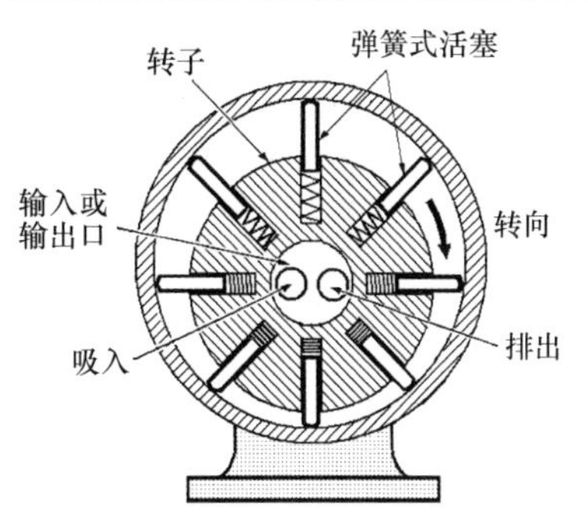

图 13.16-2 滑动活塞旋转泵： 在转子的缸内装有径向弹簧式活塞。它们前进或后退保持与壳的内壁面的接触。图示的泵有偏心转子安装在偏心驱动轴上。图示的活塞能完全到达壳顶或退回到底部。这样可以使泵在吸入口吸液，在排出口排液。它的吸入口和排出口都位于空心驱动轴的中心处。

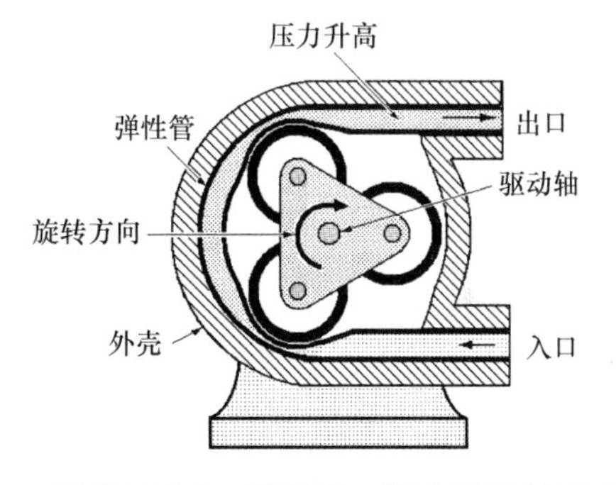

图 13.16-4 蠕动泵： 蠕动泵的转子会随着相对于壳体内壁转动压缩柔性管子，使液体从入口到出口。如图所示，三个转子中的一个旋转到管子入口侧的接触点时会吸入更多的液体。为了不安装回流截止阀，至少有一个转子时刻压缩着管子。转子可以由电动机驱动，通过控制速度来控制液体的流量，但带有齿轮箱的恒速驱动可以在速度不变的情况下增加或减少液体的流量。这些泵可以传送黏性或腐蚀性液体；管路隔离液体使之不与泵内任何部件接触，从而保护泵不被损坏。可以得到处理多种化合物的管子，当管子失去弹性时可以很容易地替换。用交流和直流电动机驱动这些泵，但是直流电驱动的泵是可逆的。这些泵可以提供达3000mL/min的流量，吸入高度为8m的水柱，压力高达10000mmH_2O。

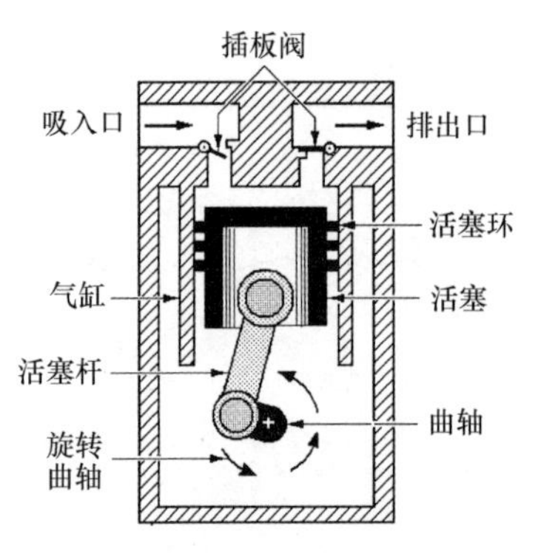

图 13.16-5 铰链活塞泵/压缩机：主要用于运行原理和内燃机一样的压缩机。凸轮轴的旋转运动转变成连杆的往复运动来驱动气缸内的活塞压缩气体。气缸内活塞向下运动时气体通过单向气阀被吸入；向上运动时高压气体通过另一个单向气阀被排出。弹簧式活塞环密封气缸内的气体。作为压缩机，这些机泵能在高压下处理较高流速的气体。它们可以作为初步真空使用，通过进气阀从密闭容器吸入气体然后通过排气阀排出。这些泵/压缩机被交流电直流电动机所驱动，输气体积流量可达 283L/min（$10ft^3/min$），压力高达 1.2MPa（$175lbf/in^2$）。作为真空泵使用时，压力可达 93.1kPa（27.5inHg）。

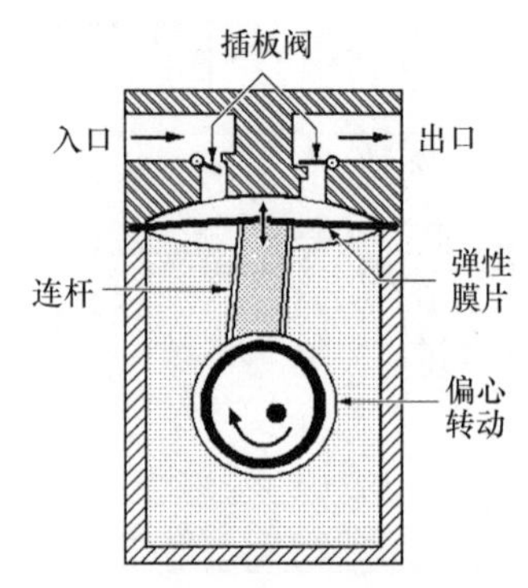

图 13.16-6 隔膜泵/压缩机：可以作为空气压缩机或液体泵。位于一端的弹性膜片在电动机轴上偏心轮所驱动的连杆的作用下来回挠曲。在向下行程中空气通过插板阀被吸到腔内，在向上行程中通过排气阀排出。这些效率高的、气密性好的机器可用于移动式检测器、分析仪的气体取样，也常用于医用灭菌器和其他的实验设备。用交流或直流电动机驱动，隔膜泵输送的空气流量可达 86L/min（$3.2ft^3/min$）㊀，压力可达 282.7kPa（$41lbf/in^2$），真空度达 7.5Torr（10mbar，绝对压力）。液体隔膜泵输送的液体流量可达 85L/min（$3ft^3/min$），吸入高度 6m 水柱，压力达 80000mmH_2O。

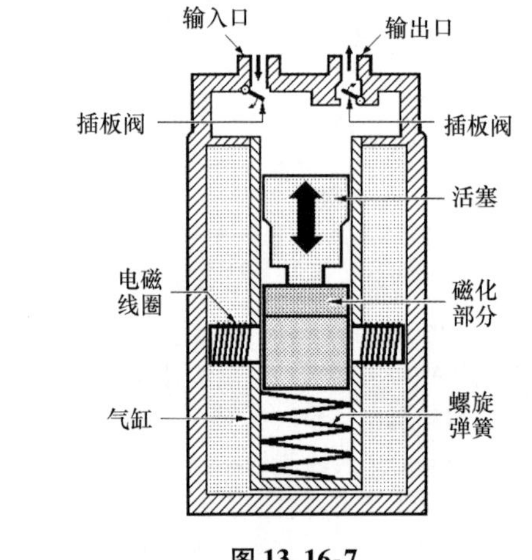

图 13.16-7

图 13.16-7 线性泵：可作为真空泵、液体泵或空气压缩机使用。如图所示，电磁线圈向组合式磁化电枢和活塞一面施加力，每一个交流电动机循环内，在此作用力克服弹簧的作用下，电枢和活塞在气缸内被向下拉，结果空气通过吸气插板阀吸进来。交流电动机循环的下一步，弹簧回弹把活塞顶回气缸顶部，被压缩的气体通过排气阀排出。活塞在气缸内的往复速度由电磁场和应用交流电动机频率决定。泵传送气体的能力由磁场强度决定，这限制它应用于低压差场合。这些泵输送的空气体积流量可为 369L/min（$13ft^3/min$），压力达 68.95kPa（$10lbf/in^2$），真空度达 47.4kPa（14inHg）。液体线性隔膜泵流量可达 260mL/min，吸入高度 4.7m 水柱，压力达 8000mmH_2O。

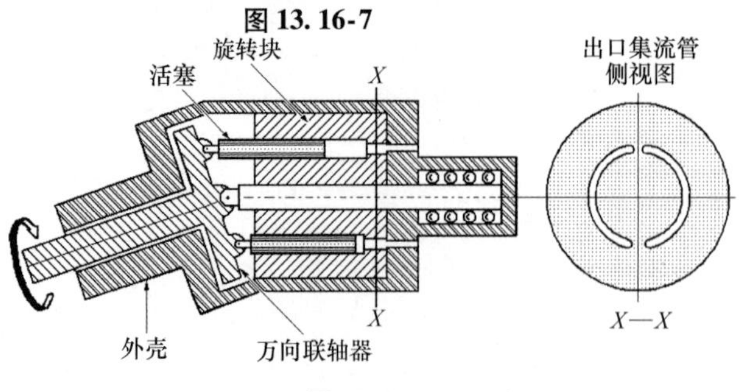

图 13.16-8

图 13.16-8 弯轴泵：具有旋转气缸块，该气缸块内包含多个围绕轴径向排列的平行活塞。活塞通过万向联轴器与驱动轴一端的推力盘相连，该推力盘与气缸块轴向偏离 30°。驱动轴在壳体一端内旋转。活塞的连杆通过球连接或万向联轴器与推力盘相连，所以它们也旋转。由于轴带动气缸块旋转，活塞被迫往复，当推力盘对于每一个活塞的角度改变时，它们的行程长度就发生变化。随着气缸块旋转，一半的活塞转过入口的同时吸入液体；其余的活塞通过排出口排出液体。泵壳的侧视图展示了它的半圆形吸入口和排出口。

㊀ 此换算疑有误，原书如此。

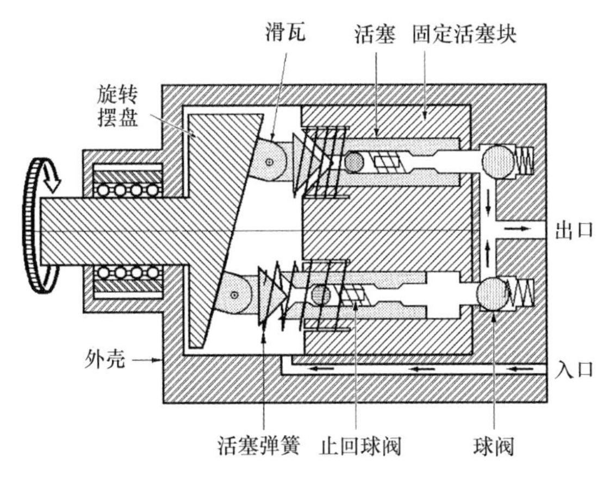

图 13.16-9　摆盘泵： 具有固定的气缸块，该气缸块内包含五个或更多（奇数）个围绕轴径向排列的活塞。活塞的端部由强力弹簧瓦相对摆盘夹紧，但是当摆盘旋转时，允许它们在合适的位置上滑动。摆盘面与它的基座成一定角度，所以它的厚度围绕着轴发生变化。当摆盘旋转时，活塞以固定的行程长度在气缸内往复运动。液体从摆盘和气缸块之间的缝隙通过独立的进气道进入。每个活塞都有一个内部的弹簧单向球阀来控制流量，气缸块内包含很多这样的球阀。带压液体在通过一个普通的出口排出之前先通过活塞阀。这些泵产生的压力可达 6.9MPa（$1000lbf/in^2$）。

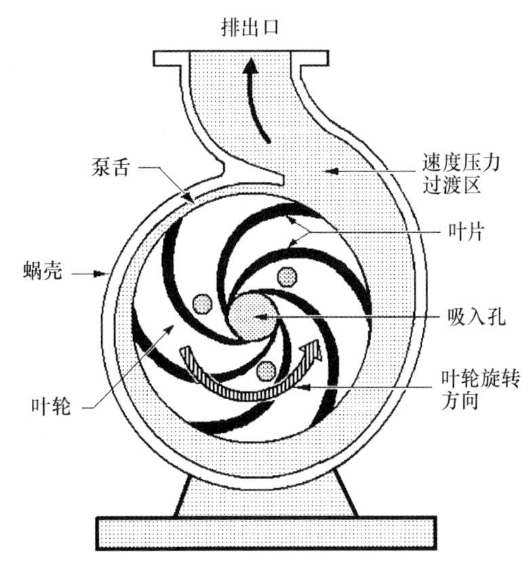

图 13.16-10　离心/叶轮泵： 离心/叶轮泵把驱动轴的能量转换成进入泵内液体的速度或动能。偏心转子在高速下旋转，使叶片间的液体旋转并给予它们离心加速。（看叶轮的转向）叶轮把液体甩出蜗壳，当液体通过叶片尖端时遇到蜗壳阻力，速度降低压力升高。像强力喷嘴一样，液体在压力作用下被排出泵。压力（喷射高度）由叶轮直径和旋转轴速度决定。随着液体离开叶轮吸入孔，形成了低压区，使更多的液体被吸入泵中。

13.17 泵类术语

绝对压力：在真空系统中，基于绝对真空之上的压力。

空气流量：衡量真空泵的排量，单位是立方英尺每分钟（cfm 或 ft^3/min）

流量：一种有如下单位的量：加仑每小时——USgal/h，加仑每分钟——USgal/min，立方英尺每小时——ft^3h，立方英尺每分钟——ft^3/min 或 cfm，升每小时——L/h，升每分钟——L/min，立方厘米每分钟——cm^3/min。

表压：在真空系统中，大气压与估算系统的差值。

容积泵：该泵从蓄水池吸水，然后使其升压排出。

压力：有如下单位的量：磅每平方英尺——lb/in^2 或 psi，大气压力——atm 或 bar，千帕每平方厘米——kPa/cm^2，英尺汞柱——inHg，毫米汞柱——mmHg

托：压力单位，等同于 1/760atm 或 1mmHg。

真空度：容器中所含气体的压力低于 1 个大气压的值（$0ft^2/min$ 标准量度）。

真空度等级：粗真空——0 ~ 28inHg，一般真空——28 ~ 29inHg，高真空——29 ~ 29.2inHg。

真空泵：三种真空泵类型有膜片泵、活塞泵和旋转叶片泵。

膜片泵：有一个通过往复轴来回运动的弹性膜片，在壳内产生一个类似于活塞的运动。

活塞泵：在一个或多个气缸内有一个或多个活塞做往复运动。

旋转叶片泵：转子的槽内安有叶片，所以当其旋转时叶片可以滑动。叶片在泵壳内旋转，并由于弹簧力或离心力的作用与泵壳内壁接触。

体积：一种有如下单位的量：立方米——m^3，立方厘米——cm^3，升——L，毫升——mL，立方英尺——ft^3，立方英寸——in^3，加仑—USgal，夸脱——qt。

13.18 无磨损电动-发电机具有更高的速度和更长的寿命

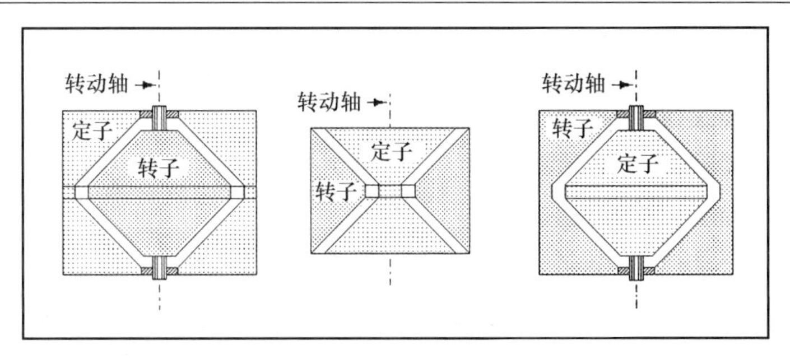

图 13.18-1 这些简化的横截面图展示了三种圆锥无磨损电动-发电机的设计思路。这三种思路展示了转子通过定子悬浮和旋转。大多数发电机定子包围转子，而锥形无磨损的原则是允许转子包围定子，如第三个图所示。

无磨损电动-发电机有径向或轴向的磁力轴承，但最近设计出了圆锥磁力轴承。安有圆锥磁力轴承的机器可以看成是安有径向或轴向轴承机器的改进。因为圆锥磁力转子可以引起径向磁力和轴向磁力，而且设计更为简单紧凑，相对于以前的设计，这些机器旋转速度更高而且寿命更长。

无论以前的还是现在的圆锥磁力转子机器都属于无磨损或自支撑机器，因为都不包括机械轴承。这两类机器都可以像电动机或发电机那样提供力或转矩。因为没有承受磨损和失效的机械轴承，所以这两类机器的寿命要比装有机械轴承的机器更长。因为不需要润滑，所以可以在更广的速度和温度范围内操作。包括在极限温度条件下，此时润滑油会扩散或恶化而导致轴承失效。

三种典型改进的无磨损圆锥电动-发电机的结构如图所示。三个图的主要部件是同心圆锥转子和定子，定子通过缝隙与转子相对。因为圆锥电动-发电机引起径向和轴向的磁力，所以它的作用像径向和轴向磁力轴承的结合。结果，获得完全的转子磁力悬浮只需要布置在转子的两端两个锥形电动发动机。相反，以前的无磨损电动发电机的设计为了获得完全的转子磁力悬浮，在转子的每一端都需要径向和轴向磁力轴承的结合，同时还需要单独的电动机提供转矩。

每个电动-发电机的定子部分都包括一个磁心和一个铁壳，在它们之间的缝隙内有很多齿和槽，在槽内缠绕着电磁线圈。转子本质上是磁心，但可以包含永久磁铁，这取决于设计。除了它的锥形结构以外，转子和定子都类似于其他的径向轴承和无磨损电动机。

在以前的磁力轴承和无磨损电动机中，电流通过磁心和转子上的线圈，产生磁通量，所以在转子上产生力和转矩。反馈控制系统调节响应于转子端部位置的电流波形，这一电流波形由传感器测量。这些波产生径向和轴向力来保证转子在期望的径向和轴向位置悬浮。对于电动机或发电机的操作，输入或输出电流线圈连接的电动开关定时系统由旋转角度决定，旋转角由另一个传感器测量。

不同于以前的无磨损电动机，这个设计减少了一组悬浮用的线圈，取而代之的是另一组电动-发电机操作线圈。相反的是，改进的控制计划允许使用一组线圈来产生磁悬浮和电动-发电机操作。计划需要在每个轴承中至少有六个线圈（至少三个对磁极）。在它的电动模式中，这个计划允许三个重叠三项电动机的同时等效操作。而且，这种电动结构提供一定的容错能力；如果任何对磁极线圈或其驱动电流失效，剩余的两个三相分系统可以继续提供磁悬浮和电动-发电机操作。

13.19 海水脱盐中的能量交换可以提高效率

海水交换渗透系统（SWRO）中的海水淡化管道需要海水连续高压流动，海水通过聚合物膜迫使淡水从另一侧流出。而遗留在排出的高压盐水中的能量在这些系统中流失了，使系统的效率降低成本增加。加利福尼亚的能量回收公司 San Leandro 已经研发出 PX 能量回收设备来回收这部分能量和提高进入海水的压力。因此，能量交换过程允许海水在低压下被泵抽入膜中淡化，因为从盐水中回收的能量可以给海水加压补偿。这一特点使系统效率增加，同时减少操作成本。

PX 回收交换设备如图 13.19-1 所示。实际上就是一个水动力泵，当高压废弃盐水进入（右上方）并冲击由高速自转转子的多个管子进入（左下方的）低压海水时，它就能完成压力/容积的交换。在海水从出口流出之前，能量传递给海水使其压力提高，低压力废弃盐水从排水管排出。由金刚砂即氧化铝陶瓷制成的转子，有 12 个轴向平行的外围管子（看上去像一个过大的左轮手枪）；它是交换器唯一的运动部件。转子被包围在有着金刚砂端盖的金刚砂套筒中，每个套筒都有进出口管子。这个完整的系统被装配在玻璃纤维的压力容器内。

自由旋转的转子由进入的高压废弃盐水流按一定的比例托起。在额定的转速下，转子以 1200r/min 速度转动，即 20r/s。当以这个速度驱动时，它的能量传递给进入的低压海水，像锤子一样在管路中扫过。因为水不能压缩而且冲击发生得很快，所以几乎不会发生海水和淡水的混合。

在任何给定的时间内，转子管路的一半暴露在高压废弃盐水流中而另一半吸入低压海水。随着转子旋转，管路通过分离高压和低压的隔离区域（图中的平行线区域）。因此含有高压废弃盐水的管路通过转子辐和它的陶瓷端盖形成的密封区与邻近的低压海水分开。在转子转动的每一圈，这种压力交换过程都会在每个管子重复发生，所以管子被连续充满和排出。

当转子和壳的缝隙充满高压水时，间隙是如此的精密，几乎可以形成无摩擦的液压动力轴承。通过能量回收，PX 压力交换器有接近 98% 的效率。企业选择金刚砂作为转子和外壳的合适材料是因为它的强度好和具有承受海水腐蚀影响的能力。

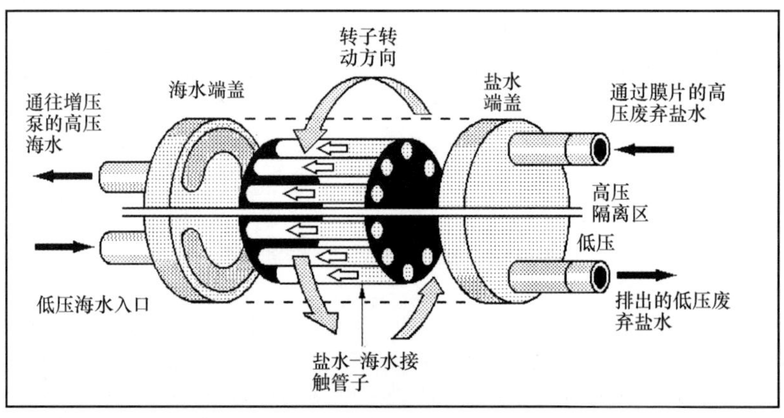

图 13.19-1 这个压力交换装置俯视图展示了水流动路线。高压盐水冲击来自高速自转转子的多个管子进入的低压海水把能量传递给海水，增加它的压力。然后高压海水被送到膜的入口处，低压盐水被排出。

图 13.19-2 说明了安装在 SWRO 系统中 PX 能量回收装置的管路。在平常的 SWRO 系统中进入淡化膜的海水必须百分之百由高压泵提供（左侧）。进入压力的 40% 用于迫使海水通过渗透膜以获得饮用水的排出。具有进入压力的 60% 的剩余盐水被返回大海，而这部分能量就浪费了。安装了能量回收装置后，把 SWRO 系统从开环转变成为能量回收的闭环回路。

当低压饮用水离开渗透膜（RO）时，高压盐水离开进入交换器（右）。同时低压海水从高压泵（最左侧）转移到交换器（左）。能量交换之后，来自交换器的高压海水带着 SWRO 系统操作所需要的 60% 压力通过循环泵，与 SWRO 系统所需求的 40% 压力的海水混合，一同进入 RO 膜。这一混合增加了 SWRO 系统约 57% 的效率。

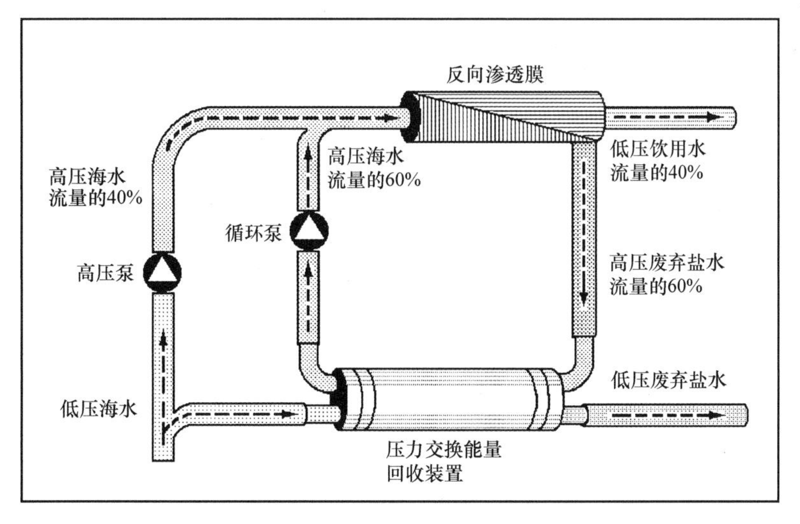

图 13.19-2 低压海水进入压力交换器（左下），同时通过渗透膜的高压废弃盐水也进入压力交换器，而饮用水排出（右）。在盐水和海水能量交换之后，升压的海水进入循环泵，低压盐水排出。来自循环泵的高压海水与来自高压泵的低压海水混合，为脱盐提供能量。能量交换减少了高压泵的能量需求，降低了系统的操作成本，提高了效率。

13.20 二循环发动机提高了效率和性能

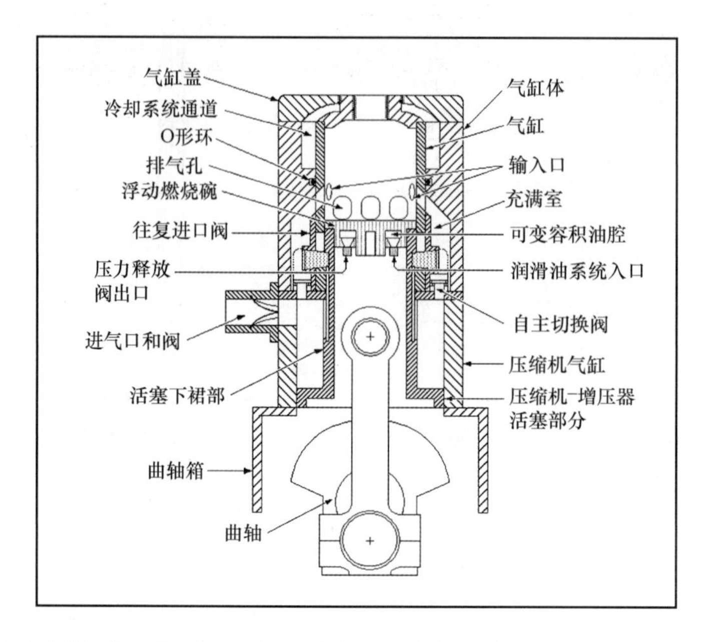

图 13.20-1　一个改进的二循环发动机。这个二循环内燃机的设计减少了机械复杂性，并改进了性能。

美国国家航空航天局的 John H Glenn 研究中心设计的二循环内燃机在容积效率和性能方面有所改进。这种发动机在很多应用中可以与四循环发动机媲美。比现在的二循环发动机更为简单而且结构部件更少，它可以变压缩增压。这些特征表明它的生产成本可能更低，比现在的两循环发动机更可靠。设计中的主要改进部分如截面图所示。

1. 往复进口阀

往复进口阀和它的操作齿轮被当做独立单元制作。往复阀按一定的次序执行操作，在它的行程结束时，阀门抵达活塞裙凹槽端部的凸台，此时开启就停止。这个往复阀的设计不用传统的复杂阀门机构，采用由电动机曲轴或凸轮轴执行操作，然而从小的高速单缸发动机到大的低速多缸发动机，在每一种形式的二循环发动机中它都很有效。

2. 可变压缩比

活塞做成分级结构，小功率部件在它的上部，大的压缩机 - 增压器法兰或裙部位于下端。这个变压缩比机构包括高压润滑回路，该回路与往复运动的活塞裙部引起的空气压力和脉冲流动相协调。简单地说就是这个机械的操作是由空气和油、燃气压力和流量之间的相互作用产生的，这种相互作用改变了活塞功率部分的浮动燃烧碗的轴向位置，结果这种相互作用改变了压缩比。对于这种结构设计，在节流阀开口突然变化时，压缩比可以迅速调节到对于发动机操作最有效的值。

3. 增压有助于气缸的清洁和冷却

分级活塞结构消除了对于复杂的、高成本、附加增加器的使用，如那些传统的二循环发动机。在压缩行程中，活塞的压缩机 - 增压器部分的运动使高压空气在进入动力缸之前从压缩机气缸流过单向输送阀和一个正压区。在排出口关闭和气缸增压完成后，大幅度压缩的空气会继续进入正压区和动力缸。

在升起的动力活塞堵住进气口后，继续进入正压区的压缩气体被保留在正压区直到膨胀行程终了，此时退回的活塞打开排气口，排气口打开后，活塞裙部凸台与往复进气阀的触发器相接触，迫使阀门打开，然后压缩空气快速进入动力缸，进行初步的清洗。分级活塞结构的又一个好处是：它能够隔离回流气体和来自曲轴箱通过动力活塞环的颗粒物质，并把它们在下一个行程送回动力缸。

这项工作由维森发动机技术部的 Berrard Wiesen 为美国国家航空航天局的 John H Glenn 研究中心完成。

第 14 章

包装、运输、处理、安全方面的机构和机器

14.1 分类、供料和称量机构

1. 定向机构

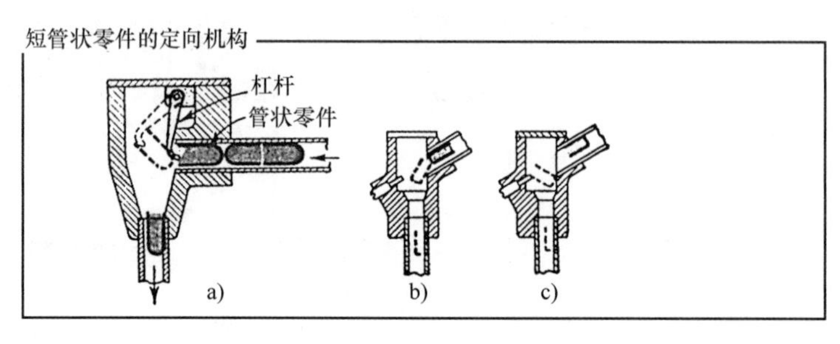

图 14.1-1 这是一个常见的问题。零件可能是开口端也可能是封闭端先出现，所以需要有一个能够使所有零件定向的机构，以便这些零件能够以同样的方式被传送。在图 a 中，当一个零件的开口端首先到达时，摆杆使其旋转，以使零件的开口端对着上方。当一个零件的封闭端首先到达时，零件推开摆杆并向下翻转。图 b 和图 c 所示的是一个用销钉代替摆杆的简单结构。

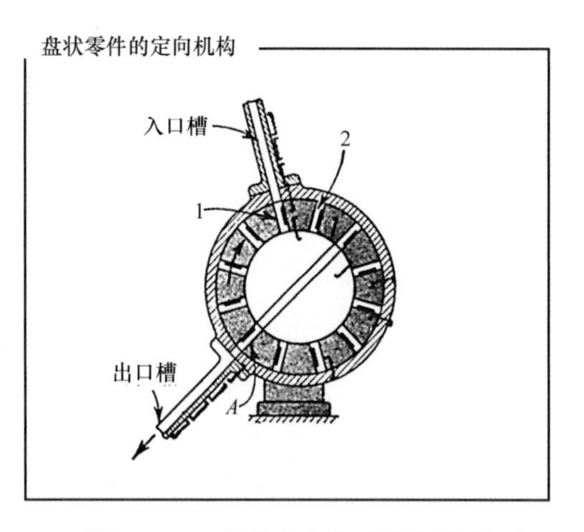

图 14.1-2 随着分度盘开始沿顺时针方向转动，开口端面向右侧的零件（零件 1）落入相匹配的槽孔中。这个槽孔带着零件旋转 230°到达 *A* 点，从这点零件脱离槽孔，开口端对着上方滑下出口槽。随后而来的开口端面向左侧的零件（零件 2）不能被槽孔所携带，所以它通过分度盘滑出，并且在滑出出口槽时其开口端也对着上方。

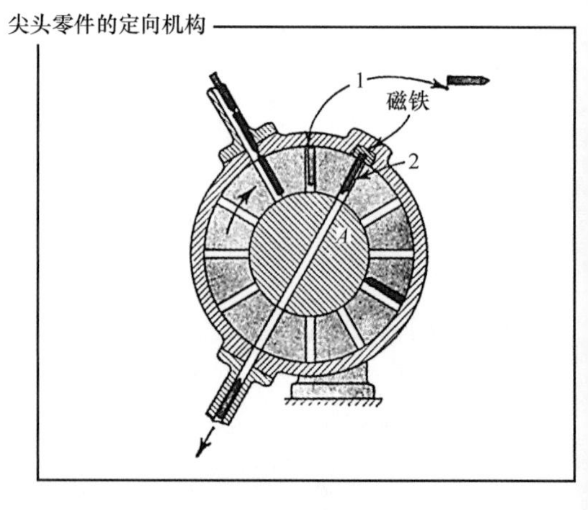

图 14.1-3 这里最重要的一点是，如果尖头零件的尖头对着内置的磁铁，那么当尖头零件经过时磁铁吸不住这个零件。这样尖头对着磁铁的零件（零件 1）在分度盘到达磁铁位置时沿出口槽滑出。而一个相反定向的零件（零件 2）被磁铁短暂地吸住，直到分度盘继续转过 180°时这个零件沿出口槽滑出。分度盘和开槽的芯子必须用非磁性材料制造。

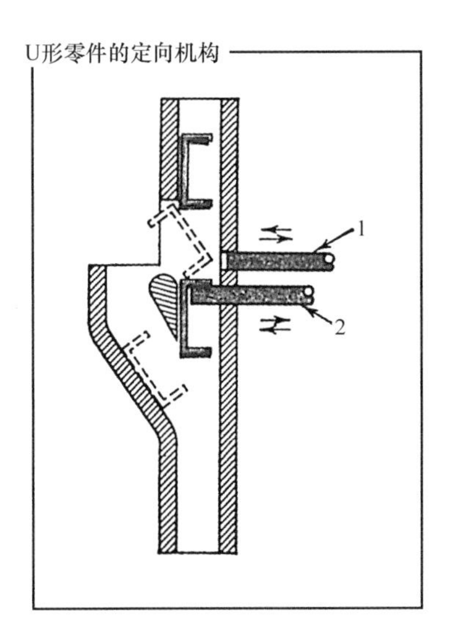

图 14.1-4 这个机构的关键是有两个在水平方向上交互作往复运动的销钉。零件沿槽滑下来，其 U 形底部将面向右或面向左。所有下来的零件先碰到销钉 2 并停住，此时销钉 1 进入通道，并且如果 U 形零件的底部面向右边，则销钉 1 击翻这个零件，如图中虚线零件所示。如果 U 形零件的底部面向左边，销钉 1 的运动就不会产生作用，当销钉 2 退回到右边时，将允许零件通过主槽落下。

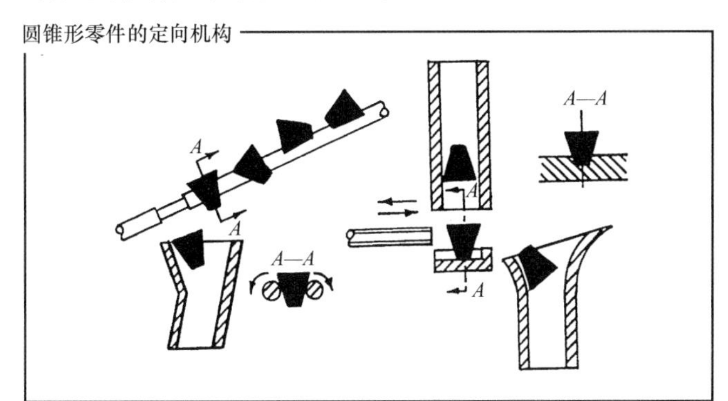

图 14.1-5 事实上由于图中两个圆柱形杆以相反的方向旋转，使得圆锥形零件呈现如截面 *A—A* 所示的位置（左图），所以当圆锥形零件滑下圆柱形杆时可以不考虑圆锥形零件头的朝向。当这些圆锥形零件到达圆柱形杆变细的截面时，它们落入槽中，如图所示。

在第二种圆锥形零件的定向机构（右图）中，如果圆锥形零件的小头先落下时，它将正好与凹槽相配合。往复运动的圆柱杆向右移动时将撞击这个零件，并使其翻入出口槽。但如果圆锥形零件的大头先落下时，它将立在平面上（而不是凹槽里），这时圆柱杆只需推其进入出口槽即可，无需使其翻转。

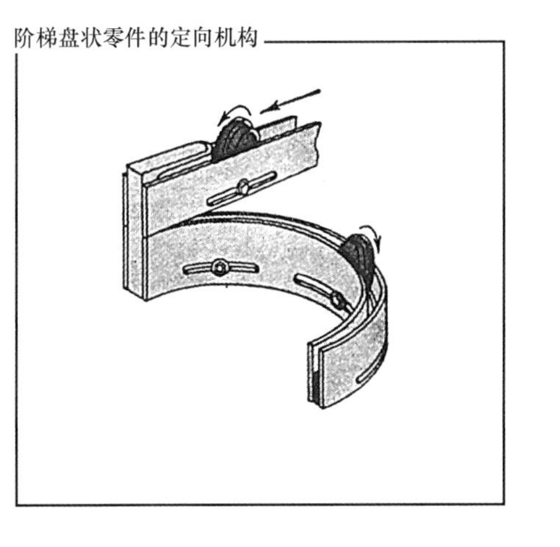

图 14.1-6 零件从轨道的上头滚动到左边时落到下一个圆形轨道上。然后零件继续沿初始的方向滚动，但是它们现在的阶梯面已经旋转了 180°。下降一层轨道的想法可能显得过于简单，但是这样做避免了采用通常的凸轮机构来完成此类工作。

2. 简单的供料机构

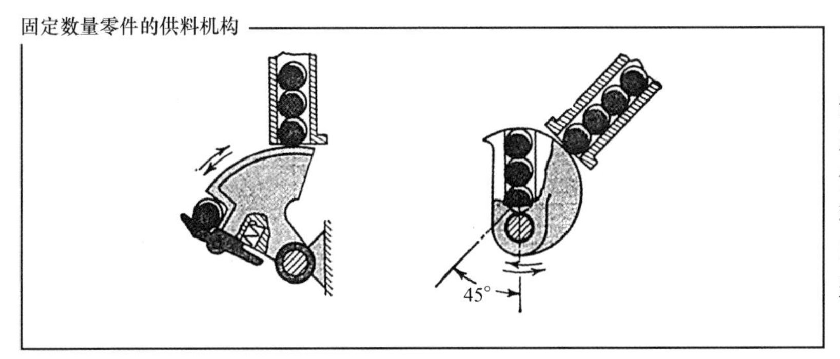

图 14.1-7 摆动扇形构件获得预定数量的零件，然后旋转一定的角度来传送它们。这个摆动扇形构件在行程的头和尾必须能够停歇，以便这些零件有足够的时间进出扇形构件。

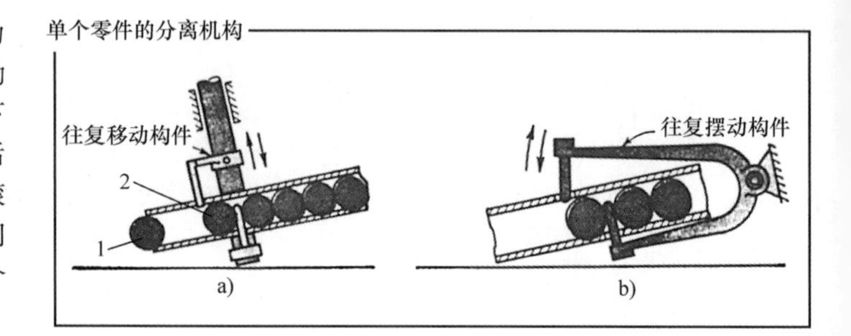

图 14.1-8 圆形零件由于重力作用从斜槽中落下，并被往复移动的杆所分离。在往复移动构件的下行程时，零件先滚到位置 2，然后在往复移动构件的上行程时零件滚到位置 1。因此，分离零件的时间间隔几乎等于往复移动的杆的一个振荡周期所需的时间。

除了往复移动的构件由一个往复摆动的构件代替外，图 b 中的机构与图 a 中的机构类似。

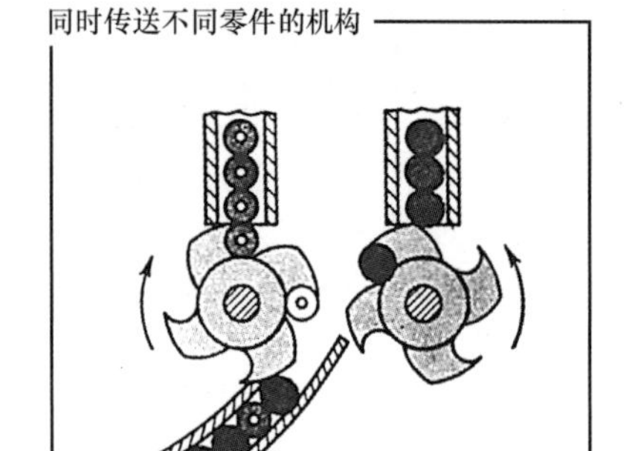

图 14.1-9 这个简单机构靠两个反向旋转的轮子来交替传送两种不同的零件。

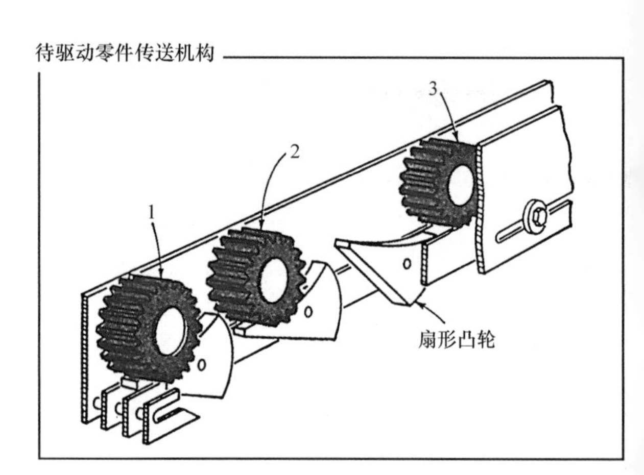

图 14.1-10 在这个机构中每个齿轮由一个可转动的扇形凸轮支撑着直到前一个齿轮向前运动。如图所示，当齿轮 3 滚下沟槽时，压下相对应的扇形凸轮，但同时被前面的扇形凸轮支撑住。当齿轮 1 被拿下时（采用手工或机械方式），其所相对应的扇形凸轮由于自重的作用而顺时针旋转，这使得齿轮 2 移动到齿轮 1 所在的位置，然后空载的扇形凸轮 2 将顺时针旋转。于是，所有排列的齿轮都向前移动了一个位置。

3. 分类机构

图 14.1-11 在图 14.1-11 中简单的机构中（图 a），球从两个倾斜的、有点岔开的导轨上滚下来。所以，最小的球将掉进左边的箱体里，中间尺寸的球掉进中间的箱体里，最大尺寸的球掉进右边的箱体里。

在图 14.1-11 中较复杂的机构里（图 b），球从料斗中下来。必须通过一个门，这个门同时也是活板门的弹簧锁。符合标准尺寸的球不会触碰（激励）这个门就直接通过。然而，超过标准尺寸的球会碰到这个门，从而打开活板门底部的锁，使该球掉入专用来装废品的槽里。

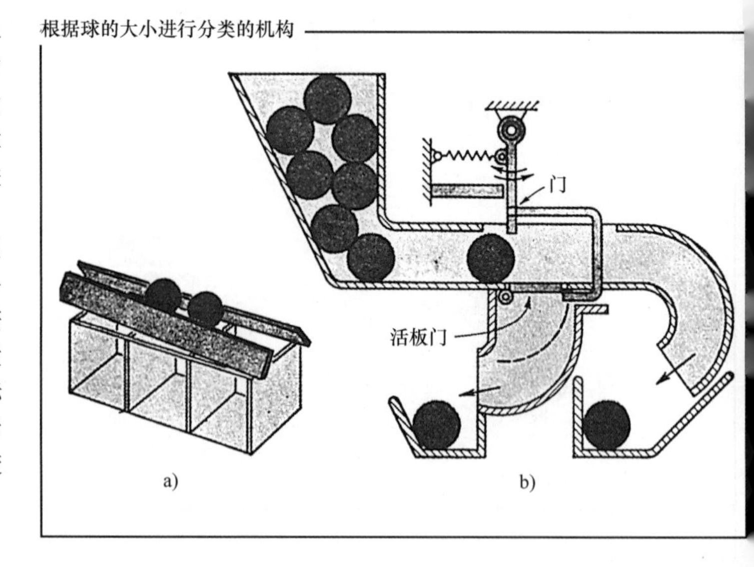

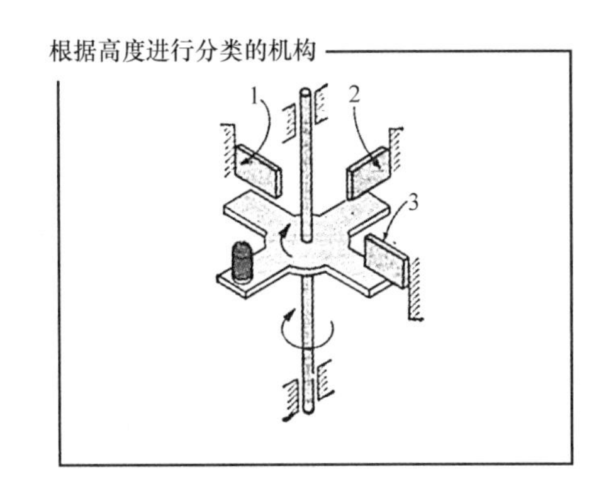

图 14.1-12 图 14.1-12 中，不同高度的工件放在一个缓慢旋转的十字平台上。构件 1、2、3 以逐渐减小高度的方式放置，构件 1 最高，构件 3 最低。因此，根据工件的高度，它们分别被构件 1、2 或 3 撞下平台。

4. 送料量调整机构

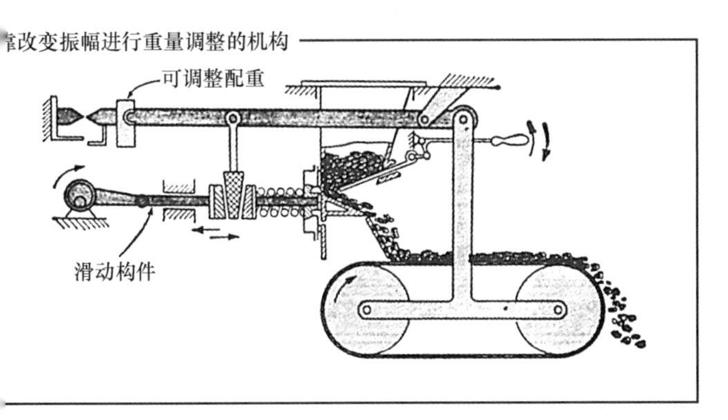

图 14.1-13 料斗里的物料靠往复滑动构件的振动传送到传送带上。滑动构件的脉冲力通过橡胶楔形构件施加到作用杆上。这个力的振幅能通过橡胶楔形构件的上下移动进行调整，而这个调整是靠传送带绕一个中心点的旋转来自动完成的。当传送带过载时，它将顺时针转动，使橡胶楔形构件上升，从而减小了脉冲力的振幅，并降低了物料的进给速度。

此外，移动可调整配重或改变传送带的速度也可以实现进给速度的调整。

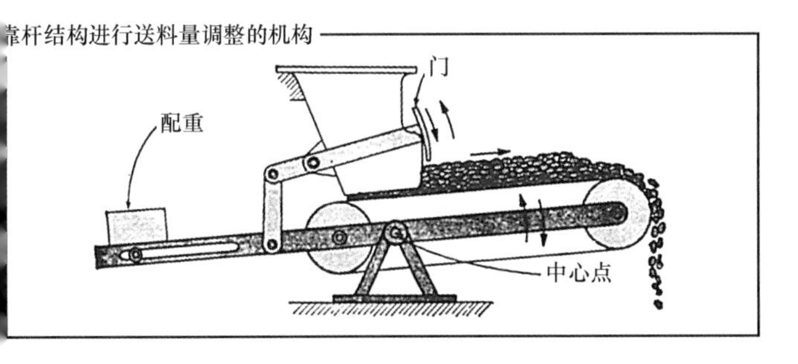

图 14.1-14 松散的物料从料斗里落下，并通过传送带系统向右传送。传送带系统可以绕中心点转动。传递带系统的框架位置变化可以使料斗的门相应运动，当传送带上物料的数量超过所需要的量时，传送带顺时针转动并关上料斗的门。框架上配重的位置决定了系统的进给速度。

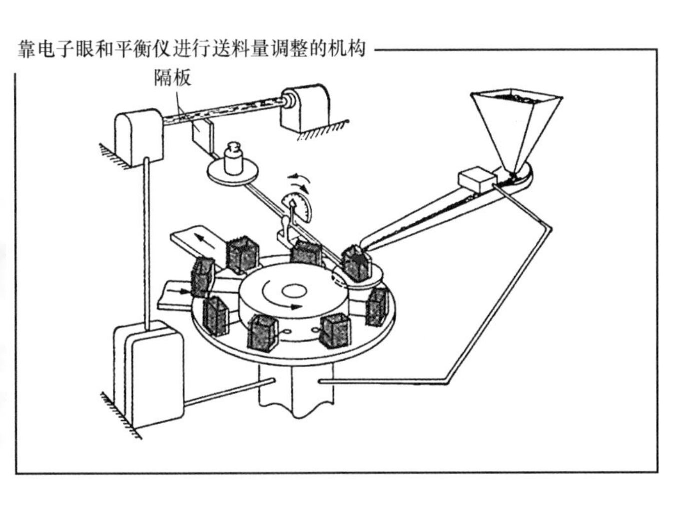

图 14.1-15 分度盘自动停在进给位置。物料落入容器中后，它的重量使得隔板旋转向上，从而断开了通往光电继电器的光束，进而使进料门关闭。在一段时间延迟后或电子眼停止反应后分度盘可以自动起动。

14.2 切割机构

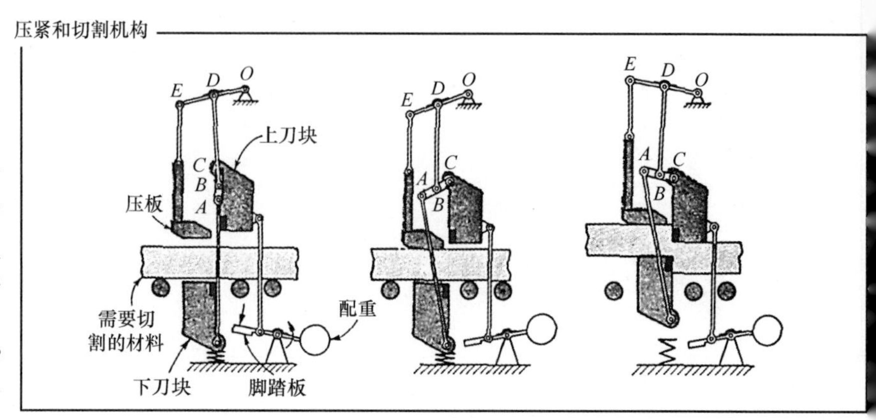

图 14.2-1 通过压下机构的脚踏板，上刀块和压板将向下移动。当压板压到物料上时，它和连杆*EDO*都不能再继续移动，然后连杆*AC*开始绕着点*B*旋转，并拉起下刀块开始切割。

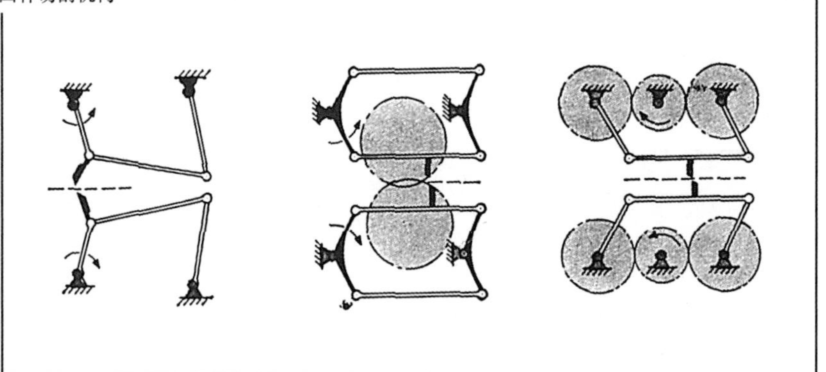

图 14.2-2 靠两组四杆铰链机构的耦合组成的这三种四杆切割装置可实现稳定、有力的切割。

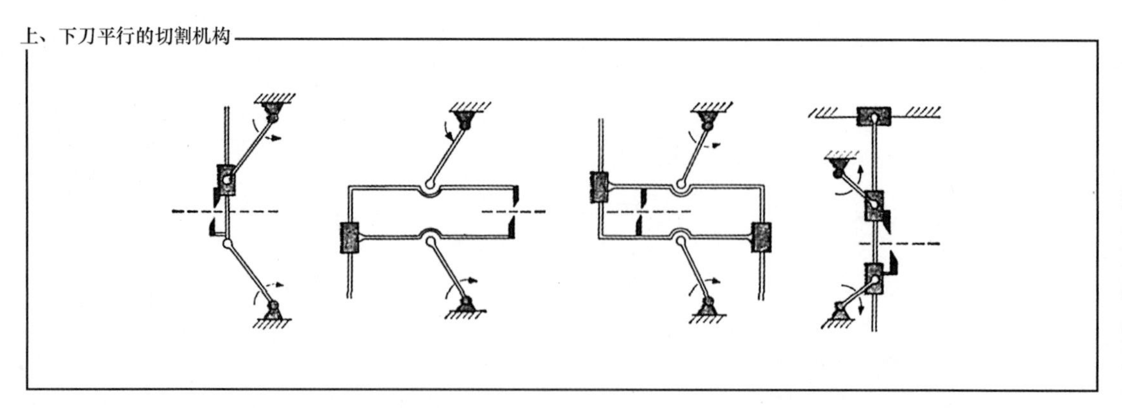

图 14.2-3 在这四个机构中，刀的切削刃彼此平行移动，并且在它们移动时一直与被切削的物料保持垂直。通过传动比为1的齿轮系（没画出），每个机构中的两个曲柄以匀速旋转。同时，这个齿轮系也完成物料在机构中的传送。

弧形运动切割机构

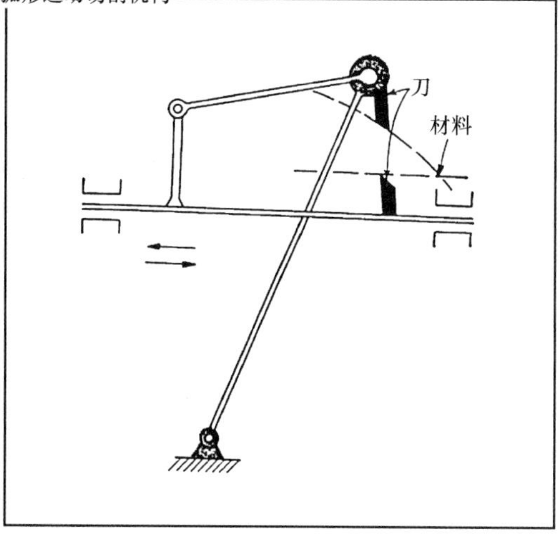

刀

材料

图 14.2-4 随着水平杆的往复运动材料被切割，装有下刀块的水平杆向右移动时，上刀块将向下沿弧线运动来完成切割加工。

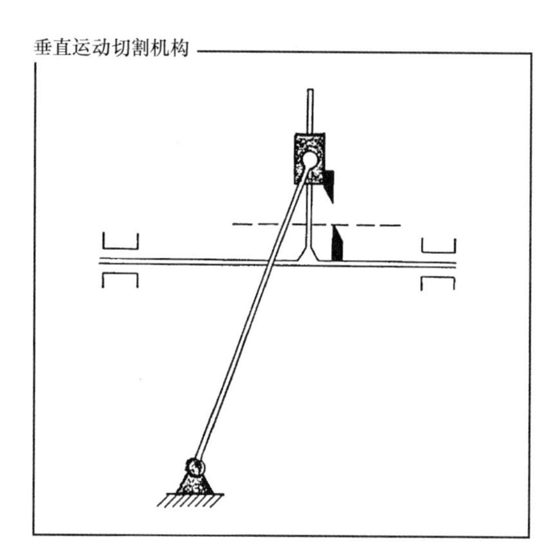

图 14.2-5 在切割时，这个机构的上刀块和下刀块始终保持平行，真正实现了类似剪刀的动作，但是滑动构件间的摩擦会影响切削力。

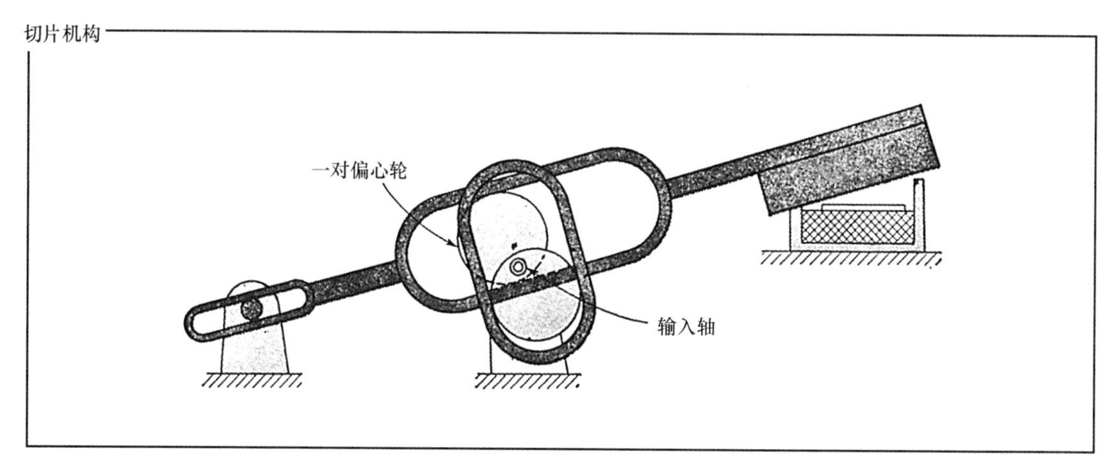

图 14.2-6 切片运动是通过两个偏心轮的同时运动来完成的。偏心轮驱动的两个环状构件被焊接在一起。在图示的位置，下偏心轮提供水平切割运动，而上偏心轮提供切割运动所必需的向上和向下的力。

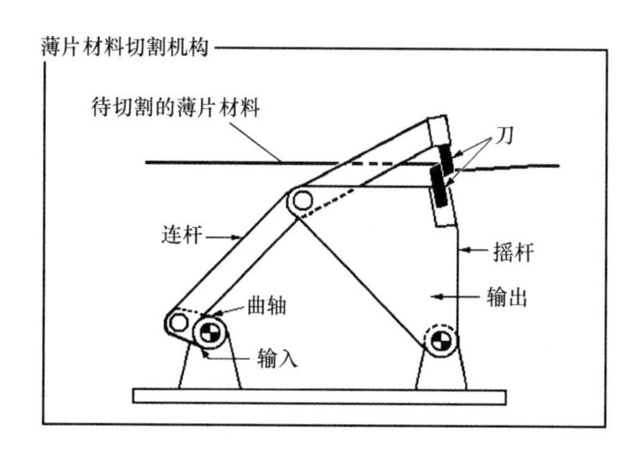

图 14.2-7 这个具有加长杆的四杆机构能够在高速运转下切割薄片料。可以通过各杆的尺寸计算，使图示的四杆机构在进行切割加工时刀的切割速度等于薄片料的线速度。

14.3 翻转机构

图 14.3-1 这个机构通过一个双曲柄驱动两个四杆机构来实现平板工件的翻转。两个翻转板实际上就是四杆机构中第四个杆的加长。四杆机构中连杆的长短比例通过计算获得，以便两个翻转板能同时上升到稍稍偏离垂直线的一个位置上，通过平板工件的动量使其从一个翻转板移到另一个翻转板上。

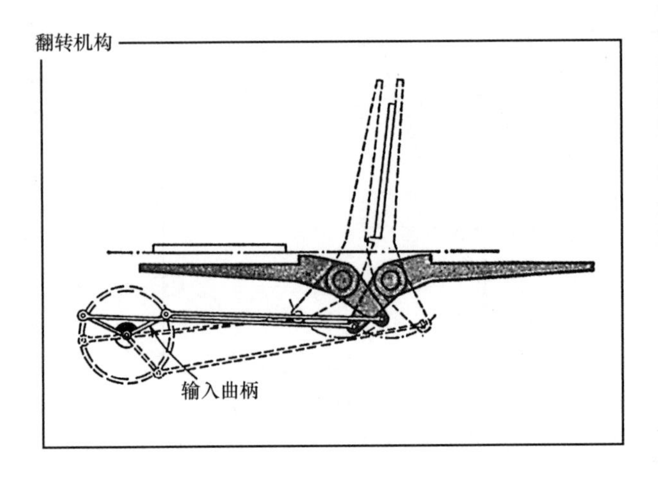

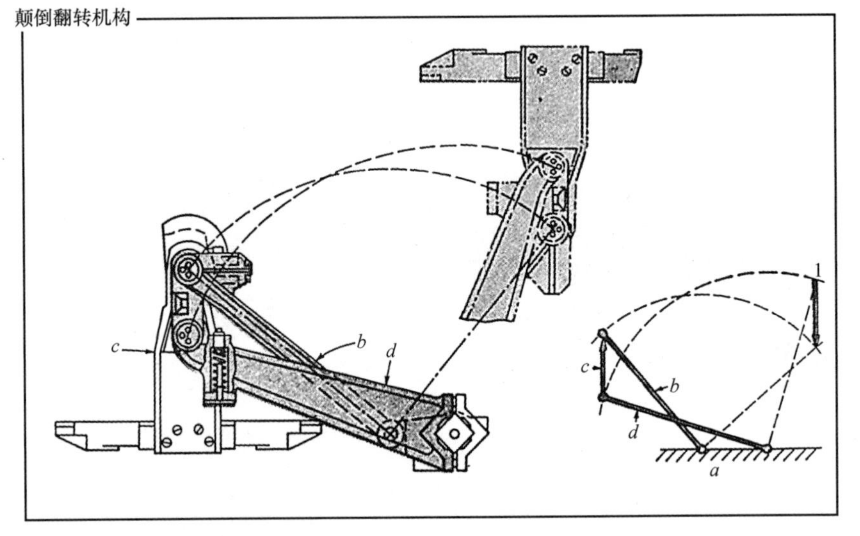

图 14.3-2 这是一个四杆机构（连杆 a、b、c、d），连杆 c 将被翻转。各连杆间的长度比例如图所示，主动杆旋转 90°，连杆 c 完成 180°的旋转。

14.4 振动机构

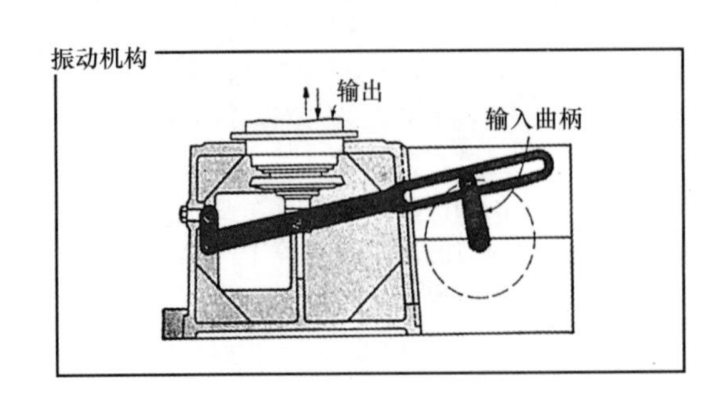

图 14.4-1 开槽的连杆和与其相连的中间连杆被固定到机架上。随着输入曲柄的旋转，开槽的连杆的摆动使输出平台上下振动。

14.5　7 种基本的零件筛选机构

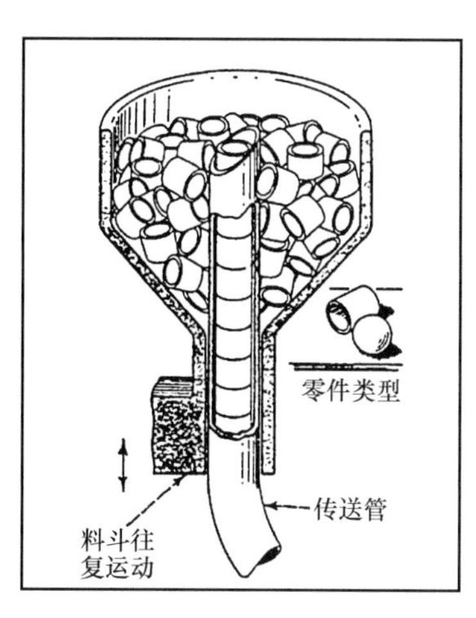

图 14.5-1　针对球和短圆柱体的**往复进给运动**机构是最简单的进给机构。工作时料斗或管往复运动。料斗必须保持装满零件状态，除非管相对于零件的位置可以调整。

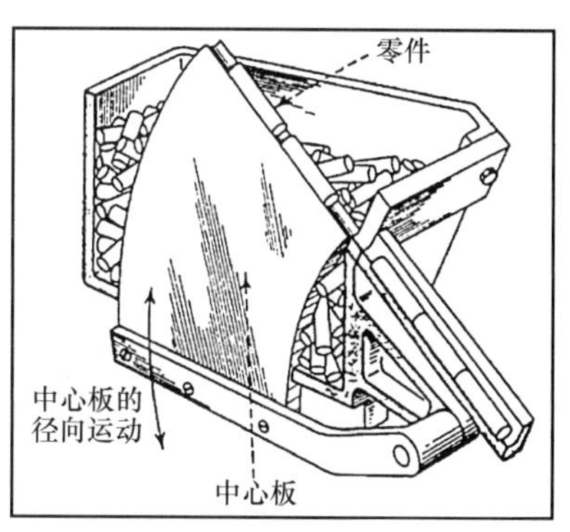

图 14.5-2　**中心板筛选机构**和往复进给筛选机构类似。为了收集形状有点复杂的零件，中心板的顶部可加工成各种剖面形状。它工作效率很高，可以引导往复运动的料斗不能引导的较长圆柱体零件。进给可以是连续的，也可以根据需要来定。

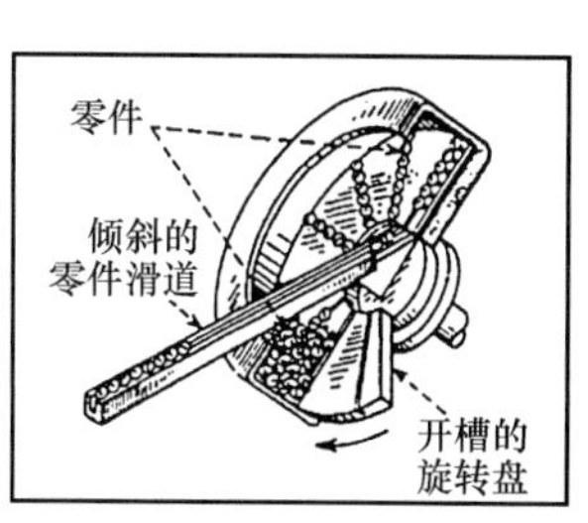

图 14.5-3　**旋转螺钉传送机构**可传送螺钉、带头销钉、阶梯轴和多数料斗所传送的类似的零件。如果方向各异的零件必须以一种特殊位置被传送，这种随机筛选就需要额外的机构。本图所示机构中所有的螺钉都沿同一方向喂入（除了螺钉上开槽的朝向不一致外），所以不需要额外的分离机构。

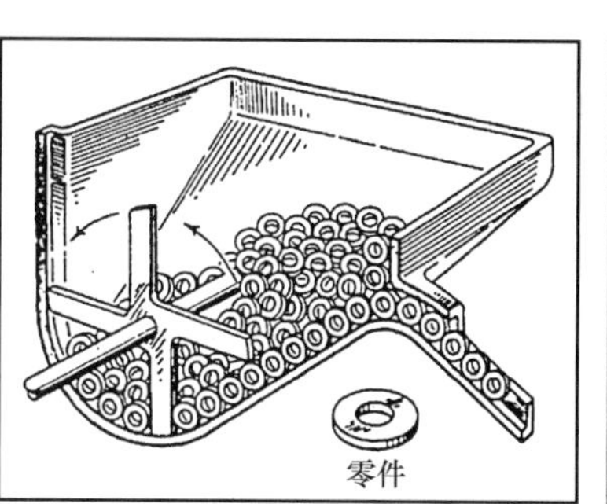

图 14.5-4　如果尺寸较小的 U 形零件的腿不是太长的话，**旋转中心托板**能够有效地托住 U 形零件。零件必须有足够的弹性，以防止当中心托板穿过一堆零件时所受的阻力使其产生永久变形。这种传送通常是连续的。

图 14.5-5　**桨状轮**对不易变形的盘状零件的传送是很有效的。薄的、软的零件将会弯曲和堵塞。如果可能的话要避免设计成这类零件，特别是在自动装配生产线中。

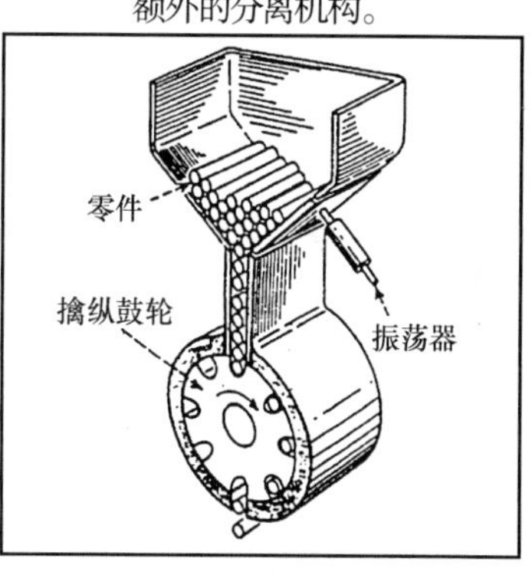

图 14.5-6　**长圆柱体传送机构**主要是由两个不同形状的料斗组成。如果圆柱体的两端形状相同，毫无疑问零件被传送后就能够实现自动装配。但是两端具有不同形状的圆柱体在被装配之前，需要额外的设备先对这个零件进行导向。

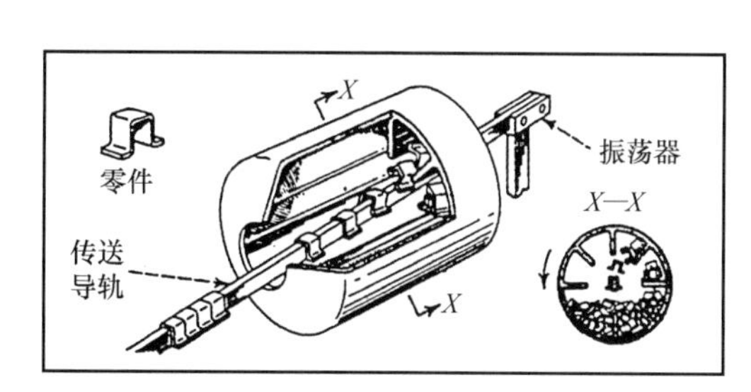

图 14.5-7　当零件纠结在一起时，使用**桶形料斗**很有效。零件任意从旋转的桶边落下。靠随机筛选，一些零件落到振动的导轨上被传送到桶外。零件应该有足够的刚度来防止产生较大的弯曲变形，因为零件滚落时要受到很大的冲击力。此外，零件的滚落有助于去除其上的尖形毛刺。

14.6 11 种零件传送机构

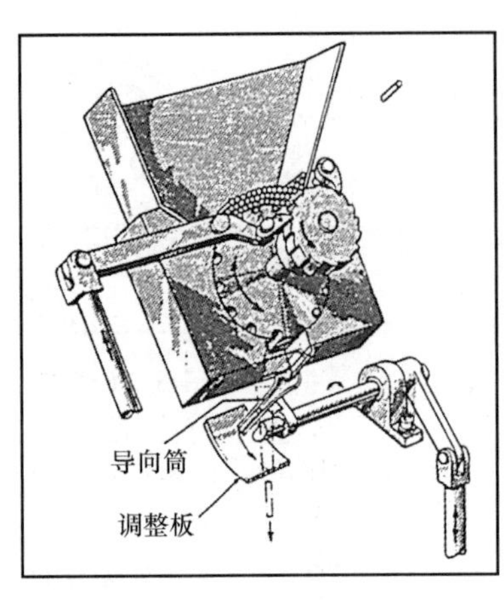

图 14.6-1 靠杆状零件自重进行传送的机构。借助于一个齿形外圆盘的间歇转动，定长杆状零件从料斗被传送到低位的导向筒。在出口的调整板移开时，一个由杠杆驱动的导向筒引导定长杆开始传送。

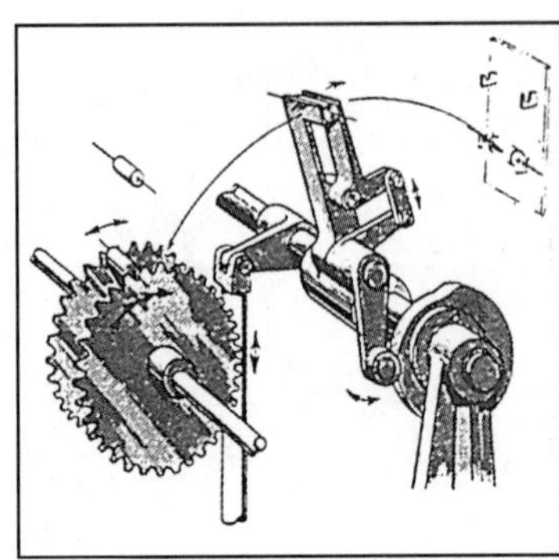

图 14.6-2 电子元件传送机构。通过一对齿形外圆盘的间歇转动，电容器可以被传送。然后，一个抓举臂举起电容器，并通过凸轮和随动件把它放到需要的位置。

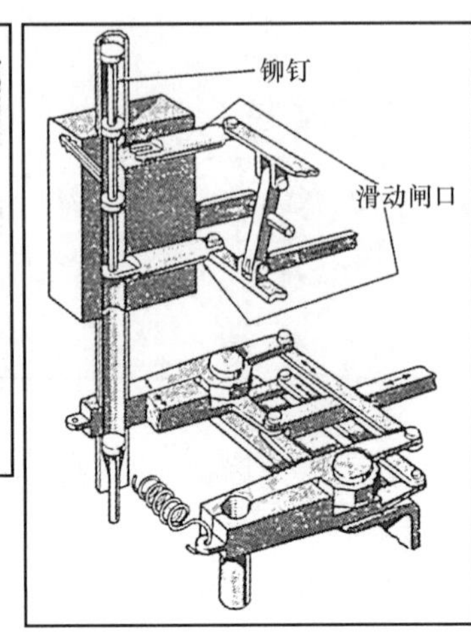

图 14.6-3 带头铆钉传送机构。通过一个定向零件传送机构来获得朝向一致的有头铆钉。借助于一对滑动闸门的相对移动，这些带头铆钉一个个落下，通过一个导向筒掉到一个夹钳里。夹钳使两个铆钉成对地落入相应的孔里。

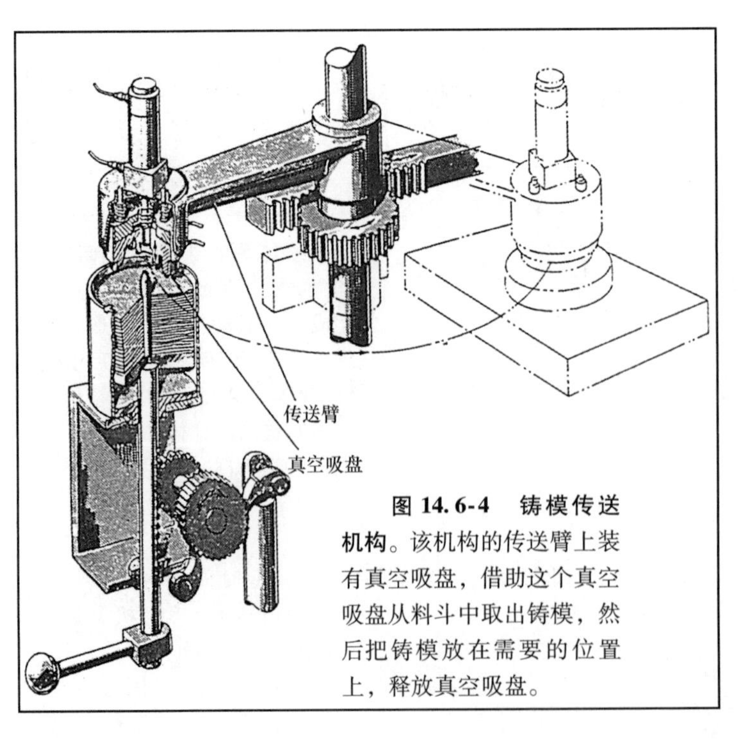

图 14.6-4 铸模传送机构。该机构的传送臂上装有真空吸盘，借助这个真空吸盘从料斗中取出铸模，然后把铸模放在需要的位置上，释放真空吸盘。

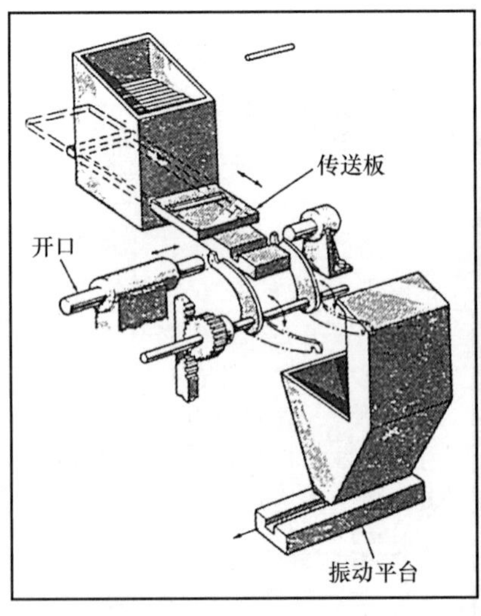

图 14.6-5 定长杆的水平传送机构。借助一个移动板，定长杆从料斗中被传送到固定盘的槽里。在固定盘凹槽里的定长杆被调整之后，通过一个杠杆被传送到槽里，然后通过振动平台把定长杆移出槽。

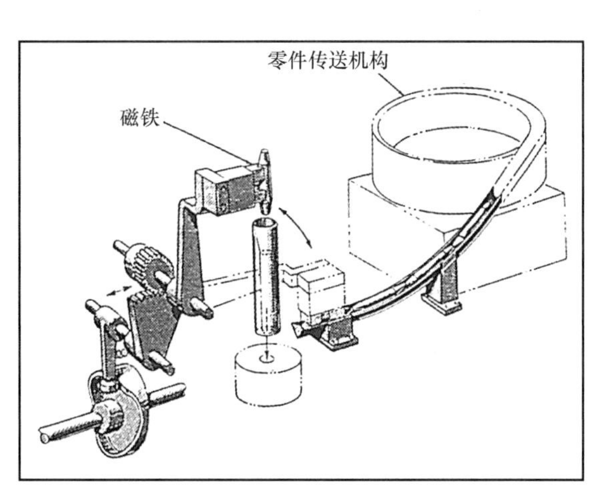

图 14.6-6　销钉插入机构。零件传送机构提供销钉，通过一个带磁性的臂，销钉被提升到一个垂直位置。当电磁铁断电时，销钉通过一个导向圆筒落下。

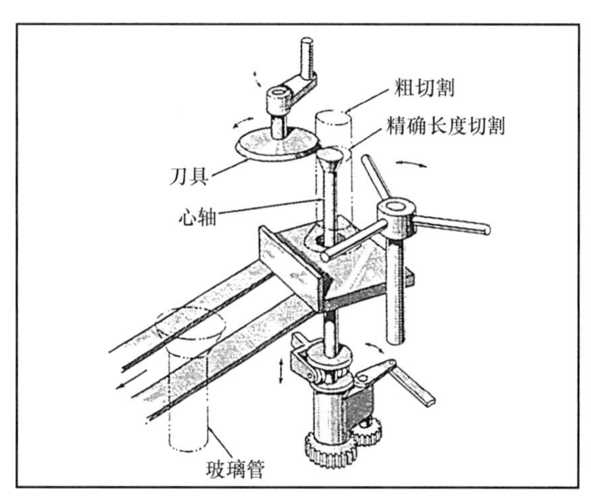

图 14.6-7　玻璃管的割断和传递机构。可转动的玻璃管的上部由卡盘夹持（图上未画出）。当刀具按指定的长度切断玻璃管时，心轴降下并且一个弹簧件（图上未画出）使管子落到槽上。

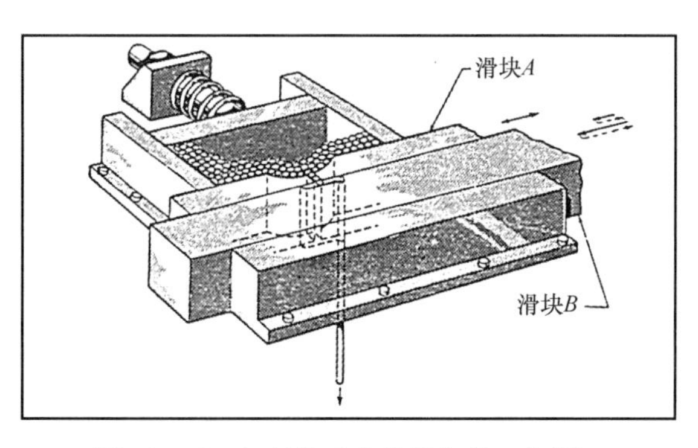

图 14.6-8　钢丝的垂直传送机构。如图14.6-8所示，定长的钢丝垂直堆放。在钢丝通过弹簧被压进料斗的同时，一个凸轮和杠杆（图中未画出）使滑块 *A* 和滑块 *B* 滑动，从而使钢丝一个个被传送。

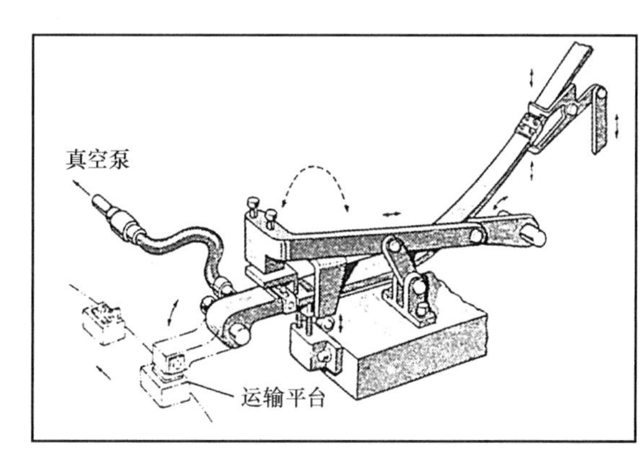

图 14.6-9　特殊形状零件的传送机构。如图所示的特殊形状的零件在给定的方向上一个个被传送，然后再分别被移进运输平台上相应的凹槽里。

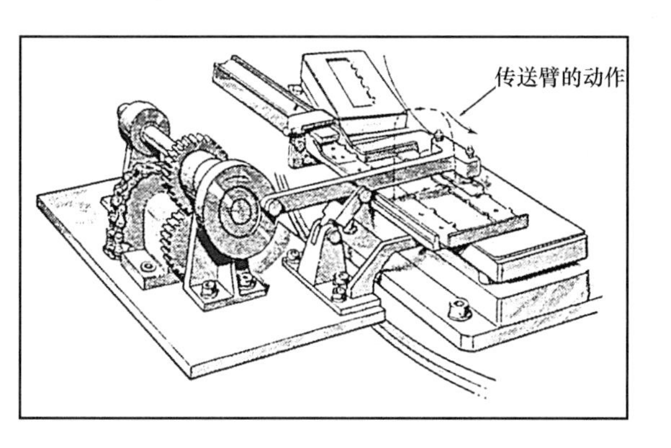

图 14.6-10　平钢板的横向传送机构。驱动杆机构的臂把通过零件传送机构供给的平钢板一个个地放到指定位置。

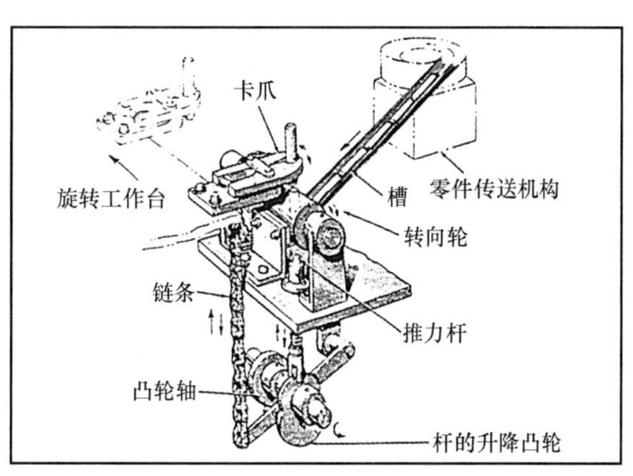

图 14.6-11　杆的垂直传送机构。通过零件传送机构供给的杆由一个转向轮和一个推力杆实现垂直传送，然后杆被一个卡爪运走。

14.7　7种自动传送机构

自动或半自动的传送机构的设计很大程度上取决于下列因素：将要被传送到设备中的材料或零件的尺寸、形状和特征，以及将要进行的操作形式。传送机构可以是给定位置导向的简单传送带，或者是当零件被传送到机床进行工艺加工时，也可以包括一些安全夹具的传送装置。传送机构的一个功能就是从一堆或一些备料中选取一个零件。如果备料是连续的薄金属板、纸筒、长杆或管，机构在进行工艺加工期间必须保持间歇运动。这些要点都被标注在下列传送机构的相应图中。

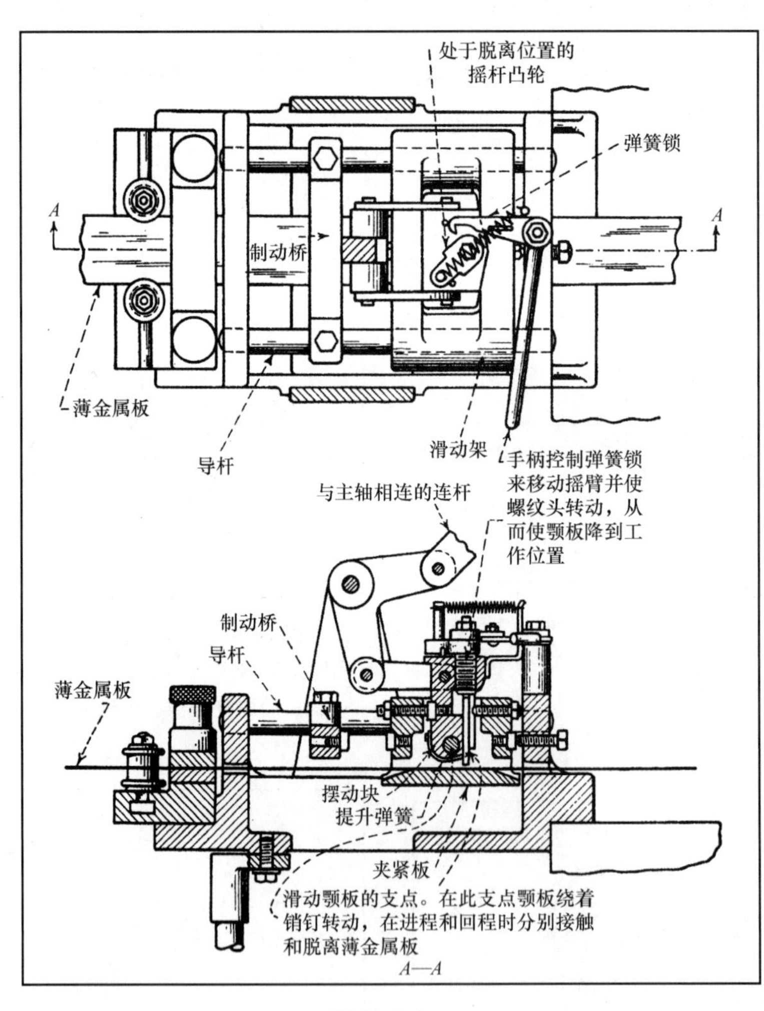

图 14.7-1

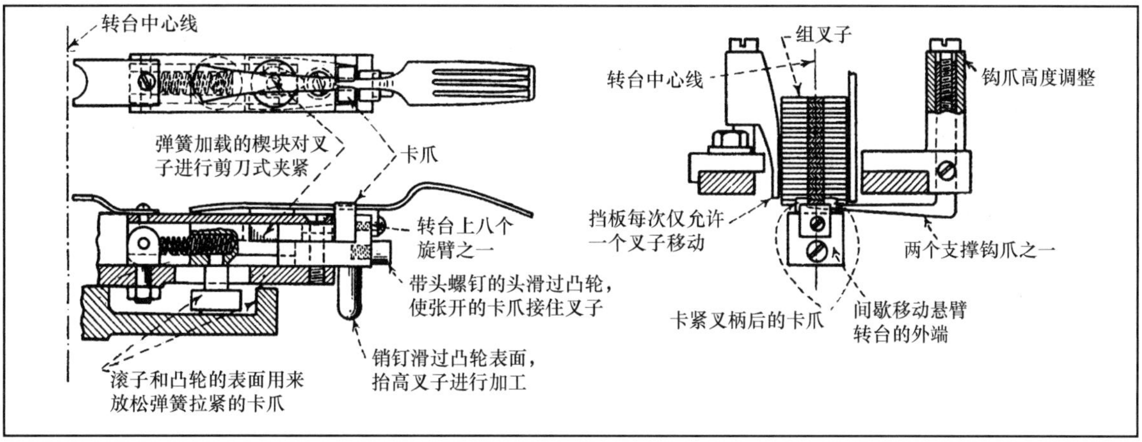

转台中心线
弹簧加载的楔块对叉子进行剪刀式夹紧
卡爪
转台上八个旋臂之一
带头螺钉的头滑过凸轮，使张开的卡爪接住叉子
销钉滑过凸轮表面，抬高叉子进行加工
滚子和凸轮的表面用来放松弹簧拉紧的卡爪
组叉子
转台中心线
钩爪高度调整
挡板每次仅允许一个叉子移动
两个支撑钩爪之一
卡紧叉柄后的卡爪
间歇移动悬臂转台的外端

图 14.7-2

靠弧齿锥齿轮来旋转的弹性托板，通过推管子到一个挡板上使这些管子保持协调一致
未分类的、长短不一的管子
可调整一个或多个锯片安装在驱动轴上
可调整的四夹爪安装在每个带槽的十字杆件上，十字杆件占据两节传动链的位置

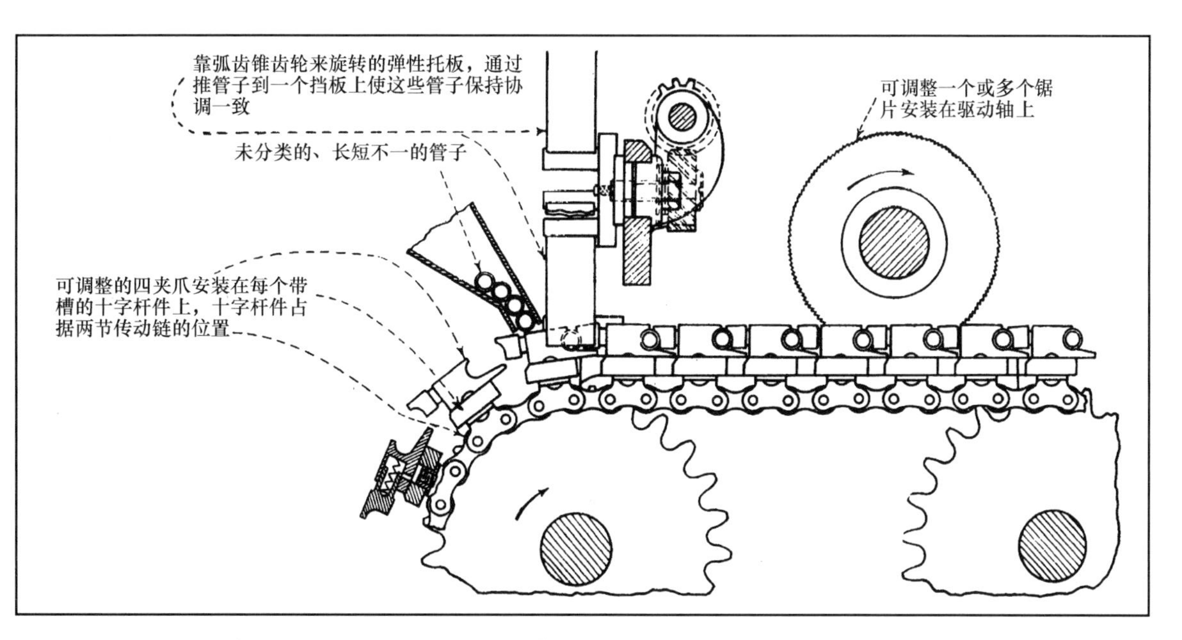

图 14.7-3

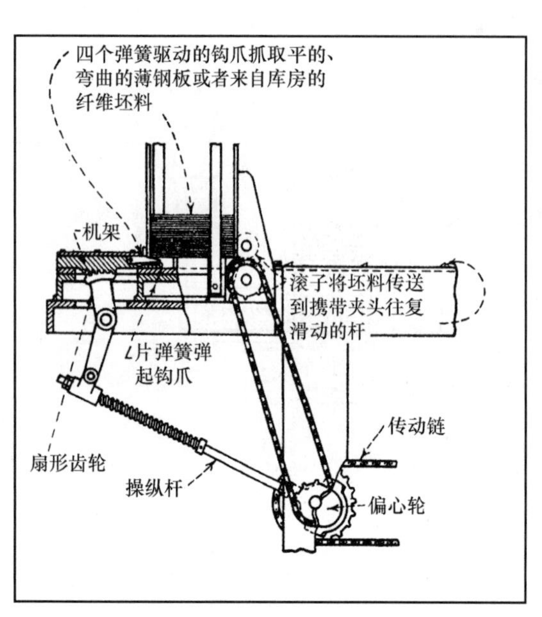

图 14.7-4

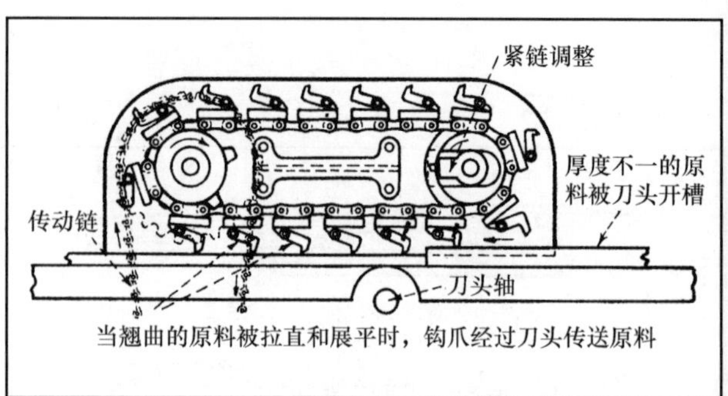

图 14.7-5

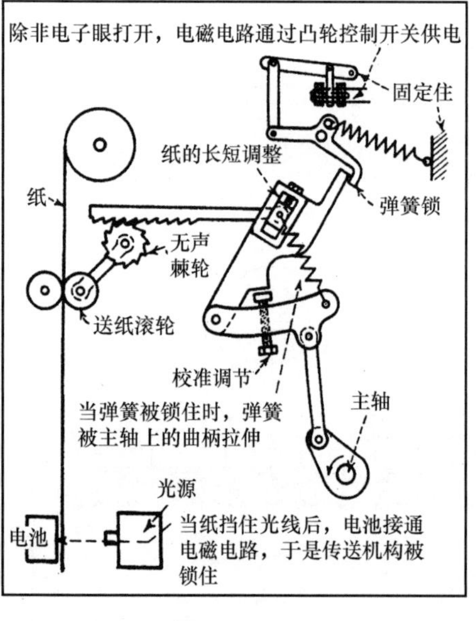

图 14.7-6

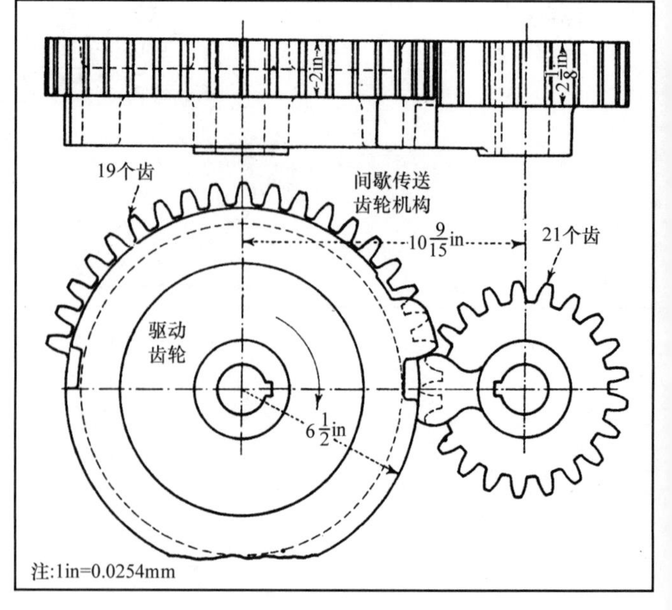

图 14.7-7

14.8 专用机床的传送机构

传送机构可以分成两类：一类是作为加工产品的机床的一部分，另一类是在生产的不同阶段移动产品。这些传送可能是从一个工人到另一个工人或从车间的一部分到另一部分。下面介绍的大多数传送机构是加工机床的组成部分。连续的和间歇的传送机构都有插图。

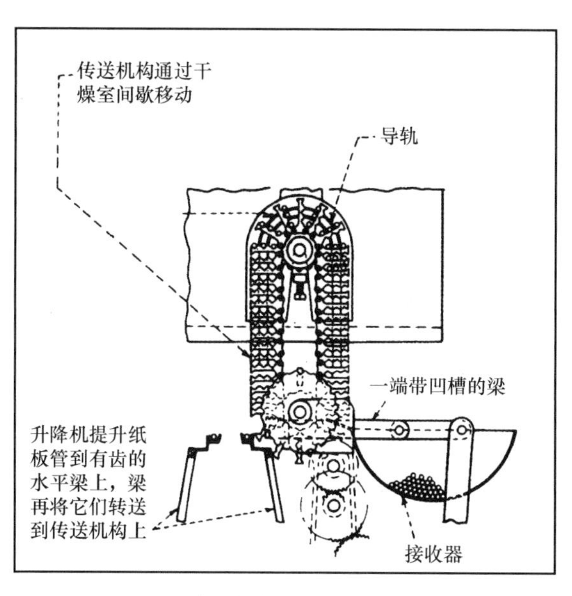

图 14.8-1 间歇移动的、一端带凹槽的梁与通过一个干燥室被传送的纸板管相接触。

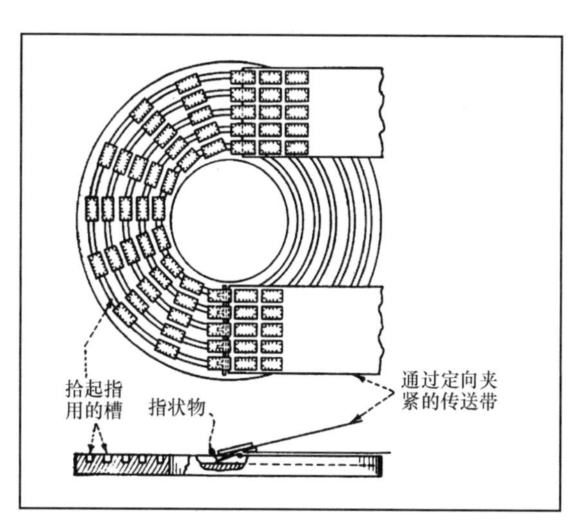

图 14.8-2 一个旋转传送机构不需要改变物件的相对位置就能够把它们从一个传送带传送到另一个传送带上。

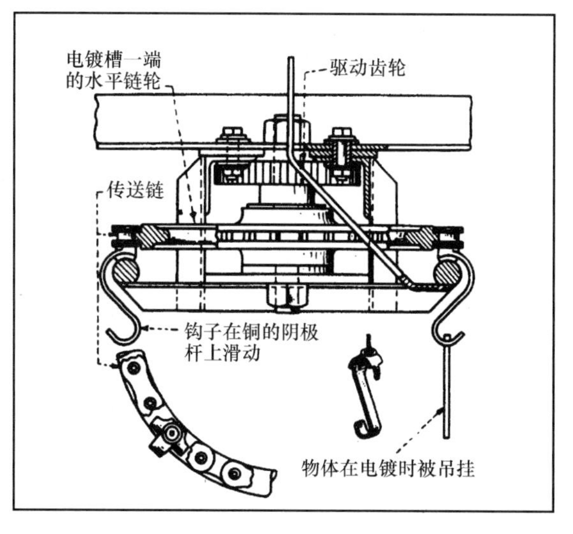

图 14.8-3 在驱动链传送机构上的钩子移动物体通过电镀槽。

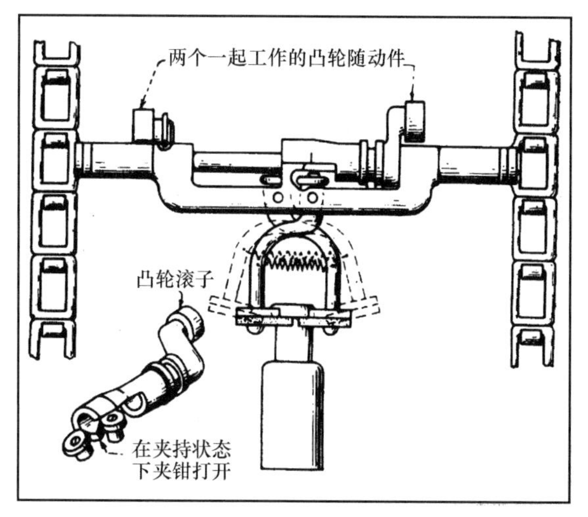

图 14.8-4 在随动滚子运行的轨迹上，两个一起工作的凸轮通过夹持作用来打开和关闭瓶颈上的夹钳。

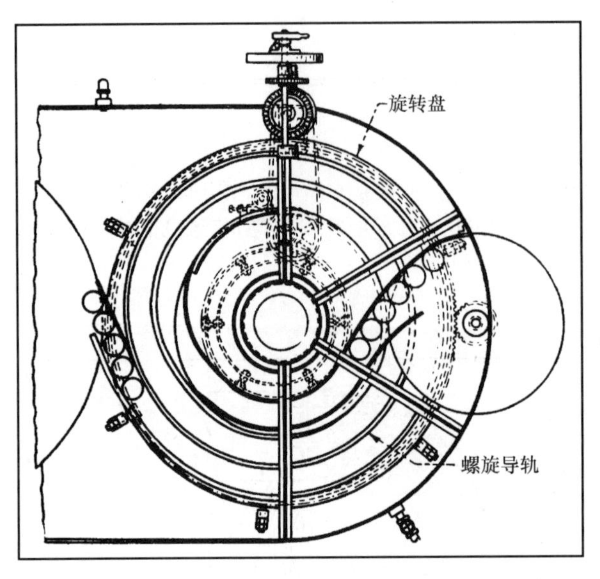

图 14.8-5　一个旋转盘沿着固定导轨间的螺旋轨道带着食品罐头进行预先封装加热处理。

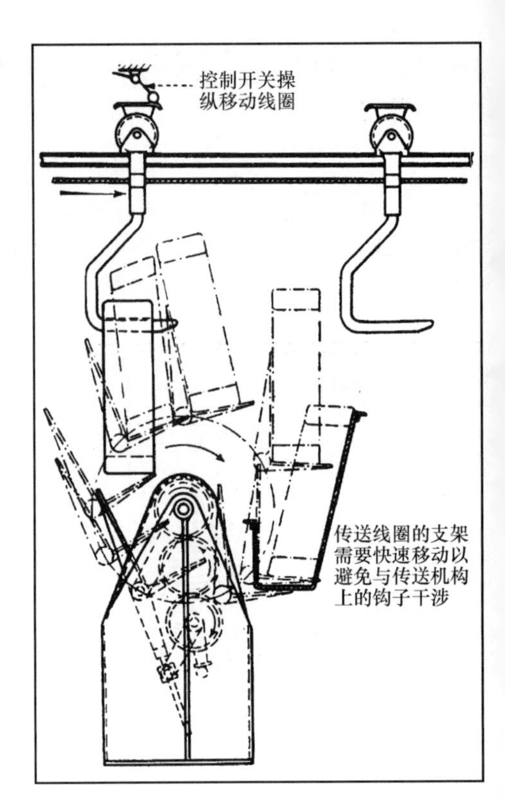

图 14.8-6　在缆索驱动的传送机构上的钩子和一个自动支架，它们被用来传送线圈。

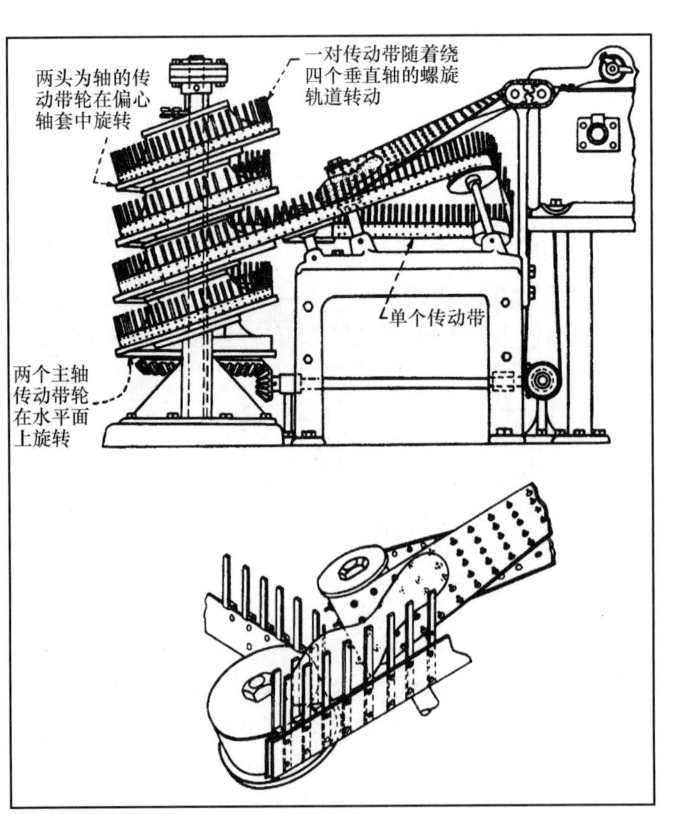

图 14.8-7　一对传动带在绕着一个螺旋系统循环转动期间将鞋底夹在一起，卸下鞋底时再进行分离。

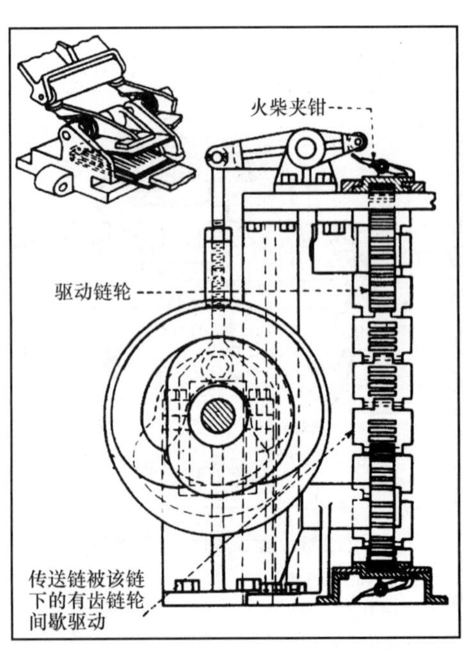

图 14.8-8　一条火柴传送链与夹钳相连，并由链轮间歇驱动。

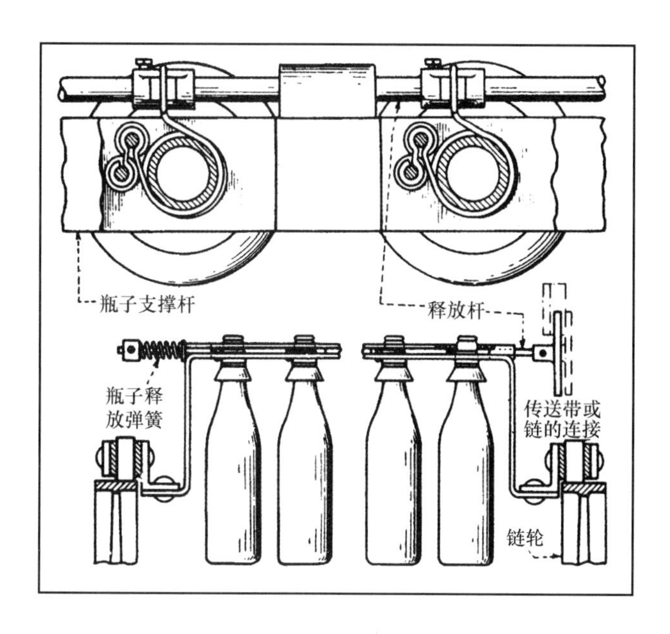

图 14.8-9 图示为一种瓶子夹持机构，为实现自动操作，还设计有释放杆。

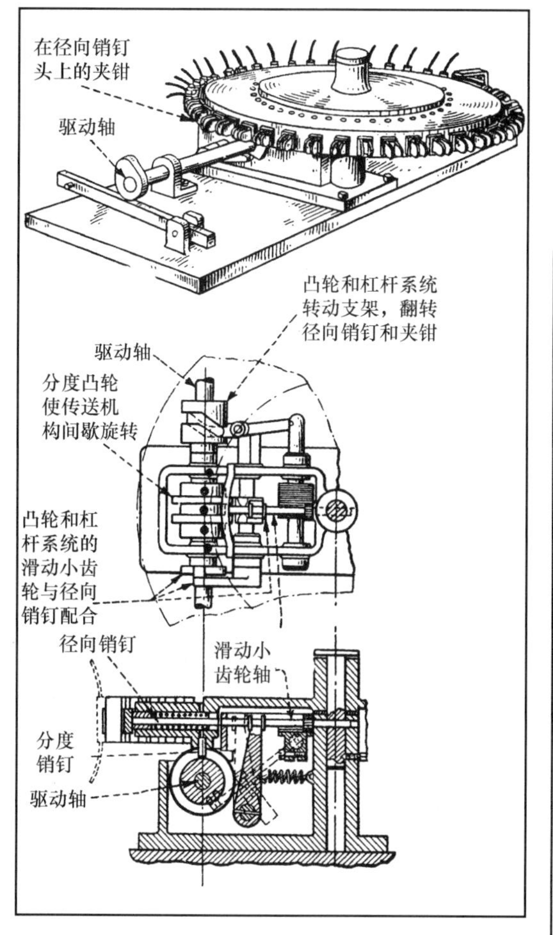

图 14.8-10 一个间歇旋转的传送机构用来翻转电容器，电容器的两端将被装有夹钳的径向销钉封装。

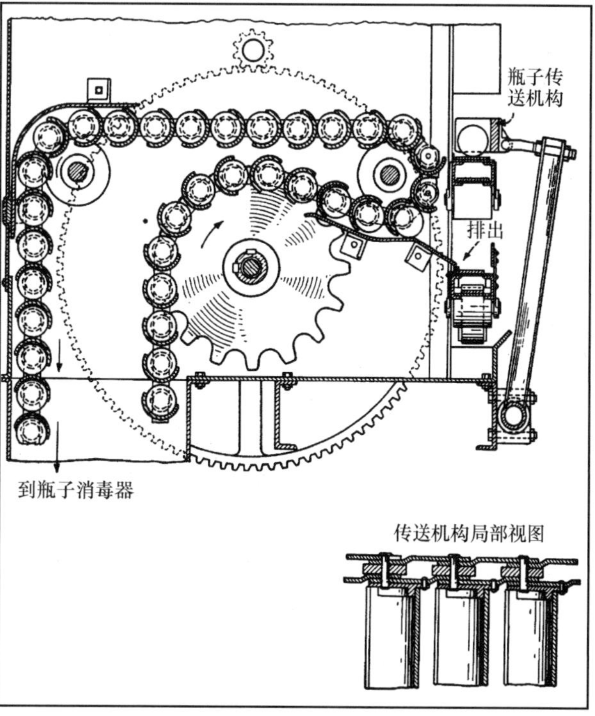

图 14.8-11 向消毒器传送瓶子的机构能够锁住直线运动的瓶子。

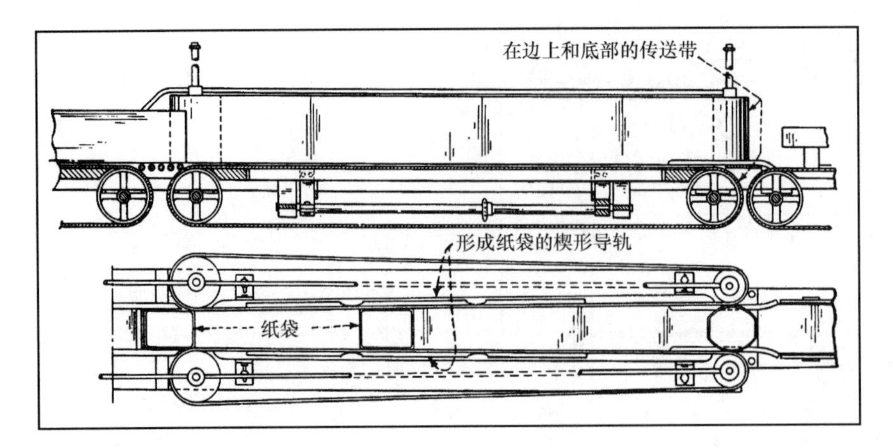

图 14.8-12 两边传送带的夹紧运动形成包装用的纸袋。

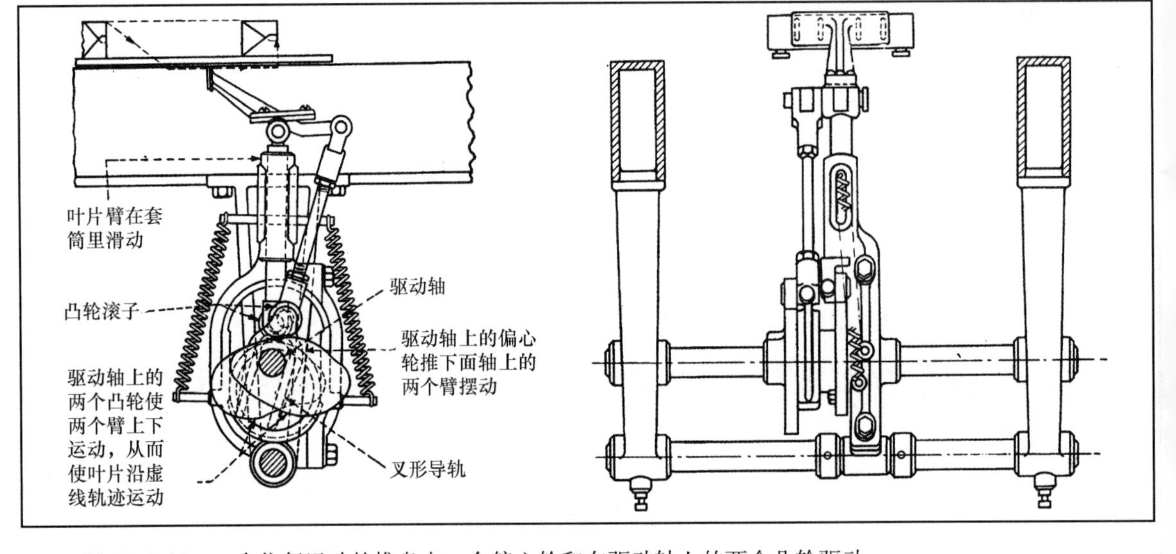

图 14.8-13 一个往复运动的推盘由一个偏心轮和在驱动轴上的两个凸轮驱动。

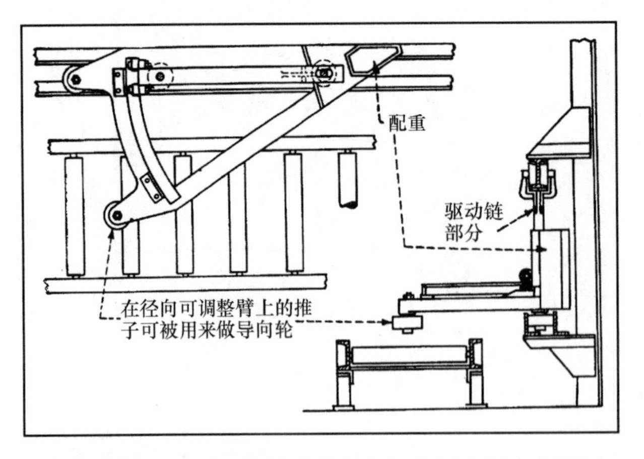

图 14.8-14 一个推式传送机构在两个面上都可以进行驱动。

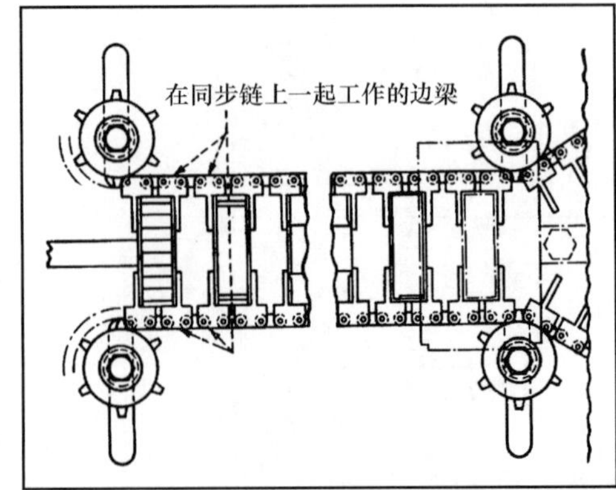

图 14.8-15 边上有梁的同步链抓持和移动包裹。

14.9 卷绕机的横向移动机构

这里所示的 7 种机构是各种卷纱机和绕线机的组成部分。它们的基本机构可应用到其他需要类似运动变化的机床上。这 7 种机构描述了大家所熟悉的除车床上的丝杠外的所有机械传动装置的操作原理。

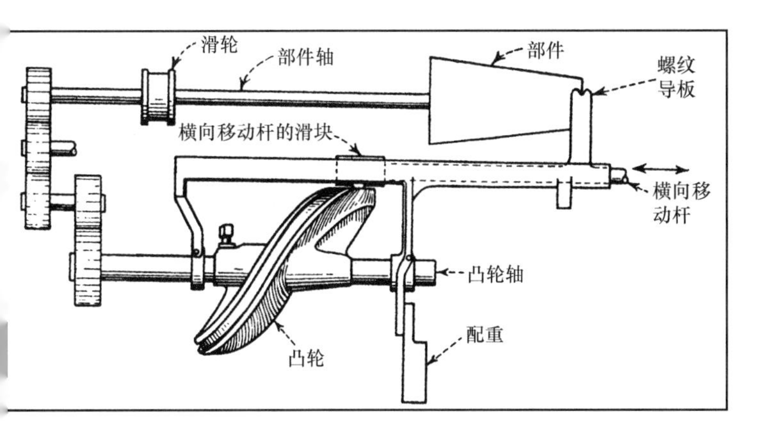

图 14.9-1 在这个精密卷绕机构中，一个部件安装在带驱动的轴上。凸轮轴通过一个在凸轮槽上运动的凸轮滚子而使横向移动杆做往复运动。齿轮传动决定凸轮和部件之间的速度比。螺纹导板与横向移动杆相连接，配重则用来保证螺纹导板与部件相接触。

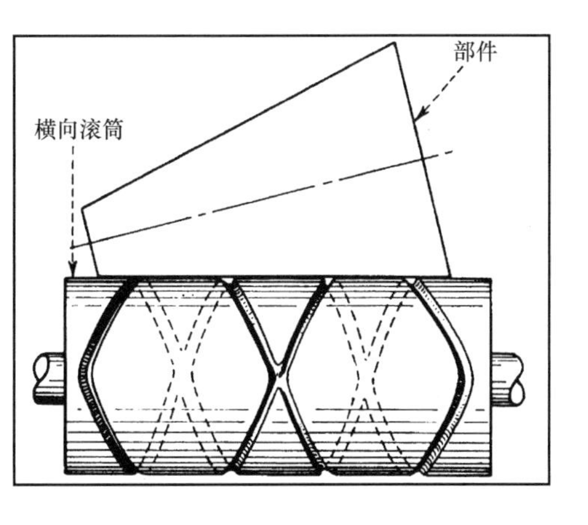

图 14.9-2 部件靠横向滚筒的摩擦驱动。纱线由横向滚筒从供料处抽取，然后从横向滚筒上连续的沟槽里被牵引到部件上。通过改变槽的轨道可以获得不同的缠绕方式。

图 14.9-3 被一个普通锥齿轮驱动的换向锥齿轮驱动带有横向旋转螺纹的轴转动。与螺纹相配合的横向移动螺母与纱线导板相连。导板在换向杆上滑动。当螺母达到它的行程端点时，螺纹导板压缩弹簧从而使棘爪及离合器杆运动。这一运动使让横向旋转螺纹旋转的离合器变换方向。由于螺距较大，所以这个机构只适用于低速运动。但是它比其他几个机构具有更大的运动行程。

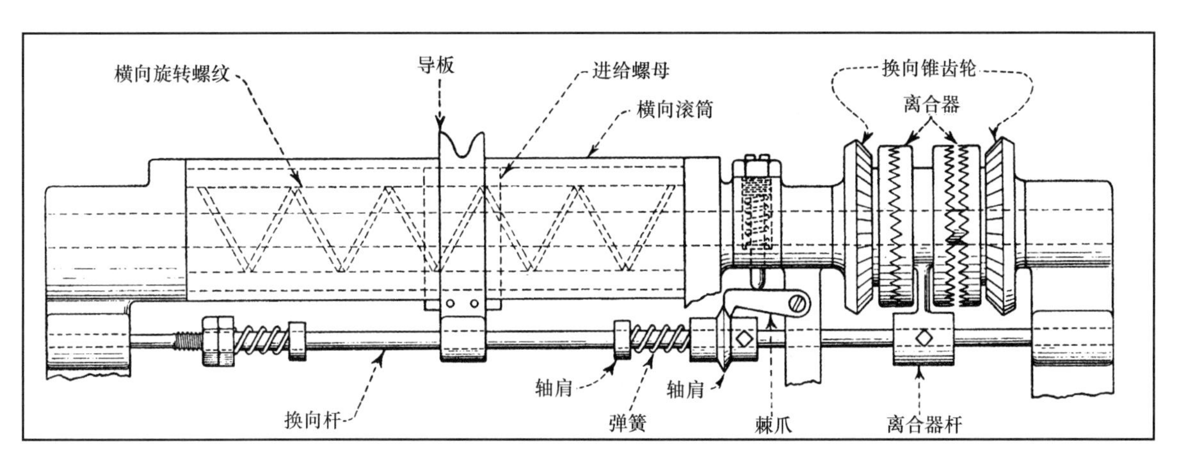

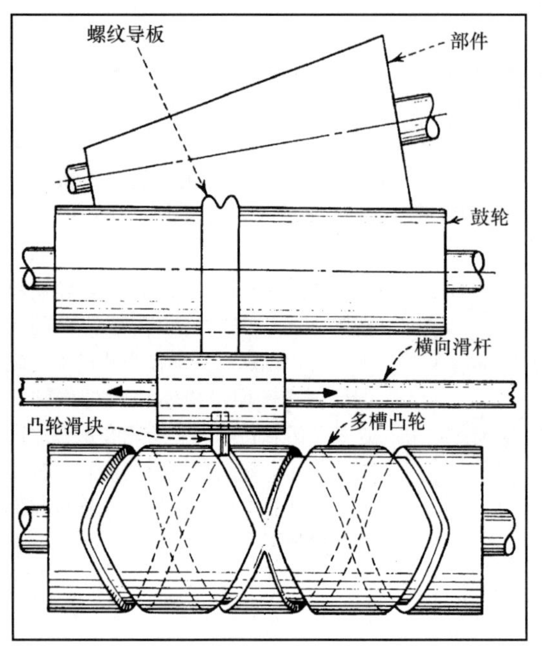

图 14.9-4　鼓轮通过摩擦来驱动部件，一个带尖顶的凸轮滑块安装在螺纹导板的底部，与凸轮槽相配合并且使与横向滑杆相配合的螺纹导板进行往复运动，已经证明，即使具有较快的滑行速度，使用塑料凸轮也可以令人满意。采用不同的凸轮可以获得多种缠绕方法。

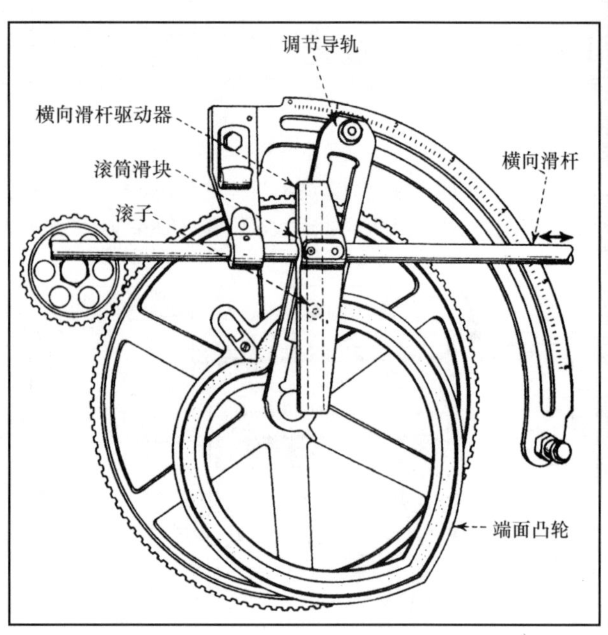

图 14.9-5　安装在心形凸轮槽上的滚子与安装在横向滑杆上的滑杆驱动器上的一个槽相配合。当调节导轨与驱动器垂直时，获得最大滑动行程，当导轨与驱动器之间的角减小时，滑动行程按比例减小。惯性的影响限制这个机构用于低速运动。

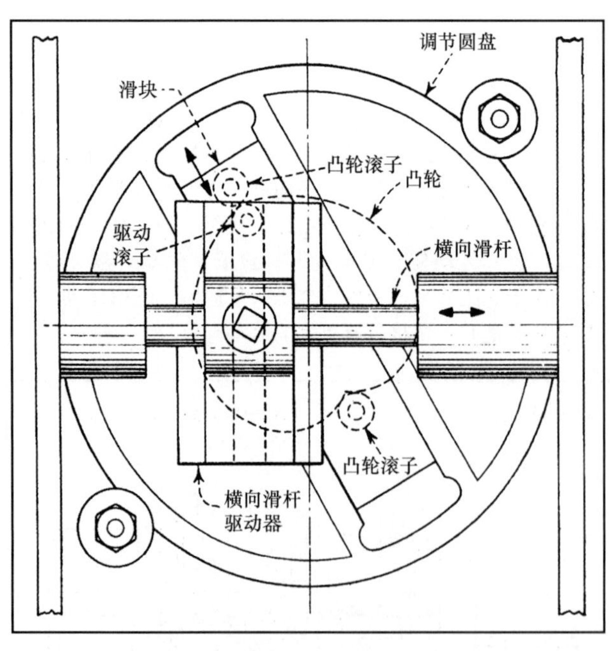

图 14.9-6　两个约束心形凸轮的凸轮滚子被安装在滑块上。滑块上的驱动滚子与横向滑杆驱动器上的槽相配合。当滑块与横向滑杆平行时获得最大滑动行程（取决于凸轮的大小），横向滑杆与滑块之间的角增加时，滑动行程减小，当成90°角时滑动行程为零。

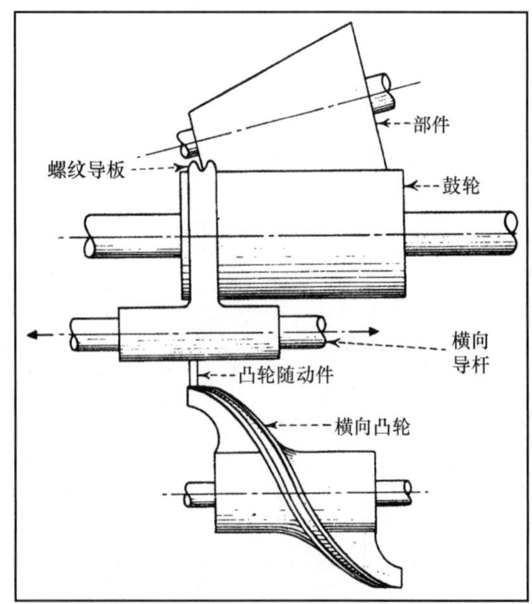

图 14.9-7　横向凸轮使凸轮随动件获得往复运动，这个随动件驱动横向导轨上的螺纹导板。部件靠鼓轮的摩擦来驱动。纱线通过螺纹导板被牵引到鼓轮驱动的部件上。这个机构的速度是由它的往复运动部件的重量所决定的。

14.10 真空拾取定位小球机构

这个真空拾取机构携带板状型芯到移动的模子中，把它们放到准确的位置上，以便在其表面进行粉末涂层，并且防止形成没有型芯的板状体。

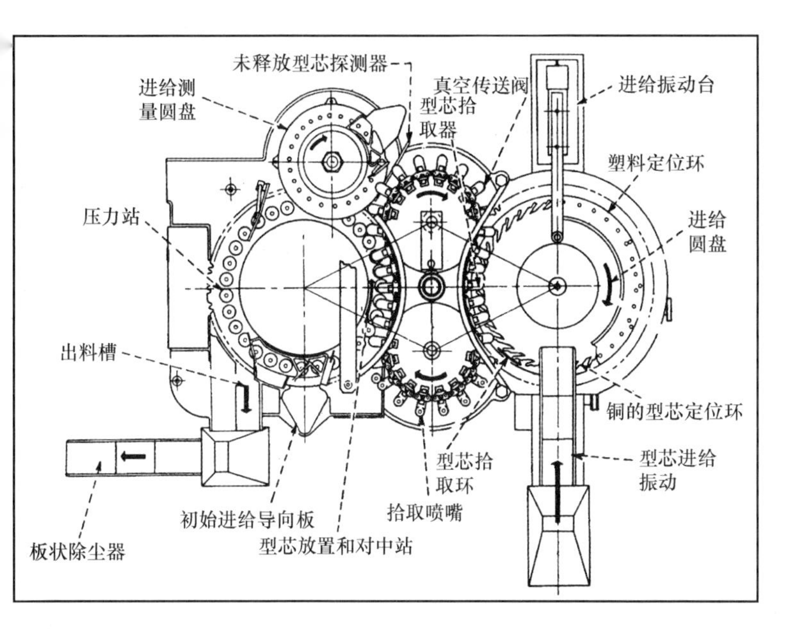

图 14.10-1 型芯通过板状除尘器后被传送到旋转进料圆盘。这个圆盘在一个逆时针旋转的有槽的拾取环下面顺时针振动。拾取环中的每一个槽保留两个型芯并且使坏掉的板状物落到进料圆盘的下方。型芯从环形槽中拾取，运送到板状压力模型中，通过安装在链上的真空喷嘴使其被放置到模子中，这个链由压模工作台驱动。这个链还驱动拾取环来协调环槽和拾取喷嘴的运动。粉末状涂层被运到模子的前端，真空拾取机构在每个模子放置型芯的站的后端，压力滚筒在机器的左边。这个设计的主要目标是研制一种能够进行快速干燥涂镀的机器，该机器的价格应该低于采用液体涂层技术的机器。

14.11 黏贴来自料盒或滚筒的标签的标签机

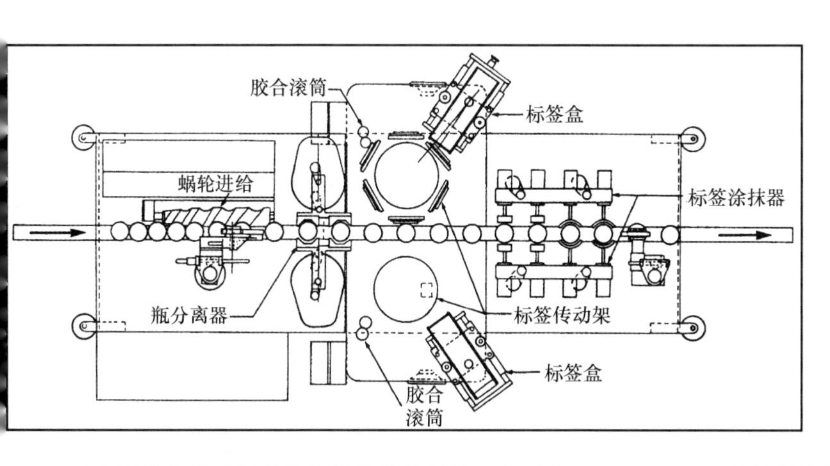

图 14.11-1 容器在标签机中的移动由机器的上视图所示。瓶分离器使这些容器在传送带上保持 19.05mm 的间距。两个标签传动架可以实现前后标签的同时黏贴。

这个标签机既可以黏贴传统的胶黏标签，也可以用切割或滚动的形式热封标签。这台机器以每分钟 60 ~160 个容器的速度为圆形或不规则形状容器的前面和后面黏贴标签。容器的尺寸范围从直径或厚度 25.4mm 到直径 107.95mm（宽 139.7mm），容器的高度范围为 50.8 ~355.614mm。标签机处理标签的尺寸范围，宽为 22.225 ~ 139.7mm，高为 22.225 ~ 165.1mm。存放标签的料盒通常是为规则形状的标签设计的，但可以改变为不规则形状的标签盒。根据制造商的要求，在设计标签机时已经进行了相应的调整，以便标签可以被黏贴在不同高度的容器上。标签机的切割和黏贴标签的能力是 4500 张。借助于电子眼采用斜辊来切割标签。

14.12 高速黏合机

黏性液体黏合剂通常被用于黏织物和纸张，黏贴标签纸，生产卡纸板、木质箱子和鞋，以及装订书本。如果需要控制黏合剂不同的特性去满足不同要求，那么就需要设计特殊机器。这里介绍的方法和机器是在大批量生产中已经被接受的黏合剂的应用。在使用液态涂料时，它们也会有很好的表现，例如底层涂料、油漆以及天然漆。

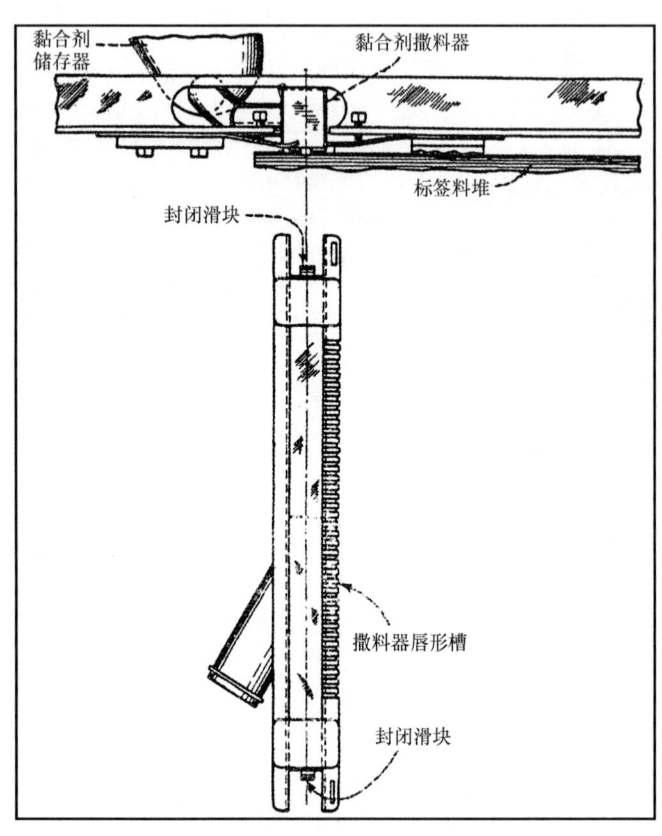

图 14.12-1 一个重力撒料器有一个开放的底部和一个唇形槽。

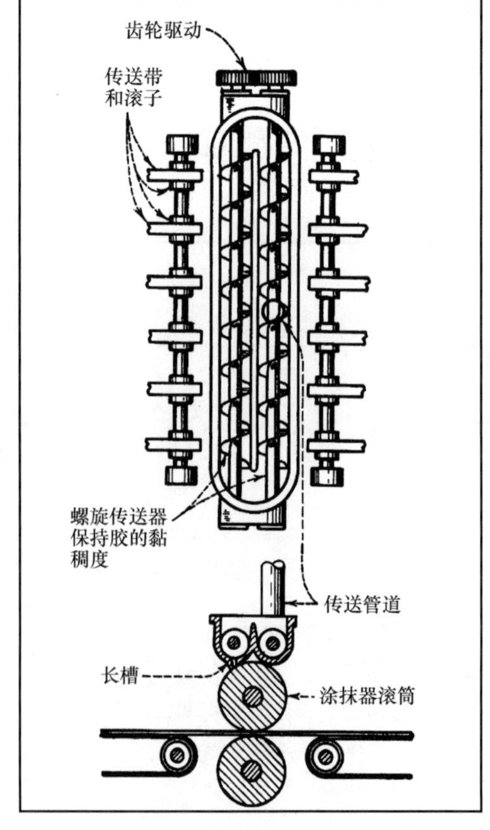

图 14.12-2 螺旋传送器通过力或重力推动涂抹滚筒。

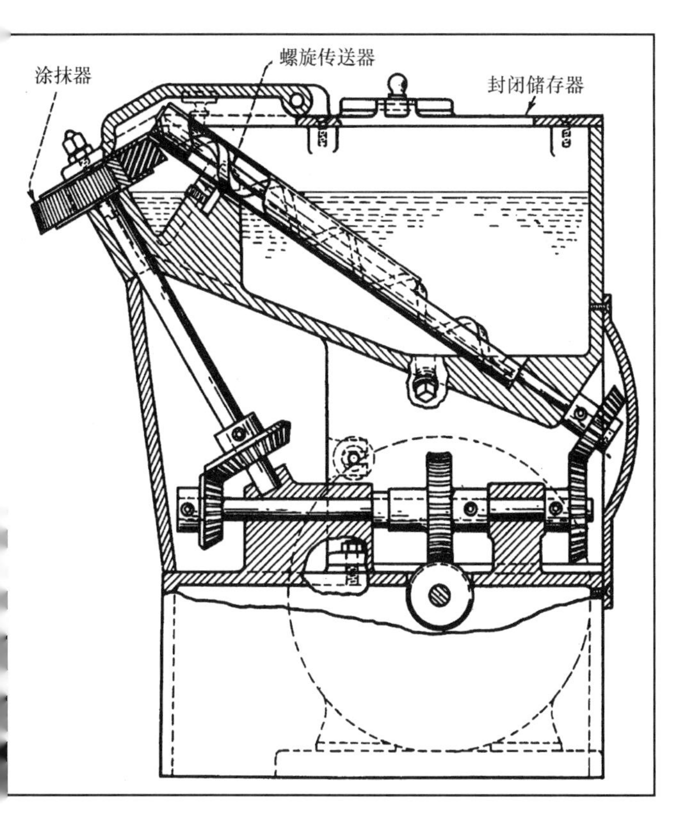

图 14.12-3　螺旋传送器驱动涂抹轮。

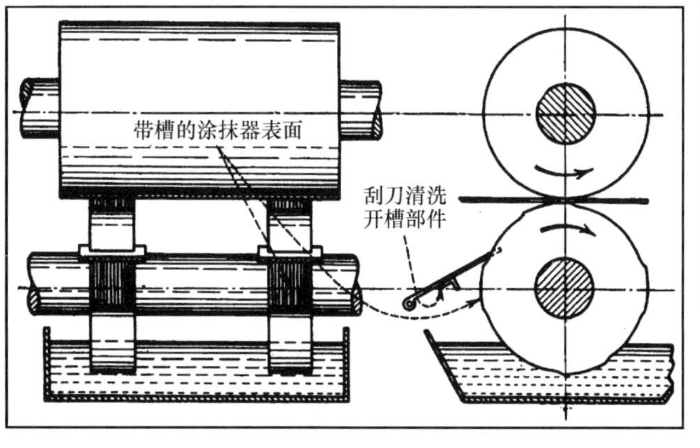

图 14.12-4　涂抹滚筒上的凸起表面决定黏合的型式。

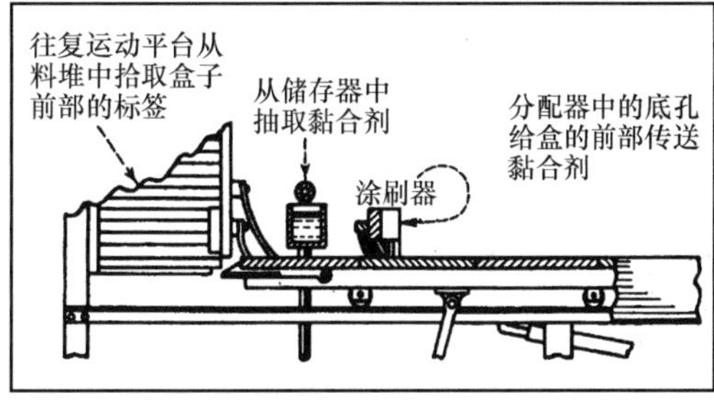

图 14.12-5　从底部孔撒料的重力撒料器。

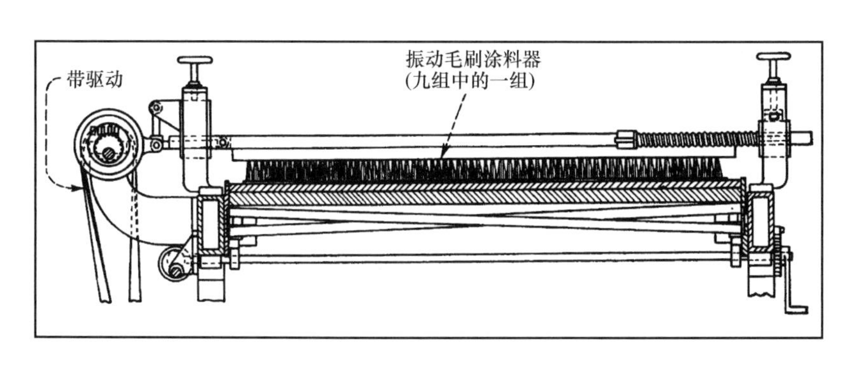

图 14.12-6　在圆柱形毛刷涂抹后用振动毛刷进行扩展涂抹。

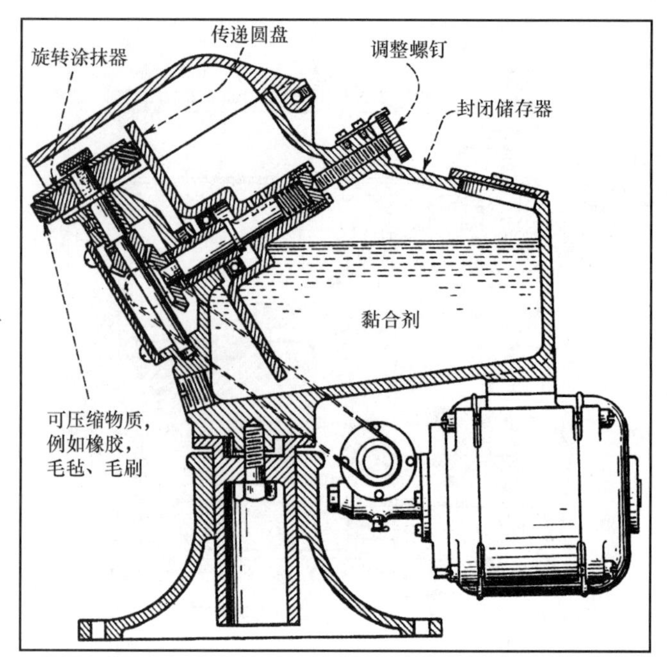

图 14.12-7　涂抹器机轮是由一个传输盘驱动的。

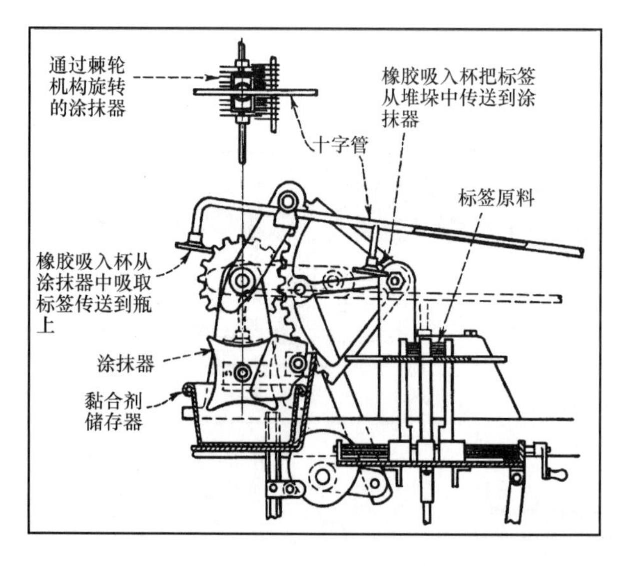

图 14.12-8　这个涂抹器表面由一系列板边组成，通过在胶黏剂贮液器里的棘轮机构来驱动旋转。

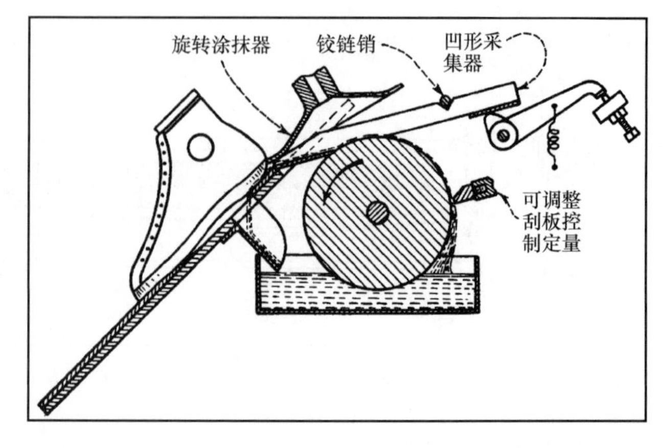

图 14.12-9　旋转涂抹器圆盘通过一个在传递鼓轮上的凹形采集器进给。

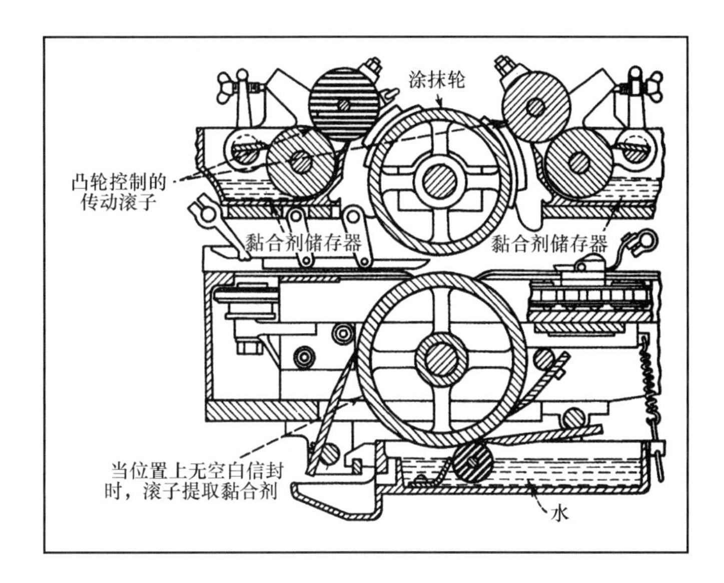

图 14.12-10 凸轮控制的传递滚子提供带有两种黏合剂的涂抹轮垫。

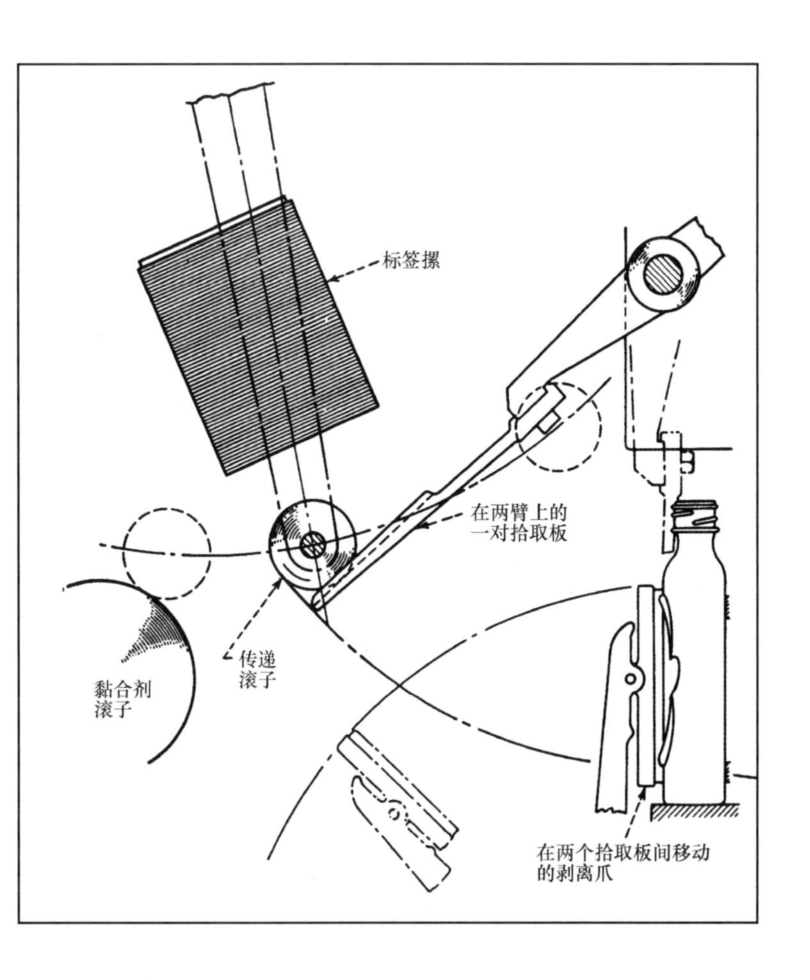

图 14.12-11 底部的标签由两个相邻的、表面涂胶的拾取板涂抹。在接触标签摞期间两个拾取板分离，然后携带标签到放瓶处。

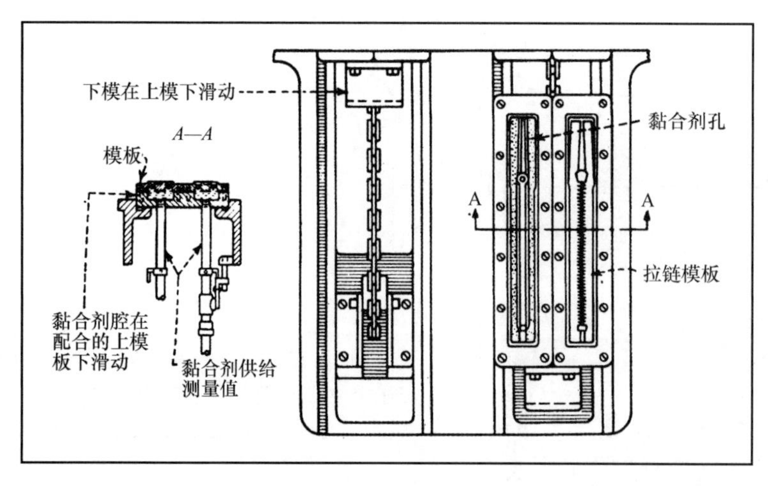

图 14.12-12　测定量的黏合剂在压力作用下通过专门设计的上模板和下模板上的孔。在拉链上方的上模板和下模板是采用液压方式来封闭的。图中只展示了下模板。

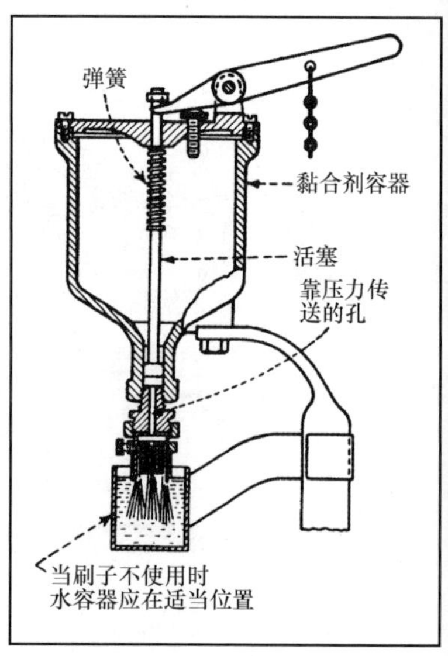

图 14.12-13　黏合剂是通过硬毛间的孔由弹簧驱动的活塞来传送到毛刷涂抹器上的。

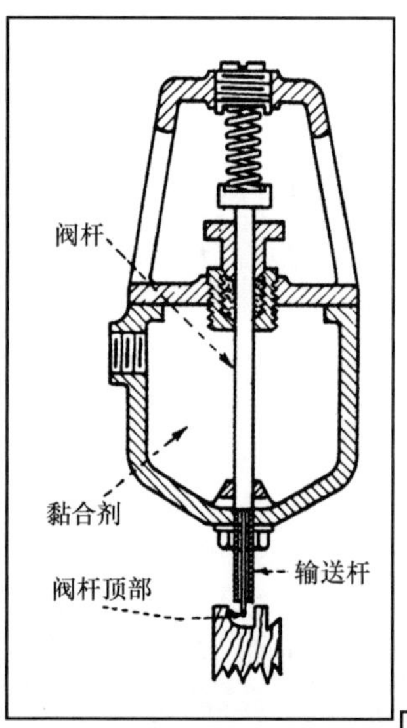

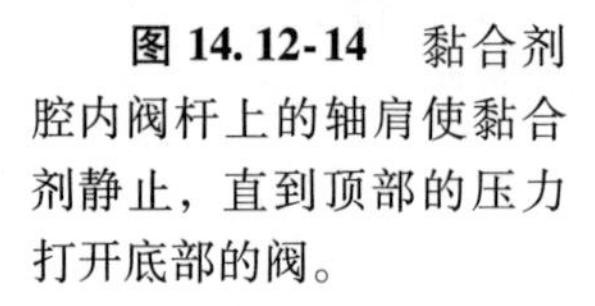

图 14.12-14　黏合剂腔内阀杆上的轴肩使黏合剂静止，直到顶部的压力打开底部的阀。

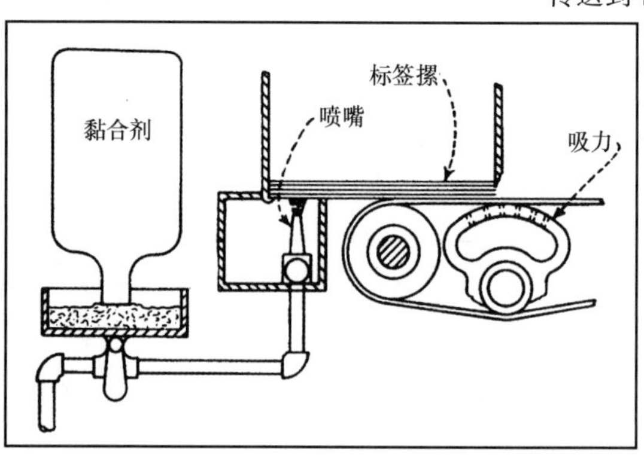

图 14.12-15　黏合剂通过喷嘴提供给标签摞。

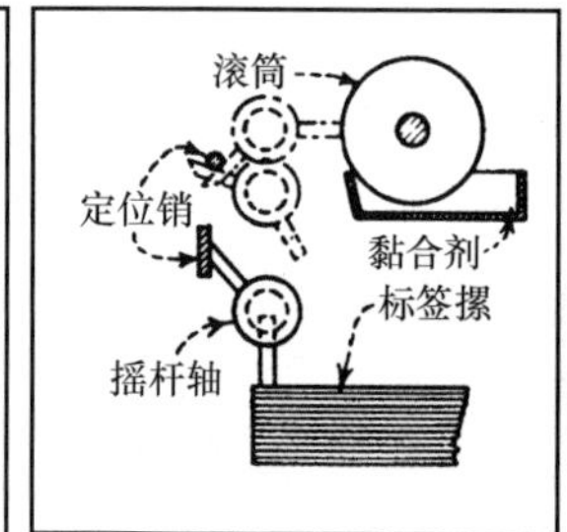

图 14.12-16　在支架上通过扇形齿轮作垂直运动的摇杆轴带动在接触杆上的黏合剂从滚筒运动到标签上。

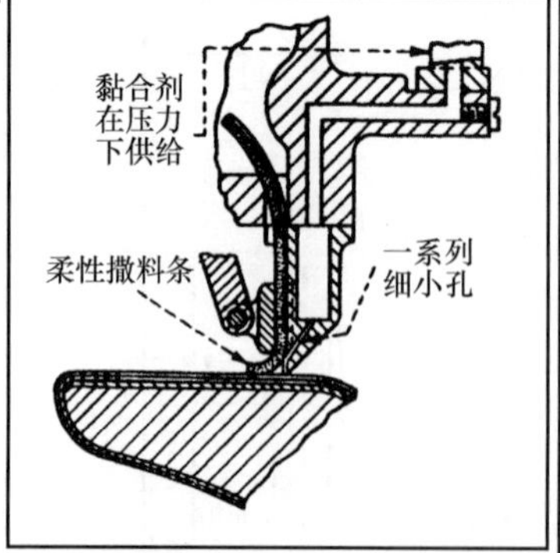

图 14.12-17　黏合剂通过喷嘴被喷到工件上。

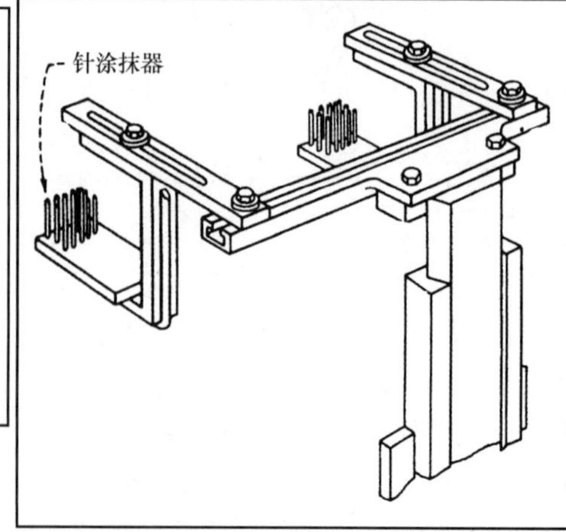

图 14.12-18　针涂抹器垂直往复运动，首先使针沉浸在黏合剂中，然后以所需形式涂抹纸板的下面。

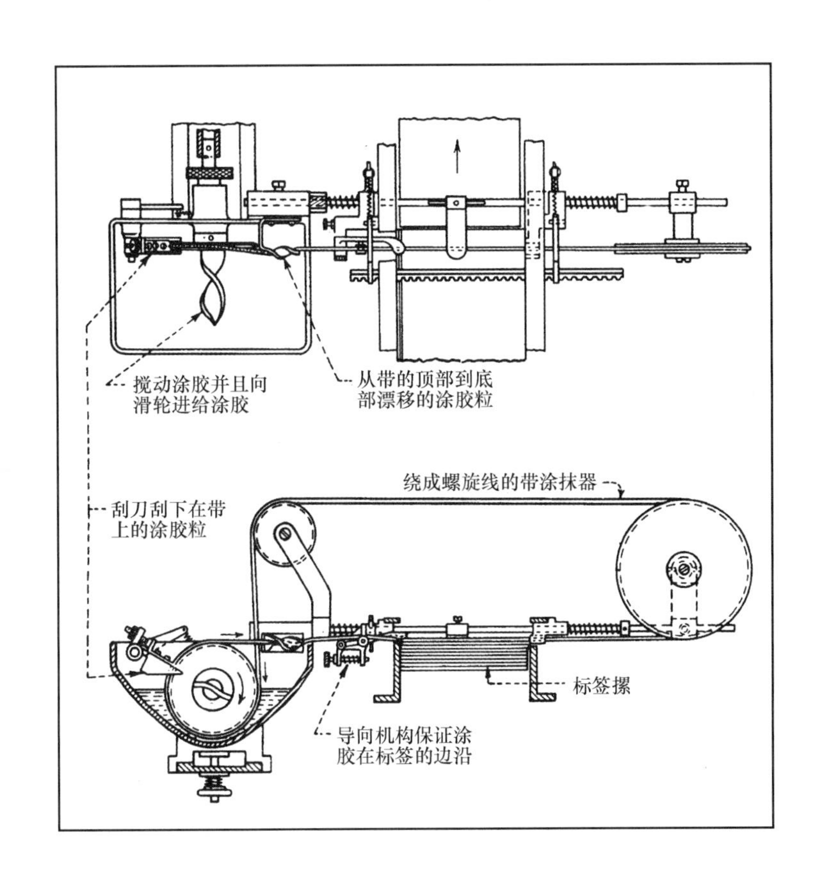

图 14.12-19 胶带涂抹器环绕通过涂胶储液器里的滑轮并且滑过标签摞。

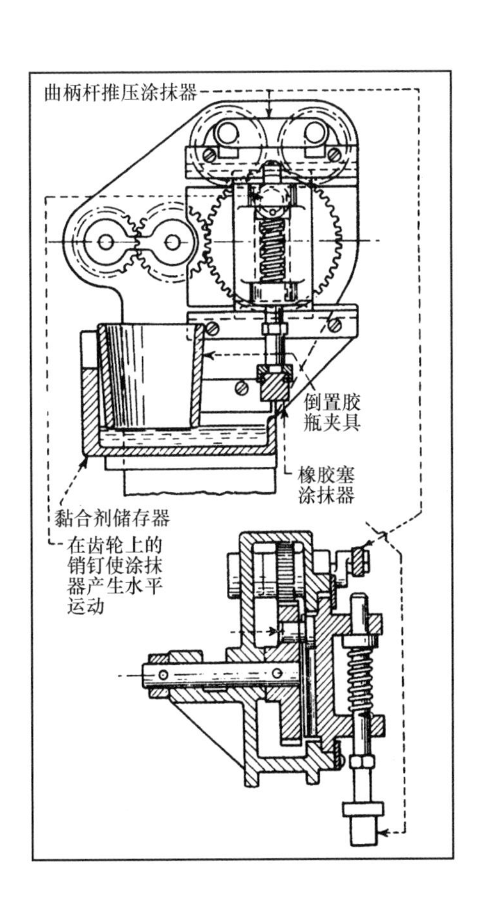

图 14.12-20 涂抹器在黏合剂储存器和工作位置之间靠齿轮上的偏心销作水平运动。垂直运动是通过涂抹器轴上的曲柄杆推压来完成的。

14.13 机器产生工作故障时的自动停机机构

防止机器对自身造成损坏或在工作过程中对工件造成破坏的自动停机机构是建立在机械学、电学、液压技术和气动力学基础之上的。

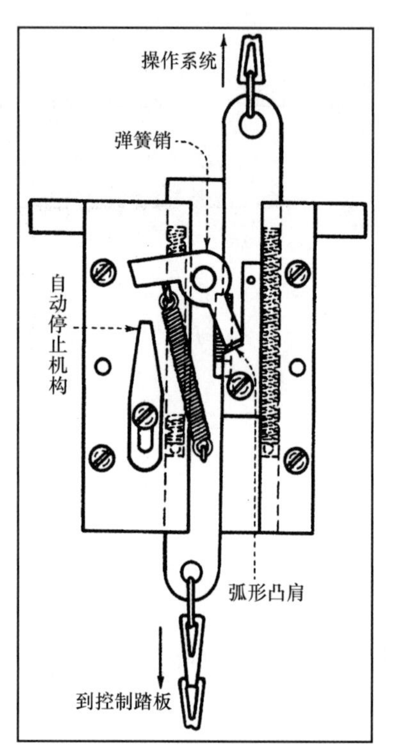

图 14.13-1 如果踏板一直受压，那么重复循环运动将被阻止。左边滑板上的弹簧锁用弧形凸肩推动右边的滑板向下运动，直到弹簧锁被自动停止机构断开。

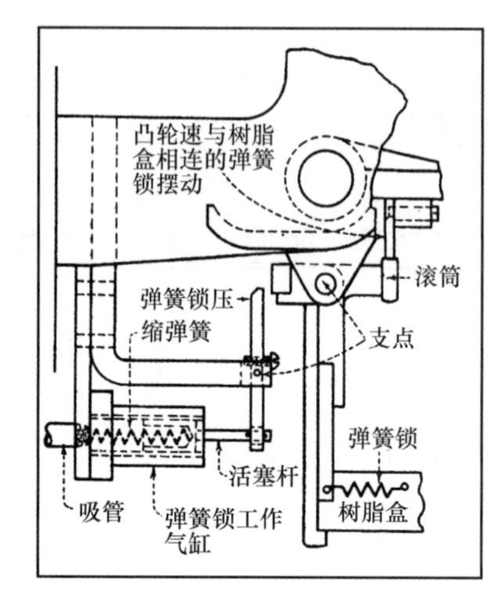

图 14.13-2 由于提取器上开放的吸孔导致在弹簧锁工作气缸上没有足够的吸力吸起标签，从而不能完成吸力式提取器与标签携带器胶接。当孔的大小导致闸门操作式气缸不充分吸气时，不能提取标签。当弹簧锁工作气缸不工作时，在靠凸轮和滚筒使弹簧锁完成周转运动后树脂盒使弹簧锁返回到原始位置，从而防止树脂盒和滚筒由于产生摆动而导致与提取器表面的接触。

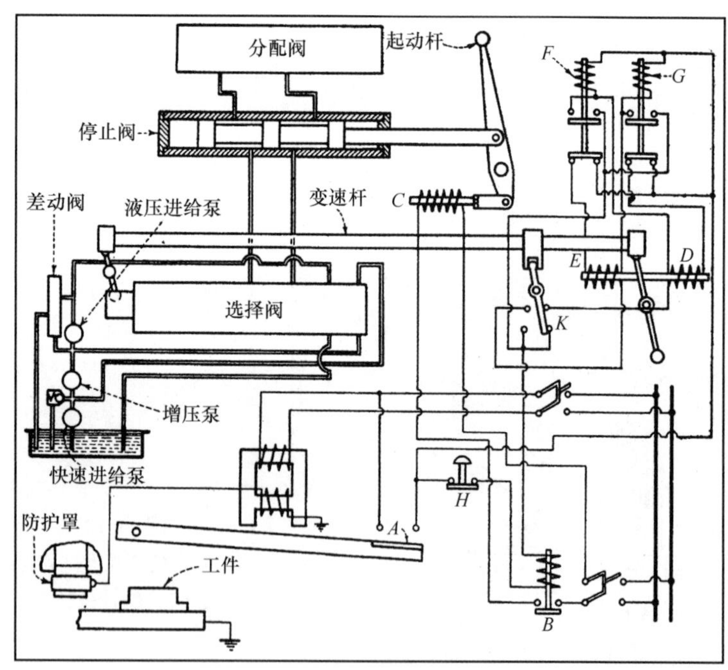

图 14.13-3 铣刀、工件或夹具的损坏可以通过给铣刀安装防护罩来避免。与工件接触时，防护罩过继电器来闭合电路，因此闭合了开关 A，这将使开关 B 闭合使继电器 C 通电来操作停止阀。它也通过继电器 D 闭合一个电路，于是依靠变速杆使选择阀换向以便床身返回到初始位置。同时，继电器 F 断开继电器 E 的电路，并且闭合一个已被 K 处的起动杆破坏的保护电路。继电器 G 将闭合一个保护电路并且通过继电器 D 断开一个电路。通过电钮 H 释放起动杆，断开开关 A 使电路恢复正常。在机床的床身回转时，如果工件与防护罩接触，按操作顺序将 D 和 E 的位置与 F 和 G 的位置进行交换。

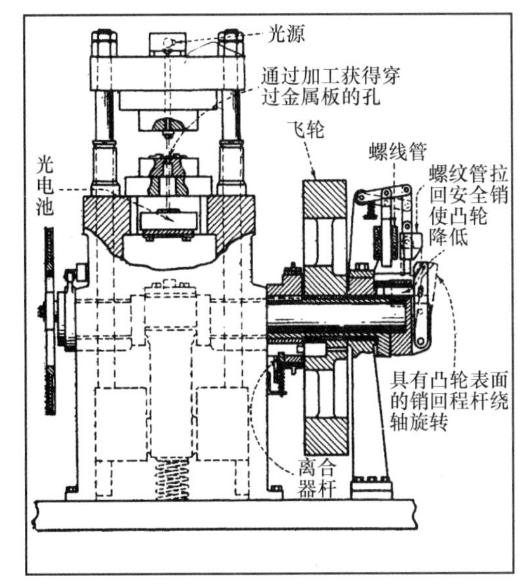

图 14.13-4 如果金属板条没有按适当方式进给，高速冲压机将会停机。如果模块上的孔有光线通过，那么就不能在板条上的适当位置进行冲孔。当通向光电池的光束被阻止时，拉动离合器销的螺纹管将被激活。

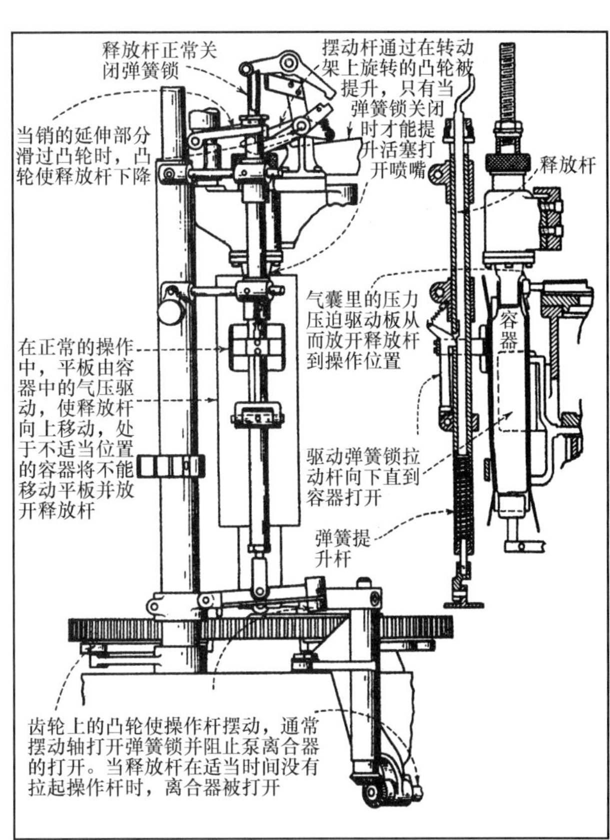

图 14.13-6 当容器被放在不恰当的位置时，包装机上的喷嘴不会打开。

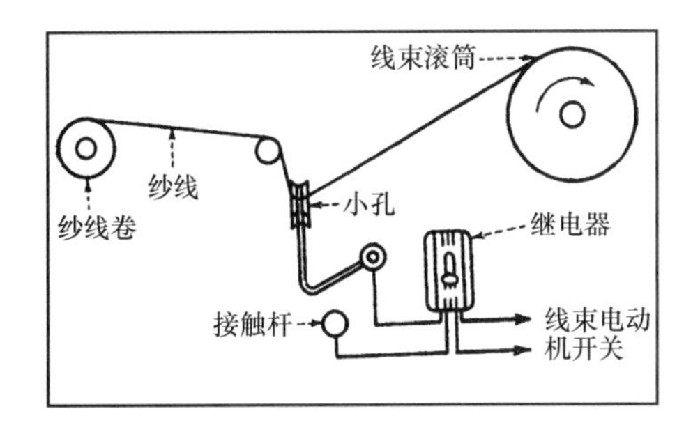

图 14.13-5 纱线断线后接触杆将下落从而闭合继电器的电路，结果将使线束滚筒设备停止。

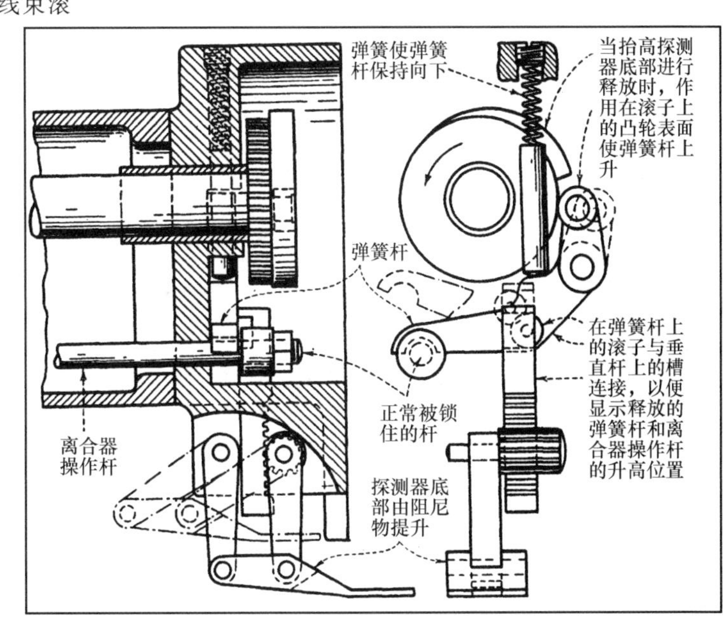

图 14.13-7 在线缝纫机探测器底座下的阻尼物使能够释放弹簧杠杆的垂直杆抬高，旋转凸轮使一个夹持离合器操作的杆上升。

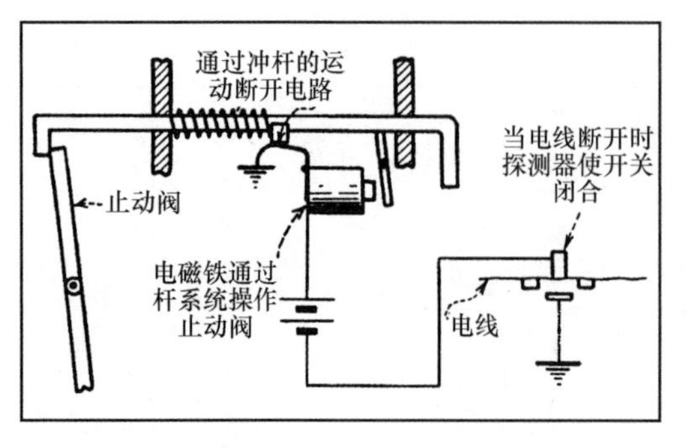

图 14. 13-8

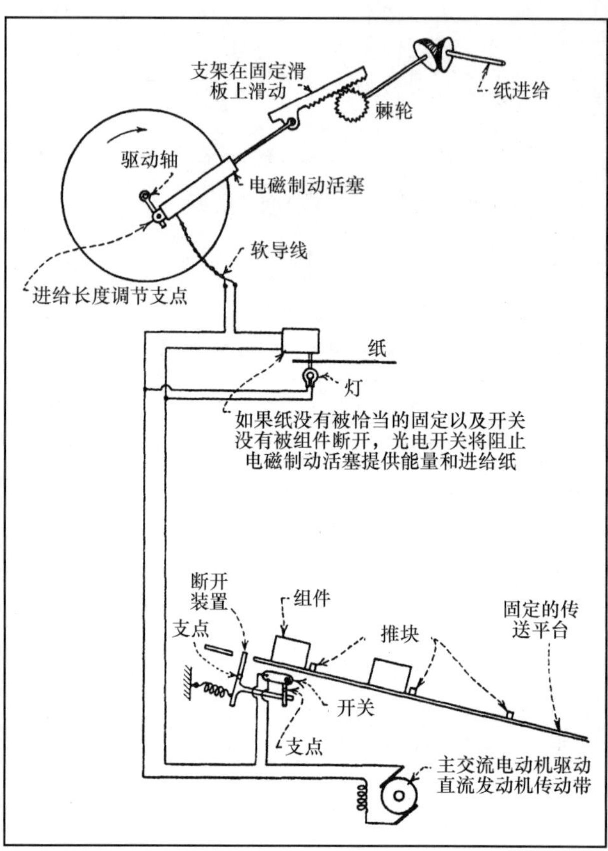

图 14. 13-10

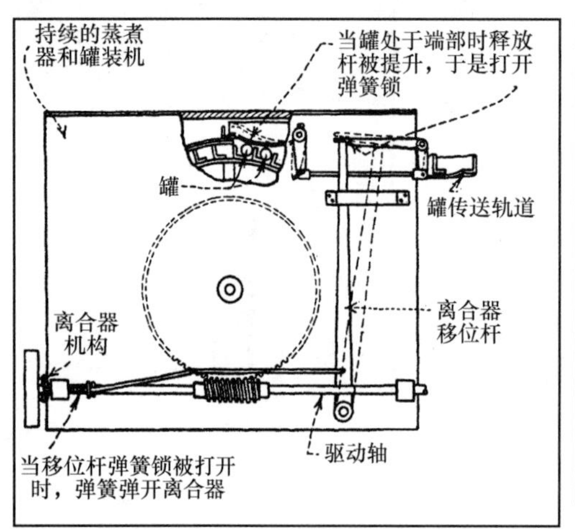

图 14. 13-9

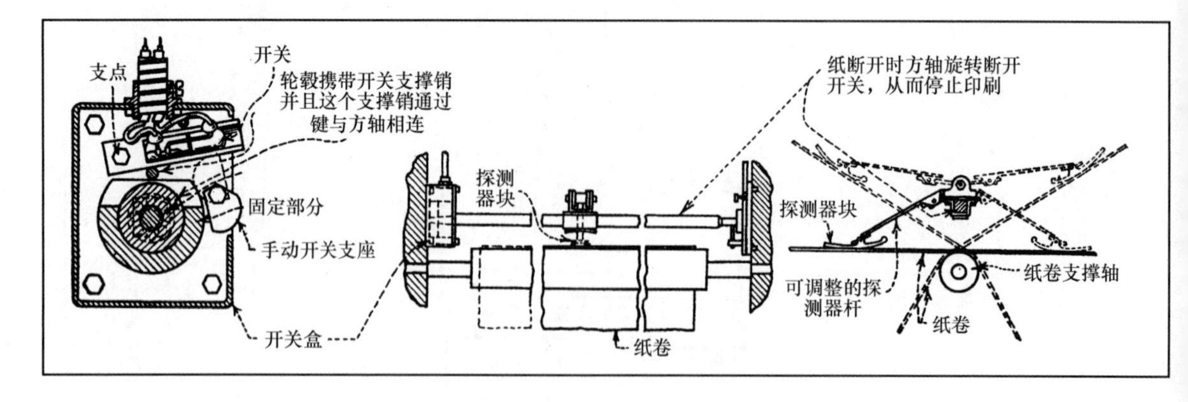

图 14. 13-11

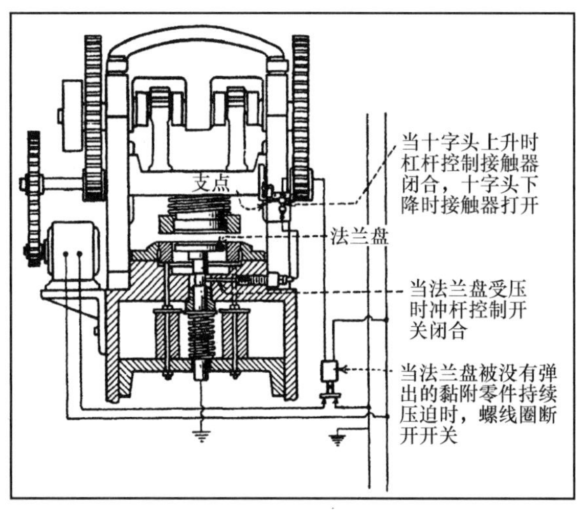

图 14.13-12

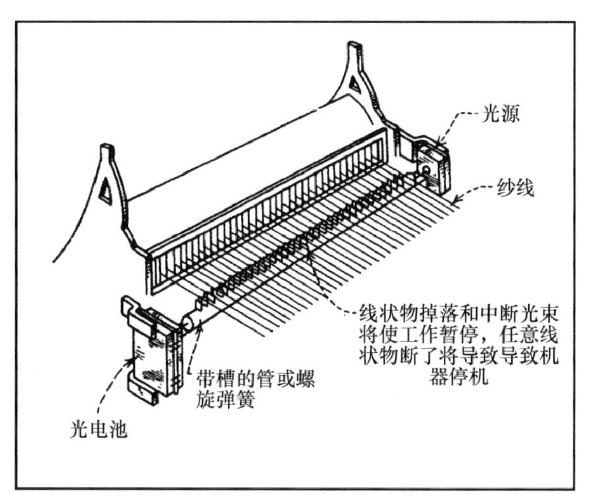

图 14.13-13

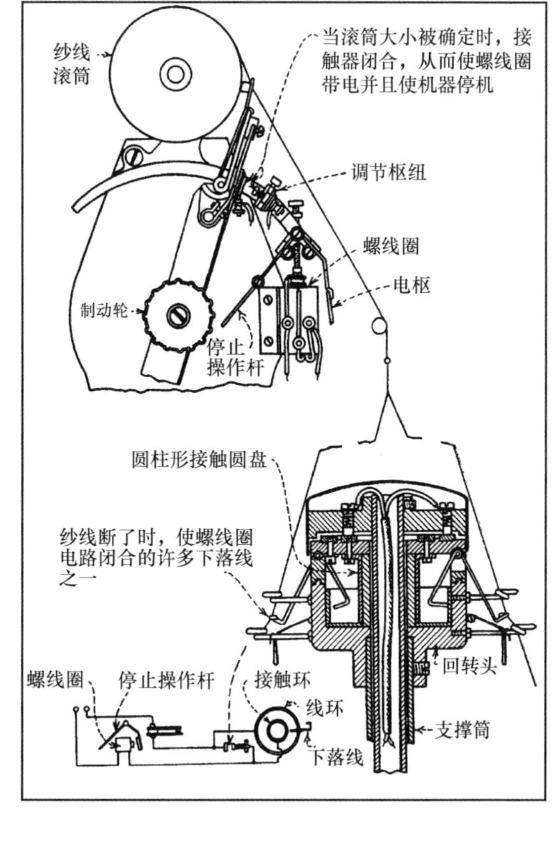

图 14.13-14

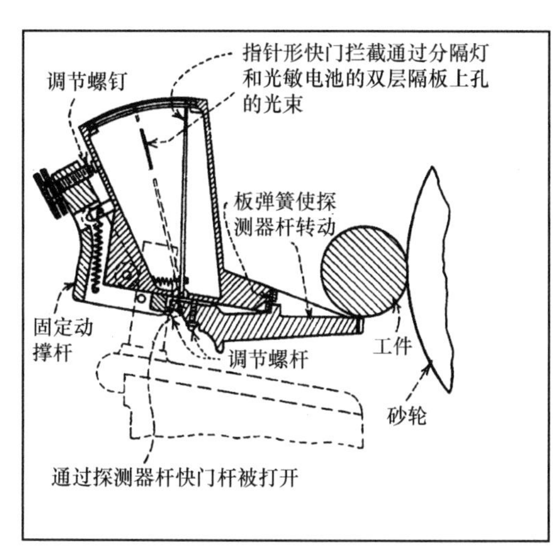

图 14.13-15

图 14.13-16

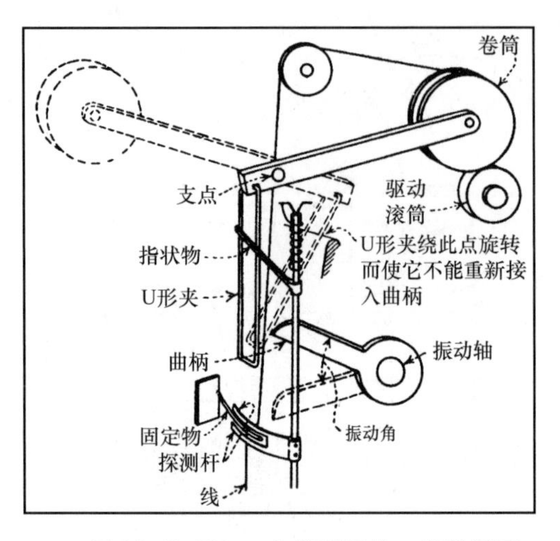

图 14.13-17　一个卷筒机构。当线断了时，探测杆将被释放并且螺旋弹簧使指状物的轴旋转，指状物使U形夹进入摆动曲柄的轨道上。摆动曲柄在其下行程将卷筒置于如图所示的虚线位置，然后U形夹脱离了摆动曲柄的轨道。

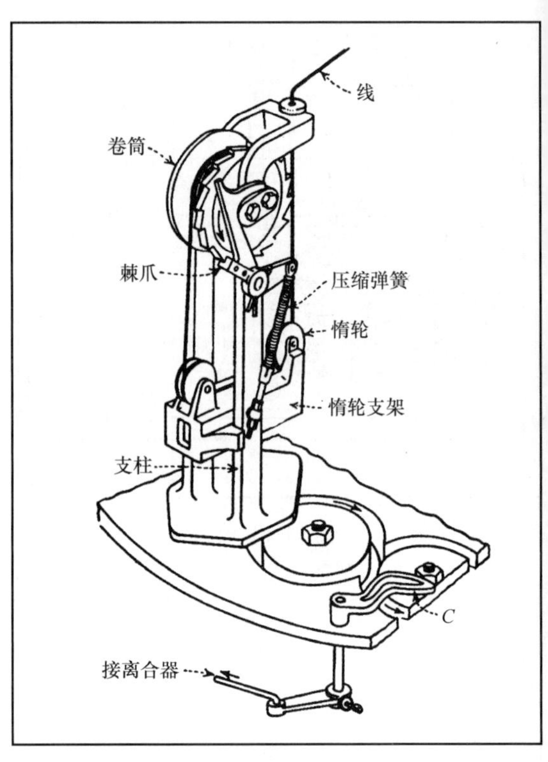

图 14.13-18　此机构用在编织器上，当机器在编织时，拉紧的线将使惰轮支架上升，然后惰轮支架使棘爪从线轴轮缘上的棘轮机构上脱离并且允许卷筒旋转放线。当机器停止时，线上的拉紧力减小，惰轮支架下降从而使棘爪与棘轮机构相啮合。如果线断了而机器仍在运转，那么没有支撑的惰轮支架将下降到支柱的底端，当支柱到达导向槽位置与凸轮 C 邻近时，惰轮支架上的凸缘将使凸轮 C 旋转足够远从而使凸轮 C 与驱动轴上的离合器断开，这样就使机器停止运动。

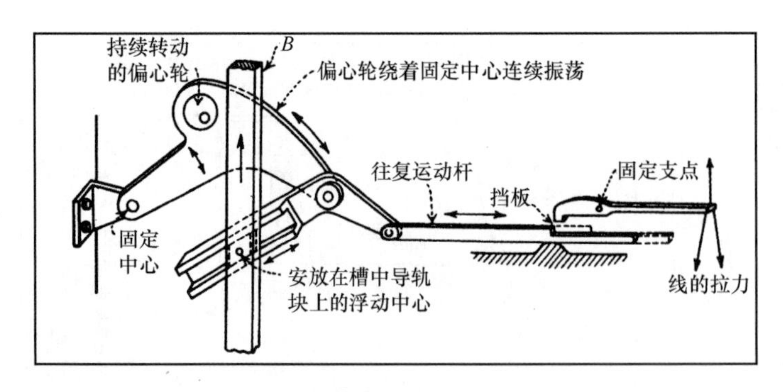

图 14.13-19　当线断了时，挡板掉落并中止往复运动杆，在偏心柄的下一个逆时针振荡运动时，杆 B 被提升。此设计有一个特征就是允许 B 杆在一定的距离内独立上升或下降。

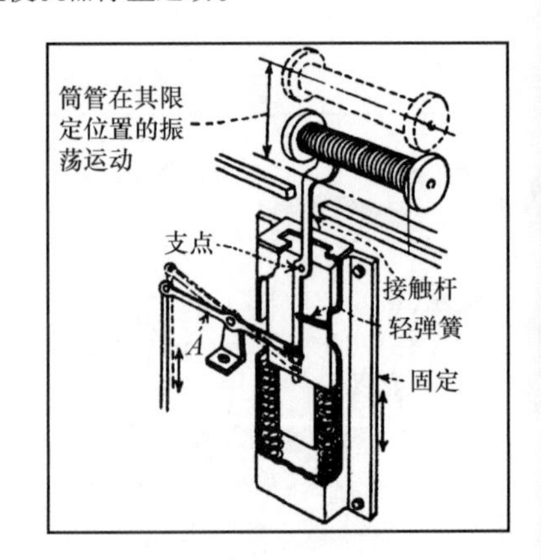

图 14.13-20　图示为一个筒管交换工作机构。当接触杆没有在筒管上滑动时，操作杆 A 转动到图示位置。如果接触杆在筒管中心上滑动，但筒管是空的，操作杆 A 不会转动到图示虚线位置。这将使筒管交换工作。

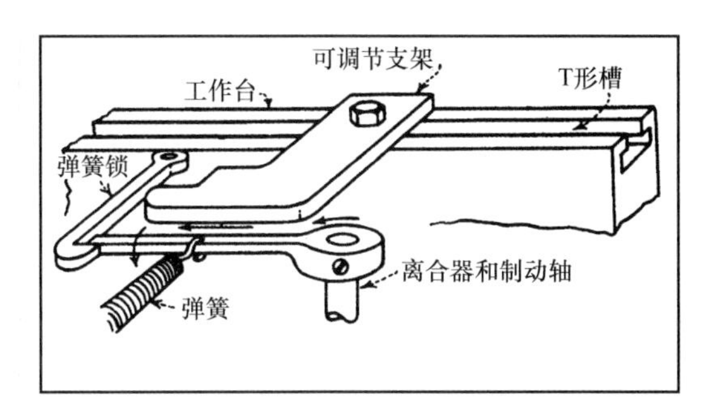

图 14.13-21 限制往复运动构件行程的一个简单制动机构。箭头指向运动方向。

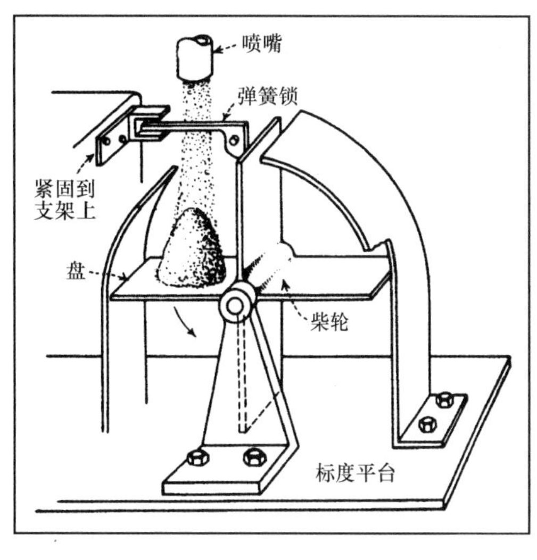

图 14.13-22 当把预先称重的物质喷洒到盘上时，标度横梁推动弹簧锁使其脱离啮合。这使桨轮旋转并卸载。标度横梁倾斜，因此弹簧锁返回原来位置，下一个桨轮碰到弹簧锁时停止运动。

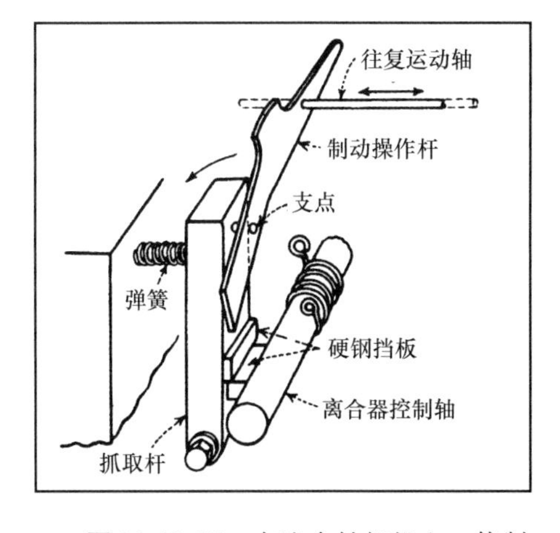

图 14.13-23 在这个针织机上，使制动操作杆逆时针旋转运动时会将其移到往复运动轴的轨道上，这将使抓取杆沿逆时针方向被推动，使其与在离合器控制轴上的硬钢板相脱离，此时螺旋弹簧将推动离合器控制轴顺时针旋转脱离离合器并提供制动。断了的线或运动的支架将使制动操作杆进行初始运动。

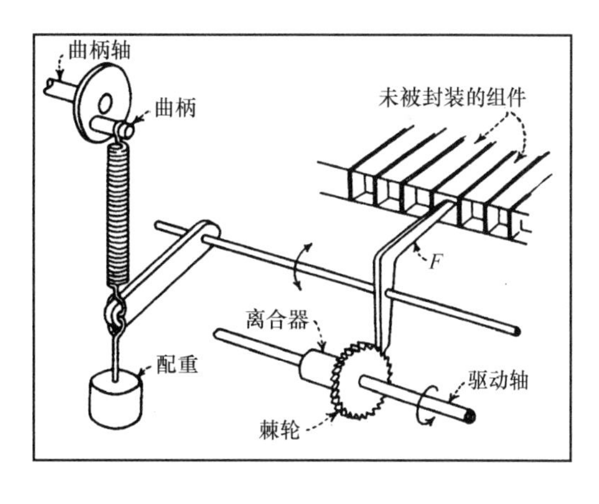

图 14.13-24 当一个组件没有接受填料就通过填料站时，大多数填料机都会有准备地停止运动。卡爪 *F* 通过曲柄轴有一个振荡运动使它进入没密封的组件直到填满。如果盒子没有被填满，卡爪将伸得更远。卡爪底部末端与脱离驱动轮的驱动离合器上的棘轮相啮合。

14.14 电子自动停止机构

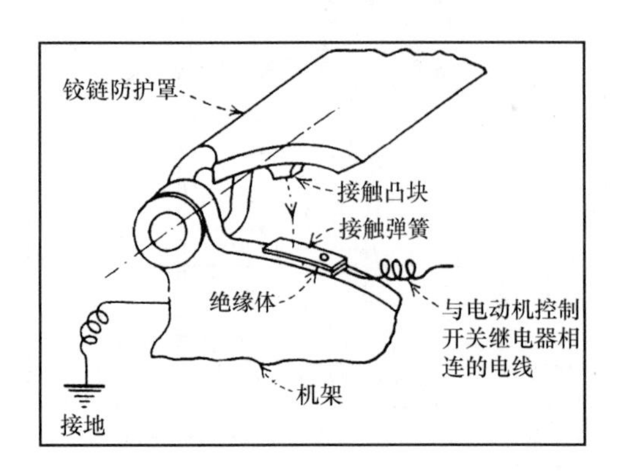

图 14.14-1 当防护罩被提升时，一些机器上的安全机构使电动机停止运转。只有当防护罩放下时电路才再次接通。在接触凸块与接触弹簧之间设计有一个金属对金属的接触从而构成继电器电路。

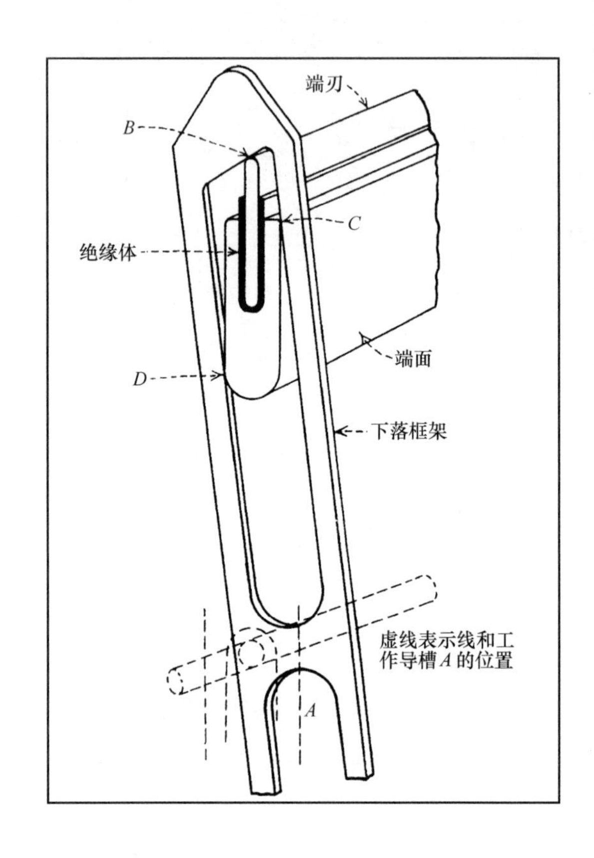

图 14.14-2 如图所示，线断后下落框架落下并倾斜来闭合电路形成电三点式楔形“扭曲制动”。虚线表示下落框架安放在线上时的正常位置。当线断了时，下落框架落下并且冲撞端刃 B 的顶部，使槽的顶端倾斜。这产生一个楔行动作使下落框架相对 C 和 D 点的端面倾斜，从而加强了电路的闭合运动。

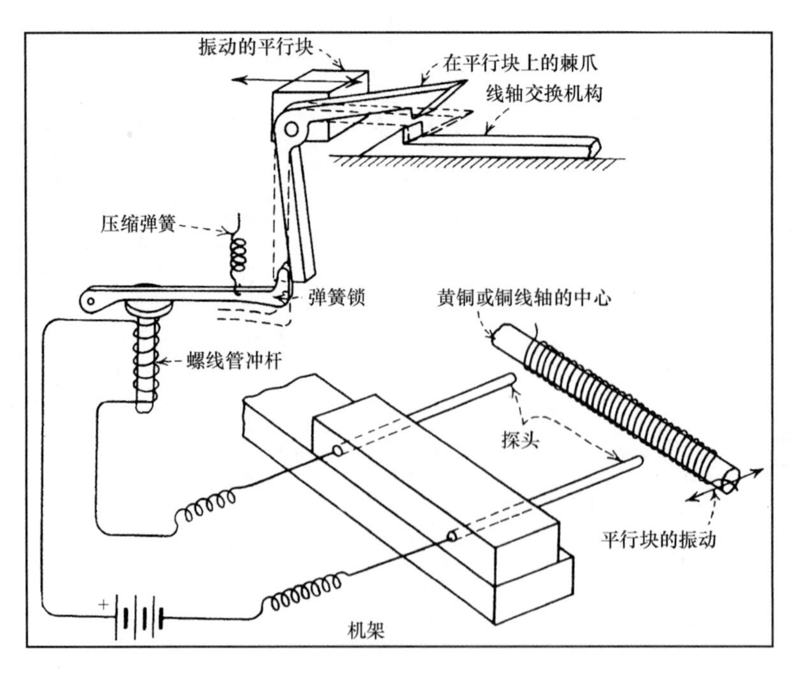

图 14.14-3 交换线轴机构。当线轴空时，探头接触金属线轴的中心，通过拉动弹簧锁的螺线管来形成电路，那将会使线轴交换机构工作，并且将在梭子上安装一个新的线轴。只要螺线管保持通电，在平行块上的棘爪将完全地抬升线轴交换机构上的钩子。

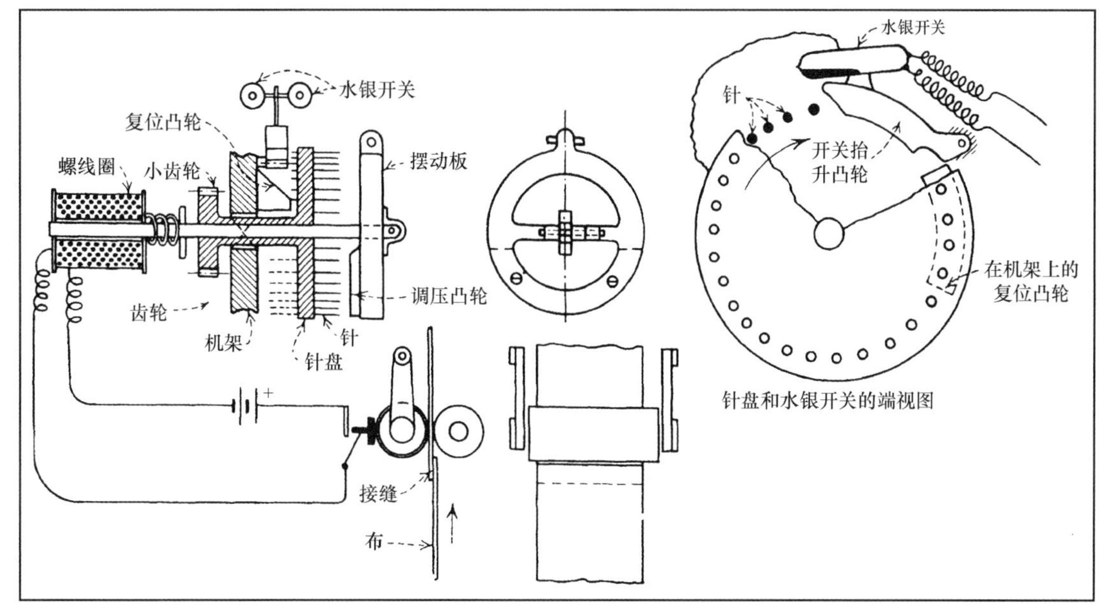

图 14.14-4 自动剪切机的控制。当两块布的接缝在两滚筒间通过时，摆动滚筒向外运动并且闭合通电螺线圈的灵敏开关，螺线圈牵引衔铁，衔铁的外部末端被安装到铰链环上，凸轮圆盘也一起被紧固到铰链环上。凸轮圆盘挤压在旋转圆盘上的针，当旋转圆盘旋转时，受挤压的针抬高上面安装两个水银开关的凸轮杆。当圆盘倾斜时，开关在两个控制电动机中产生电路。一个为了使被压的针回到原来位置的凸轮安装在机架上。两个电动机将保持停止转动或反转直到接缝已经通过了滚子（下一次接缝通过时重复以上动作）。

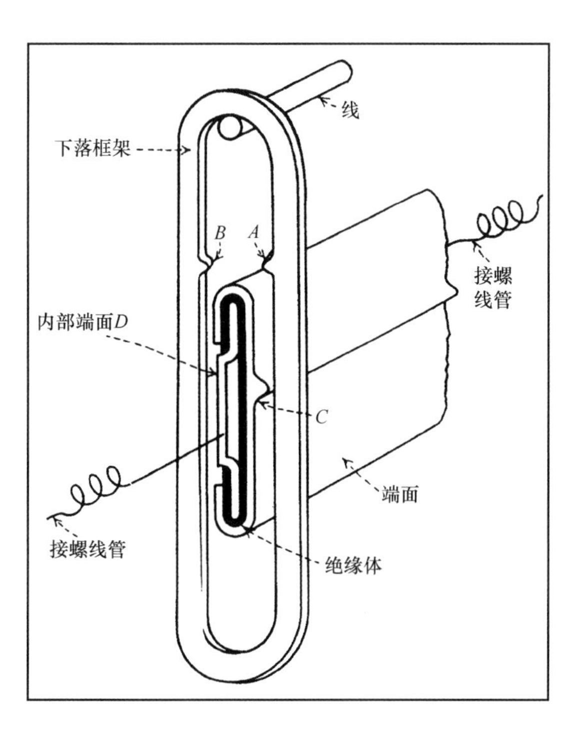

图 14.14-5 织布机的电制动机构。当线断了或松弛时，下落框架落下并且接触点 A 放在接触点 C 上，下落框架偏心摆动从而使接触点 B 与内部端面 D 相接触，完成螺线圈电路。

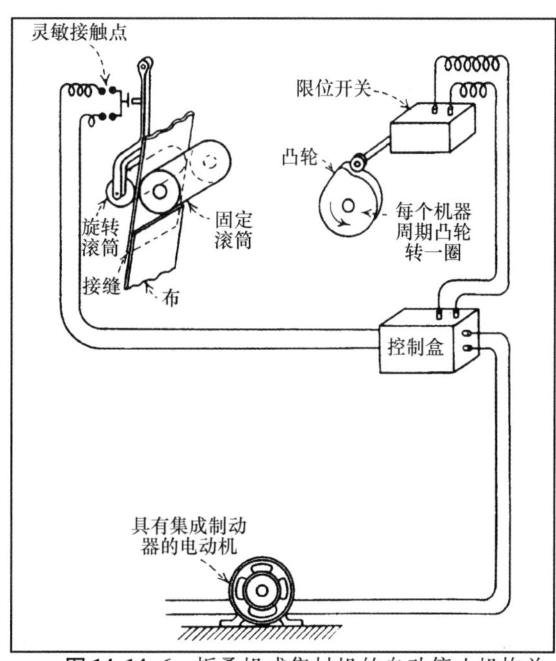

图 14.14-6 折叠机或集材机的自动停止机构总是当两块布的接缝在两滚筒间通过时在同一位置停止。机器运动，接缝在两滚筒间通过时将使旋转安装的滚筒有轻微的上升，这一运动将闭合在控制箱里的能够打开继电器的灵敏开关的接触点，然后凸轮使限位开关闭合，具有完全制动装置的电动机的动力将被关闭。制动装置总是在同一位置使机械停止运动。

14.15 机器操作的自动安全机构

最好的自动安全机构是专门为某些机器设计的并将被直接安装在这些机器上。设计恰当的自动安全装置应该①不遮挡操作者的视野；②不影响操作者的动作；③与操作者不发生接触以防操作者受伤（例如不用将操作者的手撞开的方法）；④故障自动保险；⑤持续操作能保证灵敏度；⑥有人试图拨弄或移动它们时，给出机器无效操作提示。

安全机构的范围很广，从使操作者的手保持离开工件表面状态的装置，到完全封闭工件的防护罩，以及阻止机器操作除非防护罩在恰当的位置的装置。如果人或物在光电发射器和光电接收器之间中断光束，许多现代化安全系统都将会起动。

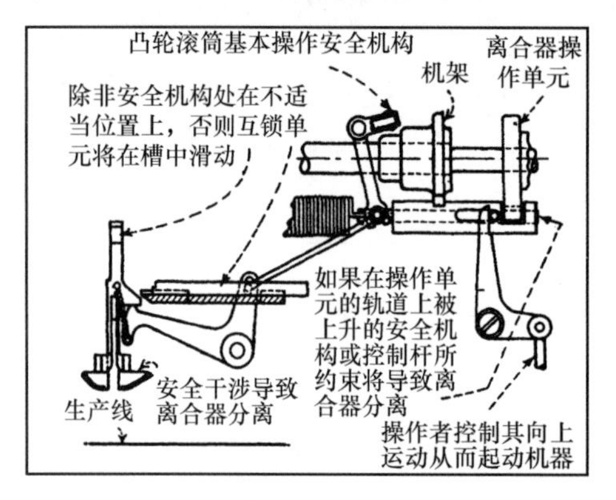

图 14.15-1

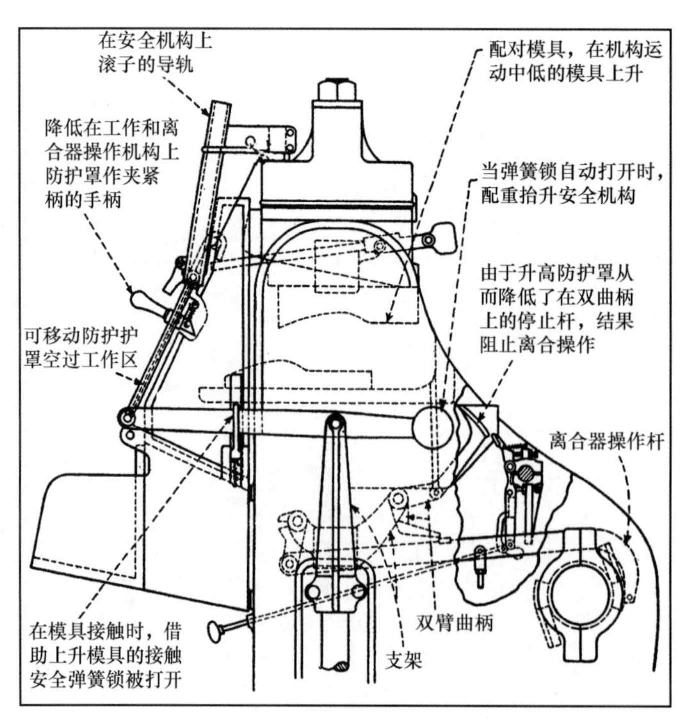

图 14.15-2

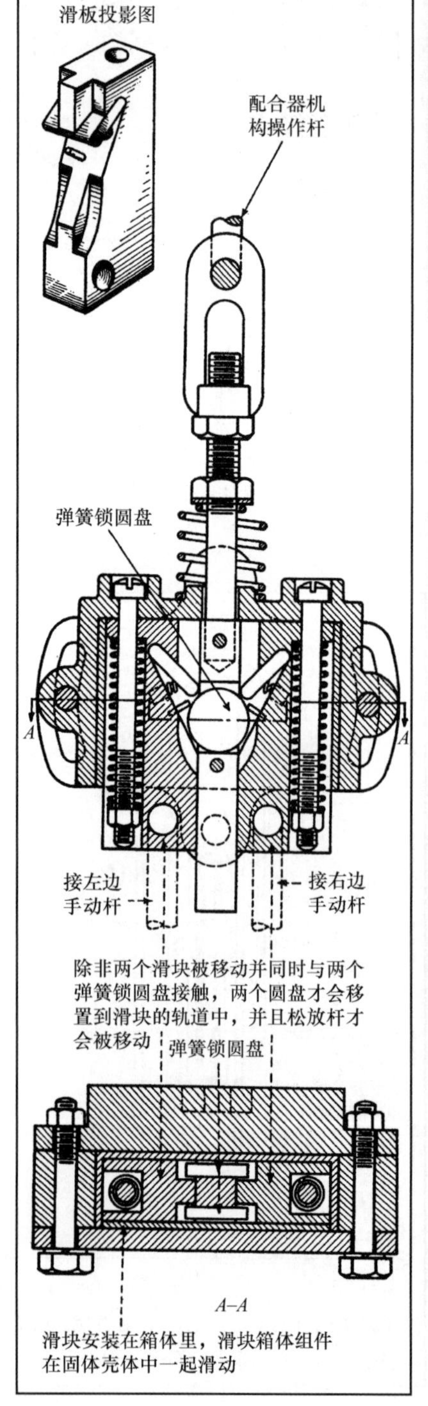

图 14.15-3

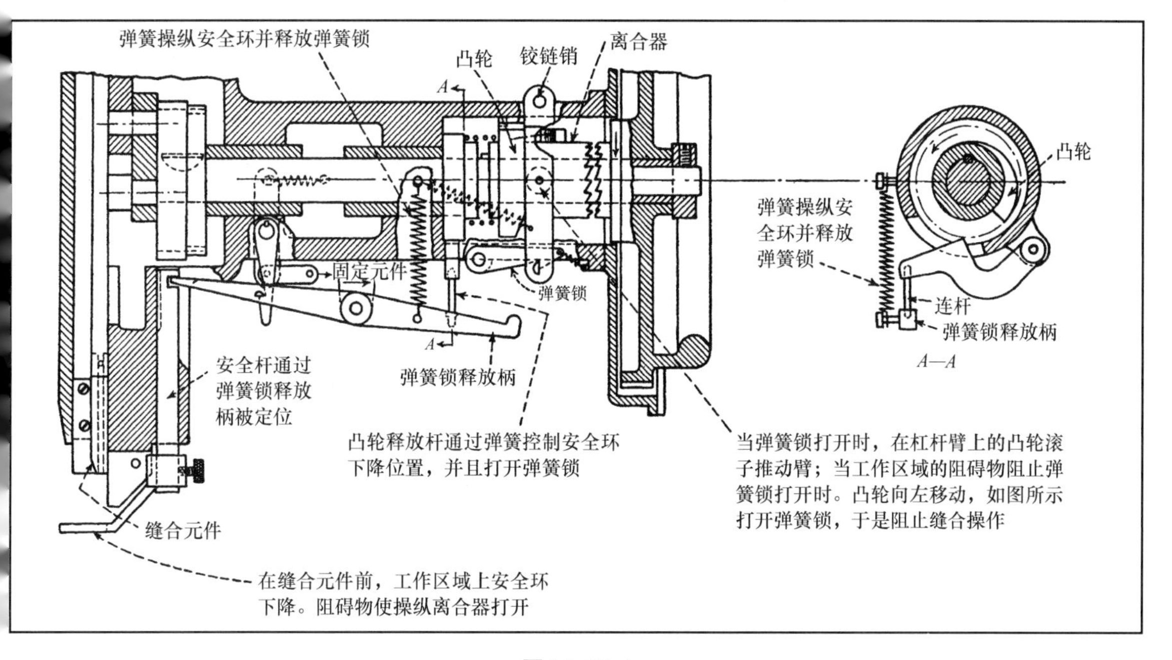

图 14. 15- 4

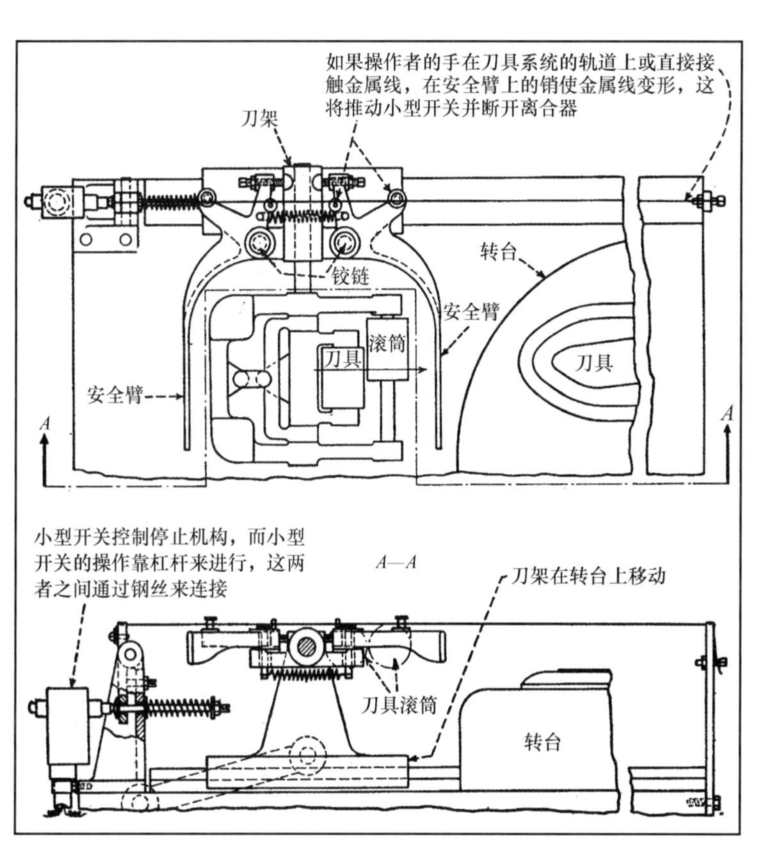

图 14. 15-5

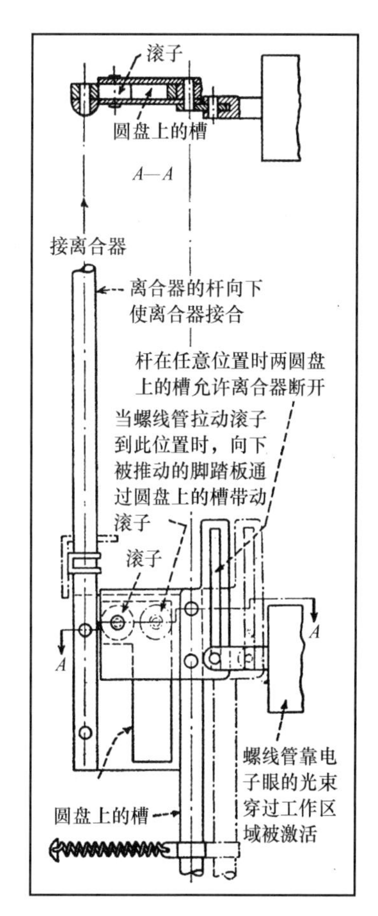

图 14. 15- 6

第 15 章

转矩、速度、张紧和限定控制系统

15.1 控制系统中差速卷筒的应用

差速卷筒的机械特性众所周知，它作为一种控制机构，可以协助齿轮、齿条和四连杆机构把旋转的运动转化为直线运动。它能放大位移以满足精密仪器的需要，或者几乎可以任意改变来满足特殊的运动方程。

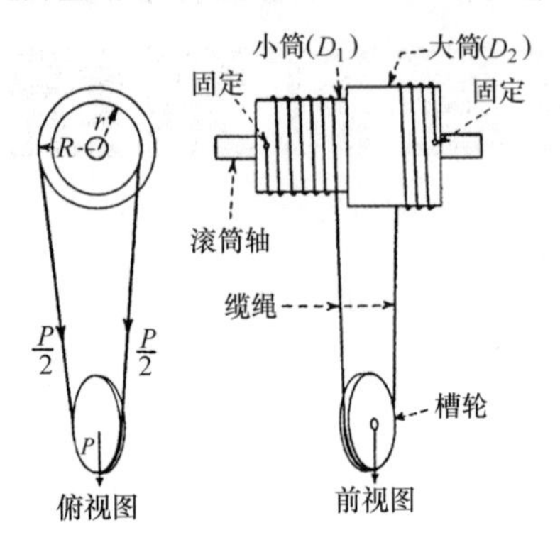

图 15.1-1 一个标准的差速卷筒机构由两个滚筒（D_1 和 D_2）、一条缆绳或者一条链组成。这条缆绳或者链两头被固定，并且绕着一个滚筒顺时针缠绕，同时绕着另一个滚筒逆时针缠绕。缆绳承载一个负重的槽轮，并且当滚筒轴顺时针旋转时，从 D_1 上放松的缆绳将缠到 D_2 上，这将使槽轮升高一段距离：

$$槽轮升高/转=\frac{2\pi R-2\pi r}{2}=\pi(R-r)$$

滚筒在逆时针方向上受到一个不平衡转矩。

$$不平衡转矩=\frac{P}{2}(R-r)$$

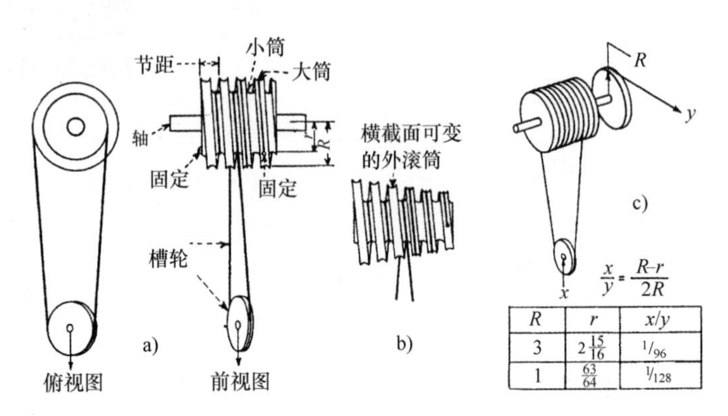

R	r	x/y
3	$2\frac{15}{16}$	$1/96$
1	$\frac{63}{64}$	$1/128$

图 15.1-2 Hulse 差速卷筒机构（美国专利号：2，590，623）。作成蜗杆螺纹的轮廓形式、引导缆绳的两个鼓轮同心地占据相同的长度空间。这使缆绳与轴大约保持成直角，并且消除了缆绳的移动和摩擦，特别是在与图 15.1-2b 中横截面可变的滚筒一块使用时。通过选择卷筒的适当横截面，任何运动方程都可以被满足。在一些装配中，应该考虑消除或者支撑轴向推力的方法。图 15.1-2c 中是一个典型的减少位移的例子。

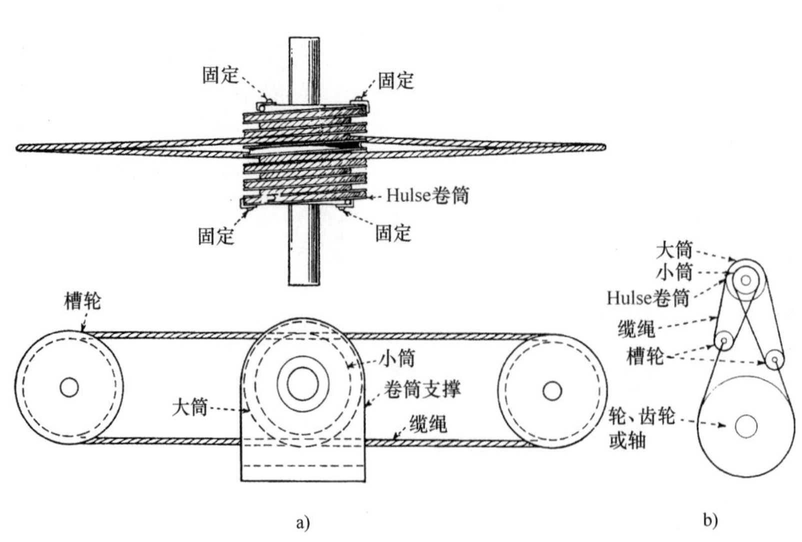

图 15.1-3 带有反向槽轮的 Hulse 卷筒机构。这个使用两个单独的缆绳和四个固定点的机构可以被认为公用一套滚筒的两台背对背的卷筒机构。为了获得变化的运动需采取下列措施：①固定两个槽轮，以便系统旋转时滚筒将向两个槽轮之一移动；②固定滚筒并且允许槽轮运动，两个槽轮之间的距离保持不变并且通常被一个杆连接起来；③在限制滚筒横向移动的同时允许它们沿轴向移动，当系统被旋转时，滚筒每旋转一圈将沿轴向移动一个节距，并且在同一平面内槽轮与滚筒的轴保持垂直。如果允许槽轮轴向移动，这个变化将是可逆的；此外，④槽轮不必相对安放，而是可以如图 b 中所示的那样安装来转动一个轮。

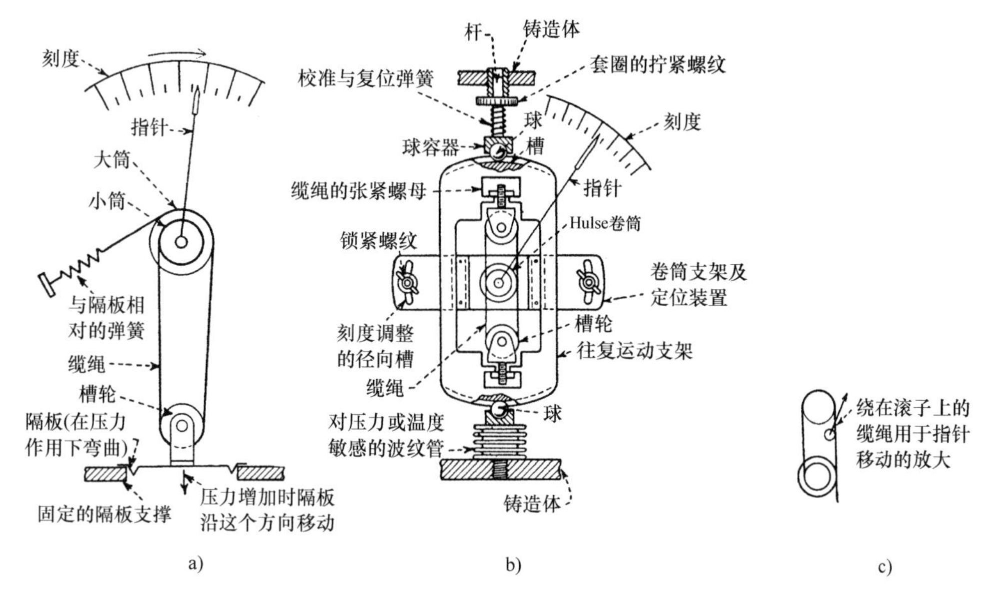

图 15.1-4 a压力和温度指示器。压力变化引起隔板和槽轮垂直移动、指针径向摆动。当弹簧力等于驱动转矩时到达平衡。用热敏元件代替隔板，这个仪器就变为一个温度指示器。图 b 中的两个槽轮和一个往复移动支架是基于图 a 中所示的原理而设计的。支架靠压力或者温度来驱动，并且与对面的弹簧力达到平衡。通过在装有指针的滚子上卷绕缆绳可以获得进一步的放大，如图 c 所示。

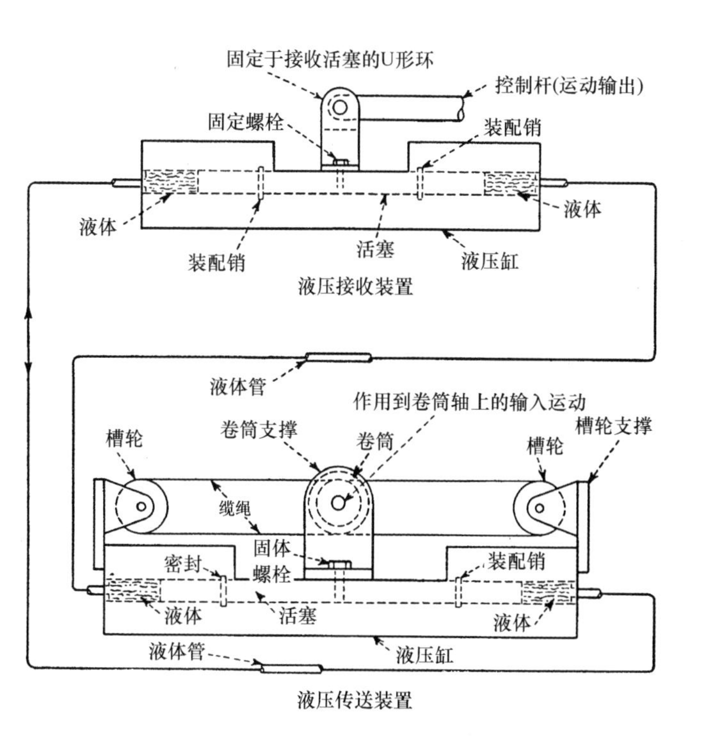

图 15.1-5 通过一个差速卷筒驱动的液压控制系统采用最小的力矩来实现对一个控制杆的远程精确定位。圆柱体内的活塞由于施加到卷筒轴上转矩的作用而前后往复移动。液体从液压缸的一头通过管线被挤出来，移动接收装置的活塞，然后该活塞起动控制杆。接收装置同时从相反的一端传输相同量的液体返回到传送装置。借助于适当的阀门控制，传送装置可以成为一台双功能的泵。

15.2 如何防止反转

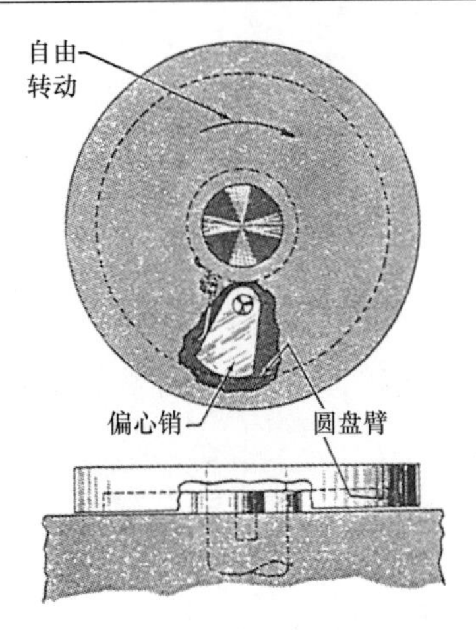

图 15.2-1 一个偏心销允许轴单方向旋转。任何反转都会使偏心销迅速楔住圆盘壁。

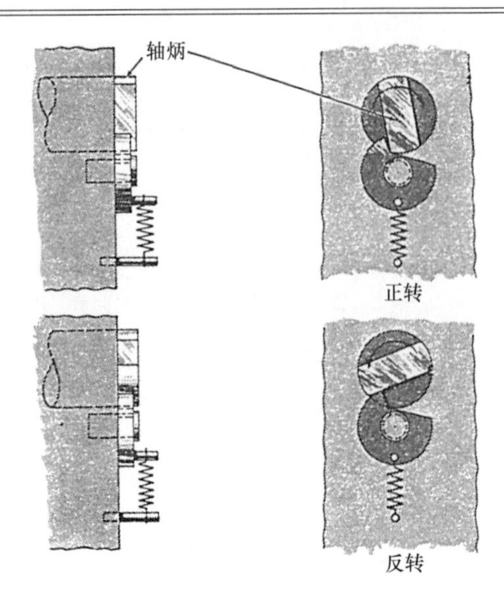

图 15.2-2 在正常转动期间，一个轴上的柄自由地压在开口的圆盘上。圆盘的轮廓阻止柄反向旋转。

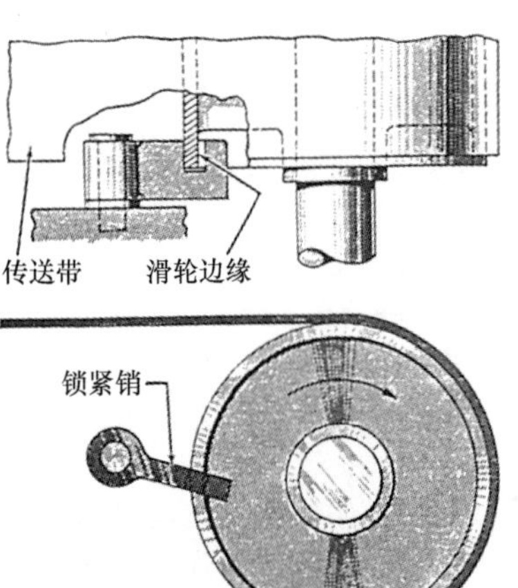

图 15.2-3 在带轮轮缘上有锁紧销，只有当带轮按照图示的方向旋转时锁紧销才是松开的。这个结构对传送带轮是最理想的。

图 15.2-4 受弹簧力的摩擦板与直齿轮接触。当齿轮机构逆转时，惰轮与齿轮啮合并锁紧齿轮。

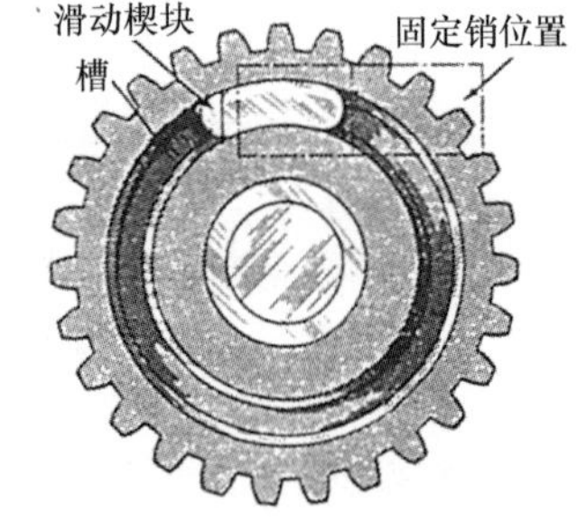

齿轮的视图

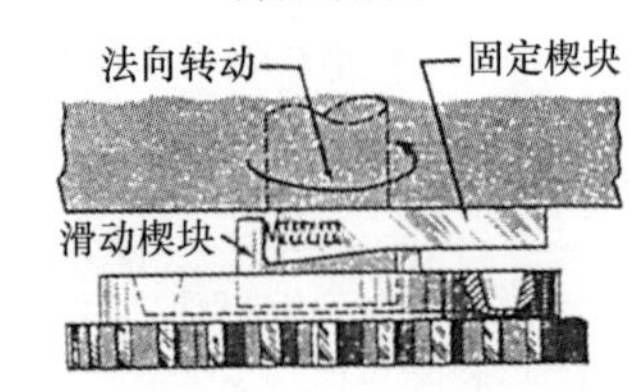

图 15.2-5 当齿轮将要顺时针旋转时，固定楔块和滑动楔块将趋于分离。逆时针旋转时，两个楔块楔紧。

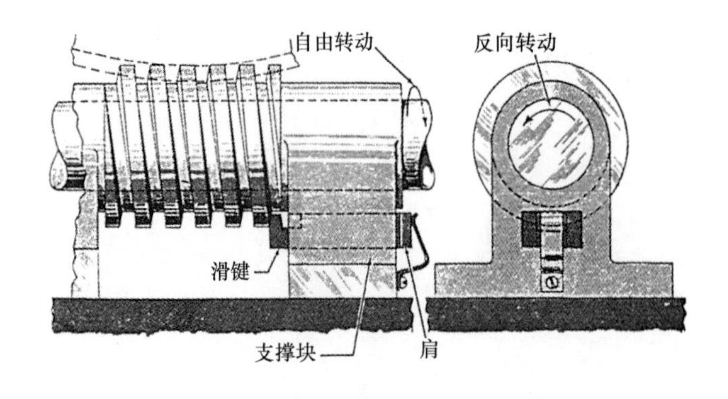

图 15.2-6 滑键有一个与蜗杆啮合的齿。在反向旋转时，这个键被拉入键槽，直到键上的肩被支撑块挡住。

15.3 在印刷机进给中，卡钳制动器可以保持适当的张紧力

一个简单的凸轮连杆装置（如图 15.3-1 所示）和两个卡钳盘制动器一起工作，来提供印刷中纸张进给的自动张紧力控制。

在进给系统中，纸上必须要保持张紧力的控制，纸张必须以 366m/min（1200ft/min）的速度从一个宽 1066.8mm（42in）直径为 914.4mm（36in）的滚子上抽出。当满载时这个滚子质量达 907kg（2000lb）。这个印刷机必须能几乎瞬时停止。

虽然摩擦圆盘制动器的衬套易磨损，但是在换衬套之前，它能实现百万次的制动。

在这个系统中，由 Tol-O-Matic 公司制造的两个气动圆盘制动器安装在每个滚子上，它们分别夹紧两个产生最大热量消耗的 304.8mm（12in）圆盘。为了能在滚子上提供需要的恒定张紧力，制动器总是受到气压的作用。然而，处在纸上的摆动滚子能在任何时候超过制动器。它驱动一个凸轮，这个凸轮用于调节压力调节器来控制制动效果。

如果卷筒纸应该切断了或者在滚子上用光了，允许这个摆动滚子实现最大的制动。这个印刷机能够在不到一圈之内被停止。

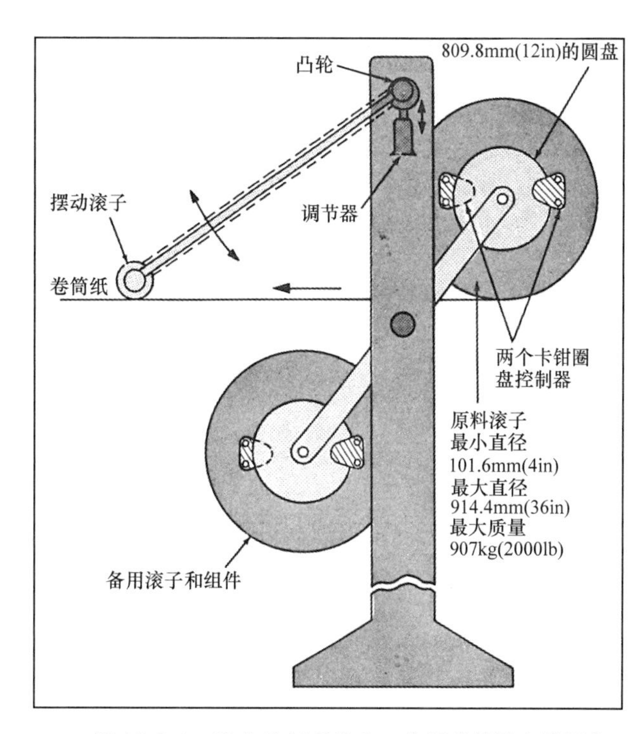

图 15.3-1 这个连杆系统和一个调整器及卡钳圆盘一起工作，在卷筒纸应该切断时迅速地使正在高速运转的印刷机停下来。

15.4 辅助离合器、制动器的传感器

与磁性传感器组合在一起的两个离合器、制动器系统把纸板切割成精确的长度。磁性传感器检测旋转链轮的齿。跟纸的长度相关的脉冲被计数，通过第二个离合器、制动器系统来驱动切割刀具。在第二个系统上的飞轮增强了切削力。

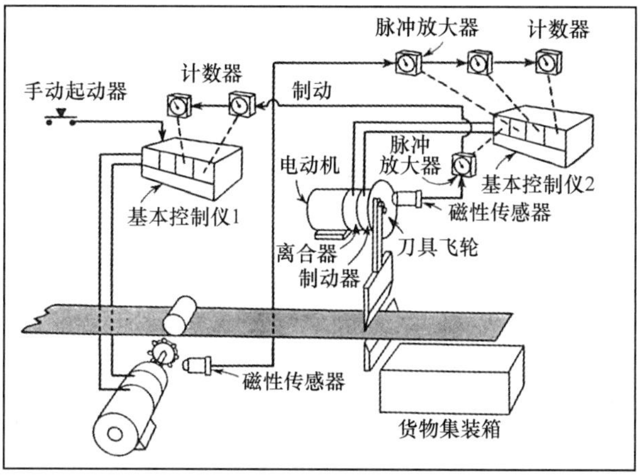

图 15.4-1 这个控制系统将纸板按所需的长度进行切割，并且计算一下切割多少次能使切割简单些。

15.5 防止构架超载的警报装置

目前，起重机能够通过一个安全装置来避免不安全载荷的损害，这个装置的可动电接触器通过液压系统、凸轮和齿轮装置来改变（如图15.5-1所示）。

这个装置在起重机构架的安全载荷方面考虑了两个关键因素：构架的角度（小角度产生的转矩使其比大角度更容易翻倒）和构架上的压应力，当构架角度大时该应力最大。这两个因素传入警报系统的输入端，并且这两个因素要结合在一起才能开启警报系统，从而警告操作者这时的起吊载荷已经超载。

工作原理。在美国宾夕法尼亚州计量器公司为Thew-Lorain公司制造的样机中，一个张力、压力传感器（如图15.5-2所示）检测钢缆的载荷，并把它转化为与张力成比例的液体压力。压力作用到一个带旋转指针的弹性金属曲管式压力计上，指针上带有一小块永久磁铁。两个微型磁力簧片开关装在另一个臂上，该臂和指针在同一个中心上转动。

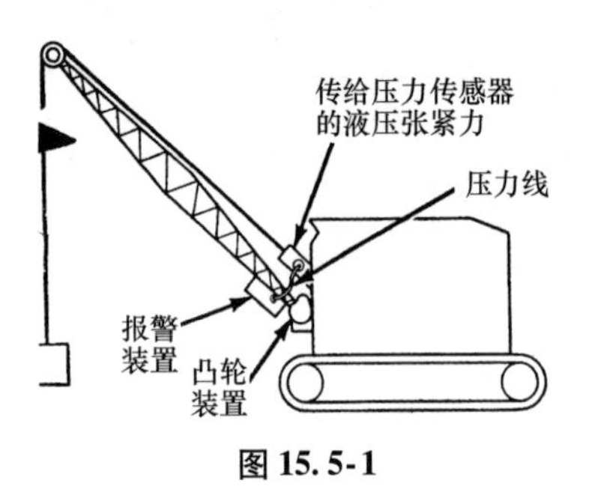

图15.5-1

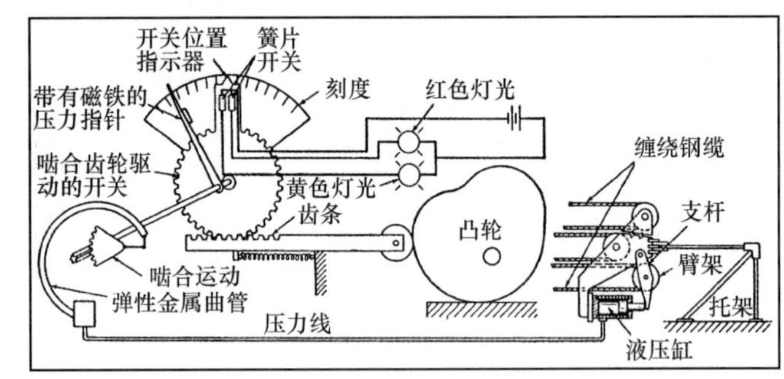

图15.5-2 托架上的凸轮根据构架的角度对一个带有簧片开关的臂进行定位，该臂与构架的角度一致；压力指针反映了钢缆的张力。

这个臂靠由凸轮控制的一对齿轮齿条来定位，带有正弦轮廓的这个凸轮被安装到托架上。当构架提升或者降低时，凸轮改变簧片开关的位置，这样它们将与指针上的磁铁靠近，并且迟早会接触到一起。接触的时间部分地取决于带有磁铁指针的运动。在独立的轨迹上，体现钢缆张力的液压使刻度盘上的指针向右或者向左。

当磁铁接触到簧片开关时，警报电路闭合，而且在压力持续增加且没有阻止指针运动的期间，它仍然处于闭合状态。在为Thew-Lorain研制的装置中，开关装置设置成两个阶段：首先是触发黄色警报灯光，其次是红灯亮并发出警报铃声。

针对两侧和后面过载与前面过载的不同需要对弹性金属曲管式压力计进行不同的设置。凸轮和托架的支柱安装在一起，用来驱动选择开关。

15.6 钢缆张力的持续观察

一个简单的杠杆系统解决了当钢缆在滚筒上被缠绕时，如何持续追踪钢缆上张力变化的问题。

位于休斯敦的美国国家航空航天局载人太空船中心的Thomas Grubbs设计了这个系统。它由安装在旋转杠杆上的两个滑轮组成。钢缆在两个带轮之间穿过，因此钢缆张力的增加引起杠杆旋转。于是，在平板的金属舌簧上产生线性的拉力，而一个应变仪固接在舌簧上。下面滑轮上的载荷与钢缆上的张力成正比。通过应变仪的变化和电流能连续直接地读出钢缆的张力。

在旋转杠杆上的这两个滑轮能在旋转轴上自由转动，因此，它们在钢缆缠绕绕线滚筒时可以对钢缆进行适当的定位。

可以在两滑轮装置中再增加第三个滑轮，以便对应变仪的灵敏度提供一定程度的调整。如果这个滑轮处于另两个滑轮的平面上，它将被用来减小舌簧上的应变（用于重载）或者增加（用于轻载）应变。

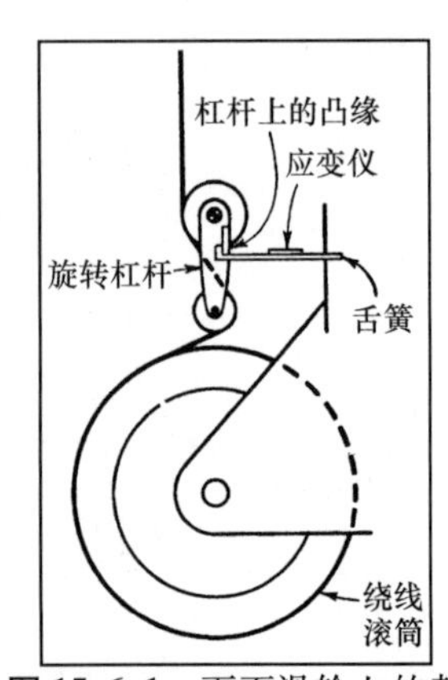

图15.6-1 下面滑轮上的载荷与钢缆上的张力一起变化，并且杠杆旋转并借助应变仪可以直接给出读数。

15.7 转矩限制器用来保护轻载传动

当过载时轻载传动将失败。下面的 8 种装置能使轻载传动远离危险的转矩载荷。

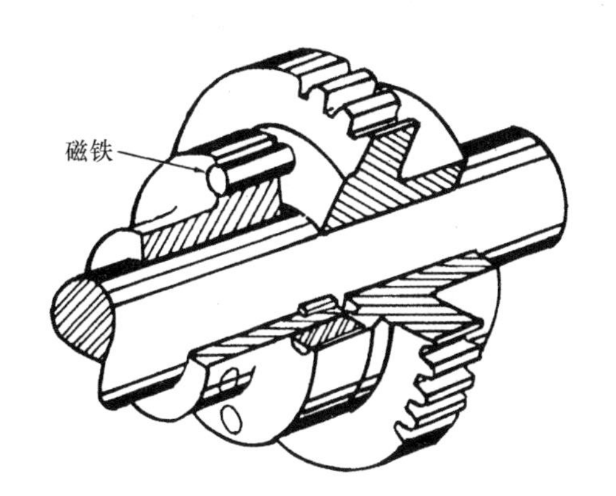

图 15.7-1 永久磁铁传递的转矩与它们在离合器盘四周分布的数量和尺寸大小有关。适当的传动控制靠滑动磁铁来完成，以此来减小传递转矩的能力。

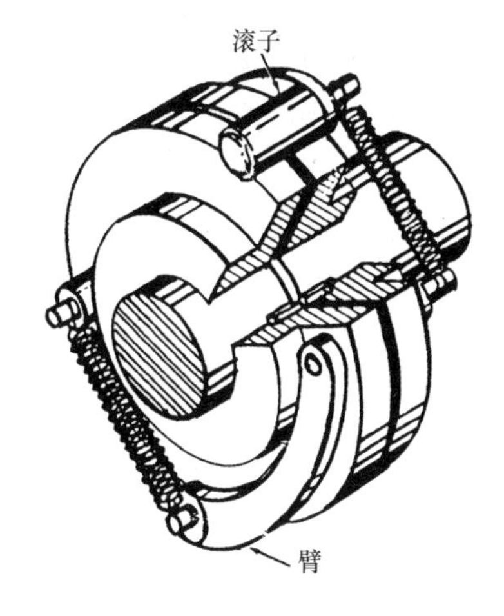

图 15.7-2 臂支撑槽内的滚子，该槽横跨安装在对接轴两端的两个圆盘上。弹簧使滚子保持在槽内，但是过大的转矩将迫使它们出来。

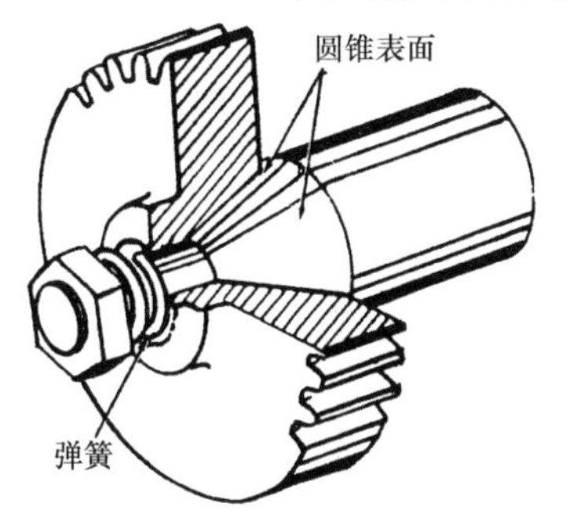

图 15.7-3 锥形离合器是通过锥形轴和齿轮上的锥形中心孔相配合形成的。通过拧紧螺母压缩弹簧来增加传动转矩的能力。

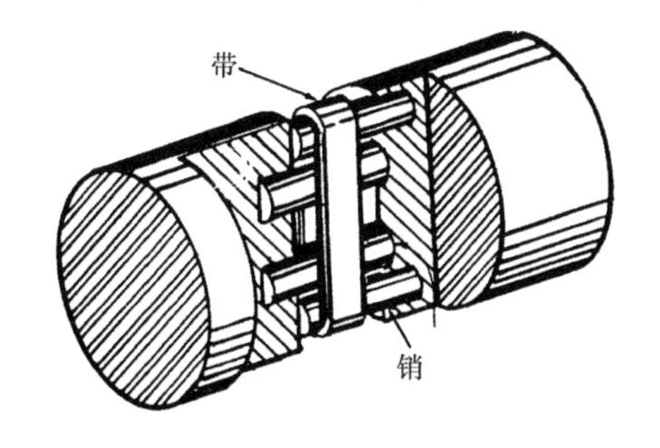

图 15.7-4 缠绕在四个销轴上的柔性带只传递最轻的载荷。为了确保带和销轴的接触，外面的销轴比里面的销轴要小一些。

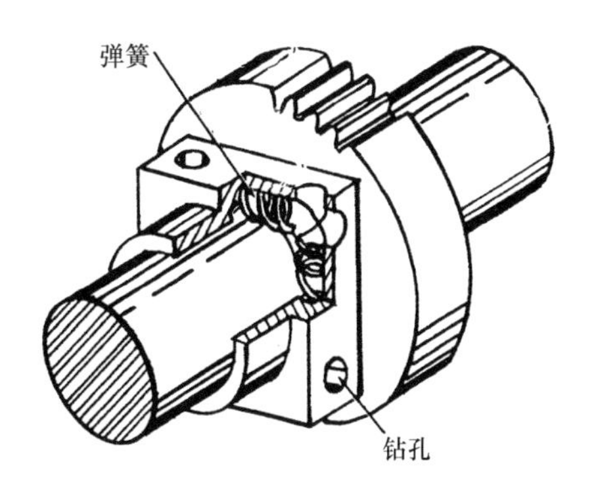

图 15.7-5 箱体中的弹簧夹紧轴。当齿轮被固定到轴上的箱体时，弹簧被拉伸，从而夹紧轴。

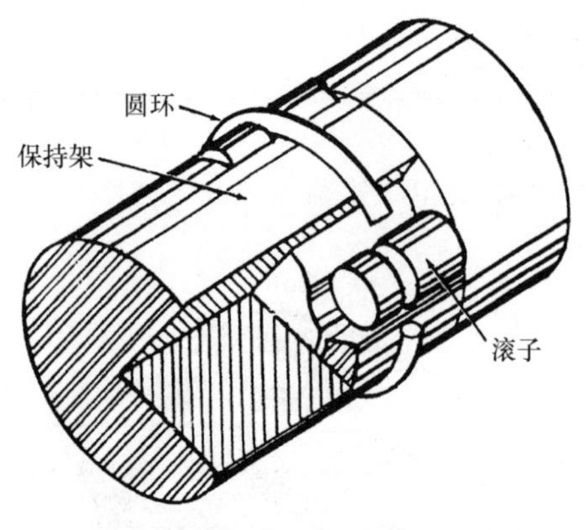

图 15.7-6 圆环防止滚子从轴小端的槽内蹦出。空心轴开槽的末端起到保持架的作用。

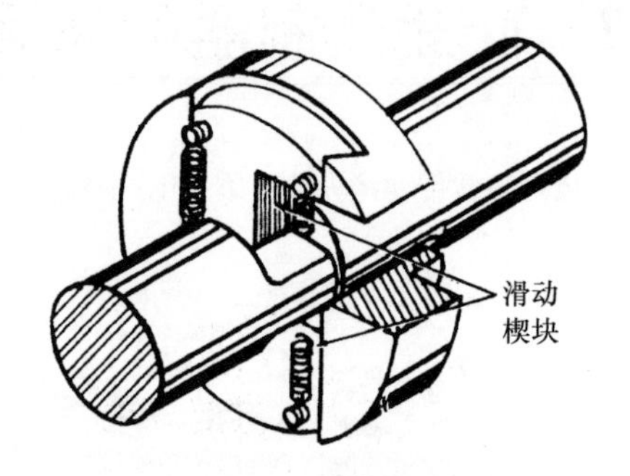

图 15.7-7 滑动楔块在轴的平面端夹紧。当转矩过载时，它们向外展开。使楔块保持在一起的弹簧拉伸强度等于所传递转矩的极限。

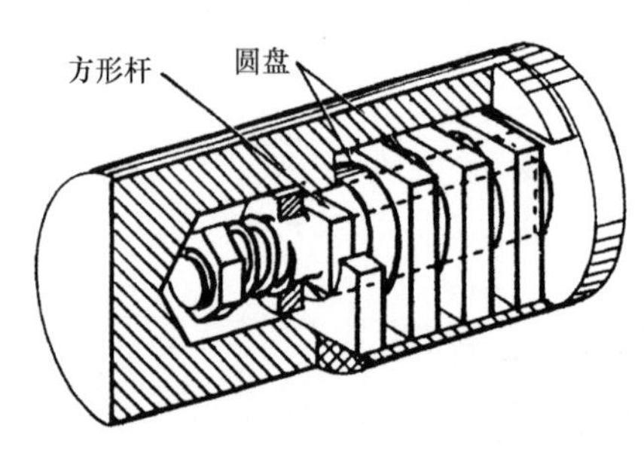

图 15.7-8 摩擦盘通过可调弹簧压紧。方形盘锁紧在左边轴内的方形孔里，而圆盘锁紧在右边轴上的方形杆上。

15.8 防止过载的限制器

如果机器塞住转不动，这里的13个“安全阀门”能帮助解决，以防止严重的损坏。

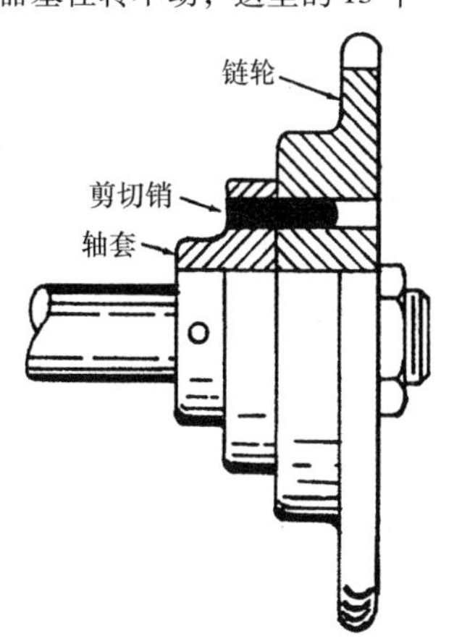

图15.8-1 剪切销是一个简单、可靠的转矩限制器。然而，过载后，去除损坏的剪切销并换上一个新的需要耗费时间。应该确保在方便的位置有备用的剪切销。

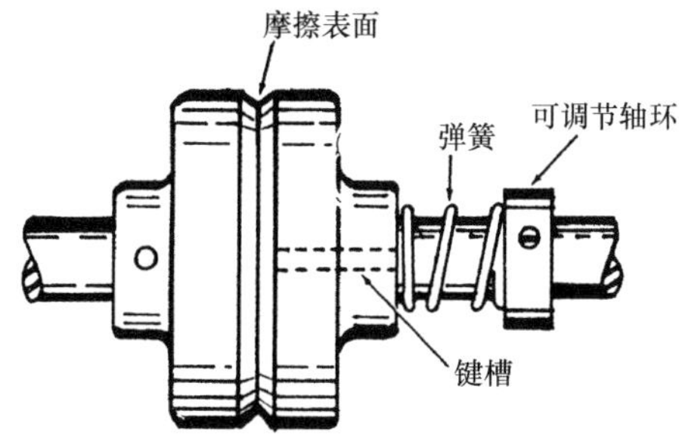

图15.8-2 摩擦离合转矩限制器。调整弹簧张力可以使两个摩擦片的表面结合在一起从而设定过载极限。一旦去除过载，离合器就重新啮合。这个设计的一个缺点是如果限制器已启动而未被发现，它会自损。

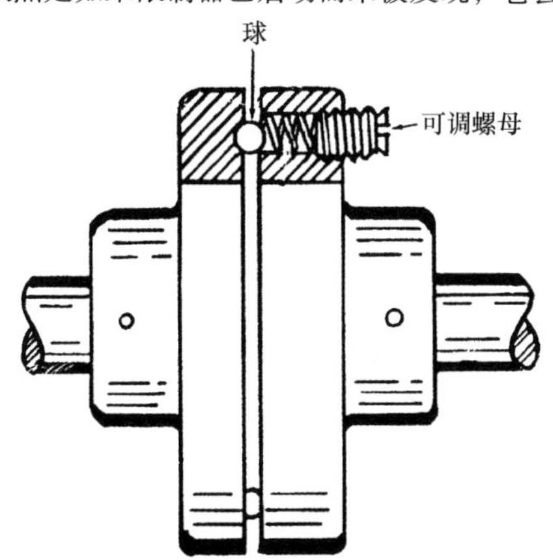

图15.8-3 机械键。一个弹簧在这个转矩限制器对面的一个孔内顶着一个球，直到过载迫使它出来。一旦开始滑动，离合器表面磨损很快。因此，在经常产生过载的场合不推荐使用这种限制器。

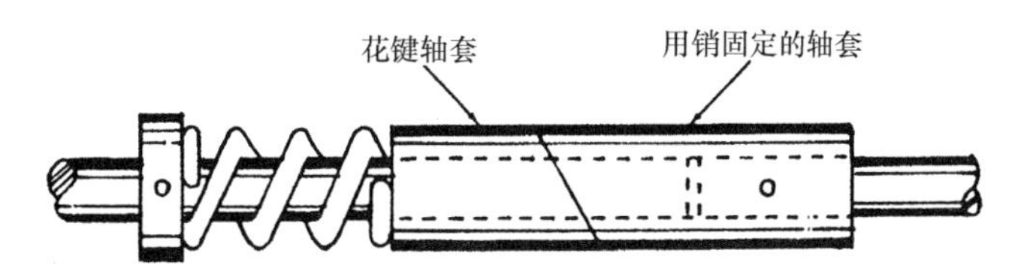

图15.8-4 以一定角度被切割开的轴套形成一个转矩限制器。弹簧将两个反向角度的轴套表面夹在一起，在过载条件下，它们会因为角度的调整而分离。弹簧的张力限制了载荷的极限。

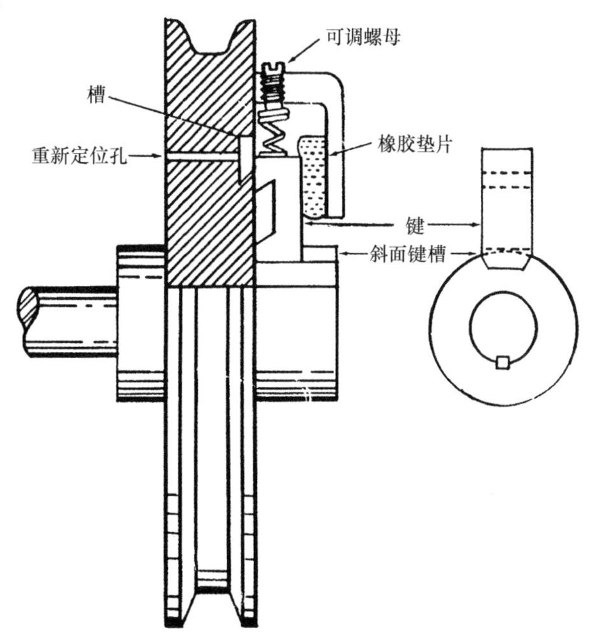

图15.8-5 在这个离合器中伸缩键限制了转矩。斜面键槽使键向外运动从而顶在弹簧上。当键向外移动时，橡胶垫片或者另一个弹簧迫使键进入到带轮的槽中。这样使键与键槽脱离啮合，从而防止了磨损。要使机构复位，只需要从带轮的复位孔中用工具推出键就可以了。

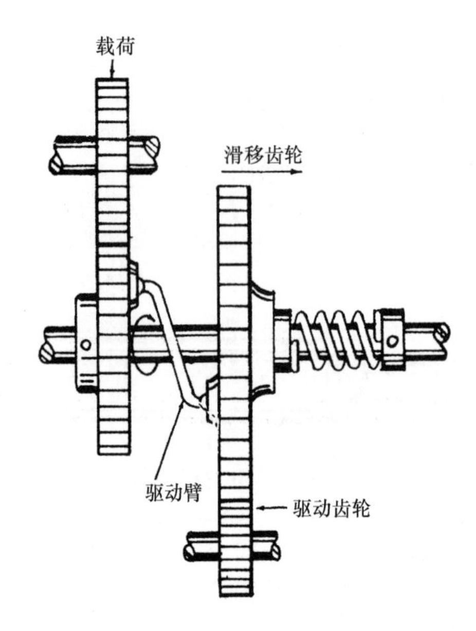

图 15.8-6　脱离啮合齿轮。在转矩限制器中弹簧和驱动臂上的轴向力是平衡的。过载时力的平衡被打破，驱动臂产生的力使弹簧压缩，从而使齿轮滑动脱离啮合。当过载之后，齿轮必须保持分离状态，以防止它们损坏。当驱动停止后，齿轮才能安全地复位。

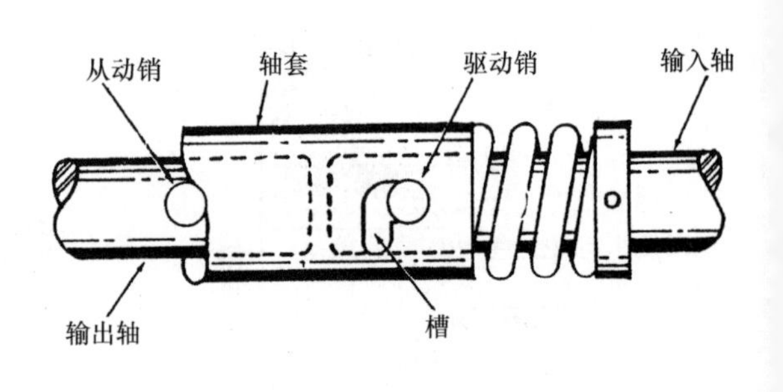

图 15.8-7　在该构中，凸轮形轴套将这个转矩限制器的输入轴和输出轴连接起来。从动销向右推动轴套顶住弹簧。当过载发生时，驱动销会掉到槽里，使两个轴分离。通过向后转动输出轴来复位限制器。

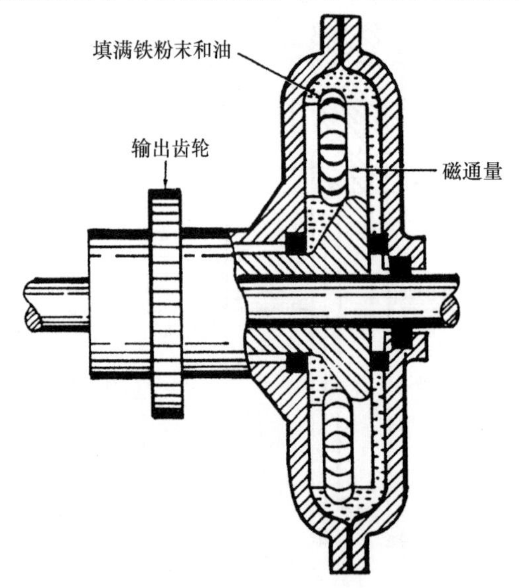

图 15.8-8　在这个转矩限制器中磁性流体是联轴器。这个腔内充满了铁粉末和油（或镍粉末和油）的混合体。控制穿过混合物的磁通量可以改变混合体的黏度。通过改变黏度使载荷极限有一个较宽的变化范围。滑动环将电流传给分配器从而产生磁力场。

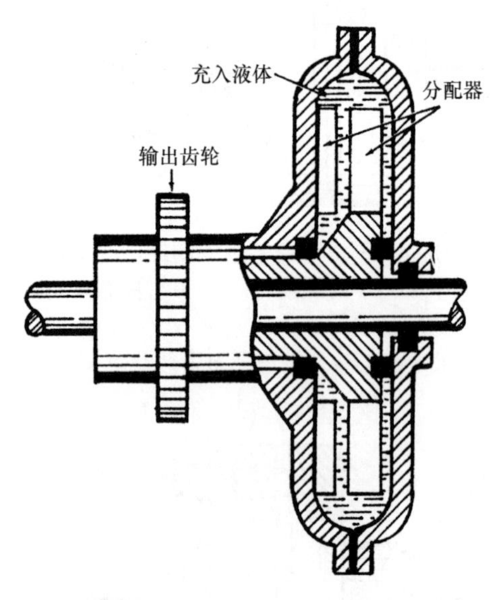

图 15.8-9　在这个转矩限制器中流体是一个联轴器。内部分配器使流体在腔中循环流动。对于最大载荷的闭环控制流体的黏度和高度是可改变的。这种联轴器的优点是平稳的转矩传递和滑动时的产生的热量少。

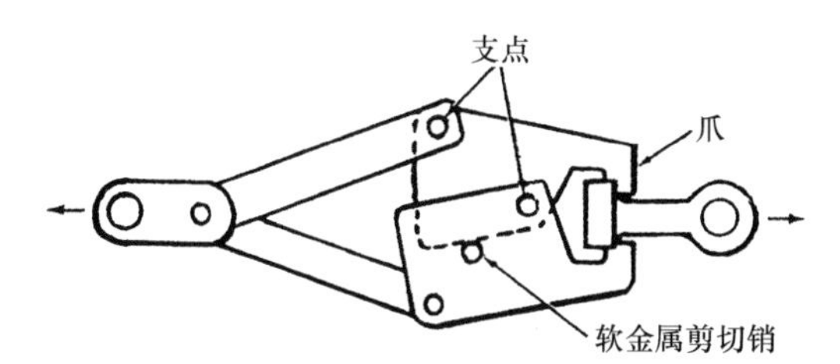

图 15.8-10 在这个联轴器中销的剪断可以释放张力。一个肘节控制的刀片剪切软销，以便爪打开并释放过载的载荷。在另一种设计方案中，使爪保持闭合的弹簧将取代剪切销。

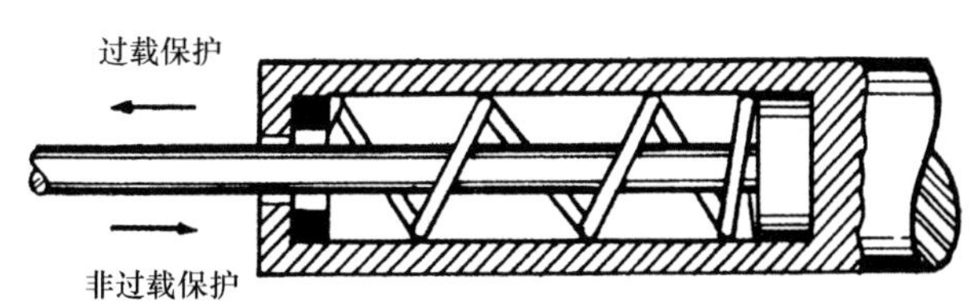

图 15.8-11 在这种联轴器中一个弹簧柱塞提供往复运动。只有当杆向左移动时才能发生过载。在过载条件下弹簧被压紧。

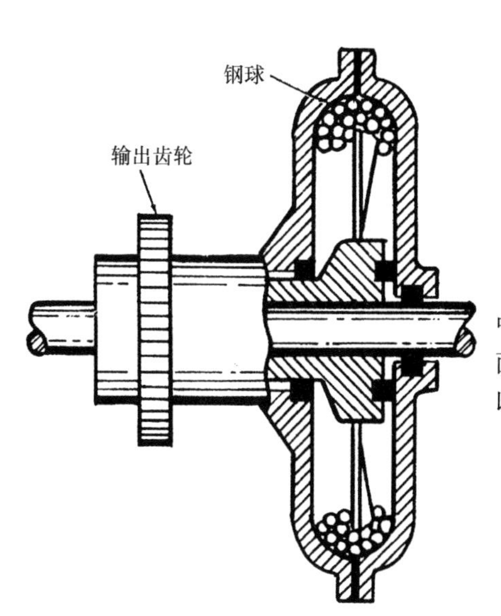

图 15.8-12 当输入轴的速度增大时，这个联轴器中钢球传递更大的转矩。离心力使钢球顶在腔的外表面上，增加了联轴器的滑动阻力。增加更多钢球也可以增加联轴器的滑动阻力。

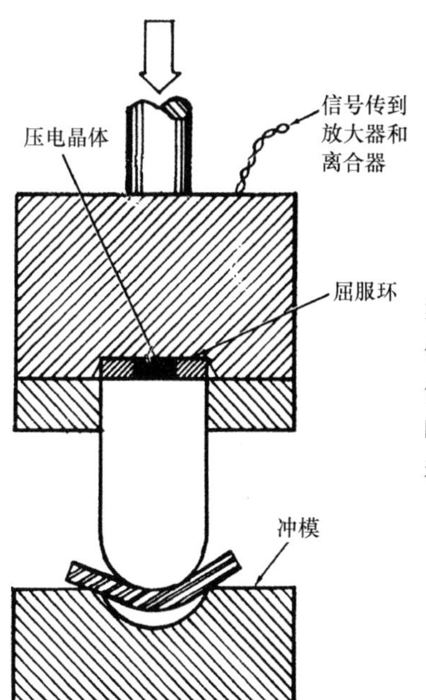

图 15.8-13 压电晶体在这个金属成型压力机内产生一个随着压力变化而变化的电信号。当压电晶体产生的输出电信号放大后达到与压力限制相对应的值时，电子离合器分离。一个应变环控制着压电晶体的压缩。

15.9 限制轴旋转的7种方法

移动螺母、离合器盘、指形齿轮和销连接零件构成了下面这些精巧机构的基础部件。

在自动机械和伺服机构中，常常需要用机械制动来限制轴旋转给定的圈数。当机械制动产生倒转时，必须采取保护措施来克服突然制动和需要大转矩时产生的过大的力。

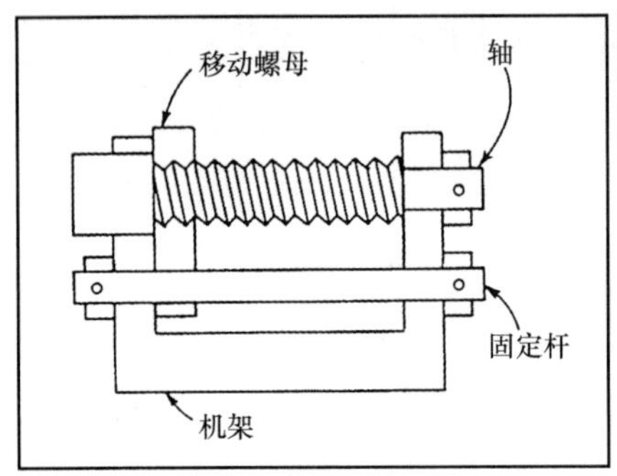

图 15.9-1 移动螺母沿着螺纹轴移动，直到机架阻止其进一步旋转。这是一个简单的装置，但是移动螺母可能锁紧，必须在螺母停止的位置上加一个很大的转矩才能使轴转动。通过在移动螺母上增加一个限位销来增加装置的长度，可以克服这一缺点。

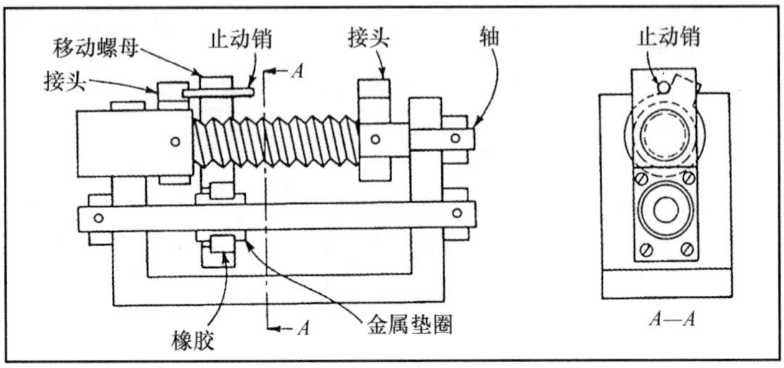

图 15.9-2 销和旋转接头之间的接合距离必须比螺距更短，这样销才能够在第一圈倒转时与接头脱离接触。橡胶圈和密封圈减少碰撞并产生一个滑动表面。密封圈可以用浸油的金属制成。

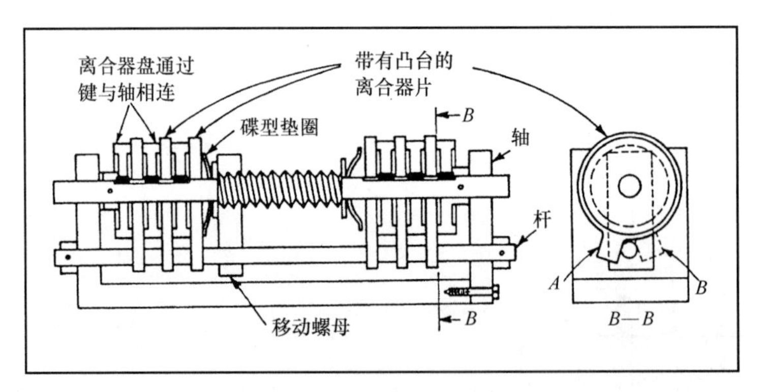

图 15.9-3 当转轴移动使螺母顶在垫圈上时，离合器盘夹紧并阻止它们转动。反向旋转时，离合器盘可以随轴从 A 点转动到 B 点。在运动期间，只需要相当小的转矩就能使螺母脱离离合器盘。然后，后面的运动使离合器摆脱了摩擦，直到在轴的另一端重复这一动作。因为离合器盘吸收能量较好，所以建议该装置用在需要大转矩的场合。

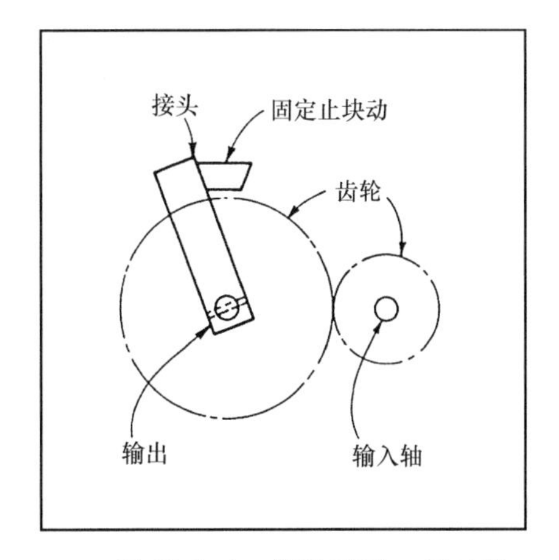

图 15.9-4 旋转不到一周时输出轴上的接头撞击弹性挡块。挡块所受力的大小取决于齿轮的传动比。因此，除非采用蜗轮蜗杆，否则这种机械装置仅限低传动比和转动圈数较少时使用。

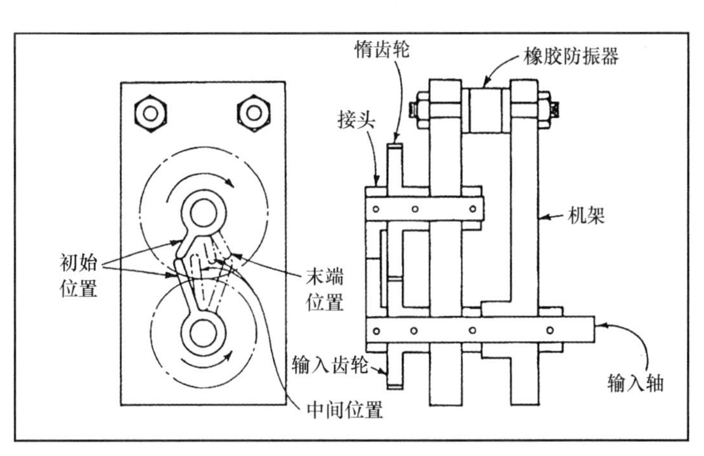

图 15.9-5 在始端和末端位置，两个接头撞在一起防止继续旋转。橡胶防振器吸收冲击载荷。齿轮传动比大约为1∶1，能确保两个接头不接触，直到在最后一圈它们才相遇。例如齿数为 30 的齿轮和齿数为 32 的齿轮能限制轴旋转 25 圈。这种装置节约空间，但是这些齿轮价格昂贵。

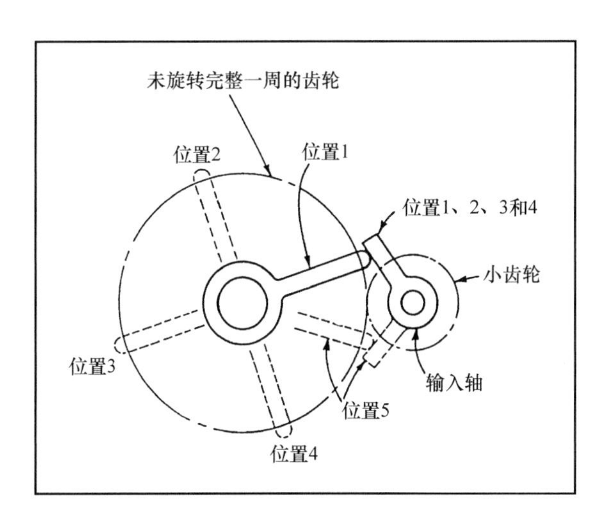

图 15.9-6 大的齿数比限定惰齿轮的转动少于一圈。止动接头可以被加到现有的齿轮传动中，使设计达到最简化。输入齿轮的最大转动圈数限制在 5 圈以内。

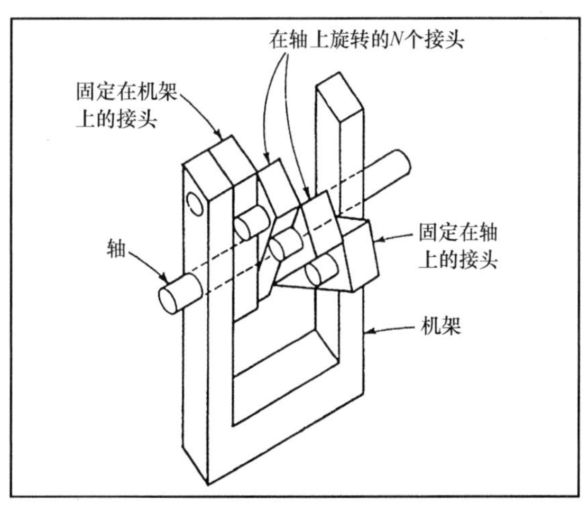

图 15.9-7 装有销的接头限制轴在任何方向上大约旋转 $N+1$ 圈。弹性轴衬套用于帮助减小冲击力。

15.10 控制拉力和速度的机械系统

任何连续加工系统成功地进行操作的关键是每个独立驱动机构保持速度同步，而这个连续加工系统是靠正在被加工的材料连在一起的。这种系统的典型例子是钢厂的传送带、纺织加工设备、造纸机械、橡胶和塑料加工机械以及印刷机。在每个例子中，如果控制不精确，材料将起皱、擦伤、拉长或者产生其他形式的损坏。

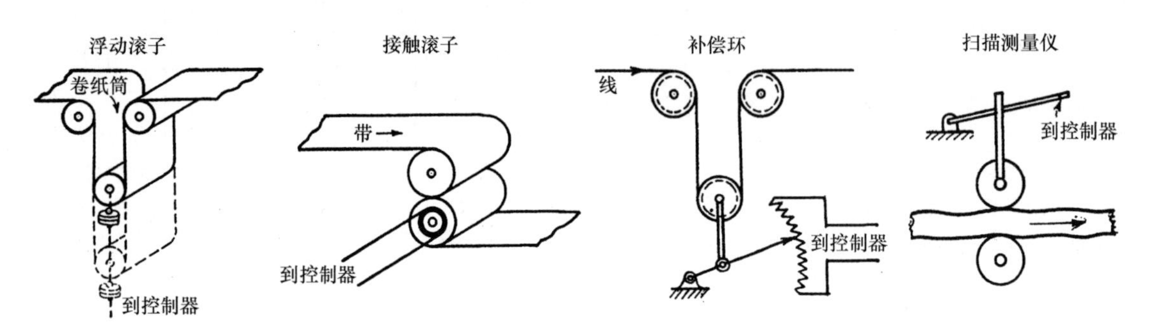

图 15.10-1 初级指示器。

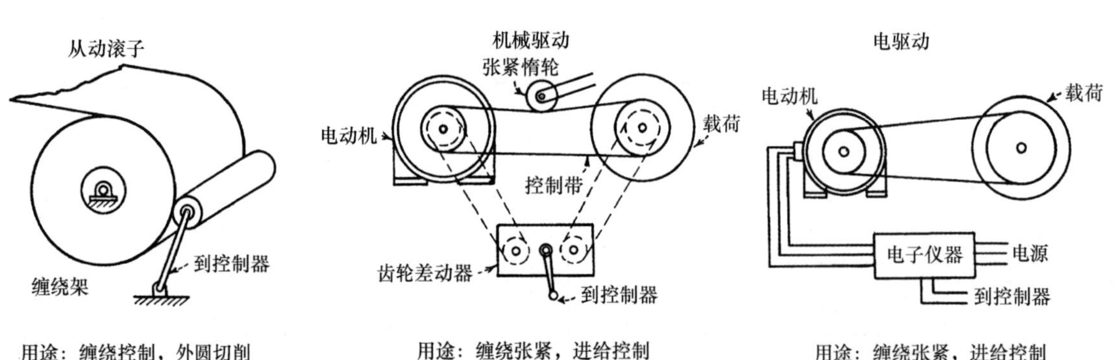

图 15.10-2 二级指示器。

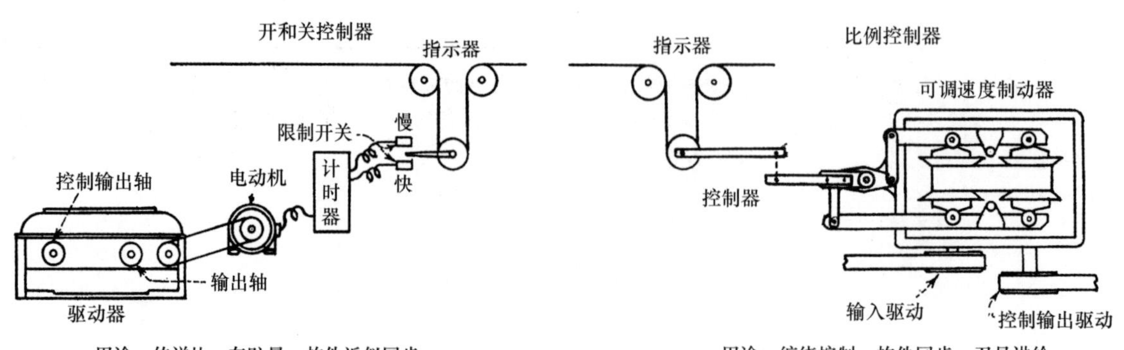

图 15.10-3 控制器和驱动器。

这种系统的自动控制包括三个基本要素：信号设备（或指示器），它能检测将要被修正的错误；控制器，用于传输指示信号，并在必要时放大信号用以启动控制作用；来源于控制器的输送，它改变驱动机构的速度来纠正错误。

对于连续系统的信号指示器一般分为两类：一级指示器，通过与材料的直接接触来测量材料速度或者张力的变化；二级指示器，从系统的一些与材料变化成正比的反应来测量材料中的变化。

因为第一种类型的指示器直接跟材料相接触，所以它本身更精确。这些指示器采用的是接触滚子、浮动或者补偿滚子、抗桥和浮动测量仪，如图 15. 10-4 所示。在每种情况中，材料的张力、速度或者压力的任何变化都会马上直接地通过指示器位移或者位置的变化显示出来。因此，因为没有考虑已经引起变化的因素，第一种类型指示器有些偏离既定标准。

如图 15. 10-5 所示，二级指示器被用于材料不能够直接与指示器相接触的系统或者特殊情况下受到安装空间限制的时候。这种类型的指示器把基本不确定度引入到了控制系统中，这个不确定度用于表示测量材料所反应的误差的结果，但与误差不是精确地成比例的。控制系统综合材料的误差和指示器本身的误差来进行控制。

由指示器操作的控制装置决定了对误差反应的速度变化程度、必须达到的正确率和错误校正之后控制作用的停止点。控制器的校正方式取决于控制系统的精度和所需控制设备的类型。

图 15. 10-6 所示的是三种普通的控制类型。基于所需要的控制程度选择对它们的应用，启动控制时可提供功率的大小（也就是所需转矩的大小），以及设备空间的限制。

带有定时功能的开关控制器是这三种类型中最简单的。它的工作方式如下：当指示器移位时，定时器触发在正确方向上进行误差校正的控制。控制将持续，直到定时器停止。在一个短间隔之后，定时器重新触发控制系统，如果错误仍然存在，控制将在相同的方向上继续。因此，控制过程逐步校正误差，直到消除误差后停止控制操作。

在系统中，通过不断地调整驱动器，使与指示器的位移成精确比例的速度获得调整，从而使比例控制器校正指示器所示误差。图 15. 10-6 所示的是这个比例控制器的最简单形式，它被直接连接在指示器和驱动器之间。然而，在指示器和驱动器之间力的放大是相当低的。因此，在指示器有足够的操作力来直接调整变速传输的地方，限制这个控制器的应用。

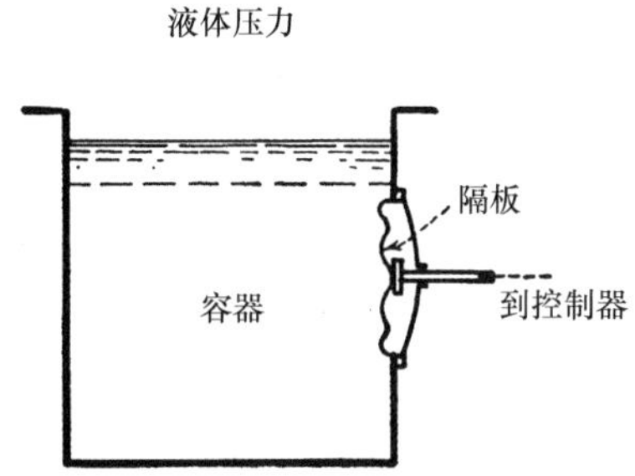

用途：液位控制，恒压控制，滤波率控制

液位

到控制器

容器

用途：抽运速率控制，系统压力控制

图 15. 10-4

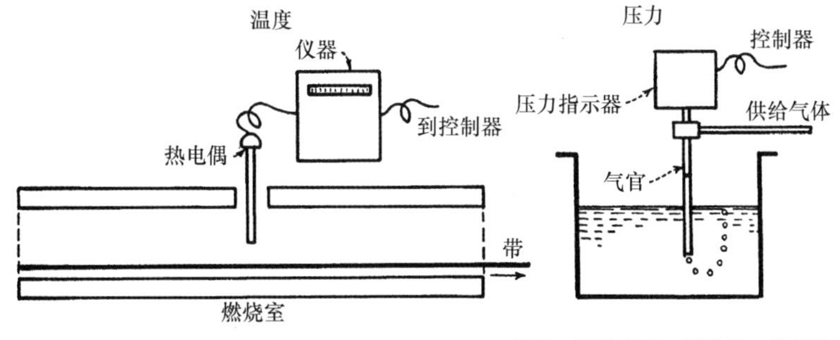

用途：退火，滚筒干燥机，干燥炉　　用途：液体密度，进给比，流动比

图 15. 10-5

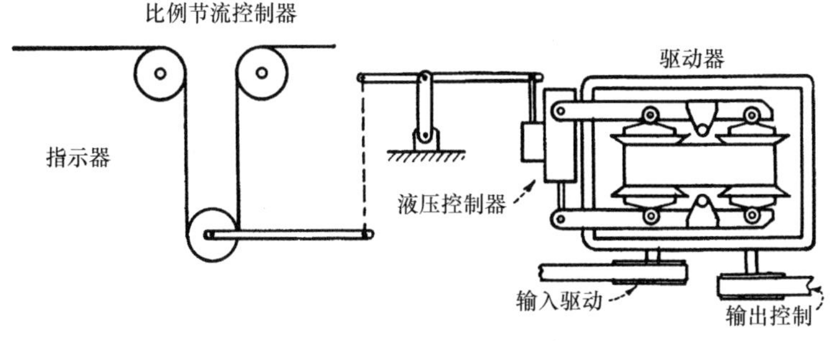

用途：张力恒定的缠绕，记录控制，部件同步

图 15. 10-6

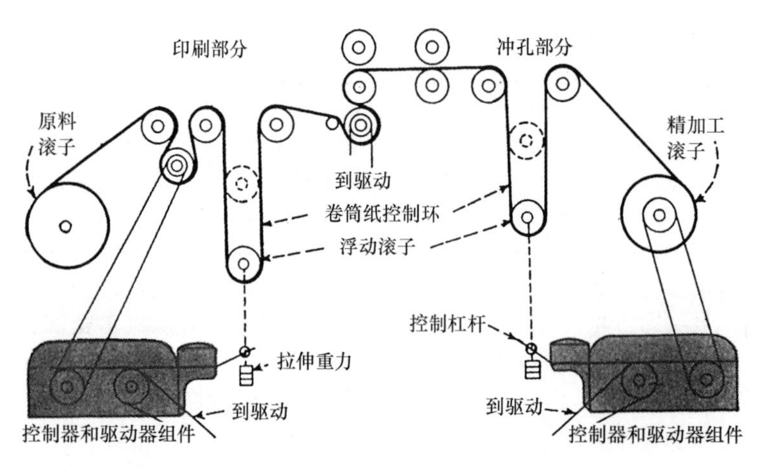

图 15.10-7 浮动滚子是纸卷上的速度和张力的直接指示器，控制器和制动器组件调节进给和缠绕滚子来保持印刷期间的记录。

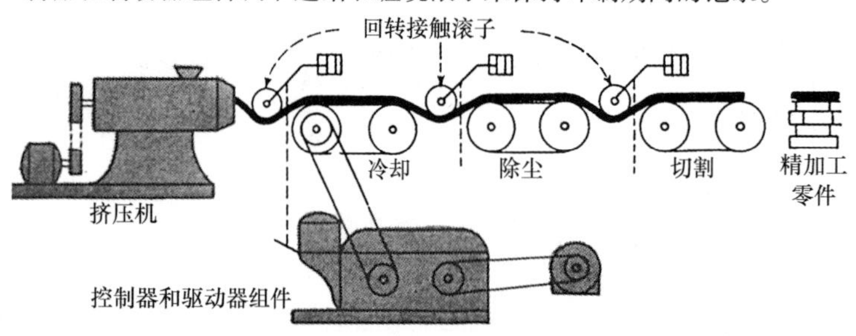

图 15.10-8 挤压材料的尺寸控制像图中所示的接触滚子一样需要基本的指示器。它们的运动驱动传动带控制机构。

最精确的控制器是带有节流作用的比例型控制器。在这里，操作是对比率或误差显示的相应操作。如图 15.10-6 所示，这个控制器被连接到一个流量控制阀上，该流量控制阀操纵液压伺服机构来调整变速传输。

阀的节流作用对于校正小的误差或者对于低速度的连续校正提供的控制作用很慢。对于随后的大误差，如指示器所示，阀打开到最大的位置，使校正速度与可变速度传输器所允许的速度一样迅速。

许多连续的处理系统用一个小型装置能实现自动控制。这个小型装置由一个简单的、可变速传输器和一个精确的液压控制器组成。

在连续系统中，这个控制器和传输器组件可以在来自任何指示器的驱动点改变速度关系，指示器通过移位来表示校正信号。由于控制阀上的节流的作用，组件有防振特征，并且由于控制阀是传输调整系统的一部分，所以它能自我平衡。

旋转的印刷机是需要自动控制的连续处理系统的一个例子。当在纸上印刷账单表格时，印刷板是橡胶的，表格被打印在连续的卷筒纸或者纸上。纸张在质地、湿度、平整度、弹性和光洁度方面是可变的。除此之外，当印上油墨时，纸张的长度发生改变。

在这种装置的典型应用中，对于印刷的适当记录和冲孔所需的精度在 4572mm（15ft）的卷筒纸中必须保持在 0.79375mm（0.03125in）内，为了达到这个精度，在图 15.10-7 中，一个浮动或补偿滚子被当作指示器来使用，因为通过位移来显示卷纸长度的变化是最精确的方式。在这种情况下，两个浮动滚子和两个分开的控制器和制动器组合在一起。首先控制原料卷纸的进给速度和拉力，其次控制卷纸的缠绕。

通过保持一组进给滚子的转速来控制进给，这些滚子将纸从原料滚子上拉出来。第二个滚子控制卷轴的速度。在进给滚子和印刷机的冲压滚筒之间通过控制使纸卷保持精确的拉力值。在冲压滚筒和缠绕之间也是如此。因此，在不同等级的纸卷中控制拉力、调整两个点的相对长度并保持正确的记录是可能的。

当印刷完的纸张被重缠时，保持纸的拉力的精确控制的第二个功能是调整纸张并获得一个均匀的缠绕滚子。这可以使纸卷为后面的操作做准备。

通过调节张力或速度来控制尺寸和重量，能通过将相同类型的控制器和触发器的组合用于诸如橡胶和塑料挤压机生产线上的运输机来说明。这里有两个问题需要解决：第一，在挤压机上设定运输机的搬运速度来匹配挤压率的变化。其次，当原料冷却而尺寸改变时，设置后续运输机部分的速度来匹配原料的运动。

解决这些问题的方式之一是使用转动的惰轮或者当指示器使用的接触滚子，如图 15.10-8 所示。滚子在每个运输机部分之间接触挤压材料，并控制后续部分驱动机械的速度。材料在每个位置之间形成轻微的悬垂，并且悬垂长度的变化显示了驱动速度的误差。

由于材料的塑性，不能使用全闭环控制。因此，接触滚子必须在阻力或力很小的情况下通过小的工作角度来工作。

使已经电镀或在连续的机体上预先喷漆的薄钢带缠绕或卷曲是处理系统的典型难点，这个处理系统的初始指示器不能使用。虽然与钢带的表面不发生接触很重要，但在准备好可自由滑动的合适钢带卷芯后，可以实现重缠钢带。自动、拉力恒定的缠绕控制和次级指示器起到了控制作用。

图 15. 10-9 所示的控制系统被用于缠绕芯子直径尺寸为406. 4 ~ 1219. 2mm（16ft ~ 48ft）的线圈。缠绕的功率是控制的对象，因为当进行缠绕时，通过保持缠绕功率的恒定，钢带张力值可以保持在所需的限制范围内。事实上这种方式并不精确，以至于驱动设备（是功率被测量时的一个因素）中的功率的损失不是固定的，因此，钢带的张力有轻微的改变。相同的情况会出现在任何使用缠绕功率作为控制指标的控制系统中。

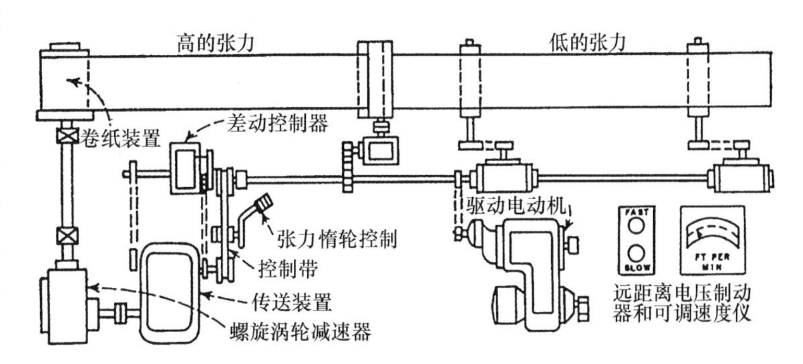

图 15. 10-9 差动控制器有三个轴，当片状材料的张力改变时它们给远程驱动器传递信号。缠卷功率是二级控制指标。

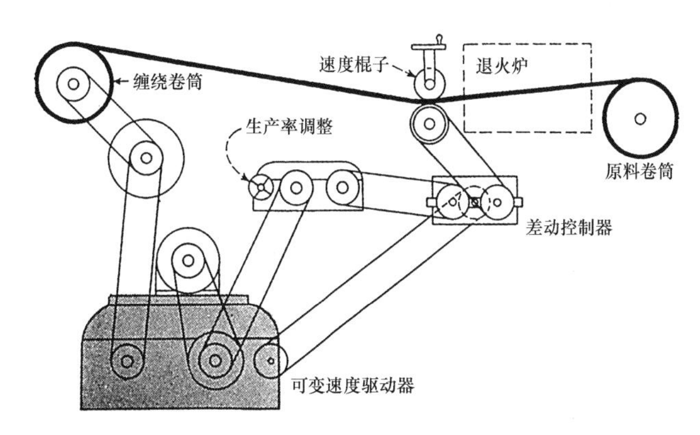

图 15. 10-10 通过持续减缓缠绕卷筒的速度，把通过退火炉的钢丝的运动调整为恒速，以便于钢丝的缠绕。

用于操纵差动控制器的转矩测量带测定绕线机的功率。然后，控制器依次调整可变速传输装置。动力源和传输装置之间的速度改变通过三个轴齿轮的差动来测量，这三个轴齿轮被控制带同步驱动。控制带上的任何载荷变化都会在控制带两头的输入和输出端之间产生速度变化。因为在两个外部差动轴之间的任何速度变化都会引起中心或中间轴的转动或移动，所以差动起到控制器的作用。通过将差动轴直接连接到丝杠控制的可变速传输装置上，能够调整传输装置去校正由带引起的在速度和功率上的变化。

通过在两个差动的（在带的蠕动值范围内）输入轴之间获得速度平衡，这个系统实现了完全自动化。当在带中没有张力的时候（比如被切断），到差动驱动器的输入速度在从动一侧高于驱动一侧。这种速度的不平衡使得差动控制轴反转，这个控制轴随后将传输装置复位到所需要的高速，以便使倒带轴开始下一轮的缠绕。

在运转中，系统中任何能改变带张力的构件都将导致缠绕功率的改变。这种改变随后通过差动器中的控制轴的旋转（或者旋转趋势）迅速被补偿。因此，缠绕轴的速度被连续自动地校正，以确保带上具有恒定的张力。

当在控制器中建立了正确的速度关系时，系统针对所有的操作条件自动运行。另外，通过移动控制带上的张紧惰轮来增加或者降低带的载荷能力来满足所要求的带的张力，带上的张力能够调整到任何值。

有许多在加工期间需要材料恒速运动的连续加工系统，而且对材料中的张力并不需要精确控制。这种加工的一个例子是钢丝的退火，钢丝被从原料卷筒上拉出，在通过退火炉后被重新缠绕在缠绕卷筒上。

钢丝必须以恒定的速度通过退火炉，以便保持固定的退火时间。因为钢丝是被缠绕卷筒拉过退火炉的，如图 15. 10-10 所示，当钢丝在缠绕卷筒上越缠越多使直径变大时，除非通过控制使卷筒转速降低，否则，钢丝通过退火炉的运动速度将增加。

对钢丝直接进行恒速控制，用指示器直接测量钢丝的速度，以便启动调整缠绕卷筒速度的控制运动。在这种情况下，钢丝可以被直接接触，而且以接触滚子形式出现的初级显示器能记录速度的任何改变。接触滚子驱动差动控制器的输入轴。第二个输入轴与可变速度传输装置的驱动轴相连，以提供参考速度。当在两个输入轴上的速度有任何的不同时，第三根轴或是控制轴将会旋转。因此，如果控制轴与丝杠调整的驱动器连接，当线圈越缠越大时，可以通过调整降低缠绕卷筒的转速，使钢丝以恒速通过退火炉，如图 15. 10-10 所示。

15.11 控制张力的传动装置

下面这些装置可以在缠绕筒或类似装置中进行张力控制，或者能够以同步方式驱动机械中的独立零件，采用了机械、电子和液压方法。

机械传动装置

如图15.11-1所示，带制动器常常被应用在线圈缠绕机、绝缘材料缠绕机或者类似机械上，这些机械不要求张力严格限制在固定范围内。

这种装置简单而且经济，但是张力的变化相当大。由于起始摩擦系数和滑动摩擦系数不同，在启动时摩擦力可能是滑动时的几倍。滑动摩擦力将受到湿度、外界物质和表面磨损的影响。

在最大允许运转温度下，制动能力受到制动器散热能力的限制。

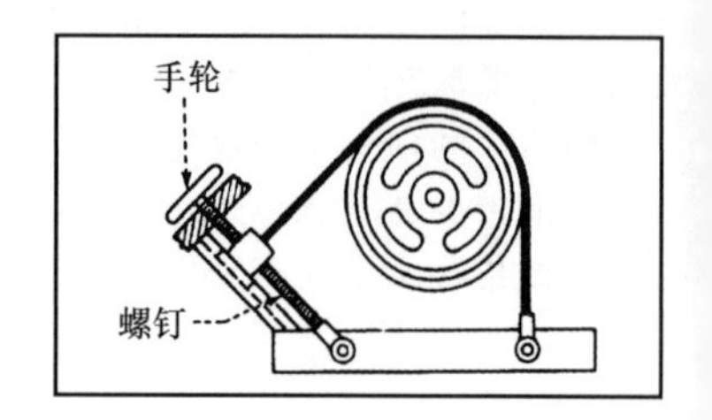

图15.11-1

如图15.11-2所示，差动驱动可以采用多种不同的形式，例如，行星直齿轮、斜齿轮差动、或者蜗轮蜗杆差动。

在环形齿轮或者行星轮中的制动装置可能是一个带式制动器、风扇、叶轮、发电机或者是一个电子驱动元件，比如在强磁场中旋转的铜盘。制动将产生拉力或者张力，这个张力在一个较大的速度范围之内是恒定的。这里提到的其他制动装置将随着速度而产生较大变化的转矩，但是只要环形齿轮或者行星轮的速度确定了，这个转矩就是确定的。

所有差动驱动的一个确定的优点是最大驱动转矩不能超过制动装置产生的转矩。

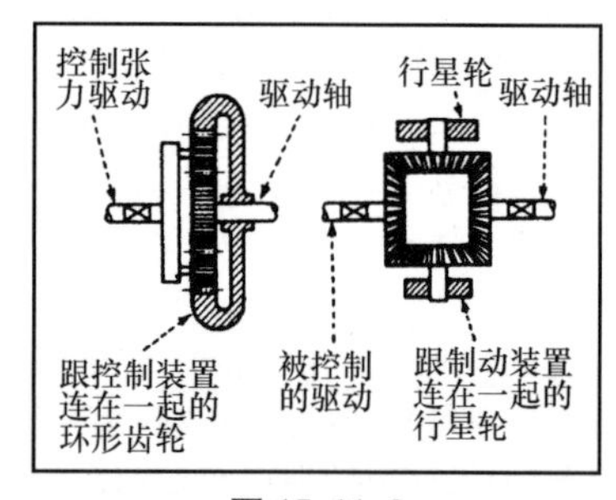

图15.11-2

如图15.11-3所示的差动齿轮能用于控制可变速的传动装置。如果这个环形齿轮和太阳轮将要从它们各自保持同步的轴上被反方向驱动，可以设计这种齿轮传动，以便当这些轴以所需要的相对速度运转时安装有行星轮的星轮支架不旋转。如果一个轴或者其他轴的速度改变，星轮支架将发生旋转。星轮支架的旋转会改变可变速传动装置的传动比。

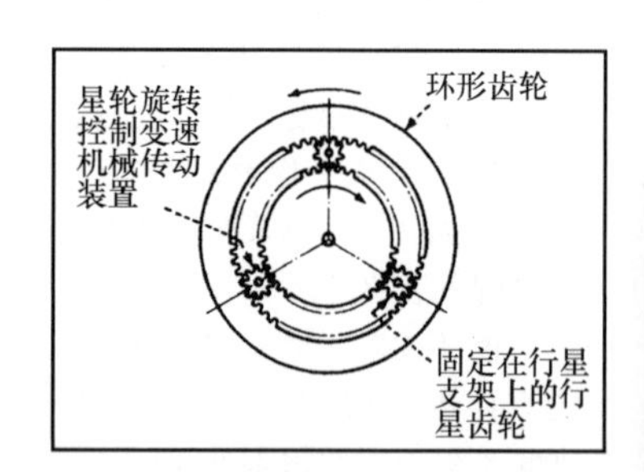

图15.11-3

电子传动装置

在直流发电机驱动中的并联磁场电阻常常用于同步驱动，如图15.11-4所示。当这个电阻被用在机器上加工正在绕着启动滚子通过的纸张、衣服和其他片状材料时，启动滚子的运动将推动与电阻相连的控制臂。这种类型的驱动不适合于速比超过2.5:1的较大速度改变。

对于大范围的速度改变，这个电阻被放入一个直流发电机的并联磁场，这个直流发电机被另一个电动机驱动。发电机产生的电压被从零到满伏电压的范围之内控制。发电机给驱动电动机的转子提供电流，驱动电动机的磁场被分别激励。因此，电动机的速度被控制在从零到最大范围之内。

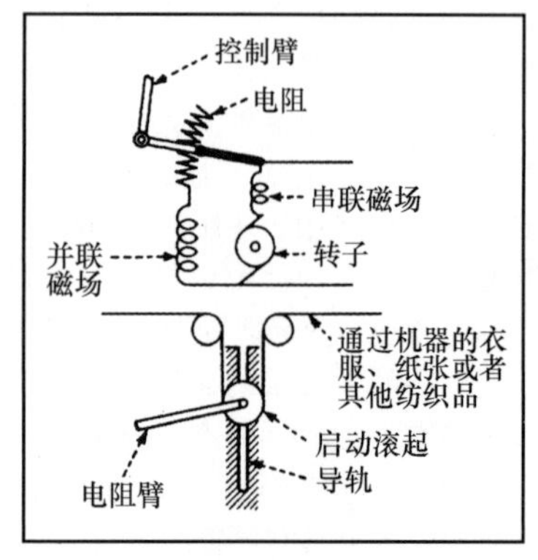

图15.11-4

在精确的同步装置中，自动同步电动机能直接驱动其中的独立部件，使它们产生不是很大的惯性。不考虑载荷和速度，自动同步电动机可以成为控制部件。例如，装有自动同步电动机的可变速机械传送装置可以为恒定的张力驱动提供动力，或者提供独立部件的同步驱动，如图 15.11-5 所示。

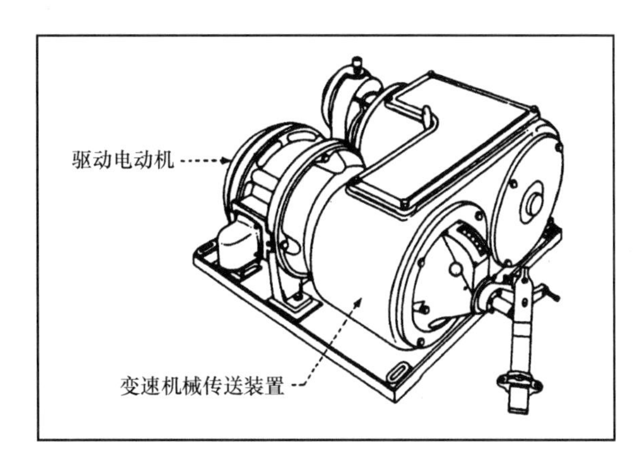

图 15.11-5

液压传动装置

如图 15.11-6 所示，在一对连续滚子之间的张力，或者机器连续构件之间的同步，可以被液压传动装置自动控制。其中的一对滚子自动驱动可变输送泵，从而确保两个构件在各种速度和载荷下有接近恒定的相对速度。由于漏油或者类似的原因导致的变化能被惰轮和连杆机构自动地补偿。它们调整控制可变输送泵的导向阀门。

在惰轮上的配重被用来调整毡、纸张或者其他材料中所需要的张力。由于第二对滚子的高速度导致的张力增加将压迫惰轮。然后控制连杆机构移动导向阀来减小泵的流量，这将降低第二对滚子的速度。当纸张中的张力减少时，发生反向运转，这将使惰轮向上移动。

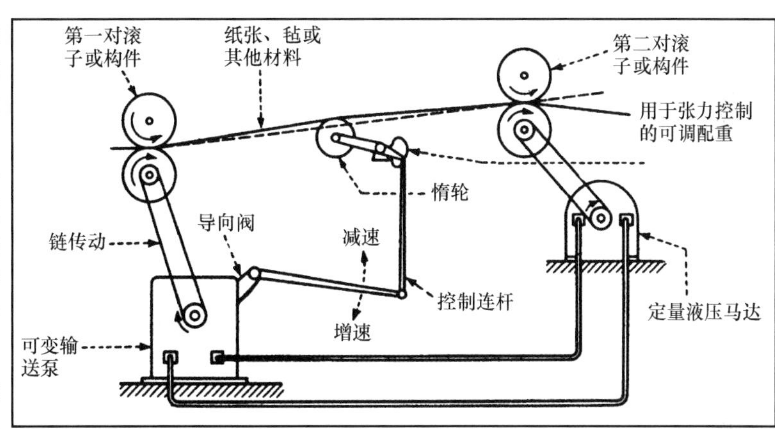

图 15.11-6

当通过机器的材料太软不能带动机械连杆机构时，可以通过光电装置获得所需要的控制。液压工作完全和上面所描述的液压传动装置一样，如图 15.11-7 所示。

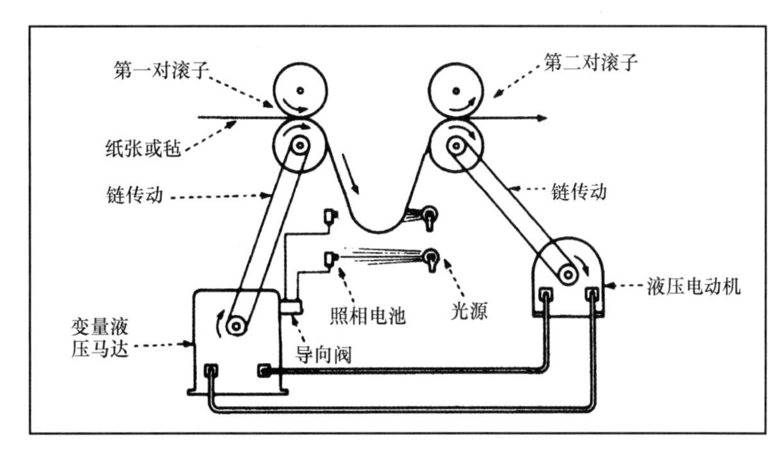

图 15.11-7

图 15.11-8 中产生摩擦阻力的带制动器将提供可变的张力。在这个液压驱动装置中，缠绕张力由重缠进给滚子和重缠滚子之间的转矩不同所决定。在形成的张力中制动器不起作用。

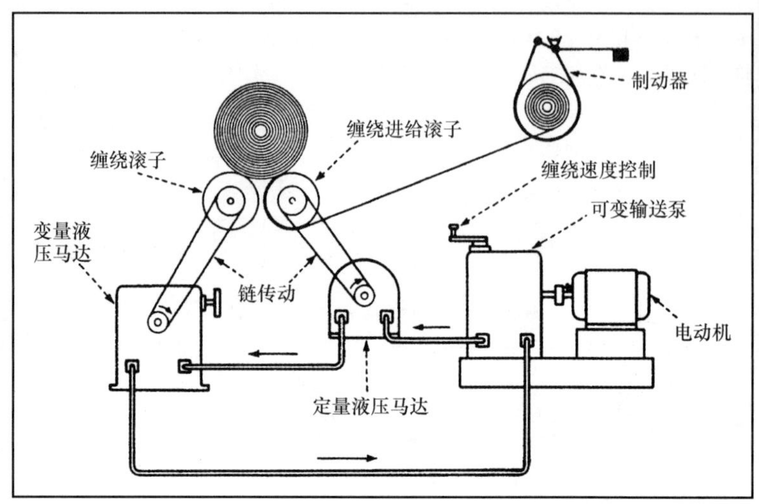

图 15.11-8

定量液压马达和变量液压马达与可变输送泵进行串联连接。因此，两个液压马达之间的相对速度将总是保持近似相同。然后，将变量液压马达的量调整得比定量液压马达的量稍微大一些。这往往使缠绕滚子的速度比缠绕进给滚子的速度稍大一些。这决定了张力的大小，因为缠绕滚子不能比缠绕进给滚子旋转得快。这两个滚子都和正在缠绕的纸滚子相接触。在定量和变量液压马达之间的液压管中的压力将和缠绕的张力成比例地增加。缠绕速度控制器对变量液压马达进行任何设置时，马达的速度一般是恒定的。因此，卷筒的表面速度将保持恒定，不管正在缠绕的滚子直径是多少。

如图 15.11-9 所示是一个张力完全恒定的液压驱动装置。变量恒速液压马达向两个定量液压马达提供油。一个马达（马达 *B*）驱动以恒速携带纺织品通过沟槽的装置，而另一个（马达 *A*）驱动卷筒。两个马达串联。马达 *A* 的卷筒内径是从空时的 127mm（5in）开始增加到卷筒卷满时的直径 838.2mm（33in）。马达 *A* 和卷筒啮合，这样即使当卷筒是空的时候，纸张移动的速度也将比 *B* 马达所确定的纸张的平均传输速率快一些。仅仅少量的油量通过位于压力和回路之间的流量控制阀被分流。

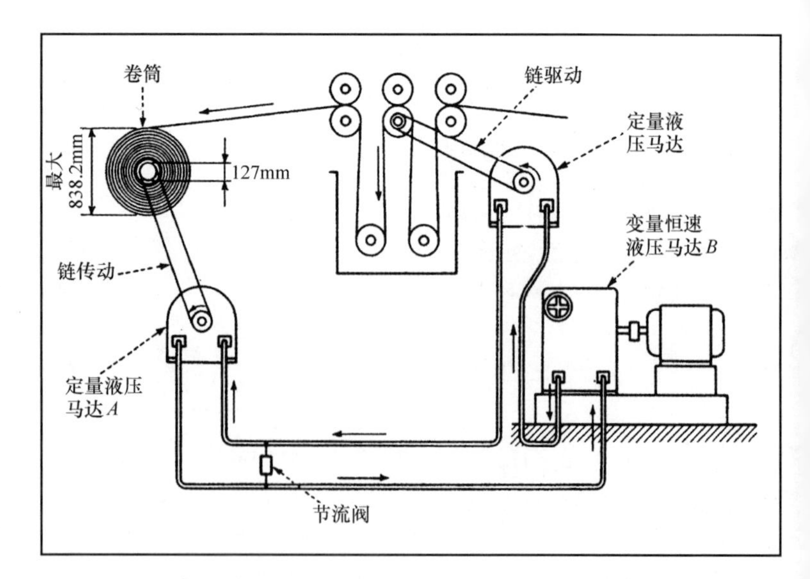

图 15.11-9

当卷筒卷满时，卷筒和驱动马达的转速仅仅是卷筒空时的 1/7。当卷筒满时，由于在两个马达之间液压管压力的增加，更多的油被迫通过流量控制阀。当卷筒的直径增加时，在这个液压管上的压力也增加，这是因为卷筒的马达所遇到的转矩的阻力和卷筒的直径成正比，同时转矩又是恒定的。在卷筒上的纺织品直径越大，在纺织品中的张力导致的转矩也越大。设计时使马达驱动卷筒时的转矩与卷筒的转速成反比。因此，在纺织品中的张力将保持完全的恒定，不管卷筒的直径尺寸是多大。这个驱动装置被限制在 2237.1W（3hp）内，并且它的效率相对较低。

15.12 机器中的限位开关

限位开关在一个预定的范围内限制或阻止运动零件的移动或旋转。它有多种触动方法。其中的一些（如凸轮、滚子、推杆和移动螺母）将在下面的图中进行介绍。

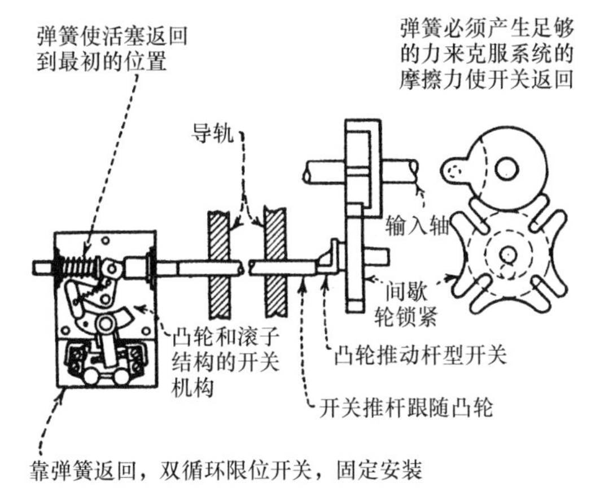

图 15.12-1

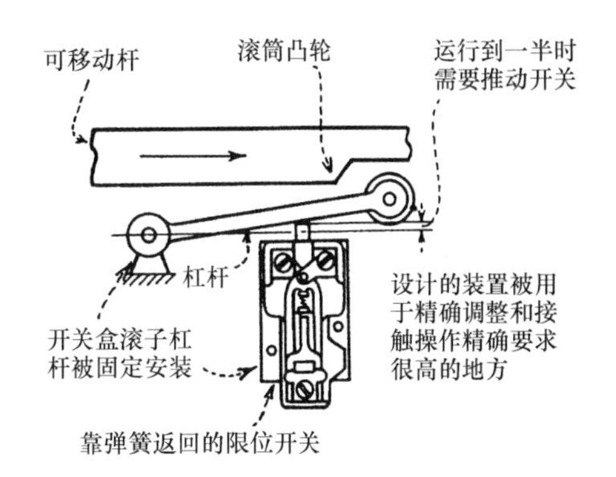

图 15.12-2

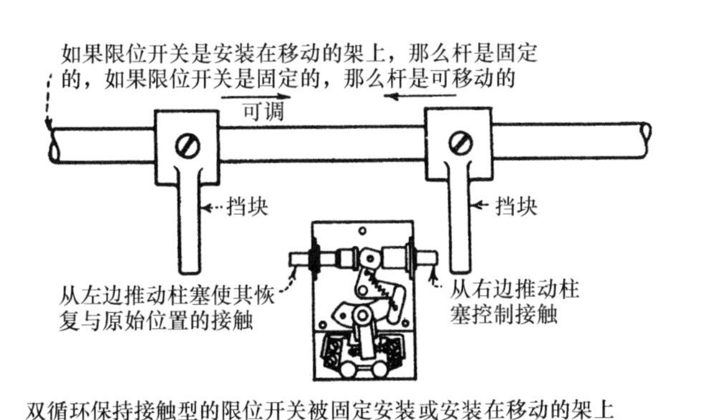

图 15.12-3

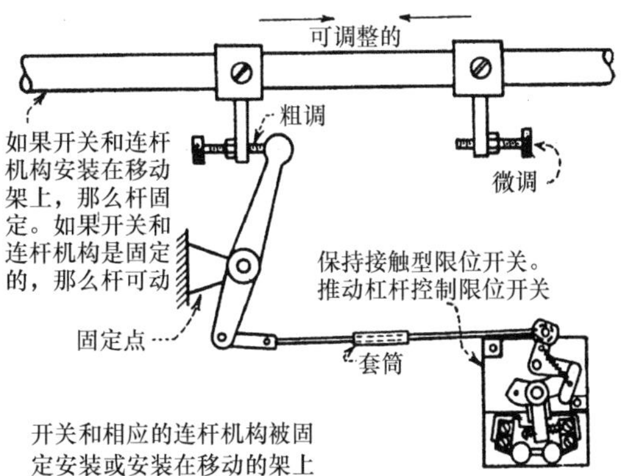

图 15.12-4

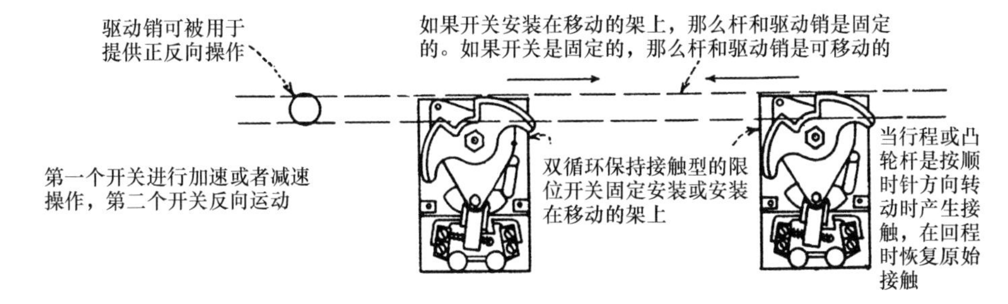

图 15.12-5

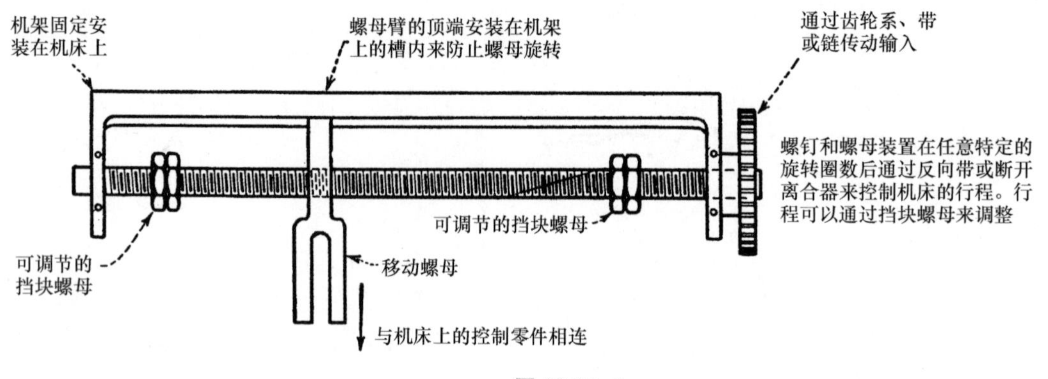

图 15.12-6

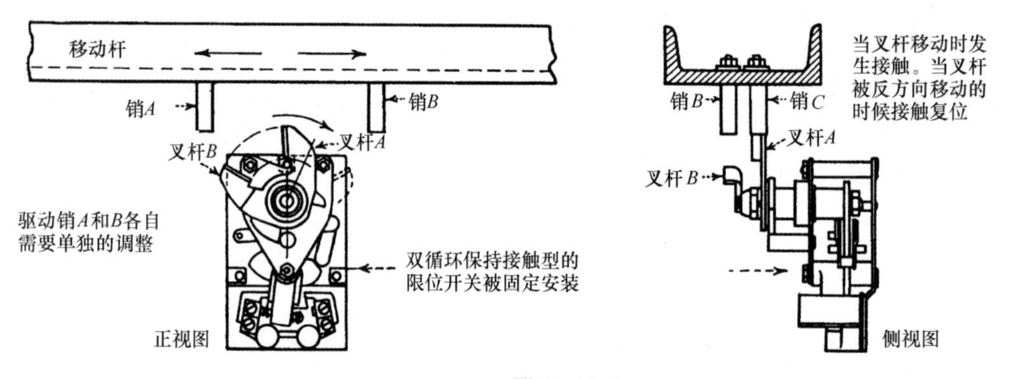

图 15.12-7

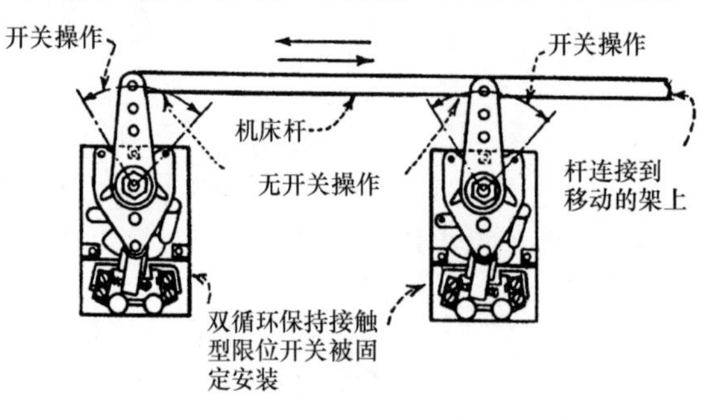

如果接触连杆机构的重量和摩擦力不能抵消返回弹簧的力，那么可以使用一个弹簧返回机构。

图 15.12-8

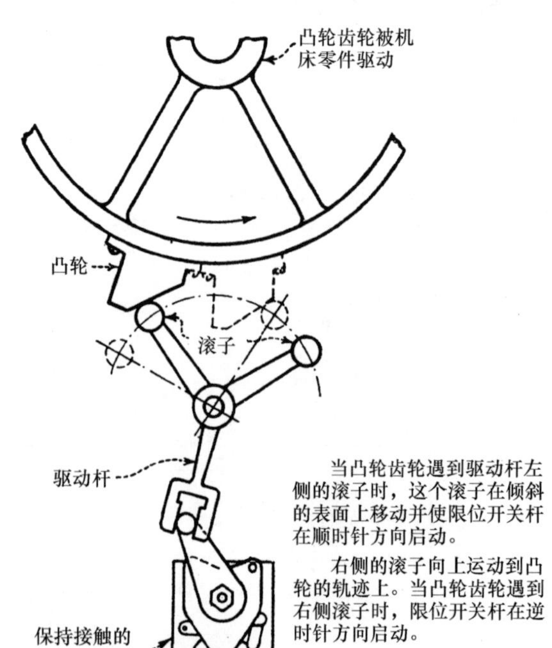

图 15.12-9

电接触器装置

限位开关未被驱动时，接触器均在正常的位置上。

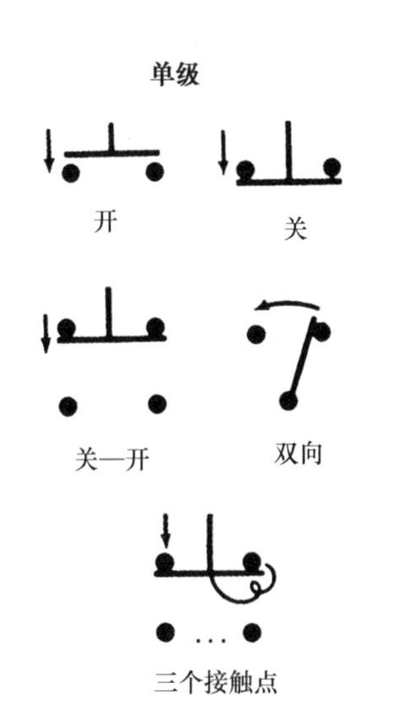

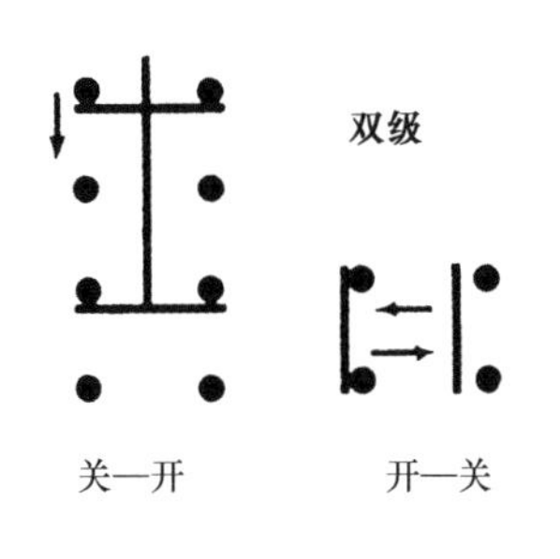

多点接触

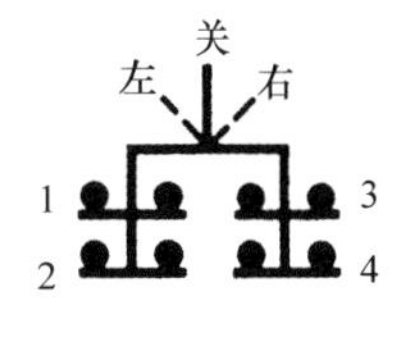

位置	1	2	3	4
右	C	C	O	O
关	C	C	C	C
左	O	O	C	C

图 15.12-10

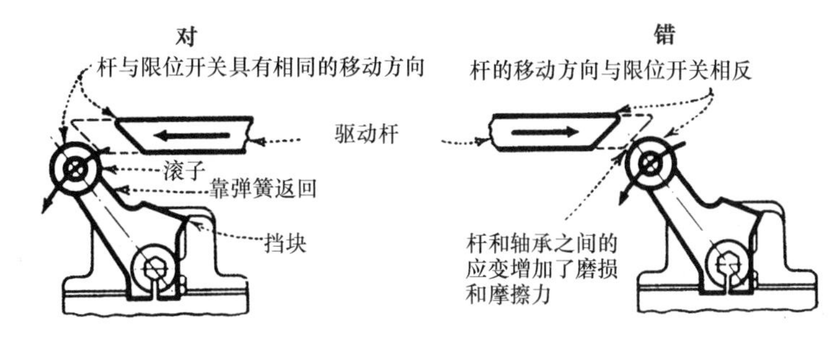

图 15.12-11

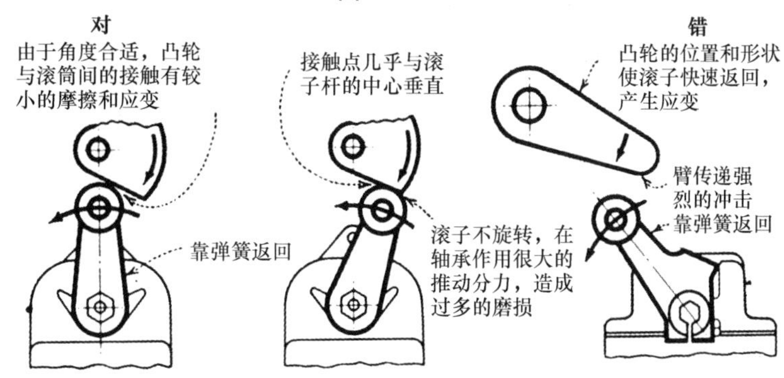

图 15.12-12

精确类型

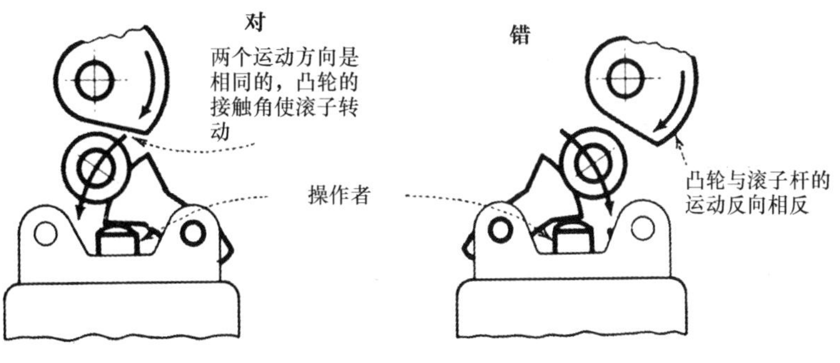

图 15.12-13

对

凸轮轮廓的改变足以对开关进行操作

凸轮滚过滚子

错

长的凸轮变化导致开关的多余运动

凸轮传递强烈的冲击取代了逐渐施加的驱动力

图 15.12-14

对

行程距离的一半

柱塞

错

产生了有害的水平压力

图 15.12-15

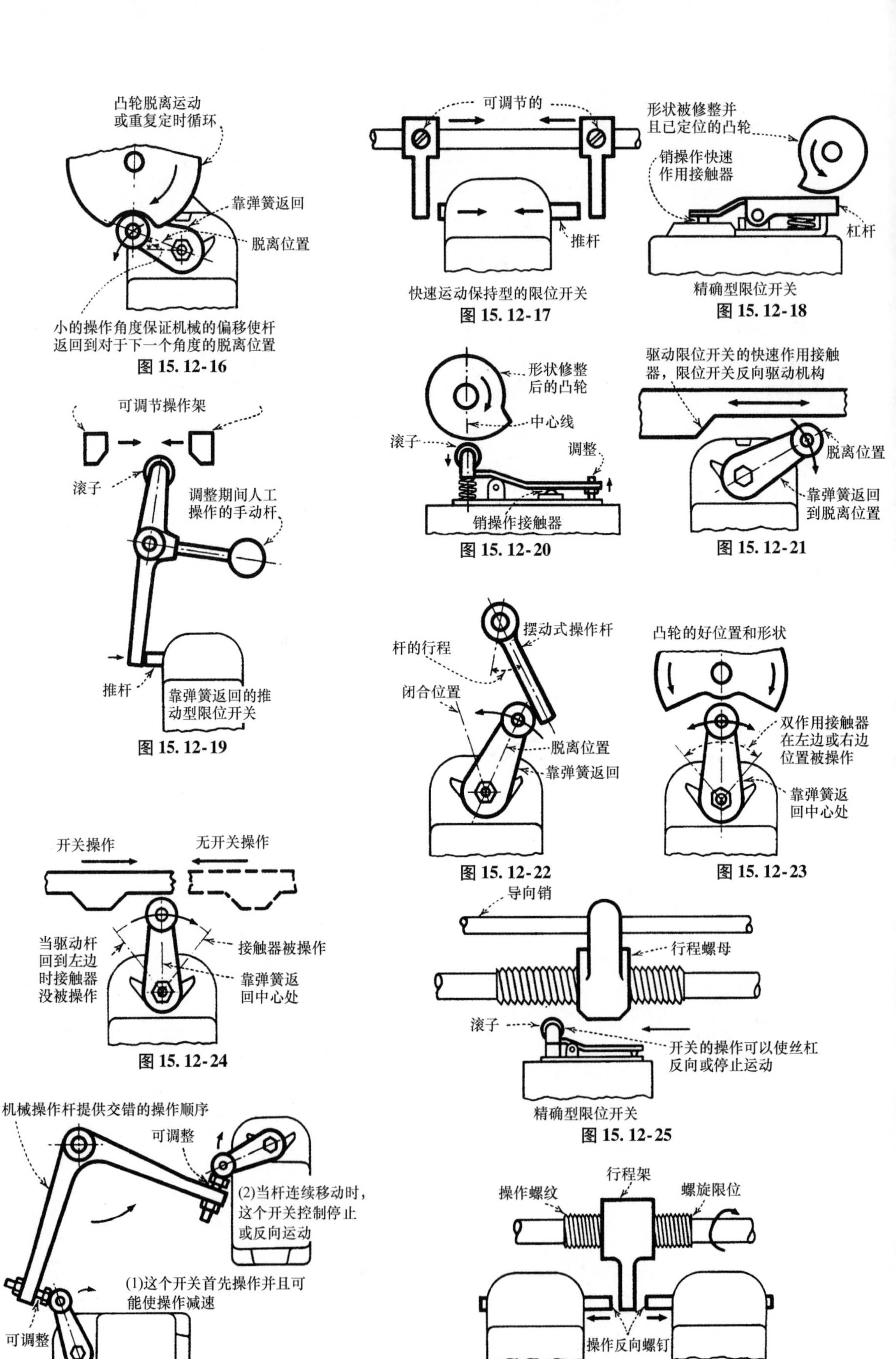

图 15.12-16

图 15.12-17

图 15.12-18

图 15.12-19

图 15.12-20

图 15.12-21

图 15.12-22

图 15.12-23

图 15.12-24

图 15.12-25

图 15.12-26

图 15.12-27

15.13 自动调速器

速度型调速器被设计用来在合理的限定范围内保持机器的速度。不考虑载荷的影响，调速器的作用取决于离心力或凸轮连杆机构。其他类型的调速器的作用取决于压力差和它们所驱动的流体的速度。

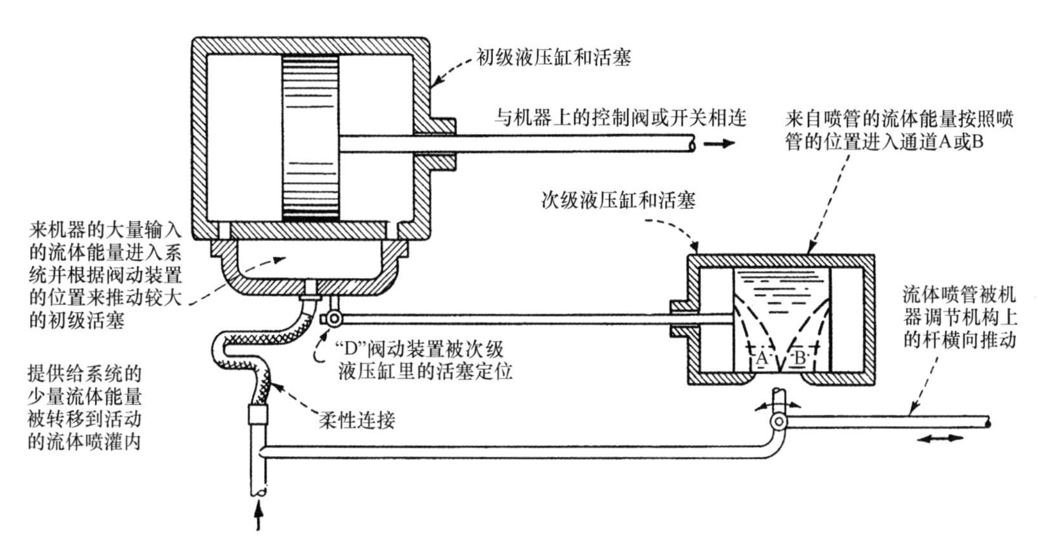

图 15.13-1 辅助活塞调速器。

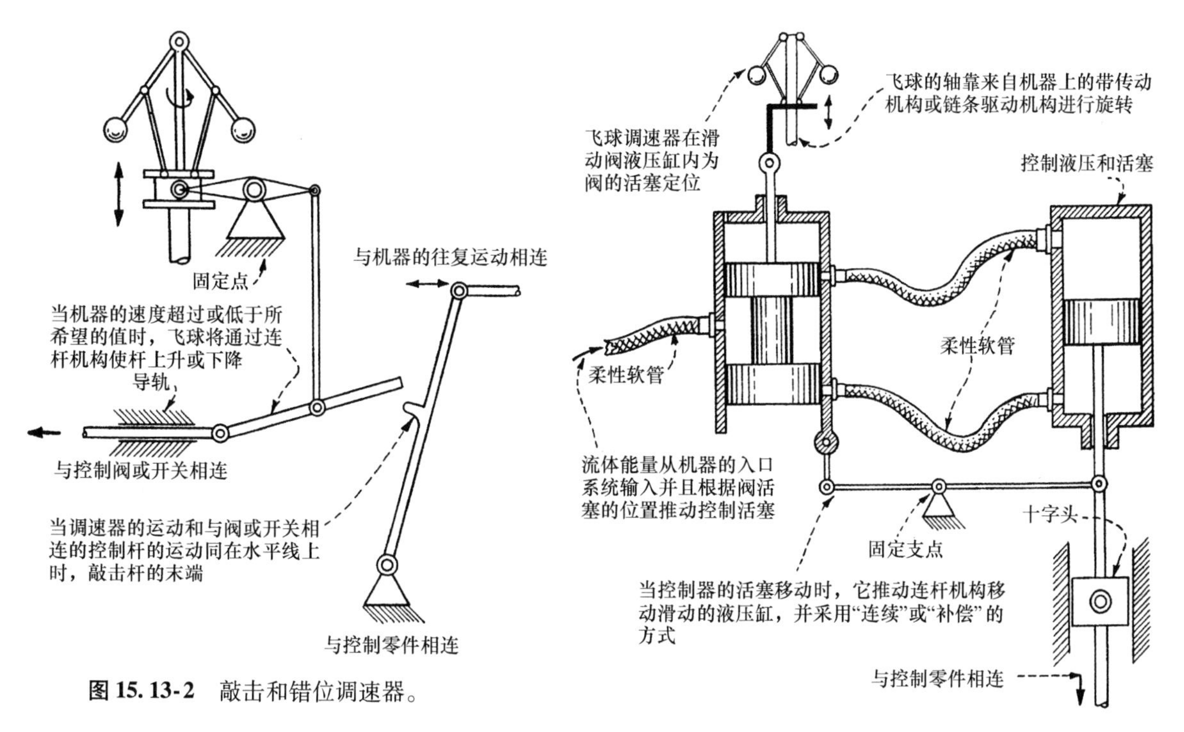

图 15.13-2 敲击和错位调速器。

图 15.13-3 力补偿调速器。

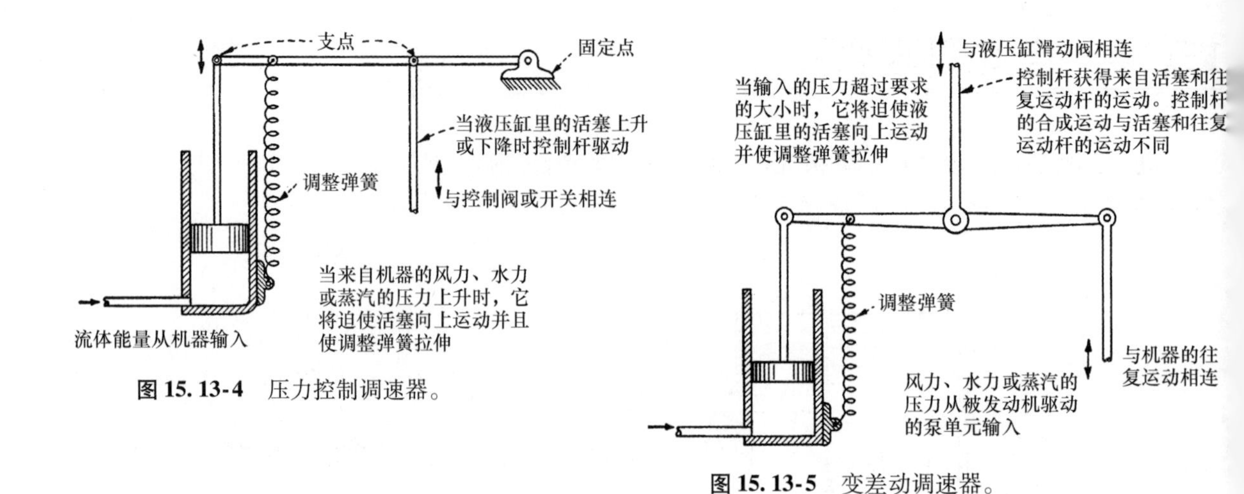

图 15.13-4 压力控制调速器。

图 15.13-5 变差动调速器。

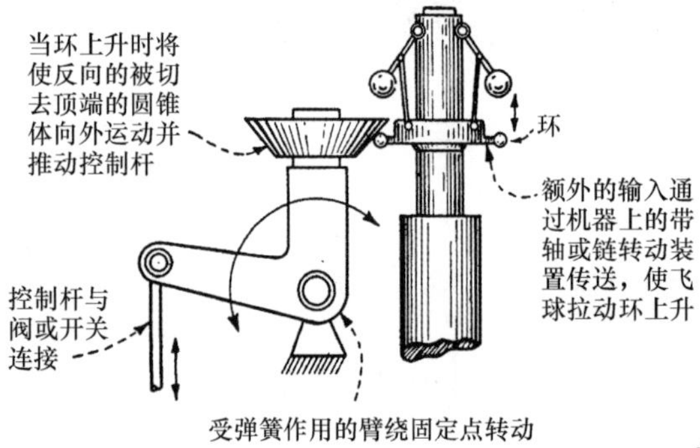

当环上升时将使反向的被切去顶端的圆锥体向外运动并推动控制杆

环

额外的输入通过机器上的带轴或链转动装置传送，使飞球拉动环上升

控制杆与阀或开关连接

受弹簧作用的臂绕固定点转动

图 15.13-6 离心调速器。

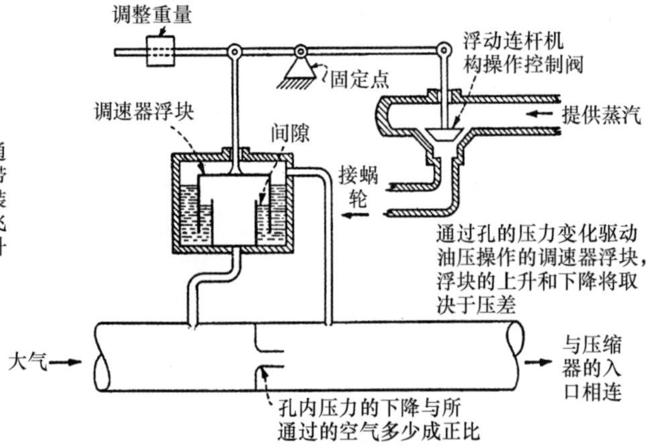

调整重量

固定点

浮动连杆机构操作控制阀

调速器浮块

间隙

提供蒸汽

接蜗轮

通过孔的压力变化驱动油压操作的调速器浮块，浮块的上升和下降将取决于压差

大气

与压缩器的入口相连

孔内压力的下降与所通过的空气多少成正比

图 15.13-7 定容调速器。

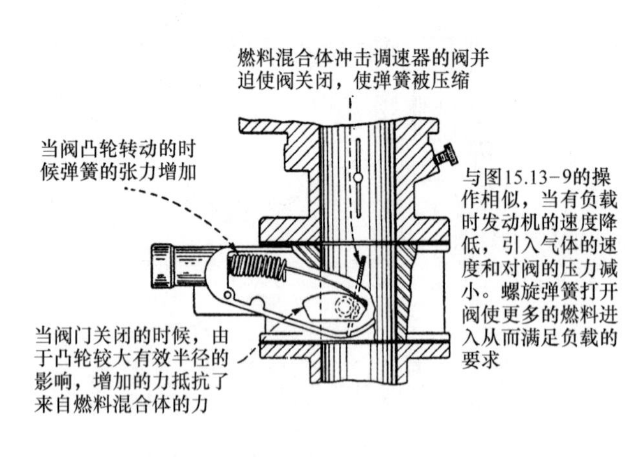

图 15.13-8 速度型调速器（螺旋弹簧）。

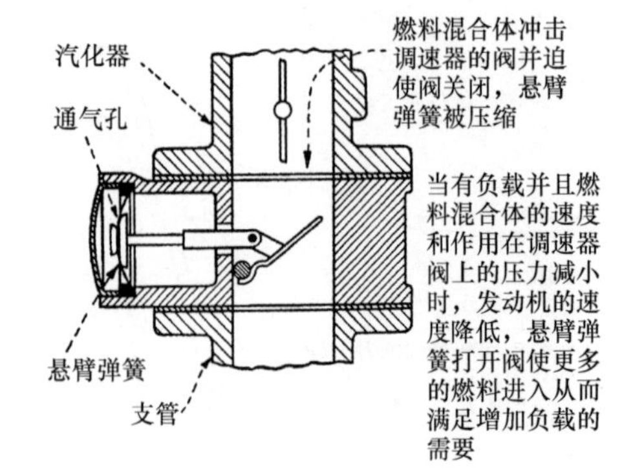

图 15.13-9 速度型调速器（悬臂弹簧）。

15.14 机构的速度控制装置

不考虑负载或驱动力的变化，离心力驱动的摩擦装置自动保持速度恒定。

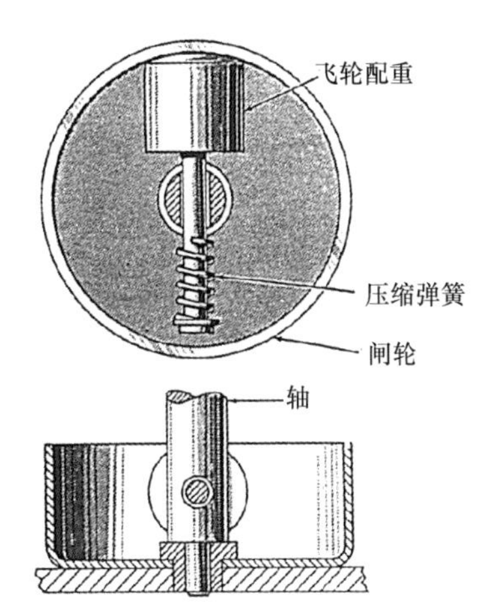

图 15.14-1 当旋转速度过快时，制动轴的弹簧力与配重达到平衡。制动表面较小。

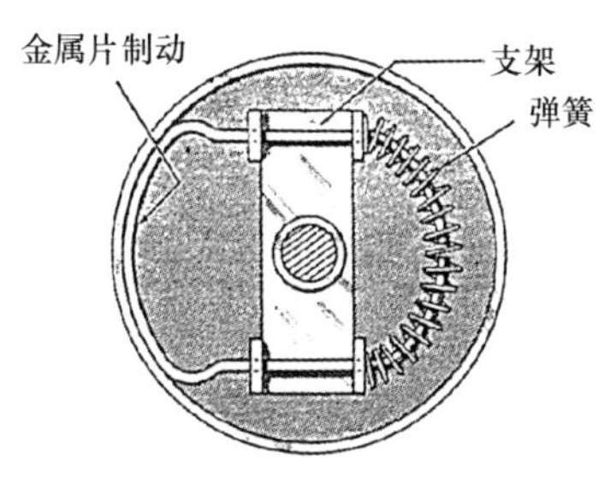

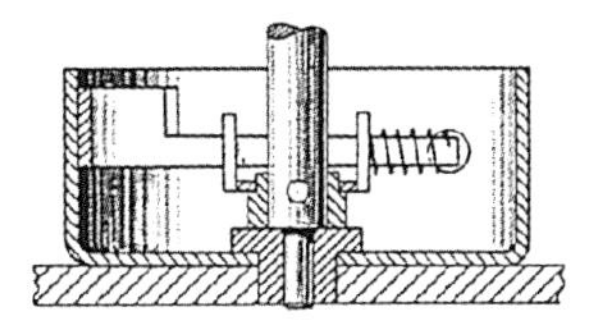

图 15.14-2 金属片制动器的接触表面比前面的制动器的大。制动更加均衡，而且产生的热量更少。

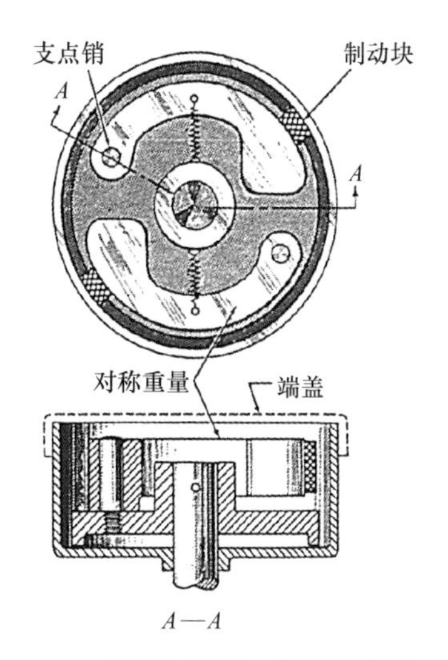

图 15.14-3 当它们向外旋转时，对称的重量产生一个均匀的制动作用。整个运动可以被封闭在一个壳体内。

图 15.14-4 重量块驱动杠杆使这个装置适合于需要高制动转矩的场合。

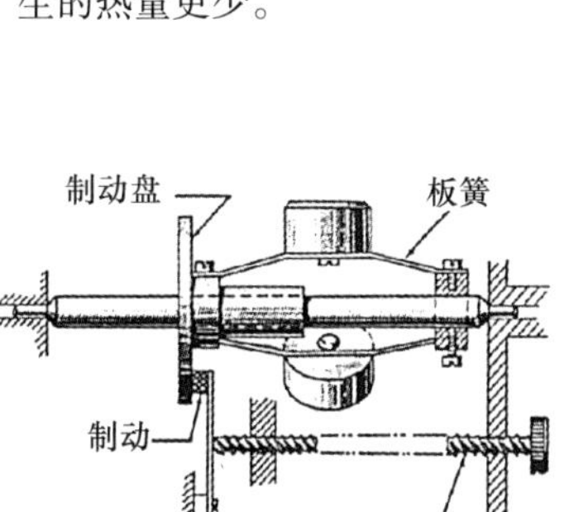

图 15.14-5 三个板簧带动对旋转产生制动力的重量块。可以加上一个速度调节装置。

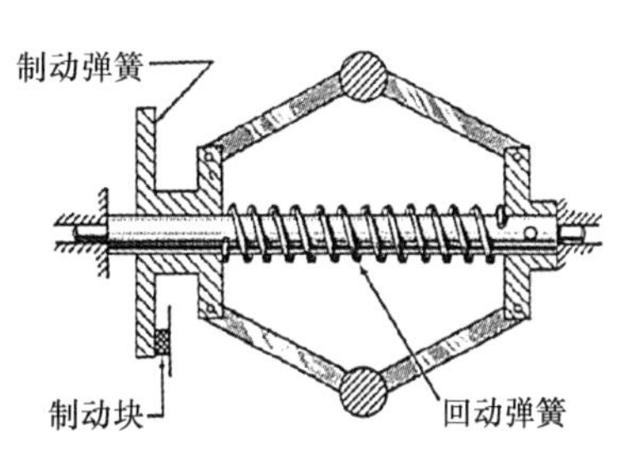

图 15.14-6 这里用了一个典型的旋转重量块调速器。和前面的制动器一样，调整是可选择的。

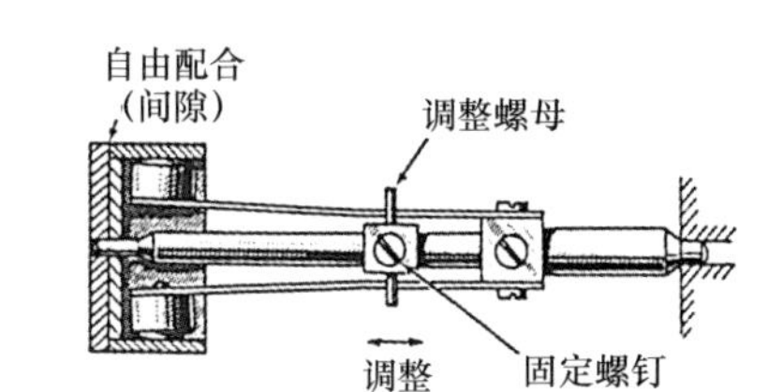

图 15.14-7 这个装置开始制动时的速度调整迅速、容易。调整螺母在适当的位置上被固定螺钉固定。

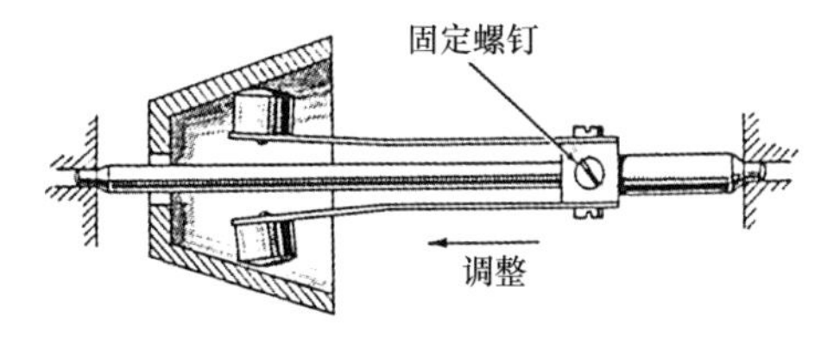

图 15.14-8 锥形制动轮是实现变速控制的另一种方法。它的调整也被固定。

15.15 缆线制动系统限制下降速率

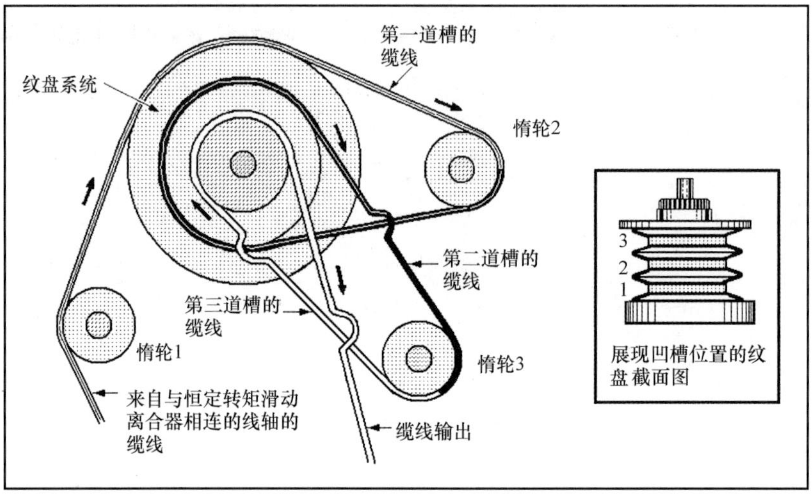

图 15.15-1 这种绞盘和惰轮组合可使缆线接触绞盘半径，以使缆线输出过程保持速度不变。来自离心自动线轴的缆线由三个惰轮定位，在输出之前缠绕在绞盘的三个凹槽内。绞盘凹槽直径相等（看插页），所以总的输出半径和线轴制动一起使输出接近于恒速。

加州理工学院为美国航空航天局喷气推进实验室提出了一种限制下降负载速率的改良缆线制动系统。它几乎使负载匀速下降，不考虑输出缆线的长度。相比之下，以前的缆线输出系统使负载下降的速度会随着缆线输出的长度而变化。改良的缆线制动系统希望能够作为一种制动或者冲击吸收装置用于多种不同目的。例如，它可以使被困人员从一个燃烧建筑物的上层以安全的速度下降，使运动车辆减速和停止，限制打开的降落伞对伞兵的冲击，支持集装箱的降落。

在以前这一类型的缆线输出系统中，缆线是从与离心制动相连轴上的线轴输出的。因为输出半径会随着缆绳的输出而减小，负载的下降速度就有相应量的降低。改良的缆线制动系统在约恒定的输出速度下操作，因为线轴半径保持不变，不用考虑输出缆线的长度。

图中所示的改良系统包括一个缆线轴、一个三槽绞盘、三个惰轮和一个离心自动器。（缆线轴和离心制动器在图中没有展现出来）这个图展现了直径减小的绞盘凹槽，使我们可以更加容易地理解系统是如何工作的。线轴储存缆线，不像以前的缆线系统参与主要的制动操作，而是允许缆线在低的拉紧作用下从线轴上放松。线轴通过恒定转矩滑动离合器连在系统的底座上，滑动离合器必须滑动输出缆线。

随着来自线轴（与恒定转矩滑动离合器相连的）的缆线经过三个惰轮的第一个轮，它就被引到了三个绞盘凹槽的第一个槽。在缆线部分远离第一个绞盘凹槽的圆周之后，它被指引通过第二个惰轮，第二个惰轮的定位是为了指引缆线进入第二个凹槽，在围绕第二个凹槽经过这样一个略微长的距离之后，缆线被传递到第三个惰轮，第三个惰轮把它指引到第三个凹槽，也是最后一个凹槽。最后，围绕第三个凹槽仍旧经过一个略微长的距离之后，缆线被指引到输出路径。缆线围绕绞盘完成的包络距离或半径角度足以克服缆线和绞盘之间的滑移。

绞盘连在与离心制动器相连的一个轴上，因此，以制动为目的的有效输出半径不是线轴上余下缆线的变化半径，而是不变的绞盘凹槽半径。缆线输出速度主要由缆线在绞盘槽内走过的距离之和以及离心自动器的性质决定。因此这一系统的输出速度要比以前的系统更接近于常数。

这项工作是由加州理工学院的诸位研究人员为美国航空航天局喷气推进实验室完成的。

第 16 章

气动、液动、电动和电子驱动仪器及控制

16.1 气缸或液压缸驱动的机构

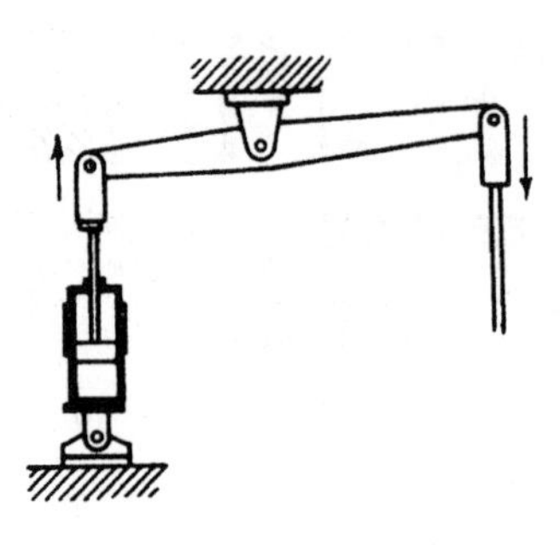

图 16.1-1 一个带有一级杠杆的气缸。

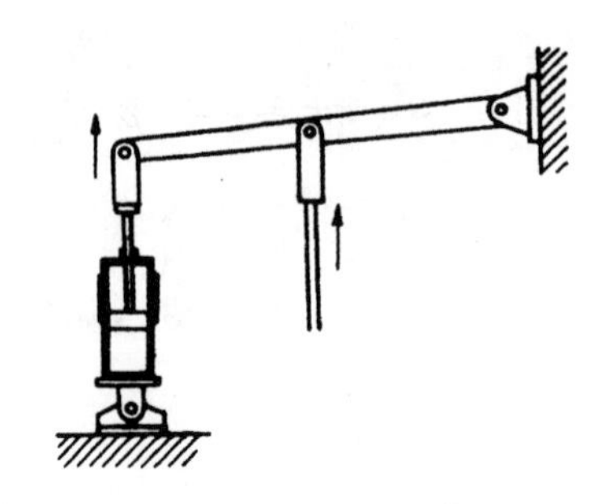

图 16.1-2 一个带有二级杠杆的气缸。

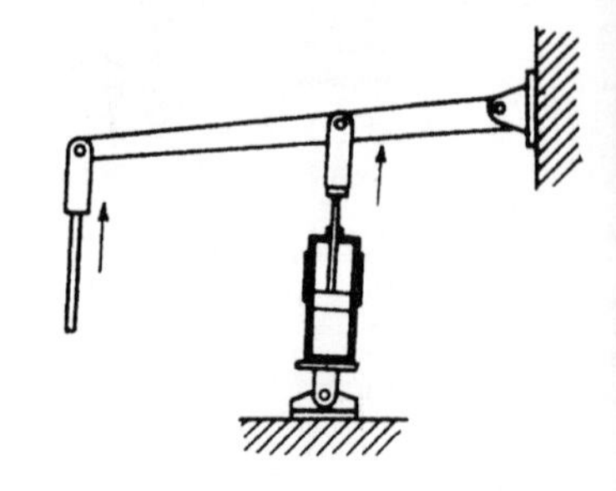

图 16.1-3 一个带有三级杠杆的气缸。

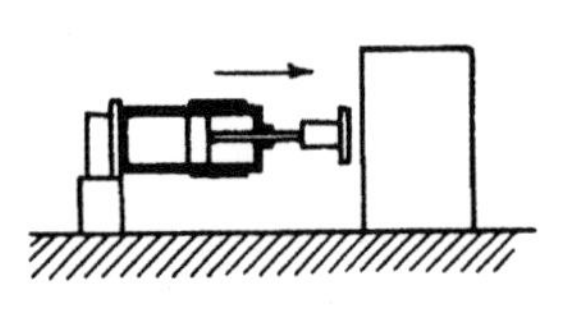

图 16.1-4 一个能直接连接在负载上的气缸。

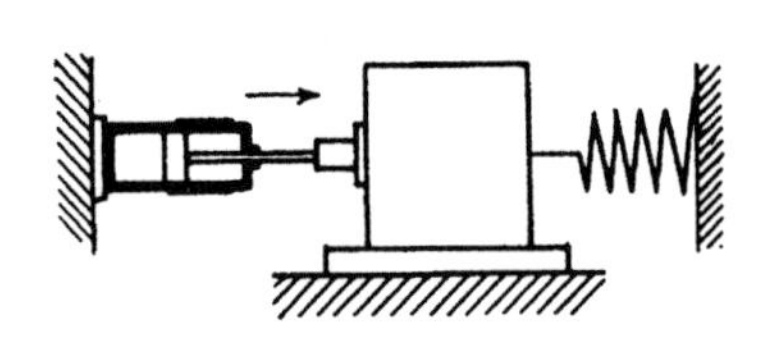

图 16.1-5 一个在行程末端减少推力的弹簧。

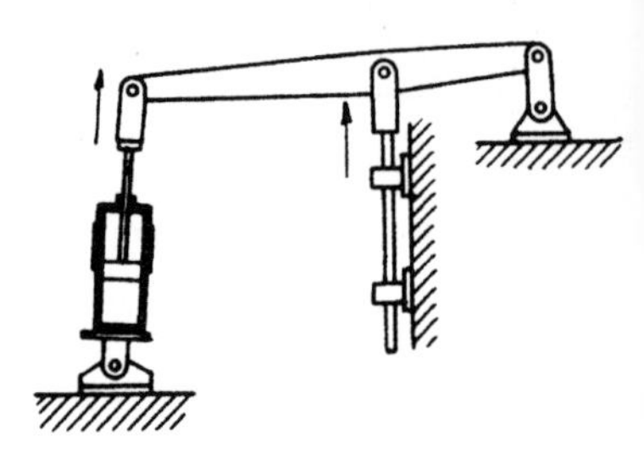

图 16.1-6 力的作用点跟随推力的方向。

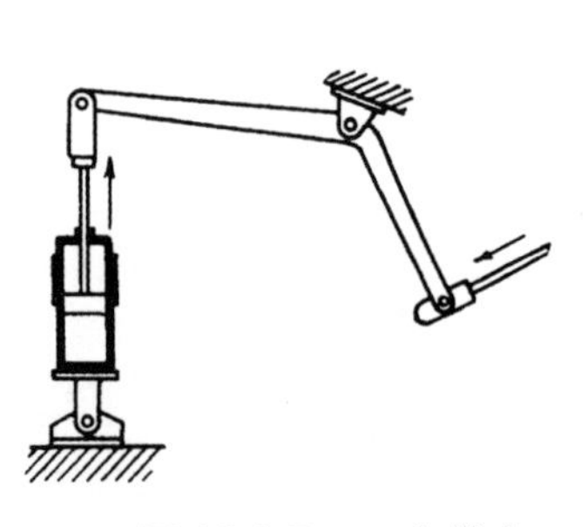

图 16.1-7 一个带有弯曲杠杆的气缸。

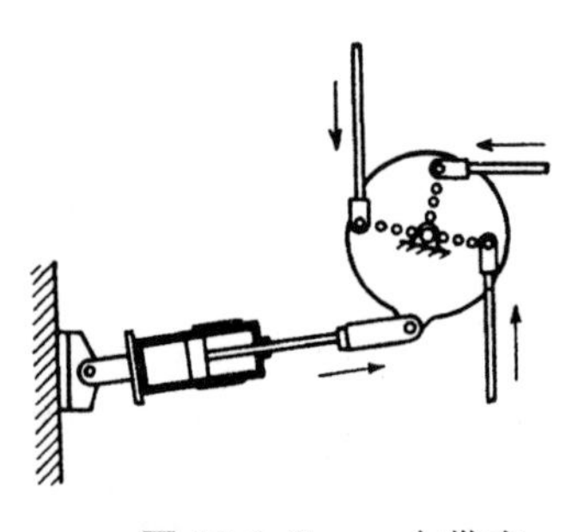

图 16.1-8 一个带有约束圆盘的气缸。

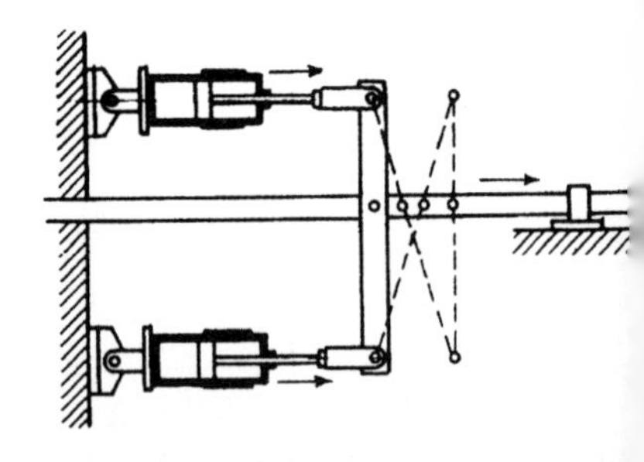

图 16.1-9 两个具有固定行程的活塞可以在四个任意位置放置载荷。

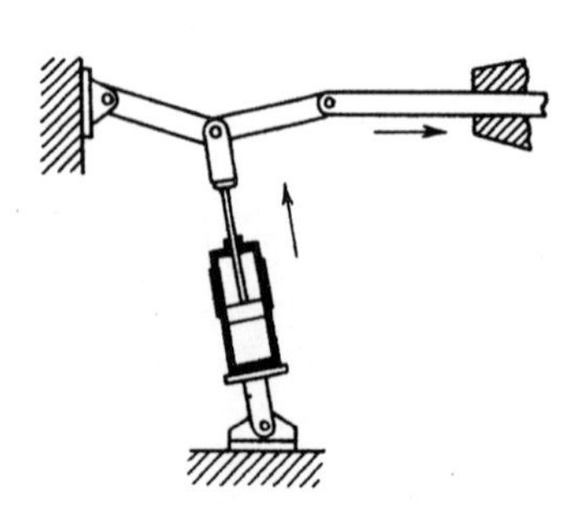

图 16.1-10 一个能被气缸驱动的肘杆机构。

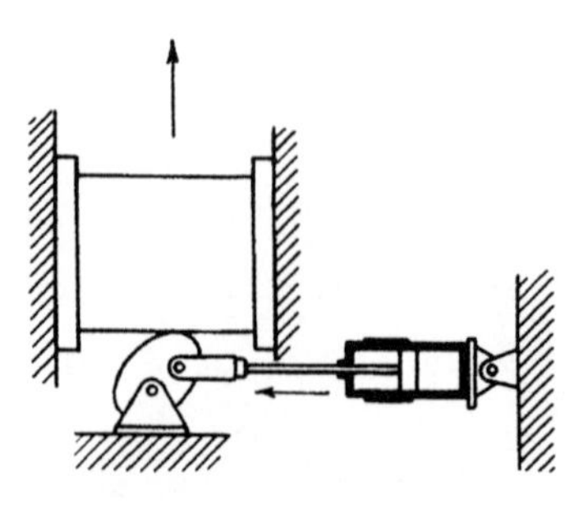

图 16.1-11 在完成行程后凸轮支撑负载。

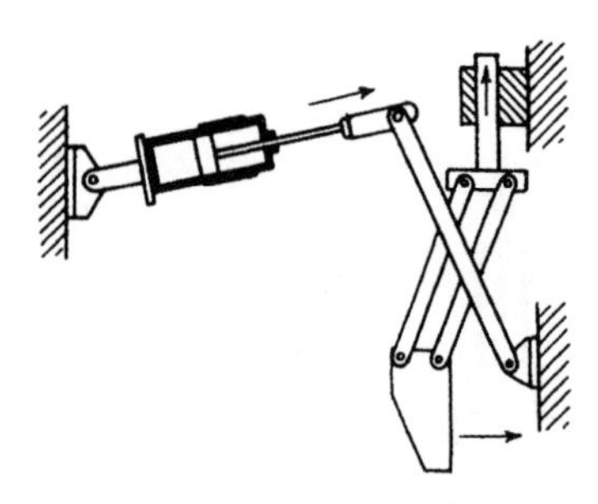

图 16.1-12 同时获得两个不同方向的推力。

注意：可以用电力推动单元或螺线管代替气缸。

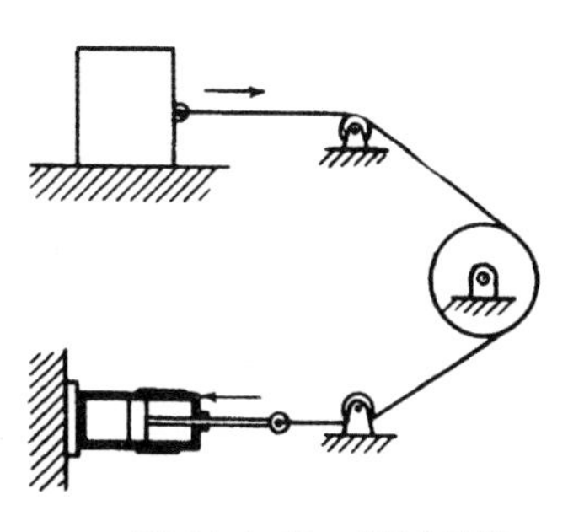

图 16.1-13　通过缆绳传递力。

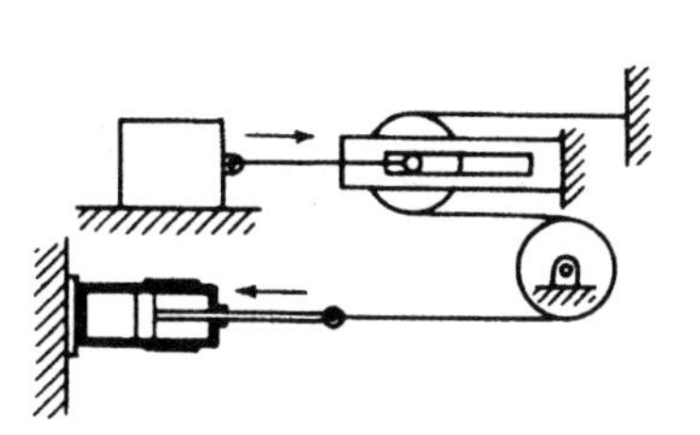

图 16.1-14　通过滑轮系统可以改变力。

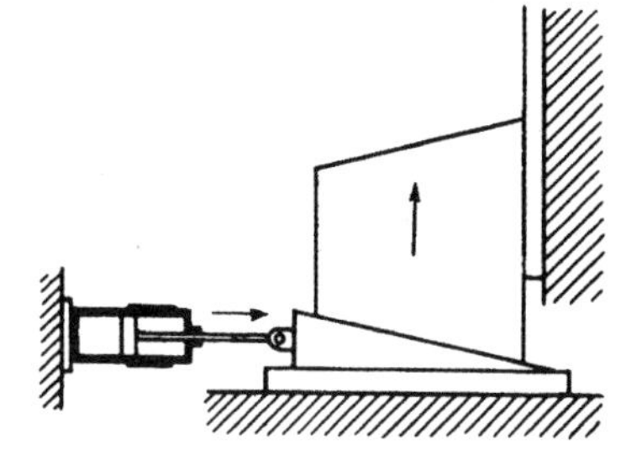

图 16.1-15　通过楔形块可以改变力。

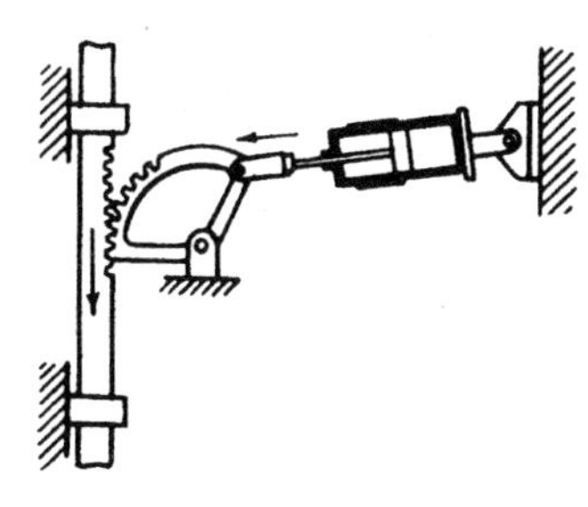

图 16.1-16　一个扇形齿轮移动与活塞行程垂直的齿条。

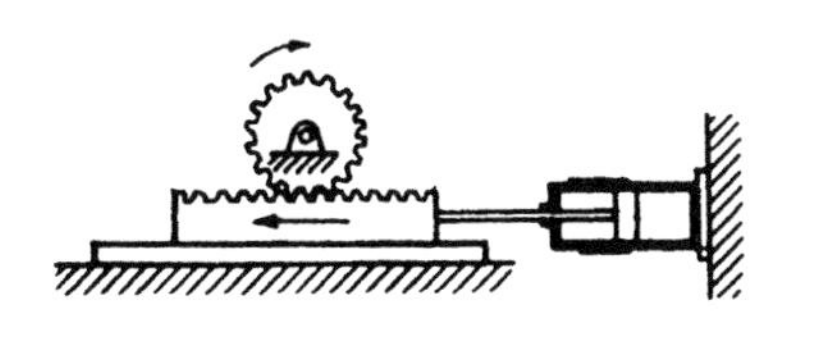

图 16.1-17　一个齿条使扇形齿轮转动。

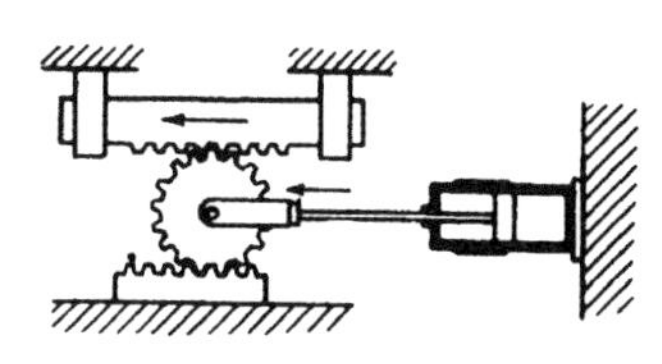

图 16.1-18　移动齿条的运动是活塞运动的两倍。

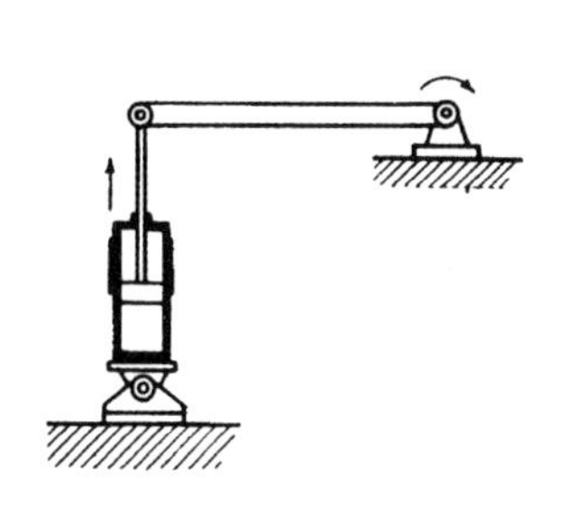

图 16.1-19　一个作用到轴上的转矩能被传送到较远的点。

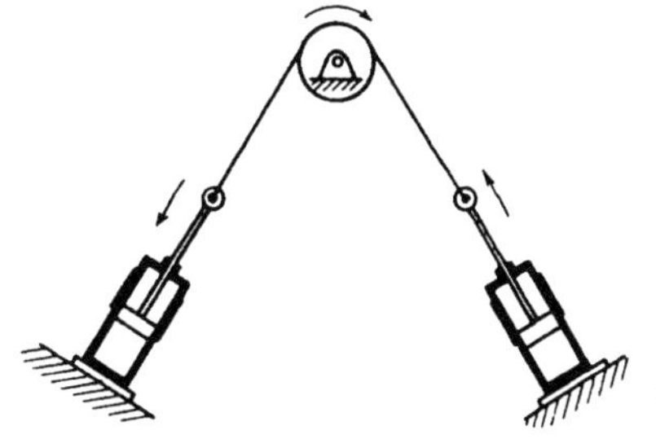

图 16.1-20　转矩可以通过带和滑轮作用到轴上。

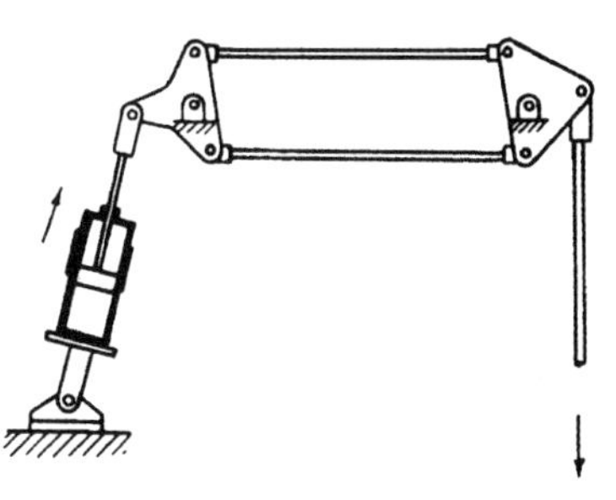

图 16.1-21　一个运动可以被传递到运动平面的远点。

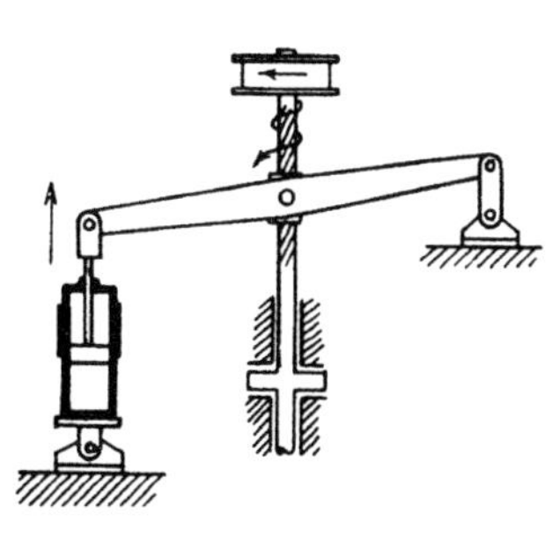

图 16.1-22　一个螺母使轴产生一个旋转运动。

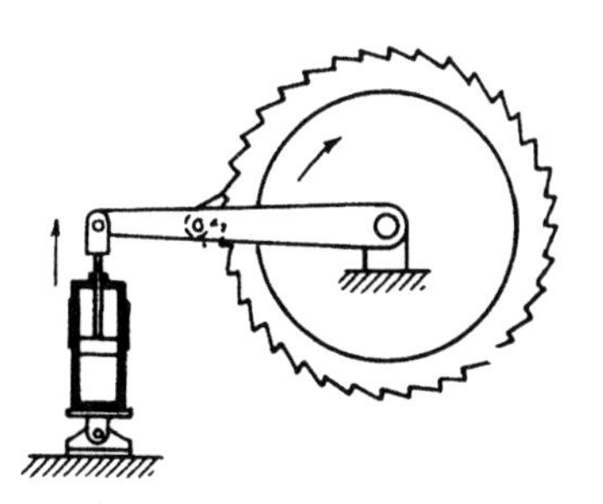

图 16.1-23　一个带齿盘在运动平面内产生旋转运动。

图 16.1-24　一个双齿盘可以使旋转更接近连续。

16.2 脚控制的制动系统

当主线开关关闭时，起重机的制动系统（见图16.2-1）工作。操纵缸踏板被踩到底后使安装在液压释放缸上的制动调整弹簧压缩。当制动调整弹簧被完全压缩后，液压开关关闭，接通电路并且激活电磁单向阀。只要电磁单向阀被激活，弹簧就能够保持压缩，因为单向阀限制了液压释放气缸里的液体。放开脚踏板，制动杠杆被制动释放弹簧下拉，如此便释放了制动闸瓦。

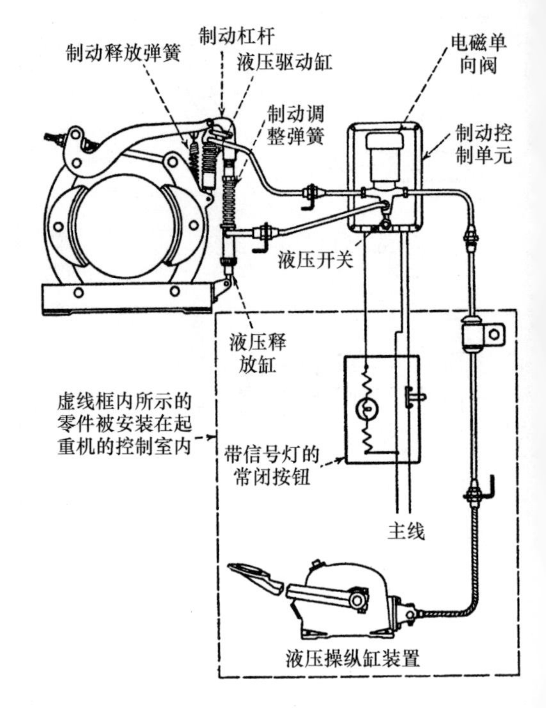

图16.2-1

16.3 气动的15个应用

吸力能进给、支撑、定位和提升零件，并且能使塑胶板成形，对气体取样，检验泄漏，搬运固体，并且分离气体和液体。压缩的空气能够搬运材料，能够喷雾并且搅动液体，加速热传递，支持燃烧以及保护电缆。

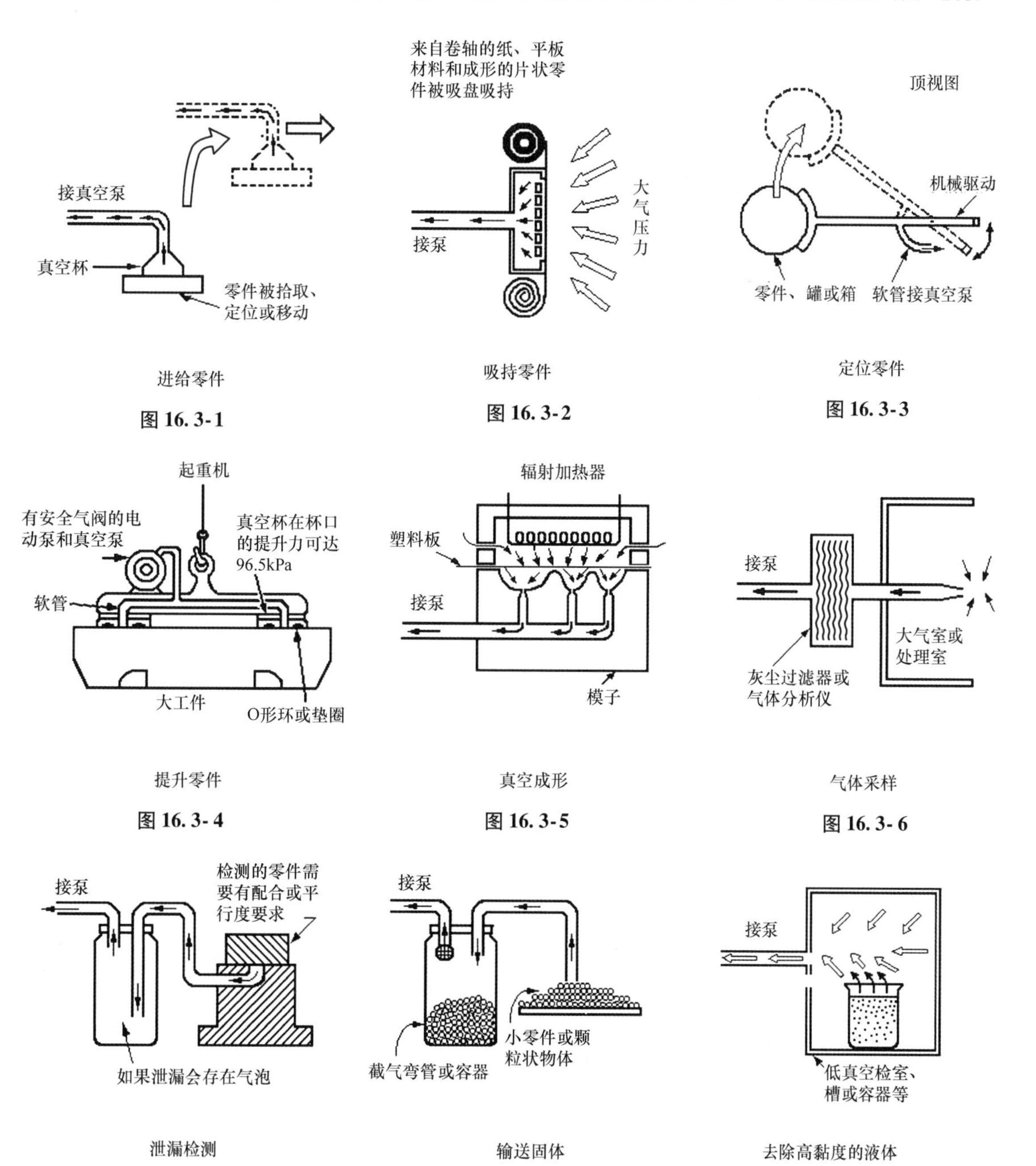

进给零件

图 16.3-1

吸持零件

图 16.3-2

定位零件

图 16.3-3

提升零件

图 16.3-4

真空成形

图 16.3-5

气体采样

图 16.3-6

泄漏检测

图 16.3-7

输送固体

图 16.3-8

去除高黏度的液体

图 16.3-9

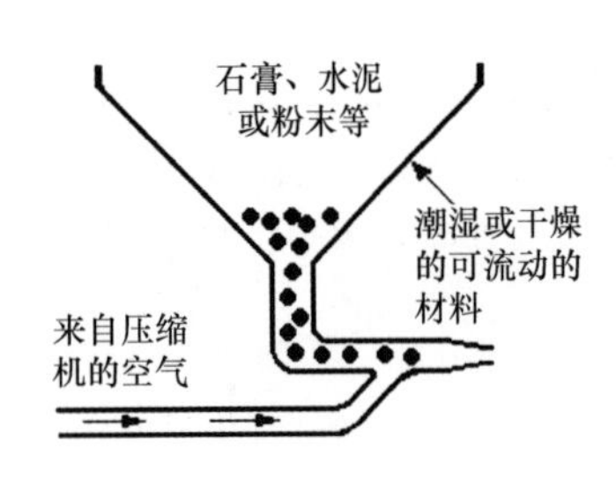

输送材料

图 16.3-10

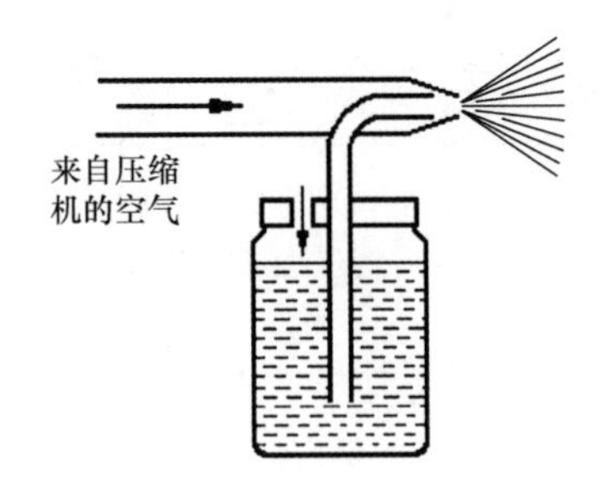

液体雾化

图 16.3-11

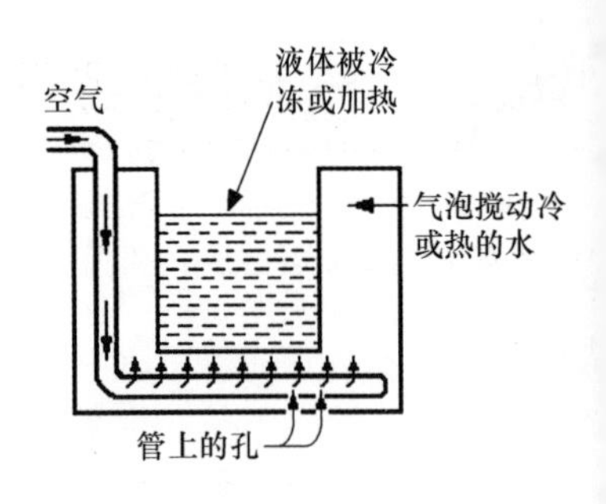

搅动液体

图 16.3-12

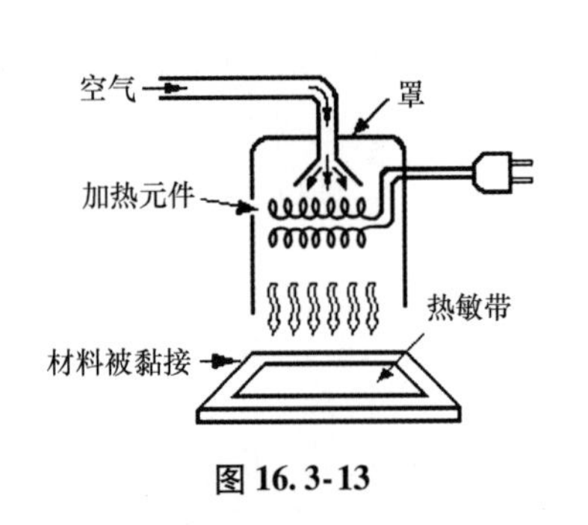

图 16.3-13

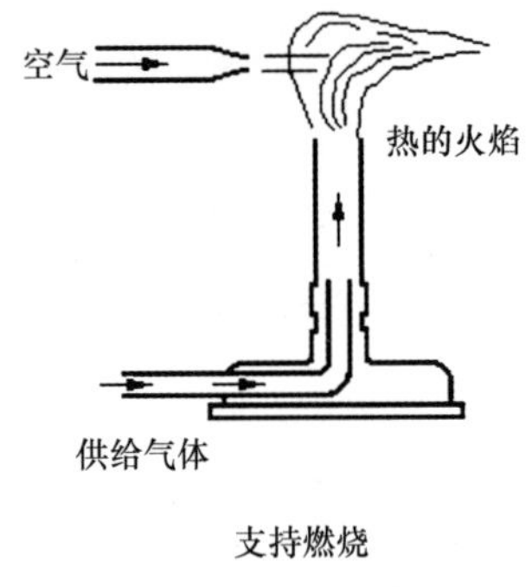

支持燃烧

图 16.3-14

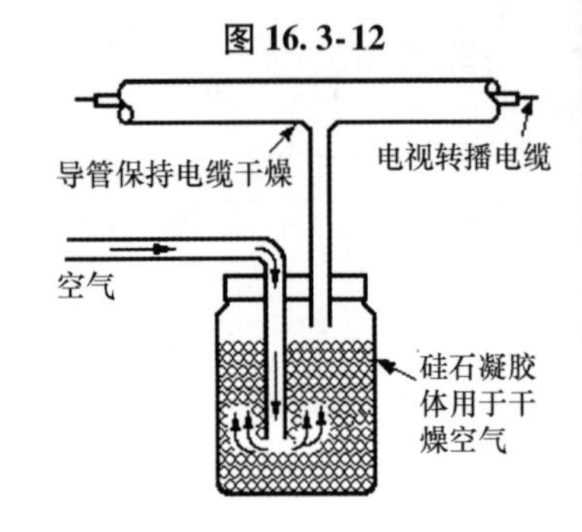

增压电缆

图 16.3-15

16.4　应用金属隔膜和膜盒的 10 种方式

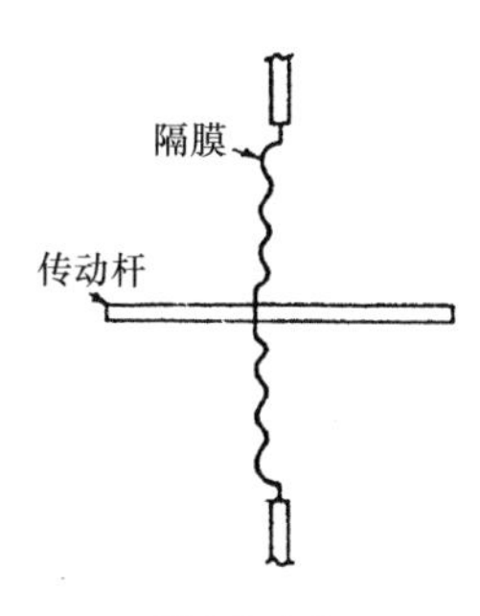

图 16.4-1

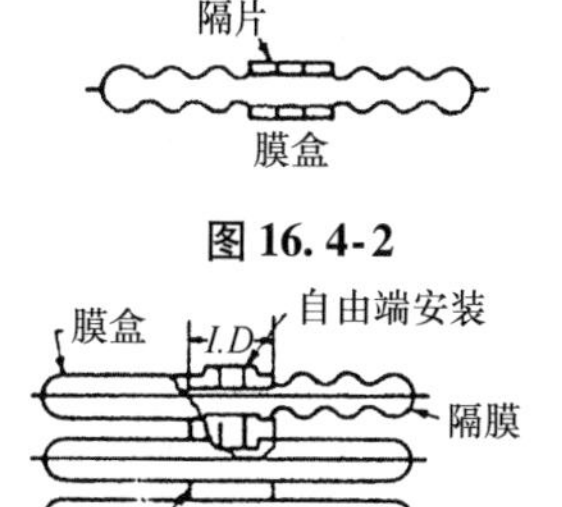

图 16.4-2

膜盒
I.D.
自由端安装
隔膜
隔片
固定端安装
膜盒元件

图 16.4-3

图 16.4-4

金属隔膜通常是波状的（见图 16.4-1）或者有不规则的外形。它可以被用来作驱动杆的弹性密封。膜盒（见图 16.4-2）通过把两个隔膜的外部边缘封闭在一起组合而成，通常通过焊接、钎焊来完成。两个或多个膜盒组合在一起即是众所周知的膜盒元件（见图 16.4-3）。膜盒端部的装配将根据它的功能而变化。“固定端”被固定在设备上，“自由端”移动相关的零件和连杆机构。嵌套膜盒（见图16.4-4）需要比较少的空间，并且能够经受很大的外部压力而不会受到损坏。

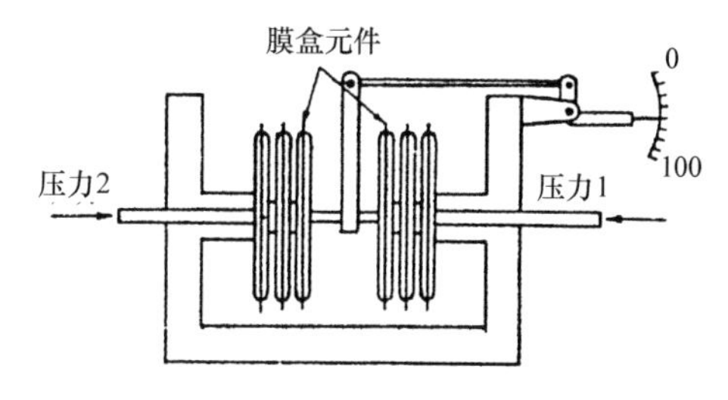

图 16.4-5　差动压力器。有一对膜盒，也可以有一个或多个膜盒。多个膜盒类型的差动压力器可以在指示盘上显示更大的运动。在被作为压力测量装置来使用时，膜盒上的压力可以线性地增加，而波纹管则不行。任意膜盒施加的力等于隔膜的整个有效面积（大约是实际面积的 40%）乘上该面积上所受的压力。在出现迟滞现象或装置受阻之前，安全压力是可以作用在隔膜上的最大压力。

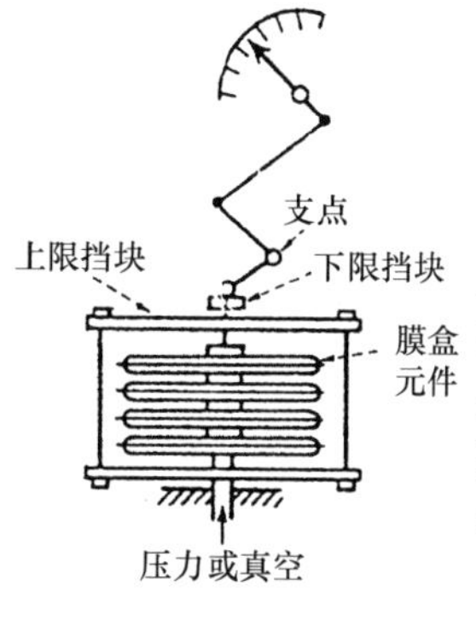

图 16.4-6　压力测量器。有一个通过三连杆机构与刻度盘指示器相连的膜盒元件。这个测量器测量与大气压力相关的压力或真空。如果要求指示器的转角比三连杆机构所能提供的还要大，可以用扇形齿轮和齿轮装置来替换。

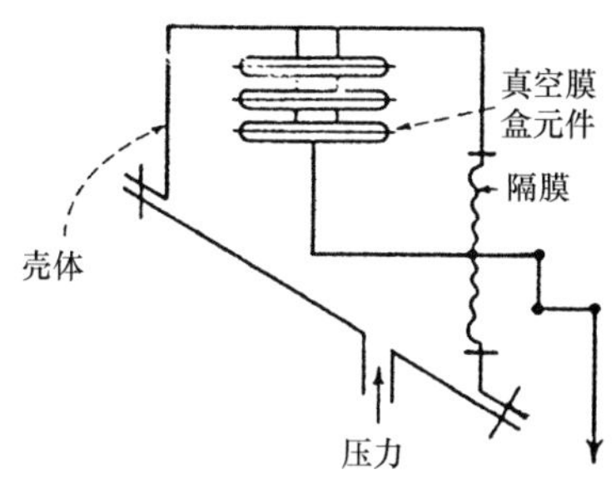

图 16.4-7　绝对压力测量器。有一个真空膜盒元件安装在一个只连接压力源的壳体里。隔膜允许来自膜盒的连杆运动通过一个封闭室传出。这个装置也可以通过与膜盒元件内部建立第二个压力连接而作为差动压力器使用。

充油容器
嵌套膜盒
端盖

图 16.4-8　当膜盒嵌套时，用于充油系统的胀缩补偿器会占据很少的空间。在这一应用中，膜盒的一端打开并且与系统中的油相连接，而另一端是封闭的。膜盒的膨胀会防止由于热膨胀而使内部油压增加的危险。膜盒用端盖来保护。

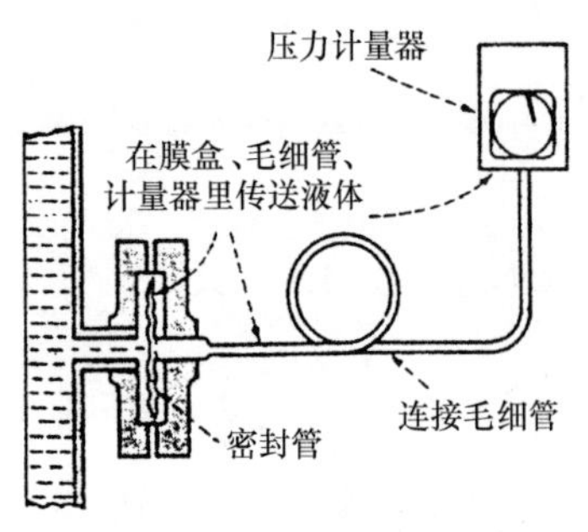

图 16.4-9　膜盒压力密封装置。像温度计系统一样工作，只是用压敏膜盒代替了温度计里的球状物。这个膜盒系统充满了硅油之类的液体，并且可以对周围环境和操作温度进行自动补偿。当受到的外部压力改变时，膜盒膨胀或收缩，直到内部的系统压力与膜盒周围的外部压力恰好达到平衡。

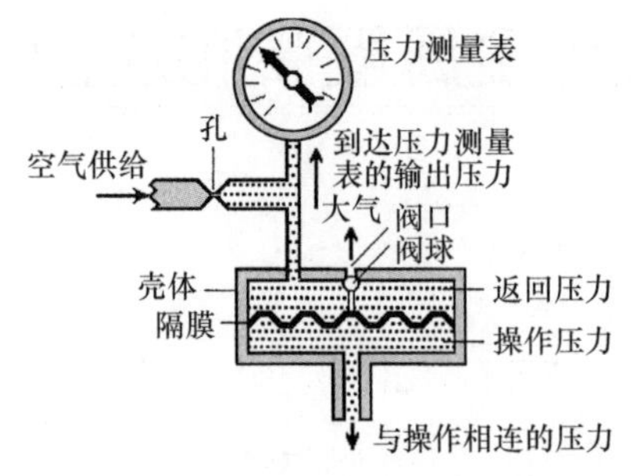

图 16.4-10　为了避免腐蚀物、胶黏物或整体轴承的固定轴承流体进入压力器，力平衡密封装置像在图 16.4-9 中所示的装置一样解决了这个问题。控制隔膜一侧上的气压以便与隔膜另一侧上的压力到达完全的平衡。连接压力器来测量这个平衡压力，这个压力器上读出的压力总是与操作压力完全相等。

16.5 差动变压器传感装置

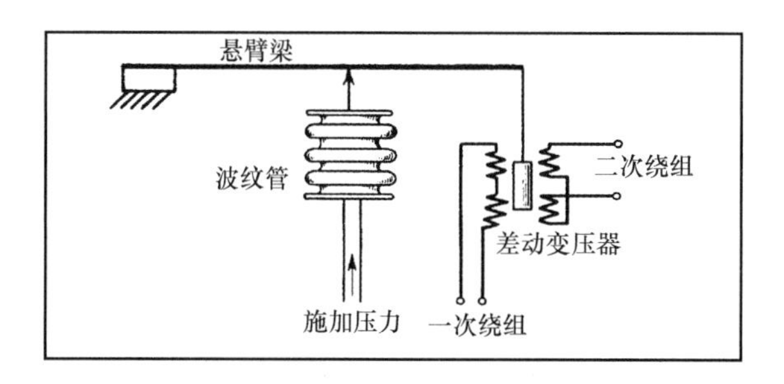

图 16.5-1 测量压力的波纹管传输器。波纹管与装有滚针轴承的悬臂梁相连接。悬臂梁的位置随压力的不同而改变，变压器的输出随悬臂梁的位置而变化。风箱可以为压力计或压力控制提供范围为 0～254mm（0～10in）到 0～5080mm（0～200in）高的水压指示或控制。

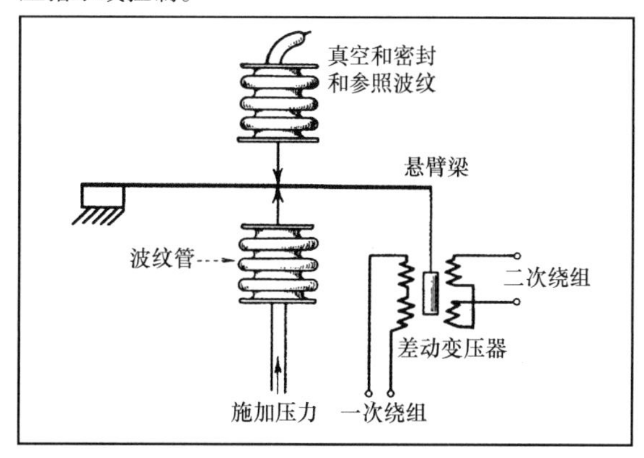

图 16.5-3 纯压力波纹管传输器。这个传输器除了增加了一个参照波纹管外，与差动隔膜传输器相似，这个波纹管被抽成真空并密封。它可以测量从 0～50mm 到 0～762mm 汞柱的负的压力。参照波纹管补偿了大气压力的变化。

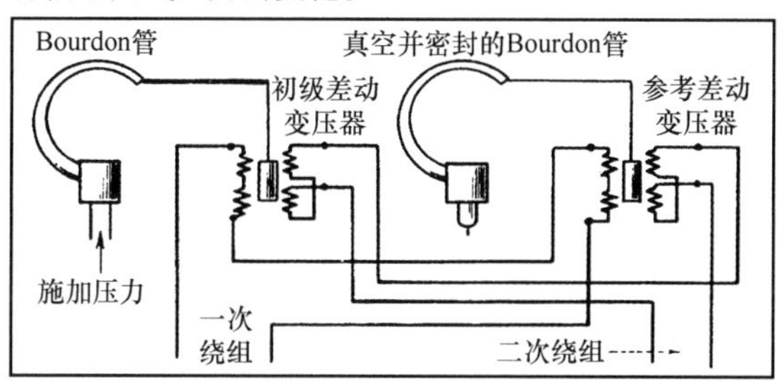

图 16.5-5 纯压力 Bourdon 管传输器。这个装置能够显示或控制 103.3～68947.5kPa（15～10000lbf/in^2）的绝对压力，具体压力大小取决于管的额定值。参照管被抽成真空并且密封，而且通过改变参考差动变压器的输出来补偿大气压力的变化。输出信号由初级输出和参考差动变压器输出的代数和组成。

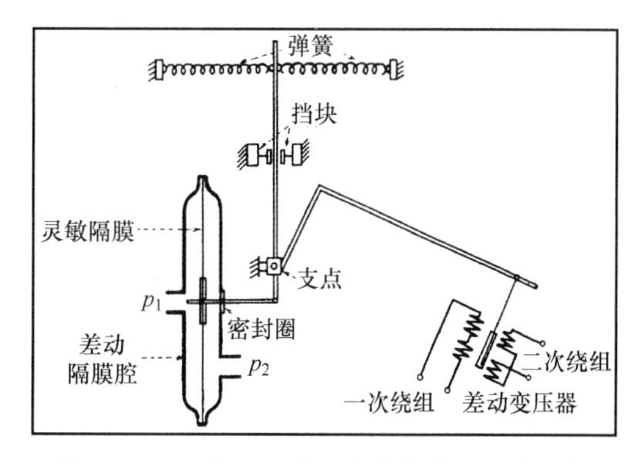

图 16.5-2 差动隔膜压力传输器。差动压力 p_1 和 p_2 作用在灵敏隔膜的相对的两边，并且使隔膜克服弹簧力移动。隔膜的移动、弹簧拉伸和变压器铁心的运动都与压力差成正比。这个装置可以测量的压力差低，如 0.127mm（0.005in）的水压。它能够作为基本元件被安装在差动压力流量计上或在锅炉风箱里作为炉子的抽力调节器。

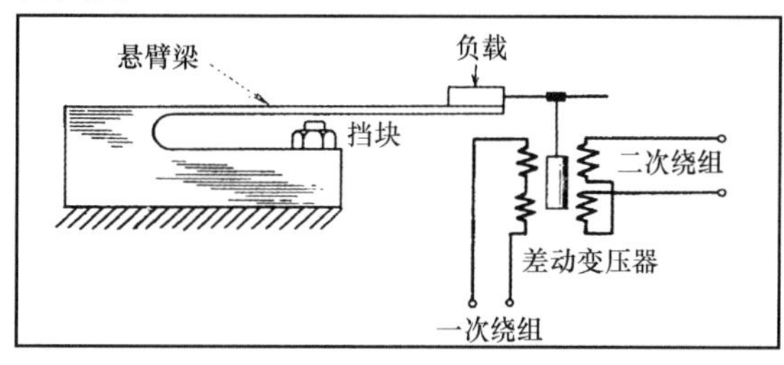

图 16.5-4 悬臂载荷元件。悬臂梁的弯曲和差动变压器铁心的移动与施加的负荷成正比。挡块避免在超载情况下损坏悬臂梁。悬臂梁可承载的范围是从 0～22.226N（0～5lbf）到 0～2222.6N（0～500lbf）。并且它们可以提供拉力或压力的精确测量。

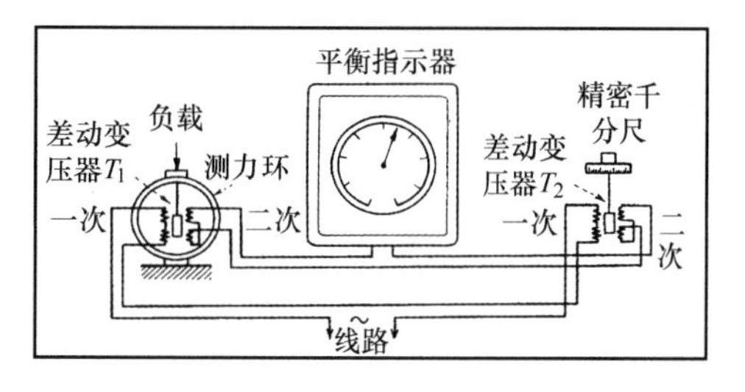

图 16.5-6 测力环。传输变压器的铁心 T_1 在线圈静止的时候被固定在测力环的顶端。测力环和变压器铁心的偏转与施加的负荷成正比。平衡变压器的信号 T_2 的输出与 T_1 的输出反向，因此在平衡点（即零点），指示器的读数为零。当差动变压器的输出值是相等的并平衡的时候，平衡变压器的铁心被一个显示测力环偏转的校准千分尺驱动。

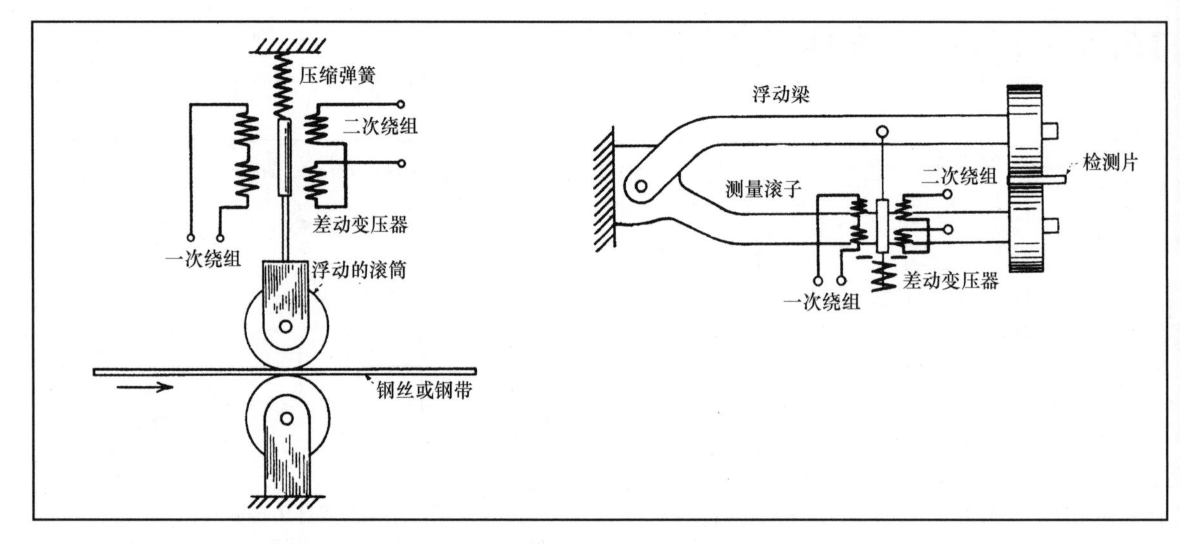

图 16.5-7　测量器和卡规装置。移动中的钢丝或钢带的厚度能够靠浮动的滚筒和变压器的铁心来测量。对于具有一定厚度的材料，将铁心设定在零点上，则变压器输出状态和大小将显示材料是否太厚或太薄以及错误的数量。信号可以被扩大用来操作控制器、记录器或指示器。图中右侧的装置在功能上可被当作一个生产用的卡规或精密的千分尺。如果将变压器的输入输出线圈接入测量指示器，它将成为一个方便的测量装置。

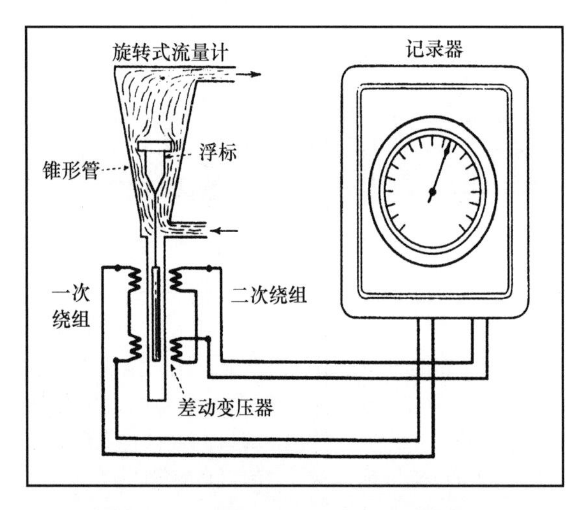

图 16.5-8　流量计。当在锥形管里的浮标上升或下降时，流动区域发生改变。高速流动导致浮标上升，而低速流动导致它下降。差动变压器铁心跟随浮标移动，并且产生一个进入平方根记录器的交流信号。安装有一个平方根记录仪的伺服机构可以用来读取直线图。变压器输出也能被放大，并被用来驱动一个流动调节阀，因此，流量计是流动控制器中的基本元件。通常，计量器的精度被控制在2%的范围内，但是它的流动范围受到限制。

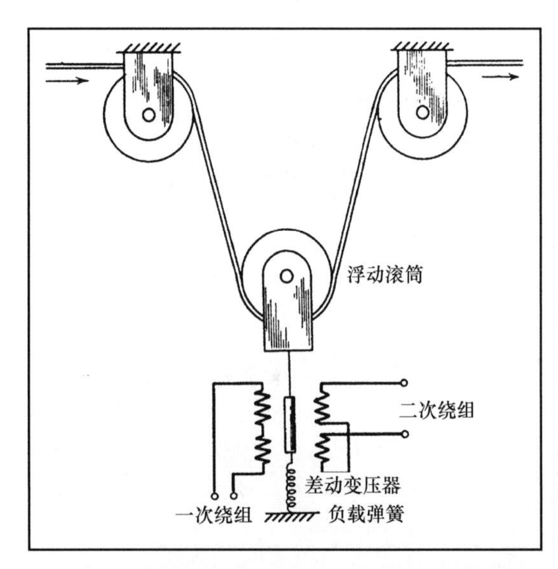

图 16.5-9　张力控制。弹簧力可以调整，所以当变压器铁心在它的零点时，可以在钢丝上保持适当的张力。变压器上被放大的输出值被传送到某种在钢丝上增加或减少张力的张力控制装置，这个输出值依赖于所采用的差动变压器信号的相位和大小。

16.6 高速计数器

电子计数器即时地计算电脉冲，并且给出累积脉冲的连续显示。因为输入的是电信号，所以通常都需要一个转换器把非电信号转换成计数器可用的输入信号。

使用图 16.6-1 中的计数器的预设功能，可在装置的计数范围内选择任何数字。一旦计数器达到预先设定的数字，它可以打开或关闭继电器来控制一些操作。计数器可以自动地重置或停止。一个双计数器可以针对两个不同的计数进行顺序操作和连续控制。两组预定开关通常被安装在计数器前面的面板上，也可以被安装在一个远距离的位置。如果两个不同的数字被输入计数器，它将会交替地计算两个被检测到的数。也可以实现多个预先设定，但是费用比较高。

除了完成两个分开的操作之外，双重的预先设定能够控制速度，如图 16.6-1 所示。在高速金属剪切操作中，在第二个被预先设定的开关执行剪切之前，第一个被预先设定的开关可以按照给定的距离使材料减慢。然后两个开关都自动地重置并且再一次开始测量。相同的预先设定也可以用来交替地剪切材料并获得两个不同长度的材料。

适用于高速计数器的一种较好的测量形式是测量连续的材料，比如钢丝、绳子、纸、纺织品或钢。图 16.6-2 显示了一个绕线机的操作，在这个操作中计数器在达到预先设定的钢丝缠绕数后停止卷线机。

图 16.6-3 是计数器的第二个应用。当印刷完的杂志离开印刷机时，它们被计数。一个光电传感器感应杂志折叠边缘的阴影所形成的光和暗线的变化。达到预先设定的数值时，被计数器控制的刀具等量地分开杂志。

第三个应用是在机床控制中。一个被预先设定的计数器与传感器或脉冲发生器配对安装在进给机构中。例如，它可以将旋转丝杠的进给转换成位移，然后以脉冲形式进入计数器。3.277mm（0.129in）的进给在计数器里显示为 129。

当达到预先设定的数字时，计数器停止，进给机构前进或后退。

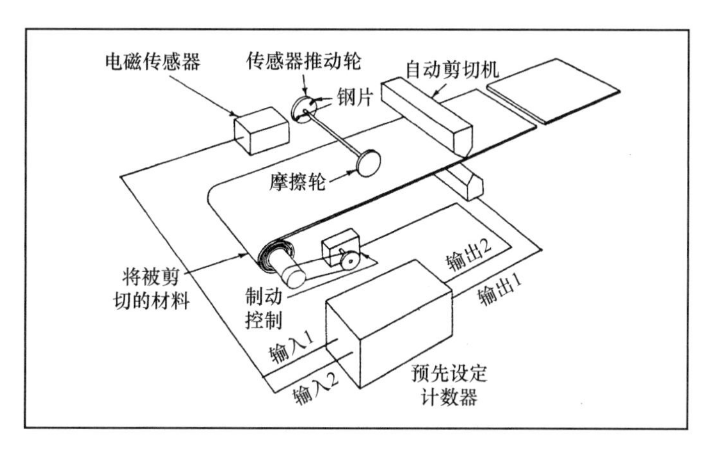

图 16.6-1 高速计数器上的**双重设定功能**可以控制高速的剪切操作。如果材料被切成 3048mm（10ft）的长度，并且电磁传感器的每一个脉冲代表 30.48mm（0.1ft），操作者在第一个输入通道里预先输 100，第二个输入通道输入 90。当数到 90 个脉冲时，第二个通道使材料减慢。然后，当计数器的数值达到 100 时，第一个通道将驱动剪切的进行。两个通道瞬间进行重置并开始下一个循环。

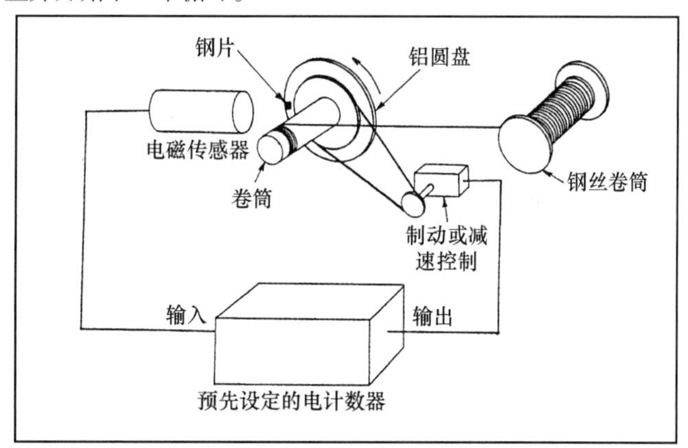

图 16.6-2 用来测量长度并具有电子计数功能的绕线机。

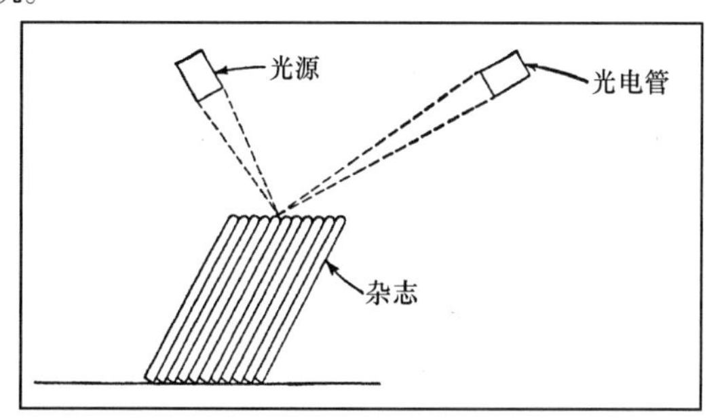

图 16.6-3 杂志计数器拥有一个可以记录杂志数的强烈聚焦的光电传感器。当杂志折叠边缘产生阴影时，光电管可以感应变化的光和暗线。当达到预先设定的数值时，计数器控制刀具等量地分开杂志。

16.7 永久磁铁的应用

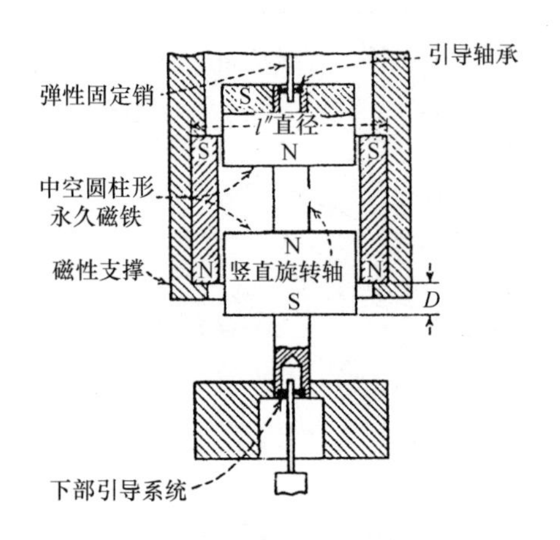

图 16.7-1 一种悬架。

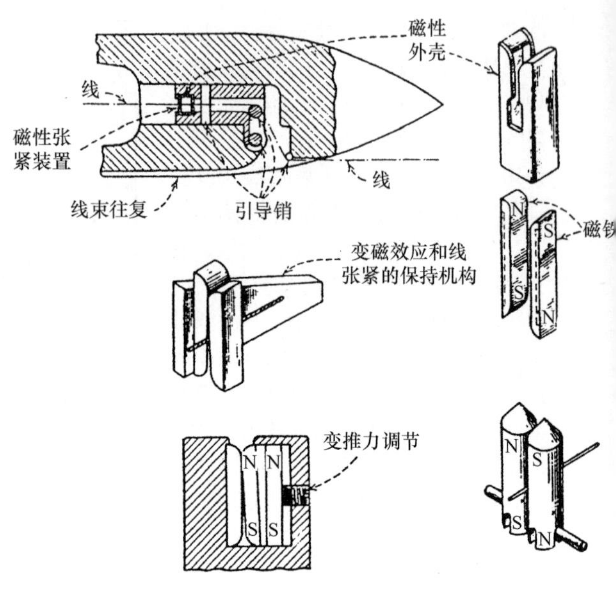

图 16.7-2 张紧装置。

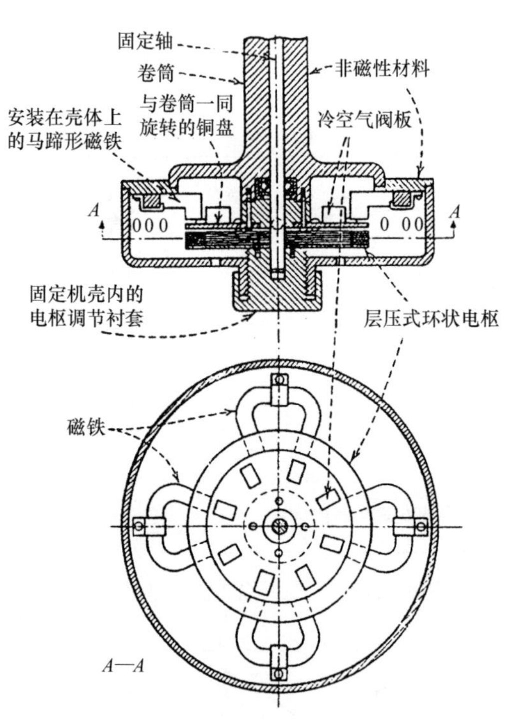

图 16.7-3 一种卷筒制动装置。

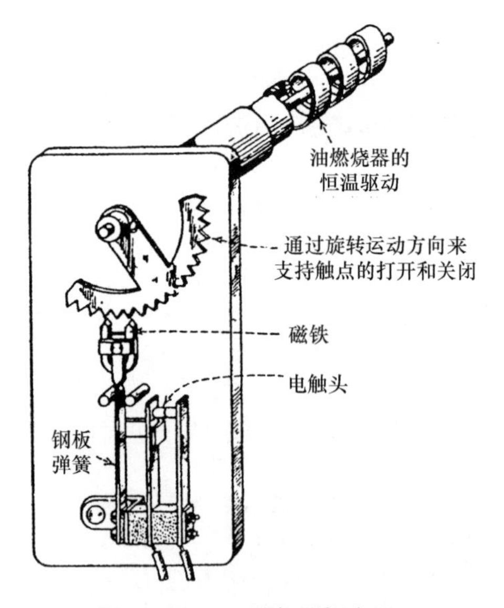

图 16.7-4 一种仪器耦合器。

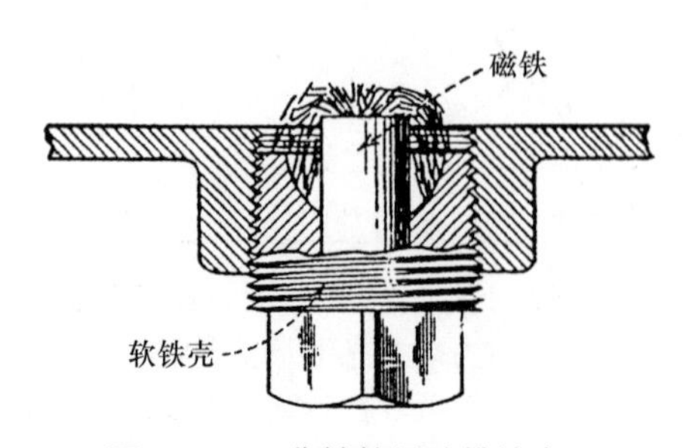

图 16.7-5 曲轴箱用油排放塞 。

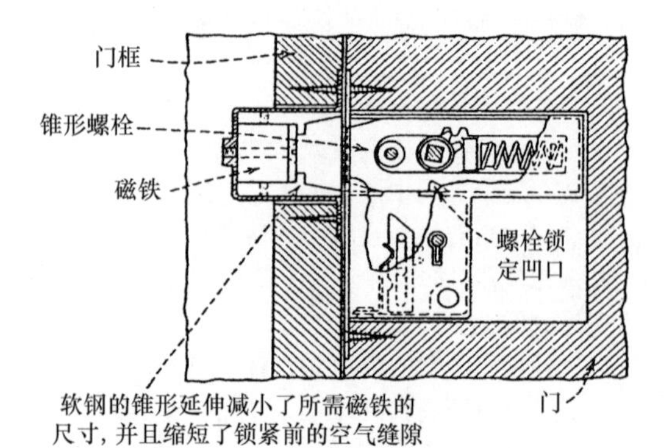

图 16.7-6 不带咯吱响声的门闩。

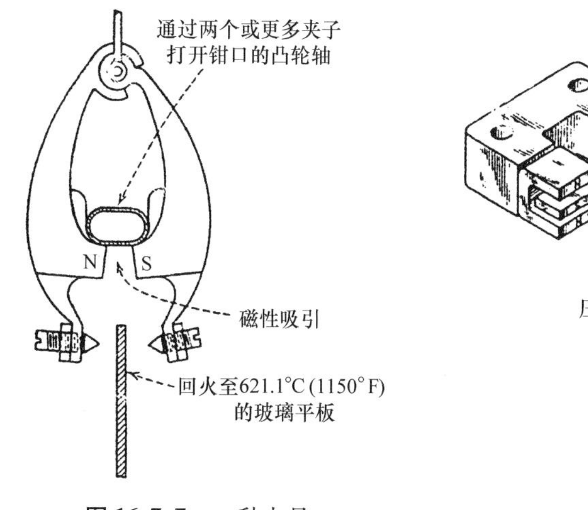

图 16.7-7　一种夹具。

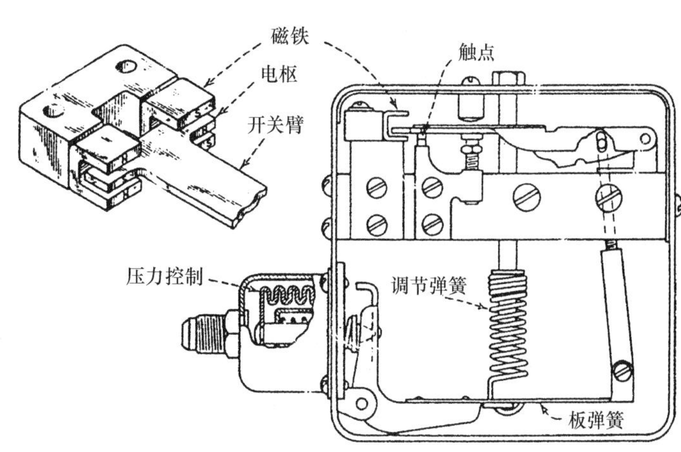

图 16.7.8　一种快开开关。

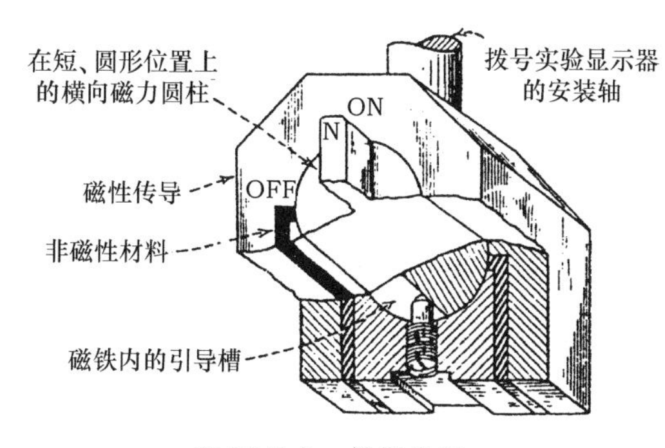

图 16.7-9　仪器卡盘 。

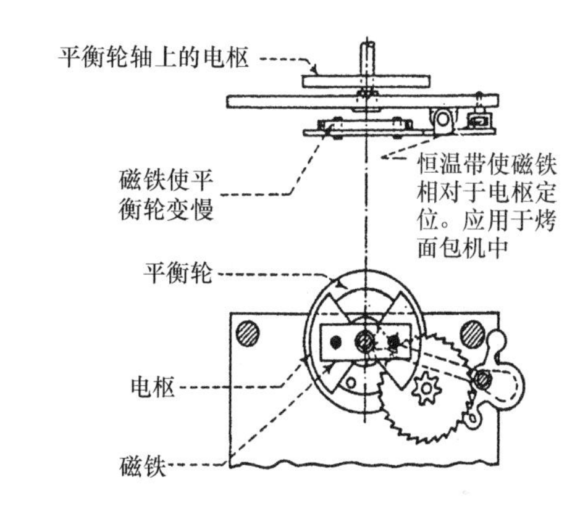

图 16.7-10　擒纵轮。

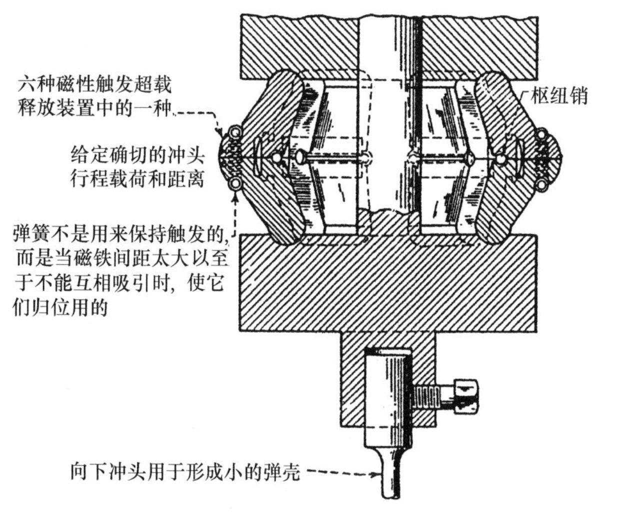

图 16.7-11　一种压力释放装置。

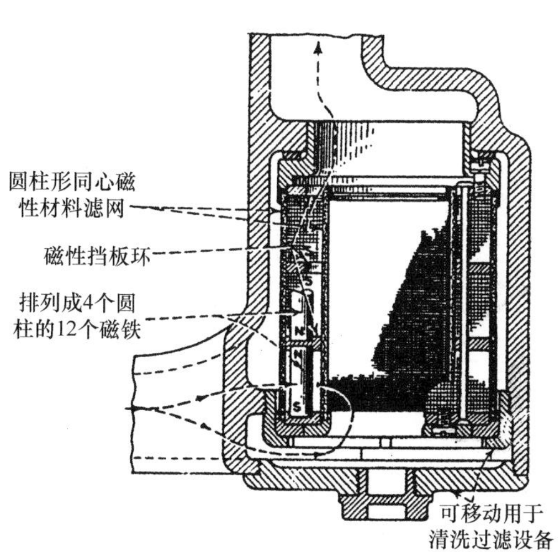

图 16.7-12　过滤器。

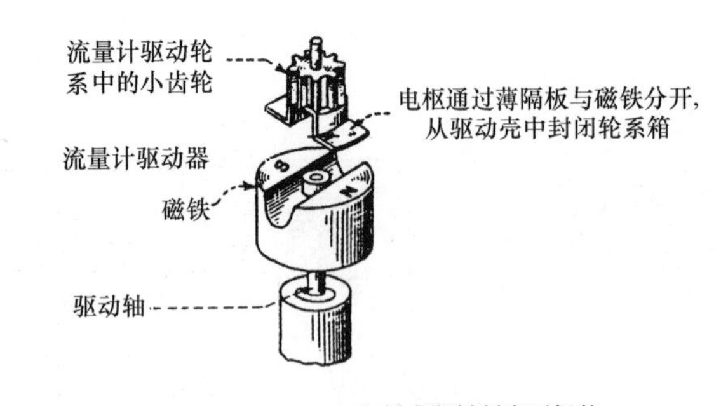

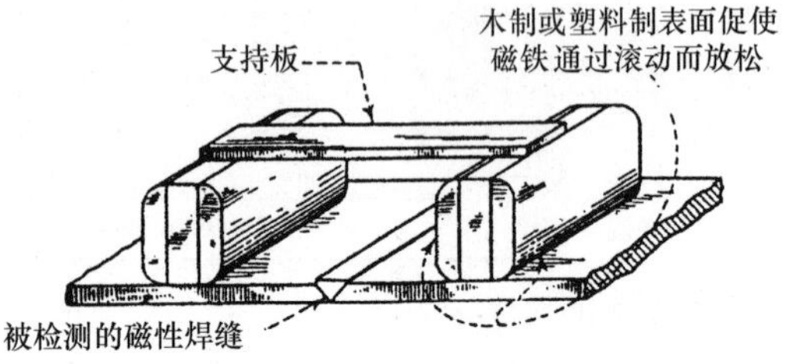

图 16.7-13　焊接检验机。

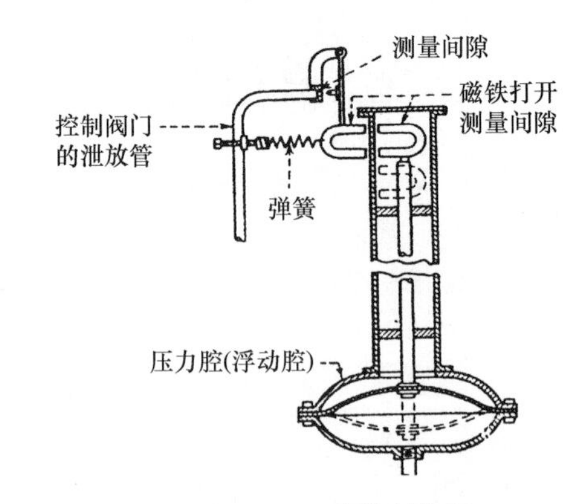

图 16.7-14　一种控制装置。

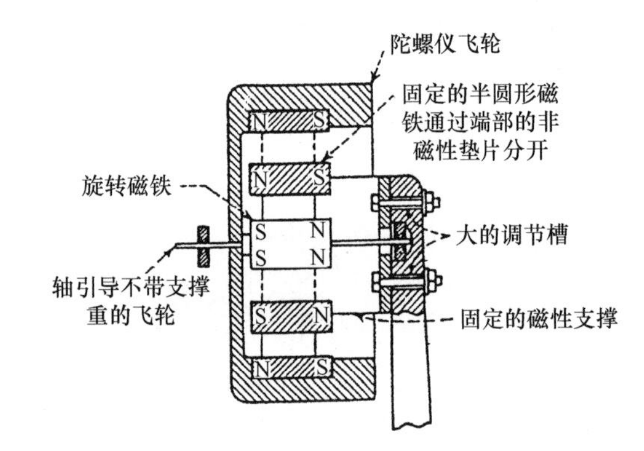

图 16.7-15　一种水平轴悬架。

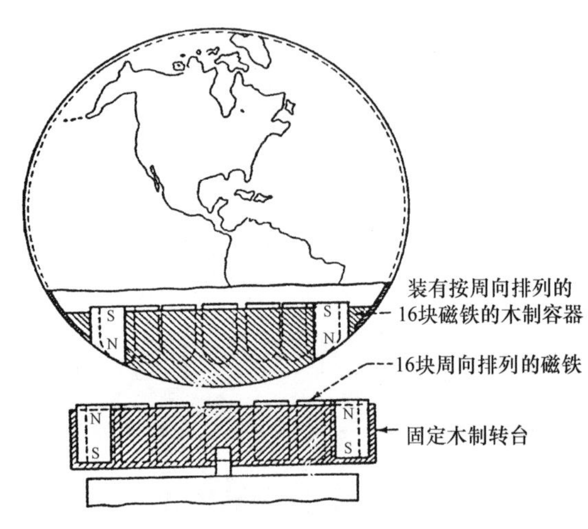

图 16.7-16　浮动广告显示器。

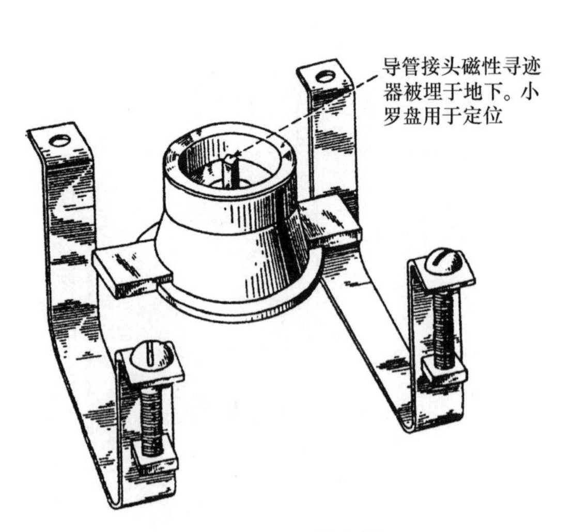

图 16.7-17　寻迹器。

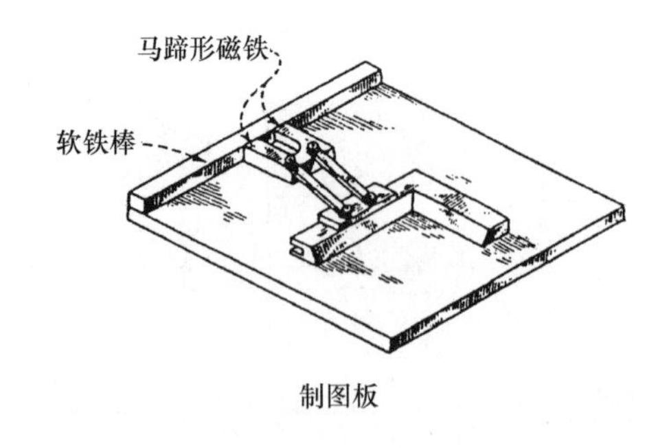

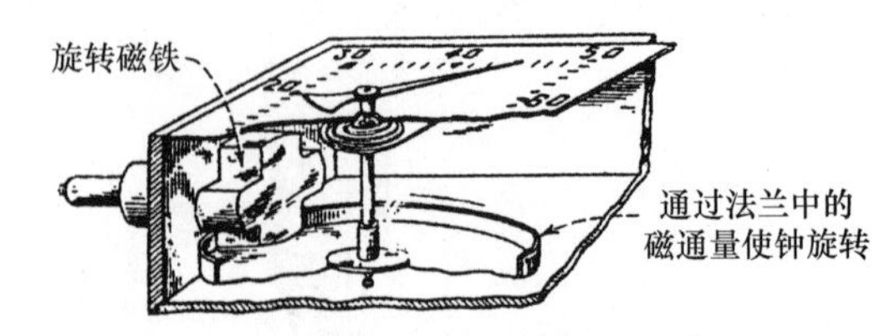

图 16.7-18　转速表。

16.8　电动锤机构

和下面图中所显示的便携式电动锤一样，控制冲击力功能可应用在特殊的固定机械中。这类机构已经在振动机械、制钉机及其他特殊的机器中应用。在便携式电动锤中，它们能有效地进行钻、凿、挖、切削、夯实、铆接以及需要既快速又集中打击的相似操作。示例中的击锤机构是通过弹簧、凸轮、磁力、空气和真空室以及离心力来工作的。图中只显示了击锤机构。

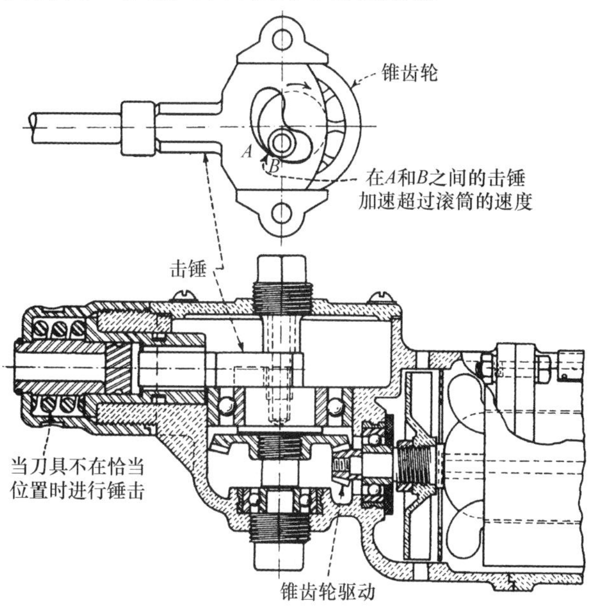

图 16.8-1　凸轮槽击锤的自由驱动是通过偏心螺栓滚筒与槽的 *A* 和 *B* 两点之间接触而产生的。这将促使击锤在回程之前立即加速超过滚筒的切向速度。

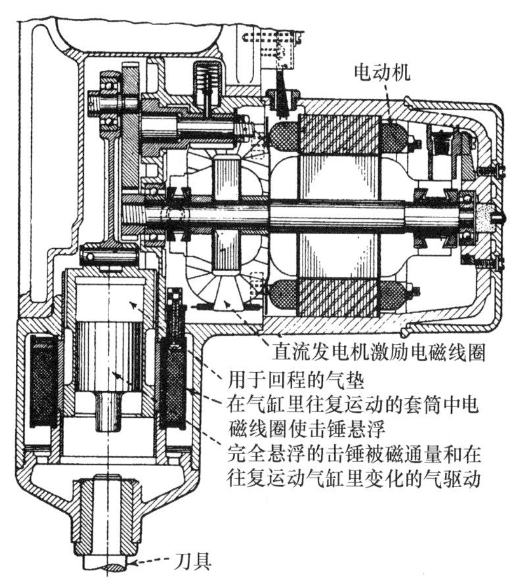

图 16.8-3　在这个锤机构中击锤与往复驱动机构之间没有机械连接。

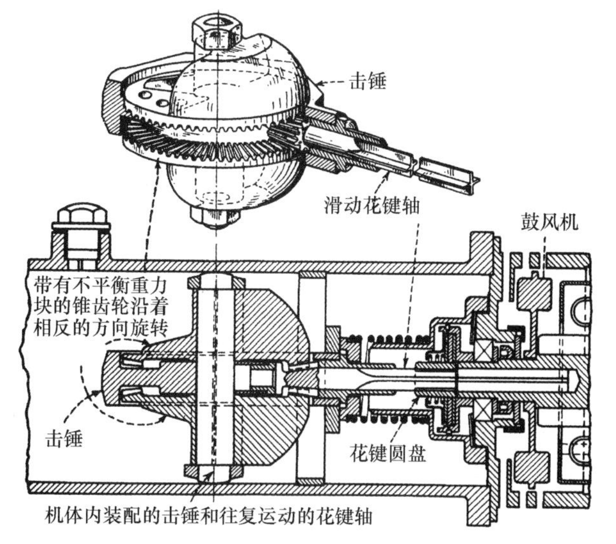

图 16.8-2　相反方向旋转的重力块的离心力使这个锤机构的击锤运动。通过一个滑动花键轴与动力保持连接。图中没有显示的导轨阻止了击锤的旋转。

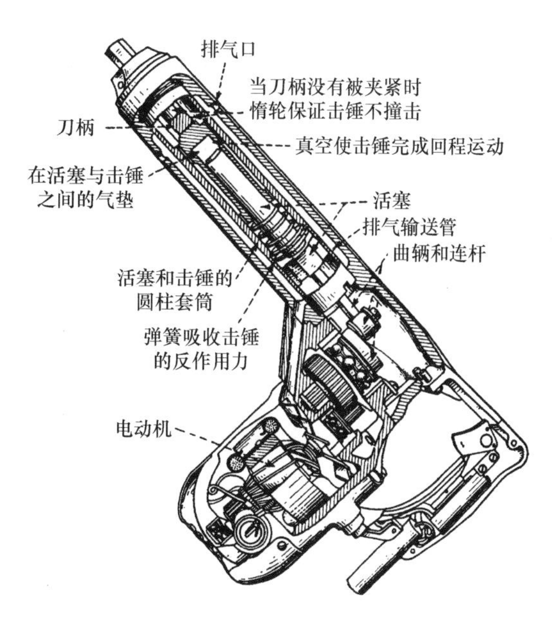

图 16.8-4　这个锤机构中包含一个由机械、气动和弹簧作用组成的组合体。

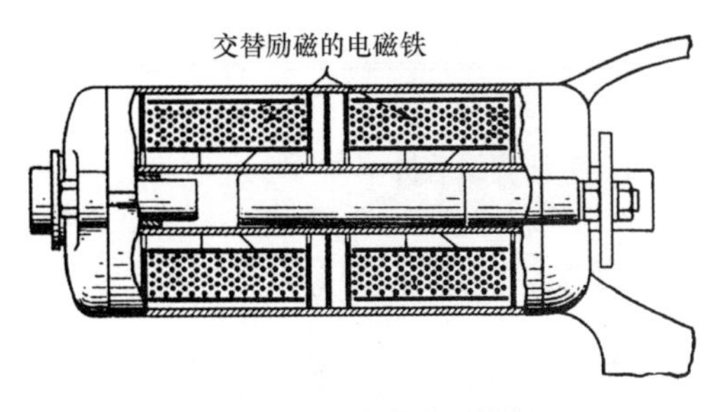

图 16.8-5 两个电磁石操纵这个锤子。打击的力量可以通过改变线圈中的电流或者通过接触器的气隙调节使电流定时反向来进行控制。

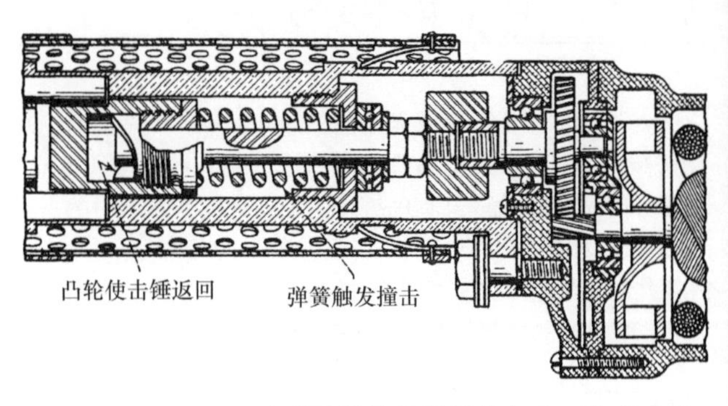

图 16.8-7 这个弹簧操作的锤机构包含一个在内凸轮上旋转的轴，这个凸轮使击锤返回。

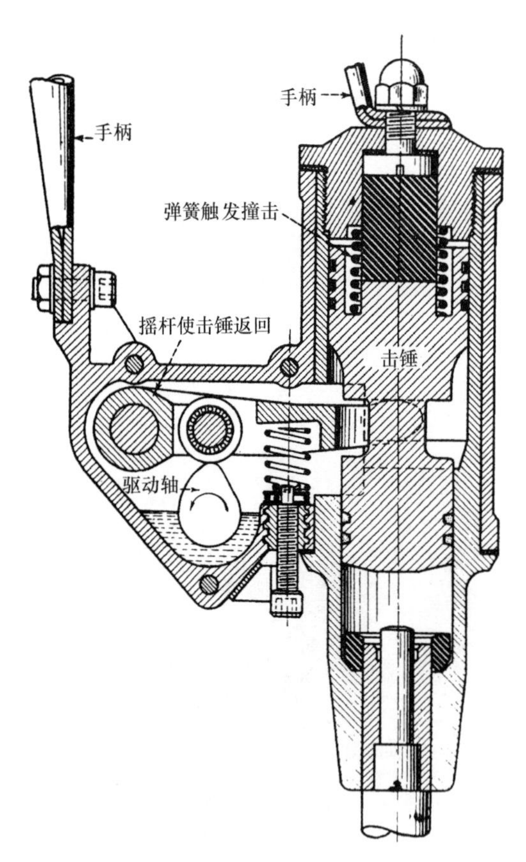

图 16.8-6 带有用于实现回程的凸轮和摇杆的这个弹簧操作锤机构有一个可以调节撞击力的螺钉。

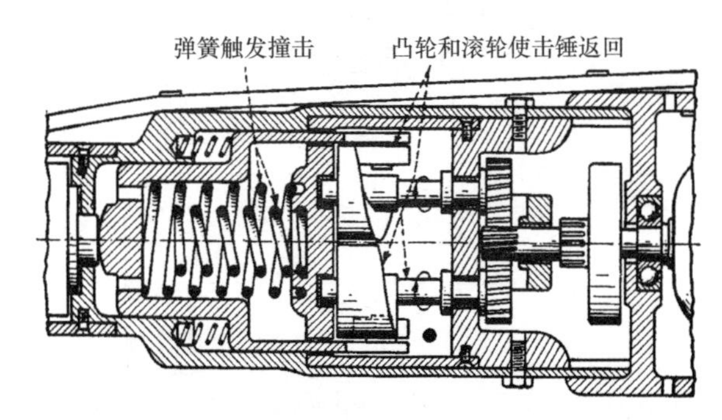

图 16.8-8 这个弹簧操作的锤机构有两个固定的旋转圆柱凸轮。它们借助于击锤套筒两侧的两个滚筒使击锤返回。辅助弹簧防止击锤撞击固定的圆柱体。这一机构中还包含有图中没有显示的旋转刀具。

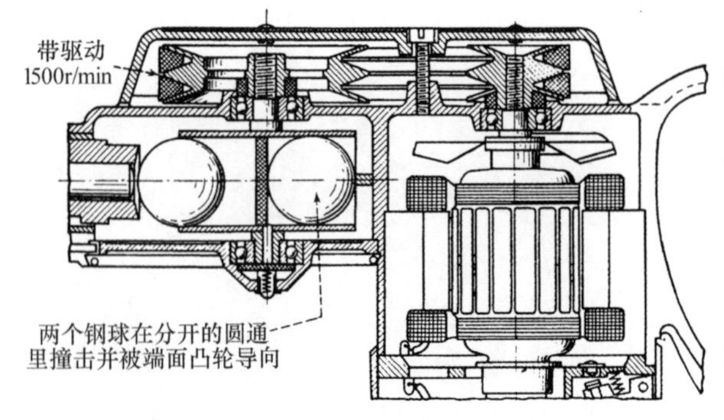

图 16.8-9 两个钢球分别在分开的圆筒里旋转，并且通过端面凸轮的控制产生离心力去撞击刀架。在架上没有刀具的时候卡圈通过压缩弹簧支撑锤子。第二个弹簧在电动机运转的时候缓冲撞击，但是刀具没有被对准工件固定。

16.9 恒温机构

对于给定的温度，下列装置的灵敏度或偏差取决于所选择的粉状化合物和双金属零件的尺寸。灵敏度与长度平方值成正比，而与厚度成反比。给定温度发生变化时力的改变也取决于双金属的类型。然而，恒温片的许用工作载荷与宽度和厚度的平方成正比。因此，双金属零件的设计与灵敏度和工作载荷密切相关。

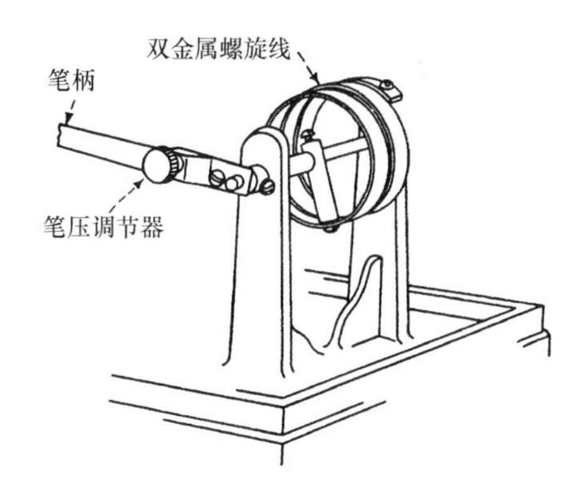

图 16.9-1 这个温度记录仪有一支被黄铜和不胀钢的双金属零件垂直移动通过回转图表的笔。为了获得灵敏度，笔的长距离的移动需要一个为了节省空间而被盘绕成螺旋线的双金属长条。虽然厚度大时需要增加长度来获得要求的灵敏度，但对于精度来说，应采用具有较大横截面的材料来保证刚度。

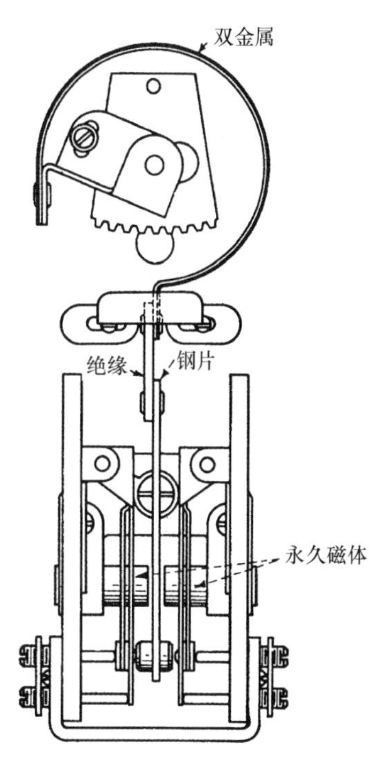

图 16.9-2 夏天和冬天的室温均可在很大的范围内被这个温度计里的一个单独的、黄铜和不胀钢制成的大直径线圈所控制。为了避免震颤，一个小的永久磁体被安装在钢接触片的两侧上。磁力吸引钢片产生一个快速接触，而且吸引力与它们之间距离的平方成反比。

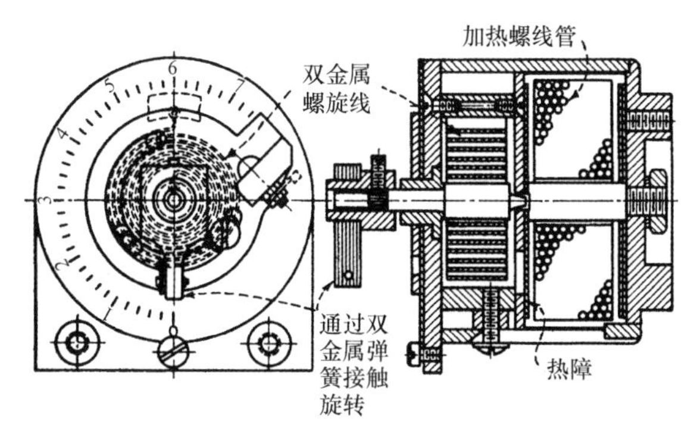

图 16.9-3 这个大型电动机的超载继电器，由在继电器里的加热螺线管传递电动机的电流。来自加热螺线管的热量提高了双金属螺旋线的温度，这个双金属螺旋线可以使带有电接触器的轴旋转。为了保持操作温度，它包含一个抗热的双金属螺旋线。为了使结构紧凑，它被卷成螺旋状。为了满足大偏差的需要，螺旋线是长而薄的，为了提供所需要的接触压力具有很大的宽度。

在双金属螺旋线和加热螺线管之间的隔热垫使双金属螺旋线的温度上升，并且接近电动机不断增加的温度。因此，短暂的超载不会产生足够的热来闭合接触器。然而，持续的超载将及时使双金属螺旋线推动接触臂绕着可调节的固定接触器旋转，这将导致继电器关闭电动机。

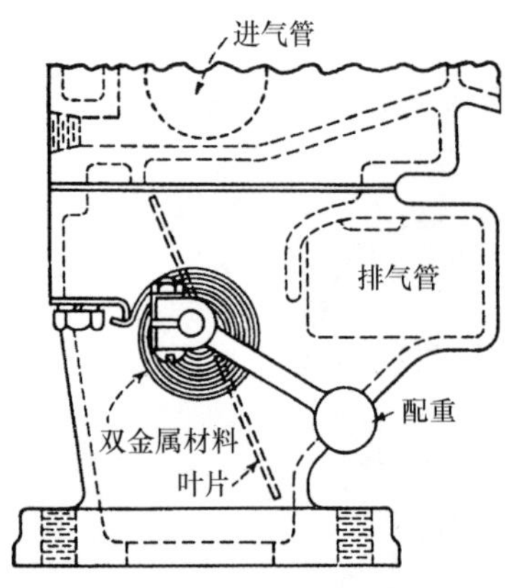

图 16.9-4 汽化器控制。当发动机冷却的时候，在“热点”排气管中的一个叶片靠一个克服配重的双金属弹簧来保持打开状态。当恒温螺旋线被外面的空气或来自散热器的暖气流加热时，弹簧向上盘绕并且靠配重关闭叶片。因为不需很高的精度，因此可用薄的、较长长度的并且有弹性的横截面材料来提供所需要的灵敏度。

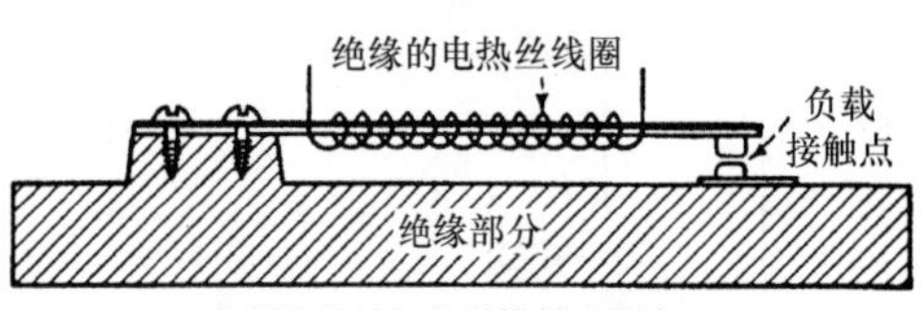

图 16.9-5 恒温继电器。恒定电流通过环绕在直的双金属条周围的一个电加热螺线管提供一个时间延迟作用。因为温度范围相对很大，而且不需要高的灵敏度。因此，用短的、直的双金属条是恰当的。因为它的厚度相当大，双金属条具有足够的刚度来闭合接触器，而且不会产生震颤。

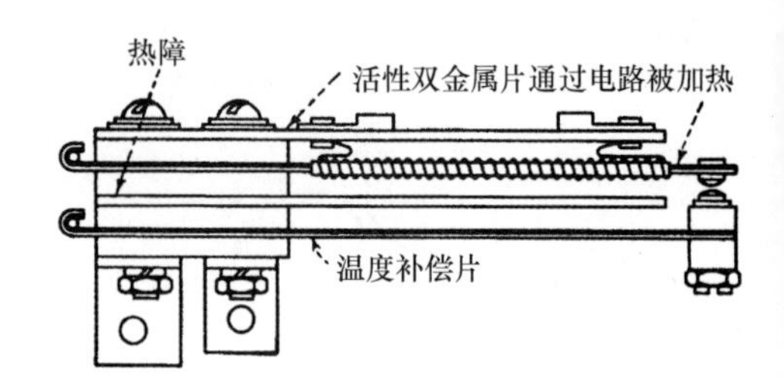

图 16.9-6 这个在时间延迟继电器里的双金属零件保护了水银整流器。只有当灯丝有时间达到它的正常操作温度之后，这个继电器才闭合水银管的电压电路。为了消除由于室温改变而对接触缝隙(因此导致时间间隔)在长度上的影响，静止的接触器由第二个双金属片来带动，对加热的零件同样类似。在活性双金属片的两侧面上的薄片状塑料热障保护了补偿条并且阻止气流影响加热速度。相对高的温度范围允许使用直的、厚的补偿条，但是附加的补偿条可以靠一次短距离的移动使精确的调整成为可能。

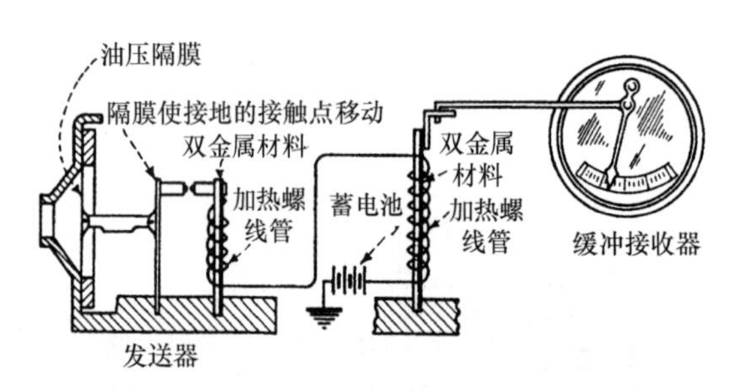

图 16.9-7 油压、发动机温度和汽油油位都被电子显示在汽车带有仪表板的仪器上，这个仪器的双金属零件既是发送器又是接收器。在发送器上的接地接触器通过加热器周围的两个相似的双金属条来接通一个电路。因为相同的电流流过两个双金属零件的周围，所以它们的偏转是相同的。但是加热的时候，发送器零件将会弯曲远离接地接触器，直到电路在冷却时被中断，双金属元件再一次产生接触，使循环继续。这使得双金属零件跟随接地接触器运动。对于油压计量器，接地接触器被安装到一个隔膜上；对于温度指示器，接触器由另一个恒温双金属条携带；在汽油油位装置中，接触器被一个在旋转轴上的凸轮改变，这个轴浮动旋转。在接收双金属零件上的偏转通过一个连杆机构被放大，这个连杆机构操纵接收装置刻度上的指针。因为只需要小的偏转，所以双金属零件可以是短的、硬的条。

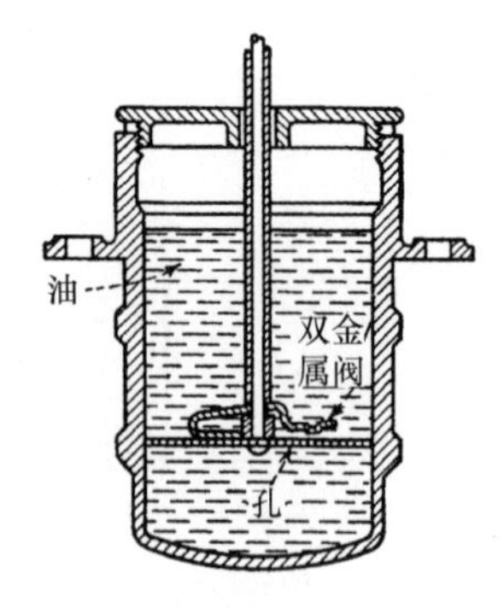

图 16.9-8 大容量的油阻尼器里有一个恒温控制来补偿由温度引起的油黏度改变。柱塞里的一个矩形孔被在双金属零件上的一个凸形钢盖覆盖。随着油温度的减少，油的黏度增加，易增加阻尼效应。但是双金属零件向上偏斜，扩大的孔足以保持阻尼力恒定。宽的双金属条提供足够的刚度，以使孔不会被流动油的力所改变。

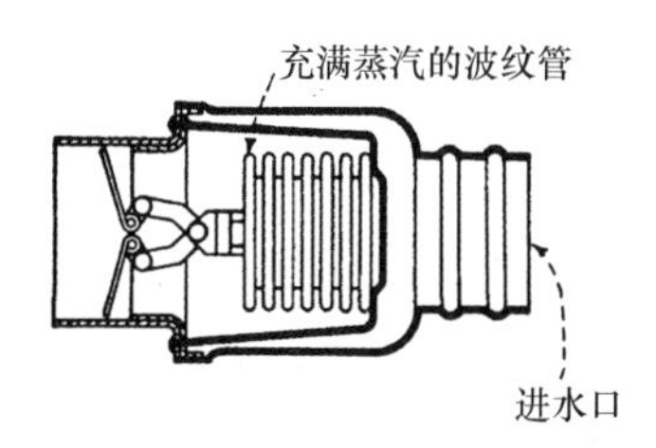

图 16.9-9 汽车冷却水的温度是通过温度调节装置里的独立波纹管控制的。像散热器里的空气阀一样，波纹管自身的温度也应该被控制。当水温增加到大约60℃（140℉）时，阀开始打开。在大约82.2℃（180℉）时，允许自由流动。在两温度中间时，阀的打开程度与温度成正比。

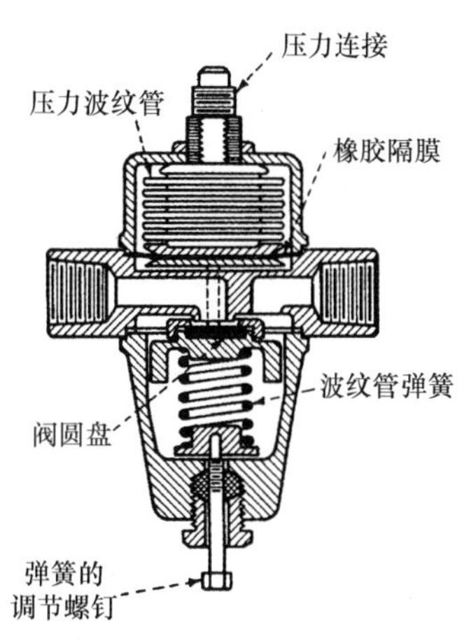

图 16.9-10 用于制冷设备的一个节流循环水控制阀的打开程度会随着波纹管上压力的变化而改变。这个阀控制冷却水流过凝结器的流动速度。当温度和压力增加时需要大量的水。凝结器的压力通过一个管被传送到阀的波纹管，借此调节冷却水的流动。青铜波纹管靠橡皮隔膜保护起来，以避免和水发生接触。

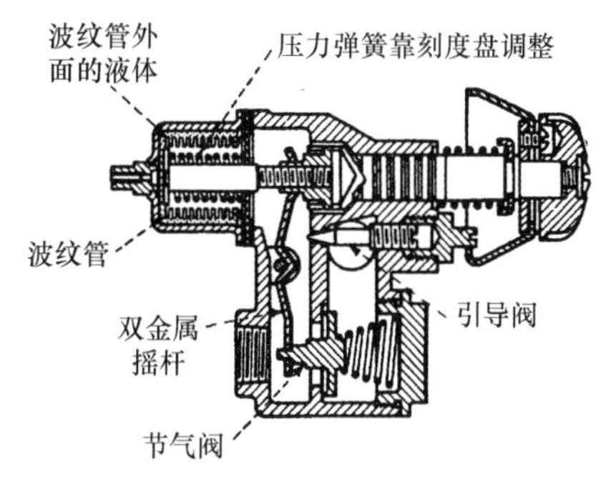

图 16.9-11 自动气控有一个密封的恒温装置，这个恒温装置由球管、毛细管和波纹管组成。因为食物通常被放置在球管附近，所以将一种无毒的液体——氯化联苯被放在液体膨胀系统中。液体也是非可燃的并且对磷青铜波纹管没有腐蚀作用。将液体放到波纹管的外面而不是放在波纹管的内部，这时在正常温度下，当波纹管在杯子底部时工作压力是最大的。在提高的工作温度下，液体的膨胀压缩波纹管来克服拉伸弹簧的作用。这些将依次由旋钮来调整。由周围温度变化所引起的刻度的改变由适合于高温的双金属摇杆进行适当的补偿。

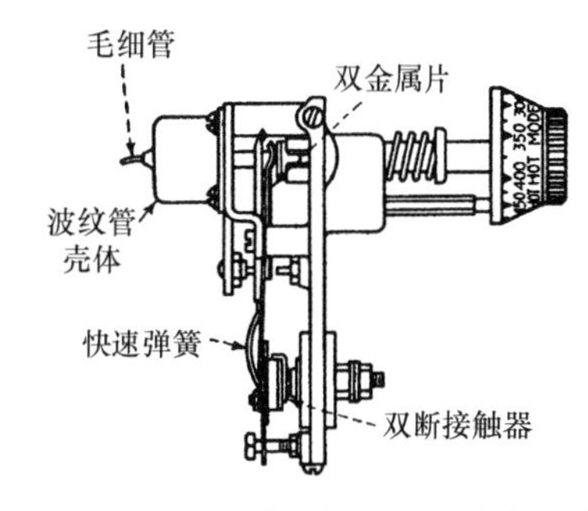

图 16.9-12 对于电灶，这个恒温装置有和气控一样的波纹管元件。但是，恒温装置通过快速弹簧的作用打开和闭合接触器，从而代替了节流作用。为了使弹簧的快速动作获得充足的力，控制在开和闭位置之间需要有不同的温度。对于从室温到287.8℃（550℉）的控制范围，这个装置的偏差是±12.2℃（±10℉），控制范围较小时，偏差按比例减小。快速作用弹簧开关是用铍铜制成的，使它具有高的强度，它比磷青铜制弹簧控制开关能获得更好的快速作用并且具有更长的寿命。由于它的耐蚀性，铍铜片不要求保护措施。

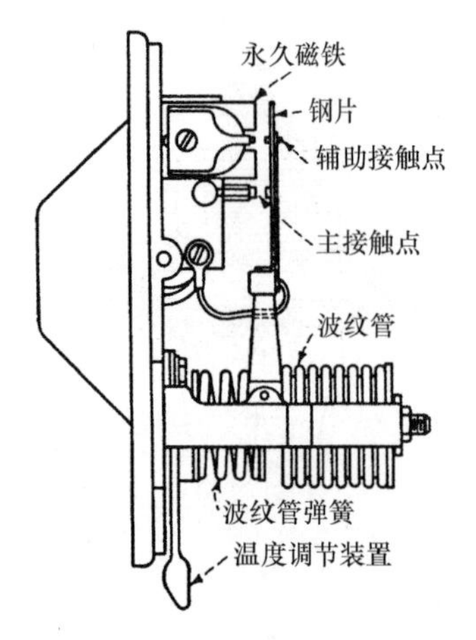

图 16.9-13 重载的室温控制装置。这个恒温装置有一个在温度变化很小条件下产生很大力的波纹管机构。波纹管装了部分液体丁烷。室温下气体对于很小的温度偏差表现出很大的蒸气压力变化。当波纹管冷却的时候，靠小的永久磁铁获得电接触弹簧的快速作用，这个磁铁拖动钢片进入固定接触点。因为固定接触，装置在无电感装载时的限定值是20A。为了避免震颤或者是在高速的磁铁的闭合作用下的冲击产生的反弹，在轻的弹簧片上有个小的辅助接触点。通过波纹管产生较大的力，只有 -16.67℃（2℉）的温度偏差。

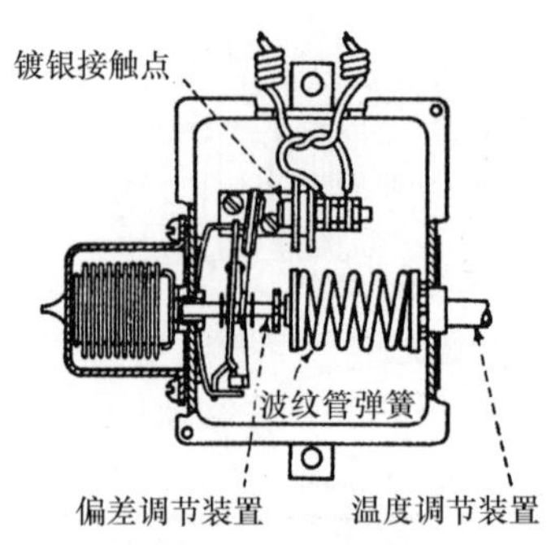

图 16.9-14 这个冰箱控制装置中的快速作用是从一个弯如弓形的片弹簧获得的。当波纹管推动弹簧运动的时候，拉伸弹簧末端的镀银接触点快速地打开或闭合。借助于这个弹簧的快速作用，接触点能够控制一个不需要辅助继电器的、功率为 1118.55W（1.5hp）的交流电动机。温度偏差借由经过接触弹簧的波纹管轴上的两个卡圈之间间隔的改变被调整。因为需要结冰的温度，波纹管系统加入了部分丁烷。

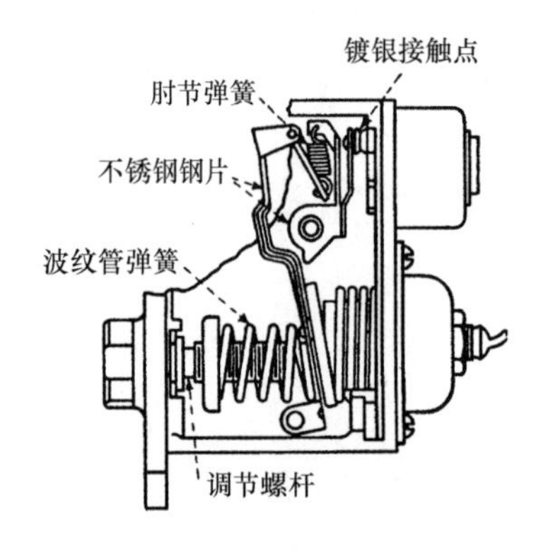

图 16.9-15 在这个冰箱控制装置中，必要的快速弹簧作用是通过肘节弹簧获得的，这个肘节弹簧是由波纹管推动的长臂支撑的。用肘节作用的这种形式，接触点压力瞬间达到最大值时接触点开始断开。恒温作用通过一个蒸气填充系统获得。硫黄二氧化物是一般的冷却应用的添加物，而在需要较低温度的场合则需要添加氯甲烷（制冷剂）。为了减少摩擦力，波纹管与波纹管杯是点接触。通过改变波纹管弹簧的初始压缩来调整操作温度。因为要抗腐蚀，杆和钢片是用不锈钢制成的，滚柱轴承是青铜制的。

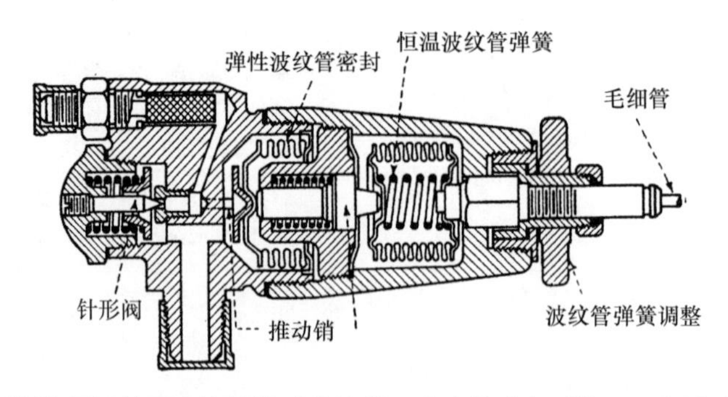

图 16.9-16 恒温膨胀阀里的两个波纹管元件控制一个大的冷却系统。一个活动的动力波纹管元件由一个安装到蒸发器输出线上的球状物内的蒸气压力来控制。第二个波纹管用在气阀里作为弹性的不漏气密封圈来使用。不锈钢弹簧使阀关闭直到恒温波纹管的压力通过一个推动销传送过来，阀才打开。

16.10 温度调节机构

温度调节器的作用是开、关作用或者是节流。过程的特性将决定应该使用哪一种。在每种应用中，调节器的选择受到精度要求、空间限制、简易性以及费用的影响。

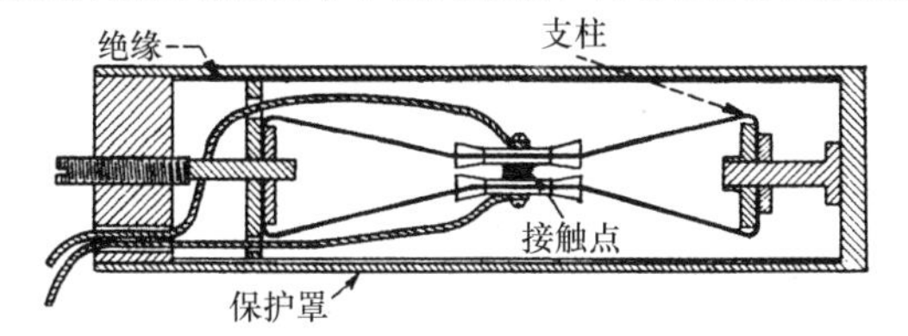

图 16.10-1 双金属传感器是简单、紧凑和精密的。安装在低膨胀支柱上的接触点实现了缓慢闭开作用。保护罩随着温度变化缩小或膨胀，从而打开或关闭控制一个加热或冷却单元的电路。它是可调的并且抗冲击和振动。它的温度范围是从 37.78～815.56℃（100～1500℉），并且它的温度响应变化少于 -17.5℃（0.5℉）。

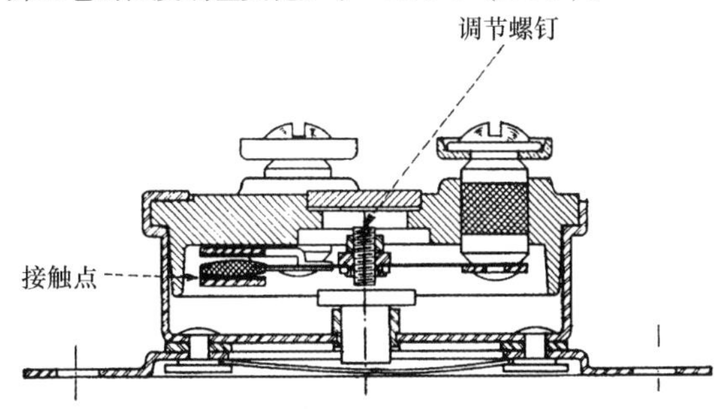

图 16.10-2 这个封闭的、圆盘形的快速作用控制装置有一个固定的操作温度。它适用于部件和空间加热器、小的热水加热器、干衣机和其他要求不可调温度控制的应用。它在有污垢、灰尘、油或大气污染的地方也很有用。它可用于各种不同的温度范围并且可以人工来重新设定。取决于使用的类型，它的温度设定范围从 -23.3～287.8℃（-10～550℉）并且它的最小偏差可以是 -12.2℃（10℉）、-6.7℃（20℉）、-1.1℃（30℉）、4.4℃（40℉）或 10℃（50℉）。

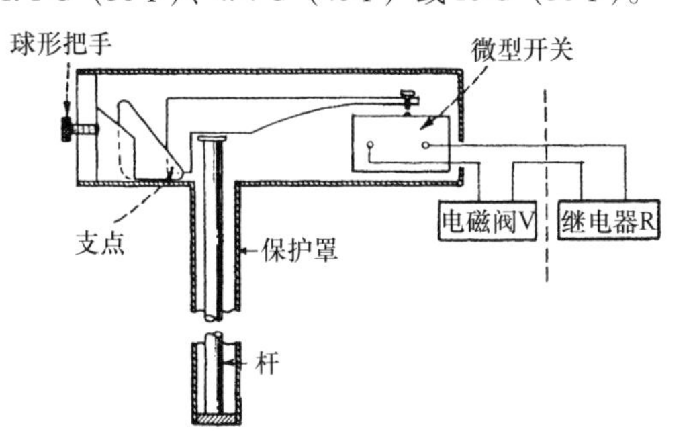

图 16.10-3 这个双金属单元有一个低膨胀系数的杆和一个高膨胀系数的保护罩。微型开关给电子控制电路一个快速作用。这个电流足以来直接操作一个电磁阀或继电器。设置点通过一个移动杆支点的球形把手来调节。它的范围为 -28.9～79.4℃（-20～175℉），并且它的精度是 -17.6～-17.5℃（0.25～0.5℉）。

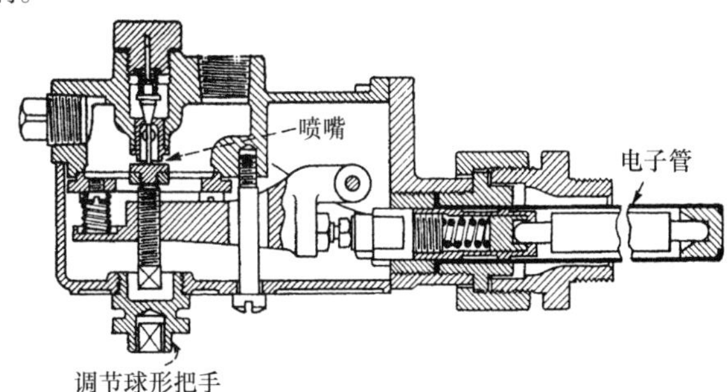

图 16.10-4 这是一个双金属驱动、气体辅助控制的装置。杆的膨胀把气体信号（20.67～103.35kPa）传输到一个热的或冷的气阀。气阀的位置取决于经过控制阀排放的气体量。这需要一个节流类型的温度控制，与前面所描述的三个开或关特性的类型形成对比。它的范围是 0～315.6℃（32～600℉），它的准确性是从 ±1℉（-18.3～-17.2℃）到 ±3℉（-19.4～-16.1℃），这将由它的温度范围所决定。

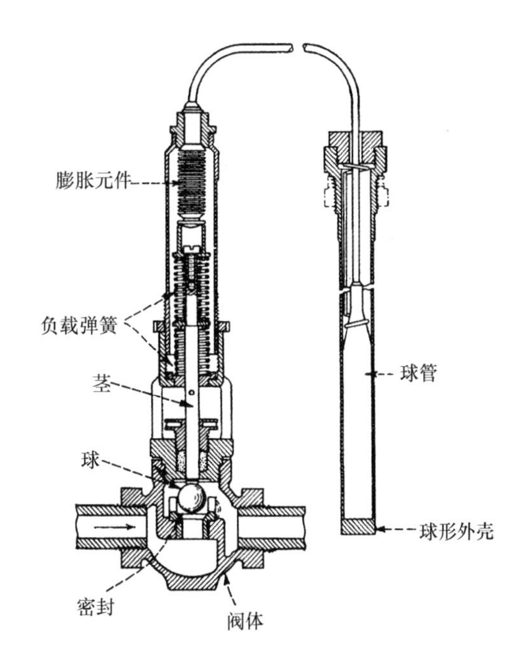

图 16.10-5 这个独立的调节器靠一个温度敏感球管里的液体或气体的膨胀或压缩来驱动，球管被浸在所控制的媒介中。信号从球管传输到一个可以打开或关闭球阀的密封膨胀元件。它的范围是 -6.7～132.2℃（20～270℉），它的准确度是 ±1℉（-18.3～-17.2℃）。最大的额定压力对于封闭端是 100lbf/in^2（689kPa），对于连续的流动是 200lbf/in^2（1379kPa）。

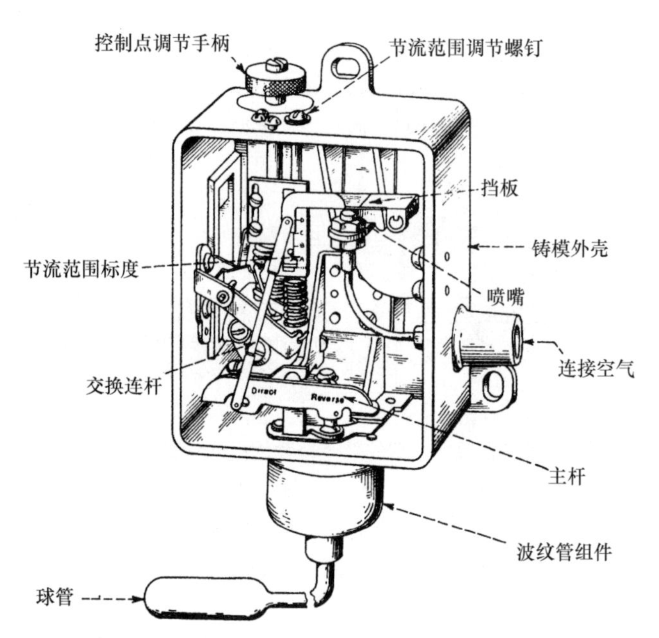

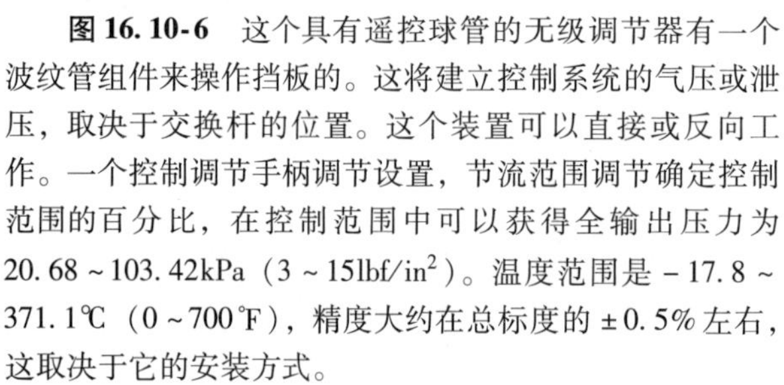
图 16.10-6 这个具有遥控球管的无级调节器有一个波纹管组件来操作挡板的。这将建立控制系统的气压或泄压，取决于交换杆的位置。这个装置可以直接或反向工作。一个控制调节手柄调节设置，节流范围调节确定控制范围的百分比，在控制范围中可以获得全输出压力为20.68～103.42kPa（3～15lbf/in^2）。温度范围是－17.8～371.1℃（0～700℉），精度大约在总标度的±0.5%左右，这取决于它的安装方式。

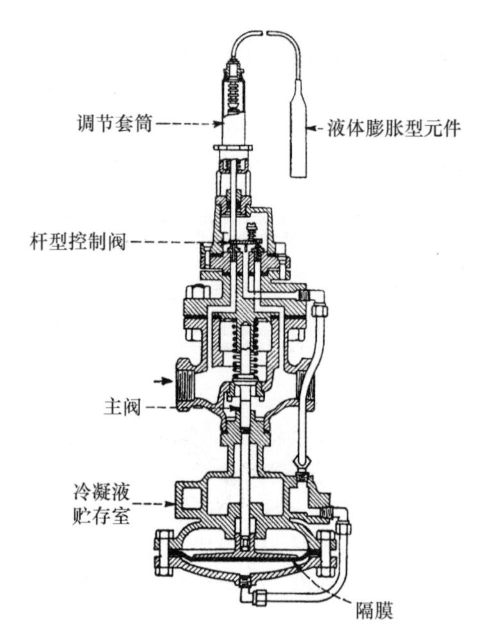

图 16.10-7 这个杆型控制阀被一个温度敏感球管驱动。杆的运动将控制水或蒸汽在一个打开或关闭主阀的隔膜上施加压力。它的温度范围是－6.67～132.22℃（20～270℉），它的精度是从±1℉（－18.3～－17.2℃）到4℉（－15.6℃）。它对蒸汽的额定值为34.47～861.84kPa（5～125lbf/in^2），对水的额定值为34.47～1206.58kPa（5～175lbf/in^2）。

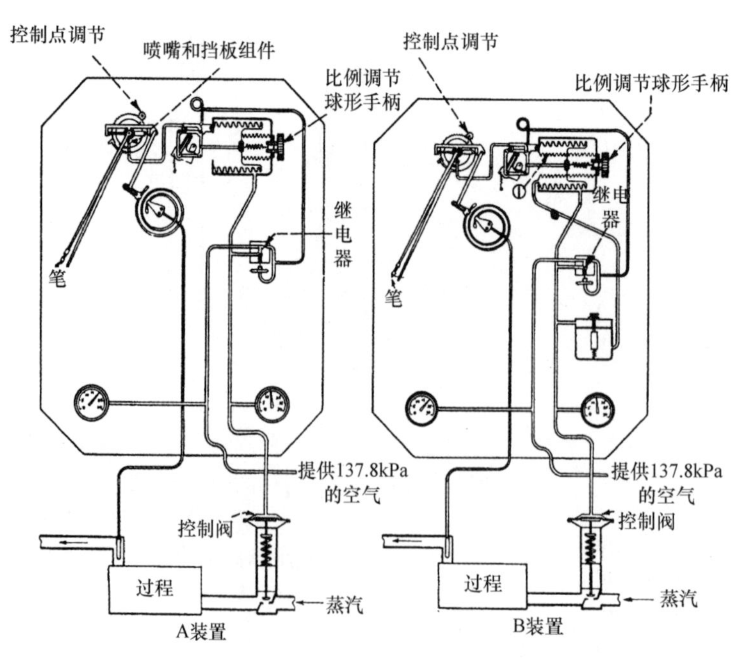

图 16.10-8 这两个记录和控制装置都有可调的比例范围。两者的空气供给都被一个溢流阀分开。一小部分空气流过喷嘴和挡板组件，大部分进入控制阀。装置B有一个进行自动复位的额外波纹管。它是为需要不断改变控制点的系统而设计的，并且它可以被用于既需要加热又需要冷却的过程中。装置A和B都能够很容易地从直接作用变为反向作用。它的精度是它的温度范围［－40～426.7℃（－40～800℉）］的1%。

16.11 光电控制

光电控制的典型应用是为了降低生产成本和增加操作时的安全性，它通过精确和自动地控制工件从一个工序到另一个工序的进给、传输或者检测来实现其功能。

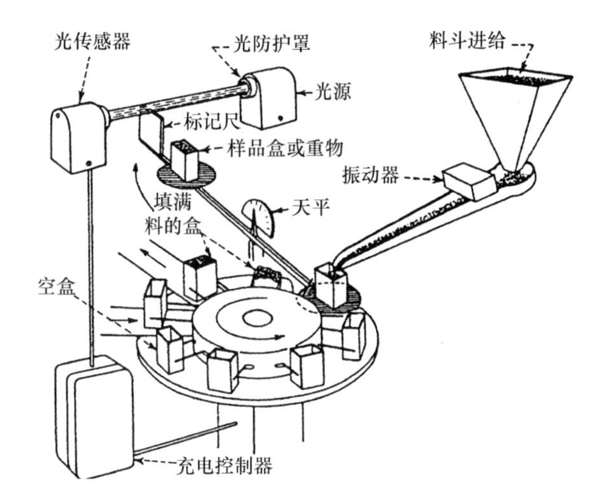

图 16.11-1 自动称重和填料装置。工作的任务是用准确数量的产品来填满每个盒子，例如螺钉。一个电动的进给装置通过一个斜道来振动零件并注入一个小天平一端的盒子里。这个光电控制器被安放在天平的后面。一个很小的光学缝隙使光线限制在一个很小的尺寸范围内。定位这个控制器，以便当盒子达到适当的重量时，固定在天平一端的平衡悬臂就把光线截断。随后光电控制器通过减弱进给装置的能量来使零件的流动停止。同时，一个分度机构被启动来移走装满的盒子，并用一个空盒子来代替。分度完成后会自动接通进给装置的电流，继续开始螺钉的流动进给。

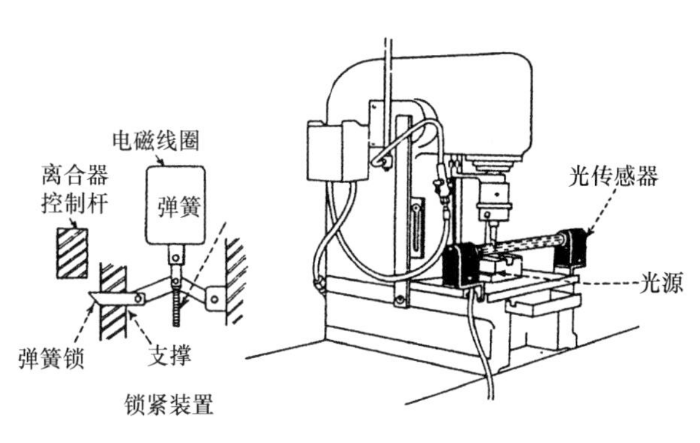

图 16.11-2 操作者的安全保障装置。大多数压力都是靠脚踏板来施加的，这个脚踏板使操作者的双手解放出来用于加载和卸载工件。但同时它也增加了安全隐患。机械阀门系统的采用降低了生产的效率。采用光电控制系统，多重光源和光扫描仪可以发射一束光，当光线在任意一点被操作者的手阻断的时候，控制器激活一个机械锁定装置来阻止冲压机工作。光线被阻断同时，电路和能量的断开使控制发生作用。此外，光线通常被当作激活控制装置来使用。因为只要操作者的手离开压力机工作台上的模具，离合器就被释放。

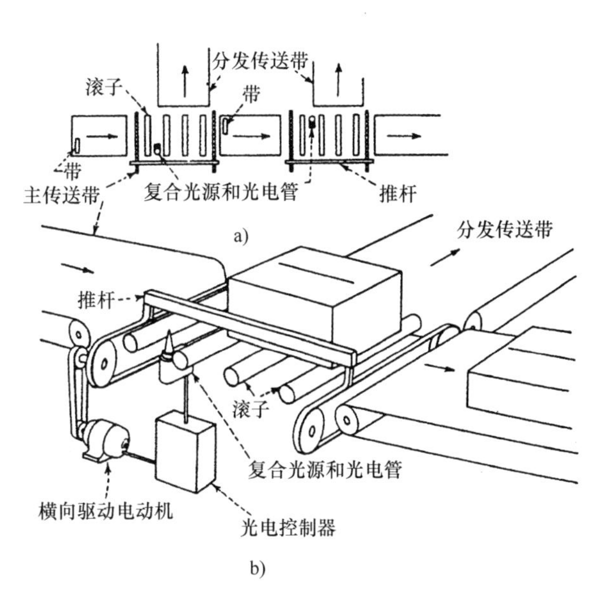

图 16.11-3 装置对三种装有不同对象的盒子进行归类。因为盒子里的物体在尺寸上差别很大，根据盒子的大小和形状来分类是不可行的。可以将一个小的反射带通过生产线上的打包机固定在盒子上。对于第一种类型的物体，反射带被固定在底部的边缘，且延伸到中部。对于第二种类型的物体，反射带被放在同样的边缘，但是从中间开始贴到相反的一边。对于第三种类型的物体，没有任何反射带。盒子被放到传送带上，以使反射带与传送方向成直角。图 a 中光电控制器“看见”了这个反射带并操作图 b 中所示的推杆机构，这将推动盒子到适当的分发传送带上。没有反射带的盒子直接通过。

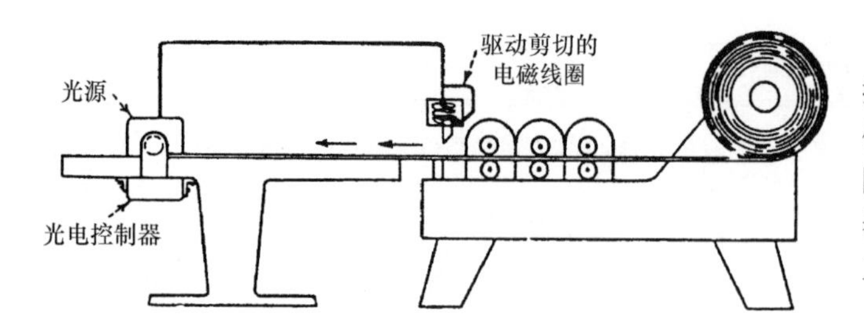

图 16.11-4 这个切割机配置了一个光电控制器，它可以帮助因为质量太轻而不足以操作机械限位开关的条形材料。条形材料的前端阻断光线，于是激活了切割操作。光源和控制器装在机床端部的可调工作台上，以便随被加工毛坯材料的长度而改变位置。

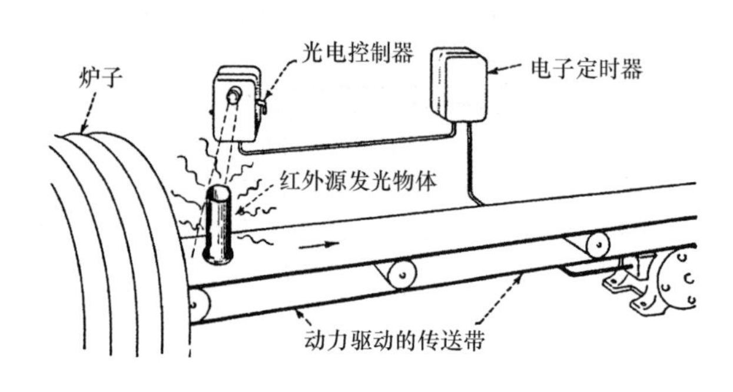

图 16.11-5 热处理传送带装置有一个和光电控制器配套的电子定时器。它被用来从1260℃（2300℉）的炉子里运出零件。传送装置只有在工件处于传送带上边时才工作，并只运动到达下一个工序所需要的距离。工件以不同的速度被放到传送带上。当使用机械开关时，会因高温问题使传送失败。当高温工件一进入视野，它的红外线就激活光电控制器。控制器操作传送带把工件带出炉子同时起动定时器。按照预先设定的时间长度，定时器控制传送带的运行，使其把工件传到下一个操作位置。

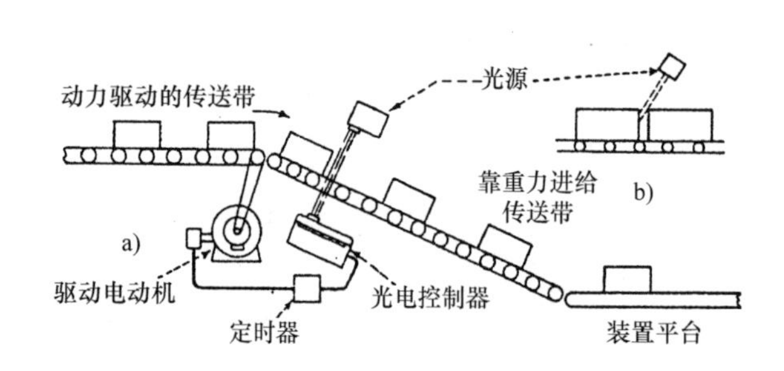

图 16.11-6 阻塞检测器。传送带上的盒子阻塞造成生产上的损失，并会对盒子、产品和传送带造成损害。检测靠带有定时器的光电控制器来完成，如图 a 所示。每次一个盒子通过光源时，控制光线就会被切断。这就起动了定时器的时间间隔。每次光线在预先设定的时间到达之前，定时电路会重新计时并且没有延时。如果阻塞发生，盒子会相互碰撞，光线不能到达控制器。然后定时电路将超时，打开装载电路，这就使传送电动机停止。通过把光源和传送器按一定角度放置，如图 b 所示，当盒子太接近时动力驱动的传送带可以延时，但是盒子并不会相互碰撞。

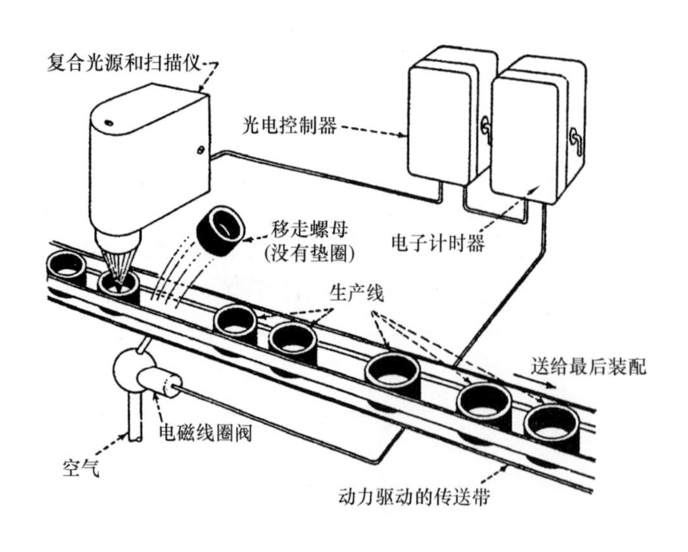

图 16.11-7 自动检测装置。当螺母被传送到最后装配阶段时，它们经历一个中间阶段，这个阶段中装配机器将一个绝缘垫圈插入螺母。缺失垫圈的检查点有一个反应型光电扫描仪。这种光电扫描仪与一个光源和配备了普通透镜的光敏元件一同使用。这种装置可以立刻分辨出黑色的绝缘垫圈和发亮的螺母之间的差别。当它监视到没有垫圈的螺母时，一个继电器起动一台通过电磁线圈阀控制的空气喷射机。空气喷射的开始和持续时间通过定时器精确控制，因此不会有其他螺母被移走。

16.12 液面指示器和控制器

以下显示的是13种不同的工作系统，每一种都至少代表了一种商业仪器，其中一些可以使用其改进形式。

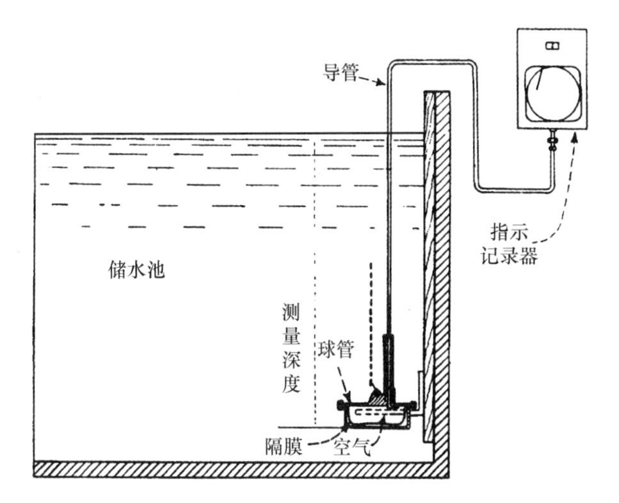

图 16.12-1 驱动指示器的一个隔膜可在任何液体中工作，无论液体是流动、湍流或是携带有固体物质。一个记录器可以安装在水箱或储水池水平面的上面或下面。

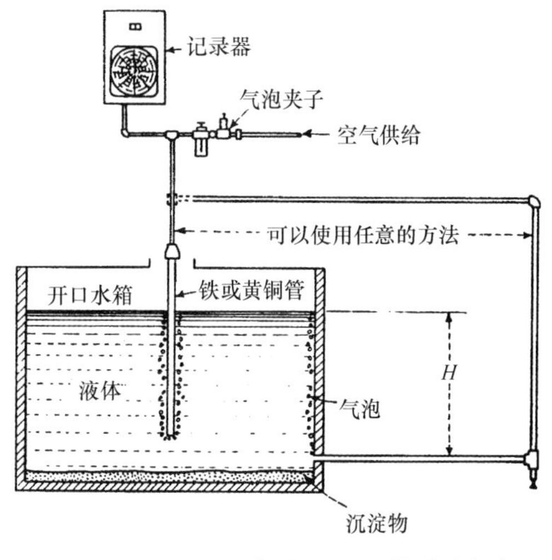

图 16.12-2 一个气泡型记录器测量高度 H。它能够用于各种液体，包括那些携带固体物质的液体。少量的空气流入浸入水中的管。计量器测量的气压能移动液体。

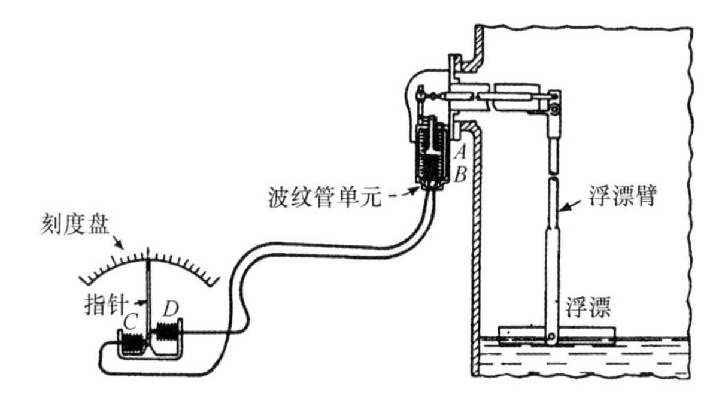

图 16.12-3 一个波纹管驱动的指示器。两个波纹管和一个连接管都充满了不能压缩的液体。液面的改变推动传输波纹管和指示器。

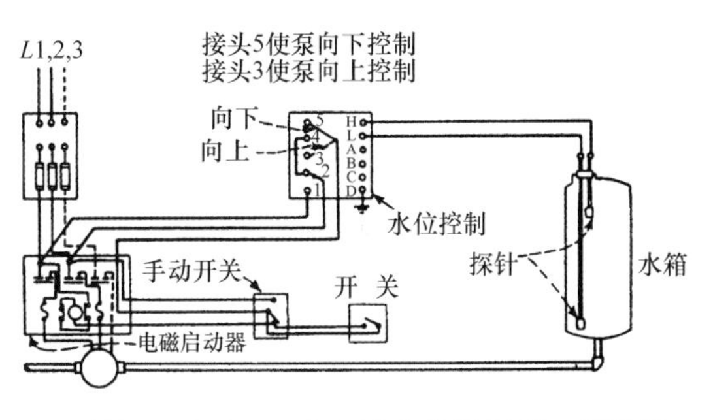

图 16.12-4 一个电子水位控制器。探针的位置确定了泵操作的持续时间。当液体接触上面的探针时，一个继电器操作而泵停止。在下面的探针上的辅助接触器提供继电器的工作电流直到液体的水位下降到辅助接触器的下面为止。

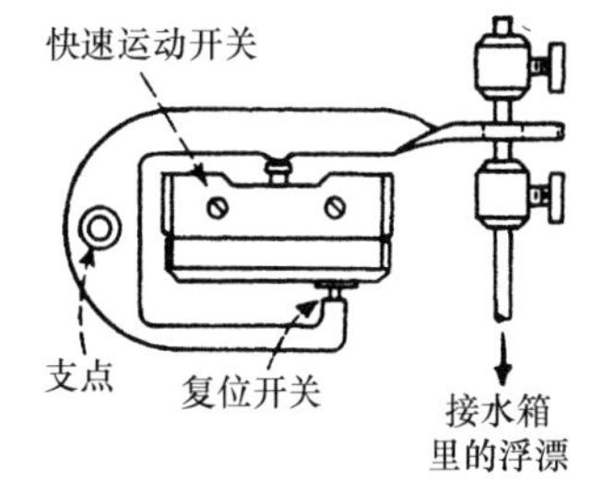

图 16.12-5 一个浮漂开关控制器。当液体到达预定的水位时，浮漂靠一个马蹄形的臂来驱动一个开关。开关可以控制阀或泵。

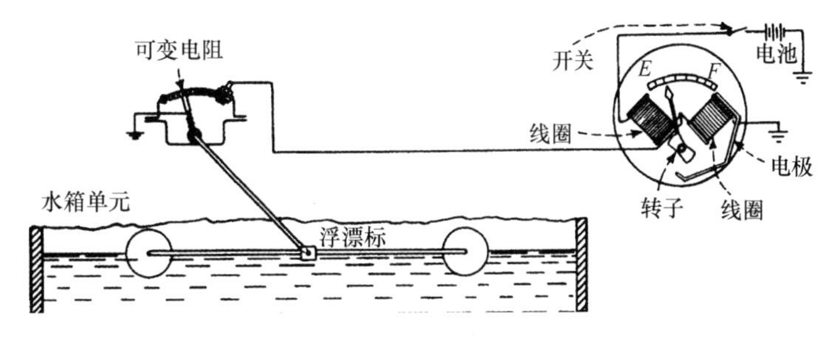

图 16.12-6 一个自动水位指示器。指示器和水箱单元被一个单独电线连接。当水箱的水位增加时，在水箱可变电阻器上的电刷触点向右移动，这将使接地线圈电路的电阻增加。指针从空标志位置开始的移动量与电路中的电阻大小成正比。

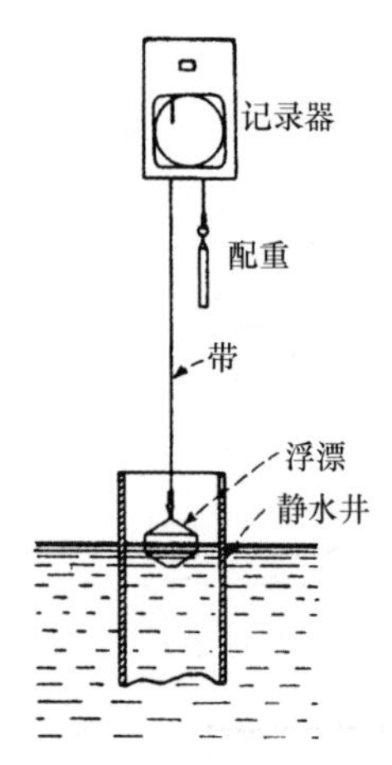

图 16.12-7　一个浮漂记录器。指针可以安装在校准浮漂带上，从而给出水位近似、即时的指示值。

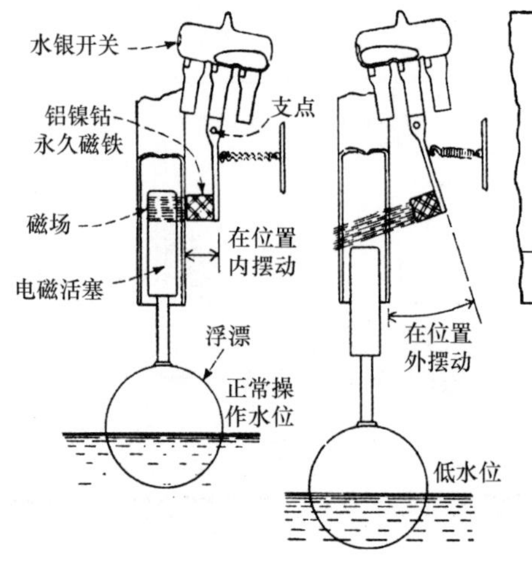

图 16.12-8　一个电磁液面控制器。当液面在正常位置时，水银开关的右脚电路闭合。当液面低于预定的水位时，电磁活塞在磁场下面被拉起。

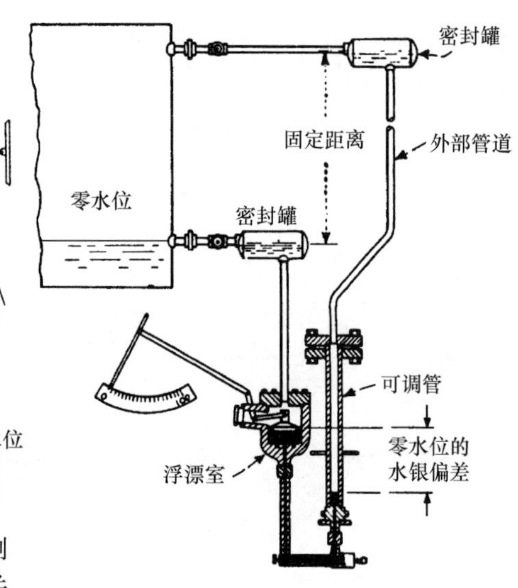

图 16.12-9　差动压力系统。这个系统适用于受压的液体。测量元件是一个水银压力计。可以使用机械的或电的仪表。密封罐保护仪表。

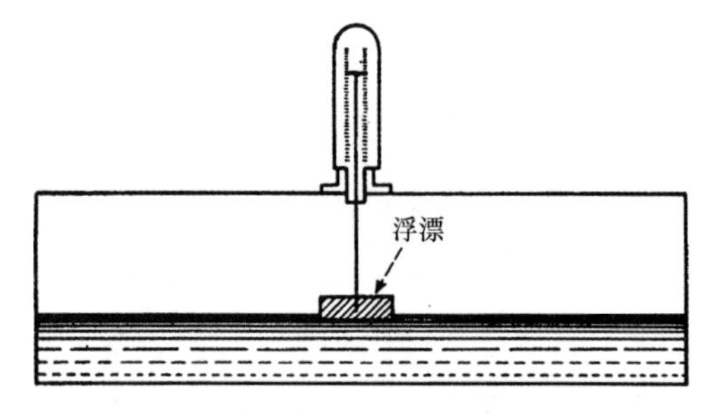

图 16.12-10　一个直接读取的浮漂计量器。这个经济的、直接读取的计量器有一个校准水箱容积的刻度盘。这类计量器应用了简单的通过一个直角臂与浮漂连接的针。当液面下降时，浮漂使这个臂和针旋转。

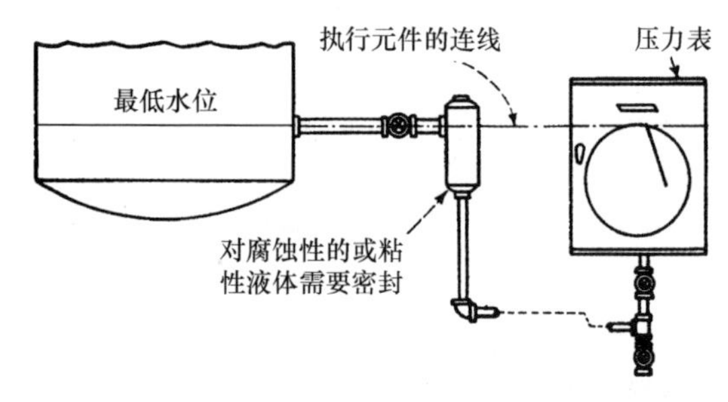

图 16.12-11　一个针对开放容器的压力表指示器。液体前端的压力被直接施加在压力计量器的执行元件上。当液体达到最低水位时，如果计量器读数为零，那么执行元件的中心线必须与最低水位线一致。

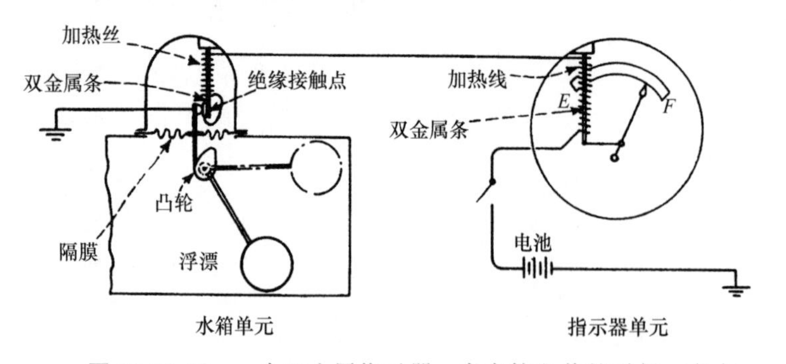

图 16.12-12　一个双金属指示器。当水箱空着的时候，在水箱单元里接触点恰好接触。由于开关的闭合，加热器将导致两个双金属条弯曲。这将断开水箱里的接触点，并且双金属条冷却，再一次闭合电路。这个循环大约每秒重复一次。当液面上升时，浮漂迫使凸轮使双金属条弯曲。这一动作与浮漂计量器相似，但是增加了电流和针的位移。

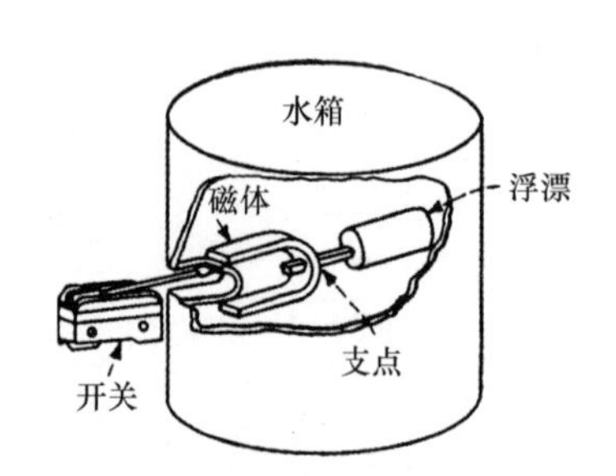

图 16.12-13　一个开关驱动的水位控制器。这个泵是靠开关驱动的。浮漂使磁体转动，从而使上面的电极吸引开关接触。水箱的内壁被视为另一个接触点。

16.13 利用火药的动力产生即时的冲力

火药驱动装置产生一个冲力。这个冲力可以切削电缆和管，剪切螺栓，提供应急推力。

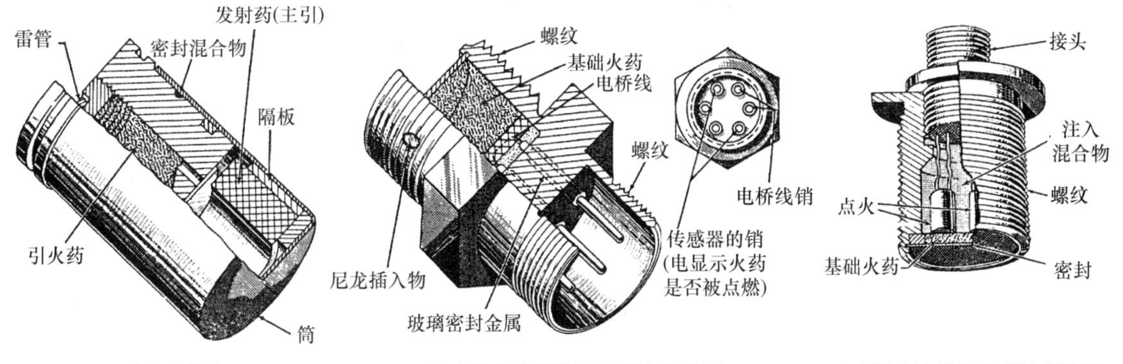

图 16.13-1　弹药筒装配。

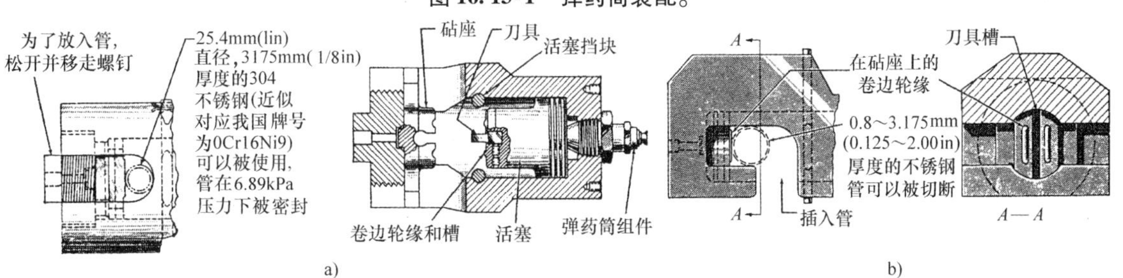

图 16.13-2　管切割机。

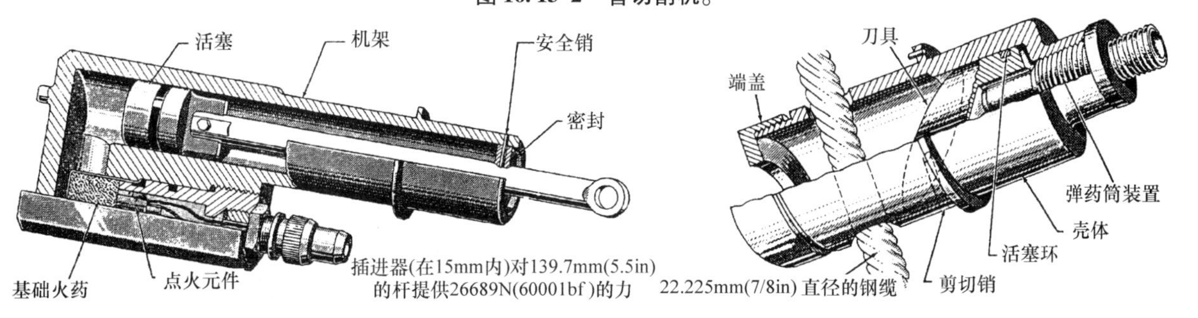

图 16.13-3　电缆切割机。

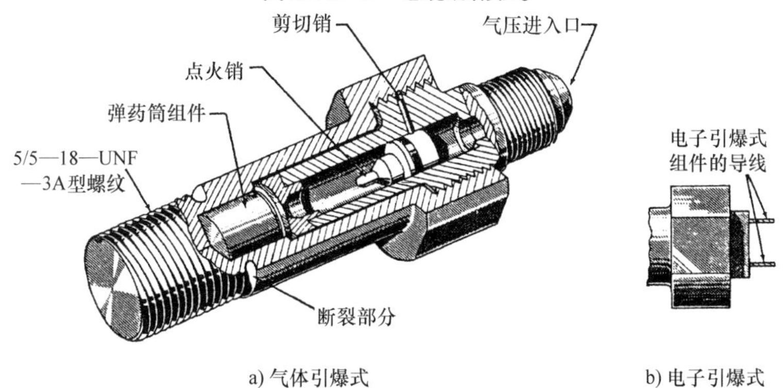

图 16.13-4　爆炸螺栓。

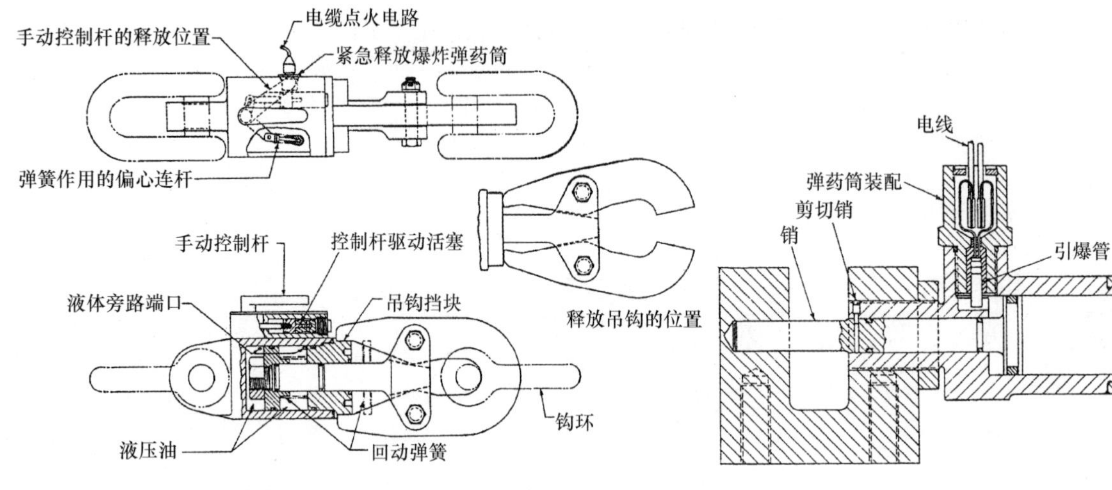

图 16.13-5　一个紧急吊钩释放装置可以在任何时候去除负载。超载时，吊钩被设计成自动释放。

图 16.13-6　销的回撤释放负载，或为自由运动清除出一条通道。

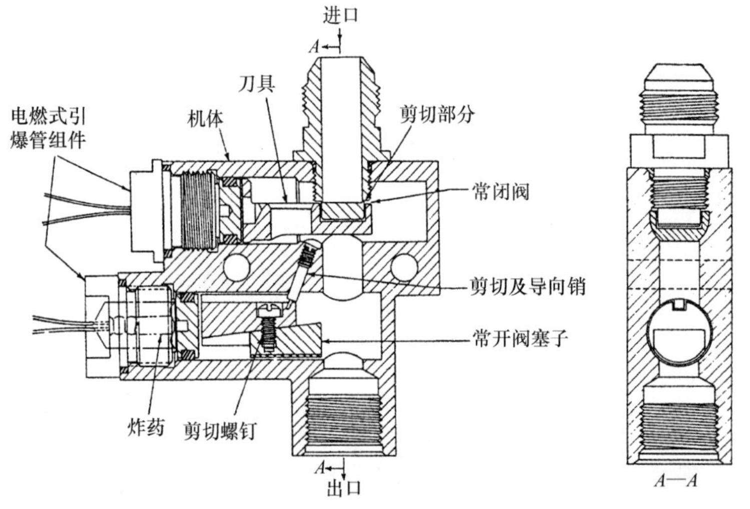

图 16.13-7　这个**双阀**设计可以用同一个元件使流动开始或停止。点燃一个引爆管开始流动；点燃另一个引爆管停止流动。

快速分离器。一个管关节几乎可以被遥控的爆炸螺栓和螺纹开口环瞬时分开。这个装置是由美国国家航空航天局兰利研究中心的詹姆士·梅奥设计的。

环的外螺纹与被连接构件的内螺纹相啮合，并且它们必须很快被分开。这个环具有内置弹簧的特性，即当没有横向约束时会呈现螺旋状并且减小到比较小的直径。在装配期间，它靠两个弹簧圆盘支撑到扩张尺寸，这些圆盘的轮缘进入开口环上被机械加工过的内槽。圆盘通过爆炸螺栓和螺母固定。

在爆炸螺栓点火时，这些圆盘向开口环的轴向弹簧张力的反向飞离。然后开口环缩回到它通常的较小直径，释放两个结构单元。

管关节可以制造成任何大小和结构。对于V形螺纹来说，固定介质不受限制。

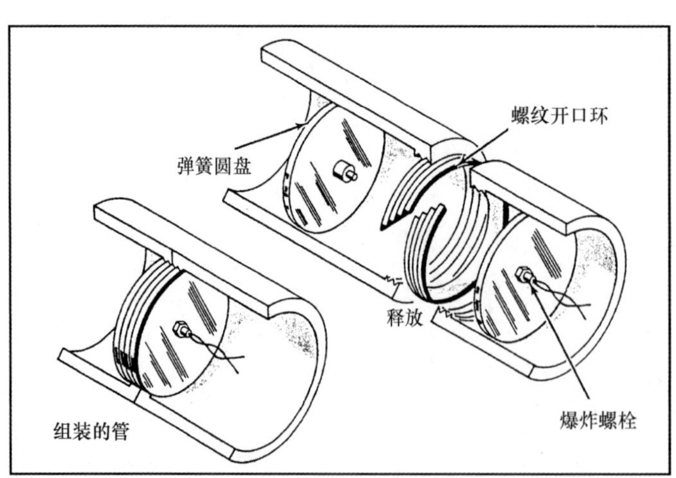

图 16.13-8　一个有螺旋弹簧响应的螺纹开口环支撑在关节上管的末端，直到爆炸螺栓被点燃，然后它立即释放。

16.14 离心、气动、液压和电动的调速器

离心调速器是最普遍的调速器——它们简单、灵敏并具有高的输出力。离心调速器方面的资料比其余所有类型加在一起还要多。

在操作中，离心飞锤产生一种与速度平方成正比的力，该力根据需要通过连杆装置修正。在小型发动机中，飞锤运动能够直接开启燃料油门，大型发动机需要放大器或者继电器。这产生了导向活塞、线性执行器、油壶、补偿器、齿轮箱的组合。

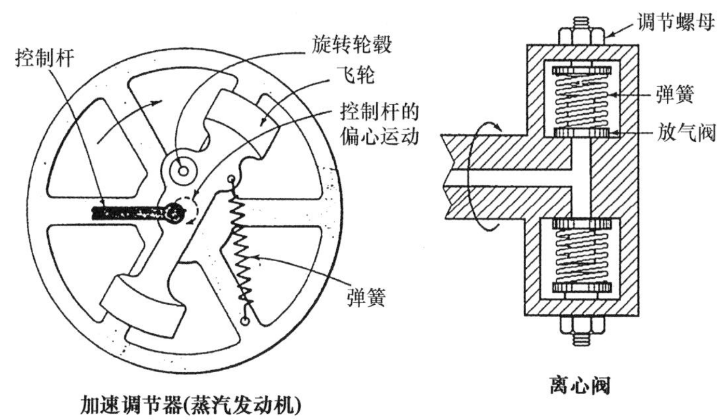

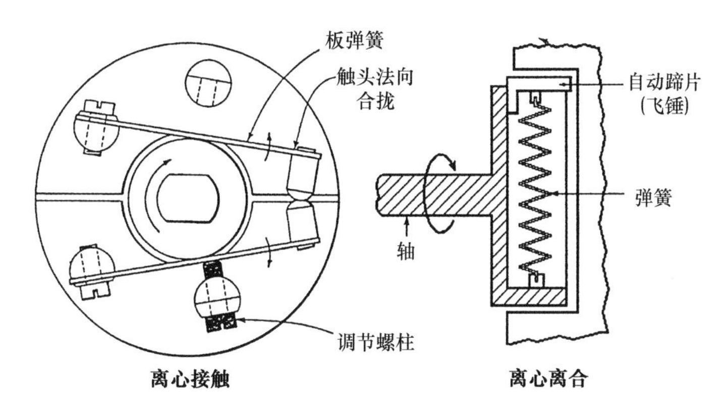

图 16.14-1　离心调速器。

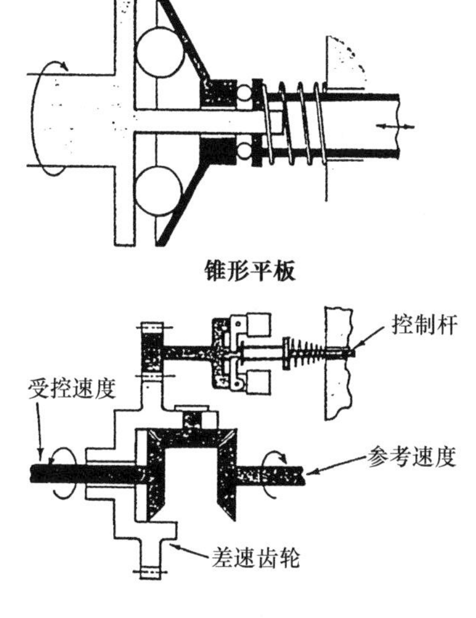

图 16.14-2　差速离心调节。

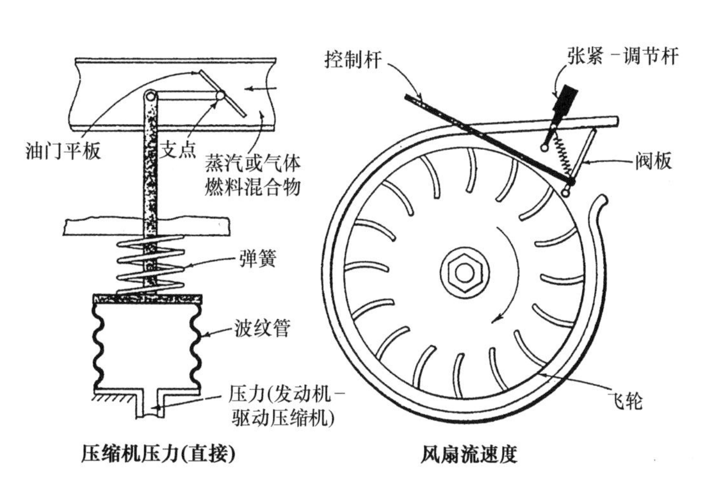

图 16.14-3　气动调速器。

气动传感器是所有速度测量和调节元件中最便宜的，也是最不准确的。然而，在很多应用中它们完全适合。压力、冷却速度或燃烧气体都用于测量和调节发动机的速度。

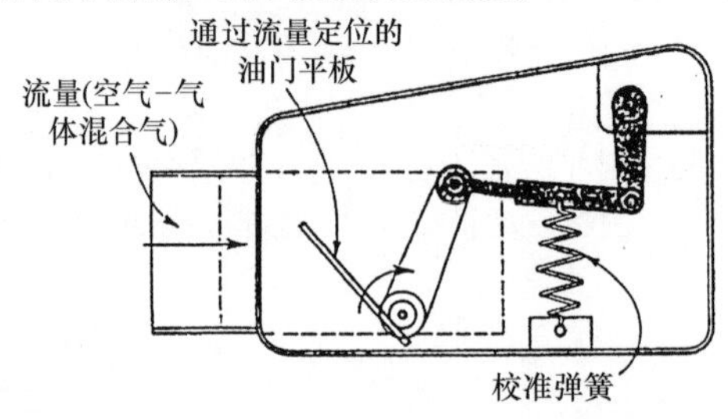

图 16.14-4　汽化器-流量速度（连杆装置）。

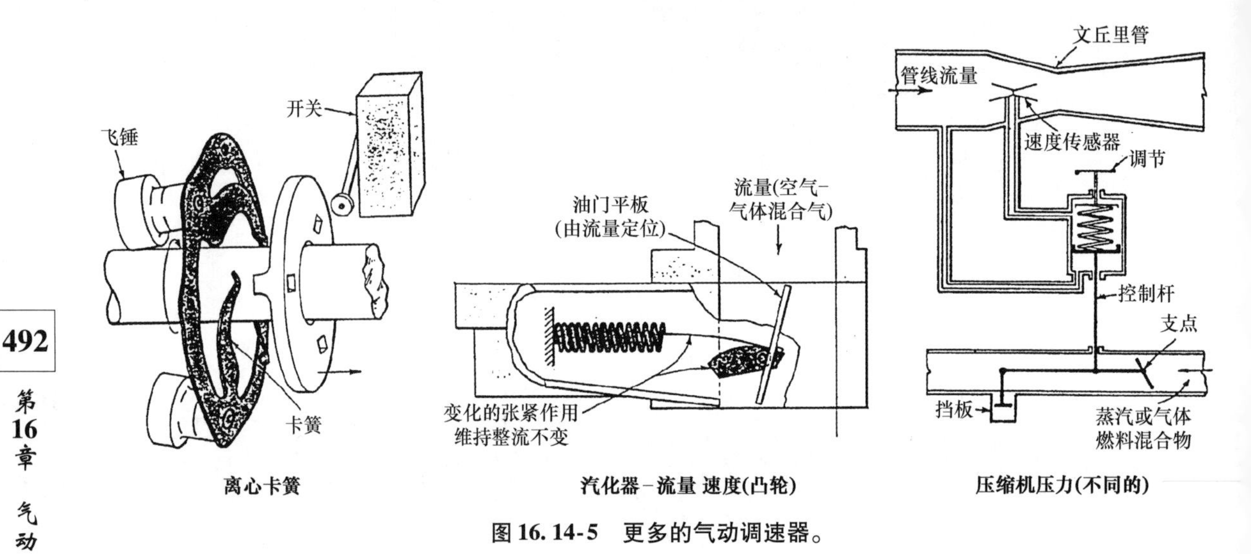

图 16.14-5　更多的气动调速器。

液压传感器可测量发动机驱动泵的出口压力。压力与大多数泵的速度成正比，对于带有特殊叶轮的泵，压力和速度会有线性关系的特性。

直叶片比扭曲形的叶片好，因为压力受流量的影响不大。低压比高压好，因为流动摩擦小。

这些调速器的典型应用包括带有柴油机或汽油发动机的农用拖拉机、大型柴油发动机和小型蒸汽轮机。

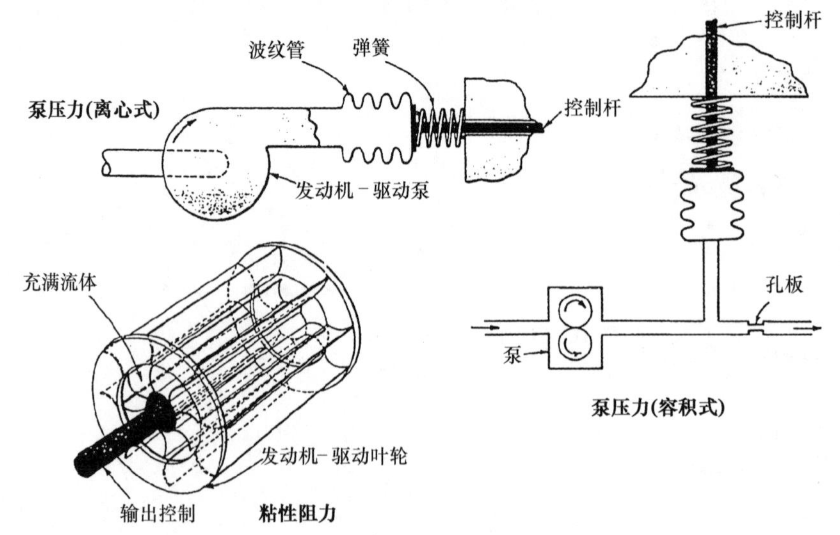

图 16.14-6　液压调速器。

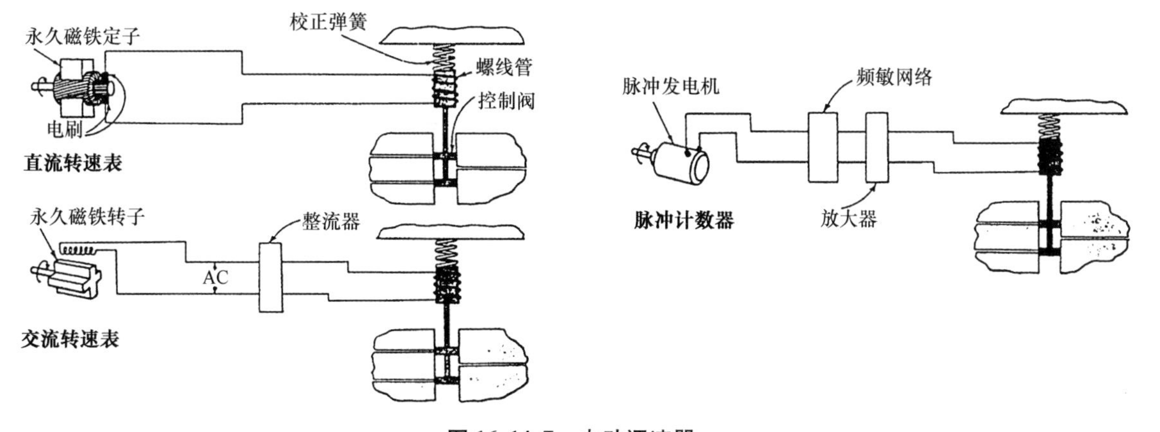

图 16.14-7　电动调速器。

第17章

3D数字样机和仿真

17.1 3D 数字样机和仿真简介

在过去的 30 年中工程制图经历了一场深刻的变革，这是因为功能强大且便宜的电脑结合日益强大的计算机辅助设计（CAD）软件的普及。未来将有更多的厂商提供更加灵活的 3D 数字样机和虚拟仿真软件，可以运行在台式电脑和笔记本电脑上，同时在互联网上或零售商店中出售。这些软件不再局限于过去昂贵的工作站。

如今，设计师和工程师们可以选择比以往更多的"工具"软件，用来加速和提高他们的设计工作。软件供应商提供了比几年前更多的功能，他们都声称自己的软件的学习和使用比以往任何时候都容易。此外，不同品牌软件的标准化和兼容的转换［从 CAD（计算机辅助工程）到 CAE（仿真软件）］比以往任何时候都更容易。此外，大多数的软件供应商都提供年度更新。

现在的设计可以呈现在计算机屏幕上，也可以在三个方向上操纵和修改 3D 数字样机或模型，用不同的颜色可以使 3D 装配零件容易显示它们如何关联。有些绘制的数字化图形在复杂细节方面甚至可以媲美摄影，足以说明复杂的细节。

软件现在可以验证设计的格式、适应性、功能，能够最大限度地减少实验室订购用于测试的物理样机或模型的压力。这样可以节省测试模型的费用和时间，以确定它们是如何在实际工作条件下成功运行的。软件程序也可以启动 2D 概念草图，并将其转换成 3D 的原型。此外，软件生成的 3D 模型及所有相关的设计数据可以导入不同的计算机和不同的软件中。

不论其来源，软件可以解构成组件，使它们的图形可以单独文件的形式存储在参考或进一步修改程序集中。可以加载和重组各个部分的尺寸几何形状，形成一个新的数字化模型。设计可以被转移到仿真软件，它可以承受的机械应力和物理现象的范围很广。

软件还允许设计师在 3D 数字样机中进行参数变化，包括长度、宽度、高度、壁厚、圆角半径、孔直径尺寸。有些软件甚至还有功能可视化的 3D 模型动画。在此过程中，它有可能对于发展运动学模型的部件和组件作进一步评估。在完成经过验证的 3D 数字样机后，修订后的尺寸和数据可以返回 2D 环境中生成图纸、物料清单和其他必要的生产文件。

由于软件允许多个演示文稿在其他计算机上的 3D 设计及其仿真，既近及远，同时它允许早期的设计师和制造环节协作，其中包括市场营销和销售组，以方便实时地改进建议。可以按照不同工作组设计的各个方面，在自己负责任的方面取得进展。他们还可以评价初步制造文档，此功能有助于最大限度地减少设计变更的必要性，但如有需要，可以更快地变更。它们还允许制造商设计得更快，减少制造误差和成本，缩短提供更多的创新产品推向市场的时间。

应力分析，可以对个别零件或完整组件进行图形演示。它们可以模拟单独或者同时经受各种物理现象。这个模拟的结果可以被改为可以理解的格式投放在电脑屏幕上，并用适当的颜色标记，方便设计师来确认设计或改进，以纠正任何缺点。更重要的是，不要求设计师是一个模拟任何物理行为方面的专家。

运动仿真软件使用 3D 模型的特点，以确定有关的刚体，产生正确的运动关节，并计算动态行为。这有助于设计师了解设计的行为，包括运动部件的位置、速度、加速度。仿真可应用不同的驱动负载和转矩以调查原型在各种不同的负载条件下的表现。

仿真软件还允许设计者检查静态载荷下的零件和组件，以确定最大和最小的应力和挠度变形。这为设计者提供了一个机会以确保设计符合规定的安全标准。振荡模式的研究允许设计师确定振动以及部件和组件的固有频率范围的影响。此信息是很有用的，它可以为减少振荡幅度确保其在可控的水平做出必要的设计变更。

也有同时可用于两个或两个以上多样化物理应力观察结果的 3D 数字模型。它们包括交流或直流电流、声学、热传递、无线电频率和流体流动等的影响。设计师利用这些模拟来替换材料生产最终产品，以评估其耐用性、重量和成本等因素的相对表现。预定应力数量级，其模拟量或表面颜色的变化会投放在电脑屏幕上。

数字仿真基于偏微分方程（PDE），它是描述科学规律的基本方程。偏微分方程用有限元法（FEM）转化为数值分析和求解。数字模拟与实际 3D 样机的实验室测试得到的结果有很高的相关性。这给了设计师对模拟结果的高度信心。

17.1.1 工程制图简史

几个世纪以来，使用简单的绘图工具，如铅笔、钢笔、圆规、分频器、三角尺和直角尺在纸张或羊皮纸上使工程项目活了起来，例如精致的 3D 达芬奇工程图纸。在过去 30 年，工程制图由手工绘制图样转变为工作站

CAD 软件绘制后打印，这种转变是让人难以接受的，特别是对于许多职业生涯中期的设计师和工程师来说。这远远超过放弃多功能电子计算器、计算尺的影响。手动机械制图培训的人员慢慢从工程设计、建筑就业方面消失。咨询公司被少量的 CAD 培训或再培训人员取代。

在 CAD 出现之前，工程专业的学生需要接受工程图纸和解析几何课程。在绘图课上他们必须了解制图的惯例和标准，2D 的基础知识，也许还有等容线和透视的 3D 渲染。解析几何课程涵盖直角坐标、功能和图表，常见的几何形状、长方形和极坐标系以及各种曲线科目等。

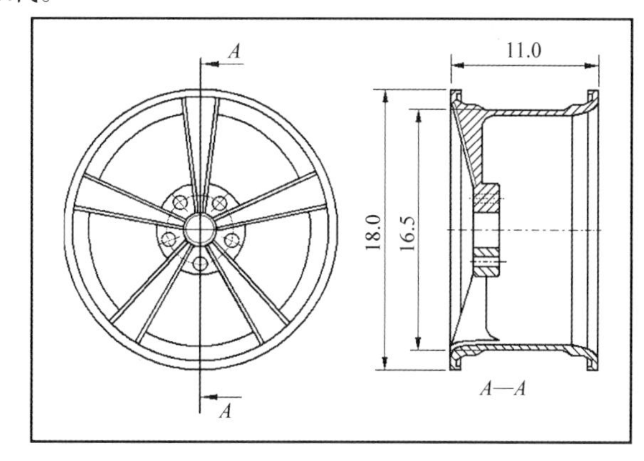

图 17.1-1 2D 图纸如图所示，是仍广泛应用于生产规划、模具设计、产品制造的工程制图形式。现在许多 2D 图纸都包括 3D 线框或 3D 立体图，以协助用户对设计意图的理解。

如今，工科院校的室内教学和实验室课程通常都包括 CAD。工科院校从两个方面对以下课程进行描述：

"在计算机应用于工程设计方法中提供指令。手动几何建模，在可视化和起草过程中使用 CAD / CAE 软件包。强调固体和结构性的问题。进行独立设计项目。当然作为一个上层的设计课程，迎合了机械和土木工程工作人员。"

"引进了工程和工程设计的概念。包括在个人电脑上通过素描和计算机辅助设计（CAD）完成的工程中使用的图形通信技能的介绍。正投影和轴测图的概念，经强调和扩展以包括截面和维数，也包括在工程中使用的电子表格。"

一些高校要求学生购买 CAD 的使用许可，以及在他们的笔记本电脑上运行 CAD 软件的流行品牌。学习掌握 CAD / CAE 软件需要的时间远远超过了学习机械制图基础手册的时间，但是这是一个必要的步骤。无论软件出版商说什么，有一点就是要掌握 CAD 软件，它是革命性的。但是，具有用手绘图的实践工作知识仍然是一个先决条件。

17.1.2 从黑板到屏幕的过渡

学习者面对一个专业级的 CAD 屏幕的第一印象可能很害怕，因为其看似难以理解的工具栏菜单上的信息非常混乱。左侧栏和屏幕上的工具栏上都充满了图标和菜单提供的"工具"和适用于特定地方的命令。这些都必须通过培训和实践掌握，学生可能需要多年才能达到熟练程度。用户可能在社区学院或技工学校以及大学夜校学会 CAD。软件商提供训练课程，通过他们的教室以及教育影片向用户说明他们的新产品或改良产品的更新。由软件供应商通过网络提供的选定主题的教程被称为网络研讨会。

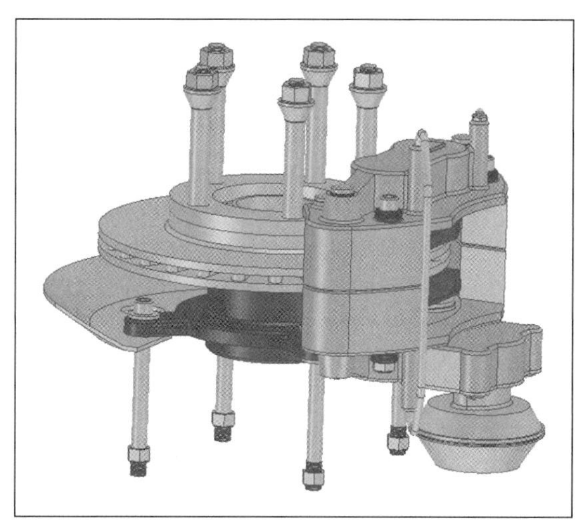

图 17.1-2 这是制动器组成的 3D 数字图像，允许设计师使用软件工具"切片和切块"到它的组成部分，改变尺寸，消除多余的材料（如有必要），并重新组合成一个新的或修改的原型，同时保留所有制造信息。

作为学习软件和命令的回报，CAD 免除了设计者繁琐的手册起草，详细介绍和注写工作，这些通常都是交给专门的起草人来做。作为他或她在 CAD 和 CAE 进程的参与结果，现在数字技术可以使设计师比以往更密切的接触项目的细节。在低得多的成本优势下，生产更准确和清晰的图样可以比以往任何时候通过手动起草完成耗费更少的时间。

第一个 CAD 程序运行在缓慢而昂贵的计算机工作站上，其只有几兆内存。相比之下，如今普遍成本低于 1000 美元的带有 3GB 内存、320GB 硬盘、18in 屏幕的台式机和笔记本电脑上可以很容易地运行先进的

CAD 软件。在 20 世纪，复制一个大型绘图的唯一可行的方法是用蓝图机器上的特殊紫外光敏纸。如今，使用喷墨打印机或 XY 绘图仪对大规模的图样可以更快、更准确、更便宜地进行复制。

在其早期，CAD 站只进行“计算机辅助绘图”，因为这是软件唯一可以做到的。现在的 CAD 实质上是指计算机辅助设计、计算机辅助或数字模拟，准确地说可以被称为计算机辅助工程。这些发展使以设计、构建、测试、修正设计、分析、重新试验为特点的传统实验产品开发周期被废弃。

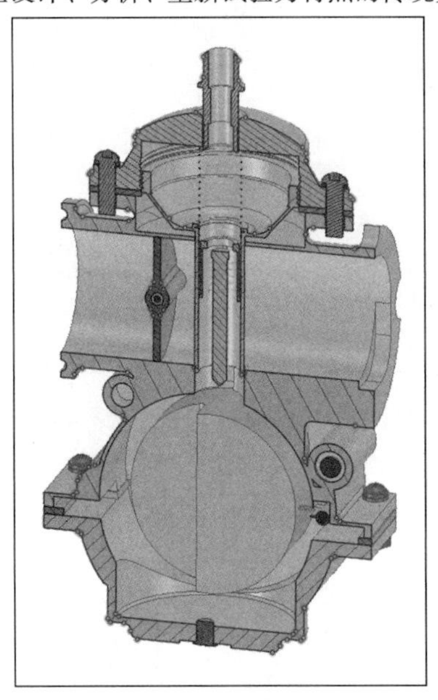

图 17.1-3 燃油喷射系统中的流体流动可以通过软件数字模拟来确定其内部的尺寸和轮廓对于设计目的来说是否正确。如果不正确则变更设计，可轻松、快速地纠正错误，而不必在完整的物理样机上测试。

17.1.3 CAD 产品特点

使用 3D 数字样机来验证产品设计，其开始时的设计价值在于，利用 3D 线（线框）等角透视图提高 2D 制造绘图。此外，产品暴露在外的视图可以通过产品使用说明书所产生的数据准备出来。此功能还允许为机器操作员和现场督导员更容易地了解 2D 图样做准备。据报道，此功能已经消除了工厂、机加工车间在建筑领域所走的冤枉路。

17.1.4 3D 数字模型与快速原型

相比于物理或快速原型（见第 18 章），3D 数字样机和系统仿真允许进行测试，因为它在设计过程中的每一个阶段都可以提供访问其内部的运作（这对于快速原型来说是很难或不可能的）。此外，虚拟仿真允许评价在不同的材料和变化下的尺寸和公差和预期性能。

在设计过程中，初始虚拟仿真时允许设计者调整和优化设计，并在任何硬件被建成之前获得边界观测。基本设计完成后，仿真可以再次被用来验证所需系统的操作和性能。参数可以多样性变化，这是实验模型不能实现的。创建数字模型系统，各子系统和预期的最终产品的组成部分，需要有一个相应的数字模型。然后，这些数字模型以同样的方式组合在一起，实现系统组装，以建立正常运作的系统。

现在大多数虚拟的测试结果与实际的物理测试结果非常接近，未来将可能不再需要实验室实验。此模拟测试的目的是确定最终产品将如何承受实际生活环境，它可以在设计 3D 数字样机的同一台计算机上进行。

然而，物理模型对于产品的设计评价仍然是有用的。其中一个原因可能是展示给非技术性的营销和销售人员，让他们保持对新产品宣传方法的开发。它允许设计团队以及销售和市场营销的非技术人员对模型风格、轮廓、色彩进行评论。这些有形的对象，在新产品开始生产之前，对于咨询公司的管理和投资者都非常有用。另一方面，高端产品可能会属于需要实际的实验室测试和遵守安全法规或规章的一类，如保险商实验室（UL）。

随着新的快速原型系统的开发，原型现在可以通过附加过程制造，如从塑料或金属粉末或消减过程中印刷，如电脑控制的固体塑料或金属铣削过程。对陈旧的机器通过激光熔金属粉末小批量更换零件或工具是可能的。它们可以用原有的机器或工具的相同或类似的金属制成。

重要的是要记住先下载最初的 CAD 图样，指导每个快速原型系统转换软件的设计和 3D 数据，没有任何附加过程或消减过程不先下载图样的设计和尺寸数据就能制造快速原型。显然，数字样机和制造快速原型的可用性，给制造商提供了前所未有的选择。

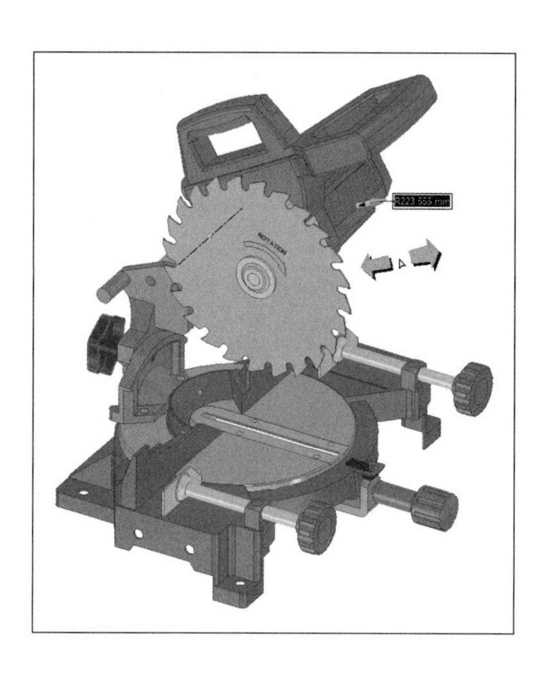

图 17.1-4 这个斜切机构的形式、功能和风格的变化，都可以直接在电脑屏幕上的 3D 图像中看到。这使得在设计阶段提供改进建议时允许团体合作，然后在设计制造批准之前可以预知和消除问题。

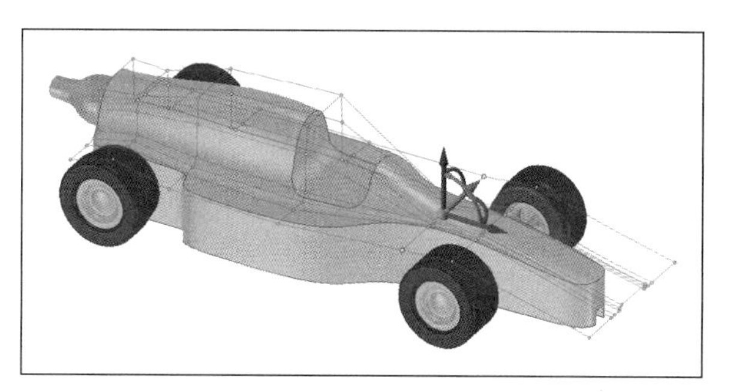

图 17.1-5 这赛车的设计可以通过虚拟的风洞中流体流动模拟软件来研究，从而有可能得到减少阻力和优化的轮廓。仿真软件可以消除因建设实体模型或原型在实际的风洞中测试而损失的费用和时间。

17.1.5 2D 图样继续发挥作用

2D 图样仍然是一个重要的技术资料和工程信息的传输介质。

2D 图样具有成本效益，并广泛用于以下工程专业的图形演示：

- 土木工程师：测量结构绘制，绘制轮廓线、地图、桥梁和公路计划，并记录地下管道情况。工程师和施工监理的现场项目信息来源。
- 建筑师：对从商场到房屋发展项目，绘制住宅、办公室、建筑物、工厂、酒店等的平面图和海拔高度。施工监理的现场项目信息来源。
- 海军建筑师：船舶、机械室和隔舱的布局，记录管道和电缆安装，切割钢板形状。施工监理的现场项目信息来源。
- 机械工程师：记录机器和机构的图样、施工图样、管道图样。车间和现场安装监理的信息来源。
- 电气工程师：绘制电路图，房屋、建筑物、工厂、发电厂的输电线路的布线。工程师和施工监理的现场项目信息来源。
- 电子工程师：绘制示意图、集成电路制造模板、电路板元件布局、电线和电缆的安装布局。车间主管的信息来源。

在这些技术专长中 2D 图样可以通过包含三维线框视图来加强。2D、3D 线框和展现的视图可用于插图，放在说明书和操作维护手册中。

17.1.6 3D 数字样机软件中工具的功能

3D 数字化样机软件的功能包括以下内容：

上拉和移动工具允许设计师选择部分模型并在他们的计算机屏幕上拖动。

一个联合的工具允许设计师把原设计“切片和切块”，使它们能够被合并到修改设计的其他部分。

填充工具使设计师清除小的错误，并填充图样上小的缺口。

图 17.1-6 这个 3D 数字样机图像使设计者更容易地认识齿轮组件的内部结构，并在设计制造发布之前做出必要的修改以消除干扰问题。

17.1.7 3D 数字样机的文件类型

一个完整的 3D 数字样机项目需要备份很多文件，包括部件文件、装配文件、演示文件、图形文件。也有针对钣金件和焊件的软件。

正如其名称所暗示的，部分文件说明组件或元素的原型组装，装配文件显示组件作为装配的一个职能单位的安置。装配约束定义这些组件相互之间所占据的相对位置。举个例子，一个部件文件中的轴与另一个部件文件中的孔装配，这两个组件都在一个装配文件中。存储的模板通常包含属性信息，如项目的数据和视图。在一个文件中存储的信息可以通过查看其属性被看到，并可以从预定义的单元模板中选择。使用 3D 数字化建模软件的优势，在本章稍后讨论。

1. 部件文件

打开部分文件使用户处于“部件环境”。大多数零件起源于草图，部分“工具”允许操纵草图、功能和部件，相结合时它们组成组件。一个单独的部件可以插入组件，并限制在制造的最终产品所占据的位置上。多个部分文件可以从多元部分中提取。

草图是特征的轮廓图，可以由任何几何结构（如扫描路径或旋转轴）用于确定特征。一个零件模型可以有许多功能。如果有必要，大部分文件中的固体成分可以共享功能。草图约束控制的几何关系，如平行和垂直定位。尺寸控制的模型部分的大小称为参数化建模。可以调整控制模型的大小和形状的限制或维参数，并将自动在电脑屏幕上显示修改的影响。

2. 装配文件

作为单一单元功能的组件，可以放置在一个装配文件中。装配约束定义这些组件所占据的相对位置。例如，部件文件中一个缸的轴与不同的部件文件的孔相配合。当创建或打开一个装配文件时，用户则处在“装配环境”中。装配“工具”操纵整个子组件和组件。

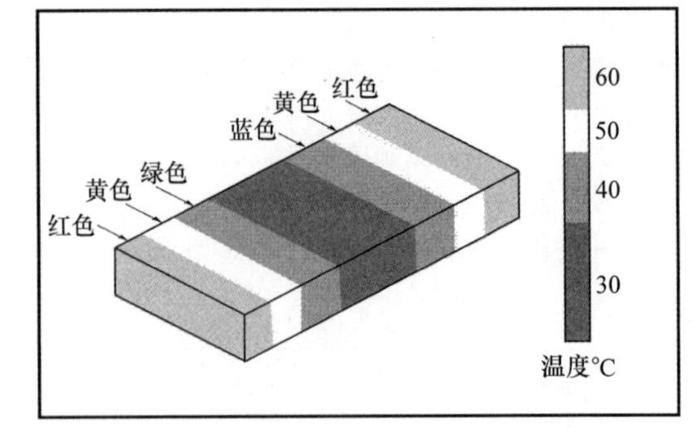

图 17.1-7 模拟电流通过固体 3D 图像的结果通过电－热加热阴影带展现（实际图像中是红色、黄色、绿色）。垂直刻度尺显示温度值（右）。带段的大小和位置分析将预测原型容忍承受热应力的能力，不需要实验室测试。

共同发挥作用的部分可以归纳为一个单元，这个组件可以插入到另一个组件。部件也可插入组件或草图，并且部件“工具”可以用来创建组件中的部件。在执行这些步骤的同时，装配的所有其他组件在计算机屏幕上是可见的。影响多个组件的装配特征，可以创建完成模型。例如，通过一个或多个部件的孔。装配的特点可以用来描述特定的制造工艺，如后期加工。程序浏览器提供了一个方便的方式来调用这些功能进行编辑。它也可以用来编辑草图、功能和约束，以及打开和关闭屏幕上可见的组件。

3. 演示文件

演示文件是多用途文件，可用于为图形文件中的存储创建组件的展现视图，或在结构、操作和维护手册中的出版印刷。它们也是动画的来源，会一步一步地显示集成秩序。动画可以显示模型的不同视角，显示有形成分在装配过程中的每一步。这个动画然后被保存在一个单独的文件中。

4. 图形文件

模型完成后，它的图形可以带有尺寸和其他设计注解打印。模型的视图可以放置在一个或多个图样中。聚集的图形文件可以包含一个自动创建的零件清单，并可以在有需要时添加项目。

17.1.8 计算机辅助工程（CAE）

计算机辅助工程（CAE）涉及工程学和模拟物理现象的物理功能，它与 CAD 设计和绘图功能有所不同。CAE 功能包括以下内容：

- 采用有限元 FEA 对部件和组件的应力分析
- 热流量的分析，引入热量的模型响应
- 计算流体动力学（CFD），模型内的流体运动
- 运动学，机械事件仿真（MES），弯曲和单元扭曲
- 许多不同的工业生产过程的分析工具，有助于优化产品设计和工艺

17.1.9 仿真软件

许多 3D 软件厂商都加入了仿真一起捆绑在工程分析软件供应商的软件中。于是两家厂商提供了一个完整的兼容设计分析软件包。这些软件包允许设计师和工程师，导入最坚实的 3D 模型与采用不同品牌软件创建的设计，以建立一个中立的文件格式整合在一起。因此，设计师可以创建、编辑并准备详细的应力分析的分析和验证的 3D 模型。它也可以用来测试之前建立的任何原型产品设计。

屏幕上的 3D 实体模型模拟现在已纳入到 CAE 软件中，其中有许多不同的偏微分方程（PDE），这些描述科学规律的基本方程已经以适合的数值分析的形式兼容在 CAE 软件中。可以在模型上进行虚拟试验，并显示在电脑屏幕上。例如，在机械设计中，仿真软件可以进行线性静态应力分析、跌落试验、流体流动和分析。

设计师可以使用应力分析工具执行一个零件或组件的结构静态或模态分析。它能够施加力、压力、轴承负载、力矩或实体负载到模型的顶点、面或边界，也可以从动态模拟中引入运动负载。它也可以在模型上施加固定位移约束以及模型相邻部件之间的各种接触条件。它也可以评估多种设计变化的影响。

分析结果可以通过等效应力、最小和最大主应力、变形、安全系数或模态频率看出来。同时它也可以添加或删除功能，如角撑板、翅片或肋骨。所有这些选项允许进行重新评估和更新设计。通过不同阶段的变形、应力、安全系数和频率进行动画模拟也是可能的。然而，另一个重要的特点是这能够产生一个完整的工程设计报告。

在设计阶段进行应力分析的好处是确定了零件或装配体是否足以承受预期的“实际生活中”负载或振动而没有失效或弯曲的形状的机会。通过这种早期的确定，重新设计的成本小了很多。因此设计过程加快，可以将更好的产品更快地推向市场。

计算机仿真意味着在一段时间内模拟一种物理现象如结构的完整性或热行为，然而在现实世界中，一个产品往往必须同时承受许多不同类型的物理现象。如今有许多不同种类的数字仿真软件模块以负担得起的价格提供给我们，以帮助解决与这些条件有关的设计问题。

在编制进行模拟和分析的数字化 3D 实体模型时，简化设计可能是非常必要的。这通过去除多余的、干扰分析的特征（错误提示）来完成，而不考虑模拟对象。此过程通常运用网状纠正几何形状和定义特征的几何单元来完成。首先从材料库选择制造最终产品的材料，然后设置限制或其他条件，最后，输入要施加的载荷。结果以图形显示，颜色层次代表测试下的物理现象的大小或箭头指定流体流动。

应力分析模拟软件通常是一个固态 3D 的 CAD 软件，它允许模拟固体和钣金零件。静态分析允许设计师模拟应力、应变、变形。模态分析（或分析被测试的模型或原型）允许设计师通过电脑屏幕上的三维图像确定振动的自然频率和模式。

设计师可以想象3D体积块的影响，创造任何报告结果，并进行细化设计的立体研究。如果设计师有一定的应力分析的基本知识和用于分析现实世界中施加于部件或组件上的载荷和约束的必要程序，这是有用的。

17.1.10 模拟应力分析

设计者可以通过等效应力、最小和最大主应力、变形、安全系数或模态频率查看分析结果。同时它也可以添加或删除功能，如角撑板、翅片或肋。所有这些选项允许重新评估和更新设计。通过不同阶段的变形、应力、安全系数和频率进行动画模拟也是可能的。然而，另一个重要的特点是这能够产生一个完整的工程设计报告。CAE虚拟仿真的九步的过程总结在本章的后面。

早期原型的应力分析可以显示它们如何变形会影响关键接触组件的对中。变形导致的力可能会加速磨损，导致过早失效。原型的几何外形或结构因素在设计中是一个重要的考虑因素。在考虑承受自然振动频率零件或组件的行为时，它也起到至关重要的作用。有时将数字模型暴露在一定振动频率范围内也是可取的，以确定它是如何承受每一个频率的，但在其他情况下，最好是找到一种方法确保模型永远不会暴露在任何一种振动频率下。

应力分析基于物理模型的数学表达。在此表达中所涉及的因素包括模型的材料特性，应用的边界条件（载荷、支架等）、接触条件、模型的表面分成的网格密度或几何图案。该软件增加了每个单元的个体行为，通过代数方程组的求解预测整个模型的行为。这些成果的研究，被称为后处理。

后处理结果确定模型的弱点和因为很少或根本没有承担负载而浪费材料的两种区域。在解释结果时大多数评估会进行，如涉及模型上显示的颜色轮廓的数值输出是如何与预期的结果进行比较的。如果结论只基于工程规律有意义，它可以被认为是有效的设计，如果不是，则必须找到差异的原因。

三维应力和应变在许多不同的方向上产生。表达这些多向应力的一个共同的方式是把它们总结成等效应力，又称von Mises应力。所有对象都有一个取决于制成材料的极限应力。这个值是材料的屈服极限或极限强度。钢的屈服极限是275.79MPa 40000lbf/in^2，超过上述极限应力将导致某种形式的永久变形。如果不希望钢制原型永久变形，最大允许应力值不能超过屈服极限。允许在该极限的基础上使用安全系数。

3D实体造型软件的优势

在其他CAD系统中制作的3D设计，如果它们源自用户的计算机，不考虑有关限制或再生失败，则可以直接导入和编辑。

点击几下鼠标，可以动态修改现有的或导入的3D模型，或通过改变它们的尺寸来转换成新的3D模型。

用户可以迅速切换不同的设计方案，避免再生失败。

难以制造的组件几乎全部可以在电脑屏幕上拆解成单独的部件加工，并下载到单独的与装配图分开的文件。

尺寸或材料是可以改变的，这些变化记录可以保存在一个单独的文件中以备进一步利用。然后，它们可以返回到虚拟重组的组成文件中。这使自上而下的设计方法很容易地开展。

通过从一个设计剪切和黏贴到下一个可重复使用现有的3D实体模型的几何形状的零件。轮廓的表面可以被复制和拉成3D。

可以结合现有的3D模型几何形状迅速创建多个设计原型。

CAD／CAE仿真九步法

---

1. 确定仿真的要求，并指定其属性。
2. 排除不需要模拟的组件。
3. 分配材料和模型模拟运行，以确定自然频率。
4. 添加约束。
5. 添加负载。
6. 指定接触条件（可选步骤）。
7. 指定和预览网格（可选步骤）。
8. 运行仿真。
9. 查看并解释结果。

17.2 计算机辅助设计术语

绝对坐标：从一个固定的参考点，如原点测量的距离。

关联尺寸（AD）：一个 CAD 软件的功能，当一个文件中尺寸改变时，自动更新其他文件中的尺寸值。

布尔建模：A 型关联尺寸的 3D 建模技术，允许用户从一个模型中添加或减去一个 3D 形状而变成另一个模型。

直角坐标：一个长方形绘图原点是 0，*X* 代表长度、*Y* 代表宽度、*Z* 代表高度的定位点制度。它们之间的表面可以被指定为 *XZ*、*XY* 和 *YZ* 平面。

复合：一张 CAD 图纸将一些具有相同方向和比例的图按层堆放在一起，正如一个高层建筑的平面图或在集成电路器件中的沉积层。

计算机辅助工程（CAE）：指支持工程任务的计算机软件，而不仅仅用于设计图样。CAE 技术的任务包括分析、模拟、规划、制造、诊断。

计算机仿真：应用 3D 数字样机虚拟物理测试，在结果中以带颜色的方式显示施加应力的影响，如物理变形、热、电流或运动流体的响应。分析结果表明原型承受应力的能力，可以反馈信息以改进设计。

坐标系：是用户定义的应用程序特定的笛卡儿坐标系统。由该系统定义载荷、约束、材料特性、处理后的变量。

阻尼：振动结构的耗能。当阻尼与速度成正比时，产生黏滞阻尼。

数据交换格式（DXF 文件）：一种把 CAD 图样从一个软件分支描述到另一个的标准格式或翻译。

净化：从 3D 数字模型中去除无关的功能，使其简化以从虚拟仿真中更快实现和获得更准确的信息。

数字原型：原型设计或组装的 3D CAD 计算机图形演示。它是用来在产品发展中设计、迭代、优化、验证和可视化的。在样机证明适合生产之前，这也给设计、工程、制造、销售和营销人员提供机会与建议的设计改进相协调。

固有频率分析：确定无阻尼自然频率及模型振荡模式的过程。

疲劳分析：通过显示负载循环应用和去除的影响确定断裂和失效可能发生的地方，从而预测样机寿命的一种方法。

有限元法（FEM）/**有限元分析**（FEA）：一个虚拟的模拟方法，基于近似求解偏微分方程（PDE），它为在计算机屏幕上显示的数字样机提供了仿真结果。整个模型图像由小的几何单元覆盖，在划分网格过程中，每个单元都有自己的行为。当数学求和时，可以看到施加应力的样机的全部响应。

自由振动：当结构从它的平衡位置离开并释放时的无阻尼振动（亦见固有频率分析）。

频率模式：确定原型自然共振频率的模态频率分析结果。当共振频率施加时，模态是模型的位移形状或变形。这可能是破坏性的，并导致组件中的零件失效。

频率响应分析：确定谐波励磁原型的稳态响应方法。一个扫描振荡器可以确定很多的激励频率。

传热分析：数字样机的导电率或热流体动力学建模方法。它可以有一个稳定的状态或短暂的转移，参考常见的允许线性热扩散的热性能。

运动学：解决内部的运动，而不考虑其质量或作用力的力学分支。

线性挤压：一种 CAD 软件的功能，允许沿直线路径在计算机屏幕上将 3D 形状进行 2D 几何投影。

线性材料特性：原型的材料的一种性质，其中应力正比于应变，而没有留下永久变形。它表明，在弹性区域，材料的应力 - 应变曲线的斜率是不变的（弹性模量计算）。假定温度不会影响这种材料的属性。

负载：作用在样机上的物理力，可以包括拉伸、压缩、剪切、扭转、弯曲或组合力。

菜单：CAD 电脑屏幕上的显示提供建模“工具”或命令，通常在左侧和上部的工具栏。可以选择用鼠标点击或手指在屏幕上触碰选项。

网格：把模型划分成更小的单元，每个单元都有自己的行为，它是在模型表面产生的线网。当使用仿真软件添加每个单元的个体行为，并通过一套同步的代数方程来求解时，可以预测整个模型的行为。

模态频率分析：寻找原型设计的振动和模态的固有频率的一种方法。

非线性模式：由超过弹性极限的材料制成的原型。材料的应力响应取决于施加的变形量。

参数分析：确定原型依赖于一个特定参数或任意常数变化的一种方法。

参数模式：在 CAD 电脑屏幕上链接 3D 图像的软件应用，带有设置尺寸和位置的限制的数据。

极坐标：坐标系的一种，允许从它的源点即球体的中心位置定义角度和径向距离。

折线：串线，可以包含许多连接线段。

后处理：在计算机屏幕上观看 3D 原型形象时看到的虚拟仿真的评估结果。这最后一步展示了在模型上分布的应力、变形和其他物理效果。这些结果能够表示出有问题的区域和地方，应删除这些地方多余的非功能性材料，因为它掩盖了原型对振动信息的反应。

预处理：准备应力虚拟仿真的 3D 数字样机的第一步。它包括净化和适当界定的有限单元格的应用，在此之上计算机软件才可以计算出结果。

基元：计算机图形显示的基本要素包括点、线、曲线、多边形和字母字符。

样机或模型：以设计、评估和应力仿真为目的，计算机屏幕上显示的零件或组件的 3D 数字图像。与实体模型相比，这形式可以添加或删除原型来评估款式、颜色或其他特征。如果它接近重复最终产品，就可以在受到实验室应力测试后评价。

样机图样：一个主图样或在电脑屏幕上的模板，包括预设的计算机模板，可以在其他应用程序中使用。

径向挤压：一个 3D 计算机软件技术，把 2D 形状沿圆形路径投射到 3D 形状，如一个轮子或齿轮截面投射的 3D 图像。

旋转自由度：实体围绕一个轴旋转的自由度。梁、板、壳有旋转自由度。

安全系数/安全边际：一个应力分析计算中确保零件或组件强度足以防止其在服务中失效的系数，这是一个预定的设计要求。安全系数 = 极限抗拉强度/最大允许应力。安全余量 = 极限拉伸强度/最大计算拉伸应力。安全系数为 1 是指材料在屈服极限。安全系数在 2 ~4 范围内则可提供更好的保证，确保最终产品不会失效。

固体传输语言（RTL）：软件数据传输方案，为了添加或删减快速成型设备或系统，从 CAD 图纸到设备的指定软件的转换。（见第 18 章，快速原型）。

样条：一个灵活的曲线，由一系列的点绘制连接成的一个在电脑屏幕上流畅的造型。

静态应力分析：3D 数字样机虚拟仿真完成后进行的一种分析。其材料、载荷和约束（施加的应力或应变下）、接触条件和网格形式已经被定义，并输入到计算机。

瞬态分析：一个随时间变化的数字样机分析，涉及质量、惯性矩、阻尼。

振动分析：测试样机，包括自由振动、冲击和响应。这些因素都可以与样机的固有频率产生共鸣而导致在服务中失效。

von Mises 应力/等效拉伸应力：六个应力和应变分量，在具有不同方向应力的 3D 实体中建立了一个等效应力值。当 von Mises 应力达到称为屈服强度的极限应力值时，材料开始屈服变形，von Mises 应力可以从简单拉伸试验的结果预测任何载荷条件下的材料屈服强度。

第 18 章

快速原型

18.1 构建功能部件的快速原型

负责产品是否成功的人们非常希望在制造之前接近和仔细观察一个新产品的实体模型或原型。一个可以围绕观看的产品设计更容易评估。许多人认为观看呈现在计算机屏幕或图样上的三维图像更好。在小组会议上的模型设计师、生产工程师、营销人员、客户和潜在客户可以发表评论。缺陷、疏忽和遗漏可以被检测出来，并得到改进建议。

重要的是，问题早在昂贵的大规模生产之前的设计阶段就被发现。早期识别可以节省时间，并免除在生产过程中设计修正的高额成本。任何确定的改正都可以在最初的 CAD 图样上进行，它们可以反映在修订的原型上。

在过去，如果要获得三维模型，熟练的模型制造者通常用木头建立定制模型。如果评估后要返回到店里修改模型，将延长这种昂贵的、耗时的过程。这个过程可能会推迟一个新产品的上市时间，如果此时它正在进入一个高度竞争的市场，这是非常严重的问题。幸运的是，大约是 25 年前，引进了计算机辅助快速原型（RP），模型或样机建设已经越来越受欢迎，因为它的运行速度更快，成本更低。

自那以后，快速原型或模型建设不断发展，老旧的过程已得到改善或淘汰，并已制定新的方案。因此，客户有了更广泛的尺寸、成本、细节精度上的选择，还有色彩、材料的选择。模型可以由蜡、纸张、塑料、陶瓷或金属制成。模型可以是最终产品的全尺寸或按比例缩小的版本，它们可以由较软的材料制成以便展示或具有韧性的材料制成以承受实验室物理试验。

快速原型已成为一个全球性的行业，现在包括原型建筑设备制造商，签订原型建设的服务，同时执行生产设备和提供建设服务的公司。设备制造和建设服务，在美国、加拿大、南美和中美洲、欧洲和亚洲等地的参与者越来越多，可以看出这个 RP 行业的重要性。RP 模型制作设备售出，供给政府和企业 R&D 实验室内部使用或供给职业学校和大学的工程部门。

生产所有 RP 技术的三维原型的出发点是定义数字格式，从 CAD 图样中获得确定模型的三维数据的反馈。然后，这些尺寸通过软件转换成数字化建模结构，由所选的 RP 机器用来生产三维模型。原型可以通过比较流行的增材技术一层一层的建立，或用铣床由固体材料雕刻而成。过程的选择，将取决于原型的最终用途和一些其他因素，包括单位成本、所需的材料、尺寸或体积以及后处理工艺。

第一个增材 RP 技术的开发是从软的材料例如蜡料或光聚合物材料生产中提出的，因为它们的目的只为评估尺寸、形式、风格，或许还有颜色，它们并不需要持久性能，或是较长的保质期。然而，随着 RP 技术的演进，引进了由足以承受强大外力和物理上应力测试的材料制造模型的新工艺。现在它们可以用具有相同的强度和耐久性的材料制成最终产品，如硬质塑料、陶瓷，甚至金属粉。随着这些功能原型的成功，人们发现类似的方法可以用来生产金属或塑料芯的铸造用模具。

作为模型建设的副产品，一些 RP 技术已经用于部件或工具的短期制造，在生产中代替了相同材料的机加工和铸造件。这些部件在该领域中可以更换磨损或损坏的部件，特别是当备件已不再大量生产时，小批量更换零件的成本让人望而却步。这些 RP 的过程，现在被称为快速制造（RM）、固体自由成型制造、电脑自动化生产或分层制造。

RP 技术的快速是相对的，即使最快的 RP 制造工艺也要耗费 3 ~72h，这取决于原型的大小和复杂程度。但是，所有这些方法的速度依然超过耗时几周甚至几个月时间的追求时尚造型的手工雕刻加工方法。

18.2 快速原型步骤

增材快速原型生产有以下五个步骤：

1）准备一个原型的CAD图样：第一步是提供3D绘图文件，其中包含必要的三维数据用于指挥RP生成过程中的准备软件。

2）STL格式的CAD数据转换：许多不同的CAD软件包可用于准备RP系统使用的三维数据。在下一步中，CAD文件转换成STL格式，它代表了一个平面三角形网格的三维表面（广泛应用于许多不同的RP技术的STL格式是目前在RP行业的标准）。该文件包含拟合模型的几何三角形网的形式模型或原型的形状信息。它的形式是由三角形表示，增加三角形的数目将减少定义模型的三角形的大小和提高表述的准确性。但更多的三角形意味着文件较大，这需要更多的时间来转换建立指令。这反过来增加建立原型所需的时间。必须在早期决定好定义模型精度最佳的三角形密度，这直接关系到精密的STL文件的大小。

3）STL文件转换成横截面层：在此步骤中，前处理软件将STL文件转换成实际上将指示RP系统如何建立模型层的软件。通常情况下，这个软件允许选择模型的尺寸、位置和方向。一个RP构建工作空间的*XYZ*坐标如图18.1-1所示。大多数RP工作空间的尺寸 $<1\text{in}^3$。因为建造时间与导向层数量成正比，最短的尺寸通常是沿*Z*（高度）方向的。预处理软件将STL模型"切"成许多平行层，这些层的厚度取决于RP的选择过程和模型的精度要求。RP系统提供的"片"的厚度范围是0.06～13mm（0.0024～0.5in）。该软件还可以生成支持一定特征的临时结构，如外伸、内凹、薄壁部分。许多RP系统制造商具有专有的前处理软件，其中包括建立这些模型的支持指令。

4）构造分层原型技术（将在后面介绍）：这一步是在特定的RP系统中使用。每个原型一次构建一层，材料主要是聚合物、纸、金属粉末或粉状陶瓷等材料。大多数RP系统基本上是自动的。这意味着它们可以在很少或根本没人干预的情况下运行几个小时，直到完成原型，只需偶尔监督一下。

5）清理并完成模型：最后一步是后处理（要求或期望）为每个RP过程。这些通常要求从构建系统提出原型，并删除任何剩余的固化材料和临时结构支撑。在某些系统中，在这个时间完成多余粉末材料的回收利用。光敏塑料树脂制成的原型通常必须在一个单独的烤箱中进行再硬化过程来完成最后的紫外线（UV）固化这一步。其他原型的完成步骤包括清洗和打磨、密封、绘画或抛光，以改善其外表和耐久性。然而，一些RP工艺制成的原型需要额外加工，以提高它们的尺寸精度。

每个RP过程都集中在一个或多个细分市场，如概念模型，确定产品装配的形式和作为适当的预生产样机、珠宝首饰行业的设计和牙齿结构模型。选择最合适的RP工艺要求同时评估如下因素：模型的大小、需要的数量、复杂性、尺寸精度、表面粗糙度要求。接下来是选择材料和其固化后的稳定性和耐久性。如果最后不要喷涂，则在一些工艺要提供不同颜色的构建材料。紧迫性和价格等也是要考虑的因素。一些RP的过程可能需要较长的时间和成本，但是所有RP工艺都比传统的模型制作更快、更便宜。

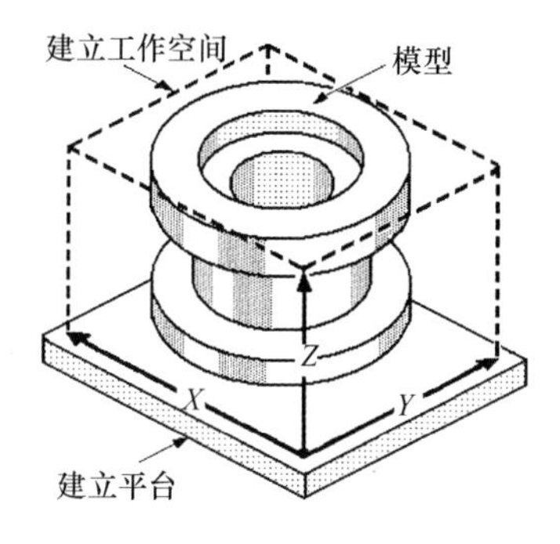

图18.1-1 建立工作空间：任何原型或模型，可以由特定的RP机器或系统建立的最大体积，由长*X*、宽*Y*、高度*Z*，以英寸（in）、毫米（mm）或厘米（cm）为单位。体积由包含建立原型的设备和材料的机柜外壳尺寸确定，这受到所使用的技术和材料的影响（这是适用于增材和消减工艺的外壳）。增材工艺中*Z*轴尺寸通常是最短的，因为建立一个原型的成本和时间直接与"切片"的数量或达到该维度必须沉积的层有关。

18.3 商业快速原型的选择

根据犹他州立大学负责的快速原型主页，现在至少有来自世界各地的 17 种增材 RP 系统设备在美国销售，其中 6 种是美国的，5 种是日本的，3 种是德国的，1 种是以色列的，并有 2 种是中国的。三个美国公司被确认为模型系统的开发商。在世界范围内，去除或者直接的 RP 铣削系统的企业名单中，美国有三家，德国有三家，瑞典有三家。

RP 技术的重要性可以从大学和世界各地的研究实验室中的 RP 设施数量推断出来：美国大学和学院 15 个，德国大学 2 个，西班牙、荷兰和希腊的大学各一个。同样在美国、英国和挪威还有实验室。

商业 RP 系统作为一个去壳体或者客户定制的带有标准化零件的完整的可直接使用的组件出售，通常包括制造商的专有软件。通常他们的客户是工厂或者实验室，它们需要足够的样件以证明购买这个系统的正确性并培训操作它们的技术人员。一些公司买了整套系统并训练它们的操作人员以确保所有的原型设计信息的安全，不让他们的竞争对手获得信息。

对于那些每年只需要少数的原型或模型的组织，也有第三方的合同服务提供商，他们会用自己的设施生产。一些 RP 系统制造商在自己的商店，用自己的设备提供这些服务。客户通常会提供精确的模具所需的 CAD 数据给服务提供商。

衡量专有商业 RP 技术的声望或接受度可以从全球范围内的合同服务供应商的广告来获得，使这个行业可能出现新的竞争者，将会淘汰一些旧的企业。世界范围内有 250 多个服务提供商，245 家企业的报告指出，131 家（53%）提供光固化（SLA），45 家（18%）提供熔融沉积模型（FDM），42 家（17%）提供选择性激光烧结（SLS）和 27 家（11%）提供分层实体制造（LOM）。

许多服务供应商提供两个或多个技术，而数量较少的服务提供商提供上述四个技术之外的技术。这些供应商包括 OEMs（原始设备制造商）使用自己的专有 RP 系统提供服务。事实上，47 家或 20% 以上的服务提供商位于美国境外，主要在欧洲、加拿大、中美洲、南美洲和亚洲，这表明在全球范围内都采用了这项技术。

有些称为 3D 办公室打印机的 RP 系统是自足的自主制造单位，可以设在具有网络的适合办公环境内操作。它们生产过程中产生的任何烟雾都需要进行处理。虽然模型的大小和材料的选择是有限的，但这些小系统相对于大型模型系统而言价格低廉。

十大公认的商业增材 RP 过程需要从 CAD 软件产生的构建指令和切除或融合叠片或熔化任何金属粉末或塑料树脂形成原型的热量。光固化是最流行的加工过程，其他包括选择性激光黏结、夹层对象制造、直接金属沉积、激光定向加工均利用了激光和热量。然而，排名第二的熔融沉积建模以及立体印刷、直接壳体生产铸造、固体地面固化、聚射流矩阵 3D 印刷使用了各种加热方法，包括紫外线灯。

本章中提到的原始设备制造商（OEM）之所以列出了是因为他们技术信息的可用性。然而，这章的目的并不是要全面地概括现已使用的 RP 系统。每一个系统都含有已确定的 OEM 的专有名称，但它们对于计算机软件系统的注册名称以及使用的材料还没有被列入。

18.4 商业的增材 RP（快速原型）工艺

1. 光固化或 SLA

现在被缩写的 SLA，它也被称为三维分层或3D 印刷。SLA 利用激光、光化学、软件技术的结合模式将 CAD 设计转换成实体三维 CAD 成型。CAD 图纸的数据经过软件处理，该软件将模型的立体数据转化成层层的平面截图数据。这个基本的生成过程如图 18.4-1。该系统被安置在一个密封的空间中，以防止构建过程中的蒸气扩散。

SLA 平台如同电梯一样可以上下移动，该平台安置在一个盛有 18.9 ~ 37.9L（5 ~ 10USgal）透明的液态感光树脂如聚氨酯丙烯酸酯树脂的容器上。第一步，计算机控制平台使其下表面降低到一个高度，这个高度等于模型的指定层或“片”厚。这可以使液态聚合物填充到平台。从低能的固态紫外线（UV）激光聚焦光束使液态树脂在最低切片模型层形成轮廓。激光束然后继续扫描该表面使其聚合物在这一步变硬。紫外线辐射将液体聚合物分子链接成型。每一层的硬化深度可达 0.06 ~ 0.1mm（0.0025 ~ 0.04in）。

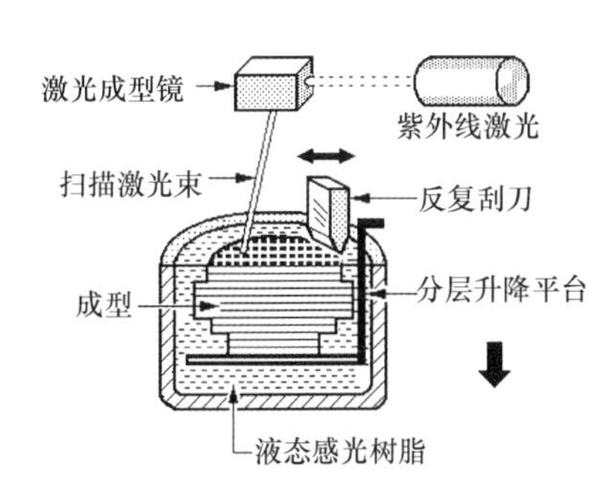

图 18.4-1 光固化（SLA）：一个升降平台浸于一大桶液态感光树脂中，使其深度等于原型的“切片”或层厚度，聚合物由刮片平整。在计算机控制下，固态紫外激光器勾勒出第一层（底层）进行扫描，该过程在所述区域变硬之前完成。平台再次降低入桶中相同的深度，并勾勒固化重复过程，直到原型完成。然后从未固化的聚合液中取出，清洁并增加更多紫外线照射范围，完成硬化过程，完成固化。

将底层平台下降至液态感光树脂第一层的厚度相同的深度，它被涂上更多的聚合物。紫外激光跟踪和固化底层截面，然后重复前面的步骤。一层又一层重复这个过程直到模型变完整。一个典型的 SLA 原型可在几个小时内建成，激光束扫描速度可达 890cm/s（350in/s）。尚未通过激光扫描的光敏树脂仍然是液体。树脂膜层厚度越薄，它的分辨率越高。这意味着该模型将有一个更精致的表面粗糙度，需要很少或根本不用打磨或抛光。当模型的表面粗糙度要求高时，层厚度应设置为 0.13mm（0.005in）或更少。

SLA 技术仍然是使用最广泛的快速原型技术，但因它是利用紫外线使聚合物卷曲或下垂使其应用受到限制。这意味着突出的部分或未受到支持的水平截面模型被构架支持着，支撑构架以肋板、角撑板或圆柱的形式支持。如果没有支撑部分，突出部分模型将会下垂，并在模型完成之前断裂。指导说明支持构架的数据已经输入到 RP 系统供参考。每个激光的扫描支持层同形成层一样也是必要的。

当成型过程完成后，SLA 原型被从成型处取出，并去除多余的液体及边缘残余。可人工从表面除去多余的部分。后处理的步骤是必要的，因为生成过程中，聚合模型只达到完全强度的一半左右。这一步模型被放置在后处理装置（PCA）的封闭室单元中，将整个模型全部暴露在 UV 紫外线中。

完整的 SLA 部件与 SLS 工艺形成的部件相比，表面更光滑，并呈现更精致的外观。SLA 可以获得精细、准确的细节，移除所有的支撑部分，部件可铣、钻、镗或抛光。如果油漆或喷涂金属保护层则需要抛光措施。SLA 是一种成本相对较低的过程。SLA 中使用的液体与那些我们在形成半导体晶圆制造的光致抗蚀剂的液体相类似。

SLA 的过程是第一个获得商业应用的 RP 技术，它仍然占有着最大的模具系统安装基地。南加利福尼亚的 3D System 公司、Rock Hill 公司致力于开发 SLA 工艺过程（之前称为 SL 行业）。3D Systems 公司制造的 SLA 设备应用广泛。

三维制作系统提供了 I Pro 3D 生产系统的三个版本：I Pro 800、I Pro 9000 和 I Pro9000XL。所有这些系统都采用 1450MW 固态钕激光，它们可以完成切片厚度在 0.05 ~ 0.15mm（0.002 ~ 0.006in）的零件。系统 I Pro 800、I Pro 9000 的最大加工范围是 650mm × 749mm × 550mm（25.6in × 29.5in × 21.7in），零件的重量可高达 75kg（165lb）。然而，I Pro9000XL 的最大加工范围是 1499mm × 762mm × 559mm（59in × 30in × 22in），最大零件重量达 150kg（330lb）。

3D 系统还提供了 3D PROJET 的五个版本的 3D 打印机。这些产品的高清晰度直接用于铸造蜡模、高清晰度的模型制作和牙科用具。

2. 选择性激光烧结（SLS）

选择性激光烧结（SLS），由德克萨斯大学奥斯汀分校研发，是一个与光固化（SLA）类似的快速原型工艺。它使用塑料、金属或陶瓷粉末与二氧化碳红外激光创建三维模型。如图 18.4-2 所示，就像在 SLA 中一样，该模型建立在活塞或气缸平台上，可以像电梯一样向上或向下。构建缸位于预热粉填充的粉末传送缸旁边。在粉末传送缸内活塞上升到一个表面射出粉末之前，粉末被进一步加热，直到其温度低于其熔点。之后将粉末分布到相邻的构建缸顶部圆滚上并使其深度等于指定的底部的“片”的厚度。

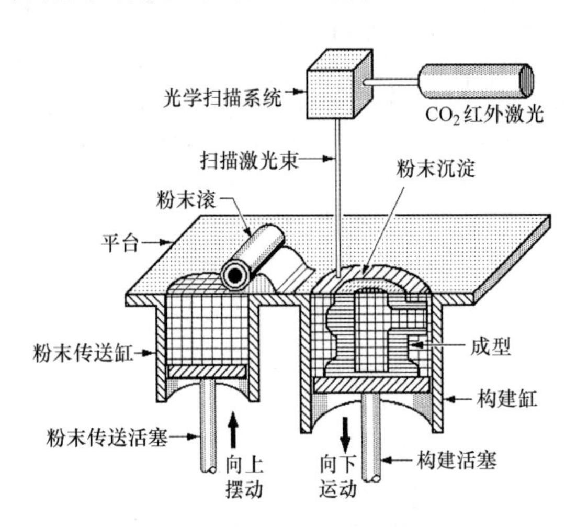

图 18.4-2 选择性激光烧结（SLS）：塑料粉末由传送系统通过传送活塞推上来，并由滚子在构建活塞上铺开，平台以下的深度等于“片”的厚度或模型层的厚度。然后，粉末层由计算机控制的二氧化碳红外激光进行扫描，粉末融化、流动、形成第一层。活塞又一次降低到相同的深度，更多的粉末添加、融化和硬化。这种次序重复进行，直至所有层结合在一起，模型整体完成为止。然后，模型从构建缸中移出，按期望的那样完成。所有没黏合的塑料粉末被回收与新的粉末混合，在下一次构建过程中使用。

由计算机控制的光学扫描系统控制激光束扫描薄薄一层的粉末，使粉末的温度进一步提高，直到它融化（或烧结）流动起来，并在固体层形成 STL 格式的 CAD 数据模型。SLA 过程中，活塞连续降低到每一个连续的层，直到所有的烧结和黏结粉末结合在一起，完成三维模型。

未烧结的粉末被清除，部件被移走。最终的固化不在 SLS 的过程中发生，但是因为是多孔烧结，三维模型的表面比较粗糙或者有粉末残留。在 SLS 过程中，不需要支撑，因为突出部分和削弱部分由构建缸支撑。SLS 部件的内部和外部的多孔表面，可以通过手工或机械打磨或其他熔化过程使之平滑，保护涂层可以应用到模具模型的密封并使之强化。

SLS 超过 SLA 的一个优势是它能够使用许多不同材料。这些材料包括聚酰胺、玻璃填充聚酰胺和铝填充聚酰胺。聚合物涂层的金属粉末也是一种选择。这些材料有足够的强度和稳定性可以使模型或原型在低应力的环境下进行试验。这些热塑性塑料类材料比 SLA 过程中使用的光敏聚合物更容易进行机械加工。由这些材料制成的原型也可以为铸造件作模具或图案。

SLS 和 SLA 的车型在垂直方向或 Z 尺寸上可能会出现不准确，因为无论 SLS 或者 SLA 过程都不包括铣削。但这些误差更易于在 SLS 中发生，因为在使用过程中许多材料的烧结特性会发生变化。

一个 SLS 系统可能由多达五个主要的设备组成：①烧结站；②建立模块站之间传输的模型，预热粉输送站；③热站，具有气缸；④构建去除模块的模型；⑤回收再生和新粉混合站。这些系统还包括一个氮气发生器和一个新粉储存罐，安装管道以在各站之间输送新粉末以及循环再造的粉末。SLS 烧结站独立设置在充氮密封的壳中，密封器中的温度略低于粉末熔点的温度，防止粉末因氧气快速的氧化引起爆炸。

3D Systems 公司也提供了 4 个 SLS 系统：两个 Sinterstation HiQs，两个 Sinterstation Pro SLMs。

HIQ 系统使用二氧化碳激光器，30W 的标准版本和 50W 的高速版本。两个系统均可以存放 0.1 ~ 0.15mm（0.004 ~ 0.006in）厚的层，同时可以建立最大 39cm × 33cm × 50cm（15in × 13in × 19in）的模型。它们能够完成复杂的原型构建和金属工具。可用的金属材料包括铝和钛。这些系统还可以生产出复杂的铸型模以及弹性橡胶特点的零部件。

Sinterstation Pro SLMs 是带有显示产生金属零件能力的 SLM 指示器的 Pro DM 100 和 DM 250 系统。Pro DM 100 可以沉积 25.4 ~ 50.8μm（0.001 ~ 0.002in）的层和最大 13cm × 8cm × 8cm（5in × 3in × 3in）的零件，而 DM 250 可以沉积 51μm 或 75μm（0.002 ~ 0.003in）的层和最大 25cm × 25cm × 25cm（10in × 10in × 10in）的零件。

德国慕尼黑的 EOS 有限公司提供了三种不同类别激光烧结塑料、金属、砂型的机器。

Formiga 的 P100，Eosint P 390、P700、P730 和 P800 的设计用于形成塑料原型。这些系统构建范围有 200mm ×250mm×330mm（7.9in × 9.8in ×13in）。Formiga 有 726mm×381mm×607mm（28.6in×15in×23.9in）的 P730。EOSINT 机型的 P100 和 P700 有 30~50W 的激光器，P730 和 P800 系列有两个 50W 的激光器。激光扫描速度为 4.9~8.8m/s（16~29ft/s）双激光器模型。建立层的厚度视材料而定，范围为 0.1~0.15mm（0.004~0.006 in）。这些系统通常有密封的氮气填充舱。

EOSINT M 270 执行直接金属激光烧结（DMLS），其生成最大范围为 254mm×254mm×229mm（10in×10in ×9in）。它有一个功率为 200W，扫描速度为 7m/s（23ft/s）的镱光纤激光器。可变聚焦直径为 0.10~0.51mm（0.004~0.02in）的激光由软件控制使其移动通过粉末。层的厚度是 0.02~0.04mm（0.0008~0.0015in），取决于材料和应用。密封腔充满氮气且未使用钛，如果使用钛则需要氩气，以确保构建的最终原型没有杂质。

EOSINT S750，优化烧结砂芯和模具用于金属铸造，具有最大 721mm×381mm×381mm（28.4in×15in×15in）范围。

EOS 的报告中指出适合烧结材料的数量增加了，但重点是用于制造而不是快速原型制造。大多数烧结材料是基于 PA 或 PA 11 聚酰胺的。其细粉是耐受大多数化学品，当激光烧结生产模型和机械零件时，这些零件能够承受很高的机械和化学负载。在某些应用中，聚酰胺由铝、玻璃纤维或碳纤维填充。医疗及航天产业应用更多的材料为不锈钢、钴铬合金、钛，制造工具的马氏体时效钢的需求也不断增加。

3. 熔融堆积成型（FDM）

在熔融堆积成型（FDM）过程中，如图 18.4-3 所示，制造原型使用的是融化热塑性细丝，直径为 1.78mm（0.07in）。它从一个卷鼓伸出并通过一个加热器，加热至半流体形态。加热器安装在电脑控制的 XY 平台上，是一个自由移动装卡平台。这半液体状态的长丝通过一个喷嘴，挤压并铺在层上，由下而上进行。厚度范围在 0.05~0.76mm（0.002~0.03in）范围内变化，壁厚为 0.25~3.18mm（0.010~0.125in）。层间彼此黏接最终凝固成一个坚固的 3D 模型。拆卸后，完成的模型可砂磨、钻孔或密封。这个无激光过程可以形成薄壁、圈定模型、功能样机、各种工具、铸造模具。

支持外伸所需的结构或在 FDM 中的脆性结构必须设计成 STL 形式的数据文件并作为模型的一部分被融化。这些支撑在之后的第二次操作中可以很容易地移走。FDM 系统的所有功能部件都包含在温度控制箱内。

明尼苏达 Stratasys 公司，发展并注册了 FDM 工艺。这家公司相对应不同的立体范围提供了三种 FORTUS 3D 生产系统：FORTUS 360mc、FORTUS400mc 和 FORTUS 900mc。标准加工范围是 14in×10in×10in（36cm×25cm×25cm），包含一个制造边缘和一个支持边缘。一个大的版本加工范围为 41cm×36cm×41cm（16in×14in ×16in），包含两个制造边缘和两个支撑边缘。有多种速度可以选择：较高速度为 0.330mm 和 0.254mm（0.013in 和 0.10in），较高精度和较高表面质量为 0.178mm（0.007in），最高的特征细节和最好的表面质量为 0.127mm（0.005in）。

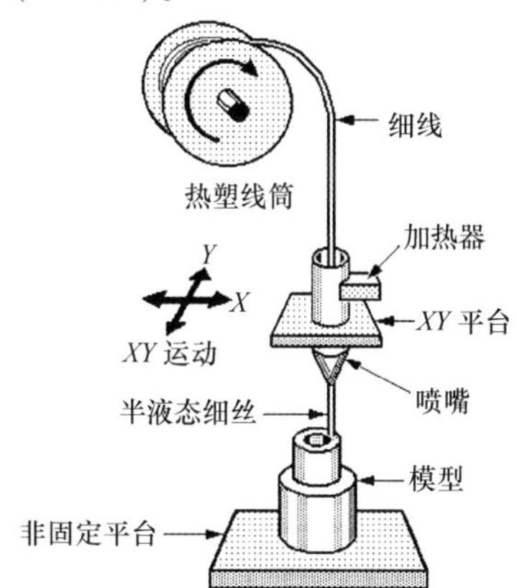

图 18.4-3 熔融堆积成型（FDM）：安装在一个计算机控制的 *XY* 平台上的一个单丝热塑性树脂从一个卷筒下来经过加热装置。将半固态从喷嘴底部挤压到第一层预设模式的 *XY* 移动平台上。炎热的塑料与每个连续层黏接和硬化，这一过程一直持续到原型完成。然后从平台移除进行砂磨以提高其精度。这一无激光过程可以形成薄壁和原型或铸造模具。

供选择的材料有丙烯腈丁二烯苯乙烯共聚物（ABS）、M30、M30i 和 ABSi 热塑性塑料、塑料热聚碳酸酯（PC）、混合了聚碳酸酯热塑性和 ABS 热塑性（PC－ABS）、PC－ISO 热塑性塑料、ULTEM 9085 热塑性塑料和 PPSF / PPSU 热塑性材料。这些材料熔点为 82~104°C（180~220°F）。

Stratasys 还提供 1200 es 尺寸系列 3D 打印机，使用熔融沉积工艺建立模型尺寸可达 25cm×25cm×30cm（10in×10in×12in）。打印机使用 ABS 和建模材料，该材料是一种制造级别的热塑材料，耐用且性质稳定。模型由下而上印刷并形成精确的安置层和支撑材料。它们并不需要修复，可直接在打印机上去除。模型可以钻孔、攻丝、砂磨并涂漆。1200es 系列可以产生应用原型、模具和自定义工具和夹具模式。

SST1200es 使用支护技术，使用水基溶解支撑的解决方案。这个过程被推荐用于精致模型的制造。BST1200es 用断裂使超支撑结构简单折断，显示出最终模型。断裂支撑技术在没有水槽或者水供应的情况下更加方便。

公司还提供了两种桌面 3D 打印机：uPrint 和 uPrint Plus。uPrint 使用象牙颜色的 ABS+，uPrint Plus 可以选择 ABS 的混合颜色：象牙、李子色、荧光黄色、黑色、红色、油桃色、橄榄绿色和灰色。至于其他 FDS 3D 打印机，必须在 CAD 软件中设计 3D 模型，并将 3D 模型转化成 STL 数据，包括支持结构的设计。uPrint 和 uPrint-Plus 的构建尺寸均为 20cm×15cm×15cm（8in×6in×6in）。uPrint 层厚度为 0.254mm（0.010in），uPrintPlus 的加工精度为 0.254mm（0.010in）或 0.330mm（0.013in）。必须快速折断建模的基台，并将支撑材料溶解去除。之后该模型可以车削钻孔加工、砂磨甚至镀铬。

4. 3D 打印（3DP）

3D 打印（3DP）或喷墨打印，如图 18.4-4 所示，除了一个多通道喷墨头和液体胶黏剂代替激光以外，类似于选择性激光烧结（SLS）。粉末供应缸系统填充电磁处理过的粉末材料，由提高粉末运送活塞将粉末运送到工作平台上。从供应缸到制造活塞的表面由圆滚分散一层用量的粉末，同时制造缸的位置定位在工作平台下一层厚度的位置。多通道喷墨头从粉末上方喷洒水基胶水使得模型的水平层黏结，形成模型。

在连续步骤中，制造活塞降低到同样的位置，供应粉末的活塞推动了粉末以补充更多的新粉末，辊遍粉末使其分布在建造活塞上的前层。重复进行这个过程直到模型建立完成，扫除任何多余的松散粉末，对表面模型的内外层涂蜡以提高其抗拉强度。3DP 工艺由麻省理工三维打印实验室研发。

马萨诸塞 Z 公司获得许可可以使用原麻省理工学院 3D 打印技术。它提供了五种 3D 打印机：ZPrinter 310 PLUS、ZPrinter 450、ZPrinter 510、ZPrinter 650 和 ZCast 501。

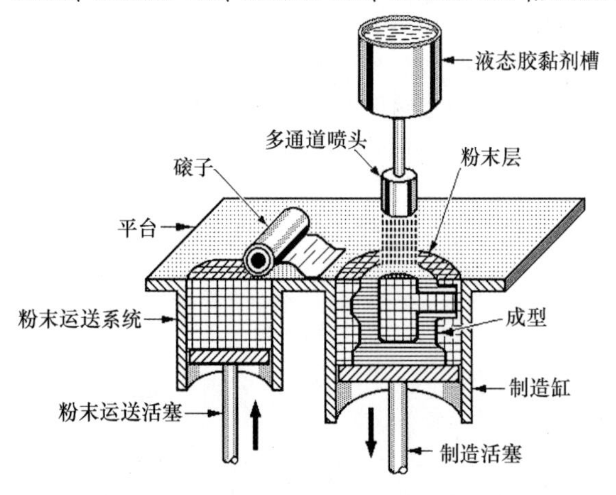

图 18.4-4 3D 打印（3DP）：来自输送系统的塑料粉末被活塞推至并散布到活塞表面，该表面低于平台的高度，等于“切片”或原型层深度。液体添加物从储存容器中通过多管道的喷头喷出，形成了第一层（底部）的原型。活塞再次下调至相同的深度，将另外一层粉推出到制造活塞，和更多的黏合剂喷出黏结下一层。根据需要反复进行，直至完成坚硬的原型。然后将原型移出，按期望处理。

ZPrinter 310PLUS 可以进行单色印刷，其打印速度为每分钟 2~4 层。最大的打印范围为 20cm×25cm×20cm（8in×10in×8in），层厚度为 0.089~0.203mm（0.0035~0.008in），可以根据用户的选择进行调整。可使用的材料包括高性能复合材料、弹性体和直接进行铸造应用的材料。

ZPrinter 450 可以全彩色印刷，打印速度为每分钟 2~4 层。最大加工范围 20cm×25cm×20cm（8in×10in×8in），用户在打印时可以选择 0.089~0.102mm（0.0035~0.004in）的层厚度。材料可选择包括各种高性能复合材料。它的分辨率为 300dpi×450dpi，有两个喷头，一个三色喷头和一个无色喷头。

ZPrinter 510，用于更大的尺寸和更好的分辨率和颜色，能够每分钟打印两层。最大加工范围尺寸是 25cm×36cm×20cm（10in×14in×8in）。层厚 0.089~0.203mm（0.0035~0.008in），可以由用户在打印时选择。材料包括高性能复合材料、弹性体和那些直接铸造的材料。分辨率为 600dpi×540dpi，有 4 个喷头。

ZPrinter 650 加工的模型最大，分辨率最高，颜色最好，能够每分钟打印 2~4 层。最大加工范围为 25cm×38cm×20cm（10in×15in×8in）。层厚 0.089~0.102mm（0.0035~0.004in），可以由用户在打印时选择。材料包括高性能的复合物，它的分辨率为 600dpi×540dpi，有 5 个喷头。

ZCast 501 直接金属铸造工艺允许将铸造金属倒入模具和三维打印机相连直接获得数据进行加工，免除了传统加工中的芯盒生产步骤，而是将金属倒入 3D 印刷模具之中。

新罕布什尔州梅里马克的 Solids cape 公司提供了以下四种 3D 印刷系统：

D76 3D 打印机用于牙科器具加工。它提供的层尺寸为 0.025～0.064mm（0.0010～0.0025in），表面粗糙度值为 32～63μm（RMS）。最小特征尺寸为 254μm（0.010in），其最大加工范围为 15cm×15cm×10cm（6in×6in×4in）。

T612 台式和 T76 系统用于快速模具成型。通过这些系统的模型，可用于设计验证和生产的应用。solids cape 公司使用其专利的热塑性材料，并声称它们适合应用于铸造模型。这些系统可以加工的层厚达 0.013～0.076mm（0.0005～0.0030in），加工范围达 30cm×15cm×15cm（12in×6in×6in），且 *X*、*Y*、*Z* 尺寸方向均可使用。可获得的误差为 ±0.025mm（±0.001in），表面粗糙度为 32～63μm（RMS），最小特征尺寸为 0.254mm（0.010in）。

R66 用于首饰成型。它的加工范围为 15cm×15cm×10cm（6in×6in×4in），层厚为 0.013～0.076mm（0.0005～0.003in）。表面精度、表面粗糙度、最小特征尺寸与 T612 相同。

5. PolyJet 矩阵 3D 印刷

PolyJet 矩阵 3D 印刷如图 18.4-5 所示，可以在一个单一加工过程中沉积不同类型的光致聚合物及不同机械、物理、化学性质的材料。喷头组件在 *XY* 计算机的控制下，来回扫描生成轨迹并同时喷涂。组件包括一组 8 个打印头，每个有 96 个喷嘴。同步的打印头同时填充支持材料及填充材料，通过在紫外线（UV）灯之间的定位，依赖足够宽的扁梁跨越托盘。将构建和支持材料同时喷到构建托盘上，从超薄的底层连续喷涂直到完成原型。

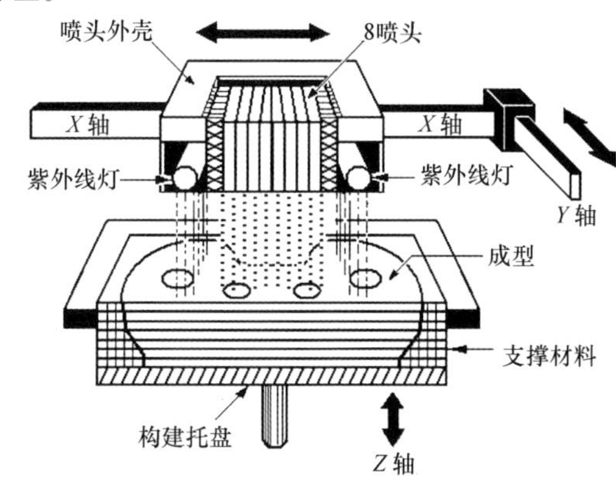

图 18.4-5 PolyJet 矩阵 3D 印刷　该系统可以喷制不同感光聚合物材料以形成层。通过 8 个打印头，每个有 96 个喷嘴的箱体制造第一“片”或原型层，再由电梯式的托盘扫描。每一层都包含填充材料和支持材料。聚合物固化过程由两个紫外线（UV）灯完成，在扫描托盘时完成线性的固化。之后构建托盘下降到到下一层的深度，顺序继续进行，直到完全完成原型。由于在构建的同时原型已经完全固化，可以无需额外的 UV 固化处理。每层厚度有 16μm 薄（0.001in），在喷涂之后立即紫外固化。因为是完全固化，处理后无需额外操作即可成为原型。

马萨诸塞州比尔里卡 Objet 公司拥有其专有技术 PolyJet 矩阵 3D 印刷。Objet 公司提供八个系统：Connex，6 个 Eden 系统 500V、300 和 350V、250V、260 和 250，和 Alaris30。

PolyJet 原型制造被认为在成品准确性、细节上最为突出，并且表面粗糙度也很好，原型大小适合的体积在 13cm×13cm×12cm（5.1in×5.1in×4.7in）内。最大的 PolyJet 体积可达 49cm×39cm×20cm（19.3in×15.4in×7.9in），但 Objet 公司认为其他快速原型技术制造该尺寸大小成本效益更好。

6. 定向光制造（DLF）

定向光制造（DLF）过程如图 18.4-6 所示，采用钕钇铝石榴石（Nd：YAG 激光）激光融合比纸张或塑料

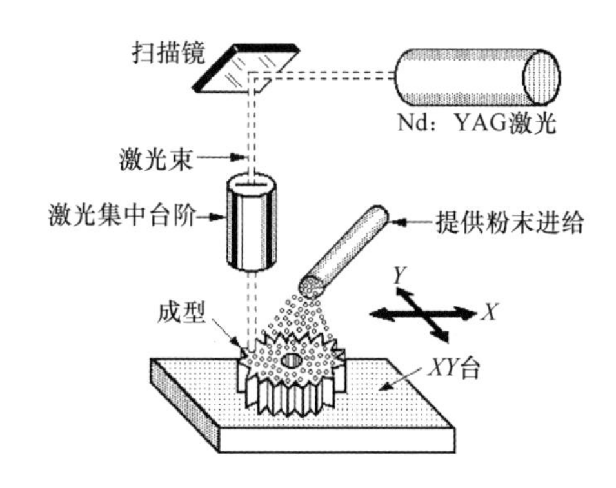

图 18.4-6 定向光制造（DLF 的）　将细金属粉末送入到一个 *XY* 工作平台，由在计算机控制下的 Nd：YAG 激光进行扫描。经过激光束的融化或烧结的金属粉末，形成一层很薄的“切片”或第一层（底部）的原型。重复这个过程，并保持每个层沉积黏接直到完成。使用金属而不是塑料或纸粉可以获得更持久的原型。将烧结的金属原型或工具进行热处理，以提高其黏结强度。粉状铝、铜、不锈钢、钽和其他金属也可以烧结形成工具或工作部件。

材料更持久的金属粉末制成三维原型。如300和400系列不锈钢、钨、镍铝、二硅化钼、铜、铝等精细研磨粉末。这种技术也被称为直接金属黏合、激光烧结、激光工程化净成形（LENS）。

在计算机控制下，激光束融合金属粉末送入喷嘴，形成致密的三维物体，尺寸公差可以控制在0.001in内。DLF的技术由新墨西哥州的洛斯阿拉莫斯国家实验室（LANL）开发研究。

新墨西哥州阿尔伯克基Optomec设计公司，提供以DFL为基础的增材过程的LENS技术。该过程是由一个交互式制造单元，包括软件、高功率激光、运动控制以及其他组件完成。LENS过程直接从CAD设计建立金属零件。它将金属粉末注入激光束的焦点，然后“输出”金属层，从原型底部开始成型。Optomec报告说LENS可以用来做短的新金属制品的生产加工，更换零件或修复旧零件或旧机器或制造设备。

LENS MR－7系统提供30cm×30cm×30cm（12in×12in×12in）的工作范围，制作实验试件和小部件。紫外线辐射高功率光纤激光使金属粉末、合金、陶瓷或复合材料完成一层结构。传感器收集所需的数据，以完成处理微观结构。两个粉末填充器可加入不同的金属粉末、陶瓷或复合材料。

750LENS系统用于采用钛、不锈钢材料快速制造金属部件或修复现有零件。该系统提供了一个30cm×30cm×30cm（12in×12in×12in）的工作范围用于较小零件的加工。像在LENS MR－7系统中一样，LENS 750采用了激光直接用一层金属粉末制造构架。Optomec指出该过程可以得到等于或优于通过机械加工的固体金属的机械性能与功能的3D零件。

LENS850－R系统用于航空航天材料修理或高价值的金属部件的制造。至于其他的LENS系统，850－R使用500W或2kW光纤激光制造的3D结构其力学性能等于或优于部分铸铁的结构。它的加工范围为89mm×150mm×89mm（35in×59in×35in）用于中型到大型部件的修复。

7. 直接金属沉积（DMD）

直接金属沉积（DMD）是由密歇根州Auburn HillsPOM（精密光学制造）集团公司开发的DLF专有形式。它是一种以激光辅助技术融合粉状金属的增材3D制造技术，如图18.4-7所示。DMD产生一个完全致密的金属产品。激光形成一个对基板材料的熔融金属池。粉状材料精确定量并以融化形式最终注入形成一个严密的冶金结合体。

DMD的系统包括拥有被称为闭环技术的专利的过程传感器，POM集团说这是必不可少的，需要积极的过程监管以保持新材料层沉积的高品质。

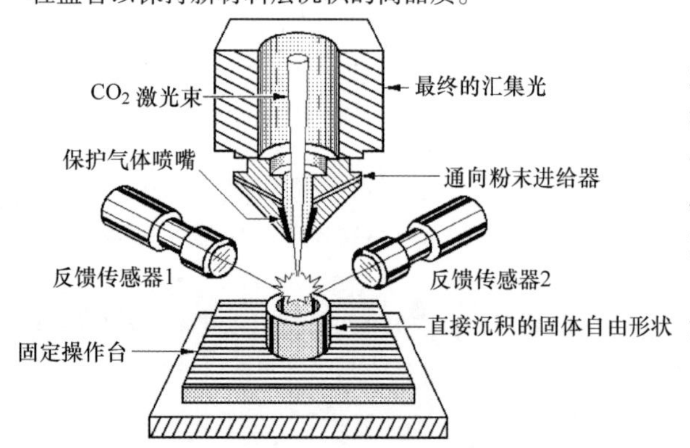

图18.4-7 直接金属沉积（DMD） 这种增材技术通过黏结金属粉末产生密集的金属原型和零件。CO_2激光束使精确测量数量的粉状材料形成熔池。然后它们融化形成与基材紧密黏结的金属物质。三个过程传感器的位置成120°并为型成预定的成型提供闭环反馈。如果零件的几何形状与指定的几何形状发生偏离，可由系统检测出来。熔池的大小也被实时监控。过程变量，如粉末流速、数控速度、激光功率根据生成过程中的产品质量和尺寸稳定性进行调整。

如果零件的几何形状与所需的几何形状产生偏离，检测闭环反馈系统将通过实时连续监测，针对熔池的大小调节过程变量，如粉流量、速度、激光功率，以保证零件的形成过程中的产品质量和尺寸稳定性。

DMD分层熔池的信息被三个电荷耦合器件相机（CCD）监测。DMD通过实际所需的几何尺寸与需要的几何尺寸进行比较然后相应地控制分层制造过程。通过使用每120°为一个位置的三个相机来控制DMD的过程中的三个尺寸。在此系统中，至少有一台摄像机必须能够观察到熔池交界表面的轮廓。除了保留设计部分的形状，并保持其尺寸稳定性，闭环系统减少了后续加工过程。

POM的集团提供两种DMD的系统：DMD105D和Robotic DMDs。

DMD105D是五轴联动系统通过使用直流激光熔敷金属合金粉末形成快速原型小元件。其也可以制造功能部件和修复损坏或磨损的工业设备。它的加工范围达30cm×30cm×30cm（12in×12in×12in）。该系统已修复的关键部件包括涡轮叶片、驱动轴、隔板、模具和冲压器。它可以加工合金，如工具钢、钨铬钴合金、镍铁合金。可以通过添加排放腔排放类似钛合金加工过程中释放的有毒烟雾。

Robotic DMDs是六轴驱动的综合直流激光二极管工业机器人。它可以使用金属合金粉末修复磨损的金属表面，或在大型工业设备上进行金属维修。44R 型 DMD 的系统加工范围为 196cm×213cm×330°（77in×84in×330°），66R 型加工范围为 320cm×365cm×360°（126in×144in×360°）。与传统修复不同，Robotic DMDs 系统是将修复过程完成在部件上。在修复石油和天然气管道、矿山设备、重型机械时可以节省时间和成本。

8. 叠层实体制造（LOM）

在叠层实体制造（LOM）的过程中，如图 18.4-8 所示，通过切割、叠加和黏接连续层或叠加涂有热活化黏合剂的纸来形成三维模型。它最初由 Helisys 公司开发，由加利福尼亚州卡森市的 Cubic 技术公司接管。CO_2 激光束由 STL 格式的 CAD 数据控制下的光学系统引导，激光束切割原型每一层纸的横截面轮廓。纸层按连续顺序叠加黏结形成原型。

形成底层的重磅纸未受到切割，而是通过圆滚及可垂直移动的平台进行安置。激光束切割每一层的轮廓和截面，并在原型制造之后去除多余的材料。在第一层被切除后，剩下的废纸被取出滚筒分离（留下一个大洞）。可移动的平台下降，填充第二层的纸张通过辊筒运动并定位于第一层的位置。进行下一层的激光切割轮廓的过程，同时用一个加热的辊筒施压使第二层与第一层相黏结，然后剩余的纸张收卷再次被去除。

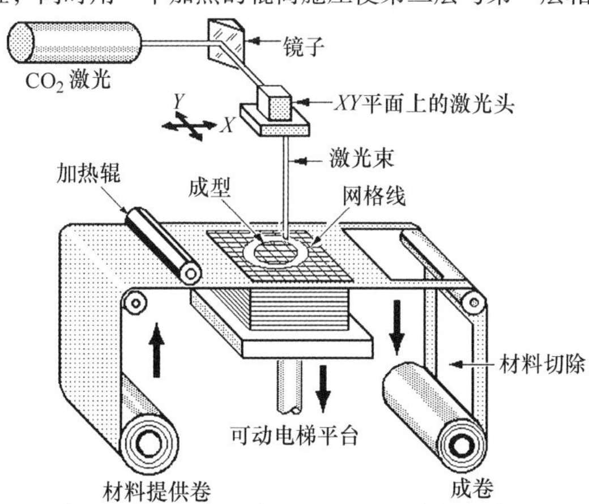

图 18.4-8 叠层实体制造（LOM） 涂有胶黏剂的纸张被送入可动电梯平台，计算机控制的 CO_2 激光束切割轮廓以及第一（底）层的原型剖面线。可动电梯平台降低，将更多的纸张输送到第一层，激光继续切割轮廓和截面，一个加热辊使各层之间的层黏结。该过程继续进行，直到所有层的原型被切割和黏结。移除截面的纸张使得原型以及连接的层显示出来，然后密封完成原型制造。

重复此过程，直到完成最后一层并加压完成整个过程。该平台升高，多余的截面材料成堆叠状，在完成原型之后被移除，最后露出三维模型。LOM 工艺形成单一的黏结块，与由软材料制造的原型相比更耐变形且成本低。原型具有类似木制品的表面，可以在密封和喷漆之前进行砂磨或抛光。这些模型可直接作为砂型铸造的图案或硅胶模具。LOM 模型通常比其他快速建模的尺寸要大，可以达到 76cm×51cm×51cm（30in×20in×20in）。

然而，LOM 的过程中有不良的特性可能限制其使用范围。其一是其激光切割较厚纸张的能力限制，速度降低导致原型制造成本提高；其二是密封层的边缘，需要防止水汽渗透；其三是，这一进程应在密封的通风阁内进行，因为要消散激光灼烧纸层引起的烟雾。

此外，垂直尺寸或者 Z 方向的尺寸精度要比 SLA 或 SLS 过程中的低，因为 LOM 过程缺乏铣削步骤，而减少纸层厚度是不切合实际的。如果背胶的塑料或金属板被用来制造原型，它们必须经过热处理形成粗糙的模型，但也可以经铣削改善垂直精度。

9. 壳生产的直接铸造（DSPC）

壳生产的直接铸造（DSPC）的过程如图 18.4-9 所示，是基于 MIT 开发的技术，与 3DP 工艺类似。DSPC 主

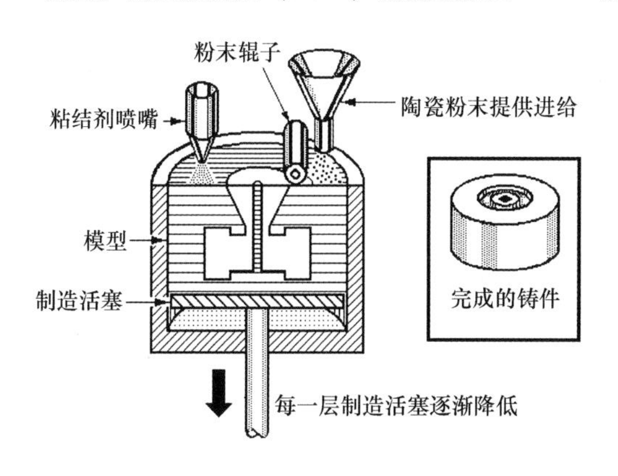

图 18.4-9 直接壳生产铸造（DSPC） 陶瓷粉末从储存处由辊子平铺到工作台上，其厚度等于每一个“切层”或模具层的厚度。然后在计算机控制下，黏结粉末喷胶黏结第一层（底层）。活塞再次降低了一个等于层厚度的距离，更多的塑粉延展到制造活塞上，同时更多的黏结剂喷出以黏结前两个层。这个顺序持续进行直到模具完成。黏结的“绿色”陶瓷壳体之后移动到火炉烧结以形成功能持续的模具。这种技术被列为一个 RP 工艺，因为它使模具比传统方法更快，更便宜，从而允许金属铸件制成的速度更快。

要目的是形成模具或外壳，而不是三维模型，DSPC 开始也需要 CAD 文件所设计的外壳。尽管 DSPC 被认为是一种 RP 技术，但是实际上所有的三维模型都需要后续的铸造过程。

有两个专门的设备用于 DSPC：一个精确的计算机被称为壳设计单元（SDU）和一个壳处理单元（SPU）。CAD 文件被下载入 SDU 生成定义模具或外壳所需的数据结果。SDU 软件也对 CAD 文件尺寸进行补偿，以弥补陶瓷缩水的状态。该软件也可以直接引导形成模型的特点和删除壳上某些必须在原型铸造完成之后加工的要素如孔或键槽等。

DSPC 移动平台是活塞式的，像其他的 RP 技术一样，活塞降低一个深度到达制造活塞边缘下的位置，并且该深度等于每一层的厚度；之后将一层薄的精细氧化铝粉由圆辊平铺在平台上；接着将硅溶胶喷洒到粉末层上黏结成单一的层或者壳体；然后活塞降低形成下一层。重复进行过程直到所有层形成完整的三维外壳。

去除多余的粉末，加热对象，黏结粉末形成单陶瓷。壳体冷却后，它的强度可以承受熔融金属，并能作为传统的铸造模具。熔融金属冷却后将陶瓷外壳从原型中去除。然后使用适用于铸件的加工方法进行加工。DSPC 制造金属零件的过程结合了铸造和车削加工二者的优点，避免了二者的缺点。

10. Solid – Ground 固化（SGC）

Solid – Ground 固化（SGC）（或是 solider process）是多步串联工艺，如图 18.4-10 所示。首先，三维模型的第一层模具表面图形由图示中左边的设备生成。一个电子枪在干净的玻璃盘子上形成表面图形并转移到面向带电的调色盘，形成表面图形的光刻过程。这个表面图形之后被移动到曝光站，与一个工作平台平行紫外灯对齐。SGC 过程要求工作平台移动，有序地按照左右顺序完成这个过程。

当平台移动到正确的位置后，在工作台处形成光敏树脂薄层，形成需要的厚度。之后工作台左移到平台曝光站。打开紫外灯和快门，保持几秒钟曝光形成面聚树脂层。UV 辐射足以精确制造层，减少了二次固化的步骤。

固化后，该平台移动到右侧去除台，去除未曝光的树脂。平台继续朝着打蜡站移动，在那里融化的蜡被应用和涂到了去除了树脂的地方。平台再次移动到蜡冷却板，并在平台里进行冷却。然后继续向右移动到铣削头那里，将树脂和蜡层研磨到精确的尺寸。平台左移到树脂涂覆站的地方再降低等于一层厚度的深度，继续进行树脂填充。

与此同时，多余的部分被从玻璃层面上去除，在相同的平台上形成一个新层。完整的平台运行周期将重复下去，直到三维模型矩阵完成（蜡矩阵支撑任何外伸或根切，所以不需要支撑结构）。最后，原型从工艺设备上移除，同时模具蜡要么是熔化或是溶解在类似洗碗机的洗室中。三维模型的模具可以手工砂磨或者按需要进行加工。

SGC 过程类似于按需求喷墨绘制。该方法依赖于一个双重喷墨子系统，在 CAD 程序的控制下，通过精密 *XY* 轴驱动平台和热塑性及蜡沉积材料进行制造。驱动平台也面向于铣削系统以获取高度精确的垂直或 *Z* 向层高，同时也在总体原型 *Z* 高度上铣削多余的材料。

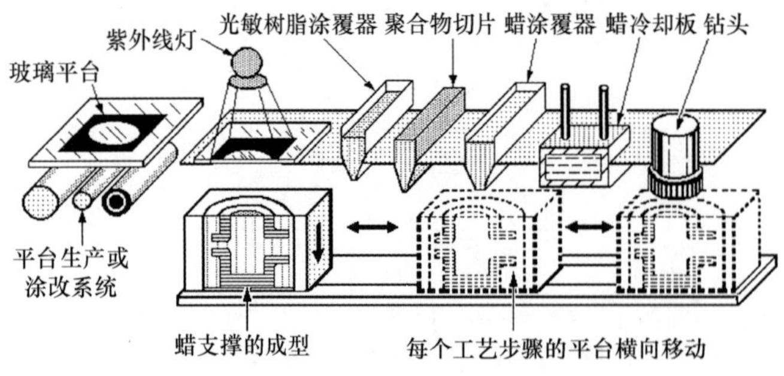

图 18.4-10 Solid – Ground 固化（SGC 基地）：第一步在玻璃平台上光固化形成表面图形。然后将表面图形移动到第一站，在那里的工作平台上涂抹光敏树脂。一个紫外（UV）灯照亮在表面图形的光敏树脂上，定位和形成固定层。然后平台移动到下一站，在那里热蜡层被填充到相应的边缘以及空隙中。蜡在下一个冷却板冷却，并在下一站研磨去除蜡和多余的材料，完成第一批“切片”或底层。第一表面图形被擦去，被第二层罩在相同的玻璃盘子上替代。整个过程中，平台在各工作台之间不断重复左右移动直到原型完成。最后，蜡被加热或在热水中浸泡释放模型。

18.5 去除法和 R&D 实验室工艺

1. 台式样机原型

台式成型法是一种消减的 RP 技术，为 RP 技术又增加了一种选择。作为增材制造方法的一种，在该过程开始的时候，将三维 CAD 图纸转化成计算机运行的程序，计算机将控制数控铣床在密闭的空间内进行铣削工作。该机床可以铣削相对小的原型或者蜡块、金属、塑料或软材料的原型。

荷兰乌得勒支的代尔夫特样条公司提供了一种包括数控铣床在内的台式成型系统，在办公室规模的环境就可以进行制造。代尔夫特的软件系统转换 CAD 数据，使用块状的蜡、塑料、处理过的木材、塑料泡沫进行原型成型。该公司提供铣削机床、三维扫描仪、组合机床。该公司提供以下的铣床可以直接接收来自个人电脑的打印机端口的数据。

CPM ICP 系列用于数控加工各类非金属材料。ICP3020 的建模大小为 305mm × 203mm × 102mm（12in × 8in × 4in），4030 为 406mm × 305mm × 152mm（16in × 12in × 6in）。然而，加工的最大高度或 Z 轴尺寸限制在垂直加工工具从模具顶部的构建空间的 50% ~70%。

JWX-10 和 JWK-30 是为加工珠宝设计的。每个机器的大小、速度和主轴规格均适合创建蜡首饰原型。旋转轴可以制造戒指这一最常见的珠宝类型。JWX-10 的加工范围为 152mm × 102mm × 102mm（6in × 4in × 4in），JWX-30 加工范围为 305mm × 203mm × 102mm（12in × 8in × 4in）。

MDX-40A 用于生产小型消费类产品的快速原型。它的主要目的是通过与软件结合，加工化学处理过的木材以及蜡和塑料泡沫材料。它的加工范围为 305mm × 305mm × 102mm（12in × 12in × 4in），包括一个 100W，转速为 15 000r/min 的主轴。

MDX-540 是一个重型三轴数控铣床并配备的 X、Y 和 Z 轴方向的交流伺服电动机。依靠这些设备可以达到和保持高的进给速度和平滑的运动，并在每一步中保持这些性能，速度仅在尖角处放缓。它的加工范围为 508mm × 406mm × 152mm（20in × 16in × 6in），它可以加工包括处理过的木材、工程塑料、非金属的许多材料。

MDX-15 和 MDX-20 是组合的三轴数控铣床和扫描仪。作为铣床，它们可以磨轻型材料，如发泡塑料和蜡，因此它们主要应用在概念建模和为珠宝熔模精密铸造建模。在钢轴承和步进电动机的驱动下三个主轴形成运动。其中轻主轴功率为 10W，转速 6500r/min，该轴应用于加工轻型材料。其固定的控制可以由个人电脑直接发送数据到打印机端口。这两种机型也可以进行二维雕刻。NC 文件可以是来自 CAM 的软件包。MDX-15 的加工范围是 152mm × 102mm × 51mm（6in × 4in × 2in），MDX-20 的加工范围为 203mm × 152mm × 51mm（8in × 6in × 2in）。就像扫描仪一样，二者都是直接从电脑附带的软件获得许可证以设置要扫描的区域和要使用的分辨率。其余步骤是自动完成的，包括一个有效的 CAD 几何（多边形文件）数据转换。

2. 快速原型技术的研究与发展

有些 RP 技术仍处于试验阶段，尚未实现商业化状态。在专利和新报的相关报道中可以获得关于快速原型的信息，实验室有金属或者陶瓷材料直接制造原型。在这里描述的实验技术有两个：形状沉积制造（SDM）和模具形状沉积制造（MSDM）。

在显示商业前景的同时，这些系统不同于之前描述的 RP 技术，还尚未被商业 RP 设备 OEM 厂商采用。原因涉及装备成本和缺乏市场规模。但是，在资源和空间允许的地方，这些装备组件可以购买现成的并组装和使用。这一类机床的设计和施工基本上限于工厂试验，学术、政府工程实验室。

3. 形状沉积制造（SDM）

形状沉积制造（SDM）的过程是由在宾夕法尼亚州匹兹堡卡内基梅隆大学机器人研究所的 SDM 实验室开发的。如图 18.5-1 所示，是一种自由成型形式（SFF）的加工。它可以直接应用 CAD 数据产生功能性金属原型。它将连续的硬金属层沉积在一个平台上，不需要成型罩形成功能部件，是一种替代传统的制造模具全规模生产的方法，这种方法不需要增加特别模具成本。

在沉积站，即将完成之前的层结构如图 18.5-1a 所示。CAD 图样软件决定层数和层厚以及它们的放置策略。第一个金属层随着增材工艺的铁水滴平铺而沉积，被称作铸造。这第一层和所有之后的层的沉积都略超尺寸，可以使每一层的外缘加工成特定的形状和尺寸。每个层都沉积后，它被转移到加工成型站（见图

18.5-1b)，在那里由计算机控制的铣床或磨床去除多余的金属。下一步，移动工件到应力释放站（见图18.5-1c)，在那里缓解已建模层的应力。之后回到微观铸造沉积站（见图18.5-1a）沉积位置，为下一层的沉积做准备，同时做好支撑和保护任何悬垂的金属的准备工作。在SDM构建周期中这三个步骤反复进行，直至原型完成。

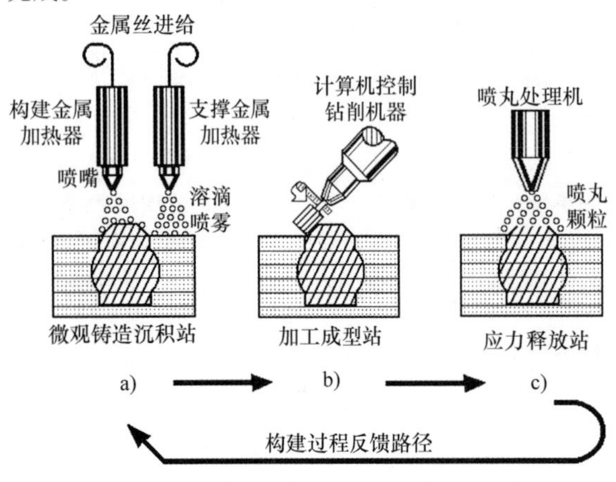

图18.5-1 形状沉积制造（SDM)：金属丝被填充到分隔的加热器中将其融化成热滴状。这些喷涂层在微观铸造沉积站从第一层（底部）开始形成。在计算机的控制下，该层移动到（b）加工成型站。然后转移到应力释放站（c)，在这里内应力得以减轻。该层然后返回到下一层的沉积站（a)。金属液滴保留其热量的时间足够长，重新熔化底层使其黏结成型。所有这三个步骤反复进行，直到完成原型。最后使用酸性液去除支撑金属使部件显现出来。

形成每一层的金属液滴保留其热量足够重熔上一层使它们相互黏结。当生成过程结束时，用酸腐蚀去除支撑金属，最后进行研磨和抛光。SDM的金属组合中成功的模具金属为不锈钢、支撑金属为铜。

卡内基梅隆大学（CMU）的SDM实验室研究了许多技术，包括热喷涂、等离子或激光焊接，但最终它们决定使用微铸造技术放置层金属。这是这两种技术或者其他技术的折中，其结果也比两者都要好。研究发现，由微铸造形成的较大的金属液滴（1~3mm直径）比直径50μm的金属液滴保持的热量时间要长。SDM可迅速形成形状复杂的零件，同时也允许多材料结构和制造预制组件嵌入在内，使其成形零件。

CMU的SDM实验室生产定制功能性的机械部件，在SDM的过程中，它嵌入了预制的机械零件、电子元件、电子电路、传感器中的金属层。它还可以制造定制工具，如带内部冷却水管的注塑模具和带热再分配嵌入式铜管的金属散热片。

4. 模具形状沉积制造（MSDM）

加利福尼亚州帕洛阿尔托市的斯坦福大学的快速成型实验室以及卡内基梅隆大学机器人研究所都有形状沉积制造（SDM）的实验室，但是斯坦福大学的实验室开发的SDM的版本被称为SDM的模具或MSDM，被用于制造多层模具、铸造陶瓷和聚合物。

MSDM过程如图18.5-2所示，使用蜡形成模具。在MSDM中，蜡具有与在SDM中的支持金属相同的作用，它具有支撑模具型腔形成的能力。水溶性光敏树脂在MSDM中的作用对应于作为支撑材料的初级金属在SDM的沉积形成工程中的作用。值得注意的是在MSDM过程中没有机械加工这一步。

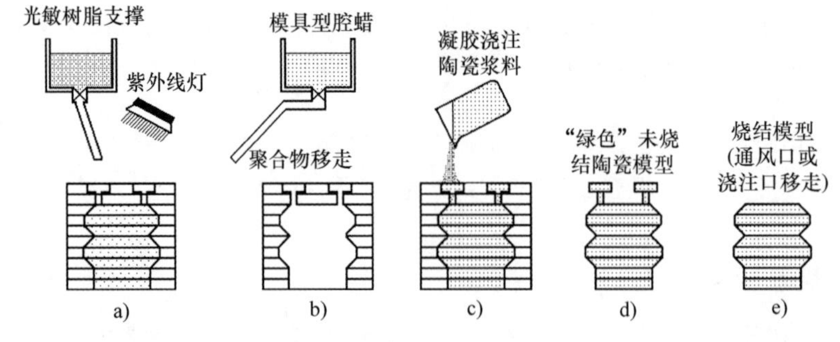

图18.5-2 模具形状沉积制造（MSDM)：陶瓷零件的形成开始于步骤a，铸造模具的水溶性光敏树脂支撑模具型腔蜡沉积形成的第一层（底层)。第二步是固化或硬化暴露在紫外线灯下的光敏聚合物。聚合物和蜡层铺层至完成模具固化。在步骤b中模具腔浸泡在水中去除支撑材料。步骤c是蜡腔结构中倒入陶瓷浆料，形成一个“绿色”未烧结陶瓷模具。蜡在步骤d中融化掉，释放”绿色”未烧结陶瓷模具。最终，在步骤e使用炉火将模型强化烧结后，去除通风口和浇道，形成陶瓷模具。

像其他的 RP 技术一样，MSDM 过程是从决定了蜡和支撑材料层的最佳用量，以及它们的放置策略的 CAD 图样转换成软件数据开始的。层的厚度取决于模具的复杂性和轮廓。

在计算机的控制下，每次构建一层。蜡和支撑光敏树脂放在同一层（见图 18.5-2a），之后受紫外线照射聚合。然后在建结构被移至下一站（见图 18.5-2b），起支撑作用的光敏树脂被溶解在水中移除，留下蜡模具型腔。使用凝胶注模成型，将陶瓷浆料浇在蜡模中（见图 18.5-2c），形成陶瓷部件。陶瓷浆料固化成半黏土状的状态。然后将蜡模融化掉，释放出“绿色”陶瓷部分进行烧结（见图 18.5-2d）。在烧结之后，最后一步是去除模具的通风口和浇道（见图 18.5-2e）。MSDM 中使用不同的材料种类、各种高分子材料和聚合物、陶瓷材料制造预组装的部件。

5. Robocasting 陶瓷铸造

一种称为 Robocasting 的快速成型方法通过计算机控制在无模具和加工的条件下制造陶瓷零件。该技术由新墨西哥州阿尔伯克基的桑迪亚国家实验室研发，该过程中也可以混合金属与陶瓷浆料，形成抗冲击的材料，这利用了不同材料的不同热膨胀率。开发改进工艺的桑迪亚国家实验室的工程师报告说，Robocasting 的陶瓷密度比其他 RP 工艺制成的陶瓷零件高。他补充说，特别是在发动机部件制造方面，由于能够抵抗高温，金属陶瓷零件更加优秀。

通过 Robocasting 自由铸造形成的致密陶瓷零件，可在 24 小时内烘干。并可以在短时间内完成零件的设计和完善。如果需要用标准的干压法完成一个复杂的陶瓷零件，首先必须将陶瓷粉末压缩成固体的形式，然后必须将坯料通过昂贵的加工雕刻成最终的形状。也正在通过其他技术制造错综复杂的陶瓷零件，其中包括粉浆浇注、凝胶浇注和注塑成型，但在制造前需要设计好制造模具。

虽然仍处于实验室开发阶段，Robocasting 在大量生产陶瓷零件方面具有可观的前景。Robocasting 的成功取决于陶瓷浆料技术的发展，该材料在含有较多的固体时，仍然能够流动。陶瓷浆料是在由计算机控制的注射器保持固定的位置时，浆料沉积的移动平台移动而注射出的。浆料必须快速干到半固态，使得下一层可以继续进行。固体含量高的陶瓷浆料和按需要定制属性的浆料可缩短收缩时间，使得一层在 10 ~ 15s 内可被烘干固定。

在零件通过分层制造最终干燥成型后，在温度 1000 ~ 1700℃ 下进行约两个小时的烧结最终成型。一般来说，如需要在同一设备中将陶瓷和金属结合这样的设计要求是很困难的，在它们的热膨胀率方面的不同可能会导致材料的表面开裂。Robocasting 使得材料的结合逐渐进行，从而将压力均匀扩散，使得结合更加稳定。Robocasting 也可以使某层之间的某些材料分散开来，在烧结过程中蒸发或者烧除，这样可以形成部件内部的冷却通道等结构。

网络资源

下列网站提供了本章所介绍的一些研究内容：

Carnegie Mellon's The Robotics Institute
www. ri. cmu. edu/

Rapid Prototyping Home Page
http：//home. utah. edu/ ~ asn8200/rapid. html

Delft Spline Systems
www. spline. nl

3D Systems Corp.
www. 3dsystems. com

EOS Electro Optical Systems
www. eos. info/en

Objet Geometries Inc.
www. objet. com

Optomec Design Company
www. optomec. com

The POM Group Inc.
www. pomgroup. com

Solidscape Inc.
www. solid – scape. com

Soligen Corporation
www. soligen. com

Stratays, Inc.
www. stratasys. com

Z Corporation
www. zcorp. com

第 19 章

机械工程领域新的发展方向

19.1 微技术在机械工程中的作用

由于电子概论和计算机科学的引入，机械工程这门工程学科的作用在过去半世纪中得到戏剧性的扩展。基本的改变主要在于控制机制，而机械设计还未改变，工程实践也是如此。固态数字电子电路，微处理器使许多传统的工具设备变得过时，例如计算尺、机械计时器、机械数字表、机械计算机制。计算机引起了机械工程的巨大变动，包括计算机辅助设计（CAD）、计算机辅助制造（CAM）、基于计算机的模拟和快速原型（RP）。当然，计算机比以前的计算器在复杂计算上也要更加快捷准确。

这些技术一起拓展了机械工程师（MEs）从事的项目，它们引入了新的不同的进入该行业的教育要求。机械工程师继续设计机构、机械、机械设备，但他们最近也加入了如下领域：电子封装、计算机硬盘的机械设计、光盘、DVD 驱动器、机器人、机电一体化、显微技术。他们也在纳米技术中有所贡献，纳米技术是一个合并工程规律和物理生物科学的主题。

现在 MEs 的工作领域包括巨大的构造体和机器，如航空母舰、巡航船、深海石油操纵台等。另一方面，他们也从事于微机电系统（MEMS），微小尺寸级制造（一米的百万分之一），其结构之小，必须在显微镜下才能观察到。微机电系统现在包括极小的马达、传动链、转矩转换器、变速器、加速度计、压力传感器、陀螺仪和齿轮减速单元等。

1. 如今的微技术

微机电系统制造技术体现在大型集成电路制造工艺中，例如微处理器和微存储器。该技术需要顺序的掩码和化学腐蚀的步骤，以使多层硅的动态组件的加工成为可能。因为微机电系统能够完成工作，被认定为机器。然而，由于很多技术、经济上的原因，微机电系统尚不能达到早期预测的高标准，不能大量生产。不过，一些微机电系统摆脱了经济、技术的限制实现了市场上的成功，另外制造能力的进步导致了生产水平的提高，结果产品单价大幅下降。

较受欢迎的微机电系统是加速传感器，可以在车辆碰撞时检测到力而释放和触发安全气囊，全世界有超过 100 万的加速传感器安装在机动车辆上。亚德诺半导体公司（Analog Devices）是这些设备的主要供应商，用它的标准和称为 iMEMS 的大容量集成电路制造技术可以形成在一个硅片上的精巧模式传感器结构的微型机械表面。该公司最小的加速度传感器在一个阿司匹林药片那样的大小的包装中［尺寸为 5mm×5mm×2mm（0.2in×0.2in×0.1in)］，执行两轴的传感动作。一个独立的单块芯片提供一个数字输出，具有低功耗和自检特征。

亚德诺半导体公司（Analog Devices）也提供由 iMEMS 技术制成的可编程、低功耗陀螺仪。ADIS16250 陀螺仪是测量旋转角速度的单独紧凑封装的完整合成系统。应用包括用于稳定平台、运动控制、导航、机器人。每个陀螺仪集成电路包括两个相同的微机电系统，叫做谐振器的多晶硅传感器。它们被操作反相时信号是相反的，所以可以获得一个偏差输出。每个谐振器在内部框架中都包含一个由弹簧悬浮的质量。系有质量的内弹簧允许它只在一个方向摆动，同时支持颤振框架的外弹簧限制它在一个方向运动。

当在谐振频率下静电驱动时，质量会产生围绕一个单轴的、与系统成比例的科里奥利力。颤振框架上的可动传感接头与底层框架上的固定接头交叉形成的电容器对于这些运动做出响应，瞬间改变直接与陀螺仪的旋转角速度相关的电容。这些谐振器电容之间的偏差用于测量角速度。这个技术消除了环境冲击和振动的影响。偏差信号发送到一系列的芯片电子增益和解调级上，产生电信号。ADIS16250 陀螺仪封装在 10.2mm×10.2mm×5.1mm（0.4in ×0.4in×0.2in）的标准集成电路块中，并且由 4.75～5.25V 的直流电供电。

另外一种成功的微机电系统制造技术是如图 19.1-1 所示的数字微镜装置（DMD），由德克萨斯仪器公司发明，它是一个现在称为 DLP 晶片的机电转换器，具有翻译影像信号到彩色视频图像的能力，DLP 芯片现在应用在大屏幕数字电视，家庭、企业版影像放映机，在影院大小的屏幕上放映电影的投影系统中。

每个 DLP 芯片包含成组的、两百万个铰连接的微型镜片，形成一个比指甲小的硅芯片。微型镜片由微机电系统光刻掩码和化学腐蚀工艺雕塑而成。每个镜子的尺寸都小于人头发宽度的五分之一［约为 10μm (0.0004in)］。镜片被铰链以便它们可以每秒千万次地从反射位置移到不反射的位置。这个机械的 DLP 芯片履行翻译输入数字视频信号到一系列的镜子偏转所需的电子、光纤功能，以得到活动的视频图像。每个镜子在一个项目或显示图像中是单独的像素，当使用一个彩色投影镜头系统时，DLP 镜可以充分反射彩色图像到一个屏幕或其他合适的平面。

将微机电系统用于直接压力疲劳感应是另一个增长中的市场。数以百万的汽车压力疲劳间接监测系统已经通过可选配件间接地被安装在高端车辆上，但如果它们要成为机动车辆安全指标，则必须是可升级的。然而，间接监测系统很昂贵，若将它们强制安装在低价车辆上会大大提高其价格。人们很期待直接监测系统，它包括微机电系统传感器（如压力传感器），可降低价格，并且更好地履行压力疲劳监测模块的作用。

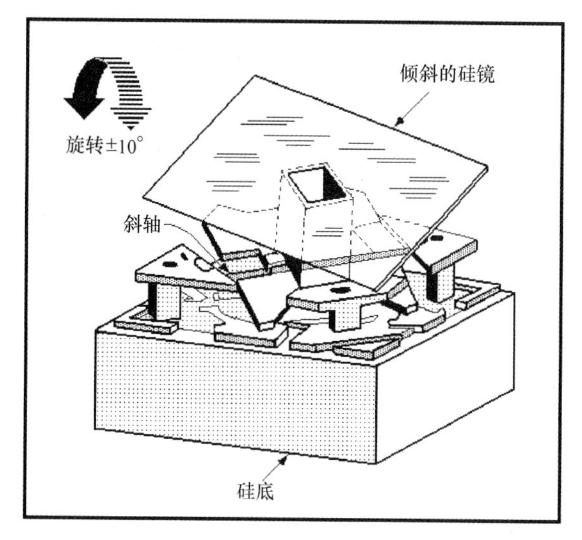

图 19.1-1 数字微镜装置（DMD）中的每个镜子，都是成阵列安装在镜子斜轴上的。当移动时，它以倾斜的方式反射光到屏幕上，形成一个“开”或其他图像组成一个黑暗的“关”，一个 DMD 有超过 200 万的镜子，这些镜子可以形成 1920 × 1080 分辨率的高清晰度彩色图像。

微机电系统传感器将直接测量每个胎中的空气压力。它们基于两种压阻效应，一种是轮胎气压变化产生作用于传感器的应力而引起电压输出，另一种是随着胎压变化而发生电容值变化的电容式传感器。这些微机电系统将安装在每一个车辆轮缘电子模块的位置。模块也可能包括温度和电压传感器、加速度计、微控制器芯片、无线电发射机、天线和电池。每个车辆设定的压力数据信号将首先被以无线方式发送到一个中央接收器。源于接收器的数据，如果轮胎气压太低可以使警示灯报警，或不断地将实际压力以数字读出。完整模块的重量期望在 30 ~ 40g（1.1 ~ 1.4oz）。

2. 微技术的明天

滤波器估计已经应用于大约三分之二的手机和无线电中，它们都是机械设备。据斯坦福大学的研究者说，传感器、计算机、联络设备均能尽量高度小型化。科学家证明了未硬化的微小的无线电能在地球轨道发送与接收信息。卫星的常规无线电必须硬化以抵抗辐射，这增加了成本。然而，它们可以被大量廉价的可扩展的微米级无线电网络取代。科学家相信宇宙飞船上可以安装扩展的无线电组，尽管有些可能由于曝光被烧光而损害，余下的可以继续发送与接收信号。

艾伯特匹萨诺博士是加利福尼亚州大学伯克利分校机械工程系的主席，他相信可以在 10 年内出现一个小型收发器的市场。他指出大部分典型无线电收发机的元件是被动式分立元件，注意，微机电系统设备可以取代这些分立元件作为滤波器。他宣称：“微机电系统元件制造结合晶体管电子学后，它们就能降低总部件数量、整体尺寸以及无线电成本。”

匹萨诺教授称微机电系统在宏观技术中起着重要作用。他注意到那些用了微机电系统的传感器和驱动器可以更可靠，例如致动器的发动机。他解释是因为热导率可调，应变能被分解到很低的水平。微机电系统传感器策略地安装在发动机上，用于测量如下因素：压力、应变、振动、温度、声音输出。根据匹萨诺教授的研究，微应变尺度超过 10 000 倍常规金属箔应变片的反应。他注意到，微机电系统的引伸能够显示绝对的应变而没有漂移。他说：“用一个 1mm 大小的计量器，这个装置能消除应变以帮助一定条件下的维护和构造的正常运行和监控。”接着他说那个带有传感器和包含微机电系统元件的收发器的遥测系统可以改善电线、高速公路、桥梁的监测，通过充当预警系统，在结构失效之前发出极限应力或应变报告。

据说微机电系统设备可以完成麦克风、光纤通信装置、致动器、无冷却的红外线传感器、惯性计量设备的功能，它们也可以作为质量数据存储设备。超小型通信装置也可以采用微型机电系统发电机激励。

匹萨诺教授报告指出，如此可以开发将热能转化到电能的超小型电池。他解释说，热能的小规模使用是实用的，补充了存储于微米级直径的微小旋转发动机的电量，比存储在必须充电、消耗能源的锂离子电池中的电更多。超小型热力发电机由甲烷提供动力，可以将气体转化到电能。匹萨诺博士认为微机电系统因为在生产和封装上遭遇到困难，在使用上尚未到达他们的早期预计，但他也相信在纳米技术方面取得的进展会促进微机电系统长期发展。

19.2 微机械为机械设计打开一个新领域

制造微机电系统（微米级电动机、阀、变频器、加速度计和其他设备）的技术，源于过去常常用来制造硅集成电路的光刻、化学腐蚀过程。该技术为机械工程师打开了一个新领域，它从根本上与传统的机械工程实践有所不同，而依赖于设计规则和制造技术的应用；其所要求的对材料和化学制品的使用，直到最近对大多数机械工程师而言都不是很熟悉。在微机电系统生产中，硅取代钢、黄铜、铝和其他熟悉的材料，由化学腐蚀去掉多余的材料，这与磨、车或镗不同。

微机电系统如此小，几乎只有在电子显微镜下可以看到，不能将常规的物理定律应用在驱动这么小的设备上。例如，微机电系统马达通常由静电吸引力而不是电磁驱动，因为当机构被缩放至这个大小时，电磁感应会太弱而失效。工作于微机电系统的机械工程师已经涉足于一个之前属于微生物学家、原子物理学家、微电路设计师的领域。

更卓越的实验室微机电系统的例子是制造了一个超小型电能驱动的车辆，小到能停在一个针头大的地方，微型电动机是如此小使它们可以安装在小针孔内、谷粒大小的机泵和盐粒大小的火车齿轮上。这些不仅仅新颖，而且说明了这些技术的可行性，许多微机电系统现在大量生产应用于汽车、电子、光学和生物医学。例如，生物医学的研究者一直在开发超小型医学机械，它可以穿过人体动脉或静脉达到疾病的位置。这些自然的管道也被视为外科手术中精确传输微量工具到内部现场的途径，在那可以远程遥控显微镜。

现在应用的微型机电系统设备正被大量制造，包括加速度传感器、数字微镜设备（DMDs）、疲劳压力传感器、调制器。加速度传感器触发车辆气囊，DMDs 控制电视和其他放映在大屏幕上的视频图像，疲劳压力感应器被应用在车辆疲劳压力监测系统中，在光纤通信系统中的调制器把电子信号转换成光纤信号。

1. 微型致动器

微型旋转电动机截面如图 19.2-1 所示，它是一个通过静电驱动而不是电流驱动的微致动器的例子。一些经过验证的电动机直径为 0.1 ~ 0.2mm，高度为 4 ~ 6μm。由旭日模式形成的转子支撑在一个刀口轴衬上，使它与电动机底座的摩擦减至最小；这使它围绕一个中心钉状枢纽自由旋转，防止垂直偏移。绝缘插槽把定子分成 20 个单独的电子换向器。换向器的导电内表面和转子辐外表面形成一个旋转电容器，对定子段连续施加电压所产生的静电作出响应。这些力导致转子以较高的速度旋转。

由静态功率微机电系统电动机驱动的转子当被 30 ~ 40V 电压驱动时可以到达超过 10 000r/min 的速度。一些微型电动机可以连续运转 150h。研究者在加利福尼亚州大学伯克利分校实验室和麻省理工学院（MIT）制造了这些极小的机械。

已经出现了其他成功的微致动器，包括微型阀门和微型泵；图 19.2-2 是一个典型微型阀门的剖面视图。微型阀门的隔板或控制单元向基座基底上垂直阀座的方向弯曲。它可以被嵌压电膜、静电力或热膨胀移动。这些超小型阀门和类似生物泵在生物医学研究上得以应用，它们比常规的生物医学用的泵和阀门体型上小很多数量级，只要很少的能量就能驱动。

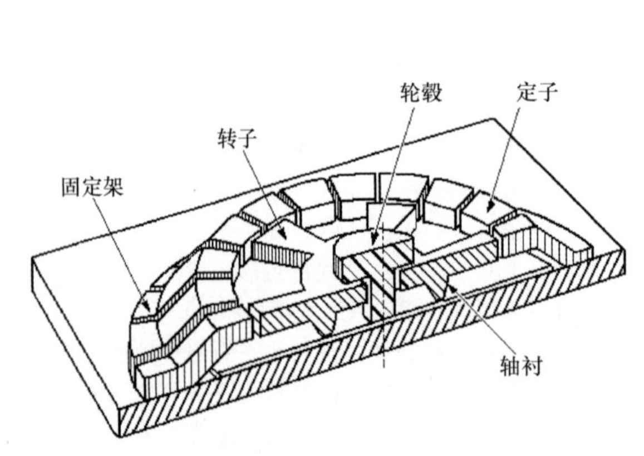

图 19.2-1 典型微驱动器的横截面图，其依靠静电驱动而不是电磁驱动。

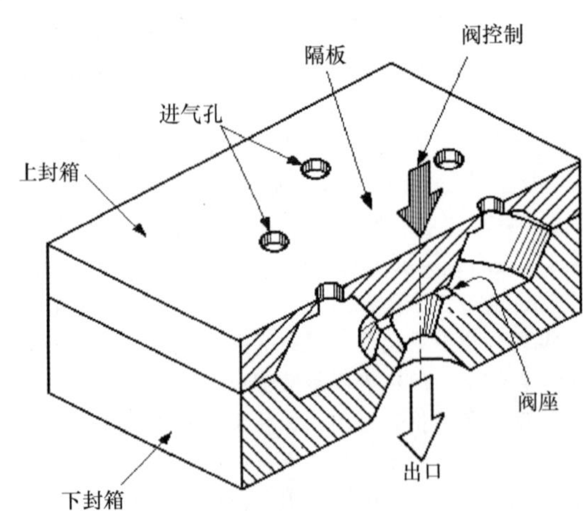

图 19.2-2 典型微型阀门的横截面图，通过嵌入式压电膜、静电力作用或热膨胀，隔膜垂直于其基础板移动。

如图 19.2-3 所示的线性谐振器是另一个用静电驱动的微致动器，但它运动依靠的原则不同于用于马达的原则。共振器由两个主要的元件组成——梳状驱动、折叠梁结构。折叠梁结构在左端包括一组触头与安装在谐振器左端的类似的触头交错。两组触头在一起形成了梳状驱动。然而，折叠梁结构上的触头在 X 方向自由摆动，因为尽管结构本身硬性安装在两个固定点，但结构包括两个灵活的折叠梁（座和固定点在同一基底，通过图中的黑线区分）。

驱动梳在 X 方向静电振荡。当梳状驱动触头内的静电荷驱动时，灵活的折叠梁以一个指定的频率谐振，就像一个电容器。两个折叠梁同时谐振，但只在 X 方向，因为横向或者 Y 方向被折叠梁的几何形状约束。

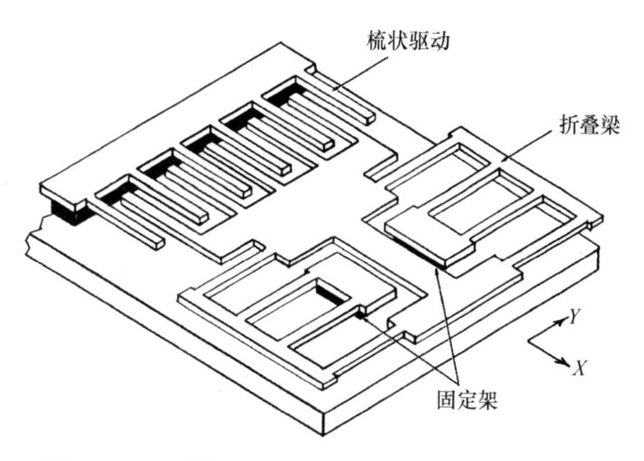

图 19.2-3 线性谐振器由一对折叠梁组成，它由静电驱动梳结构设置在 X 方向上振动，横向或者 Y 方向被折叠梁的几何形状约束。

微加速器是一个对外力作出反应的微致动器，而不是嵌入式压电薄膜、静电力或热膨胀。三种超小型电容加速度传感器如图 19.2-4 所示。它们被定义为悬臂、扭转悬置、中央支柱悬浮的震动块。简单的悬臂结构在给定的悬架规定尺寸下可提供最大的灵敏度，所以在期望的灵敏度下它可以比其他任何一种结构更小。

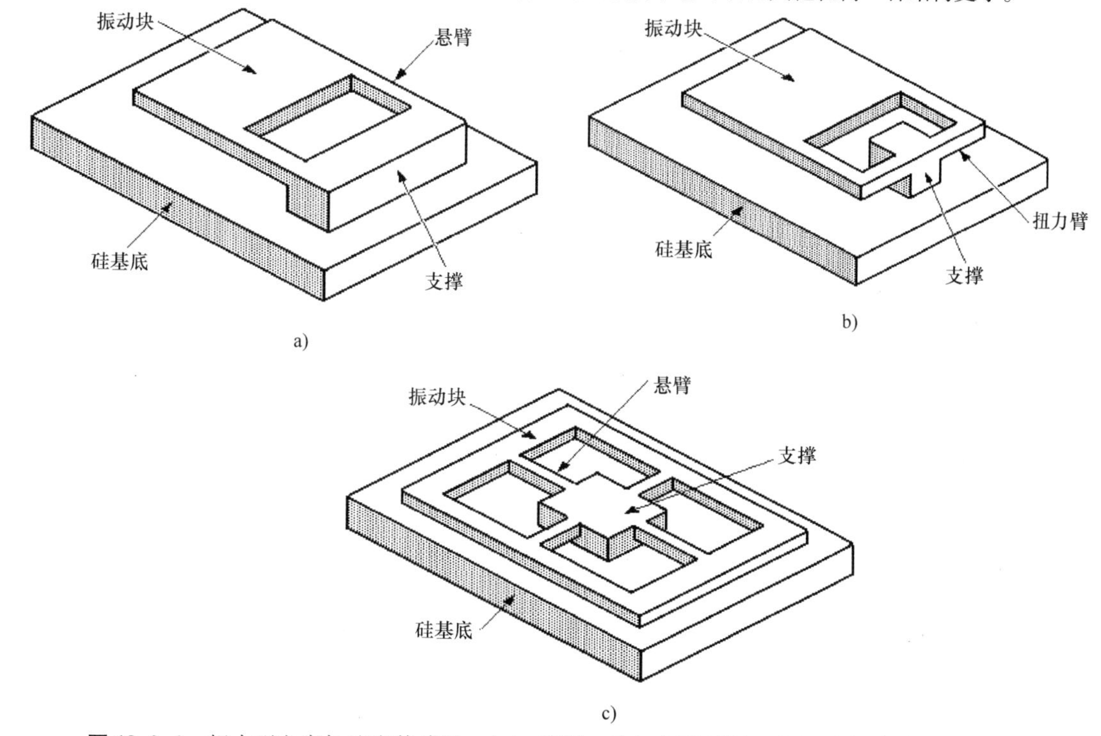

图 19.2-4 超小型电容加速度传感器：（a）悬臂，（b）扭转悬置，（c）中间支柱悬浮的振动块。

电容式感测技术要求测量穿过电容器的交流电压。这样做反过来会产生一个静电场，它会在电容器盘之间产生一个引力。随着振动质量偏转，可以测量静电场变动；如果信号调理正确，输出信号会与加速度成比例。这些加速度传感器的开关可由开环或闭环系统操作。为具体应用挑选最佳结构需考虑如下这些关键因素：敏感性、稳定性、材料疲劳、冲击阻力、质量阻尼、输出线性、温度范围，但也可能考虑其他特性。微机电系统的电容加速度计现在广泛应用于机动车辆，作为检测碰撞和触发气囊的传感器。

2. 原料

目前，硅仍是制造微机电系统最受欢迎的材料，因为在所有制造复杂超小型设备的材料当中它有很多有利条件。硅的应用也使在同一基底上为信号处理编造整合电子线路变得可能。然而，一些微机电系统也有由铝和钻石制成的。在过去35年里的集成电路的成功设计与制造，形成了一个广泛的有关硅性能的知识体系，内容包括如何提炼硅，如何改变硅的结构，如何化学辗磨硅，如何使硅的晶片永久黏合。

硅是一种强度很好的材料，它的弹性模量接近于钢材，屈服强度超过不锈钢，强度与质量的比超过铝。此外，它表现出高热导率和低热膨胀系数。因为它没有机械滞后，所以它是制造传感器、变频器的几乎完美的材料。而且，硅对于应力、应变、温度的敏感性强，适合于传感器的制造，可以轻易与同一基底或芯片的电路沟通传递电子信息。然而，硅必须由封装或密闭的容器保护，因为暴露在空气中或受潮会使它容易损坏。

在微机电系统（MEMS）的制造过程中，硅通过化学微加工或刻制各式各样形状，而不使用传统的加工刀具。硅（无论在形式上是多晶硅、氮化硅）和铝在批处理过程可以刻制许多不同的形状和轮廓。在微机械加工过程中，机械结构是从一个硅晶片上通过选择性地刻蚀掉不用的支撑层或结构来雕刻得到的。

在硅的选择性侵蚀加工过程中掩饰光刻法用于生产任务的各个阶段。该方法可以形成精确的轮廓，如轮齿、梳、横梁、悬臂、振动块。气态形式化学“掺杂剂”的熔炉扩散可以改变它的化学组成以及电子特性。外延是基底层上的多元外层材料的生长过程，沉积是硅表面电镀金、银、铝、铜等材料的过程。

3. 微机械的动力

在理论上，任何微机电系统（MEMS）都可以概括成四个不同的驱动力：电磁、热膨胀、静电、压电效应。选择驱动方法通常由最终用途的装置及其性能要求决定。如前所述，当缩减微机电系统（MEMS）尺寸时，电磁力很弱不能驱动微机电系统（MEMS）。此外，热膨胀通常不作为微机电系统的动力，因为许多微机电系统（MEMS）需要足够的热量集中在一个小区域驱动不同材料的微型构件。这使得只有静电力和压电效应是驱动微机电系统（MEMS）的可行的驱动力。

4. 静电力

采用静电力驱动微机电系统（MEMS）是非常有吸引力的，因为不像磁力，它可以有效地减少微尺寸。利用静电驱动微机电系统（MEMS）存在两种导电表面，作为两块相对的电容器板。施加的静电力则正比于两板之间电压的平方，反比于两板之间距离的平方。

在微机电系统（MEMS）中的电机如图19.2-1所示，电容器是由转子轮辐端面和绝缘定子内壁形成的。想要驱动发动机，电压信号必须连续地施加于定子段，使其开和闭。在旋转序列中，当电压转移到它们上时，每个转子轮辐被最近的驱动定子段吸引，造成整个转子旋转，因为它遵循极性的变化。以这种方式，转子在定子设备内完成了一项多个极性变化的旋转。

缺口分离外转子轮辐和定子段的内部表面作为电容器板。然而，因为电动机的微型尺寸缺口不可能均匀，结果是随着转子旋转静电力相对于时间的变化，使静电力与施加电压之间呈非线性函数。一个微机电系统（MEMS）的电动机能允许某些变化，但有两个原因使它可能导致静电力失败或拖延：定子、转子相对表面之间的缝隙不是对中或光滑的，或转子轴承表面不光滑累积了摩擦。

大多数表面微加工微机电系统（MEMS）的缺点都是转子和定子太薄，它们相对表面积太小而不能提供足够的电容变化来维持转子旋转。解决这个问题的一个办法是使用LIGA加工电动机，因为它可以形成比表面微加工更厚的转子和定子（LIGA加工在本章后面解释）。

驱动器也有了带有灵活悬浮的振动微结构形式。例如线性谐振器，如图19.2-3所示。它选用了不同的设计，以最大限度地使电容量变化，因为只有引力，所以它可以利用其传统的平板电容器产生更大的振幅运动。在静电梳内储存能量的方程是

$$E=\frac{CV^2}{2}$$

式中，E是存储的能量；C是电容；V是电容器两端的电压。

表面微加工的梳驱动线性谐振器如图19.2-3所示，它有多个指针或触头。当一个电压信号施加时，吸引力在交错的触头间产生并汇聚。容量的增加与驱动中触头的数量成正比：许多触头必须产生足够的力才能获得最大程度的性能。因为随着静电梳驱动中的电容板发生变化的触头运动方向平行于它们的长度，相对于触头平板间距的有效面积保持不变。因此，电容相对运动方向是线性的，X方向的引导力直接与平板间的电压的平方成正比。梳驱动结构可以在20~40V直流电压驱动下偏转多达四分之一的指针长度。

如果触头之间的交错间隙在两侧不相等，或触头不直和平行，则带有梳形驱动的线性谐振器的性能会降低。其中任何一种条件将导致触头产生与它们目的方向相垂直的分歧，结果呈楔形直到电压关闭。如果它们拥

有足够的力，甚至可能发生永久撞击，破坏线性谐振器。

5. 压电薄膜

由刚性梁和带氧化锌压电膜的多晶型芯构成的微型传感器能够随着施加电压改变自己形状。带有几微米厚的中央多晶硅氧化锌绝缘压电层的梁如图 19. 2-5 所示。这一层两侧都绝缘，夹在两个导电电极中间形成一个刚性结构。当电压信号在两个外部电极之间施加时，氧化锌薄膜内由压电效应引起的应力会使结构偏转。

当梁作为一个应变传感器时，可获得与压电效应相反的作用，它将梁的应变转换成与应变成正比的电子信号。

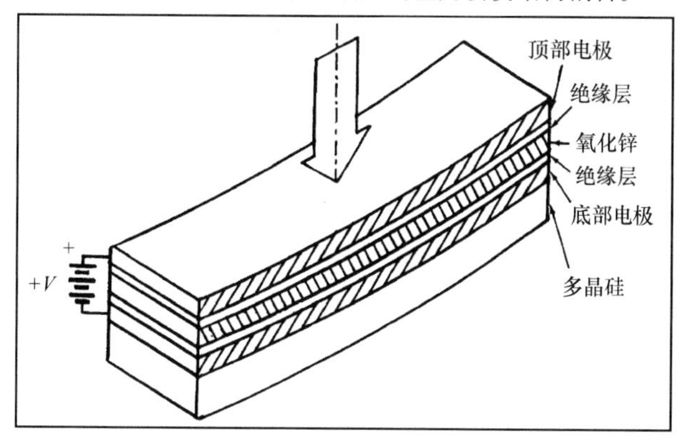

图 19. 2-5 微型轴压电传感器是一个氧化锌多晶硅绝缘层夹在两个导电电极之间形成的一个刚性双金属结构。

6. 批量微加工

批量微加工是制造 MEMS 的一种方法，它从单一晶片上利用化学蚀刻掉硅来获得理想的结构。通过把大的、圆柱的单晶体提纯硅切片可以获得大量的硅。微加工是从晶片上以一定去除率利用干、湿化学品去除多余的硅，去除率取决于硅晶体的方位。

蚀刻过程由蚀刻罩控制，即定义材料去除的区域。光刻的罩放置在硅晶片表面，它涂有暴露在紫外线（UV）能量下会溶解的光阻剂。然后只有暴露在紫外线（UV）能量下的光阻剂会通过罩上的透明窗户化学去除，只有晶片上那些光阻剂移开的位置暴露出来的硅才会化学腐蚀掉。去除硅的深度是蚀刻工艺持续时间的函数。

批量微加工是一种工艺，它包括融合硅衬底形成精确三维结构（如微型泵、微阀门等）的方法。两个或两个以上的蚀刻片可以通过挤压连在一起，退火形成一个永久的三维微观结构。这就是内部或凹进去的腔的形成方法，就像微型阀门的横截面图（见图 19. 2-2）所示。

7. 表面微加工

表面微加工过程，可使用一个多层微机电系统。最初制作开发大型硅集成电路，需要按次序沉积多层在硅晶片表面上的各种永久材料和牺牲材料以形成复杂的结构。自立可移动结构，如微型电动机转子、齿轮、链，可以通过化学蚀刻牺牲层来塑造。就像在批量微加工中一样，在过程开始阶段，用一根细晶片形成晶体硅衬底材料。结构材料，通常是多晶硅，沉积在牺牲材料的底层，如二氧化硅、氮化硅和磷硅酸玻璃。

表面微加工中材料层的蚀刻像在批量微加工中一样控制，化学刻蚀技术也是一样的。各结构层塑造符合许多不同罩的轮廓要求。为了移动或旋转，结构从牺牲层中通过选择化学蚀刻液、氢氟酸等释放出来。蚀刻也能移走沉积在轴或结构的轮毂的牺牲材料。这个过程在轮毂和相邻部分之间提供了足够的间隙，允许齿轮或转子自由旋转；轮毂也盖顶以限制齿轮或转子在旋转时发生垂直位移。

如图 19. 2-1 所示的微型电动机是在一系列沉积和掩蔽步骤中表面微加工而成的，其中永久性的硅和牺牲材料的交替层被沉积。牺牲材料被化学移除后，电动机结构包括定子、转子和中央盖顶的轴。转子可以围绕轮毂自由旋转。在表面微加工过程中，导电垫和导电路径通过选择性沉积镀金或其他合适的金属来连接电源与定子分配器。

19.3 多级制造使复杂且多功能微机电系统（MEMS）成为可能

在美国新墨西哥州阿尔伯克基的桑迪亚国家图书馆的研究人员提出了由比二、三级过程更复杂更有作用的多晶硅制造多级微型电子电路系统的两面微加工过程。这个过程叫做SUMMiT技术，是四级过程。其中，一面或者电子互联平面和三个机加工层能被微加工，SUMMiT V技术是一个相似的五级过程，除了能够被微机械加工的四层，桑迪亚在有资格的商业集成电路制造商协议批准下提供了这项技术。

根据桑迪亚的调查发现，多晶硅是一种制造微机械系统的理想材料。它比钢强度更高，有2~3GPa的强度，而钢的强度是0.2~1GPa。同时，多晶硅也十分不稳定，近似于结构0.5%失效时有最大应变值，但不会疲劳。

多年的工作经验使多晶硅成为大规模商业生产厂家制造CMOS集成电路芯片的原料，它是用来形成CMOS电晶体的门结构。因此，可以使用标准生产设备和工具大量、低成本地在IC加工厂中生产微机电系统(MEMS)。桑迪亚的研究人员报告说，因为这些优点，多晶硅表面微加工正在成为许多微机电系统（MEMS）的制造设施。

由多晶硅制造的复杂的微机电系统（MEMS）器件受到沉积的机械层数量的限制。举例来说，最简单的梳驱动可以采用一平面或带电面和一个机械层的两级过程完成，而两个机械层的三级过程允许采用类似微齿轮制造的机理。如SUMMiT的四级过程允许形成连续执行推动齿轮链机构的机械连接。因此，可以预料全新的、各种各样的、复杂、精密的五级微机械制作过程。

根据桑迪亚科学家的研究，认为在为表面微加工更复杂的设备形成额外的多晶硅层时最主要的问题是遇到残余薄膜应力和拓扑结构。这薄膜压力可以导致机械层弯曲，不能达到所要求的平坦度，这可能会导致机构功能差甚至阻止其起作用。科学家们报告说，这甚至成为在制造两个机械层的MEMS时存在的问题。

这已超越弯曲问题，桑迪亚提出了一个适当的应力水平保持值，小于5MPa，从而成功地制造和运行了两个啮合齿轮，其直径都是2000μm。

这些设备错综复杂，使其很难连续的蚀刻多晶硅层，限制了建成复杂装置。桑迪亚成功地开发一个专有的化学-机械抛光（CMP）过程，叫做“planarizing”，在多晶硅上真正地形成平坦顶层。因为CMP广泛用于集成电路晶片的制造，从而可以使用标准的商业集成电路制造设备通过SUMMiT过程成批制造微机电系统(MEMS)。

19.4 电子显微镜：微米和纳米技术的关键工具

电子显微镜长久以来一直被视为重要的研究工具，无论在医学、生物，还是物理科学。然而，随着材料科学和机械工程的重要性不断增加，微技术和纳米技术现在已成为其重要的研究和开发工具。其实还有许多不同类型的电子显微镜在不同的方面工作。四种最熟悉的电子显微镜是透射电子显微镜（TEM）、扫描电子显微镜（SEM）、扫描隧道电子显微镜（STM）和原子力显微镜（AFM）。

透射电子显微镜（TEM）如图19.4-1所示，除了电子束取代光束以外，是基于传统的光学显微镜模式。第一个电子显微镜是在1931年发明的。同光学显微镜一样，使用透射电子显微镜观察标本必须做好准备，要切成薄片利于电子光束穿透。将标本放置在冷凝器、目标孔之间的真空室，将电磁线圈靠近显微镜中央。然后将腔体抽真空以达到必要的电子束传播环境。

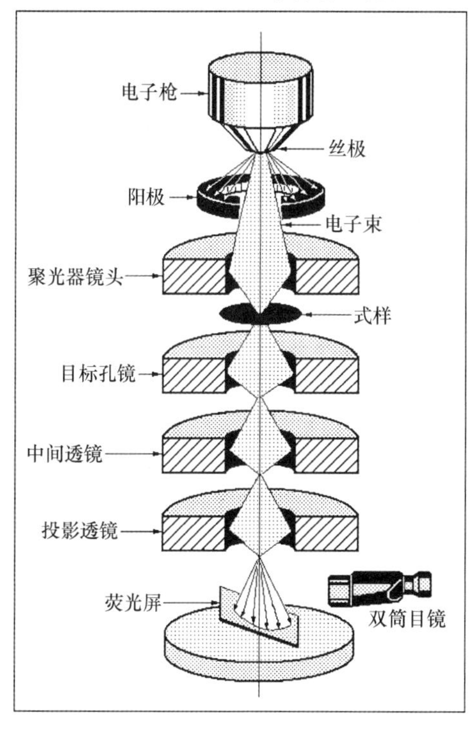

图19.4-1 透射电子显微镜（TEM）是第一个技术成熟的电子显微镜。它是使用和光传播相同原理的显微镜。将一束电子而不是一束光聚集到样本上，为使电子穿过，样本要足够薄让比光显微镜更小的物体能被“看见”。双筒镜可以将在荧光屏上看见的图像或影像转换成电子视频图像显示出来。

电子由电子枪激发，通常配有一个钨丝阴极作为电子源。高压电子束由阳极加速，通常相对于阴极五万到几百万伏特。电子束由静电和电磁镜片汇集。电子通常被认为是粒子，但可以表现得像波一样，就像光波可以由于波粒二象性表现得像粒子一般。电子的运动速度越快，就有规模越小的波形成更详细的图像。当达到最大速度后，有些电子渗透样本并从另一边出去，而另一些则从光束中散出。

电子从标本合并形成一个影像，载有标本的结构信息。然后这个影像由透镜系统的目标镜放大。信息通过电子图像投射到涂了一层磷或发光材料（如锌硫化物）的荧光屏幕上来观看。

这些图像可以用双筒镜或记录电子束的摄影底片直接看到。另外，高分辨率的透镜可以联合一个光学系统或一个电荷耦合设备（CCD）照相机传感器。利用CCD图像检测可以在监控屏幕或计算机上显示。因为可以通过电子显微镜有效地将标本放大一百万倍或更多，透射电子显微镜在这些方面是最强大的，可以看到小至1nm的物体。

扫描电子显微镜（SEM）如图19.4-2所示，在许多方面与TEM相似，是在TEM发明四年后的1935年发明的。它旨在形成微观对象的表面图像，例如微电子机械设备（MEMS）。像透射显微镜（TEM）一样，在腔室被抽真空之前，标本就放置在腔室内（这里处于底部）。腔室顶部也包含一个强大的电子枪，它向标本发射电子束。

不像透射显微镜（TEM）那样由高压电子束传递标本图像，扫描电子显微镜（SEM）的电子束从不传播完整的标本形象。一系列的电磁透镜使光束来回移动，光栅慢慢地、系统地穿过试样表面，而不是穿越标本，束中的电子由表面反弹。这些由标本反射的二次电子直接到达二次电子探测器，反向散射电子直接到达反向散射电子探测器。上述两种探测器信号结合扫描线圈信号在远程电视扫描器上形成图像。当信号产生时，强度不同的信号形成与标本上光束位置相对应的图像。

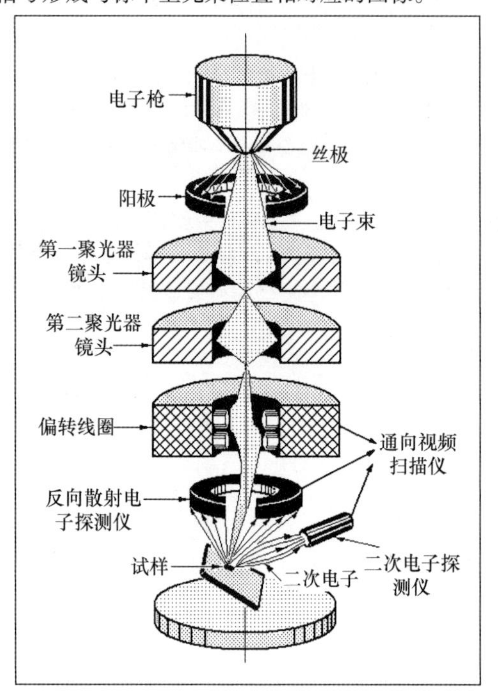

图 19.4-2 扫描电子显微镜（SEM）用电子束光栅扫描标本获得图像。电子从表面散射为反向散射电子和二次电子而不通过标本。当来自反向散射探测器和二次电子探测器的信号收集在一起后，就会产生包含有关试样的表面信息、组成、导电性的信号。与光栅扫描信号相结合，就可产生 3D 视频图像。

一般来说，扫描子显微镜（SEM）的图像分辨率是低于透射显微镜（TEM）一个数量级的，对象限制定义为 10nm 的大小。然而，子显微镜照片扫描依赖表面过程而不是依赖传播，它能够获得大量样本图像直至多几厘米的区域深度。因此，与透射显微镜产生的平面图像相比，它可以产生非常清晰的三维图像。此外，扫描子显微镜标本需要较少的准备工作。

扫描隧道电子显微镜（STM）如图 19.4-3 所示，发明于 1981 年，依据与 TEM 和 SEM 不同的原理。它是世界上第一个使研究人员“看”到原子尺度物体的显微镜。不像 TEMs 产生材料内部图像，也不像 SEMs 产生试样表面的三维图像，STMs 可以看到详细的物体表面上原子或分子的三维图像，如晶体结构图像。

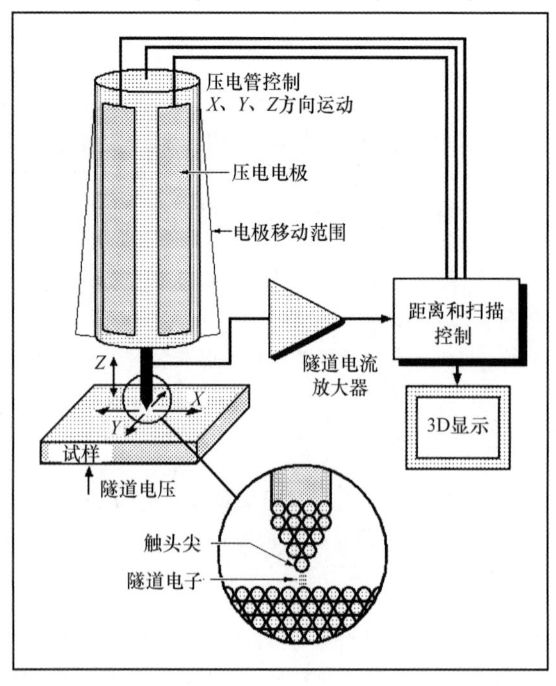

图 19.4-3 扫描隧道电子显微镜（STM）有带有精细金属顶尖的触头，在试样上经压电扫描仪进行光栅扫描，同时连接电子反馈电路。当顶尖接近样品表面时，样品电偏颇产生小的“隧道电流”流动。该电流被放大、测量，用于驱动 Z 向压电电极保持在试样和顶尖之间不变的距离，同时沿 X 和 Y 方向用电极驱动尖端扫描样品。电子产生的信号形成样品表面原子和分子的三维图像。

每个 STM 有导电性金属触头，它具有极其尖锐的由单原子构成的尖端，作为电子反馈电路的一部分用于扫描标本。在 X 和 Y 方向的压电电极作用下，尖端慢慢光栅扫描导电样品，与样本表面保持一个原子直径几埃（一埃是十分之一纳米）的距离。将一个低的偏置电压应用于标本时，量子力学规律允许电子在试样表面和触头尖端之间跳跃或形成隧道。

如果隧道电流超过预定值，顶尖与样品之间的距离会减小；如果低于预定值，回馈会使距离增加。顶端由 Z 向压电电极控制不断地提高和降低微小距离，以保持隧道电流恒定及维持顶尖和样品之间的距离。这使得它能够跟踪最小的扫描表面细节。记录顶端的垂直运动使人们有可能研究原子相接的表面结构。计算机用这些表面扫描的剖面生成等高图，可以显示在屏幕上。这就使人们能够“看”到组成的标本的单独的原子和分子。

表面研究是物理的一个重要组成部分，特别适用于半导体物理、微电子学、纳米技术和材料科学。扫描隧道电子显微镜对于导电材料是最好用的，它具有超高的精度，可以操作个别原子，这使其可以观测精确的物理和化学反应结果。STM 是一个基本工具，是扫描隧道电子显微镜纳米技术发展的必经之路。

原子力显微镜（AFM）如图 19.4-4 所示，几乎可以观察任何一种固态或有机物质，不像 STM 局限于导体或半导体表面成像。当标本在探针的下方以扫描模式运动时，激光光束偏转系统测量一个名为悬臂的端部有探针的弹簧的偏移量。悬臂是由硅或氮化硅制成的，探测器尖端半径大约有 20nm（其中一些是由纳米碳管组成）。当尖端靠近样品表面时，尖端和样品之间存在的任何原子力都能引起悬臂偏转。通常，顶端偏置通过激光灯测量，它从悬臂一端的镜子中反射，再直接射入称为位置－敏感光电传感器的一组光敏二极管。

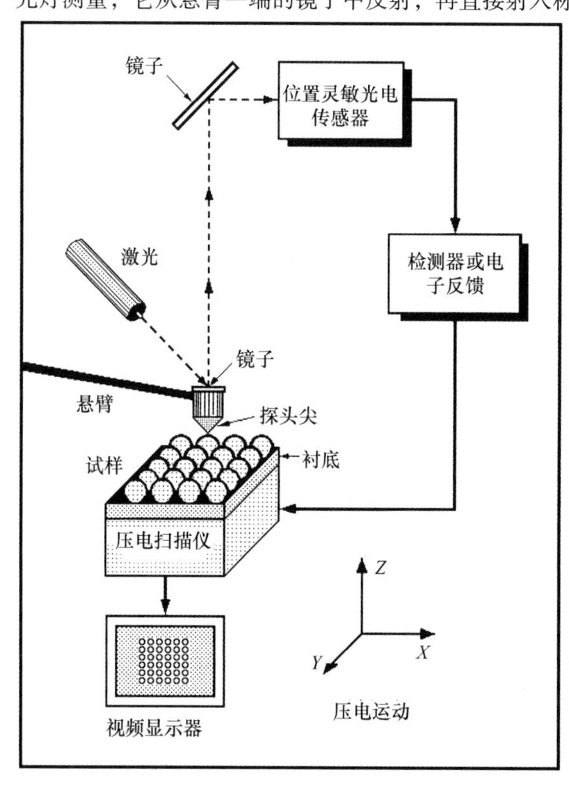

图 19.4-4 原子力显微镜（AFM）可以对既不是导体也不是半导体的材料成像。有一个如弹簧的悬臂探针安装在悬臂端部，由于在针尖和样品之间存在原子力，悬臂端部将发生偏移。样品在针尖下方被压电扫描仪进行 XY 方向光栅扫描，而基于电子反馈系统的激光束，针尖保持在样品上方统一的 Z 向距离。这会产生一个与悬臂位移相关的信号，可转换为一个样品表面结构的视频图像。

如果探针针尖是在恒定几纳米高度以上的样品表面扫描，它可能会与表面碰撞而造成伤害。为防止这种情况发生，使用包括一个检测和反馈电子装置的反馈电路来调整样品与针尖距离，那么针尖和样品之间保持恒力。当安装在压电（PZT）扫描仪上的样本在针尖下进行线性扫描时，针尖的高度变化被记录下来。压电扫描仪在提供表面形状图像的 X 和 Y 方向扫描时，在 Z 方向上下移动样品，从而保持原子力不变。这张照片可以显示在计算机屏幕上。ATM 是另一个基本的工具，同样是纳米技术研究和开发所不可缺少的工具。

19.5　微机电系统电子显微图像一览

美国新墨西哥州阿尔伯克基的桑迪亚国家实验室已经发展了大范围的微机电系统（MEMS）。以下电子显微镜照片显示了装置的表面。

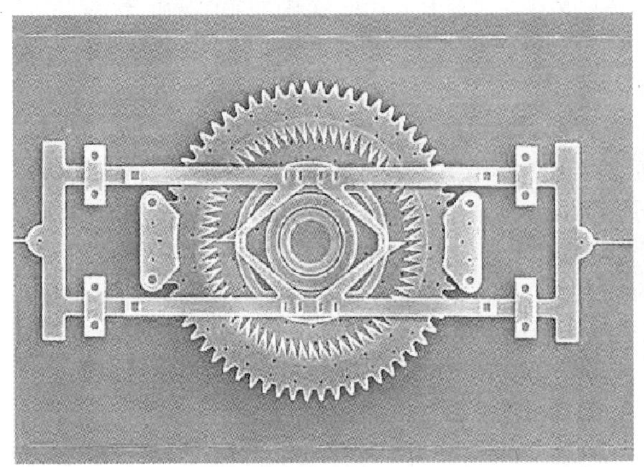

图 19.5-1　楔式步进电动机：这个指示电动机能够准确地索引别的 MEMS 组件，比如微齿轮传动，他也能够定位齿轮和指引一个齿轮达到超过 200 齿/s 的速度，或者每步小于 5ms，两个简单的脉冲信号输入控制系统就会使其运行。这种电动机能够将齿轮用于锁、计数器、里程表等装置。它诞生于桑迪亚的四层 SUMMiT 技术，伴随这种装置规模的增大，转矩和指数的精度得以提高。

图 19.5-2　楔式步进电动机：图 19.5-1 中指示电动机的一个齿的特写。

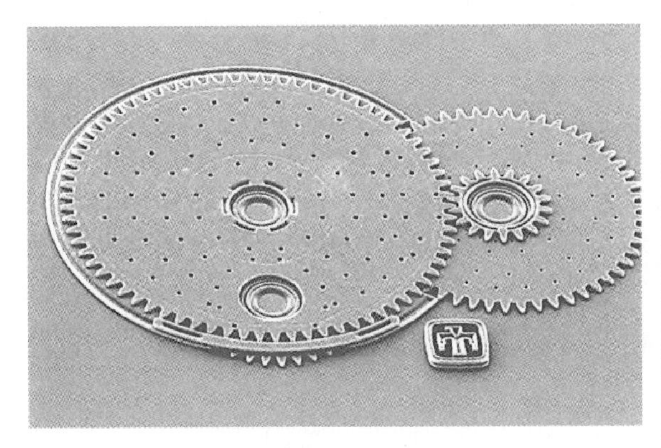

图 19.5-3　变矩器：这个模块化传输单元拥有减速比 12∶1 的整体传动齿轮，它包含了两种层次的齿轮，一个是减速比为 3∶1 的齿轮，另一个是 4∶1 的齿轮，一个单元内的耦合齿轮允许级联。

图 19.5-4　变矩器：通过级联六个图 19.5-3 中显示的 12∶1 的传输单元，在一个小于 $1mm^2$ 模片面积内获得一个 2985984∶1 的减速比齿轮机构。

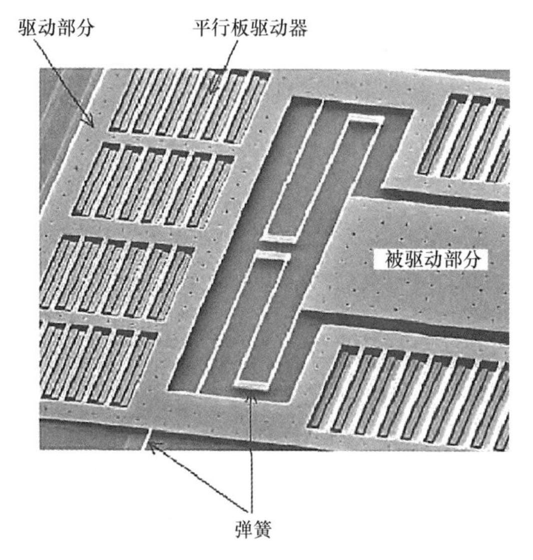

图 19.5-5　双模块振荡器：振荡器使用平行板执行器和系统动力来扩大运转。当 10mm 长的平行板执行器被信号驱动时，驱动部位在第二部分产生一个放大的运动作用，被激励部位几乎保持不动。一个 4V 的信号驱动时，运动块产生一个接近 4mm 的振幅，该装置是振动陀螺仪的一部分。

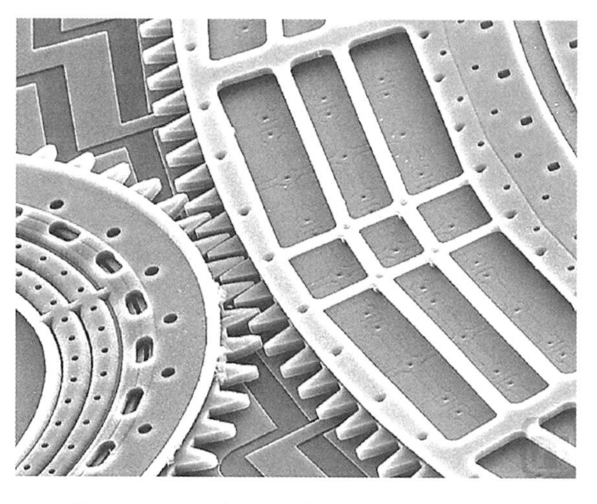

图 19.5-6　旋转式发动机：这个特写显示了回转发动机的一部分，它提供比别的 MEMS 机构更多的优点。这些疏齿嵌入转子里面以便于别的一些微机械从转子的边缘直接驱动。基于桑迪亚的四层 SUMMiT 技术，相比其他的 MEM 驱动器，这个发动机利用较低的电压启动产生更高的扭转比，但它仍然具有非常小的轮迹。为了严格的定位应用，他通常被用作步进电动机。

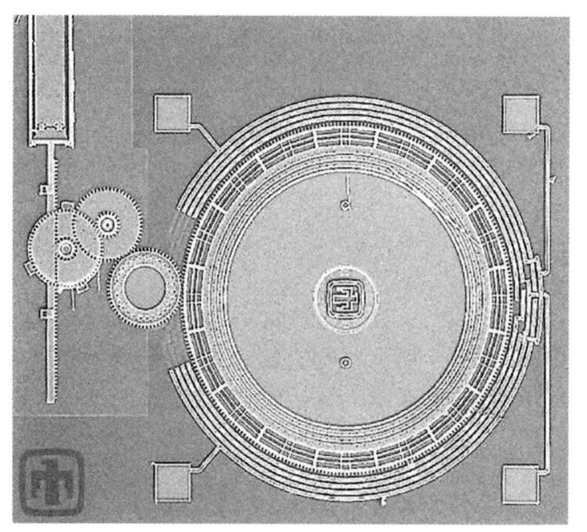

图 19.5-7　梳状驱动器驱动：两套梳妆驱动器（未显示）驱动一个旋转的齿轮组，带动一组联动（右上）。梳状驱动器驱动联动可使小的 19 齿齿轮达到超过 300 000r/min 的旋转速度。这些小型设备的运行寿命可以超过 80 亿转，小齿轮驱动大的 57 齿（直径为 1.6mm）齿轮，转速可高达 4800r/min。

图 19.5-8　微传输：在这种传输中将小型和大型齿轮装在同一个轴上，使它们与其他齿轮套传递动力。同时，提供倍增的转矩和减速，他的输出齿轮与双极齿轮链耦合传动。

图 19.5-9　微型传动和齿轮减速机：这个机理除了能执行齿轮减速功能以外与图 19.5-8 的相同。微型发动机小齿轮（途中标记 A）与大的 57 齿齿轮直接啮合（标记 B）。一个小的 19 齿齿轮（C）被定位在 B 的顶端，连接在 B 的轮毂上。因为这些齿轮是连接的，所以每分钟转相同的转数。在较短的距离内小齿轮把较大齿轮的力传递给 61 齿齿轮（D）。两个齿轮组（B 和 C，D 和 E）可以提供 12 倍发动机的转矩。能驱动外部负载的一个直线机架 F，被添加到最后的 17 齿输出齿轮 E，来提供9.6∶1 的速度减少（或转矩增倍）。

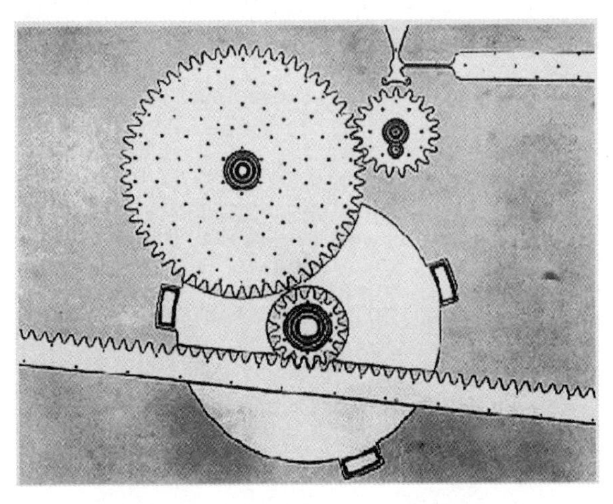

图 19.5-10　齿轮减速单元：显微照片显示了三个较低等级齿轮，以及图 19.5-9 中显示的机架系统，较低级齿轮上的平坦区域为大的、高级的 61 齿齿轮的制造提供平面。

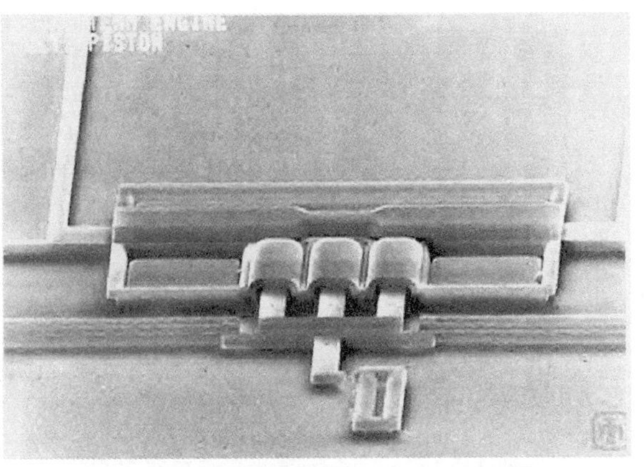

图 19.5-11　微型蒸汽机：这是世界上最小的多活塞微型蒸汽机，这个压缩机三个压缩缸内的水被电流加热，当它蒸发的时候推动活塞。一旦电流被移除，毛细作用会使活塞收回。

图 19.5-12　微链驱动：这个 50 杆的微链传动类似于自行车链条和链轮的装配。微链每个链节能够静止在人类头发横截面大小的地方。链环节之间的中心距离是 50μm（一根头发的直径是 70μm），因为这种微型链可以旋转很多链轮，一个单一微型微机电电动机可以带动多个微机电装置。不像冲程系统，链系统可以进行持续的间隙性驱动和转换驱动。

图 19.5-13　微链条和链轮详解：用于 MEMS 的硅微链不是一个硅胶带，因为硅胶带的弹簧特性会对链轮施加太多转矩以至于它们不能在同一平面上。相反，对于以前的链节来说，这里的每个连接具有 ±52°的旋转能力，最大限度地减少支撑结构的压力。不受链轮或支撑的最大跨度为 500μm，但是微链张紧装置允许更长的跨度，这种多层次的表面微加工设备基于桑迪亚的Ⅳ和Ⅴ级 SUMMiT 技术。

19.6 微机电系统执行器——热力和静电

在大多数机电装置中，可靠的驱动器是关键因素。众所周知，静电梳状驱动器的发展。桑迪亚国家实验室也广泛应用了热驱动器。桑迪亚开发的 MEMS 驱动器展示如下。

1. V 形热驱动器

图 19.6-1 中的 V 形热驱动器通常看做“燕尾形”或者“斜梁”式的热驱动器。它用于具有高强度高可靠性需求的方面，这些驱动器基于约束角梁的热膨胀（电流通过驱动器的脚产生焦耳热）工作，在图中箭头所示的方向运动中心梭子。

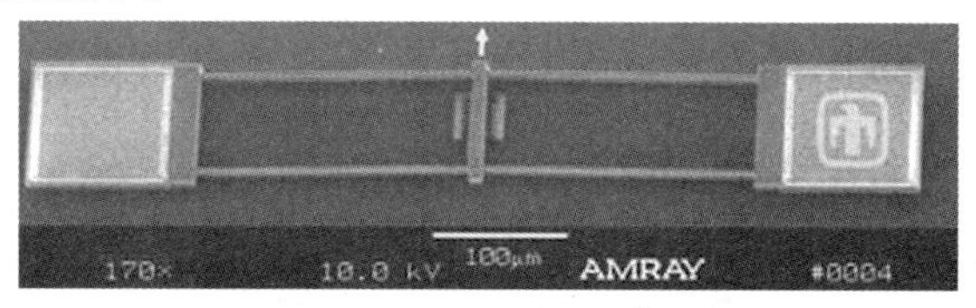

图 19.6-1 V 形热驱动器：用在芯片上，具有高力度和线性运动驱动的特点，由桑迪亚国家实验室提供。

2. 热棘轮驱动器

图 19.6-2 中显示的热棘轮驱动器是一个 V 形驱动器连接到一个棘轮集线器，集线器能够提供超过 30°的旋转运动。

3. 静电驱动器

1）扭转棘轮驱动器（TRA）。

当需要高转矩的旋转运动时，用图 19.6-3 显示的扭转棘轮驱动器，棘轮允许超过 360°的单向运动。

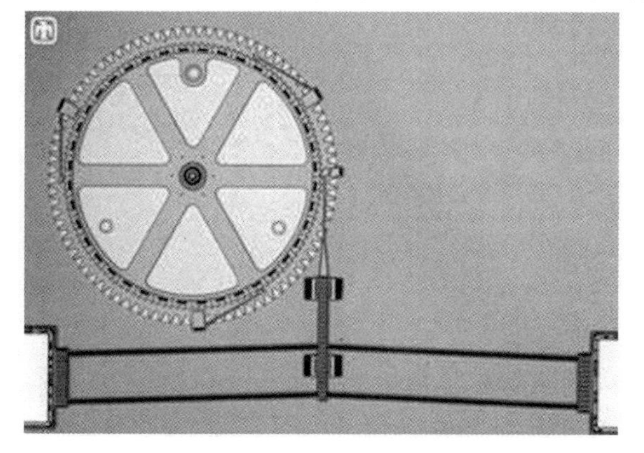

图 19.6-2 热棘轮驱动器，由桑迪亚国家实验室提供。

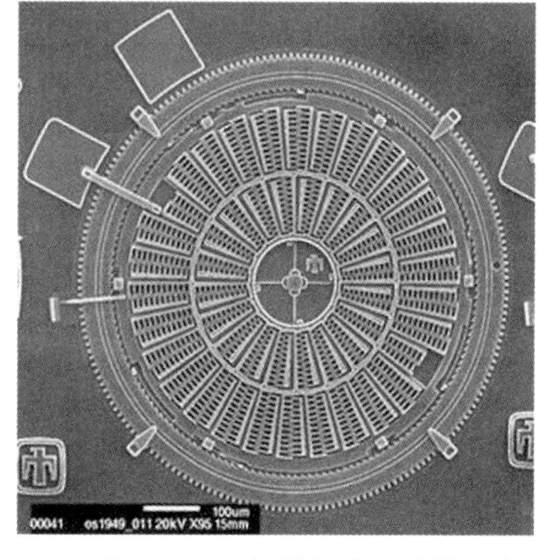

图 19.6-3 扭转棘轮驱动器。由桑迪亚国家实验室提供。

2）平行板驱动器。

静电平行板驱动器广泛应用于射频微机电系统、振荡器、反光镜、开关和一些别的小位移装置，这些驱动器是由一些简单的公式设计的。

3）梳状驱动器。

图 19.6-4 中显示的静电驱动器是一种普通的微机电驱动器。它应用于陀螺仪、微型发动机、谐振器和一些别的微机电应用，输出力通常小于 50μN，但是线性和高度的预测行为使它成为一款重要的微机电驱动器，微型发动机中的梳状驱动器是通过结合旋转式运输驱动器来完成的。

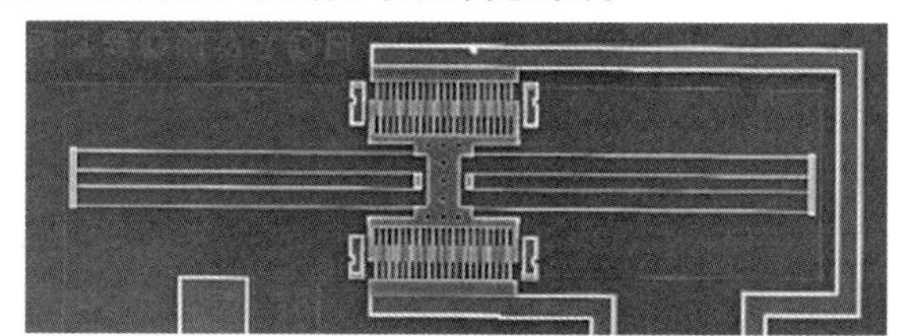

图 19.6-4 电子显微镜下的梳状谐振驱动器。

19.7 微机电系统芯片成为集成微控制系统

基于CMOS集成电路芯片，MEMS成功的集成，使之较其他控制系统的尺寸、重量和电力需求显著降低。先前MEMS的发展已经产生了微型电动机、传感器、齿轮系、阀门和一些别的装置，都非常适合微型硅片。但是，这些设备的供电困难抑制了它们的实际应用。

MEMS表面微加工技术是传统的硅芯片制造技术的分支，但在数据处理阶段的原理不同阻碍了它们的成功结合。其目的是把控制电路和机械设备放在同一基层上，而最近的开发工作表明，它们是可以成功合并的。

在单一CMOS硅片上的驱动、控制和信号处理电路，可能需要许多年去集成晶体管、电阻、电容和其他电子元件。许多不同的MEMS系统都存在于不同的芯片上，然而，MEMS需要外部控制和信号处理电路。很明显，提升MEMS从实验室的探索到实际设备的应用，最好的方式就是结合它们的控制电路。批量生产在同一芯片上的电子和机械部分会提供和大规模集成电路相同的性能——突出的可靠性和功能。元件数量的减少，各部分之间引线的淘汰，减少电力寄生浪费，标准的集成封装取代多芯片混合封装，这些都会降低成本。

MEMS零件是由多级多晶硅表面微加工而成的，允许像线性梳状驱动器连接齿轮系这样的复杂机构，该项技术已经生产了微型电动机、微驱动、微变速箱和微镜等。

早在MEMS装置获得有限的成功之前，人们就尝试了通过硅片上的电子电路来结合CMOS和MEMS。在CMOS工序阶段所需的铝电子线路，不能承受长期的高温退火，因此需要减少MEMS多晶硅结构的压力。尝试通过钨连接来忍受高温，但是当热量改变了晶体管接口的涂层时会导致CMOS的性能退化。

当MEMS在CMOS之前形成时，热能问题就不存在了，但是退火使先前的硅片表面变形。晶片表面的不规则扭曲了CMOS加工中的光刻图像，任何错误都能降低其清晰度，从而引起电路故障或失效。

实验表明，结合CMOS和MEMS的处理方法已经得到改善，但是这样会限制生成系统的复杂性和性能。在一些别的实验中，用堆叠的硅和二氧化硅层代替机械层的多晶硅，但是结果却让人失望。

这些方法都有针对一些特定应用的特点，但是会导致产量降低。研究人员坚持不懈最终找到一个方法，就是在制作COMS之前在硅表面下方槽内嵌入MEMS，现在允许在单一硅片上建立部件。

1. 桑迪亚的IMEMS技术

美国新墨西哥州阿尔伯克基的桑迪亚国家实验室和加利福尼亚州大学传感器驱动器中心（BSAC）合作，发明了一种独特的方法，在微机械部分形成一个12μm的沟槽，然后在形成电子部件之前用二氧化硅用来回填。这项技术，叫做集成微机电系统（IMEMS），用来克服晶片扭曲问题。图19.7-11是结合在同一芯片上的两部分横截面视图。

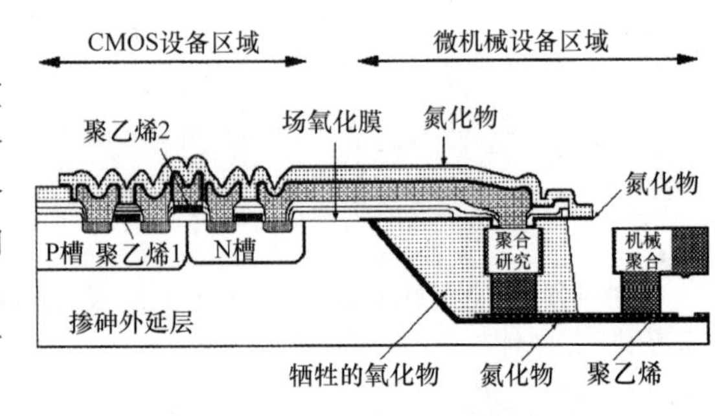

图19.7-1 微机电系统在同一芯片上集成驱动电路的横截面视图。

多晶硅机械设备是通过类似桑迪亚的沟槽加工方法进行表面加工的，它采用特殊的光刻手段，在沟槽的二氧化硅填满之后，硅片退火，通过一道工序叫做化学机械抛光，在CMOS表面完成此工序之后，牺牲在沟槽内的二氧化硅被侵蚀掉，使MEMS设备与CMOS电路相互连接。

2. IMEMS的优点

桑迪亚国家实验室发言人说，公司的IMEMS过程完全是模块化的，那就意味着平坦晶片能在CMOS工序和别的工序中得以处理，他们补充说模块化允许机械设备和电子电路独立优化，使获得高性能的微系统成为可能。

3. 最近的研究和发展

模拟设备公司（ADI）是最早发展商业表面微加工集成电路加速表的公司。ADI公司开发和销售这些加速度芯片，演示他满足商业需求的能力。ADI 公司通过交叉、组合和定制其内部工艺来制造这些设备，生产微机械设备采用与生产电子电路相同的方法。

同时，BSAC 的开发人员发明用钨层代替传统的铝互联层，来承受随后微机械设备中更高的热应力。这项工序后来被桑迪亚和 BSAC 的 IMEMS 技术开发所取代。

4. 加速度传感器

ADI 公司提供单轴 ADXL150 和双轴 ADXL250，摩托罗拉公司提供 XMMAS40GWB。ADI 公司的两种的加速度传感器额定范围为 ±5g 到 ±50g，从 1993 年就开始大量生产，公司授权使用桑迪亚的 MEMS/CMOS 技术。摩托罗拉现在提供的 MMA1201P 和 MMA2200W 单轴加速度传感器，额定范围为 ±38g。

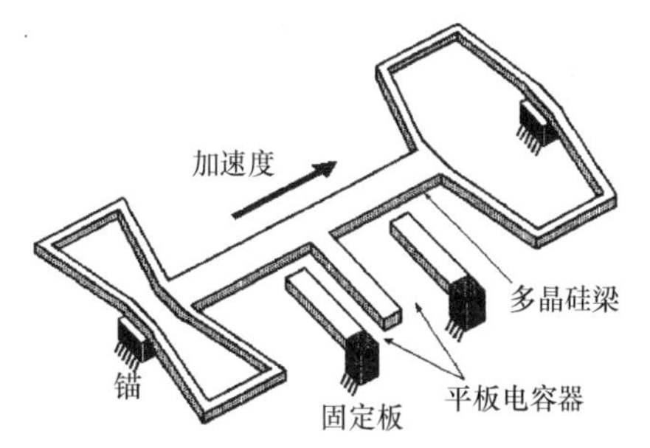

图 19.7-2 是在微机械加工的加速度计中多晶硅梁相应于加速度的运动简图。两个固定板和一个移动板形成一个单元设备。

这些加速度传感器芯片的体系和电路是不同的，但是都是按相同准则工作的。表面微加工传感器设备是由在之后会侵蚀掉的牺牲氧化层上沉积的多晶硅制成的。图 19.7-2 是 ADI 加速度传感器中的电容式传感器简图。可见，两个电容器板是固定的，中心电容板在多晶硅横梁上，横梁会随着加速度变化在它的静止位置产生偏移。

当中心板偏移时，相对于一个固定板的距离在增加，而相对于另一个固定板的距离却在减少。将测量距离的变化转化成与单片电路加速度成正比的电压，所有的电路，包括需要驱动传感器的可变电容器，还有在芯片上转化电压为电容的线路，唯一一个需要的外部组成是耦合电容器。

集成电路速度表基本上被用于汽车的安全气囊传感器，但是也发现了一些别的应用，如用于监视器、振动记录、控制电气、监视机械轴承的状况、保护电脑硬件驱动。

5. 三轴惯性系统

美国国防高级研究计划局，发起了固态三轴惯性测量系统的计划。他们发现商业集成加速度传感器不适合作为系统的组件，分析有两个原因：①加速度传感器必须手动调平和组装，这个可能导致校准变化；②芯片上缺乏模数转换器（ADCS），不能满足美国国防部先进技术研究计划署（DAPPA）的严格灵敏度的技术要求。

为了克服这些限制，BSAC 利用桑迪亚模块整体成型方法，制作了一个三轴力平衡加速度传感器。据说展示的一个单轴集成加速度传感器，灵敏度要好于市面上最好的加速度传感器一个数量级。Berkeley 系统还包括时钟脉冲振荡电路，一个数字输出，光刻校准的分辨率轴线。因此，这个系统提供了全部三轴惯性测量，并且不需要手动组装和校准分辨率轴线。BSAC 开发人员设计 $X-Y$ 轴速率陀螺仪与 Z 轴速率陀螺仪相结合。通过运用 IMEMS 技术，获得一个在单一芯片上的三轴惯性单元。

在同一硅底层上制作的 4 ~ 10mm 系统成为了三轴惯性加速度传感器，其芯片将成为未来微导航系统的核心。BSAC 正在努力让 ADI 公司和桑迪亚实验室合作，同时，由 DARPA 系统技术办公室提供资金。

6. 微机械驱动器

微机械驱动器在微型加速度传感器、阀门和压力传感器应用方面获得了广泛应用。其有两个主要缺点：低转矩充电特性和难以将驱动器科学运用在驱动电路中。桑迪亚发明了 SUMMiT 四层多晶硅微机械表面加工工艺以制造设备，例如图 19.7-3 中的发动机小齿轮驱动，来改善转矩特性。

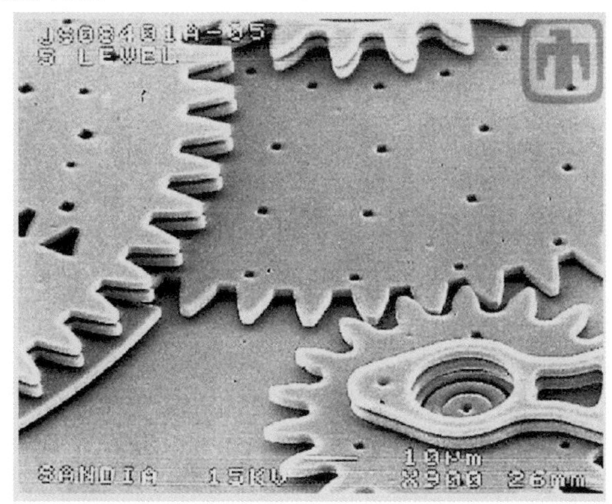

图 19.7-3 这个线性齿条齿轮减速驱动使齿轮的旋转运动转化成驱动齿条的直线运动。由桑迪亚国家实验室提供。

这个 SUMMiT 工艺包括了三个多晶硅机械层，还有一个用于接地或者电气互联的静止层，它们被牺牲的二氧化硅层分割开来，这道工序一共有 8 个掩码级。一个额外减少摩擦的氮化硅层放置在各层之间形成耐磨表面。

如果一个梳状驱动在 250000r/min 的频率下工作。驱动 10:1 的齿轮减速单元，速度被转化成了转矩。转矩增加 10 倍，而速度减少到 25000r/min，另一个 10:1 齿轮将转矩增加 100 倍，而速度减少到 2500r/min。齿轮驱动提供高力度直线运动的齿条传动，这套齿轮系提供速度减小和转矩增大的比率是 9.6:1。

19.8 构成微机电系统的可选择材料

美国新墨西哥州阿尔伯克基的桑迪亚国家实验室的研究员已经发明了用陶瓷材料和罕见的纳米材料制作微机械系统的技术。他们的方法包括纳米复合材料制作法，混合模具制作法和微成型方法。桑迪亚国家报告称，由陶瓷材料制作的 MEMS 设备会增加稳定性、高温惰性、化学和生物的相容性、磁特性、压电性能和光致变色性。

硅及其化合物是目前用于体积和表面加工 MEMS 的主要材料。这项技术衍生于光刻技术和用于制作大量集成电路的酸蚀技术。实验室条件可以制作 MEMS，用标准的 IC 生产设备生产商用集成电路。使用硅材料的一项优势是，该技术兼容 CMOS 集成电路生产。因此，MEMS 能和模拟或数字集成电路集成在同一个芯片上，用于驱动控制 MEMS 电流。

不幸的是，由表面微加工而成的硅 MEMS 通常不是持久活跃的机械零件，如齿轮、转子和折叠梁等在微米尺度极易断裂。由沉积和蚀刻的表面微加工过程形成的层厚度受到固有限制，很少或根本没有对电子电路产生影响，所以，研究人员一直在陶瓷和复合材料中寻找替代材料，来改善 MEMS 与集成电路兼容的通用性和耐久性。

桑迪亚国家实验室的研究人员报告称，微成型部件可以在基板上独立组装。纳米粒子的成型组件能够有微米级的横向尺寸，研究结果表明，有可能用纳米复合材料塑造微米级大小的材料。这一过程与现有的集成电路制造工艺兼容。

颗粒直径小于 100nm 的纳米复合陶瓷材料是容易应用的。其中一个例子就是氧化铝，提供很好的绝缘和耐磨性能以及能够承受巨大的热量。适用于成型其他纳米微米级机械部件的是钐钴、稀土金属、铁和锰的铁素体，这是因为它们的磁性能优异。

生产微成型纳米复合材料的一种方式，就是用高长宽比的微模具由 LIGA 方法制造（LIGA：这一章中出现的另一种制作微小型零件的方法）。模具是通过在硅层上的有机玻璃（PMMA）进行 X 射线光刻形成的。这个 PMMA 模具是由嵌入了固化的黏合剂的纳米材料填充的，然后抛光微型板，并且远离模具。

LIGA 方法的不同点包括，在硅层上形成燕尾槽，锚定一个光刻图案表层，然后通过传统的集成电路光刻技术和 PMMA 嵌入技术摹制。在有机玻璃被磨光而到达光胶上面后，它会被化学溶解，留下有机模具。这个 PMMA 模具是由嵌入了固化的黏合剂的纳米材料填充的，并在微部件被抛光和移出模具之前进行处理。

在其他一些更坚固的微型零件的研究中，加利福尼亚大学洛杉矶分校的研究人员（以前工作在宾夕法尼亚大学），发明了一种方法叫微立体光刻技术，通过运用 10～20μm 的氧化层，成功地构成从 50μm 到 1mm 的 3D 陶瓷结构。已经生产了 5.7μm×10μm 的陶瓷结构。开发人员用这种方法生产铅、锆酸盐、钛酸酯等胶片。这个过程是快速成型立体光刻过程的微型版本（立体光刻技术见第 18 章快速原型技术）。这个紫外线激光器的光束范围为 1～2μm 宽，用来完成这项工作。

其他的用于实验室 MEMS 设备制造的替代材料包括不锈钢、铝、二氧化钛纳米粉以及大块钛金属。微机电系统（MEMS）也用在邮票表面精密细节设计中。热压花已经被用于邮票热塑性表面精密加工。LIGA 处理方法已经用许多适合生产 MEMS 聚合物的金属生产了十分精密的微型工具，研究人员已经试验用钛金属材料代替硅。

对于微流控机构来说，聚碳酸酯塑料树脂和丙烯酸被看做是更好的材料，因为它们具有生物相容性和耐溶解剂腐蚀性。已有一个热塑性高聚微针，直径大约在 100μm，由加利福尼亚大学伯克利分校机械工程实验室制造，它是在压铸成型机械的铝合金模具中形成的。

美国加利福尼亚州帕洛阿尔托的安捷伦科技公司生产了一种商业聚合物微流控装置，用于分离像蛋白和多肽一类的化合物，从而进行分析。使用聚酰亚胺热塑薄膜制造，在设备中的微流体通道上用激光钻孔，相同的处理方法已用于制造喷墨打印机，该装置安装被在质谱仪上进行液相分析。

19.9 制造微小型部件可选择的一种 LIGA 方法

美国加利福尼亚州利弗莫尔市的桑迪亚国家实验室正在用一种叫做 LIGA 的处理方法来代替微机械系统表面微加工方法。LIGA 方法可以使用更大、更厚的组件，能承受高的压力和温度，同时相比多晶硅微机电系统（MEMS）提供更有用的转矩。

LIGA 的首字母缩写来源于光刻、电铸和模铸的德国单词（Lithographie Galvanoformung 和 Abformung），是于 20 世纪 90 年代在德国卡尔斯鲁厄核研究技术中心发展的一种微机械加工方法。桑迪亚实验室已经生产了许多种 LIGA 微部件，包括许多微型电动机和微步进电动机的组件。它也生产了加速度传感器，机器人夹持器、热交换器和质谱仪。桑迪亚正在不断地开发和发展 LIGA 处理方法并且应用到各种实际情况。

在 LIGA 处理方法中，从同步加速器中发射的 X 射线经过包含 2D 薄板的装置，光线得以集中，运用 PMMA 技术，X 射线把模式传递给基层板，在金属化硅和不锈钢板上有一个对 X 射线敏感的光刻材料。当外露的有机玻璃层（著名的树脂玻璃）显影后，在有机玻璃内留下空腔形成模具，在模具中用电镀方法来加工生产。有机玻璃层的厚度决定了 LIGA 方法加工的高宽比。生产的部件可能是具有功能性的组件或模具，用来在陶瓷或者塑料中复制零件。

图 19.9-1 是 LIGA 方法的插图说明。

（a）X 射线掩码是由一系列的光刻及平板步骤准备的，涂有光刻材料的金属化硅晶片暴露在紫外线下，制造 2D 模式的微部件。光刻胶的显影溶解晶片表面的电镀材料，形成微零件图样，该样式镀 8～30μm 厚的金层，剩下的光刻胶溶解形成掩膜。

（b）用于形成微型零件的目标基板，是由有机玻璃层与金属化硅或者不锈钢层溶剂黏结的。

（c）由同步加速器直接发射的高平行度 X 射线通过掩膜，让有机玻璃表层暴露在其中。

（d）PMMA 用来溶解金属层下面暴露的区域，为加工微零件蚀刻出深腔。

（e）为了形成微型零件，用金属电镀基层来填补空腔。基层表面被抛光，微型零件暴露表面高度公差在 ±5μm范围内。

（f）残留的 PMMA 被溶解，露出 3D 微型零件，它们是从金属层分离，还是继续黏附，一切取决于它们的应用。

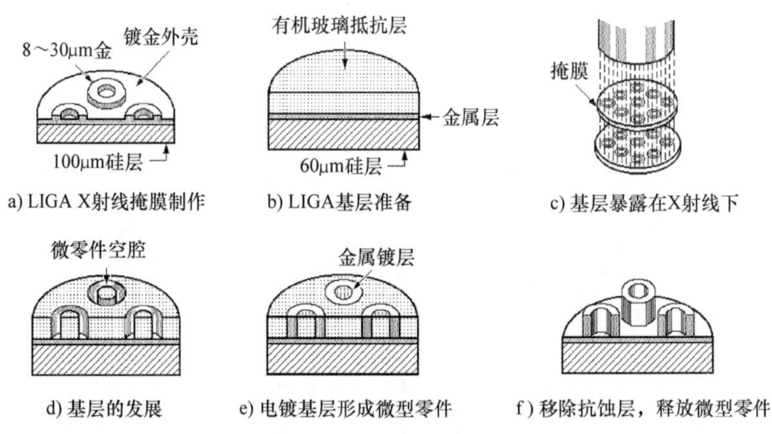

图 19.9-1 通过 LIGA 方法制造微小型部件的步骤。

具有穿透能力的 X 射线允许形成锐利的、明确垂直的表面或侧壁结构。其最小特征尺寸为 20μm，并且可以制造 100μm 到 3mm 厚的微型零件。侧壁的坡度在 1μm/mm。除了金以外，还有许多材料可以制造微型零件，比如镍、铜、铁镍合金、镍钴合金、青铜等。

用 LIGA 方法制造零件，然后装配成微型电磁驱动电动机，它具有 8mm 直径、3mm 高，包括 20 个 LIGA 零件，还有电火花永久磁铁和缠绕线圈。微型电动机的速度达 1600r/min，它也能提供超过 1mN · m 的转矩。另一个由 LIGA 零件建造的 5 号发动机，能够每步 1.8°进给。电动机的定子和转子都是由 50 个 1mm 厚的薄片叠加而成的。

据桑迪亚开发人员称，LIGA 技术可以替代像电火花加工微型零件的精密加工方法。用 LIGA 方法生产出的清晰度、半径、侧壁结构等特征，好于任何别的精密金属切割机床加工结果。

为了获得较高高宽比的 LIGA 零件，威斯康星大学麦迪逊分校的研究人员和长岛布鲁克海文国家实验室合作，试着用 20000eV 的光源来生产比 LIGA 方法更高水平的 X 射线。这个 X 射线能够渗透光刻材料 1cm 甚至或者更深，并且更加容易通过掩膜。威斯康星的团队用更强的材料制作了 25.8cm^2（4in^2）的掩膜，而标准的 LIGA 处理方法只能制作 1cm×6cm 的掩膜。与霍尼韦尔团队合作，威斯康星的团队发明了 LIGA 光学开关设备。

LIGA 方法最主要的缺点就是，它需要一个同步加速器或者别的高能光源把并行 X 射线发射到有机玻璃层。除了它们的应用局限以外，它们的制造、安装和操作都是非常昂贵的。它们的应用会增加 LIGA 生产微型结构的费用，尤其是对于商业用途。

19.10 纳米技术在科学和工程中的应用

纳米技术是一门有关设计和生产，从分子和纳米微粒的角度看待结构的科学。它得到了媒体的广泛关注，不仅是因为它在物理和生物科学上得到了应用，而且在机械和电子工程方面它也有潜在的利用价值。然而，由于纳米一词已成为一个热门词汇，备受人们关注，尽管很多公司生产的产品中不含纳米微粒，他们的名字里也都含有纳米一词。人们对由于呼吸或偶然摄入纳米微粒引起的健康问题很是担忧，这是因为它不同于其他粉末状物质的独特特点。

尽管如此，这个领域在生产更结实、轻便，功能更多的材料方面还是很有前景的。至今为止，纳米技术在商业方面的成绩还很局限。材料科学和机械方面的学者正在探索生产实用价值的产品，像分子晶体管、人造肌肉、结实的飞机和车辆等。其他可能的产品有可以代替电池的电容器，可以在电子和结构上实用的超薄胶卷。纳米物质也可以在低成本、高效能的太阳能嵌板上使用。

纳米技术主要使用的是 1～100nm 范围内的物质。1nm 相当于 0.001μm，换言之，1000nm 等于 1μm。图 19.10-1 显示了常见的有机物质和非有机物质之间在尺寸上的区别。微电路硅板的特点是仅有 130μm 宽，它已经不符合纳米技术的要求。原子的直径为 0.1nm 而分子的直径为 1nm。当物体接近原子的大小时，个别原子的运动就会很明显。普通物质接近这个尺寸幅度后，其特性就会发生不规则的变化。

在原子或量子级别，生物、化学、物理和电子之间的界限就会失去它们学科分类的意义。研究纳米大小的无机物质的目的是为了探索生产无机物和有机物的混合物，例如在科研工作中，将有机物附在无机物的碳管上来生产微晶体管。

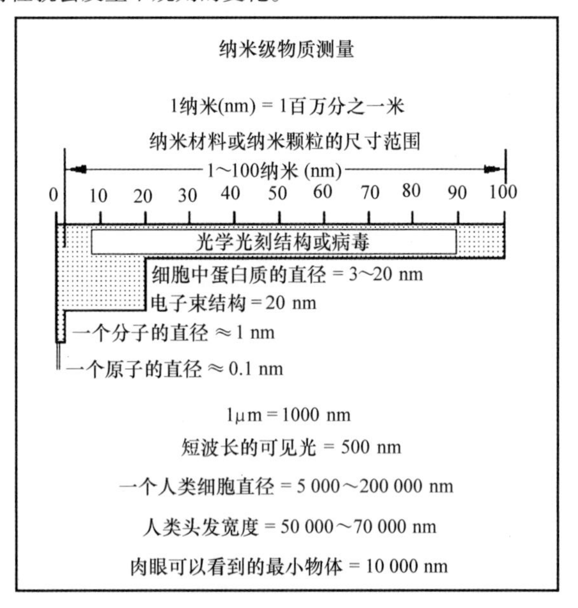

图 19.10-1 常见的有机物质和非有机物质之间在尺寸上的区别。

分子大小的结构要比那些更大的结构好理解，因为它们的特点更明显。纳米技术强调的是自下而上的结构构建方法，原子堆积法是其中最有效的方法。这一构想已经获得了材料科学和生物科学学者的关注，并对化学家和工程师寻找更坚硬、更轻便的物质有深远的影响。纳米技术能引起机械工程方面的巨大变化，不像电子系统，很多微小机器或纳米尺寸的机械设备可以直接与外部环境相作用。例如，纳米汽车或纳米流体水泵。相反，电子工程师和计算机工程师把注意力更多地放在产生、传递、接收电子脉冲的机器上。

专家们坚信纳米技术会对微电子技术有很大的影响，从而可以生产更小、更快、更廉价的分子电路，取代原来的硅电路。现在正在研发的一个技术是用硅生产模板，为大规模生产纳米电路提供可行性。通过照相平版印刷和化学腐蚀处理硅能生产出倒置结构的模具，使用该模具能生产出大量的纳米晶体管。

弹塑性材料也会被加入到硅模具中，经过改善后就能批量生产出晶体管电路。带有印制电路板明确特性的印记搭配了用纳米微粒制成的墨。通过使用这种“软石印术”这种印记将在适合的底层上铭刻微和毫微米尺度的晶体管。这项技术的目标就是在芯片上生产十亿或万亿数量的分子晶体管。

人们也在寻找其他的方法来生产大规模的晶体管集成电路，包括依靠分子链形成微纳米处理器和储存设备。然而，人们都认为需要经过很多年的研究才能使分子技术成为实用技术，很多的学术论文仔细研究了纳米技术，很多的商业计划表明一些公司有意加入到纳米技术中来。与此同时，有些人成功做成了这一项目的科研实验，但是更多的学术论文和商业计划反映的是对纳米材料而不是纳米设备的关注。相关的例子包括防染色纳米微粒织物，生物学研究的半导体微粒和量子点，纳米聚合物可以使塑料更结实轻便。

对于纳米技术研究来说，纳米碳管仍然是热点，这是因为它们的强硬度和不同寻常的电子特性。例如纳米管既可以当成导体也可以当成半导体。科学家们认为纳米芯片上的每一个电子设备都可以从纳米管、传感器、光传导中间连接制成。比钢还结实的碳纳米管也已经生产出来了，它们还很有弹性，可以处理来发光。德克萨斯州达拉斯大学的科学家说它们可以像太阳能电池一样通过阳光产生电流。

最近麻省理工大学宣布用纳米材料加强的电容器可以替代化学电池。报告指出，电池产生电压是因为化学反应，而电容器通过金属两级储存电能。该报告指出，电容器的两级越大，中间的空间也就越小，储存的能量越多。研究者将大量的纳米碳管填充在电容器的两级，使得其中间的距离扩大了很多。

这个过程类似于使用一层支撑物放在固定的板上增加水的容量。生产铝电容器时腐蚀铝表面，把它当成是平板材料，增多了孔有效地增加了其表面积。麻省理工的研究者说，与相同大小的电池相比，覆盖了纳米管的多孔电容器能储存更多的能量。这些电容器能使用五年，能够在几分钟或几秒钟内充完，而不用等上几个小时。对于这些电容器电池来说，另一个优点就是可以无限制地重复使用，减少由于丢弃电池或填埋铅电池所造成的有害物质污染。

研究者把从T恤中提取的棉布转化成了轻便的盔甲。首先把布放在含有纳米微粒的硼水中浸泡，然后洗掉烘干。加热会使棉布纤维变成碳纤维，与硼相作用产生硼碳纳米微粒。结果由于硼和碳，纤维的硬度增强了，但还是很有弹性，可以取代现在的材料做成防弹马甲和盔甲，还有防紫外线辐射的功能。

斯坦福大学的学者把T恤纤维放到了导电纳米微粒填充的墨水中浸泡以形成电池和简单的电容器，结果得到了导电的E-纺织品，代表着新的能量储备设备。这种新的电池和电容器是通过浸泡和烘干程序形成的。纤维条上覆盖了特殊的墨迹然后再烘干，这个过程依靠墨迹产生了超级电容器和电池。它们将氧化物微粒（如$LiCoO_2$）加入墨水中生产锂离子电池（其容量比传统电池多三倍），将单壁式纳米碳管放到墨水中制造超级电容器。

19.11 碳元素作为工程材料的前景

对于大多数人来说，很难相信从蜡烛烟灰中提取的材料可以比钢强，但这是真的。这一25年前的发现的重要性，只是近些年才被科学家和工程师认知。他们发现，碳原子可以把自己排成具有惊人性能的几何形状，这一情况之前并不为人所知。正如我们所知，原子和原子间的碳黏接研究已经发现了很多可以改变技术的实际应用。碳纳米管和石墨烯都和作为同素异形体的钻石和石墨碳有关，但它们比同质量的钢更强，且导电性优于铜。也许令人惊奇，但是由这些同素异形体构成的晶体管比由硅制成的更快更小。

这些不寻常的碳纳米管和石墨烯属性还没有得到商业开发，但它们是世界各地实验室、政府、工业实验室激烈研究的主题，迄今完成试点工作的报告表明，它们的前景是无限的。相比之下，碳和其他元素结合的性质已经被熟知了几百年了。因为与其他原子的亲和力和形成许多知名的化学化合物能力，碳从所有元素中脱颖而出。配备有激光分光镜和电子显微镜这些现代仪器的科学家想要找出碳原子间如何相互结合形成不同的二维和三维几何形状。

碳是周期表第六位元素和宇宙中第四丰富的元素，是地球生物不可或缺的元素。有机化学的领域是研究和应用“有机分子”，即“碳基分子”。这种分类适用于包括与生物体没有关联的分子。

如图19.11-1所示，一个碳原子在其原子核中含有6个质子和6个中子，在两个能级或轨道含有6个电子，有两个是在第一或内层能带和四个在第二或外层能带。碳原子通过与其他原子一起组成的四个单共价键可以很容易地填补其外层的能带（处在外层能带的作为“接头”的四个电子，和其他的原子连接，包括碳）。

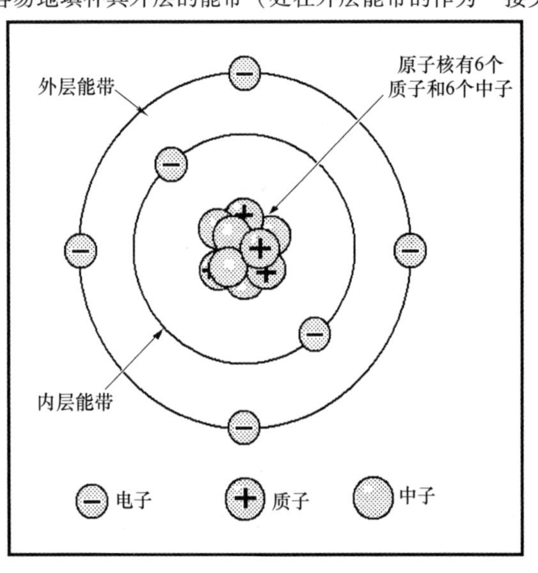

图19.11-1 碳是周期表第六位元素和宇宙中第四丰富的元素，碳原子中含有6个质子、6个中子、6个电子。有两个电子在第一能级和四个电子在第二能级。碳原子非常独特，它通过与其他原子一起组成的四个单共价键可以很容易的填补其外层的能带。碳原子形成了有机化学的基础，也是所有生命形式所必需的物质，但它也能形成比钢更强的材料。

具有讽刺意味的是，新发现的碳同素异形体只被认真研究了大约十年，主要是因为没有查看它们的合适工具。然而，最简单的碳和氧的分子早就具有可疑的特性。一氧化碳（CO），是一种若被大量吸入能令人窒息的有毒气体。自采用内燃机以后，这已被人们所认识到。它是从使用碳氢燃料的车辆中排放出的废气，已经导致了无数的人的死亡，这些人都是因为在一个封闭的空间中有意或无意地吸入了车辆废气。

相比之下，二氧化碳（CO_2），是最有名的碳酸饮料中的气泡气体和能有效地灭火的温室气体，已经确定它可引起全球变暖。如果过量吸入，二氧化碳同样可能引起人类或动物的死亡，但是它并没有一氧化碳的杀手称号。

1. 富勒烯或巴基球是最简单的纳米结构

德克萨斯州休斯敦市莱斯大学的研究员在1985年发现和制备了富勒烯，而此时它们正在研究石墨超音速射流激光光谱设备。在系统中激光使石墨蒸发成气体，而后气体被冷却使碳原子返回到一个固体状态，结果他们发现大小不同的、分散的原子簇。零散的原子簇使它们容易研究。结果，他们发现许多60个碳原子结合在一起的球状结构。

起初，科学家们困惑的是60个碳原子的结构如何能处在一个稳定的状态。后来经过考虑，他们得出的结论是：在 12 五边形和 20 个六边形的每一个顶点都必须有一个碳原子。因为这种安排看起来像足球，他们命名该分子为“buckminsterfullerenes”，后来缩短为“巴基球。”这被建筑师巴克明斯特·富勒所承认，他以发明了类似几何形状的网格球顶而著名。后来他们在许多燃烧过程涉及含碳材料的煤炭等物质中发现了“巴基球”的形式，蜡烛火焰的烟尘中也发现了它们的痕迹。

有科学文献证实，巴基球和碳纳米管本来是被日本的科学家和俄罗斯的科研人员发现的，但他们的观察没有进一步的发展，而莱斯大学的科研人员研究得出有关巴基球的成果。举个例子，工作在日本电气公司的饭岛澄男，在 1991 年发现了“针状管”碳，其现在被称为“碳纳米管”（在后来的研究中发现，一些碳纳米管在两端自然排布有巴基半球）。

2. 奇迹般的碳纳米管

碳纳米管如图 19.11-3 所示，由于其突出的性能（极高的抗拉强度）已经吸引了许多的关注。令很多人好奇的是，一个肉眼几乎看不到只能通过电子显微镜才能够看到的碳链，怎么抵抗的应变达钢结构的100 倍以上。然而，重要的是，要记住这些比较是微观上的，大多数碳纳米管可以自组成为小圆柱笼与碳原子一起形成几何六角形，就像卷起的鸡肉丝，但它们也可以自组变形成几何五边形。

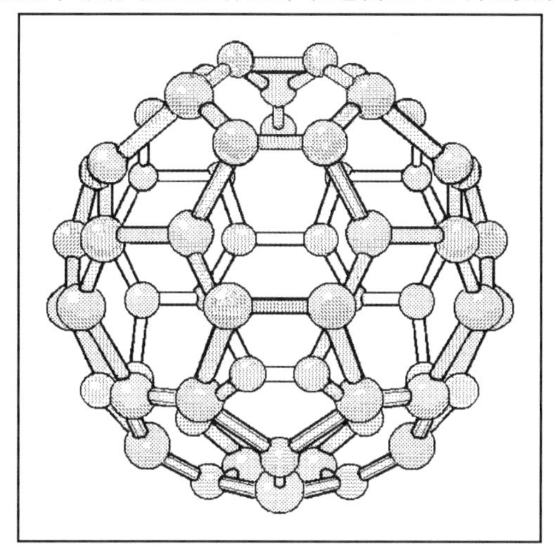

图 19.11-2 富勒烯或巴基球，以三维形式显示，是一个碳分子中含有 60 个原子的结构。碳原子位于顶点的 12 个五边形和 20 个六边形的排列像足球一样。这种形态已被用来形成刚性但轻型的建筑结构。

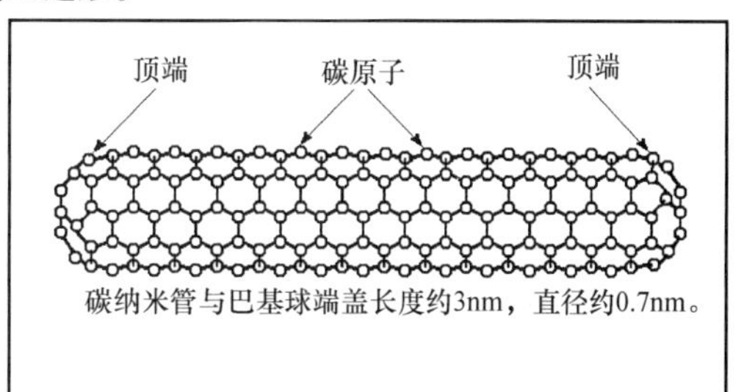

图 19.11-3 在 1991 年发现的碳纳米管，有最大的拉伸强度，可以抵抗的应变达钢结构的 100 倍以上，正在被用作工程材料，并用于电子和医学研究。纳米管被纺成的纱布可以成功阻挡子弹，制成软防弹衣。

碳纳米管的直径范围为 1 ~ 50nm，它们的大小取决于长大后催化剂的直径和厚度。但这非常小的微观直径尺寸范围可以很容易地理解，多达 50000 个纳米管堆叠在一起等于人类的头发直径。

碳纳米管直径是纳米级，而长度通常是微米级（微米），这里的长度取决于碳纳米管可以增长多少。纳米管可以形成单壁碳纳米管（SWNTs）或多壁碳纳米管（MWNTs），后一种的含义是内管套有同轴的外纳米管。

一个完美的碳纳米管是单位重量钢的强度的 10 ~ 100 倍。另外，碳纳米管的导电性是铜的 1000 倍，其导热系数等于钻石，纳米管的手性角（六边形图案和轴管的轴之间的角度）决定碳纳米管是否导电，这个手性角是由一张一个原子厚的碳（石墨）卷曲得到的。还发现碳纳米管可以成为绝缘体。然而，这种原子沿其长度排列的几何形式的缺陷是可引起碳纳米管从半导体转变到导体。

碳纳米管的形式也可以由碳以外的其他原子和分子形成，例子包括钛 - 二氧化物，硼 - 氮化物和硅。然而，这些纳米管没有可以与碳纳米管相应的各种性能以使适合于许多不同的应用。因此，纳米管这个词现在通常意味着碳纳米管。另外除了巴基球和碳纳米管，碳原子也可以形成锥形状的纳米结构。

3. 碳纳米管的应用

已经发现了许多碳纳米管的实际应用，如用于无摩擦的碳纳米轴承、纳米机电系统（NEMS）、纳米晶体管、集成电路和纳米光电子设备。碳纳米管正在用于导电和高强度的复合材料，也出现在各种医疗应用当中。以下从最近的实验报告和新闻稿摘录的项目展示了最近的碳纳米管研究成果。

1）纳米无线电接收器：加利福尼亚大学伯克利分校的研究人员在2007年发明了基于一个单壁的碳纳米管的纳米管收音机接收器。它可以接收广播信号，放大并转换成音频信号，发送给外部扬声器后可以被听见，这个成绩表明，碳纳米管可使助听器和耳机足够小，适合放置在人体外耳道。

2）纳米管声呐：德克萨斯大学达拉斯分校的研究人员发现碳纳米管材料适合作为水下声发生器和去噪声扩音器，这些对于潜艇声呐和军事隐身器材是非常可取的性状，研究人员前期已经证明，可以在空气中用纳米管材料制作一个声音墙，其不会像传统扬声器一样产生振动。后来，他们发现它在水下作业可以和水面上一样，有希望取代传统投影仪阵列声呐技术。

该团队研究发现，碳纳米管可直接驱开水并沿其周边的地方形成空气层。一旦通电，薄而轻的纳米管加热和冷却迅速，在碳纳米管周围的空气中产生压力波，可以像声音一样被接收到。碳纳米管可以产生有效的低频声波作为声呐来扫描海洋情况。他们还证实，碳纳米管调整到相应的频率可以消除噪声。

大约20μm厚，孔达99%纳米管平板可安装在弯曲表面上。它们可以用于潜艇或飞机的外表面来控制这些载体将要通过的边界层，德克萨斯大学的科学家也发现，通过定期加热碳纳米管板将在载体周围形成薄的暖气带，因为减少了载体外部的摩擦和湍流，可以提升其速度。

3）光波导：在IBM沃森研究中心的研究人员表明，碳纳米管的某些光学性能取决于它们的直径。一些特定直径的碳纳米管可以放射出各种波长的光。这个研究成果使得碳纳米管作为光波导传输数据比铜线传输更有效。

4）强力纤维：在德克萨斯州休斯敦的莱斯大学的科学家，已成功将碳纳米管制成直径为人类头发大小的碳纳米管纤维。他们发现，采用制造芳纶纤维的方法可以使碳纳米管形成数百米长的强导电纤维。很有希望使用导电纳米纤维代替在航天器的仪器中和假肢中的铜导线。

5）量子线：莱斯大学科学家也一直在研究一个原型碳纳米管量子线。他们认为，用量子线制成的电力电缆比型钢铝制成的更强更轻，因为它们的直径较大，传输电力允许增加十倍。他们的研究发现，在纳米尺度上，量子物理学的不同寻常特性使得电线能够进行没有电阻的传输，即电子可以在通过数十亿米长的纳米电线电缆后几乎没有能量损失。

6）印刷油墨：伊利诺伊大学厄班纳－香槟分校的研究者，发明了一种由碳纳米管制成的墨水，使得在印制电路方面的综合表现有所改善，它比传统的半导体印制电路油墨性能改善很多。

7）透明电极：Unidym是一个在加利福尼亚州门洛公园的公司，制定了一种通过利用塑料薄膜和透明的碳纳米管电极来迅速涂层的卷带式打印技术。这些薄膜的目的是取代类似的既脆又昂贵的铟锡氧化物电极在透明塑料平板上的印制，它把液态颗粒包围在如今的大多数平板显示器中。

8）超级电容器：在麻省理工学院、剑桥大学和马萨诸塞州的科学家，制定了一个涂有碳纳米管的电容器板，以此急剧增加了电容板面积。碳纳米管涂层允许电容储存比规模相当的传统电容器大的电量，但是需要的时间也更长。麻省理工学院的研究人员，也就是称这些设备为电容器的人，说他们的目的是用超级电容器取代微型电池。研究团队认为纳米管将在为电子设备如手机、全球定位显示系统和移动无线电等提供能量方面与碱性电池和锂电池展开竞争。

9）弹簧动力：麻省理工学院的研究人员也在试验纳米管弹簧，他们认为相比钢弹簧，纳米管弹簧在相同重量下存储超过1000倍的能量。他们指出，纳米管弹簧与最好的锂电池。一对一比较所得的结果，它们可能更持久和更可靠。不像电池那样，弹簧可以将储存的能量快速，激烈地释放，或缓慢地长期地释放。纳米管弹簧的储存能量可以直接驱动一个机械负载，避免使用效率较低的电池电能。此外，与电池相比，能量储存在弹簧中不随着时间慢慢地泄漏。

麻省理工学院的研究者认为，碳纳米管弹簧可用于应急备用电源，可以保存能量多年。这将消除电池供电系统用于核实电池是否存有满电的时间和成本，以及在能量已经消耗殆尽时需要充电或更换的时间和成本。他们认为纳米管弹簧在传统的设备中的初次应用将局限于微机电设备。

10）电子显微镜探针：碳纳米管具有精细、强韧和像针一样的性质，使它们成为制作电子显微镜的优良材料，扫描隧道电子显微镜和原子力显微镜可使用这些材料所制的探头尖端。显微镜可以放大纳米材料和纳米晶粒的图像，并在各自的纳米结构中操纵单个原子。扫描隧道电子显微镜使用碳纳米管探针是因为它们导电。原子力显微镜使用碳纳米管探针是因为它们的纳米尖端变形时是弯曲变形而不是破坏变形。两种类型的探头探针可以用化学或生物材料来处理以获得高分辨率成像。（见电子显微镜：微型和纳米技术的主要工具）。

4. 制造碳纳米管

单壁碳纳米管在温度高达1000℃的高压反应器中制成。这个过程形成的纳米管的直径和长度都经过纳米级测量。它们从反应器中稀疏的黑色流体中出现，反应过程中生成的残余铁从氧化碳纳米管中去除，并经盐酸处理，使它们不含铁。碳纳米纤维是从在强氯磺酸中溶解少量碳纳米管获得液体晶粒形式的高浓度碳纳米管溶液中得到的，活塞推动这种液体通过一个过滤器，进入空心针，再到醚中洗涤，这一过程的结果是产生直径为50～100μm，长几米的纯碳纳米纤维。

碳纳米管平板可以6.4m/min（21ft/min）的生长速度由旋转的高达数万亿的超长碳纳米管在干燥状态过程中以每分钟宽度增加1cm（0.4in）的速度生成。一家德克萨斯公司制造的纳米管平板非常薄，4046.9m^2（1acre）的材料重量只有0.11kg（0.25lb）。2005年，该公司制造了10m（33ft）长的平板，研究人员正在努力改善工艺。

除了是良好的电导体，该平板可以承受超过34000lbf/in（234.4MPa）的压力而不被破坏，在高达449℃的温度下仍然不会失去它的强度和导电性。美国国防部对使用碳纳米管制造飞机叶片，生产太阳能电池以及将其作为机器人技术的加强复合材料非常感兴趣。

5. 从石墨中提取得到的石墨烯

石墨烯是首次从石墨中提取得到的碳的同素异形体，其实它只是一种简单而又薄的石墨原子层。各原子层之间通过微弱的黏合形成巨大的多分子层薄板，由于柔软和光滑，这些薄板之间可以轻易滑动。这种形式的碳就是铅笔里面的“铅芯”。当石墨受到压力时，碳原子就会剥落，因此当用铅笔写字时，纸上留下的痕迹就是剥落的碳原子。使用铅笔书写的好处是可以很轻易地清除书写痕迹。

研究人员通过投射电子显微镜法在悬浮于一条条金属格之间的物质薄板上研究了石墨烯分离的单层原子结构。电子衍射图样显示了预期的石墨烯六边形晶格，如图19.11-4所示。它是一种具有六边形碳环的薄板，看起来像扁平的网状屏组。由于石墨烯与其他碳的同素异形体有关，它可以被包起形成富勒烯，被轧制成纳米管或者叠层形成石墨。

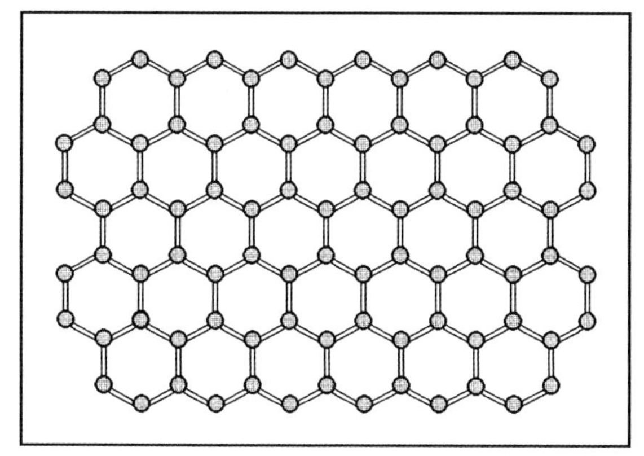

图19.11-4 石墨烯是由蜂窝状碳环组成的平面薄板。这种纳米材料具有超高强度、高透明度以及极强的导电率。近来在纳米技术领域中获得的一项具有深远意义的成就就是通过化学气相沉积法研究了石墨烯的构造。

石墨烯既具有很强的导电性又有很高的光学透明度（因为它非常薄），因此它适合制作透明薄板电极。石墨烯具有很多应用，包括计算机触摸屏、液晶显示器、有机光电池以及发光二极管。石墨烯的机械强度以及灵活度使其构成的透明电极更胜于易碎的被广泛应用的铟锡氧化玻璃电极。由于石墨烯薄膜可以大面积地存放于溶液中，因此作为一种制造无线电频率晶体管的材料，它展现出了大好前景。许多石墨烯的应用与碳纳米管的应用并行，所以它们之间也存在竞争。

2004年，英国曼彻斯特大学的安德烈·海姆首次发现了石墨烯，现在它已经运用于构成试验样机的晶体管、记忆卡以及其他的电子设备。据Geim表明，仅仅通过使用铅笔在纸上书写就可以轻而易举地制造出数量不多的石墨烯，因为这些书写痕迹就是石墨烯。早期提取石墨烯的方法是将石墨磨成粉末，然后通过电子显微镜研究这些残渣找出合适的样品，随后用透明胶带将粉末带离纸面。

6. 大规模的石墨烯生产

通过光刻生产复杂的以石墨烯为主的电子电路元件需要大面积的单晶石墨烯薄板。工程师和科学家试图制造出大量工业用的纯净单层石墨烯薄板，他们在许多高校实验室做过实验，远及加利福尼亚州、德克萨斯州、佐治亚州、马萨诸塞州、宾夕法尼亚州、英格兰以及韩国。

有一些不同的工艺步骤尚在考虑，但目前没有一种方法可以算作取得最大的成功。例如，在加利福尼亚NASA的喷射推进实验室和麻省理工学院的科学家对制备大面积的单原子层石墨烯都提出了以二维晶体的形式通过化学气相沉积而成的工艺。其过程总结如下：

该过程需要两个关键要素：一种适合石墨烯形成的具有可利用原子能的平面基质和合适的初级粒子分子。这些将会包含以气态形式依附在牺牲原子上的碳原子。这些分子在化学气相沉积炉内会与镍基表面接触或者直接散布在基质表面。在化学气相沉积炉里，尤其是长管道里，具备保持着低压和高温的条件。

随着与基质表面的接触，这些初级分子会分解，需要牺牲的原子会以气态的形式与碳原子分离。而碳原子会落到镍基的表面，起到催化的作用从而帮助形成石墨烯膜。这些碳原子将会在遇到的基质表面扩散开来并且与其他碳原子结合。如果在严格保持的化学气相沉积炉条件下，表面的碳原子将会排列形成预期的单层六角结构的石墨烯。

在宾夕法尼亚州立大学的研究者已经生产研制出直径为100mm的石墨烯晶圆。他们利用被称作硅升华的高温炉工艺。热加工过程首先运用硅的碳化物薄片，当被放置于高温炉里时，硅原子会被驱使着离开硅的碳化物薄片的表面，只留下厚度为一层或俩层的碳原子的石墨烯。

在莱斯大学的研究者已经了解到从简单的蔗糖或者其他碳基物质里可以制作大面积的单双层或者多层高品质的石墨烯薄板。当富碳源被沉积在作为一种催化剂的铜或碳基上时，生产这种石墨烯薄板只需一道工序即可完成，与需要保持1000℃的高温熔炉相比，温度低达800℃。另一个被科学家运用的碳基源是聚甲基丙烯酸甲酯，商业上叫做有机玻璃。

7. 石墨烯在电子学领域的应用

在佐治亚理工学院的亚特兰大纳米技术研究中心，研究人员已经将石墨烯替代铜制造出了用于集成电路的晶体管与其他设备的金属连接线。他们发现宽度为16nm的石墨烯纳米带的载流量高于108A/cm^2。由于发热是导致电子设备损坏的一个最主要的原因，研究者同时也测量了石墨烯纳米结构带走热量的能力。他们断定结构宽度不足20nm的石墨烯纳米带具有高于1000W/(m·K)的热导率。

宾夕法尼亚州立大学的研究者已经在他们100mm的石墨烯晶圆上制造出了场效应晶体管，并且试验了性能。其实验室已经生产出多于2200种包含薄片的设备和试验结构。一项更远大的目标是提高薄片上石墨烯里的电子速度。他们表示理论上石墨烯内的电子速度可以是硅内的100倍。宾夕法尼亚州立大学研制出准备运用于无线电频率应用领域的场效应晶体管。

8. 不一样的钻石结构

多年来，人们已经非常了解钻石的分子结构，它完全不同于富勒烯、碳纳米管和石墨烯。当每一个碳原子强有力地与其他四个碳原子紧紧结合在一起时就形成了一个坚硬的、致密的、立体结构，这就是钻石。天然形成的钻石是世界上最有价值的矿石。即使嵌在砂轮里的劣质的人工合成金刚石都是足够坚硬的，可用来切割大理石，进行优质的碾磨以及抛光许多坚硬材料。

19.12 基于电介质静电力的纳米致动器

加利福尼亚州 NASA 的喷射推进实验室说，在纳米尺度可以获得大的力质量比。

这里提到的纳米致动器是利用电场对介质材料产生的力工作的。这个纳米致动器包括具有纳米尺寸或者操作具有纳米尺寸对象的发动机、机械臂或其他活动的机械装置。纳米致动器的物理原理可以用如图 19.12-1 所示的方形平行板电容器来证明，其中一个正方形绝缘板部分插入电极板间隙中。平行板电容器的属性可以用下面这个等式表示，电场将用力 F 将绝缘体推到间隙中的一个集中位置：

$$F=\frac{V^2(1-2)a}{2d}$$

式中，V 是电极板间的电势；1 是电极板的电容率；2 是空气的电容率；a 是电极板的长度；d 是电极板间隙的尺寸。

在宏观领域内，F 的力量很小，但在微观领域中却日益重要。该等式说明力取决于电容器的尺寸比例而不是大小，换句话说，如果电容器和绝缘板减小到纳米级尺寸，力的大小还是一样。不过，所有组件的质量都是与线性尺寸的立方成正比。因此，力质量比（和随后可以给予绝缘板的加速度）在纳米尺度比在宏观尺度大得多。计划制作的执行器想利用这种效果。

基于平板电容器的简单线性执行器如图 19.12-2 所示，类似于图 19.12-1 中所示的，只是上电极板被拆分成两部件（A 和 B），绝缘板比板 A 和板 B 都略长。执行器应周期运作。在上半个周期中，如图 19.12-2a 所示，板 B 将接地成为低电势板，板 A 将充电，直至低板之间具有电势 V，使得绝缘板被拉到板 A 之下。在第二个半周期，如图 19.12-2b 所示，板 A 接地，板 B 充电到电势 V，导致绝缘板被拉到了板 B 之下。由板 A 和板 B 间隔的电势引发的往复移动可用于驱动一个纳米泵。

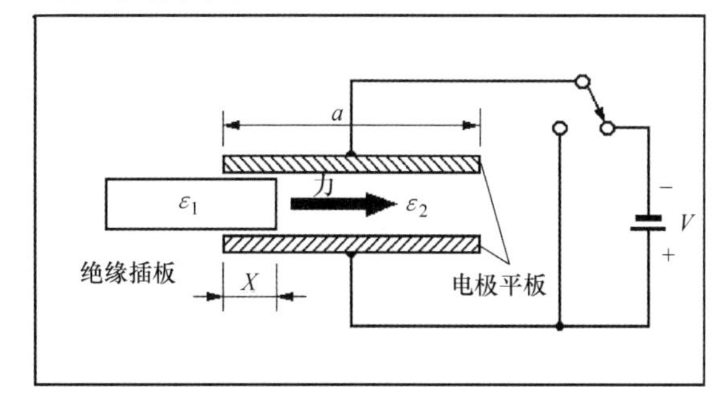

图 19.12-1 平板电容器。电场拉动部分插入的绝缘板进一步进入平板间隙。

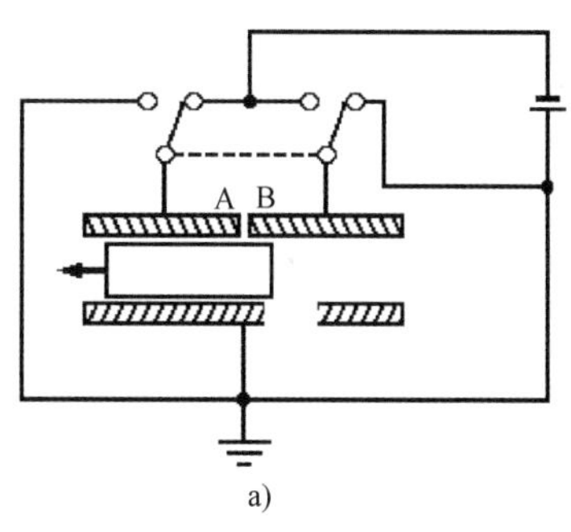

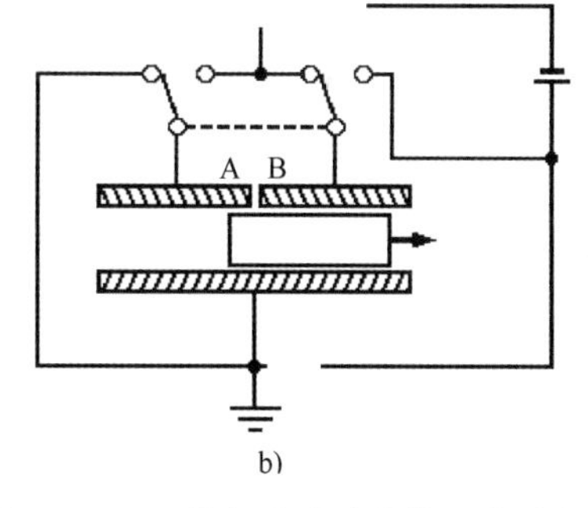

图 19.12-2 往复式致动器的两个阶段。执行器是由静电力所驱动的。

旋转电动机，如图 19.12-3 所示，包括一个夹在顶部和底部平板之间的绝缘转子，平板包含呈圆形对称排列的多个电极板。电压会按顺序应用于电极对 1 和 1a、2 和 2a、3 和 3a，按顺序吸引绝缘转子到电极对之间的位置，从而导致它沿逆时针方向旋转。

微型或纳米操纵器，如图 19.12-4 所示，将包括覆盖有矩形网络电极的上下板——效果就是一个矩形排列的纳米电容器。绝缘的或准绝缘的、微型的或纳米粒子（例如细菌、病毒或分子），通过对电极对沿最初和最后位置之间的路径按顺序施加一个电势，可从电网的初始位置移动到最后位置。

这些工作是由加州理工学院的王宇在 NASA 的喷气推进实验室完成的。

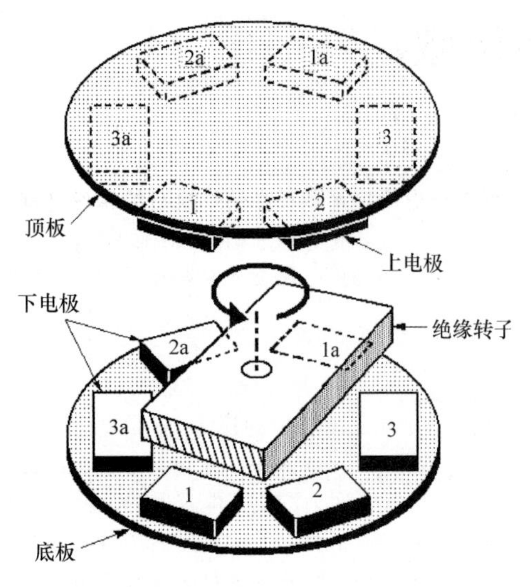

图 19.12-3 微型电动机或纳米电动机的展示图。

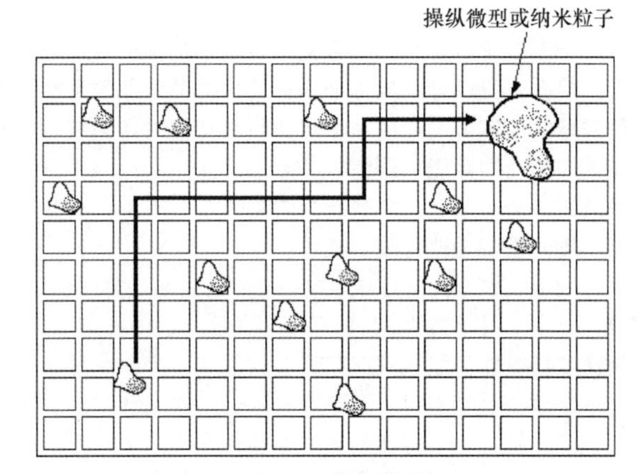

图 19.12-4 微型或纳米电容器阵列。如果交替地沿着期望的路径施加电压，可以阻止和移动一个粒子——细菌、病毒或分子到阵列中的任何位置。

19.13 月球电动车——一种月球旅行新概念

美国国家航空航天局打算在2020年重返月球，但是在目前的政治与经济环境下这项计划似乎不太可能实现。然而，我们可以从一个真实尺寸的月球电动车的原设计模型中看出这项计划正在悄然执行的蛛丝马迹，这种月球电动车被设计用来参与到回归月球的计划中。这种月球电动车与先前的月球车相比拥有更远的探测距离和更好的勘测性能。研究人员根据设计理念在地球上一处类似于月球地形的地方对这种工程设计模型进行了大量测试并全部通过。实验证明两个宇航员在月球长途旅行中可以不穿着加压宇航服而在充满空气的月球旅行车的小隔间里安全地行驶和工作。

图19.13-1就是月球电动车模型，它并非计划用于真实的月球着陆。这只是一个装了加压驾驶舱并且拥有12个车轮的小卡车的尺寸模型图。现实中的月球电动车以高级蓄电池为能量源，它能够以10km/h(6.2mile/h)的速度行驶并且能从月球基地上的任何一个方向驶出至少241km（150mile）远的距离。这种月球露营房车可以打消宇航员每晚不得不返回月球基地的顾虑。月球电动车会能够加强全体宇航员的辐射防护，它还能够摆放太阳能发电站、通信转播站和沿途的科学包裹。表格中陈列出了月球电动车的主要规格和明细。

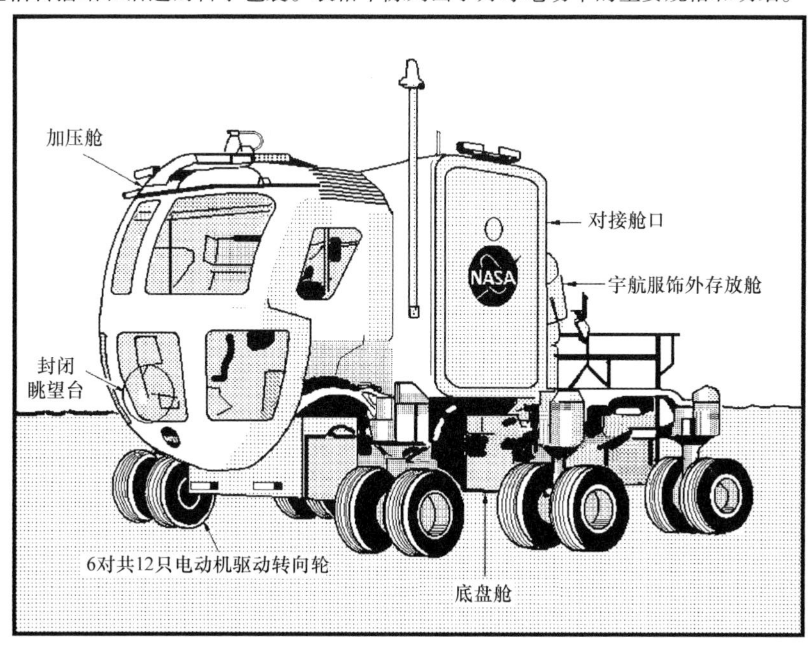

图19.13-1 概念月球电动车有两个基本的舱室：一个可移动的加压舱和一个拥有12只轮子的底盘舱。成对的轮子组成了独立的电动机驱动转向装置。这套电动机驱动转向装置允许月球电动车全方位地移动，即使是斜着移动也没问题。这个舱室仅数平方米，适于两个宇航员居住，这样的设计可以使宇航员们仅穿着休闲服就能完成远距离、长时间的月球探测。右边的对接舱口可以使宇航员们在不穿着宇航服的状态下从月球基地站进入一个或者多个月球电动车的舱室。

这个月球电动车模型有一个可移动的舱室，这个舱室包含一个水槽、一个厕所，甚至还有一个可拆卸的健身脚踏车。两个座椅折叠在附有梯子的双层床里面，帘子可以从天花板卷取下来以组成独立的休息区。月球电动车与20世纪70年代效命于最后三项阿波罗月球任务（第15、16和17）的拥有四个轮子的巡回航天器相比有着明显的优势。驾驶巡回宇航器的两个宇航员必须穿上宇航服，因为航天器是完全向空气稀薄的月球环境开放的。由于受到宇航员氧气供应的时间和距离的限制，他们的月球近地航行被严格限定在方圆9.7km（6mile）之内，况且这也是他们在航天巡回器万一坏掉之后能够安全返回月球基地的最远距离。

越野赛车对月球电动车模型的设计有着一定的影响。它曾在美国亚利桑那州荒漠中粗糙的火山岩地面上行驶过至少160km（100mile）。将月球电动车送上月球以后，人们希望在预计10年的使用寿命里它只需要很少的保养或者是根本就不必去保养；人们还希望它可以轻易地爬过岩石和40°的斜坡。

加压舱前面五个有轮廓的窗户使宇航员在行驶任务中对月球地表面有着开阔的视野。中间那个低一些的靠近底部的窗户有着透明水泡外形的圆盖，它使宇航员能够更容易观察到石头，通过这扇窗户宇航员蹲在舱内也可以更加仔细地观察舱外其他有用的物体。这个加压舱甚至可以低下头来捡起数英寸远的地面上的物体。

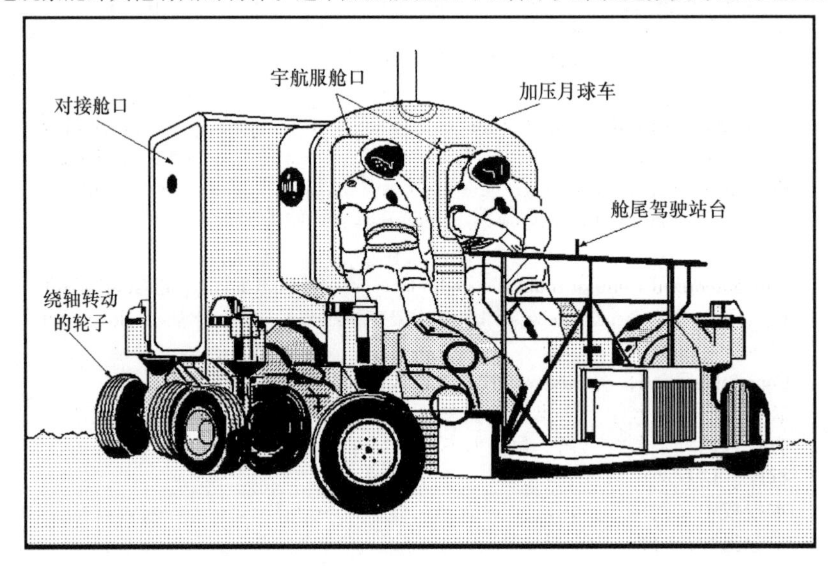

图 19.13-2 这个月球电动车的背面景观展示了贮藏在舱外的、连接在盒状宇航服舱口上的两套宇航服。航天员从舱内爬进宇航服，不流失舱内压力，拔掉塞子后能够在外面自由走动至少10min。完成任务后他们返回到宇航服舱口颠倒着完成装回程序。将宇航服贮藏在舱外避免了月球沙尘污染舱内空气。

如果宇航员想要进一步观察具体的地貌特征，他们可以迅速换装穿上挂在外面后舱壁上的宇航服（见图19.13-2)，同时开展至少10min的任务。宇航服上像长方形盒子一样的背包被塞进了舱壁上有凹进处的舱口。宇航员会攀爬通过背包上面无缝结合门进入宇航服。这样的措施使得宇航员呼吸舱内空气成为了可能，它同时也在舱内空气加压状态下保证了宇航服的长时间膨胀但耗损的空气最少。有了室外宇航服的存在，月球上有磨蚀作用的沙尘就不会偶然钻入舱内了。

宇航员在拔掉站台上的嵌入式塞子之前以及穿好宇航服后都需要关好背包上的门和舱壁上的舱以保持舱内压力。之后宇航员就可以轻松地走下月球电动车开始执行任务了。任务完成以后，宇航员需要颠倒程序，后退着把背包靠在嵌入式站台上，在打开所有的门爬入舱内之前宇航员要做好背包密封工作。

底盘的6对轮子可以像螃蟹一样斜行而且能够分别行动，这使得月球电动车能够更容易地避开途中的粗糙路面。这套操纵装置给予了月球电动车一个紧凑的活动半径，也就是说它可以实现任何向前和侧向移动的组合。

月球电动车概念中的多功能可以经过可利用项目得到验证。航天员能够在基地站点穿上宇航服，而且移动月球电动车舱体模型之后，在底盘上安装外部控制装置就可以转变为火箭弹头运输器。航天员也可以在任务中只驾驶底盘，因为外部控制装置允许航天员像罗马战车驾驭者一样站立着驾驶航天器。在月球任务中可以拆开月球电动车的模型用火箭先将其各部分逐个发射送到月球上宇航员将来所在的位置。宇航员着陆月球以后再把各部分零件重新组装。

月球电动车主要明细

航天器总重	3000kg
底盘重量	1000kg
航天器净负载	1000kg
长度	4.6m
高度	3.0m
车轮数量	12个（6对）
轮胎尺寸（直径/宽度）	94/25cm
乘员数	2名
速度（最大）	10km/h
车轮旋转辐度（最大）	360°

Neil Sclater
Mechanisms and Mechanical Devices Sourcebook
ISBN: 978-0-07-170442-7

图书在版编目（CIP）数据

机械设计实用机构与装置图册：原书第 5 版/（美）斯克莱特（Sclater，N.）编；邹平译. —北京：机械工业出版社，2014. 10（2025. 2 重印）
ISBN 978-7-111-48083-9

Ⅰ. ①机… Ⅱ. ①斯…②邹… Ⅲ. ①机械设计－图集 Ⅳ. ①TH122－64

中国版本图书馆 CIP 数据核字（2014）第 222581 号

机械工业出版社（北京市百万庄大街 22 号　邮政编码 100037）
策划编辑：李万宇　责任编辑：李万宇
版式设计：霍永明　责任校对：张晓蓉
封面设计：鞠　杨　责任印制：郜　敏
中煤（北京）印务有限公司印刷
2025 年 2 月第 1 版第 11 次印刷
184mm×260mm · 35. 5 印张 · 2 插页 · 930 千字
标准书号：ISBN 978-7-111-48083-9
定价：138. 00 元

凡购本书，如有缺页、倒页、脱页，由本社发行部调换

电话服务	网络服务
服务咨询热线：010-88361066	机 工 官 网：www. cmpbook. com
读者购书热线：010-68326294	机 工 官 博：weibo. com/cmp1952
010-88379203	金 书 网：www. golden-book. com
封面无防伪标均为盗版	教育服务网：www. cmpedu. com